T0255467

Stochastik: Eine Einführung mit Grundzügen der Maßtheorie

Norbert Henze

# Stochastik: Eine Einführung mit Grundzügen der Maßtheorie

Inkl. zahlreicher Erklärvideos

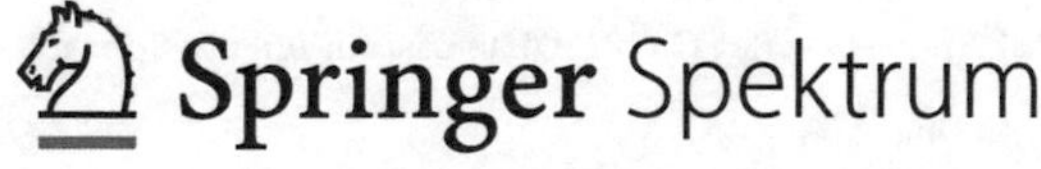

Norbert Henze
Karlsruher Institut für Technologie (KIT)
Karlsruhe, Deutschland

ISBN 978-3-662-59562-6 ISBN 978-3-662-59563-3 (eBook)
https://doi.org/10.1007/978-3-662-59563-3

Die Deutsche Nationalbibliothek verzeichnet diese Publikation in der Deutschen Nationalbibliografie; detaillierte bibliografische Daten sind im Internet über http://dnb.d-nb.de abrufbar.

Springer Spektrum


Planung und Lektorat: Andreas Rüdinger

Springer Spektrum ist ein Imprint der eingetragenen Gesellschaft Springer-Verlag GmbH, DE und ist ein Teil von Springer Nature.
Die Anschrift der Gesellschaft ist: Heidelberger Platz 3, 14197 Berlin, Germany

# Vorwort

Dieses Werk vermittelt eine fundierte, lebendige und durch diverse Erklärvideos audiovisuell ergänzte Einführung sowohl in die Stochastik (inklusive der Statistik) als auch in die Maß- und Integrationstheorie. Es wendet sich an Studierende im zweiten Jahr eines Mathematikstudiums, die Kenntnisse der Grundvorlesungen in Analysis und Linearer Algebra besitzen. Da Kenntnisse der Maß- und Integrationstheorie nach dem ersten Studienjahr nicht vorausgesetzt werden können und oft erst im dritten Semester innerhalb einer weiterführenden Vorlesung über Analysis erworben werden, ist dieses Buch so aufgebaut, dass große Teile keinerlei Vorwissen aus dieser mathematischen Teildisziplin benötigen.

Besondere didaktische Elemente dieses Buches sind neben den über QR-Codes verlinkten Erklärvideos

- farbige Überschriften, die den Kerngedanken eines Abschnitts markieren,
- gelbe Merkkästen, die wichtige Definitionen und Sätze enthalten,
- mit einem roten Achtung gekennzeichnete Stellen, die vor Fallstricken warnen,
- kleine Beispiele, die der Einübung des Stoffes dienen,
- ganzseitige Beispiele, die mehr Raum benötigende Probleme und deren Lösungen behandeln,
- Unter-der-Lupe-Boxen, die insbesondere Sätze von großer Bedeutung und deren Beweise genauer betrachten,
- mit einem Fragezeichen gekennzeichnete Selbsttests, die eine unmittelbare Verständniskontrolle ermöglichen,
- Übersichten, in denen verschiedene Begriffe, Formeln oder Rechenregeln zusammengestellt sind,
- Hintergrund-und-Ausblick-Boxen, die einen Einblick in ein weiterführendes Thema geben

sowie Zusammenfassungen am Ende eines jeden Kapitels, die die wesentlichen Inhalte, Ergebnisse und Vorgehensweisen beinhalten.

Insgesamt geht der behandelte Stoff über das, was üblicherweise Gegenstand einer 4+2-stündigen Einführungsveranstaltung ist, deutlich hinaus. Da meine Intention beim Verfassen dieses Buches ausdrücklich nicht darin bestand, „möglichst viel Mathematik pro Seite unterzubringen", unterscheidet sich dieses Buch von anderen Lehrbüchern unter anderem durch eine relativ hohe Redundanz. So werden manche Begriffe wie Erwartungswert und Varianz zuerst in einem elementaren Rahmen auf diskreten Wahrscheinlichkeitsräumen motiviert, eingeführt und diskutiert, und später erkennt man, dass alle Eigenschaften auch auf allgemeinen Wahrscheinlichkeitsräumen gelten, weil der im diskreten Fall eingeführte Erwartungswert ein Spezialfall des allgemeinen Maß-Integrals ist. Weil gerade in der Stochastik das Verständnis besonders wichtig ist, nehmen die Motivation von Begriffsbildungen wie z. B. stochastische Unabhängigkeit sowie Erklärungen breiten Raum ein. Hinzu kommt das „harte Geschäft" der Modellierung zufallsabhängiger Vorgänge als ein wichtiges Aufgabenfeld der Stochastik. Da die Konstruktion geeigneter Modelle im Hinblick auf die vielfältigen Anwendungen der Stochastik von Grund auf gelernt werden sollte, ist dem Aspekt der Modellbildung viel Platz gewidmet. Hier mag es trösten, dass selbst Universalgelehrte wie Leibniz oder Galilei bei einfachen Zufallsphänomenen mathematische Modelle aufstellten, die sich nicht mit den gemachten Beobachtungen des Zufalls in Einklang bringen ließen.

Heutzutage ist die Wahrscheinlichkeitstheorie eine der fruchtbarsten mathematischen Theorien. Ihre Untersuchungsobjekte sind unter anderem stochastische Prozesse, die als Zufallsvariablen in geeigneten Funktionenräumen aufgefasst werden können. Grundbausteine vieler stochastischer Prozesse sind der eine zentrale Stellung in der stochastischen Analysis und Finanzmathematik einnehmende Brown-Wiener-Prozess sowie der Poisson-Prozess. Letzterer bildet den Ausgangspunkt für allgemeine Punktprozesse, wobei die untersuchten zufälligen Objekte, wie z.B. in der stochastischen Geometrie und räumlichen Stochastik, Werte in relativ allgemeinen topologischen Räumen annehmen können.

Die Verbreitung des Computers hat die Bedeutung der Mathematik im Allgemeinen und der Stochastik (und hier insbesondere der Statistik) im Speziellen ungemein vergrößert. So wären etwa die von Bradley Efron (*1938) im Jahr 1979 begründeten *Bootstrap-Verfahren* (siehe [9]), die die beobachteten Daten für weitere Simulationen verwenden, um etwa die Verteilung einer komplizierten Teststatistik zu approximieren, ohne leistungsfähige Computer undenkbar. Gleiches gilt für das sog. *maschinelle Lernen*, bei dem es unter anderem um das Erkennen von Mustern und Gesetzmäßigkeiten geht. Fast explosionsartig ansteigende Speicherkapazitäten und Rechengeschwindigkeiten erlauben die Verarbeitung immer größerer Datenmengen, was zum Schlagwort *Big Data* geworden ist.

Da man Mathematik am besten durch eine möglichst intensive Beschäftigung mit Aufgaben lernt, enthält das Buch insgesamt 332 Übungsaufgaben, die am Ende der Kap. 2–8 zusammengestellt sind. Diese in *Verständnisfragen*, *Rechenaufgaben* und *Beweisaufgaben* unterteilten Aufgaben sollen helfen, den Stoff aktiv zu verarbeiten. Versuchen Sie sich zuerst selbstständig an den Aufgaben. Erst wenn Sie sicher sind, dass Sie es alleine nicht schaffen, sollten Sie die Hinweise am Ende des Buches zurate ziehen oder sich an Kommilitonen wenden. Zur Kontrolle finden Sie hier auch die Resultate. Sollten Sie trotz Hinweisen nicht mit der Aufgabe fertig werden, finden Sie die Lösungswege im Arbeitsbuch zu diesem Werk.

Selbstverständlich ist dieses Buch nicht ohne die tatkräftige Hilfe anderer entstanden. So sind große Teile zunächst als Kapitel des Buches „Grundwissen Mathematikstudium – Höhere Analysis, Numerik und Stochastik“ erschienen. Hier schulde ich Christian Karpfinger Dank, dass ich in Abschn. 1.2 Anleihen aus dem dortigen Abschnitt machen und sogar größere Teile von dort übernehmen durfte. Frau Viola Riess und Herrn Bernhard Klar danke ich für geduldiges Korrekturlesen und zahlreiche Verbesserungsvorschläge. Herrn M. Radke schulde ich Dank für ein perfektes Redigieren des Textes. Mein besonderer Dank gilt dem Verlag Springer Spektrum. Nur die strukturierende Übersicht von Frau Bianca Alton und die immer wieder beeindruckende Kompetenz von Herrn Andreas Rüdinger mit vielen kreativen und engagierten Vorschlägen machten die Umsetzung dieses ehrgeizigen Projektes überhaupt erst möglich.

Pfinztal
im Juni 2019

# Inhaltsverzeichnis

# Verzeichnis der Übersichten

# Stochastik – eine Wissenschaft für sich

Was bedeutet der Begriff *Stochastik*?

Welches sind die Ursprünge der *Wahrscheinlichkeitsrechnung*?

Wann begann die moderne Maß- und Integrationstheorie?




N. Henze, *Stochastik: Eine Einführung mit Grundzügen der Maßtheorie*, https://doi.org/10.1007/978-3-662-59563-3_1

Mit der Analysis und der Linearen Algebra werden im ersten Studienjahr klassische Grundlagen der Mathematik gelegt. Im Hinblick auf die moderne Entwicklung des Fachs sind heute weitere Aspekte ebenso maßgebend, die üblicherweise im zweiten Studienjahr hinzukommen. Hierzu gehören u. a. die Stochastik als „Kunst des Mutmaßens" (von altgr. στόχος (stóchos) „Vermutung") sowie eine allgemeine Maß- und Integrationstheorie. Gerade die Stochastik als „Mathematik des Zufalls" kommt oft ganz andersartig daher und gilt gemeinhin als schwierig, weil man häufig vor der Aufgabe steht, für ein in Worten beschriebenes Problem ein adäquates stochastisches Modell aufstellen zu müssen. Aus diesem Grund nimmt die Modellierung in diesem Buch einen breiten Raum ein. Im Gegensatz zu meinem Lehrbuch *Stochastik für Einsteiger*, das sich auch an Studienanfänger richtet, ist für dieses Buch eine Vertrautheit mit dem Stoff der Grundvorlesungen in Linearer Algebra und vor allem in der Analysis unabdingbar. Nicht vorausgesetzt werden jedoch Kenntnisse der Maß- und Integrationstheorie. Solche Kenntnisse sind nicht erforderlich, um viele Begriffe, Methoden und Denkweisen der Stochastik zu verinnerlichen, und dieses Werk trägt diesem Umstand in substanziellen Teilen Rechnung. Wer sich jedoch intensiver mit der Stochastik beschäftigen möchte, muss über Grundwissen aus der Maß- und Integrationstheorie verfügen. Dieser Notwendigkeit dient die Bereitstellung eines eigenen Kapitels zu dieser mathematischen Teildisziplin, deren Anfänge etwa 120 Jahre zurückreichen.

In diesem ersten Kapitel möchte ich meine Intention, dieses Buch zu schreiben, erläutern, sowie die damit verbundenen didaktischen Konzepte vorstellen. Das Kapitel enthält zudem einen kurzen Abriss zur Geschichte der Stochastik und der Maß- und Integrationstheorie.

## 1.1 Über dieses Buch

In diesem Buch erwartet Sie eine fundierte, lebendige und durch diverse Erklärvideos audiovisuell ergänzte Einführung sowohl in die Stochastik (inklusive der Statistik) als auch in die Maß- und Integrationstheorie. Da Kenntnisse der Maß- und Integrationstheorie nach dem ersten Studienjahr nicht vorausgesetzt werden können und oft erst im dritten Semester innerhalb einer weiterführenden Vorlesung über Analysis erworben werden, ist dieses Buch so aufgebaut, dass große Teile keinerlei Kenntnisse dieser mathematischen Teildisziplin benötigen.

Grundlegende Begriffe der Stochastik sind u. a. Zufallsvariablen und ihre Verteilungen, bedingte Wahrscheinlichkeiten, stochastische Unabhängigkeit, Erwartungswert, Varianz, Korrelation, Quantile, Verteilungsfunktionen und Dichten. Die Stochastik ist in diesem Buch so aufgebaut, dass sich insbesondere Studierenden des Höheren Lehramts, die im Allgemeinen keine Kenntnisse der abstrakten Maß- und Integrationstheorie erwerben, möglichst viele Konzepte und Denkweisen der Stochastik einschließlich der Statistik erschließen können, ist doch die Stochastik unter der Leitidee *Daten und Zufall* wichtiger Bestandteil des gymnasialen Mathematikunterrichts. So gibt es nach einem Kapitel über Wahrscheinlichkeitsräume ein Kapitel über bedingte Wahrscheinlichkeiten und stochastische Unabhängigkeit, von dem große Teile und hier insbesondere der letzte Abschnitt über Markov-Ketten keine Kenntnisse der Maß- und Integrationstheorie voraussetzen. Gleiches gilt für das Kapitel über diskrete Verteilungsmodelle. Das anschließende Kapitel über stetige Verteilungsmodelle und allgemeine Betrachtungen beinhaltet u. a. (absolut) stetige Verteilungen, charakteristische Funktionen, bedingte Erwartungen sowie grundlegende Betrachtungen zu Martingalen in diskreter Zeit. Ein weiteres Kapitel gibt einen Überblick über die Begriffe fast sichere und stochastische Konvergenz, Konvergenz im $p$-ten Mittel sowie Verteilungskonvergenz. Im Mittelpunkt stehen hier das starke Gesetz großer Zahlen sowie die zentralen Grenzwertsätze von Lindeberg-Lévy und Lindeberg-Feller. Ein Kapitel zur Statistik enthält alle wichtigen Konzepte der schließenden Statistik wie Punktschätzer, Konfidenzbereiche und Tests. Auch Optimalitätsgesichtspunkte wie das Lemma von Neyman-Pearson sowie einfache nichtparametrische Schätz- und Testverfahren werden behandelt. Nicht aufgenommen habe ich elementare Aspekte der deskriptiven Statistik, wie sie etwa in Kap. 5 des Buches *Stochastik für Einsteiger* (siehe [14]) zu finden sind. Das abschließende Kapitel über Maß- und Integrationstheorie versteht sich nicht nur als Zulieferer für die vorangegangenen Kapitel, sondern beinhaltet mit ausführlichen Beweisen den Standardstoff, der im Rahmen einer weiterführenden Analysis-Vorlesung zu diesem Thema vermittelt wird.

Insgesamt geht der behandelte Stoff über das, was üblicherweise Gegenstand einer 4+2-stündigen Einführungsveranstaltung ist, deutlich hinaus. Da es beim Schreiben dieses Buches ausdrücklich nicht meine Absicht war, bei gegebenem Gesamtumfang des Werkes möglichst viel Stoff zu vermitteln, unterscheidet sich dieses Buch von anderen Lehrbüchern u. a. durch eine relativ hohe Redundanz. Zudem nehmen Motivation und Erklärungen breiten Raum ein, denn gerade in der Stochastik ist das begriffliche Verständnis besonders wichtig. Insgesamt 332 Übungsaufgaben sollen helfen, den Stoff aktiv zu verarbeiten. Mathematik lernt man am besten durch eine möglichst intensive Beschäftigung mit Aufgaben. Im Folgenden möchte ich die besonderen didaktischen Elemente des Buches hervorheben.

## 1.2 Die didaktischen Elemente dieses Lehrbuches

Dieses Lehrbuch weist eine Reihe didaktischer Elemente auf, die Sie beim Erlernen des Stoffes unterstützen sollen.

### Farbige Überschriften markieren den Kerngedanken eines Abschnitts

Der gesamte Text ist durch **farbige Überschriften** gegliedert, die jeweils den Kerngedanken des folgenden Abschnitts zusammenfassen. In der Regel bildet eine farbige Überschrift zusammen mit dem dazugehörigen Abschnitt eine *Lerneinheit*. Machen Sie nach dem Lesen eines solchen Abschnitts eine Pause und rekapitulieren Sie dessen Inhalte. Denken Sie auch darüber nach, inwieweit die zugehörige Überschrift den Kerngedanken beinhaltet. Bedenken Sie, dass diese Überschriften oftmals nur kurz und prägnant formulierte mathematische Aussagen sind, die man sich gut merken kann, die aber keinen Anspruch auf *Vollständigkeit* erheben – es kann hier auch manche Voraussetzung weggelassen sein.

**Definition der geometrischen Verteilung**

Die Zufallsvariable $X$ hat eine **geometrische Verteilung mit Parameter** $p$, $0 < p < 1$, wenn gilt:

$$\mathbb{P}(X = k) = (1-p)^k p, \quad k \in \mathbb{N}_0.$$

In diesem Fall schreiben wir kurz $X \sim \mathrm{G}(p)$.

**Abb. 1.1** Gelbe Merkkästen heben das Wichtigste hervor

## Gelbe Merkkästen enthalten wichtige Definitionen und Sätze

Im Gegensatz dazu beinhalten die **gelben Merkkästen** meist Definitionen oder wichtige Sätze bzw. Formeln, die Sie sich wirklich merken sollten. Bei der Suche nach zentralen Aussagen und Formeln dienen sie zudem als Blickfang. In diesen Merkkästen sind in der Regel auch alle Voraussetzungen angegeben, siehe Abb. 1.1.

## Achtung: Fallstricke!

Von den vielen Fallstricken der Stochastik kann ich nach über 40 Jahren in der universitären Lehre ein Lied singen. Um Sie auf solche Fallstricke aufmerksam zu machen, sind gefährliche Stellen mit einem roten **Achtung** gekennzeichnet, siehe Abb. 1.2.

## Kleine Beispiele dienen der Einübung

Zahlreiche Beispiele helfen Ihnen, neue Begriffe, Ergebnisse oder auch Rechenschemata einzuüben. Diese Beispiele erkennen Sie an der blauen Überschrift **Beispiel**. Das Ende eines solchen Beispiels markiert ein kleines blaues Dreieck, siehe Abb. 1.3

**Achtung** Sind $X_1$ und $X_2$ stetige reelle Zufallsvariablen auf einem Wahrscheinlichkeitsraum $(\Omega, \mathcal{A}, \mathbb{P})$, so muss der zweidimensionale Vektor $(X_1, X_2)$ keine Dichte besitzen. Gilt etwa $X_2(\omega) = X_1(\omega)$, $\omega \in \Omega$, so folgt $\mathbb{P}((X_1, X_2) \in \Delta) = 1$, wobei $\Delta := \{(x,x) \mid x \in \mathbb{R}\}$. Die Diagonale $\Delta$ ist aber eine $\lambda^2$-Nullmenge. Würde $(X_1, X_2)$ eine $\lambda^2$-Dichte $f$ besitzen, so müsste jedoch

$$\mathbb{P}((X_1, X_2) \in \Delta) = \int_\Delta f(x,y)\,\mathrm{d}x\mathrm{d}y = 0$$

gelten. ◄

**Abb. 1.2** Mit einem roten **Achtung** beginnen Hinweise zu häufig gemachten „(Denk-)Fehlern“

**Beispiel** Es seien $\Omega := [0,1]$, $\mathcal{A} := \Omega \cap \mathcal{B}$, $\mathbb{P} := \lambda^1_\Omega$ sowie $X :\equiv 0$ sowie $X_n$ definiert durch

$$X_n(\omega) := \begin{cases} n^{1/p}, & \text{falls } 0 \le \omega \le 1/n, \\ 0 & \text{sonst.} \end{cases}$$

Dann gilt $X_n \xrightarrow{\mathbb{P}} X$, denn es ist $\mathbb{P}(|X_n - X| > \varepsilon) = \mathbb{P}(X_n = n^{1/p}) = 1/n \to 0$. Andererseits gilt $\mathbb{E}|X_n - X|^p = n \cdot 1/n = 1$ für jedes $n$, was zeigt, dass keine Konvergenz im $p$-ten Mittel vorliegt. ◄

**Abb. 1.3** Kleinere Beispiele sind in den Text integriert

## Ganzseitige Beispiele – Probleme und Lösungen mit mehr Raum

Neben diesen (kleinen) Beispielen gibt es – meist ganzseitige – *große* **Beispiele**. Diese behandeln meist komplexere oder allgemeinere Probleme, deren Lösung mehr Raum einnimmt. Ein solcher Kasten trägt einen Titel und beginnt mit einem blau unterlegten einleitenden Text, der die Problematik schildert. Es folgt ein Lösungshinweis, der das Vorgehen zur Lösung kurz erläutert, und daran schließt sich der ausführliche Lösungsweg an, siehe Abb. 1.4.

## Manches lohnt, unter der Lupe betrachtet zu werden

Manche Sätze bzw. ihre Beweise sind so wichtig, dass sie einer genaueren Betrachtung unterzogen werden. Dazu dienen

**Beispiel: Die exakte Verteilung der Augensumme $S_n$ beim $n$-fachen Würfelwurf**

Mithilfe erzeugender Funktionen lässt sich ein einfacher geschlossener Ausdruck für $\mathbb{P}(S_n = k)$ angeben.

**Problemanalyse und Strategie** Die Zufallsvariablen $X_1, \ldots, X_n$ seien unabhängig und je gleichverteilt auf den Werten $1, 2, \ldots, s$, wobei $s \ge 2$. Im Folgenden leiten wir einen geschlossenen Ausdruck für die Verteilung der Summe $S_n = X_1 + \ldots + X_n$ her. Für $s = 6$ erhält man somit die Verteilung der Augensumme beim $n$-fachen Wurf mit einem echten Würfel.

**Lösung** Bezeichnet

$$g(t) := \mathbb{E}t^{X_1} = \frac{1}{s}\left(t + t^2 + \ldots + t^s\right)$$

die erzeugende Funktion von $X_1$, so gilt nach der Multiplikationsformel für erzeugende Funktionen und der Summenformel für die geometrische Reihe

$$\begin{aligned} g_{S_n}(t) = g(t)^n &= \frac{1}{s^n}\left(t + t^2 + \ldots + t^s\right)^n \\ &= \frac{t^n}{s^n}\left(\sum_{j=0}^{s-1} t^j\right)^n = \frac{t^n}{s^n}\left(\frac{t^s - 1}{t-1}\right)^n \\ &= \frac{t^n}{s^n}(t-1)^{-n}(t^s-1)^n \\ &= \frac{t^n}{s^n}(1-t)^{-n}(-1)^n(t^s-1)^n, \quad t \ne 1. \end{aligned}$$

Mit der Binomialreihe (4.25) und der binomischen Formel folgt für $t \ne 1$

$$\begin{aligned} g_{S_n}(t) &= \frac{t^n}{s^n}\sum_{j=0}^{\infty}\binom{n+j-1}{j} t^j \sum_{i=0}^{n}(-1)^i\binom{n}{i} t^{i\,s} \\ &= \frac{1}{s^n}\sum_{j=0}^{\infty}\binom{n+j-1}{j}\sum_{i=0}^{n}(-1)^i\binom{n}{i} t^{n+i\,s+j}. \end{aligned}$$

Mit $k := n + i\,s + j$, also $j = k - n - i\,s$ ergibt sich

$$\binom{n+j-1}{j} = \binom{k-i\,s-1}{k-i\,s-n} = \binom{k-i\,s-1}{n-1}.$$

Der letzte Binomialkoeffizient ist nur dann von null verschieden, falls $k - i\,s - 1 \ge n - 1$ gilt, was gleichbedeutend mit $i \le \lfloor\frac{k-n}{s}\rfloor$ ist. Weiter gilt $n \le k \le n\,s$, da andernfalls $\mathbb{P}(S_n = k) = 0$ wäre. Es folgt

$$g_{S_n}(t) = \sum_{k=n}^{n\,s}\sum_{i=0}^{\lfloor\frac{k-n}{s}\rfloor}\binom{k-i\,s-1}{n-1}(-1)^i\binom{n}{i}\frac{1}{s^n}\cdot t^k$$

Mit dem Eindeutigkeitssatz (4.54) erhält man wegen $g_{S_n}(t) = \sum_{k=0}^{\infty}\mathbb{P}(S_n = k)t^k$ durch Koeffizientenvergleich das Resultat

$$\mathbb{P}(S_n = k) = \sum_{i=0}^{\lfloor\frac{k-n}{s}\rfloor}\binom{k-i\,s-1}{n-1}(-1)^i\binom{n}{i}\frac{1}{s^n},$$

falls $k \in \{n, n+1, \ldots, n\,s\}$ und $\mathbb{P}(S_n = k) = 0$ sonst.

Die nachstehende Abbildung zeigt das Stabdiagramm der Verteilung der Augensumme beim fünffachen Würfelwurf.

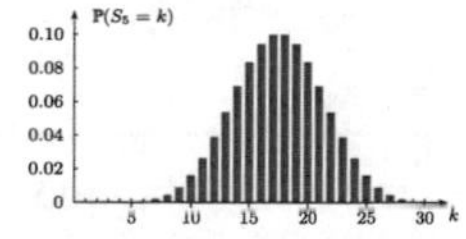


**Abb. 1.4** Größere Beispiele stehen in einem Kasten und behandeln komplexere Probleme

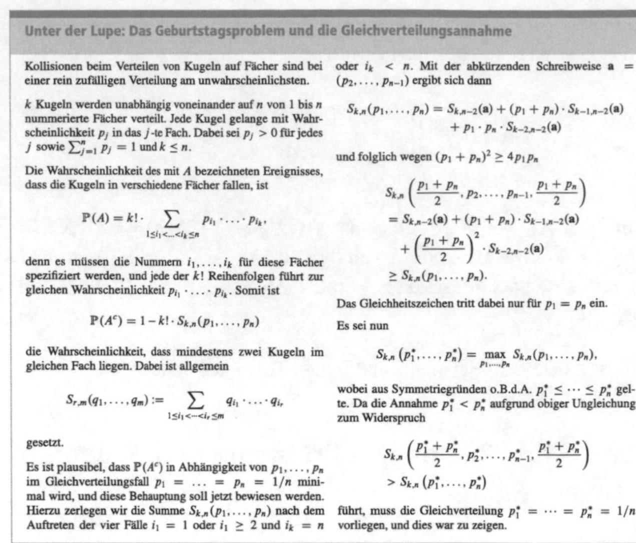

**Unter der Lupe: Das Geburtstagsproblem und die Gleichverteilungsannahme**

Kollisionen beim Verteilen von Kugeln auf Fächer sind bei einer rein zufälligen Verteilung am unwahrscheinlichsten.

$k$ Kugeln werden unabhängig voneinander auf $n$ von 1 bis $n$ nummerierte Fächer verteilt. Jede Kugel gelange mit Wahrscheinlichkeit $p_j$ in das $j$-te Fach. Dabei sei $p_j > 0$ für jedes $j$ sowie $\sum_{j=1}^n p_j = 1$ und $k \leq n$.

Die Wahrscheinlichkeit des mit $A$ bezeichneten Ereignisses, dass die Kugeln in verschiedene Fächer fallen, ist

$$\mathbb{P}(A) = k! \cdot \sum_{1 \leq i_1 < \ldots < i_k \leq n} p_{i_1} \cdot \ldots \cdot p_{i_k},$$

denn es müssen die Nummern $i_1, \ldots, i_k$ für diese Fächer spezifiziert werden, und jede der $k!$ Reihenfolgen führt zur gleichen Wahrscheinlichkeit $p_{i_1} \cdot \ldots \cdot p_{i_k}$. Somit ist

$$\mathbb{P}(A^c) = 1 - k! \cdot S_{k,n}(p_1, \ldots, p_n)$$

die Wahrscheinlichkeit, dass mindestens zwei Kugeln im gleichen Fach liegen. Dabei ist allgemein

$$S_{r,m}(q_1, \ldots, q_m) := \sum_{1 \leq i_1 < \cdots < i_r \leq m} q_{i_1} \cdot \ldots \cdot q_{i_r}$$

gesetzt.

Es ist plausibel, dass $\mathbb{P}(A^c)$ in Abhängigkeit von $p_1, \ldots, p_n$ im Gleichverteilungsfall $p_1 = \ldots = p_n = 1/n$ minimal wird, und diese Behauptung soll jetzt bewiesen werden. Hierzu zerlegen wir die Summe $S_{k,n}(p_1, \ldots, p_n)$ nach dem Auftreten der vier Fälle $i_1 = 1$ oder $i_1 \geq 2$ und $i_k = n$ oder $i_k < n$. Mit der abkürzenden Schreibweise $\mathbf{a} = (p_2, \ldots, p_{n-1})$ ergibt sich dann

$$S_{k,n}(p_1, \ldots, p_n) = S_{k,n-2}(\mathbf{a}) + (p_1 + p_n) \cdot S_{k-1,n-2}(\mathbf{a}) + p_1 \cdot p_n \cdot S_{k-2,n-2}(\mathbf{a})$$

und folglich wegen $(p_1 + p_n)^2 \geq 4 p_1 p_n$

$$\begin{aligned} &S_{k,n}\left(\frac{p_1 + p_n}{2}, p_2, \ldots, p_{n-1}, \frac{p_1 + p_n}{2}\right) \\ &= S_{k,n-2}(\mathbf{a}) + (p_1 + p_n) \cdot S_{k-1,n-2}(\mathbf{a}) \\ &\quad + \left(\frac{p_1 + p_n}{2}\right)^2 \cdot S_{k-2,n-2}(\mathbf{a}) \\ &\geq S_{k,n}(p_1, \ldots, p_n). \end{aligned}$$

Das Gleichheitszeichen tritt dabei nur für $p_1 = p_n$ ein.

Es sei nun

$$S_{k,n}(p_1^*, \ldots, p_n^*) = \max_{p_1, \ldots, p_n} S_{k,n}(p_1, \ldots, p_n),$$

wobei aus Symmetriegründen o.B.d.A. $p_1^* \leq \cdots \leq p_n^*$ gelte. Da die Annahme $p_1^* < p_n^*$ aufgrund obiger Ungleichung zum Widerspruch

$$\begin{aligned} &S_{k,n}\left(\frac{p_1^* + p_n^*}{2}, p_2^*, \ldots, p_{n-1}^*, \frac{p_1^* + p_n^*}{2}\right) \\ &> S_{k,n}(p_1^*, \ldots, p_n^*) \end{aligned}$$

führt, muss die Gleichverteilung $p_1^* = \cdots = p_n^* = 1/n$ vorliegen, und dies war zu zeigen.

**Abb. 1.5** Sätze bzw. deren Beweise, die von großer Bedeutung sind, betrachten wir in einer *Unter-der-Lupe-Box* genauer

die Boxen **Unter der Lupe**. Zwar sind diese Sätze mit ihren Beweisen meist auch im Fließtext ausführlich dargestellt, in diesen zugehörigen Boxen finden sich jedoch weitere Ideen und Anregungen, wie man auf diese Aussagen bzw. deren Beweise kommt. Oft werden auch weiterführende Informationen zu Beweisalternativen oder mögliche Verallgemeinerungen der Aussagen bereitgestellt, siehe Abb. 1.5

## Der Selbsttest – bin ich noch am Ball?

Auch der am blauen Fragezeichen erkennbare **Selbsttest** tritt als didaktisches Element häufig auf, siehe Abb. 1.6. Meist enthält er eine Frage, die Sie mit dem Gelesenen beantworten können sollten. Nutzen Sie diese Fragen als Kontrolle, ob Sie noch „am Ball sind". Sollten Sie die Antwort nicht geben können, so ist es empfehlenswert, den vorhergehenden Text ein weiteres Mal durchzuarbeiten. Kurze Lösungen zu den Selbsttests finden Sie als „Antworten der Selbstfragen" am Ende der jeweiligen Kapitel.

## Manchmal hilft eine Übersicht

Im Allgemeinen lernen Sie im Laufe eines Kapitels viele Sätze, Eigenschaften, Merkregeln und Rechentechniken kennen. Wann immer es sich anbietet, formuliere ich die zentralen Ergebnisse und Regeln in sog. **Übersichten**. Neben einem Titel hat jede

**Selbstfrage 9**

Bei welcher der Richtungen „$\Rightarrow$" und „$\Leftarrow$" geht die rechtsseitige Stetigkeit von $F$ ein?

**Abb. 1.6** Selbsttests ermöglichen eine Verständniskontrolle

**Übersicht: Stetige Verteilungen**

| Verteilung | Dichte | Bereich | Erwartungswert | Varianz |
|---|---|---|---|---|
| $\mathrm{U}(a,b)$ | $\frac{1}{b-a}$ | $a < x < b$ | $\frac{a+b}{2}$ | $\frac{(b-a)^2}{12}$ |
| $\mathrm{Exp}(\lambda)$ | $\lambda \exp(-\lambda x)$ | $x > 0$ | $\frac{1}{\lambda}$ | $\frac{1}{\lambda^2}$ |
| $\mathrm{N}(\mu, \sigma^2)$ | $\frac{1}{\sigma\sqrt{2\pi}} \exp\left(-\frac{(x-\mu)^2}{2\sigma^2}\right)$ | $x \in \mathbb{R}$ | $\mu$ | $\sigma^2$ |
| $\Gamma(\alpha, \lambda)$ | $\frac{\lambda^\alpha}{\Gamma(\alpha)} x^{\alpha-1} \exp(-\lambda x)$ | $x > 0$ | $\frac{\alpha}{\lambda}$ | $\frac{\alpha}{\lambda^2}$ |
| $\mathrm{Wei}(\alpha, \lambda)$ | $\alpha\lambda x^{\alpha-1} \exp(-\lambda x^\alpha)$ | $x > 0$ | $\frac{\Gamma(1+1/\alpha)}{\lambda^{1/\alpha}}$ | $\frac{\Gamma\left(1+\frac{2}{\alpha}\right) - \Gamma^2\left(1+\frac{1}{\alpha}\right)}{\lambda^{2/\alpha}}$ |
| $\mathrm{LN}(\mu, \sigma^2)$ | $\frac{1}{\sigma x\sqrt{2\pi}} \exp\left(-\frac{(\log x-\mu)^2}{2\sigma^2}\right)$ | $x > 0$ | $\exp\left(\mu + \frac{\sigma^2}{2}\right)$ | $e^{2\mu+\sigma^2}(\exp(\sigma^2) - 1)$ |
| $\mathrm{C}(\alpha, \beta)$ | $\frac{\beta}{\pi(\beta^2 + (x-\alpha)^2)}$ | $x \in \mathbb{R}$ | existiert nicht | existiert nicht |
| $\mathrm{N}_k(\mu, \Sigma)$ | $\frac{1}{(2\pi)^{k/2}\sqrt{\det \Sigma}} \exp\left(-\frac{1}{2}(x-\mu)^\top \Sigma^{-1}(x-\mu)\right)$ | $x \in \mathbb{R}^k$ | $\mu$ | $\Sigma$ (Kovarianzmatrix) |

**Abb. 1.7** In Übersichten werden verschiedene Begriffe, Formeln oder Rechenregeln zu einem Thema zusammengestellt

Übersicht einen einleitenden Text. Meist sind die Ergebnisse oder Regeln stichpunktartig aufgelistet. Eine Gesamtschau der Übersichten findet sich in einem Verzeichnis im Anschluss an das Inhaltsverzeichnis. Die Übersichten dienen in diesem Sinne also auch als eine Art Formelsammlung, siehe Abb. 1.7

## Hintergrund und Ausblick – was gibt es noch?

**Hintergrund und Ausblick** sind oft ganzseitige Kästen, die analog zu den Übersichtsboxen gestaltet sind. Sie behandeln Themen mit weiterführendem Charakter, die jedoch wegen Platzmangels nur angerissen und damit keinesfalls erschöpfend behandelt werden können. Diese Themen sind vielleicht nicht unmittelbar grundlegend für das Bachelorstudium, sie sollen Ihnen aber die Vielfalt und Tiefe der Stochastik sowie der Maß- und Integrationstheorie zeigen und auch ein Interesse an höheren Gesichtspunkten wecken (siehe Abb. 1.8). Sie müssen aber weder die Hintergrund-und-Ausblicks-Kästen noch die Unter-der-Lupe-Kästen kennen, um den sonstigen Text des Buches verstehen zu können. Diese beiden Elemente enthalten also nur zusätzlichen Stoff, auf den im restlichen Text in aller Regel nicht Bezug genommen wird.

## Zusammenfassungen – alles noch einmal kurz und knapp

Eine **Zusammenfassung** am Ende eines jeden Kapitels enthält die wesentlichen Inhalte, Ergebnisse und Vorgehensweisen. Sie sollten die dort dargestellten Zusammenhänge nachvollziehen und mit den geschilderten Rechentechniken und Lösungsansätzen umgehen können.

Bitte erproben Sie die erlernten Techniken an den zahlreichen **Aufgaben** am Ende eines jeden Kapitels. Sie finden dort Verständnisfragen, Rechenaufgaben und Beweisaufgaben – jeweils in drei verschiedenen Schwierigkeitsgraden. Versuchen Sie sich zuerst selbstständig an den Aufgaben. Erst wenn Sie sicher sind, dass Sie es alleine nicht schaffen, sollten Sie die Hinweise am

**Hintergrund und Ausblick: Hausdorff-Maße**

Messen von Längen und Flächen

Es sei $(\Omega, d)$ ein metrischer Raum. Eine Teilmenge $A$ von $\Omega$ heißt **offen**, wenn es zu jedem $u \in A$ ein $\varepsilon > 0$ gibt, sodass $\{v \in \Omega \mid d(u,v) < \varepsilon\} \subseteq A$ gilt. Die vom System aller offenen Mengen erzeugte $\sigma$-Algebra $\mathcal{B}$ heißt **$\sigma$-Algebra der Borel-Mengen** über $\Omega$. Für nichtleere Teilmengen $A$ und $B$ von $\Omega$ nennt man $d(A) := \sup\{d(u,v) \mid u, v \in A\}$ den **Durchmesser von** $A$ und $\operatorname{dist}(A,B) := \inf\{d(u,v) \mid u \in A, v \in B\}$ den **Abstand** von $A$ und $B$.

Ein äußeres Maß $\mu^* : \mathcal{P}(\Omega) \to [0,\infty]$ heißt **metrisches äußeres Maß**, falls $\mu^*(A+B) = \mu^*(A) + \mu^*(B)$ für alle $A, B \subseteq \Omega$ mit $A, B \neq \emptyset$ und $\operatorname{dist}(A,B) > 0$ gilt.

Sind $\mathcal{M} \subseteq \mathcal{P}(\Omega)$ ein beliebiges Mengensystem mit $\emptyset \in \mathcal{M}$ und $\mu : \mathcal{M} \to [0,\infty]$ eine beliebige Mengenfunktion mit $\mu(\emptyset) = 0$, so definiert man für jedes $\delta > 0$ eine Mengenfunktion $\mu_\delta^* : \mathcal{P}(\Omega) \to [0,\infty]$ durch

$$\mu_\delta^*(A) := \inf\left\{\sum_{n=1}^{\infty} \mu(A_n) \middle| A \subseteq \bigcup_{n=1}^{\infty} A_n,\ A_n \in \mathcal{M} \text{ und } d(A_n) \le \delta,\ n \ge 1\right\}.$$

Die im Zusammenhang mit dem von einer Mengenfunktion induzierten äußeren Maß angestellten Überlegungen zeigen, dass $\mu_\delta^*$ ein äußeres Maß ist. Vergrößert man den Parameter $\delta$ in der Definition von $\mu_\delta^*$, so werden prinzipiell mehr Mengen aus $\mathcal{M}$ zur Überdeckung von $A$ zugelassen. Die Funktion $\delta \mapsto \mu_\delta^*$ ist somit monoton fallend. Setzt man

$$\mu^*(A) := \sup_{\delta > 0} \mu_\delta^*(A), \quad A \subseteq \Omega,$$

so ist $\mu^* : \mathcal{P}(\Omega) \to \mathbb{R}$ eine wohldefinierte Mengenfunktion mit $\mu_\delta^*(\emptyset) = 0$, die wegen

$$\mu_\delta^*\left(\bigcup_{n=1}^{\infty} A_n\right) \le \sum_{n=1}^{\infty} \mu_\delta^*(A_n) \le \sum_{n=1}^{\infty} \mu^*(A_n)$$

für jedes $\delta > 0$ ein äußeres Maß darstellt. Die Funktion $\mu^*$ ist sogar ein metrisches äußeres Maß, denn sind $A, B \subseteq \Omega$ mit $A \neq \emptyset$, $B \neq \emptyset$ und $\operatorname{dist}(A,B) > 0$ sowie $\mu^*(A+B) < \infty$ (sonst ist wegen der $\sigma$-Subadditivität von $\mu^*$ nichts zu zeigen), so gibt es ein $\delta$ mit $0 < \delta < \operatorname{dist}(A,B)$. Sind dann $C_n \in \mathcal{M}$ mit $d(C_n) \le \delta$, $n \ge 1$, und $A + B \subseteq \bigcup_{n=1}^{\infty} C_n$, so zerfällt die Folge $(C_n)$ in Überdeckungsfolgen $(A_n)$ von $A$ und $(B_n)$ von $B$, und es ergibt sich $\sum_{n=1}^{\infty} \mu(C_n) \ge \mu_\delta^*(A) + \mu_\delta^*(B)$, woraus $\mu_\delta^*(A+B) \ge \mu_\delta^*(A) + \mu_\delta^*(B)$ und somit für $\delta \downarrow 0$ $\mu^*(A+B) \ge \mu^*(A) + \mu^*(B)$ folgt.

Es lässt sich zeigen, dass die $\sigma$-Algebra $\mathcal{A}(\mu^*)$ alle offenen Mengen von $\Omega$ und somit die $\sigma$-Algebra $\mathcal{B}$ der Borel-Mengen enthält. Nach dem Lemma von Carathéodory liefert die Restriktion von $\mu^*$ auf $\mathcal{B}$ ein Maß auf $\mathcal{B}$. Spezialisiert man nun diese Ergebnisse auf den Fall $\mathcal{M} := \{A \subseteq \Omega \mid d(A) < \infty\}$ und die Mengenfunktion $\mu(A) := d(A)^\alpha$, wobei $\alpha > 0$ eine feste reelle Zahl ist, so entsteht als Restriktion von $\mu^*$ auf die $\sigma$-Algebra $\mathcal{B}$ das mit $h_\alpha$ bezeichnete sog. **$\alpha$-dimensionale Hausdorff-Maß**. Dieses ist nach Konstruktion invariant gegenüber Isometrien, also abstandserhaltenden Transformationen des metrischen Raums $\Omega$ auf sich.

Im Fall $\Omega = \mathbb{R}^k$ und der euklidischen Metrik geht die Definition von $h_\alpha$ zurück auf Felix Hausdorff. Dieser konnte zeigen, dass für die Fälle $\alpha = 1$, $\alpha = 2$ und $\alpha = k$ zumindest bei „einfachen Mengen" $A$ der Wert $h_\alpha(A)$ bis auf einen von $k$ abhängenden Faktor mit den gängigen Ausdrücken für Länge, Fläche und $k$-dimensionalem Volumen übereinstimmt. Ist speziell $A := \{\gamma(t) \mid a \le t \le b\}$ das Bild einer rektifizierbaren Kurve, also einer stetigen Abbildung $\gamma : [a,b] \to \mathbb{R}^k$ eines kompakten Intervalls $[a,b]$, deren mit $L(\gamma)$ bezeichnete Länge als Supremum der Längen aller $\gamma$ einbeschriebenen Streckenzüge endlich ist, so gilt $L(\gamma) = h_1(A)$. Man beachte, dass im Fall $\alpha = 1$ die Menge $A$ durch volldimensionale Kugeln überdeckt wird, deren Größe durch die jeweiligen Durchmesser bestimmt ist. Wie das Borel-Lebesgue-Maß sind auch die Hausdorff-Maße $h_\alpha$ bewegungsinvariant. Nach dem Satz über die Charakterisierung von $\lambda^k$ als translationsinvariantes Maß mit $\lambda^k((0,1)^k) = 1$ ergibt sich somit insbesondere für $\alpha = k$ die Gleichheit $h_k = \gamma_k \lambda^k$ für eine Konstante $\gamma_k$, die sich zu $\gamma_k = 2^k \Gamma(k/2+1)/\pi^{k/2}$ bestimmen lässt.

Mit dem Hausdorff-Maß $h_\alpha$ ist auch ein Dimensionsbegriff verknüpft. Sind $A \in \mathcal{B}^k$ mit $h_\alpha(A) < \infty$ und $\beta > \alpha$, so gilt $h_\beta(A) = 0$. Es existiert somit ein eindeutig bestimmtes $\rho(A) \ge 0$ mit $h_\alpha(A) = 0$ für $\alpha > \rho(A)$ und $h_\alpha(A) = \infty$ für $\alpha < \rho(A)$. Die Zahl $\rho(A)$ heißt **Hausdorff-Dimension** von $A$. Jede abzählbare Teilmenge von $\mathbb{R}^k$ besitzt die Hausdorff-Dimension 0, jede Menge mit nichtleerem Inneren die Hausdorff-Dimension $k$. Die Cantor-Menge $C \subseteq [0,1]$ hat die Hausdorff-Dimension $\log 2/\log 3$.

**Abb. 1.8** Ein Kasten *Hintergrund und Ausblick* gibt einen Einblick in ein weiterführendes Thema

Ende des Buches zurate ziehen oder sich an Kommilitonen wenden. Zur Kontrolle finden Sie hier auch die Resultate. Sollten Sie trotz Hinweisen nicht mit der Aufgabe fertig werden, finden Sie die Lösungswege im Arbeitsbuch zu diesem Werk.

## Erklärvideos lassen den Autor sprechen

Ein besonderes Kennzeichen dieses Buches sind diverse Erklärvideos, die mithilfe von QR-Codes verlinkt sind. Ich habe diese Videos produziert, weil immer mehr Studierende „digital sozialisiert" sind und es ihnen leichter fällt, audiovisuelle Inhalte aufzunehmen und zu speichern. Erklärvideos lockern den Text auf und bilden eine hervorragende zusätzliche Möglichkeit, Wissen zu schaffen. Ihr enormer Mehrwert gegenüber einem „statischen Text" zeigt sich insbesondere bei komplexeren Grafiken, die sich im Video dynamisch aufbauen. Meine Videos sind so konzipiert, dass sie ausschließlich die Inhalte in den Vordergrund stellen und kein visueller Umweg über mich erfolgt. Es reicht, wenn der Autor spricht. Der folgende Link (s. Video 1.1) führt auf ein Video über Rekorde in einer rein zufälligen Permutation.

**Video 1.1** Link auf ein Erklärvideo zu Rekorden

# 1.3 Zur Geschichte der Stochastik und der Maß- und Integrationstheorie

Die Wahrscheinlichkeitsrechnung entstand im 17. Jahrhundert aus der Diskussion von Glücksspielen. Als Ausgangspunkt gilt ein Briefwechsel aus dem Jahr 1654 zwischen Blaise Pascal (1623–1662) und Pierre de Fermat (1601–1665) zu mathematischen und moralischen Fragen des Grafen Antoine Gombault Chevalier de Méré (1607–1684). Pascal und Fermat gelang 1654 auch unabhängig voneinander die Lösung des Teilungsproblems von Luca Pacioli (ca. 1445–1517). Im Jahr 1663 erschien posthum das Werk *Liber de ludo aleae* (das Buch vom Würfelspiel) von Gerolamo Cardano. Christiaan Huygens (1629–1695) veröffentlichte 1657 die Abhandlung *De Rationiciis in Aleae Ludo* (über Schlussfolgerungen im Würfelspiel). Seine tiefe Einsicht in die Logik der Spiele führte ihn dazu, im Zusammenhang mit dem gerechten Einsatz für ein Spiel den zentralen Begriff Erwartungswert einzuführen. Jakob Bernoulli schrieb mit der *Ars conjectandi* (Kunst des geschickten Vermutens) das erste, weit über die Mathematik des Glücksspiels hinausgehende, systematische Lehrbuch der Stochastik. Dieses im Jahr 1713 posthum veröffentlichte Werk enthält u. a. die früheste Form des Gesetzes der großen Zahlen. Abraham de Moivre (1667–1754) bewies in seinem Buch *Doctrine of Chances* (1738) den ersten Zentralen Grenzwertsatz. Auf den Arbeiten von Bernoulli und de Moivre aufbauend entwickelte sich in der Folge die sog. Theorie der Fehler, deren früher Höhepunkt als Anwendung der Methode der kleinsten Quadrate die Wiederentdeckung des Planetoiden Ceres im Jahr 1800 durch Carl Friedrich Gauß war. Ebenfalls posthum erschien 1764 das Hauptwerk *An Essay towards Solving a Problem in the Doctrine of Chances* von Thomas Bayes (1702–1761). Hierin werden u. a. der Begriff der bedingten Wahrscheinlichkeit eingeführt und ein Spezialfall der Bayes-Formel bewiesen. Sowohl die Theorie der Fehler als auch die von Bayes aufgeworfenen Fragen beeinflussten auch die weitere Entwicklung der Statistik, deren historische Entwicklung in Abschn. 7.1 skizziert ist. Im Jahr 1812 publizierte Pierre Simon de Laplace (1749–1827) mit der *Théorie analytique des probabilités* eine umfassende Darstellung des wahrscheinlichkeitstheoretischen Wissens seiner Zeit. Die moderne Wahrscheinlichkeitstheorie entstand seit Mitte des 19. Jahrhunderts. Dabei stand jedoch eine von David Hilbert auf dem internationalen Mathematikerkongress 1900 in Paris angemahnte mathematische Axiomatisierung dieser Theorie noch aus. Nach diesbezüglichen Ansätzen von Richard von Mises (1883–1953) und bahnbrechenden Arbeiten von Felix Hausdorff war es Andrej Nikolajewitsch Kolmogorov, der 1933 mit seinem Werk *Grundbegriffe der Wahrscheinlichkeitsrechnung* die Entwicklung der Grundlagen der modernen Wahrscheinlichkeitstheorie abschließen konnte.

Eine ausführliche Darstellung der Geschichte der Stochastik bis zum Jahr 1930 findet man in [12], [13]. Im Buch [22] ist die Geschichte der Statistik bis zum Jahr 1900 zusammengefasst.

Die moderne Maß- und Integrationstheorie entstand 1894 mit der Entdeckung der $\sigma$-Additivität der elementargeometrischen

**Abb. 1.9** Andrej Nikolajewitsch Kolmogorov (1903–1987), Bildarchiv des Mathematischen Forschungsinstituts Oberwolfach

Länge durch Émile Borel (1871–1956). Im Jahr 1902 setzte Henri Léon Lebesgue (1875–1941) die elementargeometrische Länge auf die $\sigma$-Algebra der nach ihm benannten Lebesgue-messbaren Mengen fort.

Er begründete zudem einen gegenüber dem bis dahin üblichen Riemann-Integral deutlich flexibleren Integralbegriff, wie etwa der im Jahr 1910 bewiesene Satz von der dominierten Konvergenz zeigt. Das Lebesgue-Integral führte mit dem 1907 aufgestellten Resultat von Guido Fubini (1879–1943) auch zu einer befriedigenden Theorie von Mehrfachintegralen. Johann Radon (1887–1956) vereinigte 1913 die Integrationstheorien von Lebesgue und Thomas Jean Stieltjes (1856–1894) und machte so den Weg zum abstrakten Integralbegriff frei. Constantin Carathéodory (1873–1950) zeigte im Jahr 1914, dass die Messbarkeit einer Menge allein mithilfe eines äußeren Maßes definiert werden kann. Er legte damit den Grundstein für die Fortsetzung eines beliebigen Prämaßes auf einem Halbring über einer abstrakten Menge. Weitere Meilensteine der Entwicklung sind der nach Frigyes Riesz (1880–1956) und Ernst Sigismund

**Abb. 1.10** Henri Léon Lebesgue (1875–1941), Wikimedia commons

Fischer (1875–1954) benannte Satz aus dem Jahr 1907 über die Vollständigkeit der Räume von Äquivalenzklassen fast überall gleicher in $p$-ter Potenz integrierbarer Funktionen. Wichtige Errungenschaften sind weiterhin die Einführung des nach Felix Hausdorff (1868–1942) benannten (äußeren) Hausdorff-Maßes im Jahr 1919 und eines damit einhergehenden nichtganzzahligen Dimensionsbegriffs sowie der Satz von Radon–Nikodym über die Existenz einer abstrakten Dichte für ein Maß, das durch ein $\sigma$-endliches Maß dominiert wird. Mit der 1930 von Otton Marcin Nikodym (1887–1974) bewiesenen allgemeinen Version dieses Satzes war die Entwicklung einer allgemeinen Maß- und Integrationstheorie (vgl. Kap. 8) so weit abgeschlossen, dass Andrej Nikolajewitsch Kolmogorov (1903–1987) im Jahr 1933 eine Axiomatisierung der Stochastik vornehmen konnte.

## 1.4 Anmerkungen zur Mathematik und Stochastik

Obwohl Sie schon die Anfangsschwierigkeiten mit einem Mathematikstudium überwunden haben, möchten wir an dieser Stelle einige grundsätzliche Punkte anführen. Ein wesentliches Merkmal der Mathematik besteht darin, dass ihre Inhalte streng aufeinander aufbauen und jeder einzelne Schritt im Allgemeinen nicht schwer zu verstehen ist. Die Mathematik geht von *Grundwahrheiten* aus, um weitere Wahrheiten zu vermitteln. Diese auch als **Axiome** oder **Postulate** bezeichneten Grundwahrheiten sind nicht beweisbar, werden aber als gültig vorausgesetzt. Das **Axiomensystem** bildet die Gesamtheit der Axiome.

### Auch die Stochastik beruht auf Axiomen

Das Axiomensystem der Stochastik ist vergleichsweise jung. Es wurde im Jahr 1933 in einem deutschsprachigen Aufsatz vom russischen Mathematiker A. N. Kolmogorow aufgestellt (siehe [19]) und findet sich in Abschn. 2.3.

### Definitionen liefern den Rahmen

Auch in der Stochastik gibt es eine Fülle von Definitionen, über die neue Begriffe wie etwa *Zufallsvariable* oder *Kovarianz* eingeführt werden. Wenn im Folgenden ein Begriff definiert wird, so schreibe ich ihn **fett**. Nach erfolgter Definition wird dieser Begriff aber nicht mehr besonders hervorgehoben.

### Sätze formulieren zentrale Ergebnisse

**Sätze** stellen auch in diesem Buch die Werkzeuge dar, mit denen ständig umgegangen wird, und es werden grundlegende Sätze der Stochastik sowie der Maß- und Integrationstheorie formuliert, bewiesen und angewandt. Dient ein Satz aber in erster Linie dazu, mindestens eine nachfolgende, weitreichendere Aussage zu beweisen, wird er oft **Lemma** (Plural *Lemmata*, griechisch für *Weg*) oder **Hilfssatz** genannt. Ein **Korollar** oder eine **Folgerung** formuliert Konsequenzen, die sich aus zentralen Sätzen ergeben.

## Erst der Beweis macht einen Satz zum Satz

Jede Aussage, die als Satz, Lemma oder Korollar formuliert wird, muss sich *beweisen* lassen und somit wahr sein. In der Tat ist die Beweisführung zugleich die wichtigste und die anspruchsvollste Tätigkeit in der Mathematik. Einige grundlegende Techniken, Sprech- und Schreibweisen haben Sie vermutlich schon im ersten Studienjahr kennengelenert. Ich möchte sie aber teilweise nochmals vorstellen und wiederholen.

Zunächst sollte jedoch der formale Rahmen betont werden, an den man sich beim Beweisen im Idealfall halten sollte. Dabei werden in einem ersten Schritt die Voraussetzungen festgehalten. Anschließend stellt man die Behauptung auf, und erst dann beginnt der eigentliche Beweis. Ist Letzterer gelungen, so lassen sich die Voraussetzungen und die Behauptung zur Formulierung eines entsprechenden Satzes zusammenstellen. Außerdem ist es meistens angebracht, auch den Beweis noch einmal zu überdenken und schlüssig zu formulieren.

Der Deutlichkeit halber wird das Ende eines Beweises häufig mit „qed" (*quod erat demonstrandum*) oder einfach mit einem Kästchen „■" gekennzeichnet. Insgesamt liegt fast immer folgende Struktur vor, die auch bei Ihren eigenen Beweisführungen als Richtschnur dienen sollte:

- Voraussetzungen: ...
- Behauptung: ...
- Beweis: ... ■

Natürlich ist diese Reihenfolge kein Dogma. Auch in diesem Buch werden manchmal Aussagen *hergeleitet*, also letztendlich die Beweisführung bzw. die Beweisidee vorweggenommen, bevor die eigentliche Behauptung komplett formuliert wird. Diese Vorgehensweise kann mathematische Zusammenhänge verständlicher machen. Aber die drei Elemente *Voraussetzung*, *Behauptung* und *Beweis* bei Resultaten zu identifizieren, bleibt trotzdem stets wichtig, um sich Klarheit über Aussagen zu verschaffen.

## O.B.d.A. bedeutet ohne Beschränkung der Allgemeinheit

Mathematische Sprechweisen sind oft etwas gewöhnungsbedürftig. So steht etwa o.B.d.A für „Ohne Beschränkung der Allgemeinheit". Manchmal sagt man stattdessen auch o.E.d.A. („ohne Einschränkung der Allgemeinheit") oder ganz kurz o.E. („ohne Einschränkung"). Dahinter verbirgt sich meist das Abhandeln von Spezialfällen zu Beginn eines Beweises, um den Beweis dadurch übersichtlicher zu gestalten. Der allgemeine Fall wird aber dennoch mitbehandelt; man erhält nur die Aufgabe, sich sorgsam zu vergewissern, dass tatsächlich der allgemeine Fall begründet wird. Soll also etwa eine Aussage für jede Teilmenge $A$ einer Menge $\Omega$ bewiesen werden, so bedeutet „sei o.B.d.A. $A \neq \emptyset$ und $A \neq \Omega$", dass die zu beweisende Behauptung im Fall $A = \emptyset$ und $A = \Omega$ offensichtlich („trivial") ist.

## Abstraktion ist eine Schlüsselfähigkeit

Wie allgemein in der Mathematik stößt man auch in der Stochastik immer wieder auf das Phänomen, dass unterschiedliche Anwendungsprobleme mit denselben oder sehr ähnlichen mathematischen Modellen behandelt werden können. So können „Fächer" in einem Fächermodell für unterschiedliche Plätze auf einem Speichermedium, aber auch für die Tages des Jahres oder die möglichen Gewinnreihen beim Zahlenlotto 6 aus 49 stehen.

Erkennen Mathematiker(innen) bei verschiedenen Problemen gleiche Strukturen, so sind sie bestrebt, deren Wesensmerkmale herauszuarbeiten und für sich zu untersuchen. Sie lösen sich dann vom eigentlichen konkreten Problem und studieren stattdessen die herauskristallisierte allgemeine Struktur.

Den induktiven Denkprozess, das Wesentliche eines Problems zu erfassen und bei unterschiedlichen Fragestellungen Gemeinsamkeiten auszumachen, die für die Lösung zentral sind, nennt man **Abstraktion**. Hierdurch wird es möglich, mit ein und derselben mathematischen Theorie ganz verschiedenartige Probleme gleichzeitig zu lösen, und man erkennt oft auch Zusammenhänge und Analogien, die sehr hilfreich sein können.

Abstraktion ist ein selbstverständlicher, unabdingbarer Bestandteil mathematischen Denkens, und nach dem ersten Studienjahr haben Sie vermutlich die Anfangsschwierigkeiten damit überwunden. Auch in diesem Band habe ich viel Wert darauf gelegt, Ihnen den Zugang zur Abstraktion mit zahlreichen Beispielen zu erleichtern und Ihre Abstraktionsfähigkeit zu fördern.

Ich möchte abschließend noch auf einige allgemein übliche Bezeichnungen eingehen, die im gesamten Werk verwendet werden. So seien

- $\mathbb{N} := \{1, 2, 3, \ldots\}$ die Menge der natürlichen Zahlen,
- $\mathbb{N}_0 := \{0, 1, 2, 3, \ldots\}$,
- $\mathbb{Z} := \{0, 1, -1, 2, -2 \ldots\}$ die Menge der ganzen Zahlen,
- $\mathbb{Q}$ die Menge der rationalen Zahlen,
- $\mathbb{R}$ die Menge der reellen Zahlen,
- $\mathbb{R}_{\geq 0} := \{x \in \mathbb{R} \mid x \geq 0\}$,
- $\overline{\mathbb{R}} := \mathbb{R} \cup \{+\infty, -\infty\}$ die um die uneigentlichen Punkte $+\infty$ und $-\infty$ erweiterten reellen Zahlen,
- $\mathbb{C}$ die Menge der komplexen Zahlen,
- $\lceil x \rceil := \min\{k \in \mathbb{Z} \mid x \leq k\}$, $x \in \mathbb{R}$, die obere Gauß-Klammer von $x$,
- $\lfloor x \rfloor := \max\{k \in \mathbb{Z} \mid k \leq x\}$, $x \in \mathbb{R}$, die untere Gauß-Klammer von $x$,
- $(x)_k := x(x-1) \cdot \ldots \cdot (x-k+1)$ $(x \in \mathbb{R}, k \in \mathbb{N})$ die $k$-te fallende Faktorielle von $x$ sowie $(x)_0 := 1$,
- $x \vee y := \max(x, y)$ $(x, y \in \mathbb{R})$,
- $x \wedge y := \min(x, y)$ $(x, y \in \mathbb{R})$,
- $|A|$ die Anzahl der Elemente einer endlichen Menge $A$ sowie $|A| := \infty$, falls $A$ unendlich ist.

Sind $A$ und $B$ disjunkte bzw. sind $A_1, A_2, \ldots$ paarweise disjunkte Teilmengen einer Menge $\Omega$, so schreiben wir Vereinigungen mit dem Summenzeichen, setzen also $A + B := A \cup B$, $\sum_{j=1}^{n} A_j := \bigcup_{j=1}^{n} A_j$, $n \geq 2$, sowie $\sum_{j=1}^{\infty} A_j := \bigcup_{j=1}^{\infty} A_j$.

# Wahrscheinlichkeitsräume – Modelle für stochastische Vorgänge

Was ist ein Wahrscheinlichkeitsraum?

Was besagt die Formel des Ein- und Ausschließens?

Was ist die Verteilung einer Zufallsvariablen?

In welchem Zusammenhang tritt die hypergeometrische Verteilung auf?

Wie viele Kartenverteilungen gibt es beim Skat?

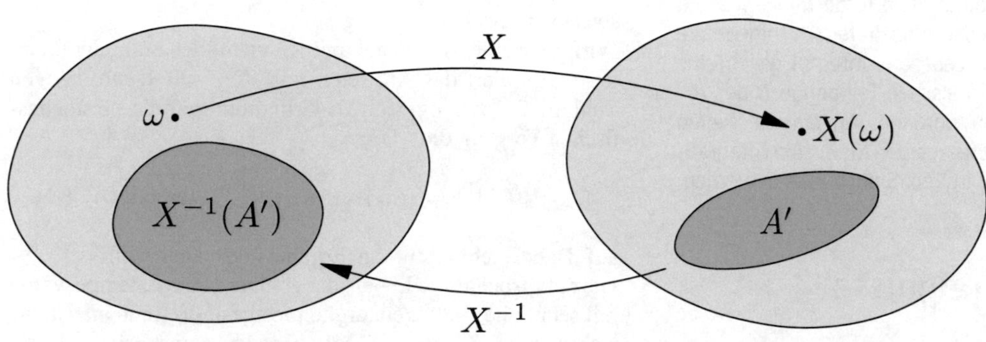





N. Henze, *Stochastik: Eine Einführung mit Grundzügen der Maßtheorie*, https://doi.org/10.1007/978-3-662-59563-3_2

Mit diesem Kapitel steigen wir in die Stochastik, die Mathematik des Zufalls, ein. Dabei wollen wir nicht über Grundsatzfragen wie *Existiert Zufall überhaupt?* philosophieren, sondern den pragmatischen Standpunkt einnehmen, dass sich so verschiedene Vorgänge wie die Entwicklung von Aktienkursen, die Ziehung der Lottozahlen, das Schadensaufkommen von Versicherungen oder die Häufigkeit von Erdbeben einer bestimmten Mindeststärke einer deterministischen Beschreibung entziehen und somit stochastische Phänomene darstellen, weil unsere Kenntnisse für eine sichere Vorhersage nicht ausreichen. Mathematische Herzstücke dieses Kapitels sind das Kolmogorovsche Axiomensystem sowie grundlegende Folgerungen aus diesen Axiomen. Außerdem lernen wir Zufallsvariablen als Instrument zur Bündelung von Informationen über stochastische Vorgänge und natürliches Darstellungsmittel für Ereignisse kennen. In diskreten Wahrscheinlichkeitsräumen gibt es abzählbar viele Elementarereignisse, deren Wahrscheinlichkeiten sich zu eins aufaddieren. Als Spezialfall entstehen hier Laplace-Modelle, deren Behandlung Techniken der Kombinatorik erfordert. Eine weitere Beispielklasse für Wahrscheinlichkeitsräume liefern nichtnegative Funktionen $f : \mathbb{R}^k \to \mathbb{R}$, deren Lebesgue-Integral gleich eins ist. In diesem Fall kann man jeder Borelschen Teilmenge $B$ des $\mathbb{R}^k$ die Wahrscheinlichkeit $\int_B f(x)\,\mathrm{d}x$ zuordnen. An einigen Stellen zitieren und verwenden wir Resultate aus der Maß- und Integrationstheorie. Diese können bei Bedarf in Kap. 8 nachgelesen werden.

## 2.1 Grundräume, Ereignisse

Um einen stochastischen Vorgang zu modellieren, muss man zunächst dessen mögliche Ergebnisse mathematisch präzise beschreiben. Diese Beschreibung geschieht in Form einer Menge $\Omega$, die **Grundraum** oder **Ergebnisraum** genannt wird. Die Elemente $\omega$ von $\Omega$ heißen **Ergebnisse**.

### Der Grundraum $\Omega$ beschreibt die möglichen Ergebnisse eines stochastischen Vorgangs

#### Beispiel

- Beobachtet man beim Würfelwurf die oben liegende Augenzahl, so ist die Menge

$$\Omega = \{1,2,3,4,5,6\}$$

ein natürlicher Grundraum.
- Wird ein Würfel $n$-mal hintereinander geworfen, und sind die in zeitlicher Reihenfolge aufgetretenen Augenzahlen von Interesse, so ist das kartesische Produkt

$$\begin{aligned}\Omega &:= \{1,2,3,4,5,6\}^n \\ &= \{(a_1,\ldots,a_n) \mid a_j \in \{1,\ldots,6\}\ \forall\, j = 1,\ldots,n\}\end{aligned}$$

ein angemessener Ergebnisraum. Hierbei steht $a_j$ für das Ergebnis des $j$-ten Wurfs.
- Wirft man zwei *nicht unterscheidbare* Würfel *gleichzeitig*, so bietet sich der Grundraum

$$\begin{aligned}\Omega := \{&(1,1),(1,2),(1,3),(1,4),(1,5),(1,6),(2,2),\\ &(2,3),(2,4),(2,5),(2,6),(3,3),(3,4),(3,5),\\ &(3,6),(4,4),(4,5),(4,6),(5,5),(5,6),(6,6)\}\end{aligned}$$

an. Dabei steht $(j,k)$ für das Ergebnis *einer der Würfel zeigt $j$ und der andere $k$.*
- Eine Münze wird so lange geworfen, bis zum ersten Mal Zahl auftritt. Es interessiere die Anzahl der dafür benötigten Würfe. Da beliebig lange Wurfsequenzen logisch nicht ausgeschlossen werden können, ist die Menge

$$\Omega := \mathbb{N} = \{1,2,\ldots\}$$

der natürlichen Zahlen ein kanonischer Grundraum für diesen stochastischen Vorgang.
- Wirft man eine Münze gedanklich unendlich oft hintereinander und notiert das Auftreten von Kopf mit 1 und das von Zahl mit 0, so drängt sich als Grundraum für diesen stochastischen Vorgang die Menge

$$\Omega := \{0,1\}^{\mathbb{N}} = \{(a_j)_{j\ge 1} \mid a_j \in \{0,1\} \text{ für jedes } j \ge 1\}$$

auf. Dabei steht $a_j$ für das Ergebnis des $j$-ten Wurfs.
- Die zufallsbehaftete Lebensdauer einer Halogenlampe werde mit sehr hoher Messgenauigkeit festgestellt. Kann man keine sichere Obergrenze für die Lebensdauer angeben, so bietet sich als Grundraum die Menge

$$\Omega := \{t \in \mathbb{R} \mid t > 0\}$$

aller positiven reellen Zahlen an. ◄

Die obigen Beispiele zeigen insbesondere, dass Tupel und Folgen geeignete Darstellungsmittel sind, wenn ein stochastischer Vorgang zu diskreten Zeitpunkten beobachtet wird und in seinem zeitlichen Verlauf beschrieben werden soll. Man beachte, dass die Ergebnismenge in den ersten drei Fällen endlich, im vierten abzählbar unendlich und in den letzten beiden Fällen überabzählbar ist.

### Ereignisse sind (gewisse) Teilmengen von $\Omega$

Oft interessiert nur, ob das Ergebnis eines stochastischen Vorgangs zu einer gewissen Menge von Ergebnissen gehört. So kann es etwa beim zweifachen Würfelwurf nur darauf ankommen, ob die Summe der geworfenen Augenzahlen gleich 7 ist oder nicht. Diese Überlegung führt dazu, *Teilmengen* des Grundraums $\Omega$ zu betrachten.

Wir nehmen zunächst an, dass $\Omega$ *abzählbar*, also endlich oder abzählbar unendlich ist. In diesem Fall heißt *jede* Teilmenge $A$ von $\Omega$ ein **Ereignis**. Ereignisse werden üblicherweise mit großen lateinischen Buchstaben aus dem vorderen Teil des Alphabetes, also mit $A, A_1, A_2, \ldots, B, B_1, B_2, \ldots, C, C_1, C_2, \ldots$ bezeichnet.

Da wir den Grundraum $\Omega$ als Ergebnismenge eines stochastischen Vorgangs deuten, kann jedes Element von $\Omega$ als potenzielles Ergebnis eines solchen Vorgangs angesehen werden. Ist $A \subseteq \Omega$ ein Ereignis, so sagen wir *das Ereignis A tritt ein*, wenn das Ergebnis des stochastischen Vorgangs zu $A$ gehört. Durch diese Sprechweise identifizieren wir eine Teilmenge $A$ von $\Omega$ als mathematisches Objekt mit dem anschaulichen Ereignis, dass sich ein Element aus $A$ als Resultat des durch den Grundraum $\Omega$ beschriebenen stochastischen Vorgangs einstellt.

Die leere Menge $\emptyset$ heißt das **unmögliche**, der Grundraum $\Omega$ das **sichere Ereignis**. Jede einelementige Teilmenge $\{\omega\}$ von $\Omega$ heißt **Elementarereignis**.

**Selbstfrage 1**

Können Sie im Beispiel des $n$-fachen Würfelwurfs das Ereignis „keiner der Würfe ergibt eine Sechs" als Teilmenge $A$ von $\Omega = \{1,2,3,4,5,6\}^n$ formulieren?

Viele stochastische Vorgänge bestehen aus Teilexperimenten (Stufen), die der Reihe nach durchgeführt werden. Besteht das Experiment aus insgesamt $n$ Stufen, so stellen sich seine Ergebnisse als $n$-Tupel $\omega = (a_1, \ldots, a_n)$ dar, wobei $a_j$ den Ausgang des $j$-ten Teilexperiments angibt. Wird das $j$-te Teilexperiment durch den Grundraum $\Omega_j$ modelliert, so ist das kartesische Produkt

$$\begin{aligned}\Omega &:= \Omega_1 \times \Omega_2 \times \ldots \times \Omega_n \\ &= \{\omega := (a_1, \ldots, a_n) \mid a_j \in \Omega_j \text{ für } j = 1, \ldots, n\}\end{aligned}$$

ein kanonischer Grundraum für das aus diesen $n$ Einzelexperimenten bestehende Gesamtexperiment.

Ist $A_j^* \subseteq \Omega_j$, so beschreibt

$$\begin{aligned}A_j &:= \Omega_1 \times \ldots \times \Omega_{j-1} \times A_j^* \times \Omega_{j+1} \times \ldots \times \Omega_n \\ &= \{\omega = (a_1, \ldots, a_n) \in \Omega \mid a_j \in A_j^*\}\end{aligned}$$

das Ereignis, dass beim $j$-ten Einzelexperiment das Ereignis $A_j^*$ eintritt. Man beachte, dass $A_j$ eine Teilmenge von $\Omega$ ist, also ein sich auf das $n$-stufige Gesamtexperiment beziehendes Ereignis beschreibt.

Offenbar kann dieser kanonische Grundraum sehr unterschiedliche Situationen modellieren, wobei der $n$-fache Würfel- oder Münzwurf als Spezialfälle enthalten sind. Lassen Sie sich jedoch in Ihrer Phantasie nicht durch den Begriff *Experiment* einengen! Gemeinhin verbindet man nämlich damit die Vorstellung von einem stochastischen Vorgang, dessen Rahmenbedingungen geplant werden können. Solche *geplanten Experimente* oder *Versuche* findet man insbesondere in der Biologie, in den Ingenieurwissenschaften oder in der Medizin. Es gibt aber auch stochastische Vorgänge, die sich auf die Entwicklung von Aktienkursen, das Auftreten von Orkanen oder Erdbeben oder die Schadenshäufigkeiten bei Sachversicherungen beziehen. So könnte $a_j$ den Tagesschlusskurs einer bestimmten Aktie am $j$-ten Handelstag des nächsten Jahres beschreiben, aber auch für die Stärke des von jetzt an gerechneten $j$-ten registrierten Erdbebens stehen, das eine vorgegebene Stärke auf der Richter-Skala übersteigt.

## Mengentheoretische Verknüpfungen von Ereignissen ergeben neue Ereignisse

Als logische Konsequenz der Identifizierung von anschaulichen Ereignissen und Teilmengen von $\Omega$ entstehen aus Ereignissen durch mengentheoretische Operationen wie folgt neue Ereignisse.

**Mengentheoretische und logische Verknüpfungen**

Sind $A, B, A_1, A_2, \ldots, A_n, \ldots \subseteq \Omega$ Ereignisse, so ist

- $A \cap B$ das Ereignis, dass $A$ *und* $B$ beide eintreten,
- $A \cup B$ das Ereignis, dass *mindestens eines* der Ereignisse $A$ oder $B$ eintritt,
- $\bigcap_{n=1}^{\infty} A_n$ das Ereignis, dass *jedes* der Ereignisse $A_1, A_2, \ldots$ eintritt,
- $\bigcup_{n=1}^{\infty} A_n$ das Ereignis, dass *mindestens eines* der Ereignisse $A_1, A_2, \ldots$ eintritt.

Das **Komplement**

$$A^c := \Omega \setminus A$$

von $A$ oder *das zu A komplementäre Ereignis* bezeichnet das Ereignis, dass $A$ *nicht* eintritt.

Ereignisse $A$ und $B$ heißen **disjunkt** oder **unvereinbar**, falls $A \cap B = \emptyset$ gilt. Mehr als zwei Ereignisse heißen **paarweise disjunkt**, falls je zwei von ihnen disjunkt sind.

Die Teilmengenbeziehung $A \subseteq B$ bedeutet, dass das Eintreten des Ereignisses $A$ das Eintreten von $B$ nach sich zieht. Die Sprechweise hierfür ist *aus A folgt B*.

Man rufe sich in Erinnerung, dass Vereinigungs- und Durchschnittsbildung kommutativ und assoziativ sind und das Distributivgesetz

$$A \cap (B \cup C) = A \cap B \cup A \cap C$$

sowie die nach dem Mathematiker Augustus de Morgan (1806–1871) benannten Regeln

$$(A \cup B)^c = A^c \cap B^c, \ (A \cap B)^c = A^c \cup B^c,$$

$$\left(\bigcup_{j=1}^{\infty} A_j\right)^c = \bigcap_{j=1}^{\infty} A_j^c, \qquad \left(\bigcap_{j=1}^{\infty} A_j\right)^c = \bigcup_{j=1}^{\infty} A_j^c$$

gelten, siehe z. B. [1], Abschn. 2.2.

### Achtung

- Der Kürze halber lassen wir oft das Durchschnittszeichen zwischen Mengen weg, schreiben also etwa $AB(C \cup D)$ anstelle von $A \cap B \cap (C \cup D)$.

- Disjunkte Ereignisse stellen eine spezielle und – wie wir später sehen werden – besonders angenehme Situation für den Umgang mit Wahrscheinlichkeiten dar. Um diesen Fall auch in der Notation zu betonen, schreiben wir die Vereinigung (paarweise) disjunkter Ereignisse mit dem *Summenzeichen*, d. h., wir setzen

$$A + B := A \cup B$$

für disjunkte Ereignisse $A$ und $B$ bzw.

$$\sum_{j=1}^{n} A_j := A_1 + \ldots + A_n := A_1 \cup \ldots \cup A_n,$$

$$\sum_{j=1}^{\infty} A_j := \bigcup_{j=1}^{\infty} A_j$$

für paarweise disjunkte Ereignisse $A_1, A_2, \ldots$ Dabei vereinbaren wir, dass diese Summenschreibweise ausschließlich für diesen speziellen Fall gelten soll. ◀

**Selbstfrage 2**

Es seien $A, B, C \subseteq \Omega$ Ereignisse. Können Sie die anschaulich beschriebenen Ereignisse $D_1$: „es tritt nur $A$ ein" und $D_2$: „es treten genau zwei der drei Ereignisse ein" in mengentheoretischer Form ausdrücken?

**Beispiel** Im kanonischen Modell $\Omega = \Omega_1 \times \ldots \times \Omega_n$ für ein $n$-stufiges Experiment seien $A_j^* \subseteq \Omega_j$, $1 \leq j \leq n$, und

$$A_j := \Omega_1 \times \ldots \times \Omega_{j-1} \times A_j^* \times \Omega_{j+1} \times \ldots \times \Omega_n$$

das Ereignis, dass im $j$-ten Teilexperiment das Ereignis $A_j^*$ eintritt ($j = 1, \ldots, n$). Dann ist

$$A_1 \cap A_2 \cap \ldots \cap A_n = A_1^* \times A_2^* \times \ldots \times A_n^*$$

das Ereignis, dass für jedes $j = 1, \ldots, n$ im $j$-ten Teilexperiment das Ereignis $A_j^*$ eintritt. ◀

## Das System der Ereignisse ist eine $\sigma$-Algebra

Ist der Grundraum $\Omega$ überabzählbar, so muss man aus prinzipiellen Gründen Vorsicht walten lassen! Es ist dann i. Allg. nicht mehr möglich, *jede* Teilmenge von $\Omega$ in dem Sinne als *Ereignis* zu bezeichnen, dass man ihr in konsistenter Weise eine Wahrscheinlichkeit zuordnen kann (siehe die Hintergrund-und-Ausblick-Box in Abschn. 2.4). Wenn wir also unter Umständen nicht mehr jede Teilmenge von $\Omega$ als Ereignis ansehen können, sollten wir wenigstens fordern, dass alle „praktisch wichtigen Teilmengen" von $\Omega$ Ereignisse sind und man mit Ereignissen mengentheoretisch operieren kann und damit wiederum Ereignisse erhält. Schließen wir uns der allgemeinen Sprechweise an, eine Teilmenge $\mathcal{M}$ der Potenzmenge von $\Omega$ als *System* von Teilmengen von $\Omega$ oder *Mengensystem* zu bezeichnen, so gelangen wir zu folgender Begriffsbildung.

**Definition einer $\sigma$-Algebra**

Eine $\sigma$-Algebra über $\Omega$ ist ein System $\mathcal{A} \subseteq \mathcal{P}(\Omega)$ von Teilmengen von $\Omega$ mit folgenden Eigenschaften:

- $\emptyset \in \mathcal{A}$,
- aus $A \in \mathcal{A}$ folgt $A^c = \Omega \setminus A \in \mathcal{A}$,
- aus $A_1, A_2, \ldots \in \mathcal{A}$ folgt $\bigcup_{n=1}^{\infty} A_n \in \mathcal{A}$.

**Video 2.1** $\sigma$-Algebren

Wie ausführlich in Abschn. 8.2 dargelegt, enthält jede $\sigma$-Algebra den Grundraum $\Omega$ sowie mit endlich oder abzählbar vielen Mengen auch deren Durchschnitte. Zudem ist eine $\sigma$-Algebra *vereinigungsstabil*, sie enthält also mit je zwei und damit auch je endlich vielen Mengen auch deren Vereinigung. Das Präfix „$\sigma$-" im Wort $\sigma$-Algebra steht für die Möglichkeit, *abzählbar unendlich viele* Mengen bei Mengenoperationen wie Vereinigungs- und Durchschnittsbildung zuzulassen. Würde man die dritte eine $\sigma$-Algebra definierende Eigenschaft dahingehend abschwächen, dass Vereinigungen von je zwei (und damit von je *endlich vielen*) Mengen aus $\mathcal{A}$ wieder zu $\mathcal{A}$ gehören, so nennt man ein solches Mengensystem eine *Algebra*. Ist $\mathcal{A} \subseteq \mathcal{P}(\Omega)$ eine $\sigma$-Algebra über $\Omega$, so heißt das Paar $(\Omega, \mathcal{A})$ **Messraum** oder **messbarer Raum**.

**Beispiel**

- Auf einem Grundraum $\Omega$ gibt es stets zwei triviale $\sigma$-Algebren, nämlich die kleinstmögliche (gröbste) $\sigma$-Algebra $\mathcal{A} = \{\emptyset, \Omega\}$ und die größtmögliche (feinste) $\sigma$-Algebra $\mathcal{A} = \mathcal{P}(\Omega)$. Die erste ist uninteressant, die zweite im Fall eines überabzählbaren Grundraums i. Allg. zu groß.
- Für jede Teilmenge $A$ von $\Omega$ ist das Mengensystem

$$\mathcal{A} := \{\emptyset, A, A^c, \Omega\}$$

eine $\sigma$-Algebra.
- In Verallgemeinerung des letzten Beispiels sei

$$\Omega = \sum_{n=1}^{\infty} A_n$$

eine Zerlegung des Grundraums $\Omega$ in paarweise disjunkte Mengen $A_1, A_2, \ldots$ Dann ist das System

$$\mathcal{A} = \left\{ B \subseteq \Omega \mid \exists T \subseteq \mathbb{N} \text{ mit } B = \sum_{n \in T} A_n \right\} \qquad (2.1)$$

aller Teilmengen von $\Omega$, die sich als Vereinigung irgendwelcher der Mengen $A_1, A_2, \ldots$ schreiben lassen, eine $\sigma$-Algebra über $\Omega$ (Aufgabe 2.28). ◀

Um im Fall eines überabzählbaren Grundraums $\sigma$-Algebren zu konstruieren, die hinreichend reichhaltig sind, um alle für eine vorliegende Fragestellung wichtigen Teilmengen von $\Omega$ zu enthalten, geht man analog wie etwa in der Linearen Algebra vor, wenn zu einer gegebenen Menge $M$ von Vektoren in einem Vektorraum $V$ der kleinste Unterraum $U$ von $V$ mit der Eigenschaft $M \subseteq U$ gesucht wird. Dieser Vektorraum ist der Durchschnitt aller Unterräume, die $M$ enthalten. Hierzu muss man sich nur überlegen, dass der Durchschnitt beliebig vieler Unterräume von $V$ wieder ein Unterraum ist.

Da der Durchschnitt

$$\bigcap_{j \in J} \mathcal{A}_j := \{A \subseteq \Omega \mid A \in \mathcal{A}_j \text{ für jedes } j \in J\}$$

beliebig vieler $\sigma$-Algebren über $\Omega$ wieder eine $\sigma$-Algebra ist, kann man für ein beliebiges nichtleeres System $\mathcal{M} \subseteq \mathcal{P}(\Omega)$ von Teilmengen von $\Omega$ den mit

$$\sigma(\mathcal{M}) := \bigcap \{\mathcal{A} \mid \mathcal{A} \subseteq \mathcal{P}(\Omega) \text{ } \sigma\text{-Algebra und } \mathcal{M} \subseteq \mathcal{A}\}$$

bezeichneten Durchschnitt aller $\sigma$-Algebren über $\Omega$ betrachten, die – wie z. B. die Potenzmenge von $\Omega$ – das Mengensystem $\mathcal{M}$ enthalten. Man nennt $\sigma(\mathcal{M})$ die *von $\mathcal{M}$ erzeugte $\sigma$-Algebra.* Nach Konstruktion ist $\sigma(\mathcal{M})$ die kleinste $\sigma$-Algebra über $\Omega$, die $\mathcal{M}$ enthält. Das Mengensystem $\mathcal{M}$ heißt (ein) *Erzeugendensystem* oder kurz (ein) *Erzeuger* von $\sigma(\mathcal{M})$.

**Beispiel (Von einer Zerlegung erzeugte $\sigma$-Algebra)** Ist $\mathcal{M} := \{A_n \mid n \in \mathbb{N}\}$, wobei die Mengen $A_1, A_2, \ldots$ eine Zerlegung von $\Omega$ bilden, also $\Omega = \sum_{n=1}^{\infty} A_n$ gilt, so ist die von $\mathcal{M}$ erzeugte $\sigma$-Algebra $\sigma(\mathcal{M})$ gerade das in (2.1) stehende Mengensystem $\mathcal{A}$. Zum einen ist nämlich $\mathcal{A}$ nach Aufgabe 2.28 eine $\sigma$-Algebra, die $\mathcal{M}$ enthält, woraus die Inklusion $\sigma(\mathcal{M}) \subseteq \mathcal{A}$ folgt. Zum anderen muss jede $\sigma$-Algebra über $\Omega$, die $\mathcal{M}$ enthält, jede abzählbare Vereinigung von Mengen aus $\mathcal{M}$ und somit $\mathcal{A}$ enthalten. Es gilt somit auch $\mathcal{A} \subseteq \sigma(\mathcal{M})$. ◄

Setzt man im obigen Beispiel speziell $A_n := \emptyset$ für $n \geq 3$ und $\mathcal{M} := \{A_1\}, \mathcal{N} := \{A_2\}$, so gilt wegen $A_2 = A_1^c$ die Beziehung $\sigma(\mathcal{M}) = \sigma(\mathcal{N}) = \{\emptyset, A_1, A_2, \Omega\}$. Eine $\sigma$-Algebra kann also verschiedene Erzeuger haben. Will man allgemein zeigen, dass zwei Mengensysteme $\mathcal{M} \subseteq \mathcal{P}(\Omega)$ und $\mathcal{N} \subseteq \mathcal{P}(\Omega)$ die gleiche $\sigma$-Algebra erzeugen, also $\sigma(\mathcal{M}) = \sigma(\mathcal{N})$ gilt, so reicht es aus, die Teilmengenbeziehungen

$$\mathcal{M} \subseteq \sigma(\mathcal{N}), \qquad \mathcal{N} \subseteq \sigma(\mathcal{M})$$

nachzuweisen, vgl. Teil c) des Lemmas über Erzeugendensysteme in Abschn. 8.2.

Falls nichts anderes gesagt ist, legen wir auf dem Grundraum $\Omega = \mathbb{R}^k$ stets die ausführlich in Abschn. 8.2 behandelte, vom System $\mathcal{O}^k$ aller offenen Mengen im $\mathbb{R}^k$ erzeugte $\sigma$-Algebra

$$\mathcal{B}^k := \sigma(\mathcal{O}^k)$$

der *Borel-Mengen* zugrunde. Diese umfasst zwar nicht jede Teilmenge des $\mathbb{R}^k$, sie ist aber reichhaltig genug, um alle für konkrete Fragestellungen wichtige Mengen zu beinhalten. Wie im Satz über Erzeugendensysteme der Borel-Mengen in Abschn. 8.2 gezeigt wird, enthält sie u. a. alle abgeschlossenen Teilmengen des $\mathbb{R}^k$ und alle halboffenen Quader $(x, y] = \times_{j=1}^{k}(x_j, y_j]$, wobei $x = (x_1, \ldots, x_k)$, $y = (y_1, \ldots, y_k)$. Im Fall $k = 1$ setzen wir kurz $\mathcal{B} := \mathcal{B}^1$.

## 2.2 Zufallsvariablen

Bislang haben wir die Menge der möglichen Ergebnisse eines stochastischen Vorgangs mit einer als *Grundraum* bezeichneten Menge modelliert und gewisse Teilmengen von $\Omega$ als Ereignisse bezeichnet. Dabei soll das System aller Ereignisse eine $\sigma$-Algebra über $\Omega$ bilden. In diesem Abschnitt lernen wir *Zufallsvariablen* als natürliches Darstellungsmittel für Ereignisse kennen. Zur Einstimmung betrachten wir eine einfache Situation, die aber schon wesentliche Überlegungen beinhaltet. Im Kern geht es darum, dass man häufig nur an einem *gewissen Aspekt* oder *Merkmal* der Ergebnisse eines stochastischen Vorgangs interessiert ist.



**Beispiel** Der $n$-fach hintereinander ausgeführte Würfelwurf wird durch den Grundraum

$$\Omega = \{1, 2, 3, 4, 5, 6\}^n$$

modelliert. Interessiert an einem Ergebnis $\omega = (a_1, \ldots, a_n) \in \Omega$ nur die Anzahl der geworfenen Sechsen, so kann dieser Aspekt durch die Abbildung

$$X : \begin{cases} \Omega \to \mathbb{R}, \\ \omega = (a_1, \ldots, a_n) \mapsto X(\omega) := \sum_{j=1}^{n} \mathbb{1}\{a_j = 6\} \end{cases}$$

beschrieben werden. Dabei sei $\mathbb{1}\{a_j = 6\} := 1$ gesetzt, falls $a_j = 6$ gilt; andernfalls sei $\mathbb{1}\{a_j = 6\} := 0$.

Ist man an der größten Augenzahl interessiert, so wird dieses Merkmal des Ergebnisses $\omega$ durch die Abbildung

$$Y : \begin{cases} \Omega \to \mathbb{R}, \\ \omega = (a_1, \ldots, a_n) \mapsto Y(\omega) := \max(a_1, \ldots, a_n) \end{cases}$$

beschrieben.

Man beachte, dass die auf $\Omega$ definierten reellwertigen Funktionen $X$ und $Y$ jeweils eine Datenkompression bewirken, die zu einer geringeren Beobachtungstiefe führt. Wird etwa im Fall des zweifachen Würfelwurfs nur das Ergebnis „$X(\omega) = 1$" mitgeteilt, ohne dass man eine Information über $\omega$ preisgibt, so kann einer der zehn Fälle $\omega = (6, 1)$, $\omega = (6, 2)$, $\omega = (6, 3)$, $\omega = (6, 4)$, $\omega = (6, 5)$, $\omega = (1, 6)$, $\omega = (2, 6)$, $\omega = (3, 6)$, $\omega = (4, 6)$ oder $\omega = (5, 6)$ vorgelegen haben. In gleicher Weise steht

$$\{Y \leq 3\} := \{\omega \in \Omega \mid Y(\omega) \leq 3\}$$

kurz und prägnant für das Ereignis, dass das Maximum der geworfenen Augenzahlen höchstens drei ist. ◄

## Die Urbildabbildung zu einer Zufallsvariablen ordnet Ereignissen Ereignisse zu

Das obige Beispiel verdeutlicht, dass eine auf $\Omega$ definierte Funktion einen interessierenden Aspekt eines stochastischen Vorgangs beschreiben kann, und dass sich mithilfe dieser Funktion Ereignisse formulieren lassen.

Im Hinblick auf eine tragfähige Theorie, die z. B. auch Abbildungen zulässt, deren Wertebereiche Funktionenräume sind (man denke hier etwa an kontinuierliche Aufzeichnungen seismischer Aktivität), betrachten wir in der Folge Abbildungen mit allgemeinen Wertebereichen. Ausgangspunkt sind zwei Messräume $(\Omega, \mathcal{A})$ und $(\Omega', \mathcal{A}')$, also zwei nichtleere Mengen $\Omega$ und $\Omega'$ als Grundräume sowie Ereignissysteme in Form von $\sigma$-Algebren $\mathcal{A} \subseteq \mathcal{P}(\Omega)$ bzw. $\mathcal{A}' \subseteq \mathcal{P}(\Omega')$ über $\Omega$ bzw. $\Omega'$. Weiter sei $X : \Omega \to \Omega'$ eine Abbildung, deren *Urbildabbildung* mit

$$X^{-1} : \begin{cases} \mathcal{P}(\Omega') \to \mathcal{P}(\Omega), \\ A' \mapsto X^{-1}(A') := \{\omega \in \Omega \mid X(\omega) \in A'\} \end{cases}$$

bezeichnet werde.

**Definition einer Zufallsvariablen**

In der obigen Situation heißt jede Abbildung $X : \Omega \to \Omega'$ mit der Eigenschaft

$$X^{-1}(A') \in \mathcal{A} \text{ für jedes } A' \in \mathcal{A}' \qquad (2.2)$$

eine **$\Omega'$-wertige Zufallsvariable**.

Der Wert $X(\omega)$ heißt **Realisierung** der Zufallsvariablen $X$ zum Ausgang $\omega$.

Eine Zufallsvariable $X$ ist also nichts anderes als eine Funktion, die einen Grundraum in einen anderen Grundraum abbildet. Dabei wird nur vorausgesetzt, dass die Urbilder der Ereignisse im Bildraum Ereignisse im Ausgangsraum sind; man fordert aber weder die Injektivität noch die Surjektivität von $X$. Im Spezialfall $(\Omega', \mathcal{A}') = (\mathbb{R}, \mathcal{B})$ nennt man $X$ auch eine *reelle Zufallsvariable*, im Fall $(\Omega', \mathcal{A}') = (\mathbb{R}^k, \mathcal{B}^k)$ einen *k-dimensionalen Zufallsvektor*.

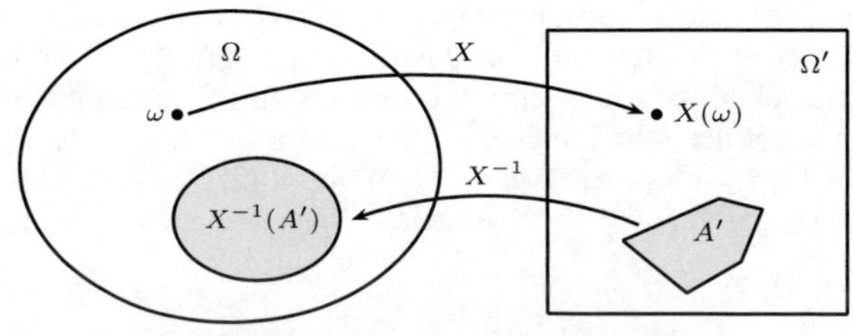


**Abb. 2.1** Zufallsvariable und zugehörige Urbildabbildung

### Kommentar

- Es ist allgemeiner Brauch, für Zufallsvariablen nicht vertraute Funktionssymbole wie $f$ oder $g$, sondern große lateinische Buchstaben aus dem hinteren Teil des Alphabets, also $Z, Y, X, W, V, U, \ldots$, zu verwenden. Nimmt $X$ nur nichtnegative ganze Zahlen als Werte an, so sind auch die Bezeichnungen $N$, $M$ oder $L$ üblich.
- Die rein technische und im Fall $\mathcal{A} = \mathcal{P}(\Omega)$ entbehrliche Bedingung (2.2) wird $(\mathcal{A}, \mathcal{A}')$*-Messbarkeit* von $X$ genannt, vgl. Abschn. 8.4. Sie garantiert, dass Urbilder von Ereignissen in $\Omega'$ Ereignisse in $\Omega$ sind und besagt somit, dass die zwischen Messräumen vermittelnde Abbildung $X$ *strukturverträglich* ist. Wären $\mathcal{A}$ und $\mathcal{A}'$ Systeme offener Mengen und damit Topologien auf $\Omega$ bzw. $\Omega'$, so wäre (2.2) gerade die Eigenschaft der Stetigkeit von $X$, also die Strukturverträglichkeit von $X$ als Abbildung zwischen topologischen Räumen.
- In der Maßtheorie wird gezeigt, dass (2.2) schon gilt, wenn nur die Urbilder $X^{-1}(A')$ aller Mengen $A'$ eines Erzeugers der $\sigma$-Algebra $\mathcal{A}'$ in $\mathcal{A}$ liegen, und dass die Verkettung messbarer Abbildungen messbar ist (siehe Abschn. 8.4). Dort wird auch gezeigt, dass sich u. a. Rechenregeln über reelle Zufallsvariablen ergeben, die den Regeln im Umgang mit stetigen Funktionen entsprechen. So sind mit $X$ und $Y$ auch $aX + bY$ $(a, b \in \mathbb{R})$ sowie das Produkt $XY$, der Quotient $X/Y$ (falls $Y(\omega) \neq 0$, $\omega \in \Omega$) und $\max(X, Y)$ sowie $\min(X, Y)$ wieder Zufallsvariablen.
- Manchmal kommt es vor, dass Zufallsvariablen Werte in der Menge $\overline{\mathbb{R}} := \mathbb{R} \cup \{+\infty, -\infty\}$, also der um die uneigentlichen Punkte $+\infty$ und $-\infty$ erweiterten reellen Zahlen, annehmen. Dies geschieht z. B. dann, wenn auf das Eintreten eines Ereignisses wie der ersten Sechs eim Würfelwurf gewartet wird und dieses Ereignis unter Umständen nie eintritt, also die Anzahl der dafür benötigten Würfe den (uneigentlichen) Wert $\infty$ annimmt. Im Fall $\Omega' = \overline{\mathbb{R}}$ wählt man als $\sigma$-Algebra das System

$$\overline{\mathcal{B}} := \{B \cup E \mid B \in \mathcal{B}, E \subseteq \{-\infty, \infty\}\}$$

der in $\overline{\mathbb{R}}$ **Borelschen Mengen** und nennt $X$ eine **numerische Zufallsvariable**. Mit geeigneten Festsetzungen für Rechenoperationen und Ordnungsbeziehungen sind dann mit $X, X_1, X_2, \ldots$ auch $|X|$, $aX_1 + bX_2$ $(a, b \in \mathbb{R})$ sowie

$$\sup_{n \geq 1} X_n, \quad \inf_{n \geq 1} X_n, \quad \limsup_{n \to \infty} X_n, \quad \liminf_{n \to \infty} X_n$$

numerische Zufallsvariablen. Insbesondere ist auch $\lim_{n\to\infty} X_n$ eine numerische Zufallsvariable, falls die Folge $X_n$ punktweise in $\overline{\mathbb{R}}$ konvergiert. Mit Zufallsvariablen kann man also fast bedenkenlos rechnen. Wir werden auf Messbarkeitsfragen hier nicht eingehen, weil sie den Blick auf die wesentlichen stochastischen Fragen und Konzepte verstellen. Details können bei Bedarf in Abschn. 8.4 nachgelesen werden. ◀

Sind $X : \Omega \to \Omega'$ eine Zufallsvariable und $A' \in \mathcal{A}'$, so schreiben wir – in völliger Übereinstimmung mit einer auch in

Abschn. 8.4 verwendeten Notation – kurz und suggestiv

$$\{X \in A'\} := \{\omega \in \Omega \mid X(\omega) \in A'\} = X^{-1}(A')$$

für das Ereignis, dass $X$ einen Wert in der Menge $A'$ annimmt. Im Spezialfall $\Omega' = \overline{\mathbb{R}}$ und für spezielle Mengen wie $A' = [-\infty, c]$, $A' = (c, \infty]$ oder $A' = (a, b]$ mit $a, b, c \in \overline{\mathbb{R}}$ setzen wir

$$\begin{aligned} \{X \le c\} &:= \{\omega \in \Omega \mid X(\omega) \le c\} = X^{-1}([-\infty, c]), \\ \{X > c\} &:= \{\omega \in \Omega \mid X(\omega) > c\} = X^{-1}((c, \infty]), \\ \{a < X \le b\} &:= \{\omega \in \Omega \mid a < X(\omega) \le b\} = X^{-1}((a, b]) \end{aligned}$$

usw. Diese Nomenklatur deutet schon an, dass wir beim Studium von Zufallsvariablen deren zugrunde liegenden Definitionsbereich $\Omega$ i. Allg. wenig Aufmerksamkeit schenken werden.

## Indikatorsummen zählen, wie viele Ereignisse eintreten

Besondere Bedeutung besitzen Zufallsvariablen, die das Eintreten oder Nichteintreten von Ereignissen beschreiben.

**Definition einer Indikatorfunktion**

Ist $A \subseteq \Omega$ ein Ereignis, so heißt die durch

$$\mathbb{1}_A(\omega) := \begin{cases} 1, & \text{falls } \omega \in A \\ 0 & \text{sonst} \end{cases}, \quad \omega \in \Omega,$$

definierte Zufallsvariable $\mathbb{1}_A$ die **Indikatorfunktion** von $A$ bzw. der **Indikator** von $A$ (von lat. *indicare: anzeigen*). Anstelle von $\mathbb{1}_A$ schreiben wir häufig auch $\mathbb{1}\{A\}$.

Tatsächlich zeigt die Realisierung von $\mathbb{1}_A$ an, ob das Ereignis $A$ eingetreten ist ($\mathbb{1}_A(\omega) = 1$) oder nicht ($\mathbb{1}_A(\omega) = 0$). Für die Ereignisse $\Omega$ und $\emptyset$ gelten offenbar $\mathbb{1}_\Omega(\omega) = 1$ bzw. $\mathbb{1}_\emptyset(\omega) = 0$ für jedes $\omega$ aus $\Omega$. Weiter gelten die durch Fallunterscheidung einzusehenden Regeln

$$\begin{aligned} \mathbb{1}_{A\cap B} &= \mathbb{1}_A \cdot \mathbb{1}_B, && (2.3) \\ \mathbb{1}_{A\cup B} &= \mathbb{1}_A + \mathbb{1}_B - \mathbb{1}_{A\cap B}, \\ \mathbb{1}_{A+B} &= \mathbb{1}_A + \mathbb{1}_B, && (2.4) \\ \mathbb{1}_{A^c} &= 1 - \mathbb{1}_A. && (2.5) \end{aligned}$$

Dabei sind $A, B \in \mathcal{A}$ Ereignisse (Aufgabe 2.29).

Sind $A_1, A_2, \ldots, A_n \subseteq \Omega$ Ereignisse, so ist es oft von Bedeutung, *wie viele* dieser Ereignisse eintreten. Diese Information liefert die **Indikatorsumme**

$$X := \mathbb{1}\{A_1\} + \mathbb{1}\{A_2\} + \ldots + \mathbb{1}\{A_n\}. \tag{2.6}$$

Werten wir nämlich die rechte Seite von (2.6) als Abbildung auf $\Omega$ an der Stelle $\omega$ aus, so ist der $j$-te Summand gleich 1, wenn $\omega$ zu $A_j$ gehört, also das Ereignis $A_j$ eintritt (bzw. gleich 0, wenn $\omega$ nicht zu $A_j$ gehört). Die in (2.6) definierte Zufallsvariable $X$ beschreibt somit die Anzahl derjenigen Ereignisse unter $A_1, A_2, \ldots, A_n$, die eintreten.

**Video 2.2** Indikatorfunktionen und Zählvariablen

Das Ereignis $\{X = k\}$ besagt, dass genau $k$ der $n$ Ereignisse $A_1, A_2, \ldots, A_n$ eintreten. In diesem Fall gibt es genau eine $k$-elementige Teilmenge $T$ von $\{1, 2, \ldots, n\}$, sodass die Ereignisse $A_j$ mit $j \in T$ eintreten und die übrigen nicht. Diese Überlegung liefert für jedes $k \in \{0, 1, \ldots, n\}$ die Darstellung

$$\{X = k\} = \sum_{T:|T|=k} \left( \bigcap_{j\in T} A_j \cap \bigcap_{\ell\notin T} A_\ell^c \right). \tag{2.7}$$

Dabei durchläuft $T$ alle $k$-elementigen Teilmengen von $\{1, \ldots, n\}$. Die Verwendung der Summenschreibweise für die rechts stehende Vereinigung ist gerechtfertigt, da die zu vereinigenden Mengen für verschiedene $T$ paarweise disjunkt sind. Darstellung (2.7) unterstreicht die Nützlichkeit von Indikatorsummen. Da Indikatorsummen die eintretenden Ereignisse unter $A_1, \ldots, A_n$ *zählen*, nennen wir Indikatorsummen im Folgenden manchmal auch **Zählvariablen**.

**Selbstfrage 3**

Welche Gestalt besitzen die Spezialfälle $k = 0$ und $k = n$ in (2.7)?

# 2.3 Das Axiomensystem von Kolmogorov

Um einen stochastischen Vorgang zu modellieren, haben wir bislang nur dessen mögliche Ergebnisse in Form einer nichtleeren Menge $\Omega$ zusammengefasst. Des Weiteren wurden gewisse Teilmengen von $\Omega$ als Ereignisse bezeichnet, wobei das System aller Ereignisse eine $\sigma$-Algebra bilden soll. Zudem haben wir gesehen, dass sich Ereignisse bequem mithilfe von Zufallsvariablen beschreiben lassen. Nun fehlt uns noch der wichtigste Bestandteil eines mathematischen Modells für stochastische Vorgänge, nämlich der Begriff der Wahrscheinlichkeit.

## Relative Häufigkeiten: der intuitive frequentistische Hintergrund

Um diesen Begriff einzuführen, lassen wir uns von Erfahrungen leiten, die vermutlich jeder schon einmal gemacht hat. Wir stellen uns einen Zufallsversuch wie etwa einen Würfelwurf

Kapitel 2

oder das Drehen eines Roulette-Rades vor, dessen Ergebnisse durch einen Grundraum $\Omega$ mit einer $\sigma$-Algebra $\mathcal{A}$ als Ereignissystem beschrieben werden. Dieser Versuch werde $n$-mal unter möglichst gleichen, sich gegenseitig nicht beeinflussenden Bedingungen durchgeführt und seine jeweiligen Ausgänge als Elemente von $\Omega$ protokolliert. Ist $A \subseteq \Omega$ ein Ereignis, so bezeichnen $h_n(A)$ die Anzahl der Versuche, bei denen das Ereignis $A$ eingetreten ist, sowie

$$r_n(A) := \frac{h_n(A)}{n}$$

die **relative Häufigkeit** von $A$ in dieser Versuchsserie.

Offenbar gilt $0 \leq r_n(A) \leq 1$, wobei sich die extremen Werte 0 bzw. 1 genau dann einstellen, wenn das Ereignis $A$ in der Versuchsserie der Länge $n$ nie bzw. immer auftritt. Die Kenntnis der relativen Häufigkeit $r_n(A)$ liefert also eine Einschätzung der Chance für das Eintreten von $A$ in einem weiteren, zukünftigen Versuch: Je näher der Wert $r_n(A)$ bei 1 bzw. bei 0 liegt, desto eher würde man auf das Eintreten bzw. Nichteintreten von $A$ in einem späteren Versuch wetten. Darüber hinaus würde man der relativen Häufigkeit einen umso größeren Prognosewert für das Eintreten oder Nichteintreten von $A$ in einem zukünftigen Versuch zubilligen, je größer die Anzahl $n$ der Versuche und somit je verlässlicher die Datenbasis ist. Auf letzteren Punkt werden wir gleich noch zurückkommen.

Offenbar besitzt $r_n(\cdot)$ als Funktion der Ereignisse $A \in \mathcal{A}$ folgende Eigenschaften:

**Eigenschaften der relativen Häufigkeit**

Für die relative Häufigkeitsfunktion $r_n : \mathcal{A} \to \mathbb{R}$ gelten:

- $r_n(A) \geq 0$ für jedes $A \in \mathcal{A}$,
- $r_n(\Omega) = 1$,
- Sind $A_1, A_2, \ldots$ paarweise disjunkte Mengen aus $\mathcal{A}$, so gilt

$$r_n\left(\sum_{j=1}^{\infty} A_j\right) = \sum_{j=1}^{\infty} r_n(A_j).$$

Die Eigenschaften $r_n(A) \geq 0$ und $r_n(\Omega) = 1$ sind unmittelbar klar. Für die letzte beachte man, dass höchstens $n$ der Ereignisse $A_1, A_2, \ldots$ eintreten können.

Offenbar hängt die Funktion $r_n$ von den konkreten Ergebnissen $\omega_1, \ldots, \omega_n$ der $n$ Versuche ab, denn es gilt

$$r_n(A) = \frac{1}{n}\sum_{k=1}^{n} \mathbb{1}_A(\omega_k).$$

Die Prognosekraft der relativen Häufigkeit $r_n(A)$ für das Eintreten von $A$ in einem zukünftigen Experiment ist prinzipiell umso stärker, je größer $n$ ist. Dies liegt daran, dass relative Häufigkeiten bei einer wachsenden Anzahl von Versuchen, die wiederholt unter möglichst gleichen Bedingungen und unbeeinflusst voneinander durchgeführt werden, erfahrungsgemäß immer weniger fluktuieren und somit immer stabiler werden.

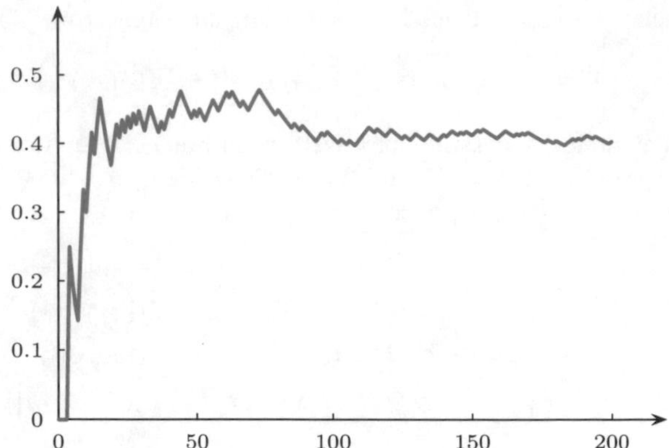


**Abb. 2.2** Fortlaufend notierte relative Häufigkeiten für 1 beim Reißzweckenversuch

Abb. 2.2 illustriert dieses *empirische Gesetz über die Stabilisierung relativer Häufigkeiten* anhand eines 200-mal durchgeführten Versuchs, bei dem eine Reißzwecke auf einen Steinboden geworfen wurde. Dabei wurde eine 1 notiert, falls die Reißzwecke mit der Spitze nach oben zu liegen kam, andernfalls eine 0. Abb. 2.2 zeigt die in Abhängigkeit von $n$, $1 \leq n \leq 200$, aufgetragenen relativen Häufigkeiten für das Ergebnis 1, wobei eine Stabilisierung deutlich zu erkennen ist.

Man könnte versucht sein, die Wahrscheinlichkeit eines Ereignisses $A$ durch denjenigen „Grenzwert" definieren zu wollen, gegen den sich die relative Häufigkeit von $A$ bei wachsender Versuchsanzahl $n$ erfahrungsgemäß zu stabilisieren scheint. Dieser naive Ansatz scheitert jedoch schon an der mangelnden Präzisierung des Adverbs *erfahrungsgemäß* sowie an der fehlenden Kenntnis dieses Grenzwertes. Man mache sich klar, dass das empirische Gesetz über die Stabilisierung relativer Häufigkeiten ausschließlich eine Erfahrungstatsache und *kein mathematischer Sachverhalt* ist. So kann z. B. logisch nicht ausgeschlossen werden, dass beim fortgesetzten Reißzweckenwurf die Folge der relativen Häufigkeiten $r_n(\{1\})$ nicht konvergiert oder dass eine Person immer nur das Ergebnis „Spitze nach oben" und eine andere immer nur das Resultat „Spitze schräg nach unten" beobachtet!

Ungeachtet dieser Schwierigkeiten versuchte der Mathematiker Richard von Mises (1883–1953) im Jahre 1919, Wahrscheinlichkeiten mithilfe von Grenzwerten relativer Häufigkeiten unter gewissen einschränkenden Bedingungen zu definieren. Dieser Versuch einer Axiomatisierung der Wahrscheinlichkeitsrechnung führte zwar nicht zum vollen Erfolg, hatte jedoch starken Einfluss auf die weitere Grundlagenforschung.

## Die Mathematik des Zufalls ruht auf drei Grundpostulaten

In der Tat war es lange Zeit ein offenes Problem, auf welche Fundamente sich eine „Mathematik des Zufalls" gründen sollte, und so dauerte es bis zum Jahr 1933, als Andrej Nikolajewitsch Kolmogorov (1903–1987) in einer auf Deutsch verfassten Abhandlung das bis heute fast ausschließlich als Basis für wahrscheinlichkeitstheoretische Untersuchungen dienende nachfolgende Axiomensystem aufstellte, siehe [19].

**Das Axiomensystem von Kolmogorov (1933)**

Ein **Wahrscheinlichkeitsraum** ist ein Tripel $(\Omega, \mathcal{A}, \mathbb{P})$. Dabei sind

a) $\Omega$ eine beliebige nichtleere Menge,
b) $\mathcal{A}$ eine $\sigma$-Algebra über $\Omega$,
c) $\mathbb{P} : \mathcal{A} \to \mathbb{R}$ eine Funktion mit den folgenden drei Eigenschaften:
   - $\mathbb{P}(A) \geq 0$ für jedes $A \in \mathcal{A}$ (**Nichtnegativität**).
   - $\mathbb{P}(\Omega) = 1$ (**Normierung**).
   - Sind $A_1, A_2, \ldots$ paarweise disjunkte Mengen aus $\mathcal{A}$, so gilt

$$\mathbb{P}\left(\sum_{j=1}^{\infty} A_j\right) = \sum_{j=1}^{\infty} \mathbb{P}(A_j) \text{ } (\sigma\textbf{-Additivität})$$

Die Funktion $\mathbb{P}$ heißt **Wahrscheinlichkeitsmaß** oder auch **Wahrscheinlichkeitsverteilung** auf $\mathcal{A}$. Jede Menge $A$ aus $\mathcal{A}$ heißt **Ereignis**. Für ein Ereignis $A$ heißt die Zahl $\mathbb{P}(A)$ die **Wahrscheinlichkeit von** $A$.

Das Kolmogorovsche Axiomensystem macht offenbar keinerlei *inhaltliche Aussagen* darüber, was Wahrscheinlichkeiten sind oder sein sollten. Motiviert durch die *Eigenschaften* relativer Häufigkeiten und das empirische Gesetz über deren Stabilisierung in langen Versuchsserien legt es vielmehr ausschließlich fest, welche *formalen Eigenschaften Wahrscheinlichkeiten als mathematische Objekte unbedingt besitzen sollten.* Diese eher anspruchslos und bescheiden anmutende Vorgehensweise bildete gerade den Schlüssel zum Erfolg einer mathematischen Grundlegung der Wahrscheinlichkeitsrechnung. Sie ist uns auch aus anderen mathematischen Gebieten geläufig. So wird etwa in der axiomatischen Geometrie nicht inhaltlich definiert, was ein Punkt $p$ und was eine Gerade $g$ ist. Es gilt jedoch stets entweder $p \in g$ oder $p \notin g$.

Das Axiomensystem von Kolmogorov liefert einen abstrakten mathematischen Rahmen mit drei Grundpostulaten, der völlig losgelöst von irgendwelchen stochastischen Vorgängen angesehen werden kann und bei logischen Schlussfolgerungen aus diesen Axiomen auch so gesehen werden muss. Es bildet gleichsam nur einen Satz elementarer, über relative Häufigkeiten *motivierte* Spielregeln im Umgang mit Wahrscheinlichkeiten als mathematischen Objekten. Gerade dadurch, dass es jegliche konkrete Deutung des Wahrscheinlichkeitsbegriffs vermeidet, eröffnete das Kolmogorovsche Axiomensystem der Stochastik als interdisziplinärer Wissenschaft vielfältige Anwendungsfelder auch außerhalb des eng umrissenen Bereichs wiederholbarer Versuche unter gleichen, sich gegenseitig nicht beeinflussenden Bedingungen. Wichtig ist hierbei, dass auch subjektive Bewertungen von Unsicherheit möglich sind.

Bemerkenswerterweise geht es schon im ersten systematischen Lehrbuch zur Stochastik, der *Ars conjectandi* von Jakob Bernoulli (1655–1705) (siehe [2]) im vierten Teil um eine allgemeine „Kunst des Vermutens", die sich sowohl subjektiver als auch objektiver Gesichtspunkte bedient:

> Irgendein Ding vermuten heißt seine Wahrscheinlichkeit zu messen. Deshalb bezeichnen wir soviel als *Vermutungs- oder Mutmaßungskunst* (Ars conjectandi sive stochastice) die Kunst, so genau wie möglich die Wahrscheinlichkeit der Dinge zu messen und zwar zu dem Zwecke, dass wir bei unseren Urteilen und Handlungen stets das auswählen und befolgen können, was uns besser, trefflicher, sicherer oder ratsamer erscheint. Darin allein beruht die ganze Weisheit der Philosophen und die ganze Klugheit des Staatsmannes.

Um ein passendes Modell für einen stochastischen Vorgang zu liefern, sollte der Wahrscheinlichkeitsraum $(\Omega, \mathcal{A}, \mathbb{P})$ eine vorliegende Situation möglichst gut beschreiben. Für den Fall eines wiederholt durchführbaren Versuchs bedeutet dieser Wunsch, dass die Wahrscheinlichkeit $\mathbb{P}(A)$ eines Ereignisses $A$ als erwünschtes Maß für die Chance des Eintretens von $A$ in *einem* Experiment nach Möglichkeit der „Grenzwert" aus dem empirischen Gesetz über die Stabilisierung relativer Häufigkeiten sein sollte. Insofern wäre es etwa angesichts von Abb. 2.2 wenig sinnvoll, für den Wurf einer Reißzwecke als (Modell-)Wahrscheinlichkeiten $\mathbb{P}(\{1\}) = 0.25$ und $\mathbb{P}(\{0\}) = 0.75$ zu wählen. Die beobachteten Daten wären unter diesen mathematischen Annahmen so unwahrscheinlich, dass man dieses Modell als untauglich ablehnen würde.

Diese Überlegungen zeigen, dass das wahrscheinlichkeitstheoretische Modellieren und das Überprüfen von Modellen anhand von Daten als Aufgabe der *Statistik* Hand in Hand gehen. Was Anwendungen betrifft, sind also Wahrscheinlichkeitstheorie und Statistik eng miteinander verbunden!

## 2.4 Verteilungen von Zufallsvariablen, Beispiel-Klassen

In diesem Abschnitt wollen wir andeuten, dass es ein großes Arsenal an Wahrscheinlichkeitsräumen gibt, um eine Vielfalt an stochastischen Vorgänge modellieren zu können. Zunächst erinnern wir an die Ausführungen in Abschn. 2.2. Dort haben wir gesehen, dass Zufallsvariablen ein probates Mittel sind, um Ereignisse zu beschreiben, die sich auf einen gewissen Aspekt der Ergebnisse eines stochastischen Vorgangs beziehen. So gibt etwa eine Indikatorsumme $\sum_{j=1}^{n} \mathbb{1}\{A_j\}$ an, wie viele der Ereignisse $A_1, \ldots, A_n$ eintreten.

### Aus $(\Omega, \mathcal{A}, \mathbb{P})$ und einer Zufallsvariablen $X : \Omega \to \Omega'$ entsteht ein neuer Wahrscheinlichkeitsraum $(\Omega', \mathcal{A}', \mathbb{P}^X)$

Im Hinblick auf eine tragfähige Theorie wurde eine Zufallsvariable als Abbildung $X : \Omega \to \Omega'$ definiert, wobei $(\Omega', \mathcal{A}')$ ein allgemeiner Messraum, also eine *beliebige* Menge mit einer darauf definierten $\sigma$-Algebra sein kann. Gefordert wurde nur, dass

## Hintergrund und Ausblick: Der Unmöglichkeitssatz von Vitali

Eine unendliche Folge von Münzwürfen wird zweckmäßigerweise durch den überabzählbaren Grundraum

$$\Omega := \{0,1\}^{\mathbb{N}} = \{(a_j)_{j\geq 1} \,|\, a_j \in \{0,1\} \text{ für jedes } j \geq 1\}$$

modelliert. Dabei steht $a_j$ für das Ergebnis des $j$-ten Wurfs, und 1 und 0 bedeuten *Kopf* bzw. *Zahl*. Die Münze sei homogen, jeder Wurf ergebe also mit gleicher Wahrscheinlichkeit $1/2$ Kopf oder Zahl.

Der nachfolgende, auf den italienischen Mathematiker Giuseppe Vitali (1875–1932) zurückgehende Satz besagt, dass wir kein Wahrscheinlichkeitsmaß $\mathbb{P}$ auf der vollen Potenzmenge von $\Omega$ finden können, welches neben den Kolmogorovschen Axiomen einer natürlichen Zusatzbedingung genügt. Diese besagt, dass sich die Wahrscheinlichkeit eines Ereignisses nicht ändert, wenn das Ergebnis des $n$-ten Münzwurfs vertauscht, also Kopf durch Zahl bzw. Zahl durch Kopf ersetzt wird.

**Unmöglichkeitssatz von Vitali (1905)**

Es sei $\Omega := \{0,1\}^{\mathbb{N}}$. Dann gibt es kein Wahrscheinlichkeitsmaß $\mathbb{P} : \mathcal{P}(\Omega) \to [0,1]$ mit folgender Invarianz-Eigenschaft:

Für jedes $A \subseteq \Omega$ und jedes $n \geq 1$ gilt $\mathbb{P}(D_n(A)) = \mathbb{P}(A)$. Dabei sind $D_n : \Omega \to \Omega$ die durch

$$D_n(\omega) := (a_1, \ldots, a_{n-1}, 1 - a_n, a_{n+1}, \ldots),$$

$\omega = (a_1, a_2, \ldots)$, definierte Abbildung und $D_n(A) := \{D_n(\omega) \,|\, \omega \in A\}$ das Bild von $A$ unter $D_n$.

**Beweis** Für $\omega = (a_j)_{j\geq 1} \in \Omega$ und $\omega' = (a'_j)_{j\geq 1} \in \Omega$ setzen wir $\omega \sim \omega'$, falls $a_j = a'_j$ bis auf höchstens endlich viele $j$ gilt. Offenbar definiert „$\sim$" eine Äquivalenzrelation auf $\Omega$, und $\Omega$ zerfällt damit in paarweise disjunkte Äquivalenzklassen. Nach dem Auswahlaxiom (siehe z. B. [1], Abschn. 2.3) gibt es eine Menge $K \subseteq \Omega$, die aus jeder Äquivalenzklasse genau ein Element enthält. Es sei $\mathcal{E} := \{E \subseteq \mathbb{N} \,|\, 1 \leq |E| < \infty\}$ die Menge aller nichtleeren endlichen Teilmengen von $\mathbb{N}$. Für eine Menge $E := \{n_1, \ldots, n_k\} \in \mathcal{E}$ ist die Komposition

$$D_E := D_{n_1} \circ \ldots \circ D_{n_k}$$

von $D_{n_1}, \ldots, D_{n_k}$ diejenige Abbildung, die für jedes $j = 1, \ldots, k$ das Ergebnis des $n_j$-ten Münzwurfs vertauscht.

Die Mengen $D_E(K)$ sind für verschiedene $E \in \mathcal{E}$ disjunkt, denn wäre $D_E(K) \cap D_{E'}(K) \neq \emptyset$ für $E, E' \in \mathcal{E}$, so gäbe es $\omega, \omega' \in K$ mit $D_E(\omega) = D_{E'}(\omega')$, woraus $\omega \sim D_E(\omega) = D_{E'}(\omega') \sim \omega'$ folgen würde. Da $K$ aus jeder Äquivalenzklasse genau ein Element enthält, wäre dann $\omega = \omega'$ und somit $E = E'$. Da ferner zu jedem $\omega \in \Omega$ ein $\omega' \in K$ mit $\omega \sim \omega'$ und somit ein $E \in \mathcal{E}$ mit $\omega = D_E(\omega') \in D_E(K)$ existiert, gilt somit

$$\Omega = \sum_{E \in \mathcal{E}} D_E(K).$$

Weil es zu jedem $\ell \in \mathbb{N}$ nur endlich viele Mengen aus $\mathcal{E}$ mit größtem Element $\ell$ gibt, steht hier eine Vereinigung von abzählbar vielen Mengen, und es folgt aufgrund der Normierungseigenschaft, der $\sigma$-Additivität und der im Satz formulierten Invarianzeigenschaft von $\mathbb{P}$

$$1 = \mathbb{P}(\Omega) = \sum_{E \in \mathcal{E}} \mathbb{P}(D_E(K)) = \sum_{E \in \mathcal{E}} \mathbb{P}(K).$$

Da unendliches Aufsummieren der gleichen Zahl nur 0 oder $\infty$ ergeben kann, haben wir eine Menge $K$ erhalten, für die $\mathbb{P}(K)$ nicht definiert ist.

Die Konsequenz dieses negativen Resultats ist, dass wir das Wahrscheinlichkeitsmaß $\mathbb{P}$ nur auf einer geeigneten $\sigma$-Algebra $\mathcal{A} \subseteq \mathcal{P}(\Omega)$ definieren können. Wir kommen hierauf in Abschn. 3.4 zurück. ■

die Urbilder $X^{-1}(A') = \{X \in A'\}$ der Ereignisse $A' \in \mathcal{A}'$ zu $\mathcal{A}$ gehören, also Ereignisse in $\Omega$ sind. Diese Eigenschaft bewirkt, dass $\mathbb{P}(\{X \in A'\})$ eine wohldefinierte Wahrscheinlichkeit ist, wenn mit $\mathbb{P}$ ein Wahrscheinlichkeitsmaß auf $\mathcal{A}$ vorliegt. Wir gelangen somit fast zwangsläufig zu folgender zentralen Begriffsbildung.

### Verteilung einer (allgemeinen) Zufallsvariablen

Es seien $(\Omega, \mathcal{A}, \mathbb{P})$ ein Wahrscheinlichkeitsraum, $(\Omega', \mathcal{A}')$ ein Messraum und $X : \Omega \to \Omega'$ eine Zufallsvariable. Dann wird durch die Festsetzung

$$\mathbb{P}^X : \begin{cases} \mathcal{A}' \to \mathbb{R}, \\ A' \mapsto \mathbb{P}^X(A') := \mathbb{P}(X^{-1}(A')) \end{cases}$$

ein Wahrscheinlichkeitsmaß auf der $\sigma$-Algebra $\mathcal{A}'$ definiert. Dieses heißt **Verteilung** von $X$.

In der Sprache der Maßtheorie ist die Verteilung $\mathbb{P}^X$ einer Zufallsvariablen $X$ das in Abschn. 8.4 eingeführte Bildmaß von $\mathbb{P}$ unter der Abbildung $X$. Dass mit $\mathbb{P}^X$ in der Tat ein Wahrscheinlichkeitsmaß vorliegt, sieht man auch ohne Rückgriff auf Kap. 8 direkt ein, denn offenbar ist $\mathbb{P}^X$ eine nichtnegative reelle Funktion, die die Normierungsbedingung $\mathbb{P}^X(\Omega') = \mathbb{P}(\Omega) = 1$ erfüllt. Die $\sigma$-Additivität von $\mathbb{P}^X$ folgt aus der $\sigma$-Additivität von $\mathbb{P}$, da mit paarweise disjunkten Mengen $A'_1, A'_2, \ldots$ in $\mathcal{A}'$ auch deren Urbilder $X^{-1}(A'_1), X^{-1}(A'_2), \ldots$ paarweise disjunkt sind.

Von einem Wahrscheinlichkeitsraum $(\Omega, \mathcal{A}, \mathbb{P})$ ausgehend erhalten wir also mit einer Zufallsvariablen $X : \Omega \to \Omega'$ einen neuen Wahrscheinlichkeitsraum $(\Omega', \mathcal{A}', \mathbb{P}^X)$. Dieser kann als ein *vergröbertes Abbild von* $(\Omega, \mathcal{A}, \mathbb{P})$ angesehen werden, denn mit $\mathbb{P}^X(A') = \mathbb{P}(X^{-1}(A'))$ verfügen wir ja nur noch über die Wahrscheinlichkeiten von *gewissen* Mengen aus $\mathcal{A}$, nämlich denjenigen, die in dem Sinne durch die Zufallsvariable $X$ beschreibbar sind, dass sie sich als Urbilder der Mengen $A' \in \mathcal{A}'$ ausdrücken lassen. Im Rahmen dieser einführenden Darstellung in die Stochastik wird $X$ fast immer eine reelle Zufallsvariable oder ein $\mathbb{R}^k$-wertiger Zufallsvektor sein. In vielen Anwendungen beobachtet man jedoch zufällige geometrische Objekte oder Realisierungen zufallsbehafteter Funktionen, weshalb der Wertebereich von $X$ bewusst allgemein gehalten wurde.

**Kommentar** Wir haben das Ereignis $X^{-1}(A')$, dass $X$ einen Wert in der Menge $A'$ annimmt, auch suggestiv als $\{X \in A'\}$ geschrieben. Es ist üblich, hier bei Bildung der Wahrscheinlichkeit $\mathbb{P}(\{X \in A'\})$ die Mengenklammern wegzulassen, also für $A' \in \mathcal{A}'$

$$\mathbb{P}(X \in A') := \mathbb{P}(\{X \in A'\}) = \mathbb{P}^X(A') = \mathbb{P}(X^{-1}(A'))$$

zu setzen. Ist $X$ eine reelle Zufallsvariable, gilt also $(\Omega', \mathcal{A}') = (\mathbb{R}, \mathcal{B})$, so schreibt man für $a, b \in \mathbb{R}$ mit $a \le b$

$$\begin{aligned} \mathbb{P}(a \le X \le b) &:= \mathbb{P}(X \in [a,b]), \\ \mathbb{P}(a < X \le b) &:= \mathbb{P}(X \in (a,b]), \\ \mathbb{P}(X \le a) &:= \mathbb{P}(X \in (-\infty, a]) \text{ usw.} \end{aligned}$$ ◀

## Bei vorgegebener Verteilung lassen sich Zufallsvariablen kanonisch konstruieren

Die obigen Schreibweisen deuten an, dass in den Anwendungen der Stochastik an einer Zufallsvariablen meist nur deren Verteilung interessiert und dem Grundraum $\Omega$ als Definitionsbereich der Abbildung $X$ wenig Aufmerksamkeit geschenkt wird. Zur Verdeutlichung dieses Punktes gehen wir von einem Wahrscheinlichkeitsraum $(\Omega', \mathcal{A}', Q)$ aus und fragen uns, ob es eine über *irgendeinem* Wahrscheinlichkeitsraum $(\Omega, \mathcal{A}, \mathbb{P})$ definierte $\Omega'$-wertige Zufallsvariable $X$ gibt, deren Verteilung gleich $Q$ ist. Die Antwort ist „ja", denn wir brauchen nur

$$\Omega := \Omega', \quad \mathcal{A} := \mathcal{A}', \quad \mathbb{P} := Q, \quad X := \mathrm{id}_{\Omega}, \tag{2.8}$$

also $X(\omega) := \omega$, $\omega \in \Omega$, zu setzen. Dann ist $X : \Omega \to \Omega'$ eine Zufallsvariable, und es gilt für jedes $A' \in \mathcal{A}'$

$$\mathbb{P}^X(A') = \mathbb{P}(X^{-1}(A')) = \mathbb{P}(A') = Q(A').$$

Folglich besitzt $X$ die Verteilung $Q$. Diese Eigenschaft wird in der Folge häufig in der Form

$$X \sim Q :\Longleftrightarrow \mathbb{P}^X = Q \tag{2.9}$$

geschrieben.

Man nennt (2.8) die *kanonische Konstruktion*. Entscheidend für die Existenz einer $\Omega'$-wertigen Zufallsvariablen mit einer vorgegebenen Verteilung $Q$ auf der $\sigma$-Algebra $\mathcal{A}'$ über $\Omega'$ ist also nur, ob diese Verteilung $Q$ als Wahrscheinlichkeitsmaß auf $\mathcal{A}'$ überhaupt existiert. Auf letztere Frage gibt die Maßtheorie mit dem in Abschn. 8.3 vorgestellten Maßfortsetzungssatz Antwort. Wir werden hierauf noch an geeigneter Stelle zurückkommen.

Zunächst betrachten wir eine wichtige Klasse von Wahrscheinlichkeitsräumen und damit zusammenhängende Verteilungen von Zufallsvariablen und Zufallsvektoren, die einer einfachen mathematischen Behandlung zugänglich ist.

## Diskrete Wahrscheinlichkeitsräume: Summation von Punktmassen

### Diskreter Wahrscheinlichkeitsraum

Ein Wahrscheinlichkeitsraum $(\Omega, \mathcal{A}, \mathbb{P})$ heißt **diskret**, falls $\mathcal{A}$ alle abzählbaren Teilmengen von $\Omega$ enthält und es eine abzählbare Menge $\Omega_0 \subseteq \Omega$ mit der Eigenschaft $\mathbb{P}(\Omega_0) = 1$ gibt.

Diese Definition umfasst den Fall, dass $\Omega$ eine abzählbare, also endliche oder abzählbar unendliche Menge ist. Dann gilt $\mathcal{A} = \mathcal{P}(\Omega)$, denn $\mathcal{A}$ enthält ja jede abzählbare – und damit *jede* – Teilmenge von $\Omega$. Ist $\Omega$ endlich, so nennt man $(\Omega, \mathcal{P}(\Omega), \mathbb{P})$ auch einen *endlichen Wahrscheinlichkeitsraum*.

Kapitel 2

Sind $(\Omega, \mathcal{A}, \mathbb{P})$ ein diskreter Wahrscheinlichkeitsraum und $\Omega_0 \subseteq \Omega$ eine abzählbare Teilmenge von $\Omega$ mit $\mathbb{P}(\Omega_0) = 1$, so gilt für jedes $A \in \mathcal{A}$

$$\mathbb{P}(A) = \mathbb{P}(A \cap \Omega_0) + \mathbb{P}(A \cap \Omega_0^c) = \mathbb{P}(A \cap \Omega_0),$$

denn $A$ ist die disjunkte Vereinigung der Mengen $A \cap \Omega_0$ und $A \cap \Omega_0^c$, und es gilt $A \cap \Omega_0^c \subseteq \Omega_0^c$ und somit $\mathbb{P}(A \cap \Omega_0^c) \leq \mathbb{P}(\Omega_0^c) = 1 - \mathbb{P}(\Omega_0) = 0$. Hierbei haben wir den elementaren Eigenschaften b), d) und e) von Wahrscheinlichkeiten in Abschn. 2.5 vorgegriffen.

Wegen der $\sigma$-Additivität von $\mathbb{P}$ folgt hieraus die Gleichung

$$\mathbb{P}(A) = \sum_{\omega \in A \cap \Omega_0} \mathbb{P}(\{\omega\}). \tag{2.10}$$

Hier steht auf der rechten Seite entweder eine endliche Summe oder der Grenzwert einer konvergenten Reihe, wobei es auf die konkrete Summationsreihenfolge nicht ankommt.

**Selbstfrage 4**

Warum kommt es nicht auf die konkrete Summationsreihenfolge an?

Insbesondere erkennt man, dass die auf dem System $\mathcal{A}$ von Teilmengen von $\Omega$ definierte Funktion $\mathbb{P}$ durch ihre Werte auf den Elementarereignissen $\{\omega\}$, $\omega \in \Omega$, festgelegt ist. Wir können folglich mit einem diskreten Wahrscheinlichkeitsraum die Vorstellung verbinden, dass in jedem Punkt $\omega$ aus $\Omega$ eine *Wahrscheinlichkeitsmasse* $\mathbb{P}(\{\omega\})$ angebracht ist. Dabei muss nicht unbedingt $\mathbb{P}(\{\omega\}) > 0$ für jedes $\omega \in \Omega$ gelten. Die Wahrscheinlichkeit eines Ereignisses $A$ ergibt sich dann nach (2.10) durch Aufsummieren der Punktmassen $\mathbb{P}(\{\omega\})$ aller zu $A \cap \Omega_0$ gehörenden $\omega \in \Omega$, siehe Abb. 2.3. Man beachte, dass $\mathbb{P}(\Omega_0^c) = 0$ gilt und somit das (diskrete) Wahrscheinlichkeitsmaß $\mathbb{P}$ ganz auf der abzählbaren Menge $\Omega_0$ konzentriert ist. Dieser Umstand motiviert die gängige Sprechweise, dass $\mathbb{P}$ eine *Wahrscheinlichkeitsverteilung auf* $\Omega_0$ ist.

Ist umgekehrt $\Omega_0$ eine beliebige nichtleere abzählbare Teilmenge einer beliebigen Menge $\Omega$, so können wir wie folgt einen diskreten Wahrscheinlichkeitsraum konstruieren: Wir ordnen jedem $\omega \in \Omega_0$ eine nichtnegative reelle Zahl $p(\omega)$ als „Punktmasse" zu, wobei

$$\sum_{\omega \in \Omega_0} p(\omega) = 1 \tag{2.11}$$

gelte. Auch hier steht auf der linken Seite entweder eine endliche Summe oder der Grenzwert einer unendlichen Reihe. *Definieren* wir dann *für jede* Teilmenge $A$ von $\Omega$

$$\mathbb{P}(A) := \sum_{\omega \in A \cap \Omega_0} p(\omega),$$

so ist die Funktion $\mathbb{P} : \mathcal{P}(\Omega) \to \mathbb{R}$ aufgrund des Umordnungssatzes für Reihen wohldefiniert, und es gilt $\mathbb{P}(A) \geq 0$, $A \subseteq \Omega$, sowie wegen (2.11) $\mathbb{P}(\Omega) = 1$. Sind $A_1, A_2, \ldots$ paarweise disjunkte Teilmengen von $\Omega$, so gilt nach Definition von $\mathbb{P}$ und dem in der folgenden Gleichungskette beim zweiten Gleichheitszeichen zum Tragen kommenden *großen Umordnungssatz für Reihen* (siehe z. B. [1], Abschn. 10.4)

$$\begin{aligned}\mathbb{P}\left(\sum_{j=1}^{\infty} A_j\right) &= \sum_{\omega \in \sum_{j=1}^{\infty} A_j \cap \Omega_0} p(\omega) \\ &= \sum_{j=1}^{\infty} \sum_{\omega \in A_j \cap \Omega_0} p(\omega) \\ &= \sum_{j=1}^{\infty} \mathbb{P}(A_j).\end{aligned}$$

Die Funktion $\mathbb{P}$ ist somit $\sigma$-additiv und folglich ein auf der Potenzmenge von $\Omega$ definiertes Wahrscheinlichkeitsmaß. Selbstverständlich können wir $\mathbb{P}$ auf jede $\sigma$-Algebra $\mathcal{A} \subseteq \mathcal{P}(\Omega)$ einschränken, die $\Omega_0$ und alle abzählbaren Teilmengen von $\Omega$ enthält. Auf diese Weise erhalten wir einen allgemeinen diskreten Wahrscheinlichkeitsraum. Wir können auch die bislang nur auf $\Omega_0$ definierte Funktion $p$ durch $p(\omega) := 0$ für $\omega \in \Omega \setminus \Omega_0$ formal auf ganz $\Omega$ erweitern, ohne das Wahrscheinlichkeitsmaß $\mathbb{P}$ zu ändern.

**Video 2.3** Der große Umordnungssatz für Reihen

Ein wichtiger Spezialfall eines endlichen Wahrscheinlichkeitsraumes ergibt sich, wenn alle Elementarereignisse als gleich möglich erachtet werden. Da der französische Physiker und Mathematiker Pierre-Simon Laplace (1749–1827) bei seinen Untersuchungen zur Wahrscheinlichkeitsrechnung vor allem mit dieser Vorstellung gearbeitet hat, tragen die nachfolgenden Begriffsbildungen seinen Namen. Dabei schreiben wir allgemein $|A|$ für die Anzahl der Elemente einer endlichen Menge $A$. Ist $A$ eine unendliche Menge, so setzen wir $|A| := \infty$.

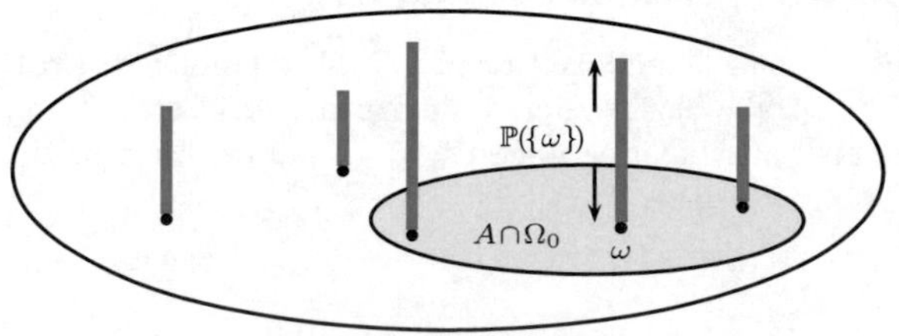


**Abb. 2.3** Wahrscheinlichkeiten als Summen von Punktmassen

Kapitel 2

## Im Laplace-Modell sind die Elementarereignisse gleich wahrscheinlich

**Laplacescher Wahrscheinlichkeitsraum**

Ist $\Omega$ eine $m$-elementige Menge, und gilt speziell

$$\mathbb{P}(A) = \frac{|A|}{|\Omega|} = \frac{|A|}{m}, \qquad A \subseteq \Omega, \tag{2.12}$$

so heißt $(\Omega, \mathcal{P}(\Omega), \mathbb{P})$ **Laplacescher Wahrscheinlichkeitsraum (der Ordnung $m$)**. In diesem Fall heißt $\mathbb{P}$ die **(diskrete) Gleichverteilung** oder **Laplace-Verteilung** auf $\Omega$.

Wird die Gleichverteilung auf $\Omega$ zugrunde gelegt, so nennen wir den zugehörigen stochastischen Vorgang auch *Laplace-Versuch* oder *Laplace-Experiment*. Die Annahme eines solchen Laplace-Modells drückt sich dann in Formulierungen wie *homogene (echte) Münze, regelmäßiger (echter) Würfel, rein zufälliges Ziehen* o. Ä. aus.

Nach (2.12) ergibt sich unter einem Laplace-Modell die Wahrscheinlichkeit eines Ereignisses $A$ als Quotient aus der Anzahl $|A|$ der für das Eintreten von $A$ *günstigen* Fälle und der Anzahl $|\Omega|$ aller *möglichen* Fälle. Es sollte also nicht schaden, das in Abschn. 2.6 vermittelte kleine Einmaleins der Kombinatorik zu beherrschen.

Eine auf einem diskreten Wahrscheinlichkeitsraum definierte Zufallsvariable kann höchstens abzählbar unendlich viele verschiedene Werte mit jeweils positiver Wahrscheinlichkeit annehmen. Eine derartige Zufallsvariable heißt *diskret verteilt.* In Kap. 4 werden wir uns ausführlicher mit diskreten Verteilungsmodellen beschäftigen.

Liegt eine reelle Zufallsvariable $X$ vor, so ist es üblich, die von $X$ angenommenen Werte mit den zugehörigen Wahrscheinlichkeiten in Form von *Stab- oder Balkendiagrammen* darzustellen. Dabei wird über jedem $x \in \mathbb{R}$ mit $\mathbb{P}(X = x) > 0$ ein Stäbchen oder Balken der Länge $\mathbb{P}(X = x)$ aufgetragen. Das folgende Beispiel zeigt, wie man im Fall eines zugrunde gelegten Laplace-Modells durch Abzählen von günstigen Fällen die Verteilung von $X$ ermittelt.

**Beispiel (Mehrfacher Würfelwurf, Augensumme)** Wir betrachten den zweimal hintereinander ausgeführten Würfelwurf und modellieren diesen durch den Grundraum $\Omega := \{\omega = (a_1, a_2) \mid a_1, a_2 \in \{1, \ldots, 6\}\}$. Als Wahrscheinlichkeitsmaß $\mathbb{P}$ legen wir die Gleichverteilung zugrunde, nehmen also ein Laplace-Modell an. Die Zufallsvariable $X : \Omega \to \mathbb{R}$ beschreibe die Augensumme aus beiden Würfen, es gilt somit $X(\omega) := a_1 + a_2, \omega = (a_1, a_2) \in \Omega$.

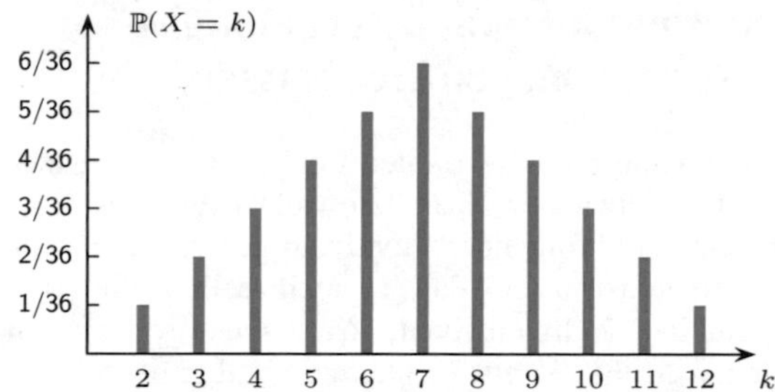


**Abb. 2.4** Stabdiagramm der Verteilung der Augensumme beim zweifachen Würfelwurf

Ordnet man die 36 Elemente von $\Omega$ in der Form

$$\begin{array}{cccccc} (1,1) & (1,2) & (1,3) & (1,4) & (1,5) & (1,6) \\ (2,1) & (2,2) & (2,3) & (2,4) & (2,5) & (2,6) \\ (3,1) & (3,2) & (3,3) & (3,4) & (3,5) & (3,6) \\ (4,1) & (4,2) & (4,3) & (4,4) & (4,5) & (4,6) \\ (5,1) & (5,2) & (5,3) & (5,4) & (5,5) & (5,6) \\ (6,1) & (6,2) & (6,3) & (6,4) & (6,5) & (6,6) \end{array}$$

an, so ist die Augensumme $X$ auf den aufsteigenden Diagonalen wie etwa $(4,1)$, $(3,2)$, $(2,3)$, $(1,4)$ konstant. Folglich ergibt sich für jedes $k = 2, 3, \ldots, 12$ die Wahrscheinlichkeit $\mathbb{P}(X = k)$ durch Betrachten der für das Ereignis $\{X = k\}$ günstigen unter allen 36 möglichen Fällen zu

$$\mathbb{P}(X = k) = \frac{6 - |7 - k|}{36}. \tag{2.13}$$

Abb. 2.4 zeigt die Wahrscheinlichkeiten $\mathbb{P}(X = k)$ in Form eines Stabdiagramms.

Hiermit erhält man z. B.

$$\mathbb{P}(3 \leq X \leq 5) = \sum_{k=3}^{5} \mathbb{P}(X = k) = \frac{9}{36} = \frac{1}{4},$$

$$\mathbb{P}(X > 7) = \sum_{k=8}^{12} \mathbb{P}(X = k) = \frac{15}{36} = \frac{5}{12}.$$

In gleicher Weise zeigt Abb. 2.5 ein Stabdiagramm der Wahrscheinlichkeiten $\mathbb{P}(X = k)$, $k = 3, 4, \ldots, 18$, der Augensumme $X$ beim dreifachen Würfelwurf. ◀

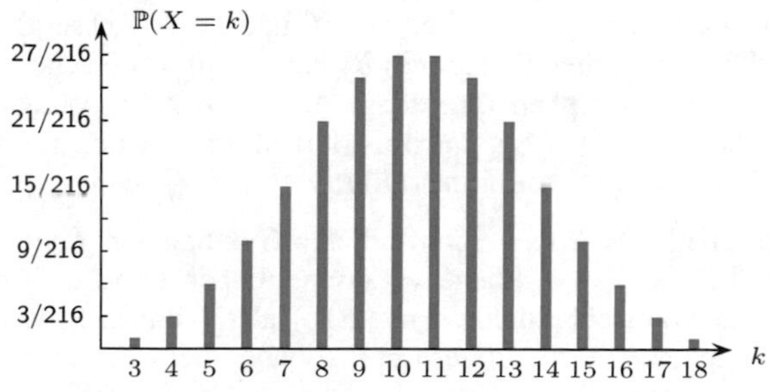


**Abb. 2.5** Stabdiagramm der Verteilung der Augensumme beim dreifachen Würfelwurf

Kapitel 2

## Das Lebesgue-Integral liefert Modelle für ein Kontinuum von Ergebnissen

Während diskrete Zufallsvariablen stochastische Vorgänge modellieren, bei denen nur abzählbar viele Ergebnisse auftreten können, zeigen die folgenden Überlegungen zusammen mit der kanonischen Konstruktion, dass es auch reelle Zufallsvariablen und allgemeiner $k$-dimensionale Zufallsvektoren gibt, die jeden festen Wert mit Wahrscheinlichkeit null annehmen. Solche Zufallsvariablen beschreiben stochastische Vorgänge, bei denen ein ganzes Kontinuum von Ausgängen möglich ist. Diese weitere große Beispielklasse von Wahrscheinlichkeitsräumen ergibt sich mithilfe des Lebesgue-Integrals. Ausgangspunkt ist eine beliebige nichtnegative Funktion $f : \mathbb{R}^k \to \mathbb{R}$ mit den Eigenschaften

$$\{x \in \mathbb{R}^k \mid f(x) \leq c\} \in \mathcal{B}^k \text{ für jedes } c \in \mathbb{R} \tag{2.14}$$

und

$$\int_{\mathbb{R}^k} f(x)\,\mathrm{d}x = 1. \tag{2.15}$$

Dabei ist das Integral als Lebesgue-Integral zu verstehen. Eine derartige Funktion heißt *Wahrscheinlichkeitsdichte* oder kurz *Dichte(-Funktion)*. Forderung (2.14) heißt *Borel-Messbarkeit* von $f$. Durch die Festsetzung

$$Q(B) := \int_B f(x)\,\mathrm{d}x, \qquad B \in \mathcal{B}^k, \tag{2.16}$$

wird dann nach Sätzen der Maß- und Integrationstheorie ein Wahrscheinlichkeitsmaß auf der Borelschen $\sigma$-Algebra $\mathcal{B}^k$ definiert. Dabei sind die Nichtnegativität von $Q$ und die Normierungsbedingung $Q(\mathbb{R}^k) = 1$ wegen der Nichtnegativität von $f$ und (2.15) unmittelbar einzusehen. Die $\sigma$-Additivität von $Q$ folgt aus dem Satz von der monotonen Konvergenz in Abschn. 8.6.

Mit $\Omega' := \mathbb{R}^k$, $\mathcal{A}' := \mathcal{B}^k$ liefert dann die Konstruktion (2.8), dass es einen $k$-dimensionalen Zufallsvektor $X$ gibt, der die Verteilung $Q$ besitzt, für den also $\mathbb{P}(X \in B)$ gleich der rechten Seite von (2.16) ist. Ein solcher Zufallsvektor heißt *(absolut) stetig verteilt*, siehe Kap. 5.

Im Fall $k = 1$ bedeutet Bedingung (2.15) anschaulich, dass die Fläche zwischen dem Graphen von $f$ und der $x$-Achse gleich 1 ist. Die Wahrscheinlichkeit $\mathbb{P}(B)$ kann dann als Fläche zwischen diesem Graphen und der $x$-Achse über der Menge $B$ angesehen werden. Abb. 2.6 illustriert diese Situation für den Fall, dass $B = [a, b]$ ein Intervall ist.

Für den Fall $k = 2$ kann man sich den Graphen von $f$ als Gebirge über der $(x, y)$-Ebene veranschaulichen (Abb. 2.7) und dann die Wahrscheinlichkeit in (2.16) als Volumen zwischen dem Graphen von $f$ und der $(x, y)$-Ebene über dem Grundbereich $B$ deuten.

Falls Sie aus den Analysisvorlesungen noch nicht mit dem Lebesgue-Integral vertraut sind, sondern das Riemann-Integral kennengelernt haben, können Sie unbesorgt weiterlesen! In konkreten Fällen werden die Menge $B$ und die Funktion $f$ in (2.16) so beschaffen sein, dass das Integral auch als Riemann-Integral berechnet werden kann (siehe hierzu die Unter-der-Lupe-Box über das Riemann- und das Lebesgue-Integral in Abschn. 8.5).

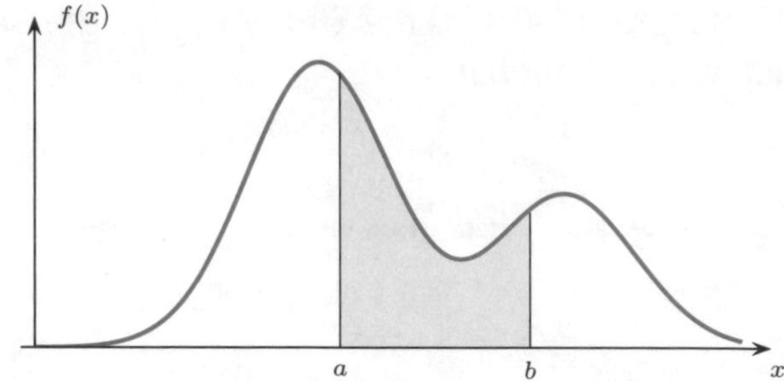


**Abb. 2.6** Deutung der farbigen Fläche als Wahrscheinlichkeit

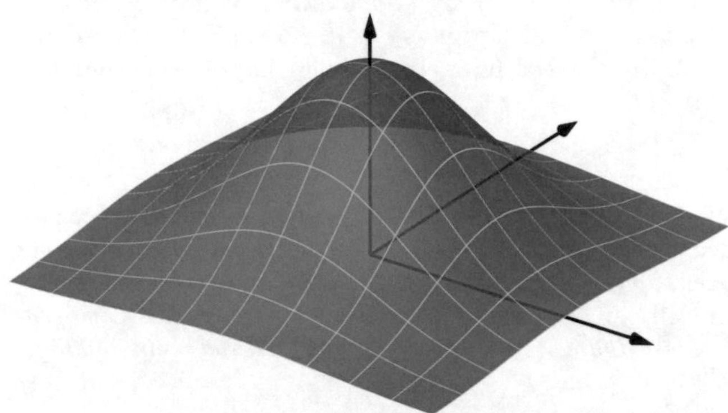

**Abb. 2.7** Graph einer Wahrscheinlichkeitsdichte auf $\mathbb{R}^2$ als Gebirge

## 2.5 Folgerungen aus den Axiomen

Wir werden jetzt einige Folgerungen aus den Kolmogorovschen Axiomen ziehen. Diese bilden das kleine Einmaleins im Umgang mit Wahrscheinlichkeiten und finden im Weiteren immer wieder Verwendung.

**Elementare Eigenschaften von Wahrscheinlichkeiten**

Es seien $(\Omega, \mathcal{A}, \mathbb{P})$ ein Wahrscheinlichkeitsraum und $A, B, A_1, A_2, \ldots$ Ereignisse. Dann gelten:

a) $\mathbb{P}(\emptyset) = 0$,
b) $\mathbb{P}(\sum_{j=1}^n A_j) = \sum_{j=1}^n \mathbb{P}(A_j)$ für jedes $n \geq 2$ und jede Wahl paarweise disjunkter Ereignisse $A_1, \ldots, A_n$ (**endliche Additivität**),
c) $0 \leq \mathbb{P}(A) \leq 1$,
d) $\mathbb{P}(A^c) = 1 - \mathbb{P}(A)$ (**komplementäre Wahrscheinlichkeit**),
e) aus $A \subseteq B$ folgt $\mathbb{P}(A) \leq \mathbb{P}(B)$ (**Monotonie**),
f) $\mathbb{P}(A \cup B) = \mathbb{P}(A) + \mathbb{P}(B) - \mathbb{P}(A \cap B)$ (**Additionsgesetz**),
g) $\mathbb{P}(\bigcup_{j=1}^\infty A_j) \leq \sum_{j=1}^\infty \mathbb{P}(A_j)$ (**$\sigma$-Subadditivität**).

**Beweis** Setzt man im $\sigma$-Additivitäts-Postulat von $\mathbb{P}$ speziell $A_j := \emptyset$ für jedes $j \geq 1$ ein, so folgt a) wegen der Reellwertigkeit von $\mathbb{P}$. Die Wahl $A_j := \emptyset$ für jedes $j > n$ liefert Eigenschaft b). Zum Nachweis von c) und d) verwenden wir die Zerlegung $\Omega = A + A^c$ von $\Omega$ in die disjunkten Mengen $A$ und $A^c$. Aus der Normierung $\mathbb{P}(\Omega) = 1$ sowie der bereits gezeigten endlichen Additivität folgt dann

$$1 = \mathbb{P}(A + A^c) = \mathbb{P}(A) + \mathbb{P}(A^c).$$

Hieraus ergibt sich d) und wegen der Nichtnegativität von $\mathbb{P}$ auch c). Die Monotonieeigenschaft e) folgt aus der Zerlegung $B = A + B \setminus A$ von $B$ in die disjunkten Mengen $A$ und $B \setminus A$ sowie der endlichen Additivität von $\mathbb{P}$ und der Ungleichung $\mathbb{P}(B \setminus A) \geq 0$.

Das Additionsgesetz f) ist anschaulich klar: Addiert man die Wahrscheinlichkeiten von $A$ und $B$, so hat man die Wahrscheinlichkeit der Schnittmenge $AB$ doppelt erfasst und muss diese somit subtrahieren, um $\mathbb{P}(A \cup B)$ zu erhalten. Ein formaler Beweis verwendet die Darstellungen

$$A = AB + AB^c, \qquad B = AB + A^cB$$

von $A$ und $B$ als Vereinigungen disjunkter Mengen. Eigenschaft b) liefert

$$\mathbb{P}(A) = \mathbb{P}(AB) + \mathbb{P}(AB^c), \; \mathbb{P}(B) = \mathbb{P}(AB) + \mathbb{P}(A^cB).$$

Addition dieser Gleichungen und erneute Anwendung von b) ergibt dann

$$\mathbb{P}(A) + \mathbb{P}(B) = \mathbb{P}(AB) + \mathbb{P}(AB + AB^c + A^cB)$$

und somit f), da $AB + AB^c + A^cB = A \cup B$.

Um g) nachzuweisen, machen wir uns zu Nutze, dass für jedes $n \geq 2$ die Vereinigung $A_1 \cup \ldots \cup A_n$ als Vereinigung paarweise disjunkter Mengen $B_1, \ldots, B_n$ geschrieben werden kann. Hierzu setzen wir $B_1 := A_1$ sowie für $j \geq 2$

$$B_j := A_j \setminus (A_1 \cup \ldots \cup A_{j-1}) = A_j A_{j-1}^c \ldots A_2^c A_1^c.$$

Die Menge $B_j$ erfasst also denjenigen Teil der Menge $A_j$, der nicht in der Vereinigung $A_1 \cup \ldots \cup A_{j-1}$ enthalten ist (Abb. 2.8).

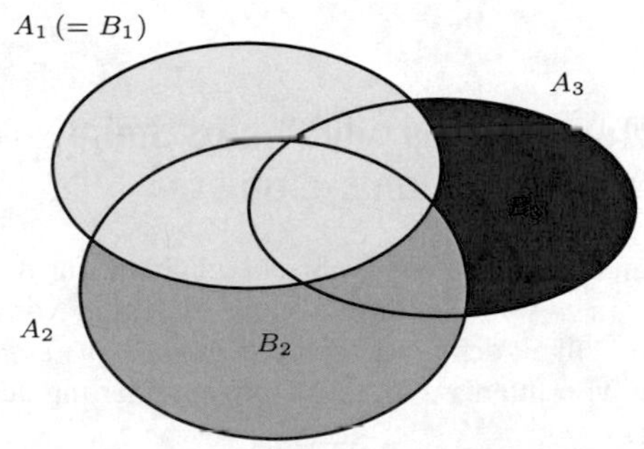


**Abb. 2.8** Zur Konstruktion der Mengen $B_j$

Die Mengen $B_1, B_2, \ldots$ sind paarweise disjunkt, denn sind $n, k \in \mathbb{N}$ mit $n < k$, so gilt $B_n \cap B_k \subseteq A_n \cap A_n^c = \emptyset$.

Nach Konstruktion gilt $B_j \subseteq A_j$ für jedes $j \geq 1$ und somit $\sum_{j=1}^{\infty} B_j \subseteq \bigcup_{j=1}^{\infty} A_j$. In dieser letzten Teilmengenbeziehung gilt aber auch die umgekehrte Inklusion „$\supseteq$", da es zu jedem $\omega \in \bigcup_{j=1}^{\infty} A_j$ einen *kleinsten* Index $j$ mit $\omega \in A_j$ und somit $\omega \in A_j A_{j-1}^c \ldots A_1^c = B_j$ gibt. Wir haben somit die Darstellung

$$\sum_{j=1}^{\infty} B_j = \bigcup_{j=1}^{\infty} A_j$$

erhalten. Zusammen mit der $\sigma$-Additivität von $\mathbb{P}$ und den Ungleichungen $\mathbb{P}(B_j) \leq \mathbb{P}(A_j)$, $j \geq 1$, folgt wie behauptet

$$\mathbb{P}\left(\bigcup_{j=1}^{\infty} A_j\right) = \mathbb{P}\left(\sum_{j=1}^{\infty} B_j\right) = \sum_{j=1}^{\infty} \mathbb{P}(B_j) \leq \sum_{j=1}^{\infty} \mathbb{P}(A_j). \quad ■$$

**Beispiel** Wir betrachten die Situation des $n$-fach wiederholten Wurfs mit einem echten Würfel und legen hierfür den auf Grundraum

$$\Omega = \{\omega = (a_1, \ldots, a_n) \,|\, a_j \in \{1, \ldots, 6\} \text{ für } j = 1, \ldots, 6\}$$

zugrunde. Als Wahrscheinlichkeitsmaß $\mathbb{P}$ wählen wir die Gleichverteilung auf $\Omega$, nehmen also ein Laplace-Modell an. Welche Wahrscheinlichkeit besitzt das anschaulich beschriebene und formal als

$$A := \{(a_1, \ldots, a_n) \in \Omega \,|\, \exists j \in \{1, \ldots, n\} \text{ mit } a_j = 6\}$$

notierte Ereignis, mindestens eine Sechs zu würfeln?

Um diese Frage zu beantworten, bietet es sich an, zum komplementären Ereignis $A^c$ überzugehen. Die zu $A^c$ gehörenden $n$-Tupel $(a_1, \ldots, a_n)$ sind dadurch beschrieben, dass jede Komponente $a_j$ höchstens gleich 5 ist, also einen der Werte $1, 2, 3, 4, 5$ annimmt. Da es $5^n$ solche Tupel gibt, liefert die Laplace-Annahme

$$\mathbb{P}(A^c) = \frac{|A^c|}{|\Omega|} = \frac{5^n}{6^n}$$

und somit nach der Regel d) von der komplementären Wahrscheinlichkeit

$$\mathbb{P}(A) = 1 - \mathbb{P}(A^c) = 1 - \left(\frac{5}{6}\right)^n.$$

Speziell für $n = 4$ folgt $\mathbb{P}(A) = 671/1\,296 \approx 0.518$. Beim vierfachen Würfelwurf ist es also vorteilhaft, auf das Auftreten von mindestens einer Sechs zu wetten. ◄

Bevor wir weitere Folgerungen aus den Kolmogorov-Axiomen formulieren, seien noch eine übliche Sprechweise und eine Notation eingeführt.

Ist $(A_n)_{n\in\mathbb{N}}$ eine Folge von Teilmengen von $\Omega$, so heißt $(A_n)_{n\in\mathbb{N}}$ **aufsteigend mit Limes** $A$, falls

$$A_n \subseteq A_{n+1},\ n \in \mathbb{N}, \text{ und } A = \bigcup_{n=1}^{\infty} A_n$$

gelten, und wir schreiben hierfür kurz $A_n \uparrow A$. In gleicher Weise verwenden wir die Notation $A_n \downarrow A$, falls

$$A_n \supseteq A_{n+1},\ n \in \mathbb{N}, \text{ und } A = \bigcap_{n=1}^{\infty} A_n$$

gelten, und nennen die Mengenfolge $(A_n)_{n\in\mathbb{N}}$ **absteigend mit Limes** $A$.

Im Fall $\Omega = \mathbb{R}$ gelten also $[0, 1 - 1/n] \uparrow [0, 1)$ und $[0, 1 + 1/n) \downarrow [0, 1]$.

**Satz über Stetigkeitseigenschaften von $\mathbb{P}$**

Es seien $(\Omega, \mathcal{A}, \mathbb{P})$ ein Wahrscheinlichkeitsraum und $A_1, A_2, \ldots$ Ereignisse. Dann gelten:

a) aus $A_n \uparrow A$ folgt $\mathbb{P}(A) = \lim_{n\to\infty} \mathbb{P}(A_n)$ (**Stetigkeit von unten**),

b) aus $A_n \downarrow A$ folgt $\mathbb{P}(A) = \lim_{n\to\infty} \mathbb{P}(A_n)$ (**Stetigkeit von oben**).

**Beweis** a): Im Fall $A_n \uparrow A$ gilt $A_n = \bigcup_{j=1}^n A_j$, $n \geq 1$. Mit den im Beweis der $\sigma$-Subadditivitätseigenschaft g) eingeführten paarweise disjunkten Mengen $B_1 = A_1$ und

$$B_j = A_j \setminus (A_1 \cup \ldots \cup A_{j-1}) = A_j A_{j-1}^c \ldots A_2^c A_1^c.$$

für $j \geq 2$ folgt dann unter Beachtung von $\sum_{j=1}^n B_j = \bigcup_{j=1}^n A_j$ und der $\sigma$-Additivität von $\mathbb{P}$

$$\begin{aligned}
\mathbb{P}\left(\bigcup_{j=1}^{\infty} A_j\right) &= \mathbb{P}\left(\sum_{j=1}^{\infty} B_j\right) = \sum_{j=1}^{\infty} \mathbb{P}(B_j) \\
&= \lim_{n\to\infty} \sum_{j=1}^{n} \mathbb{P}(B_j) \\
&= \lim_{n\to\infty} \mathbb{P}\left(\sum_{j=1}^{n} B_j\right) \\
&= \lim_{n\to\infty} \mathbb{P}\left(\bigcup_{j=1}^{n} A_j\right) \\
&= \lim_{n\to\infty} \mathbb{P}(A_n).
\end{aligned}$$

Dabei wurde beim drittletzten Gleichheitszeichen die endliche Additivität von $\mathbb{P}$ ausgenutzt. Der Nachweis von b) ist Gegenstand von Aufgabe 2.30. ■

**Beispiel** Wegen $\sum_{k=1}^{\infty} 1/(k(k+1)) = 1$ (Aufgabe 2.19) wird durch

$$\mathbb{P}(A) := \sum_{k\in A} \frac{1}{k(k+1)}, \qquad A \subseteq \mathbb{N},$$

eine Wahrscheinlichkeitsverteilung auf der Menge $\mathbb{N}$ aller natürlichen Zahlen definiert. Nach Aufgabe 3.15 ist $\mathbb{P}(\{k\})$ die Wahrscheinlichkeit, zum *ersten* Mal im $k$-ten Zug eine rote Kugel aus einer Urne zu ziehen, die anfänglich je eine rote und schwarze Kugel enthält und bei jedem Zug einer schwarzen Kugel mit einer weiteren schwarzen Kugel gefüllt wird. Wie wahrscheinlich ist es, die rote Kugel beim $k$-ten Mal zu ziehen, wobei $k$ *irgendeine* ungerade Zahl ist? Gesucht ist also $\mathbb{P}(B)$, wobei $B := \{1, 3, 5, \ldots\}$ die Menge der ungeraden Zahlen bezeichnet.

Mit $B_n := \sum_{j=1}^n \{2j-1\}$ gilt $B_n \uparrow B$, und die Stetigkeit von unten liefert

$$\begin{aligned}
\mathbb{P}(B) &= \lim_{n\to\infty} \mathbb{P}(B_n) = \lim_{n\to\infty} \sum_{j=1}^{n} \mathbb{P}(\{2j-1\}) \\
&= \lim_{n\to\infty} \sum_{j=1}^{n} \frac{1}{(2j-1)(2j)}.
\end{aligned}$$

Wegen

$$\frac{1}{(2j-1)(2j)} = \frac{1}{2j-1} - \frac{1}{2j}$$

folgt

$$\sum_{j=1}^{n} \frac{1}{(2j-1)(2j)} = \sum_{j=1}^{2n-1} \frac{(-1)^{j-1}}{j}$$

und somit $\mathbb{P}(B) = \sum_{k=1}^{\infty} (-1)^{k-1}/k = \log 2 \approx 0.693$. ◀

**Kommentar** Nach den Ausführungen in der Hintergrund-und-Ausblick-Box über endlich-, aber nicht $\sigma$-additive Wahrscheinlichkeiten auf $\mathcal{P}(\mathbb{N})$ ist die endliche Additivität eines Wahrscheinlichkeitsmaßes im Fall eines unendlichen Grundraums echt schwächer als die $\sigma$-Additivität. Fordert man nur die endliche Additivität von $\mathbb{P}$ sowie die Stetigkeit von unten, so folgt die $\sigma$-Additivität (Aufgabe 2.31). Bei einer nur als endlich-additiv angenommenen Funktion $\mathbb{P} : \mathcal{A} \to \mathbb{R}_{\geq 0}$ mit $\mathbb{P}(\Omega) = 1$ sind also $\sigma$-Additivität und Stetigkeit von unten äquivalente Eigenschaften. ◀

## Die Siebformel liefert die Wahrscheinlichkeit einer Vereinigung von Ereignissen

Wie bei der Frage nach der Wahrscheinlichkeit für mindestens eine Sechs in $n$ Würfelwürfen kommt es häufig vor, dass die Wahrscheinlichkeit des Eintretens von *mindestens einem* von $n$ Ereignissen von Interesse ist. In Verallgemeinerung des Additionsgesetzes

$$\mathbb{P}(A \cup B) = \mathbb{P}(A) + \mathbb{P}(B) - \mathbb{P}(A \cap B) \tag{2.17}$$

## Hintergrund und Ausblick: Endlich-, aber nicht $\sigma$-additive Wahrscheinlichkeiten auf $\mathcal{P}(\mathbb{N})$

Wie im Folgenden gezeigt werden soll, gibt es seltsame, nicht $\sigma$-additive Wahrscheinlichkeiten.

Wir behaupten, dass es eine Funktion $Q : \mathcal{P}(\mathbb{N}) \to [0,1]$ mit den Eigenschaften

$$Q(\mathbb{N}) = 1,$$
$$Q\left(\sum_{j=1}^{n} A_j\right) = \sum_{j=1}^{n} Q(A_j)$$

für jedes $n \geq 2$ und jede Wahl paarweise disjunkter Teilmengen $A_1, \ldots, A_n$ von $\mathbb{N}$ sowie

$$Q(A) = 0$$

für jede endliche Teilmenge $A$ von $\mathbb{N}$ gibt. Die Funktion $Q$ ist also wie ein Wahrscheinlichkeitsmaß normiert und endlich-additiv. Die letzte Eigenschaft impliziert insbesondere $Q(\{n\}) = 0$ für jedes $n \in \mathbb{N}$ und somit

$$1 = Q(\mathbb{N}) \neq 0 = \sum_{n=1}^{\infty} Q(\{n\}),$$

was zeigt, dass $Q$ nicht $\sigma$-additiv ist.

Zur Konstruktion von $Q$ betrachten wir das System

$$\mathcal{F} := \{A \subseteq \mathbb{N} \mid \exists n \in \mathbb{N} \text{ mit } \{n, n+1, \ldots\} \subseteq A\}$$

aller Teilmengen von $\mathbb{N}$, die bis auf endlich viele Ausnahmen alle natürlichen Zahlen enthalten. Für das Mengensystem $\mathcal{F}$ gelten offenbar

- $\mathcal{F} \neq \emptyset$ und $\emptyset \notin \mathcal{F}$,
- aus $A, B \in \mathcal{F}$ folgt $A \cap B \in \mathcal{F}$,
- aus $A \in \mathcal{F}$ und $A \subseteq B \subseteq \mathbb{N}$ folgt $B \in \mathcal{F}$.

Ist allgemein $\mathcal{F} \subseteq \mathcal{P}(\mathbb{N})$ ein Mengensystem mit diesen Eigenschaften, so heißt $\mathcal{F}$ ein **Filter** auf $\mathbb{N}$.

Mithilfe des Zornschen Lemmas (siehe z. B. [1], Abschn. 2.4) kann gezeigt werden, dass es einen Filter $\mathcal{U}$ auf $\mathbb{N}$ gibt, der $\mathcal{F}$ enthält und die weitere Eigenschaft

$$\forall A \subseteq \mathbb{N} : A \in \mathcal{U} \text{ oder } A^c = \mathbb{N} \setminus A \in \mathcal{U} \qquad (2.18)$$

besitzt, wobei das „oder" ausschließend ist. Ein Filter mit dieser Zusatzeigenschaft heißt **Ultrafilter**.

Mithilfe von $\mathcal{U}$ definieren wir jetzt wie folgt eine Funktion $Q$ auf $\mathcal{P}(\mathbb{N})$:

$$Q(A) := \begin{cases} 1, & \text{falls } A \in \mathcal{U}, \\ 0, & \text{falls } A \in \mathcal{P}(\mathbb{N}) \setminus \mathcal{U}. \end{cases}$$

Wegen $\mathbb{N} \in \mathcal{U}$ gilt $Q(\mathbb{N}) = 1$, und jede endliche Teilmenge $A$ von $\mathbb{N}$ gehört nicht zu $\mathcal{U}$, was nach Definition von $Q$ die Beziehung $Q(A) = 0$ zur Folge hat. Die Mengenfunktion $Q$ ist somit nicht $\sigma$-additiv. Um die endliche Additivität von $Q$ zu zeigen, betrachten wir zwei Mengen $A, B \subseteq \mathbb{N}$ mit $A \cap B = \emptyset$ sowie die möglichen Fälle

a) $A \in \mathcal{U}, B \in \mathcal{U}$,
b) $A \in \mathcal{U}, B \notin \mathcal{U}$,
c) $A \notin \mathcal{U}, B \in \mathcal{U}$,
b) $A \notin \mathcal{U}, B \notin \mathcal{U}$.

Fall a) kann nicht auftreten, da hieraus $A \cap B = \emptyset \in \mathcal{U}$ folgen würde. Ein Filter enthält jedoch nicht die leere Menge. In Fall b) gilt $Q(A) = 1$ und $Q(B) = 0$. Wegen $A \subseteq A \cup B$ gilt $A \cup B \in \mathcal{U}$ und somit $Q(A \cup B) = 1 = Q(A) + Q(B)$. Fall c) folgt aus Symmetriegründen aus b). Im letzten Fall gilt $Q(A) = Q(B) = 0$. Nach der Ultrafiltereigenschaft (2.18) gilt $A^c \in \mathcal{U}$, $B^c \in \mathcal{U}$ und somit $A^c \cap B^c \in \mathcal{U}$ (zweite Filtereigenschaft!). Wegen $A^c \cap B^c = (A \cup B)^c$ folgt wiederum nach (2.18) $A \cup B \notin \mathcal{U}$. Nach Definition von $Q$ gilt folglich $Q(A + B) = 0$, was die endliche Additivität von $Q$ zeigt.

Stellen Sie sich vor, Anja und Peter wählen verdeckt jeder für sich zufällig eine natürlich Zahl, wobei die Wahrscheinlichkeit, dass diese in einer Menge $A \subseteq \mathbb{N}$ liegt, gleich $Q(A)$ sei. Der Spieler mit der größeren Zahl möge gewinnen. Es wird eine echte Münze geworfen. Zeigt sie Kopf, so muss Anja ihre Zahl aufdecken, andernfalls Peter. Zeigt Anja ihre Zahl, so gewinnt Peter mit Wahrscheinlichkeit 1, da $Q(\{n, n+1, \ldots\}) = 1$. Muss Peter seine Wahl offenlegen, ist es umgekehrt. Mit nicht $\sigma$-additiven Wahrscheinlichkeiten können also seltsame Phänomene auftreten, siehe z. B. [7], S. 70.

lernen wir jetzt eine Formel für die Wahrscheinlichkeit der Vereinigung einer beliebigen Anzahl von Ereignissen kennen. Wir beginnen mit dem Fall von drei Ereignissen $A_1$, $A_2$ und $A_3$, weil sich anhand dieses Falls der Name der Formel unmittelbar erschließt. Setzen wir kurz $A := A_1 \cup A_2$ und $B := A_3$, so liefert das obige Additionsgesetz

$$\mathbb{P}(A_1 \cup A_2 \cup A_3) = \mathbb{P}(A_1 \cup A_2) + \mathbb{P}(A_3) - \mathbb{P}((A_1 \cup A_2) \cap A_3).$$

Wenden wir hier (2.17) auf $\mathbb{P}(A_1 \cup A_2)$ sowie unter Beachtung des Distributivgesetzes $(A_1 \cup A_2)A_3 = A_1A_3 \cup A_2A_3$ auf den Minusterm an und sortieren die Summanden nach der Anzahl der zu schneidenden Ereignisse, so folgt

$$\begin{aligned} \mathbb{P}(A_1 \cup A_2 \cup A_3) = {} & \mathbb{P}(A_1) + \mathbb{P}(A_2) + \mathbb{P}(A_3) \\ & - \mathbb{P}(A_1A_2) - \mathbb{P}(A_1A_3) - \mathbb{P}(A_2A_3) \\ & + \mathbb{P}(A_1A_2A_3). \end{aligned} \qquad (2.19)$$

Abb. 2.9 zeigt die Struktur dieser Gleichung. Die jeweilige Zahl links gibt an, wie oft die betreffende Teilmenge von $A_1 \cup A_2 \cup A_3$ nach Bildung der Summe $\mathbb{P}(A_1) + \mathbb{P}(A_2) + \mathbb{P}(A_3)$ erfasst

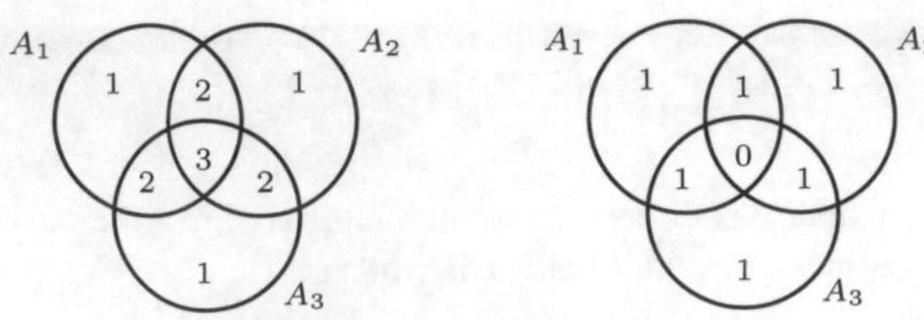


**Abb. 2.9** Zum Additionsgesetz für drei Ereignisse

und somit „eingeschlossen" ist. Da gewisse Teilmengen von $A_1 \cup A_2 \cup A_3$ wie z. B. $A_1A_2$ mehrfach erfasst sind, ist ein durch Subtraktion der Schnitt-Wahrscheinlichkeiten von je zweien der Ereignisse vollzogener „Ausschluss" erforderlich, dessen Ergebnis die rechte Abb. 2.9 zeigt. Addiert man $\mathbb{P}(A_1A_2A_3)$, so ist jede der 7 paarweise disjunkten Teilmengen $A_1A_2A_3$, $A_1A_2A_3^c$, $A_1A_2^cA_3$, $A_1A_2^cA_3^c$, $A_1^cA_2A_3$, $A_1^cA_2A_3^c$ und $A_1^cA_2^cA_3$ von $A_1 \cup A_2 \cup A_3$ genau einmal erfasst.

In Verallgemeinerung dieses in (2.17) und (2.19) angewandten Ein-Ausschluss-Prinzips gilt:

**Formel des Ein- und Ausschließens (Siebformel)**

Es seien $(\Omega, \mathcal{A}, \mathbb{P})$ ein Wahrscheinlichkeitsraum und $A_1, \ldots, A_n$ Ereignisse. Für jede natürliche Zahl $r$ mit $1 \le r \le n$ sei

$$S_r := \sum_{1 \le i_1 < \ldots < i_r \le n} \mathbb{P}(A_{i_1} \cap \ldots \cap A_{i_r}) \qquad (2.20)$$

die Summe aller Wahrscheinlichkeiten der Durchschnitte von $r$ der Ereignisse $A_1, \ldots, A_n$. Dann gilt:

$$\mathbb{P}\left(\bigcup_{j=1}^{n} A_j\right) = \sum_{r=1}^{n} (-1)^{r-1} S_r. \qquad (2.21)$$

**Beweis** Der Beweis kann durch vollständige Induktion über $n$ erfolgen. Da wir mit der Jordanschen Formel in Abschn. 4.2 ein allgemeineres Resultat zeigen, werden wir diesen Induktionsbeweis hier nicht führen, sondern verweisen auf Aufgabe 2.32. ■

Ein wichtiger Spezialfall der Formel des Ein- und Ausschließens entsteht, wenn für jedes $r$ mit $1 \le r \le n$ und jede Wahl von $i_1, \ldots, i_r$ mit $1 \le i_1 < \ldots < i_r \le n$ die Wahrscheinlichkeit des Durchschnittes $A_{i_1} \cap \ldots \cap A_{i_r}$ nur von der Anzahl $r$, nicht aber von der speziellen Wahl dieser $r$ Ereignisse abhängt. Liegt diese Eigenschaft vor, so heißen die Ereignisse $A_1, \ldots, A_n$ *austauschbar*.

Für austauschbare Ereignisse sind die Summanden in (2.20) identisch, nämlich gleich $\mathbb{P}(A_1 \cap \ldots \cap A_r)$. Da $\binom{n}{r}$ Summanden vorliegen (siehe Abschn. 2.6), wird die Ein-Ausschluss-Formel in diesem Fall zu

$$\mathbb{P}\left(\bigcup_{j=1}^{n} A_j\right) = \sum_{r=1}^{n} (-1)^{r-1} \binom{n}{r} \mathbb{P}(A_1 \cap \ldots \cap A_r). \qquad (2.22)$$

Natürlich ist die Siebformel nur dann ein schlagkräftiges Instrument, um $\mathbb{P}(A_1 \cup \ldots \cup A_n)$ zu bestimmen, wenn die Wahrscheinlichkeiten aller möglichen Durchschnitte der $A_j$ bekannt sind. Dass Wahrscheinlichkeiten für Durchschnitte von Ereignissen prinzipiell leichter zu bestimmen sind als Wahrscheinlichkeiten für Vereinigungen von Ereignissen liegt daran, dass die Durchschnittsbildung dem logischen UND entspricht und somit mehrere Forderungen erfüllt sein müssen.

**Video 2.4** Ein-Ausschluss-Formel und Rencontre-Problem

**Beispiel (Rencontre-Problem)** Beim klassischen, von Pierre Rémond de Montmort (1678–1719) untersuchten *Treize-Spiel* werden 13 Karten mit den Werten $1, 2, \ldots, 13$ gut gemischt und eine Karte nach der anderen gezogen. Man spricht von einem *Rencontre*, wenn ein Kartenwert mit der Ziehungsnummer übereinstimmt, wenn also etwa die Karte mit dem Wert 4 als vierte gezogen wird. Stimmt kein Kartenwert mit der Ziehungsnummer überein, tritt also kein *Rencontre* auf, so gewinnt der Spieler, andernfalls die Bank. Mit welcher Wahrscheinlichkeit ist die Bank im Vorteil?

Gleichwertig hiermit ist die von Johann Heinrich Lambert (1728–1777) gestellte Frage, mit welcher Wahrscheinlichkeit mindestens ein Brief in den richtigen Umschlag gelangt, wenn $n$ Briefe blind in $n$ adressierte Umschläge gesteckt werden (*Problem der vertauschten Briefe*).

Im Kern geht es hier darum, mit welcher Wahrscheinlichkeit eine rein zufällige Permutation der Zahlen $1, 2, \ldots, n$ mindestens ein Element fest lässt, also mindestens einen Fixpunkt besitzt. Zur stochastischen Modellierung wählen wir als Grundraum $\Omega$ die $n!$-elementige Menge

$$\Omega := \{(a_1, \ldots, a_n) \mid \{a_1, \ldots, a_n\} = \{1, \ldots, n\}\}$$

aller Permutationen von $1, 2, \ldots, n$ und als Wahrscheinlichkeitsverteilung $\mathbb{P}$ die Gleichverteilung auf $\Omega$. Bezeichnet

$$A_j := \{(a_1, a_2, \ldots, a_n) \in \Omega \mid a_j = j\}$$

die Menge aller Permutationen, die (mindestens) den *Fixpunkt* $j$ besitzen, so ist das Ereignis *mindestens ein Fixpunkt tritt auf* gerade die Vereinigung aller $A_j$.

Zur Berechnung von $\mathbb{P}(\bigcup_{j=1}^n A_j)$ mit der Ein-Ausschluss-Formel ist für jedes $r \in \{1, \ldots, n\}$ und jede Wahl von $i_1, \ldots, i_r$ mit $1 \le i_1 < \ldots < i_r \le n$ die Wahrscheinlichkeit

$$\mathbb{P}(A_{i_1} \cap \ldots \cap A_{i_r}) = \frac{|A_{i_1} \cap \ldots \cap A_{i_r}|}{|\Omega|} = \frac{|A_{i_1} \cap \ldots \cap A_{i_r}|}{n!}$$

und somit die Anzahl $|A_{i_1} \cap \ldots \cap A_{i_r}|$ aller Permutationen $(a_1, a_2, \ldots, a_n)$ zu bestimmen, die $r$ gegebene Elemente $i_1, i_2, \ldots, i_r$ auf sich selbst abbilden. Da die Elemente $a_{i_1}$ (=

$i_1), \ldots, a_{i_r}$ $(= i_r)$ eines solchen Tupels festgelegt sind und die übrigen Elemente durch eine beliebige Permutation der restlichen $n-r$ Zahlen gewählt werden können, gilt $|A_{i_1} \cap \ldots \cap A_{i_r}| = (n-r)!$ und folglich

$$\mathbb{P}(A_{i_1} \cap \ldots \cap A_{i_r}) = \frac{(n-r)!}{n!}. \tag{2.23}$$

Weil diese Wahrscheinlichkeit nur von $r$ abhängt, sind $A_1, \ldots, A_n$ austauschbare Ereignisse. Mit (2.22) und $\binom{n}{r}(n-r)!/n! = 1/r!$ erhalten wir folglich das Resultat

$$\mathbb{P}\left(\bigcup_{j=1}^{n} A_j\right) = \sum_{r=1}^{n}(-1)^{r-1}\frac{1}{r!} \tag{2.24}$$

und somit insbesondere die Werte 0.5, 0.6667, 0.6250, 0.6333 und 0.6319 für die Fälle $n = 2, 3, 4, 5, 6$. Zusammen mit der Beziehung $\sum_{r=1}^{\infty}(-1)^{r-1}/r! = 1 - 1/\mathrm{e} \approx 0.632$ ergibt sich, dass eine rein zufällige Permutation von $n$ Zahlen mit der praktisch von $n$ unabhängigen Wahrscheinlichkeit 0.632 mindestens einen Fixpunkt besitzt. Damit wird klar, dass die Bank beim *Treize-Spiel* im Vorteil ist.

Das Rencontre-Problem wird auch als *Koinzidenz-Paradoxon* bezeichnet, weil die große Wahrscheinlichkeit von 0.632 für mindestens eine Koinzidenz auf den ersten Blick der Intuition zuwider läuft. Hier zeigt sich nur einer der häufigsten Trugschlüsse über Wahrscheinlichkeiten: Es wird oft übersehen, dass ein vermeintlich unwahrscheinliches Ereignis in Wirklichkeit die *Vereinigung vieler* unwahrscheinlicher Ereignisse darstellt. Wie wir gesehen haben, kann jedoch die Wahrscheinlichkeit dieser Vereinigung recht groß sein! ◀

Bricht man in der Formel des Ein- und Ausschließens die alternierende Summe auf der rechten Seite von (2.20) nach einer ungeraden bzw. geraden Anzahl von Summanden ab, so entstehen obere bzw. untere Schranken für die Wahrscheinlichkeit $\mathbb{P}(\bigcup_{j=1}^{n} A_j)$, die nach dem italienischen Mathematiker Carlo Emilio Bonferroni (1892–1960) benannt sind. Sie spielen u. a. bei der Herleitung von Grenzwertsätzen eine wichtige Rolle.

**Die Bonferroni-Ungleichungen**

In der Situation der Formel des Ein- und Ausschließens gelten die Bonferroni-Ungleichungen

$$\mathbb{P}\left(\bigcup_{j=1}^{n} A_j\right) \le \sum_{r=1}^{2k+1}(-1)^{r-1}S_r, \quad k = 0, \ldots, \left\lfloor\frac{n-1}{2}\right\rfloor,$$

$$\mathbb{P}\left(\bigcup_{j=1}^{n} A_j\right) \ge \sum_{r=1}^{2k}(-1)^{r-1}S_r, \quad k = 1, \ldots, \left\lfloor\frac{n}{2}\right\rfloor.$$

Hierbei bezeichne $\lfloor x \rfloor$ die größte ganze Zahl kleiner oder gleich einer reellen Zahl $x$.

**Beweis** Der Beweis kann analog zum Beweis der Formel des Ein- und Ausschließens mithilfe vollständiger Induktion erfolgen. Eine andere Möglichkeit besteht darin, nur die aus der $\sigma$-Subadditivitätseigenschaft von $\mathbb{P}$ folgende erste Bonferroni-Ungleichung

$$\mathbb{P}\left(\bigcup_{j=1}^{n} A_j\right) \le \sum_{j=1}^{n}\mathbb{P}(A_j) = S_1 \tag{2.25}$$

auszunutzen. Setzen wir hierzu kurz $A := A_1 \cup \ldots \cup A_n$ sowie $B_1 := A_1$, $B_j := A_j A_{j-1}^c \ldots A_1^c$ $(j = 2, \ldots, n)$, so gilt wegen $A = \sum_{j=1}^{n} B_j$

$$\mathbb{P}(A) = \sum_{j=1}^{n}\mathbb{P}(B_j). \tag{2.26}$$

Wegen $A_j = B_j + A_j \cap (A_1 \cup \ldots \cup A_{j-1})$ folgt

$$\mathbb{P}(B_j) = \mathbb{P}(A_j) - \mathbb{P}\left(\bigcup_{m=1}^{j-1} A_m \cap A_j\right). \tag{2.27}$$

Wendet man die Ungleichung (2.25) auf die Ereignisse $A_m \cap A_j$, $m = 1, \ldots, j-1$, an, so ergibt sich

$$\mathbb{P}(B_j) \ge \mathbb{P}(A_j) - \sum_{m=1}^{j-1}\mathbb{P}(A_m \cap A_j),$$

und Einsetzen dieser Abschätzung in (2.26) liefert die zweite Bonferroni-Ungleichung

$$\begin{aligned}\mathbb{P}(A) &\ge \sum_{j=1}^{n}\mathbb{P}(A_j) - \sum_{j=1}^{n}\sum_{m=1}^{j-1}\mathbb{P}(A_m \cap A_j)\\ &= S_1 - S_2.\end{aligned}$$

Indem man diese auf $\mathbb{P}(\bigcup_{m=1}^{j-1} A_m A_j)$ in (2.27) anwendet erhält man

$$\begin{aligned}\mathbb{P}(B_j) \le \mathbb{P}(A_j) &- \sum_{m=1}^{j-1}\mathbb{P}(A_m \cap A_j)\\ &+ \sum_{1 \le i < m < j}\mathbb{P}(A_i \cap A_m \cap A_j).\end{aligned}$$

Einsetzen dieser Ungleichung in (2.26) ergibt $\mathbb{P}(A) \le S_1 - S_2 + S_3$ usw. ■

**Beispiel (Regel von den kleinen Ausnahmewahrscheinlichkeiten)** Sind $A_1, \ldots, A_n$ Ereignisse mit

$$\mathbb{P}(A_j) \ge 1 - \varepsilon_j, \qquad j = 1, \ldots, n,$$

wobei $\varepsilon_1, \ldots, \varepsilon_n > 0$, so folgt

$$\mathbb{P}\left(\bigcap_{j=1}^{n} A_j\right) \ge 1 - \sum_{j=1}^{n}\varepsilon_j. \tag{2.28}$$

Die Voraussetzung liefert nämlich $\mathbb{P}(A_j^c) \le \varepsilon_j$, und aus der ersten Bonferroni-Ungleichung folgt dann $\mathbb{P}(\bigcup_{j=1}^{n} A_j^c) \le$

$\sum_{j=1}^{n} \varepsilon_j$. Die auch *Regel von den kleinen Ausnahmewahrscheinlichkeiten* genannte Ungleichung (2.28) ergibt sich jetzt durch Komplementbildung.

Für Anwendungen etwa in der Zuverlässigkeitstheorie ist der Fall bedeutsam, dass $\mathbb{P}(A_1), \ldots, \mathbb{P}(A_n)$ Intakt-Wahrscheinlichkeiten für Bauteile darstellen und somit nahe bei 1 sind. Ist z. B. $\mathbb{P}(A_1) \geq 0.99$ und $\mathbb{P}(A_2) \geq 0.95$, so folgt $\mathbb{P}(A_1 A_2) \geq 0.94$. ◀



## 2.6 Elemente der Kombinatorik

In diesem Abschnitt stellen wir einige Abzählmethoden zusammen, die für einen sicheren Umgang mit Laplace-Modellen wichtig sind. Bei Bedarf kann hier auch Abschn. 26.2 aus [1] zu Rate gezogen werden.

**Erstes Fundamentalprinzip des Zählens**

Zwei endliche Mengen $M$ und $N$ sind genau dann gleichmächtig, wenn eine Bijektion $f : M \to N$ existiert.

Dieses Abzählprinzip bedeutet insbesondere, dass die Menge $M := \{1, 2, \ldots, k\}$ in dem Sinne *Prototyp* einer $k$-elementigen Menge ist, als jede $k$-elementige Menge bijektiv auf $M$ abgebildet werden kann.

**Zweites Fundamentalprinzip des Zählens**

Es seien $M_1, \ldots, M_k$ endliche Mengen und $j_1, \ldots, j_k$ natürliche Zahlen mit $j_s \leq |M_s|$ für $s = 1, \ldots, k$. Durch sukzessive Festlegung der Komponenten von links nach rechts sollen $k$-Tupel

$$(a_1, a_2, \ldots, a_k) \quad \text{mit } a_s \in M_s \text{ für } s = 1, \ldots, k$$

gebildet werden. Stehen für die $s$-te Komponente $a_s$ des Tupels $j_s$ verschiedene Elemente aus $M_s$ zur Verfügung, so ist die Anzahl aller nach dieser Vorschrift konstruierbaren $k$-Tupel das Produkt

$$j_1 \cdot j_2 \cdot \ldots \cdot j_k.$$

Nach diesem oft auch **Multiplikationsregel** genannten zweiten Zählprinzip gibt es

$$49 \cdot 48 \cdot 47 \cdot 46 \cdot 45 \cdot 44 = 10\,068\,347\,520$$

Möglichkeiten für die Notierung der Ergebnisse beim Lotto 6 aus 49 *in zeitlicher Reihenfolge*, denn zur Ziehung der $s$-ten Gewinnzahl stehen unabhängig von den schon gezogenen Zahlen noch $49-(s-1)$ Zahlen in der Ziehungstrommel zur Verfügung.

**Achtung** Wie die Ziehungen der Lottozahlen zeigen, darf allgemein für jedes $s \geq 2$ die Teilmenge $M_s^* \subseteq M_s$ der zur Besetzung der $s$-ten Komponente erlaubten Elemente von den bereits gewählten Komponenten $a_1, \ldots, a_{s-1}$ abhängen, nicht jedoch deren Mächtigkeit $|M_s^*| = j_s$ $(s = 1, \ldots, k)$. Gibt es also $j_1$ Möglichkeiten für die Wahl von $a_1$, danach (unabhängig von $a_1$) $j_2$ Möglichkeiten für die Wahl von $a_2$, danach (unabhängig von der Wahl von $a_2$) $j_3$ Möglichkeiten für die Wahl von $a_3$ usw. so gibt es insgesamt $j_1 \cdot j_2 \cdot \ldots \cdot j_k$ verschiedene Tupel. Insbesondere folgt, dass die Mächtigkeit des kartesischen Produkts $\times_{j=1}^{k} M_j$ durch das Produkt $|M_1| \cdot \ldots \cdot |M_k|$ gegeben ist. ◀

Man beachte, dass die Besetzung der $k$ Plätze des Tupels unter Umständen in einer *beliebigen anderen Reihenfolge*, also z. B. zuerst Wahl von $a_4$, dann Wahl von $a_2$, dann Wahl von $a_5$ usw., vorgenommen werden kann. Gibt es z. B. $j_4$ Möglichkeiten für die Wahl von $a_4$, dann $j_2$ Möglichkeiten für die Wahl von $a_2$, dann $j_5$ Möglichkeiten für die Wahl von $a_5$ usw., so lassen sich ebenfalls insgesamt $j_1 \cdot j_2 \cdot \ldots \cdot j_k$ Tupel bilden.

Da Tupel ein schlagkräftiges Darstellungsmittel vieler stochastischer Vorgänge sind, verwundert es nicht, dass es hierfür eine eigene Terminologie gibt.

**$k$-Permutationen**

Ist $M$ eine $n$-elementige Menge, so nennt man die Elemente (Tupel) $(a_1, \ldots, a_k)$ des kartesischen Produkts

$$M^k = \{(a_1, \ldots, a_k) \mid a_j \in M \text{ für } j = 1, \ldots, k\}$$

**$k$-Permutationen aus $M$ mit Wiederholung**.

Gilt im Fall $k \leq n$ speziell $a_i \neq a_j$ für jede Wahl von $i, j$ mit $1 \leq i \neq j \leq k$, so heißt $(a_1, \ldots, a_k)$ eine **$k$-Permutation aus $M$ ohne Wiederholung**. Die $n$-Permutationen aus $M$ ohne Wiederholung heißen kurz **Permutationen von $M$**. Wir schreiben

$$\begin{aligned} \mathrm{Per}_k^n(mW) &:= M^k, \\ \mathrm{Per}_k^n(oW) &:= \{(a_1, \ldots, a_k) \in M^k \mid a_i \neq a_j \ \forall i \neq j\} \end{aligned}$$

für die Menge der $k$-Permutationen aus $M$ mit bzw. ohne Wiederholung.

**Kommentar** Wir haben die Menge $M$ in der Notation für $k$-Permutationen unterdrückt, da es nach dem ersten Fundamentalprinzip des Zählens für Anzahlbestimmungen nicht auf deren genaue Gestalt, sondern nur auf die Anzahl der Elemente von $M$ ankommt. Zudem werden wir im Weiteren meist $M = \{1, 2, \ldots, n\}$ wählen und dann auch von *$k$-Permutationen (mit bzw. ohne Wiederholung) der Zahlen* $1, 2, \ldots, n$ sprechen. Man beachte, dass die Menge $\mathrm{Per}_n^n(oW)$ aller Permutationen von $1, 2, \ldots, n$ aus der Linearen Algebra als *symmetrische Gruppe* bekannt ist, siehe z. B. [1], Abschn. 3.1. ◀

Im Sinne dieser Terminologie stellen also die Ziehungen der Lottozahlen in zeitlicher Reihenfolge 6-Permutationen aus $\{1, 2, \ldots, 49\}$ ohne Wiederholung dar, und Zahlenschloss-Kombinationen oder die Ergebnisse der 13-er-Wette beim deutschen Fußballtoto sind offenbar Permutationen mit Wiederholung.

Aus dem zweiten Fundamentalprinzip des Zählens ergibt sich unmittelbar folgendes Resultat.

**Anzahlformeln für Permutationen**

Es gelten:

a) $|\operatorname{Per}_k^n(mW)| = n^k$,
b) $|\operatorname{Per}_k^n(oW)| = n \cdot (n-1) \cdot (n-2) \cdot \ldots \cdot (n-k+1)$.

**Kommentar** Da Produkte vom obigen Typ mit absteigenden Faktoren (sog. **fallende Faktorielle**) häufiger auftreten, hat sich hierfür die Schreibweise

$$(x)_k := x \cdot (x-1) \cdot \ldots \cdot (x-k+1), \quad x \in \mathbb{R}, k \in \mathbb{N} \tag{2.29}$$

(lies: „$x$ tief $k$") eingebürgert. Diese ergänzt man noch um die Festsetzung $(x)_0 := 1$. ◄

**Beispiel** Sind $M_1$ eine $k$-elementige und $M_2$ eine $n$-elementige Menge, so gibt es $n^k$ verschiedene Abbildungen $f : M_1 \to M_2$. Im Fall $k \leq n$ gibt es

$$(n)_k = n(n-1)(n-2) \cdot \ldots \cdot (n-k+1)$$

injektive Abbildungen von $M_1$ nach $M_2$. ◄

**Selbstfrage 5**

Sehen Sie diese Aussagen unmittelbar ein?

## Kombinationen sind der Größe nach sortierte Permutationen

Auch die im Folgenden zu besprechenden *k-Kombinationen* sind spezielle $k$-Permutationen. Hierfür sei die $n$-elementige Menge $M$ durch eine eine Relation „$\leq$" total geordnet. Die Relation $\leq$ sei also reflexiv, antisymmetrisch sowie transitiv, und für je zwei Elemente $a, b \in M$ gelte $a \leq b$ oder $b \leq a$, siehe z. B. [1], Abschn. 2.4.

***k*-Kombinationen**

Jede $k$-Permutation $(a_1, \ldots, a_k)$ der total geordneten Menge $M$ mit $a_1 \leq \ldots \leq a_k$ heißt ***k*-Kombination aus *M* mit Wiederholung**. Jede $k$-Permutation $(a_1, \ldots, a_k)$ aus $M$ mit $a_1 < \ldots < a_k$ heißt ***k*-Kombination aus *M* ohne Wiederholung**. Hierbei ist wie üblich $a < b :\Leftrightarrow a \leq b$ und $a \neq b$ gesetzt. Wir schreiben

$$\operatorname{Kom}_k^n(mW) := \{(a_1, \ldots, a_k) \in M^k \mid a_1 \leq \ldots \leq a_k\}$$
$$\operatorname{Kom}_k^n(oW) := \{(a_1, \ldots, a_k) \in M^k \mid a_1 < \ldots < a_k\}$$

für die Menge der $k$-Kombinationen aus $M$ mit bzw. ohne Wiederholung.

Dass $M$ totalgeordnet sein soll, bedeutet keinerlei Einschränkung, da $M$ bijektiv auf die Menge $\{1, 2, \ldots, n\}$ abgebildet werden kann und letztere Menge durch die natürliche Kleiner-gleich-Relation totalgeordnet ist. Man beachte, dass $k$-Kombinationen ohne Wiederholung nur im Fall $k \leq n$ möglich sind.

**Beispiel** Werden die 6 Gewinnzahlen beim Lotto 6 aus 49 in den Nachrichten mitgeteilt, so fehlt die Information über den Ziehungsverlauf in zeitlicher Reihenfolge. Das Ziehungsergebnis ist dann eine 6-Kombination der Zahlen $1, 2, \ldots, 49$ ohne Wiederholung. ◄

Wie bei Permutationen kann auch für die Bestimmung der Anzahl von Kombinationen o.B.d.A. der Fall $M = \{1, 2, \ldots, n\}$ angenommen werden. Offenbar werden beim Übergang von $\operatorname{Per}_k^n(oW)$ zu $\operatorname{Kom}_k^n(oW)$ alle Tupel miteinander identifiziert, deren Komponenten durch eine Permutation auseinander hervorgehen. Formal bedeutet diese Identifizierung, dass $\operatorname{Kom}_k^n(oW)$ mit der *Quotienten-Struktur* $\operatorname{Per}_k^n(oW)/\sim$ gleichgesetzt werden kann. Dabei ist die Äquivalenzrelation $\sim$ auf $\operatorname{Per}_k^n(oW)$ durch

$$(a_1, \ldots, a_k) \sim (b_1, \ldots, b_k) :\Longleftrightarrow \{a_1, \ldots, a_k\} = \{b_1, \ldots, b_k\}$$

gegeben.

**Anzahlformeln für Kombinationen**

Es gelten:

a) $|\operatorname{Kom}_k^n(mW)| = \binom{n+k-1}{k}$,
b) $|\operatorname{Kom}_k^n(oW)| = \binom{n}{k}$ $(k \leq n)$.

**Beweis** Wir überlegen uns zunächst die Gültigkeit der zweiten Aussage. Aufgrund der oben angesprochenen Identifizierung $\operatorname{Kom}_k^n(oW) \cong \operatorname{Per}_k^n(oW)/\sim$ und der Tatsache, dass jede Äquivalenzklasse $k!$ Elemente enthält, folgt mit der Anzahlformel b) für Permutationen

$$|\operatorname{Kom}_k^n(oW)| = \frac{1}{k!} \cdot |\operatorname{Per}_k^n(oW)|$$
$$= \frac{n(n-1) \cdot \ldots \cdot (n-k+1)}{k!} = \binom{n}{k},$$

was zu zeigen war. Ein anderer Beweis verwendet eine Anfangsbedingung sowie eine Rekursionsformel. Zunächst erhält man offenbar für jedes $n \in \mathbb{N}$

$$|\operatorname{Kom}_1^n(oW)| = n, \quad |\operatorname{Kom}_n^n(oW)| = 1. \tag{2.30}$$

Weiter gilt für jedes $n \geq 2$ und jedes $k$ mit $2 \leq k \leq n$ die Rekursionsformel

$$|\operatorname{Kom}_k^{n+1}(oW)| = |\operatorname{Kom}_k^n(oW)| + |\operatorname{Kom}_{k-1}^n(oW)|.$$

Diese ergibt sich, wenn man die $k$-Kombinationen $(a_1, \ldots, a_k)$ aus $\operatorname{Kom}_k^{n+1}(oW)$ danach klassifiziert, ob $a_k \leq n$ oder $a_k = n+1$ gilt.

## Unter der Lupe: Stimmzettelproblem und Spiegelungsprinzip

Zahlreiche stochastische Fragestellungen führen auf das Problem, die Anzahl gewisser Wege im ebenen ganzzahligen Gitter zu bestimmen. Ein solcher Weg ist ein Polygonzug, der nur Auf- oder Abwärtsschritte der Länge 1 aufweist, also einen Punkt $(m, n)$ mit einem der Punkte $(m + 1, n + 1)$ oder $(m + 1, n - 1)$ verbindet. In diesem Zusammenhang wird die Abszisse als Achse gedeutet, auf der die in Einheitsschritten fortschreitende Zeit gemessen wird.

Als Beispiel betrachten wir das folgende klassische *Stimmzettel-Problem*: Zwischen zwei Kandidatinnen A und B habe eine Wahl stattgefunden. Da bei der Stimmauszählung ein Stimmzettel nach dem anderen registriert wird, ist stets bekannt, welche Kandidatin gerade in Führung liegt. Am Ende zeigt sich, dass A gewonnen hat, und zwar mit $a$ Stimmen gegenüber $b$ Stimmen für B. Wie groß ist die Wahrscheinlichkeit des mit $C$ bezeichneten Ereignisses, dass Kandidatin A während der gesamten Stimmauszählung führte?

Wir ordnen den Auszählungsverläufen Wege zu, indem wir die Stimmen für A bzw. B als Aufwärts- bzw. Abwärtsschritt notieren. Jeder Auszählungsverlauf ist dann ein von $(0, 0)$ nach $(a + b, a - b)$ führender Weg wie in der nachstehenden Abbildung.

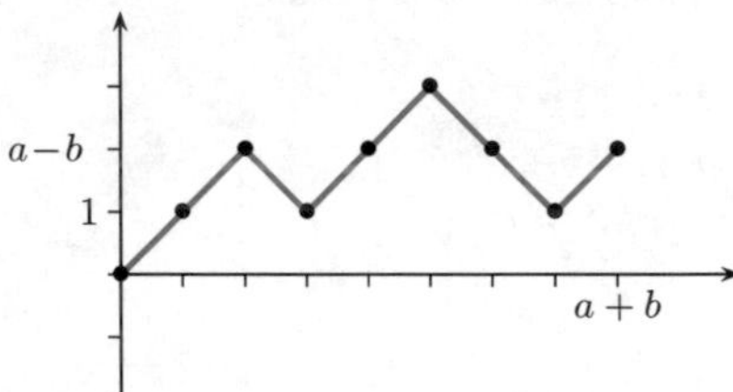


Da jeder Weg von $(0, 0)$ nach $(a + b, a - b)$ dadurch bestimmt ist, dass man von insgesamt $a + b$ Zeitschritten $a$ für die Aufwärtsschritte festlegt, gibt es nach der Anzahlformel b) für Kombinationen $\binom{a+b}{a}$ solche Wege, die wir als gleich wahrscheinlich annehmen.

Die für das Eintreten des Ereignisses $C$ günstigen Wege verlaufen wie derjenige in obiger Abbildung strikt oberhalb der $x$-Achse. Die für $C$ *ungünstigen* Wege gehen entweder im ersten Schritt nach unten, führen also von $(1, -1)$ nach $(a + b, a - b)$, oder sie starten mit einem Aufwärtsschritt und treffen danach irgendwann die $x$-Achse. Von der ersten Sorte gibt es wiederum nach der Anzahlformel für Kombinationen $\binom{a+b-1}{b-1}$ Stück, und letztere Menge von Wegen zählen wir mit einem gemeinhin Désiré André (1840–1918) zugeschriebenen und in der nachfolgenden Abbildung illustrierten *Spiegelungsprinzip* ab.

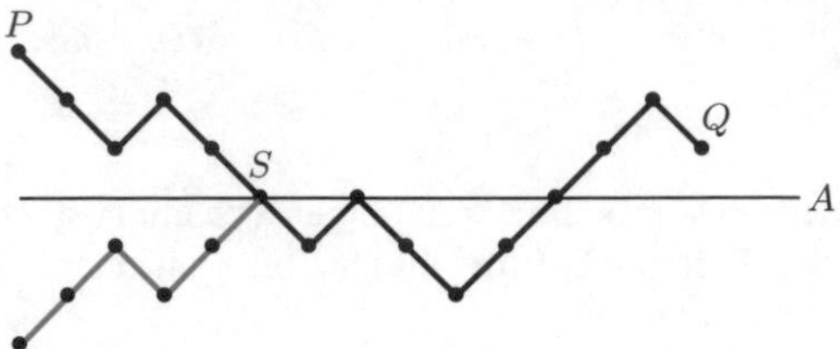


Dieses Prinzip besagt, dass es genauso viele Wege vom Punkt $P$ zum Punkt $Q$ gibt, die die Achse $A$ treffen, wie es Wege von $P^*$ nach $Q$ gibt. Liegt nämlich ein Weg von $P$ nach $Q$ vor, der die Achse $A$ trifft, so entsteht durch Spiegelung des Teilweges bis zum *erstmaligen* – im Bild mit $S$ bezeichneten – Treffpunkt an $A$ ein Weg, der von $P^*$ nach $Q$ verläuft. Umgekehrt besitzt jeder von $P^*$ nach $Q$ verlaufende Weg einen *ersten Treffpunkt mit* $A$. Spiegelt man diesen von $P^*$ nach $S$ führenden Teilweg an $A$ und belässt den zweiten Teilweg unverändert, so entsteht der von $P$ nach $Q$ verlaufende Ausgangsweg. Diese Zuordnung von Wegen, die von $P$ nach $Q$ verlaufen und die Achse $A$ mindestens einmal treffen, zu Wegen von $P^*$ nach $Q$ ist offenbar bijektiv.

Nach diesem Spiegelungsprinzip ist die gesuchte Anzahl von Wegen, die von $(1, 1)$ nach $(a + b, a - b)$ führen und die $x$-Achse treffen, gleich der Anzahl der Wege von $(-1, 1)$ nach $(a + b, a - b)$. Letztere Anzahl wurde schon als $\binom{a+b-1}{b-1}$ erkannt. Insgesamt ergibt sich, dass Kandidatin A mit der Wahrscheinlichkeit

$$\mathbb{P}(C) = 1 - 2 \cdot \frac{\binom{a+b-1}{b-1}}{\binom{a+b}{a}} = \frac{a - b}{a + b}$$

während der gesamten Stimmauszählung führt. Für weitere Anwendungen des Spiegelungsprinzips siehe z. B. [15].

**Video 2.5** Das Stimmzettelproblem

Da die *Binomialkoeffizienten*

$$\binom{n}{k} = \frac{n!}{k! \cdot (n-k)!}, \qquad 0! := 1, \quad \binom{n}{k} := 0 \text{ für } n < k,$$

wegen $n = \binom{n}{1}$ und $1 = \binom{n}{n}$ die gleichen Anfangsbedingungen (2.30) und die gleiche Rekursionsformel, nämlich

$$\binom{n+1}{k} = \binom{n}{k} + \binom{n}{k-1}, \qquad 1 \leq k \leq n, \tag{2.31}$$

erfüllen, ist b) auf anderem Wege bewiesen.

Für den Nachweis von a) verwenden wir die soeben bewiesene Aussage und ordnen jeder Kombination $a := (a_1, a_2, \ldots, a_k)$ aus $\mathrm{Kom}_k^n(mW)$, also $1 \leq a_1 \leq a_2 \leq \ldots \leq a_k \leq n$, mithilfe der die Komponenten von $a$ „auseinanderziehenden" Abbildung

$$b_j := a_j + j - 1, \qquad j = 1, \ldots, k,$$

ein $b := (b_1, b_2, \ldots, b_k) \in \mathrm{Kom}_k^{n+k-1}(oW)$ zu, denn es gilt

$$1 \leq b_1 < b_2 < \ldots < b_k \leq n + k - 1.$$

Da diese Zuordnung zwischen $\mathrm{Kom}_k^n(mW)$ und $\mathrm{Kom}_k^{n+k-1}(oW)$ bijektiv ist (die Umkehrabbildung ist $a_j := b_j - j + 1,\ j = 1, \ldots, k$), folgt wie behauptet

$$|\,\mathrm{Kom}_k^n(mW)| = |\,\mathrm{Kom}_k^{n+k-1}(oW)| = \binom{n+k-1}{k}. \quad \blacksquare$$

**Kommentar** Der Binomialkoeffizient $\binom{n}{k}$ gibt die Anzahl der Möglichkeiten an, aus $n$ Objekten $k$ auszuwählen, also $k$-elementige Teilmengen einer $n$-elementigen Menge zu bilden. Dabei ist der Fall $k = 0$ der leeren Menge mit eingeschlossen. Die Bedingungen $n = \binom{n}{1}$ und $1 = \binom{n}{n}$ sind zusammen mit $\binom{n}{0} := 1$ $(n \in \mathbb{N}_0)$ und der Rekursionsformel (2.31) das Bildungsgesetz des Pascalschen Dreiecks

$$\begin{array}{ccccccccccccccc}
 & & & & & & & 1 & & & & & & & \\
 & & & & & & 1 & & 1 & & & & & & \\
 & & & & & 1 & & 2 & & 1 & & & & & \\
 & & & & 1 & & 3 & & 3 & & 1 & & & & \\
 & & & 1 & & 4 & & 6 & & 4 & & 1 & & & \\
 & & 1 & & 5 & & 10 & & 10 & & 5 & & 1 & & \\
 & 1 & & 6 & & 15 & & 20 & & 15 & & 6 & & 1 & \\
1 & & 7 & & 21 & & 35 & & 35 & & 21 & & 7 & & 1 \\
\vdots & & \vdots & & \vdots & & \vdots & & \vdots & & \vdots & & \vdots & & \vdots
\end{array}$$

Hier steht $\binom{n}{k}$ an der $(k+1)$-ten Stelle der $(n+1)$-ten Zeile. ◄

**Selbstfrage 6**

Können Sie die binomische Formel

$$(x+y)^n = \sum_{k=0}^{n} \binom{n}{k} x^k y^{n-k} \tag{2.32}$$

*begrifflich* (ohne Induktionsbeweis) herleiten?

**Beispiel** Beim Skatspiel werden 32 Karten an drei Personen A, B, C verteilt, wobei jede 10 Karten erhält. Zwei Karten werden verdeckt als sog. *Skat* auf den Tisch gelegt. Wie viele verschiedene Kartenverteilungen gibt es?

Da es nur darauf ankommt, welche *Teilmengen aller Karten* die Personen erhalten und die Karten im *Skat* dann feststehen, ist die Menge aller Kartenverteilungen durch

$$\Omega := \{(A, B, C) \mid A + B + C \subseteq K, |A| = |B| = |C| = 10\}$$

gegeben. Dabei bezeichnen $K$ die Menge aller 32 Karten und $A$, $B$ und $C$ die Menge der Karten für die Personen A, B und C. Um die Anzahl der möglichen Tripel $(A, B, C)$ zu bestimmen, verwenden wir die Multiplikationsregel sowie die Anzahlformel b) für Kombinationen. Für die erste Stelle im Tripel $(A, B, C)$ gibt es $\binom{32}{10}$ Möglichkeiten, dann – unabhängig von der speziellen Teilmenge $A \subseteq K$ der an Person A verteilten Karten – $\binom{22}{10}$ Möglichkeiten für die Menge $B$ der an Person B verteilten Karten und schließlich – unabhängig von den 22 bislang verteilten Karten – $\binom{12}{10}$ Möglichkeiten, 10 Karten an Person C zu verteilen. Insgesamt gibt es also

$$|\Omega| = \binom{32}{10} \cdot \binom{22}{10} \cdot \binom{12}{10} = \frac{32!}{10!^3 \cdot 2!}$$

und damit etwa $2.75 \cdot 10^{15}$ Kartenverteilungen. ◄

**Beispiel (Multinomialkoeffizient, multinomialer Lehrsatz)** Die im obigen Beispiel behandelte Fragestellung lässt sich wie folgt direkt verallgemeinern: Seien $M$ eine $n$-elementige Menge sowie $k_1, \ldots, k_s \in \mathbb{N}_0$ mit $k_1 + \ldots + k_s = n$. Auf wie viele Weisen lässt sich $M$ in paarweise disjunkte Teilmengen $M_1, \ldots, M_s$ der Mächtigkeiten $k_1, \ldots, k_s$ aufteilen? Wie viele derartige $s$-Tupel $(M_1, \ldots, M_s)$ lassen sich bilden?

Die Lösung verwendet wie oben das zweite Fundamentalprinzip des Zählens sowie die Anzahlformel für Kombinationen ohne Wiederholung. Für die erste Stelle des Tupels gibt es $\binom{n}{k_1}$ Möglichkeiten, eine $k_1$-elementige Teilmenge von $M$ zu bilden. Bei fester Wahl von $M_1$ bleiben für die Wahl von $M_2$ noch $\binom{n-k_1}{k_2}$ $k_2$-elementige Teilmengen aus $M \setminus M_1$ übrig, für die Wahl von $M_3$ dann noch $\binom{n-k_1-k_2}{k_3}$ $k_3$-elementige Teilmengen aus $M \setminus (M_1 \cup M_2)$ usw. Die gesuchte Anzahl ist somit das Produkt

$$\binom{n}{k_1}\binom{n-k_1}{k_2}\binom{n-k_1-k_2}{k_3}\cdots\binom{n-k_1-\ldots-k_{s-1}}{k_s}.$$

Drückt man hier jeden der Binomialkoeffizienten gemäß $\binom{m}{\ell} = m!/(\ell!(m-\ell)!)$ mithilfe von Fakultäten aus, so entsteht nach Kürzen der durch

$$\binom{n}{k_1, \ldots, k_s} := \frac{n!}{k_1! \cdot \ldots \cdot k_s!} \tag{2.33}$$

definierte **Multinomialkoeffizient**.

Kapitel 2

## Unter der Lupe: Historische Kontroversen über Gleichwahrscheinlichkeit

In der Geschichte der Wahrscheinlichkeitstheorie hat es diverse intensive Diskussionen über Fragen der Gleichwahrscheinlichkeit gegeben. Nachstehend geben wir einige Kostproben.

**1. D'Alembert's *Croix ou Pile?***
In einem provokanten Beitrag mit dem Titel *Croix ou Pile?* in der *Encyclopédie* aus dem Jahre 1754 stellte der Mathematiker Jean-Baptiste le Rond d'Alembert (1717–1783) die gängige Meinung zur Diskussion, beim zweimaligen Werfen einer echten Münze sei die Wahrscheinlichkeit des Ereignisses $A$, dass mindestens einmal *Zahl* auftritt, gleich $3/4$. Er argumentierte, dass es nur drei relevante, zu unterscheidende Möglichkeiten gebe, nämlich *Zahl* im ersten Wurf (dann könne man aufhören) oder *Kopf* im ersten und *Zahl* im zweiten Wurf oder aber in beiden Würfen *Kopf*. Da in den beiden ersten Fällen das Ereignis $A$ eintritt, sei die Wahrscheinlichkeit gleich $2/3$.

Laplace kritisierte diesen Standpunkt, der die Gleichwahrscheinlichkeit der drei Fälle *Zahl*, *Kopf Zahl* und *Kopf Kopf* unterstellt. Tatsächlich müsse man den Fall, dass im ersten Wurf *Kopf* auftritt, in die gleich wahrscheinlichen Fälle *Zahl Kopf* und *Zahl Zahl* aufspalten, was zur Lösung 3/4 führe. Die gleiche Lösung erhält man für den Fall, dass man zwei nicht unterscheidbare Münzen gleichzeitig wirft. Durch gedankliche Färbung der Münzen erkennt man vier unterscheidbare gleich wahrscheinliche Fälle.

**2. Das Teilungsproblem von Luca Pacioli (1494)**
Bei dem vom Franziskanermönch Luca Pacioli (ca. 1445–1517) im Jahr 1494 formulierten *Teilungsproblem* geht es darum, einen Spieleinsatz bei vorzeitigem Spielabbruch „gerecht" aufzuteilen. Angenommen, zwei Spieler ($A$) und ($B$) setzen je 10 € ein und spielen wiederholt ein faires Spiel, bei dem beide die gleiche Gewinnchance haben. Wer zuerst sechs Runden gewonnen hat, erhält den Gesamteinsatz von 20 €. Wegen widriger Umstände muss das Spiel zu einem Zeitpunkt abgebrochen werden, bis zu dem $A$ fünf Runden und $B$ drei Runden gewonnen hat.

Pacioli schlug hier eine Aufteilung des Einsatzes im Verhältnis des Spielstandes, also von $5 : 3$ vor, was 12.50 € für $A$ und 7.50 € für $B$ bedeuten würde. Gerolamo Cardano (1501–1576) meinte, es käme vielmehr auf die Anzahl der zum Sieg noch fehlenden Spiele an, was zu einer Aufteilung von $3 : 1$ und somit zu 15 € für $A$ und 5 € für $B$ führen würde. Niccolò Tartaglia (1499–1557) empfand den Vorschlag von Pacioli als ungerecht, weil $B$ für den Fall, dass er noch kein Spiel gewonnen hat, gar nichts erhalten würde. Den Mathematikern Pierre de Fermat (1601–1665) und Blaise Pascal (1623–1663) gelang im Jahre 1654 unabhängig voneinander die Lösung des Teilungsproblems, indem sie die die vier (selbsterklärenden) fiktiven Spielfortsetzungen

$$A, \qquad BA, \qquad BBA, \qquad BBB$$

betrachteten. Dabei gewinnt $A$ in den ersten drei Fällen und $B$ nur im letzten. Müsste $A$ also $3/4$ des Einsatzes (= 15 €) erhalten? Das wäre richtig, wenn diese Spielverläufe gleich wahrscheinlich wären. Offenbar ist aber die Wahrscheinlichkeit des Spielverlaufs $A$ gleich $1/2$, von $BA$ gleich $1/4$ und von $BBA$ gleich $1/8$, sodass $A$ mit der Wahrscheinlichkeit $7/8$ $(= 1/2 + 1/4 + 1/8)$ gewinnt und somit – entsprechend den einzelnen Gewinnwahrscheinlichkeiten bei fiktiver Spielfortsetzung – $7/8$ (= 17.50 €) des Einsatzes erhalten müsste.

**3. Leibniz' Irrtum beim Würfelwurf**
Werden zwei nichtunterscheidbare Würfel gleichzeitig geworfen, so kann man 21 Fälle unterscheiden, die durch den zu Beginn von Abschn. 2.1 vorgestellten Grundraum, also die Menge $\mathrm{Kom}_2^6(mW)$ gegeben sind. Wer glaubt, hier mit einem Laplace-Modell arbeiten zu können, unterliegt dem gleichen Trugschluss wie Gottfried Wilhelm von Leibniz (1646–1716), einem der letzten Universalgelehrten. Leibniz glaubte nämlich, dass beim Werfen mit zwei Würfeln die Augensummen 11 und 12 gleich wahrscheinlich seien. Auch Leibniz' Irrtum wird sofort deutlich, wenn wir die Würfel (etwa durch Färbung) unterscheidbar machen. Eine farbenblinde Person kann die Würfel nicht unterscheiden, eine nicht farbenblinde Person ist jedoch in der Situation des Beispiels nach der Definition des Laplaceschen Wahrscheinlichkeitsraumes, in dem die Verteilung der Augensumme unter Annahme eines Laplace-Modells auf der 36-elementigen Menge $\{1,2,3,4,5,6\}^2$ hergeleitet wurde.

Wie schwierig das Erkennen der Gleichwahrscheinlichkeit war (und ist), zeigt auch ein Problem im Zusammenhang mit dem Werfen dreier Würfel. So beobachteten Glücksspieler, dass die Augensumme 10 häufiger auftrat als die Augensumme 9, obwohl doch 10 durch die „Kombinationen" $(1,3,6)$, $(1,4,5)$, $(2,2,6)$, $(2,3,5)$, $(2,4,4)$ und $(3,3,4)$ und 9 durch genauso viele Kombinationen, nämlich $(1,2,6)$, $(1,3,5)$, $(1,4,4)$, $(2,2,5)$, $(2,3,4)$ und $(3,3,3)$ erzeugt würde. Galileo Galilei (1564–1642) klärte diesen Widerspruch auf, indem er zeigte, dass die Kombinationen nicht gleich wahrscheinlich sind, also (analog zum Fall zweier Würfel) nicht mit der Gleichverteilung auf der Menge $\mathrm{Kom}_3^6(mW)$ gearbeitet werden kann. Ein Stabdiagramm der Verteilung der Augensumme beim dreifachen Würfelwurf, die von der korrekten Gleichverteilung auf der Menge $\mathrm{Per}_3^6(mW) = \{1,2,3,4,5,6\}^3$ ausgeht, zeigt Abb. 2.5.

Diese Herleitung ermöglicht einen einfachen begrifflichen Beweis des **multinomialen Lehrsatzes**

$$(x_1 + \cdots + x_s)^n = \sum_{(k_1,\ldots,k_s)} \binom{n}{k_1,\ldots,k_s} x_1^{k_1} \ldots x_s^{k_s} \qquad (2.34)$$

($n \geq 0$, $s \geq 2$, $x_1,\ldots,x_s \in \mathbb{R}$) als Verallgemeinerung der binomischen Formel (2.32). Die obige Summe erstreckt sich dabei über alle $s$-Tupel $(k_1,\ldots,k_s) \in \mathbb{N}_0^s$ mit $k_1 + \cdots + k_s = n$. Wie die binomische Formel folgt (2.34), indem man die linke Seite als Produkt $n$ gleicher Faktoren („Klammern") $(x_1 + \cdots + x_s)$ ausschreibt. Beim Ausmultiplizieren entsteht das Produkt $x_1^{k_1} \ldots x_s^{k_s}$ immer dann, wenn aus $k_r$ der Klammern $x_r$ ausgewählt wird ($r = 1,\ldots,s$). Die Zahl der Möglichkeiten hierfür ist der in (2.33) stehende Multinomialkoeffizient. ◀

**Video 2.6** Multinomialkoeffizient und multinomialer Lehrsatz

**Selbstfrage 7**

Warum gilt in der Situation der großen Beispiel-Box zur hypergeometrischen Verteilung $\mathbb{P}(A_j) = r/(r+s)$ für $j = 1,\ldots,n$?

## 2.7 Urnen- und Fächer-Modelle

Viele stochastische Vorgänge lassen sich mithilfe von *Urnen-* oder *Fächer-Modellen* beschreiben. Eine solche zugleich anschauliche und abstrakte Beschreibung lässt alle unwesentlichen Aspekte einer konkreten Fragestellung wegfallen. So kann etwa die Klassifikation eines Verkehrsunfalls nach dem Wochentag als Ziehen einer von sieben Kugeln, aber auch als Verteilen eines Teilchens in eines von sieben Fächern angesehen werden. In gleicher Weise ist die Feststellung des Geburtstages einer Person begrifflich gleichbedeutend damit, eine von 365 Kugeln zu ziehen oder ein Teilchen in eines von 365 Fächern zu legen. Dabei haben wir von Schaltjahren abgesehen. Wir beginnen zunächst mit Urnenmodellen.

In einer *Urne* liegen gleichartige von 1 bis $n$ nummerierte Kugeln. Wir betrachten vier Möglichkeiten, $k$ Kugeln aus dieser Urne zu ziehen. Diese unterscheiden sich danach, ob die Reihenfolge der gezogenen Kugeln beachtet wird oder nicht und ob das Ziehen mit oder ohne Zurücklegen erfolgt.

**(U1) Beachtung der Reihenfolge mit Zurücklegen**
Nach jedem Zug wird die Nummer der gezogenen Kugel notiert und diese Kugel wieder zurückgelegt. Bezeichnet $a_j$ die Nummer der $j$-ten gezogenen Kugel, so ist die Menge

$$\mathrm{Per}_k^n(mW) = \{a_1,\ldots,a_k) \mid 1 \leq a_j \leq n \text{ für } j = 1,\ldots,k\}$$

der $k$-Permutationen aus $1,2,\ldots,n$ mit Wiederholung ein geeigneter Grundraum für dieses Experiment.

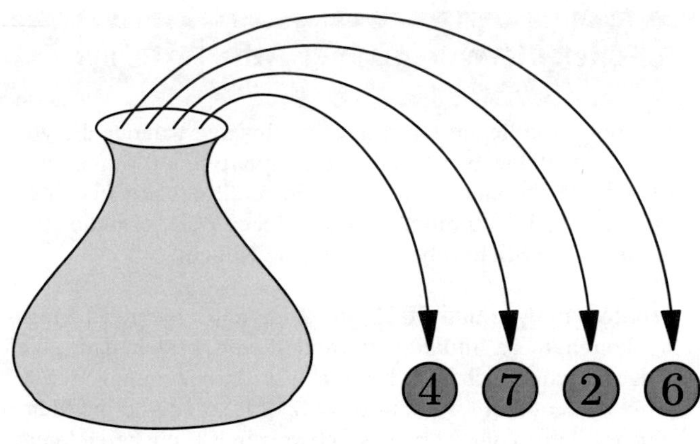


**Abb. 2.10** Ziehen ohne Zurücklegen unter Beachtung der Reihenfolge

**(U2) Beachtung der Reihenfolge ohne Zurücklegen**
Erfolgt das Ziehen mit Notieren wie oben, jedoch ohne Zurücklegen der jeweils gezogenen Kugel, so ist (mit der Bedeutung von $a_j$ wie oben) die Menge

$$\mathrm{Per}_k^n(oW) = \{(a_1,\ldots,a_k) \in \mathrm{Per}_k^n(mW) \mid a_i \neq a_j \, \forall i \neq j\}$$

der $k$-Permutationen aus $1,2,\ldots,n$ ohne Wiederholung ein angemessener Ergebnisraum (siehe Abb. 2.10). Natürlich ist hierbei $k \leq n$ vorausgesetzt.

**(U3) Reihenfolge irrelevant, mit Zurücklegen**
Wird mit Zurücklegen gezogen, aber am Ende aller Ziehungen nur mitgeteilt, *wie oft* jede einzelne Kugel gezogen wurde, so bietet sich als Grundraum die Menge

$$\mathrm{Kom}_k^n(mW) = \{(a_1,\ldots,a_k) \in \mathrm{Per}_k^n(mW) \mid a_1 \leq \ldots \leq a_k\}$$

der $k$-Kombinationen aus $1,2,\ldots,n$ mit Wiederholung an. In diesem Fall gibt $a_j$ die $j$-kleinste der Nummern der gezogenen Kugeln an, wobei Mehrfachnennungen möglich sind.

**(U4) Reihenfolge irrelevant, ohne Zurücklegen**
Erfolgt das Ziehen wie in (U3), aber *ohne* Zurücklegen, so ist die Menge

$$\mathrm{Kom}_k^n(oW) = \{(a_1,\ldots,a_k) \in \mathrm{Kom}_k^n(mW) \mid a_1 < \ldots < a_k\}$$

der $k$-Kombinationen aus $1,2,\ldots,n$ ohne Wiederholung ein geeigneter Grundraum. Hier bedeutet $a_j$ die eindeutig bestimmte $j$-kleinste Nummer der gezogenen Kugeln, und es ist $k \leq n$ vorausgesetzt.

**Video 2.7** Urnen- und Fächer-Modelle

Kapitel 2

Kapitel 2

## Beispiel: Die hypergeometrische Verteilung

In einer Urne liegen $r$ rote und $s$ schwarze Kugeln, die wir z. B. als defekte bzw. intakte Exemplare einer Warenlieferung deuten können. Es werden rein zufällig (ohne Zurücklegen) $n$ Kugeln entnommen. Mit welcher Wahrscheinlichkeit enthält diese Stichprobe genau $k$ rote Kugeln?

**Problemanalyse und Strategie** Eine unter mehreren Möglichkeiten, diese Situation zu modellieren, besteht darin, die Kugeln gedanklich von 1 bis $r + s$ durchzunummerieren, wobei $R = \{1, \ldots, r\}$ bzw. $S = \{r+1, \ldots, r+s\}$ die Mengen der Zahlen der roten bzw. schwarzen Kugeln bezeichnen. Ein natürlicher Grundraum für dieses Experiment ist dann $\Omega := \mathrm{Per}_n^{r+s}(oW) = \{(a_1, \ldots, a_n) \in \{1, \ldots, r+s\}^n \mid a_i \neq a_j \forall i \neq j\}$ mit der Deutung von $a_j$ als Nummer der $j$-ten gezogenen Kugel. Als Wahrscheinlichkeitsmaß $\mathbb{P}$ wählen wir die Gleichverteilung auf $\Omega$.

**Lösung** Nach Definition der Menge $R$ beschreibt

$$A_j := \{(a_1, \ldots, a_n) \in \Omega \mid a_j \in R\} \qquad (2.35)$$

das Ereignis, dass die $j$-te gezogene Kugel rot ist, sowie

$$X := \mathbb{1}\{A_1\} + \ldots + \mathbb{1}\{A_n\}$$

die Anzahl der gezogenen roten Kugeln. Die für das Ereignis $\{X = k\}$ günstigen $n$-Tupel $(a_1, \ldots, a_n)$ haben an $k$ Stellen eine Zahl aus der Menge $R$ und an $n - k$ Stellen eine Zahl aus der Menge $S$. Um diese Tupel abzuzählen, wählen wir zuerst diejenigen $k$ Stellen aus, die für die $a_j$ aus $R$ vorgesehen sind, wofür es $\binom{n}{k}$ Fälle gibt. Dann belegen wir diese $k$ Stellen von links nach rechts mit verschiedenen Zahlen aus $R$. Hierfür existieren nach der Multiplikationsregel $(r)_k$ Möglichkeiten. Schließlich belegen wir die noch freien $n - k$ Plätze von links nach rechts mit verschiedenen Zahlen aus $S$, wofür es $(s)_{n-k}$ Möglichkeiten gibt. Wegen $|\Omega| = (r + s)_n$ liefert die Laplace-Annahme

$$\mathbb{P}(X = k) = \binom{n}{k} \cdot \frac{(r)_k \cdot (s)_{n-k}}{(r+s)_n} \qquad (2.36)$$

und somit unter Beachtung von $(m)_j = m!/(m-j)!$

$$\mathbb{P}(X = k) = \frac{\binom{r}{k} \cdot \binom{s}{n-k}}{\binom{r+s}{n}}, \quad 0 \leq k \leq n. \qquad (2.37)$$

Dabei haben wir die Festlegung $\binom{m}{j} := 0$ für $m < j$ getroffen.

Die durch obiges System von Wahrscheinlichkeiten definierte Verteilung von $X$ heißt **hypergeometrische Verteilung mit Parametern** $n$, $r$ und $s$, und wir schreiben hierfür kurz

$$X \sim \mathrm{Hyp}(n, r, s).$$

Die nachstehende Abbildung zeigt Stabdiagramme von hypergeometrischen Verteilungen. Im linken Bild gilt $r = s$, was wegen $\binom{r}{k} = \binom{r}{n-k}$ nach (2.37) die Symmetrie des Stabdiagramms zur Folge hat.

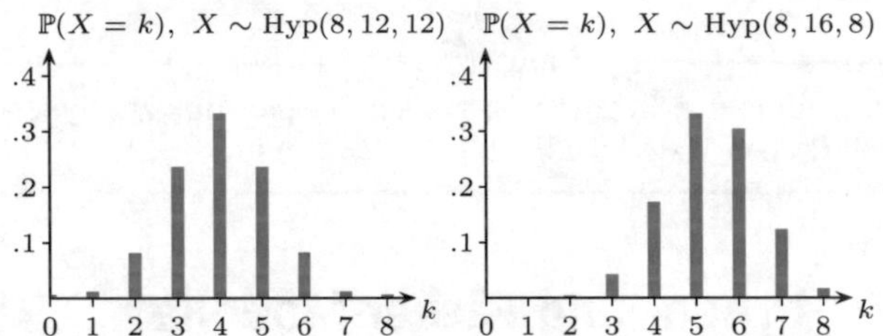


Stabdiagramme von hypergeometrischen Verteilungen

Man mache sich klar, dass die in (2.35) definierten Ereignisse unabhängig von $j$ die gleiche Wahrscheinlichkeit $\mathbb{P}(A_j) = r/(r+s)$ besitzen.

**Video 2.8** Die hypergeometrische Verteilung

### Beispiel

- Der Wurf eines Würfels ist gedanklich gleichbedeutend damit, rein zufällig eine Kugel aus einer Urne zu ziehen, in der sechs von 1 bis 6 nummerierte Kugeln sind. Wirft man diesen Würfel $k$ mal hintereinander, so liegt das Urnenmodell (U1) vor.
- Aus einer Warensendung von 1 000 Schaltern werden zu Prüfzwecken rein zufällig 20 Schalter entnommen. Wir können die Schalter als Kugeln interpretieren, von denen 20 nacheinander ohne Zurücklegen gezogen werden. Sind die Schalter gedanklich durchnummeriert, so liegt das Urnenmodell (U4) vor.
- Wirft man $k$ gleichartige Würfel gleichzeitig, so lässt sich nur unterscheiden, wie oft jede Augenzahl auftritt, wie oft also – in der obigen Uminterpretation als Urnenmodell – jede einzelne Kugel gezogen wurde. Es liegt somit das Urnenmodell (U3) vor. So bedeutet etwa im Fall $k = 4$ das Resultat $(1, 4, 4, 6)$, dass einer der Würfel eine 1, zwei Würfel eine 4 und einer eine 6 zeigen. ◀

## Beispiel: Die Binomialverteilung

Im Unterschied zum Beispiel der hypergeometrischen Verteilung betrachten wir jetzt das $n$-malige rein zufällige Ziehen *mit Zurücklegen* aus einer Urne mit $r$ roten und $s$ schwarzen Kugeln. Nach jedem Zug legt man also die gezogene Kugel in die Urne zurück und mischt den Urneninhalt neu. Mit welcher Wahrscheinlichkeit zieht man jetzt genau $k$ mal eine rote Kugel?

**Problemanalyse und Strategie** Ein adäquater Grundraum für diese Situation ist die Menge $\Omega := \mathrm{Per}_n^{r+s}(mW) = \{(a_1, \ldots, a_n) \mid 1 \leq a_j \leq r+s \text{ für } j = 1, \ldots, r+s\}$. Dabei sei $a_j$ die Nummer der im $j$-ten Zug gezogenen Kugel.

**Lösung** Mit $R = \{1, \ldots, r\}$ beschreibt dann

$$A_j := \{(a_1, \ldots, a_n) \in \Omega \mid a_j \in R\} \tag{2.38}$$

das Ereignis, dass beim $j$-ten Zug eine rote Kugel erscheint, und die Indikatorsumme

$$X := \mathbb{1}\{A_1\} + \ldots + \mathbb{1}\{A_n\}$$

steht für die Anzahl der Male, dass dies passiert.

Um die Verteilung von $X$ zu bestimmen, beachten wir, dass die Menge $\{X = k\}$ wie im Fall des Ziehens ohne Zurücklegen aus allen Tupeln $(a_1, \ldots, a_n)$ besteht, bei denen genau $k$ der $a_j$ aus der Menge $R$ sind. Analog zur dortigen Argumentation folgt $|\{X = k\}| = \binom{n}{k} r^k s^{n-k}$ und somit wegen $|\Omega| = (r+s)^n$ das Ergebnis

$$\mathbb{P}(X = k) = \binom{n}{k} p^k (1-p)^{n-k}, \; k = 0, \ldots, n. \tag{2.39}$$

Dabei wurde $p := r/(r+s)$ gesetzt.

Die hierdurch definierte Verteilung von $X$ heißt **Binomialverteilung mit Parametern $n$ und $p$**, und wir schreiben hierfür kurz

$$X \sim \mathrm{Bin}(n, p).$$

Die Abbildung zeigt Stabdiagramme von Binomialverteilungen.

Man beachte, dass wegen

$$\sum_{k=0}^{n} \binom{n}{k} p^k (1-p)^{n-k} = (p + 1 - p)^n = 1$$

die Binomialverteilung $\mathrm{Bin}(n, p)$ für jedes $p$ mit $0 \leq p \leq 1$ definiert ist. Im obigen Urnenmodell steht $p = r/(r+s)$ für den Anteil der roten Kugeln. Die Binomialverteilung ist eine der grundlegenden Verteilungen in der Stochastik und wird uns noch mehrfach begegnen.

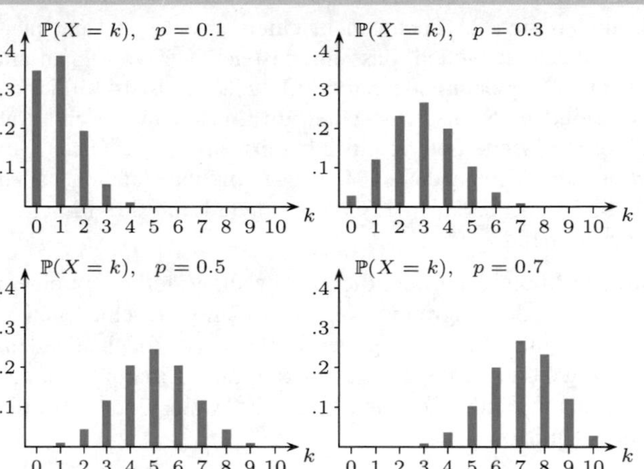


Stabdiagramme von Binomialverteilungen ($n = 10$)

### Kommentar

- Die Ereignisse $A_1, \ldots, A_n$ in (2.38) und (2.35) sehen zwar formal gleich aus, sind aber Teilmengen verschiedener Grundräume. Somit ist auch die Zählvariable $X$ auf unterschiedlichen Grundräumen definiert. Wir wissen aber auch, dass der Definitionsbereich einer Zufallsvariablen unwichtig ist, wenn nur deren Verteilung interessiert. Dieser Aspekt wird auch durch die Schreibweisen $X \sim \mathrm{Hyp}(n, r, s)$ und $X \sim \mathrm{Bin}(n, p)$ unterstrichen.
- Im Gegensatz zu den in (2.35) eingeführten Ereignissen sind die Ereignisse $A_1, \ldots, A_n$ in (2.38) in einem gewissen, das *Zurücklegen* der jeweils gezogenen Kugel widerspiegelnden und im nächsten Kapitel zu präzisierenden Sinn *stochastisch unabhängig*. In Abschn. 3.3 werden wir sehen, dass ganz allgemein Indikatorsummen stochastisch unabhängiger Ereignisse, die die gleiche Wahrscheinlichkeit besitzen, binomialverteilt sind.
- Wenn die Anzahl der Ziehungen im Vergleich zum Urneninhalt klein ist, sollte es keine große Rolle für die Verteilung der Anzahl der gezogenen roten Kugeln spielen, ob das Ziehen mit oder ohne Zurücklegen erfolgt. Diese Vermutung bestätigt sich anhand der Darstellung (2.36), denn es gilt

$$\frac{(r)_k \cdot (s)_{n-k}}{(r+s)_n} = \prod_{j=0}^{k-1} \frac{r-j}{r+s-j} \prod_{j=0}^{n-k-1} \frac{s-j}{r+s-k-j}$$
$$\approx \left(\frac{r}{r+s}\right)^k \left(\frac{s}{r+s}\right)^{n-k},$$

wenn $r$ und $s$ wesentlich größer als $n$ sind. Somit findet die im Vergleich zur hypergeometrischen Verteilung einfacher zu handhabende Binomialverteilung häufig auch in der statistischen Qualitätskontrolle Verwendung. ◀

## Unter der Lupe: Die vermeintlich frühe erste Kollision

Befinden sich 23 Personen in einem Raum, so kann man getrost darauf wetten, dass mindestens zwei von ihnen am gleichen Tag Geburtstag haben. Obwohl es fast 14 Millionen verschiedene Sechserauswahlen im Lotto 6 aus 49 gibt, trat die erste Wiederholung einer bereits zuvor gezogenen Gewinnreihe schon nach der 3 016. Ausspielung auf. Was haben diese Zufallsphänomene gemeinsam, und sind sie wirklich so überraschend?

Beiden Situationen liegt die gleiche Fragestellung in einem Fächer-Modell zugrunde. Gegeben seien $n$ verschiedene Fächer, in die rein zufällig der Reihe nach Teilchen fallen. Wann gelangt zum ersten Mal ein Teilchen in ein Fach, das bereits mit einem Teilchen belegt ist, wann findet also die erste Kollision statt?

Im Fall des Geburtstags-Phänomens sind die Fächer die $n = 365$ Tage des Jahres (Schaltjahre seien ausgenommen) und die Teilchen die Personen, im Fall des Lotto-Phänomens die möglichen, in irgendeiner Weise von 1 bis $\binom{49}{6} = 13\,983\,816$ durchnummerierten Gewinnkombinationen und die Teilchen die jeweils gezogenen Gewinnreihen.

Bezeichnet $X_n$ die zufällige Anzahl der bis zum Auftreten der ersten Kollision nötigen Teilchen, so gilt

$$\mathbb{P}(X_n \geq k+1) = \frac{(n)_k}{n^k} = \prod_{j=1}^{k-1}\left(1 - \frac{j}{n}\right)$$

($k = 1, \ldots, n$). Das Ereignis $\{X_n \geq k+1\}$ tritt nämlich genau dann ein, wenn die ersten $k$ Teilchen in verschiedene Fächer fallen, und es gibt hierfür $(n)_k$ günstige bei insgesamt $n^k$ möglichen gleichwahrscheinlichen Fällen. Geht man zum komplementären Ereignis über, so ist

$$\mathbb{P}(X_n \leq k) = 1 - \prod_{j=1}^{k-1}\left(1 - \frac{j}{n}\right) \tag{2.40}$$

die Wahrscheinlichkeit, dass die erste Kollision spätestens nach dem Verteilen des $k$-ten Teilchens erreicht ist. Hiermit ergeben sich insbesondere die Werte

$$\mathbb{P}(X_{365} \leq 23) \approx 0.507,$$
$$\mathbb{P}(X_{13983816} \leq 3016) \approx 0.278,$$

was insbesondere das eingangs behauptete „gestroste Wetten" rechtfertigt. Die Abbildung rechts zeigt ein durch Bildung der Differenzen

$$\mathbb{P}(X_n = k) = \mathbb{P}(X_n \leq k) - \mathbb{P}(X_n \leq k-1) = \frac{k-1}{n} \cdot \prod_{j=1}^{k-2}\left(1 - \frac{j}{n}\right)$$

erhaltenes Stabdiagramm der Verteilung von $X_{365}$.

Die Verteilung von $X_{365}$ ist „rechtsschief", d. h., die Wahrscheinlichkeiten $\mathbb{P}(X_{365} = k)$ fallen nach Erreichen des Maximalwertes langsamer ab, als sie vorher zunehmen. Schreibt man (2.40) in der Form

$$\mathbb{P}(X_n \leq k) = 1 - \exp\left[\sum_{j=1}^{k-1} \log\left(1 - \frac{j}{n}\right)\right] \tag{2.41}$$

und verwendet die Ungleichungen $1 - 1/t \leq \log t \leq t - 1$, sowie die Summenformel $\sum_{j=1}^{m} j = m(m+1)/2$, so ergeben sich die Abschätzungen

$$1 - \exp\left(-\frac{k(k-1)}{2n}\right) \leq \mathbb{P}(X_n \leq k) \leq 1 - \exp\left(-\frac{k(k-1)}{2(n-k+1)}\right)$$

und daraus (vgl. Aufgabe 2.36) der Grenzwertsatz

$$\lim_{n\to\infty} \mathbb{P}\left(\frac{X_n}{\sqrt{n}} \leq t\right) = 1 - \exp\left(-\frac{t^2}{2}\right), \quad t > 0. \tag{2.42}$$

Hier steht auf der rechten Seite die Verteilungsfunktion der Weibull-Verteilung Wei$(2, 1/2)$ (vgl. (5.53)). Aussage (2.42) bedeutet, dass die zufällige Anzahl der Teilchen bis zur ersten Kollision bei $n$ Fächern bei wachsendem $n$ *von der Größenordnung* $\sqrt{n}$ und damit kleiner als gemeinhin erwartet ist. Das dargestellte Stabdiagramm korrespondiert zur Dichte ($= t\exp(-t^2/2)$ für $t > 0$) obiger Weibull-Verteilung.

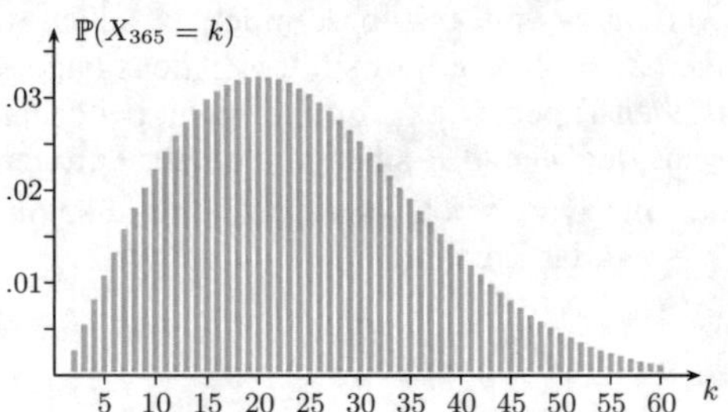


Stabdiagramm der Verteilung von $X_{365}$

Man mache sich klar, dass es bei der ersten Kollision nicht darum geht, dass zwei *bestimmte Teilchen* in das gleiche Fach gelangen. Die Wahrscheinlichkeit hierfür ist $1/n$. Bezeichnet $A_{i,j}$ das Ereignis, dass bei einer Nummerierung der Teilchen von 1 bis $k$ die Teilchen Nr. $i$ und Nr. $j$ in dasselbe Fach zu liegen kommen, so geht es vielmehr um das (viel wahrscheinlichere) Eintreten von *mindestens einem* der $k(k-1)/2$ Ereignisse $A_{i,j}$, $1 \leq i < j \leq k$.

Natürlich ist die Annahme einer Gleichverteilung der Geburtstage über die Tage des Jahres unrealistisch. In einer Unter-der-Lupe-Box in Abschn. 3.3 werden wir jedoch zeigen, dass sich bei Abweichung von diesem Modell die Wahrscheinlichkeit für mindestens einen Doppelgeburtstag unter $k$ Personen vergrößert.

**Video 2.9** Das Paradoxon der frühen ersten Kollision

## Urnen- und Fächer-Modelle sind begrifflich äquivalent

Wir stellen jetzt vier *Fächer-Modelle* vor, die zu obigen Urnenmodellen begrifflich äquivalent sind. In einem solchen Modell sollen Teilchen auf $n$ von 1 bis $n$ nummerierte Fächer verteilt werden. Die Anzahl der Besetzungen sowie der zugehörige Grundraum hängen davon ab, ob die Teilchen unterscheidbar sind und ob Mehrfachbesetzungen zugelassen werden oder nicht.

Interpretieren wir die vorgestellten Urnenmodelle dahingehend um, dass den Teilchen die Ziehungen und den Fächern die Kugeln entsprechen, so ergeben sich die folgenden Fächer-Modelle:

**(F1) Teilchen unterscheidbar, Mehrfachbesetzungen erlaubt**
In diesem Fall ist die Menge der Besetzungen durch $\mathrm{Per}_k^n(mW)$ wie im Urnenmodell (U1) gegeben. Dabei bezeichnet jetzt $a_j$ die Nummer des Fachs, in das man das $j$-te Teilchen gelegt hat.

**(F2) Teilchen unterscheidbar, keine Mehrfachbesetzungen**
In diesem Fall ist $\mathrm{Per}_k^n(oW)$ (vgl. das Modell (U2)) der geeignete Ergebnisraum.

**(F3) Teilchen nicht unterscheidbar, Mehrfachbesetzungen erlaubt**
Sind die Teilchen nicht unterscheidbar, so kann man nach Verteilung der $k$ Teilchen nur noch feststellen, *wie viele* Teilchen in jedem Fach liegen (siehe Abb. 2.11 im Fall $n = 5$, $k = 7$). Die vorliegende Situation entspricht dem Urnenmodell (U3), wobei das Zulassen von Mehrfachbesetzungen gerade Ziehen mit Zurücklegen bedeutet. Der geeignete Grundraum ist $\mathrm{Kom}_k^n(mW)$.

**(F4) Teilchen nicht unterscheidbar, keine Mehrfachbesetzungen**
Der Bedingung, keine Mehrfachbesetzungen zuzulassen, entspricht das Ziehen ohne Zurücklegen mit dem Grundraum $\mathrm{Kom}_k^n(oW)$ (vgl. das Urnenmodell (U4)).

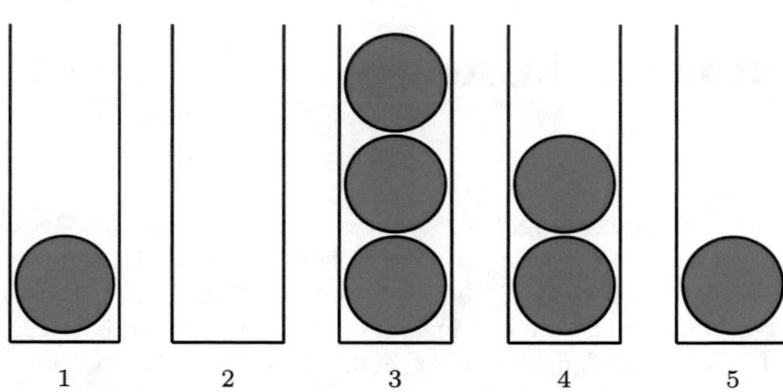


**Abb. 2.11** Fächer-Modell (F3). Die dargestellte Besetzung entspricht dem Tupel $(1, 3, 3, 3, 4, 4, 5) \in \mathrm{Kom}_7^5(mW)$

**Beispiel (Fächer-Modelle in der Physik)** Die vorgestellten Fächer-Modelle (F1), (F3) und (F4) finden in der statistischen Physik Anwendung. Dort sind die Teilchen Gasmoleküle, Photonen, Elektronen, Protonen o. Ä., und der Phasenraum wird in Zellen (Fächer) unterteilt. Je nachdem, welche Gleichverteilungsannahme gemacht wird, ergeben sich verschiedene, nicht a priori, sondern nur aus der Situation bzw. aus der Erfahrung heraus begründbare Verteilungen, die „Statistiken" genannt werden. So tritt das Modell (F1) als eine nach den Physikern James Clerk Maxwell (1831–1879) und Ludwig Eduard Boltzmann (1844–1906) benannte *Maxwell-Boltzmann-Statistik* u. a. bei Gasen unter mittleren und hohen Temperaturen auf. Das Modell (F3) ergibt sich als *Bose-Einstein-Statistik* – benannt nach den Physikern Satyendranath Bose (1894–1974) und Albert Einstein (1879–1955) – für Photonen und He-4-Kerne. Schließlich ist das Modell (F4), bei dem höchstens ein Teilchen in einer Zelle sein kann, eine adäquate Annahme für Elektronen, Neutronen und Protonen. In der statistischen Physik ist es nach den Physikern Enrico Fermi (1901–1954) und Paul Adrien Maurice Dirac (1902–1984) als *Fermi-Dirac-Statistik* bekannt. Die Forderung, dass höchstens ein Teilchen in einer Zelle liegt, entspricht in der Physik dem nach dem Physiker Wolfgang Pauli (1900–1958) benannten *Pauli-Verbot*. ◄

### Übersicht: Urnen- und Fächer-Modelle

| *Ziehen von k Kugeln aus einer Urne mit n Kugeln*<br>Verteilung von $k$ Teilchen auf $n$ Fächer | | | | |
|---|---|---|---|---|
| *Beachtung der Reihenfolge?*<br>Teilchen unterscheidbar? | *Erfolgt Zurücklegen?*<br>Mehrfachbesetzungen erlaubt? | Modell | Grundraum | Anzahl |
| Ja | Ja | (U1) bzw. (F1) | $\mathrm{Per}_k^n(mW)$ | $n^k$ |
| Ja | Nein | (U2) bzw. (F2) | $\mathrm{Per}_k^n(oW)$ | $(n)_k$ |
| Nein | Ja | (U3) bzw. (F3) | $\mathrm{Kom}_k^n(mW)$ | $\binom{n+k-1}{k}$ |
| Nein | Nein | (U4) bzw. (F4) | $\mathrm{Kom}_k^n(oW)$ | $\binom{n}{k}$ |

## Zusammenfassung

Ein **Grundraum** (engl.: *sample space*) $\Omega$ modelliert die Menge der Ergebnisse eines stochastischen Vorgangs. **Ereignisse** (*events*) sind gewisse Teilmengen von $\Omega$. Das System $\mathcal{A}$ aller Ereignisse ist eine **$\sigma$-Algebra** (*$\sigma$-field, $\sigma$-algebra*) über $\Omega$, d. h., $\mathcal{A}$ enthält $\emptyset$ und mit jeder Menge auch deren Komplement. Des Weiteren ist $\mathcal{A}$ abgeschlossen gegenüber der Bildung von *abzählbaren* Vereinigungen von Mengen aus $\mathcal{A}$. Ist $\Omega$ abzählbar, so kann $\mathcal{A}$ stets als Potenzmenge von $\Omega$ gewählt werden. Der Unmöglichkeitssatz von Vitali zeigt, dass man andernfalls Vorsicht walten lassen muss. Im Fall $\Omega = \mathbb{R}^k$ wählen wir die **Borelsche** $\sigma$-Algebra, also die kleinste $\sigma$-Algebra, die alle offenen Teilmengen des $\mathbb{R}^k$ enthält. Ist $\mathcal{A}$ eine $\sigma$-Algebra über $\Omega$, so nennt man das Paar $(\Omega, \mathcal{A})$ einen **Messraum** (*measurable space*).

Sind $(\Omega, \mathcal{A})$ und $(\Omega', \mathcal{A}')$ Messräume, so heißt jede Abbildung $X : \Omega \to \Omega'$ mit der Eigenschaft, dass die Urbilder $X^{-1}(A')$ der Ereignisse aus $\mathcal{A}'$ zu $\mathcal{A}$ gehören, eine $\Omega'$-wertige **Zufallsvariable** (*random variable*). Zufallsvariablen sind ein suggestives Darstellungsmittel für Ereignisse. Die **Indikatorfunktion** (*indicator function*) $\mathbb{1}_A$ eines Ereignisses ist durch $\mathbb{1}_A(\omega) := 1$, falls $\Omega \in A$ und $\mathbb{1}_A(\omega) := 0$, sonst, definiert. Eine **Indikatorsumme** $\sum_{j=1}^{n} \mathbb{1}_{A_j}$ gibt an, wie viele unter den Ereignissen $A_1, \ldots, A_n$ eintreten.

Nach dem Kolmogorovschen Axiomensystem besteht ein **Wahrscheinlichkeitsraum** (*probability space*) $(\Omega, \mathcal{A}, \mathbb{P})$ aus einem Messraum $(\Omega, \mathcal{A})$ und einer **Wahrscheinlichkeitsmaß** (*probability measure*) genannten nichtnegativen, durch die Festsetzung $\mathbb{P}(\Omega) = 1$ normierten und $\sigma$-additiven Funktion $\mathbb{P} : \mathcal{A} \to \mathbb{R}$. Die **$\sigma$-Additivität** (*$\sigma$-additivity*) besagt, dass die Wahrscheinlichkeit einer Vereinigung $\sum_{n=1}^{\infty} A_n$ paarweise disjunkter Mengen aus $\mathcal{A}$ gleich der Summe $\sum_{n=1}^{\infty} \mathbb{P}(A_n)$ der einzelnen Wahrscheinlichkeiten ist.

Sind $(\Omega, \mathcal{A}, \mathbb{P})$ ein Wahrscheinlichkeitsraum, $(\Omega', \mathcal{A}')$ ein Messraum und $X : \Omega \to \Omega'$ eine Zufallsvariable, so wird durch $\mathbb{P}^X(A') := \mathbb{P}(X^{-1}(A'))$, $A' \in \mathcal{A}'$, ein Wahrscheinlichkeitsmaß $\mathbb{P}^X$ auf $\mathcal{A}'$ definiert. Es heißt **Verteilung** (*distribution*) von $X$. Zufallsvariablen mit einer vorgegebenen Verteilung $Q$ auf $\mathcal{A}'$ lassen sich als Abbildungen kanonisch konstruieren, indem man $\Omega := \Omega'$, $\mathcal{A} := \mathcal{A}'$ und $X := \mathrm{id}_\Omega$ setzt.

Ein Wahrscheinlichkeitsraum $(\Omega, \mathcal{A}, \mathbb{P})$ heißt **diskret** (*discrete probability space*), falls $\mathcal{A}$ alle einelementigen Teilmengen von $\Omega$ enthält und es eine abzählbare Teilmenge $\Omega_0$ von $\Omega$ mit $\mathbb{P}(\Omega_0) = 1$ gibt. In diesem Fall ist $\mathbb{P}$ durch die Angabe der Werte $\mathbb{P}(\{\omega\})$ mit $\omega \in \Omega_0$ eindeutig bestimmt. Ist $\Omega$ eine endliche Menge, und gilt speziell $\mathbb{P}(A) = |A|/|\Omega|$, $A \subseteq \Omega$, so liegt ein sog. **Laplacescher Wahrscheinlichkeitsraum** vor. In diesem Fall sind alle Elementarereignisse gleich wahrscheinlich.

Eine weitere Beispielklasse von Wahrscheinlichkeitsräumen liefern nichtnegative Borel-messbare Funktionen $f : \mathbb{R}^k \to \mathbb{R}$ mit der Eigenschaft $\int_{\mathbb{R}^k} f(x)\mathrm{d}x = 1$. In diesem Fall wird durch $Q(B) := \int_B f(x)\,\mathrm{d}x$, $B \in \mathcal{B}^k$, ein Wahrscheinlichkeitsmaß auf der $\sigma$-Algebra $\mathcal{B}^k$ definiert. Die Funktion $f$ heißt **(Wahrscheinlichkeits-)Dichte** (*(probability) density*).

Folgerungen aus den Kolmogorovschen Axiomen sind $\mathbb{P}(\emptyset) = 0$, $\mathbb{P}(A^c) = 1 - \mathbb{P}(A)$ sowie das Additionsgesetz $\mathbb{P}(A \cup B) = \mathbb{P}(A) + \mathbb{P}(B) - \mathbb{P}(AB)$. Letzteres findet seine Verallgemeinerung in der **Formel des Ein- und Ausschließens** (*inclusion-exclusion formula*) $\mathbb{P}(\bigcup_{j=1}^{n} A_j) = \sum_{r=1}^{n}(-1)^{r-1} S_r$. Dabei ist $S_r$ die Summe über die Wahrscheinlichkeiten der Schnitte von $r$ der Ereignisse $A_1, \ldots, A_n$. Bricht man die alternierende Summe nach einer geraden bzw. ungeraden Anzahl von Summanden ab, so entstehen untere bzw. obere Schranken für $\mathbb{P}(\bigcup_{j=1}^{n} A_j)$, die sog. **Bonferroni-Ungleichungen** (*Bonferroni inequalities*). Wahrscheinlichkeitsmaße sind **stetig** (*continuous*) in dem Sinne, dass für auf- oder absteigende Mengenfolgen $A_n \uparrow A$ bzw. $A_n \downarrow A$ die Beziehung $\mathbb{P}(A_n) \to \mathbb{P}(A)$ gilt.

Ist $M$ eine $n$-elementige Menge, so nennt man die Elemente $a = (a_1, \ldots, a_k)$ des kartesischen Produkts $M^k$ von $M$ auch ***k*-Permutationen aus *M* mit Wiederholung** (*ordered samples of size k with replacement*). Gilt $a_i \neq a_j$ für $i \neq j$, so heißt $(a_1, \ldots, a_k)$ ***k*-Permutation ohne Wiederholung** (*ordered samples of size k without replacement*). Diese Mengen werden mit $\mathrm{Per}_k^n(mW) = M^k$ und $\mathrm{Per}_k^n(oW) = \{a \in M^k \mid a_i \neq a_j \ \forall i \neq j\}$ bezeichnet. Ist $M$ durch die Relation „$\leq$" totalgeordnet, so setzt man $\mathrm{Kom}_k^n(mW) = \{a \in M^k \mid a_1 \leq \ldots \leq a_k\}$, $\mathrm{Kom}_k^n(oW) = \{a \in M^k \mid a_1 < \ldots < a_k\}$. Die Elemente von $\mathrm{Kom}_k^n(mW)$ bzw. $\mathrm{Kom}_k^n(oW)$ heißen ***k*-Kombinationen aus *M* mit bzw. ohne Wiederholung** (*unordered samples of size k with resp. without replacement*).

Für die Anzahlen dieser Mengen gelten die **Grundformeln der Kombinatorik** $|\mathrm{Per}_k^n(mW)| = n^k$, $|\mathrm{Per}_k^n(oW)| = \prod_{j=0}^{k-1}(n - j)$, $|\mathrm{Kom}_k^n(mW)| = \binom{n+k-1}{k}$ und $|\mathrm{Kom}_k^n(oW)| = \binom{n}{k}$. Dabei beschreibt der **Binomialkoeffizient** $\binom{n}{k}$ (*binomial coefficient*) die Anzahl der Möglichkeiten, aus $n$ Objekten $k$ auszuwählen. Der **Multinomialkoeffizient** (*multinomial coefficient*) $\binom{n}{k_1,\ldots,k_s} = \frac{n!}{k_1! \cdot \ldots \cdot k_s!}$ ist die Anzahl der Möglichkeiten, eine $n$-elementige Menge in disjunkte Teilmengen der Mächtigkeiten $k_1, \ldots, k_s$ aufzuteilen. Dabei sind $k_1, \ldots, k_s \in \mathbb{N}_0$ mit $k_1 + \ldots + k_s = n$.

Die Mengen $\mathrm{Per}_k^n(mW)$, $\mathrm{Per}_k^n(oW)$, $\mathrm{Kom}_k^n(mW)$ und $\mathrm{Kom}_k^n(oW)$ sind natürliche Grundräume bei **Urnenmodellen** (*urn models*). Dabei führt die Beachtung der Reihenfolge auf *Permutationen*. Diese sind mit bzw. ohne Wiederholung je nachdem, ob das Ziehen mit bzw. ohne Zurücklegen erfolgt. Gibt es $r$ rote und $s$ schwarze Kugeln, und wird $n$-mal gezogen, so besitzt die Anzahl $X$ der gezogenen roten Kugeln im Falle des Ziehens ohne Zurücklegen die hypergeometrische Verteilung $\text{Hyp}(n, r, s)$. Erfolgt das Ziehen mit Zurücklegen, so ist $X$ binomialverteilt mit Parametern $n$ und $p := r/(r+s)$, d. h., es gilt $\mathbb{P}(X = k) = \binom{n}{k} p^k (1-p)^{n-k}$, $k = 0, 1, \ldots, n$. Ist nur bekannt, *wie oft* jede einzelne Kugel gezogen wurde, so entstehen *Kombinationen*. Urnenmodelle sind begrifflich äquivalent zu **Fächer-Modellen** (*occupancy models*), wenn man gedanklich den Teilchen die Ziehungen und den Fächern die Kugeln entsprechen lässt. Die Unterscheidbarkeit der Teilchen korrespondiert dann zur Beachtung der Reihenfolge, und das Erlauben bzw. Verbieten von Mehrfachbesetzungen entspricht dem Ziehen mit bzw. ohne Zurücklegen.

# Aufgaben

Die Aufgaben gliedern sich in drei Kategorien: Anhand der *Verständnisfragen* können Sie prüfen, ob Sie die Begriffe und zentralen Aussagen verstanden haben, mit den *Rechenaufgaben* üben Sie Ihre technischen Fertigkeiten und die *Beweisaufgaben* geben Ihnen Gelegenheit, zu lernen, wie man Beweise findet und führt.
Ein Punktesystem unterscheidet leichte •, mittelschwere •• und anspruchsvolle ••• Aufgaben. Lösungshinweise am Ende des Buches helfen Ihnen, falls Sie bei einer Aufgabe partout nicht weiterkommen. Dort finden Sie auch die Lösungen – betrügen Sie sich aber nicht selbst und schlagen Sie erst nach, wenn Sie selber zu einer Lösung gekommen sind. Ausführliche Lösungswege, Beweise und Abbildungen finden Sie auf der Website zum Buch.
Viel Spaß und Erfolg bei den Aufgaben!

## Verständnisfragen

**2.1** • In einer Schachtel liegen fünf von 1 bis 5 nummerierte Kugeln. Geben Sie einen Grundraum für die Ergebnisse eines stochastischen Vorgangs an, der darin besteht, rein zufällig zwei Kugeln mit einem Griff zu ziehen.

**2.2** • Geben Sie jeweils einen geeigneten Grundraum für folgende stochastischen Vorgänge an:

a) Drei nicht unterscheidbare 1-€-Münzen werden gleichzeitig geworfen.
b) Eine 1-€-Münze wird dreimal hintereinander geworfen.
c) Eine 1-Cent-Münze und eine 1-€-Münze werden gleichzeitig geworfen.

**2.3** • Eine technische Anlage bestehe aus einem Generator, drei Kesseln und zwei Turbinen. Jede dieser sechs Komponenten kann während eines gewissen, definierten Zeitraums ausfallen oder intakt bleiben. Geben Sie einen Grundraum an, dessen Elemente einen Gesamtüberblick über den Zustand der Komponenten am Ende des Zeitraums liefern.

**2.4** • Es seien $A, B, C, D$ Ereignisse in einem Grundraum $\Omega$. Drücken Sie das verbal beschriebene Ereignis $E$: *Von den Ereignissen $A, B, C, D$ treten höchstens zwei ein* durch $A, B, C$ und $D$ aus.

**2.5** • In der Situation von Aufgabe 2.3 sei die Anlage arbeitsfähig (Ereignis $A$), wenn der Generator, mindestens ein Kessel und mindestens eine Turbine intakt sind. Die Arbeitsfähigkeit des Generators, des $i$-ten Kessels und der $j$-ten Turbine seien durch die Ereignisse $G$, $K_i$ und $T_j$ ($i = 1,2,3$; $j = 1,2$) beschrieben. Drücken Sie $A$ und $A^c$ durch $G, K_1, K_2, K_3$ und $T_1, T_2$ aus.

**2.6** •• In einem Stromkreis befinden sich vier nummerierte Bauteile, die jedes für sich innerhalb eines gewissen Zeitraums intakt bleiben oder ausfallen können. Im letzteren Fall ist der Stromfluss durch das betreffende Bauteil unterbrochen. Es bezeichnen $A_j$ das Ereignis, dass das $j$-te Bauteil intakt bleibt ($j = 1,2,3,4$) und $A$ das Ereignis, dass der Stromfluss nicht unterbrochen ist. Drücken Sie für jedes der vier Schaltbilder das Ereignis $A$ durch $A_1, A_2, A_3, A_4$ aus.

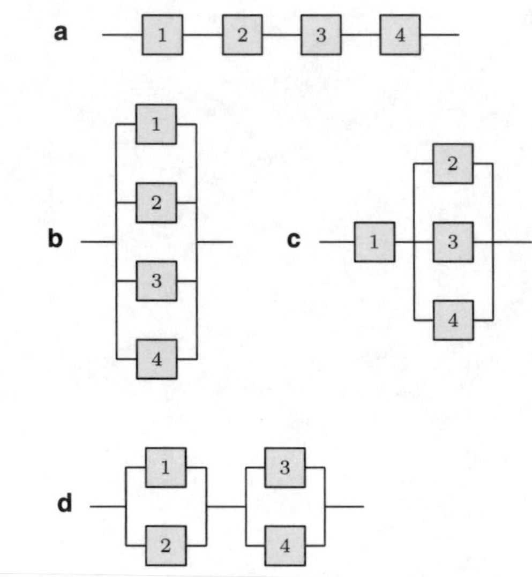


Schaltbilder zu Stromkreisen

**2.7** • Ein Versuch mit den möglichen Ergebnissen *Treffer* (1) und *Niete* (0) werde $2n$-mal durchgeführt. Die ersten (bzw. zweiten) $n$ Versuche bilden die sog. erste (bzw. zweite) Versuchsreihe. Beschreiben Sie folgende Ereignisse mithilfe geeigneter Zählvariablen:

a) In der zweiten Versuchsreihe treten mindestens zwei Treffer auf,
b) bei beiden Versuchsreihen treten unterschiedlich viele Treffer auf,
c) die zweite Versuchsreihe liefert weniger Treffer als die erste,
d) in jeder Versuchsreihe gibt es mindestens einen Treffer.

**2.8** •• Ein Würfel wird höchstens dreimal geworfen. Erscheint eine Sechs zum ersten Mal im $j$-ten Wurf ($j = 1,2,3$), so erhält eine Person $a_j$ €, und das Spiel ist beendet. Hierbei sei $a_1 = 100$, $a_2 = 50$ und $a_3 = 10$. Erscheint auch im dritten Wurf noch keine Sechs, so sind 30 € an die Bank zu zahlen, und das Spiel ist ebenfalls beendet. Beschreiben Sie den

Spielgewinn mithilfe einer Zufallsvariablen auf einem geeigneten Grundraum.

**2.9** • Das gleichzeitige Eintreten der Ereignisse $A$ und $B$ ziehe das Eintreten des Ereignisses $C$ nach sich. Zeigen Sie, dass dann gilt:

$$\mathbb{P}(C) \geq \mathbb{P}(A) + \mathbb{P}(B) - 1.$$

**2.10** •• Es sei $c \in (0, \infty)$ eine beliebige (noch so große) Zahl. Gibt es Ereignisse $A$, $B$ in einem geeigneten Wahrscheinlichkeitsraum, sodass

$$\mathbb{P}(A \cap B) \geq c \cdot \mathbb{P}(A) \cdot \mathbb{P}(B)$$

gilt?

**2.11** • Ist es möglich, dass von drei Ereignissen, von denen jedes die Wahrscheinlichkeit 0.7 besitzt, nur genau eines eintritt?

**2.12** • Zeigen Sie, dass es unter acht paarweise disjunkten Ereignissen stets mindestens drei gibt, die höchstens die Wahrscheinlichkeit $1/6$ besitzen.

**2.13** • Mit welcher Wahrscheinlichkeit ist beim Lotto 6 aus 49

a) die zweite gezogene Zahl kleiner als die erste?
b) die dritte gezogene Zahl kleiner als die beiden ersten Zahlen?
c) die letzte gezogene Zahl die größte aller 6 Gewinnzahlen?

**2.14** •• Auf einem $m \times n$-Gitter mit den Koordinaten $(i, j)$, $0 \leq i \leq m$, $0 \leq j \leq n$ (s. nachstehende Abbildung für den Fall $m = 8$, $n = 6$) startet ein Roboter links unten im Punkt $(0, 0)$. Er kann wie abgebildet pro Schritt nur nach rechts oder nach oben gehen.

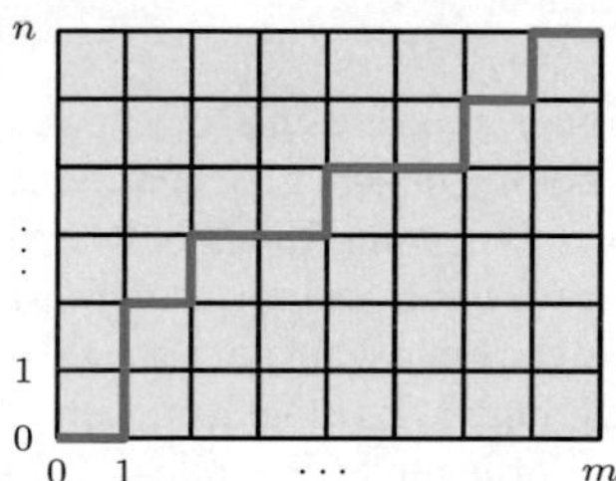


a) Auf wie viele Weisen kann er den Punkt $(m, n)$ rechts oben erreichen?
b) Wie viele Wege von $(0, 0)$ nach $(m, n)$ gibt es, die durch den Punkt $(a, b)$ verlaufen?

**2.15** • Wie viele Möglichkeiten gibt es, $k$ verschiedene Teilchen so auf $n$ Fächer zu verteilen, dass im $j$-ten Fach $k_j$ Teilchen liegen ($j = 1, \ldots, n$, $k_1, \ldots, k_n \in \mathbb{N}_0$, $k_1 + \cdots + k_n = k$)?

**2.16** • Es sei $f$ eine auf einer offenen Teilmenge des $\mathbb{R}^n$ definierte stetig differenzierbare reellwertige Funktion. Wie viele verschiedene partielle Ableitungen $k$-ter Ordnung besitzt $f$?

**2.17** • Aus sieben Männern und sieben Frauen werden sieben Personen rein zufällig ausgewählt. Mit welcher Wahrscheinlichkeit enthält die Stichprobe höchstens drei Frauen? Ist das Ergebnis ohne Rechnung einzusehen?

## Rechenaufgaben

**2.18** • Im Lotto 6 aus 49 ergab sich nach 5 047 Ausspielungen die nachstehende Tabelle der Gewinnhäufigkeiten der einzelnen Zahlen.

| 1 | 2 | 3 | 4 | 5 | 6 | 7 |
|---|---|---|---|---|---|---|
| 616 | 624 | 638 | 626 | 607 | 649 | 617 |
| 8 | 9 | 10 | 11 | 12 | 13 | 14 |
| 598 | 636 | 605 | 623 | 600 | 561 | 610 |
| 15 | 16 | 17 | 18 | 19 | 20 | 21 |
| 588 | 623 | 615 | 618 | 610 | 585 | 594 |
| 22 | 23 | 24 | 25 | 26 | 27 | 28 |
| 627 | 611 | 619 | 652 | 659 | 648 | 577 |
| 29 | 30 | 31 | 32 | 33 | 34 | 35 |
| 593 | 602 | 649 | 629 | 643 | 615 | 615 |
| 36 | 37 | 38 | 39 | 40 | 41 | 42 |
| 618 | 610 | 658 | 617 | 616 | 639 | 623 |
| 43 | 44 | 45 | 46 | 47 | 48 | 49 |
| 663 | 612 | 570 | 592 | 621 | 612 | 649 |

a) Wie groß sind die relativen Gewinnhäufigkeiten der Zahlen 13, 19 und 43?
b) Wie groß wäre die relative Gewinnhäufigkeit, wenn jede Zahl gleich oft gezogen worden wäre?

**2.19** • Zeigen Sie, dass durch die Werte $p_k := \frac{1}{k(k+1)}$, $k \geq 1$, eine Wahrscheinlichkeitsverteilung auf der Menge $\mathbb{N}$ der natürlichen Zahlen definiert wird.

**2.20** • Bei einer Qualitätskontrolle können Werkstücke zwei Arten von Fehlern aufweisen, den Fehler A und den Fehler B. Aus Erfahrung sei bekannt, dass ein zufällig herausgegriffenes Werkstück mit Wahrscheinlichkeit

- 0.04 den Fehler A hat,
- 0.005 beide Fehler aufweist,
- 0.01 nur den Fehler B hat.

a) Mit welcher Wahrscheinlichkeit weist das Werkstück den Fehler B auf?
b) Mit welcher Wahrscheinlichkeit ist das Werkstück fehlerhaft bzw. fehlerfrei?
c) Mit welcher Wahrscheinlichkeit besitzt das Werkstück genau einen der beiden Fehler?

**2.21** • Beim Zahlenlotto 6 *aus* 49 beobachtet man häufig, dass sich unter den sechs Gewinnzahlen mindestens ein *Zwilling*, d. h. mindestens ein Paar $(i, i+1)$ benachbarter Zahlen, befindet. Wie wahrscheinlich ist dies?

**2.22** • Sollte man beim Spiel mit einem fairen Würfel eher auf das Eintreten mindestens einer Sechs in vier Würfen oder beim Spiel mit zwei echten Würfeln auf das Eintreten mindestens einer Doppelsechs (Sechser-Pasch) in 24 Würfen setzen? (Frage des Antoine Gombault Chevalier de Meré (1607–1684))

**2.23** • Bei der ersten Ziehung der *Glücksspirale* 1971 wurden für die Ermittlung einer 7-stelligen Gewinnzahl aus einer Trommel, die Kugeln mit den Ziffern $0, 1, \ldots, 9$ je 7mal enthält, nacheinander rein zufällig 7 Kugeln ohne Zurücklegen gezogen.

a) Welche 7-stelligen Gewinnzahlen hatten hierbei die größte und die kleinste Ziehungswahrscheinlichkeit, und wie groß sind diese Wahrscheinlichkeiten?
b) Bestimmen Sie die Gewinnwahrscheinlichkeit für die Zahl 3 143 643.
c) Wie würden Sie den Ziehungsmodus abändern, um allen Gewinnzahlen die gleiche Ziehungswahrscheinlichkeit zu sichern?

**2.24** •• Bei der Auslosung der 32 Spiele der ersten Hauptrunde des DFB-Pokals 1986 gab es einen Eklat, als der Loszettel der Stuttgarter Kickers unbemerkt buchstäblich unter den Tisch gefallen und schließlich unter Auslosung des Heimrechts der zuletzt im Lostopf verbliebenen Mannschaft Tennis Borussia Berlin zugeordnet worden war. Auf einen Einspruch der Stuttgarter Kickers hin wurde die gesamte Auslosung der ersten Hauptrunde neu angesetzt. Kurioserweise ergab sich dabei wiederum die Begegnung Tennis Borussia Berlin – Stuttgarter Kickers.

a) Zeigen Sie, dass aus stochastischen Gründen kein Einwand gegen die erste Auslosung besteht.
b) Wie groß ist die Wahrscheinlichkeit, dass sich in der zweiten Auslosung erneut die Begegnung Tennis Borussia Berlin – Stuttgarter Kickers ergibt?

**2.25** •• Die Zufallsvariable $X_k$ bezeichne die $k$-kleinste der 6 Gewinnzahlen beim Lotto 6 aus 49. Welche Verteilung besitzt $X_k$ unter einem Laplace-Modell?

**2.26** •• Drei Personen $A$, $B$, $C$ spielen Skat. Berechnen Sie unter einem Laplace-Modell die Wahrscheinlichkeiten

a) Person $A$ erhält alle vier Buben,
b) irgendeine Person erhält alle Buben,
c) Person $A$ erhält mindestens ein Ass,
d) es liegen ein Bube und ein Ass im Skat.

**2.27** • Eine Warenlieferung enthalte 20 intakte und 5 defekte Stücke. Wie groß ist die Wahrscheinlichkeit, dass eine Stichprobe vom Umfang 5

a) genau zwei defekte Stücke enthält?
b) mindestens zwei defekte Stücke enthält?

## Beweisaufgaben

**2.28** •• Es sei $\Omega = \sum_{n=1}^{\infty} A_n$ eine Zerlegung des Grundraums $\Omega$ in paarweise disjunkte Mengen $A_1, A_2, \ldots$. Zeigen Sie, dass das System

$$\mathcal{A} = \left\{ B \subseteq \Omega \mid \exists T \subseteq \mathbb{N} \text{ mit } B = \sum_{n \in T} A_n \right\}$$

eine $\sigma$-Algebra über $\Omega$ ist.

Man mache sich klar, dass $\mathcal{A}$ nur dann gleich der vollen Potenzmenge von $\Omega$ ist, wenn jedes $A_j$ einelementig (und somit $\Omega$ insbesondere abzählbar) ist.

**2.29** • Es seien $A$ und $B$ Ereignisse in einem Grundraum $\Omega$. Zeigen Sie:

a) $\mathbb{1}_{A \cap B} = \mathbb{1}_A \cdot \mathbb{1}_B$,
b) $\mathbb{1}_{A \cup B} = \mathbb{1}_A + \mathbb{1}_B - \mathbb{1}_{A \cap B}$,
c) $\mathbb{1}_{A+B} = \mathbb{1}_A + \mathbb{1}_B$,
d) $\mathbb{1}_{A^c} = 1 - \mathbb{1}_A$,
e) $A \subseteq B \iff \mathbb{1}_A \leq \mathbb{1}_B$.

**2.30** • Es seien $(\Omega, \mathcal{A}, \mathbb{P})$ ein Wahrscheinlichkeitsraum und $(A_n)$ eine Folge in $\mathcal{A}$ mit $A_n \downarrow A$. Zeigen Sie:

$$\mathbb{P}(A) = \lim_{n \to \infty} \mathbb{P}(A_n).$$

**2.31** • Es seien $(\Omega, \mathcal{A})$ ein Messraum und $\mathbb{P} : \mathcal{A} \to [0, 1]$ eine Funktion mit

- $\mathbb{P}(A + B) = \mathbb{P}(A) + \mathbb{P}(B)$, falls $A, B \in \mathcal{A}$ mit $A \cap B = \emptyset$,
- $\mathbb{P}(B) = \lim_{n \to \infty} \mathbb{P}(B_n)$ für jede Folge $(B_n)$ aus $\mathcal{A}$ mit $B_n \uparrow B$.

Zeigen Sie, dass $\mathbb{P}$ $\sigma$-additiv ist.

**2.32** ••• Beweisen Sie die Formel des Ein- und Ausschließens durch Induktion über $n$.

**2.33** •• In einer geordneten Reihe zweier verschiedener Symbole $a$ und $b$ heißt jede aus gleichen Symbolen bestehende Teilfolge maximaler Länge ein *Run*. Als Beispiel betrachten wir die Anordnung $b\,b\,a\,a\,a\,b\,a$, die mit einem $b$-Run der Länge 2 beginnt. Danach folgen ein $a$-Run der Länge 3 und jeweils ein $b$- und ein $a$-Run der Länge 1. Es mögen nun allgemein $m$ Symbole $a$ und $n$ Symbole $b$ vorliegen, wobei alle $\binom{m+n}{m}$ Anordnungen im Sinne von Auswahlen von $m$ der $m+n$ Komponenten in einem Tupel für die $a$'s (die übrigen Komponenten sind dann die $b$'s) gleich wahrscheinlich seien. Die Zufallsvariable $X$ bezeichne die Gesamtanzahl der Runs. Zeigen Sie:

$$\mathbb{P}(X = 2s) = \frac{2\binom{m-1}{s-1}\binom{n-1}{s-1}}{\binom{m+n}{m}}, \quad 1 \leq s \leq \min(m, n),$$

$$\mathbb{P}(X = 2s + 1) = \frac{\binom{n-1}{s}\binom{m-1}{s-1} + \binom{n-1}{s-1}\binom{m-1}{s}}{\binom{m+n}{m}},$$

$1 \leq s < \min(m, n)$.

**2.34** •• Es seien $M_1$ eine $k$-elementige und $M_2$ eine $n$-elementige Menge, wobei $n \geq k$ gelte. Wie viele surjektive Abbildungen $f : M_1 \to M_2$ gibt es?

**2.35** •• Es seien $A_1, \ldots, A_n$ die in (2.35) definierten Ereignisse. Zeigen Sie:

$$\mathbb{P}(A_i \cap A_j) = \frac{r \cdot (r-1)}{(r+s) \cdot (r+s-1)} \qquad (1 \leq i \neq j \leq n).$$

**2.36** ••• Es fallen rein zufällig der Reihe nach Teilchen in eines von $n$ Fächern. Die Zufallsvariable $X_n$ bezeichne die Anzahl der Teilchen, die nötig sind, damit zum ersten Mal ein Teilchen in ein Fach fällt, das bereits belegt ist. Zeigen Sie:

a) $1 - \exp\left(-\frac{k(k-1)}{2n}\right) \leq \mathbb{P}(X_n \leq k)$,

b) $\mathbb{P}(X_n \leq k) \leq 1 - \exp\left(-\frac{k(k-1)}{2(n-k+1)}\right)$,

c) für jedes $t > 0$ gilt

$$\lim_{n\to\infty} \mathbb{P}\left(\frac{X_n}{\sqrt{n}} \leq t\right) = 1 - \exp\left(-\frac{t^2}{2}\right).$$

## Antworten zu den Selbstfragen

**Antwort 1**

$$\begin{aligned} A &= \{(a_1,\ldots,a_n) \in \Omega \mid a_j \le 5 \text{ für } j = 1,\ldots,n\} \\ &= \{(a_1,\ldots,a_n) \in \Omega \mid \max_{j=1,\ldots,n} a_j \le 5\}. \end{aligned}$$

**Antwort 2**

$$\begin{aligned} D_1 &= AB^cC^c \; (= A \cap B^c \cap C^c), \\ D_2 &= ABC^c + A^cBC + AB^cC \\ &\quad (= A \cap B \cap C^c + A^c \cap B \cap C + A \cap B^c \cap C). \end{aligned}$$

Man beachte, dass wir die oben eingeführte Summenschreibweise verwendet haben, weil die in der Darstellung für $D_2$ auftretenden Ereignisse paarweise disjunkt sind.

**Antwort 3** Diese Spezialfälle besagen, dass keines bzw. jedes der Ereignisse $A_1,\ldots,A_n$ eintritt. Es gelten

$$\begin{aligned} \{X = 0\} &= A_1^c \cap A_2^c \cap \ldots \cap A_n^c, \\ \{X = n\} &= A_1 \cap A_2 \cap \ldots \cap A_n. \end{aligned}$$

**Antwort 4** Für endliche Summen reicht als Begründung, dass die Addition kommutativ ist. Hiermit beweist man auch den aus [1] bekannten Umordnungssatz für absolut konvergente Reihen, der im Fall unendlich vieler Summanden die Begründung liefert.

**Antwort 5** Da o.B.d.A. $M_1 = \{1,\ldots,k\}$ und $M_2 = \{1,\ldots,n\}$ gesetzt werden kann, ist mit $a_j := f(j)$ die Abbildung $f$ durch die $k$-Permutation $(a_1,\ldots,a_k)$ aus $M_2$ gegeben.

**Antwort 6** Denkt man sich die linke Seite in der Form

$$(x+y)\,(x+y)\,\ldots\,(x+y) \quad (n \text{ Faktoren})$$

ausgeschrieben, so entsteht beim Ausmultiplizieren das Produkt $x^k y^{n-k}$ immer dann, wenn aus genau $k$ der $n$ Klammern $x$ gewählt wurde. Da es $\binom{n}{k}$ Fälle gibt, eine derartige Auswahl zu treffen, folgt die Behauptung.

**Antwort 7** Jede der $r+s$ Kugeln hat aus Symmetriegründen die gleiche Chance, als $j$-te gezogen zu werden. Da es hierfür $r$ günstige unter insgesamt $r+s$ möglichen Fällen gibt, folgt $\mathbb{P}(A_j) = r/(r+s)$. Für einen formalen Beweis besetzen wir zuerst die $j$-te Stelle des Tupels $(a_1,\ldots,a_n)$ (hierfür gibt es $r = |R|$ Fälle) und danach alle anderen Stellen von links nach rechts. Da man Letzteres auf $(r+s-1)_{n-1}$ Weisen bewerkstelligen kann, folgt

$$|A_j| = r \cdot (r+s-1)_{n-1} \qquad (2.43)$$

und damit die Behauptung.

# Bedingte Wahrscheinlichkeit und Unabhängigkeit – Meister Zufall hängt (oft) ab

# 3

Warum ist die erste Pfadregel kein Satz?

Können Sie die Bayes-Formel herleiten?

Wann sind $n$ Ereignisse stochastisch unabhängig?

Warum sind Funktionen unabhängiger Zufallsvariablen ebenfalls unabhängig?

Wie lautet der Ergodensatz für Markov-Ketten?

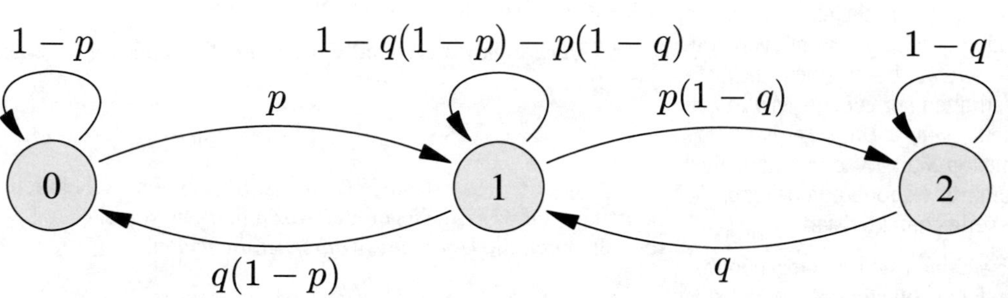







N. Henze, *Stochastik: Eine Einführung mit Grundzügen der Maßtheorie*, https://doi.org/10.1007/978-3-662-59563-3_3

In diesem Kapitel lernen wir mit den Begriffsbildungen *bedingte Wahrscheinlichkeit* und *stochastische Unabhängigkeit* zwei grundlegende Konzepte der Stochastik kennen. Bedingte Wahrscheinlichkeiten dienen in Form von *Übergangswahrscheinlichkeiten* insbesondere als Bausteine bei der Modellierung mehrstufiger stochastischer Vorgänge über die erste Pfadregel. Mit der *Formel von der totalen Wahrscheinlichkeit* lassen sich die Wahrscheinlichkeiten komplizierter Ereignisse bestimmen, indem man eine Zerlegung nach sich paarweise ausschließenden Ereignissen durchführt und eine gewichtete Summe von bedingten Wahrscheinlichkeiten berechnet. Die *Bayes-Formel* ist ein schlagkräftiges Mittel, um Wahrscheinlichkeitseinschätzungen unter dem Einfluss von zusätzlicher Information neu zu bewerten. Stochastisch unabhängige Ereignisse üben wahrscheinlichkeitstheoretisch keinerlei Einfluss aufeinander aus. Der Begriff der stochastischen Unabhängigkeit lässt sich unmittelbar auf Mengensysteme und damit auch auf Zufallsvariablen mit allgemeinen Wertebereichen übertragen: Zufallsvariablen sind unabhängig, wenn die durch sie beschreibbaren Ereignisse unabhängig sind. Hinreichend reichhaltige Wahrscheinlichkeitsräume enthalten eine ganze Folge unabhängiger Ereignisse mit vorgegebenen Wahrscheinlichkeiten. *Markov-Ketten* beschreiben stochastische Systeme, deren zukünftiges Verhalten nur vom gegenwärtigen Zustand und nicht der Vergangenheit abhängt. Unter gewissen Voraussetzungen strebt die Verteilung einer Markov-Kette exponentiell schnell gegen eine eindeutig bestimmte stationäre Verteilung, die das Langzeitverhalten der Markov-Kette charakterisiert.

Die Abschnitte dieses Kapitels weisen einen sehr heterogenen mathematischen Schwierigkeitsgrad auf. Ein unbedingtes „Muss" sind die Abschn. 3.1 und 3.2. Für sie wie auch für den Abschnitt über Markov-Ketten sind keinerlei Vorkenntnisse der Maß- und Integrationstheorie nötig. Gleiches gilt für den ersten Teil von Abschn. 3.3 über stochastische Unabhängigkeit von Ereignissen. Maßtheoretisch nicht vorgebildete Leser sollten auf jeden Fall die Unabhängigkeit von Mengensystemen sowie die charakterisierende Gleichung (3.35) der Unabhängigkeit von Zufallsvariablen kennenlernen. Letztere Eigenschaft wird in den beiden folgenden Kapiteln im Zusammenhang mit diskreten und stetigen Zufallsvariablen wieder aufgegriffen.

## 3.1 Modellierung mehrstufiger stochastischer Vorgänge

Im Folgenden betrachten wir einen aus $n$ Teilexperimenten (Stufen) bestehenden stochastischen Vorgang, der durch den Grundraum

$$\begin{aligned}\Omega &:= \Omega_1 \times \Omega_2 \times \ldots \times \Omega_n \\ &= \{\omega := (a_1, \ldots, a_n) \mid a_j \in \Omega_j \text{ für } j = 1, \ldots, n\}\end{aligned}$$

modelliert wird. Dabei stehe $\Omega_j$ für die Menge der möglichen Ausgänge des $j$-ten Teilexperiments. Wir setzen in diesem Abschnitt voraus, dass $\Omega_1, \ldots, \Omega_n$ *abzählbar* sind. Damit ist auch $\Omega$ abzählbar.

Die stochastische Dynamik eines mehrstufigen Vorgangs modelliert man mithilfe einer *Startverteilung* und *Übergangswahrscheinlichkeiten*. Der Übersichtlichkeit wegen betrachten wir zunächst den Fall $n = 2$. Der allgemeine Fall ergibt sich hieraus durch Induktion.

### Übergangswahrscheinlichkeiten und Startverteilung modellieren mehrstufige Experimente

Eine **Startverteilung** ist eine Wahrscheinlichkeitsverteilung $\mathbb{P}_1$ auf $\Omega_1$. Sie beschreibt die Wahrscheinlichkeiten, mit denen die Ausgänge des ersten Teilexperiments auftreten. Wegen der Abzählbarkeit von $\Omega_1$ ist $\mathbb{P}_1$ schon durch die **Startwahrscheinlichkeiten**

$$p_1(a_1) := \mathbb{P}_1(\{a_1\}), \qquad a_1 \in \Omega_1,$$

festgelegt. Diese erfüllen die Normierungsbedingung

$$\sum_{a_1 \in \Omega_1} p_1(a_1) = 1. \tag{3.1}$$

Meist geht man umgekehrt vor und gibt sich nichtnegative Werte $p_1(a_1)$, $a_1 \in \Omega_1$, mit (3.1) vor. Dann definiert $\mathbb{P}_1(A_1) := \sum_{a_1 \in A_1} p_1(a_1)$, $A_1 \subseteq \Omega_1$, eine Startverteilung.

Eine **Übergangswahrscheinlichkeit von $\Omega_1$ nach $\Omega_2$** ist eine Funktion

$$\mathbb{P}_{1,2} : \Omega_1 \times \mathcal{P}(\Omega_2) \to \mathbb{R}_{\geq 0} \tag{3.2}$$

derart, dass $\mathbb{P}_{1,2}(a_1, \cdot)$ für jedes $a_1 \in \Omega_1$ ein Wahrscheinlichkeitsmaß auf $\Omega_2$ ist. Wegen der Abzählbarkeit von $\Omega_2$ ist $\mathbb{P}_{1,2}$ bereits durch die *Übergangswahrscheinlichkeiten*

$$p_2(a_1, a_2) := \mathbb{P}_{1,2}(a_1, \{a_2\}), \qquad a_2 \in \Omega_2,$$

festgelegt. Letztere erfüllen die Normierungsbedingung

$$\sum_{a_2 \in \Omega_2} p_2(a_1, a_2) = 1, \qquad a_1 \in \Omega_1. \tag{3.3}$$

Auch hier gibt man meist Werte $p_2(a_1, a_2) \geq 0$ vor, die für jedes $a_1$ Gleichung (3.3) genügen. Dann definiert $\mathbb{P}_{1,2}(a_1, A_2) := \sum_{a_2 \in A_2} p_2(a_1, a_2)$, $A_2 \subseteq \Omega_2$, für jedes $a_1 \in \Omega_1$ ein Wahrscheinlichkeitsmaß über $\Omega_2$.

Durch den *Modellierungsansatz*

$$p(\omega) := p_1(a_1) \cdot p_2(a_1, a_2), \qquad \omega = (a_1, a_2) \in \Omega, \tag{3.4}$$

wird dann vermöge

$$\mathbb{P}(A) := \sum_{\omega \in A} p(\omega), \qquad A \subseteq \Omega, \tag{3.5}$$

eine Wahrscheinlichkeitsverteilung $\mathbb{P}$ auf dem kartesischen Produkt $\Omega = \Omega_1 \times \Omega_2$ definiert. Hierzu ist nur zu beachten, dass wegen (3.1) und (3.3) die Normierungseigenschaft

$$\begin{aligned}\sum_{\omega \in \Omega} p(\omega) &= \sum_{a_1 \in \Omega_1} \sum_{a_2 \in \Omega_2} p_1(a_1) \cdot p_2(a_1, a_2) \\ &= \sum_{a_1 \in \Omega_1} p_1(a_1) \cdot \left( \sum_{a_2 \in \Omega_2} p_2(a_1, a_2) \right) \\ &= \sum_{a_1 \in \Omega_1} p_1(a_1) = 1\end{aligned}$$

erfüllt ist.

**Kommentar** Die von relativen Häufigkeiten her motivierte Definition (3.4) wird in der Schule als **erste Pfadregel** bezeichnet. Erwartet man bei einer oftmaligen Durchführung des zweistufigen Experiments in etwa $p_1 \cdot 100$ Prozent aller Fälle das Ergebnis $a_1$ und in etwa $p_2(a_1, a_2) \cdot 100$ Prozent *dieser Fälle* beim zweiten Teilexperiment das Ergebnis $a_2$, so wird sich im Gesamtexperiment in etwa $p_1(a_1)p_2(a_1, a_2) \cdot 100$ Prozent aller Fälle das Resultat $(a_1, a_2)$ einstellen. Insofern sollte bei adäquater Modellierung des ersten Teilexperiments mit den Startwahrscheinlichkeiten $p_1(a_1)$ und des Übergangs vom ersten zum zweiten Teilexperiment mithilfe der von $a_1$ abhängenden Übergangswahrscheinlichkeiten $p_2(a_1, a_2)$ der Ansatz (3.4) ein passendes Modell für das zweistufige Experiment liefern. In diesem Zusammenhang findet man in der Literatur auch den Begriff **Kopplungspostulat**; das Wahrscheinlichkeitsmaß $\mathbb{P}$ wird dann als **Kopplung von $\mathbb{P}_1$ und $\mathbb{P}_{1,2}$** bezeichnet. In der Schule nennt man die Definition (3.5) als Berechnungsmethode für die Wahrscheinlichkeiten $\mathbb{P}(A)$ häufig auch **zweite Pfadregel**. ◀

**Beispiel (Das Pólyasche Urnenmodell)** Das folgende Urnenschema wurde von dem Mathematiker George Pólya (1887–1985) als einfaches Modell vorgeschlagen, um die Ausbreitung ansteckender Krankheiten zu beschreiben: Ein Urne enthalte $r$ rote und $s$ schwarze Kugeln. Es werde eine Kugel rein zufällig gezogen, deren Farbe notiert und anschließend *diese sowie c weitere Kugel derselben Farbe* in die Urne gelegt. Nach gutem Mischen wird wiederum eine Kugel gezogen. Mit welcher Wahrscheinlichkeit ist diese rot?

Notieren wir das Ziehen einer roten oder schwarzen Kugel mit 1 bzw. 0, so ist $\Omega := \Omega_1 \times \Omega_2$ mit $\Omega_1 = \Omega_2 = \{0, 1\}$ ein geeigneter Grundraum für dieses zweistufige Experiment. Dabei stellt sich das Ereignis *die beim zweiten Mal gezogene Kugel ist rot* formal als

$$B = \{(1, 1), (0, 1)\} \tag{3.6}$$

dar. Da zu Beginn $r$ rote und $s$ schwarze Kugeln vorhanden sind, wählen wir als Startwahrscheinlichkeiten

$$p_1(1) := \frac{r}{r+s}, \quad p_1(0) := \frac{s}{r+s}. \tag{3.7}$$

Erscheint beim ersten Zug eine rote Kugel, so enthält die Urne vor der zweiten Ziehung $r + c$ rote und $s$ schwarze Kugeln, andernfalls sind es $r$ rote und $s + c$ schwarze Kugeln. Für die Übergangswahrscheinlichkeiten $p_2(i, j)$ $(i, j \in \{0, 1\})$ machen wir somit den Modellansatz

$$p_2(1,1) := \frac{r+c}{r+s+c}, \quad p_2(0,1) := \frac{r}{r+s+c},$$
$$p_2(1,0) := \frac{s}{r+s+c}, \quad p_2(0,0) := \frac{s+c}{r+s+c}.$$

Das nachstehende ***Baumdiagramm*** veranschaulicht diese Situation für den speziellen Fall $r = 2$, $s = 3$ und $c = 1$. Es zeigt an den vom Startpunkt ausgehenden Pfeilen die Wahrscheinlichkeiten für die an den Pfeilenden notierten Ergebnisse der ersten Stufe. Darunter finden sich die davon abhängenden

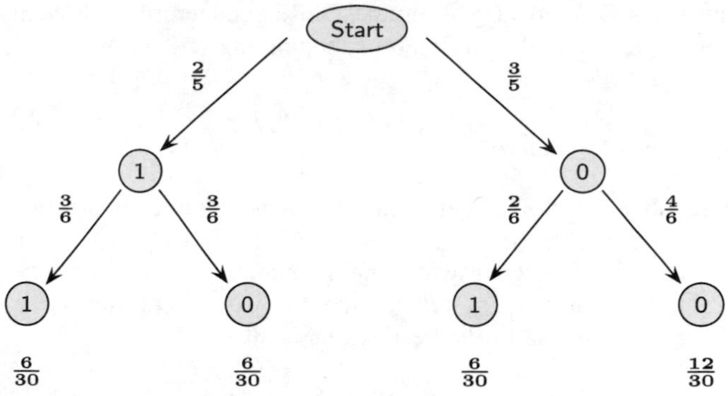


**Abb. 3.1** Baumdiagramm zum Pólyaschen Urnenmodell

Übergangswahrscheinlichkeiten zu den Ergebnissen der zweiten Stufe. Jedem Ergebnis des Gesamtexperiments entspricht im Baumdiagramm ein vom Startpunkt ausgehender und entlang der Pfeile verlaufender *Pfad*. Dabei stehen an den Pfadenden die gemäß (3.4) gebildeten Wahrscheinlichkeiten.

Für die Wahrscheinlichkeit des in (3.6) definierten Ereignisses $B$ ergibt sich jetzt

$$\begin{aligned}\mathbb{P}(B) &= \mathbb{P}(\{(1,1)\}) + \mathbb{P}(\{(0,1)\}) \\ &= \frac{r(r+c)}{(r+s)(r+s+c)} + \frac{sr}{(r+s)(r+s+c)} \\ &= \frac{r}{r+s}.\end{aligned}$$

Es ist also genauso wahrscheinlich (und kaum verwunderlich), im ersten wie im zweiten Zug eine rote Kugel zu ziehen. Der Urneninhalt vor der zweiten Ziehung besteht ja (in Unkenntnis des Ergebnisses der ersten Ziehung!) aus den ursprünglich vorhandenen Kugeln sowie $c$ zusätzlich in die Urne gelegten Kugeln. Wird beim zweiten Zug eine der $r + s$ zu Beginn vorhandenen Kugeln gezogen, so ist die Wahrscheinlichkeit, eine rote Kugel zu ziehen, gleich $r/(r + s)$. Dies trifft aber auch zu, wenn eine der $c$ Zusatzkugeln gezogen wird. ◀

Besitzt das Experiment mehr als zwei Stufen, so benötigt man neben den Startwahrscheinlichkeiten $p_1(a_1) := \mathbb{P}_1(\{a_1\})$, $a_1 \in \Omega_1$, für jedes $j = 2, \ldots, n$ eine **Übergangswahrscheinlichkeit von $\Omega_1 \times \ldots \times \Omega_{j-1}$ nach $\Omega_j$**. Diese ist eine Funktion

$$\mathbb{P}_{1,\ldots,j-1,j} : \Omega_1 \times \ldots \times \Omega_{j-1} \times \mathcal{P}(\Omega_j) \to \mathbb{R}_{\geq 0}$$

derart, dass für jede Wahl von $a_1 \in \Omega_1, \ldots, a_{j-1} \in \Omega_{j-1}$ die Zuordnung

$$A_j \mapsto \mathbb{P}_{1,\ldots,j-1,j}(a_1, \ldots, a_{j-1}, A), \quad A_j \subseteq \Omega_j,$$

eine Wahrscheinlichkeitsverteilung auf $\Omega_j$ ist. Letztere ist wegen der Abzählbarkeit von $\Omega_j$ durch die sog. **Übergangswahrscheinlichkeiten**

$$p_j(a_1, \ldots, a_{j-1}, a_j) := \mathbb{P}_{1,\ldots,j-1,j}(a_1, \ldots, a_{j-1}, \{a_j\}) \tag{3.8}$$

Kapitel 3

mit $a_j \in \Omega_j$ eindeutig bestimmt. Diese genügen für jede Wahl von $a_1, \ldots, a_{j-1}$ der Normierungsbedingung

$$\sum_{a_j \in \Omega_j} p_j(a_1, \ldots, a_{j-1}, a_j) = 1. \tag{3.9}$$

Wie oben wird man bei konkreten Modellierungen nichtnegative Zahlen $p_j(a_1, \ldots, a_{j-1}, a_j)$ mit (3.9) vorgeben. Dann entsteht eine Übergangswahrscheinlichkeit $\mathbb{P}_{1,\ldots,j-1,j}$ von $\Omega_1 \times \ldots \times \Omega_{j-1}$ nach $\Omega_j$, indem man für jede Wahl von $a_1 \in \Omega_1, \ldots, a_{j-1} \in \Omega_{j-1}$ die Festlegung

$$\mathbb{P}_{1,\ldots,j-1,j}(a_1, \ldots, a_{j-1}, A_j) := \sum_{a_j \in A_j} p_j(a_1, \ldots, a_{j-1}, a_j),$$

$A_j \subseteq \Omega_j$, trifft.

Die Modellierung der Wahrscheinlichkeit $p(\omega)$ für das Ergebnis $\omega = (a_1, \ldots, a_n)$ des Gesamtexperiments erfolgt dann in direkter Verallgemeinerung von (3.4) durch

$$p(\omega) := p_1(a_1) \cdot \prod_{j=2}^{n} p_j(a_1, \ldots, a_{j-1}, a_j). \tag{3.10}$$

Dass die so definierten Wahrscheinlichkeiten die Bedingung $\sum_{\omega \in \Omega} p(\omega) = 1$ erfüllen und somit das durch

$$\mathbb{P}(A) := \sum_{\omega \in A} p(\omega), \qquad A \subseteq \Omega, \tag{3.11}$$

definierte $\mathbb{P}$ eine Wahrscheinlichkeitsverteilung auf $\Omega$ ist, folgt wie im Fall $n = 2$, indem man bei der Summation der Produkte in (3.10) über $\Omega_1 \times \ldots \times \Omega_n$ sukzessive die Gleichungen (3.9) für $j = n$, $j = n - 1$ usw. ausnutzt.

**Beispiel (Das Pólyasche Urnenmodell, Fortsetzung)** In Verallgemeinerung des Pólyaschen Urnenschemas mit zweimaligem Ziehen wird $n$-mal rein zufällig nach jeweils gutem Mischen aus einer Urne mit anfänglich $r$ roten und $s$ schwarzen Kugeln gezogen. Nach jedem Zug werden die gezogene Kugel und $c$ weitere Kugeln derselben Farbe in die Urne zurückgelegt. *Dabei darf $c$ auch negativ oder null sein.* Dann werden der Urne nach Zurücklegen der gezogenen Kugel $|c|$ Kugeln derselben Farbe entnommen. Der Urneninhalt muss hierfür nur hinreichend groß sein. Der Fall $c = 0$ bedeutet Ziehen mit Zurücklegen.

**Selbstfrage 1**

Was bedeutet hier „hinreichend groß"?

Als Grundraum diene die Menge $\Omega := \{0, 1\}^n$ der $n$-Tupel aus Nullen und Einsen, wobei eine 1 bzw. 0 an der $j$-ten Stelle des Tupels $(a_1, \ldots, a_n) \in \Omega$ angibt, ob die im $j$-ten Zug erhaltene Kugel rot oder schwarz ist.

Zur Modellierung von $p(\omega)$, $\omega = (a_1, \ldots, a_n)$, wählen wir die Startwahrscheinlichkeiten (3.7). Sind in den ersten $j - 1$ Ziehungen insgesamt $\ell$ rote und $j - 1 - \ell$ schwarze Kugeln aufgetreten, so enthält die Urne vor der $j$-ten Ziehung $r + \ell \cdot c$ rote und $s + (j - 1 - \ell) \cdot c$ schwarze Kugeln. Wir legen demnach für ein Tupel $(a_1, \ldots, a_{j-1})$ mit genau $\ell$ Einsen und $j - 1 - \ell$ Nullen, d. h., $\sum_{\nu=1}^{j-1} a_\nu = \ell$, die Übergangswahrscheinlichkeiten wie folgt fest:

$$p_j(a_1, \ldots, a_{j-1}, 1) := \frac{r + \ell \cdot c}{r + s + (j-1) \cdot c},$$
$$p_j(a_1, \ldots, a_{j-1}, 0) := \frac{s + (j - 1 - \ell) \cdot c}{r + s + (j-1) \cdot c}.$$

Wegen der Kommutativität der Multiplikation ist dann die gemäß der ersten Pfadregel (3.10) gebildete Wahrscheinlichkeit $p(\omega)$ für ein $n$-Tupel $\omega = (a_1, \ldots, a_n) \in \Omega$ mit genau $k$ Einsen durch

$$p(\omega) = \frac{\prod_{j=0}^{k-1}(r + jc) \cdot \prod_{j=0}^{n-k-1}(s + jc)}{\prod_{j=0}^{n-1}(r + s + jc)} \tag{3.12}$$

$(k = 0, 1, \ldots, n)$ gegeben. Dabei sei wie üblich ein Produkt über die leere Menge, also z. B. ein von $j = 0$ bis $j = -1$ laufendes Produkt, gleich eins gesetzt. Die Wahrscheinlichkeit für das Auftreten eines Tupels $(a_1, \ldots, a_n)$ hängt also nur von der *Anzahl* seiner Einsen, nicht aber von der Stellung dieser Einsen innerhalb des Tupels ab. Konsequenterweise sind die Ereignisse

$$A_j := \{(a_1, \ldots, a_n) \in \Omega \mid a_j = 1\}, \quad j = 1, \ldots, n,$$

im $j$-ten Zug eine rote Kugel zu erhalten, nicht nur gleich wahrscheinlich, sondern sogar austauschbar, d. h., es gilt

$$\mathbb{P}(A_{i_1} \cap \ldots \cap A_{i_k}) = \mathbb{P}(A_1 \cap \ldots \cap A_k)$$

für jedes $k = 1, \ldots, n$ und jede Wahl von $i_1, \ldots, i_k$ mit $1 \leq i_1 < \ldots < i_k \leq n$ (siehe Aufgabe 3.26). Diese Austauschbarkeit zeigt auch, dass die Verteilung der mit

$$X := \mathbb{1}\{A_1\} + \ldots + \mathbb{1}\{A_n\}$$

bezeichneten Anzahl gezogener roter Kugeln durch

$$\mathbb{P}(X = k) = \binom{n}{k} \frac{\prod_{j=0}^{k-1}(r + jc) \prod_{j=0}^{n-k-1}(s + jc)}{\prod_{j=0}^{n-1}(r + s + jc)} \tag{3.13}$$

$(k = 0, 1, \ldots, n)$ gegeben ist, denn die Anzahl der $n$-Tupel mit genau $k$ Einsen ist ja $\binom{n}{k}$.

Die Verteilung von $X$ heißt **Pólya-Verteilung** mit Parametern $n, r, s$ und $c$, und wir schreiben hierfür kurz

$$X \sim \mathrm{Pol}(n, r, s, c).$$

Die Pólya-Verteilung enthält als Spezialfälle für $c = 0$ die Binomialverteilung $\mathrm{Bin}(n, r/(r + s))$ und für $c = -1$ die hypergeometrische Verteilung $\mathrm{Hyp}(n, r, s)$ (vgl. die Darstellung (2.36)).

Abb. 3.2 zeigt Stabdiagramme von Pólya-Verteilungen mit $n = 4$, $r = s = 1$ und $c = 0, 1, 2, 3$. Man sieht, dass bei Vergrößerung von $c$ (plausiblerweise) die Wahrscheinlichkeiten für die

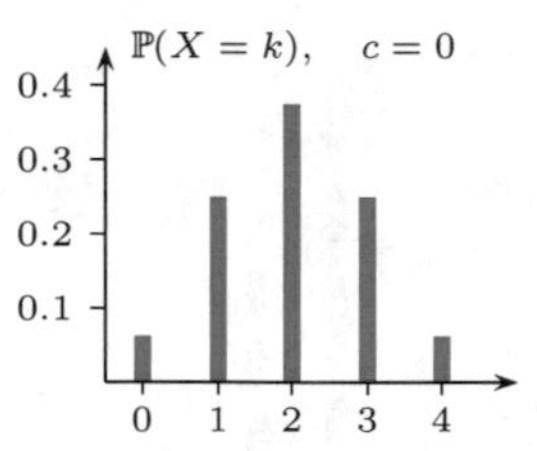


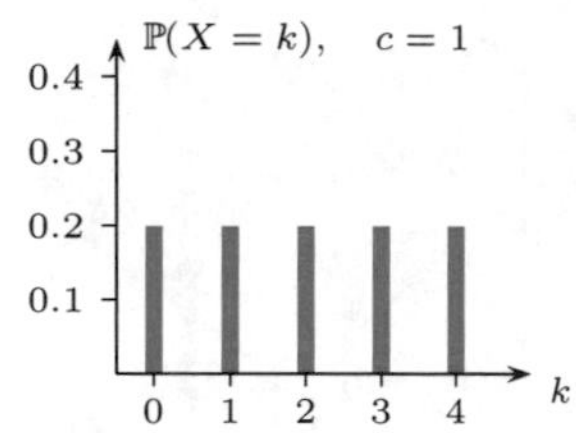


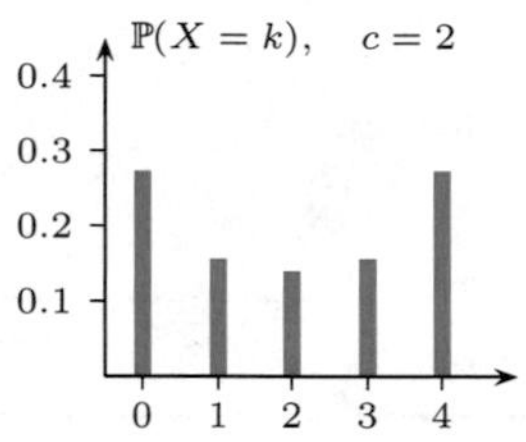


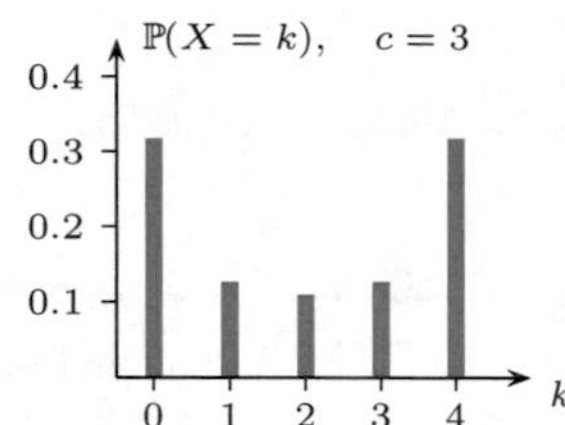


**Abb. 3.2** Stabdiagramme der Pólya-Verteilungen $\mathrm{Pol}(4, 1, 1, c)$ mit $c = 0, 1, 2, 3$

extremen Fälle, nur rote oder schwarze Kugeln zu ziehen, zunehmen. Für $c \to \infty$ gilt $\mathbb{P}(X = 0) = \mathbb{P}(X = 4) \to 1/2$, siehe hierzu auch Aufgabe 3.5. ◀

Ein wichtiger Spezialfall eines mehrstufigen Experiments entsteht, wenn die $n$ Teilexperimente unbeeinflusst voneinander ablaufen, also für jedes $j \in \{2, \ldots, n\}$ das $j$-te Teilexperiment ohne Kenntnis der Ergebnisse $a_1, \ldots, a_{j-1}$ der früheren $j - 1$ Teilexperimente *räumlich oder zeitlich getrennt* von allen anderen Teilexperimenten durchgeführt werden kann. Ein alternativer Gedanke ist, dass die $n$ Teilexperimente *gleichzeitig* durchgeführt werden. In diesem Fall hängen die Übergangswahrscheinlichkeiten in (3.8) nicht von $a_1, \ldots, a_{j-1}$ ab, sodass wir

$$p_j(a_j) := p_j(a_1, \ldots, a_{j-1}, a_j) \tag{3.14}$$

($a_1 \in \Omega_1, \ldots, a_j \in \Omega_j$) setzen können. Dabei definiert $p_j(.)$ über die Festsetzung

$$\mathbb{P}_j(A_j) := \sum_{a_j \in A_j} p_j(a_j), \quad A_j \subseteq \Omega_j,$$

eine Wahrscheinlichkeitsverteilung $\mathbb{P}_j$ auf $\Omega_j$.

Weil mit (3.14) der Ansatz (3.10) die Produktgestalt

$$p(\omega) := p_1(a_1) p_2(a_2) \ldots p_n(a_n) \tag{3.15}$$

annimmt, nennen wir solche mehrstufigen Experimente auch **Produktexperimente**.

Insbesondere erhält man im Fall $\Omega_1 = \ldots = \Omega_n$ und $p_1(.) = \ldots = p_n(.)$ ein stochastisches Modell für die $n$-malige *unabhängige* wiederholte Durchführung eines durch die Grundmenge $\Omega_1$ und die Startverteilung $\mathbb{P}_1$ modellierten Zufallsexperiments. Dieses Modell ist uns schon in Spezialfällen wie etwa dem Laplace-Ansatz für den zweifachen Würfelwurf begegnet. Hier gelten $\Omega_1 = \Omega_2 = \{1, 2, 3, 4, 5, 6\}$, $p_1(i) = p_2(j) = 1/6$, also $p(i, j) = 1/36$ für $i, j = 1, \ldots, 6$. Eine weitreichende Verallgemeinerung auf allgemeine Grundräume und abzählbar-unendliche Produkte findet sich in der Hintergrund-und-Ausblick-Box über unendliche Produkträume in Abschn. 3.4.

## 3.2 Bedingte Wahrscheinlichkeiten

Wie schon im vorigen Abschnitt geht es auch jetzt um Fragen der vernünftigen Verwertung von Teilinformationen über stochastische Vorgänge. Diese Verarbeitung geschah in Abschn. 3.1 mithilfe von Übergangswahrscheinlichkeiten. In diesem Abschnitt lernen wir den zentralen Begriff der *bedingten Wahrscheinlichkeit* kennen. Hierzu stellen wir uns ein wiederholt durchführbares Zufallsexperiment vor, das durch den Wahrscheinlichkeitsraum $(\Omega, \mathcal{A}, \mathbb{P})$ beschrieben sei. Über den Ausgang $\omega$ des Experiments sei nur bekannt, dass ein Ereignis $A \in \mathcal{A}$ eingetreten ist, also $\omega \in A$ gilt. Diese Information werde im Folgenden kurz die *Bedingung A* genannt. Ist $B \in \mathcal{A}$ ein Ereignis, so würden wir aufgrund dieser unvollständigen Information über $\omega$ gerne eine Wahrscheinlichkeit für das Eintreten von $B$ *unter der Bedingung A* festlegen. Im Gegensatz zu früheren Überlegungen, bei denen Wahrscheinlichkeiten als Chancen für das Eintreten von Ereignissen bei *zukünftigen* Experimenten gedeutet wurden, stellt sich hier das Problem, die Aussicht auf das Eintreten von $B$ *nach* Durchführung eines Zufallsexperiments zu bewerten.

Welche Eigenschaften sollte eine mit $\mathbb{P}(B|A)$ bezeichnete und geeignet zu definierende bedingte Wahrscheinlichkeit von $B$ unter der Bedingung $A$ besitzen? Natürlich sollte $\mathbb{P}(B|A)$ die Ungleichungen $0 \leq \mathbb{P}(B|A) \leq 1$ erfüllen. Weitere natürliche Eigenschaften wären

$$\mathbb{P}(B|A) = 1, \quad \text{falls } A \subseteq B, \tag{3.16}$$

und

$$\mathbb{P}(B|A) = 0, \quad \text{falls } B \cap A = \emptyset. \tag{3.17}$$

Die erste Gleichung sollte gelten, da die Inklusion $A \subseteq B$ unter der Bedingung $A$ das Eintreten von $B$ nach sich zieht. (3.17) ist ebenfalls klar, weil im Fall $A \cap B = \emptyset$ das Eintreten von $A$ das Eintreten von $B$ ausschließt.

Natürlich stellen (3.16) und (3.17) extreme Situationen dar. Allgemein müssen wir mit den Möglichkeiten $\mathbb{P}(B|A) > \mathbb{P}(B)$, $\mathbb{P}(B|A) < \mathbb{P}(B)$ und $\mathbb{P}(B|A) = \mathbb{P}(B)$ rechnen. In den ersten beiden Fällen begünstigt bzw. beeinträchtigt das Eintreten von $A$ die Aussicht auf das Eintreten von $B$. Im letzten Fall ist die Aussicht auf das Eintreten von $B$ unabhängig vom Eintreten von $A$.

**Beispiel** In der Situation des Pólya-Urnenschemas seien $A := \{(1, 0), (1, 1)\}$ und $B := \{(0, 1), (1, 1)\}$ die Ereignisse, beim ersten bzw. zweiten Zug eine rote Kugel zu erhalten. Unter der Bedingung $A$ enthält die Urne vor dem zweiten Zug $r + c$ rote und insgesamt $r + s + c$ Kugeln. Wir würden also in diesem

Kapitel 3

konkreten Fall die bedingte Wahrscheinlichkeit von $B$ unter der Bedingung $A$ zu

$$\mathbb{P}(B|A) := \frac{r+c}{r+s+c}$$

ansetzen. Diese Festlegung ist aber identisch mit derjenigen für die Übergangswahrscheinlichkeit $p_2(1,1)$. Nachdem wir bedingte Wahrscheinlichkeiten formal definiert haben, werden wir sehen, dass Übergangswahrscheinlichkeiten immer als bedingte Wahrscheinlichkeiten interpretiert werden können. Man beachte, dass im vorliegenden Beispiel $\mathbb{P}(B|A) > \mathbb{P}(A)$ gleichbedeutend mit $c > 0$ und die umgekehrte Ungleichung „$<$" zu $c < 0$ äquivalent ist. Der Fall $c = 0$, also Ziehen mit Zurücklegen, lässt das Eintreten oder Nichteintreten von $A$ die Aussicht auf das Eintreten von $B$ unverändert. In diesem Fall sind die Ereignisse in einem im nächsten Abschnitt zu präzisierenden Sinn *stochastisch unabhängig*. ◀

Um die Definition von $\mathbb{P}(B|A)$ anhand relativer Häufigkeiten zu motivieren, mögen in $n$ gleichartigen und unbeeinflusst voneinander ablaufenden Versuchen $h_n(A)$ mal das Ereignis $A$ und $h_n(A \cap B)$ mal sowohl $A$ als auch $B$ eingetreten sein. Unter allen Versuchen, bei denen $A$ eintritt, zählt $h_n(A \cap B)$ somit diejenigen, bei denen sich auch noch $B$ ereignet. Um die Aussicht auf das Eintreten von $B$ unter der Bedingung $A$ zu bewerten, liegt es nahe, bei positivem Nenner den Quotienten

$$r_n(B|A) := \frac{h_n(A \cap B)}{h_n(A)}$$

als *empirisch gestützte Chance für das Eintreten von B unter der Bedingung A* anzusehen. Teilt man hier Zähler und Nenner durch $n$, so ergibt sich die Darstellung

$$r_n(B|A) = \frac{r_n(B \cap A)}{r_n(A)}$$

als Quotient zweier relativer Häufigkeiten. Da sich nach dem empirischen Gesetz über die Stabilisierung relativer Häufigkeiten (vgl. die Diskussion in Abschn. 2.3) $r_n(B \cap A)$ und $r_n(A)$ bei wachsendem $n$ den „richtigen Modell-Wahrscheinlichkeiten" $\mathbb{P}(B \cap A)$ bzw. $\mathbb{P}(A)$ annähern sollten, ist die nachfolgende Definition kaum verwunderlich.

**Bedingte Wahrscheinlichkeit, bedingte Verteilung**

Es seien $(\Omega, \mathcal{A}, \mathbb{P})$ ein Wahrscheinlichkeitsraum und $A \in \mathcal{A}$ ein Ereignis mit $\mathbb{P}(A) > 0$. Dann heißt

$$\mathbb{P}(B|A) := \frac{\mathbb{P}(B \cap A)}{\mathbb{P}(A)}, \qquad B \in \mathcal{A},$$

die **bedingte Wahrscheinlichkeit** von $B$ unter der Bedingung $A$.

Das durch

$$\mathbb{P}_A(B) := \mathbb{P}(B|A), \qquad B \in \mathcal{A}, \tag{3.18}$$

definierte Wahrscheinlichkeitsmaß auf $\mathcal{A}$ heißt **bedingte Verteilung** von $\mathbb{P}$ unter der Bedingung $A$.

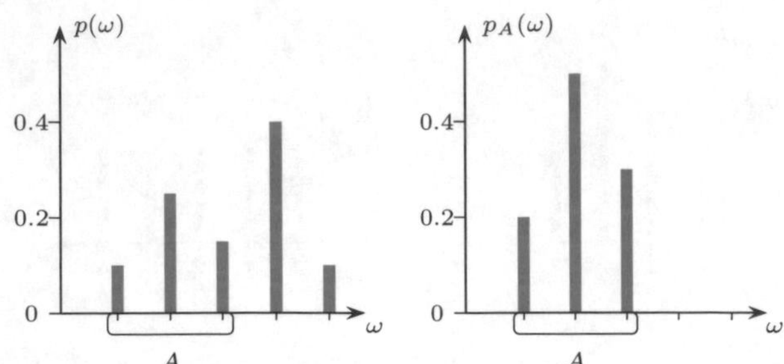


**Abb. 3.3** Übergang zur bedingten Verteilung

**Selbstfrage 2**

Warum ist $\mathbb{P}_A$ ein Wahrscheinlichkeitsmaß?

**Kommentar** Aus der Definition von $\mathbb{P}(B|A)$ folgt unmittelbar, dass die von einem heuristischen Standpunkt aus wünschenswerten Eigenschaften (3.16) und (3.17) erfüllt sind. Man beachte, dass die bedingte Verteilung $\mathbb{P}_A$ wegen $\mathbb{P}_A(A) = 1$ ganz auf dem bedingenden Ereignis $A$ konzentriert ist. Für den Spezialfall eines diskreten Wahrscheinlichkeitsraumes, in dem $\mathbb{P}$ durch die Wahrscheinlichkeiten $p(\omega) := \mathbb{P}(\{\omega\})$, $\omega \in \Omega$, festgelegt ist, ist die bedingte Verteilung $\mathbb{P}_A$ durch die Wahrscheinlichkeiten

$$p_A(\omega) := \mathbb{P}_A(\{\omega\}) = \begin{cases} \frac{p(\omega)}{\mathbb{P}(A)}, & \text{falls } \omega \in A, \\ 0, & \text{sonst} \end{cases} \tag{3.19}$$

($\omega \in \Omega$) eindeutig bestimmt. In diesem Fall erhält beim Übergang von $\mathbb{P}$ zur bedingten Verteilung $\mathbb{P}_A$ jedes Elementarereignis $\{\omega\}$ mit $\omega \notin A$ die Wahrscheinlichkeit 0, und die ursprünglichen Wahrscheinlichkeiten $p(\omega)$ der in $A$ liegenden Elementarereignisse werden jeweils um den gleichen Faktor $\mathbb{P}(A)^{-1}$ vergrößert, siehe Abb. 3.3. ◀

## Übergangswahrscheinlichkeiten sind bedingte Wahrscheinlichkeiten

Multipliziert man die $\mathbb{P}(B|A)$ definierende Gleichung mit $\mathbb{P}(A)$, so ergibt sich die im Hinblick auf Anwendungen wichtige Identität

$$\mathbb{P}(B \cap A) = \mathbb{P}(A) \cdot \mathbb{P}(B|A). \tag{3.20}$$

Meist wird nämlich nicht $\mathbb{P}(B|A)$ aus $\mathbb{P}(A)$ und $\mathbb{P}(B \cap A)$ berechnet, sondern $\mathbb{P}(B \cap A)$ aus $\mathbb{P}(A)$ und $\mathbb{P}(B|A)$ gemäß (3.20). Die Standardsituation hierfür ist ein zweistufiges Experiment, bei dem $A$ bzw. $B$ einen Ausgang des ersten bzw. zweiten Teilexperiments beschreiben. Formal ist hier

$$\Omega = \Omega_1 \times \Omega_2, \quad A = \{a_1\} \times \Omega_2, \quad B = \Omega_1 \times \{a_2\}, \tag{3.21}$$

wobei $a_1 \in \Omega_1, a_2 \in \Omega_2$. Mit $\omega := (a_1, a_2)$ gilt dann $B \cap A = \{\omega\}$. Gibt man sich Startwahrscheinlichkeiten $p_1(a_1)$

und Übergangswahrscheinlichkeiten $p_2(a_1, a_2)$ vor und konstruiert hieraus das Wahrscheinlichkeitsmaß $\mathbb{P}$ auf $\Omega$ mithilfe von (3.4) und (3.5), so stellt (3.20) die erste Pfadregel (3.4) dar. Wir sehen also, dass Übergangswahrscheinlichkeiten in gekoppelten Experimenten bedingte Wahrscheinlichkeiten sind und dass bedingte Wahrscheinlichkeiten als Bausteine für die Modellierung stochastischer Vorgänge dienen.

**Achtung** Bei der bedingten Wahrscheinlichkeit $\mathbb{P}(B|A)$ steht das „bedingende Ereignis" $A$ durch den „Bedingungsstrich" | getrennt *hinter* dem Ereignis $B$, bei den Übergangswahrscheinlichkeiten $p_2(a_1, a_2)$ ist es umgekehrt. Hier steht der „bedingende Zustand" $a_1$ *vor* dem Zustand $a_2$ des zweiten Teilexperiments. In der Situation von (3.21) gilt also $p(a_1, a_2) = \mathbb{P}(B|A)$. ◀

Eine direkte Verallgemeinerung von (3.20) ist die induktiv einzusehende **allgemeine Multiplikationsregel**

$$\mathbb{P}(A_1 \cap \ldots \cap A_n) = \mathbb{P}(A_1) \prod_{j=2}^{n} \mathbb{P}(A_j|A_1 \cap \ldots \cap A_{j-1}) \tag{3.22}$$

für $n$ Ereignisse $A_1, \ldots, A_n$, wobei $\mathbb{P}(A_1 \cap \ldots \cap A_{n-1}) > 0$. Letztere Bedingung stellt sicher, dass alle auftretenden bedingten Wahrscheinlichkeiten definiert sind. Der Hauptanwendungsfall hierfür ist ein $n$-stufiges Experiment mit gegebener Startverteilung und gegebenen Übergangswahrscheinlichkeiten (vgl. (3.8)), wobei

$$A_j = \Omega_1 \times \ldots \times \Omega_{j-1} \times \{a_j\} \times \Omega_{j+1} \times \ldots \times \Omega_n$$

das Ereignis bezeichnet, dass beim $j$-ten Teilexperiment das Ergebnis $a_j$ auftritt ($j = 1, \ldots, n, a_j \in \Omega_j$). Definieren wir $\mathbb{P}$ über (3.11) und (3.10), so stimmt die bedingte Wahrscheinlichkeit $\mathbb{P}(A_j|A_1 \cap \ldots \cap A_{j-1})$ mit der in (3.8) angegebenen Übergangswahrscheinlichkeit $p_j(a_1, \ldots, a_{j-1}, a_j)$ überein, und die Multiplikationsregel ist nichts anderes als die erste Pfadregel (3.10).

## Die Formel von der totalen Wahrscheinlichkeit unterscheidet Fälle, die Bayes-Formel aktualisiert Wahrscheinlichkeiten

**Formel von der totalen Wahrscheinlichkeit**

Es seien $(\Omega, \mathcal{A}, \mathbb{P})$ ein Wahrscheinlichkeitsraum und $A_1, A_2, \ldots$ endlich oder abzählbar-unendlich viele paarweise disjunkte Ereignisse mit $\sum_{j\geq 1} A_j = \Omega$ sowie $\mathbb{P}(A_j) > 0$, $j \geq 1$. Dann gilt für jedes $B \in \mathcal{A}$:

$$\mathbb{P}(B) = \sum_{j\geq 1} \mathbb{P}(A_j) \cdot \mathbb{P}(B|A_j).$$

**Beweis** Die Behauptung folgt wegen

$$B = \Omega \cap B = \left(\sum_{j\geq 1} A_j\right) \cap B = \sum_{j\geq 1} A_j \cap B$$

aus der $\sigma$-Additivität von $\mathbb{P}$ und der Definition von $\mathbb{P}(B|A_j)$. ■

**Bayes-Formel**

In der obigen Situation gilt für jedes $B \in \mathcal{A}$ mit $\mathbb{P}(B) > 0$ die nach Thomas Bayes (1702–1761) benannte Formel

$$\mathbb{P}(A_k|B) = \frac{\mathbb{P}(A_k) \cdot \mathbb{P}(B|A_k)}{\sum_{j\geq 1} \mathbb{P}(A_j) \cdot \mathbb{P}(B|A_j)}, \quad k \geq 1.$$

**Beweis** Nach der Formel von der totalen Wahrscheinlichkeit sind der Nenner gleich $\mathbb{P}(B)$ und der Zähler gleich $\mathbb{P}(B \cap A_k)$. ■

Obwohl die Formel von der totalen Wahrscheinlichkeit und die Bayes-Formel aus *mathematischer* Sicht einfach sind, ist ihre Bedeutung sowohl für die Behandlung theoretischer Probleme als auch im Hinblick auf Anwendungen immens. Erstere Formel kommt immer dann zum Einsatz, wenn zur Bestimmung der Wahrscheinlichkeit eines „komplizierten" Ereignisses $B$ eine Fallunterscheidung weiterhilft. Diese Fälle sind durch die paarweise disjunkten Ereignisse $A_1, A_2, \ldots$ einer Zerlegung des Grundraums $\Omega$ gegeben. Kennt man die Wahrscheinlichkeiten der $A_j$ und – aufgrund der Rahmenbedingungen des stochastischen Vorgangs – die bedingten Wahrscheinlichkeiten von $B$ unter diesen Fällen, so ergibt sich $\mathbb{P}(B)$ als eine mit den Wahrscheinlichkeiten der $A_j$ gewichtete Summe dieser bedingten Wahrscheinlichkeiten. Ein Beispiel hierfür ist ein zweistufiges Experiment, bei dem das Ereignis $A_j = \{e_j\} \times \Omega_2$ einen Ausgang $e_j$ des ersten Teilexperiments beschreibt und sich das Ereignis $B = \Omega_1 \times \{b\}$ auf ein Ergebnis $b$ des zweiten Teilexperiments bezieht. Nach früher angestellten Überlegungen gilt $\mathbb{P}(A_j) = p_1(e_j)$ sowie $\mathbb{P}(B|A_j) = p_2(e_j, b)$. Wegen

$$\mathbb{P}(B) = \sum_{(a_1,a_2)\in\Omega_1\times\{b\}} p_1(a_1)p_2(a_1, a_2) = \sum_{j\geq 1} p_1(e_j)p_2(e_j, b)$$

geht die Formel von der totalen Wahrscheinlichkeit in diesem Fall in die zweite Pfadregel über.

**Beispiel** Gegeben seien 3 Urnen $U_1, U_2, U_3$. Urne $U_j$ enthalte $j - 1$ rote und $3 - j$ schwarze Kugeln. Es wird eine Urne rein zufällig ausgewählt und dann aus dieser Urne rein zufällig zwei Kugeln mit Zurücklegen gezogen. Mit welcher Wahrscheinlichkeit sind beide Kugeln rot?

Bezeichnen $A_j$ das Ereignis, dass Urne $j$ ausgewählt wird ($j = 1, 2, 3$) und $B$ das Ereignis, dass beide gezogenen Kugeln rot sind, so gilt aufgrund der Aufgabenstellung $\mathbb{P}(A_j) = 1/3$

$(j = 1,2,3)$ sowie $\mathbb{P}(B|A_1) = 0$, $\mathbb{P}(B|A_2) = 1/4$ und $\mathbb{P}(B|A_3) = 1$. Nach der Formel von der totalen Wahrscheinlichkeit folgt

$$\mathbb{P}(B) = \frac{1}{3} \cdot \left(0 + \frac{1}{4} + 1\right) = \frac{5}{12}.$$

Als formaler Grundraum für diesen zweistufigen stochastischen Vorgang kann $\Omega = \{(j,k) \mid j = 1,2,3;\ k = 0,1,2\}$ gewählt werden. Dabei geben $j$ die Nummer der ausgewählten Urne und $k$ die Anzahl der gezogenen roten Kugeln an. In diesem Raum ist $A_j = \{(j,k) \mid k = 0,1,2\}$ und $B = \{(j,2) \mid j = 1,2,3\}$. ◀

Die Bayes-Formel erfährt eine interessante Deutung, wenn die Ereignisse $A_1, A_2, \ldots$ als *Ursachen* oder *Hypothesen* für das Eintreten des Ereignisses $B$ angesehen werden. Ordnet man den $A_j$ vor der Beobachtung eines stochastischen Vorgangs gewisse Wahrscheinlichkeiten $\mathbb{P}(A_j)$ zu, so nennt man $\mathbb{P}(A_j)$ die **A-priori-Wahrscheinlichkeit** für $A_j$. Mangels genaueren Wissens über die Hypothesen $A_j$ werden letztere häufig als gleich wahrscheinlich angenommen (dies ist natürlich nur bei endlich vielen $A_j$ möglich). Das Ereignis $B$ trete mit der bedingten Wahrscheinlichkeit $\mathbb{P}(B|A_j)$ ein, falls $A_j$ eintritt, d. h. Hypothese $A_j$ zutrifft. Beobachtet man nun das Ereignis $B$, so ist die „inverse" bedingte Wahrscheinlichkeit $\mathbb{P}(A_j|B)$ die **A-posteriori-Wahrscheinlichkeit** dafür, dass $A_j$ *Ursache von B ist*. Es liegt somit nahe, daraufhin die A-priori-Wahrscheinlichkeiten zu aktualisieren und den Hypothesen $A_j$ gegebenenfalls andere, nämlich die A-posteriori-Wahrscheinlichkeiten zuzuordnen. Unter dem Einfluss weiterer Daten (Beobachtungen) erfolgt dann wiederum eine Aktualisierung der A-priori-Wahrscheinlichkeiten usw. Dieses Paradigma liegt z. B. dem *maschinellen Lernen* zugrunde. Wie auch die nachstehende klassische Fragestellung von Laplace aus dem Jahr 1783 zeigt, löst die Bayes-Formel somit das Problem der Veränderung von Wahrscheinlichkeiten unter dem Einfluss von Information.

**Beispiel (Laplace, 1783)** Eine Urne enthalte drei Kugeln, wobei jede Kugel entweder rot oder schwarz ist. Das Mischungsverhältnis von Rot zu Schwarz sei unbekannt. Es wird $n$-mal rein zufällig mit Zurücklegen eine Kugel gezogen und jedes Mal eine rote Kugel beobachtet. Wie groß sind die A-posteriori-Wahrscheinlichkeiten für die einzelnen Mischungsverhältnisse, wenn diese a priori gleich wahrscheinlich waren?

Es seien $A_j$ das Ereignis, dass die Urne $j$ rote Kugeln enthält $(j = 0,1,2,3)$, und $B$ das Ereignis, dass man $n$-mal hintereinander eine rote Kugel zieht. Es gilt

$$\mathbb{P}(B|A_j) = \left(\frac{j}{3}\right)^n, \qquad j = 0,1,2,3.$$

Unter der Gleichverteilungsannahme $\mathbb{P}(A_j) = 1/4$ $(j = 0,1,2,3)$ folgt nach der Bayes-Formel

$$\mathbb{P}(A_k|B) = \frac{\mathbb{P}(A_k) \cdot \mathbb{P}(B|A_k)}{\sum_{j=0}^{3} \mathbb{P}(A_j) \cdot \mathbb{P}(B|A_j)} = \frac{\left(\frac{k}{3}\right)^n}{\left(\frac{1}{3}\right)^n + \left(\frac{2}{3}\right)^n + 1}.$$

Für $n \to \infty$ konvergieren (plausiblerweise) die A-posteriori-Wahrscheinlichkeiten $\mathbb{P}(A_k|B)$ für $k = 0,1,2$ gegen null und für $k = 3$ gegen eins. Das gleiche asymptotische Verhalten würde man für jede andere Wahl der A-priori-Wahrscheinlichkeiten $\mathbb{P}(A_j)$ $(j = 0,1,2,3)$ erhalten (Aufgabe 3.9). Unter dem Eindruck objektiver Daten gleichen sich also u. U. zunächst sehr unterschiedliche, z. B. von verschiedenen Personen vorgenommene, A-priori-Bewertungen als A-posteriori-Bewertungen immer weiter an – was sie bei lernfähigen Individuen auch sollten. ◀

**Beispiel (Zur Interpretation der Ergebnisse medizinischer Tests)** Bei medizinischen Tests zur Erkennung von Krankheiten sind *falsch positive* und *falsch negative* Befunde unvermeidlich. Erstere diagnostizieren das Vorliegen der Krankheit bei einer gesunden Person, bei letzteren wird eine kranke Person als gesund angesehen. Unter der **Sensitivität** bzw. **Spezifität** des Tests versteht man die mit $p_{se}$ bzw. $p_{sp}$ bezeichneten Wahrscheinlichkeiten, dass eine kranke Person als krank bzw. eine gesunde Person als gesund erkannt wird. Für Standardtests gibt es hierfür verlässliche Schätzwerte. So besitzt etwa der *ELISA-Test* zur Erkennung von Antikörpern gegen das HI-Virus eine Sensitivität von 0.999 und eine Spezifität von 0.998.

Nehmen wir an, eine Person habe sich einem Test auf Vorliegen einer bestimmten Krankheit unterzogen und einen positiven Befund erhalten. Mit welcher Wahrscheinlichkeit ist sie wirklich krank? Die Antwort auf diese Frage hängt von der mit $q$ bezeichneten A-priori-Wahrscheinlichkeit der Person ab, die Krankheit zu besitzen. Bezeichnen $K$ das Ereignis, krank zu sein, sowie $\ominus$ und $\oplus$ die Ereignisse, ein negatives bzw. ein positives Testergebnis zu erhalten, so führen die Voraussetzungen zu den Modellannahmen $\mathbb{P}(K) = q$, $\mathbb{P}(\oplus|K) = p_{se}$ und $\mathbb{P}(\ominus|K^c) = p_{sp}$. Nach der Bayes-Formel folgt

$$\mathbb{P}(K|\oplus) = \frac{\mathbb{P}(K)\mathbb{P}(\oplus|K)}{\mathbb{P}(K)\mathbb{P}(\oplus|K) + \mathbb{P}(K^c)\mathbb{P}(\oplus|K^c)}$$

und somit wegen $\mathbb{P}(K^c) = 1 - q$ und $\mathbb{P}(\oplus|K^c) = 1 - p_{sp}$

$$\mathbb{P}(K|\oplus) = \frac{q\,p_{se}}{q\,tp_{se} + (1-q)\,(1-p_{sp})}. \qquad (3.23)$$

Abb. 3.4 zeigt die Abhängigkeit dieser Wahrscheinlichkeit als Funktion des logarithmisch aufgetragenen Wertes $q$ für den ELISA-Test. Interessanterweise beträgt die Wahrscheinlichkeit

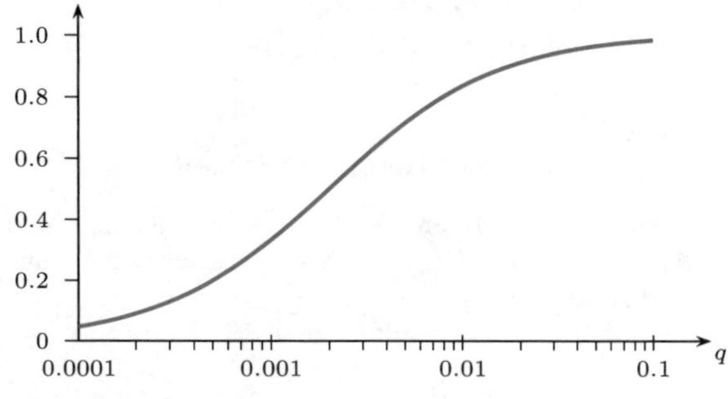


**Abb. 3.4** Wahrscheinlichkeit für eine HIV-Infektion bei positivem ELISA-Test in Abhängigkeit vom subjektiven A-priori-Krankheitsrisiko

## Unter der Lupe: Das Simpson-Paradoxon

Teilgesamtheiten können sich im Gleichschritt konträr zur Gesamtheit verhalten

Können Sie sich vorstellen, dass eine Universität Männer so eklatant benachteiligt, dass sie von 1 000 Bewerbern nur 420 aufnimmt, aber 74 Prozent aller Bewerberinnen zulässt? Würden Sie glauben, dass diese Universität in jedem einzelnen Fach Männer den Vorzug gegenüber Frauen gibt? Dass dies möglich ist und in abgeschwächter Form an der Universität Berkeley, Kalifornien, unter Vertauschung der Geschlechter auch wirklich auftrat (siehe [3]), zeigen nachstehende fiktive Daten. Dabei wurden der Einfachheit halber nur zwei Fächer angenommen.

| | Frauen | | Männer | |
|---|---|---|---|---|
| | Bewerberinnen | zugelassen | Bewerber | zugelassen |
| Fach 1 | 900 | 720 | 200 | 180 |
| Fach 2 | 100 | 20 | 800 | 240 |
| **Summe** | **1 000** | **740** | **1 000** | **420** |

Offenbar wurden für Fach 1 zwar 80 % der Frauen, aber 90 % aller Männer zugelassen. Auch im zweiten Fach wurden die Männer mitnichten benachteiligt, denn ihre Zulassungsquote ist mit 30 % um 10 % höher als die der Frauen. Eine Erklärung für diesen zunächst verwirrenden Sachverhalt liefern die Darstellungen

$$0.74 = 0.9 \cdot 0.8 + 0.1 \cdot 0.2, \qquad 0.42 = 0.2 \cdot 0.9 + 0.8 \cdot 0.3$$

der globalen Zulassungsquoten als *gewichtete Mittel* der Zulassungsquoten in den einzelnen Fächern. Obwohl die Quoten der Männer in jedem Fach diejenige der Frauen übertreffen, erscheint die Universität aufgrund der bei Frauen und Männern völlig unterschiedlichen Gewichtung dieser Quoten auf den ersten Blick männerfeindlich. Die Männer haben sich eben überwiegend in dem Fach beworben, in dem eine Zulassung sehr schwer zu erlangen war.

Hinter diesem konstruierten Beispiel steckt ein allgemeines, als **Simpson-Paradoxon** bekanntes Phänomen (benannt nach dem britischen Statistiker Edward Hugh Simpson (1922–2019)). Dieses Paradoxon kann wie folgt mithilfe bedingter Wahrscheinlichkeiten formuliert werden:

Es seien $(\Omega, \mathcal{A}, \mathbb{P})$ ein Wahrscheinlichkeitsraum, $K_1, \ldots, K_n$ paarweise disjunkte Ereignisse mit $\Omega = K_1 + \ldots + K_n$ sowie $A$ und $B$ Ereignisse mit $\mathbb{P}(A \cap K_j) > 0$, $\mathbb{P}(A^c \cap K_j) > 0$ für jedes $j = 1, \ldots, n$. Das Simpson-Paradoxon liegt vor, wenn neben den für jedes $j = 1, \ldots, n$ geltenden Ungleichungen

$$\mathbb{P}(B|A \cap K_j) > \mathbb{P}(B|A^c \cap K_j) \qquad (3.24)$$

„paradoxerweise" die umgekehrte Ungleichung

$$\mathbb{P}(B|A) < \mathbb{P}(B|A^c) \qquad (3.25)$$

erfüllt ist.

Berechnet man die bedingten Wahrscheinlichkeiten $\mathbb{P}_A(B) = \mathbb{P}(B|A)$ und $\mathbb{P}_{A^c}(B) = \mathbb{P}(B|A^c)$ mithilfe der Formel von der totalen Wahrscheinlichkeit, so folgt

$$\mathbb{P}(B|A) = \sum_{j=1}^{n} \mathbb{P}(K_j|A)\mathbb{P}(B|A \cap K_j), \qquad (3.26)$$

$$\mathbb{P}(B|A^c) = \sum_{j=1}^{n} \mathbb{P}(K_j|A^c)\mathbb{P}(B|A^c \cap K_j). \qquad (3.27)$$

Da die bedingten Wahrscheinlichkeiten $\mathbb{P}(K_j|A)$ in (3.26) gerade für diejenigen $j$ klein sein können, für die $\mathbb{P}(B|A \cap K_j)$ groß ist und umgekehrt sowie in gleicher Weise $\mathbb{P}(K_j|A^c)$ in (3.27) gerade für diejenigen $j$ groß sein kann, für die $\mathbb{P}(B|A^c \cap K_j)$ groß ist (ohne natürlich (3.24) zu verletzen), ist es *mathematisch* banal, dass das Simpson-Paradoxon auftreten kann.

Im fiktiven Beispiel der vermeintlich männerfeindlichen Universität ist $n = 2$, und die Ereignisse $K_1$ und $K_2$ stehen für eine Bewerbung in Fach 1 bzw. Fach 2. Weiter bezeichnet $B$ (bzw. $A$) das Ereignis, dass eine aus allen 2 000 Bewerbern rein zufällig herausgegriffene Person zugelassen wird (bzw. männlich ist). Die in der Überschrift genannten Teilgesamtheiten sind die Bewerber(innen) für die beiden Fächer.

für eine HIV-Infektion bei positivem Befund im Fall $q = 0.001$ nur etwa 1/3. Dieses Ergebnis erschließt sich leicht, wenn man gedanklich eine Million Personen dem Test unterzieht. Wenn von diesen (gemäß $q = 0.001$) 1 000 infiziert und 999 000 gesund sind, so würden von den Infizierten fast alle positiv getestet, wegen $p_{sp} = 0.998$ aber auch (und das ist der springende Punkt!) etwa 2 Promille der Gesunden, also etwa 2 000 Personen. Von insgesamt ca. 3 000 positiv Getesteten ist dann aber nur etwa ein Drittel wirklich infiziert. Diese einfache Überlegung entspricht Formel (3.23), wenn man Zähler und Nenner mit der Anzahl der getesteten Personen, also im obigen Fall mit 1 000 000, multipliziert.

Bzgl. einer Verallgemeinerung von Formel (3.23) für den Fall, dass die wiederholte Durchführung des ELISA-Tests bei einer Person ein positives Resultat ergibt, siehe Übungsaufgabe 3.16. ◄

**Tab. 3.1** Auszug der Sterbetafel 2001/2003 für Deutschland (Quelle: Statistisches Bundesamt 2004)

| Vollendetes Alter | Sterbewahrsch. in $[x, x+1)$ | Überlebenswahrsch. in $[x, x+1)$ | Lebende im Alter $x$ |
|---|---|---|---|
| $x$ | $q_x$ | $p_x$ | $\ell_x$ |
| 0 | 0.00465517 | 0.99534483 | 100 000 |
| 1 | 0.00042053 | 0.99957947 | 99 534 |
| 2 | 0.00023474 | 0.99976526 | 99 493 |
| 3 | 0.00021259 | 0.99978741 | 99 469 |
| ⋮ | ⋮ | ⋮ | ⋮ |
| 58 | 0.00982465 | 0.99017535 | 89 296 |
| 59 | 0.01072868 | 0.98927132 | 88 419 |
| 60 | 0.01135155 | 0.98864845 | 87 470 |
| 61 | 0.01249053 | 0.98750947 | 86 477 |
| 62 | 0.01366138 | 0.98633862 | 85 397 |
| 63 | 0.01493241 | 0.98506759 | 84 230 |
| 64 | 0.01627038 | 0.98372962 | 82 973 |
| 65 | 0.01792997 | 0.98207003 | 81 623 |
| 66 | 0.01993987 | 0.98006013 | 80 159 |
| ⋮ | ⋮ | ⋮ | ⋮ |

**Beispiel (Sterbetafeln)** Sterbetafeln geben für jedes erreichte Lebensalter $x$ (in Jahren) an, mit welcher Wahrscheinlichkeit eine Person einer wohldefinierten Gruppe das Alter $x+1$ erreicht. Derartige Tafeln sind somit für die Prämienkalkulation von Lebens- und Rentenversicherungen von großer Bedeutung.

Tab. 3.1 zeigt einen Auszug aus der vom Statistischen Bundesamt herausgegebenen und laufend aktualisierten Sterbetafel für Männer. Die Wahrscheinlichkeit einer $x$-jährigen Person, vor Erreichen des Alters $x+1$ und somit innerhalb des nächsten Jahres zu sterben, wird als **Sterbewahrscheinlichkeit** $q_x$ bezeichnet. Die Größe $p_x := 1 - q_x$ ist dann die entsprechende **Überlebenswahrscheinlichkeit**, also die Wahrscheinlichkeit, als $x$-jährige Person auch das Alter $x+1$ zu erreichen. Neben diesen Wahrscheinlichkeiten zeigt Tab. 3.1 auch für jedes Alter $x$ die Anzahl $\ell_x$ der dann noch lebenden männlichen Personen. Dabei geht man wie üblich von einer sog. *Kohorte* von $\ell_0 := 100\,000$ neugeborenen Personen aus. Zwischen $\ell_x$ und $p_x$ besteht der Zusammenhang $p_x = \ell_{x+1}/\ell_x$.

Vom stochastischen Standpunkt aus sind die Einträge $p_x$ und $q_x$ in Tab. 3.1 bedingte Wahrscheinlichkeiten. Ist $A_x$ das Ereignis, dass eine rein zufällig aus der Kohorte herausgegriffene Person das Alter $x$ erreicht, so gelten

$$p_x = \mathbb{P}(A_{x+1}|A_x), \quad q_x = \mathbb{P}(A^c_{x+1}|A_x).$$

Da für jedes $x \geq 1$ aus dem Ereignis $A_{x+1}$ das Ereignis $A_x$ folgt, also $A_{x+1} \subseteq A_x$ und somit $A_{x+1} \cap A_x = A_{x+1}$ gilt, ergibt sich nach der allgemeinen Multiplikationsregel (3.22)

$$\begin{aligned}\mathbb{P}(A_{x+2}|A_x) &= \frac{\mathbb{P}(A_{x+2} \cap A_{x+1} \cap A_x)}{\mathbb{P}(A_x)} \\ &= \frac{\mathbb{P}(A_x)\mathbb{P}(A_{x+1}|A_x)\mathbb{P}(A_{x+2}|A_{x+1} \cap A_x)}{\mathbb{P}(A_x)}\end{aligned}$$

und somit $\mathbb{P}(A_{x+2}|A_x) = p_x \cdot p_{x+1}$. Induktiv folgt dann

$$\mathbb{P}(A_{x+k}|A_x) = p_x \cdot p_{x+1} \cdot \ldots \cdot p_{x+k-1}, \quad k = 1, 2, \ldots$$

Die Wahrscheinlichkeit, dass ein 60-Jähriger seinen 65. Geburtstag erlebt, ist folglich nach Tab. 3.1

$$\mathbb{P}(A_{65}|A_{60}) = p_{60} \cdot p_{61} \cdot p_{62} \cdot p_{63} \cdot p_{64} \approx 0.933.$$

Mit knapp 7-prozentiger Wahrscheinlichkeit stirbt er also vor Vollendung seines 65. Lebensjahres. ◀

## 3.3 Stochastische Unabhängigkeit

In diesem Abschnitt steht die *stochastische Unabhängigkeit* als eine weitere zentrale Begriffsbildung der Stochastik im Mittelpunkt. Die Schwierigkeiten im Umgang mit diesem Begriff erkennt man schon daran, dass man gemeinhin (fälschlicherweise) einem Ereignis eine umso höhere Wahrscheinlichkeit zubilligen würde, je länger es nicht eingetreten ist. Dies gilt etwa beim oft allzu langen Warten auf die erste Sechs beim wiederholten Würfelwurf oder beim Warten auf das Auftreten von *Rot* beim Roulette-Spiel, wenn einige Male *Schwarz* in Folge aufgetreten ist.

**Video 3.1** Stochastische Unabhängigkeit I

Im Folgenden sei $(\Omega, \mathcal{A}, \mathbb{P})$ ein fester Wahrscheinlichkeitsraum. Sind $A, B \in \mathcal{A}$ Ereignisse mit $\mathbb{P}(A) > 0$, so haben wir die bedingte Wahrscheinlichkeit von $B$ unter der Bedingung $A$ als den Quotienten $\mathbb{P}(B|A) = \mathbb{P}(A \cap B)/\mathbb{P}(A)$ definiert. Für den Fall, dass $\mathbb{P}(B|A)$ gleich der (unbedingten) Wahrscheinlichkeit $\mathbb{P}(B)$ ist, gilt

$$\mathbb{P}(A \cap B) = \mathbb{P}(A)\,\mathbb{P}(B). \tag{3.28}$$

Die Ereignisse sind demnach im Sinne der folgenden allgemeinen Definition stochastisch unabhängig.

**Stochastische Unabhängigkeit von Ereignissen**

Ereignisse $A_1, \ldots, A_n$, $n \geq 2$, in einem Wahrscheinlichkeitsraum $(\Omega, \mathcal{A}, \mathbb{P})$ heißen **(stochastisch) unabhängig**, falls gilt:

$$\mathbb{P}\left(\bigcap_{j \in T} A_j\right) = \prod_{j \in T} \mathbb{P}(A_j)$$

für jede mindestens zweielementige Menge $T \subseteq \{1, 2, \ldots, n\}$.

## Die Unabhängigkeit von $n$ Ereignissen ist durch $2^n - n - 1$ Gleichungen bestimmt

**Kommentar** Unabhängigkeit von $A_1, \ldots, A_n$ bedeutet, dass die Wahrscheinlichkeit des Durchschnitts *irgendwelcher* dieser Ereignisse gleich dem Produkt der einzelnen Wahrscheinlichkeiten ist. Da aus einer $n$-elementigen Menge auf $2^n - n - 1$ Weisen Teilmengen mit mindestens zwei Elementen gebildet werden können, sind für den Nachweis der Unabhängigkeit von $n$ Ereignissen $2^n - n - 1$ Gleichungen nachzuprüfen. Für zwei Ereignisse $A$ und $B$ bzw. drei Ereignisse $A, B, C$ müssen also (3.28) bzw.

$$\mathbb{P}(A \cap B) = \mathbb{P}(A)\,\mathbb{P}(B), \tag{3.29}$$
$$\mathbb{P}(A \cap C) = \mathbb{P}(A)\,\mathbb{P}(C), \tag{3.30}$$
$$\mathbb{P}(B \cap C) = \mathbb{P}(B)\,\mathbb{P}(C), \tag{3.31}$$
$$\mathbb{P}(A \cap B \cap C) = \mathbb{P}(A)\,\mathbb{P}(B)\,\mathbb{P}(C) \tag{3.32}$$

gelten. ◀

**Selbstfrage 3**

Warum hat eine $n$-elementige Menge $2^n - n - 1$ Teilmengen mit mindestens 2 Elementen?

**Video 3.2** Stochastische Unabhängigkeit II

Das nachstehende Beispiel zeigt, dass man aus der Gleichung (3.32) nicht auf die Gültigkeit von (3.29)–(3.31) schließen kann. Die Unabhängigkeit von $n$ Ereignissen lässt sich somit im Fall $n \geq 3$ nicht durch die eine Gleichung $\mathbb{P}(\bigcap_{j=1}^n A_j) = \prod_{j=1}^n \mathbb{P}(A_j)$ beschreiben. Umgekehrt ziehen aber die Gleichungen (3.29)–(3.31) auch nicht die Gültigkeit von (3.32) nach sich (siehe Aufgabe 3.29). Paarweise Unabhängigkeit reicht demnach zum Nachweis der Unabhängigkeit von drei Ereignissen nicht aus!

**Beispiel** Es seien $\Omega := \{1, 2, 3, 4, 5, 6, 7, 8\}$ und $\mathbb{P}$ die Gleichverteilung auf $\Omega$. Für die Ereignisse $A := B := \{1, 2, 3, 4\}$ und $C := \{1, 5, 6, 7\}$ gelten dann $\mathbb{P}(A) = \mathbb{P}(B) = \mathbb{P}(C) = 1/2$ sowie

$$\mathbb{P}(A \cap B \cap C) = 1/8 = \mathbb{P}(A)\,\mathbb{P}(B)\,\mathbb{P}(C).$$

Die Ereignisse $A$ und $B$ sind jedoch nicht unabhängig, da

$$\mathbb{P}(A \cap B) = \frac{1}{2} \neq \frac{1}{4} = \mathbb{P}(A)\,\mathbb{P}(B).$$ ◀

### Achtung

- Unabhängigkeit ist strikt von realer Beeinflussung zu unterscheiden! Als Beispiel betrachten wir eine Urne mit zwei roten und einer schwarzen Kugel, aus der zweimal rein zufällig *ohne* Zurücklegen gezogen wird. Bezeichnen $A$ bzw. $B$ die Ereignisse, dass die erste bzw. die zweite gezogene Kugel rot ist, so gelten $\mathbb{P}(B|A) = 1/2$ und $\mathbb{P}(B) = 2/3$. Dies zeigt, dass $A$ und $B$ nicht unabhängig sind. Zwar ist $B$ real beeinflusst von $A$, aber nicht $A$ von $B$, da sich $B$ auf den zweiten und $A$ auf den ersten Zug bezieht. Im Unterschied zu realer Beeinflussung ist jedoch der Unabhängigkeitsbegriff symmetrisch!
- Wie das folgende Beispiel zeigt, schließen sich reale Beeinflussung und Unabhängigkeit aber auch nicht aus. Bezeichnen bei zweifachen Wurf mit einem echten Würfel $A$ bzw. $B$ die Ereignisse, dass die Augensumme ungerade ist bzw. dass der erste Wurf eine gerade Augenzahl ergibt, so gelten – wie man durch elementares Abzählen nachrechnet – $\mathbb{P}(A) = \mathbb{P}(B) = 1/2$ sowie $\mathbb{P}(A \cap B) = 1/4$. Die Ereignisse $A$ und $B$ sind also unabhängig, obwohl jedes Ereignis das Eintreten des jeweils anderen Ereignisses real mitbestimmt.
- Unabhängigkeit darf keinesfalls mit Disjunktheit verwechselt werden! Wegen $A \cap B = \emptyset$ sind disjunkte Ereignisse genau dann unabhängig, wenn mindestens eines von ihnen die Wahrscheinlichkeit null besitzt und damit ausgesprochen uninteressant ist.
- Aus der Unabhängigkeit von $A_1, \ldots, A_n$ für $n \geq 3$ folgt direkt aus der Definition, dass für jedes $k \in \{2, \ldots, n-1\}$ und jede Wahl von $i_1, \ldots, i_k$ mit $1 \leq i_1 < \ldots < i_k \leq n$ die Ereignisse $A_{i_1}, \ldots, A_{i_k}$ unabhängig sind. Wie Aufgabe 3.29 zeigt, kann man jedoch i. Allg. aus der Unabhängigkeit von jeweils $n-1$ von $n$ Ereignissen $A_1, \ldots, A_n$ nicht auf die Unabhängigkeit von $A_1, \ldots, A_n$ schließen. ◀

**Video 3.3** Stochastische Unabhängigkeit III

Das nachfolgende Beispiel zeigt, dass in einem mithilfe von (3.14) und (3.15) definierten Produktexperiment Ereignisse, die sich auf verschiedene Teilexperimente beziehen, stochastisch unabhängig sind.

**Beispiel** Es seien $\Omega = \Omega_1 \times \ldots \times \Omega_n$ mit abzählbaren Mengen $\Omega_j$ und $\mathbb{P}_j$ ein Wahrscheinlichkeitsmaß auf $\Omega_j$, $j = 1, \ldots, n$. Setzen wir $p_j(a_j) := \mathbb{P}_j(\{a_j\})$, $a_j \in \Omega_j$, sowie

$$p(\omega) := \prod_{j=1}^n p_j(a_j), \quad \omega = (a_1, \ldots, a_n) \in \Omega, \tag{3.33}$$

und $\mathbb{P}(A) := \sum_{\omega \in A} p(\omega)$, $A \subseteq \Omega$, so ist $\mathbb{P}$ ein Wahrscheinlichkeitsmaß auf $\Omega$. In der Sprache der Maßtheorie ist $\mathbb{P}$ das *Produkt-Wahrscheinlichkeitsmaß* von $\mathbb{P}_1, \ldots, \mathbb{P}_n$ (siehe Abschn. 8.9). Definieren wir

$$A_j := \Omega_1 \times \ldots \times \Omega_{j-1} \times B_j \times \Omega_{j+1} \times \ldots \times \Omega_n,$$

mit $B_j \subseteq \Omega_j$, $j = 1, \ldots, n$, so ist $A_j$ ein Ereignis in $\Omega$, das sich nur auf das $j$-te Teilexperiment bezieht. Wir zeigen jetzt, dass

Kapitel 3

## Unter der Lupe: Stochastik vor Gericht: Der Fall Sally Clark

Ist doppelter plötzlicher Kindstod ein Fall von Unabhängigkeit?

Dass mangelnde Sensibilisierung für die Frage, wie stark Zufallsereignisse stochastisch voneinander abhängen können, bisweilen fatale Folgen haben kann, zeigt sich immer wieder in Gerichtsverfahren. Der nachstehend geschilderte Fall steht insofern nicht allein.

Im Dezember 1996 stirbt der 11 Wochen alte Christopher Clark; die Diagnose lautet auf plötzlichen Kindstod. Nachdem die Eltern im November 1997 ein zweites Baby bekommen und auch dieses im Alter von acht Wochen unter gleichen Umständen stirbt, gerät die Mutter Sally unter zweifachen Mordverdacht. Sie wird im November 1999 zu lebenslanger Haft verurteilt.

Das Gericht stützte sich maßgeblich auf ein statistisches Gutachten von Sir Roy Meadow, einem renommierten Kinderarzt. Sir Meadow lagen Ergebnisse epidemiologischer Studien vor, nach denen die Wahrscheinlichkeit, dass in einer wohlhabenden Nichtraucherfamilie ein Kind an plötzlichem Kindstod stirbt, 1 zu 8 543 beträgt. Er argumentierte dann, die Wahrscheinlichkeit, dass auch das zweite Kind dieses Schicksal erleidet, sei mit ca. 1 zu 73 Millionen ($= (1/8\,543)^2$) so klein, dass ein Zufall praktisch ausgeschlossen sei. Die Jury ließ sich von diesem Argument überzeugen (sie interpretierte diese verschwindend kleine Wahrscheinlichkeit zudem fälschlicherweise als Wahrscheinlichkeit für die Unschuld der Mutter!) und verurteilte Sally Clark mit 10 : 2 Stimmen.

Die Royal Statistical Society (RSS) drückte in einer Presseerklärung im Oktober 2001 ihre Besorgnis über den Missbrauch von Statistik im Fall Sally Clark aus. Die von Herrn Meadow in dessen Berechnung unterstellte Annahme, die Ereignisse $A_j$, dass das $j$-te Kind durch plötzlichen Kindstod stirbt ($j = 1, 2$), seien stochastisch unabhängig, sei sowohl empirisch nicht gerechtfertigt als auch aus prinzipiellen Gründen falsch. So könne es genetische oder Umweltfaktoren geben, die die (bedingte) Wahrscheinlichkeit für einen zweiten Kindstod deutlich erhöhen könnten; die RSS führte noch weitere Aspekte von Missbrauch der Statistik im Fall Sally Clark an. Weitere Informationen und diverse Literaturangaben finden sich unter der Internetadresse

http://en.wikipedia.org/wiki/Sally_Clark

Die Freilassung von Sally Clark im Januar 2003 führte dazu, dass die Urteile in zwei weiteren, ähnlichen Fällen revidiert wurden. Sally Clark wurde im März 2007 mit einer akuten Alkoholvergiftung tot in ihrer Wohnung aufgefunden. Nach Aussage ihrer Familie hatte sie sich nie von dem Justizirrtum erholt.

$A_1, \ldots, A_n$ aufgrund des Produktansatzes (3.33) stochastisch unabhängig sind. Sei hierzu $T \subseteq \{1, \ldots, n\}$ mit $2 \le |T| \le n$ beliebig. Dann gilt

$$\bigcap_{j \in T} A_j = C_1 \times C_2 \times \ldots \times C_n$$

mit $C_j := A_j$ für $j \in T$ und $C_j := \Omega_j$, falls $j \notin T$. Wegen

$$\begin{aligned} \mathbb{P}(C_1 \times \ldots \times C_n) &= \sum_{\omega \in C_1 \times \ldots \times C_n} p(\omega) \\ &= \left(\sum_{a_1 \in C_1} p_1(a_1)\right) \cdot \ldots \cdot \left(\sum_{a_n \in C_n} p_n(a_n)\right) \\ &= \mathbb{P}_1(C_1) \cdot \ldots \cdot \mathbb{P}_n(C_n) \\ &= \prod_{j \in T} \mathbb{P}(A_j) \end{aligned}$$

sind $A_1, \ldots, A_n$ stochastisch unabhängig. Dabei ergibt sich das letzte Gleichheitszeichen wegen $\mathbb{P}_j(C_j) = \mathbb{P}(A_j)$ für $j \in T$ und $\mathbb{P}_j(C_j) = 1$ für $j \notin T$. ◄

Sind $A$ und $B$ unabhängige Ereignisse, so gilt

$$\begin{aligned} \mathbb{P}(A^c \cap B) &= \mathbb{P}(B) - \mathbb{P}(A \cap B) = \mathbb{P}(B) - \mathbb{P}(A)\mathbb{P}(B) \\ &= \mathbb{P}(A^c)\mathbb{P}(B), \end{aligned}$$

und somit sind die Ereignisse $A^c$ und $B$ ebenfalls unabhängig. In gleicher Weise kann man jetzt auch beim Ereignis $B$ zum Komplement übergehen und erhält, dass $A^c$ und $B^c$ unabhängig sind. Induktiv ergibt sich hieraus, dass im Fall der Unabhängigkeit von Ereignissen $A_1, \ldots, A_n$ für jede Wahl von Teilmengen $I, J \subseteq \{1, \ldots, n\}$ mit $I \cap J = \emptyset$ die Gleichungen

$$\mathbb{P}\left(\bigcap_{i \in I} A_i \cap \bigcap_{j \in J} A_j^c\right) = \prod_{i \in I} \mathbb{P}(A_i) \prod_{j \in J} \mathbb{P}(A_j^c) \qquad (3.34)$$

erfüllt sind. Hierbei definiert man Schnitte über die leere Menge zu $\Omega$ und Produkte über die leere Menge zu eins. Wir werden dieses Resultat in einem allgemeineren Rahmen herleiten. Hierzu definieren wir die stochastische Unabhängigkeit von Mengensystemen.

### Stochastische Unabhängigkeit von Mengensystemen

Es seien $(\Omega, \mathcal{A}, \mathbb{P})$ ein Wahrscheinlichkeitsraum und $\mathcal{M}_j \subseteq \mathcal{A}$, $j = 1, \ldots, n$, $n \ge 2$, nichtleere Systeme von Ereignissen. Die Mengensysteme $\mathcal{M}_1, \ldots, \mathcal{M}_n$ heißen **(stochastisch) unabhängig**, falls gilt:

$$\mathbb{P}\left(\bigcap_{j \in T} A_j\right) = \prod_{j \in T} \mathbb{P}(A_j)$$

für jede mindestens zweielementige Menge $T \subseteq \{1, 2, \ldots, n\}$ und jede Wahl von $A_j \in \mathcal{M}_j$, $j \in T$.

**Kommentar**

- Unabhängigkeit von Mengensystemen besagt, dass die Wahrscheinlichkeit des Schnittes von Ereignissen stets gleich dem Produkt der einzelnen Wahrscheinlichkeiten ist, und zwar ganz egal, welche der $n$ Mengensysteme ausgewählt und welche Ereignisse dann aus diesen Mengensystemen jeweils herausgegriffen werden. Man beachte, dass sich im Spezialfall $\mathcal{M}_j := \{A_j\}$, $j = 1, \ldots, n$, die Definition der stochastischen Unabhängigkeit von $n$ Ereignissen $A_1, \ldots, A_n$ ergibt.
- Aus obiger Definition ist klar, dass mit Mengensystemen $\mathcal{M}_1, \ldots, \mathcal{M}_n$ auch Teilsysteme $\mathcal{N}_1 \subseteq \mathcal{M}_1, \ldots, \mathcal{N}_n \subseteq \mathcal{M}_n$ stochastisch unabhängig sind. Oben haben wir gesehen, dass mit $\{A\}$ und $\{B\}$ auch die größeren Systeme $\{A, A^c\}$ und $\{B, B^c\}$ unabhängig sind. Offenbar können wir hier jedes System auch um die Ereignisse $\emptyset$ und $\Omega$ erweitern und erhalten, dass mit $\{A\}$ und $\{B\}$ auch deren erzeugte $\sigma$-Algebren
$$\{\emptyset, A, A^c, \Omega\} = \sigma(\{A\}), \quad \{\emptyset, B, B^c, \Omega\} = \sigma(\{B\})$$
stochastisch unabhängig sind. ◀

Das nächste Resultat verallgemeinert die eben gemachte Beobachtung. In diesem Zusammenhang bezeichnen wir allgemein ein Mengensystem $\mathcal{M} \subseteq \mathcal{P}(\Omega)$ als **durchschnittstabil** (kurz: **∩-stabil**), falls es mit je zwei und damit je endlich vielen Mengen auch deren Durchschnitt enthält.

## Auch die erzeugten $\sigma$-Algebren unabhängiger ∩-stabiler Mengensysteme sind unabhängig

**Erweitern unabhängiger ∩-stabiler Systeme**

Es seien $(\Omega, \mathcal{A}, \mathbb{P})$ ein Wahrscheinlichkeitsraum und $\mathcal{M}_j \subseteq \mathcal{A}$, $1 \le j \le n$, $n \ge 2$, *durchschnittsstabile* Mengensysteme. Dann folgt aus der Unabhängigkeit von $\mathcal{M}_1, \ldots, \mathcal{M}_n$ die Unabhängigkeit der erzeugten $\sigma$-Algebren $\sigma(\mathcal{M}_1), \ldots, \sigma(\mathcal{M}_n)$.

**Beweis** Wir betrachten das Mengensystem
$$\mathcal{D}_n := \{E \in \mathcal{A} \mid \mathcal{M}_1, \ldots, \mathcal{M}_{n-1}, \{E\} \text{ sind unabhängig}\}$$
und weisen nach, dass $\mathcal{D}_n$ die Eigenschaften eines Dynkin-Systems (vgl. Abschn. 8.2) besitzt. Zunächst gilt offenbar $\Omega \in \mathcal{D}_n$. Sind weiter $D, E \in \mathcal{D}_n$ mit $D \subseteq E$, so ergibt sich für eine beliebige Teilmenge $\{j_1, \ldots, j_k\} \neq \emptyset$ von $\{1, \ldots, n-1\}$ und beliebige Mengen $A_{j_\nu} \in \mathcal{M}_{j_\nu}$ $(\nu = 1, \ldots, k)$
$$\begin{aligned}\mathbb{P}\left(\bigcap_{\nu=1}^{k} A_{j_\nu} \cap (E \setminus D)\right) &= \mathbb{P}\left(\bigcap_{\nu=1}^{k} A_{j_\nu} \cap E\right) - \mathbb{P}\left(\bigcap_{\nu=1}^{k} A_{j_\nu} \cap D\right) \\ &= \prod_{\nu=1}^{k} \mathbb{P}(A_{j_\nu})(\mathbb{P}(E) - \mathbb{P}(D)) \\ &= \prod_{\nu=1}^{k} \mathbb{P}(A_{j_\nu})\mathbb{P}(E \setminus D).\end{aligned}$$

Folglich liegt auch die Differenzmenge $E \setminus D$ in $\mathcal{D}_n$. Um die dritte Eigenschaft eines Dynkin-Systems zu zeigen, seien $D_1, D_2, \ldots$ paarweise disjunkte Mengen aus $\mathcal{D}_n$ und $A_{j_\nu}$ $(\nu = 1, \ldots, k)$ wie oben. Das Distributivgesetz und die $\sigma$-Additivität von $\mathbb{P}$ liefern zusammen mit der Unabhängigkeit von $A_{j_1}, \ldots, A_{j_k}, D_\ell$
$$\begin{aligned}\mathbb{P}\left(\bigcap_{\nu=1}^{k} A_{j_\nu} \cap \left(\sum_{\ell=1}^{\infty} D_\ell\right)\right) &= \sum_{\ell=1}^{\infty} \mathbb{P}\left(\bigcap_{\nu=1}^{k} A_{j_\nu} \cap D_\ell\right) \\ &= \sum_{\ell=1}^{\infty} \prod_{\nu=1}^{k} \mathbb{P}(A_{j_\nu})\,\mathbb{P}(D_\ell) \\ &= \prod_{\nu=1}^{k} \mathbb{P}(A_{j_\nu})\,\mathbb{P}\left(\sum_{\ell=1}^{\infty} D_\ell\right).\end{aligned}$$

Es gilt also die noch fehlende Eigenschaft $\sum_{\ell=1}^{\infty} D_\ell \in \mathcal{D}_n$, und somit ist $\mathcal{D}_n$ ein Dynkin-System.

Nach Konstruktion sind $\mathcal{M}_1, \ldots, \mathcal{M}_{n-1}, \mathcal{D}_n$ unabhängige Mengensysteme. Wegen $\mathcal{M}_n \subseteq \mathcal{D}_n$ enthält $\mathcal{D}_n$ als Dynkin-System das kleinste $\mathcal{M}_n$ umfassende Dynkin-System. Letzteres ist aber wegen der ∩-Stabilität von $\mathcal{M}_n$ gleich der von $\mathcal{M}_n$ erzeugten $\sigma$-Algebra $\sigma(\mathcal{M}_n)$. Folglich sind die Mengensysteme $\mathcal{M}_1, \ldots, \mathcal{M}_{n-1}, \sigma(\mathcal{M}_n)$ unabhängig. Fahren wir in der gleichen Weise mit dem Mengensystem $\mathcal{M}_{n-1}$ usw. fort, so ergibt sich die Behauptung. ■

Kapitel 3

**Beispiel (Bernoulli-Kette, Binomialverteilung)** Es seien $(\Omega, \mathcal{A}, \mathbb{P})$ ein Wahrscheinlichkeitsraum und $A_1, \ldots, A_n \in \mathcal{A}$ *stochastisch unabhängige Ereignisse mit gleicher Wahrscheinlichkeit* $p$, wobei $0 \le p \le 1$. Dann besitzt die Indikatorsumme
$$X := \mathbb{1}\{A_1\} + \ldots + \mathbb{1}\{A_n\}$$
die Binomialverteilung $\text{Bin}(n, p)$, d. h., es gilt
$$\mathbb{P}(X = k) = \binom{n}{k} p^k (1-p)^{n-k}, \quad k = 0, 1, \ldots, n.$$

Nach (2.7) gilt nämlich
$$\{X = k\} = \sum_{T:|T|=k} \left(\bigcap_{j \in T} A_j \cap \bigcap_{\ell \notin T} A_\ell^c\right),$$
wobei $T$ alle $k$-elementigen Teilmengen von $\{1, \ldots, n\}$ durchläuft. Da nach obigem Satz mit $A_1, \ldots, A_n$ auch die Systeme $\{\emptyset, A_j, A_j^c, \Omega\}$, $j = 1, \ldots, n$, unabhängig sind und demnach (3.34) gilt, folgt im Fall $|T| = k$
$$\mathbb{P}\left(\bigcap_{j \in T} A_j \cap \bigcap_{\ell \notin T} A_\ell^c\right) = p^k (1-p)^{n-k}$$
und somit die Behauptung, denn es gibt $\binom{n}{k}$ $k$-elementige Teilmengen von $\{1, \ldots, n\}$.

Ein konkretes Modell für $(\Omega, \mathcal{A}, \mathbb{P})$ und $A_1, \ldots, A_n$ ist das spezielle Produktexperiment $\Omega := \{0,1\}^n$, $\mathcal{A} := \mathcal{P}(\Omega)$, $\mathbb{P}(\{\omega\}) := p^k(1-p)^{n-k}$, falls $\omega = (a_1, \ldots, a_n)$ mit $\sum_{j=1}^n a_j = k$ sowie $A_j := \{(a_1, \ldots, a_n) \in \Omega \mid a_j = 1\}$. Dieses Modell heißt **Bernoulli-Kette** der Länge $n$ mit *Trefferwahrscheinlichkeit* $p$. Dabei interpretiert man eine 1 als Treffer und eine 0 als Niete. Die Zufallsvariable $X$ zählt also die Anzahl der Treffer in $n$ unabhängigen, jedoch nicht notwendig gleichartigen Versuchen. Entscheidend ist nur, dass jeder Versuch mit gleicher Wahrscheinlichkeit $p$ einen Treffer (und folglich mit Wahrscheinlichkeit $1-p$ eine Niete) ergibt. ◄

**Video 3.4** Binomialverteilung und Bernoulli-Kette

## Zufallsvariablen sind unabhängig, wenn ihre erzeugten $\sigma$-Algebren unabhängig sind

Wir betrachten jetzt die stochastische Unabhängigkeit von Zufallsvariablen. In Abschn. 2.2 haben wir ganz allgemein eine Zufallsvariable $X$ als Abbildung $X : \Omega \to \Omega'$ zwischen zwei Messräumen $(\Omega, \mathcal{A})$ und $(\Omega', \mathcal{A}')$ eingeführt, die $(\mathcal{A}, \mathcal{A}')$-messbar ist, also die Eigenschaft besitzt, dass die Urbilder $X^{-1}(A')$ der Mengen aus $\mathcal{A}'$ sämtlich in $\mathcal{A}$ liegen. Schreiben wir kurz

$$\sigma(X) := X^{-1}(\mathcal{A}') := \{X^{-1}(A') \mid A' \in \mathcal{A}'\}$$

für das System aller dieser Urbilder, also der *durch $X$ beschreibbaren Ereignisse*, so ist aufgrund der Verträglichkeit von $X^{-1}$ mit mengentheoretischen Operationen $\sigma(X)$ eine $\sigma$-Algebra (siehe auch Teil a) des Lemmas zu Beginn von Abschn. 8.4). Man nennt $\sigma(X)$ **die von $X$ erzeugte $\sigma$-Algebra**. Da es somit zu jeder Zufallsvariablen $X$ ein charakteristisches Mengensystem $\sigma(X)$ mit $\sigma(X) \subseteq \mathcal{A}$ gibt und wir die Unabhängigkeit von Mengensystemen bereits eingeführt haben, liegt die folgende Begriffsbildung auf der Hand.

**Unabhängigkeit von Zufallsvariablen**

Es seien $(\Omega, \mathcal{A}, \mathbb{P})$ ein Wahrscheinlichkeitsraum, $(\Omega_1, \mathcal{A}_1), \ldots, (\Omega_n, \mathcal{A}_n)$, $n \geq 2$, Messräume und $X_j : \Omega \to \Omega_j$, $j = 1, \ldots, n$, Zufallsvariablen. Die Zufallsvariablen $X_1, \ldots, X_n$ heißen **(stochastisch) unabhängig**, falls ihre erzeugten $\sigma$-Algebren $\sigma(X_j) = X_j^{-1}(\mathcal{A}_j)$, $j = 1, \ldots, n$, unabhängig sind.

Nach Definition sind die Mengensysteme $\sigma(X_1), \ldots, \sigma(X_n)$ unabhängig, wenn für jede mindestens zweielementige Teilmenge $T$ von $\{1, \ldots, n\}$ und jede Wahl von Ereignissen $A_j \in \sigma(X_j)$, $j \in T$, die Beziehung $\mathbb{P}\left(\bigcap_{j \in T} A_j\right) = \prod_{j \in T} \mathbb{P}(A_j)$ erfüllt ist. Wegen $A_j \in X^{-1}(\mathcal{A}_j)$ gibt es eine Menge $B_j \in \mathcal{A}_j$ mit $A_j = X_j^{-1}(B_j)$, $j = 1, \ldots, n$. Mit $\mathbb{P}(X_j \in B_j) := \mathbb{P}(X_j^{-1}(B_j))$ geht obige Gleichung in

$$\mathbb{P}\left(\bigcap_{j \in T} \{X_j \in B_j\}\right) = \prod_{j \in T} \mathbb{P}(X_j \in B_j)$$

über. Sollte $T$ eine echte Teilmenge von $\{1, \ldots, n\}$ sein, so kann für jedes $i$ mit $i \in \{1, \ldots, n\} \setminus T$ die Menge $B_i$ als $B_i := \Omega_i$ gewählt werden. Für jedes solche $i$ ergänzt man die zu schneidenden Mengen auf der linken Seite um $\Omega$ $(= \{X_i \in \Omega_i\})$ und das Produkt rechts um den Faktor 1 $(= \mathbb{P}(X_i \in \Omega_i))$. Vereinbaren wir noch, Schnitte von Ereignissen, die durch Zufallsvariablen beschrieben werden, durch Kommata zu kennzeichnen, also

$$\mathbb{P}(X_1 \in B_1, X_2 \in B_2) := \mathbb{P}(\{X_1 \in B_1\} \cap \{X_2 \in B_2\})$$

usw. zu schreiben, so haben wir folgendes Kriterium für die Unabhängigkeit von $n$ Zufallsvariablen erhalten:

**Allgemeines Unabhängigkeitskriterium**

In der Situation obiger Definition sind $X_1, \ldots, X_n$ genau dann unabhängig, wenn gilt:

$$\mathbb{P}(X_1 \in B_1, \ldots, X_n \in B_n) = \prod_{j=1}^{n} \mathbb{P}(X_j \in B_j) \quad (3.35)$$

für jede Wahl von Mengen $B_1 \in \mathcal{A}_1, \ldots, B_n \in \mathcal{A}_n$.

**Kommentar** Schreiben wir $X := (X_1, \ldots, X_n)$ für die durch $X(\omega) := (X_1(\omega), \ldots, X_n(\omega))$, $\omega \in \Omega$, definierte Abbildung $: \Omega \to \Omega_1 \times \ldots \times \Omega_n$, und $\bigotimes_{j=1}^n \mathcal{A}_j$ für die Produkt-$\sigma$-Algebra von $\mathcal{A}_1, \ldots, \mathcal{A}_n$ (vgl. Abschn. 8.4), so ist $X$ nach dem sich der Definition von $\bigotimes_{j=1}^n \mathcal{A}_j$ anschließenden Satz $(\mathcal{A}, \bigotimes_{j=1}^n \mathcal{A}_j)$-messbar. Bezeichnet $\mathcal{H} := \{A_1 \times \ldots \times A_n \mid A_j \in \mathcal{A}_j,\ j = 1, \ldots, n\}$ das System der messbaren Rechtecke, so besagt (3.35), dass das Wahrscheinlichkeitsmaß $\mathbb{P}^X$ und das Produkt-Maß (vgl. Abschn. 8.9) $\bigotimes_{j=1}^n \mathbb{P}^{X_j}$ auf dem Mengensystem $\mathcal{H}$ übereinstimmen. Nach dem Eindeutigkeitssatz für Maße sind beide Maße identisch. In der Situation obiger Definition sind also $X_1, \ldots, X_n$ genau dann stochastisch unabhängig, wenn ihre *gemeinsame Verteilung* (das Wahrscheinlichkeitsmaß $\mathbb{P}^X$) gleich dem Produkt der Verteilungen von $X_1, \ldots, X_n$ ist, wenn also

$$\mathbb{P}^{(X_1, \ldots, X_n)} = \bigotimes_{j=1}^{n} \mathbb{P}^{X_j} \quad (3.36)$$

gilt. ◄

Sind $X_1, \ldots, X_n$ *reelle* Zufallsvariablen, so ist die Unabhängigkeit von $X_1, \ldots, X_n$ gleichbedeutend damit, dass (3.35) für jede Wahl von Borel-Mengen $B_1, \ldots, B_n$ gilt. Mit dem Satz über das Erweitern $\cap$-stabiler unabhängiger Systeme und der Tatsache, dass die $\sigma$-Algebra $\sigma(X)$ von den Urbildern eines Erzeugendensystems der $\sigma$-Algebra des Wertebereichs von $X$ erzeugt wird (siehe Teil b) des Lemmas über $\sigma$-Algebren und Abbildungen zu Beginn von Abschn. 8.4), reicht es aus, (3.35) für die Mengen $B_j$ eines Erzeugendensystems der Borelschen $\sigma$-Algebra zu fordern. Nach dem Satz über Erzeuger der Borel-Mengen in Abschn. 8.2 bilden die Intervalle $(-\infty, x]$ mit $x \in \mathbb{R}$ ein derartiges System. Wir erhalten somit für reelle Zufallsvariablen das folgende Kriterium für stochastische Unabhängigkeit:

**Unabhängigkeit und Verteilungsfunktionen**

Reelle Zufallsvariablen $X_1, \ldots, X_n$ auf einem Wahrscheinlichkeitsraum $(\Omega, \mathcal{A}, \mathbb{P})$ sind genau dann stochastisch unabhängig, wenn gilt:

$$\mathbb{P}(X_1 \leq x_1, \ldots, X_n \leq x_n) = \prod_{j=1}^{n} \mathbb{P}(X_j \leq x_j) \quad (3.37)$$

für alle $x_1, \ldots, x_n \in \mathbb{R}$.

Die Namensgebung des obigen Kriteriums rührt daher, dass $\mathbb{P}(X_j \leq x)$ als Funktion von $x$ die Verteilungsfunktion von $X_j$ darstellt (siehe Abschn. 5.1). Da zudem für die linke Seite von (3.37) als Funktion von $x_1, \ldots, x_n$ der Begriff **gemeinsame Verteilungsfunktion von** $X_1, \ldots, X_n$ üblich ist, kann obiges Kriterium auch wie folgt formuliert werden: Reelle Zufallsvariablen $X_1, \ldots, X_n$ sind genau unabhängig, wenn ihre gemeinsame Verteilungsfunktion gleich dem Produkt der Verteilungsfunktionen der $X_j$ ist. Spezielle Situationen (diskrete und stetige Zufallsvariablen) werden in den beiden nächsten Kapiteln behandelt.

## Funktionen unabhängiger Zufallsvariablen sind unabhängig

Sind $X$, $Y$ und $Z$ unabhängige reelle Zufallsvariablen, so sind auch die Zufallsvariablen $\sin(X + \cos(Y))$ und $\exp(Z)$ unabhängig. Hinter diesem (zu beweisenden) offensichtlichen Resultat stecken zwei allgemeine Prinzipien. Das erste besagt, dass man unabhängige Zufallsvariablen in disjunkte Blöcke zusammenfassen kann und wieder unabhängige Zufallsvariablen enthält. In obigem Fall sind die Blöcke der zweidimensionale Vektor $(X, Y)$ sowie $Z$. Das zweite Prinzip lautet, dass messbare Funktionen unabhängiger Zufallsvariablen ebenfalls unabhängig sind. Im obigen Beispiel sind dies die Funktionen $f : \mathbb{R}^2 \to \mathbb{R}$, $(x, y) \mapsto \sin(x + \cos(y))$ und $g : \mathbb{R} \to \mathbb{R}$, $x \mapsto \exp(x)$. Wir werden beide Prinzipien unter allgemeinen Voraussetzungen beweisen und beginnen dabei mit dem Letzteren.

**Funktionen unabhängiger Zufallsvariablen**

Es seien $(\Omega, \mathcal{A}, \mathbb{P})$ ein Wahrscheinlichkeitsraum und $(\Omega_j, \mathcal{A}_j)$ sowie $(\Omega'_j, \mathcal{A}'_j)$, $j = 1, \ldots, n$, $n \geq 2$, Messräume. Weiter seien $X_j : \Omega \to \Omega_j$ und $h_j : \Omega_j \to \Omega'_j$ $(\mathcal{A}, \mathcal{A}_j)$- bzw. $(\mathcal{A}_j, \mathcal{A}'_j)$-messbare Abbildungen, $j = 1, \ldots, n$. Sind dann $X_1, \ldots, X_n$ stochastisch unabhängig, so sind auch die Zufallsvariablen

$$h_j(X_j) = h_j \circ X_j : \begin{cases} \Omega \to \Omega'_j, \\ \omega \mapsto h_j(X_j)(\omega) := h_j(X_j(\omega)), \end{cases}$$

$j = 1, \ldots, n$, stochastisch unabhängig.

**Beweis** Für den Beweis benötigen wir nur, dass die Unabhängigkeit von $X_1, \ldots, X_n$ über die Unabhängigkeit der erzeugten $\sigma$-Algebren $\sigma(X_1), \ldots, \sigma(X_n)$ definiert ist und mit Mengensystemen auch Teilsysteme davon unabhängig sind. Die Behauptung folgt dann aus

$$\begin{aligned} \sigma(h_j \circ X_j) &= (h_j \circ X_j)^{-1}(\mathcal{A}'_j) = X_j^{-1}(h_j^{-1}(\mathcal{A}'_j)) \\ &\subseteq X_j^{-1}(\mathcal{A}_j) = \sigma(X_j). \end{aligned}$$

Dabei gilt die Inklusion wegen der Messbarkeit von $h_j$. ■

**Zusammenfassen unabhängiger $\cap$-stabiler Systeme**

Es seien $(\Omega, \mathcal{A}, \mathbb{P})$ ein Wahrscheinlichkeitsraum und $\mathcal{M}_j \subseteq \mathcal{A}$, $1 \leq j \leq n$, $n \geq 2$, unabhängige $\cap$-stabile Mengensysteme. Weiter sei $\{1, \ldots, n\} = I_1 + \ldots + I_s$ eine Zerlegung von $\{1, \ldots, n\}$ in paarweise disjunkte nichtleere Mengen $I_1, \ldots, I_s$. Bezeichnet

$$\mathcal{A}_k := \sigma\left(\bigcup_{j \in I_k} \mathcal{M}_j\right), \qquad k = 1, \ldots, s,$$

die von allen $\mathcal{M}_j$ mit $j \in I_k$ erzeugte $\sigma$-Algebra, so sind auch $\mathcal{A}_1, \ldots, \mathcal{A}_s$ stochastisch unabhängig.

**Beweis** Für $k = 1, \ldots, s$ sei

$$\begin{aligned} \mathcal{B}_k := \{A_{i_1} \cap \ldots \cap A_{i_m} \mid m \geq 1, \emptyset \neq \{i_1, \ldots, i_m\} \subseteq I_k, \\ A_{i_1} \in \mathcal{M}_{i_1}, \ldots, A_{i_m} \in \mathcal{M}_{i_m}\} \end{aligned}$$

die Menge aller Schnitte endlich vieler Mengen aus den Mengensystemen $\mathcal{M}_j$, $j \in \{1, \ldots, n\}$ mit $j \in I_k$. Wegen der $\cap$-Stabilität der $\mathcal{M}_j$ ist auch $\mathcal{B}_k$ $\cap$-stabil. Zudem sind $\mathcal{B}_1, \ldots, \mathcal{B}_s$

## Unter der Lupe: Das Geburtstagsproblem und die Gleichverteilungsannahme

Kollisionen beim Verteilen von Kugeln auf Fächer sind bei einer rein zufälligen Verteilung am unwahrscheinlichsten.

$k$ Kugeln werden unabhängig voneinander auf $n$ von 1 bis $n$ nummerierte Fächer verteilt. Jede Kugel gelange mit Wahrscheinlichkeit $p_j$ in das $j$-te Fach. Dabei sei $p_j > 0$ für jedes $j$ sowie $\sum_{j=1}^n p_j = 1$ und $k \le n$.

Die Wahrscheinlichkeit des mit $A$ bezeichneten Ereignisses, dass die Kugeln in verschiedene Fächer fallen, ist

$$\mathbb{P}(A) = k! \cdot \sum_{1 \le i_1 < \ldots < i_k \le n} p_{i_1} \cdot \ldots \cdot p_{i_k},$$

denn es müssen die Nummern $i_1, \ldots, i_k$ für diese Fächer spezifiziert werden, und jede der $k!$ Reihenfolgen führt zur gleichen Wahrscheinlichkeit $p_{i_1} \cdot \ldots \cdot p_{i_k}$. Somit ist

$$\mathbb{P}(A^c) = 1 - k! \cdot S_{k,n}(p_1, \ldots, p_n)$$

die Wahrscheinlichkeit, dass mindestens zwei Kugeln im gleichen Fach liegen. Dabei ist allgemein

$$S_{r,m}(q_1, \ldots, q_m) := \sum_{1 \le i_1 < \cdots < i_r \le m} q_{i_1} \cdot \ldots \cdot q_{i_r}$$

gesetzt.

Es ist plausibel, dass $\mathbb{P}(A^c)$ in Abhängigkeit von $p_1, \ldots, p_n$ im Gleichverteilungsfall $p_1 = \ldots = p_n = 1/n$ minimal wird, und diese Behauptung soll jetzt bewiesen werden. Hierzu zerlegen wir die Summe $S_{k,n}(p_1, \ldots, p_n)$ nach dem Auftreten der vier Fälle $i_1 = 1$ oder $i_1 \ge 2$ und $i_k = n$ oder $i_k < n$. Mit der abkürzenden Schreibweise $\mathbf{a} = (p_2, \ldots, p_{n-1})$ ergibt sich dann

$$\begin{aligned} S_{k,n}(p_1, \ldots, p_n) &= S_{k,n-2}(\mathbf{a}) + (p_1 + p_n) \cdot S_{k-1,n-2}(\mathbf{a}) \\ &\quad + p_1 \cdot p_n \cdot S_{k-2,n-2}(\mathbf{a}) \end{aligned}$$

und folglich wegen $(p_1 + p_n)^2 \ge 4 p_1 p_n$

$$\begin{aligned} & S_{k,n}\left(\frac{p_1 + p_n}{2}, p_2, \ldots, p_{n-1}, \frac{p_1 + p_n}{2}\right) \\ &= S_{k,n-2}(\mathbf{a}) + (p_1 + p_n) \cdot S_{k-1,n-2}(\mathbf{a}) \\ &\quad + \left(\frac{p_1 + p_n}{2}\right)^2 \cdot S_{k-2,n-2}(\mathbf{a}) \\ &\ge S_{k,n}(p_1, \ldots, p_n). \end{aligned}$$

Das Gleichheitszeichen tritt dabei nur für $p_1 = p_n$ ein.

Es sei nun

$$S_{k,n}\left(p_1^*, \ldots, p_n^*\right) = \max_{p_1, \ldots, p_n} S_{k,n}(p_1, \ldots, p_n),$$

wobei aus Symmetriegründen o.B.d.A. $p_1^* \le \cdots \le p_n^*$ gelte. Da die Annahme $p_1^* < p_n^*$ aufgrund obiger Ungleichung zum Widerspruch

$$\begin{aligned} & S_{k,n}\left(\frac{p_1^* + p_n^*}{2}, p_2^*, \ldots, p_{n-1}^*, \frac{p_1^* + p_n^*}{2}\right) \\ &> S_{k,n}\left(p_1^*, \ldots, p_n^*\right) \end{aligned}$$

führt, muss die Gleichverteilung $p_1^* = \cdots = p_n^* = 1/n$ vorliegen, und dies war zu zeigen.

unabhängige Mengensysteme, denn die Wahrscheinlichkeit des Schnittes von Durchschnitten des Typs $A_{i_1} \cap \ldots \cap A_{i_m}$ wie oben ist wegen der paarweisen Disjunktheit der Mengen $I_1, \ldots, I_s$ und der Unabhängigkeit aller $\mathcal{M}_j$ gleich dem Produkt der einzelnen Wahrscheinlichkeiten aller beteiligter Mengen. Andererseits gilt aber auch $\mathbb{P}(\bigcap_{\nu=1}^m A_{i_\nu}) = \prod_{\nu=1}^m \mathbb{P}(A_{i_\nu})$. Wegen

$$\bigcup_{j \in I_k} \mathcal{M}_j \subseteq \mathcal{B}_k \subseteq \sigma\left(\bigcup_{j \in I_k} \mathcal{M}_j\right) = \mathcal{A}_k \tag{3.38}$$

ergibt sich $\sigma(\mathcal{B}_k) = \mathcal{A}_k$, sodass die Behauptung aus dem Lemma über das Erweitern $\cap$-stabiler unabhängiger Systeme folgt. ■

**Selbstfrage 4**

Warum gilt die zweite Inklusion in (3.38)?

**Das Blockungslemma**

Es seien $(\Omega, \mathcal{A}, \mathbb{P})$ ein Wahrscheinlichkeitsraum, $(\Omega_j, \mathcal{A}_j)$, $j = 1, \ldots, n$, $n \ge 2$, Messräume und $X_j : \Omega \to \Omega_j$, $j = 1, \ldots, n$, Zufallsvariablen. Für $\ell \in \{1, \ldots, n-1\}$ seien $Z_1 := (X_1, \ldots, X_\ell)$ und $Z_2 := (X_{\ell+1}, \ldots, X_n)$, also

$$Z_1 : \begin{cases} \Omega \to \Omega_1 \times \ldots \times \Omega_\ell, \\ \omega \mapsto Z_1(\omega) := (X_1(\omega), \ldots, X_\ell(\omega)), \end{cases}$$

$$Z_2 : \begin{cases} \Omega \to \Omega_{\ell+1} \times \ldots \times \Omega_n, \\ \omega \mapsto Z_2(\omega) := (X_{\ell+1}(\omega), \ldots, X_n(\omega)). \end{cases}$$

Dann sind mit $X_1, \ldots, X_n$ auch $Z_1$ und $Z_2$ stochastisch unabhängig.

Kapitel 3

**Beweis** Wir schicken voraus, dass $Z_1$ und $Z_2$ Zufallsvariablen, also messbare Abbildungen sind, wenn man die kartesischen Produkte $\widetilde{\Omega}_1 := \Omega_1 \times \ldots \times \Omega_\ell$ und $\widetilde{\Omega}_2 := \Omega_{\ell+1} \times \ldots \times \Omega_n$ mit den jeweiligen Produkt-$\sigma$-Algebren $\mathcal{B}_1 := \bigotimes_{j=1}^{\ell} \mathcal{A}_j$ bzw. $\mathcal{B}_2 := \bigotimes_{j=\ell+1}^{n} \mathcal{A}_j$ versieht (s. den Satz nach der Definition einer Produkt-$\sigma$-Algebra in Abschn. 8.4). Wegen

$$\sigma(Z_1) = \sigma\left(\bigcup_{j=1}^{\ell} \sigma(X_j)\right), \; \sigma(Z_2) = \sigma\left(\bigcup_{j=\ell+1}^{n} \sigma(X_j)\right) \tag{3.39}$$

(vgl. Aufgabe 3.31) folgt die Unabhängigkeit von $Z_1$ und $Z_2$ aus dem Satz über das Zusammenfassen unabhängiger $\cap$-stabiler Systeme, wenn man dort $\mathcal{M}_j = \sigma(X_j)$, $s = 2$, $I_1 = \{1, \ldots, \ell\}$ und $I_2 = \{\ell + 1, \ldots, n\}$ setzt. ∎

Aus dem Beweis des Blockungslemmas ist klar, dass die Aussage dieses Lemmas auch für Unterteilungen in mehr als zwei Blöcke gültig bleibt. Die Botschaft des Blockungslemmas ist, dass man unabhängige Zufallsvariablen (die nicht notwendig reell sein müssen) in Blöcke zusammenfassen kann und dass dann die entstehenden – einen vektorartigen Charakter tragenden – Zufallsvariablen ebenfalls stochastisch unabhängig sind. Bildet man letztere Zufallsvariablen mithilfe messbarer Funktionen weiter ab, so sind die entstehenden Zufallsvariablen nach dem Satz über Funktionen unabhängiger Zufallsvariablen ebenfalls unabhängig. Insofern sind mit drei reellen Zufallsvariablen $X$, $Y$ und $Z$ auch $\sin(X + \cos(Y))$ und $\exp(Z)$ unabhängig.

Nach Aufgabe 3.30 sind $n$ Ereignisse $A_1, \ldots, A_n$ genau dann unabhängig, wenn die Indikatorfunktionen $\mathbb{1}\{A_1\}, \ldots, \mathbb{1}\{A_n\}$ unabhängig sind. Da den mengentheoretischen Operationen $A \mapsto A^c$, $(A, B) \mapsto A \cup B$ und $(A, B) \mapsto A \cap B$ die algebraischen Operationen $\mathbb{1}\{A\} \mapsto 1 - \mathbb{1}\{A\}$, $(\mathbb{1}\{A\}, \mathbb{1}\{B\}) \mapsto \max(\mathbb{1}\{A\}, \mathbb{1}\{B\})$ und $(\mathbb{1}\{A\}, \mathbb{1}\{B\}) \mapsto \mathbb{1}\{A\} \cdot \mathbb{1}\{B\}$ entsprechen, ergibt sich aus dem Blockungslemma unmittelbar die nachstehende Folgerung.

**Folgerung (Blockungslemma für Ereignisse)** Es seien $(\Omega, \mathcal{A}, \mathbb{P})$ ein Wahrscheinlichkeitsraum und $A_1, \ldots, A_n \in \mathcal{A}$, $n \geq 2$, stochastisch unabhängige Ereignisse. Für $\ell \in \{1, \ldots, n-1\}$ sei $B$ eine mengentheoretische Funktion von $A_1, \ldots, A_\ell$ und $C$ eine mengentheoretische Funktion von $A_{\ell+1}, \ldots, A_n$. Dann sind $B$ und $C$ stochastisch unabhängig. ◄

## 3.4 Folgen unabhängiger Zufallsvariablen

Die Grenzen diskreter Wahrscheinlichkeitsräume werden insbesondere dann erreicht, wenn man auf einem Wahrscheinlichkeitsraum unendlich viele stochastisch unabhängige Zufallsvariablen mit vorgegebenen Verteilungen oder auch nur eine Folge $A_1, A_2, \ldots$ unabhängiger Ereignisse mit gleicher Wahrscheinlichkeit $1/2$ zur Verfügung haben möchte. Hierzu müssen wir zunächst definieren, wann unendlich viele Zufallsvariablen oder unendlich viele Ereignisse stochastisch unabhängig sein sollen.

Für unsere Zwecke reicht es aus, den abzählbar-unendlichen Fall, also Folgen von Zufallsvariablen, Ereignissen oder auch Mengensystemen zu betrachten. Die Botschaft ist einfach: Man zieht sich einfach auf den bislang behandelten Fall zurück.

**Unabhängigkeit einer Folge von Ereignissen, Mengensystemen oder Zufallsvariablen**

Es sei $(\Omega, \mathcal{A}, \mathbb{P})$ ein Wahrscheinlichkeitsraum. Eine Folge $A_1, A_2, \ldots$ von Ereignissen heißt (stochastisch) **unabhängig**, wenn je endlich viele dieser Ereignisse unabhängig sind, wenn also für jede *endliche* Menge $I \subseteq \mathbb{N}$ mit $|I| \geq 2$ die Ereignisse $A_i$ mit $i \in I$ unabhängig sind. Gleiches gilt für die Unabhängigkeit einer Folge $\mathcal{M}_1, \mathcal{M}_2, \ldots$ von Mengensystemen $\mathcal{M}_j \subseteq \mathcal{A}$ oder einer Folge $X_1, X_2, \ldots$ von Zufallsvariablen $X_j : \Omega \to \Omega_j$ mit Werten in allgemeinen Messräumen $(\Omega_j, \mathcal{A}_j)$, $j \geq 1$.

Abb. 3.5 zeigt ein prägnantes Beispiel für die Notwendigkeit, über eine ganze Folge unabhängiger Ereignisse auf einem Wahrscheinlichkeitsraum verfügen zu müssen. Im ganzzahligen Gitter $\mathbb{Z}^2 = \{(i, j) \mid i, j \in \mathbb{Z}\}$ werden je zwei benachbarte Gitterpunkte, also Gitterpunkte $(i, j)$ und $(k, \ell)$ mit $i = k$ und $|j - \ell| = 1$ oder $j = \ell$ und $|i - k| = 1$, mit Wahrscheinlichkeit $p$ durch eine Kante verbunden, und zwar unabhängig von allen anderen Kanten. Abb. 3.5 zeigt einen Ausschnitt dieses Gitters, in dem die so (durch Simulation erhaltenen) Kanten farbig hervorgehoben sind. Auf diese Weise entsteht ein Graph mit Knotenmenge $\mathbb{Z}^2$ und zufallsabhängigen Kanten. Eine Menge von Knoten heißt *zusammenhängend*, wenn je zwei Knoten dieser Menge durch einen Weg entlang der farbigen Kanten verbunden sind. Eine der Ausgangsfragen der *Perkolationstheorie* ist die folgende: Was ist der kleinste Wert für $p \in [0, 1]$, sodass *Perkolation auftritt*, also mit Wahrscheinlichkeit eins eine *unendliche* zusammenhängende Knotenmenge existiert?

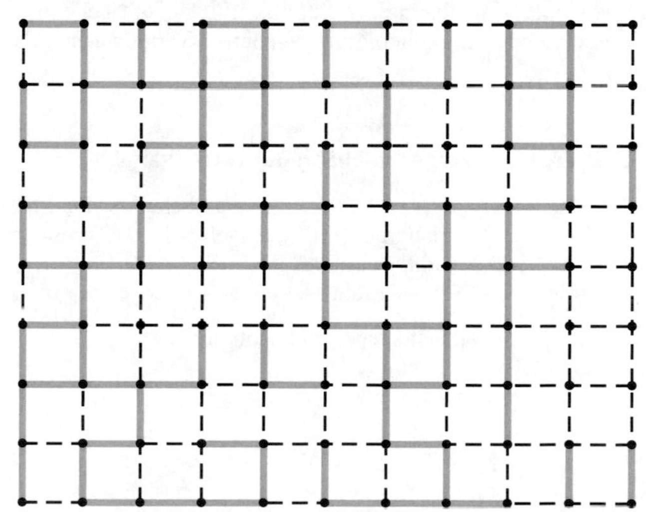

**Abb. 3.5** Perkolationsproblem auf $\mathbb{Z}^2$

**Beispiel** In einem diskreten Wahrscheinlichkeitsraum sucht man vergeblich nach einer Folge unabhängiger Ereignisse mit gleicher Wahrscheinlichkeit $1/2$. Ist nämlich $(\Omega, \mathcal{A}, \mathbb{P})$ ein solcher Wahrscheinlichkeitsraum, so gibt es eine abzählbare Teilmenge $D \subseteq \Omega$ mit $\mathbb{P}(D) = 1$. Nehmen wir an, $A_1, A_2, \ldots$ wäre eine unabhängige Folge von Ereignissen aus $\mathcal{A}$ mit $\mathbb{P}(A_j) = 1/2$ für jedes $j \geq 1$. Wir fixieren ein beliebiges $\omega_0 \in D$. Für jedes $j \in \mathbb{N}$ gilt entweder $\omega_0 \in A_j$ oder $\omega_0 \in A_j^c$. Setzen wir $B_j := A_j$, falls $\omega_0 \in A_j$ und $B_j := A_j^c$ sonst, so sind $B_1, B_2, \ldots$ unabhängige Ereignisse, und es gilt $\{\omega_0\} \subseteq \bigcap_{j=1}^n B_j$, $n \geq 1$, und damit

$$\mathbb{P}(\{\omega_0\}) \leq \mathbb{P}\left(\bigcap_{j=1}^n B_j\right) = \prod_{j=1}^n \mathbb{P}(B_j) = \left(\frac{1}{2}\right)^n, \quad n \geq 1,$$

also $\mathbb{P}(\{\omega_0\}) = 0$. Da $\omega_0 \in D$ beliebig war, folgt $\mathbb{P}(D) = 0$, was ein Widerspruch zur Annahme $\mathbb{P}(D) = 1$ ist. Ein diskreter Wahrscheinlichkeitsraum ist also „zu klein", um eine derartige Folge von Ereignissen zu enthalten (siehe hierzu auch Aufgabe 3.32). ◄

## Es gibt eine Folge unabhängiger Zufallsvariablen mit gegebenen Verteilungen

Eine Folge unabhängiger Ereignisse mit gleicher Wahrscheinlichkeit $1/2$ wird benötigt, um ein Modell für den gedanklich unendlich oft ausgeführten Wurf einer homogenen Münze zu erhalten. Ein kanonischer Grundraum für diese Situation ist die Menge $\Omega = \{0,1\}^{\mathbb{N}}$ aller 0-1-Folgen. In der Hintergrund-und-Ausblick-Box über den Unmöglichkeitssatz von Vitali in Abschn. 2.4 haben wir gesehen, dass zumindest auf der vollen Potenzmenge von $\Omega$ kein passendes Wahrscheinlichkeitsmaß zur Beschreibung dieser Situation existiert. Der nachfolgende Satz und die Hintergrund-und-Ausblick-Box über unendliche Prodkuträume zeigen, dass man sich nur auf eine passende $\sigma$-Algebra über $\Omega$ einschränken muss, um Erfolg zu haben. Allgemeiner erhält man sogar, dass auf unendlichen Produkträumen Folgen unabhängiger Zufallsvariablen mit beliebigen Wertebereichen und beliebig vorgegebenen Verteilungen existieren.

**Existenz einer Folge unabhängiger Zufallsvariablen**

Es seien $(\Omega_j, \mathcal{A}_j, Q_j)$, $j \geq 1$, Wahrscheinlichkeitsräume. Dann existieren ein Wahrscheinlichkeitsraum $(\Omega, \mathcal{A}, \mathbb{P})$ und Zufallsvariablen $X_j : \Omega \to \Omega_j$, $j \geq 1$, mit folgenden Eigenschaften:

- $X_1, X_2, \ldots$ sind stochastisch unabhängig,
- es gilt $\mathbb{P}^{X_j} = Q_j$ für jedes $j \geq 1$.

### Kommentar

- Für den speziellen Fall, dass alle Räume $(\Omega_j, \mathcal{A}_j, Q_j)$ gleich einem festen Wahrscheinlichkeitsraum $(\Omega', \mathcal{A}', Q)$ sind, nennt man die Folge $X_1, X_2, \ldots$ **unabhängig und identisch verteilt mit Verteilung $Q$** und schreibt hierfür kurz

$$X_1, X_2, \ldots \overset{\text{u.i.v.}}{\sim} Q.$$

Ist die Verteilung $Q$ nicht von Belang, so spricht man nur von einer **unabhängigen und identisch verteilten Folge** oder kürzer von einer u.i.v.-Folge $(X_j)_{j \geq 1}$.
- Der obige Satz garantiert insbesondere, dass zu jedem $p \in (0,1)$ ein Modell für eine u.i.v.-Folge $X_1, X_2, \ldots$ mit $\mathbb{P}(X_j = 1) = p$ und $\mathbb{P}(X_j = 0) = 1 - p$ existiert. Mit $A_j := \{X_j = 1\}$, $j \geq 1$, liefert dieses Modell zugleich eine Folge stochastisch unabhängiger Ereignisse mit gleicher Wahrscheinlichkeit $p$. Interpretiert man das Eintreten von $A_j$ als einen Treffer im $j$-ten Versuch, so kann dieses Modell – etwa für den in unabhängiger Folge ausgeführten Wurf mit einer nicht notwendig homogenen Münze – als eine Bernoulli-Kette unendlicher Länge mit Trefferwahrscheinlichkeit $p$ angesehen werden. ◄

## Für ein terminales Ereignis $A$ bezüglich einer unabhängigen Folge $(X_n)$ gilt $\mathbb{P}(A) \in \{0,1\}$

Ist das Eintreten oder Nichteintreten eines Ereignisses $A$, das sich durch eine Folge von Zufallsvariablen $X_1, X_2, \ldots$ beschreiben lässt, für jedes (noch so große) $k \in \mathbb{N}$ nur von den Realisierungen der Zufallsvariablen $X_k, X_{k+1}, \ldots$ abhängig, so ist $A$ im folgenden Sinn *terminal* bzgl. der Folge $(X_j)_{j \geq 1}$:

**Terminale $\sigma$-Algebra bzgl. einer Folge $(X_j)$**

Es seien $(\Omega, \mathcal{A}, \mathbb{P})$ ein Wahrscheinlichkeitsraum, $(\Omega_j, \mathcal{A}_j)$, $j \geq 1$, Messräume und $X_j : \Omega \to \Omega_j$, $j \geq 1$, Zufallsvariablen. Dann heißt die $\sigma$-Algebra

$$\mathcal{A}_\infty := \bigcap_{k=1}^\infty \sigma(X_k, X_{k+1}, \ldots) \qquad (\subseteq \mathcal{A})$$

die **terminale $\sigma$-Algebra bzgl. der Folge $(X_j)_{j \geq 1}$** oder die **$\sigma$-Algebra der terminalen Ereignisse**.

**Beispiel** Es sei $X_1, X_2, \ldots$ eine Folge reeller Zufallsvariablen auf einem Wahrscheinlichkeitsraum $(\Omega, \mathcal{A}, \mathbb{P})$ und $S_n := \sum_{j=1}^n X_j$, $n \geq 1$, deren $n$-te Partialsumme. Wegen

$$\frac{1}{n} \cdot S_n = \frac{1}{n} \cdot \sum_{j=1}^{k-1} X_j + \frac{1}{n} \cdot \sum_{j=k}^n X_j$$

erhalten wir für das Ereignis

$$A := \left\{\omega \in \Omega \mid \lim_{n \to \infty} \frac{1}{n} \cdot S_n(\omega) = 0\right\}$$

## Hintergrund und Ausblick: Unendliche Produkträume

Der Maßfortsetzungssatz garantiert die Existenz hinreichend reichhaltiger Wahrscheinlichkeitsräume

Die folgende Konstruktion liefert einen Wahrscheinlichkeitsraum, auf dem eine unabhängige Folge von Zufallsvariablen mit beliebig vorgegebenen Verteilungen existiert. Wir starten hierzu mit einer Folge $(\Omega_j, \mathcal{A}_j, Q_j)$, $j \geq 1$, beliebiger Wahrscheinlichkeitsräume. Als Grundraum wählen wir das kartesische Produkt

$$\Omega := \mathop{\times}_{j=1}^{\infty} \Omega_j = \{\omega = (\omega_j)_{j\geq 1} \mid \omega_j \in \Omega_j,\ j \geq 1\}$$

von $\Omega_1, \Omega_2, \ldots$ Die Abbildung

$$X_k : \begin{cases} \Omega \to \Omega_j, \\ \omega = (\omega_j)_{j\geq 1} \mapsto X_k(\omega) := \omega_k, \end{cases}$$

ordnet als ***k*-te Projektionsabbildung** einer Folge aus $\Omega$ deren $k$-tes Folgenglied zu. Als $\sigma$-Algebra $\mathcal{A}$ über $\Omega$ bietet sich die von $X_1, X_2, \ldots$ erzeugte $\sigma$-Algebra

$$\mathcal{A} := \bigotimes_{j=1}^{\infty} \mathcal{A}_j = \sigma\Big(\bigcup_{j=1}^{\infty} X_j^{-1}(\mathcal{A}_j)\Big),$$

das sog. **Produkt** von $\mathcal{A}_1, \mathcal{A}_2, \ldots$, an.

Gäbe es ein Wahrscheinlichkeitsmaß $\mathbb{P}$ auf $\mathcal{A}$ mit

$$\mathbb{P}\Big(A_1 \times \cdots \times A_n \times \mathop{\times}_{j=n+1}^{\infty} \Omega_j\Big) = \prod_{k=1}^{n} Q_k(A_k) \qquad (3.40)$$

für jedes $n \geq 1$ und beliebige Mengen $A_k \in \mathcal{A}_k$, $k = 1, \ldots, n$, dann wäre für jedes $j \geq 1$ und jede Wahl von $A_j \in \mathcal{A}_j$ nach Definition von $X_j$

$$\begin{aligned} \mathbb{P}^{X_j}(A_j) &= \mathbb{P}(X_j^{-1}(A_j)) \\ &= \mathbb{P}\Big(\mathop{\times}_{k=1}^{j-1} \Omega_k \times A_j \times \mathop{\times}_{k=j+1}^{\infty} \Omega_k\Big) = Q_j(A_j). \end{aligned}$$

Somit hätte $X_j$ die Verteilung $Q_j$. Zudem wären $X_1, X_2, \ldots$ unabhängig, denn für jedes $n \geq 2$ und jede Wahl von $A_1 \in \mathcal{A}_1, \ldots, A_n \in \mathcal{A}_n$ würde

$$\begin{aligned} \mathbb{P}(X_1 \in A_1, \ldots, X_n \in A_n) &= \mathbb{P}\Big(A_1 \times \cdots \times A_n \times \mathop{\times}_{k=n+1}^{\infty} \Omega_k\Big) \\ &= \prod_{j=1}^{n} Q_j(A_j) = \prod_{j=1}^{n} \mathbb{P}^{X_j}(A_j) \\ &= \prod_{j=1}^{n} \mathbb{P}(X_j \in A_j) \end{aligned}$$

gelten. Setzen wir $S := \bigcup_{n=1}^{\infty} S_n$, wobei

$$S_n := \Big\{A_1 \times \cdots \times A_n \mathop{\times}_{j=n+1}^{\infty} \Omega_j \;\Big|\; A_1 \in \mathcal{A}_1, \ldots, A_n \in \mathcal{A}_n\Big\},$$

so ist $S$ $\cap$-stabil, und wegen $\bigcup_{j=1}^{\infty} X_j^{-1}(\mathcal{A}_j) \subseteq S$ gilt $\sigma(S) = \mathcal{A}$. Nach dem Eindeutigkeitssatz für Maße wäre also $\mathbb{P}$ durch die Vorgabe (3.40) eindeutig bestimmt. Bezeichnet $\mathcal{B}_n := \mathcal{A}_1 \otimes \cdots \otimes \mathcal{A}_n$ die Produkt-$\sigma$-Algebra von $\mathcal{A}_1, \ldots, \mathcal{A}_n$, so bilden die Mengensysteme

$$\mathcal{F}_n := \Big\{B_n \times \mathop{\times}_{j=n+1}^{\infty} \Omega_j \;\Big|\; B_n \in \mathcal{B}_n\Big\}, \quad n \geq 1,$$

eine aufsteigende Folge von $\sigma$-Algebren über $\Omega$. Das System $\mathcal{Z} := \bigcup_{n=1}^{\infty} \mathcal{F}_n \subseteq \mathcal{A}$ ist eine Algebra (nicht $\sigma$-Algebra), die sog. *Algebra der Zylindermengen*.

Definiert man mithilfe des Produkt-Maßes $Q_1 \otimes \cdots \otimes Q_n$ auf der $\sigma$-Algebra $\mathcal{F}_n$ das Wahrscheinlichkeitsmaß $\mathbb{P}_n$ durch

$$\mathbb{P}_n\Big(B_n \times \mathop{\times}_{j=n+1}^{\infty} \Omega_j\Big) := Q_1 \otimes \cdots \otimes Q_n(B_n)$$

und auf der Algebra $\mathcal{Z}$ die Mengenfunktion $\mathbb{P}$ durch

$$\mathbb{P}(A) := \mathbb{P}_n(A), \quad \text{falls } A \in \mathcal{F}_n,$$

so lässt sich zeigen, dass $\mathbb{P}$ wohldefiniert und auf $\mathcal{Z}$ $\sigma$-additiv ist. Nach dem Maßfortsetzungssatz hat $\mathbb{P}$ eine (eindeutig bestimmte) Fortsetzung auf $\mathcal{A} = \sigma(\mathcal{Z})$. Man nennt das Wahrscheinlichkeitsmaß $\mathbb{P}$ mit (3.40) das **Produkt** von $Q_1, Q_2, \ldots$, und bezeichnet es mit

$$\mathbb{P} =: \bigotimes_{j=1}^{\infty} Q_j.$$

Der Wahrscheinlichkeitsraum

$$\Big(\mathop{\times}_{j=1}^{\infty} \Omega_j, \bigotimes_{j=1}^{\infty} \mathcal{A}_j, \bigotimes_{j=1}^{\infty} Q_j\Big) := (\Omega, \mathcal{A}, \mathbb{P})$$

heißt das **Produkt** von $(\Omega_j, \mathcal{A}_j, Q_j)$, $j \geq 1$, siehe z. B. [4], Section 36.

für jedes feste $k \in \mathbb{N}$ die Darstellung

$$A = \bigcap_{\ell \geq 1} \bigcup_{m \geq k} \bigcap_{n \geq m} \left\{ \left| \frac{1}{n} \cdot \sum_{j=k}^{n} X_j \right| \leq \frac{1}{\ell} \right\}$$

und somit $A \in \sigma(X_k, X_{k+1}, \ldots)$. Nach Definition der terminalen $\sigma$-Algebra ist $A$ ein terminales Ereignis bzgl. der Folge $(X_j)$. ◄

**Das Null-Eins-Gesetz von Kolmogorov**

Ist in der Situation obiger Definition die Folge $(X_j)_{j \geq 1}$ stochastisch unabhängig, so gilt für jedes terminale Ereignis $A \in \mathcal{A}_\infty$ entweder $\mathbb{P}(A) = 0$ oder $\mathbb{P}(A) = 1$.

**Beweis** Wir zeigen, dass jedes $A \in \mathcal{A}_\infty$ stochastisch unabhängig von sich selbst ist, woraus die Behauptung folgt. Nach Definition der Unabhängigkeit unendlich vieler Mengensysteme und dem Satz über das Zusammenfassen unabhängiger $\cap$-stabiler Systeme sind für jedes $k$ die $\sigma$-Algebren $\sigma(X_{k+1}, X_{k+2}, \ldots)$ und $\sigma(X_1, \ldots, X_k)$ unabhängig. Wegen $\mathcal{A}_\infty \subseteq \sigma(X_{k+1}, X_{k+2}, \ldots)$ sind dann auch $\mathcal{A}_\infty$ und $\sigma(X_1, \ldots, X_k)$ für jedes $k \geq 1$ unabhängig. Es ergibt sich die Unabhängigkeit von $\mathcal{A}_\infty$ und $\bigcup_{k=1}^{\infty} \sigma(X_1, \ldots, X_k)$. Da das letzte Mengensystem $\cap$-stabil ist, folgt nach dem Satz über das Erweitern unabhängiger $\cap$-stabiler Systeme und der mittels der Implikation „aus $\mathcal{M} \subseteq \sigma(\mathcal{N})$ und $\mathcal{N} \subseteq \sigma(\mathcal{M})$ folgt $\sigma(\mathcal{M}) = \sigma(\mathcal{N})$" erhältlichen Identität

$$\sigma\left(\bigcup_{k=1}^{\infty} \sigma(X_1, \ldots, X_k)\right) = \sigma\left(\bigcup_{k=1}^{\infty} \sigma(X_k)\right)$$

die Unabhängigkeit von $\mathcal{A}_\infty$ und $\sigma\left(\bigcup_{k=1}^{\infty} \sigma(X_k)\right)$. Wegen $\mathcal{A}_\infty \subseteq \sigma\left(\bigcup_{k=1}^{\infty} \sigma(X_k)\right)$ folgt dann, dass $\mathcal{A}_\infty$ stochastisch unabhängig von sich selbst ist, und dies war zu zeigen. ■

**Selbstfrage 5**

Warum ist das System $\bigcup_{k=1}^{\infty} \sigma(X_1, \ldots, X_k)$ $\cap$-stabil?

Aus dem Null-Eins-Gesetz von Kolmogorov und obigem Beispiel ergibt sich sofort, dass die Folge der arithmetischen Mittel $n^{-1} \sum_{j=1}^{n} X_j$ von stochastisch unabhängigen reellen Zufallsvariablen $X_1, X_2, \ldots$ entweder mit Wahrscheinlichkeit 1 oder mit Wahrscheinlichkeit 0 konvergiert. In Kap. 6 werden wir mit dem starken Gesetz großer Zahlen eine hinreichende Bedingung für die erste Alternative angeben. Das Null-Eins-Gesetz zeigt auch, dass in dem zu Beginn dieses Abschnitts beschriebenen Perkolationsproblem entweder mit Wahrscheinlichkeit eins oder mit Wahrscheinlichkeit null eine unendliche zusammenhängende Knotenmenge existiert. Hierzu definiert man $X_j := 1$, falls die $j$-te Kante gefärbt ist und $X_j := 0$ sonst. Dabei nummeriert man alle Kanten nach dem Abstand der sie bildenden Knoten vom Ursprung „von innen nach außen" durch. Das Ereignis, dass eine Knotenmenge wie oben existiert, ist dann terminal bzgl. der Folge $(X_j)$.

**Limes superior und limes inferior von Ereignissen**

Es sei $(A_n)_{n \geq 1}$ eine Folge von Ereignissen in einem Wahrscheinlichkeitsraum $(\Omega, \mathcal{A}, \mathbb{P})$. Dann heißen

$$\limsup_{n \to \infty} A_n := \bigcap_{n=1}^{\infty} \bigcup_{k=n}^{\infty} A_k$$

der **Limes superior** und

$$\liminf_{n \to \infty} A_n := \bigcup_{n=1}^{\infty} \bigcap_{k=n}^{\infty} A_k$$

der **Limes inferior** der Folge $(A_n)_{n \geq 1}$.

**Kommentar** Wegen

$$\limsup_{n \to \infty} A_n = \{\omega \in \Omega \mid \forall n \geq 1 \ \exists k \geq n \text{ mit } \omega \in A_k\}$$
$$\liminf_{n \to \infty} A_n = \{\omega \in \Omega \mid \exists n \geq 1 \ \forall k \geq n \text{ mit } \omega \in A_k\}$$

tritt das Ereignis $\limsup_{n \to \infty} A_n$ genau dann ein, wenn *unendlich viele* der Ereignisse $A_1, A_2, \ldots$ eintreten. Diese Bedingung wird beim Limes inferior noch verschärft. Das Ereignis $\liminf_{n \to \infty} A_n$ tritt genau dann ein, wenn *bis auf höchstens endlich viele Ausnahmen jedes* $A_n$ eintritt. Folglich gilt die Inklusion

$$\liminf_{n \to \infty} A_n \subseteq \limsup_{n \to \infty} A_n .$$

Offenbar sind beide Ereignisse terminal bzgl. der Folge $(\mathbb{1}\{A_n\})_{n \geq 1}$. Sie treten also nach dem Kolmogorovschen Null-Eins-Gesetz nur mit Wahrscheinlichkeit 0 oder 1 ein, wenn die Ereignisse $A_1, A_2, \ldots$ stochastisch unabhängig sind. Das nachfolgende Lemma gibt Kriterien hierfür an. ◄

**Das Lemma von Borel-Cantelli**

Es sei $(A_n)_{n \geq 1}$ eine beliebige Folge von Ereignissen in einem Wahrscheinlichkeitsraum $(\Omega, \mathcal{A}, \mathbb{P})$. Dann gilt:

a) Aus $\sum_{n=1}^{\infty} \mathbb{P}(A_n) < \infty$ folgt $\mathbb{P}\left(\limsup_{n \to \infty} A_n\right) = 0$.
b) Sind die Ereignisse $A_1, A_2, \ldots$ unabhängig, so gilt:
Aus $\sum_{n=1}^{\infty} \mathbb{P}(A_n) = \infty$ folgt $\mathbb{P}\left(\limsup_{n \to \infty} A_n\right) = 1$.

**Beweis**

a) Für die durch $B_n := \bigcup_{k=n}^{\infty} A_k$, $n \geq 1$, definierten Mengen gilt wegen der $\sigma$-Subadditivität von $\mathbb{P}$ $\mathbb{P}(B_n) \leq \sum_{k=n}^{\infty} \mathbb{P}(A_k)$. Aus der Voraussetzung folgt somit $\lim_{n \to \infty} \mathbb{P}(B_n) = 0$. Da $\mathbb{P}$ stetig von oben und die Folge $(B_n)$ absteigend ist, ergibt sich

$$\mathbb{P}\left(\limsup_{n \to \infty} A_n\right) = \mathbb{P}\left(\bigcap_{n=1}^{\infty} B_n\right) = \lim_{n \to \infty} \mathbb{P}(B_n) = 0.$$

Kapitel 3

b) Die Ungleichung $1-x \leq \mathrm{e}^{-x}$ liefert für $x = \mathbb{P}(A_k)$ und jede Wahl von $m, n \in \mathbb{N}$ mit $n \leq m$

$$1 - \exp\left(-\sum_{k=n}^{m} \mathbb{P}(A_k)\right) \leq 1 - \prod_{k=n}^{m}(1 - \mathbb{P}(A_k)) \leq 1$$

und somit beim Grenzübergang $m \to \infty$

$$\lim_{m\to\infty} \prod_{k=n}^{m}(1 - \mathbb{P}(A_k)) = 0.$$

Zusammen mit der Unabhängigkeit von $A_n, \ldots, A_m$ folgt

$$\begin{aligned} 1 - \mathbb{P}\left(\limsup_{n\to\infty} A_n\right) &= 1 - \lim_{n\to\infty} \mathbb{P}\left(\bigcup_{k=n}^{\infty} A_k\right) \\ &= \lim_{n\to\infty} \mathbb{P}\left(\bigcap_{k=n}^{\infty} A_k^c\right) \\ &= \lim_{n\to\infty}\left[\lim_{m\to\infty} \mathbb{P}\left(\bigcap_{k=n}^{m} A_k^c\right)\right] \\ &= \lim_{n\to\infty}\left[\lim_{m\to\infty} \prod_{k=n}^{m}(1 - \mathbb{P}(A_k))\right] \\ &= 0. \end{aligned}$$

■

**Video 3.5** Das Lemma von Borel-Cantelli

## 3.5 Markov-Ketten

In diesem Abschnitt betrachten wir stochastische Prozesse in diskreter Zeit mit abzählbarem Zustandsraum, deren zukünftiges Verhalten nur von der Gegenwart, nicht aber von der Vergangenheit abhängt. Um diese anschauliche Vorstellung mathematisch zu präzisieren, legen wir für diesen Abschnitt einen festen Wahrscheinlichkeitsraum $(\Omega, \mathcal{A}, \mathbb{P})$ zugrunde, auf dem alle auftretenden Zufallsvariablen definiert sind.

Ein **stochastischer Prozess in diskreter Zeit** ist eine Folge $(X_n)_{n\geq 0}$ von Zufallsvariablen auf $\Omega$. Hierbei deuten wir den Index $n$ als Zeit(punkt). Der Prozess beginnt also zur Zeit 0 und entwickelt sich zu den diskreten Zeitpunkten $1, 2, \ldots$ weiter. Die Zufallsvariablen mögen Werte in einer abzählbaren Menge $S$, dem sog. **Zustandsraum**, annehmen. Sind $i_0, i_1, \ldots, i_n \in S$ mit $\mathbb{P}(X_0 = i_0, \ldots, X_{n-1} = i_{n-1}) > 0$, so gilt nach der allgemeinen Multiplikationsregel (3.22)

$$\begin{aligned} &\mathbb{P}(X_0 = i_0, \ldots, X_n = i_n) \\ &= \mathbb{P}(X_0 = i_0) \cdot \mathbb{P}(X_1 = i_1 | X_0 = i_0) \\ &\quad \cdot \prod_{k=2}^{n} \mathbb{P}(X_k = i_k | X_0 = i_0, \ldots, X_{k-1} = i_{k-1}). \end{aligned}$$

Die Wahrscheinlichkeit für den gesamten Verlauf des Prozesses bis zur Zeit $n$ ist also bestimmt durch die Anfangswahrscheinlichkeiten $\mathbb{P}(X_0 = i_0)$ und die Übergangswahrscheinlichkeiten $\mathbb{P}(X_k = i_k | X_0 = i_0, \ldots, X_{k-1} = i_{k-1})$.

Man beachte, dass es sich hierbei nur um einen wie zu Beginn dieses Kapitels beschriebenen mehrstufigen stochastischen Vorgang handelt. Die Ergebnisse der einzelnen, zu den Zeitpunkten $0, 1, \ldots, n$ durchgeführten Stufen werden im Gegensatz zu früher jetzt durch Realisierungen von Zufallsvariablen beschrieben.

**Definition einer Markov-Kette**

Eine Folge $(X_n)_{n\geq 0}$ von Zufallsvariablen auf $\Omega$ heißt **Markov-Kette** mit Zustandsraum $S$, falls sie die folgende **Markov-Eigenschaft** besitzt: Für jedes $n \in \mathbb{N}_0$ und jede Wahl von $i_0, \ldots, i_{n+1} \in S$ mit

$$\mathbb{P}(X_0 = i_0, X_1 = i_1, \ldots, X_n = i_n) > 0 \tag{3.41}$$

gilt:

$$\begin{aligned} &\mathbb{P}(X_{n+1} = i_{n+1} | X_0 = i_0, \ldots, X_n = i_n) \\ &= \mathbb{P}(X_{n+1} = i_{n+1} | X_n = i_n). \end{aligned} \tag{3.42}$$

**Kommentar** Interpretieren wir $X_n$ als den zufälligen Zustand eines wie immer gearteten stochastischen Systems zur Zeit $n$, so präzisiert die auf den russischen Mathematiker Andrej Andrejewitsch Markov (1856–1922) zurückgehende Markov-Eigenschaft gerade die zu Beginn dieses Abschnitts formulierte „Gedächtnislosigkeit": Das Verhalten des Systems zu einem zukünftigen Zeitpunkt $n + 1$ hängt nur von dessen (gegenwärtigem) Zustand zur Zeit $n$ ab, nicht aber von der weiteren Vorgeschichte, also von den Zuständen zu den Zeitpunkten $0, \ldots, n - 1$. Die Positivitätsbedingung (3.41) garantiert, dass die bedingte Wahrscheinlichkeit in (3.42) wohldefiniert ist. Bedingungen dieser Art werden zukünftig stillschweigend vorausgesetzt und nicht immer formuliert. ◄

**Beispiel** (Partialsummen unabhängiger Zufallsvariablen) Es sei $Y_0, Y_1, \ldots$ eine Folge stochastisch unabhängiger Zufallsvariablen mit Werten in $\mathbb{Z}$. Setzen wir

$$X_n := Y_0 + \ldots + Y_n, \qquad n \geq 0,$$

so bildet die Folge $(X_n)_{n\geq 0}$ eine Markov-Kette mit Zustandsraum $S := \mathbb{Z}$, denn es gilt $X_{n+1} = X_n + Y_{n+1}$, und da $X_n$ eine Funktion von $Y_0, \ldots, Y_n$ ist, sind $X_n$ und $Y_{n+1}$ nach dem Blockungslemma stochastisch unabhängig. Der Zustand des Systems zur Zeit $n + 1$ ist also eine additive Überlagerung des gegenwärtigen Zustandes $X_n$ und einer davon (und auch von $X_0, \ldots, X_{n-1}$) unabhängigen Zufallsvariablen. Bitte rechnen Sie direkt nach, dass Eigenschaft (3.42) erfüllt ist (Aufgabe 3.20). ◄

Wir setzen stets voraus, dass die Markov-Kette **homogen** ist, was bedeutet, dass die Übergangswahrscheinlichkeiten

$\mathbb{P}(X_{n+1} = i_{n+1}|X_n = i_n)$ nicht vom Zeitpunkt $n$ abhängen. Es gilt dann also

$$\mathbb{P}(X_{n+1} = i_{n+1}|X_0 = i_0, \ldots, X_n = i_n) = p(i_n, i_{n+1})$$

mit einer Funktion $p : S \times S \to \mathbb{R}_{\geq 0}$. Ein einfaches Beispiel einer nicht homogenen Markov-Kette liefert die zufällige Anzahl $X_n$ roter Kugeln nach dem $n$-ten Zug im Pólyaschen Urnenmodell von Abschn. 3.1 (Aufgabe 3.3).

Das folgende Resultat zeigt, dass wir in (3.42) die Bedingung $X_0 = i_0, \ldots, X_{n-1} = i_{n-1}$ durch ein allgemeines mithilfe von $(X_0, \ldots, X_{n-1})$ formuliertes Ereignis ersetzen können und somit die Markov-Eigenschaft auch in einer (vermeintlich) verschärften Form gilt.

**Satz über die verallgemeinerte Markov-Eigenschaft**

Es seien $X_0, X_1, \ldots$ eine Markov-Kette mit Zustandsraum $S$ sowie $n \geq 1$ und $k > n$. Dann gilt für $i_n \in S$ und beliebige Mengen $A \subseteq S^{k-n}$, $B \subseteq S^n$:

$$\begin{aligned}&\mathbb{P}((X_{n+1}, \ldots, X_k) \in A|X_n = i_n, (X_0, \ldots, X_{n-1}) \in B)\\ &= \mathbb{P}((X_{n+1}, \ldots, X_k) \in A|X_n = i_n).\end{aligned}$$

Kapitel 3

**Beweis** Da $\mathbb{P}$ $\sigma$-additiv ist, kann ohne Beschränkung der Allgemeinheit $A = \{(i_{n+1}, \ldots, i_k)\}$ mit $i_{n+1}, \ldots, i_k \in S$ angenommen werden. Für beliebige $i_0, \ldots, i_{n-1} \in S$ gilt

$$\begin{aligned}&\mathbb{P}((X_{n+1}, \ldots, X_k) \in A|X_n = i_n, X_0 = i_0, \ldots, X_{n-1} = i_{n-1})\\ &= \frac{\mathbb{P}(X_0 = i_0, \ldots, X_n = i_n, X_{n+1} = i_{n+1}, X_k = i_k)}{\mathbb{P}(X_0 = i_0, \ldots, X_n = i_n)}\\ &= \frac{\mathbb{P}(X_0 = i_0) \cdot \prod_{r=1}^{k} p(i_{r-1}, i_r)}{\mathbb{P}(X_0 = i_0) \cdot \prod_{r=1}^{n} p(i_{r-1}, i_r)}\\ &= p(i_n, i_{n+1}) \cdot \ldots \cdot p(i_{k-1}, i_k).\end{aligned}$$

Da diese Wahrscheinlichkeit nicht von $i_0, \ldots, i_{n-1}$ und damit vom Ereignis $\{X_0 = i_0, \ldots, X_{n-1} = i_{n-1}\}$ abhängt, folgt die Behauptung aus Aufgabe 3.25, indem man für das dortige Ereignis $C$ $\{X_n = i_n\}$ und für die paarweise disjunkten $C_j$ die Ereignisse $\{X_n = i_n, X_0 = i_0, \ldots, X_{n-1} = i_{n-1}\}$ für verschiedene Vektoren $(i_0, \ldots, i_{n-1})$ wählt. ■

**Kommentar** Interpretieren wir den Zeitpunkt $n$ als „Gegenwart", so besagt obiges Resultat, dass zwei Ereignisse, von denen sich eines auf die Zukunft und das andere auf die Vergangenheit bezieht, bei gegebener Gegenwart *bedingt stochastisch unabhängig* sind. ◄

## Startverteilung und Übergangsmatrix bestimmen das Verhalten einer Markov-Kette

Zählt man die Zustände aus $S$ in irgendeiner Weise ab, so kann man sich die Übergangswahrscheinlichkeiten

$$p_{ij} := p_{i,j} := p(i, j)$$

in Form einer Matrix mit eventuell unendlich vielen Zeilen und Spalten angeordnet denken. Die Matrix

$$\mathbf{P} := (p_{ij})_{i,j \in S}$$

heißt **Übergangsmatrix** der Markov-Kette. Die durch

$$\pi_0(i) := \mathbb{P}(X_0 = i), \qquad i \in S,$$

gegebene Verteilung $\mathbb{P}^{X_0}$ von $X_0$ heißt **Startverteilung** von $(X_n)_{n \geq 0}$. Startverteilung und Übergangsmatrix legen die stochastische Entwicklung der Markov-Kette $(X_n)$ eindeutig fest.

Die Übergangsmatix ist **stochastisch**, d. h., sie besitzt nichtnegative Einträge, und es gilt

$$\sum_{j \in S} p_{ij} = 1, \qquad i \in S.$$

Jede Zeilensumme von $\mathbf{P}$ ist also gleich eins.

Im Fall einer Markov-Kette mit endlichem Zustandsraum $S$ oder kurz einer endlichen Markov-Kette nehmen wir $S$ meist als $S := \{1, 2, \ldots, s\}$ oder – was manchmal vorteilhaft ist – als $S := \{0, 1, \ldots, s-1\}$ an. Im Fall eines abzählbar-unendlichen Zustandsraums ist häufig $S = \mathbb{N}$, $S = \mathbb{N}_0$ oder $S = \mathbb{Z}$.

**Beispiel** Die Übergangsmatrix einer Markov-Kette mit den beiden möglichen Zuständen 0 und 1 hat die Gestalt

$$\mathbf{P} = \begin{pmatrix} 1-p & p \\ q & 1-q \end{pmatrix},$$

wobei $0 \leq p, q \leq 1$. Wir deuten $X_n$ als Zustand eines einfachen Bediensystems zur Zeit $n$. Dieses kann entweder frei ($X_n = 0$) oder besetzt ($X_n = 1$) sein. Die Matrix $\mathbf{P}$ ergibt sich dann aus folgenden Annahmen: Bis zum nächsten Zeitpunkt kann – wenn überhaupt – nur ein neuer Kunde kommen, was mit Wahrscheinlichkeit $p$ geschehe. Dabei wird der Kunde abgewiesen, wenn das System besetzt ist. Ist ein Kunde im System, so verlässt dieser mit der Wahrscheinlichkeit $q$ bis zum nächsten Zeitpunkt das System.

Abb. 3.6 illustriert die Markov-Kette anhand eines Graphen, dessen Knoten die Zustände bilden. Die Übergänge zwischen den Zuständen sind durch Pfeile mit zugehörigen Übergangswahrscheinlichkeiten dargestellt. ◄

**Beispiel** Wir verfeinern obiges Modell dahingehend, dass ein Kunde in einer Warteschleife gehalten werden kann. Dementsprechend gibt es jetzt die möglichen Zustände 0, 1 und 2,

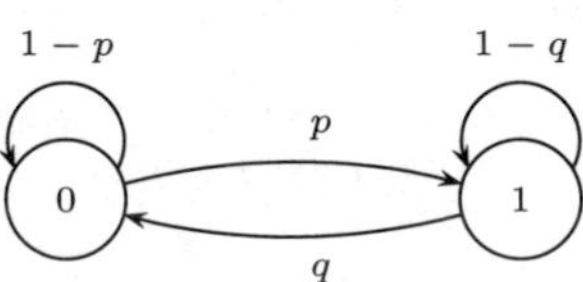


**Abb. 3.6** Zustandsgraph einer Markov-Kette mit 2 Zuständen

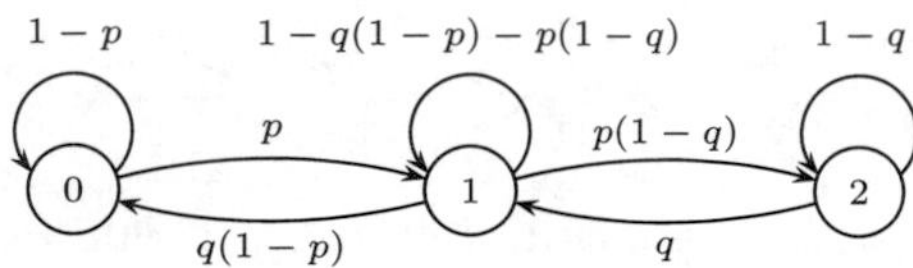


**Abb. 3.7** Zustandsgraph zum Bediensystem mit 3 Zuständen

wobei $X_n = j$ bedeutet, dass sich zur Zeit $n$ genau $j$ Kunden im System befinden. Unter der oben gemachten Annahme über hinzukommende Kunden erhält man die Übergangswahrscheinlichkeiten

$$p_{00} = 1 - p, \quad p_{01} = p, \quad p_{02} = 0.$$

Im Fall $X_n = 2$ kann der nicht in der Warteschleife befindliche Kunde mit Wahrscheinlichkeit $q$ das System bis zum nächsten Zeitpunkt verlassen, woraus sich

$$p_{20} = 0, \quad p_{21} = q, \quad p_{22} = 1 - q$$

ergibt. Ist genau ein Kunde im System, so seien die Ereignisse, dass dieser Kunde das System verlässt und ein neuer Kunde hinzukommt, stochastisch unabhängig. Das System geht also vom Zustand 1 in den Zustand 2 über, wenn der Kunde im System bleibt und zugleich ein neuer Kunde (in die Warteschleife) hinzukommt, was mit Wahrscheinlichkeit $p_{12} = p(1-q)$ geschieht. In gleicher Weise gilt $p_{10} = q(1-p)$, und wir erhalten die Übergangsmatrix

$$\mathbf{P} = \begin{pmatrix} 1-p & p & 0 \\ q(1-p) & 1-q(1-p)-p(1-q) & p(1-q) \\ 0 & q & 1-q \end{pmatrix}.$$

Abb. 3.7 zeigt den Zustandsgraphen zu dieser Markov-Kette. ◄

Wir wenden uns nun der Frage nach dem Langzeitverhalten von Markov-Ketten zu. Hierzu bezeichne

$$p_{ij}^{(n)} := \mathbb{P}(X_n = j \,|\, X_0 = i), \qquad i, j \in S,$$

die Wahrscheinlichkeit, vom Zustand $i$ ausgehend in $n$ Zeitschritten in den Zustand $j$ zu gelangen. Dabei lässt man auch $n = 0$ zu und definiert

$$p_{ij}^{(0)} := 1, \text{ falls } i = j \text{ und } p_{ij}^{(0)} := 0 \text{ sonst.}$$

Man nennt $p_{ij}^{(n)}$ die ***n*-Schritt-Übergangswahrscheinlichkeit** von $i$ nach $j$. Die mit $\mathbf{P}^{(n)}$ bezeichnete Matrix dieser Übergangswahrscheinlichkeiten heißt ***n*-Schritt-Übergangsmatrix**. Natürlich gilt $\mathbf{P}^{(1)} = \mathbf{P}$.

Die folgende Überlegung zeigt, dass $\mathbf{P}^{(n)}$ gleich der $n$-ten Potenz von $\mathbf{P}$ ist. Zerlegen wir das Ereignis $\{X_{n+1} = j\}$ nach den möglichen Werten von $X_n$, so ergibt sich mit der Formel von der totalen Wahrscheinlichkeit und der (verallgemeinerten) Markov-Eigenschaft

$$\begin{aligned} &\mathbb{P}(X_{n+1} = j \,|\, X_0 = i) \\ &= \sum_{k \in S} \mathbb{P}(X_n = k \,|\, X_0 = i) \cdot \mathbb{P}(X_{n+1} = j \,|\, X_n = k) \\ &= \sum_{k \in S} p_{ij}^{(n)} \cdot p_{kj}. \end{aligned}$$

### Selbstfrage 6

Wo wurde hier die Markov-Eigenschaft verwendet?

Deuten wir $p_{ij}^{(n+1)}$ als Eintrag in der $i$-ten Zeile und der $j$-ten Spalte der Matrix der $(n+1)$-Schritt-Übergangswahrscheinlichkeiten, so besagt obige Gleichung, dass dieser Eintrag über eine Multiplikation der Matrix der $n$-Schritt-Übergangswahrscheinlichkeiten mit der Übergangsmatrix $\mathbf{P}$ gewonnen werden kann. Induktiv ergibt sich hieraus, dass die gesuchte Matrix die $n$-te Potenz $\mathbf{P}^n$ von $\mathbf{P}$ ist.

**Satz über die Verteilung von $X_n$**

Für eine Markov-Kette $(X_n)$ mit Übergangsmatrix $\mathbf{P} = (p_{ij})_{i,j \in S}$ bezeichne

$$\pi_n := (\mathbb{P}(X_n = i) \,|\, i \in S)$$

den (u. U. unendlich langen) Zeilenvektor der Wahrscheinlichkeiten für die Zustände der Kette zur Zeit $n$, $n \geq 0$. Dann gilt:

$$\pi_n = \pi_0 \cdot \mathbf{P}^n, \qquad n \geq 1.$$

**Beweis** Die zu beweisende Gleichung folgt aus der Formel von der totalen Wahrscheinlichkeit, denn es ist

$$\begin{aligned} \mathbb{P}(X_n = j) &= \sum_{i \in S} \mathbb{P}(X_n = j \,|\, X_0 = i) \cdot \mathbb{P}(X_0 = i) \\ &= \sum_{i \in S} p_{ij}^{(n)} \cdot \mathbb{P}(X_0 = i). \end{aligned}$$ ■

Nach obigem Resultat ergibt sich die Verteilung von $X_n$ in Form des Vektors $\pi_n$ durch Multiplikation des Vektors $\pi_0$ der Startwahrscheinlichkeiten mit der $n$-Schritt-Übergangsmatrix. Dabei seien für den Rest dieses Kapitels Vektoren grundsätzlich als Zeilenvektoren geschrieben. Das Studium des Langzeitverhaltens einer Markov-Kette, also dem Verhalten von $\pi_n$ für große Werte von $n$, läuft somit darauf hinaus, Informationen über $\mathbf{P}^n$ für $n \to \infty$ zu gewinnen. Für die folgenden Betrachtungen setzen wir eine *endliche* Markov-Kette voraus. Das zentrale Resultat gilt aber unter einer Zusatzbedingung auch allgemeiner.

**Beispiel** Wir betrachten die Markov-Kette des Bediensystems mit 3 Zuständen 0, 1 und 2 wie in Abb. 3.7 für die speziellen Parameterwerte $p = 0.4$ und $q = 0.5$ und somit die Übergangsmatrix

$$\mathbf{P} = \begin{pmatrix} 0.6 & 0.4 & 0 \\ 0.3 & 0.5 & 0.2 \\ 0 & 0.5 & 0.5 \end{pmatrix}.$$

Für $\mathbf{P}^2$ ergibt sich

$$\mathbf{P}^2 = \begin{pmatrix} 0.48 & 0.44 & 0.08 \\ 0.33 & 0.47 & 0.2 \\ 0.15 & 0.5 & 0.35 \end{pmatrix},$$

Kapitel 3

und $\mathbf{P}^{20}$ besitzt die Gestalt

$$\mathbf{P}^{20} = \begin{pmatrix} 0.3488 & 0.4651 & 0.1860 \\ 0.3488 & 0.4651 & 0.1860 \\ 0.3488 & 0.4651 & 0.1860 \end{pmatrix}.$$

Die Bildung höherer Potenzen ändert nichts an den angegebenen 4 Nachkommastellen. Die Folge $(\mathbf{P}^n)_{n\geq 1}$ scheint also gegen eine Matrix mit identischen Zeilen zu konvergieren. Das gleiche Phänomen tritt auf, wenn man andere Werte von $p$ und $q$ wählt. Dass die Matrix $\mathbf{P}^{20}$ identische Zeilen hat, bedeutet, dass $p_{ij}^{(20)}$ (auf vier Nachkommastellen berechnet) für jedes $j$ nicht von den drei möglichen Anfangszuständen abhängt. Ganz egal, in welchem Zustand die Markov-Kette startet, ist die Wahrscheinlichkeit, dass sie sich nach 20 Zeitschritten im Zustand 0 befindet und damit kein Kunde im System ist, gleich 0.3488, und genau ein Kunde bzw. genau zwei Kunden sind nach 20 Zeitschritten mit Wahrscheinlichkeit 0.4651 bzw. 0.186 im System. Die Markov-Kette scheint also schon nach relativ kurzer Zeit einem stochastischen Gleichgewicht in Form einer durch die Zeilen von $\mathbf{P}^{20}$ gegebenen *invarianten Verteilung* zuzustreben, die sich auch für die folgenden Zeitpunkte nicht mehr ändert. ◄

Kapitel 3

Ist $(X_n)$ eine Markov-Kette, so heißt eine Verteilung auf $S$ **invariant**, falls $\mathbb{P}^{X_0} = \mathbb{P}^{X_j}$ für jedes $j \geq 1$ gilt, wenn sich also anschaulich gesprochen das stochastische Verhalten der Markov-Kette über die Zeit nicht ändert. Man spricht in diesem Fall auch von einer **stationären Verteilung**, der Markov-Kette. Aufgrund der Abzählbarkeit von $S$ ist eine invariante Verteilung durch den (u. U. unendlich langen) Zeilenvektor

$$\alpha := (\alpha_i, i \in S)$$

mit $\alpha_i = \mathbb{P}(X_0 = i)$ eindeutig bestimmt. Der Vektor $\alpha$ erfüllt (vgl. den Beweis des Satzes über die Verteilung von $X_n$) die Gleichungen

$$\alpha_j = \sum_{i\in S} p_{ij}\cdot\alpha_i, \qquad j \in S. \tag{3.43}$$

Im Fall des endlichen Zustandsraums $S = \{1, 2 \ldots, s\}$ gilt $\alpha = (\alpha_1, \ldots, \alpha_s) \in W$, wobei

$$W := \left\{ x = (x_1, \ldots, x_s) \in \mathbb{R}^s \,\middle|\, x_1 \geq 0 \ldots, x_s \geq 0, \sum_{j=1}^{s} x_j = 1 \right\}$$

die Menge aller möglichen *Wahrscheinlichkeitsvektoren* im $\mathbb{R}^s$ bezeichnet. Die Gleichungen (3.43) gehen dann in

$$\alpha = \alpha \cdot \mathbf{P} \tag{3.44}$$

über, was bedeutet, dass $\alpha$ ein linker Eigenvektor von $\mathbf{P}$ zum Eigenwert 1 ist.

Aufgrund des obigen Beispiels erheben sich in natürlicher Weise die folgenden Fragen:

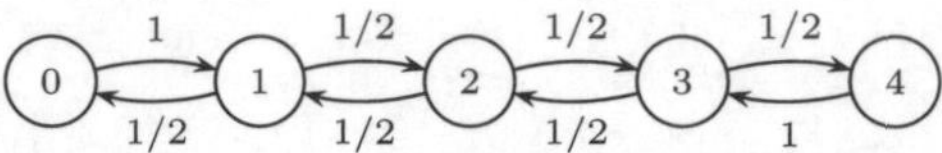


**Abb. 3.8** Symmetrische Irrfahrt auf $\{0, 1, 2, 3, 4\}$ mit reflektierenden Rändern

- Besitzt jede Markov-Kette eine invariante Verteilung $\alpha$?
- Falls ja, ist diese eindeutig bestimmt?
- Gilt $\lim_{n\to\infty} \pi_n = \alpha$ für jede Wahl des Start-Wahrscheinlichkeitsvektors $\pi_0$?
- Wie schnell konvergiert $\pi_n$ gegen $\alpha$?

Dass diese Fragen nicht uneingeschränkt mit Ja beantwortet werden können, zeigt das in offensichtlicher Weise auch allgemeiner geltende folgende Beispiel.

**Beispiel** Wir betrachten eine in Abb. 3.8 dargestellte symmetrische Irrfahrt auf der Menge $\{0, 1, 2, 3, 4\}$ mit reflektierenden Rändern bei 0 und 4.

Beginnt diese Irrfahrt in 0, 2 oder 4, so kann für jedes $n \geq 1$ die Zufallsvariable $X_{2n}$ nur die Werte $0, 2, 4$ und $X_{2n-1}$ nur die Werte 1 und 3 annehmen. Ist der Startzustand 1 oder 3, so können die Zustände $0, 2, 4$ nur zu ungeradzahligen und $1, 3$ nur zu geradzahligen Zeitpunkten erreicht werden. Diese Irrfahrt ist somit in einer gewissen Weise *periodisch.* Auf 4 Nachkommastellen genau berechnet ändert sich $\mathbf{P}^{2k}$ ab $k = 14$ nicht mehr. Gleiches gilt für $\mathbf{P}^{2k+1}$. Die Matrizen

$$\mathbf{P}^{28} = \begin{pmatrix} 0.25 & 0 & 0.5 & 0 & 0.25 \\ 0 & 0.5 & 0 & 0.5 & 0 \\ 0.25 & 0 & 0.5 & 0 & 0.25 \\ 0 & 0.5 & 0 & 0.5 & 0 \\ 0.25 & 0 & 0.5 & 0 & 0.25 \end{pmatrix},$$

$$\mathbf{P}^{29} = \begin{pmatrix} 0 & 0.5 & 0 & 0.5 & 0 \\ 0.25 & 0 & 0.5 & 0 & 0.25 \\ 0 & 0.5 & 0 & 0.5 & 0 \\ 0.25 & 0 & 0.5 & 0 & 0.25 \\ 0 & 0.5 & 0 & 0.5 & 0 \end{pmatrix}$$

spiegeln den eben beschriebenen Sachverhalt wider. Im Fall $X_0 = 1$ befindet sich die Irrfahrt bei ungeradem großen $n$ mit gleicher Wahrscheinlichkeit $1/2$ in 1 oder 3 und bei geradem großen $n$ mit Wahrscheinlichkeit $1/2$ in 2 und je mit gleicher Wahrscheinlichkeit $1/4$ in 0 oder 4. ◄

## Ist $\mathbf{P}^k$ für ein $k$ strikt positiv, so strebt eine Markov-Kette gegen die invariante Verteilung

Der folgende Satz über das Langzeitverhalten von Markov-Ketten schließt in seiner Voraussetzung periodische Fälle wie den eben beschriebenen aus.

## Unter der Lupe: Das Spieler-Ruin-Problem

Markov-Ketten mit zwei absorbierenden Zuständen

Für $a, b \in \mathbb{N}$ betrachten wir eine Markov-Kette $(X_n)$ mit Zustandsraum $S = \{0, 1, \ldots, a + b\}$ und Übergangswahrscheinlichkeiten $p_{i,i+1} = p = 1 - p_{i,i-1}$ für $1 \leq i \leq a + b - 1$ sowie $p_{0,0} = 1 = p_{a+b,a+b}$. Die Zustände 0 und $a + b$ sind somit *absorbierend*: Hat man einen von ihnen erreicht, so kann man ihn nicht mehr verlassen. Wir interpretieren $a$ und $b$ als die Kapitalvermögen (in Euro) zweier Spieler A und B, die wiederholt in unabhängiger Folge ein Spiel spielen, bei dem A und B mit den Wahrscheinlichkeiten $p$ bzw. $1-p$ gewinnen und im Gewinnfall einen Euro von ihrem Gegenspieler erhalten. Mit $X_0 := a$ steht dann $X_n$ für den Kapitalstand von A nach dem $n$-ten Spiel, und eine Absorption der Markov-Kette im Zustand $a + b$ bzw. 0 besagt, dass Spieler B bzw. Spieler A bankrott ist (s. nachfolgende Abbildung).

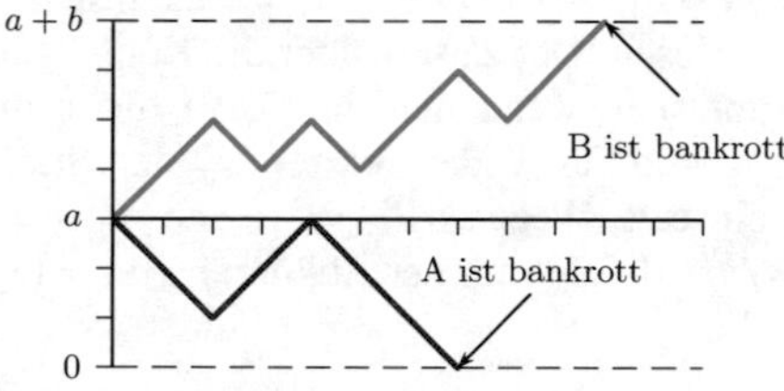


Zum Spieler-Ruin-Problem

Da die Übergangsmatrix Tridiagonalgestalt besitzt, ist die invariante Verteilung $\alpha = (\alpha_0, \ldots, \alpha_{a+b})$ durch (3.51) gegeben. Wie man leicht sieht, liefern die entstehenden Gleichungen $\alpha_0 + \alpha_{a+b} = 1$, sodass früher oder später Absorption stattfindet. Wir behaupten, dass

$$\alpha_{a+b} = \begin{cases} \frac{a}{a+b}, & \text{falls } p = 1/2, \\ \frac{1-(q/p)^a}{1-(q/p)^{a+b}}, & \text{falls } p \neq 1/2, \end{cases}$$

gilt. Dabei ist kurz $q := 1 - p$ gesetzt.

Zur Herleitung von $\alpha_{a+b}$ betrachten wir den Anfangszustand $X_0$ als *Parameter k* und untersuchen die mit $P_k$ bezeichnete Wahrscheinlichkeit, dass Absorption im Zustand $a + b$ stattfindet, als Funktion von $k$. Mit $r := a + b$ folgt offenbar

$$P_0 = 0, \qquad P_r = 1, \tag{3.45}$$

denn im Fall $k = 0$ bzw. $k = r$ findet bereits zu Beginn eine Absorption statt. Im Fall $1 \leq k \leq r - 1$ gilt entweder $X_1 = k + 1$ oder $X_1 = k - 1$. Die Situation stellt sich also nach dem ersten Zeitschritt wie zu Beginn dar, wobei sich nur der Parameter $k$ geändert hat. Nach der Formel von der totalen Wahrscheinlichkeit folgt

$$P_k = p \cdot P_{k+1} + q \cdot P_{k-1}, \qquad k = 1, 2, \ldots, r - 1,$$

und somit für $d_k := P_{k+1} - P_k$ die Rekursionsformel

$$d_k = d_{k-1} \cdot \frac{q}{p}, \qquad k = 1, \ldots, r - 1. \tag{3.46}$$

Hieraus liest man sofort $P_k$ im Fall $p = q = 1/2$ ab: Da die Differenzen $d_1, \ldots, d_{r-1}$ nach (3.46) gleich sind, ergibt sich wegen (3.45) das Resultat $P_k = k/r$ und somit $\alpha_{a+b} = P_a = a/(a + b)$, falls $p = 1/2$. Im Fall $p \neq 1/2$ folgt aus (3.46) induktiv $d_j = (q/p)^j \cdot d_0$ $(j = 1, \ldots, r-1)$ und somit

$$\begin{aligned} P_k &= P_k - P_0 \\ &= \sum_{j=0}^{k-1} d_j = d_0 \cdot \sum_{j=0}^{k-1} \left(\frac{q}{p}\right)^j = d_0 \cdot \frac{1-(q/p)^k}{1-q/p}. \end{aligned}$$

Setzt man hier $k = r$, so folgt wegen $P_r = 1$ die Gleichung $d_0 = (1 - q/p)/(1 - (q/p)^r)$, und man erhält

$$P_k = \frac{1-(q/p)^k}{1-(q/p)^r}, \qquad \text{falls } p \neq 1/2.$$

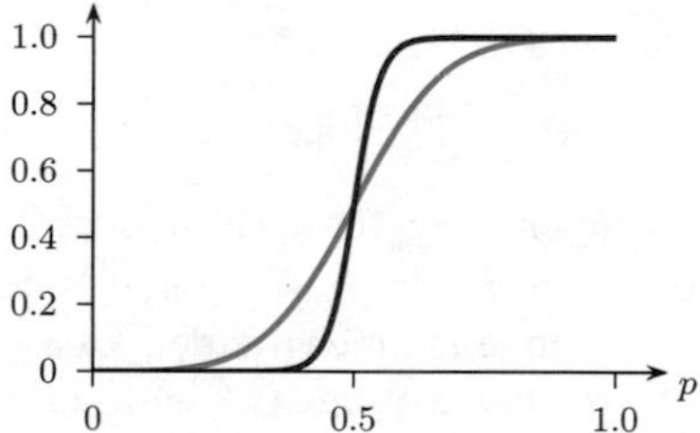


Ruinwahrscheinlichkeit für B als Funktion von $p$ für $a = b = 3$ (blau) und $a = b = 10$ (rot)

Die obige Abbildung zeigt die Absorptionswahrscheinlichkeit in $a + b$ und damit die Ruinwahrscheinlichkeit für Spieler B in Abhängigkeit der Erfolgswahrscheinlichkeit $p$ für A im Falle eines Startkapitals von je drei Euro (blau) bzw. je 10 Euro (rot) für jeden der Spieler. Bemerkenswert ist, wie sich das größere Startkapital auf die Ruinwahrscheinlichkeit auswirkt: Beginnt jeder Spieler mit 3 Euro, so geht Spieler B bei einer Erfolgswahrscheinlichkeit $p = 0.55$ für A mit einer Wahrscheinlichkeit von ungefähr 0.65 bankrott. Startet jedoch jeder Spieler mit 10 Euro, so kann sich die größere Erfolgswahrscheinlichkeit von A gegenüber B in einer längeren Serie von Einzelspielen besser durchsetzen, was sich in der großen Ruinwahrscheinlichkeit von 0.88 für Spieler B auswirkt. Man beachte auch, dass letztere immer positiv bleibt, wenn $p > 1/2$ gilt, denn sie ist dann unabhängig vom Startkapital $b$ immer mindestens $1 - (q/p)^a$.

**Ergodensatz für endliche Markov-Ketten**

Es sei $X_0, X_1, \ldots$ eine Markov-Kette mit endlichem Zustandsraum. Für mindestens ein $k \geq 1$ seien alle Einträge der $k$-Schritt-Übergangsmatrix $\mathbf{P}^k$ strikt positiv. Dann gelten:

a) Es gibt genau eine invariante Verteilung $\alpha$.
b) Für jede Wahl des Start-Wahrscheinlichkeitsvektors $\pi_0$ gilt $\lim_{n\to\infty} \pi_n = \alpha$. Dabei ist die Konvergenz exponentiell schnell.
c) Es gilt

$$\lim_{n\to\infty} \mathbf{P}^n = \begin{pmatrix} \alpha \\ \vdots \\ \alpha \end{pmatrix}.$$

**Beweis** Es sei o.B.d.A. $S = \{1,\ldots,s\}$ für ein $s \geq 2$. Bezeichnet $\|x\| := \sum_{j=1}^s |x_j|$ die Summenbetragsnorm von $x \in \mathbb{R}^s$, so gilt für $x, y \in \mathbb{R}^s$ zunächst

$$\begin{aligned}\|x\mathbf{P} - y\mathbf{P}\| &= \sum_{j=1}^s \left| \sum_{i=1}^s (x_i - y_i) \cdot p_{ij} \right| \\ &\leq \sum_{i=1}^s |x_i - y_i| \cdot \sum_{j=1}^s p_{ij}\end{aligned}$$

und somit wegen $\sum_{j=1}^s p_{ij} = 1$

$$\|x\mathbf{P} - y\mathbf{P}\| \leq \|x - y\|. \tag{3.47}$$

Dabei gilt diese Ungleichung für jede stochastische Matrix. Nach Voraussetzung gibt es ein $\delta > 0$ mit $p_{ij}^{(k)} \geq \delta/s$ für alle $i, j$, wobei $\delta < 1$ angenommen werden kann. Es gilt also $\mathbf{P}^k \geq \delta E$, wobei $E$ die stochastische $(s \times s)$-Matrix bezeichnet, deren Einträge identisch gleich $1/s$ sind. Die durch

$$Q := \frac{1}{1-\delta} \cdot (\mathbf{P}^k - \delta E)$$

definierte Matrix ist stochastisch, und es gilt $\mathbf{P}^k = \delta E + (1-\delta)Q$. Für $x, y \in W$ folgt dann mit der Dreiecksungleichung, der Beziehung $xE = yE$ für $x, y \in W$ und (3.47) mit $Q$ anstelle von $\mathbf{P}$

$$\begin{aligned}\|x\mathbf{P}^k - y\mathbf{P}^k\| &\leq \delta \cdot \|(x-y)E\| + (1-\delta) \cdot \|(x-y)Q\| \\ &\leq (1-\delta) \cdot \|x - y\|. \end{aligned}\tag{3.48}$$

Bezeichnet $m := \lfloor n/k \rfloor$ den ganzzahligen Anteil von $n/k$, so folgt durch Anwendung von (3.47) auf $x\mathbf{P}^{km}$, $y\mathbf{P}^{km}$ und die stochastische Matrix $\mathbf{P}^{n-km}$

$$\begin{aligned}\|x\mathbf{P}^n - y\mathbf{P}^n\| &= \|(x\mathbf{P}^{km} - x\mathbf{P}^{km}) \cdot \mathbf{P}^{n-km}\| \\ &\leq \|(x-y)\mathbf{P}^{km}\|.\end{aligned}$$

Wiederholte Anwendung von (3.48) und $\|x - y\| \leq 2$ liefern dann

$$\|x\mathbf{P}^n - y\mathbf{P}^n\| \leq 2 \cdot (1-\delta)^{\lfloor n/k \rfloor}. \tag{3.49}$$

Diese Ungleichung ist der Schlüssel für die weiteren Betrachtungen. Definieren wir für beliebiges $x \in W$ eine Folge $(x_n)$ rekursiv durch $x_0 := x$ und $x_{n+1} := x_n\mathbf{P}$, $n \geq 0$, so ergibt sich für $\ell, n \geq 0$

$$\begin{aligned}\|x_{n+\ell} - x_n\| &= \|x_0\mathbf{P}^{n+\ell} - x_0\mathbf{P}^n\| \\ &= \|(x_0\mathbf{P}^\ell - x_0)\mathbf{P}^n\| \\ &\leq 2(1-\delta)^{\lfloor n/k \rfloor}.\end{aligned}$$

Dies zeigt, dass $(x_n)$ eine Cauchy-Folge bildet. Setzen wir $x_\infty := \lim_{n\to\infty} x_n$, so liefert (3.47)

$$\begin{aligned}\|x_\infty\mathbf{P} - x_\infty\| &= \|x_\infty\mathbf{P} - x_n + x_n - x_\infty\| \\ &= \|x_\infty\mathbf{P} - x_{n-1}\mathbf{P} + x_n - x_\infty\| \\ &\leq \|(x_\infty - x_{n-1})\mathbf{P}\| + \|x_n - x_\infty\| \\ &\leq \|x_\infty - x_{n-1}\| + \|x_n - x_\infty\|\end{aligned}$$

und somit $x_\infty = x_\infty\mathbf{P}$. Es kann aber nur ein $y \in W$ mit $y = y\mathbf{P}$ geben, denn die Annahme $y = y\mathbf{P}$ und $z = z\mathbf{P}$ zieht wegen $y = y\mathbf{P}^n$ und $z = z\mathbf{P}^n$ für jedes $n$ und (3.49) wegen $\delta > 0$ die Gleichheit $\|y - z\| = 0$ und somit $y = z$ nach sich. Hiermit sind a) und b) bewiesen. Der Zusatz über die Konvergenzgeschwindigkeit ergibt sich, wenn man in (3.49) für $x$ die stationäre Verteilung $\alpha$ und für $y$ den Vektor $\pi_0$ der Startwahrscheinlichkeiten einsetzt. Wegen $\alpha\mathbf{P}^n = \alpha$ und $\pi_{n+1} = \pi_0\mathbf{P}^n$ und $\lfloor n/k \rfloor \geq n/k - 1$ folgt mit der Abkürzung $c := \log(1-\delta)^{-1/k}$ die Ungleichung

$$\|\pi_{n+1} - \alpha\| \leq \frac{2}{1-\delta} \cdot \exp(-cn), \qquad n \geq 1,$$

also exponentiell schnelle Konvergenz von $\pi_n$ gegen $\alpha$. Aussage c) folgt, wenn man als Start-Vektoren für die Iteration $x_{n+1} = x_n\mathbf{P}$ die kanonischen Einheitsvektoren des $\mathbb{R}^s$ wählt. ■

**Kommentar** Die invariante Verteilung $\alpha = (\alpha_1, \ldots, \alpha_s)$ ist nach (3.44) Lösung des linearen Gleichungssystems

$$\alpha_j = \sum_{i=1}^s p_{ij}\alpha_i, \qquad i = 1, \ldots, s, \tag{3.50}$$

wobei $\alpha$ als Wahrscheinlichkeitsvektor nichtnegative Komponenten hat und die Normierungsbedingung

$$\alpha_1 + \ldots + \alpha_s = 1$$

erfüllt. ◀

**Beispiel** Die Markov-Kette mit zwei Zuständen aus Abb. 3.6 und der Übergangsmatrix

$$\mathbf{P} = \begin{pmatrix} 1-p & p \\ q & 1-q \end{pmatrix}$$

erfüllt im Fall $0 < p, q < 1$ die Voraussetzungen des obigen Satzes. Die Gleichungen (3.50) lauten in diesem Fall

$$\begin{aligned}\alpha_1 &= (1-p)\alpha_1 + q\alpha_2, \\ \alpha_2 &= p\alpha_1 + (1-q)\alpha_2,\end{aligned}$$

Kapitel 3

stellen also ein und dieselbe Gleichung dar. Zusammen mit der Normierungsbedingung ergibt sich

$$\alpha_1 = \frac{q}{p+q}, \qquad \alpha_2 = \frac{p}{p+q}.$$

In diesem Fall lässt sich auch relativ leicht ein geschlossener Ausdruck für $\mathbf{P}^n$ angeben. Wie man direkt nachrechnet, gilt nämlich mit

$$A := \begin{pmatrix} 1 & -p \\ 1 & q \end{pmatrix}, \qquad D := \begin{pmatrix} 1 & 0 \\ 0 & 1-p-q \end{pmatrix}$$

die Identität $\mathbf{P} = A \cdot D \cdot A^{-1}$ und somit

$$\begin{aligned} \mathbf{P}^n &= A \cdot D^n \cdot A^{-1} \\ &= A \cdot \begin{pmatrix} 1 & 0 \\ 0 & (1-p-q)^n \end{pmatrix} \cdot A^{-1} \\ &= \frac{1}{p+q} \cdot \left[ \begin{pmatrix} q & p \\ q & p \end{pmatrix} + (1-(p+q))^n \cdot \begin{pmatrix} p & -p \\ -q & q \end{pmatrix} \right]. \end{aligned}$$

Wegen $|1-(p+q)| < 1$ liest man hieran noch einmal direkt die Konvergenz der $n$-Schritt-Übergangsmatrix gegen die Matrix

$$\begin{pmatrix} \alpha_1 & \alpha_2 \\ \alpha_1 & \alpha_2 \end{pmatrix}$$

ab. Die invariante Verteilung des Bediensystems mit drei Zuständen wird in Aufgabe 3.23 behandelt. ◄

Die im Ergodensatz angegebene Bedingung der strikten Positivität von $\mathbf{P}^k$ für mindestens ein $k \geq 1$ ist zwar hinreichend, aber nicht notwendig für die Existenz einer eindeutigen stationären Verteilung. Ist die Übergangsmatrix $\mathbf{P} = (p_{ij})_{1 \leq i,j \leq s}$ eine Tridiagonalmatrix, gilt also

$$p_{ij} = 0, \quad \text{für alle } i, j \in S \text{ mit } |i-j| > 1,$$

so geht das Gleichungssystem (3.50) in

$$\begin{aligned} \alpha_1 &= p_{11}\,\alpha_1 + p_{21}\,\alpha_2 \\ \alpha_2 &= p_{12}\,\alpha_1 + p_{22}\,\alpha_2 + p_{32}\,\alpha_3 \\ \alpha_3 &= p_{23}\,\alpha_2 + p_{33}\,\alpha_3 + p_{43}\,\alpha_4 \\ &\;\vdots \quad \vdots \\ \alpha_{s-1} &= p_{s-2,s-1}\,\alpha_{s-2} + p_{s-1,s-1}\,\alpha_{s-1} + p_{s,s-1}\,\alpha_s \\ \alpha_s &= p_{s-1,s}\,\alpha_{s-1} + p_{ss}\,\alpha_s \end{aligned}$$

über. Nutzt man aus, dass die Zeilensummen von $\mathbf{P}$ gleich eins sind, so ergibt sich

$$\alpha_2 = \frac{p_{12}}{p_{21}} \cdot \alpha_1, \quad \alpha_3 = \frac{p_{12}\,p_{23}}{p_{21}\,p_{32}} \cdot \alpha_1, \quad \alpha_4 = \frac{p_{12}\,p_{23}\,p_{34}}{p_{21}\,p_{32}\,p_{43}} \cdot \alpha_1$$

und allgemein

$$\alpha_k = \prod_{j=1}^{k-1} \frac{p_{j,j+1}}{p_{j+1,j}} \cdot \alpha_1, \qquad k = 2, \ldots, s.$$

Um triviale Fälle auszuschließen, haben wir dabei stets $p_{ij} > 0$ für $|i-j| = 1$ vorausgesetzt. Mit der Konvention, ein Produkt über die leere Menge gleich eins zu setzen, erhält man wegen $\sum_{k=1}^{s} \alpha_k = 1$

$$\alpha_k = \frac{\prod_{j=1}^{k-1} \frac{p_{j,j+1}}{p_{j+1,j}}}{1 + \sum_{k=1}^{s-1} \prod_{j=1}^{k-1} \frac{p_{j,j+1}}{p_{j+1,j}}}, \qquad k = 1, \ldots, s. \tag{3.51}$$

**Beispiel** Beim diskreten Diffusionsmodell des Physikers Paul Ehrenfest (1880–1933) und der Mathematikerin Tatjana Ehrenfest (1876–1964) aus dem Jahr 1907 befinden sich in zwei Behältern A und B zusammen $s$ Kugeln. Man wählt eine der $s$ Kugeln rein zufällig aus und legt sie in den anderen Behälter. Dieser Vorgang wird in unabhängiger Folge wiederholt. Die Zufallsvariable $X_n$ bezeichne die Anzahl der Kugeln in Behälter A nach $n$ solchen Auswahlen, $n \geq 0$. Da die Übergangswahrscheinlichkeit $\mathbb{P}(X_{n+1} = j \,|\, X_n = i)$ nur von der Anzahl $i$ der Kugeln in Behälter A nach $n$ Auswahlen abhängt, liegt eine zeitlich homogene Markov-Kette vor, deren Übergangsmatrix tridiagonal ist, denn es gilt

$$\begin{aligned} p_{01} &= 1, \qquad p_{s,s-1} = 1, \\ p_{j,j-1} &= \frac{j}{s}, \qquad j = 1, \ldots, s-1, \\ p_{j,j+1} &= 1 - \frac{j}{s}, \qquad j = 1, \ldots, s-1 \end{aligned}$$

und $p_{ij} = 0$ sonst. Wegen

$$\prod_{j=0}^{k-1} \frac{p_{j,j+1}}{p_{j+1,j}} = \prod_{j=0}^{k-1} \frac{s-j}{j+1} = \binom{s}{k}$$

und

$$\sum_{k=0}^{s-1} \prod_{j=0}^{k-1} \frac{p_{j,j+1}}{p_{j+1,j}} = \sum_{k=0}^{s} \binom{s}{k} = 2^s$$

folgt aus (3.51) – wobei nur zu beachten ist, dass wegen $S = \{0, 1, \ldots, s\}$ die Indizes ab $k = 0$ laufen und auch der Index $j$ in den auftretenden Produkten bei 0 beginnt –

$$\alpha_k = \binom{s}{k} 2^{-s}, \qquad k = 0, 1, \ldots, s.$$

Die invariante Verteilung ist also die Binomialverteilung $\text{Bin}(s, 1/2)$. Diese kann man gleich zu Beginn bei der Befüllung der Behälter erreichen, wenn jede Kugel unabhängig von den anderen mit gleicher Wahrscheinlichkeit $1/2$ in Behälter A oder B gelegt wird. In der Physik bezeichnet man eine solche invariante Verteilung auch als *Gleichgewichtsverteilung*. Aufgabe 3.24 behandelt das diskrete Diffusionsmodell von Bernoulli-Laplace, bei dem als Gleichgewichtsverteilung die hypergeometrische Verteilung auftritt.

Man beachte, dass die Folge $(\mathbf{P}^n)_{n \geq 1}$ der $n$-Schritt-Übergangsmatrizen nicht konvergiert, denn $p_{i,j}^{(2k)} > 0$ kann nur eintreten, wenn $i - j$ gerade ist. Andererseits muss $i - j$ ungerade sein, wenn $p_{i,j}^{(2k+1)}$ positiv ist. ◄

## Für irreduzible aperiodische endliche Markov-Ketten gilt der Ergodensatz

Wie kann man einer Markov-Kette ansehen, ob sie die Voraussetzungen des Ergodensatzes erfüllt, ob also für ein $k \geq 1$ (was u. U. sehr groß sein kann) alle Einträge der $k$-Schritt-Übergangsmatrix strikt positiv sind? In diesem Zusammenhang sind die Begriffsbildungen **Irreduzibilität** und **Aperiodizität** wichtig.

Um den ersten Begriff zu definieren, betrachten wir zwei Zustände $i$ und $j$ aus $S$. Wir sagen ***i* führt zu *j*** oder ***j* ist von *i* aus erreichbar** und schreiben hierfür $i \to j$, falls es ein $n \geq 0$ mit $p_{ij}^{(n)} > 0$ gibt. Gilt $i \to j$ und $j \to i$, so heißen $i$ und $j$ **kommunizierend**, und wir schreiben hierfür $i \leftrightarrow j$.

Mit der getroffenen Vereinbarung $p_{ij}^{(0)} = 1$ bzw. $= 0$, falls $i = j$ bzw. $i \neq j$ gilt, sieht man leicht ein, dass die Kommunikations-Relation $\leftrightarrow$ eine Äquivalenzrelation auf $S$ darstellt: Wegen obiger Vereinbarung ist $\leftrightarrow$ ja zunächst reflexiv und nach Definition symmetrisch. Um die Transitivität nachzuweisen, gelte $i \leftrightarrow j$ und $j \leftrightarrow k$. Es gibt dann $m, n \in \mathbb{N}_0$ mit $p_{ij}^{(m)} > 0$ und $p_{jk}^{(n)} > 0$. Wegen

$$p_{ik}^{(m+n)} = \sum_{\ell \in S} p_{i\ell}^{(m)} p_{\ell k}^{(n)} \geq p_{ij}^{(m)} p_{jk}^{(n)} \tag{3.52}$$

folgt $p_{ik}^{(m+n)} > 0$, und aus Symmetriegründen ziehen $p_{ji}^{(m)} > 0$ und $p_{kj}^{(n)} > 0$ die Ungleichung $p_{ki}^{(m+n)} > 0$ nach sich. Die Relation $\leftrightarrow$ ist also in der Tat eine Äquivalenzrelation, was bedeutet, dass die Zustandsmenge $S$ in paarweise disjunkte sog. **Kommunikationsklassen** von Zuständen zerfällt. Ein Zustand $i \in S$ mit $p_{ii} = 1$ heißt **absorbierend**. Absorbierende Zustände bilden einelementige Kommunikationsklassen.

Eine Markov-Kette heißt **irreduzibel**, wenn sie aus einer Klasse besteht, also jeder Zustand mit jedem kommuniziert, andernfalls **reduzibel**.

**Selbstfrage 7**

Warum gilt die Gleichung (3.52)?

**Beispiel** Die Markov-Kette mit zwei Zuständen wie in Abb. 3.6 ist genau dann irreduzibel, wenn $0 < p, q < 1$ gilt. Gleiches gilt für das Bediensystem mit drei Zuständen, vgl. Abb. 3.7. Eine wie in Abb. 3.8 dargestellte Irrfahrt mit reflektierenden Rändern ist irreduzibel, nicht jedoch die in der Unter-der-Lupe-Box über das Spieler-Ruin-Problem behandelte Irrfahrt mit absorbierenden Rändern, also den absorbierenden Zuständen 0 und $a + b$. Diese zerfällt in die drei Kommunikationsklassen $\{0\}$, $\{1, \ldots, a + b - 1\}$ und $\{a + b\}$. ◄

Die mit $d(i)$ bezeichnete **Periode** eines Zustands $i \in S$ ist der größte gemeinsame Teiler der Menge

$$J_i := \{n \geq 1 \mid p_{ii}^{(n)} > 0\},$$

also $d(i) := \mathrm{ggT}(J_i)$, falls $J_i \neq \emptyset$. Ist $p_{ii}^{(n)} = 0$ für jedes $n \geq 1$, so setzt man $d(i) := \infty$. Ein Zustand mit der Periode 1 heißt **aperiodisch**. Eine Markov-Kette heißt **aperiodisch**, wenn jeder Zustand $i \in S$ aperiodisch ist. Man beachte, dass jeder Zustand $i$ mit $p_{ii} > 0$ aperiodisch ist.

Besitzt also ein Zustand $i$ die Periode 2, so kann die Markov-Kette nur nach $2, 4, 6 \ldots$ Zeitschritten nach $i$ zurückkehren. Dies trifft etwa für jeden Zustand der Irrfahrt mit reflektierenden Rändern zu.

Zustände in derselben Kommunikationsklasse besitzen die gleiche Periode. Gilt nämlich $i \leftrightarrow j$ für verschiedene $i, j \in S$, so gibt es $m, n \in \mathbb{N}$ mit $p_{ij}^{(m)} > 0$ und $p_{ji}^{(n)} > 0$ und somit $p_{ii}^{(m+n)} > 0$, $p_{jj}^{(m+n)} > 0$. Hieraus folgt zunächst $J_i \neq \emptyset$, $J_j \neq \emptyset$ und somit $d(i) < \infty$, $d(j) < \infty$. Gilt $p_{jj}^{(k)} > 0$ für ein $k \in \mathbb{N}$, was zu $d(j)|k$ äquivalent ist, so folgt $p_{ii}^{(m+k+n)} > 0$ und somit $d(i)|k+m+n$. Wegen $p_{ii}^{(m+n)} > 0$ gilt aber auch $d(i)|m+n$ und somit $d(i)|k$. Die Periode $d(i)$ ist somit gemeinsamer Teiler aller $k \in J_j$, was $d(i) \leq d(j)$ impliziert. Aus Symmetriegründen gilt auch $d(j) \leq d(i)$ und damit insgesamt $d(i) = d(j)$.

Ist $M \subseteq \mathbb{N}$ eine Teilmenge der natürlichen Zahlen, die mit je zwei Zahlen auch deren Summe enthält und den größten gemeinsamen Teiler 1 besitzt, so enthält $M$ nach einem Resultat der elementaren Zahlentheorie alle bis auf endlich viele natürliche Zahlen (siehe Aufgabe 3.36). Ist $i \in S$ ein aperiodischer Zustand, so gibt es – da die Menge $J_i \subseteq \mathbb{N}$ gegenüber der Addition abgeschlossen ist – nach diesem Resultat ein $n_0(i) \in \mathbb{N}$ mit der Eigenschaft $p_{ii}^{(n)} > 0$ für jedes $n \geq n_0(i)$. Gilt zudem $i \leftrightarrow j$ für ein $j \neq i$, so existiert ein $k(i, j) \in \mathbb{N}$ mit $p_{ij}^{(k)} > 0$. Für jedes $n \geq n_0(i)$ folgt dann $p_{ij}^{(n+k)} \geq p_{ii}^{(n)} p_{ij}^{(k(i,j))} > 0$. Ist $(X_n)$ eine irreduzible und aperiodische Markov-Kette mit Zustandsraum $S = \{1, \ldots, s\}$, so setzen wir

$$r_1 := \max_{i=1,\ldots,s} n_0(i), \quad r_2 := \max_{1 \leq i \neq j \leq s} k(i, j)$$

und erhalten wegen $p_{ij}^{(n)} > 0$ für alle $i, j \in S$ und jedes $n \geq r_1 + r_2$ das folgende Resultat.

**Satz**

Ist $(X_n)$ eine endliche irreduzible und aperiodische Markov-Kette, so gilt der Ergodensatz.

Kapitel 3

# Zusammenfassung

Ein zweistufiger stochastischer Vorgang wird durch den Grundraum $\Omega = \Omega_1 \times \Omega_2$ modelliert. Dabei beschreibt $\Omega_j$ die Menge der Ergebnisse der $j$-ten Stufe, $j = 1, 2$. Motiviert durch Produkte relativer Häufigkeiten definiert man die Wahrscheinlichkeit $p(\omega) = \mathbb{P}(\{\omega\})$ von $\omega = (a_1, a_2) \in \Omega$ durch die **erste Pfadregel** $p(\omega) := p_1(a_1) \cdot p_2(a_1, a_2)$. Hier ist $p_1(a_1)$ die **Start-Wahrscheinlichkeit** (*initial probability*), dass das erste Teilexperiment den Ausgang $a_1$ hat, und $p_2(a_1, a_2)$ ist eine **Übergangswahrscheinlichkeit** (*transition probability*), die angibt, mit welcher Wahrscheinlichkeit im zweiten Teilexperiment das Ergebnis $a_2$ auftritt, wenn das erste Teilexperiment das Resultat $a_1$ ergab. Induktiv modelliert man $n$-stufige stochastische Vorgänge, wobei $n \geq 3$.

Die **bedingte Wahrscheinlichkeit** (*conditional probability*) eines Ereignisses $B$ unter der Bedingung, dass ein Ereignis $A$ eintritt, ist durch $\mathbb{P}(B|A) := \mathbb{P}(A \cap B)/\mathbb{P}(A)$ definiert. Sind $A_1, A_2, \ldots$ paarweise disjunkte Ereignisse mit $\Omega = \sum_{j \geq 1} A_j$, so gilt die **Formel von der totalen Wahrscheinlichkeit** (*law of total probability*)

$$\mathbb{P}(B) = \sum_{j \geq 1} \mathbb{P}(A_j) \cdot \mathbb{P}(B|A_j)$$

sowie die **Bayes-Formel** (*Bayes' rule*)

$$\mathbb{P}(A_k|B) = \frac{\mathbb{P}(A_k) \cdot \mathbb{P}(B|A_k)}{\sum_{j \geq 1} \mathbb{P}(A_j) \cdot \mathbb{P}(B|A_j)}.$$

Die $\mathbb{P}(A_j)$ heißen **A-priori-** und die $\mathbb{P}(A_j|B)$ **A-posteriori-Wahrscheinlichkeiten** (*prior and posterior probability*).

Ereignisse $A_1, \ldots, A_n$ heißen (stochastisch) **unabhängig** (*independent*), falls die $2^n - n - 1$ Gleichungen

$$\mathbb{P}\Big(\bigcap_{j \in T} A_j\Big) = \prod_{j \in T} \mathbb{P}(A_j)$$

($T \subseteq \{1, \ldots, n\}$, $|T| \geq 2$) gelten. Mengensysteme $\mathcal{M}_1, \ldots, \mathcal{M}_n \subseteq \mathcal{A}$ heißen (stochastisch) **unabhängig**, wenn diese Beziehung für jedes $T$ und jede Wahl von $A_1 \in \mathcal{M}_1, \ldots, A_n \in \mathcal{M}_n$ gilt. Die Unabhängigkeit $\cap$-stabiler Mengensysteme überträgt sich auf deren erzeugte $\sigma$-Algebren und auch auf die von paarweise disjunkten Blöcken dieser Systeme erzeugten $\sigma$-Algebren.

Ist $X$ eine Zufallsvariable mit Werten in einem Messraum $(\Omega', \mathcal{A}')$, so heißt das Mengensystem $\sigma(X) := X^{-1}(\mathcal{A}') \subseteq \mathcal{A}$ **die von $X$ erzeugte $\sigma$-Algebra** (*generated $\sigma$-field*). Zufallsvariablen $X_1, \ldots, X_n$ mit allgemeinen Wertebereichen heißen (stochastisch) **unabhängig**, wenn die von ihnen erzeugten $\sigma$-Algebren unabhängig sind. Unendlich viele Ereignisse, Mengensysteme oder Zufallsvariablen sind unabhängig, wenn dies für je endlich viele von ihnen zutrifft. Messbare Funktionen paarweise disjunkter Blöcke von unabhängigen Zufallsvariablen sind unabhängig. In gleicher Weise sind mengentheoretische Funktionen, die aus paarweise disjunkten Blöcken unabhängiger Ereignisse gebildet werden, ebenfalls unabhängig. Reelle Zufallsvariablen $X_1, \ldots, X_n$ sind genau dann unabhängig, wenn

$$\mathbb{P}\Big(\bigcap_{j=1}^{n} X_j \in B_j\Big) = \prod_{j=1}^{n} \mathbb{P}(X_j \in B_j)$$

für jede Wahl von Borel-Mengen $B_1, \ldots, B_n$ gilt.

Auf unendlichen Produkträumen existieren Folgen unabhängiger Zufallsvariablen mit beliebig vorgegebenen Verteilungen.

Ein bzgl. einer Folge $(X_n)_{n \geq 1}$ von Zufallsvariablen auf einem Wahrscheinlichkeitsraum $(\Omega, \mathcal{A}, \mathbb{P})$ **terminales Ereignis** (*tail event*) gehört zur $\sigma$-Algebra $\bigcap_{k=1}^{\infty} \sigma(X_k, X_{k+1}, \ldots)$, ist also für jedes (noch so große) $k$ nur durch $X_k, X_{k+1}, \ldots$ bestimmt. Im Fall einer stochastisch unabhängigen Folge hat jedes terminale Ereignis entweder die Wahrscheinlichkeit 0 oder 1 (**Null-Eins-Gesetz von Kolmogorov**) (*Zero-one law*).

Eine **Markov-Kette** (*Markov chain*) ist eine Folge $X_0, X_1, \ldots$ von Zufallsvariablen auf einem Wahrscheinlichkeitsraum $(\Omega, \mathcal{A}, \mathbb{P})$ mit Werten in einem abzählbaren Zustandsraum $S$, sodass für jedes $n \geq 1$ und jede Wahl von Zuständen $i_0, \ldots, i_{n+1} \in S$ die bedingte Wahrscheinlichkeit $\mathbb{P}(X_{n+1} = i_{n+1}|X_0 = i_0, \ldots, X_n = i_n)$ gleich $\mathbb{P}(X_{n+1} = i_{n+1}|X_n = i_n)$ ist. Diese sog. **Markov-Eigenschaft** (*Markov property*) bedeutet, dass das zukünftige Verhalten der Markov-Kette nur von der Gegenwart und nicht von der Vergangenheit bestimmt ist. Bei einer **zeithomogenen** (*time-homogeneous*) Markov-Kette hängt $\mathbb{P}(X_{n+1} = j|X_n = i)$ nicht von $n$ ab. Die Markov-Eigenschaft bleibt gültig, wenn man die Bedingung $X_0 = i_0, \ldots, X_{n-1} = i_{n-1}$ durch ein allgemeines, mithilfe von $(X_0, \ldots, X_{n-1})$ beschreibbares Ereignis ersetzt.

Die Matrix $\mathbf{P} = (p_{ij})$, $i, j \in S$, der Übergangswahrscheinlichkeiten einer zeithomogenen Markov-Kette heißt **Übergangsmatrix** (*transition matrix*). Die Matrix der ***n*-Schritt-Übergangswahrscheinlichkeiten** (*nth order transition probabilities*) $p_{ij}^{(n)} := \mathbb{P}(X_n = j|X_0 = i)$ heißt ***n*-Schritt-Übergangsmatrix**. Sie ist die $n$-te Potenz von $\mathbf{P}$, und im Fall $S = \{1, \ldots, s\}$ gilt für den Zeilenvektor $\pi_n = (\mathbb{P}(X_n = 1), \ldots, \mathbb{P}(X_n = s))$ die Gleichung

$$\pi_n = \pi_0 \cdot \mathbf{P}^n, \qquad n \geq 0.$$

Eine Verteilung $\alpha = (\alpha_1, \ldots, \alpha_s)$ auf $S$ heißt **invariant** oder **stationär** (*stationary*), falls $\alpha = \alpha\mathbf{P}$ gilt. Der **Ergodensatz für endliche Markov-Ketten** (*ergodic theorem for finite Markov chains*) besagt, dass es genau eine invariante Verteilung $\alpha$ gibt, wenn für ein $k \geq 1$ alle Einträge von $\mathbf{P}^k$ strikt positiv sind. In diesem Fall konvergiert für jede Wahl des Start-Wahrscheinlichkeitsvektors $\pi_0$ die Folge $\pi_n$ exponentiell schnell gegen $\alpha$. Kommuniziert jeder Zustand mit jedem anderen, gibt es also für jede Wahl von $i, j \in S$ ein $n \geq 0$ mit $p_{ij}^{(n)} > 0$, so heißt die Markov-Kette **irreduzibel** (*irreducible*). Gibt es ein $n \geq 1$ mit $p_{ii}^{(n)} > 0$, so heißt der größte gemeinsame Teiler aller dieser $n$ die **Periode** (*period*) $d(i)$ des Zustands $i$. Andernfalls setzt man $d(i) := \infty$. In einer **aperiodischen** (*aperiodic*) Markov-Kette besitzt jeder Zustand die Periode 1. Für irreduzible und aperiodische endliche Markov-Ketten gilt der Ergodensatz.

# Aufgaben

Die Aufgaben gliedern sich in drei Kategorien: Anhand der *Verständnisfragen* können Sie prüfen, ob Sie die Begriffe und zentralen Aussagen verstanden haben, mit den *Rechenaufgaben* üben Sie Ihre technischen Fertigkeiten und die *Beweisaufgaben* geben Ihnen Gelegenheit, zu lernen, wie man Beweise findet und führt.
Ein Punktesystem unterscheidet leichte •, mittelschwere •• und anspruchsvolle ••• Aufgaben. Lösungshinweise am Ende des Buches helfen Ihnen, falls Sie bei einer Aufgabe partout nicht weiterkommen. Dort finden Sie auch die Lösungen – betrügen Sie sich aber nicht selbst und schlagen Sie erst nach, wenn Sie selber zu einer Lösung gekommen sind. Ausführliche Lösungswege, Beweise und Abbildungen finden Sie auf der Website zum Buch.
Viel Spaß und Erfolg bei den Aufgaben!

## Verständnisfragen

**3.1** •• (Drei-Kasten-Problem von Joseph Bertrand (1822–1900)) Drei Kästen haben je zwei Schubladen. In jeder Schublade liegt eine Münze, und zwar in Kasten 1 je eine Gold- und in Kasten 2 je eine Silbermünze. In Kasten 3 befindet sich in einer Schublade eine Gold- und in der anderen eine Silbermünze. Es wird rein zufällig ein Kasten und danach aufs Geratewohl eine Schublade gewählt, in der sich eine Goldmünze befinde. Mit welcher bedingten Wahrscheinlichkeit ist dann auch in der anderen Schublade des gewählten Kastens eine Goldmünze?

**3.2** •• Es seien $A$, $B$ und $C$ Ereignisse in einem Wahrscheinlichkeitsraum $(\Omega, \mathcal{A}, \mathbb{P})$.

a) $A$ und $B$ sowie $A$ und $C$ seien stochastisch unabhängig. Zeigen Sie an einem Beispiel, dass nicht unbedingt auch $A$ und $B \cap C$ unabhängig sein müssen.
b) $A$ und $B$ sowie $B$ und $C$ seien stochastisch unabhängig. Zeigen Sie anhand eines Beispiels, dass $A$ und $C$ nicht notwendig unabhängig sein müssen. Der Unabhängigkeitsbegriff ist also nicht transitiv!

**3.3** • Es bezeichne $X_n$, $n \geq 1$, die Anzahl roter Kugeln nach dem $n$-ten Zug im Pólyaschen Urnenmodell von Abschn. 3.2 mit $c > 0$. Zeigen Sie: Mit der Festsetzung $X_0 := r$ ist $(X_n)_{n \geq 0}$ eine nicht homogene Markov-Kette.

**3.4** • Es sei $(X_n)_{n \geq 0}$ eine Markov-Kette mit Zustandsraum $S$. Ein Zustand $i \in S$ heißt **wesentlich**, falls gilt:

$$\forall j \in S : i \to j \Longrightarrow j \to i .$$

Andernfalls heißt $i$ **unwesentlich**. Ein wesentlicher Zustand führt also nur zu Zuständen, die mit ihm kommunizieren. Zeigen Sie: Jede Kommunikationsklasse hat entweder nur wesentliche oder nur unwesentliche Zustände.

## Rechenaufgaben

**3.5** • Zeigen Sie, dass für eine Zufallsvariable $X$ mit der in (3.13) definierten Pólya-Verteilung $\mathrm{Pol}(n, r, s, c)$ gilt:

$$\lim_{c \to \infty} \mathbb{P}_c(X = 0) = \frac{s}{r + s}, \qquad \lim_{c \to \infty} \mathbb{P}_c(X = n) = \frac{r}{r + s}.$$

Dabei haben wir die betrachtete Abhängigkeit der Verteilung von $c$ durch einen Index hervorgehoben.

**3.6** •• Eine Schokoladenfabrik stellt Pralinen her, die jeweils eine Kirsche enthalten. Die benötigten Kirschen werden an zwei Maschinen entkernt. Maschine $A$ liefert 70 % dieser Kirschen, wobei 8 % der von $A$ gelieferten Kirschen den Kern noch enthalten. Maschine $B$ produziert 30 % der benötigten Kirschen, wobei 5 % der von $B$ gelieferten Kirschen den Kern noch enthalten. Bei einer abschließenden Gewichtskontrolle werden 95 % der Pralinen, in denen ein Kirschkern enthalten ist, aussortiert, aber auch 2 % der Pralinen ohne Kern.

a) Modellieren Sie diesen mehrstufigen Vorgang geeignet. Wie groß ist die Wahrscheinlichkeit, dass eine Praline mit Kirschkern in den Verkauf gelangt?
b) Ein Kunde kauft eine Packung mit 100 Pralinen. Wie groß ist die Wahrscheinlichkeit, dass nur gute Pralinen, also Pralinen ohne Kirschkern, in der Packung sind?

**3.7** •• Ein homogenes Glücksrad mit den Ziffern 1, 2, 3 wird gedreht. Tritt das Ergebnis 1 auf, so wird das Rad noch zweimal gedreht, andernfalls noch einmal.

a) Modellieren Sie diesen zweistufigen Vorgang.
b) Das Ergebnis im zweiten Teilexperiment sei die Ziffer bzw. die Summe der Ziffern. Mit welcher Wahrscheinlichkeit tritt das Ergebnis $j$ auf, $j = 1, \ldots, 6$?
c) Mit welcher Wahrscheinlichkeit ergab die erste Drehung eine 1, wenn beim zweiten Teilexperiment das Ergebnis 3 auftritt?

**3.8** •• Beim *Skatspiel* werden 32 Karten rein zufällig an drei Spieler 1, 2 und 3 verteilt, wobei jeder 10 Karten erhält; zwei Karten werden verdeckt als *Skat* auf den Tisch gelegt. Spieler 1 gewinnt das Reizen, nimmt den Skat auf und will mit Karo-Buben und Herz-Buben einen *Grand* spielen. Mit welcher Wahrscheinlichkeit besitzt

a) jeder der Gegenspieler einen Buben?
b) jeder der Gegenspieler einen Buben, wenn Spieler 1 bei Spieler 2 den Kreuz-Buben (aber sonst keine weitere Karte) sieht?
c) jeder der Gegenspieler einen Buben, wenn Spieler 1 bei Spieler 2 einen (schwarzen) Buben erspäht (er ist sich jedoch völlig unschlüssig, ob es sich um den Pik-Buben oder den Kreuz-Buben handelt)?

**3.9** • Zeigen Sie, dass im Beispiel von Laplace (1783) in Abschn. 3.2 die A-posteriori-Wahrscheinlichkeiten $\mathbb{P}(A_k|B)$ für jede Wahl von A-priori-Wahrscheinlichkeiten $\mathbb{P}(A_j)$ für $n \to \infty$ gegen die gleichen Werte null (für $k \le 2$) und eins (für $k = 3$) konvergieren.

**3.10** •• **Drei-Türen-Problem, Ziegenproblem**

In der Spielshow *Let's make a deal!* befindet sich hinter einer von drei rein zufällig ausgewählten Türen ein Auto, hinter den beiden anderen jeweils eine Ziege. Ein Kandidat wählt eine der Türen aufs Geratewohl aus; diese bleibt aber vorerst verschlossen. Der Spielleiter öffnet daraufhin eine der beiden anderen Türen, und es zeigt sich eine Ziege. Der Kandidat kann nun bei seiner ursprünglichen Wahl bleiben oder die andere verschlossene Tür wählen. Er erhält dann den Preis hinter der von ihm zuletzt gewählten Tür. Mit welcher Wahrscheinlichkeit gewinnt der Kandidat bei einem Wechsel zur verbleibenden verschlossenen Tür das Auto, wenn wir unterstellen, dass

a) der Spielleiter weiß, hinter welcher Tür das Auto steht, diese Tür nicht öffnen darf und für den Fall, dass er eine Wahlmöglichkeit hat, mit gleicher Wahrscheinlichkeit eine der beiden verbleibenden Türen wählt?
b) der Spielleiter aufs Geratewohl eine der beiden verbleibenden Türen öffnet, und zwar auch auf die Gefahr hin, dass das Auto offenbart wird?

**3.11** •• Eine Mutter zweier Kinder sagt:

a) „Mindestens eines meiner beiden Kinder ist ein Junge."
b) „Das älteste meiner beiden Kinder ist ein Junge."

Wie schätzen Sie jeweils die Chance ein, dass auch das andere Kind ein Junge ist?

**3.12** • 95 % der in einer Radarstation eintreffenden Signale sind mit einer Störung überlagerte Nutzsignale, und 5 % sind reine Störungen. Wird ein gestörtes Nutzsignal empfangen, so zeigt die Anlage mit Wahrscheinlichkeit 0.98 die Ankunft eines Nutzsignals an. Beim Empfang einer reinen Störung wird mit Wahrscheinlichkeit 0.1 fälschlicherweise ein Nutzsignals angezeigt. Mit welcher Wahrscheinlichkeit ist ein als Nutzsignal angezeigtes Signal wirklich ein (störungsüberlagertes) Nutzsignal?

**3.13** •• Es bezeichne $a_k \in \{m, j\}$ das Geschlecht des $k$-jüngsten Kindes in einer Familie mit $n \ge 2$ Kindern ($j$ = Junge, $m$ = Mädchen, $k = 1, \ldots, n$). $\mathbb{P}$ sei die Gleichverteilung auf der Menge $\Omega = \{m, j\}^n$ aller Tupel $(a_1, \ldots, a_n)$. Weiter sei

$$\begin{aligned}A &= \{(a_1, \ldots, a_n) \in \Omega \,|\, |\{a_1, \ldots, a_n\} \cap \{j, m\}| = 2\}\\ &= \{\text{„die Familie hat Kinder beiderlei Geschlechts"}\},\\ B &= \{(a_1, \ldots, a_n) \in \Omega \,|\, |\{j : 1 \le j \le n,\ a_j = m\}| \le 1\}\\ &= \{\text{„die Familie hat höchstens ein Mädchen"}\}.\end{aligned}$$

Beweisen oder widerlegen Sie: $A$ und $B$ sind stochastisch unabhängig $\Longleftrightarrow n = 3$.

**3.14** •• Zwei Spieler A und B drehen in unabhängiger Folge abwechselnd ein Glücksrad mit den Sektoren $A$ und $B$. Das Glücksrad bleibt mit Wahrscheinlichkeit $p$ im Sektor $A$ stehen. Gewonnen hat derjenige Spieler, welcher als Erster erreicht, dass das Glücksrad in *seinem* Sektor stehen bleibt. Spieler A beginnt. Zeigen Sie:

Gilt $p = (3 - \sqrt{5})/2 \approx 0.382$, so ist das Spiel fair, d. h., beide Spieler haben die gleiche Gewinnchance.

**3.15** • Eine Urne enthalte eine rote und eine schwarze Kugel. Es wird rein zufällig eine Kugel gezogen. Ist diese rot, ist das Experiment beendet. Andernfalls werden die schwarze Kugel sowie eine weitere schwarze Kugel in die Urne gelegt und der Urneninhalt gut gemischt. Dieser Vorgang wird so lange wiederholt, bis die (eine) rote Kugel gezogen wird. Die Zufallsvariable $X$ bezeichne die Anzahl der dazu benötigten Züge. Zeigen Sie:

$$\mathbb{P}(X = k) = \frac{1}{k(k+1)}, \qquad k \ge 1.$$

**3.16** •• In der Situation des Beispiels zur Interpretation der Ergebnisse medizinischer Tests in Abschn. 3.2 habe sich eine Person $r$-mal einem ELISA-Test unterzogen. Wir nehmen an, dass die einzelnen Testergebnisse – unabhängig davon, ob eine Infektion vorliegt oder nicht – als stochastisch unabhängige Ereignisse angesehen werden können. Zeigen Sie: Die bedingte Wahrscheinlichkeit, dass die Person infiziert ist, wenn alle $r$ Tests positiv ausfallen, ist in Verallgemeinerung von (3.23) durch

$$\frac{q \cdot p_{se}^r}{q \cdot p_{se}^r + (1-q) \cdot (1 - p_{sp})^r}$$

gegeben. Was ergibt sich speziell für $q = 0.0001$, $p_{se} = 0.999$, $p_{sp} = 0.998$ und $r = 1, 2, 3$?

**3.17** • Von einem regulären Tetraeder seien drei der vier Flächen mit jeweils einer der Farben 1, 2 und 3 gefärbt; auf der vierten Fläche sei jede dieser drei Farben sichtbar. Es sei $A_j$ das Ereignis, dass nach einem Wurf des Tetraeders die unten liegende Seite die Farbe $j$ enthält ($j = 1, 2, 3$). Zeigen Sie:

a) Je zwei der Ereignisse $A_1$, $A_2$ und $A_3$ sind unabhängig.
b) $A_1$, $A_2$, $A_3$ sind nicht unabhängig.

Kapitel 3

**3.18** •• Es sei $(\Omega, \mathcal{P}(\Omega), \mathbb{P})$ ein Laplacescher Wahrscheinlichkeitsraum mit

a) $|\Omega| = 6$ (echter Würfel),
b) $|\Omega| = 7$.

Wie viele Paare $(A, B)$ unabhängiger Ereignisse mit $0 < \mathbb{P}(A) \le \mathbb{P}(B) < 1$ gibt es jeweils?

**3.19** • Ein kompliziertes technisches Gerät bestehe aus $n$ Einzelteilen, die innerhalb eines festen Zeitraumes unabhängig voneinander mit derselben Wahrscheinlichkeit $p$ ausfallen. Das Gerät ist nur funktionstüchtig, wenn jedes Einzelteil funktionstüchtig ist.

a) Welche Ausfallwahrscheinlichkeit besitzt das Gerät?
b) Durch Parallelschaltung identischer Bauelemente zu jedem der $n$ Einzelteile soll die Ausfallsicherheit erhöht werden. Bei Ausfall eines Bauelements übernimmt dann eines der noch funktionierenden Parallel-Elemente dessen Aufgabe. Zeigen Sie: Ist jedes Einzelteil $k$-fach parallel geschaltet, und sind alle Ausfälle voneinander unabhängig, so ist die Ausfallwahrscheinlichkeit des Gerätes gleich $1 - (1 - p^k)^n$.
c) Welche Ausfallwahrscheinlichkeiten ergeben sich für $n = 200$, $p = 0.0015$ und die Fälle $k = 1$, $k = 2$ und $k = 3$?

**3.20** • Zeigen Sie durch Nachweis der Markov-Eigenschaft, dass Partialsummen unabhängiger $\mathbb{Z}$-wertiger Zufallsvariablen (erstes Beispiel in Abschn. 3.5) eine Markov-Kette bilden.

**3.21** • Es seien $Y_0, Y_1, \ldots$ unabhängige und je Bin$(1, p)$ verteilte Zufallsvariablen, wobei $0 < p < 1$. Die Folge $(X_n)_{n\ge0}$ sei rekursiv durch $X_n := 2Y_n + Y_{n+1}$, $n \ge 0$, definiert. Zeigen Sie, dass $(X_n)$ eine Markov-Kette bildet, und bestimmen Sie deren Übergangsmatrix.

**3.22** •• Es sei $X_0, X_1, \ldots$ eine Markov-Kette mit Zustandsraum $S$. Zeigen Sie, dass für alle $k, m, n$ mit $0 \le k < m < n$ und alle $h, j \in S$ die sog. *Chapman-Kolmogorov-Gleichung*

$$\mathbb{P}(X_n = j \,|\, X_k = h) = \sum_{i\in S} \mathbb{P}(X_m = i \,|\, X_k = h) \cdot \mathbb{P}(X_n = j \,|\, X_m = i)$$

gilt.

**3.23** • Leiten Sie im Fall des Bediensystems mit drei Zuständen (vgl. Abb. 3.7) die invariante Verteilung $\alpha = (\alpha_0, \alpha_1, \alpha_2)$ her. Warum sind die Voraussetzungen des Ergodensatzes erfüllt?

**3.24** •• Beim *diskreten Diffusionsmodell von Bernoulli-Laplace* für den Fluss zweier inkompressibler Flüssigkeiten befinden sich in zwei Behältern A und B jeweils $m$ Kugeln. Von den insgesamt $2m$ Kugeln seien $m$ weiß und $m$ schwarz. Das System sei im Zustand $j$, $j \in S := \{0, 1, \ldots, m\}$, wenn sich im Behälter A genau $j$ weiße Kugeln befinden. Aus jedem Behälter wird unabhängig voneinander je eine Kugel rein zufällig entnommen und in den jeweils anderen Behälter gelegt. Dieser Vorgang wird in unabhängiger Folge wiederholt. Die Zufallsvariable $X_n$ beschreibe den Zustand des Systems nach $n$ solchen Ziehungsvorgängen, $n \ge 0$. Leiten Sie die Übergangsmatrix der Markov-Kette $(X_n)_{n\ge0}$ her und zeigen Sie, dass die invariante Verteilung eine hypergeometrische Verteilung ist.

## Beweisaufgaben

**3.25** •• Es seien $(\Omega, \mathcal{A}, \mathbb{P})$ ein Wahrscheinlichkeitsraum und $C_1, C_2, \ldots$ endlich oder abzählbar-unendlich viele paarweise disjunkte Ereignisse mit positiven Wahrscheinlichkeiten sowie $C := \sum_{j\ge1} C_j$. Besitzt $A \in \mathcal{A}$ die Eigenschaft, dass $\mathbb{P}(A|C_j)$ nicht von $j$ abhängt, so gilt

$$\mathbb{P}(A|C) = \mathbb{P}(A|C_1).$$

**3.26** •• Im Pólyaschen Urnenmodell von Abschn. 3.1 sei

$$A_j := \{(a_1, \ldots, a_n) \in \Omega \,|\, a_j = 1\}$$

das Ereignis, im $j$-ten Zug eine rote Kugel zu erhalten ($j = 1, \ldots, n$). Zeigen Sie: Für jedes $k = 1, \ldots, n$ und jede Wahl von $i_1, \ldots, i_k$ mit $1 \le i_1 < \ldots < i_k \le n$ gilt

$$\mathbb{P}(A_{i_1} \cap \ldots \cap A_{i_k}) = \mathbb{P}(A_1 \cap \ldots \cap A_k) = \prod_{j=0}^{k-1} \frac{r + jc}{r + s + jc}.$$

**3.27** • Es seien $(\Omega, \mathcal{A}, \mathbb{P})$ ein Wahrscheinlichkeitsraum und $A, B \in \mathcal{A}$. Beweisen oder widerlegen Sie:

a) $A$ und $\emptyset$ sowie $A$ und $\Omega$ sind unabhängig.
b) $A$ und $A$ sind genau dann stochastisch unabhängig, wenn gilt: $\mathbb{P}(A) \in \{0, 1\}$.
c) Gilt $A \subseteq B$, so sind $A$ und $B$ genau dann unabhängig, wenn $\mathbb{P}(B) = 1$ gilt.
d) $A \cap B = \emptyset \Rightarrow A$ und $B$ sind stochastisch unabhängig.
e) Es gelte $0 < \mathbb{P}(B) < 1$ und $A \cap B = \emptyset$. Dann folgt: $\mathbb{P}(A^c|B) = \mathbb{P}(A|B^c) \Longleftrightarrow \mathbb{P}(A) + \mathbb{P}(B) = 1$.

**3.28** •• Es sei $\Omega := \mathrm{Per}_n^n = \{(a_1, \ldots, a_n) \,|\, 1 \le a_j \le n,\ j = 1, \ldots, n;\ a_i \ne a_j \text{ für } i \ne j\}$ die Menge der Permutationen der Zahlen $1, \ldots, n$. Für $k = 1, \ldots, n$ bezeichne

$$A_k := \{(a_1, \ldots, a_n) \in \Omega \,|\, a_k = \max(a_1, \ldots, a_k)\}$$

das Ereignis, dass an der Stelle $k$ ein „Rekord" auftritt. Zeigen Sie: Unter einem Laplace-Modell gilt:

a) $\mathbb{P}(A_j) = 1/j$, $j = 1, \ldots, n$.
b) $A_1, \ldots, A_n$ sind stochastisch unabhängig.

**3.29** ●●● Es sei $\Omega := \{\omega = (a_1,\ldots,a_n) \mid a_j \in \{0,1\}$ für $1 \le j \le n\} = \{0,1\}^n$, $n \ge 3$, und $p : \Omega \to [0,1]$ durch

$$p(\omega) := \begin{cases} 2^{-n+1}, & \text{falls } \sum_{j=1}^n a_j \text{ ungerade,} \\ 0, & \text{sonst,} \end{cases}$$

definiert. Ferner sei

$$A_j := \{(a_1,\ldots,a_n) \in \Omega \mid a_j = 1\}, \quad 1 \le j \le n.$$

Zeigen Sie:

a) Durch $\mathbb{P}(A) := \sum_{\omega \in A} p(\omega)$, $A \subseteq \Omega$, wird ein Wahrscheinlichkeitsmaß auf $\mathcal{P}(\Omega)$ definiert.
b) Je $n-1$ der Ereignisse $A_1,\ldots,A_n$ sind unabhängig.
c) $A_1,\ldots,A_n$ sind nicht unabhängig.

**3.30** ●● Es seien $A_1,\ldots,A_n$ Ereignisse in einem Wahrscheinlichkeitsraum $(\Omega,\mathcal{A},\mathbb{P})$. Zeigen Sie, dass $A_1,\ldots,A_n$ genau dann unabhängig sind, wenn die Indikatorfunktionen $\mathbb{1}\{A_1\},\ldots,\mathbb{1}\{A_n\}$ unabhängig sind.

**3.31** ●● Beweisen Sie die Identitäten in (3.39).

**3.32** ●●● Es sei $(\Omega,\mathcal{A},\mathbb{P})$ ein diskreter Wahrscheinlichkeitsraum. Weiter sei $A_1, A_2, \ldots \in \mathcal{A}$ eine Folge unabhängiger Ereignisse mit $p_n := \mathbb{P}(A_n)$, $n \ge 1$. Zeigen Sie:

$$\sum_{n=1}^{\infty} \min(p_n, 1-p_n) < \infty.$$

**3.33** ●● Es seien $A_n$, $n \ge 1$, Ereignisse in einem Wahrscheinlichkeitsraum $(\Omega,\mathcal{A},\mathbb{P})$. Zeigen Sie:

a) $\limsup_{n\to\infty} A_n^c = (\liminf_{n\to\infty} A_n)^c$,
b) $\liminf_{n\to\infty} A_n^c = (\limsup_{n\to\infty} A_n)^c$,
c) $\limsup_{n\to\infty} A_n \setminus \liminf_{n\to\infty} A_n = \limsup_{n\to\infty}(A_n \cap A_{n+1}^c)$.

**3.34** ●● Es seien $A_n, B_n, n \ge 1$, Ereignisse in einem Wahrscheinlichkeitsraum $(\Omega,\mathcal{A},\mathbb{P})$. Zeigen Sie:

a) $\limsup_{n\to\infty} A_n \cap \limsup_{n\to\infty} B_n \supseteq \limsup_{n\to\infty}(A_n \cap B_n)$,
b) $\limsup_{n\to\infty} A_n \cup \limsup_{n\to\infty} B_n = \limsup_{n\to\infty}(A_n \cup B_n)$,
c) $\liminf_{n\to\infty} A_n \cap \liminf_{n\to\infty} B_n = \liminf_{n\to\infty}(A_n \cap B_n)$,
d) $\liminf_{n\to\infty} A_n \cup \liminf_{n\to\infty} B_n \subseteq \liminf_{n\to\infty}(A_n \cup B_n)$.

Geben Sie Beispiele für strikte Inklusion in a) und d) an.

**3.35** ●● Es seien $X_1, X_2, \ldots$ stochastisch unabhängige Zufallsvariablen auf einem Wahrscheinlichkeitsraum $(\Omega,\mathcal{A},\mathbb{P})$ mit $\mathbb{P}(X_j = 1) = p$ und $\mathbb{P}(X_j = 0) = 1-p$, $j \ge 1$, wobei $0 < p < 1$. Zu vorgegebenem $r \in \mathbb{N}$ und $(a_1,\ldots,a_r) \in \{0,1\}^r$ sei $A_k$ das Ereignis

$$A_k := \bigcap_{\ell=1}^{r} \{X_{k+\ell-1} = a_\ell\}, \qquad k \ge 1.$$

Zeigen Sie: $\mathbb{P}(\limsup_{k\to\infty} A_k) = 1$.

**3.36** ●● Es seien $A \subseteq \mathbb{N}$ und 1 der größte gemeinsame Teiler von $A$. Für $m, n \in A$ gelte $m + n \in A$. Zeigen Sie: Es gibt ein $n_0 \in \mathbb{N}$, sodass $n \in A$ für jedes $n \ge n_0$.

# Antworten zu den Selbstfragen

**Antwort 1** Damit sichergestellt ist, dass im Fall $c < 0$ auch im $n$-ten Zug eine rote oder eine schwarze Kugel gezogen werden kann, muss $\min(r, s) \geq (n-1)|c| + 1$ gelten.

**Antwort 2** Es gelten $\mathbb{P}_A(B) \geq 0$ für jedes $B \in \mathcal{A}$ sowie $\mathbb{P}_A(\Omega) = \mathbb{P}(A \cap \Omega)/\mathbb{P}(A) = 1$. Sind $B_1, B_2, \ldots$ paarweise disjunkte Mengen aus $\mathcal{A}$, so sind $B_1 \cap A, B_2 \cap A, \ldots$ paarweise disjunkte Mengen aus $\mathcal{A}$. Die $\sigma$-Additivität von $\mathbb{P}$ ergibt dann

$$\begin{aligned}\mathbb{P}_A\Big(\sum_{j=1}^{\infty} B_j\Big) &= \frac{1}{\mathbb{P}(A)} \cdot \mathbb{P}\Big(\Big(\sum_{j=1}^{\infty} B_j\Big) \cap A\Big) \\ &= \frac{1}{\mathbb{P}(A)} \cdot \mathbb{P}\Big(\sum_{j=1}^{\infty} B_j \cap A\Big) \\ &= \frac{1}{\mathbb{P}(A)} \cdot \sum_{j=1}^{\infty} \mathbb{P}(B_j \cap A) = \sum_{j=1}^{\infty} \mathbb{P}_A(B_j),\end{aligned}$$

also die $\sigma$-Additivität von $\mathbb{P}_A$.

**Antwort 3** Von den insgesamt $2^n$ Teilmengen muss man die $n$ einelementigen Teilmengen sowie die leere Menge abziehen.

**Antwort 4** Jede $\sigma$-Algebra, die die Vereinigung $\bigcup_{j \in I_k} \mathcal{M}_j$ enthält, muss als $\sigma$-Algebra auch die Durchschnitte $A_{i_1} \cap \ldots \cap A_{i_m}$ von Mengen $A_{i_1}, \ldots, A_{i_m}$ mit $\{i_1, \ldots, i_m\} \subseteq I_k$ und $A_{i_\nu} \in \mathcal{A}_{i_\nu}$ für $\nu = 1, \ldots, m$, also das System $\mathcal{B}_k$, umfassen.

**Antwort 5** Wegen $S_k := \sigma(X_1, \ldots, X_k) = \sigma(\bigcup_{j=1}^{k} \sigma(X_j))$ gilt $S_1 \subseteq S_2 \subseteq \ldots$ Sind $A, B \in \bigcup_{k=1}^{\infty} \sigma(X_1, \ldots, X_k)$, so gibt es $m, n \in \mathbb{N}$ mit $A \in S_m$ und $B \in S_n$. Es sei o.B.d.A. $m \leq n$. Dann gilt $A \in S_n$ und somit wegen der $\cap$-Stabilität von $S_n$ auch $A \cap B \in S_n \subseteq \bigcup_{k=1}^{\infty} \sigma(X_1, \ldots, X_k)$.

**Antwort 6** In der ersten Summe steht eigentlich $\mathbb{P}(X_{n+1} = j \,|\, X_n = k, X_0 = i)$. Die Bedingung $X_0 = i$ kann jedoch wegen der verallgemeinerten Markov-Eigenschaft entfallen.

**Antwort 7** Sie folgt aus der Formel der totalen Wahrscheinlichkeit, wenn man das Ereignis $\{X_{m+n} = k\}$ nach den möglichen Werten $\ell$ für $X_n$ zerlegt und die verallgemeinerte Markov-Eigenschaft verwendet. Letztlich ist es die Matrizengleichung $\mathbf{P}^{m+n} = \mathbf{P}^m \cdot \mathbf{P}^n$, die auch für unendliche Matrizen gilt, siehe auch Aufgabe 3.22.

# Diskrete Verteilungsmodelle – wenn der Zufall zählt

Warum ist die Erwartungswertbildung ein lineares Funktional?

Wie entsteht die Multinomialverteilung?

Wie beweist man die Tschebyschow-Ungleichung?

Warum kann man von Unabhängigkeit auf Unkorreliertheit schließen?

Auf welche Weise entsteht die bedingte Erwartung $\mathbb{E}(X|Z)$?






N. Henze, *Stochastik: Eine Einführung mit Grundzügen der Maßtheorie*, https://doi.org/10.1007/978-3-662-59563-3_4

In Abschn. 2.2 haben wir die Verteilung einer Zufallsvariablen mit Werten in einer allgemeinen Menge eingeführt. In diesem Kapitel werden wir deutlich konkreter und betrachten *reelle Zufallsvariablen* oder *Zufallsvektoren*, die höchstens abzählbar viele verschiedene Werte annehmen können. Die zugehörigen Verteilungen sind meist mit *Zählvorgängen* verknüpft. So entstehen Binomialverteilung, hypergeometrische Verteilung und Pólya-Verteilung, wenn die *Anzahl* gezogener Kugeln einer bestimmten Art in unterschiedlichen Urnenmodellen betrachtet wird. *Zählt* man die Nieten vor dem Auftreten von Treffern in Bernoulli-Ketten, so ergeben sich die geometrische Verteilung und die negative Binomialverteilung, und die Multinomialverteilung tritt in natürlicher Weise beim *Zählen* von Treffern unterschiedlicher Art in einem verallgemeinerten Bernoullischen Versuchsschema auf. Die Poisson-Verteilung modelliert die *Anzahl* eintretender Ereignisse bei spontanen Phänomenen; sie ist eine gute Approximation der Binomialverteilung bei großem $n$ und kleinem $p$. Diese Verteilungen sind grundlegend für ein begriffliches Verständnis vieler stochastischer Vorgänge. Zugleich werden Grundbegriffe der Stochastik wie gemeinsame Verteilung, Unabhängigkeit, Erwartungswert, Varianz, Kovarianz, Korrelation sowie bedingte Erwartungswerte und bedingte Verteilungen in einem elementaren technischen Rahmen behandelt, der keinerlei Kenntnisse der Maß- und Integrationstheorie voraussetzt.

## 4.1 Diskrete Zufallsvariablen

In diesem Abschnitt führen wir die Begriffe *diskrete Zufallsvariable*, *diskreter Zufallsvektor* sowie *gemeinsame Verteilung* und *Marginalverteilung ein*. Wir werden sehen, wie sich Verteilungen abgeleiteter Zufallsvariablen bestimmen lassen. Hier lernen wir insbesondere die *diskrete Faltungsformel* kennen, mit deren Hilfe man die Verteilung der Summe zweier unabhängiger Zufallsvariablen erhalten kann. Es sei vereinbart, dass alle auftretenden Zufallsvariablen auf dem gleichen Wahrscheinlichkeitsraum $(\Omega, \mathcal{A}, \mathbb{P})$ definiert sind.

**Diskrete Zufallsvariable, diskreter Zufallsvektor**

Es seien $X$ eine reelle Zufallsvariable oder ein $k$-dimensionaler Zufallsvektor. $X$ heißt **diskret** (**verteilt**), wenn es eine abzählbare Menge $D \subseteq \mathbb{R}$ (bzw. $D \subseteq \mathbb{R}^k$) gibt, sodass $\mathbb{P}(X \in D) = 1$ gilt. Man sagt auch, dass $X$ eine **diskrete Verteilung** besitzt.

In diesem Sinn ist also insbesondere jede Indikatorsumme eine diskrete Zufallsvariable, was insbesondere die Binomialverteilung und die hypergeometrische Verteilung mit einschließt. Man beachte, dass in der obigen Definition der zugrunde liegende Wahrscheinlichkeitsraum keine Erwähnung findet, weil nur eine Aussage über die *Verteilung* von $X$ getroffen wird. Ist $X$ auf einem diskreten Wahrscheinlichkeitsraum definiert, so ist $X$ immer diskret verteilt. Wegen der $\sigma$-Additivität von $\mathbb{P}$ ist die Verteilung von $X$ durch das System der Wahrscheinlichkeiten $\mathbb{P}(X = t)$ mit $t \in D$ eindeutig bestimmt, denn es gilt

$$\mathbb{P}(X \in B) = \sum_{t \in B \cap D} \mathbb{P}(X = t) \tag{4.1}$$

für jede eindimensionale bzw. jede $k$-dimensionale Borel-Menge $B$. Aus diesem Grund bezeichnet man bei diskreten Zufallsvariablen oft auch das System der Wahrscheinlichkeiten $\mathbb{P}(X = t), t \in D$, synonym als Verteilung von $X$. Für die Abbildung $t \mapsto \mathbb{P}(X = t)$ ist bisweilen auch die Namensgebung *Wahrscheinlichkeitsfunktion* gebräuchlich. Verteilungen diskreter Zufallsvariablen können wie in den Abb. 2.4 und 2.5 durch Stabdiagramme veranschaulicht werden.

**Achtung**

- Wenn wir in der Folge Formulierungen wie „die Augensumme $X$ beim zweifachen Wurf mit einem echten Würfel besitzt die Verteilung

$$\mathbb{P}(X = k) = \frac{6 - |7 - k|}{36}, \quad k = 2, 3, \ldots, 12\text{“}$$

verwenden, so ist uns damit stets Zweierlei bewusst: Erstens ist klar, dass man für $X$ als Abbildung einen Definitionsbereich angeben kann, und zweitens liefern die obigen Wahrscheinlichkeiten über die Bildung (4.1) eine Wahrscheinlichkeitsverteilung auf der Borelschen $\sigma$-Algebra $\mathcal{B}$.
- Sind $X$ eine Zufallsvariable und $M$ eine Borel-Menge mit $\mathbb{P}(X \in M) = 1$, so nennt man $X$ eine *$M$-wertige Zufallsvariable*. Dabei ist zugelassen, dass $\mathbb{P}(X \in M') = 1$ für eine echte Teilmenge $M'$ von $M$ gilt. Spricht man also von einer *$\mathbb{N}_0$-wertigen Zufallsvariablen* $X$, so bedeutet dies nur, dass $X$ mit Wahrscheinlichkeit eins nichtnegative ganzzahlige Werte annimmt. Insofern sind etwa die Augensumme beim zweifachen Würfelwurf oder eine Indikatorsumme $\mathbb{N}_0$-wertige Zufallsvariablen. Analoge Sprechweisen sind für Zufallsvektoren anzutreffen. ◄

Die folgende Definition hebt zwei im Zusammenhang mit (nicht notwendig diskret verteilten) Zufallsvektoren übliche Namensgebungen hervor.

**Gemeinsame Verteilung, Marginalverteilung**

Ist $\mathbf{X} = (X_1, \ldots, X_k)$ ein $k$-dimensionaler Zufallsvektor, so nennt man die Verteilung von $\mathbf{X}$ auch die **gemeinsame Verteilung von $X_1, \ldots, X_k$**. Die Verteilung von $X_j$ heißt **$j$-te Marginalverteilung** oder **Randverteilung** von $\mathbf{X}$, $j \in \{1, \ldots, k\}$.

Die letzte Sprechweise wird durch den Fall $k = 2$ verständlich. Nehmen die Zufallsvariablen $X$ und $Y$ die Werte $x_1, x_2, \ldots, x_r$ bzw. $y_1, y_2, \ldots, y_s$ an, so ist die gemeinsame Verteilung von $X$ und $Y$ durch die Wahrscheinlichkeiten

$$p_{i,j} := \mathbb{P}(X = x_i, Y = y_j),$$

$i = 1, \ldots, r; j = 1, \ldots, s$ festgelegt. Ordnet man die $p_{i,j}$ in Form einer Tabelle mit $r$ Zeilen und $s$ Spalten an, so ergeben sich die Marginalverteilungen, indem man die Zeilen- bzw. Spaltensummen bildet und an den *Rändern* (lat. *margo* für *Rand*) notiert. Für jedes $i \in \{1, \ldots, r\}$ gilt

$$\{X = x_i\} = \sum_{j=1}^{r} \{X = x_i, Y = y_j\},$$

Kapitel 4

**Tab. 4.1** Tabellarische Aufstellung der gemeinsamen Verteilung zweier Zufallsvariablen mit Marginalverteilungen

| | 1 | 2 | $\cdots$ | $s$ | $\sum$ |
|---|---|---|---|---|---|
| 1 | $p_{1,1}$ | $p_{1,2}$ | $\cdots$ | $p_{1,s}$ | $\mathbb{P}(X=x_1)$ |
| 2 | $p_{2,1}$ | $p_{2,2}$ | $\cdots$ | $p_{2,s}$ | $\mathbb{P}(X=x_2)$ |
| $\vdots$ | $\vdots$ | $\vdots$ | $\vdots$ | $\vdots$ | $\vdots$ |
| $r$ | $p_{r,1}$ | $p_{r,2}$ | $\cdots$ | $p_{r,s}$ | $\mathbb{P}(X=x_r)$ |
| $\sum$ | $\mathbb{P}(Y=y_1)$ | $\mathbb{P}(Y=y_2)$ | $\cdots$ | $\mathbb{P}(Y=y_s)$ | 1 |

d. h., das Ereignis $\{X = x_i\}$ ist Vereinigung der paarweise disjunkten Mengen $\{X = x_i, Y = y_j\}$, $1 \le j \le s$. Ein analoger Sachverhalt gilt für $\{Y = y_j\}$ (Tab. 4.1).

Die gemeinsame Verteilung lässt sich auch im Fall $k = 2$ in Form eines Stabdiagrammes veranschaulichen. Hierzu bringt man in einer $(x, y)$-Ebene für jedes Paar $(i, j)$ mit $1 \le i \le r$ und $1 \le j \le s$ über dem Punkt $(x_i, y_j)$ ein Stäbchen der Höhe $\mathbb{P}(X = x_i, Y = y_j)$ an, siehe Abb. 4.1 im nachfolgenden Beispiel.

**Beispiel (Erste und höchste Augenzahl)** Ein echter Würfel wird zweimal in unabhängiger Folge geworfen. Die Zufallsvariablen $X$ und $Y$ bezeichnen das Ergebnis des ersten Wurfs bzw. die höchste geworfene Augenzahl. Wählen wir den kanonischen Grundraum $\Omega = \{(i, j) \mid 1 \le i, j \le 6\}$ mit der Gleichverteilung $\mathbb{P}$ auf $\Omega$, so gilt etwa $\mathbb{P}(X = 2, Y = 2) = \mathbb{P}(\{(2,1), (2,2)\}) = 2/36$, $\mathbb{P}(X = 3, Y = 5) = \mathbb{P}(\{(3,5)\}) = 1/36$ usw. Die gemeinsame Verteilung von $X$ und $Y$ ist zusammen mit den an den Rändern aufgeführten Marginalverteilungen von $X$ und $Y$ in Tab. 4.2 veranschaulicht.

Abb. 4.1 zeigt das Stabdiagramm der gemeinsamen Verteilung von $X$ und $Y$. ◄

Ist allgemein $\mathbf{X} = (X_1, \ldots, X_k)$ ein $k$-dimensionaler diskreter Zufallsvektor mit $\mathbb{P}(X_i \in D_i) = 1$ für abzählbare Mengen $D_1, \ldots, D_k \subseteq \mathbb{R}$, so gilt wegen der $\sigma$-Additivität von $\mathbb{P}$ für jedes $x_1 \in D_1$

$$\mathbb{P}(X_1 = x_1) = \sum_{x_2 \subset D_2} \cdots \sum_{x_k \in D_k} \mathbb{P}(X_1 = x_1, \ldots, X_k = x_k).$$

**Tab. 4.2** Gemeinsame Verteilung und Marginalverteilungen der ersten und der größten Augenzahl beim zweifachen Würfelwurf

| | $j$ | | | | | | | |
|---|---|---|---|---|---|---|---|---|
| $i$ | 1 | 2 | 3 | 4 | 5 | 6 | $\sum$ | $\mathbb{P}(X=i)$ |
| 1 | 1/36 | 1/36 | 1/36 | 1/36 | 1/36 | 1/36 | 1/6 | |
| 2 | 0 | 2/36 | 1/36 | 1/36 | 1/36 | 1/36 | 1/6 | |
| 3 | 0 | 0 | 3/36 | 1/36 | 1/36 | 1/36 | 1/6 | |
| 4 | 0 | 0 | 0 | 4/36 | 1/36 | 1/36 | 1/6 | |
| 5 | 0 | 0 | 0 | 0 | 5/36 | 1/36 | 1/6 | |
| 6 | 0 | 0 | 0 | 0 | 0 | 6/36 | 1/6 | |
| $\sum$ | 1/36 | 3/36 | 5/36 | 7/36 | 9/36 | 11/36 | 1 | |
| | $\mathbb{P}(Y=j)$ | | | | | | | |

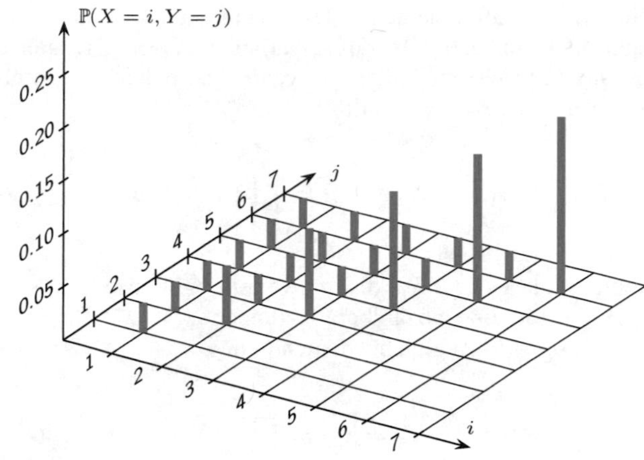


**Abb. 4.1** Stabdiagramm der gemeinsamen Verteilung von erster und größter Augenzahl beim zweifachen Würfelwurf

Allgemein ergibt sich $\mathbb{P}(X_j = x_j)$, indem man die Wahrscheinlichkeiten $\mathbb{P}(X_1 = x_1, \ldots, X_k = x_k)$ über alle $x_1 \in D_1, \ldots, x_{j-1} \in D_{j-1}, x_{j+1} \in D_{j+1}, \ldots, x_k \in D_k$ aufsummiert. Den Übergang von der gemeinsamen Verteilung zu den Verteilungen der einzelnen Komponenten bezeichnet man als *Marginalverteilungsbildung*. Diese erfolgt bei diskreten Zufallsvektoren wie oben beschrieben durch Summation und bei den im nächsten Kapitel behandelten Zufallsvektoren mit stetiger Verteilung durch Integration.

## Die gemeinsame Verteilung bestimmt die Marginalverteilungen, aber nicht umgekehrt

Wie das folgende Beispiel zeigt, kann man aus den Marginalverteilungen nicht ohne Weiteres die gemeinsame Verteilung bestimmen.

**Beispiel** Ist $c$ eine beliebige Zahl im Intervall $[0, 1/2]$, so wird durch Tab. 4.3 die gemeinsame Verteilung zweier Zufallsvariablen $X$ und $Y$ definiert, deren Marginalverteilungen nicht von $c$ abhängen, denn es gilt $\mathbb{P}(X = 1) = \mathbb{P}(X = 2) = 1/2$ und $\mathbb{P}(Y = 1) = \mathbb{P}(Y = 2) = 1/2$. Ohne weitere Kenntnis wie etwa die stochastische Unabhängigkeit von $X$ und $Y$ (s. unten) kann also von den Marginalverteilungen nicht auf die gemeinsame Verteilung geschlossen werden! ◄

**Tab. 4.3** Verschiedene gemeinsame Verteilungen mit gleichen Marginalverteilungen

| | $j$ | | | |
|---|---|---|---|---|
| $i$ | 1 | 2 | $\sum$ | $\mathbb{P}(X=i)$ |
| 1 | $c$ | $\frac{1}{2}-c$ | $\frac{1}{2}$ | |
| 2 | $\frac{1}{2}-c$ | $c$ | $\frac{1}{2}$ | |
| $\sum$ | $\frac{1}{2}$ | $\frac{1}{2}$ | 1 | |
| | $\mathbb{P}(Y=j)$ | | | |

Kapitel 4

Nach dem allgemeinen Unabhängigkeitskriterium in Abschn. 3.3 sind $n$ reelle Zufallsvariablen $X_1, \ldots, X_n$ genau dann stochastisch unabhängig, wenn für beliebige Borel-Mengen $B_1, \ldots, B_n$ die Identität

$$\mathbb{P}(X_1 \in B_1, \ldots, X_n \in B_n) = \prod_{j=1}^{n} \mathbb{P}(X_j \in B_j) \qquad (4.2)$$

besteht. Sind $X_1, \ldots, X_n$ diskret verteilt, gilt also $\mathbb{P}(X_j \in D_j) = 1$ für eine abzählbare Teilmenge $D_j \subseteq \mathbb{R}$ ($j = 1, \ldots, n$), so ist (4.2) gleichbedeutend mit

$$\mathbb{P}(X_1 = x_1, \ldots, X_n = x_n) = \prod_{j=1}^{n} \mathbb{P}(X_j = x_j) \qquad (4.3)$$

für jede Wahl von $x_1 \in D_1, \ldots, x_n \in D_n$.

Zunächst folgt ja (4.3) unmittelbar aus (4.2), wenn man $B_j := \{x_j\}$ setzt, und umgekehrt ergibt sich (4.2) wie folgt aus (4.3) (wir führen den Nachweis für den Fall $n = 2$, der allgemeine Fall erfordert nur einen höheren Schreibaufwand): Sind $B_1$, $B_2$ beliebige Borel-Mengen, so gilt wegen der $\sigma$-Additivität von $\mathbb{P}$

$$\begin{aligned}
&\mathbb{P}(X_1 \in B_1, X_2 \in B_2) \\
&= \sum_{x_1 \in B_1 \cap D_1} \sum_{x_2 \in B_2 \cap D_2} \mathbb{P}(X_1 = x_1, X_2 = x_2) \\
&= \sum_{x_1 \in B_1 \cap D_1} \sum_{x_2 \in B_2 \cap D_2} \mathbb{P}(X_1 = x_1) \cdot \mathbb{P}(X_2 = x_2) \\
&= \left( \sum_{x_1 \in B_1 \cap D_1} \mathbb{P}(X_1 = x_1) \right) \cdot \left( \sum_{x_2 \in B_2 \cap D_2} \mathbb{P}(X_2 = x_2) \right) \\
&= \mathbb{P}(X_1 \in B_1) \cdot \mathbb{P}(X_2 \in B_2).
\end{aligned}$$

**Selbstfrage 1**

Was ergibt sich für $c$ in Tab. 4.3, wenn $X$ und $Y$ stochastisch unabhängig sind?

Durch Summieren erhält man auch die Verteilung irgendeiner reell- oder vektorwertigen Funktion eines diskreten Zufallsvektors $\mathbf{X} = (X_1, \ldots, X_k)$, wobei $\mathbb{P}(\mathbf{X} \in D) = 1$ für eine abzählbare Menge $D \subseteq \mathbb{R}^k$. Ist $g : \mathbb{R}^k \to \mathbb{R}^m$ eine messbare Funktion, so gilt mit $x := (x_1, \ldots, x_k)$ für jede Borel-Menge $B \in \mathcal{B}^m$

$$\begin{aligned}
\mathbb{P}(g(\mathbf{X}) \in B) &= \mathbb{P}(\mathbf{X} \in g^{-1}(B)) \\
&= \mathbb{P}(\mathbf{X} \in g^{-1}(B) \cap D) \\
&= \sum_{x \in g^{-1}(B) \cap D} \mathbb{P}(X_1 = x_1, \ldots, X_k = x_k).
\end{aligned}$$

Als Spezialfall betrachten wir die Situation zweier diskreter Zufallsvariablen $X_1$ und $X_2$ mit $\mathbb{P}(X_1 \in D_1) = \mathbb{P}(X_2 \in D_2) = 1$ für abzählbare Mengen $D_1, D_2 \subseteq \mathbb{R}$, also $\mathbb{P}((X_1, X_2) \in D) = 1$ mit $D := D_1 \times D_2$. Eine häufig auftretende Funktion ist die Summenbildung $g(x_1, x_2) := x_1 + x_2$, $(x_1, x_2) \in \mathbb{R}^2$. Nach der obigen allgemeinen Vorgehensweise gilt mit $B := \{y\}$, $y \in \mathbb{R}$,

$$\begin{aligned}
\mathbb{P}(X_1 + X_2 = y) &= \mathbb{P}(g(X_1, X_2) \in B) \\
&= \mathbb{P}((X_1, X_2) \in g^{-1}(B)) \\
&= \mathbb{P}((X_1, X_2) \in g^{-1}(\{y\}) \cap D) \\
&= \sum_{(x_1, x_2) \in D : x_1 + x_2 = y} \mathbb{P}(X_1 = x_1, X_2 = x_2) \\
&= \sum_{x_1 \in D_1} \mathbb{P}(X_1 = x_1, X_2 = y - x_1). \qquad (4.4)
\end{aligned}$$

**Selbstfrage 2**

Warum gilt das letzte Gleichheitszeichen?

Sind $X_1$ und $X_2$ stochastisch unabhängig, gilt also

$$\mathbb{P}(X_1 = x_1, X_2 = x_2) = \mathbb{P}(X_1 = x_1) \cdot \mathbb{P}(X_2 = x_2)$$

für $(x_1, x_2) \in D_1 \times D_2$, so ergibt sich das folgende auch als *Faltungsformel* bezeichnete Resultat. Bei dessen Formulierung haben wir die in (4.4) stehende Menge $D_1$ durch deren Teilmenge $\{x_1 \in \mathbb{R} \mid \mathbb{P}(X_1 = x_1) > 0\}$ ersetzt.

**Die diskrete Faltungsformel**

Es seien $X_1$ und $X_2$ *stochastisch unabhängige* diskrete Zufallsvariablen. Dann gilt für jedes $y \in \mathbb{R}$

$$\begin{aligned}
&\mathbb{P}(X_1 + X_2 = y) \\
&= \sum_{x_1 : \mathbb{P}(X_1 = x_1) > 0} \mathbb{P}(X_1 = x_1) \mathbb{P}(X_2 = y - x_1).
\end{aligned}$$

Man beachte, dass die links stehende Wahrscheinlichkeit nur für abzählbar viele Werte $y$ positiv sein kann. Wir werden die diskrete Faltungsformel in Abschn. 4.3 wiederholt anwenden und darum an dieser Stelle nur ein Beispiel angeben, das die Namensgebung *Faltungs*formel verständlich macht und typische Tücken bei der Anwendung dieser Formel offenbart. Um nicht zu viele Indizes schreiben zu müssen, setzen wir $X := X_1$ und $Y := X_2$.

**Beispiel (Faltung diskreter Gleichverteilungen)** Die Zufallsvariablen $X$ und $Y$ seien unabhängig und besitzen jeweils eine Gleichverteilung auf den Werten $1, 2, \ldots, k$. Es gelte also $\mathbb{P}(X = j) = \mathbb{P}(Y = j) = 1/k$ für $j \in \{1, \ldots, k\}$. Die Zufallsvariable $X + Y$ kann mit positiver Wahrscheinlichkeit nur die Werte $2, 3, \ldots, 2k$ annehmen. Für $z \in \{2, 3, \ldots, 2k\}$ gilt nach der Faltungsformel

$$\mathbb{P}(X + Y = z) = \sum_{j=1}^{k} \mathbb{P}(X = j) \cdot \mathbb{P}(Y = z - j).$$

Wegen $\mathbb{P}(Y = z - j) = 1/k$ für $1 \leq z - j \leq k$ und $\mathbb{P}(Y = z - j) = 0$ sonst, ist der zweite Faktor auf der rechten Seite nicht unbedingt für jedes $j \in \{1, \ldots, k\}$ positiv. Hat man diese Tücke eingesehen, so betrachtet man die Fälle $z \leq k + 1$ und $k + 2 \leq z \leq 2k$ getrennt. Im ersten wird die Summe auf der rechten Seite zu $\sum_{j=1}^{z-1} 1/k^2 = (z-1)/k^2$ und im zweiten zu $\sum_{j=z-k}^{k} 1/k^2 = (2k-(z-1))/k^2$. Beide Fälle lassen sich unter das Endergebnis

$$\mathbb{P}(X + Y = z) = \frac{k - |k + 1 - z|}{k^2}, \qquad z = 2, 3, \ldots, 2k,$$

subsumieren, das aus (2.13) für den Spezialfall $k = 6$ (Augensumme beim zweifachen Würfelwurf) bekannt ist. Das für diesen Fall in Abb. 2.4 gezeigt Stabdiagramm besitzt eine Dreiecksgestalt. Ist $k$ sehr groß, so geht das „plane" Stabdiagramm der Gleichverteilung auf $1, \ldots, k$ in ein Stabdiagramm über, das Assoziationen an ein in der Mitte gefaltetes Blatt weckt. ◄

Wir möchten zum Schluss dieses Abschnitts darauf hinweisen, dass man die Verteilung der Summe zweier *unabhängiger* Zufallsvariablen oft als *Faltung* oder *Faltungsprodukt der Verteilungen* $\mathbb{P}^X$ und $\mathbb{P}^Y$ bezeichnet und hierfür die Symbolik $\mathbb{P}^{X+Y} =: \mathbb{P}^X \star \mathbb{P}^Y$ verwendet. Diese Namensgebung haben auch wir in der Überschrift zu obigem Beispiel benutzt.

## 4.2 Erwartungswert und Varianz

In diesem Abschnitt behandeln wir den *Erwartungswert* und die *Varianz* als zwei grundlegende Kenngrößen von Verteilungen. Um die Definition des Erwartungswertes zu verstehen, stellen Sie sich vor, Sie würden an einem Glücksspiel teilnehmen, dessen mögliche Ausgänge durch den Grundraum $\Omega = \{\omega_1, \ldots, \omega_s\}$ beschrieben werden. Dabei trete das Ergebnis $\omega_j$ mit der Wahrscheinlichkeit $p_j$ auf, und es gelte $p_1 + \ldots + p_s = 1$. Durch die Festsetzung $\mathbb{P}(A) := \sum_{j:\omega_j \in A} p_j$, $A \subseteq \Omega$, entsteht dann ein endlicher Wahrscheinlichkeitsraum. Erhält man $X(\omega_j)$ Euro ausbezahlt, wenn sich beim Spiel das Ergebnis $\omega_j$ einstellt, und tritt dieser Fall bei $n$-maliger Wiederholung des Spiels $h_j$-mal auf ($h_j \geq 0$, $h_1 + \ldots + h_s = n$), so beträgt der Gesamtgewinn aus den $n$ Spielen $\sum_{j=1}^{s} X(\omega_j) \cdot h_j$ Euro. Der durchschnittliche Gewinn pro Spiel beläuft sich somit auf $\sum_{j=1}^{s} X(\omega_j) \cdot h_j / n$ Euro. Da sich nach dem empirischen Gesetz über die Stabilisierung relativer Häufigkeiten (vgl. die Diskussion vor Abb. 2.2) der Quotient $h_j/n$ bei wachsendem $n$ der Wahrscheinlichkeit $\mathbb{P}(\{\omega_j\})$ annähern sollte, müsste die Summe

$$\sum_{j=1}^{s} X(\omega_j) \cdot \mathbb{P}(\{\omega_j\}) \tag{4.5}$$

den *auf lange Sicht erwarteten Gewinn pro Spiel* und somit einen fairen Einsatz für dieses Spiel darstellen. Mathematisch gesprochen ist obige Summe der *Erwartungswert* der Zufallsvariablen $X$ als Abbildung auf $\Omega$. Dieser Grundbegriff der Stochastik geht auf Christiaan Huygens (1629–1695) zurück, der in seiner Abhandlung *Van rekeningh in spelen van geluck* (1656) den erwarteten Wert eines Spiels mit „Das ist mir so viel wert" umschreibt.

### Der Erwartungswert einer Zufallsvariablen hängt nur von deren Verteilung ab

Um von der obigen Situation zu abstrahieren und technische Feinheiten zu umgehen, nehmen wir ohne Beschränkung der Allgemeinheit an, dass die auftretenden diskreten Zufallsvariablen auf einem *diskreten* Wahrscheinlichkeitsraum im Sinne der in Abschn. 2.4 getroffenen Vereinbarung definiert sind. Es gibt also eine abzählbare Teilmenge $\Omega_0$ von $\Omega$ mit $\mathbb{P}(\Omega_0) = 1$. Der Vorteil dieser Annahme ist, dass sich die wichtigen strukturellen Eigenschaften der Erwartungswertbildung unmittelbar auch ohne jegliche Kenntnisse der Maß- und Integrationstheorie erschließen. Die nachfolgende Definition knüpft direkt an (4.5) an. Wer sofort Erwartungswerte ausrechnen möchte, kann erst einmal zur Darstellung (4.9) springen.

**Definition des Erwartungswertes**

*Der Erwartungswert einer reellen Zufallsvariablen X existiert*, falls gilt:

$$\sum_{\omega \in \Omega_0} |X(\omega)| \cdot \mathbb{P}(\{\omega\}) < \infty. \tag{4.6}$$

In diesem Fall heißt

$$\mathbb{E}(X) := \mathbb{E}_{\mathbb{P}}(X) := \sum_{\omega \in \Omega_0} X(\omega) \cdot \mathbb{P}(\{\omega\}) \tag{4.7}$$

der **Erwartungswert** von $X$ (bzgl. $\mathbb{P}$).

**Kommentar**

- Wer Kenntnisse der Maß- und Integrationstheorie mitbringt, erkennt obige Definition als Spezialfall des allgemeinen Maß-Integrals $\int X \mathrm{d}\mathbb{P}$. Er kann entspannt weiterlesen und gewisse Sachverhalte überspringen.
- Die bisweilen verwendete Indizierung des Erwartungswertes mit $\mathbb{P}$ und die Sprechweise *bzgl.* $\mathbb{P}$ sollen deutlich machen, dass der Erwartungswert entscheidend von der Wahrscheinlichkeitsverteilung $\mathbb{P}$ abhängt. In Abschn. 4.5 werden wir *bedingte* Erwartungswerte betrachten, die nichts anderes als *Erwartungswerte bzgl. bedingter Verteilungen* sind.
- Bedingung (4.6) ist nur nachzuprüfen, wenn $X$ unendlich viele verschiedene Werte mit positiver Wahrscheinlichkeit annimmt. In diesem Fall ist mit (4.6) die absolute Konvergenz einer unendlichen Reihe nachzuweisen. Diese garantiert, dass der Erwartungswert wohldefiniert ist und gewisse Rechenregeln gelten.
- In der Folge lassen wir häufig die Klammern bei der Erwartungswertbildung weg, schreiben also

  $$\mathbb{E}X := \mathbb{E}(X),$$

  wenn keine Verwechslungen zu befürchten sind.
- Die Zufallsvariable $X$ darf auch die Werte $\infty$ und/oder $-\infty$ annehmen. Der Erwartungswert von $X$ kann aber nur existieren, wenn $\mathbb{P}(X = \pm\infty) = 0$ gilt. ◄

**Achtung** Im Fall einer *nichtnegativen* diskreten Zufallsvariablen sind die in (4.6) und (4.7) stehenden Reihen identisch. Da die rechte Seite von (4.7) aber auch (mit dem Wert $\infty$) Sinn macht, wenn die Reihe divergiert, *definiert man* für eine *nichtnegative* diskrete Zufallsvariable

$$\mathbb{E}(X) := \sum_{\omega \in \Omega_0} X(\omega) \cdot \mathbb{P}(\{\omega\}) \quad (\leq \infty).$$

Hiermit existiert der Erwartungswert einer *beliebigen* diskreten Zufallsvariablen genau dann, wenn gilt:

$$\mathbb{E}|X| < \infty.$$ ◄

Wir möchten zunächst zeigen, dass der Erwartungswert einer Zufallsvariablen nur von deren Verteilung und nicht von der konkreten Gestalt des zugrunde liegenden Wahrscheinlichkeitsraums abhängt.

**Die Transformationsformel für den Erwartungswert**

Der Erwartungswert einer diskreten Zufallsvariablen $X$ existiert genau dann, wenn gilt:

$$\sum_{x \in \mathbb{R}:\mathbb{P}(X=x)>0} |x| \cdot \mathbb{P}(X = x) < \infty.$$

In diesem Fall folgt

$$\mathbb{E}X = \sum_{x \in \mathbb{R}:\mathbb{P}(X=x)>0} x \cdot \mathbb{P}(X = x). \tag{4.8}$$

**Beweis** Mit dem großen Umordnungssatz für Reihen (s. z. B. [1], Abschn. 10.4) gilt im Falle der Konvergenz

$$\begin{aligned}\sum_{\omega \in \Omega_0} |X(\omega)| \cdot \mathbb{P}(\{\omega\}) &= \sum_{x \in X(\Omega_0)} |x| \cdot \sum_{\omega \in \Omega_0 : X(\omega)=x} \mathbb{P}(\{\omega\}) \\ &= \sum_{x \in X(\Omega_0)} |x| \cdot \mathbb{P}(X = x) \\ &= \sum_{x \in \mathbb{R}:\mathbb{P}(X=x)>0} |x| \cdot \mathbb{P}(X = x).\end{aligned}$$

Lässt man jetzt die Betragsstriche weg, so folgt die Behauptung. ■

**Selbstfrage 3**

An welcher Stelle wurde hier der große Umordnungssatz benutzt?

**Kommentar** Formel (4.8) zur Berechnung des Erwartungswertes kann salopp als „Summe aus Wert mal Wahrscheinlichkeit" beschrieben werden. Nimmt $X$ die Werte $x_1, x_2, \ldots$ an, so ist

$$\mathbb{E}(X) = \sum_{j \geq 1} x_j \cdot \mathbb{P}(X = x_j). \tag{4.9}$$ ◄

**Beispiel (Gleichverteilung auf $1, 2, \ldots, k$)** Besitzt $X$ eine Gleichverteilung auf den Werten $1, 2, \ldots, k$, gilt also $\mathbb{P}(X = j) = 1/k$ für $j = 1, \ldots, k$, so folgt mit (4.8)

$$\mathbb{E}X = \sum_{j=1}^{k} j \cdot \frac{1}{k} = \frac{1}{k} \cdot \frac{k(k+1)}{2} = \frac{k+1}{2}.$$

Im Spezialfall $k = 6$ (Augenzahl beim Wurf eines echten Würfels) gilt somit $\mathbb{E}X = 3.5$. Der Erwartungswert einer Zufallsvariablen $X$ muss also nicht notwendig eine mögliche Realisierung von $X$ sein. ◄

**Beispiel** Eine Urne enthalte eine rote und eine schwarze Kugel. Es wird rein zufällig eine Kugel gezogen. Ist diese rot, ist das Experiment beendet. Andernfalls werden die schwarze Kugel sowie eine weitere schwarze Kugel in die Urne gelegt und der Urneninhalt gut gemischt. Dieser Vorgang wird so lange wiederholt, bis die (eine) rote Kugel gezogen wird. Die Zufallsvariable $X$ bezeichne die Anzahl der dazu benötigten Züge. Nach Aufgabe 3.15 gilt

$$\mathbb{P}(X = k) = \frac{1}{k(k+1)}, \qquad k \geq 1,$$

und somit

$$\mathbb{E}X = \sum_{k=1}^{\infty} k \cdot \mathbb{P}(X = k) = \sum_{k=1}^{\infty} \frac{1}{k+1} = \infty.$$

Der Erwartungswert von $X$ existiert also nicht. ◄

## Die Zuordnung $X \mapsto \mathbb{E}(X)$ ist ein lineares, monotones Funktional

Die nachfolgenden Eigenschaften bilden das grundlegende Werkzeug im Umgang mit Erwartungswerten.

**Eigenschaften der Erwartungswertbildung**

Es seien $X$ und $Y$ Zufallsvariablen mit existierenden Erwartungswerten und $a \in \mathbb{R}$. Dann existieren auch die Erwartungswerte von $X + Y$ und $aX$, und es gelten:

a) $\mathbb{E}(aX) = a\mathbb{E}X$ (**Homogenität**),
b) $\mathbb{E}(X + Y) = \mathbb{E}X + \mathbb{E}Y$ (**Additivität**),
c) $\mathbb{E}(\mathbb{1}_A) = \mathbb{P}(A), \qquad A \in \mathcal{A}$,
d) aus $X \leq Y$ folgt $\mathbb{E}X \leq \mathbb{E}Y$ (**Monotonie**),
e) $|\mathbb{E}(X)| \leq \mathbb{E}|X|$. (**Dreiecksungleichung**)

**Beweis** In (4.7) steht eine endliche Summe oder der Grenzwert einer absolut konvergenten Reihe. Die Regeln a), b), d) und e) folgen dann durch elementare Betrachtungen endlicher Summen bzw. Rechenregeln für absolut konvergente unendliche Reihen. c) ergibt sich aus

$$\mathbb{E}(\mathbb{1}_A) = \sum_{\omega \in A \cap \Omega_0} \mathbb{P}(\{\omega\}) = \mathbb{P}(A \cap \Omega_0) = \mathbb{P}(A).$$

Das letzte Gleichheitszeichen gilt wegen $\mathbb{P}(\Omega_0) = 1$. ■

**Selbstfrage 4**

Können Sie Eigenschaft e) beweisen?

Nach a), b) und d) ist die Erwartungswertbildung $X \mapsto \mathbb{E}X$ ein lineares Funktional auf dem Vektorraum aller reellen Zufallsvariablen auf $\Omega$, für die $\mathbb{E}|X| < \infty$ gilt. Durch Induktion erhalten wir die wichtige Rechenregel

$$\mathbb{E}\left(\sum_{j=1}^{n} a_j X_j\right) = \sum_{j=1}^{n} a_j \mathbb{E}X_j \tag{4.10}$$

für Zufallsvariablen $X_1, \ldots, X_n$ mit existierenden Erwartungswerten und reelle Zahlen $a_1, \ldots, a_n$. Zusammen mit c) ergibt sich der Erwartungswert einer Indikatorsumme $\sum_{j=1}^{n} \mathbb{1}\{A_j\}$ von Ereignissen $A_1, \ldots, A_n \in \mathcal{A}$ zu

$$\mathbb{E}\left(\sum_{j=1}^{n} \mathbb{1}\{A_j\}\right) = \sum_{j=1}^{n} \mathbb{P}(A_j). \tag{4.11}$$

Insbesondere gilt also

$$\mathbb{E}\left(\sum_{j=1}^{n} \mathbb{1}\{A_j\}\right) = n \cdot p, \tag{4.12}$$

wenn $A_1, \ldots, A_n$ die gleiche Wahrscheinlichkeit $p$ besitzen.

**Beispiel (Binomialverteilung)** Das Beispiel über die Bernoulli-Kette und die Binomialverteilung in Abschn. 3.3 zeigt, dass eine Zufallsvariable $X$ mit der Binomialverteilung $\mathrm{Bin}(n, p)$ als Indikatorsumme $X = \sum_{j=1}^{n} \mathbb{1}\{A_j\}$ von $n$ Ereignissen $A_1, \ldots, A_n$ mit $\mathbb{P}(A_1) = \ldots = \mathbb{P}(A_n) = p$ dargestellt werden kann. Nach (4.12) gilt $\mathbb{E}(X) = np$. Dieses Ergebnis erhält man auch umständlicher durch direkte Rechnung aus der Verteilung

$$\mathbb{P}(X = k) = \binom{n}{k} p^k (1-p)^{n-k}, \qquad k = 0, 1, \ldots, n,$$

denn (4.8) sowie die binomische Formel liefern

$$\begin{aligned} \mathbb{E}X &= \sum_{k=0}^{n} k \binom{n}{k} p^k (1-p)^{n-k} \\ &= np \sum_{k=1}^{n} \binom{n-1}{k-1} p^{k-1} (1-p)^{(n-1)-(k-1)} \\ &= np(p + 1 - p)^{n-1} \\ &= np. \end{aligned}$$

Ganz analog ergibt sich der Erwartungswert einer Zufallsvariablen mit der hypergeometrischen Verteilung (2.37) zu $\mathbb{E}X = np$, wobei $p = r/(r+s)$, siehe Aufgabe 4.9. ◄

Wie in diesem Beispiel gesehen ist es oft eleganter, den Erwartungswert einer Zufallsvariablen mithilfe der Linearität der Zuordnung $X \mapsto \mathbb{E}X$ und der Beziehung $\mathbb{E}\mathbb{1}\{A\} = \mathbb{P}(A)$ als über die Transformationsformel (4.8) zu berechnen. Überdies kann es Fälle wie den folgenden geben, in denen der Erwartungswert ohne Kenntnis der (viel komplizierteren) Verteilung angegeben werden kann.

**Beispiel (Rekorde in zufälligen Permutationen)** Ein Kartenspiel (32 Karten) wird gut gemischt und eine Karte aufgedeckt; diese bildet den Beginn eines ersten Stapels. Hat die nächste aufgedeckte Karte bei vorab definierter Rangfolge einen höheren Wert, so beginnt man einen neuen Stapel. Andernfalls legt man die Karte auf den ersten Stapel. Auf diese Weise fährt man fort, bis alle Karten aufgedeckt sind. Wie viele Stapel liegen am Ende im Mittel vor?

Offenbar ist dieses Problem gleichwertig damit, die Anzahl der Rekorde in einer rein zufälligen Permutation der Zahlen von 1 bis 32 zu untersuchen. Allgemeiner betrachten wir hierzu wie im Rencontre-Problem in Abschn. 2.5 die Menge $\Omega = \mathrm{Per}_n^n(oW)$ aller Permutationen der Zahlen von 1 bis $n$ mit der Gleichverteilung $\mathbb{P}$ sowie die Ereignisse

$$A_j = \left\{(a_1, \ldots, a_n) \in \Omega \mid a_j = \max_{i=1,\ldots,j} a_i\right\}, \qquad j = 1, \ldots, n.$$

Denkt man sich $a_1, a_2, \ldots, a_n$ wie Karten nacheinander aufgedeckt, so tritt $A_j$ ein, wenn die $j$-te Zahl einen Rekord liefert, also $a_j$ unter den bis dahin aufgedeckten Zahlen die größte ist. Somit gibt die Indikatorsumme $X = \sum_{j=1}^{n} \mathbb{1}\{A_j\}$ die Anzahl der Rekorde in einer zufälligen Permutation der Zahlen $1, \ldots, n$ an.

Wegen $\mathbb{P}(A_j) = 1/j$ (siehe Aufgabe 3.28) liefert (4.11) das Resultat

$$\mathbb{E}X = 1 + \frac{1}{2} + \frac{1}{3} + \ldots + \frac{1}{n} \tag{4.14}$$

und somit $\mathbb{E}X \approx 4.06$ im Fall $n = 32$.

Das Verhalten von $\mathbb{E}X$ für große Werte von $n$ ist überraschend. Durch Integral-Abschätzung (Abb. 4.2) folgt $\mathbb{E}X \leq 1 + \log n$, was in den Fällen $n = 1\,000$ und $n = 1\,000\,000$ die Ungleichungen $\mathbb{E}X \leq 7.91$ bzw. $\mathbb{E}X \leq 14.81$ liefert. Es sind also deutlich weniger Rekorde zu erwarten, als so mancher vielleicht zunächst annehmen würde. ◄

**Video 4.1** Rekorde in einer rein zufälligen Permutation I

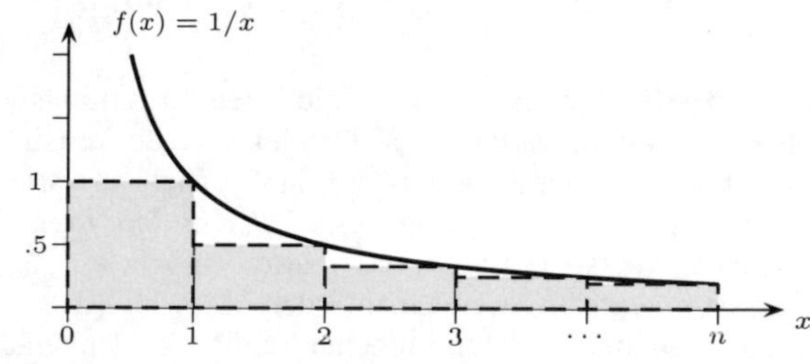


**Abb. 4.2** Zur Ungleichung $\sum_{j=1}^{n} 1/j \leq 1 + \log n$

Kapitel 4

## Unter der Lupe: Die Jordansche Formel

Über die Verteilungen von Indikatorsummen

Sind $A_1, \ldots, A_n$ Ereignisse in einem Wahrscheinlichkeitsraum, so kann die Verteilung der Indikatorsumme

$$X = \mathbb{1}\{A_1\} + \ldots + \mathbb{1}\{A_n\}$$

mithilfe der schon bei der Formel des Ein- und Ausschließens verwendeten Summen

$$S_r := \sum_{1 \le i_1 < \ldots < i_r \le n} \mathbb{P}(A_{i_1} \cap \ldots \cap A_{i_r}), \qquad (4.13)$$

$1 \le r \le n$, sowie $S_0 := 1$ ausgedrückt werden. Es gilt nämlich das folgende, auf den ungarischen Mathematiker und Chemiker Károly Jordan (1871–1959) zurückgehende Resultat.

**Die Jordan-Formel**

Für $k \in \{0, 1, \ldots, n\}$ gilt

$$\mathbb{P}(X = k) = \sum_{j=k}^{n} (-1)^{j-k} \binom{j}{k} S_j.$$

**Beweis** Die Beweisidee ist sehr klar und einsichtig. Wir setzen $N := \{1, \ldots, n\}$ und schreiben allgemein $\{M\}_s$ für die Menge aller $s$-elementigen Teilmengen einer Menge $M$. Nach (2.7) gilt dann

$$\{X = k\} = \sum_{T \in \{N\}_k} \left( \bigcap_{j \in T} A_j \cap \bigcap_{\ell \in N \setminus T} A_\ell^c \right),$$

und die Rechenregeln (2.3), (2.4) und (2.5) für Indikatorfunktionen liefern

$$\mathbb{1}\{X = k\} = \sum_{T \in \{N\}_k} \prod_{j \in T} \mathbb{1}\{A_j\} \prod_{\ell \in N \setminus T} (1 - \mathbb{1}\{A_\ell\}).$$

Multipliziert man das rechts stehende Produkt aus, so ergibt sich

$$\prod_{\ell \in N \setminus T} (1 - \mathbb{1}\{A_\ell\}) = \sum_{r=0}^{n-k} (-1)^r \sum_{U \in \{N \setminus T\}_r} \prod_{i \in U} \mathbb{1}\{A_i\},$$

und man erhält insgesamt

$$\mathbb{1}\{X = k\} = \sum_{r=0}^{n-k} (-1)^r \sum_{T \in \{N\}_k} \sum_{U \in \{N \setminus T\}_r} \prod_{j \in T \cup U} \mathbb{1}\{A_j\}.$$

Die $(k+r)$-elementige Menge $T \cup U$ tritt hier $\binom{k+r}{k}$-mal auf, denn so oft lässt sich aus $T \cup U$ eine $k$-elementige Teilmenge $T$ bilden. Mit dieser Einsicht folgt

$$\mathbb{1}\{X = k\} = \sum_{r=0}^{n-k} (-1)^r \binom{k+r}{k} \sum_{V \in \{N\}_{k+r}} \prod_{j \in V} \mathbb{1}\{A_j\}.$$

Die Linearität der Erwartungswertbildung sowie $\mathbb{E}(\mathbb{1}_A) = \mathbb{P}(A)$ und (2.3) ergeben dann

$$\begin{aligned} \mathbb{P}(X = k) &= \mathbb{E}\mathbf{1}\{X = k\} \\ &= \sum_{r=0}^{n-k} (-1)^r \binom{k+r}{k} \sum_{V \in (N)_{k+r}} \mathbb{P}\left( \bigcap_{j \in V} A_j \right) \\ &= \sum_{r=0}^{n-k} (-1)^r \binom{k+r}{k} S_{k+r}, \end{aligned}$$

und die Behauptung folgt mit der Indexverschiebung $j := k + r$. ■

Aus der Jordanschen Formel ergibt sich die Formel des Ein- und Ausschließens (Aufgabe 4.10), und man erhält u. a. in Verallgemeinerung des Rencontre-Problems die Verteilung der Anzahl der Fixpunkte in einer rein zufälligen Permutation (Aufgabe 4.52).

**Video 4.2** Die Jordan-Formel: Verteilungen von Zählvariablen

## $\mathbb{E}(X)$ ist der Schwerpunkt einer Verteilung

Wir haben zu Beginn dieses Abschnitts den Erwartungswert einer diskreten Zufallsvariablen $X$ über eine Häufigkeitsinterpretation motiviert, nämlich den auf lange Sicht erwarteten Gewinn pro Spiel. Eine wichtige *physikalische Interpretation des Erwartungswertes* ergibt sich, wenn die möglichen Werte $x_1, \ldots, x_k$ von $X$ als *Massepunkte* mit den Massen $\mathbb{P}(X = x_j)$ auf der als gewichtslos angenommenen reellen Zahlengeraden gedeutet werden. Der *Schwerpunkt* (Massenmittelpunkt) $s$ des so entstehenden Körpers ergibt sich nämlich aus der *Gleichgewichtsbedingung* $\sum_{j=1}^{k} (x_j - s)\mathbb{P}(X = x_j) = 0$ zu

$$s = \sum_{j=1}^{k} x_j \cdot \mathbb{P}(X = x_j) = \mathbb{E}(X),$$

siehe Abb. 4.3.

Häufig ist eine Zufallsvariable $X$ eine Funktion eines Zufallsvektors. Für diesen Fall ist zur Berechnung des Erwartungswertes von $X$ folgendes Resultat wichtig.

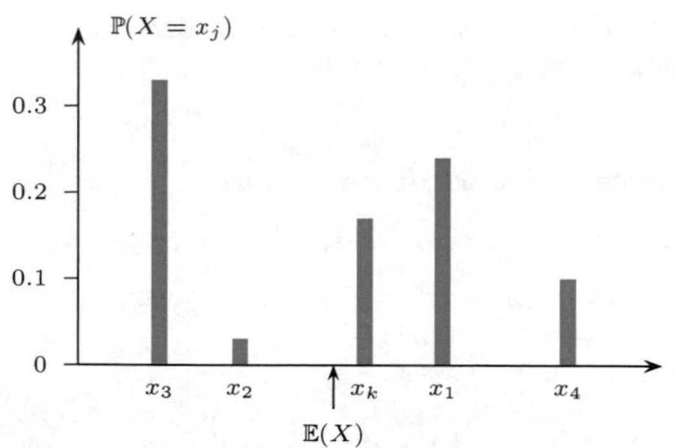


**Abb. 4.3** Erwartungswert als physikalischer Schwerpunkt

**Die allgemeine Transformationsformel**

Es seien $Z$ ein $k$-dimensionaler diskreter Zufallsvektor und $g : \mathbb{R}^k \to \mathbb{R}$ eine messbare Funktion. Dann existiert der Erwartungswert der Zufallsvariablen $g(Z) = g \circ Z$ genau dann, wenn gilt:

$$\sum_{z \in \mathbb{R}^k : \mathbb{P}(Z=z)>0} |g(z)| \cdot \mathbb{P}(Z = z) < \infty.$$

In diesem Fall folgt

$$\mathbb{E}g(Z) = \sum_{z \in \mathbb{R}^k : \mathbb{P}(Z=z)>0} g(z) \cdot \mathbb{P}(Z = z). \quad (4.15)$$

**Beweis** Es sei $D := \{z \in \mathbb{R}^k \mid \mathbb{P}(Z = z) > 0\}$. Wegen

$$\begin{aligned}\sum_{\omega \in \Omega_0} |g(Z(\omega))| \cdot \mathbb{P}(\{\omega\}) &= \sum_{z \in D} |g(z)| \cdot \sum_{\omega \in \Omega_0 : Z(\omega)=z} \mathbb{P}(\{\omega\}) \\ &= \sum_{z \in D} |g(z)| \cdot \mathbb{P}(Z = z)\end{aligned}$$

ergibt sich die erste Behauptung aus dem Großen Umordnungssatz für Reihen. Lässt man die Betragsstriche weg, so folgt die Darstellung für $\mathbb{E}g(Z)$. ■

**Selbstfrage 5**

Wie folgt die (spezielle) Transformationsformel (4.8) aus diesem allgemeinen Resultat?

Eine in (4.15) enthaltene Botschaft ist wiederum, dass nur die Verteilung von $Z$ und nicht die spezielle Gestalt des zugrunde liegenden Wahrscheinlichkeitsraums zur Bestimmung von $\mathbb{E}g(Z)$ benötigt wird.

Als erste Anwendung der allgemeinen Transformationsformel erhalten wir eine weitere grundlegende Eigenschaft des Erwartungswertes.

**Multiplikationsregel für den Erwartungswert**

Sind $X$ und $Y$ *stochastisch unabhängige* Zufallsvariablen mit existierenden Erwartungswerten, so existiert auch der Erwartungswert des Produktes $XY$, und es gilt

$$\mathbb{E}(XY) = \mathbb{E}X \cdot \mathbb{E}Y.$$

**Beweis** Wir wenden die allgemeine Transformationsformel mit $k = 2$, $Z = (X,Y)$ und $g(x,y) = x \cdot y$ an. Mit $D := \{x \mid \mathbb{P}(X = x) > 0\}$ und $E := \{y \in \mathbb{R} \mid \mathbb{P}(Y = y) > 0\}$ folgt

$$\begin{aligned}&\sum_{\omega \in \Omega_0} |X(\omega)Y(\omega)| \mathbb{P}(\{\omega\}) \\ &= \sum_{(x,y) \in D \times E} |xy| \, \mathbb{P}(X = x, Y = y) \\ &= \sum_{(x,y) \in D \times E} |x||y| \mathbb{P}(X = x)\mathbb{P}(Y = y) \\ &= \sum_{x \in D} |x| \mathbb{P}(X = x) \sum_{y \in E} |y| \mathbb{P}(Y = y) \\ &< \infty\end{aligned}$$

und somit $\mathbb{E}|XY| < \infty$. Weglassen der Betragsstriche liefert dann wegen (4.8) die Behauptung. ■

## Die Varianz ist der Erwartungswert der quadrierten Abweichung vom Erwartungswert

Während der Erwartungswert als „Schwerpunkt einer Verteilung" deren grobe Lage beschreibt, fehlt uns noch eine Kenngröße, um die Stärke der Streuung einer Verteilung um deren Erwartungswert zu messen.

Betrachtet man etwa die Stabdiagramme der (den gleichen Erwartungswert 4 aufweisenden) Binomialverteilung Bin(8, 0.5) und der hypergeometrischen Verteilung Hyp(8, 9, 9) in Abb. 4.4, so scheinen die Wahrscheinlichkeitsmassen der Binomialverteilung im Vergleich zu denen der hypergeometrischen Verteilung stärker um den Wert 4 zu streuen. Unter diversen Möglichkeiten, die Stärke der Streuung einer Verteilung um ihren Erwartungswert zu messen, ist die *Varianz* die gebräuchlichste.

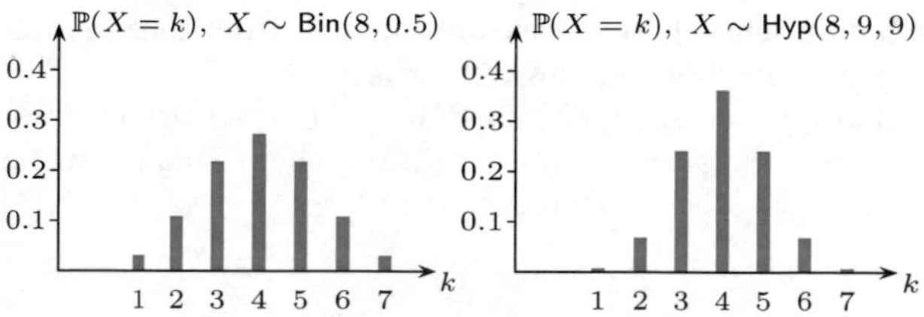


**Abb. 4.4** Stabdiagramme der Binomialverteilung Bin(8, 0.5) und der hypergeometrischen Verteilung Hyp(8, 9, 9)

**Definition von Varianz und Standardabweichung**

Ist $X$ eine Zufallsvariable mit $\mathbb{E}X^2 < \infty$, so heißen

$$\mathbb{V}(X) := \mathbb{E}(X - \mathbb{E}X)^2$$

die **Varianz** von $X$ und

$$+\sqrt{\mathbb{V}(X)}$$

die **Standardabweichung** oder **Streuung** von $X$.

**Kommentar** Wegen $|X| \leq 1 + X^2$ folgt aus der vorausgesetzten Existenz von $\mathbb{E}X^2$ auch $\mathbb{E}|X| < \infty$ und damit die Existenz von $\mathbb{E}X$. Weiter existiert wegen

$$(X-a)^2 \leq X^2 + 2|a| \cdot |X| + a^2, \qquad a \in \mathbb{R},$$

auch der Erwartungswert von $(X - \mathbb{E}X)^2$. ◀

Als Erwartungswert der Zufallsvariablen $g(X)$ mit $g(x) := (x - \mathbb{E}X)^2$, $x \in \mathbb{R}$, kann man analog zu den zu Beginn dieses Abschnitts angestellten Überlegungen die Größe $\mathbb{V}(X)$ als durchschnittliche Auszahlung pro Spiel auf lange Sicht deuten, wenn der Spielgewinn im Fall des Ausgangs $\omega$ nicht durch $X(\omega)$, sondern durch $(X(\omega)-\mathbb{E}X)^2$ gegeben ist. Eine *physikalische Interpretation* erfährt die Varianz, wenn in der vor Abb. 4.3 beschriebenen Situation die als gewichtslos angenommene reelle Zahlengerade mit konstanter *Winkelgeschwindigkeit* $v$ um den Schwerpunkt $\mathbb{E}X$ gedreht wird. Es sind dann $v_j := |x_j - \mathbb{E}X| \cdot v$ die *Rotationsgeschwindigkeit* und $E_j := \frac{1}{2}\mathbb{P}(X = x_j)v_j^2$ die *Rotationsenergie* des $j$-ten Massepunktes. Die gesamte Rotationsenergie beträgt

$$\sum_{j=1}^{k} E_j = \frac{1}{2}v^2 \sum_{j=1}^{k}(x_j - \mathbb{E}X)^2\, \mathbb{P}(X = x_j).$$

Somit ist $\mathbb{V}(X)$ das *Trägheitsmoment* des Systems von Massepunkten bzgl. der Rotationsachse um den Schwerpunkt.

Als Erwartungswert einer Funktion der Zufallsvariablen $X$ kann man die Varianz von $X$ über die allgemeine Darstellungsformel (4.15) berechnen und erhält

$$\mathbb{V}(X) = \sum_{x \in \mathbb{R}: \mathbb{P}(X=x)>0} (x - \mathbb{E}X)^2 \cdot \mathbb{P}(X = x). \qquad (4.16)$$

Oft ist es jedoch zweckmäßiger, den Ausdruck $(X - \mathbb{E}X)^2$ nach der binomischen Formel auszurechnen und die Linearität der Erwartungswertbildung sowie die Eigenschaft $\mathbb{E}(\mathbb{1}_A) = \mathbb{P}(A)$ auszunutzen. Mit $A := \Omega$ und $\mathbb{P}(\Omega) = 1$ ergibt sich insbesondere, dass der Erwartungswert der konstanten Zufallsvariablen $Y \equiv a$ gleich $a$ ist, und wir erhalten

$$\begin{aligned}\mathbb{V}(X) &= \mathbb{E}\left[(X - \mathbb{E}X)^2\right] \\ &= \mathbb{E}\left[X^2 - 2(\mathbb{E}X)X + (\mathbb{E}X)^2\right] \\ &= \mathbb{E}X^2 - 2(\mathbb{E}X)\cdot(\mathbb{E}X) + (\mathbb{E}X)^2.\end{aligned}$$

Somit haben wir die zweite der nachfolgenden elementaren Eigenschaften der Varianz bewiesen.

**Elementare Eigenschaften der Varianz**

Für die Varianz einer Zufallsvariablen $X$ gelten:

a) $\mathbb{V}(X) = \mathbb{E}(X-a)^2 - (\mathbb{E}X - a)^2, \quad a \in \mathbb{R}$,
b) $\mathbb{V}(X) = \mathbb{E}X^2 - (\mathbb{E}X)^2$,
c) $\mathbb{V}(X) = \min_{a \in \mathbb{R}} \mathbb{E}(X-a)^2$,
d) $\mathbb{V}(aX + b) = a^2\mathbb{V}(X), \quad a, b \in \mathbb{R}$,
e) $\mathbb{V}(X) \geq 0, \quad \mathbb{V}(X) = 0 \iff \mathbb{P}(X = a) = 1$ für ein $a \in \mathbb{R}$.

**Beweis** a) folgt wie die bereits hergeleitete Regel b), indem man $(X-a+a-\mathbb{E}X)^2$ ausquadriert. Die Minimaleigenschaft c) ist eine Konsequenz aus a). Den Nachweis von d) und e) sollten Sie selbst führen können. ■

**Selbstfrage 6**

Können Sie d) und e) beweisen?

**Kommentar** Zu Ehren des Mathematikers Jakob Steiner (1796–1863) bezeichnet man die Eigenschaft a) auch als *Steinerschen Verschiebungssatz*. Die Größe $\mathbb{E}(X-a)^2$ wird *mittlere quadratische Abweichung von $X$ um $a$* genannt. Da wir die Varianz als Trägheitsmoment des durch die Verteilung von $X$ definierten Systems von Massepunkten bzgl. der *Rotationsachse um den Schwerpunkt* $\mathbb{E}X$ identifiziert haben, ist in gleicher Weise $\mathbb{E}(X-a)^2$ das resultierende Trägheitsmoment, wenn die Drehung des Systems um den Punkt $a$ erfolgt. Die Minimaleigenschaft c) heißt dann aus physikalischer Sicht nur, dass das Trägheitsmoment bei Drehung um den Schwerpunkt minimal wird. Eigenschaft d) besagt insbesondere, dass sich die Varianz einer Zufallsvariablen nicht unter Verschiebungen der Verteilung, also bei Addition einer Konstanten, ändert. ◀

**Beispiel (Gleichverteilung auf $1, 2, \ldots, k$)** Besitzt $X$ eine Gleichverteilung auf den Werten $1, 2, \ldots, k$, gilt also $\mathbb{P}(X = j) = 1/k$ für $j = 1, \ldots, k$, so folgt mit der allgemeinen Transformationsformel

$$\begin{aligned}\mathbb{E}X^2 &= \sum_{j=1}^{k} j^2\mathbb{P}(X = j) = \frac{1}{k}\sum_{j=1}^{k} j^2 \\ &= \frac{1}{k} \cdot \frac{k(k+1)(2k+1)}{6} = \frac{(k+1)(2k+1)}{6}.\end{aligned}$$

Zusammen mit dem auf schon berechneten Erwartungswert $\mathbb{E}X = (k+1)/2$ ergibt sich unter Beachtung von Eigenschaft b) das Resultat

$$\mathbb{V}(X) = \frac{(k+1)(2k+1)}{6} - \frac{(k+1)^2}{4} = \frac{k^2-1}{12}. \qquad (4.17)$$

◀

Wohingegen der Erwartungswert einer Summe von Zufallsvariablen nach (4.10) gleich der Summe der Erwartungswerte der Summanden ist, trifft dieser Sachverhalt für die Varianz i. Allg. nicht mehr zu (siehe Abschn. 4.4). Es gilt jedoch folgendes wichtige Resultat.

**Additionsregel für die Varianz**

Es seien $X_1, \ldots, X_n$ *stochastisch unabhängige* Zufallsvariablen mit existierenden Varianzen. Dann gilt

$$\mathbb{V}\Big(\sum_{j=1}^{n} X_j\Big) = \sum_{j=1}^{n} \mathbb{V}(X_j).$$

**Beweis** Nach der Cauchy-Schwarz-Ungleichung gilt $(\sum_{j=1}^{n} X_j \cdot 1)^2 \le n \cdot \sum_{j=1}^{n} X_j^2$. Dies zeigt, dass auch die Varianz der Summe $X_1 + \ldots + X_n$ existiert. Wegen $\mathbb{V}(X+a) = \mathbb{V}(X)$ reicht es aus, den Fall $\mathbb{E}X_j = 0$, $j = 1, \ldots, n$, zu betrachten. Dann gilt nach der Multiplikationsregel $\mathbb{E}(X_j X_k) = 0$ für $j \neq k$ sowie $\mathbb{E}X_j^2 = \mathbb{V}(X_j)$, und es folgt

$$\begin{aligned}\mathbb{V}\Big(\sum_{j=1}^{n} X_j\Big) &= \mathbb{E}\Big(\Big(\sum_{j=1}^{n} X_j\Big)^2\Big) \\ &= \mathbb{E}\Big(\sum_{j=1}^{n}\sum_{k=1}^{n} X_j X_k\Big) \\ &= \sum_{j=1}^{n}\sum_{k=1}^{n} \mathbb{E}(X_j X_k) \\ &= \sum_{j=1}^{n} \mathbb{E}(X_j^2) + \sum_{j\neq k} \mathbb{E}(X_j X_k) \\ &= \sum_{j=1}^{n} \mathbb{V}(X_j).\end{aligned}$$

■

**Beispiel (Binomialverteilung)** Um die Varianz einer $\text{Bin}(n, p)$-verteilten Zufallsvariablen zu bestimmen, nutzen wir wie bei der Berechnung des Erwartungswertes von $X$ aus, dass $X$ die gleiche Verteilung wie eine Indikatorsumme $\sum_{j=1}^{n} \mathbb{1}\{A_j\}$ besitzt, in der die auftretenden Ereignisse unabhängig sind und die gleiche Wahrscheinlichkeit $p$ besitzen. Da die Indikatorvariablen $\mathbb{1}\{A_j\}$, $j = 1, \ldots, n$, nach Aufgabe 3.30 stochastisch unabhängig sind, folgt mit obigem Satz

$$\mathbb{V}(X) = \sum_{j=1}^{n} \mathbb{V}(\mathbb{1}\{A_j\}) = n\,\mathbb{V}(\mathbb{1}\{A_1\}).$$

Mit $\mathbb{1}\{A_1\}^2 = \mathbb{1}\{A_1\}$ und $\mathbb{E}\mathbb{1}\{A_1\} = \mathbb{P}(A_1) = p$ sowie $\mathbb{V}(\mathbb{1}\{A_1\}) = \mathbb{E}(\mathbb{1}\{A_1\}^2) - (\mathbb{E}\mathbb{1}\{A_1\})^2$ ergibt sich dann

$$\mathbb{V}(X) = n\,p\,(1-p).$$

Natürlich kann man dieses Resultat auch über die Darstellungsformel erhalten, siehe Aufgabe 4.31. ◄

## Eine standardisierte Zufallsvariable hat den Erwartungswert 0 und die Varianz 1

Man nennt die Verteilung $\mathbb{P}^X$ einer Zufallsvariablen *ausgeartet* oder *degeneriert*, falls sie in einem Punkt konzentriert ist, falls also ein $a \in \mathbb{R}$ mit $\mathbb{P}(X = a) = 1$ existiert. Andernfalls heißt $\mathbb{P}^X$ *nichtausgeartet* oder *nichtdegeneriert*. Diese Begriffsbildungen gelten gleichermaßen für Zufallsvektoren. Da degenerierte Verteilungen in der Regel uninteressant sind, wird dieser Fall im Folgenden häufig stillschweigend ausgeschlossen.

Hat $X$ eine nichtdegenerierte Verteilung, und gilt $\mathbb{E}X^2 < \infty$, so ist die Varianz von $X$ positiv. In diesem Fall kann man von $X$ mithilfe der affinen Transformation

$$X \longmapsto \frac{X - \mathbb{E}X}{\sqrt{\mathbb{V}(X)}} =: X^*$$

zu einer Zufallsvariablen $X^*$ übergehen, die wegen $\mathbb{V}(aX + b) = a^2\mathbb{V}(X)$ den Erwartungswert 0 und die Varianz 1 besitzt. Man nennt den Übergang von $X$ zu $(X - \mathbb{E}X)/\sqrt{\mathbb{V}(X)}$ die **Standardisierung** von $X$. Gilt bereits $\mathbb{E}X = 0$ und $\mathbb{V}(X) = 1$, so heißt $X$ eine **standardisierte Zufallsvariable** oder kurz **standardisiert**. Man beachte, dass man wegen $\mathbb{V}(aX) = a^2\mathbb{V}(X)$ beim Standardisieren durch die Standardabweichung, also die Wurzel aus der Varianz, dividiert.

Die folgende wichtige Ungleichung zeigt, wie die Wahrscheinlichkeit einer großen Abweichung einer Zufallsvariablen $X$ um ihren Erwartungswert mithilfe der Varianz abgeschätzt werden kann. Sie wird gemeinhin mit dem Namen des russischen Mathematikers Pafnuti Lwowitsch Tschebyschow (1821–1894) verknüpft, war aber schon Irénée-Jules Bienaymé im Jahr 1853 im Zusammenhang mit der Methode der kleinsten Quadrate bekannt.

**Die Tschebyschow-Ungleichung**

Ist $X$ eine Zufallsvariable mit $\mathbb{E}X^2 < \infty$, so gilt für jedes $\varepsilon > 0$:

$$\mathbb{P}(|X - \mathbb{E}X| \ge \varepsilon) \le \frac{\mathbb{V}(X)}{\varepsilon^2}. \tag{4.18}$$

**Beweis** Wir betrachten die Funktionen

$$g(x) := \begin{cases} 1, & \text{falls } |x - \mathbb{E}X| \ge \varepsilon, \\ 0 & \text{sonst,} \end{cases}$$

$$h(x) := \frac{1}{\varepsilon^2} \cdot (x - \mathbb{E}X)^2, \qquad x \in \mathbb{R}.$$

Wegen $g(x) \le h(x)$, $x \in \mathbb{R}$ (siehe Abb. 4.5) gilt $g(X(\omega)) \le h(X(\omega))$ für jedes $\omega \in \Omega$. Nach Eigenschaft d) der Erwartungswertbildung folgt $\mathbb{E}g(X) \le \mathbb{E}h(X)$, was zu zeigen war. ■

## Hintergrund und Ausblick: Der Weierstraßsche Approximationssatz

Bernstein-Polynome, die Binomialverteilung und die Tschebyschow-Ungleichung

Nach dem Weierstraßschen Approximationssatz (s. z. B. [1], Abschn. 19.6) gibt es zu jeder stetigen Funktion $f$ auf einem kompakten Intervall $[a, b]$ mit $a < b$ eine Folge $(P_n)_{n\geq 1}$ von Polynomen, die gleichmäßig gegen $f$ konvergiert, für die also

$$\lim_{n\to\infty} \max_{a\leq x\leq b} |P_n(x) - f(x)| = 0$$

gilt. Die nachfolgende Konstruktion einer solchen Folge geht auf den Mathematiker Sergej Natanowitsch Bernstein (1880–1968) zurück. Zunächst ist klar, dass wir o.B.d.A. $a = 0$ und $b = 1$ setzen können. Wir müssen ja nur zur Funktion $g : [0,1] \to \mathbb{R}$ mit $g(x) := f(a + x(b-a))$ übergehen. Gilt dann $\max_{0\leq x\leq 1} |g(x) - Q(x)| \leq \varepsilon$ für ein Polynom $Q$, so folgt $\max_{a\leq y\leq b} |f(x) - P(x)| \leq \varepsilon$, wobei $P$ das durch $P(y) := Q((y - a/(b-a))$ gegebene Polynom ist.

Die von Bernstein verwendeten und nach ihm benannten *Bernstein-Polynome* $B_n^f$ sind durch

$$B_n^f(x) := \sum_{k=0}^{n} f\left(\frac{k}{n}\right)\binom{n}{k} x^k (1-x)^{n-k}$$

definiert. Um die Approximationsgüte der Funktion $f$ durch $B_n^f$ zu prüfen, geben wir uns ein beliebiges $\varepsilon > 0$ vor. Da $f$ auf $[0,1]$ gleichmäßig stetig ist, gibt es ein $\delta > 0$ mit der Eigenschaft

$$\forall x, y \in [0,1] : |y - x| \leq \delta \Longrightarrow |f(y) - f(x)| \leq \varepsilon. \tag{4.19}$$

Zudem existiert ein $M < \infty$ mit $\max_{0\leq x\leq 1} |f(x)| \leq M$, denn $f$ ist auf dem Intervall $[0,1]$ beschränkt. Wir behaupten nun die Gültigkeit der Ungleichung

$$\max_{0\leq x\leq 1} |B_n^f(x) - f(x)| \leq \varepsilon + \frac{M}{2n\delta^2}. \tag{4.20}$$

Diese zöge die gleichmäßige Konvergenz der Folge $(B_n^f)$ gegen $f$ nach sich, denn die rechte Seite wäre für genügend großes $n$ kleiner oder gleich $2\varepsilon$.

Wegen $\sum_{k=0}^n \binom{n}{k} x^k (1-x)^{n-k} = 1$ gilt

$$|B_n^f(x) - f(x)| \leq \sum_{k=0}^{n} \left| f\left(\frac{k}{n}\right) - f(x)\right| \binom{n}{k} x^k (1-x)^{n-k}.$$

Wir spalten jetzt die rechts stehende Summe über $k \in \{0, 1, \ldots, n\}$ auf, indem wir $k$ einmal die Menge $I_1 := \{k \mid |k/n - x| \leq \delta\}$ und zum anderen die Menge $I_2 := \{k \mid |k/n - x| > \delta\}$ durchlaufen lassen. Nach (4.19) ist die Summe über $k \in I_1$ höchstens gleich $\varepsilon$. In der Summe über $k \in I_2$ schätzen wir $|f(k/n) - f(x)|$ durch $2M$ nach oben ab und erhalten insgesamt

$$|B_n^f(x) - f(x)| \leq \varepsilon + 2M \sum_{k\in I_2} \binom{n}{k} x^k (1-x)^{n-k}.$$

Die hier übrig bleibende Summe ist aber stochastisch interpretierbar, nämlich als $\mathbb{P}(|X/n - x| > \delta)$, wobei die Zufallsvariable $X$ die Binomialverteilung $\mathrm{Bin}(n, x)$ besitzt. Wegen $\mathbb{E}(X/n) = x$ ergibt sich mit der Tschebyschow-Ungleichung

$$\begin{aligned} &\sum_{k\in I_2} \binom{n}{k} x^k (1-x)^{n-k} \\ &= \mathbb{P}\left(\left|\frac{X}{n} - x\right| > \delta\right) \leq \frac{\mathbb{V}(X/n)}{\delta^2} \\ &= \frac{nx(1-x)}{n^2\delta^2} \leq \frac{1}{4n\delta^2}, \end{aligned}$$

sodass (4.20) folgt.

Nach der Tschebyschow-Ungleichung gilt also für eine *standardisierte* Zufallsvariable $X$

$$\mathbb{P}(|X| \geq 2) \leq 0.25, \ \mathbb{P}(|X| \geq 5) \leq 0.04, \ \mathbb{P}(|X| \geq 10) \leq 0.01.$$

Für spezielle Verteilungen gibt es hier bessere Schranken. Wie wir jetzt sehen werden, liegt der Wert der Tschebyschow-Ungleichung vor allem in ihrer Allgemeinheit.

**Video 4.3** Die Bienaymé-Tschebyschow-Ungleichung

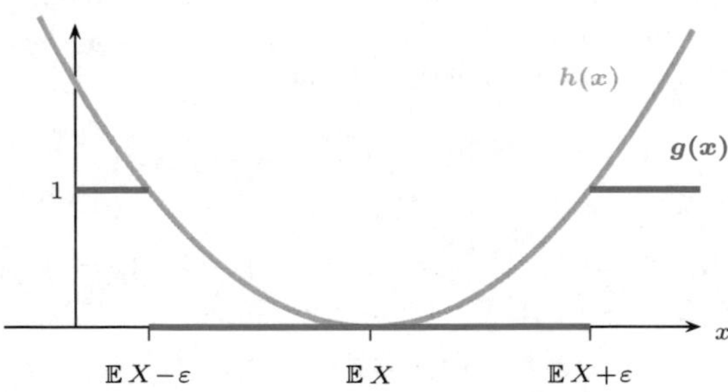


**Abb. 4.5** Zum Beweis der Tschebyschow-Ungleichung

## Das schwache Gesetz großer Zahlen: Der Erwartungswert als stochastischer Grenzwert arithmetischer Mittel

Wir haben zu Beginn von Abschn. 2.3 das empirische Gesetz über die Stabilisierung relativer Häufigkeiten herangezogen, um die axiomatischen Eigenschaften von Wahrscheinlichkeiten als mathematische Objekte zu motivieren. Diese Erfahrungstatsache stand auch am Anfang von Abschn. 4.2 Pate, als wir die Definition des Erwartungswertes einer Zufallsvariablen über die durchschnittliche Auszahlung pro Spiel auf lange Sicht verständlich gemacht haben. Das folgende *Schwache Gesetz großer Zahlen* stellt ebenfalls einen Zusammenhang zwischen arithmetischen Mitteln und Erwartungswerten her. Es geht dabei jedoch vom axiomatischen Wahrscheinlichkeitsbegriff aus.

**Das Schwache Gesetz großer Zahlen**

Es seien $X_1, X_2, \ldots, X_n$ *stochastisch unabhängige* Zufallsvariablen mit gleichem Erwartungswert $\mu := \mathbb{E}X_1$ und gleicher Varianz $\sigma^2 := \mathbb{V}(X_1)$. Die Zufallsvariable

$$\overline{X}_n := \frac{1}{n}\sum_{j=1}^{n} X_j$$

bezeichne das arithmetische Mittel von $X_1, \ldots, X_n$. Dann gilt für jedes $\varepsilon > 0$:

$$\lim_{n\to\infty} \mathbb{P}\left(|\overline{X}_n - \mu| \geq \varepsilon\right) = 0. \qquad (4.21)$$

**Beweis** Da die Erwartungswertbildung linear ist und gleiche Erwartungswerte vorliegen, gilt $\mathbb{E}\overline{X}_n = \mu$. Wegen der Unabhängigkeit ist auch die Varianzbildung additiv, und der Faktor $1/n$ vor der Summe $\sum_{j=1}^{n} X_j$ führt zu $\mathbb{V}(\overline{X}_n) = \sigma^2/n$. Mithilfe der Tschebyschow-Ungleichung folgt dann $\mathbb{P}\left(|\overline{X}_n - \mu| \geq \varepsilon\right) \leq \sigma^2/(n \cdot \varepsilon^2)$ und somit die Behauptung. ■

**Kommentar** Die Aussage des schwachen Gesetzes großer Zahlen bedeutet, dass die Folge der arithmetischen Mittel unabhängiger Zufallsvariablen mit gleichem Erwartungswert $\mu$ und gleicher Varianz *stochastisch gegen* $\mu$ konvergiert (siehe Abschn. 6.2). In diesem Sinn präzisiert es unsere Vorstellung, dass der Erwartungswert ein auf die Dauer erhaltener durchschnittlicher Wert sein sollte. ◄

Abb. 4.6 zeigt Plots der arithmetischen Mittel $\overline{X}_n$, $n = 1, \ldots, 300$, der Augenzahlen $X_1, \ldots, X_n$ von $n = 300$ simulierten Würfen mit einem echten Würfel. Es ist deutlich zu erkennen, dass sich diese Mittel gegen den Erwartungswert $\mathbb{E}(X_1) = \mu = 3.5$ stabilisieren.

Sind $A_1, \ldots, A_n$ stochastisch unabhängige Ereignisse mit gleicher Wahrscheinlichkeit $p$, so kann man in der Situation des obigen Satzes speziell $X_j := \mathbb{1}\{A_j\}$, $j = 1, \ldots, n$, setzen. Es gilt dann $\mu = \mathbb{E}X_1 = \mathbb{P}(A_1) = p$ und $\sigma^2 = p(1-p)$. Deutet

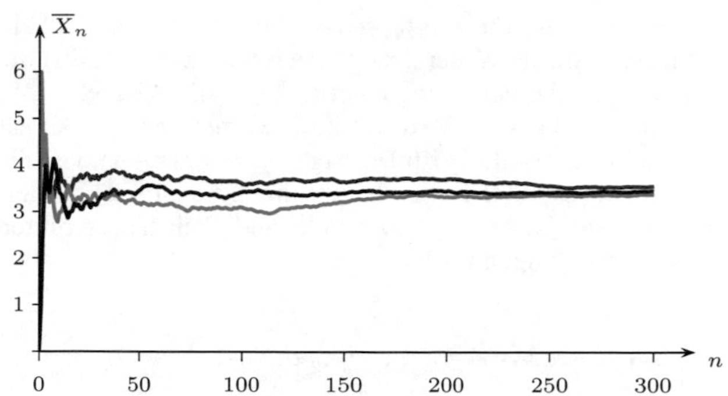


**Abb. 4.6** Simulierte arithmetische Mittel der Augensumme beim Würfelwurf

man das Ereignis $A_j$ als Treffer in einem $j$-ten Versuch einer Bernoulli-Kette der Länge $n$, so kann das mit $R_n := \overline{X}_n = n^{-1}\sum_{j=1} \mathbb{1}\{A_j\}$ bezeichnete arithmetische Mittel als *zufällige relative Trefferhäufigkeit* angesehen werden. Das Schwache Gesetz großer Zahlen bedeutet dann in „komplementärer Formulierung"

$$\lim_{n\to\infty} \mathbb{P}(|R_n - p| < \varepsilon) = 1 \qquad \text{für jedes } \varepsilon > 0. \qquad (4.22)$$

Dieses Hauptergebnis der *Ars Conjectandi* von Jakob Bernoulli besagt, dass sich die Wahrscheinlichkeit von Ereignissen, deren Eintreten oder Nichteintreten unter unabhängigen und gleichen Bedingungen beliebig oft wiederholt beobachtbar ist, wie eine physikalische Konstante messen lässt: Die Wahrscheinlichkeit, dass sich die relative Trefferhäufigkeit $R_n$ in einer Bernoulli-Kette vom Umfang $n$ von der Trefferwahrscheinlichkeit $p$ um weniger als einen beliebig kleinen, vorgegebenen Wert $\varepsilon$ unterscheidet, konvergiert beim Grenzübergang $n \to \infty$ gegen eins. In der Sprache der Analysis heißt (4.22), dass es zu jedem $\varepsilon > 0$ und zu jedem $\eta$ mit $0 < \eta < 1$ eine von $\varepsilon$ und $\eta$ abhängende natürliche Zahl $n_0$ mit der Eigenschaft

$$\mathbb{P}(|R_n - p| < \varepsilon) \geq 1 - \eta \qquad (4.23)$$

für *jedes feste* $n \geq n_0$ gibt. In Abschn. 6.2 werden wir dieses Ergebnis dahingehend zu einem *Starken Gesetz großer Zahlen* verschärfen, dass man die in (4.23) stehende Wahrscheinlichkeitsaussage für genügend großes $n_0$ *simultan für jedes* $n \geq n_0$ behaupten kann, dass also

$$\mathbb{P}\left(\bigcap_{n=n_0}^{\infty} \{|R_n - p| < \varepsilon\}\right) \geq 1 - \eta$$

gilt.

## 4.3 Wichtige diskrete Verteilungen

Mit der *hypergeometrischen Verteilung* und der *Binomialverteilung* sind uns bereits zwei wichtige diskrete Verteilungsmodelle begegnet. Beide treten beim $n$-maligen rein zufälligen Ziehen aus einer Urne auf, die $r$ rote und $s$ schwarze Kugeln enthält. Die zufällige Anzahl $X$ der gezogenen roten Kugeln besitzt die hypergeometrische Verteilung $\mathrm{Hyp}(n, r, s)$, falls das Ziehen ohne Zurücklegen erfolgt. Wird mit Zurücklegen gezogen, so hat $X$ die Binomialverteilung $\mathrm{Bin}(n, p)$ mit $p = r/(r+s)$, vgl. die in den großen Beispiel-Boxen in Abschn. 2.6 zu diesen Verteilungen geführte Diskussion. Der Vollständigkeit halber führen wir beide Verteilungen noch einmal an.

**Definition der hypergeometrischen Verteilung**

Die Zufallsvariable $X$ besitzt eine **hypergeometrische Verteilung mit Parametern $n, r$ und $s$** ($r, s \in \mathbb{N}, n \geq r + s$), falls gilt:

$$\mathbb{P}(X = k) = \frac{\binom{r}{k}\binom{s}{n-k}}{\binom{r+s}{n}}, \qquad k = 0, 1, \ldots, n.$$

Wir schreiben hierfür kurz $X \sim \mathrm{Hyp}(n, r, s)$.

**Definition der Binomialverteilung**

Die Zufallsvariable $X$ besitzt eine **Binomialverteilung mit Parametern $n$ und $p$**, $0 < p < 1$, in Zeichen $X \sim \mathrm{Bin}(n, p)$, falls gilt:

$$\mathbb{P}(X = k) = \binom{n}{k} p^k (1-p)^{n-k}, \qquad k = 0, 1, \ldots, n.$$

Strukturell sind die Verteilungen $\mathrm{Hyp}(n, r, s)$ und $\mathrm{Bin}(n, p)$ (wie auch deren gemeinsame Verallgemeinerung, die in Abschn. 3.2 vorgestellte Pólya-Verteilung $\mathrm{Pol}(n, r, s, c)$) Verteilungen von *Zählvariablen*, also von Indikatorsummen der Gestalt $\mathbb{1}\{A_1\} + \ldots + \mathbb{1}\{A_n\}$. Kennzeichnend für die Binomialverteilung ist, dass die Ereignisse $A_1, \ldots, A_n$ *stochastisch unabhängig sind und die gleiche Wahrscheinlichkeit besitzen.* Letztere Eigenschaft liefert eine begriffliche Einsicht in das folgende Additionsgesetz.

**Das Additionsgesetz für die Binomialverteilung**

Die Zufallsvariablen $X$ und $Y$ seien stochastisch unabhängig, wobei $X \sim \mathrm{Bin}(m, p)$ und $Y \sim \mathrm{Bin}(n, p)$. Dann gilt $X + Y \sim \mathrm{Bin}(m + n, p)$.

**Beweis** Wir geben zwei Beweise an, einen begrifflichen und einen mithilfe der diskreten Faltungsformel. Da die Verteilung von $X + Y$ wegen der Unabhängigkeit von $X$ und $Y$ durch $\mathbb{P}^X$ und $\mathbb{P}^Y$ festgelegt ist, konstruieren wir einen speziellen Wahrscheinlichkeitsraum, auf dem unabhängige Zufallsvariablen $X \sim \mathrm{Bin}(m, p)$ und $Y \sim \mathrm{Bin}(n, p)$ definiert sind, wobei $X + Y$ die Binomialverteilung $\mathrm{Bin}(m + n, p)$ besitzt. Hierzu betrachten wir das Standard-Modell einer Bernoulli-Kette der Länge $m + n$ wie im Beispiel über die Bernoulli-Kette und die Binomialverteilung in Abschn. 3.3. In dem dort konstruierten Grundraum $\{0, 1\}^{m+n}$ gibt es unabhängige Ereignisse $A_1, \ldots, A_{m+n}$ mit gleicher Wahrscheinlichkeit $p$. Setzen wir $X := \sum_{j=1}^{m} \mathbb{1}\{A_j\}$ und $Y := \sum_{j=1}^{n} \mathbb{1}\{A_{m+j}\}$, so sind $X$ und $Y$ unabhängig und besitzen die geforderten Verteilungen. Außerdem ist $X + Y = \sum_{j=1}^{m+n} \mathbb{1}\{A_j\}$ binomialverteilt mit Parametern $m + n$ und $p$, was zu zeigen war. Der Beweis mithilfe der Faltungsformel erfolgt durch direkte Rechnung: Für jedes $k \in \{0, 1, \ldots, n\}$ gilt

$$\begin{aligned}
\mathbb{P}(X + Y = k) &= \sum_{j=0}^{k} \mathbb{P}(X = j, Y = k - j) \\
&= \sum_{j=0}^{k} \mathbb{P}(X = j) \cdot \mathbb{P}(Y = k - j) \\
&= \sum_{j=0}^{k} \binom{m}{j} p^j (1-p)^{m-j} \binom{n}{k-j} p^{k-j} (1-p)^{n-k+j} \\
&= p^k (1-p)^{m+n-k} \sum_{j=0}^{k} \binom{m}{j}\binom{n}{k-j}.
\end{aligned}$$

Hieraus folgt die Behauptung, denn die letzte Summe ist wegen der Beziehung $\sum_{j=0}^{k} \mathbb{P}(Z = j) = 1$ für eine Zufallsvariable $Z \sim \mathrm{Hyp}(k, m, n)$ gleich $\binom{m+n}{k}$. ■

Mit der *geometrischen Verteilung*, der *negativen Binomialverteilung*, der *Poisson-Verteilung* und der *Multinomialverteilung* lernen wir jetzt weitere grundlegende diskrete Verteilungsmodelle kennen. All diesen Verteilungen ist gemeinsam, dass sie etwas mit stochastischer Unabhängigkeit zu tun haben.

## Die geometrische Verteilung modelliert die Anzahl der Nieten vor dem ersten Treffer

Um die geometrische Verteilung und deren Verallgemeinerung, die negative Binomialverteilung, einzuführen, betrachten wir eine Folge unabhängiger gleichartiger Versuche mit den Ausgängen Treffer bzw. Niete. Dabei trete ein Treffer mit Wahrscheinlichkeit $p$ und eine Niete mit Wahrscheinlichkeit $1 - p$ auf. Es liege also eine Bernoulli-Kette unendlicher Länge mit Trefferwahrscheinlichkeit $p$ vor, vgl. den Kommentar vor der der Definition einer terminalen $\sigma$-Algebra in Abschn. 3.4. Dabei sei $0 < p < 1$ vorausgesetzt.

Mit welcher Wahrscheinlichkeit treten *vor dem ersten Treffer genau k Nieten* auf? Nun, hierfür muss die Bernoulli-Kette mit $k$ Nieten beginnen, denen sich ein Treffer anschließt. Schreiben wir $X$ für die zufällige Anzahl der Nieten vor dem ersten Treffer, so besitzt $X$ wegen der stochastischen Unabhängigkeit von

Kapitel 4

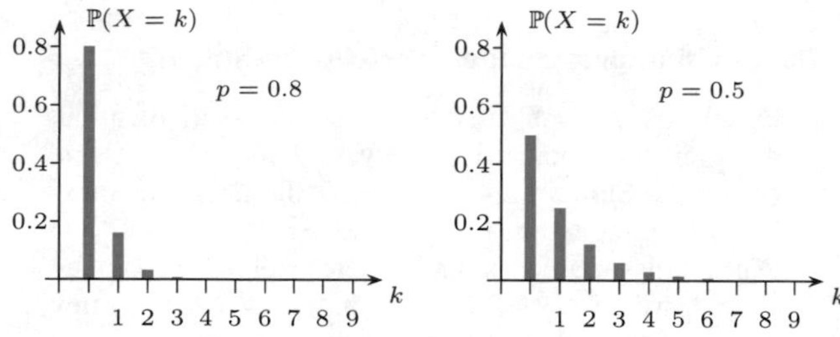


**Abb. 4.7** Stabdiagramme geometrischer Verteilungen

Ereignissen, die sich auf verschiedene Versuche beziehen, eine geometrische Verteilung im Sinne der folgenden Definition.

### Definition der geometrischen Verteilung

Die Zufallsvariable $X$ hat eine **geometrische Verteilung mit Parameter $p$**, $0 < p < 1$, wenn gilt:

$$\mathbb{P}(X = k) = (1-p)^k p, \quad k \in \mathbb{N}_0.$$

In diesem Fall schreiben wir kurz $X \sim \mathrm{G}(p)$.

Wegen $\sum_{k=0}^{\infty}(1-p)^k p = (1-(1-p))^{-1}p = 1$ bildet die geometrische Verteilung in der Tat eine Wahrscheinlichkeitsverteilung auf den nichtnegativen ganzen Zahlen. Die Namensgebung dieser Verteilung rührt von der eben benutzten geometrischen Reihe her. Abb. 4.7 zeigt Stabdiagramme der Verteilungen G(0.8) und G(0.5).

**Video 4.4** Die geometrische Verteilung

Die Stabdiagramme und auch die Erzeugungsweise der geometrischen Verteilung lassen vermuten, dass bei wachsendem $p$ sowohl der Erwartungswert als auch die Varianz der geometrischen Verteilung abnehmen. In der Tat gilt der folgende Sachverhalt:

### Satz (Erwartungswert und Varianz von G($p$))

Für eine Zufallsvariable $X$ mit der geometrischen Verteilung G($p$) gilt:

$$\mathbb{E}(X) = \frac{1-p}{p}, \qquad \mathbb{V}(X) = \frac{1-p}{p^2}.$$

**Beweis** Der Nachweis kann mithilfe der allgemeinen Transformationsformel erfolgen und ist dem Leser als Übungsaufgabe 4.23 überlassen. ■

Die geometrische Verteilung ist *gedächtnislos* in folgendem Sinn: Für jede Wahl von $k, m \in \mathbb{N}_0$ gilt

$$\mathbb{P}(X = k + m | X \geq k) = \mathbb{P}(X = m). \qquad (4.24)$$

Diese Gleichung desillusioniert alle, die das Auftreten der ersten Sechs beim fortgesetzten Würfeln für umso wahrscheinlicher halten, je länger diese nicht vorgekommen ist. Unter der Bedingung einer noch so langen Serie von Nieten (d. h. $X \geq k$) ist es genauso wahrscheinlich, dass sich $m$ weitere Nieten bis zum ersten Treffer einstellen, als wenn die Bernoulli-Kette mit dem ersten Versuch starten würde. Aufgabe 4.50 zeigt, dass die Verteilung G($p$) durch diese „Gedächtnislosigkeit" *charakterisiert wird.*

### Selbstfrage 7

Können Sie Gleichung (4.24) beweisen?

Wir fragen jetzt allgemeiner nach der Wahrscheinlichkeit, dass für ein festes $r \geq 1$ *vor dem $r$-ten Treffer genau $k$ Nieten auftreten.* Dieses Ereignis tritt ein, wenn der $(k + r)$-te Versuch einen Treffer ergibt und sich davor – in welcher Reihenfolge auch immer – $k$ Nieten und $r - 1$ Treffer einstellen. Nun gibt es $\binom{k+r-1}{k}$ Möglichkeiten, aus $k + r - 1$ Versuchen $k$ Stück für die Nieten (und damit $r - 1$ für die Treffer) auszuwählen. Jede konkrete Ergebnisfolge, bei der einem Treffer $k$ Nieten und $r - 1$ Treffer vorangehen, hat wegen der Kommutativität der Multiplikation und der Unabhängigkeit von Ereignissen, die sich auf verschiedene Versuche beziehen, die Wahrscheinlichkeit $(1-p)^k p^r$. Somit besitzt die Anzahl der Nieten vor dem $r$-ten Treffer eine *negative Binomialverteilung* im Sinne der folgenden Definition.

### Definition der negativen Binomialverteilung

Die Zufallsvariable $X$ besitzt eine **negative Binomialverteilung mit Parametern $r$ und $p$**, $r \in \mathbb{N}$, $0 < p < 1$, wenn gilt:

$$\mathbb{P}(X = k) = \binom{k+r-1}{k}(1-p)^k p^r, \qquad k \in \mathbb{N}_0.$$

In diesem Fall schreiben wir kurz $X \sim \mathrm{Nb}(r, p)$.

Offenbar geht die negative Binomialverteilung für den Fall $r = 1$ in die geometrische Verteilung über; es gilt also $\mathrm{G}(p) = \mathrm{Nb}(1, p)$. Wegen $\binom{k+r-1}{k} = (-1)^k\binom{-r}{k}$ und der Binomialreihe

$$(1+x)^\alpha = \sum_{k=0}^{\infty}\binom{\alpha}{k}x^k, \qquad \alpha \in \mathbb{R},\ |x| < 1, \qquad (4.25)$$

(s. z. B. [1], Kap. 15, Übersicht über Potenzreihen oder Video 4.5) folgt

$$\sum_{k=0}^{\infty}\mathbb{P}(X = k) = \sum_{k=0}^{\infty}\binom{-r}{k}(-(1-p))^k p^r = p^{-r}p^r = 1.$$

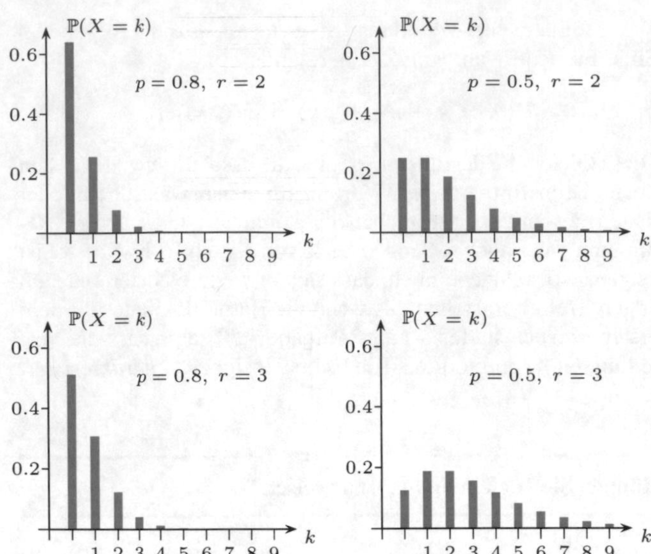


**Abb. 4.8** Stabdiagramme von negativen Binomialverteilungen

Somit definiert die negative Binomialverteilung in der Tat eine Wahrscheinlichkeitsverteilung auf $\mathbb{N}_0$. Das Adjektiv „negative" rührt von der Darstellung

$$\mathbb{P}(X = k) = \binom{-r}{k} p^r (-(1-p))^k, \qquad k \in \mathbb{N}_0, \tag{4.26}$$

her.

**Video 4.5** Die Binomialreihe

Abb. 4.8 zeigt Stabdiagramme von negativen Binomialverteilungen $\mathrm{Nb}(r, p)$ für $r = 2$ (oben) und $r = 3$ (unten). Es ist deutlich zu erkennen, dass bei Vergrößerung von $p$ bei gleichem $r$ eine „stärkere Verschmierung" der Wahrscheinlichkeitsmassen stattfindet. Gleiches trifft bei Vergrößerung von $r$ bei festem $p$ zu.

## Für die Verteilungen $\mathrm{Bin}(n, p)$, $\mathrm{Nb}(r, p)$ und $\mathrm{Po}(\lambda)$ gelten Additionsgesetze

Intuitiv ist klar, dass bei einer Bernoulli-Kette die Anzahl der Nieten vor dem ersten und zwischen dem $j$-ten und $(j+1)$-ten Treffer $(j = 1, 2, \ldots, r-1)$ unabhängige Zufallsvariablen sein sollten. Da nach jedem Treffer die Bernoulli-Kette neu startet, sollte eine Zufallsvariable mit der negativen Binomialverteilung die additive Überlagerung von unabhängigen geometrisch verteilten Zufallsvariablen darstellen. In der Tat gilt folgender Zusammenhang zwischen den Verteilungen $\mathrm{Nb}(r, p)$ und $\mathrm{G}(p)$.

**Das Additionsgesetz für die Verteilung $\mathrm{Nb}(r, p)$**

a) Es seien $X_1, \ldots, X_r$ unabhängige Zufallsvariablen mit der gleichen geometrischen Verteilung $\mathrm{G}(p)$. Dann besitzt die Summe $X_1 + \ldots + X_r$ die negative Binomialverteilung $\mathrm{Nb}(r, p)$.
b) Die Zufallsvariablen $X$ und $Y$ seien stochastisch unabhängig, wobei $X \sim \mathrm{Nb}(r, p)$ und $Y \sim \mathrm{Nb}(s, p)$ mit $r, s \in \mathbb{N}$. Dann gilt $X + Y \sim \mathrm{Nb}(r + s, p)$.

**Beweis** Wegen $\mathrm{G}(p) = \mathrm{Nb}((1, p)$ ergibt sich a) durch Induktion aus b), sodass nur b) zu zeigen ist. Mit (4.26) und der diskreten Faltungsformel gilt für jedes $k \in \mathbb{N}_0$

$$\begin{aligned} \mathbb{P}(X + Y = k) &= \sum_{j=0}^{k} \mathbb{P}(X = j, Y = k - j) \\ &= \sum_{j=0}^{k} \mathbb{P}(X = j) \cdot \mathbb{P}(Y = k - j) \\ &= p^{r+s} \sum_{j=0}^{k} \binom{-r}{j}\binom{-s}{k-j} (-(1-p))^k \\ &= \binom{-(r+s)}{k} p^{r+s} (-(1-p))^k, \end{aligned}$$

was zu zeigen war. Dabei ergibt sich das letzte Gleichheitszeichen, wenn man die in (4.25) stehenden Binomialreihen für $\alpha = r$ und $\alpha = s$ miteinander multipliziert (Cauchy-Produkt) und einen Koeffizientenvergleich durchführt. ∎

Da der Erwartungswert additiv ist und diese Eigenschaft bei unabhängigen Zufallsvariablen auch für die Varianz zutrifft, erhalten wir aus Teil a) zusammen mit den Ergebnissen zur geometrischen Verteilung das folgende Resultat.

**Folgerung** Ist $X$ eine Zufallsvariable mit der negativen Binomialverteilung $\mathrm{Nb}(r, p)$, so gelten

$$\mathbb{E}(X) = r \cdot \frac{1-p}{p}, \qquad \mathbb{V}(X) = r \cdot \frac{1-p}{p^2}. \qquad ◀$$

Wir kommen jetzt zu einer weiteren grundlegenden diskreten Verteilung mit zahlreichen Anwendungen, der nach dem Mathematiker Simeon Denise Poisson (1781–1840) benannten *Poisson-Verteilung*.

## Die Verteilung $\mathrm{Bin}(n, p)$ nähert sich für großes $n$ und kleines $p$ einer Poisson-Verteilung an

Die Poisson-Verteilung entsteht als Approximation der Binomialverteilung $\mathrm{Bin}(n, p)$ bei großem $n$ und kleinem $p$. Genauer gesagt betrachten wir eine Folge von Verteilungen $\mathrm{Bin}(n, p_n)$, $n \geq 1$, mit *konstantem Erwartungswert*

$$\lambda := n \cdot p_n, \qquad 0 < \lambda < \infty, \tag{4.27}$$

setzen also $p_n := \lambda/n$. Da $\mathrm{Bin}(n, p_n)$ die Verteilung der Trefferanzahl in einer Bernoulli-Kette der Länge $n$ mit Trefferwahrscheinlichkeit $p_n$ angibt, kompensiert eine wachsende Anzahl von Versuchen eine immer kleiner werdende Trefferwahrscheinlichkeit dahingehend, dass die *erwartete Trefferanzahl* konstant bleibt. Mit $(n)_k$ wie in (2.29) gilt für jedes $n \geq k$

$$\binom{n}{k} p_n^k (1 - p_n)^{n-k} = \frac{(np_n)^k}{k!} \frac{(n)_k}{n^k} \left(1 - \frac{np_n}{n}\right)^{-k} \left(1 - \frac{np_n}{n}\right)^n$$

$$= \frac{\lambda^k}{k!} \frac{(n)_k}{n^k} \left(1 - \frac{\lambda}{n}\right)^{-k} \left(1 - \frac{\lambda}{n}\right)^n.$$

Wegen $\lim_{n\to\infty}(n)_k/n^k = 1$ sowie

$$\lim_{n\to\infty} \left(1 - \frac{\lambda}{n}\right)^{-k} = 1, \quad \lim_{n\to\infty} \left(1 - \frac{\lambda}{n}\right)^n = \mathrm{e}^{-\lambda},$$

folgt dann für jedes feste $k \in \mathbb{N}_0$

$$\lim_{n\to\infty} \binom{n}{k} p_n^k (1 - p_n)^{n-k} = \mathrm{e}^{-\lambda} \frac{\lambda^k}{k!}. \tag{4.28}$$

Die Wahrscheinlichkeit für das Auftreten von $k$ Treffern in obiger Bernoulli-Kette konvergiert also gegen den Ausdruck $\mathrm{e}^{-\lambda}\lambda^k/k!$. Wegen $\sum_{k=0}^{\infty} \mathrm{e}^{-\lambda} \cdot \lambda^k/k! = \mathrm{e}^{-\lambda} \cdot \mathrm{e}^{\lambda} = 1$ bildet die rechte Seite von (4.28) eine Wahrscheinlichkeitsverteilung auf $\mathbb{N}_0$, und es ergibt sich folgende Definition.

**Video 4.6** Die Poisson-Verteilung

**Definition der Poisson-Verteilung**

Die Zufallsvariable $X$ besitzt eine **Poisson-Verteilung mit Parameter** $\lambda$ ($\lambda > 0$), kurz: $X \sim \mathrm{Po}(\lambda)$, falls gilt:

$$\mathbb{P}(X = k) = \mathrm{e}^{-\lambda} \cdot \frac{\lambda^k}{k!}, \qquad k = 0, 1, 2, \ldots$$

Die in (4.28) formulierte *Poisson-Approximation der Binomialverteilung* ist oft unter der Bezeichnung *Gesetz seltener Ereignisse* zu finden. Diese Namensgebung wird verständlich, wenn man die Erzeugungsweise der Binomialverteilung $\mathrm{Bin}(n, p_n)$ als Indikatorsumme von unabhängigen Ereignissen gleicher Wahrscheinlichkeit $p_n$ rekapituliert. Obwohl jedes einzelne Ereignis eine kleine Wahrscheinlichkeit $p_n = \lambda/n$ besitzt und somit *selten* eintritt, konvergiert die Wahrscheinlichkeit, dass $k$ dieser Ereignisse eintreten, gegen einen von $\lambda$ und $k$ abhängenden Wert. Aufgabe 4.26 zeigt, dass die Grenzwertaussage (4.28) auch unter schwächeren Annahmen gültig bleibt.

Abb. 4.9 zeigt Stabdiagramme der Poisson-Verteilung für verschiedene Werte von $\lambda$. Offenbar sind die Wahrscheinlichkeitsmassen für kleines $\lambda$ stark in der Nähe des Nullpunktes konzentriert, wohingegen bei wachsendem $\lambda$ sowohl eine Vergrößerung des Schwerpunktes als auch eine „stärkere Verschmierung" stattfindet. Die Erklärung hierfür liefert das folgende Resultat. Den Beweis überlassen wir dem Leser als Übung (Aufgabe 4.24).

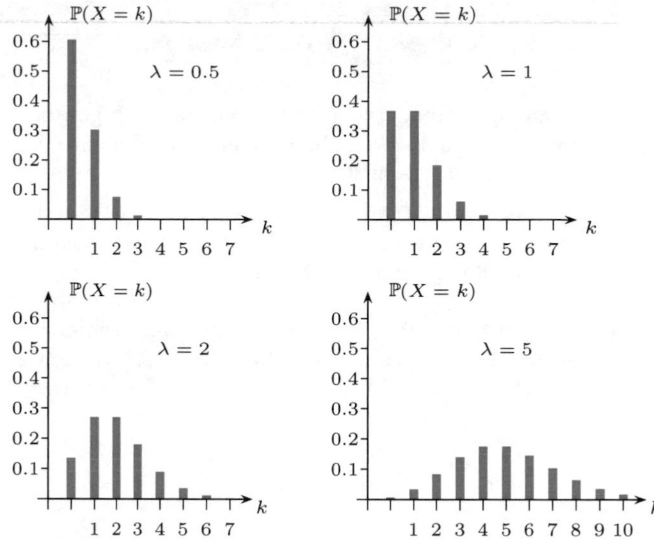


**Abb. 4.9** Stabdiagramme von Poisson-Verteilungen

**Erwartungswert und Varianz der Verteilung $\mathrm{Po}(\lambda)$**

Ist $X$ eine Zufallsvariable mit der Poisson-Verteilung $\mathrm{Po}(\lambda)$, so gelten

$$\mathbb{E}(X) = \lambda, \qquad \mathbb{V}(X) = \lambda.$$

Analog zur negativen Binomialverteilung besteht auch für die Poisson-Verteilung ein Additionsgesetz. Der Beweis ist völlig analog zum Nachweis des Additionsgesetzes für die negative Binomialverteilung.

**Das Additionsgesetz für die Poisson-Verteilung**

Es seien $X$ und $Y$ unabhängige Zufallsvariablen mit $X \sim \mathrm{Po}(\lambda)$ und $Y \sim \mathrm{Po}(\mu)$, wobei $0 < \lambda, \mu < \infty$. Dann gilt

$$X + Y \sim \mathrm{Po}(\lambda + \mu).$$

**Selbstfrage 8**

Können Sie dieses Additionsgesetz beweisen?

Aufgrund ihrer Entstehung über das Gesetz seltener Ereignisse (4.28) bietet sich die Poisson-Verteilung immer dann als Verteilungsmodell an, wenn gezählt wird, wie viele von

## Unter der Lupe: Eine Poisson-Approximation von Zählvariablen durch geeignete Kopplung

Die Kopplungsmethode zielt darauf ab, bei vorgegebenen Verteilungen möglichst weit übereinstimmende Zufallsvariablen mit diesen Verteilungen zu konstruieren

Das folgende Resultat des Mathematikers Lucien Marie Le Cam (1924–2000) ist eine Verallgemeinerung der Aussage (4.28) mit konkreter Fehlerabschätzung.

**Satz (Le Cam, 1960)** Seien $A_1, \ldots, A_n$ unabhängige Ereignisse mit $\mathbb{P}(A_j) := p_j > 0$ für $j = 1, \ldots, n$ sowie $S_n := \mathbb{1}\{A_1\} + \cdots + \mathbb{1}\{A_n\}$, $\lambda := p_1 + \cdots + p_n$. Dann gilt:

$$\sum_{k=0}^{\infty} \left| \mathbb{P}(S_n = k) - \mathrm{e}^{-\lambda} \frac{\lambda^k}{k!} \right| \leq 2 \sum_{j=1}^{n} p_j^2. \qquad ◂$$

**Beweis** Es seien $Y_1, \ldots, Y_n$ und $Z_1, \ldots, Z_n$ stochastisch unabhängige Zufallsvariablen mit den Verteilungen $Y_j \sim \mathrm{Po}(p_j)$ $(j = 1, \ldots, n)$ sowie

$$\mathbb{P}(Z_j = 1) := 1 - (1 - p_j)\mathrm{e}^{p_j} =: 1 - \mathbb{P}(Z_j = 0).$$

Wegen $\exp(-p_j) \geq 1 - p_j$ gilt dabei $0 \leq \mathbb{P}(Z_j = 1) \leq 1$. Als Grundraum, auf dem alle $Y_i, Z_j$ als Abbildungen definiert sind, kann das kartesische Produkt $\Omega := \mathbb{N}_0^n \times \{0, 1\}^n$ gewählt werden (vgl. das zweite Beispiel in Abschn. 3.3). Setzen wir

$$A_j := \{Y_j > 0\} \cup \{Z_j = 1\}, \qquad j = 1, \ldots, n,$$

so sind wegen der Unabhängigkeit aller $Y_i, Z_j$ die Ereignisse $A_1, \ldots, A_n$ und damit die Indikatorvariablen $X_j := \mathbb{1}\{A_j\}$, $j = 1, \ldots, n$, unabhängig, und es gilt

$$\begin{aligned}\mathbb{P}(A_j) &= 1 - \mathbb{P}(A_j^c) = 1 - \mathbb{P}(Y_j = 0) \cdot \mathbb{P}(Z_j = 0)\\ &= 1 - \mathrm{e}^{-p_j} \cdot (1 - p_j)\mathrm{e}^{p_j} = p_j.\end{aligned}$$

Ferner besitzt die Zufallsvariable $T_n := Y_1 + \ldots + Y_n$ nach dem Additionsgesetz für die Poisson-Verteilung die Verteilung $\mathrm{Po}(\lambda)$, wobei $\lambda = p_1 + \ldots + p_n$.

Nach Konstruktion unterscheiden sich $X_j$ und $Y_j$ und somit auch $S_n := X_1 + \ldots + X_n$ und $T_n$ nur wenig. Da das Ereignis $\{X_j \neq Y_j\}$ genau dann eintritt, wenn entweder $\{Y_j \geq 2\}$ oder $\{Y_j = 0, Z_j = 1\}$ gilt, folgt ja wegen $\mathbb{P}(Y_j \geq 2) = 1 - \mathbb{P}(Y_j = 0) - \mathbb{P}(Y_j = 1)$ zunächst

$$\begin{aligned}\mathbb{P}(X_j \neq Y_j) &= \mathbb{P}(Y_j \geq 2) + \mathbb{P}(Y_j = 0, Z_j = 1)\\ &= 1 - \mathrm{e}^{-p_j} - p_j\mathrm{e}^{-p_j} + \mathrm{e}^{-p_j}(1 - (1 - p_j)\mathrm{e}^{p_j})\\ &= p_j(1 - \mathrm{e}^{-p_j}) \leq p_j^2.\end{aligned}$$

Mit $\{S_n = k\} = \{S_n = k = T_n\} + \{S_n = k \neq T_n\}$ und $\{T_n = k\} = \{T_n = k = S_n\} + \{T_n = k \neq S_n\}$ sowie der Inklusion $\{S_n \neq T_n\} \subseteq \bigcup_{j=1}^{n} \{X_j \neq Y_j\}$ folgt dann

$$\begin{aligned}&\sum_{k=0}^{\infty} \left| \mathbb{P}(S_n = k) - \mathrm{e}^{-\lambda} \frac{\lambda^k}{k!} \right|\\ &= \sum_{k=0}^{\infty} |\mathbb{P}(S_n = k) - \mathbb{P}(T_n = k)|\\ &\leq \sum_{k=0}^{\infty} [\mathbb{P}(S_n = k \neq T_n) + \mathbb{P}(S_n \neq k = T_n)]\\ &= 2\,\mathbb{P}(S_n \neq T_n)\\ &\leq 2 \sum_{j=1}^{n} \mathbb{P}(X_j \neq Y_j) \leq 2 \sum_{j=1}^{n} p_j^2.\end{aligned}$$ ■

vielen möglichen, aber einzeln unwahrscheinlichen Ereignissen eintreten. Neben den Zerfällen von Atomen wie beim Rutherford-Geiger-Experiment sind etwa auch die Anzahl registrierter Photonen oder Elektronen bei sehr geringem Fluss angenähert poissonverteilt. Gleiches gilt für die Anzahl fehlerhafter Teile in Produktionsserien, die Anzahl von Gewittern innerhalb eines festen Zeitraums in einer bestimmten Region oder die Anzahl von Unfällen oder Selbstmorden, bezogen auf eine gewisse große Population und eine festgelegte Zeitdauer.

## Die Multinomialverteilung verallgemeinert die Binomialverteilung auf Experimente mit mehr als zwei Ausgängen

Die Binomialverteilung entsteht bei der unabhängigen Wiederholung eines Experiments mit *zwei* Ausgängen. In Verallgemeinerung dazu betrachten wir jetzt einen stochastischen Vorgang, der $s$ verschiedene, zweckmäßigerweise mit $1, 2, \ldots, s$ bezeichnete Ausgänge besitzt. Der Ausgang $k$ wird *Treffer $k$-ter Art* genannt; er trete mit der Wahrscheinlichkeit $p_k$ auf. Dabei sind $p_1, \ldots, p_s$ nichtnegative Zahlen mit der Eigenschaft $p_1 + \cdots + p_s = 1$. Der Vorgang werde $n$-mal in unabhängiger Folge durchgeführt. Ein einfaches Beispiel für diese Situation ist der $n$-malige Würfelwurf; hier gilt $s = 6$, und ein Treffer $k$-ter Art bedeutet, dass die Augenzahl $k$ auftritt. Bei einem echten Würfel würde man $p_1 = \ldots = p_6 = 1/6$ setzen.

Protokolliert man die Ergebnisse der $n$ Versuche in Form einer Strichliste (Abb. 4.10), so steht am Ende fest, wie oft jede einzelne Trefferart aufgetreten ist. Die vor Durchführung der Versuche zufällige Anzahl der Treffer $k$-ter Art wird mit $X_k$ bezeichnet, $k \in \{1, \ldots, s\}$.

**Selbstfrage 9**

Können Sie einen Grundraum angeben, auf dem $X_1, \ldots, X_s$ als Abbildungen definiert sind?

## Unter der Lupe: Das Rutherford-Geiger-Experiment

Die Poisson-Verteilung und spontane Phänomene

1910 untersuchten Ernest Rutherford (1871–1937) und Hans Wilhelm Geiger (1882–1945) ein radioaktives Präparat über 2 608 je 7 Sekunden lange Zeitintervalle. Dabei zählten sie insgesamt 10 097 Zerfälle, also durchschnittlich 3.87 Zerfälle pro Intervall. Die folgende Tabelle gibt für jedes $k = 0, 1, \ldots, 14$ die Anzahl $n_k$ der Zeitintervalle an, in denen $k$ Zerfälle beobachtet wurden.

| $k$ | 0 | 1 | 2 | 3 | 4 | 5 | 6 | 7 |
|---|---|---|---|---|---|---|---|---|
| $n_k$ | 57 | 203 | 383 | 525 | 532 | 408 | 273 | 139 |
| $k$ | 8 | 9 | 10 | 11 | 12 | 13 | 14 | |
| $n_k$ | 45 | 27 | 10 | 4 | 0 | 1 | 1 | |

Die nachstehende Abbildung zeigt die zugehörigen *relativen* Häufigkeiten (blau) sowie ein Stabdiagramm der Poisson-Verteilung mit Parameter $\lambda = 3.87$ (orange).

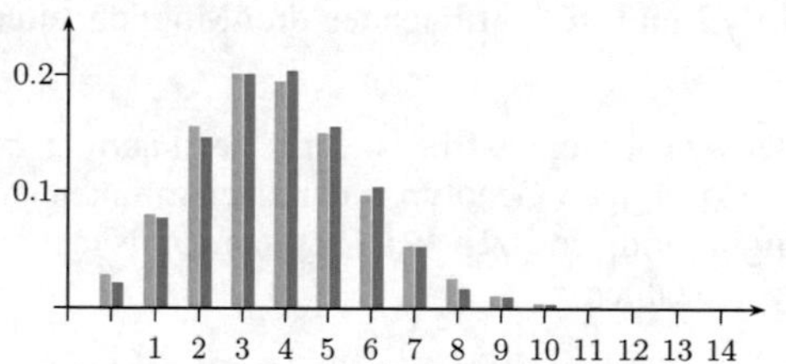


Um diese frappierende Übereinstimmung zu begreifen, nehmen wir idealisierend an, dass während eines Untersuchungszeitraums nur ein ganz geringer Anteil der Atome des Präparates zerfällt. Ferner soll jedes Atom nur von einem Zustand hoher Energie in einen Grundzustand niedriger Energie zerfallen können, was (wenn überhaupt) unabhängig von den anderen Atomen *ohne Alterungserscheinung völlig spontan* geschehe.

Als Untersuchungszeitraum wählen wir o.B.d.A. das Intervall $I := (0, 1]$ und schreiben $X$ für die zufällige Anzahl der Zerfälle in $I$ sowie $\lambda := \mathbb{E}X$ für den Erwartungswert von $X$ (die sog. *Intensität des radioaktiven Prozesses*). Wir behaupten, dass $X$ *unter gewissen mathematischen Annahmen* $\mathrm{Po}(\lambda)$-verteilt ist. Hierzu zerlegen wir $I$ in die Intervalle $I_j := ((j-1)/n, j/n]$ $(j = 1, \ldots, n)$ und schreiben $X_{n,j}$ für die Anzahl der Zerfälle in $I_j$, sodass

$$X = X_{n,1} + X_{n,2} + \ldots + X_{n,n} \tag{4.29}$$

gilt. Durch obige Annahmen motiviert unterstellen wir dabei die Unabhängigkeit und identische Verteilung der Summanden. Wegen $\mathbb{E}(X) = \sum_{j=1}^{n} \mathbb{E}(X_{n,j})$ folgt insbesondere $\mathbb{E}(X_{n,j}) = \lambda/n$. Ferner fordern wir die in der Physik fast unbesehen akzeptierte Regularitätsbedingung

$$\lim_{n\to\infty} \mathbb{P}\left(\bigcup_{j=1}^{n} \{X_{n,j} \geq 2\}\right) = 0. \tag{4.30}$$

Bei feiner werdender Intervalleinteilung soll also das Auftreten von mehr als einem Zerfall in irgendeinem Teilintervall immer unwahrscheinlicher werden. Damit liegt es nahe, $X_{n,j}$ durch die *Indikatorvariable* $\mathbb{1}\{X_{n,j} \geq 1\}$ anzunähern, die in den Fällen $X_{n,j} = 0$ und $X_{n,j} = 1$ mit $X_{n,j}$ übereinstimmt. Konsequenterweise betrachten wir dann die Indikatorsumme

$$S_n := \sum_{j=1}^{n} \mathbb{1}\{X_{n,j} \geq 1\}$$

als eine Approximation der in (4.29) stehenden Summe und somit als Näherung für $X$. Da die Ereignisse $\{X_{n,j} \geq 1\}$ $(j = 1, \ldots, n)$ unabhängig sind und die gleiche Wahrscheinlichkeit $p_n := \mathbb{P}(X_{n,1} \geq 1)$ besitzen, gilt $S_n \sim \mathrm{Bin}(n, p_n)$, wobei

$$p_n \leq \sum_{j\geq 1} j \cdot \mathbb{P}(X_{n,1} = j) = \mathbb{E}(X_{n,1}) = \frac{\lambda}{n}.$$

Fordern wir noch $\lim_{n\to\infty} np_n = \lambda$, so liefert Aufgabe 4.26 die Grenzwertaussage

$$\lim_{n\to\infty} \mathbb{P}(S_n = k) = \mathrm{e}^{-\lambda} \cdot \frac{\lambda^k}{k!}.$$

Zerlegt man das Ereignis $\{X = k\}$ nach den Fällen $\{X = S_n\}$ und $\{X \neq S_n\}$, so ergibt sich

$$\begin{aligned}\mathbb{P}(X = k) &= \mathbb{P}(X = k, X = S_n) + \mathbb{P}(X = k, X \neq S_n)\\ &= \mathbb{P}(S_n = k, X = S_n) + \mathbb{P}(X = k, X \neq S_n)\\ &= \mathbb{P}(S_n = k) - \mathbb{P}(S_n = k, X \neq S_n)\\ &\quad + \mathbb{P}(X = k, X \neq S_n).\end{aligned}$$

Da aus dem Ereignis $\{X \neq S_n\}$ das Ereignis $\bigcup_{j=1}^{n}\{X_{n,j} \geq 2\}$ folgt, liefert (4.30) die Beziehung $\lim_{n\to\infty} \mathbb{P}(X \neq S_n) = 0$ und somit

$$\lim_{n\to\infty} \mathbb{P}(S_n = k, X \neq S_n) = 0 = \lim_{n\to\infty} \mathbb{P}(X = k, X \neq S_n).$$

Insgesamt erhalten wir dann wie behauptet

$$\mathbb{P}(X = k) = \lim_{n\to\infty} \mathbb{P}(S_n = k) = \mathrm{e}^{-\lambda} \cdot \frac{\lambda^k}{k!}.$$

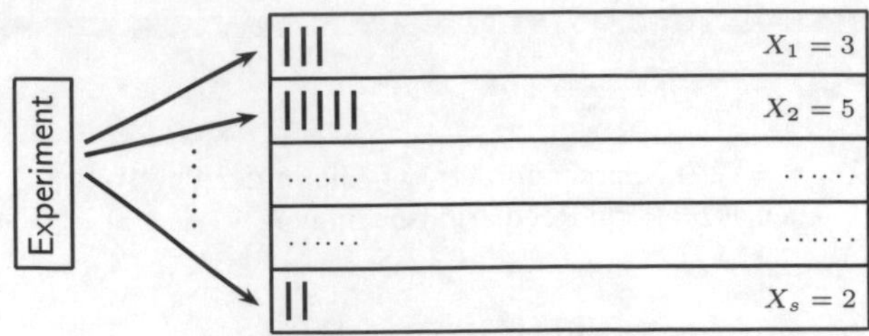


**Abb. 4.10** Trefferanzahlen in einem Experiment mit $s$ Ausgängen

Eine sich nahezu aufdrängende Frage ist die nach der gemeinsamen Verteilung der einzelnen Trefferanzahlen, also nach der Verteilung des Zufallsvektors $(X_1, \ldots, X_s)$. Da sich die Trefferanzahlen zur Gesamtzahl $n$ der Versuche aufaddieren müssen, kann $(X_1, \ldots, X_s)$ mit positiver Wahrscheinlichkeit nur $s$-Tupel $(k_1, \ldots, k_s)$ mit $k_j \in \mathbb{N}_0$ $(j = 1, \ldots, s)$ und $k_1 + \ldots + k_s = n$ annehmen. Für ein solches Tupel bedeutet das Ereignis $\{X_1 = k_1, \ldots, X_s = k_s\}$, dass in den $n$ Versuchen $k_1$ Treffer erster Art, $k_2$ Treffer zweiter Art usw. auftreten. Jede konkrete Versuchsfolge mit diesen Trefferanzahlen hat wegen der Unabhängigkeit von Ereignissen, die sich auf verschiedene Versuche beziehen, und der Kommutativität der Multiplikation die Wahrscheinlichkeit $p_1^{k_1} p_2^{k_2} \cdot \ldots \cdot p_s^{k_s}$. Da es nach den im Beispiel am Ende von Abschn. 2.6 angestellten Überlegungen

$$\binom{n}{k_1, \ldots, k_s} = \frac{n!}{k_1! \cdot \ldots \cdot k_s!}$$

Möglichkeiten gibt, aus $n$ Versuchen mit den Nummern $1, \ldots, n$ $k_1$ für einen Treffer erster Art, $k_2$ für einen Treffer zweiter Art usw. auszuwählen, besitzt der Vektor $(X_1, \ldots, X_s)$ eine *Multinomialverteilung* im Sinne der folgenden Definition:

**Definition der Multinomialverteilung**

Der Zufallsvektor $(X_1, \ldots, X_s)$ hat eine **Multinomialverteilung mit Parametern $n$ und $p_1, \ldots, p_s$** $(s \geq 2, n \geq 1, p_1 \geq 0, \ldots, p_s \geq 0, p_1 + \cdots + p_s = 1)$, falls für $k_1, \ldots, k_s \in \mathbb{N}_0$ mit $k_1 + \ldots + k_s = n$ gilt:

$$\mathbb{P}(X_1 = k_1, \ldots, X_s = k_s) = \frac{n!}{\prod_{j=1}^{s} k_j!} \cdot \prod_{j=1}^{s} p_j^{k_j} \quad (4.31)$$

Andernfalls sei $\mathbb{P}(X_1 = k_1, \ldots, X_s = k_s) := 0$ gesetzt. Für einen multinomialverteilten Zufallsvektor schreiben wir kurz

$$(X_1, \ldots, X_s) \sim \text{Mult}(n; p_1, \ldots, p_s).$$

**Video 4.7** Die Multinomialverteilung

**Beispiel** Ein echter Würfel wird sechsmal in unabhängiger Folge geworfen. Mit welcher Wahrscheinlichkeit tritt jede Augenzahl genau einmal auf?

Bezeichnet $X_j$ die zufällige Anzahl der Würfe, bei denen die Augenzahl $j$ auftritt, so besitzt $(X_1, \ldots, X_6)$ die Multinomialverteilung Mult$(6; 1/6, \ldots, 1/6)$. Es folgt

$$\mathbb{P}(X_1 = 1, \ldots, X_6 = 1) = \frac{6!}{1!^6} \cdot \left(\frac{1}{6}\right)^6 \approx 0.0154.$$

Mancher hätte hier wohl eine größere Wahrscheinlichkeit erwartet. ◄

**Beispiel** Für die Vererbung eines Merkmals sei ein Gen verantwortlich, das die beiden Ausprägungen $A$ (dominant) und $a$ (rezessiv) besitze. Machen wir die Annahme, dass zwei hybride $Aa$-Eltern unabhängig voneinander und je mit gleicher Wahrscheinlichkeit $1/2$ die Keimzellen $A$ bzw. $a$ hervorbringen und dass die Verschmelzung beider Keimzellen zu einer (diploiden) Zelle rein zufällig erfolgt, so besitzt jede der Möglichkeiten $AA$, $Aa$, $aA$ und $aa$ die gleiche Wahrscheinlichkeit $1/4$. Da die Fälle $Aa$ und $aA$ nicht unterscheidbar sind, gibt es somit für den Genotyp eines Nachkommen die mit den Wahrscheinlichkeiten $1/4$, $1/2$ und $1/4$ auftretenden drei Möglichkeiten $AA$, $Aa$ und $aa$.

Unter der Annahme, dass bei mehrfacher Paarung zweier $Aa$-Eltern die zufälligen Genotypen der Nachkommen stochastisch unabhängig sind, besitzen bei insgesamt $n$ Nachkommen die Genotyp-Anzahlen

$$X_{AA} = \text{Anzahl aller Nachkommen mit Genotyp } AA,$$
$$X_{Aa} = \text{Anzahl aller Nachkommen mit Genotyp } Aa,$$
$$X_{aa} = \text{Anzahl aller Nachkommen mit Genotyp } aa$$

die Verteilung Mult$(n; 1/4, 1/2, 1/4)$, d. h., es gilt

$$\mathbb{P}(X_{AA} = i, X_{Aa} = j, X_{aa} = k) = \frac{n!}{i!j!k!} \left(\frac{1}{4}\right)^i \left(\frac{1}{2}\right)^j \left(\frac{1}{4}\right)^k$$

für jede Wahl von $i, j, k \geq 0$ mit $i + j + k = n$. ◄

Man sollte auf keinen Fall die Definition der Multinomialverteilung auswendig lernen, sondern die Entstehung dieser Verteilung verinnerlichen: Es handelt sich um die gemeinsame Verteilung von Trefferanzahlen, nämlich den Treffern $j$-ter Art in $n$ unabhängig voneinander durchgeführten Experimenten $(j = 1, \ldots, s)$. Da wir Trefferarten immer zu Gruppen zusammenfassen können – so kann beim Würfeln eine 1, 2 oder 3 als Treffer erster Art, eine 4 oder 5 als Treffer zweiter Art und eine 6 als Treffer dritter Art interpretiert werden – ist folgendes Resultat offensichtlich. Sie sind aufgefordert, einen formalen Nachweis der ersten Aussage durch Marginalverteilungsbildung in Übungsaufgabe 4.30 zu führen.

Kapitel 4

## Übersicht: Diskrete Verteilungen

| Verteilung | Wertebereich | $\mathbb{P}(X = k)$ | $\mathbb{E}(X)$ | $\mathbb{V}(X)$ |
|---|---|---|---|---|
| $\mathrm{Bin}(n, p)$ | $\{0, 1, \ldots, n\}$ | $\binom{n}{k} p^k (1-p)^{n-k}$ | $np$ | $np(1-p)$ |
| $\mathrm{Hyp}(n, r, s)$ | $\{0, 1, \ldots, n\}$ | $\dfrac{\binom{r}{k}\binom{s}{n-k}}{\binom{r+s}{n}}$ | $\dfrac{nr}{r+s}$ | $\dfrac{nrs}{(r+s)^2}\left(1 - \dfrac{n-1}{r+s-1}\right)$ |
| $\mathrm{Pol}(n, r, s, c)$ | $\{0, 1, \ldots, n\}$ | $\binom{n}{k} \dfrac{\prod_{j=0}^{k-1}(r + jc) \prod_{j=0}^{n-k-1}(s + jc)}{\prod_{j=0}^{n-1}(r + s + jc)}$ | $\dfrac{nr}{r+s}$ | $\dfrac{nrs}{(r+s)^2}\left(1 + \dfrac{(n-1)c}{r+s+c}\right)$ |
| $\mathrm{G}(p)$ | $\mathbb{N}_0$ | $(1-p)^k p$ | $\dfrac{1-p}{p}$ | $\dfrac{1-p}{p^2}$ |
| $\mathrm{Nb}(r, p)$ | $\mathbb{N}_0$ | $\binom{k+r-1}{k} p^r (1-p)^k$ | $\dfrac{r(1-p)}{p}$ | $\dfrac{r(1-p)}{p^2}$ |
| $\mathrm{Po}(\lambda)$ | $\mathbb{N}_0$ | $\mathrm{e}^{-\lambda} \dfrac{\lambda^k}{k!}$ | $\lambda$ | $\lambda$ |
| $\mathrm{Mult}(n; p_1, \ldots, p_s)$ | $\left\{k = (k_1, \ldots, k_s) \in \mathbb{N}_0^s : \sum_{j=1}^{s} k_j = n\right\}$ | | $\mathbb{P}(X = k) = \dfrac{n!}{k_1! \cdots k_s!} \prod_{j=1}^{s} p_j^{k_j}$ | |

**Folgerung** Falls $(X_1, \ldots, X_s) \sim \mathrm{Mult}(n; p_1, \ldots, p_s)$, so gelten:

a) $X_i \sim \mathrm{Bin}(n, p_i), i = 1, \ldots, s$.
b) Es sei $T_1 + \cdots + T_\ell$ eine Zerlegung der Menge $\{1, \ldots, s\}$ in nichtleere Mengen $T_1, \ldots, T_\ell$, $\ell \geq 2$. Für

$$Y_r := \sum_{k \in T_r} X_k, \quad q_r := \sum_{k \in T_r} p_k \qquad r = 1, \ldots, \ell,$$

gilt dann: $(Y_1, \ldots, Y_\ell) \sim \mathrm{Mult}(n; q_1, \ldots, q_\ell)$. ◄

Die Situation unabhängiger gleichartiger Versuche ist insbesondere dann gegeben, wenn man $n$-mal rein zufällig mit Zurücklegen aus einer Urne zieht, die verschiedenfarbige Kugeln enthält, wobei $r_j$ Kugeln die Farbe $j$ tragen ($j = 1, \ldots, s$). Ein Treffer $j$-ter Art bedeutet dann das Ziehen einer Kugel der Farbe $j$. Erfolgt das Ziehen ohne Zurücklegen, so besitzt der Zufallsvektor der Trefferanzahlen die in Aufgabe 4.8 behandelte *mehrdimensionale hypergeometrische Verteilung*.

## 4.4 Kovarianz und Korrelation

In diesem Abschnitt wenden wir uns mit der *Kovarianz* und der *Korrelation* zwei weiteren Grundbegriffen der Stochastik zu. Um Definitionen und Sätze möglichst prägnant zu halten, machen wir die stillschweigende Annahme, dass jede auftretende Zufallsvariable die Eigenschaft $\mathbb{E}X^2 < \infty$ besitzt. Falls nötig (wie z. B. bei der Definition des Korrelationskoeffizienten) setzen wir zudem voraus, dass die Verteilungen nichtausgeartet sind und somit positive Varianzen besitzen. Wir werden auch nicht betonen, dass die auftretenden Zufallsvariablen diskret sind, da alle Aussagen (unter Heranziehung stärkerer technischer Hilfsmittel, s. nächstes Kapitel) auch in größerer Allgemeinheit gelten.

Der Grund für die Namensgebung *Kovarianz* („mit der Varianz") wird klar, wenn wir die Varianz der Summe zweier Zufallsvariablen $X$ und $Y$ berechnen wollen. Nach Definition der Varianz und wegen der Linearität der Erwartungswertbildung gilt

$$\begin{aligned}
\mathbb{V}(X+Y) &= \mathbb{E}\left[(X + Y - \mathbb{E}(X+Y))^2\right] \\
&= \mathbb{E}\left[(X - \mathbb{E}X + Y - \mathbb{E}Y)^2\right] \\
&= \mathbb{E}(X - \mathbb{E}X)^2 + \mathbb{E}(Y - \mathbb{E}Y)^2 \\
&\quad + 2\mathbb{E}\left[(X - \mathbb{E}X)(Y - \mathbb{E}Y)\right] \\
&= \mathbb{V}(X) + \mathbb{V}(X) + 2\mathbb{E}\left[(X - \mathbb{E}X)(Y - \mathbb{E}Y)\right].
\end{aligned}$$

Die Varianz der Summe ist also nicht einfach die Summe der einzelnen Varianzen, sondern es tritt ein zusätzlicher Term auf, der von der gemeinsamen Verteilung von $X$ und $Y$ abhängt.

**Kovarianz und Korrelationskoeffizient**

Der Ausdruck

$$\mathrm{Cov}(X, Y) := \mathbb{E}\left[(X - \mathbb{E}X)(Y - \mathbb{E}Y)\right]$$

heißt **Kovarianz** zwischen $X$ und $Y$. Der Quotient

$$\rho(X, Y) := \frac{\mathrm{Cov}(X, Y)}{\sqrt{\mathbb{V}(X)\mathbb{V}(Y)}}$$

heißt **Korrelationskoeffizient** zwischen $X$ und $Y$.

$X$ und $Y$ heißen **unkorreliert**, falls $\mathrm{Cov}(X, Y) = 0$ gilt.

Kapitel 4

## Aus Unabhängigkeit folgt Unkorreliertheit, aber nicht umgekehrt

Die wichtigsten Eigenschaften der Kovarianz sind nachstehend aufgeführt.

**Eigenschaften der Kovarianz**

Für Zufallsvariablen $X, Y, X_1, \ldots, X_m, Y_1, \ldots, Y_n$ und reelle Zahlen $a, b, a_1, \ldots, a_m, b_1, \ldots, b_n$ gelten:

a) $\operatorname{Cov}(X, Y) = \mathbb{E}(XY) - \mathbb{E}X \cdot \mathbb{E}Y$,
b) $\operatorname{Cov}(X, Y) = \operatorname{Cov}(Y, X), \operatorname{Cov}(X, X) = \mathbb{V}(X)$,
c) $\operatorname{Cov}(X + a, Y + b) = \operatorname{Cov}(X, Y)$.
d) Sind $X$ und $Y$ unabhängig, so gilt $\operatorname{Cov}(X, Y) = 0$.
e)
$$\operatorname{Cov}\left(\sum_{i=1}^m a_i X_i, \sum_{j=1}^n b_j Y_j\right) = \sum_{i=1}^m \sum_{j=1}^n a_i b_j \operatorname{Cov}(X_i, Y_j),$$
f)
$$\mathbb{V}(X_1 + \ldots + X_n) = \sum_{j=1}^n \mathbb{V}(X_j) + 2 \sum_{1 \le i < j \le n} \operatorname{Cov}(X_i, X_j).$$

**Beweis** Die Aussagen a) bis c) folgen unmittelbar aus der Definition der Kovarianz und der Linearität der Erwartungswertbildung. d) ergibt sich mit a) und der Multiplikationsregel $\mathbb{E}(XY) = \mathbb{E}X\,\mathbb{E}Y$ für den Erwartungswert des Produktes von unabhängigen Zufallsvariablen. Aus a) und der Linearität der Erwartungswertbildung erhalten wir weiter

$$\begin{aligned}
&\operatorname{Cov}\left(\sum_{i=1}^m a_i X_i, \sum_{j=1}^n b_j Y_j\right) \\
&= \mathbb{E}\left(\sum_{i=1}^m \sum_{j=1}^n a_i b_j X_i Y_j\right) - \mathbb{E}\left(\sum_{i=1}^m a_i X_i\right)\mathbb{E}\left(\sum_{j=1}^n b_j Y_j\right) \\
&= \sum_{i=1}^m \sum_{j=1}^n a_i b_j \cdot \mathbb{E}(X_i Y_j) - \sum_{i=1}^m \sum_{j=1}^n a_i b_j \cdot \mathbb{E}(X_i) \cdot \mathbb{E}(Y_j) \\
&= \sum_{i=1}^m \sum_{j=1}^n a_i b_j \cdot \operatorname{Cov}(X_i, Y_j)
\end{aligned}$$

und somit e). Behauptung f) folgt aus b) und e). ■

**Beispiel (erste und größte Augenzahl)** Es seien $X$ und $Y$ das Ergebnis des ersten Wurfs bzw. die höchste geworfene Augenzahl beim zweifachen Würfelwurf. Es gilt $\mathbb{E}X = 3.5$, und nach (4.17) mit $k = 6$ folgt $\mathbb{V}(X) = 35/12$. Aus der Tab. 4.2 entnimmt man $\mathbb{P}(Y = j) = (2j - 1)/36$, $j = 1, \ldots, 6$, und somit folgt

$$\mathbb{E}Y = \frac{1}{36}\sum_{j=1}^6 j(2j-1) = \frac{161}{36} \approx 4.472,$$
$$\mathbb{E}Y^2 = \frac{1}{36}\sum_{j=1}^6 j^2(2j-1) = \frac{791}{36} \approx 21.972,$$
$$\mathbb{V}(Y) = \mathbb{E}Y^2 - (\mathbb{E}Y)^2 = \frac{2\,555}{1\,296} \approx 1.971.$$

Mit der in der Tab. 4.2 gegebenen gemeinsamen Verteilung ergibt sich durch direkte Rechnung

$$\mathbb{E}(XY) = \sum_{i,j=1}^6 i\,j \cdot \mathbb{P}(X = i, Y = j) = \frac{616}{36} \approx 17.111$$

und somit die Kovarianz zwischen $X$ und $Y$ zu

$$\operatorname{Cov}(X, Y) = \mathbb{E}(XY) - \mathbb{E}X \cdot \mathbb{E}Y = \frac{35}{24} \approx 1.458.$$

Hiermit erhält man den Korrelationskoeffizienten

$$\rho(X, Y) = \frac{\frac{35}{24}}{\sqrt{\frac{35}{12} \cdot \frac{2\,555}{1\,296}}} \approx 0.60816.$$ ◄

Nach e) ist die Kovarianz-Bildung $(X, Y) \to \operatorname{Cov}(X, Y)$ ein bilineares Funktional für Paare von Zufallsvariablen. Aus f) folgt, dass die Varianz einer Summe von Zufallsvariablen gleich der Summe der einzelnen Varianzen ist, wenn die Zufallsvariablen *paarweise unkorreliert* sind, wenn also $\operatorname{Cov}(X_i, X_j)$ für jede Wahl von $i, j$ mit $i \neq j$ gilt. Insbesondere folgt mit d) die bereits bekannte Additionsregel $\mathbb{V}(\sum_{j=1}^n X_j) = \sum_{j=1}^n \mathbb{V}(X_j)$ für die Varianz einer Summe *unabhängiger* Zufallsvariablen.

Das folgende Beispiel zeigt, dass unkorrelierte Zufallsvariablen nicht notwendig stochastisch unabhängig sein müssen.

**Beispiel (Unkorreliertheit und Unabhängigkeit)** Es seien $X$ und $Y$ unabhängige Zufallsvariablen mit identischer Verteilung; es gelte also $\mathbb{P}^X = \mathbb{P}^Y$. Da die Kovarianz-Bildung bilinear ist, erhalten wir

$$\begin{aligned}
\operatorname{Cov}(X + Y, X - Y) &= \operatorname{Cov}(X, X) + \operatorname{Cov}(Y, X) \\
&\quad - \operatorname{Cov}(X, Y) - \operatorname{Cov}(Y, Y) \\
&= \mathbb{V}(X) - \mathbb{V}(Y) = 0,
\end{aligned}$$

sodass $X + Y$ und $X - Y$ unkorreliert sind. Besitzen $X$ und $Y$ jeweils eine Gleichverteilung auf den Werten $1, 2, \ldots, 6$ und modellieren hiermit die Augenzahlen beim zweifachen Würfelwurf, so ergibt sich

$$\mathbb{P}(X + Y = 12, X - Y = 0) = \frac{1}{36},$$
$$\mathbb{P}(X + Y = 12) \cdot \mathbb{P}(X - Y = 0) = \frac{1}{36} \cdot \frac{1}{6}.$$

Dies zeigt, dass $X + Y$ und $X - Y$ nicht stochastisch unabhängig sind. Summe und Differenz der Augenzahlen beim zweifachen Würfelwurf bilden somit ein einfaches Beispiel für unkorrelierte, aber nicht unabhängige Zufallsvariablen. ◄

**Selbstfrage 10**

Warum gilt $\mathbb{V}(X) = \mathbb{V}(Y)$?

Sind $A_1, \ldots, A_n$ Ereignisse, so kann man in Eigenschaft f) der Kovarianz speziell $X_j = \mathbb{1}\{A_j\}$, $j = 1, \ldots, n$, setzen. Wegen

$$\begin{aligned}
\operatorname{Cov}(\mathbb{1}\{A_i\}, \mathbb{1}\{A_j\}) &= \mathbb{E}(\mathbb{1}\{A_i\}\mathbb{1}\{A_j\}) - \mathbb{E}\mathbb{1}\{A_i\}\mathbb{E}\mathbb{1}\{A_j\} \\
&= \mathbb{E}(\mathbb{1}\{A_i A_j\}) - \mathbb{P}(A_i)\mathbb{P}(A_j) \\
&= \mathbb{P}(A_i A_j) - \mathbb{P}(A_i)\mathbb{P}(A_j)
\end{aligned}$$

ergibt sich folgendes nützliche Resultat für die Varianz einer Zählvariablen.

**Die Varianz einer Indikatorsumme**

Für eine Indikatorsumme $X = \mathbb{1}\{A_1\} + \ldots + \mathbb{1}\{A_n\}$ gilt

$$\begin{aligned}\mathbb{V}(X) &= \sum_{j=1}^{n} \mathbb{P}(A_j)(1 - \mathbb{P}(A_j)) \\ &\quad + 2 \sum_{1 \le i < j \le n} \left(\mathbb{P}(A_i A_j) - \mathbb{P}(A_i)\mathbb{P}(A_j)\right).\end{aligned}$$

**Video 4.8** Die Varianz einer Zählvariablen

Wie schon der Erwartungswert $\mathbb{E}X = \sum_{j=1}^{n} \mathbb{P}(A_j)$ lässt sich somit auch die Varianz einer Indikatorsumme in einfacher Weise ohne Zuhilfenahme der Verteilung bestimmen. Sind die $A_i$ gleich wahrscheinlich und hängt die Wahrscheinlichkeit der Durchschnitte $A_i A_j$ nicht von $i$ und $j$ ab, vereinfacht sich diese Darstellung zu

$$\begin{aligned}\mathbb{V}(X) &= n\mathbb{P}(A_1)(1 - \mathbb{P}(A_1)) \\ &\quad + n(n-1)\left(\mathbb{P}(A_1 A_2) - \mathbb{P}(A_1)^2\right).\end{aligned} \tag{4.32}$$

**Beispiel (Pólya-Verteilung)** Im Pólyaschen Urnenmodell von Abschn. 3.1 wird $n$-mal rein zufällig aus einer Urne mit $r$ roten und $s$ schwarzen Kugeln gezogen, wobei nach jedem Zug die gezogene sowie $c$ weitere Kugeln derselben Farbe zurückgelegt werden. Bezeichnet $A_j$ das Ereignis, im $j$-ten Zug eine rote Kugel zu ziehen, so besitzt die Anzahl $X = \sum_{j=1}^{n} \mathbb{1}\{A_j\}$ der gezogenen roten Kugeln die in (3.13) angegebene Pólya-Verteilung $\mathrm{Pol}(n, r, s, c)$. Nach Aufgabe 3.26 gilt

$$\mathbb{P}(A_j) = \frac{r}{r+s}, \qquad \mathbb{P}(A_i A_j) = \frac{r(r+c)}{(r+s)(r+s+c)}$$

für alle $i, j \in \{1, \ldots, n\}$ mit $i \neq j$. Es folgt

$$\mathbb{E}X = n \cdot \frac{r}{r+s}$$

sowie nach direkter Rechnung mit (4.32)

$$\mathbb{V}(X) = n \cdot \frac{r}{r+s}\left(1 - \frac{r}{r+s}\right)\left(1 + \frac{(n-1)c}{r+s+c}\right). \tag{4.33}$$

Als Spezialfall ergibt sich für $c = -1$ die Varianz der hypergeometrischen Verteilung $\mathrm{Hyp}(n, r, s)$ zu

$$\mathbb{V}(X) = n \cdot \frac{r}{r+s}\left(1 - \frac{r}{r+s}\right)\left(1 - \frac{n-1}{r+s-1}\right).$$

Indem man die Quotienten der Ausdrücke (4.33) für zwei aufeinanderfolgende Werte von $c$ betrachtet, folgt mit direkter Rechnung, dass die Varianz der Verteilung $\mathrm{Pol}(n, r, s, c)$ monoton mit $c$ wächst, was durch die „variabilitätsfördernde Wirkung" zusätzlicher Kugeln plausibel ist. Insbesondere ist die Varianz der hypergeometrischen Verteilung $\mathrm{Hyp}(n, r, s)$ kleiner als die sich für $c = 0$ ergebende Varianz der Verteilung $\mathrm{Bin}(n, p)$ mit $p = r/(r+s)$, siehe Abb. 4.4. ◀

Wir wenden uns nun dem Korrelationskoeffizienten $\rho(X, Y)$ zu, der sich aus der Kovarianz nach Division durch $\sqrt{\mathbb{V}(X)\mathbb{V}(Y)}$ ergibt. Er entsteht quasi als „Abfallprodukt" aus einem Optimierungsproblem. Hierzu stellen wir uns die Aufgabe, die Realisierungen einer Zufallsvariablen $Y$ aufgrund der Kenntnis der Realisierungen von $X$ in einem noch zu präzisierenden Sinn möglichst gut vorherzusagen. Ein Beispiel hierfür wäre die Vorhersage der größten Augenzahl beim zweifachen Würfelwurf durch die Augenzahl des ersten Wurfes. Wir fassen allgemein eine Vorhersage als Funktion $g : \mathbb{R} \to \mathbb{R}$ mit der Deutung von $g(X(\omega))$ als Prognosewert für $Y(\omega)$ bei Kenntnis der Realisierung $X(\omega)$ auf. Da die einfachste nicht konstante Funktion einer reellen Variablen von der Gestalt $y = g(x) = a + bx$ ist, liegt der Versuch nahe, $Y(\omega)$ nach geeigneter Wahl von $a$ und $b$ durch $a + bX(\omega)$ vorherzusagen. Dabei orientiert sich diese Wahl am Gütekriterium, die *mittlere quadratische Abweichung* $\mathbb{E}(Y - a - bX)^2$ des Prognosefehlers durch geeignete Wahl von $a$ und $b$ zu minimieren.

**Satz**

Das Optimierungsproblem

$$\min_{a,b} \mathbb{E}(Y - a - bX)^2 \tag{4.34}$$

besitzt die Lösung

$$b^* = \frac{\mathrm{Cov}(X, Y)}{\mathbb{V}(X)}, \qquad a^* = \mathbb{E}(Y) - b^*\mathbb{E}(X), \tag{4.35}$$

und der Minimalwert $M^*$ in (4.34) ergibt sich zu

$$M^* = \mathbb{V}(Y) \cdot (1 - \rho^2(X, Y)). \tag{4.36}$$

**Beweis** Mit $Z := Y - bX$ gilt

$$\begin{aligned}\mathbb{E}(Y - a - bX)^2 &= \mathbb{E}(Z - a)^2 \\ &= \mathbb{V}(Z) + (\mathbb{E}Z - a)^2 \ge \mathbb{V}(Z).\end{aligned}$$

Somit kann $a = \mathbb{E}Z = \mathbb{E}Y - b\mathbb{E}X$ gesetzt werden. Mit den Abkürzungen $\widetilde{Y} := Y - \mathbb{E}Y$, $\widetilde{X} := X - \mathbb{E}X$ bleibt die Aufgabe, die durch $h(b) := \mathbb{E}(\widetilde{Y} - b\widetilde{X})^2$, $b \in \mathbb{R}$, definierte Funktion $h$ bzgl. $b$ zu minimieren. Wegen

$$\begin{aligned}0 \le h(b) &= \mathbb{E}(\widetilde{Y}^2) - 2b\mathbb{E}(\widetilde{X} \cdot \widetilde{Y}) + b^2\mathbb{E}(\widetilde{X}^2) \\ &= \mathbb{V}(Y) - 2b\,\mathrm{Cov}(X, Y) + b^2\mathbb{V}(X)\end{aligned}$$

Kapitel 4

beschreibt $h$ als Funktion von $b$ eine Parabel, welche für $b^* = \mathrm{Cov}(X,Y)/\mathbb{V}(X)$ ihren nichtnegativen Minimalwert $M^*$ annimmt. Einsetzen von $b^*$ liefert dann wie behauptet

$$\begin{aligned} M^* &= \mathbb{V}(Y) - 2 \cdot \frac{\mathrm{Cov}(X,Y)^2}{\mathbb{V}(X)} + \frac{\mathrm{Cov}(X,Y)^2}{\mathbb{V}(X)} \\ &= \mathbb{V}(Y) \cdot \left(1 - \frac{\mathrm{Cov}(X,Y)^2}{\mathbb{V}(X) \cdot \mathbb{V}(Y)}\right) \\ &= \mathbb{V}(Y) \cdot (1 - \rho^2(X,Y)). \end{aligned}$$

■

## Der Korrelationskoeffizient misst die Güte der affinen Vorhersagbarkeit

Bevor wir einige Folgerungen aus diesem Ergebnis ziehen, möchten wir mit einem Beispiel etwas konkreter werden.

**Beispiel (erste und größte Augenzahl, Fortsetzung)** Wir wollen das Maximum $Y$ der Augenzahlen beim zweifachen Würfelwurf durch die Augenzahl $X$ des ersten Wurfes im Sinne der mittleren quadratischen Abweichung bestmöglich durch eine affine Funktion $X \mapsto a + bX$ vorhersagen. Mit den Ergebnissen des ersten Beispiels in diesem Abschnitt sowie (4.35) sind die Parameter $a^*$ und $b^*$ dieser besten affinen Vorhersagefunktion durch

$$b^* = \frac{\mathrm{Cov}(X,Y)}{\mathbb{V}(X)} = \frac{1}{2}, \quad a^* = \mathbb{E}Y - b\mathbb{E}X = \frac{49}{18}$$

gegeben. Die konkreten Vorhersagewerte $g(k) := 49/18 + k/2$, $k = 1, \ldots, 6$, sind in Tab. 4.4 auf zwei Nachkommastellen genau berechnet aufgeführt.

Aus dieser Tabelle wird deutlich, welche Kritik man an einem aufgrund *mathematischer Optimalitätsgesichtspunkte* erhaltenen Verfahren anbringen muss. Zunächst wird jeder, der das Maximum der größten Augenzahl nach einer Vier im ersten Wurf mit 4.72 vorhersagt, Gelächter hervorrufen, denn das Maximum kann ja nur 4, 5 oder 6 sein. Diese Kritik bezieht sich also auf den Wertebereich der Vorhersagefunktion. Noch wahnwitziger fällt ja die Vorhersage des Maximums zu 5.72 aus, wenn schon der erste Wurf eine Sechs ergeben hat. Kritisieren kann man natürlich auch, dass nur affine Funktionen in Betracht gezogen wurden. Hierauf gehen wir in Abschn. 4.5 näher ein. Die beste Vorhersage im quadratischen Mittel, die nur Vorhersagefunktionen mit Wertebereich $\{1, \ldots, 6\}$ zulässt, ist Gegenstand von Aufgabe 4.35. ◀

**Folgerung** Für Zufallsvariablen $X$ und $Y$ gelten:

a) $\mathrm{Cov}(X,Y)^2 \le \mathbb{V}(X)\mathbb{V}(Y)$ (*Cauchy–Schwarz-Ungleichung*)
b) $|\rho(X,Y)| \le 1$,
c) $|\rho(X,Y)| = 1 \iff \exists a, b \in \mathbb{R}$ mit $\mathbb{P}(Y = a + bX) = 1$. Dabei gilt $b > 0$ im Fall $\rho(X,Y) = 1$ und $b < 0$ im Fall $\rho(X,Y) = -1$. ◀

**Tab. 4.4** Beste affine Vorhersage der größten Augenzahl durch die erste Augenzahl $k$ im quadratischen Mittel

| $k$ | 1 | 2 | 3 | 4 | 5 | 6 |
|---|---|---|---|---|---|---|
| $g(k)$ | 3.22 | 3.72 | 4.22 | 4.72 | 5.22 | 5.72 |

**Beweis** Die beiden ersten Aussagen folgen aus der Nichtnegativität von $M^*$ in (4.36). Im Fall $|\rho(X,Y)| = 1$ gilt $M^* = 0$ und somit $0 = \mathbb{E}(Y - a - bX)^2$, also $\mathbb{P}(Y = a + bX) = 1$ für gewisse reelle Zahlen $a$ und $b$. Die Umkehrung gilt ebenfalls. Der Zusatz in c) gilt, weil $\rho(X,Y)$ und $\mathrm{Cov}(X,Y)$ das gleiche Vorzeichen besitzen. ■

Wir möchten noch eine Eigenschaft des Korrelationskoeffizienten notieren, die man sich merken sollte. Wegen $\mathrm{Cov}(aX + b, cY + d) = ac\,\mathrm{Cov}(X,Y)$ sowie $\sqrt{\mathbb{V}(aX + b)} = |a|\sqrt{\mathbb{V}(X)}$ ergibt sich für $a, c \neq 0$

$$\begin{aligned} \rho(aX + b, cY + d) &= \frac{ac \cdot \mathrm{Cov}(X,Y)}{|a||c| \cdot \sqrt{\mathbb{V}(X)}\sqrt{\mathbb{V}(Y)}} \\ &= \mathrm{sgn}(ac) \cdot \rho(X,Y). \end{aligned}$$

Der Korrelationskoeffizient ist also invariant gegenüber nichtausgearteten affinen Transformationen $X \mapsto aX + b$, $Y \mapsto cY + d$, bei denen $a$ und $c$ das gleiche Vorzeichen besitzen. Im Fall $\mathrm{sgn}(ac) = -1$ kehrt sich das Vorzeichen von $\rho$ um.

Nach (4.36) kann das Quadrat des Korrelationskoeffizienten als Maß für die Güte der affinen Vorhersagbarkeit von $Y$ durch $X$ gedeutet werden. Je näher $\rho(X,Y)$ bei $+1$ oder $-1$ liegt, umso besser gruppieren sich die Wertepaare $(X(\omega), Y(\omega))$ um eine gewisse Gerade. In dieser Hinsicht zeigt Abb. 4.11 einen klassischen, auf Karl Pearson (1857–1936) und Alice Lee (1859–1939) zurückgehenden Datensatz, nämlich die an 11 Geschwisterpaaren (Bruder/Schwester) gemessene Größe des Bruders ($X$) und der Schwester ($Y$). Der hervorgehobene Punkt bedeutet, dass hier zwei Datenpaare vorliegen.

Offenbar besitzen größere Brüder zumindest tendenziell auch größere Schwestern, es besteht also – wohltuend vage formuliert – ein „statistischer Zusammenhang" zwischen den Größen von Geschwistern. Zu dessen Quantifizierung liegt es nahe, eine *Trendgerade* festzulegen, die in einem zu präzisierenden Sinn möglichst gut zu den Daten passt.

Carl Friedrich Gauß (1777–1855) und Adrien-Marie Legendre (1752–1833) schlugen vor, bei Vorliegen einer durch Datenpaare $(x_j, y_j) \in \mathbb{R}^2$, $1 \le j \le n$, gegebenen *Punktwolke* in einem $(x,y)$-Koordinatensystem eine *Ausgleichsgerade* $y = a^* + b^*x$ so zu bestimmen, dass sie die Eigenschaft

$$\sum_{j=1}^{n} (y_j - a^* - b^* x_j)^2 = \min_{a,b} \sum_{j=1}^{n} (y_j - a - bx_j)^2 \quad (4.37)$$

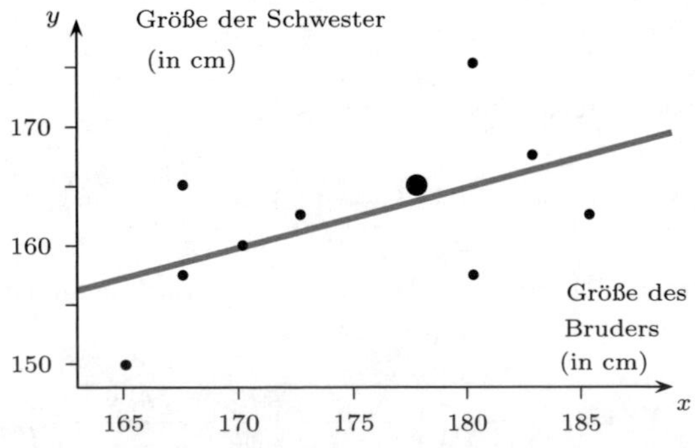


**Abb. 4.11** Größen von 11 Geschwisterpaaren mit Regressionsgerade

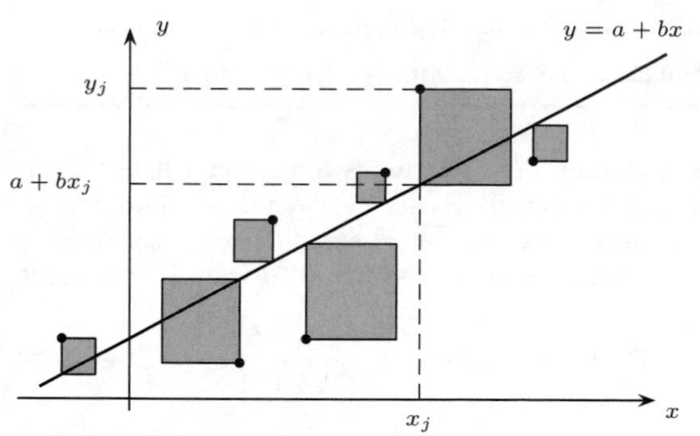


**Abb. 4.12** Zur Methode der kleinsten Quadrate: Die Summe der Quadratflächen ist durch geeignete Wahl von $a$ und $b$ zu minimieren

besitzt. Weil hier anschaulich eine Summe von Quadratflächen minimiert wird (Abb. 4.12), heißt dieser Ansatz auch die *Methode der kleinsten Quadrate*.

Betrachten wir das Merkmalpaar $(X, Y)$ als zweidimensionalen Zufallsvektor, der die Wertepaare $(x_j, y_j)$ $(j = 1, \ldots, n)$ mit gleicher Wahrscheinlichkeit $1/n$ annimmt (wobei jedoch ein mehrfach auftretendes Paar auch mehrfach gezählt wird, sodass seine Wahrscheinlichkeit ein entsprechendes Vielfaches von $1/n$ ist), so gilt

$$\mathbb{E}(Y - a - bX)^2 = \frac{1}{n} \sum_{j=1}^{n} (y_j - a - bx_j)^2.$$

Folglich ist die Bestimmung des Minimums in (4.37) ein Spezialfall der Aufgabe (4.34). Setzen wir

$$\overline{x} := \frac{1}{n} \sum_{j=1}^{n} x_j, \quad \overline{y} := \frac{1}{n} \sum_{j=1}^{n} y_j, \quad \sigma_x^2 := \frac{1}{n} \sum_{j=1}^{n} (x_j - \overline{x})^2,$$

$$\sigma_y^2 := \frac{1}{n} \sum_{j=1}^{n} (y_j - \overline{y})^2, \qquad \sigma_{xy} := \frac{1}{n} \sum_{j=1}^{n} (x_j - \overline{x})(y_j - \overline{y}),$$

so gelten $\mathbb{E}X = \overline{x}$, $\mathbb{E}Y = \overline{y}$, $\mathrm{Cov}(X, Y) = \sigma_{xy}$, $\mathbb{V}(X) = \sigma_x^2$ und $\mathbb{V}(Y) = \sigma_y^2$. Somit besitzt die Lösung $(a^*, b^*)$ der Aufgabe (4.37) nach (4.35) die Gestalt

$$b^* = \frac{\sigma_{xy}}{\sigma_x^2}, \quad a^* = \overline{y} - b^* \, \overline{x}. \tag{4.38}$$

Die nach der Methode der kleinsten Quadrate gewonnene optimale Gerade $y = a^* + b^* x$ heißt die *(empirische) Regressionsgerade von $Y$ auf $X$*. Dabei geht das Wort *Regression* auf Sir Francis Galton (1822–1911) zurück, der bei der Vererbung von Erbsen einen Rückgang des durchschnittlichen Durchmessers feststellte. Wegen der zweiten Gleichung in (4.38) geht die Regressionsgerade durch den *Schwerpunkt* $(\overline{x}, \overline{y})$ der Daten. Die Regressionsgerade zur Punktwolke der Größen der 11 Geschwisterpaare ist in Abb. 4.11 veranschaulicht. Weiter gilt im Fall $\sigma_x^2 > 0$, $\sigma_y^2 > 0$:

$$\rho(X, Y) = \frac{\sigma_{xy}}{\sqrt{\sigma_x^2 \sigma_y^2}} = \frac{\sum_{j=1}^{n} (x_j - \overline{x})(y_j - \overline{y})}{\sqrt{\sum_{j=1}^{n} (x_j - \overline{x})^2 \sum_{j=1}^{n} (y_j - \overline{y})^2}}. \tag{4.39}$$

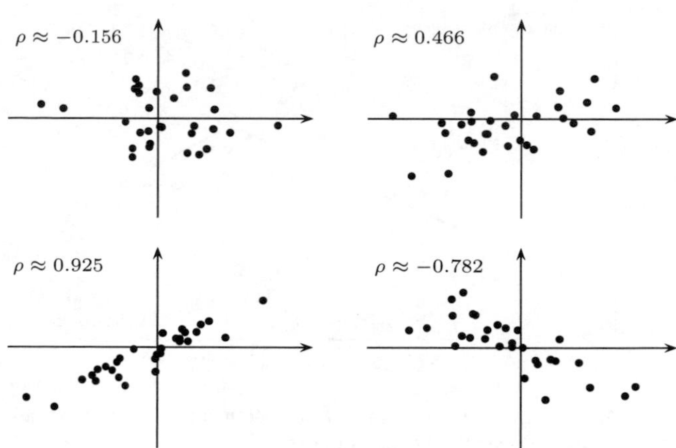


**Abb. 4.13** Punktwolken mit zugehörigen empirischen Korrelationskoeffizienten

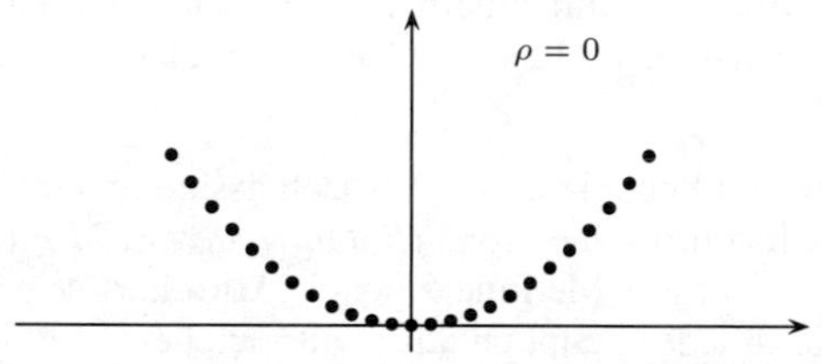


**Abb. 4.14** Punktwolke mit perfektem quadratischen Zusammenhang

Die rechte Seite heißt *empirischer Korrelationskoeffizient* von $(x_1, y_1), \ldots (x_n, y_n)$. Abb. 4.13 zeigt verschiedene Punktwolken aus je 30 Punkten mit zugehörigen empirischen Korrelationskoeffizienten.

Abb. 4.14 sollte als warnendes Beispiel dafür dienen, dass ein starker funktionaler Zusammenhang zwischen Merkmalen vorliegen kann, der nicht durch den Korrelationskoeffizienten erfasst wird. Man sieht eine Punktwolke, deren Punkte auf einer Parabel liegen. Der empirische Korrelationskoeffizient dieser Punktwolke ist jedoch exakt gleich null.

**Selbstfrage 11**

Warum ist der empirische Korrelationskoeffizient der Punktwolke in Abb. 4.14 gleich null?

Abschließend sei betont, dass oft vorschnell von Korrelation auf Kausalität geschlossen wird. So stellte man etwa bei Gehältern von Berufsanfängern fest, dass Studiendauer und Einstiegsgehalt *positiv* korreliert sind, also ein langes Studium tendenziell zu höheren Anfangsgehältern führt. Bei Unterscheidung nach dem Studienfach stellt sich hingegen in jedem einzelnen Fach eine *negative* Korrelation zwischen Studiendauer und Einstiegsgehalt ein. Der Grund für diesen in Abb. 4.15 mit drei verschiedenen Studienfächern dargestellten auf den ersten Blick verwirrenden Sachverhalt ist einfach: Die Absolventen des rot gekennzeichneten Faches erzielen im Schnitt ein höheres Startgehalt als ihre Kommilitonen im blau markierten Fach, weil ihr Studium augenscheinlich wesentlich aufwändiger ist. Das

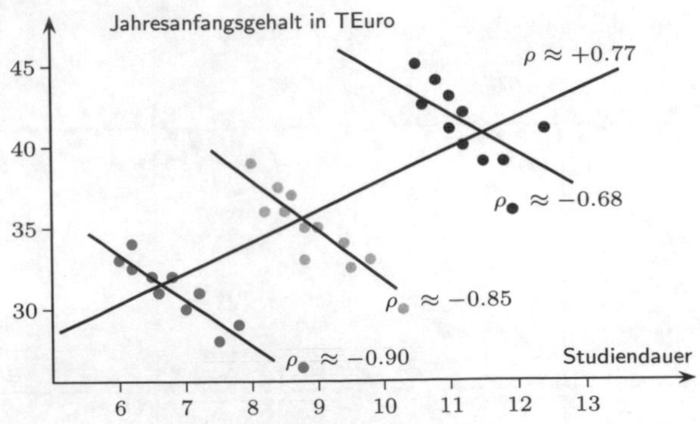


**Abb. 4.15** Punktwolke mit positiver Korrelation, aber negativen Korrelationen innerhalb verschiedener Gruppen

orangefarben gekennzeichnete Fach nimmt hier eine Mittelstellung ein. Offenbar führt innerhalb jedes einzelnen Faches ein schnellerer Studienabschluss tendenziell zu einem höheren Anfangsgehalt.

Hier wird deutlich, dass bei Vernachlässigung eines dritten Merkmals in Form einer sog. *Hintergrundvariablen* (hier des Studienfaches) zwei Merkmale positiv korreliert sein können, obwohl sie in jeder Teilpopulation mit gleichem Wert der Hintergrundvariablen eine negative Korrelation aufweisen.

## 4.5 Bedingte Erwartungswerte und bedingte Verteilungen

In diesem Abschnitt machen wir uns mit einem zentralen Objekt der modernen Stochastik vertraut, dem *bedingten Erwartungswert*. Wir setzen weiterhin voraus, dass die auftretenden Zufallsvariablen und Zufallsvektoren auf einem *diskreten* Wahrscheinlichkeitsraum $(\Omega, \mathcal{A}, \mathbb{P})$ definiert sind. Es gibt also eine abzählbare Menge $\Omega_0 \subseteq \Omega$ mit $\mathbb{P}(\Omega_0) = 1$.

**Definition des bedingten Erwartungswertes**

Sind $X$ eine Zufallsvariable mit existierendem Erwartungswert und $A$ ein Ereignis mit $\mathbb{P}(A) > 0$, so heißt

$$\mathbb{E}(X|A) := \frac{1}{\mathbb{P}(A)} \sum_{\omega \in A \cap \Omega_0} X(\omega)\,\mathbb{P}(\{\omega\}) \qquad (4.40)$$

**bedingter Erwartungswert von** $X$ **unter der Bedingung** $A$ (bzw. **unter der Hypothese** $A$).

Gilt speziell $A = \{Z = z\}$ für einen $k$-dimensionalen Zufallsvektor $Z$ und ein $z \in \mathbb{R}^k$, so heißt

$$\mathbb{E}(X|Z = z) := \mathbb{E}(X|\{Z = z\}) \qquad (4.41)$$

der **bedingte Erwartungswert von** $X$ **unter der Bedingung** $Z = z$.

**Selbstfrage 12**

Warum ist die Existenz von $\mathbb{E}(X|A)$ gesichert?

In der Definition des Erwartungswertes von $X$ haben wir in (4.7) auch die Schreibweise $\mathbb{E}_{\mathbb{P}}(X)$ verwendet, um die Abhängigkeit des Erwartungswertes von $\mathbb{P}$ kenntlich zu machen. Wenn wir uns jetzt daran erinnern, dass wir in Abschn. 3.2 das durch

$$\mathbb{P}_A(B) := \mathbb{P}(B|A) = \frac{\mathbb{P}(A \cap B)}{\mathbb{P}(A)}, \qquad B \in \mathcal{A},$$

definierte Wahrscheinlichkeitsmaß als *bedingte Verteilung* von $\mathbb{P}$ unter der Bedingung $A$ bezeichnet haben, so gilt wegen $\mathbb{P}_A(\{\omega\}) = \mathbb{P}(\{\omega\})/\mathbb{P}(A)$ für $\omega \in A$ und $\mathbb{P}_A(\{\omega\}) = 0$, falls $\omega \notin A$:

$$\mathbb{E}(X|A) = \sum_{\omega \in \Omega_0} X(\omega)\,\mathbb{P}_A(\{\omega\}) = \mathbb{E}_{\mathbb{P}_A}(X). \qquad (4.42)$$

Der bedingte Erwartungswert $\mathbb{E}(X|A)$ ist also nichts anderes als der (normale) Erwartungswert von $X$ bzgl. der bedingten Verteilung $\mathbb{P}_A$. Mit dieser Sichtweise ist klar, dass die für die Erwartungswertbildung charakteristischen Eigenschaften auch für bedingte Erwartungswerte bei festem „bedingenden Ereignis" $A$ gelten.

Besitzt der Zufallsvektor $Z$ die Komponenten $Z_1, \ldots, Z_k$, so setzt man

$$\mathbb{E}(X|Z_1 = z_1, \ldots, Z_k = z_k) := \mathbb{E}(X|Z = z),$$

wobei $z = (z_1, \ldots, z_k)$ mit $\mathbb{P}(Z = z) > 0$. Grundsätzlich lässt man wie in (4.41) die Mengenklammern weg, wenn das bedingende Ereignis durch eine Zufallsvariable oder einen Zufallsvektor definiert ist. Man schreibt also etwa $\mathbb{E}(X|Z_1 - Z_2 \leq 3)$ anstelle von $\mathbb{E}(X|\{Z_1 - Z_2 \leq 3\})$.

Für bedingte Erwartungswerte gelten die folgenden Eigenschaften:

**Eigenschaften des bedingten Erwartungswertes**

Es seien $X$ und $Y$ Zufallsvariablen mit existierenden Erwartungswerten, $A$ ein Ereignis mit $\mathbb{P}(A) > 0$ sowie $Z$ ein $k$-dimensionaler Zufallsvektor und $z \in \mathbb{R}^k$ mit $\mathbb{P}(Z = z) > 0$. Dann gelten:

a) $\mathbb{E}(X + Y|A) = \mathbb{E}(X|A) + \mathbb{E}(Y|A)$,
b) $\mathbb{E}(aX|A) = a\mathbb{E}(X|A)$, $a \in \mathbb{R}$,
c) $\mathbb{E}(\mathbb{1}_B|A) = \mathbb{P}(B|A)$, $B \in \mathcal{A}$,
d) $\mathbb{E}(X|A) = \sum_{j \geq 1} x_j\, \mathbb{P}(X = x_j|A)$, falls $\sum_{j \geq 1} \mathbb{P}(X = x_j) = 1$,
e) $\mathbb{E}(X|Z = z) = \sum_{j \geq 1} x_j\, \mathbb{P}(X = x_j|Z = z)$, falls $\sum_{j \geq 1} \mathbb{P}(X = x_j) = 1$,
f) $\mathbb{E}(X|Z = z) = \mathbb{E}(X)$, falls $X$ und $Z$ unabhängig sind.

**Beweis** Die Eigenschaften a) bis c) folgen direkt aus der Darstellung (4.42). Man muss nur in den Eigenschaften a) bis c)

Kapitel 4

der Erwartungswertbildung in Abschn. 4.2 stets $\mathbb{P}$ durch die bedingte Verteilung $\mathbb{P}_A$ ersetzen. In gleicher Weise ergibt sich d) aus der zu Beginn von Abschn. 4.2 formulierten Transformationsformel für den Erwartungswert. e) ist ein Spezialfall von d) mit $A := \{Z = z\}$. Wegen $\mathbb{P}(X = x_j | Z = z) = \mathbb{P}(X = x_j)$ im Fall der Unabhängigkeit von $X$ und $Z$ folgt f) aus e). ■

**Beispiel** Beim zweifachen Wurf mit einem echten Würfel sei $X_j$ die Augenzahl des $j$-ten Wurfs. Wie groß ist der bedingte Erwartungswert von $X_1$ unter der Bedingung $X_1 + X_2 \le 5$? Zur Beantwortung dieser Frage beachten wir, dass sich das Ereignis $A := \{X_1 + X_2 \le 5\}$ im Grundraum $\Omega := \{(i,j) : i,j \in \{1,2,3,4,5,6\}\}$ in der Form $A = \{(1,1),(1,2),(1,3),(1,4),(2,1),(2,2),(2,3),(3,1),(3,2),(4,1)\}$ darstellt. Wegen $\mathbb{P}(A) = 10/36$ und $\mathbb{P}(\{\omega\}) = 1/36$, $\omega \in \Omega$, folgt nach Definition des bedingten Erwartungswertes

$$\begin{aligned}\mathbb{E}(X_1|A) &= \mathbb{E}(X_1|X_1 + X_2 \le 5)\\ &= \frac{\frac{1}{36}\cdot(1+1+1+1+2+2+2+3+3+4)}{10/36}\\ &= 2.\end{aligned}$$

Aus Symmetriegründen gilt $\mathbb{E}(X_2|A) = 2$. ◀

Wir wenden uns nun dem Problem zu, die Realisierungen $X(\omega)$ einer Zufallsvariablen $X$ mithilfe der Realisierungen $Z(\omega)$ eines $k$-dimensionalen Zufallsvektors $Z$ vorherzusagen. Diese Vorhersage erfolgt über eine Funktion $h : \mathbb{R}^k \to \mathbb{R}$, wobei $h(Z(\omega))$ als Prognosewert für $X(\omega)$ bei Kenntnis der Realisierung $Z(\omega)$ angesehen wird. Als Kriterium für die Qualität der Vorhersage diene die *mittlere quadratische Abweichung* (MQA)

$$\mathbb{E}\,(X - h(Z))^2 = \sum_{\omega\in\Omega_0} (X(\omega) - h(Z(\omega)))^2\,\mathbb{P}(\{\omega\}) \quad (4.43)$$

zwischen tatsächlichem und vorhergesagtem Wert. Hierfür müssen wir natürlich die zusätzliche Annahmen $\mathbb{E}(X^2) < \infty$ und $\mathbb{E}(h(Z)^2) < \infty$ treffen.

Welche Prognose-Funktion $h$ liefert die kleinstmögliche MQA? Die Antwort erschließt sich relativ leicht, wenn man bedenkt, dass die mittlere quadratische Abweichung $\mathbb{E}(X - a)^2$ für die Wahl $a := \mathbb{E}X$ minimal wird. In unserer Situation führt die Lösung auf den *bedingten* Erwartungswert.

**Satz über den bedingten Erwartungswert als beste Vorhersage im quadratischen Mittel**

Der Zufallsvektor $Z$ nehme die verschiedenen Werte $z_1, z_2, \ldots$ mit positiven Wahrscheinlichkeiten an, wobei $\sum_{j\ge1} \mathbb{P}(Z = z_j) = 1$ gelte. Dann wird die mittlere quadratische Abweichung (4.43) minimal, falls

$$h(z) := \begin{cases}\mathbb{E}(X|Z = z_j), & \text{falls } z = z_j \text{ für ein } j \ge 1\\ 0, & \text{falls } z \in \mathbb{R}^k \setminus \{z_1, z_2, \ldots\}\end{cases} \quad (4.44)$$

gesetzt wird.

**Beweis** Wir schreiben kurz $A_j := \{Z = z_j\}$ und sortieren die Summanden auf der rechten Seite von (4.43) nach gleichen Werten $z_j$ für $Z(\omega)$. Zusammen mit $\mathbb{P}_{A_j}(\{\omega\}) = \mathbb{P}(\{\omega\})/\mathbb{P}(Z = z_j)$ und $\mathbb{P}_{A_j}(\{\omega\}) = 0$ für $\omega \in \Omega \setminus A_j$ sowie in der in (4.42) verwendeten Schreibweise $\mathbb{E}_{\mathbb{P}_{A_j}}$ folgt

$$\begin{aligned}&\mathbb{E}\,(X - h(Z))^2\\ &= \sum_{j\ge1}\sum_{\omega\in A_j}(X(\omega) - h(z_j))^2\mathbb{P}(\{\omega\})\\ &= \sum_{j\ge1}\mathbb{P}(Z = z_j)\sum_{\omega\in A_j}(X(\omega) - h(z_j))^2\mathbb{P}_{A_j}(\{\omega\})\\ &= \sum_{j\ge1}\mathbb{P}(Z = z_j)\sum_{\omega\in\Omega_0}(X(\omega) - h(z_j))^2\mathbb{P}_{A_j}(\{\omega\})\\ &= \sum_{j\ge1}\mathbb{P}(Z = z_j)\mathbb{E}_{\mathbb{P}_{A_j}}(X - h(z_j))^2.\end{aligned}$$

Die MQA $\mathbb{E}_{P_{A_j}}(X - h(z_j))^2$ wird nach der allgemeinen Minimalitätseigenschaft $\mathbb{V}(U) = \min_{a\in\mathbb{R}} \mathbb{E}(U - a)^2$ der Varianz einer Zufallsvariablen $U$ für die Wahl

$$h(z_j) := \mathbb{E}_{\mathbb{P}_{A_j}}(X) = \mathbb{E}(X|A_j) = \mathbb{E}(X|Z = z_j), \quad j \ge 1,$$

minimal. Die in (4.44) getroffene Festsetzung $h(z) := 0$ für $z \in \mathbb{R}^k \setminus \{z_1, z_2, \ldots\}$ ist willkürlich. Sie dient nur dazu, die Funktion $h$ auf ganz $\mathbb{R}^k$ zu definieren. ■

## Die bedingte Erwartung $\mathbb{E}(X|Z)$ ist eine von $Z$ abhängende Zufallsvariable



Bilden wir die Komposition von $Z$ und der eben konstruierten Abbildung $h$, so entsteht die folgende zentrale Begriffsbildung.

**Definition der bedingten Erwartung**

Die mit $h$ wie in (4.44) für jedes $\omega \in \Omega$ durch

$$\begin{aligned}&\mathbb{E}(X|Z)(\omega) := h(Z(\omega))\\ &= \begin{cases}\mathbb{E}(X|Z = Z(\omega)), & \text{falls } Z(\omega) \in \{z_1, z_2, \ldots\}\\ 0 & \text{sonst,}\end{cases}\end{aligned}$$

definierte Zufallsvariable $\mathbb{E}(X|Z)$ heißt **bedingte Erwartung von $X$ bei gegebenem $Z$**.

Man beachte, dass die Realisierungen $\mathbb{E}(X|Z)(\omega)$, $\omega \in \Omega$, von $\mathbb{E}(X|Z)$ nur vom Wert $Z(\omega)$ abhängen. Die bedingte Erwartung $\mathbb{E}(X|Z)$ ist somit als Funktion auf $\Omega$ konstant auf den Mengen $\{Z = z_j\}$, $j \ge 1$.

**Beispiel** Beim zweifachen Würfelwurf seien $X_j$ die Augenzahl des $j$-ten Wurfs sowie $M := \max(X_1, X_2)$ die höchste Augenzahl. Welche Gestalt besitzt die bedingte Erwartung $\mathbb{E}(M|X_1)$?

In diesem Beispiel ist aus Sicht obiger Definition $Z = X_1$ und $X = M$. Unter der Bedingung $X_1 = j$ gilt $M = j$, falls das Ereignis $X_2 \leq j$ eintritt, was mit der Wahrscheinlichkeit $j/6$ geschieht, andernfalls gilt $M = X_2$. Somit nimmt unter der Bedingung $X_1 = 6$ die Zufallsvariable $M$ den Wert 6 mit der (bedingten) Wahrscheinlichkeit 1 an, und im Fall $X_1 = j$ mit $j < 6$ werden die Werte $j$ und $j+1, \ldots, 6$ mit den (bedingten) Wahrscheinlichkeiten $j/6$ bzw. $1/6, \ldots, 1/6$ angenommen. Mit der Konvention, eine Summe über die leere Menge gleich 0 zu setzen, folgt für $j \in \{1, \ldots, 6\}$

$$\begin{aligned}\mathbb{E}(M|X_1 = j) &= j \cdot \frac{j}{6} + \sum_{k=j+1}^{6} k \cdot \frac{1}{6}\\ &= \frac{1}{6} \cdot \left(j^2 + 21 - \frac{j(j+1)}{2}\right)\\ &= 3.5 + \frac{j(j-1)}{12},\end{aligned}$$

und somit

$$\mathbb{E}(M|X_1) = 3.5 + \frac{X_1(X_1 - 1)}{12}.$$

Setzt man die möglichen Realisierungen $1, 2, \ldots, 6$ für $X_1$ ein, so ergeben sich als Vorhersagewerte für $M$ die auf zwei Stellen gerundeten Werte 3.5, 3.67, 4, 4.5, 5.17, 6. Auch hier treten (als jeweils bedingte Erwartungswerte) nicht ganzzahlige Werte auf. Würde man den Wertebereich einer Prognosefunktion auf die Menge $\{1, 2, \ldots, 6\}$ einschränken, so ergäbe sich eine andere Lösung (Aufgabe 4.35). ◀

Kapitel 4

**Die Formel vom totalen Erwartungswert**

Es seien $A_1, A_2, \ldots$ endlich oder abzählbar-unendlich viele paarweise disjunkte Ereignisse mit $\mathbb{P}(A_j) > 0$ für jedes $j$ sowie $\sum_{j \geq 1} \mathbb{P}(A_j) = 1$. Dann gilt für jede Zufallsvariable $X$ mit existierendem Erwartungswert:

$$\mathbb{E}(X) = \sum_{j \geq 1} \mathbb{E}(X|A_j)\, \mathbb{P}(A_j). \tag{4.45}$$

**Beweis** Wegen $\mathbb{E}(X|A_j)\mathbb{P}(A_j) = \sum_{\omega \in A_j} X(\omega)\mathbb{P}(\{\omega\})$ ergibt sich

$$\begin{aligned}\mathbb{E}X &= \sum_{\omega \in \Omega_0} X(\omega)\mathbb{P}(\{\omega\}) = \sum_{j \geq 1} \left( \sum_{\omega \in A_j} X(\omega)\mathbb{P}(\{\omega\}) \right)\\ &= \sum_{j \geq 1} \mathbb{E}(X|A_j)\, \mathbb{P}(A_j),\end{aligned}$$

was zu zeigen war. ■

**Selbstfrage 13**

Warum gilt das zweite Gleichheitszeichen, wenn $\Omega_0$ eine unendliche Menge ist?

Setzt man in (4.45) speziell $X = \mathbb{1}_B$ für ein Ereignis $B$, so entsteht wegen der Eigenschaft $\mathbb{E}(\mathbb{1}_B|A) = \mathbb{P}(B|A)$ des bedingten Erwartungswertes die Formel von der totalen Wahrscheinlichkeit.

## Man kann Erwartungswerte durch Bedingen nach einer Zufallsvariablen iteriert ausrechnen

**Iterierte Erwartungswertbildung**

Gilt im obigen Satz speziell $A_j = \{Z = z_j\}$ für einen Zufallsvektor $Z$, der die Werte $z_1, z_2, \ldots$ mit positiver Wahrscheinlichkeit annimmt, so geht (4.45) über in

$$\mathbb{E}(X) = \sum_{j \geq 1} \mathbb{E}(X|Z = z_j)\, \mathbb{P}(Z = z_j). \tag{4.46}$$

Nach Definition der bedingten Erwartung $\mathbb{E}(X|Z)$ steht auf der rechten Seite von (4.46) der Erwartungswert von $\mathbb{E}(X|Z)$. Somit besitzt Darstellung (4.46) die Kurzform

$$\mathbb{E}X = \mathbb{E}(\mathbb{E}(X|Z)). \tag{4.47}$$

Gleichung (4.46) kann als eine *iterierte Erwartungswertbildung* verstanden werden. Man erhält $\mathbb{E}X$, indem man zunächst die bedingten Erwartungswerte von $X$ bei gegebenen Realisierungen $z_j$ von $Z$ bestimmt, diese mit den Wahrscheinlichkeiten $\mathbb{P}(Z = z_j)$ gewichtet und dann aufsummiert. Natürlich machen die Anwendung der Formel vom totalen Erwartungswert und die iterierte Erwartungswertbildung (4.46) nur dann Sinn, wenn die bedingten Erwartungswerte $\mathbb{E}(X|A_j)$ bzw. $\mathbb{E}(X|Z = z_j)$ wie im folgenden Beispiel leicht erhältlich sind.

**Beispiel (Warten auf den ersten Doppeltreffer)** In einer Bernoulli-Kette mit Trefferwahrscheinlichkeit $p \in (0, 1)$ bezeichne $X$ die Anzahl der Versuche, bis zum ersten Mal direkt hintereinander zwei Treffer aufgetreten sind. Welchen Erwartungswert besitzt $X$?

Abb. 4.16 zeigt diese Situation anhand eines sog. *Zustandsgraphen* mit den Knoten *Start*, 1 und 11. Zu Beginn befindet man sich im Startknoten. Dort bleibt man, wenn eine Niete auftritt, was mit Wahrscheinlichkeit $q := 1 - p$ geschieht. Andernfalls gelangt man in den Knoten 1. Von dort erreicht man entweder den Knoten 11, oder man fällt wieder in den Startknoten zurück.

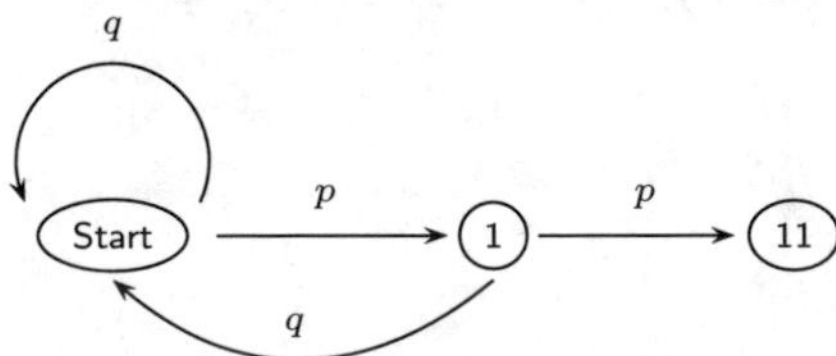


**Abb. 4.16** Zustandsgraph beim Warten auf den ersten Doppeltreffer

Einer unter mehreren möglichen Grundräumen für dieses Problem ist die (abzählbare) Menge $\Omega$ aller endlichen Sequenzen aus Nullen und Einsen, die nur am Ende zwei direkt aufeinanderfolgende Einsen aufweisen. Wir gehen an dieser Stelle nicht auf die Existenz des Erwartungswertes von $X$ und die Gleichung $\sum_{\omega\in\Omega} \mathbb{P}(\{\omega\}) = 1$ ein (siehe Aufgabe 4.36), sondern machen deutlich, wie die Formel vom totalen Erwartungswert in dieser Situation angewendet werden kann.

Aufgrund von Abb. 4.16 drängt sich auf, nach den Ergebnissen der beiden ersten Versuche zu bedingen. Hierzu bezeichne $A_1$ das Ereignis, dass der erste Versuch eine Niete ergibt. Der konträre Fall, dass die Bernoulli-Kette mit einem Treffer beginnt, wird in die beiden Unterfälle aufgeteilt, dass sich im zweiten Versuch eine Niete bzw. ein Treffer einstellt. Diese Ereignisse werden mit $A_2$ bzw. $A_3$ bezeichnet. Offenbar gelten $A_1 + A_2 + A_3 = \Omega$ sowie $\mathbb{P}(A_1) = q$, $\mathbb{P}(A_2) = pq$ und $\mathbb{P}(A_3) = p^2$. Tritt $A_1$ ein, so verbleibt man nach einem im Hinblick auf den Doppeltreffer vergeblichen Versuch im Startzustand, was sich in der Gleichung

$$\mathbb{E}(X|A_1) = 1 + \mathbb{E}X$$

äußert. Im Fall von $A_2$ ist man nach zwei Versuchen wieder im Startzustand, es gilt also $\mathbb{E}(X|A_2) = 2 + \mathbb{E}X$. Tritt $A_3$ ein, so ist der erste Doppeltreffer nach zwei Versuchen aufgetreten, was $\mathbb{E}(X|A_3) = 2$ bedeutet. Nach Gleichung (4.45) folgt

$$\mathbb{E}X = (1 + \mathbb{E}X) \cdot q + (2 + \mathbb{E}X) \cdot pq + 2p^2$$

und somit

$$\mathbb{E}X = \frac{1+p}{p^2}.$$

Insbesondere gilt $\mathbb{E}X = 6$ im Fall $p = 1/2$. Interessanterweise ergibt sich für die Wartezeit $Y$ auf das mit gleicher Wahrscheinlichkeit $1/4$ eintretende Muster 01 der kleinere Wert $\mathbb{E}Y = 4$ (Aufgabe 4.37). ◄

Für den Umgang mit bedingten Erwartungswerten ist folgendes Resultat wichtig.

**Die Substitutionsregel**

Es seien $X$ ein $n$-dimensionaler und $Z$ ein $k$-dimensionaler Zufallsvektor. Weiter sei $g : \mathbb{R}^n \times \mathbb{R}^k \to \mathbb{R}$ eine Funktion mit der Eigenschaft, dass der Erwartungswert der Zufallsvariablen $g(X, Z)$ existiert. Dann gilt für jedes $z \in \mathbb{R}^k$ mit $\mathbb{P}(Z = z) > 0$:

$$\mathbb{E}(g(X, Z)|Z = z) = \mathbb{E}(g(X, z)|Z = z). \qquad (4.48)$$

**Beweis** Mit der Abkürzung $p_z := \mathbb{P}(Z = z)$ gilt

$$\begin{aligned}\mathbb{E}(g(X, Z)|Z = z) &= \frac{1}{p_z} \sum_{\omega\in\Omega_0:Z(\omega)=z} g(X(\omega), Z(\omega))\mathbb{P}(\{\omega\}) \\ &= \frac{1}{p_z} \sum_{\omega\in\Omega_0:Z(\omega)=z} g(X(\omega), z)\mathbb{P}(\{\omega\}) \\ &= \mathbb{E}(g(X, z)|Z = z).\end{aligned}$$ ■

Die Substitutionsregel besagt, dass man die durch Bedingung $Z = z$ gegebene Information über $Z$ in die Funktion $g(X, Z)$ „einsetzen", also den Zufallsvektor $Z$ durch dessen Realisierung $z$ ersetzen kann.

**Beispiel (Augensumme mit zufälliger Wurfanzahl)** Ein echter Würfel wird geworfen. Fällt die Augenzahl $k$, so werden danach $k$ echte Würfel geworfen. Welchen Erwartungswert hat die *insgesamt* gewürfelte Augensumme? Zur Beantwortung dieser Frage wählen wir den Grundraum $\Omega = \{1, 2, \ldots, 6\}^7 = \{\omega = (a_0, a_1, \ldots, a_6) : 1 \le a_j \le 6 \text{ für } j = 0, \ldots, 6\}$ mit der Gleichverteilung $\mathbb{P}$ auf $\Omega$. Die durch $X_j(\omega) := a_j$ definierte Zufallsvariable $X_j$ gibt die Augenzahl des $(j + 1)$-ten Wurfs an. Die Zufallsvariablen $X_0, X_1, \ldots, X_6$ sind unabhängig, und die durch

$$X(\omega) := X_0(\omega) + \sum_{j=1}^{X_0(\omega)} X_j(\omega), \qquad \omega \in \Omega,$$

definierte Zufallsvariable $X$ beschreibt die insgesamt gewürfelte Augensumme. Es ist

$$\begin{aligned}\mathbb{E}(X|X_0 = k) &= \mathbb{E}\left(X_0 + \sum_{j=1}^{X_0} X_j \middle| X_0 = k\right) \\ &= \mathbb{E}\left(k + \sum_{j=1}^{k} X_j \middle| X_0 = k\right) \\ &= \mathbb{E}(k|X_0 = k) + \sum_{j=1}^{k} \mathbb{E}(X_j|X_0 = k) \\ &= k + \sum_{j=1}^{k} \mathbb{E}(X_j) \\ &= k + k \cdot 3.5.\end{aligned}$$

Dabei wurde beim zweiten Gleichheitszeichen die Substitutionsregel (4.48) und beim dritten Gleichheitszeichen die Additivität des bedingten Erwartungswertes verwendet. Das vierte Gleichheitszeichen gilt, da $X_0$ und $X_j$ unabhängig sind. Mit (4.46) folgt

$$\begin{aligned}\mathbb{E}X &= \sum_{k=1}^{6} \mathbb{E}(X|X_0 = k)\,\mathbb{P}(X_0 = k) \\ &= \frac{1}{6} \cdot 4.5 \cdot \sum_{k=1}^{6} k = 15.75.\end{aligned}$$

Dieses Ergebnis sollte auch plausibel sein. Es werden ja „im Schnitt 4.5(= 1 + 3.5) Würfelwürfe" durchgeführt, und jeder Wurf trägt im Durchschnitt den Wert 3.5 zur Gesamtsumme bei. ◄

**Selbstfrage 14**

Warum gilt $\mathbb{E}(k|X_0 = k) = k$?

## Unter der Lupe: Zwischen Angst und Gier: Die Sechs verliert

Ein Problem des optimalen Stoppens

Ein echter Würfel wird wiederholt geworfen. Solange keine Sechs auftritt, werden die erzielten Augenzahlen auf ein Punktekonto addiert. Das Spiel kann jederzeit gestoppt werden. Der erzielte Punktestand ist dann der Gewinn (in Euro). Kommt eine Sechs, so fällt man auf 0 Punkte zurück und gewinnt nichts. Würfelt man etwa 4,5,2,2 und stoppt dann, so beträgt der Gewinn 13 Euro. Bei der Sequenz 3,1,6 geht man leer aus, da nach den ersten beiden Würfen das Spiel nicht beendet wurde. Welche Strategie sollte verfolgt werden, wenn man das Spiel oft wiederholt spielen müsste?

Eine Entscheidung zwischen Weiterwürfeln und Stoppen sollte offenbar vom erreichten Punktestand und nicht von der Anzahl der Würfe, die man ohne Sechs überstanden hat, abhängig gemacht werden, denn die Wahrscheinlichkeit für eine Sechs wird ja nicht größer, je länger sie ausgeblieben ist. Aber lohnt es sich, bei $k$ erreichten Punkten weiterzuwürfeln? Hierzu betrachten wir den Erwartungswert des zufälligen Punktestandes $X_k$ nach einem gedanklichen weiteren Wurf. Da $X_k$ die Werte $k+1,\ldots,k+5$ und 0 jeweils mit Wahrscheinlichkeit $1/6$ annimmt, gilt

$$\mathbb{E}(X_k) = \frac{1}{6}\sum_{j=1}^{5}(k+j) = \frac{5k+15}{6}$$

und somit $\mathbb{E}(X_k) > k \iff k < 15$. Nach diesem aus der Betrachtung des Erwartungswertes abgeleiteten Prinzip sollte man also weiterspielen, falls der Punktestand kleiner ist als 15. Andernfalls sollte man aufhören und den Gewinn mitnehmen.

Welchen Erwartungswert hat der Spielgewinn $G$, wenn man so vorgeht? Als Definitionsbereich $\Omega$ für $G$ bietet sich die Menge aller denkbaren Wurfsequenzen $\omega$ bis zum Spielende an. Diese haben eine maximale Länge von 15 (die bei 14 Einsen in Folge erreicht wird) und enthalten entweder nur am Ende eine Sechs (dann gilt $G(\omega) = 0$) oder keine Sechs. Im letzteren Fall ist $\omega$ von der Gestalt $\omega = a_1a_2\ldots a_\ell$ mit $\ell \geq 3$ und $a_1+\ldots+a_\ell \geq 15$ sowie $a_1+\ldots+a_{\ell-1} < 15$. In diesem Fall gilt $G(\omega) = a_1+\ldots+a_\ell$.

Prinzipiell lässt sich $\mathbb{E}G$ über Definition (4.7) berechnen. Wegen der großen Zahl an Spielverläufen ist hierfür jedoch ein Computerprogramm erforderlich. Einfacher geht es, wenn man den Erwartungswert von $G$ *in Abhängigkeit vom erreichten Punktestand* $k$ betrachtet, also den mit $\mathbb{E}_k(G)$ abgekürzten *bedingten Erwartungswert* von $G$ unter demjenigen Ereignis $A_k$, das aus allen zu einem Punktestand von $k$ führenden Wurfsequenzen besteht. Wenn wir formal $A_0 := \Omega$ setzen, läuft $k$ hierbei von 0 bis 19. Der maximale Wert 19 wird erreicht, wenn man mit 14 Punkten eine Fünf würfelt. Nach Definition gilt offenbar $\mathbb{E}G = \mathbb{E}_0(G)$.

Da man mit mindestens 15 Punkten stoppt und diese Punktzahl als Gewinn erhält, gilt

$$\mathbb{E}_k(G) = k, \quad \text{falls } k \in \{15,16,17,18,19\}. \tag{4.49}$$

Für $k \leq 14$ betrachten wir das zufällige Ergebnis $X$ des nächsten Wurfs. Die Formel vom totalen Erwartungswert, angewendet auf $\mathbb{E}_k(G)$, besagt

$$\mathbb{E}_k(G) = \sum_{j=1}^{6}\mathbb{E}_k(G|X=j)\,\mathbb{P}(X=j). \tag{4.50}$$

Da eine Sechs verliert, gilt $\mathbb{E}_k(G|X=6) = 0$. Im Fall $X = j$ mit $j \leq 5$ erhält man weitere $j$ Punkte, es gilt also $\mathbb{E}_k(G|X=j) = \mathbb{E}_{k+j}(G)$. Wegen $\mathbb{P}(X=j) = 1/6$ $(j = 1,\ldots,6)$ nimmt dann (4.50) die Gestalt

$$\mathbb{E}_k(G) = \frac{1}{6}\sum_{j=1}^{5}\mathbb{E}_{k+j}(G)$$

an. Zusammen mit (4.49) lässt sich hiermit $\mathbb{E}_0(G)$ durch *Rückwärtsinduktion* gemäß

$$\mathbb{E}_{14}(G) = \frac{1}{6}(15+16+17+18+19) = \frac{85}{6} \approx 14.167,$$
$$\mathbb{E}_{13}(G) = \frac{1}{6}\left(\frac{85}{6}+15+16+17+18\right) = \frac{481}{36} \approx 13.361$$

usw. berechnen (Tabellenkalkulation). Schließlich ergibt sich

$$\mathbb{E}G = \mathbb{E}_0(G) \approx 6.154.$$

Man kann beweisen, dass die vorgestellte Strategie in dem Sinne optimal ist, dass sie den Erwartungswert des Spielgewinns maximiert, siehe [20].

## Bedingte Wahrscheinlichkeiten $\mathbb{P}(X \in B|Z = z)$ als Funktion von $B$: Die bedingte Verteilung

**Definition der bedingten Verteilung**

Es seien $X$ und $Z$ $n$- bzw. $k$-dimensionale diskrete Zufallsvektoren sowie $z \in \mathbb{R}^k$ mit $\mathbb{P}(Z = z) > 0$. Dann heißt das Wahrscheinlichkeitsmaß

$$\mathbb{P}_{Z=z}^X : \begin{cases} \mathcal{B}^k \to [0,1] \\ B \mapsto \mathbb{P}_{Z=z}^X(B) := \mathbb{P}(X \in B|Z = z) \end{cases}$$

**bedingte Verteilung von $X$ unter der Bedingung $Z = z$.**

Gilt $\sum_{j\geq 1} \mathbb{P}(X = x_j) = 1$, so ist die bedingte Verteilung $\mathbb{P}_{Z=z}^X$ durch das System der Wahrscheinlichkeiten

$$\mathbb{P}(X = x_j|Z = z), \qquad j \geq 1,$$

eindeutig bestimmt, denn es gilt

$$\mathbb{P}(X \in B|Z = z) = \sum_{j:x_j \in B} \mathbb{P}(X = x_j|Z = z).$$

Man beachte auch, dass

$$\mathbb{E}(X|Z = z) = \sum_{j\geq 1} x_j \, \mathbb{P}(X = x_j|Z = z)$$

nach Eigenschaft e) des bedingten Erwartungswertes der Erwartungswert der bedingten Verteilung von $X$ unter der Bedingung $Z = z$ ist.

**Beispiel (Binomialverteilung als bedingte Verteilung)** Die Zufallsvariablen $X$ und $Y$ seien stochastisch unabhängig, wobei $X \sim \text{Po}(\lambda)$ und $Y \sim \text{Po}(\mu)$ mit $\lambda, \mu > 0$. Welche bedingte Verteilung besitzt $X$ unter der Bedingung $X + Y = n$ mit festem $n \in \mathbb{N}$? Da $X$ und $Y$ $\mathbb{N}_0$-wertig sind, kann $X$ unter der Bedingung $X + Y = n$ jeden Wert $k \in \{0, 1, \ldots, n\}$ annehmen. Für ein solches $k$ gilt

$$\mathbb{P}(X = k|X + Y = n) = \frac{\mathbb{P}(X = k, X + Y = n)}{\mathbb{P}(X + Y = n)}.$$

Da $X + Y$ nach dem Additionsgesetz für die Poisson-Verteilung die Verteilung $\text{Po}(\lambda + \mu)$ besitzt und das Ereignis $\{X = k, X + Y = n\}$ gleichbedeutend mit $\{X = k, Y = n - k\}$ ist, folgt wegen der Unabhängigkeit von $X$ und $Y$

$$\begin{aligned} \mathbb{P}(X = k|X + Y = n) &= \frac{\mathbb{P}(X = k)\,\mathbb{P}(Y = n - k)}{\mathbb{P}(X + Y = n)} \\ &= \frac{\mathrm{e}^{-\lambda}\frac{\lambda^k}{k!}\mathrm{e}^{-\mu}\frac{\mu^{n-k}}{(n-k)!}}{\mathrm{e}^{-(\lambda+\mu)}\frac{(\lambda+\mu)^n}{n!}} \\ &= \binom{n}{k}\left(\frac{\lambda}{\lambda + \mu}\right)^k \left(1 - \frac{\lambda}{\lambda + \mu}\right)^{n-k}. \end{aligned}$$

Die gesuchte bedingte Verteilung ist also die Binomialverteilung $\text{Bin}(n, \lambda/(\lambda + \mu))$ oder kurz

$$\mathbb{P}_{X+Y=n}^X = \text{Bin}(n, \lambda/(\lambda + \mu)).$$

In gleicher Weise entsteht die hypergeometrische Verteilung als bedingte Verteilung bei gegebener Summe von zwei unabhängigen binomialverteilten Zufallsvariablen (Aufgabe 4.11). Eine Verallgemeinerung des obigen Beispiels auf die Multinomialverteilung findet sich in Aufgabe 4.40. ◀

Nach (4.46) und (4.47) kann der Erwartungswert einer Zufallsvariablen durch Bedingen nach einer anderen Zufallsvariablen iteriert berechnet werden. Die Frage, ob es eine analoge Vorgehensweise zur Bestimmung der Varianz gibt, führt auf folgende Begriffsbildung.

**Definition der bedingten Varianz**

Es seien $X$ eine Zufallsvariable mit existierender Varianz, $Z$ ein $k$-dimensionaler Zufallsvektor und $z \in \mathbb{R}^k$ mit $\mathbb{P}(Z = z) > 0$. Dann heißt

$$\mathbb{V}(X|Z = z) := \mathbb{E}\left[(X - \mathbb{E}(X|Z = z))^2 | Z = z\right]$$

die **bedingte Varianz von $X$ unter der Bedingung $Z = z$.**

Nimmt $Z$ die Werte $z_1, z_2, \ldots$ mit positiven Wahrscheinlichkeiten an, so heißt die durch

$$\mathbb{V}(X|Z)(\omega) := \begin{cases} \mathbb{V}(X|Z = Z(\omega)), & \text{falls } Z(\omega) \in \{z_1, z_2, \ldots\} \\ 0 & \text{sonst}, \end{cases}$$

$(\omega \in \Omega)$ definierte Zufallsvariable $\mathbb{V}(X|Z)$ die **bedingte Varianz von $X$ bei gegebenem $Z$.**

Nach Definition ist $\mathbb{V}(X|Z = z)$ die Varianz der bedingten Verteilung von $X$ unter der Bedingung $Z = z$. Nimmt $X$ die Werte $x_1, x_2, \ldots$ an, so berechnet sich $\mathbb{V}(X|Z = z)$ gemäß

$$\mathbb{V}(X|Z = z) = \sum_{j\geq 1} \left(x_j - \mathbb{E}(X|Z = z)\right)^2 \mathbb{P}(X = x_j|Z = z).$$

Die Zufallsvariable $\mathbb{V}(X|Z)$ ist ebenso wie die bedingte Erwartung $\mathbb{E}(X|Z)$ auf den Mengen $\{Z = z_j\}$, $j \geq 1$, konstant. Die Festsetzung $\mathbb{V}(X|Z)(\omega) := 0$ im Fall $Z(\omega) \notin \{z_1, z_2, \ldots\}$ dient nur dazu, dass $\mathbb{V}(X|Z)$ auf ganz $\Omega$ definiert ist.

Das angekündigte Resultat zur iterierten Berechnung der Varianz lautet wie folgt:

**Satz über die iterierte Berechnung der Varianz**

In der Situation der obigen Definition gilt

$$\mathbb{V}(X) = \mathbb{V}(\mathbb{E}(X|Z)) + \mathbb{E}(\mathbb{V}(X|Z)). \qquad (4.51)$$

Kapitel 4

**Beweis** Der Zufallsvektor $Z$ nehme die Werte $z_1, z_2, \ldots$ an, wobei $\sum_{j\geq 1} \mathbb{P}(Z = z_j) = 1$ gelte. Wenden wir (4.46) auf die Zufallsvariable $(X - \mathbb{E}X)^2$ an, so folgt

$$\begin{aligned}\mathbb{V}(X) &= \mathbb{E}\,(X - \mathbb{E}X)^2 \\ &= \sum_{j\geq 1} \mathbb{E}\left[(X - \mathbb{E}X)^2 | Z = z_j\right] \mathbb{P}(Z = z_j).\end{aligned}$$

Schreiben wir auf der rechten Seite $X - \mathbb{E}X = X - h(z_j) + h(z_j) - \mathbb{E}X$ mit $h(z_j) := \mathbb{E}(X|Z = z_j)$, so liefern die binomische Formel und die Linearität des bedingten Erwartungswerts sowie die Substitutionsregel

$$\begin{aligned}\mathbb{V}(X) = &\sum_{j\geq 1} \mathbb{E}\left[(X - h(z_j))^2 | Z = z_j\right] \mathbb{P}(Z = z_j) \\ &+ 2\sum_{j\geq 1}(h(z_j) - \mathbb{E}X)^2 \\ &\quad \cdot \mathbb{E}\left[X - h(z_j)|Z = z_j\right] \mathbb{P}(Z = z_j) \\ &+ \sum_{j\geq 1}(h(z_j) - \mathbb{E}X)^2\, \mathbb{P}(Z = z_j).\end{aligned}$$

Wegen $\mathbb{E}(X - h(z_j)|Z = z_j) = \mathbb{E}(X|Z = z_j) - h(z_j) = 0$ verschwindet hier der gemischte Term. Der erste Term ist nach Definition der bedingten Varianz gleich $\sum_{j\geq 1} \mathbb{V}(X|Z = z_j)\mathbb{P}(Z = z_j)$, also gleich $\mathbb{E}(\mathbb{V}(X|Z))$, und der letzte Term gleich $\mathbb{V}(\mathbb{E}(X|Z))$. ■

Nach diesem Satz ergibt sich also die Varianz von $X$ als Summe aus der Varianz der bedingten Erwartung von $X$ bei gegebenem $Z$ und des Erwartungswerts der bedingten Varianz von $X$ bei gegebenem $Z$. Ein schon einmal behandeltes Beispiel soll die Vorgehensweise verdeutlichen.

**Beispiel (Augensumme mit zufälliger Wurfanzahl, Fortsetzung)** In Fortsetzung des Beispiels der Augensumme mit zufälliger Wurfanzahl wollen wir die Varianz der insgesamt gewürfelten Augensumme $X := X_0 + \sum_{j=1}^{X_0} X_j$ bestimmen. Hierzu bedingen wir nach der Zufallsvariablen $X_0$. Die bedingte Verteilung von $X$ unter der Bedingung $X_0 = k$ ist die Verteilung der Zufallsvariablen $k + \sum_{j=1}^{k} X_j$. Wir müssen diese Verteilung nicht kennen, um deren Varianz zu bestimmen, sondern nutzen die Summenstruktur aus. Da sich Varianzen bei Addition von Konstanten nicht ändern und $\mathbb{V}(X_j) = 35/12$ gilt, folgt wegen der Unabhängigkeit von $X_1, \ldots, X_6$

$$\mathbb{V}(X|X_0 = k) = k \cdot \frac{35}{12}, \qquad k = 1, 2, \ldots, 6,$$

also

$$\mathbb{V}(X|X_0) = X_0 \cdot \frac{35}{12}.$$

Wegen $\mathbb{E}(X|X_0) = 4.5 \cdot X_0$ folgt

$$\begin{aligned}\mathbb{V}(X) &= \mathbb{V}(4.5 \cdot X_0) + \mathbb{E}\left(X_0 \cdot \frac{35}{12}\right) \\ &= 4.5^2 \cdot \frac{35}{12} + 3.5 \cdot \frac{35}{12} \approx 69.27.\end{aligned}$$ ◀

## 4.6 Erzeugende Funktionen

Erzeugende Funktionen sind ein häufig verwendetes Hilfsmittel zur Lösung kombinatorischer Probleme (s. z. B. [1], Abschn. 26.3). In der Stochastik verwendet man sie bei der Untersuchung von $\mathbb{N}_0$-wertigen Zufallsvariablen.

**Definition der erzeugenden Funktion**

Für eine $\mathbb{N}_0$-wertige Zufallsvariable $X$ heißt die durch

$$g_X(t) := \sum_{k=0}^{\infty} \mathbb{P}(X = k)\, t^k, \quad |t| \leq 1, \tag{4.52}$$

definierte Potenzreihe $g_X$ die **erzeugende Funktion von** $X$.

### Kommentar

- Allgemein nennt man für eine reelle Zahlenfolge $(a_k)_{k\geq 0}$ die Potenzreihe
$$g(t) := \sum_{k=0}^{\infty} a_k\, t^k \tag{4.53}$$
die *erzeugende Funktion von* $(a_k)_{k\geq 0}$. Hiermit ist also $g_X$ die erzeugende Funktion der Folge $(\mathbb{P}(X = k))_{k\geq 0}$. In (4.53) setzen wir voraus, dass der Konvergenzradius von $g$ nicht verschwindet. Wegen
$$1 = \sum_{k=0}^{\infty} \mathbb{P}(X = k) = g_X(1)$$
ist diese Bedingung für erzeugende Funktionen von Zufallsvariablen stets erfüllt.
- Die erzeugende Funktion einer Zufallsvariablen $X$ hängt nur von der Verteilung $\mathbb{P}^X$ von $X$ und nicht von der speziellen Gestalt des zugrunde liegenden Wahrscheinlichkeitsraums ab. Aus diesem Grund wird $g_X$ auch die *erzeugende Funktion von* $\mathbb{P}^X$ genannt. Wegen
$$g_X(0) = \mathbb{P}(X = 0)$$
und
$$\begin{aligned}\frac{\mathrm{d}^j}{\mathrm{d}t^j} g_X(t)|_{t=0} &= \sum_{k=j}^{\infty} (k)_j\, \mathbb{P}(X = k) t^{k-j}|_{t=0} \\ &= j!\,\mathbb{P}(X = j)\end{aligned}$$
$(j = 1, 2, \ldots)$ kann aus der Kenntnis von $g_X$ die Verteilung von $X$ zurückgewonnen werden. Folglich gilt der *Eindeutigkeitssatz*
$$\mathbb{P}^X = \mathbb{P}^Y \iff g_X = g_Y \tag{4.54}$$
für $\mathbb{N}_0$-wertige Zufallsvariablen $X$ und $Y$.
- Nach der allgemeinen Transformationsformel (4.15) gilt
$$g_X(t) = \mathbb{E}(t^X), \qquad |t| \leq 1. \tag{4.55}$$

◀

Kapitel 4

**Beispiel**

a) Eine $\mathrm{Bin}(n, p)$-verteilte Zufallsvariable $X$ besitzt die erzeugende Funktion

$$g_X(t) = \sum_{k=0}^{n} \binom{n}{k} p^k (1-p)^{n-k}\, t^k = (1 - p + pt)^n. \tag{4.56}$$

b) Ist $X$ eine Zufallsvariable mit der Poisson-Verteilung $\mathrm{Po}(\lambda)$, so gilt

$$g_X(t) = \sum_{k=0}^{\infty} \mathrm{e}^{-\lambda} \frac{\lambda^k}{k!} t^k = \mathrm{e}^{-\lambda}\, \mathrm{e}^{\lambda t} = \mathrm{e}^{\lambda(t-1)}. \tag{4.57}$$

c) Besitzt $X$ die negative Binomialverteilung $\mathrm{Nb}(r, p)$, so gilt

$$g_X(t) = \left(\frac{p}{1-(1-p)t}\right)^r$$

(Übungsaufgabe 4.41). ◄

Eine wichtige Eigenschaft erzeugender Funktionen ist, dass sie sich *multiplikativ* gegenüber der *Addition unabhängiger Zufallsvariablen* verhalten.

**Multiplikationsformel für erzeugende Funktionen**

Sind $X, Y$ unabhängige $\mathbb{N}_0$-wertige Zufallsvariablen, so gilt

$$g_{X+Y}(t) = g_X(t)\, g_Y(t), \qquad |t| \leq 1.$$

**Beweis** Da mit $X$ und $Y$ auch $t^X$ und $t^Y$ stochastisch unabhängig sind, folgt mit der Darstellung (4.55)

$$\begin{aligned} g_{X+Y}(t) &= \mathbb{E}(t^{X+Y}) = \mathbb{E}(t^X\, t^Y) \\ &= \mathbb{E}(t^X)\, \mathbb{E}(t^Y) \\ &= g_X(t)\, g_Y(t), \qquad |t| \leq 1. \end{aligned}$$ ■

**Beispiel** Sind $X$ und $Y$ unabhängige Zufallsvariablen mit $X \sim \mathrm{Bin}(m, p)$ und $Y \sim \mathrm{Bin}(n, p)$, so folgt mit (4.56) und der Multiplikationsformel

$$\begin{aligned} g_{X+Y}(t) &= (1 - p + pt)^m \cdot (1 - p + pt)^n \\ &= (1 - p + pt)^{m+n}. \end{aligned}$$

Mit dem Eindeutigkeitssatz (4.54) und (4.56) ergibt sich das schon aus Abschn. 4.3 bekannte Additionsgesetz $X + Y \sim \mathrm{Bin}(m+n, p)$. Völlig analog beweist man die Additionsgesetze für die Poisson-Verteilung und die negative Binomialverteilung. ◄

**Selbstfrage 15**

Können Sie das Additionsgesetz für die Poisson-Verteilung beweisen?

Dass man mithilfe erzeugender Funktionen sehr einfach Erwartungswert und Varianz von Verteilungen berechnen kann, zeigt folgendes Resultat. In diesem Zusammenhang erinnern wir an die abkürzende Schreibweise

$$(k)_r = k(k-1) \cdot \ldots \cdot (k - r + 1).$$

**Satz über erzeugende Funktionen und Momente**

Es seien $X$ eine $\mathbb{N}_0$-wertige Zufallsvariable mit erzeugender Funktion $g_X$ sowie $r$ eine natürliche Zahl. Dann sind folgende Aussagen äquivalent:

a) $\mathbb{E}(X)_r < \infty$,
b) die linksseitige Ableitung

$$g_X^{(r)}(1-) := \lim_{t \to 1, t<1} \frac{\mathrm{d}^r}{\mathrm{d}t^r} g_X(t)$$

existiert (als endlicher Wert).

In diesem Fall gilt $\mathbb{E}(X)_r = g_X^{(r)}(1-)$.

**Beweis** a) ist äquivalent zur Aussage

$$\sum_{k=r}^{\infty} (k)_r\, \mathbb{P}(X = k) < \infty,$$

welche ihrerseits gleichbedeutend mit der *Konvergenz* der Potenzreihe

$$\frac{\mathrm{d}^r}{\mathrm{d}t^r} g_X(t) = \sum_{k=r}^{\infty} (k)_r\, \mathbb{P}(X = k)\, t^{k-r}$$

*im Randpunkt* $t = 1$ des Intervalls $(-1, 1)$ ist. Nach dem Abelschen Grenzwertsatz (s. z. B. [1], Abschn. 11.1) gilt dann $\mathbb{E}(X)_r = g_X^{(r)}(1-)$. ■

**Kommentar** Man nennt $\mathbb{E}(X)_r$ das *$r$-te faktorielle Moment* von $X$. Die Existenz (Endlichkeit) des $r$-ten faktoriellen Momentes ist also gleichbedeutend mit der Existenz der *linksseitigen $r$-ten Ableitung* der erzeugenden Funktion an der Stelle 1.

Wir schreiben im Folgenden kurz $g_X^{(r)}(1) = g_X^{(r)}(1-)$ sowie $g_X'(1) = g_X^{(1)}(1)$, $g_X''(1) = g_X^{(2)}(1)$ usw. Mithilfe des obigen Satzes lassen sich Erwartungswert und Varianz von $X$ sehr leicht aus $g_X$ berechnen, wobei rekursiv vorgegangen wird:

$$\begin{aligned} \mathbb{E}(X) &= g_X'(1) \\ \mathbb{E}(X^2) &= \mathbb{E}[X(X-1)] + \mathbb{E}X = g_X''(1) + g_X'(1) \text{ usw.} \end{aligned}$$

Insbesondere ergibt sich

$$\mathbb{V}(X) = g_X''(1) + g_X'(1) - (g_X'(1))^2. \tag{4.58}$$ ◄

Kapitel 4

## Beispiel: Die exakte Verteilung der Augensumme $S_n$ beim $n$-fachen Würfelwurf

Mithilfe erzeugender Funktionen lässt sich ein einfacher geschlossener Ausdruck für $\mathbb{P}(S_n = k)$ angeben.

**Problemanalyse und Strategie** Die Zufallsvariablen $X_1, \ldots, X_n$ seien unabhängig und je gleichverteilt auf den Werten $1, 2, \ldots, s$, wobei $s \geq 2$. Im Folgenden leiten wir einen geschlossenen Ausdruck für die Verteilung der Summe $S_n = X_1 + \ldots + X_n$ her. Für $s = 6$ erhält man somit die Verteilung der Augensumme beim $n$-fachen Wurf mit einem echten Würfel.

**Lösung** Bezeichnet

$$g(t) := \mathbb{E}t^{X_1} = \frac{1}{s}\left(t + t^2 + \ldots + t^s\right)$$

die erzeugende Funktion von $X_1$, so gilt nach der Multiplikationsformel für erzeugende Funktionen und der Summenformel für die geometrische Reihe

$$\begin{aligned} g_{S_n}(t) = g(t)^n &= \frac{1}{s^n}\left(t + t^2 + \ldots + t^s\right)^n \\ &= \frac{t^n}{s^n}\left(\sum_{j=0}^{s-1} t^j\right)^n = \frac{t^n}{s^n}\left(\frac{t^s - 1}{t - 1}\right)^n \\ &= \frac{t^n}{s^n}(t-1)^{-n}(t^s - 1)^n \\ &= \frac{t^n}{s^n}(1-t)^{-n}(-1)^n(t^s - 1)^n, \quad t \neq 1. \end{aligned}$$

Mit der Binomialreihe (4.25) und der binomischen Formel folgt für $t \neq 1$

$$\begin{aligned} g_{S_n}(t) &= \frac{t^n}{s^n}\sum_{j=0}^{\infty}\binom{n+j-1}{j} t^j \sum_{i=0}^{n}(-1)^i\binom{n}{i} t^{i\,s} \\ &= \frac{1}{s^n}\sum_{j=0}^{\infty}\binom{n+j-1}{j}\sum_{i=0}^{n}(-1)^i\binom{n}{i} t^{n+i\,s+j}. \end{aligned}$$

Mit $k := n + i\,s + j$, also $j = k - n - i\,s$ ergibt sich

$$\binom{n+j-1}{j} = \binom{k-i\,s-1}{k-i\,s-n} = \binom{k-i\,s-1}{n-1}.$$

Der letzte Binomialkoeffizient ist nur dann von null verschieden, falls $k - i\,s - 1 \geq n - 1$ gilt, was gleichbedeutend mit $i \leq \lfloor \frac{k-n}{s} \rfloor$ ist. Weiter gilt $n \leq k \leq n\,s$, da andernfalls $\mathbb{P}(S_n = k) = 0$ wäre. Es folgt

$$g_{S_n}(t) = \sum_{k=n}^{n\,s}\sum_{i=0}^{\lfloor \frac{k-n}{s} \rfloor}\binom{k-i\,s-1}{n-1}(-1)^i\binom{n}{i}\frac{1}{s^n}\cdot t^k$$

Mit dem Eindeutigkeitssatz (4.54) erhält man wegen $g_{S_n}(t) = \sum_{k=0}^{\infty}\mathbb{P}(S_n = k)t^k$ durch Koeffizientenvergleich das Resultat

$$\mathbb{P}(S_n = k) = \sum_{i=0}^{\lfloor \frac{k-n}{s} \rfloor}\binom{k-i\,s-1}{n-1}(-1)^i\binom{n}{i}\frac{1}{s^n},$$

falls $k \in \{n, n+1, \ldots, n\,s\}$ und $\mathbb{P}(S_n = k) = 0$ sonst.

Die nachstehende Abbildung zeigt das Stabdiagramm der Verteilung der Augensumme beim fünffachen Würfelwurf.

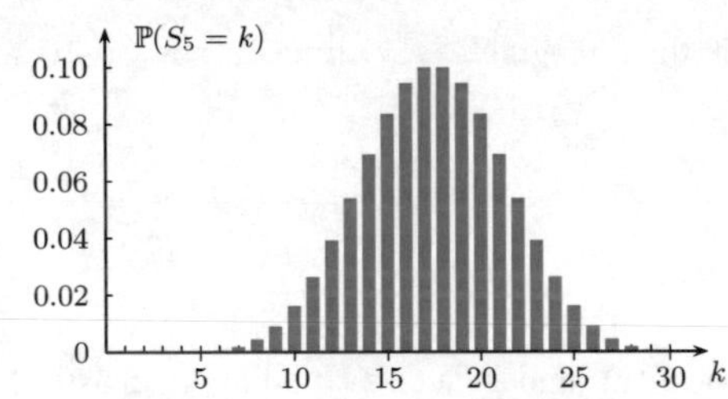


**Beispiel** Für eine Bin$(n, p)$-verteilte Zufallsvariable $X$ folgt mit $g_X(t) = (1 - p + pt)^n$

$$\begin{aligned} g_X'(t) &= np(1 - p + pt)^{n-1} \\ g_X''(t) &= n(n-1)p^2(1 - p + pt)^{n-2}, \end{aligned}$$

und wir erhalten die schon bekannten Resultate

$$\begin{aligned} \mathbb{E}(X) &= g_X'(1) = np, \\ \mathbb{V}(X) &= g_X''(1) + g_X'(1) - (g_X'(1))^2 \\ &= n(n-1)p^2 + np - n^2p^2 \\ &= np(1-p). \end{aligned}$$

Völlig analog ergeben sich Erwartungswert und Varianz für die Poisson-Verteilung und die negative Binomialverteilung (Aufgabe 4.42). ◂

In Anwendungen treten häufig *randomisierte Summen*, also Summen von Zufallsvariablen mit einer zufälligen Anzahl von Summanden, auf. Beispielsweise ist die Anzahl der einer Versicherung in einem bestimmten Zeitraum gemeldeten Schadensfälle zufällig, und die Gesamt-Schadenshöhe setzt sich additiv aus den zufälligen Schadenshöhen der einzelnen Schadensfälle zusammen.

Wir betrachten hier den Fall stochastisch unabhängiger $\mathbb{N}_0$-wertiger Zufallsvariablen $N, X_1, X_2, \ldots$, die alle auf einem gemeinsamen Wahrscheinlichkeitsraum $(\Omega, \mathcal{A}, \mathbb{P})$ definiert seien. Dabei mögen $X_1, X_2, \ldots$ alle die gleiche Verteilung und somit auch die gleiche erzeugende Funktion $g$ besitzen. Die erzeugende Funktion von $N$ sei $\varphi(t) = \mathbb{E}(t^N)$. Mit $S_0 := 0$, $S_k := X_1 + \cdots + X_k$, $k \geq 1$, ist die *randomisierte Summe* $S_N$ durch

$$S_N(\omega) := S_{N(\omega)}(\omega), \qquad \omega \in \Omega,$$

## Hintergrund und Ausblick: Stochastische Populationsdynamik

Der einfache Galton-Watson-Prozess

Francis Galton (1822–1911) formulierte im Jahre 1873 das folgende Problem: Mit welcher Wahrscheinlichkeit stirbt die männliche Linie der Nachkommenschaft eines Mannes aus, wenn dieser und jeder seiner Söhne, Enkel usw. unabhängig voneinander mit der gleichen Wahrscheinlichkeit $p_k$ genau $k$ Söhne hat ($k \in \{0, 1, 2, \dots\}$)?

In neutraler Einkleidung und mit weiteren vereinfachenden Annahmen liege eine Population von Individuen vor, die alle eine Lebensdauer von einer Zeiteinheit besitzen und sich ungeschlechtlich vermehren. Dabei kommen die Individuen einer Generation simultan zur Welt und sterben auch gleichzeitig. Wir bezeichnen mit $M_n$ den Umfang der Population zur Zeit $n \geq 1$ und setzen $M_0 := 1$.

Die Folge $(p_k)_{k\geq 0}$ definiert eine Wahrscheinlichkeitsverteilung auf $\mathbb{N}_0$, die sog. *Reproduktionsverteilung*. Die erzeugende Funktion dieser Verteilung sei mit

$$g(t) := \sum_{k=0}^{\infty} p_k\, t^k, \qquad |t| \leq 1,$$

bezeichnet. Wir nehmen an, dass sich jedes Individuum in jeder Generation unabhängig von den anderen Individuen nach dieser Verteilung fortpflanzt. Diese Annahme führt zur *Reproduktionsgleichung*

$$M_{n+1} = \sum_{j=1}^{M_n} X_{n+1}^{(j)}. \tag{4.59}$$

Dabei seien $\{X_n^{(j)} : n, j \in \mathbb{N}\}$ unabhängige $\mathbb{N}_0$-wertige Zufallsvariablen mit obiger erzeugender Funktion, und $X_{n+1}^{(j)}$ bezeichne die Anzahl der Nachkommen des $j$-ten Individuums in der $n$-ten Generation. Die durch (4.59) rekursiv definierte Folge $(M_n)_{n\geq 0}$ heißt (einfacher) *Galton-Watson-Prozess* (kurz: GW-Prozess).

Bezeichnet $\varphi_n$ die erzeugende Funktion von $M_n$, so folgt aus (4.59) und (4.60) $\varphi_{n+1}(t) = \varphi_n(g(t))$ und somit wegen $\varphi_1(t) = g(t)$, dass

$$\varphi_n(t) = (g \circ \dots \circ g)(t)$$

die $n$-fach iterierte Anwendung von $g$ ist. Die Wahrscheinlichkeit, dass der Prozess ausstirbt, ist

$$w := \mathbb{P}\left(\bigcup_{n=1}^{\infty} \{M_n = 0\}\right).$$

Da $\mathbb{P}$ stetig von unten ist, folgt wegen $\{M_k = 0\} \subseteq \{M_{k+1} = 0\}$, $k \geq 1$, die Darstellung

$$w = \lim_{n\to\infty} \mathbb{P}(M_n = 0) = \lim_{n\to\infty} g_n(0).$$

Man kann vermuten, dass $w$ entscheidend von dem als existent angenommenen Erwartungswert $\mu := g'(1)$ der Reproduktionsverteilung abhängt. Gilt $\mu > 1$ bzw. $\mu = 1$ bzw. $\mu < 1$, so heißt der Galton-Watson-Prozess *superkritisch* bzw. *kritisch* bzw. *subkritisch*. In der Tat ist die *Aussterbewahrscheinlichkeit* $w$ die kleinste nichtnegative Lösung der Gleichung $g(t) = t$, und es gilt $w < 1$ im superkritischen Fall $\mu > 1$. Unter den Annahmen $p_1 < 1$ und $\mu \leq 1$ gilt $w = 1$.

Diese Behauptungen sind relativ leicht einzusehen. Zunächst ist wegen

$$\begin{aligned} g(w) &= g\left(\lim_{n\to\infty} \varphi_n(0)\right) \\ &= \lim_{n\to\infty} g(\varphi_n(0)) \\ &= \lim_{n\to\infty} \varphi_{n+1}(0) = w \end{aligned}$$

$w$ ein Fixpunkt von $g$. Für einen weiteren Fixpunkt $x \geq 0$ gilt $x = g(x) \geq g(0) = \varphi_1(0)$ und somit induktiv $x \geq \varphi_n(0)$, $n \in \mathbb{N}$, also $x \geq w = \lim_{n\to\infty} \varphi_n(0)$.

Falls $p_0 + p_1 = 1$, so folgt $\mathbb{P}(M_n = 0) = 1 - p_1^n$ und somit $w = 1$ für $p_1 < 1$ (in diesem Fall ist $\mu \leq 1$). Falls $p_0 + p_1 < 1$, so ist $g'(t) = \sum_{k=1}^{\infty} k p_k t^{k-1}$ auf $[0, 1]$ streng monoton und $g(t)$ dort strikt konvex. $g$ kann dann höchstens zwei Fixpunkte haben. Die beiden Möglichkeiten $\mu = g'(1) \leq 1$ bzw. $\mu = g'(1) > 1$ sind nachstehend veranschaulicht. Die Behauptungen ergeben sich unmittelbar aus dem Mittelwertsatz (falls $g'(1) \leq 1$) bzw. aus dem Zwischenwertsatz (falls $g'(1) > 1$).

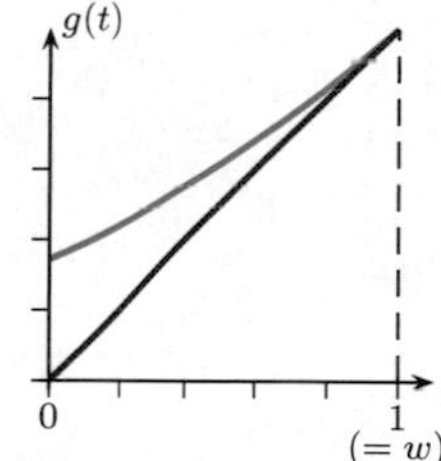


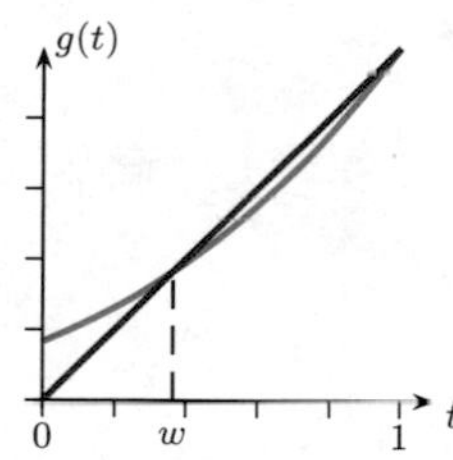


Als Beispiel betrachten wir für $\mu > 1$ die geometrische Reproduktionsverteilung mit Erwartungswert $\mu$ und erzeugender Funktion $g(t) = 1/(\mu + t - \mu t)$, also

$$p_k := \frac{1}{\mu + 1}\left(\frac{\mu}{\mu + 1}\right)^k, \quad k \in \mathbb{N}_0.$$

Die Gleichung $g(t) = t$ führt auf die quadratische Gleichung $\mu t^2 - (\mu + 1)t + 1 = 0$, die neben der trivialen Lösung 1 die Lösung $1/\mu < 1$ besitzt. Der Galton-Watson-Prozess mit dieser Reproduktionsverteilung stirbt also mit Wahrscheinlichkeit $1/\mu$ aus.

definiert. Indem man das Ereignis $\{S_N = j\}$ nach dem angenommenen Wert von $N$ zerlegt und beachtet, dass $N$ und $S_k$ nach dem Blockungslemma stochastisch unabhängig sind, ergibt sich

$$\begin{aligned}\mathbb{P}(S_N = j) &= \sum_{k=0}^{\infty} \mathbb{P}(N = k, S_k = j) \\ &= \sum_{k=0}^{\infty} \mathbb{P}(N = k)\,\mathbb{P}(S_k = j).\end{aligned}$$

Die Multiplikationsformel für erzeugende Funktionen liefert $g_{S_k}(t) = g(t)^k$, und wir erhalten

$$\begin{aligned}g_{S_N}(t) &= \sum_{j=0}^{\infty} \mathbb{P}(S_N = j)\, t^j \\ &= \sum_{k=0}^{\infty} \mathbb{P}(N = k) \left( \sum_{j=0}^{\infty} \mathbb{P}(S_k = j)\, t^j \right) \\ &= \sum_{k=0}^{\infty} \mathbb{P}(N = k)\, (g(t))^k,\end{aligned}$$

also

$$g_{S_N}(t) = \varphi(g(t)). \tag{4.60}$$

**Beispiel** Die Wahrscheinlichkeit, dass ein ankommendes radioaktives Teilchen von einem Messgerät erfasst wird, sei $p$. Die zufällige Anzahl $N$ der von einem radioaktiven Präparat in einem bestimmten Zeitintervall $\Delta t$ emittierten Teilchen sei poissonverteilt mit Parameter $\lambda$. Setzen wir $X_j = 1$, falls das $j$-te Teilchen wahrgenommen wird ($X_j = 0$ sonst; $j = 1, 2, \ldots$), so gibt die randomisierte Summe $S_N = \sum_{j=1}^{N} X_j$ die Anzahl der im Zeitintervall $\Delta t$ erfassten Teilchen an. Unter der Annahme, dass $N, X_1, X_2, \ldots$ stochastisch unabhängig sind und die $X_j$ die Binomialverteilung $\mathrm{Bin}(1, p)$ besitzen, erhalten wir mit (4.60) sowie (4.56) und (4.57) für die erzeugende Funktion der Anzahl registrierter Teilchen

$$\begin{aligned}g_{S_N}(t) &= \mathrm{e}^{\lambda(g(t)-1)} = \mathrm{e}^{\lambda(1-p+pt-1)} \\ &= \mathrm{e}^{\lambda p(t-1)}.\end{aligned}$$

Nach dem Eindeutigkeitssatz und (4.57) hat $S_N$ somit die Poisson-Verteilung $\mathrm{Po}(\lambda p)$. ◄

# Zusammenfassung

In diesem Kapitel sind alle auftretenden Zufallsvariablen und Zufallsvektoren auf einem *diskreten* Wahrscheinlichkeitsraum $(\Omega, \mathcal{A}, \mathbb{P})$ definiert. Da es damit eine abzählbare Menge $\Omega_0$ mit $\mathbb{P}(\Omega_0) = 1$ gibt, nehmen solche Zufallsvariablen und Zufallsvektoren nur abzählbar viele verschiedene Werte mit positiven Wahrscheinlichkeiten an. Sie sind in diesem Sinne *diskret*.

Ist $\mathbf{X} = (X_1, \ldots, X_k)$ ein $k$-dimensionaler Zufallsvektor, so erhält man die Verteilungen der einzelnen Komponenten $X_j$ durch **Marginalverteilungsbildung** (engl.: *marginal distribution*), also durch Summieren der Wahrscheinlichkeiten $\mathbb{P}(X_1 = x_1, \ldots, X_k = x_k)$ über alle $x_i$ mit $i \neq j$. Die **gemeinsame Verteilung** (*joint distribution*) von $X_1, \ldots, X_k$ ist i. Allg. nicht durch die $k$ Marginalverteilungen bestimmt. Über die **diskrete Faltungsformel** (*convolution formula*)

$$\mathbb{P}(X+Y=z) = \sum_{x:\mathbb{P}(X=x)>0} \mathbb{P}(X=x)\mathbb{P}(Y=z-x)$$

kann die Verteilung der Summe zweier *unabhängiger* Zufallsvariablen bestimmt werden.

Der **Erwartungswert** (*expected value, expectation*) einer Zufallsvariablen ist durch die im Fall einer unendlichen Menge $\Omega_0$ als absolut konvergent vorausgesetzte Summe $\mathbb{E}(X) = \sum_{\omega \in \Omega_0} X(\omega)\mathbb{P}(\{\omega\})$ definiert. Aus obiger Darstellung folgen die Linearität der Erwartungswertbildung und durch Zusammenfassen der Summanden nach gleichen Werten von $X(\omega)$ die Transformationsformel

$$\mathbb{E}(X) = \sum_{x \in \mathbb{R}:\mathbb{P}(X=x)>0} x \cdot \mathbb{P}(X=x).$$

Der Erwartungswert einer Zufallsvariablen hängt also nur von deren Verteilung ab. Die Gleichung $\mathbb{E}\mathbb{1}_A = \mathbb{P}(A)$ für ein Ereignis $A$ zeigt zusammen mit der Linearität, dass der Erwartungswert einer Indikatorsumme $\sum_{j=1}^n \mathbb{1}\{A_j\}$ gleich $\sum_{j=1}^n \mathbb{P}(A_j)$ ist. Hiermit ergibt sich u. a. unmittelbar der Erwartungswert der Binomialverteilung $\mathrm{Bin}(n, p)$ zu $np$. Für unabhängige Zufallsvariablen $X$ und $Y$ gilt die Multiplikationsregel $\mathbb{E}(XY) = \mathbb{E}X \cdot \mathbb{E}Y$.

Die **Varianz** (*variance*) $\mathbb{V}(X) := \mathbb{E}(X - \mathbb{E}X)^2$ einer Zufallsvariablen misst die Stärke der Streuung einer Verteilung um den Erwartungswert. Unter affinen Transformationen gilt $\mathbb{V}(aX+b) = a^2\mathbb{V}(X)$, und somit kann jede **nichtausgeartete** (*non-degenerate*) Zufallsvariable $X$ mithilfe der auch **Standardisierung** (*standardization*) genannten Transformation $X \mapsto (X - \mathbb{E}X)/\sqrt{\mathbb{V}(X)}$ in eine standardisierte Zufallsvariable mit dem Erwartungswert 0 und der Varianz 1 überführt werden. Die **Tschebyschow-Ungleichung** (*Chebyshev's inequality*) $\mathbb{P}(|X - \mathbb{E}| \geq \varepsilon) \leq \mathbb{V}(X)/\varepsilon^2$ liefert einen kurzen Beweis des **Schwachen Gesetzes großer Zahlen** (*weak law of large numbers*) $\mathbb{P}(|\overline{X}_n - \mu| \geq \varepsilon) \to 0$ bei $n \to \infty$ für jedes $\varepsilon > 0$. Hierbei ist $\overline{X}_n$ das arithmetische Mittel von $n$ unabhängigen Zufallsvariablen mit gleichem Erwartungswert $\mu$ und gleicher Varianz.

Wichtige diskrete Verteilungen sind die **hypergeometrische Verteilung** $\mathrm{Hyp}(n, r, s)$, die **Binomialverteilung** $\mathrm{Bin}(n, p)$, die **geometrische Verteilung** $\mathrm{G}(p)$, die **negative Binomialverteilung** $\mathrm{Nb}(r, p)$, die **Poisson-Verteilung** $\mathrm{Po}(\lambda)$ und die **Multinomialverteilung** $\mathrm{Mult}(n; p_1, \ldots, p_s)$. Die Anzahl der Nieten vor dem $r$-ten Treffer in einer Bernoulli-Kette mit Trefferwahrscheinlichkeit $p$ hat die Verteilung $\mathrm{Nb}(r, p)$. Im Spezialfall $r = 1$ entsteht hier die *gedächtnislose* geometrische Verteilung $\mathrm{G}(p)$. Die Verteilung $\mathrm{Po}(\lambda)$ ergibt sich als Gesetz seltener Ereignisse aus der Binomialverteilung für $n \to \infty$, $p_n \to 0$ und $np_n \to \lambda$. Für die Verteilungen $\mathrm{Bin}(n, p)$, $\mathrm{Nb}(r, p)$ und $\mathrm{Po}(\lambda)$ gelten **Additionsgesetze**. Die **Multinomialverteilung** entsteht als gemeinsame Verteilung der Trefferanzahlen in $n$ unabhängigen gleichartigen Experimenten, die jeweils $s$ mögliche Ausgänge besitzen.

Für *unabhängige* Zufallsvariablen gilt $\mathbb{V}(X+Y) = \mathbb{V}(X) + \mathbb{V}(Y)$, sonst steht auf der rechten Seite das Zweifache der **Kovarianz** (*covariance*) $\mathrm{Cov}(X, Y) = \mathbb{E}((X - \mathbb{E}X)(Y - \mathbb{E}Y))$ als zusätzlicher Summand. Die Kovarianzbildung ist ein bilineares Funktional. Durch die Normierung $\rho(X, Y) = \mathrm{Cov}(X, Y)/\sqrt{\mathbb{V}(X)\mathbb{V}(Y)}$ ergibt sich der **Korrelationskoeffizient** (*coefficient of correlation*) $\rho(X, Y)$. Letzterer tritt im Ergebnis der Approximationsaufgabe $\mathbb{E}(Y - a - bX)^2 = \min_{a,b}!$ auf, denn der resultierende Minimalwert ergibt sich zu $\mathbb{V}(Y)(1 - \rho^2(X, Y))$. Da dieser Wert nichtnegativ ist, folgt die **Cauchy-Schwarzsche Ungleichung** (*Cauchy-Schwarz inequality*) $\mathrm{Cov}(X, Y)^2 \leq \mathbb{V}(X)\mathbb{V}(Y)$. Die obige Approximationsaufgabe führt zur **Methode der kleinsten Quadrate** (*method of least squares*), wenn der Zufallsvektor $(X, Y)$ endlich viele Wertepaare $(x_j, y_j)$ mit gleicher Wahrscheinlichkeit annimmt.

Für ein Ereignis $A$ mit $\mathbb{P}(A) > 0$ definiert man den **bedingten Erwartungswert** (*conditional expected value*) von $X$ unter der Bedingung $A$ durch

$$\mathbb{E}(X|A) = \frac{1}{\mathbb{P}(A)} \sum_{\omega \in \Omega_0 \cap A} X(\omega)\mathbb{P}(\{\omega\}).$$

Für einen Zufallsvektor $Z$ schreibt man $\mathbb{E}(X|Z = z) := \mathbb{E}(X|\{Z = z\})$. Nimmt $X$ die Werte $x_1, x_2, \ldots$ an, so gilt

$$\mathbb{E}(X|Z=z) = \sum_{j \geq 1} x_j \mathbb{P}(X = x_j | Z = z).$$

Somit ist $\mathbb{E}(X|Z = z)$ der Erwartungswert der **bedingten Verteilung** (*conditional distribution*) von $X$ unter der Bedingung $Z = z$. Nimmt der Zufallsvektor $Z$ die Werte $z_1, z_2, \ldots \in \mathbb{R}^k$ mit positiven Wahrscheinlichkeiten an, so löst die durch $h(z_j) := \mathbb{E}(X|Z = z_j)$, $j \geq 1$, und $h(z) := 0$ für $z \in$

Kapitel 4

$\mathbb{R}^k \setminus \{z_1, z_2, \ldots\}$ definierte Funktion $h$ das Problem, die mittlere quadratische Abweichung $\mathbb{E}(X - h(Z))^2$ zu minimieren. Die durch $\mathbb{E}(X|Z) := h(Z)$ erklärte Zufallsvariable heißt **bedingte Erwartung** (*conditional expectation*) von $X$ bzgl. $Z$. Sie ist konstant auf den Mengen $\{Z = z_j\}$, $j \geq 1$. Der Erwartungswert kann durch Bedingen nach $Z$ in der Form $\mathbb{E}(X) = \sum_{j\geq 1} \mathbb{E}(Z|Z = z_j)\mathbb{P}(Z = z_j)$ berechnet werden, wofür man auch kurz $\mathbb{E}X = \mathbb{E}(\mathbb{E}(X|Z))$ schreibt. Die analoge Formel für die Varianz ist $\mathbb{V}(X) = \mathbb{E}(\mathbb{V}(X|Z)) + \mathbb{V}(\mathbb{E}(X|Z))$.

Für eine $\mathbb{N}_0$-wertige Zufallsvariable $X$ heißt die durch $g_X(t) := \sum_{k=0}^{\infty} \mathbb{P}(X = k)t^k = \mathbb{E}(t^X)$, $|t| \leq 1$, definierte Potenzreihe die **erzeugende Funktion** (*(probability) generating function*) von $X$. Sie legt die Verteilung von $X$ eindeutig fest, und sie verhält sich multiplikativ bei der Addition unabhängiger Zufallsvariablen. Erwartungswert und Varianz von $X$ – sofern sie existieren – erhält man durch Differenziation. Es gilt $g'_X(1) = \mathbb{E}(X)$ und $g''_X(1) = \mathbb{E}(X(X - 1))$.

# Aufgaben

Die Aufgaben gliedern sich in drei Kategorien: Anhand der *Verständnisfragen* können Sie prüfen, ob Sie die Begriffe und zentralen Aussagen verstanden haben, mit den *Rechenaufgaben* üben Sie Ihre technischen Fertigkeiten und die *Beweisaufgaben* geben Ihnen Gelegenheit, zu lernen, wie man Beweise findet und führt.
Ein Punktesystem unterscheidet leichte •, mittelschwere •• und anspruchsvolle ••• Aufgaben. Lösungshinweise am Ende des Buches helfen Ihnen, falls Sie bei einer Aufgabe partout nicht weiterkommen. Dort finden Sie auch die Lösungen – betrügen Sie sich aber nicht selbst und schlagen Sie erst nach, wenn Sie selber zu einer Lösung gekommen sind. Ausführliche Lösungswege, Beweise und Abbildungen finden Sie auf der Website zum Buch.
Viel Spaß und Erfolg bei den Aufgaben!

## Verständnisfragen

**4.1** •• In der gynäkologischen Abteilung eines Krankenhauses entbinden in einer bestimmten Woche $n$ Frauen. Es mögen keine Mehrlingsgeburten auftreten, und Jungen- bzw. Mädchengeburten seien gleich wahrscheinlich. Außerdem werde angenommen, dass das Geschlecht der Neugeborenen für alle Geburten stochastisch unabhängig sei. Sei $a_n$ die Wahrscheinlichkeit, dass mindestens 60 % der Neugeborenen Mädchen sind.

a) Bestimmen Sie $a_{10}$.
b) Beweisen oder widerlegen Sie: $a_{100} < a_{10}$.
c) Zeigen Sie: $\lim_{n\to\infty} a_n = 0$.

**4.2** ••

Es werden unabhängig voneinander Kugeln auf $n$ Fächer verteilt, wobei jede Kugel in jedes Fach mit Wahrscheinlichkeit $1/n$ gelangt. Es sei $W_n$ die (zufällige) Anzahl der Kugeln, die benötigt wird, bis jedes Fach mindestens eine Kugel enthält. Zeigen Sie:

a) $\mathbb{E}(W_n) = n \cdot \sum_{j=1}^{n} \frac{1}{j}$.
b) $\mathbb{V}(W_n) = n^2 \cdot \sum_{j=1}^{n-1} \frac{1}{j^2} - n \cdot \sum_{j=1}^{n-1} \frac{1}{j}$.

**4.3** •• Ein echter Würfel wird solange in unabhängiger Folge geworfen, bis die erste Sechs auftritt. Welche Verteilung besitzt die Anzahl der davor geworfenen Einsen?

**4.4** ••• Es werden $n$ echte Würfel gleichzeitig geworfen. Diejenigen, die eine Sechs zeigen, werden beiseitegelegt, und die (falls noch vorhanden) übrigen Würfel werden wiederum gleichzeitig geworfen und die erzielten Sechsen beiseitegelegt. Der Vorgang wird solange wiederholt, bis auch der letzte Würfel eine Sechs zeigt. Die Zufallsvariable $M_n$ bezeichne die Anzahl der dafür nötigen Würfe. Zeigen Sie:

a) $\mathbb{P}(M_n > k) = 1 - \left(1 - \left(\frac{5}{6}\right)^k\right)^n$, $k \in \mathbb{N}_0$.
b) $\mathbb{E}(M_n) = \sum_{k=1}^{n} (-1)^{k-1} \frac{\binom{n}{k}}{1-\left(\frac{5}{6}\right)^k}$.

**4.5** •• Die Zufallsvariablen $X$ und $Y$ seien stochastisch unabhängig und je geometrisch verteilt mit Parameter $p$. Überlegen Sie sich ohne Rechnung, dass

$$\mathbb{P}(X = j | X + Y = k) = \frac{1}{k+1}, \qquad j = 0, 1, \ldots, k$$

gelten muss, und bestätigen Sie diese Einsicht durch formale Rechnung. Die bedingte Verteilung von $X$ unter der Bedingung $X + Y = k$ ist also eine Gleichverteilung auf den Werten $0, 1, \ldots, k$.

**4.6** •• Stellen Sie sich eine patriarchisch orientierte Gesellschaft vor, in der Eltern so lange Kinder bekommen, bis der erste Sohn geboren wird. Wir machen zudem die Annahmen, dass es keine Mehrlingsgeburten gibt, dass Jungen- und Mädchengeburten gleich wahrscheinlich sind und dass die Geschlechter der Neugeborenen stochastisch unabhängig voneinander sind.

a) Welche Verteilung (Erwartungswert, Varianz) besitzt die Anzahl der Mädchen in einer Familie?
b) Welche Verteilung (Erwartungswert, Varianz) besitzt die Anzahl der Jungen in einer Familie?
a) Es bezeichne $S_n$ die Gesamtanzahl der Mädchen in einer aus $n$ Familien bestehenden Gesellschaft. Benennen Sie die Verteilung von $S_n$ und zeigen Sie:

$$\mathbb{P}(|S_n - n| \geq K\sqrt{2n}) \leq \frac{1}{K^2}, \qquad K > 0.$$

Was bedeutet diese Ungleichung für $K = 10$ und eine aus 500 000 Familien bestehenden Gesellschaft?

**4.7** • In einer Urne befinden sich 10 rote, 20 blaue, 30 weiße und 40 schwarze Kugeln. Es werden rein zufällig 25 Kugeln mit Zurücklegen gezogen. Es sei $R$ (bzw. $B, W, S$) die Anzahl gezogener roter (bzw. blauer, weißer, schwarzer) Kugeln. Welche Verteilungen besitzen

a) $(R, B, W, S)$?
b) $(R + B, W, S)$?
c) $R + B + W$?

**4.8** •• In einer Urne befinden sich $r_1 + \cdots + r_s$ gleichartige Kugeln, von denen $r_j$ die *Farbe* $j$ tragen. Es werden rein zufällig $n$ Kugeln nacheinander ohne Zurücklegen gezogen. Die Zufallsvariable $X_j$ bezeichne die Anzahl der gezogenen Kugeln der Farbe $j$, $1 \leq j \leq s$. Die Verteilung des Zufallsvektors $(X_1, \ldots, X_s)$ heißt *mehrdimensionale hypergeometrische Verteilung*. Zeigen Sie:

a) $\mathbb{P}(X_1 = k_1, \ldots, X_s = k_s) = \frac{\binom{r_1}{k_1} \cdot \ldots \cdot \binom{r_s}{k_s}}{\binom{r_1 + \ldots + r_s}{n}}$,
$0 \leq k_j \leq r_j, k_1 + \cdots + k_s = n$.

b) $X_j \sim \mathrm{Hyp}(n, r_j, m - r_j)$, $\quad 1 \leq j \leq s$.

**4.9** •• Die Zufallsvariable $X$ besitze die hypergeometrische Verteilung $\mathrm{Hyp}(n, r, s)$, d. h., es gelte

$$\mathbb{P}(X = k) = \frac{\binom{r}{k} \cdot \binom{s}{n-k}}{\binom{r+s}{n}}, \quad 0 \leq k \leq n.$$

Leiten Sie analog zum Fall der Binomialverteilung den Erwartungswert

$$\mathbb{E}(X) = n \cdot \frac{r}{r + s}$$

von $X$ auf zwei unterschiedliche Weisen her.

**4.10** • Zeigen Sie, dass die Formel des Ein- und Ausschließens aus der Jordanschen Formel folgt.

**4.11** • Die Zufallsvariablen $X$ und $Y$ seien stochastisch unabhängig, wobei $X \sim \mathrm{Bin}(m, p)$ und $Y \sim \mathrm{Bin}(n, p)$, $0 < p < 1$. Zeigen Sie: Für festes $k \in \{1, 2, \ldots, m + n\}$ ist die bedingte Verteilung von $X$ unter der Bedingung $X + Y = k$ die hypergeometrische Verteilung $\mathrm{Hyp}(k, m, n)$. Ist dieses Ergebnis ohne Rechnung einzusehen?

**4.12** •• Es seien $X_1$, $X_2$ und $X_3$ unabhängige Zufallsvariablen mit identischer Verteilung. Zeigen Sie:

$$\mathbb{E}(X_1 | X_1 + X_2 + X_3) = \frac{1}{3} \cdot (X_1 + X_2 + X_3).$$

**4.13** •• Die Zufallsvariable $X$ besitze die Binomialverteilung $\mathrm{Bin}(n, p)$. Zeigen Sie:

$$\mathbb{P}\left(X \in \left\{0, 2, \ldots, 2 \cdot \left\lfloor \frac{n}{2} \right\rfloor\right\}\right) = \frac{1 + (1 - 2p)^n}{2}.$$

**4.14** •• Es sei $(M_n)_{n \geq 0}$ ein Galton-Watson-Prozess mit $M_0 = 1$, $\mathbb{E}M_1 = \mu$ und $\mathbb{V}(M_1) = \sigma^2 < \infty$. Zeigen Sie mithilfe von Aufgabe 4.44:

a) $\mathbb{E}(M_n) = \mu^n$,

b)

$$\mathbb{V}(M_n) = \begin{cases} \frac{\sigma^2 \mu^{n-1}(\mu^n - 1)}{\mu - 1}, & \text{falls } \mu \neq 1 \\ n \cdot \sigma^2, & \text{falls } \mu = 1. \end{cases}$$

**4.15** ••• Kann man zwei Würfel (möglicherweise unterschiedlich) so fälschen, d. h., die Wahrscheinlichkeiten der einzelnen Augenzahlen festlegen, dass beim gleichzeitigen Werfen jede Augensumme $2, 3, \ldots, 12$ gleich wahrscheinlich ist?

## Rechenaufgaben

**4.16** •• Die Verteilung des Zufallsvektors $(X, Y)$ sei gegeben durch

$$\begin{aligned} \mathbb{P}(X = -1, Y = 1) &= 1/8 \qquad & \mathbb{P}(X = 0, Y = 1) &= 1/8 \\ \mathbb{P}(X = 1, Y = -1) &= 1/8 \qquad & \mathbb{P}(X = 0, Y = -1) &= 1/8 \\ \mathbb{P}(X = 2, Y = 0) &= 1/4 \qquad & \mathbb{P}(X = -1, Y = 0) &= 1/4. \end{aligned}$$

Bestimmen Sie:

a) $\mathbb{E}X$, b) $\mathbb{E}Y$, c) $\mathbb{V}(X)$, d) $\mathbb{V}(Y)$, e) $\mathbb{E}(XY)$.

**4.17** • Beim *Roulette* gibt es 37 gleich wahrscheinliche Zahlen, von denen 18 rot und 18 schwarz sind. die Zahl 0 besitzt die Farbe Grün. Man kann auf gewisse Mengen von $n$ Zahlen setzen und erhält dann im Gewinnfall in Abhängigkeit von $n$ *zusätzlich zum Einsatz* das $k(n)$-fache des Einsatzes zurück. Die Setzmöglichkeiten mit den Werten von $n$ und $k(n)$ zeigt die folgende Tabelle:

| $n$ | Name | $k(n)$ |
|---|---|---|
| 1 | Plein | 35 |
| 2 | Cheval | 17 |
| 3 | Transversale | 11 |
| 4 | Carré | 8 |
| 6 | Transversale simple | 5 |
| 12 | Douzaines, Colonnes | 2 |
| 18 | Rouge/Noir, Pair/Impair, Manque/Passe | 1 |

Es bezeichne $X$ den Spielgewinn bei Einsatz einer Geldeinheit. Zeigen Sie. Unabhängig von der gewählten Setzart gilt $\mathbb{E}X = -1/37$. Man verliert also beim Roulette im Durchschnitt pro eingesetztem Euro ungefähr 2,7 Cent.

**4.18** ••• $n$ Personen haben unabhängig voneinander und je mit gleicher Wahrscheinlichkeit $p$ eine Krankheit, die durch Blutuntersuchung entdeckt werden kann. Dabei sollen von den $n$ Blutproben dieser Personen die Proben mit positivem Befund möglichst kostengünstig herausgefunden werden. Statt alle Proben zu untersuchen bietet sich ein *Gruppen-Screening* an, bei dem jeweils das Blut von $k$ Personen vermischt und untersucht wird. In diesem Fall muss nur bei einem positiven Befund jede Person der Gruppe einzeln untersucht werden, sodass insgesamt $k + 1$ Tests nötig sind. Andernfalls kommt man mit einem Test für $k$ Personen aus.

Es sei $Y_k$ die (zufällige) Anzahl nötiger Blutuntersuchungen bei einer Gruppe von $k$ Personen. Zeigen Sie:

a) $\mathbb{E}(Y_k) = k + 1 - k(1 - p)^k$.
b) Für $p < 1 - 1/\sqrt[3]{3} = 0.3066\ldots$ gilt $\mathbb{E}(Y_k) < k$.
c) Welche Gruppengröße ist im Fall $p = 0.01$ in Bezug auf die erwartete Ersparnis pro Person optimal?
d) Begründen Sie die Näherungsformel $k \approx 1/\sqrt{p}$ für die optimale Gruppengröße bei sehr kleinem $p$.

Kapitel 4

**4.19** •• Beim Pokerspiel Texas Hold'em wird ein 52-Blatt-Kartenspiel gut gemischt; jeder von insgesamt 10 Spielern erhält zu Beginn zwei Karten. Mit welcher Wahrscheinlichkeit bekommt mindestens ein Spieler zwei Asse?

**4.20** •• Es sei $X \sim \text{Bin}(n, p)$ mit $0 < p < 1$. Zeigen Sie die Gültigkeit der Rekursionsformel

$$\mathbb{P}(X = k + 1) = \frac{(n - k)p}{(k + 1)(1 - p)} \cdot \mathbb{P}(X = k),$$

$k = 0, \ldots, n - 1$, und überlegen Sie sich hiermit, für welchen Wert bzw. welche Werte von $k$ die Wahrscheinlichkeit $\mathbb{P}(X = k)$ maximal wird.

**4.21** •• In Kommunikationssystemen werden die von der Informationsquelle erzeugten Nachrichten in eine Bitfolge umgewandelt, die an den Empfänger übertragen werden soll. Um die durch Rauschen und Überlagerung verursachten Störungen zu unterdrücken und die Zuverlässigkeit der Übertragung zu erhöhen, fügt man einer binären Quellfolge kontrolliert Redundanz hinzu. Letztere hilft, Übertragungsfehler zu erkennen und eventuell sogar zu korrigieren. Wir machen die Annahme, dass jedes zu übertragende Bit unabhängig von anderen Bits mit derselben Wahrscheinlichkeit $p$ in dem Sinne gestört wird, dass 0 in 1 und 1 in 0 umgewandelt wird. Die zu übertragenden Codewörter mögen jeweils aus $k$ Bits bestehen.

a) Es werden $n$ Wörter übertragen. Welche Verteilung besitzt die Anzahl $X$ der nicht (d. h. in keinem Bit) gestörten Wörter?
b) Zur Übertragung werden nur Codewörter verwendet, die eine Korrektur von bis zu zwei Bitfehlern pro Wort gestatten. Wie groß ist die Wahrscheinlichkeit, dass ein übertragenes Codewort korrekt auf Empfängerseite ankommt (evtl. nach Korrektur)? Welche Verteilung besitzt die Anzahl der richtig erkannten unter $n$ übertragenen Codewörtern?

**4.22** •• Peter wirft 10-mal in unabhängiger Folge einen echten Würfel. Immer wenn eine Sechs auftritt, wirft Claudia eine echte Münze (Zahl/Wappen). Welche Verteilung besitzt die Anzahl der dabei erzielten Wappen?

**4.23** •• Es sei $X \sim \text{G}(p)$. Zeigen Sie:

a) $\mathbb{E}(X) = \frac{1-p}{p}$,
b) $\mathbb{V}(X) = \frac{1-p}{p^2}$.

**4.24** • Es sei $X \sim \text{Po}(\lambda)$. Zeigen Sie:

$$\mathbb{E}(X) = \mathbb{V}(X) = \lambda.$$

**4.25** •• Ein echter Würfel wird in unabhängiger Folge geworfen. Bestimmen Sie die Wahrscheinlichkeiten folgender Ereignisse:

a) mindestens eine Sechs in sechs Würfen,
b) mindestens zwei Sechsen in 12 Würfen,
c) mindestens drei Sechsen in 18 Würfen.

**4.26** • Es sei $(p_n)_{n \geq 1}$ eine Folge aus $(0, 1)$ mit $\lim_{n\to\infty} np_n = \lambda$, wobei $0 < \lambda < \infty$. Zeigen Sie:

$$\lim_{n\to\infty} \binom{n}{k} p_n^k (1 - p_n)^{n-k} = \mathrm{e}^{-\lambda} \cdot \frac{\lambda^k}{k!}, \qquad k \in \mathbb{N}_0.$$

**4.27** • Es sei $X \sim \text{Po}(\lambda)$. Für welche Werte von $k$ wird $\mathbb{P}(X = k)$ maximal?

**4.28** • Ein echter Würfel wird 8-mal in unabhängiger Folge geworfen. Wie groß ist die Wahrscheinlichkeit, dass jede Augenzahl mindestens einmal auftritt?

**4.29** •• Beim Spiel *Kniffel* werden fünf Würfel gleichzeitig geworfen. Mit welcher Wahrscheinlichkeit erhält man

a) einen Kniffel (5 gleiche Augenzahlen)?
b) einen Vierling (4 gleiche Augenzahlen)?
c) ein Full House (Drilling und Zwilling, also z. B. 55522)?
d) einen Drilling ohne weiteren Zwilling (z. B. 33361)?
e) zwei Zwillinge (z. B. 55226)?
f) einen Zwilling (z. B. 44153)?
g) fünf verschiedene Augenzahlen?

**4.30** •• Der Zufallsvektor $(X_1, \ldots, X_s)$ besitze die Multinomialverteilung $\text{Mult}(n, p_1, \ldots, p_s)$. Leiten Sie aus (4.31) durch Zerlegung des Ereignisses $\{X_1 = k_1\}$ nach den Werten der übrigen Zufallsvariablen die Verteilungsaussage $X_1 \sim \text{Bin}(n, p_1)$ her.

**4.31** •• Leiten Sie die Varianz $np(1 - p)$ einer $\text{Bin}(n, p)$-verteilten Zufallsvariablen $X$ über die Darstellungsformel her.

**4.32** •• Es seien $X_1, \ldots, X_n$ unabhängige Zufallsvariablen mit gleicher Verteilung und der Eigenschaft $\mathbb{E}X_1^2 < \infty$. Ferner seien $\mu := \mathbb{E}X_1$, $\sigma^2 := \mathbb{V}(X_1)$ und $\overline{X}_n := \sum_{k=1}^n X_k/n$. Zeigen Sie:

a) $\mathbb{E}(\overline{X}_n) = \mu$.
b) $\mathbb{V}(\overline{X}_n) = \sigma^2/n$.
c) $\text{Cov}(X_j, \overline{X}_n) = \sigma^2/n$.
d) $\rho(X_1 - 2X_2, \overline{X}_n) = -1/\sqrt{5n}$.

**4.33** •• Der Zufallsvektor $(X_1, \ldots, X_s)$ besitze die Multinomialverteilung $\text{Mult}(n, p_1, \ldots, p_s)$, wobei $p_1 > 0, \ldots, p_s > 0$ vorausgesetzt ist. Zeigen Sie:

a) $\text{Cov}(X_i, X_j) = -n \cdot p_i \cdot p_j \ (i \neq j)$,
b) $\rho(X_i, X_j) = -\sqrt{\frac{p_i \cdot p_j}{(1-p_i)\cdot(1-p_j)}} \ (i \neq j)$.

**4.34** •• In der Situation des zweifachen Wurfs mit einem echten Würfel seien $X_j$ die Augenzahl des $j$-ten Wurfs sowie $M := \max(X_1, X_2)$. Zeigen Sie:

$$\mathbb{E}(X_1|M) = \frac{M^2 + M(M - 1)/2}{2M - 1}.$$

**4.35** •• Beim zweifachen Würfelwurf seien $X_j$ die Augenzahl des $j$-ten Wurfs sowie $M := \max(X_1, X_2)$ die höchste Augenzahl. Es soll die mittlere quadratische Abweichung $\mathbb{E}(M - h(X_1))^2$ durch geeignete Wahl einer Funktion $h$ minimiert werden. Dabei darf $h$ nur die Werte $1, 2, \ldots, 6$ annehmen. Zeigen Sie: Die unter diesen Bedingungen optimale Funktion $h$ ist durch $h(1) \in \{3, 4\}$, $h(2) = h(3) = 4$, $h(4) \in \{4, 5\}$, $h(5) = 5$ und $h(6) = 6$ gegeben.

**4.36** ••• In einer Bernoulli-Kette mit Trefferwahrscheinlichkeit $p \in (0, 1)$ bezeichne $X$ die Anzahl der Versuche, bis zum ersten Mal direkt hintereinander zwei Treffer aufgetreten sind. Es sei $w_n := \mathbb{P}(X = n)$, $n \geq 2$, gesetzt. Zeigen Sie:

a) $w_{k+1} = q \cdot w_k + pq \cdot w_{k-1}, \quad k \geq 3$,
b) $\sum_{k=2}^{\infty} w_k = 1$,
c) $\sum_{k=2}^{\infty} k \cdot w_k < \infty$ (d. h., $\mathbb{E}X$ existiert).

**4.37** •• In einer Bernoulli-Kette mit Trefferwahrscheinlichkeit $p \in (0, 1)$ sei $X$ die Anzahl der Versuche, bis erstmalig

a) die Sequenz 01 aufgetreten ist. Zeigen Sie: Es gilt $\mathbb{E}X = 1/(p(1-p))$.
b) die Sequenz 111 aufgetreten ist. Zeigen Sie: Es gilt $\mathbb{E}X = (1 + p + p^2)/p^3$.

**4.38** •• Wir würfeln in der Situation der Unter-der-Lupe-Box „Zwischen Angst und Gier: Die Sechs verliert" in Abschn. 4.5 $k$-mal und stoppen dann. Falls bis dahin eine Sechs auftritt, ist das Spiel natürlich sofort (mit dem Gewinn 0) beendet. Zeigen Sie, dass bei dieser Strategie der Erwartungswert des Spielgewinns $G$ durch

$$\mathbb{E}G = 3 \cdot k \cdot \left(\frac{5}{6}\right)^k$$

gegeben ist. Welcher Wert für $k$ liefert den größten Erwartungswert?

**4.39** •• In einer Bernoulli-Kette mit Trefferwahrscheinlichkeit $p \in (0, 1)$ bezeichne $Y_j$ die Anzahl der Nieten vor dem $j$-ten Treffer ($j = 1, 2, 3$). Nach Übungsaufgabe 4.5 besitzt $Y_1$ unter der Bedingung $Y_2 = k$ eine Gleichverteilung auf den Werten $0, 1, \ldots, k$. Zeigen Sie: Unter der Bedingung $Y_3 = k$, $k \in \mathbb{N}_0$, ist die bedingte Verteilung von $Y_1$ durch

$$\mathbb{P}(Y_1 = j | Y_3 = k) = \frac{2(k + 1 - j)}{(k + 1)(k + 2)}, \quad j = 0, 1, \ldots, k,$$

gegeben.

**4.40** •• Es seien $X_1, \ldots, X_s$ unabhängige Zufallsvariablen mit den Poisson-Verteilungen $X_j \sim \mathrm{Po}(\lambda_j)$, $j = 1, \ldots, s$. Zeigen Sie, dass der Zufallsvektor $(X_1, \ldots, X_s)$ unter der Bedingung $X_1 + \ldots + X_s = n$, $n \in \mathbb{N}$, die Multinomialverteilung $\mathrm{Mult}(n, p_1, \ldots, p_s)$ besitzt. Dabei ist $p_j = \lambda_j/(\lambda_1 + \ldots + \lambda_s)$, $j \in \{1, \ldots, s\}$.

**4.41** • Es gelte $X \sim \mathrm{Nb}(r, p)$. Zeigen Sie, dass $X$ die erzeugende Funktion

$$g_X(t) = \left(\frac{p}{1 - (1 - p)t}\right)^r, \quad |t| < 1,$$

besitzt.

**4.42** • Leiten Sie mithilfe der erzeugenden Funktion Erwartungswert und Varianz der Poisson-Verteilung und der negativen Binomialverteilung her.

**4.43** •• Die Zufallsvariable $X$ sei poissonverteilt mit Parameter $\lambda$. Zeigen Sie:

a) $\mathbb{E}[X(X - 1)(X - 2)] = \lambda^3$.
b) $\mathbb{E}X^3 = \lambda^3 + 3\lambda^2 + \lambda$.
c) $\mathbb{E}(X - \lambda)^3 = \lambda$.

**4.44** •• Es seien $N, X_1, X_2, \ldots$ stochastisch unabhängige $\mathbb{N}_0$-wertige Zufallsvariablen, wobei $X_1, X_2, \ldots$ die gleiche Verteilung und somit auch die gleiche, mit $g$ bezeichnete erzeugende Funktion besitzen. Die erzeugende Funktion von $N$ sei mit $\varphi$ bezeichnet. Mit $S_0 := 0$ und $S_k := X_1 + \ldots + X_k$, $k \geq 1$, ist die randomisierte Summe $S_N$ durch

$$S_N(\omega) := S_{N(\omega)}(\omega), \quad \omega \in \Omega,$$

definiert, vgl. die Ausführungen am Ende von Abschn. 4.6. Zeigen Sie:

a) $\mathbb{E}(S_N) = \mathbb{E}N \cdot \mathbb{E}X_1$,
b) $\mathbb{V}(S_N) = \mathbb{V}(N) \cdot (\mathbb{E}X_1)^2 + \mathbb{E}N \cdot \mathbb{V}(X_1)$.

Dabei seien $\mathbb{E}X_1^2 < \infty$ und $\mathbb{E}N^2 < \infty$ vorausgesetzt.

## Beweisaufgaben

**4.45** ••• Beim *Coupon-Collector-Problem* oder *Sammlerproblem* wird einer Urne, die $n$ gleichartige, von 1 bis $n$ nummerierte Kugeln enthält, eine rein zufällige Stichprobe von $s$ Kugeln (Ziehen ohne Zurücklegen bzw. „mit einem Griff") entnommen. Nach Notierung der gezogenen Kugeln werden diese wieder in die Urne zurückgelegt und der Urneninhalt neu gemischt.

Die Zufallsvariable $X$ bezeichne die Anzahl der *verschiedenen* Kugeln, welche in den ersten $k$ (in unabhängiger Folge entnommenen) Stichproben aufgetreten sind. Zeigen Sie:

a) $\mathbb{E}X = n \cdot \left[1 - \left(1 - \frac{s}{n}\right)^k\right]$,
b) $\mathbb{P}(X = r) = \binom{n}{r} \sum_{j=0}^{r} (-1)^j \binom{r}{j} \left[\binom{r-j}{s} \Big/ \binom{n}{s}\right]^k, 0 \leq r \leq n$.

**4.46** •• Es sei $X$ eine $\mathbb{N}_0$-wertige Zufallsvariable mit $\mathbb{E}X < \infty$ (für a)) und $\mathbb{E}X^2 < \infty$ (für b)). Zeigen Sie:

a) $\mathbb{E}X = \sum_{n=1}^{\infty} \mathbb{P}(X \geq n)$,
b) $\mathbb{E}X^2 = \sum_{n=1}^{\infty} (2n - 1)\mathbb{P}(X \geq n)$.

Kapitel 4

**4.47** •• Es sei $X$ eine Zufallsvariable mit der Eigenschaft $b \le X \le c$, wobei $b < c$. Zeigen Sie:

a) $\mathbb{V}(X) \le \frac{1}{4}(c-b)^2$.
b) $\mathbb{V}(X) = \frac{1}{4}(c-b)^2 \Longleftrightarrow \mathbb{P}(X=b) = \mathbb{P}(X=c) = \frac{1}{2}$.

**4.48** •• Es sei $X$ eine Zufallsvariable mit $\mathbb{E}X = 0$ und $\mathbb{E}X^2 < \infty$. Zeigen Sie die Ungleichung von Cantelli:

$$\mathbb{P}(X \ge \varepsilon) \le \frac{\mathbb{V}(X)}{\mathbb{V}(X) + \varepsilon^2} \qquad \varepsilon > 0.$$

**4.49** ••

a) $X_1, \ldots, X_n$ seien Zufallsvariablen mit $\mathbb{E}X_j =: \mu$ und $\mathbb{V}(X_j) =: \sigma^2$ für $j = 1, \ldots, n$. Weiter existiere eine natürliche Zahl $k$, sodass für $|i-j| \ge k$ die Zufallsvariablen $X_i$ und $X_j$ unkorreliert sind. Zeigen Sie:

$$\lim_{n\to\infty} \mathbb{P}\left(\left|\frac{1}{n}\sum_{j=1}^{n} X_j - \mu\right| \ge \varepsilon\right) = 0 \qquad \text{für jedes } \varepsilon > 0.$$

b) Ein echter Würfel werde in unabhängiger Folge geworfen. Die Zufallsvariable $Y_j$ bezeichne die beim $j$-ten Wurf erzielte Augenzahl, und für $j \ge 1$ sei $A_j := \{Y_j < Y_{j+1}\}$. Zeigen Sie mithilfe von Teil a):

$$\lim_{n\to\infty} \mathbb{P}\left(\left|\frac{1}{n}\sum_{j=1}^{n} \mathbb{1}\{A_j\} - \frac{5}{12}\right| \ge \varepsilon\right) = 0 \quad \text{für jedes } \varepsilon > 0.$$

**4.50** •• Es sei $X$ eine $\mathbb{N}_0$-wertige Zufallsvariable mit $0 < \mathbb{P}(X=0) < 1$ und der Eigenschaft

$$\mathbb{P}(X = m+k \mid X \ge k) = \mathbb{P}(X = m) \qquad (4.61)$$

für jede Wahl von $k, m \in \mathbb{N}_0$. Zeigen Sie: Es gibt ein $p \in (0,1)$ mit $X \sim \mathrm{G}(p)$.

**4.51** •• Zeigen Sie: In der Situation und mit den Bezeichnungen der Jordanschen Formel gilt

$$\mathbb{P}(X \ge k) = \sum_{j=k}^{n} (-1)^{j-k} \binom{j-1}{k-1} S_j, \qquad k = 0, 1, \ldots, n.$$

**4.52** •• Wir betrachten die Gleichverteilung $\mathbb{P}$ auf der Menge

$$\Omega := \{(a_1, \ldots, a_n) \mid \{a_1, \ldots, a_n\} = \{1, \ldots, n\}\},$$

also eine rein zufällige Permutation der Zahlen $1, 2, \ldots, n$. Mit $A_j := \{(a_1, a_2, \ldots, a_n) \in \Omega \mid a_j = j\}$ für $j \in \{1, \ldots, n\}$ gibt die Zufallsvariable $X_n := \sum_{j=1}^{n} \mathbb{1}\{A_j\}$ die Anzahl der Fixpunkte einer solchen Permutation an. Zeigen Sie:

a) $\mathbb{E}(X_n) = 1$,
b) $\mathbb{P}(X_n = k) = \frac{1}{k!}\sum_{j=0}^{n-k} \frac{(-1)^j}{j!}$, $k = 0, 1, \ldots, n$,
c) $\lim_{n\to\infty} \mathbb{P}(X_n = k) = \frac{\mathrm{e}^{-1}}{k!}$, $k \in \mathbb{N}_0$,
d) $\mathbb{V}(X_n) = 1$.

## Antworten zu den Selbstfragen

**Antwort 1** In diesem Fall ist $\mathbb{P}(X = 1, Y = 1) = \mathbb{P}(X = 1)\mathbb{P}(Y = 1) = 1/4 = c$.

**Antwort 2** Die Wahrscheinlichkeit $\mathbb{P}(X_1 = x_1, X_2 = y - x_1)$ kann nur positiv sein, wenn $x_1 \in D_1$ gilt und wenn die in der Summe stehende Bedingung $x_1 + x_2 = y$ erfüllt ist, also neben $X_1 = x_1$ noch die Gleichheit $X_2 = y - x_1$ besteht.

**Antwort 3** Beim ersten Gleichheitszeichen. Es wird eine Umsortierung nach gleichen Werten $x$ von $X(\omega)$ vorgenommen.

**Antwort 4** Die zu zeigende Ungleichung

$$\left|\sum_{\omega\in\Omega_0} X(\omega)\mathbb{P}(\{\omega\})\right| \le \sum_{\omega\in\Omega_0} |X(\omega)|\mathbb{P}(\{\omega\})$$

folgt für endliches $\Omega_0$ direkt aus der Dreiecksungleichung. Im anderen Fall gilt die Ungleichung, wenn man auf der linken Seite über jede beliebige *endliche* Teilmenge von $\Omega_0$ summiert. Hieraus folgt die Behauptung.

**Antwort 5** Sie brauchen nur $k = 1$, $X = Z$ und $g(x) = x$, $x \in \mathbb{R}$, zu setzen.

**Antwort 6** Es ist

$$\begin{aligned}\mathbb{V}(aX + b) &= \mathbb{E}\left[(aX + b - \mathbb{E}(aX + b))^2\right]\\ &= \mathbb{E}\left[(aX + b - a\mathbb{E}X - b)^2\right]\\ &= \mathbb{E}\left[(a(X - \mathbb{E}X))^2\right]\\ &= a^2\mathbb{V}(X).\end{aligned}$$

Die Ungleichung $0 \le \mathbb{V}(X)$ in e) ergibt sich aus der Monotonie der Erwartungswertbildung. Mit (4.16) folgt aus

$$0 = \mathbb{V}(X) = \sum_{x\in\mathbb{R}:\mathbb{P}(X=x)>0} (x - \mathbb{E}X)^2\,\mathbb{P}(X = x),$$

dass für jedes $x$ mit der Eigenschaft $\mathbb{P}(X = x) > 0$ zwingenderweise $x = \mathbb{E}X$ gelten muss. Es gibt somit ein $a(= \mathbb{E}X)$ mit $\mathbb{P}(X = a) = 1$. Gilt umgekehrt $\mathbb{P}(X = a) = 1$, so folgt $\mathbb{E}X = a$ und $\mathbb{V}(X) = (a - a)^2 \cdot 1 = 0$.

**Antwort 7** Es gilt

$$\begin{aligned}\mathbb{P}(X \ge k) &= \sum_{j=k}^{\infty}\mathbb{P}(X = j) = \sum_{j=k}^{\infty} p(1 - p)^j\\ &= p(1 - p)^k\sum_{\ell=0}^{\infty}(1 - p)^\ell = (1 - p)^k.\end{aligned}$$

Wegen $\{X = k + m\} \subseteq \{X \ge k\}$ folgt nach Definition der bedingten Wahrscheinlichkeit

$$\begin{aligned}\mathbb{P}(X = k + m|X \ge k) &= \frac{\mathbb{P}(X = k + m)}{\mathbb{P}(X \ge k)} = \frac{p(1 - p)^{k+m}}{(1 - p)^k}\\ &= p(1 - p)^m = \mathbb{P}(X = m).\end{aligned}$$

**Antwort 8** Für jedes $k \in \mathbb{N}_0$ gilt

$$\begin{aligned}\mathbb{P}(X + Y = k) &= \sum_{j=0}^{k}\mathbb{P}(X = j, Y = k - j)\\ &= \sum_{j=0}^{k}\mathbb{P}(X = j)\cdot\mathbb{P}(Y = k - j)\\ &= \sum_{j=0}^{k} e^{-\lambda}\frac{\lambda^j}{j!}\cdot e^{-\mu}\frac{\mu^{k-j}}{(k - j)!}\\ &= \frac{e^{-(\lambda+\mu)}}{k!}\cdot\sum_{j=0}^{k}\binom{k}{j}\lambda^j\mu^{k-j}\\ &= \frac{e^{-(\lambda+\mu)}}{k!}\cdot(\lambda + \mu)^k,\end{aligned}$$

was zu zeigen war.

**Antwort 9** Eine naheliegende Möglichkeit besteht darin, $\Omega := \{1, \dots, s\}^n$ zu setzen. Für ein $n$-Tupel $(a_1, \dots, a_n) \in \Omega$ interpretieren wir dabei die $j$-te Komponente $a_j$ als Ausgang des $j$-ten Experiments. Die Anzahl $X_k$ der Treffer $k$-ter Art ist auf diesem Grundraum durch $X_k(a_1, \dots, a_n) = \sum_{j=1}^n \mathbb{1}\{a_j = k\}$ gegeben.

**Antwort 10** Weil die Varianz einer Zufallsvariablen nur von deren Verteilung abhängt und $X$ und $Y$ die gleiche Verteilung besitzen.

**Antwort 11** Die Anzahl $n =: 2k + 1$ der Punkte ist ungerade, und es gilt $x_j = -x_{2k+2-j}$, $j = 1, \dots, k$ sowie $x_{k+1} = 0$. Hieraus folgt $\overline{x} = 0$. Weiter gilt $y_j = ax_j^2$ für ein $a > 0$ und somit $\sum_{j=1}^n x_j y_j = a\sum_{j=1}^n x_j^3 = 0$. Folglich verschwindet der Zähler auf der rechten Seite von (4.39).

**Antwort 12** Die Existenz von $\mathbb{E}X$ garantiert, dass für den Fall einer unendlichen Menge $\Omega_0$ die in der Definition von $\mathbb{E}(X|A)$ stehende Reihe absolut konvergiert.

**Antwort 13** Es folgt aus dem Großen Umordnungssatz für Reihen, da die Reihe $\sum_{\omega\in\Omega_0} X(\omega)\mathbb{P}(\{\omega\})$ als absolut konvergent vorausgesetzt ist.

**Antwort 14** Setzen Sie $X = \mathbb{1}_\Omega$ in Eigenschaft b) des bedingten Erwartungswertes zu Beginn dieses Abschnitts und beachten Sie die Eigenschaft c).

**Antwort 15** Sind $X$ und $Y$ unabhängige poissonverteilte Zufallsvariablen mit Parametern $\lambda$ bzw. $\mu$, so besitzen $X$ und $Y$ die erzeugenden Funktionen $g_X(t) = e^{\lambda(t-1)}$ und $g_Y(t) = e^{\mu(t-1)}$. Nach der Multiplikationsformel hat $X+Y$ die erzeugende Funktion $g_X(t)g_Y(t) = e^{(\lambda+\mu)(t-1)}$. Der Eindeutigkeitssatz ergibt, dass $X + Y$ poissonverteilt mit Parameter $\lambda + \mu$ ist.

Kapitel 4

# Stetige Verteilungen und allgemeine Betrachtungen – jetzt wird es analytisch

# 5

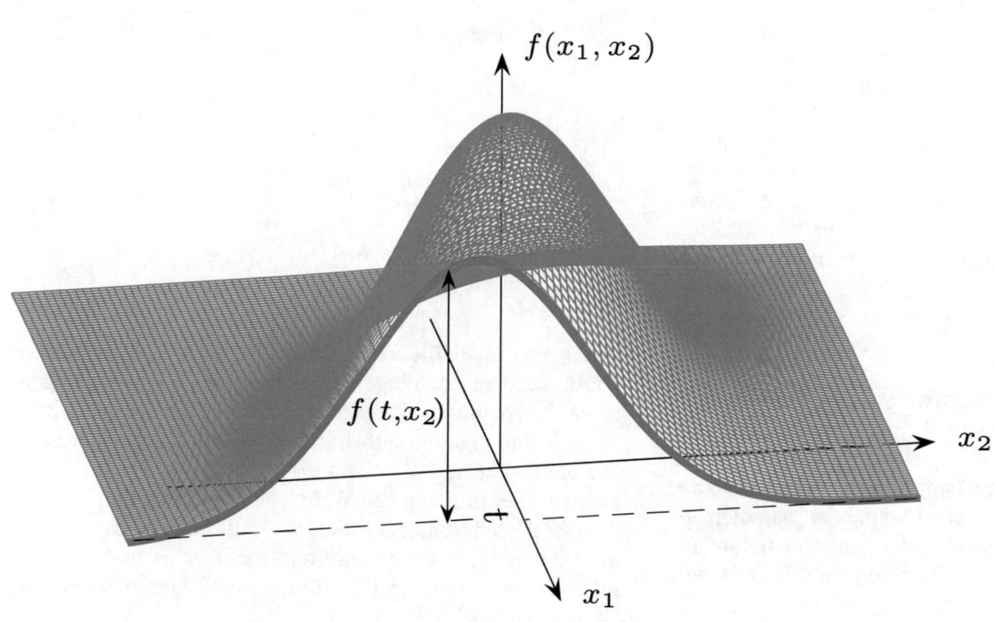


Besitzt jede stetige Verteilungsfunktion eine Dichte?

Wie überträgt sich die Dichte eines Zufallsvektors unter einer regulären Transformation?

Wie ist der Erwartungswert einer Zufallsvariablen definiert?

Wie entsteht die Normalverteilung $\mathrm{N}_k(\mu, \Sigma)$?

Was besagt die Multiplikationsformel für charakteristische Funktionen?






N. Henze, *Stochastik: Eine Einführung mit Grundzügen der Maßtheorie*, https://doi.org/10.1007/978-3-662-59563-3_5

Im letzten Kapitel haben wir uns ausgiebig mit *diskreten Verteilungen* beschäftigt. Solche Verteilungen modellieren stochastische Vorgänge, bei denen nur abzählbar viele Ergebnisse auftreten können. In diesem Kapitel stellen wir zum einen allgemeine Betrachtungen über reelle Zufallsvariablen und $k$-dimensionale Zufallsvektoren an, die das bereits Gelernte vertiefen und unter einem höheren Gesichtspunkt wieder aufgreifen. Zum anderen werden wir uns intensiv mit stetigen Zufallsvariablen und -vektoren befassen. Solche Zufallsvariablen besitzen eine Lebesgue-Dichte, was u. a. zur Folge hat, dass sie jeden festen Wert nur mit der Wahrscheinlichkeit null annehmen. Die Berechnung von Wahrscheinlichkeiten und Verteilungskenngrößen wie Erwartungswerten, Varianzen, höheren Momenten und Quantilen erfordert Techniken der Analysis.

In einem ersten Abschnitt stehen die Begriffe *Verteilungsfunktion* und *Dichte* im Vordergrund. Wir werden sehen, wie sich Dichten unter regulären Transformationen von Zufallsvektoren verhalten und uns mit wichtigen Verteilungsfamilien befassen. Hierzu gehören die ein- und mehrdimensionale Normalverteilung, die Gleichverteilung, die Gammaverteilung, die Weibull-Verteilung, die Exponentialverteilung, die Lognormalverteilung und die Cauchy-Verteilung. Zwischen diesen Verteilungen bestehen zahlreiche Querverbindungen, und bis auf die Gammaverteilung lassen sich alle durch einfache Transformationen aus der Gleichverteilung auf dem Einheitsintervall gewinnen.

Anschließend lernen wir mit der charakteristischen Funktion ein weiteres Beschreibungsmittel für Verteilungen kennen, das u. a. für die Charakterisierung von Verteilungen und die Herleitung von Grenzwertsätzen nützlich ist. Nach einem Abschnitt über bedingte Verteilungen und bedingte Dichten werden wir mit der bedingten Erwartung ein zentrales Konzept der Stochastik kennenlernen. Hierauf aufbauend schließt dieses Kapitel mit einem Abschnitt über Stoppzeiten und Martingale.

Auch dieses Kapitel weist einen unterschiedlichen mathematischen Schwierigkeitsgrad auf. Wohingegen große Teile der Abschn. 5.1–5.4 in einer einführenden Vorlesung in die Stochastik unverzichtbar sind, haben die Abschn. 5.5–5.8 einen weiterführenden Charakter. Hier greifen wir häufiger auf Resultate der Maß- und Integrationstheorie zurück, die in Kap. 8 nachgelesen werden können. Für das gesamte Kapitel sei ein fester Wahrscheinlichkeitsraum $(\Omega, \mathcal{A}, \mathbb{P})$ zugrunde gelegt, auf dem alle auftretenden Zufallsvariablen definiert sind.



## 5.1 Verteilungsfunktionen und Dichten

In diesem Abschnitt führen wir stetige Zufallsvariablen und Zufallsvektoren sowie die Begriffe *Verteilungsfunktion* und *Dichte* ein. Die folgende Definition nimmt Bezug auf die am Ende von Abschn. 2.4 angestellten Betrachtungen.

**Definition einer stetigen Zufallsvariablen**

Eine reelle Zufallsvariable $X$ heißt **(absolut) stetig (verteilt)**, wenn es eine nichtnegative Borel-messbare Funktion $f : \mathbb{R} \to \mathbb{R}$ mit der Eigenschaft

$$\int_{-\infty}^{\infty} f(t)\,\mathrm{d}t = 1 \tag{5.1}$$

gibt, sodass gilt:

$$\mathbb{P}^X(B) = \mathbb{P}(X \in B) = \int_B f(t)\,\mathrm{d}t, \quad B \in \mathcal{B}. \tag{5.2}$$

In diesem Fall sagt man, $X$ habe eine **(absolut) stetige Verteilung**. Die Funktion $f$ heißt **Dichte** (genauer: **Lebesgue-Dichte**) **von** $X$ (bzw. von $\mathbb{P}^X$).

### Kommentar

- Wie schon im Fall einer diskret verteilten Zufallsvariablen wurde auch in der obigen Definition der zugrunde liegende Wahrscheinlichkeitsraum nicht kenntlich gemacht, weil sich die Aussage nur auf die *Verteilung* $\mathbb{P}^X$ von $X$ bezieht. Die Konstruktion $(\Omega, \mathcal{A}, \mathbb{P}) := (\mathbb{R}, \mathcal{B}, \mathbb{P}^X)$ und $X := \mathrm{id}_\Omega$ zeigt, dass es immer einen Wahrscheinlichkeitsraum gibt, auf dem $X$ als Abbildung definiert ist. Entscheidend ist nur, dass die Funktion $f$ nichtnegativ und messbar ist und die Normierungsbedingung (5.1) erfüllt, also in diesem Sinn eine *Wahrscheinlichkeitsdichte* ist.
- Die obigen Integrale sind als Lebesgue-Integrale zu verstehen, damit $\mathbb{P}^X$ ein Wahrscheinlichkeitsmaß auf der Borelschen $\sigma$-Algebra $\mathcal{B}$ wird. Im Folgenden werden jedoch $f$ und der Integrationsbereich $B$ in (5.2) so beschaffen sein, dass bei konkreten Berechnungen auch mit dem Riemannschen Integralbegriff gearbeitet werden kann (vgl. die Ausführungen in der Unter-der-Lupe-Box zum Riemann- und Lebesgue-Integral in Abschn. 8.5). Da sich die Dichte $f$ auf einer Lebesgue-Nullmenge abändern lässt, ohne den Wert des Integrals in (5.2) zu beeinflussen, ist die Dichte einer stetigen Zufallsvariablen nur fast überall eindeutig bestimmt. Sie kann also insbesondere an endlich vielen Stellen beliebig modifiziert werden. Wer bereits Kenntnisse der Maß- und Integrationstheorie besitzt, erkennt, dass die Verteilung einer stetigen Zufallsvariablen als absolut stetig bzgl. des Borel-Lebesgue-Maßes $\lambda^1$ angenommen wird.
- Besitzt $X$ eine Dichte, so stellt sich die Wahrscheinlichkeit $\mathbb{P}(a \le X \le b)$ anschaulich als Fläche zwischen dem Graphen von $f$ und der $x$-Achse über dem Intervall $[a, b]$ dar (siehe etwa Abb. 2.6). ◄

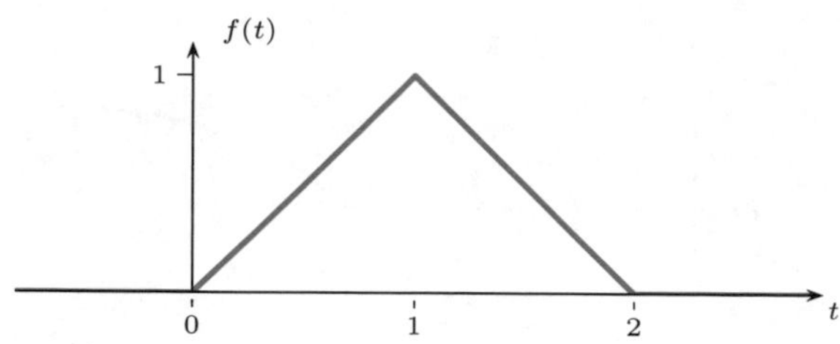


**Abb. 5.1** Dichte der Dreiecksverteilung in [0, 2]

**Beispiel** Die Festsetzung

$$f(x) := \begin{cases} 1 - |x-1|, & \text{falls } 0 \le x \le 2, \\ 0 & \text{sonst,} \end{cases} \tag{5.3}$$

definiert eine Wahrscheinlichkeitsdichte, denn $f$ ist nichtnegativ und als stetige Funktion Borel-messbar. Weiter gilt $\int_{-\infty}^{\infty} f(t)\,\mathrm{d}t = 1$. Abb. 5.1 zeigt, dass der Graph von $f$ eine Dreiecksgestalt besitzt, und so heißt eine Zufallsvariable $X$ mit der Dichte $f$ *dreiecksverteilt* im Intervall [0, 2]. ◀

**Selbstfrage 1**

Wie groß ist $\mathbb{P}(0.2 < X \le 0.8)$, wenn $X$ die obige Dichte besitzt?

**Beispiel (Standardnormalverteilung)** Die Gleichung $\int_{-\infty}^{\infty} \exp(-x^2)\mathrm{d}x = \sqrt{\pi}$ (siehe z. B. [1], Abschn. 16.7) zeigt, dass die durch

$$\varphi(x) := \frac{1}{\sqrt{2\pi}} \exp\left(-\frac{x^2}{2}\right), \qquad x \in \mathbb{R}, \tag{5.4}$$

definierte nichtnegative stetige Funktion $\varphi$ (Abb. 5.2) die Bedingung $\int_{-\infty}^{\infty} \varphi(x)\,\mathrm{d}x = 1$ erfüllt, also die Dichte einer stetigen Zufallsvariablen ist. Eine Zufallsvariable $X$ mit dieser Dichte heißt *standardnormalverteilt*, und wir schreiben hierfür $X \sim \mathrm{N}(0,1)$. Die Standardnormalverteilung ist ein Spezialfall der ausführlicher in Abschn. 5.2 behandelten allgemeinen Normalverteilung $\mathrm{N}(\mu, \sigma^2)$. ◀

Die Verteilung $\mathbb{P}^X$ einer reellen Zufallsvariablen ist als Wahrscheinlichkeitsmaß eine auf der Borelschen $\sigma$-Algebra $\mathcal{B}$ definierte Funktion, deren Argumente *Mengen* sind. Diese Funktion ist für eine diskrete Zufallsvariable durch die Angabe aller $x_j$ mit $\mathbb{P}(X = x_j) > 0$ sowie der Wahrscheinlichkeiten $\mathbb{P}(X = x_j)$, $j \ge 1$, und im Fall einer stetigen Zufallsvariablen durch deren Dichte festgelegt. Das folgende Konzept fasst beide Fälle zusammen.

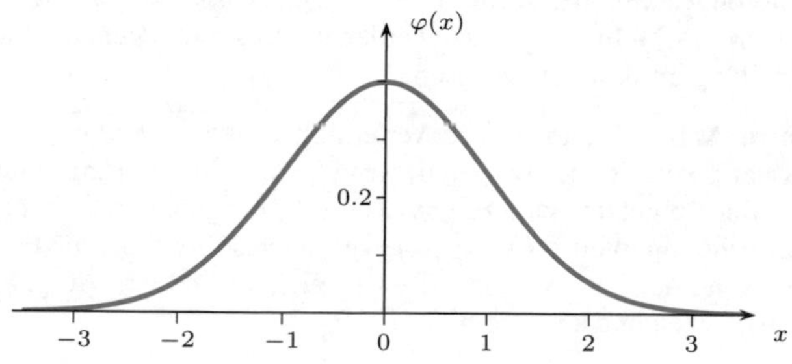


**Abb. 5.2** Dichte der Standardnormalverteilung

**Verteilungsfunktion einer Zufallsvariablen**

Für eine reelle Zufallsvariable $X$ heißt die durch

$$F(x) := \mathbb{P}(X \le x), \qquad x \in \mathbb{R},$$

definierte Funktion $F : \mathbb{R} \to [0,1]$ die **Verteilungsfunktion von $X$**.

Man beachte, dass auch hier nicht auf den zugrunde liegenden Wahrscheinlichkeitsraum $(\Omega, \mathcal{A}, \mathbb{P})$ Bezug genommen wird, weil $\mathbb{P}(X \le x) = \mathbb{P}^X((-\infty, x])$ nur von der Verteilung von $X$ abhängt. Aus diesem Grund nennt man $F$ auch die *Verteilungsfunktion von* $\mathbb{P}^X$.

Ist $X$ eine diskrete Zufallsvariable, so heißt $F$ eine *diskrete Verteilungsfunktion*. Gilt $\mathbb{P}(X \in D) = 1$ für eine abzählbare Menge $D \subseteq \mathbb{R}$, so besitzt $F$ die Gestalt

$$F(x) = \sum_{y \in D: y \le x} \mathbb{P}(X = y). \tag{5.5}$$

Der Wert $F(x) = \mathbb{P}(X \le x)$ ergibt sich also durch *Aufhäufen* oder *Kumulieren* der abzählbar vielen Einzelwahrscheinlichkeiten $\mathbb{P}(X = y)$ der zu $D$ gehörenden $y$ mit $y \le x$. Aus diesem Grund ist häufig auch die Sprechweise *kumulative Verteilungsfunktion* anzutreffen. Nimmt $X$ mit Wahrscheinlichkeit eins nur *endlich viele* Werte an, so springt $F$ an diesen Stellen und ist zwischen den Sprungstellen konstant. Abb. 5.3 zeigt dieses Verhalten anhand der Verteilungsfunktion der Augensumme beim zweifachen Würfelwurf, vgl. Abb. 2.4.

Ist $X$ eine stetige Zufallsvariable mit Dichte $f$, so folgt aus (5.2) speziell für $B = (-\infty, x]$ die Darstellung

$$F(x) = \mathbb{P}(X \le x) = \int_{-\infty}^{x} f(t)\,\mathrm{d}t, \qquad x \in \mathbb{R}. \tag{5.6}$$

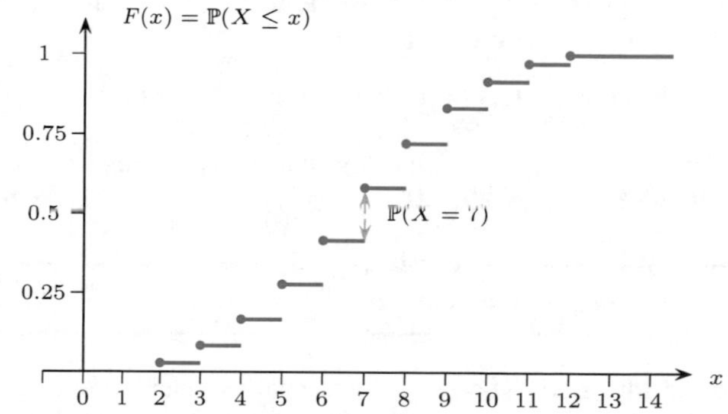


**Abb. 5.3** Verteilungsfunktion der Augensumme beim zweifachen Würfelwurf

Kapitel 5

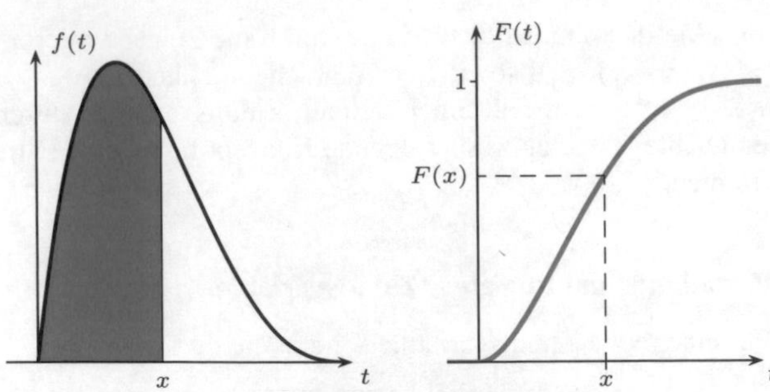


**Abb. 5.4** Dichte (links) und zugehörige Verteilungsfunktion (rechts) einer stetigen Zufallsvariablen

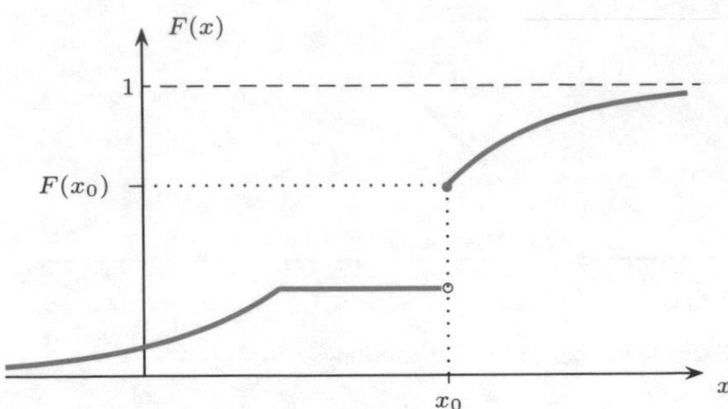


**Abb. 5.5** Graph einer Verteilungsfunktion

Der Wert $F(x)$ ist also anschaulich die unter der Dichte $f$ bis zur Stelle $x$ von links *erreichte* Fläche (Abb. 5.4).

Angesichts der Abb. 5.3 und 5.4 ist das folgende Resultat nicht verwunderlich (siehe auch die Definition einer maßdefinierenden Funktion in Abschn. 8.3).

**Eigenschaften einer Verteilungsfunktion**

Die Verteilungsfunktion $F$ einer Zufallsvariablen $X$ besitzt folgende Eigenschaften:

- Aus $x \leq y$ folgt $F(x) \leq F(y)$ ($F$ ist **monoton wachsend**),
- für jedes $x \in \mathbb{R}$ und jede Folge $(x_n)$ mit $x_n \geq x_{n+1}$, $n \geq 1$, und $\lim_{n\to\infty} x_n = x$ gilt $F(x) = \lim_{n\to\infty} F(x_n)$ ($F$ ist **rechtsseitig stetig**),
- es gilt

$$\lim_{x\to-\infty} F(x) = 0, \qquad \lim_{x\to\infty} F(x) = 1 \qquad (5.7)$$

(„$F$ **kommt von 0 und geht nach 1**“).

**Beweis** Die Monotonie von $F$ folgt aus der Monotonie von $\mathbb{P}^X$, denn $x \leq y$ impliziert $(-\infty, x] \subseteq (-\infty, y]$. Zum Nachweis der rechtsseitigen Stetigkeit von $F$ seien $x \in \mathbb{R}$ beliebig und $(x_n)$ eine beliebige Folge mit $x_n \geq x_{n+1}$, $n \geq 1$, und $\lim_{n\to\infty} x_n = x$. Dann wird durch $A_n := (-\infty, x_n]$, $n \geq 1$, eine absteigende Mengenfolge $(A_n)$ mit $A_n \downarrow A := (-\infty, x]$ definiert. Da $\mathbb{P}^X$ stetig von oben ist, ergibt sich

$$F(x) = \mathbb{P}^X(A) = \lim_{n\to\infty} \mathbb{P}^X(A_n) = \lim_{n\to\infty} F(x_n).$$

Die letzte Eigenschaft folgt analog unter Verwendung der Stetigkeit von $\mathbb{P}^X$. ■

**Selbstfrage 2**

Können Sie den Beweis selbst zu Ende führen?

Abb. 5.5 illustriert die obigen Eigenschaften einer Verteilungsfunktion $F$. Um die rechtsseitige Stetigkeit von $F$ an der Stelle $x_0$ zu kennzeichnen, ist der Punkt $(x_0, F(x_0))$ durch einen ausgefüllten Kreis hervorgehoben.

## Verteilungsfunktionen legen Verteilungen fest

Die Verteilungsfunktion $F$ einer Zufallsvariablen $X$ legt die Verteilung $\mathbb{P}^X$ als Wahrscheinlichkeitsmaß auf der Borelschen $\sigma$-Algebra in eindeutiger Weise fest. Wegen $F(x) = \mathbb{P}^X((-\infty, x])$, $x \in \mathbb{R}$, folgt dieser Sachverhalt daraus, dass ein Wahrscheinlichkeitsmaß auf $\mathcal{B}$ nach dem Eindeutigkeitssatz für Maße schon durch seine Werte auf dem Mengensystem $\mathcal{J} = \{(-\infty, x] \mid x \in \mathbb{R}\}$ bestimmt ist. Das nachstehende Resultat besagt, dass die obigen Eigenschaften von $F$ im Hinblick auf das „Erzeugen einer Verteilung“ charakteristisch sind.

**Existenzsatz**

Zu jeder monoton wachsenden rechtsseitig stetigen Funktion $F : \mathbb{R} \to [0, 1]$ mit (5.7) gibt es eine Zufallsvariable $X$ mit der Verteilungsfunktion $F$.

**Beweis** Nach dem Satz über maßdefinierende Funktionen in Abschn. 8.3 gibt es genau ein Wahrscheinlichkeitsmaß $Q_F$ auf $\mathcal{B}$ mit der Eigenschaft

$$Q_F((a, b]) = F(b) - F(a) \quad \text{für alle } a, b \text{ mit } a \leq b.$$

Die kanonische Konstruktion $\Omega := \mathbb{R}$, $\mathcal{A} := \mathcal{B}$, $\mathbb{P} := Q_F$ und $X := \mathrm{id}_{\mathbb{R}}$ liefert dann die Behauptung. ■

Es besteht also eine bijektive Zuordnung zwischen *Verteilungen* reeller Zufallsvariablen (Wahrscheinlichkeitsmaßen auf $\mathcal{B}$) und monoton wachsenden rechtsseitig stetigen Funktionen $F : \mathbb{R} \to [0, 1]$ mit (5.7). Im Folgenden werden wir uns etwas genauer mit Verteilungsfunktionen befassen.

Die in Abb. 5.5 dargestellte Verteilungsfunktion $F$ einer Zufallsvariablen $X$ besitzt an der Stelle $x_0$ eine Sprungstelle. Wie der folgende Satz zeigt, ist die Sprunghöhe gleich der Wahrscheinlichkeit $\mathbb{P}(X = x_0)$, vgl. auch Abb. 5.3. Zur Formulierung des Satzes, dessen Beweis Gegenstand von Aufgabe 5.1 ist, bezeichne allgemein

$$F(x-) := \lim_{x_1 \leq x_2 \leq \ldots, x_n \to x} F(x_n)$$

den *linksseitigen Grenzwert* von $F$ an der Stelle $x$. Wegen der Monotonie von $F$ hängt dieser Grenzwert nicht von der speziellen Wahl einer von links gegen $x$ konvergierenden Folge $(x_n)_{n\geq 1}$ mit $x_1 \leq x_2 \leq \ldots < x$ ab.

**Weitere Eigenschaften von Verteilungsfunktionen**

Für die Verteilungsfunktion $F$ von $X$ gelten:

- $\mathbb{P}(a < X \leq b) = F(b) - F(a), \quad a, b \in \mathbb{R}, \ a < b.$
- $\mathbb{P}(X = x) = F(x) - F(x-), \quad x \in \mathbb{R}.$

Da die Verteilungsfunktion $F$ einer Zufallsvariablen $X$ rechtsseitig stetig ist, liegt somit in einem Punkt $x$ genau dann eine Stetigkeitsstelle von $F$ vor, wenn $\mathbb{P}(X = x) = 0$ gilt. Eine Verteilungsfunktion kann höchstens abzählbar viele Unstetigkeitsstellen besitzen (Aufgabe 5.2), und diese können sogar in $\mathbb{R}$ dicht liegen (Aufgabe 5.35 c)). Selbstverständlich ist die Verteilungsfunktion einer stetigen Zufallsvariablen $X$ stetig, denn es ist

$$\mathbb{P}(X = x) = \int_{\mathbb{R}} f(t)\mathbb{1}\{x\}(t)\,\mathrm{d}t = 0,$$

da der Integrand fast überall verschwindet. Wie das folgende Beispiel zeigt, sollte man sich jedoch hüten zu glauben, jede stetige Verteilungsfunktion $F$ ließe sich in der Form (5.6) mit einer geeigneten Dichte $f$ schreiben (siehe hierzu auch die Hintergrund-und-Ausblick-Box über absolut stetige und singuläre Verteilungsfunktionen).

**Cantorsche Verteilungsfunktion** Die folgende Konstruktion von Georg Ferdinand Ludwig Philipp Cantor (1845–1918) zeigt, dass es stetige Verteilungsfunktionen gibt, die sich nicht in der Form (5.6) mit einer geeigneten Dichte schreiben lassen.

Wir setzen $F(x) := 0$ für $x \leq 0$ sowie $F(x) := 1$ für $x \geq 1$. Für jedes $x$ aus dem mittleren Drittel $[1/3, 2/3]$ definieren wir $F(x) := 1/2$. Aus den übrigen Dritteln $[0, 1/3]$ und $[2/3, 1]$ werden wieder jeweils das mittlere Drittel, also das Intervall $[1/9, 2/9]$ bzw. $[7/9, 8/9]$, gewählt und dort $F(x) := 1/4$ bzw. $F(x) := 3/4$ gesetzt. In gleicher Weise verfährt man mit den jeweils mittleren Dritteln der noch nicht erfassten vier Intervalle $[0, 1/9]$, $[2/9, 1/3]$, $[2/3, 7/9]$, $[8/9, 1]$ und setzt auf dem $j$-ten dieser Intervalle $F(x) := (2j - 1)/8$. Fährt man so unbegrenzt fort, so entsteht eine stetige Funktion $F$, die auf jedem der offenen Intervalle $(1/3, 2/3), (1/9, 2/9), (7/9, 8/9), \ldots$ differenzierbar ist und dort die Ableitung 0 besitzt. Da die Summe der Längen dieser Intervalle gleich

$$\sum_{k=0}^{\infty} 2^k \left(\frac{1}{3}\right)^{k+1} = \frac{1}{3}\sum_{k=0}^{\infty}\left(\frac{2}{3}\right)^k = 1$$

ist, besitzt $F$ fast überall auf dem Intervall $[0, 1]$ die Ableitung 0, ist also nicht in der Form (5.6) darstellbar.

Abb. 5.6 zeigt den Versuch, die auch *Teufelstreppe* genannte *Cantorsche Verteilungsfunktion* zu approximieren (vgl. auch [1], Abschn. 9.4 und 16.2). ◀

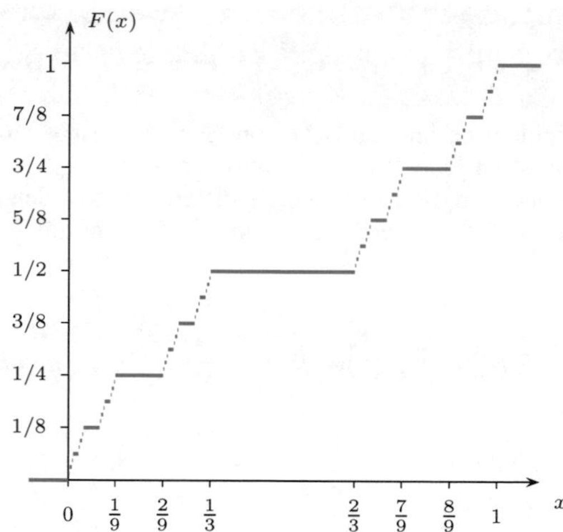


**Abb. 5.6** Cantorsche Verteilungsfunktion

**Video 5.1** Die Cantorsche Verteilungsfunktion

Besitzt eine Zufallsvariable $X$ mit Verteilungsfunktion $F$ eine Dichte $f$, so nennt man $F$ *absolut stetig* und sagt auch, $F$ *habe die Dichte* $f$. Wegen der Darstellung (5.6) kann man nach dem ersten Hauptsatz der Differenzial- und Integralrechnung an jeder Stelle $t$, an der die Funktion $f$ stetig ist, die Verteilungsfunktion $F$ differenzieren und erhält die Ableitung $F'(t) = f(t)$. Ist andererseits $F$ eine Verteilungsfunktion, die außerhalb einer endlichen – eventuell leeren – Menge $M$ stetig differenzierbar ist, so wird durch

$$f(x) := F'(x), \qquad x \in \mathbb{R} \setminus M,$$

und $f(x) := 0$, falls $x \in M$, eine Dichte definiert, und es gilt dann (5.6). Unabhängig davon, ob eine Dichte existiert oder nicht, ist jede Verteilungsfunktion fast überall differenzierbar (siehe die Hintergrund-und-Ausblick-Box über absolut stetige und singuläre Verteilungsfunktionen).

Sind $t$ Stetigkeitspunkt einer Dichte $f$ und $\Delta$ eine kleine positive Zahl, so gilt (vgl. Abb. 5.7)

$$\mathbb{P}(t \leq X \leq t + \Delta) = \int_t^{t+\Delta} f(x)\,\mathrm{d}x \approx \Delta\, f(t)$$

und somit

$$f(t) \approx \frac{1}{\Delta}\,\mathbb{P}(t \leq X \leq t + \Delta). \tag{5.8}$$

Der Wert $f(t)$ ist also approximativ gleich der Wahrscheinlichkeit, dass $X$ einen Wert im Intervall $[t, t + \Delta t]$ annimmt,

## Hintergrund und Ausblick: Absolut stetige und singuläre Verteilungsfunktionen

Nach einem berühmten Satz von Henri Lebesgue aus dem Jahr 1904 ist jede Verteilungsfunktion $F : \mathbb{R} \to [0,1]$ als monotone Funktion fast überall differenzierbar. Setzt man $F'(x) := 0$ für jede Stelle $x$, an der $F$ nicht differenzierbar ist, so gilt

$$\int_a^b F'(t)\,\mathrm{d}t \le F(b) - F(a), \qquad a, b \in \mathbb{R},\ a \le b,$$

und damit auch

$$\int_{-\infty}^x F'(t)\,\mathrm{d}t \le F(x), \qquad x \in \mathbb{R}. \tag{5.9}$$

Verteilungsfunktionen, bei denen hier stets das Gleichheitszeichen eintritt, sind wie folgt charakterisiert:

Eine Verteilungsfunktion $F$ heißt **absolut stetig**, wenn zu jedem kompakten Intervall $[a, b] \subseteq \mathbb{R}$ und zu jedem $\varepsilon > 0$ ein $\delta > 0$ existiert, sodass für jedes $n \ge 1$ und jede Wahl von $u_1, \ldots, u_n$ und $v_1, \ldots, v_n$ mit $a \le u_1 < v_1 \le u_2 < v_2 \le \ldots \le u_n < v_n \le b$ und $\max_{1 \le j \le n}(v_j - u_j) \le \delta$ die Ungleichung $\sum_{j=1}^n |F(v_j) - F(u_j)| < \varepsilon$ erfüllt ist.

Nach dem Hauptsatz der Differenzial- und Integralrechnung für das Lebesgue-Integral ist jede Verteilungsfunktion $F$ absolut stetig, die sich in der Form

$$F(x) = \int_{-\infty}^x f(t)\,\mathrm{d}t, \qquad x \in \mathbb{R},$$

mit einer nichtnegativen messbaren Funktion $f$ schreiben lässt. Dabei gilt $F'(x) = f(x)$ für fast alle $x$. Andererseits impliziert die absolute Stetigkeit von $F$, dass in (5.9) für jedes $x$ das Gleichheitszeichen eintritt. Konsequenterweise ist dann die fast überall existierende und ggf. auf einer Nullmenge durch $F'(x) := 0$ zu ergänzende Ableitung $F'$ eine Dichte von $F$.

Jede absolut stetige Verteilungsfunktion ist insbesondere stetig. Dass die Umkehrung i. Allg. nicht gilt, zeigt das Beispiel der Cantorschen Verteilungsfunktion. Letztere ist **singulär** in dem Sinne, dass $F'(x) = 0$ für fast alle $x$ gilt. Für eine singuläre Verteilungsfunktion ist somit die linke Seite von (5.9) identisch gleich null, sodass man durch Integration der Ableitung „nichts von $F$ zurückgewinnt“. Jede diskrete Verteilungsfunktion ist singulär. Dieser Sachverhalt erschließt sich unmittelbar, wenn die Sprungstellen von $F$ isoliert voneinanderliegen, er gilt aber auch, wenn die Sprungstellen eine in $\mathbb{R}$ dichte Menge bilden. Überraschenderweise gibt es *streng monoton wachsende stetige* Verteilungsfunktionen, die singulär sind (s. [4], S. 427).

Nach dem *Lebesgueschen Zerlegungssatz* besitzt jede Verteilungsfunktion $F$ genau eine Darstellung der Gestalt

$$F = a_1 F_d + a_2 F_{cs} + a_3 F_{ac}$$

mit nichtnegativen Zahlen $a_i$, wobei $a_1 + a_2 + a_3 = 1$. Des Weiteren sind $F_d$ eine diskrete, $F_{cs}$ eine stetige singuläre und $F_{ac}$ eine absolut stetige Verteilungsfunktion.

Abschließend sei gesagt, dass $F$ genau dann absolut stetig bzw. singulär ist, wenn das nach dem Existenzsatz zu $F$ korrespondierende Wahrscheinlichkeitsmaß $\mu_F$ absolut stetig bzw. singulär bzgl. des Borel-Lebesgue-Maßes im Sinne der Definition der absoluten Stetigkeit bzw. der Singularität von Maßen ist, vgl. Abschn. 8.8. Die beiden ersten Summanden in obiger Darstellung bilden den singulären und $a_3 F_{ac}$ den absolut stetigen Anteil von $\mu_F$ im Sinne des Satzes über die Lebesgue-Zerlegung in Abschn. 8.8. Weiteres zu dem in dieser Box angesprochenen Themenkomplex findet sich in [10], S. 296 ff.

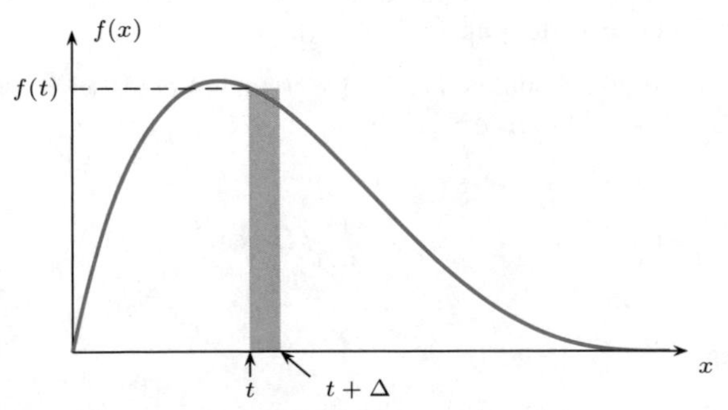


**Abb. 5.7** Zum Verständnis des Dichtebegriffs

dividiert durch die Länge $\Delta t$ dieses Intervalls. Ähnliche Betrachtungen findet man in der Physik, wo der Begriff *Massendichte* als Grenzwert von Masse pro Volumeneinheit definiert wird, siehe hierzu auch die Hintergrund-und-Ausblick-Box über absolute Stetigkeit und Singularität von Borel-Maßen im $\mathbb{R}^k$ in Abschn. 8.8.

Wir werden später noch viele wichtige stetige Verteilungen von (eindimensionalen) Zufallsvariablen kennenlernen, möchten aber an dieser Stelle zunächst den Begriff eines (absolut) stetig verteilten Zufallsvektors einführen.

**Definition eines stetigen Zufallsvektors**

Ein $k$-dimensionaler Zufallsvektor $\mathbf{X} = (X_1, \ldots, X_k)$ heißt **(absolut) stetig (verteilt)**, wenn es eine nichtnegative Borel-messbare Funktion $f : \mathbb{R}^k \to \mathbb{R}$ mit

$$\int_{\mathbb{R}^k} f(x)\,\mathrm{d}x = 1$$

(sog. **Wahrscheinlichkeitsdichte**) gibt, sodass gilt:

$$\mathbb{P}^{\mathbf{X}}(B) = \mathbb{P}(\mathbf{X} \in B) = \int_B f(x)\,\mathrm{d}x, \quad B \in \mathcal{B}^k. \tag{5.10}$$

In diesem Fall sagt man, $\mathbf{X}$ habe eine **(absolut) stetige Verteilung**. Die Funktion $f$ heißt **Dichte** (genauer: **Lebesgue-Dichte**) **von X** (bzw. von $\mathbb{P}^{\mathbf{X}}$).

Offenbar ist diese Begriffsbildung eine direkte Verallgemeinerung der Definition einer stetig verteilten Zufallsvariablen. Liegt obige Situation vor, so nennt man $f$ auch eine *gemeinsame Dichte* von $X_1, \ldots, X_k$. Der unbestimmte Artikel *eine* soll verdeutlichen, dass man nach allgemeinen Sätzen der Maßtheorie $f$ auf einer Nullmenge abändern kann, ohne obiges Integral und damit die Verteilung von $\mathbf{X}$ zu beeinflussen.

**Beispiel (Gleichverteilung auf einer Menge $B$)** Ist $B \in \mathcal{B}^k$ eine beschränkte Menge mit $\lambda^k(B) > 0$, also mit positivem Borel-Lebesgue-Maß, so heißt der Zufallsvektor $\mathbf{X} = (X_1, \ldots, X_k)$ *gleichverteilt* in $B$, falls $\mathbf{X}$ die auf $B$ konstante Dichte

$$f(x) := \frac{1}{\lambda^k(B)} \cdot \mathbb{1}_B(x), \qquad x \in \mathbb{R}^k,$$

besitzt, und wir schreiben hierfür kurz $\mathbf{X} \sim \mathrm{U}(B)$.

Wichtige Spezialfälle sind hier der Einheitswürfel $B = [0,1]^k$ und die Einheitskugel $B = \{x \in \mathbb{R}^k \mid \|x\| \leq 1\}$, siehe Abb. 5.8 für den Fall $k = 2$. Die Gleichverteilung $\mathrm{U}(B)$ modelliert die rein zufällige Wahl eines Punktes aus $B$. Der Buchstabe U weckt Assoziationen an das Wort *uniform*. ◄

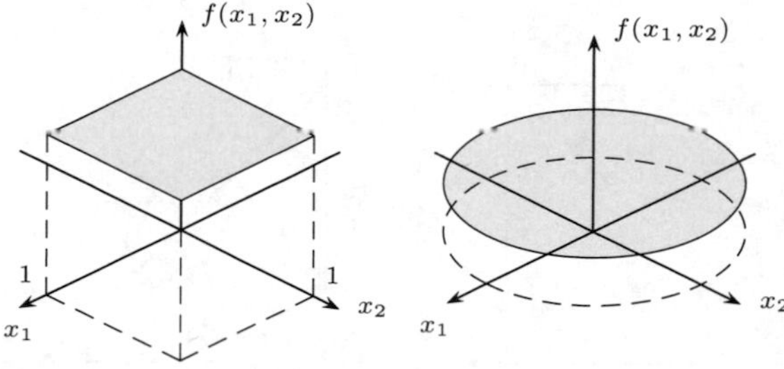


**Abb. 5.8** Dichte der Gleichverteilung auf dem Einheitsquadrat (links) und auf dem Einheitskreis (rechts)

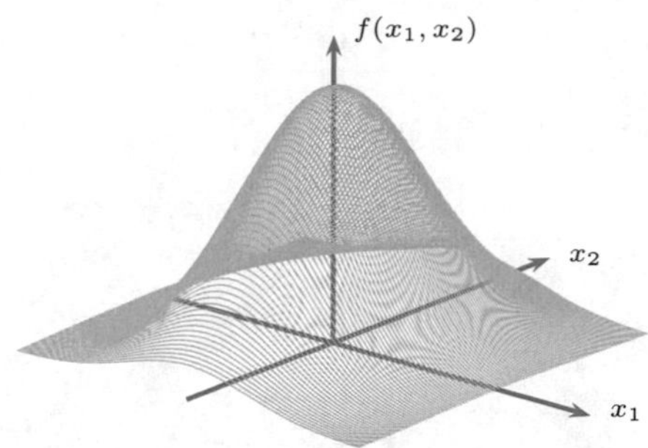


**Abb. 5.9** Dichte der zweidimensionalen Standardnormalverteilung als Gebirge

**Beispiel (Standardnormalverteilung im $\mathbb{R}^k$)** Der Zufallsvektor $\mathbf{X} = (X_1, \ldots, X_k)$ heißt *standardnormalverteilt* im $\mathbb{R}^k$, falls $\mathbf{X}$ die Dichte

$$\varphi_k(x) := \left(\frac{1}{\sqrt{2\pi}}\right)^k \exp\left(-\frac{1}{2}\sum_{j=1}^k x_j^2\right),$$

$x = (x_1, \ldots, x_k) \in \mathbb{R}^k$, besitzt (siehe Abb. 5.9 für den Fall $k = 2$). Wegen

$$\varphi_k(x) = \prod_{j=1}^n \varphi(x_j), \quad x = (x_1, \ldots, x_k), \tag{5.11}$$

mit der in (5.4) definierten Funktion $\varphi$ folgt

$$\int_{\mathbb{R}^k} \varphi_k(x)\,\mathrm{d}x = \prod_{j=1}^k \int_{-\infty}^{\infty} \varphi(x_j)\,\mathrm{d}x_j = 1,$$

sodass $\varphi_k$ in der Tat eine Wahrscheinlichkeitsdichte ist. ◄

## Integration der gemeinsamen Dichte liefert die marginalen Dichten

Besitzt der Zufallsvektor $\mathbf{X} = (X_1, \ldots, X_k)$ die Dichte $f$, so erhält man die sog. *marginalen Dichten* der Komponenten $X_1, \ldots, X_k$ von $\mathbf{X}$ analog zum Fall diskreter Zufallsvektoren (vgl. Abschn. 4.1) aus $f$ durch Integration über die nicht interessierenden Variablen.

**Marginalverteilungsbildung bei Dichten**

Ist $\mathbf{X} = (X_1, \ldots, X_k)$ ein stetiger Zufallsvektor mit Dichte $f$, so sind $X_1, \ldots, X_k$ stetige Zufallsvariablen. Die mit $f_j$ bezeichnete Dichte von $X_j$ ergibt sich zu

$$f_j(t) = \int_{-\infty}^{\infty} \cdots \int_{-\infty}^{\infty} f(x_1, \ldots, x_{j-1}, t, x_{j+1}, \ldots, x_k) \cdot \mathrm{d}x_1 \ldots \mathrm{d}x_{j-1}\mathrm{d}x_{j+1} \ldots \mathrm{d}x_k. \tag{5.12}$$

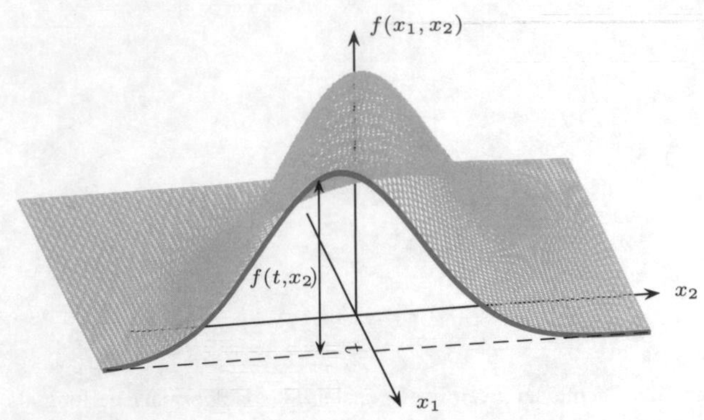


**Abb. 5.10** Bildung der marginalen Dichte $f_1(t) = \int f(t, x_2)\,\mathrm{d}x_2$ von $X_1$

**Beweis** Um Schreibaufwand zu sparen, führen wir den Beweis nur für den Fall $k = 2$ sowie $j = 1$ (siehe auch Abb. 5.10). Ist $B_1 \in \mathcal{B}^1$ eine beliebige Borel-Menge, so ist $B := B_1 \times \mathbb{R}$ eine Borel-Menge in $\mathbb{R}^2$. Mit (5.10) folgt

$$\begin{aligned}\mathbb{P}^{X_1}(B_1) &= \mathbb{P}(X_1^{-1}(B_1)) = \mathbb{P}(X_1^{-1}(B_1) \cap X_2^{-1}(\mathbb{R}))\\ &= \mathbb{P}^{\mathbf{X}}(B_1 \times \mathbb{R})\\ &= \int_B f(x_1, x_2)\,\mathrm{d}x_1\mathrm{d}x_2\\ &= \int_{\mathbb{R}^2} \mathbb{1}_{B_1}(x_1) f(x_1, x_2)\,\mathrm{d}x_1\mathrm{d}x_2.\end{aligned}$$

Nach dem Satz von Tonelli kann hier iteriert integriert werden, sodass wir

$$\begin{aligned}\mathbb{P}^{X_1}(B_1) &= \int_{\mathbb{R}} \mathbb{1}_{B_1}(x_1) \left( \int_{-\infty}^{\infty} f(x_1, x_2)\mathrm{d}x_2 \right) \mathrm{d}x_1\\ &= \int_{B_1} f_1(x_1)\,\mathrm{d}x_1\end{aligned}$$

mit

$$f_1(x_1) = \int_{-\infty}^{\infty} f(x_1, x_2)\,\mathrm{d}x_2, \quad x_1 \in \mathbb{R}, \tag{5.13}$$

erhalten. Der Satz von Tonelli liefert auch, dass $f_1$ eine messbare Funktion und (als Integral über eine nichtnegative Funktion) nichtnegativ ist. Somit ist $X_1$ eine stetige Zufallsvariable mit der Dichte $f_1$. ■

### Kommentar

- Mit dem Satz von Tonelli ergibt sich allgemeiner, dass für jedes $j \in \{1, \ldots, k-1\}$ und jede Wahl von $i_1, \ldots, i_j$ mit $1 \le i_1 < \ldots < i_j \le k$ der Zufallsvektor $(X_{i_1}, \ldots, X_{i_j})$ eine Dichte besitzt, die man durch Integration von $f$ über alle $x_\ell$ mit $\ell \notin \{i_1, \ldots, i_j\}$ erhält.
- Im Fall $k = 2$ schreiben wir in der Folge $(X, Y) := (X_1, X_2)$ sowie $h$ für die gemeinsame Dichte von $X$ und $Y$ und $f$ bzw. $g$ für die marginale Dichte von $X$ bzw. von $Y$. Damit wird (5.13) zu

$$f(x) = \int_{-\infty}^{\infty} h(x, y)\,\mathrm{d}y. \tag{5.14}$$

Es ist auch üblich, durchgängig den Buchstaben $f$ zu verwenden und die Zufallsvariable oder den Zufallsvektor als Index anzuhängen, also

$$f_X(x) = \int_{-\infty}^{\infty} f_{X,Y}(x, y)\,\mathrm{d}y$$

zu schreiben. ◀

**Beispiel (Marginalverteilungsbildung)** Der Zufallsvektor $(X, Y)$ besitze eine Gleichverteilung im Bereich $A := \{(x, y) \in [0, 1]^2 \mid 0 \le x \le y \le 1\}$ (Abb. 5.11 links), also die Dichte $h(x, y) := 2$, falls $(x, y) \in A$ und $h(x, y) := 0$ sonst. Durch Marginalverteilungsbildung ergibt sich die marginale Dichte $f$ von $X$ zu

$$f(x) = \int_{-\infty}^{\infty} h(x, y)\,dy = 2\int_x^1 1\,dy = 2(1 - x)$$

für $0 \le x \le 1$ sowie $f(x) = 0$ sonst (blauer Graph in Abb. 5.11 rechts). Analog folgt

$$g(y) = 2y, \quad \text{falls } 0 \le y \le 1,$$

und $g(y) := 0$ sonst. Der Graph der marginalen Dichte $g$ von $Y$ ist in Abb. 5.11 rechts orangefarben skizziert (man beachte die gegenüber dem linken Bild andere Skalierung der vertikalen Achse!). ◀

**Beispiel** Besitzt $\mathbf{X} = (X_1, \ldots, X_k)$ die eben eingeführte Standardnormalverteilung im $\mathbb{R}^k$, so ist jede Komponente $X_j$ von $\mathbf{X}$ eine standardnormalverteilte reelle Zufallsvariable. Wegen der Produktdarstellung (5.11) liefert ja das Integrieren von $\varphi_k(x)$ über alle von $x_j$ verschiedenen $x_i$ gemäß (5.12) den Wert $\varphi(x_j)$. ◀

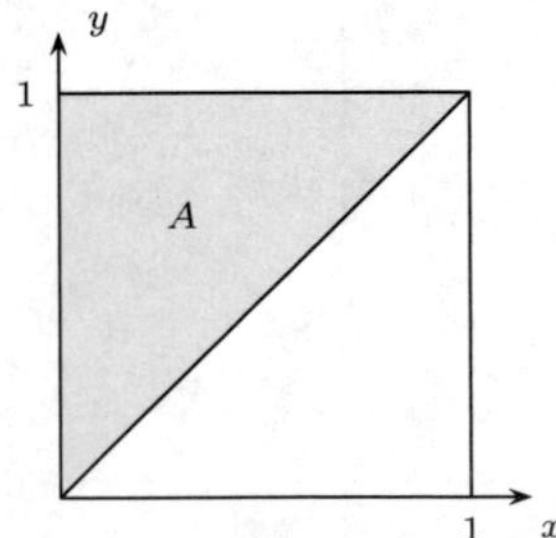


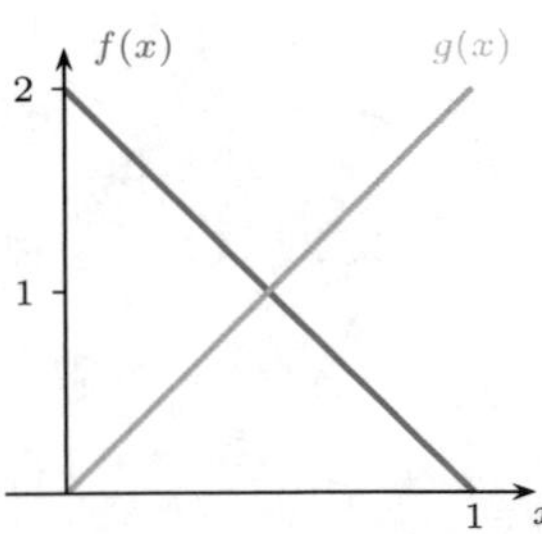


**Abb. 5.11** Bereich $A$ (links) und Dichten von $X$ bzw. $Y$ (rechts)

Kapitel 5

**Achtung** Sind $X_1$ und $X_2$ stetige reelle Zufallsvariablen auf einem Wahrscheinlichkeitsraum $(\Omega, \mathcal{A}, \mathbb{P})$, so muss der zweidimensionale Vektor $(X_1, X_2)$ keine Dichte besitzen. Gilt etwa $X_2(\omega) = X_1(\omega)$, $\omega \in \Omega$, so folgt $\mathbb{P}((X_1, X_2) \in \Delta) = 1$, wobei $\Delta := \{(x, x) \,|\, x \in \mathbb{R}\}$. Die Diagonale $\Delta$ ist aber eine $\lambda^2$-Nullmenge. Würde $(X_1, X_2)$ eine $\lambda^2$-Dichte $f$ besitzen, so müsste jedoch

$$\mathbb{P}((X_1, X_2) \in \Delta) = \int_\Delta f(x, y)\,\mathrm{d}x\mathrm{d}y = 0$$

gelten. ◀

Die Verteilungsfunktion einer Zufallsvariablen $X$ ordnet einer reellen Zahl $x$ die Wahrscheinlichkeit $\mathbb{P}(X \le x)$ zu. Definiert man die Kleiner-Gleich-Relation für Vektoren $x = (x_1, \ldots, x_k)$ und $y = (y_1, \ldots, y_k)$ komponentenweise durch $x \le y$, falls $x_j \le y_j$ für jedes $j \in \{1, \ldots, k\}$, so ergibt sich in direkter Verallgemeinerung der Definition der Verteilungsfunktion einer reellen Zufallsvariablen:

**Verteilungsfunktion eines Zufallsvektors**

Für einen Zufallsvektor $\mathbf{X} = (X_1, \ldots, X_k)$ heißt die durch

$$F(x) := \mathbb{P}(\mathbf{X} \le x) = \mathbb{P}(X_1 \le x_1, \ldots, X_k \le x_k),$$

$x = (x_1, \ldots, x_k) \in \mathbb{R}^k$, definierte Funktion $F : \mathbb{R}^k \to [0, 1]$ die **Verteilungsfunktion** von $\mathbf{X}$ oder die **gemeinsame Verteilungsfunktion von** $X_1, \ldots, X_k$.

Schreiben wir kurz $(-\infty, x] := \times_{j=1}^k (-\infty, x_j]$, so gilt $F(x) = \mathbb{P}^{\mathbf{X}}((-\infty, x])$. Die Verteilungsfunktion hängt also auch im Fall $k \ge 2$ nur von der Verteilung von $\mathbf{X}$ ab. Wie im Fall $k = 1$ ist $F$ rechtsseitig stetig, d. h., es gilt

$$F(x) = \lim_{n \to \infty} F(x^{(n)})$$

für jede Folge $(x^{(n)}) = (x_1^{(n)}, \ldots, x_k^{(n)})$ mit $x_j^{(n)} \downarrow x_j$ für jedes $j \in \{1, \ldots, k\}$, wobei $x = (x_1, \ldots, x_k)$. Dies liegt daran, dass die Mengen $(-\infty, x^{(n)}]$ eine absteigende Folge bilden, die gegen $(-\infty, x]$ konvergiert und $\mathbb{P}^{\mathbf{X}}$ stetig von oben ist. In gleicher Weise gilt $\lim_{n\to\infty} F(x^{(n)}) = 0$, falls mindestens eine Komponentenfolge $(x_j^{(n)})$ gegen $-\infty$ konvergiert. Konvergiert *jede* Komponentenfolge $(x_j^{(n)})$ gegen unendlich, so gilt $\lim_{n\to\infty} F(x^{(n)}) = 1$, da $\mathbb{P}^{\mathbf{X}}$ stetig von unten ist und die Folge $(-\infty, x^{(n)}]$ dann von unten gegen $\mathbb{R}^k$ konvergiert. Der Monotonie einer Verteilungsfunktion im Fall $k = 1$ entspricht im Fall $k \ge 2$ die schon bei maßdefinierenden Funktionen auf dem $\mathbb{R}^k$ (siehe die Hintergrund-und-Ausblick-Box über maßdefinierende Funktionen auf $\mathbb{R}^k$ in Abschn. 8.4) festgestellte *verallgemeinerte Monotonieeigenschaft*

$$\Delta_x^y F \ge 0 \qquad \forall x, y \in \mathbb{R}^k \text{ mit } x \le y.$$

Dabei gilt mit $\rho := (\rho_1, \ldots, \rho_k)$ und $s(\rho) := \rho_1 + \ldots + \rho_k$

$$\Delta_x^y F := \sum_{\rho \in \{0,1\}^k} (-1)^{k - s(\rho)} F(y_1^{\rho_1} x_1^{1-\rho_1}, \ldots, y_k^{\rho_k} x_k^{1-\rho_k}).$$

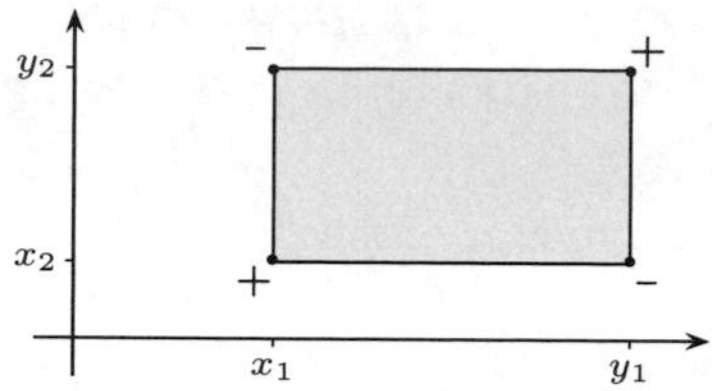


**Abb. 5.12** $\mathbb{P}(\mathbf{X} \in (x, y])$ als alternierende Summe $F(y_1, y_2) - F(x_1, y_2) - F(y_1, x_2) + F(x_1, x_2)$

Die Ungleichung $\Delta_x^y F \ge 0$ ist eine Konsequenz der Gleichung $\Delta_x^y F = \mathbb{P}(\mathbf{X} \in (x, y])$ (Aufgabe 5.36). Im Fall $k = 2$ gilt (s. Abb. 5.12)

$$\Delta_x^y F = F(y_1, y_2) - F(x_1, y_2) - F(y_1, x_2) + F(x_1, x_2).$$

Mit Mitteln der Maß- und Integrationstheorie kann gezeigt werden, dass zu jeder rechtsseitig stetigen Funktion $F : \mathbb{R}^k \to [0, 1]$, die die verallgemeinerte Monotonieeigenschaft besitzt und die oben angegebenen Grenzwertbeziehungen erfüllt, genau ein Wahrscheinlichkeitsmaß $Q_F$ auf $\mathcal{B}^k$ existiert, das $F$ als Verteilungsfunktion hat, für das also $Q_F((-\infty, x]) = F(x)$, $x \in \mathbb{R}^k$, gilt (vgl. die Hintergrund-und-Ausblick-Box über maßdefinierende Funktionen auf $\mathbb{R}^k$ in Abschn. 8.4).

## Zufallsvariablen sind unabhängig, wenn die gemeinsame Dichte das Produkt der marginalen Dichten ist

Wir wollen uns jetzt überlegen, ob es ein Kriterium für die Unabhängigkeit von $k$ Zufallsvariablen mit einer gemeinsamen Dichte gibt, das der Charakterisierung (4.3) bei diskreten Zufallsvariablen entspricht. Nach den Betrachtungen in Abschn. 3.3 sind $k$ reelle Zufallsvariablen $X_1, \ldots, X_k$ genau dann stochastisch unabhängig, wenn

$$\mathbb{P}(X_1 \in B_1, \ldots, X_k \in B_k) = \prod_{j=1}^k \mathbb{P}(X_j \in B_j) \qquad (5.15)$$

für beliebige Borel-Mengen $B_1, \ldots, B_k$ gilt. Besitzen $X_1, \ldots, X_k$ eine gemeinsame Dichte $f$, so nimmt dieses Kriterium die folgende Gestalt an:

**Stochastische Unabhängigkeit und Dichten**

Der $k$-dimensionale Zufallsvektor $\mathbf{X} := (X_1, \ldots, X_k)$ besitze die Dichte $f$. Bezeichnet $f_j$ die marginale Dichte von $X_j$, $j = 1, \ldots, k$, so sind $X_1, \ldots, X_k$ genau dann stochastisch unabhängig, wenn gilt:

$$f(x) = \prod_{j=1}^k f_j(x_j)$$

für $\lambda^k$-fast alle $x = (x_1, \ldots, x_k) \in \mathbb{R}^k$.

Kapitel 5

## Unter der Lupe: Das Bertrandsche Sehnen-Paradoxon

Was ist eine rein zufällige Sehne?

Das nachfolgende Paradoxon von Joseph Bertrand (1822–1900) zeigt, dass die oft vage Vorstellung vom *reinen Zufall* zu verschiedenen stochastischen Modellen und somit unterschiedlichen Wahrscheinlichkeiten für ein anscheinend gleiches Ereignis führen kann. Das verwirrende Objekt ist hier eine *rein zufällige Sehne*, die im Einheitskreis gezogen wird. Mit welcher Wahrscheinlichkeit ist diese länger als eine Seite des dem Kreis einbeschriebenen gleichseitigen Dreiecks, also $\sqrt{3}$ (siehe nachstehendes Bild links)?

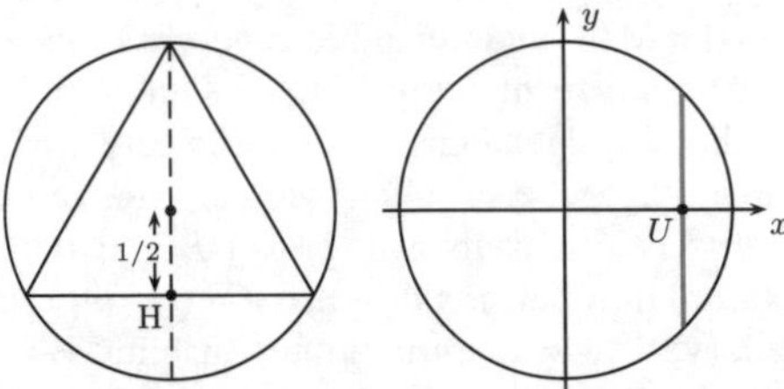


Bertrandsches Paradoxon: Problemstellung (links) und Modell 1 (rechts)

**Modell 1:** Eine Sehne ist durch ihren Abstand vom Kreismittelpunkt und ihre Richtung festgelegt. Da Letztere irrelevant ist, wählen wir eine Sehne parallel zur $y$-Achse, wobei der Schnittpunkt $U$ auf der $x$-Achse die Gleichverteilung U$(-1, 1)$ besitzt (obiges Bild rechts). Da der Höhenfußpunkt H des gleichseitigen Dreiecks den Kreisradius halbiert (obiges Bild links), ist die so erzeugte *rein zufällige* Sehne genau dann länger als $\sqrt{3}$, wenn $-1/2 < U < 1/2$ gilt, und die Wahrscheinlichkeit hierfür ist $1/2$.

**Modell 2:** Zwei Punkte auf dem Kreisrand legen eine Sehne fest. Wegen der Drehsymmetrie des Problems wählen wir einen festen Punkt M und modellieren den Winkel $\Theta$ zwischen der Tangente durch M und der gesuchten Sehne als gleichverteilt im Intervall $(0, \pi)$ (nachstehendes Bild links). Die so erzeugte *rein zufällige* Sehne ist genau dann länger als $\sqrt{3}$, wenn $\pi/3 < \Theta < 2\pi/3$ gilt. Die Wahrscheinlichkeit hierfür ist $1/3$.

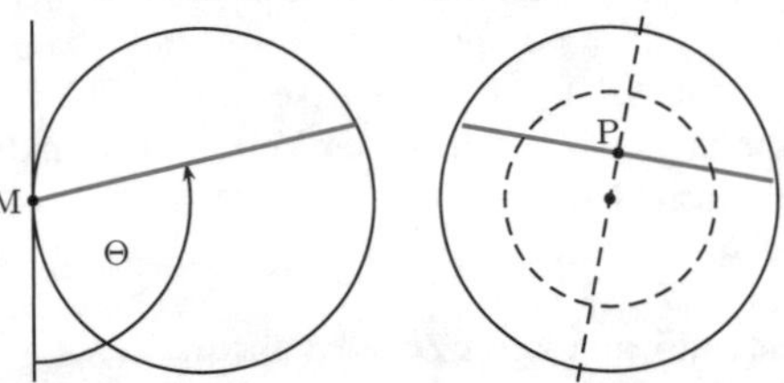


Bertrandsches Paradoxon: Modelle 2 (links) und 3 (rechts)

**Modell 3:** Es sei P *gleichverteilt im Einheitskreis*. Ist P vom Mittelpunkt verschieden (dies geschieht mit Wahrscheinlichkeit eins), so betrachten wir die Sehne, deren Mittelsenkrechte durch P und den Kreismittelpunkt geht (obiges Bild rechts). Die so generierte *rein zufällige* Sehne ist genau dann länger als $\sqrt{3}$, wenn P in den konzentrischen Kreis mit Radius $1/2$ fällt. Die Wahrscheinlichkeit hierfür ist der Flächenanteil $\pi(1/2)^2/\pi = 1/4$. Die unterschiedlichen Werte $1/2$, $1/3$ und $1/4$ zeigen, dass erst ein präzises stochastisches Modell Wahrscheinlichkeitsaussagen ermöglicht!



**Beweis** Der Beweis ergibt sich wie folgt elegant mit Techniken der Maßtheorie: Wie im Kommentar nach dem allgemeinen Unabhängigkeitskriterium in Abschn. 3.3 dargelegt, ist (3.35) gleichbedeutend mit (3.36). Nach Voraussetzung hat $\mathbb{P}^X$ die $\lambda^k$-Dichte $f$. Wegen

$$\bigotimes_{j=1}^{k} \mathbb{P}^{X_j}(B_1 \times \ldots \times B_k) = \prod_{j=1}^{k} \int_{B_j} f_j(x_j)\, \mathrm{d}x_j = \int_{B_1 \times \ldots \times B_k} \prod_{j=1}^{k} f_j(x_j) \mathrm{d}x$$

besitzt $\bigotimes_{j=1}^{k} \mathbb{P}^{X_j}$ die $\lambda^k$-Dichte $\prod_{j=1}^{k} f_j(x_j)$. Nach dem Satz über die Eindeutigkeit der Dichte in Abschn. 8.8 sind $f$ und $\prod_{j=1}^{k} f_j(x_j)$ $\lambda^k$-f.ü. gleich, was zu zeigen war. ■

**Beispiel (Standardnormalverteilung)** Ein standardnormalverteilter $k$-dimensionaler Zufallsvektor $\mathbf{X} = (X_1, \ldots, X_k)$ hat die Dichte

$$\varphi_k(x) = \left(\frac{1}{\sqrt{2\pi}}\right)^k \exp\left(-\frac{1}{2}\sum_{j=1}^{k} x_j^2\right),$$

$x = (x_1, \ldots, x_k) \in \mathbb{R}^k$, und jedes $X_j$ ist eindimensional standardnormalverteilt, besitzt also die Dichte $f_j(t) = \exp(-t^2/2)/\sqrt{2\pi}$, $t \in \mathbb{R}$. Damit gilt

$$\varphi_k(x) = \prod_{j=1}^{k} f_j(x_j), \quad x = (x_1, \ldots, x_k) \in \mathbb{R}^k,$$

was zeigt, dass $X_1, \ldots, X_k$ stochastisch unabhängig sind. Interessanterweise ist letztere Eigenschaft bei rotationsinvarianter Dichte für $\mathbf{X}$ charakteristisch für die Normalverteilung (Aufgabe 5.40). ◀

**Selbstfrage 3**

Besitzt der Zufallsvektor mit der Gleichverteilung auf der in Abb. 5.11 angegebenen Menge $A$ stochastisch unabhängige Komponenten?

## Hintergrund und Ausblick: Der lineare Kongruenzgenerator

Wie simuliert man die Gleichverteilung im Einheitsintervall?

Zufallsvorgänge werden häufig mit dem Computer simuliert. Bausteine hierfür sind *gleichverteilte Pseudozufallszahlen*, die von *Pseudozufallszahlengeneratoren* (kurz: Zufallsgeneratoren) erzeugt werden und versuchen, die Gleichverteilung $\mathrm{U}(0,1)$ sowie stochastische Unabhängigkeit nachzubilden. Hinter jedem Zufallsgenerator verbirgt sich ein *Algorithmus*, der eine *deterministische Folge* $x_0, x_1, x_2, \ldots$ im Intervall $[0,1]$ erzeugt. Dabei sollen $x_0, x_1, x_2, \ldots$ „unabhängig voneinander und gleichverteilt in $[0,1]$" wirken. Zufallsgeneratoren versuchen, dieser Vorstellung durch Simulation der *diskreten Gleichverteilung* auf der Menge $\Omega_m := \{\frac{0}{m}, \frac{1}{m}, \frac{2}{m}, \ldots, \frac{m-1}{m}\}$ mit einer großen natürlichen Zahl $m$ (z. B. $m = 2^{32}$) möglichst gut zu entsprechen (siehe Aufgabe 5.37). Der $n$-maligen unabhängigen rein zufälligen Auswahl einer Zahl aus $\Omega_m$ entspricht dann die Gleichverteilung auf dem $n$-fachen kartesischen Produkt $\Omega_m^n$, die ihrerseits für $m \to \infty$ die (stetige) Gleichverteilung auf $[0,1]^n$ approximiert (Aufgabe 5.38). Natürlich können die von einem Zufallsgenerator erzeugten Zahlenreihen diese Wünsche nur bedingt erfüllen. Dabei müssen gute Generatoren verschiedene Tests hinsichtlich der *statistischen Qualität* der produzierten Zufallszahlen bestehen.

Der häufig verwendete *lineare Kongruenzgenerator* basiert auf nichtnegativen ganzen Zahlen $m$ (*Modul*), $a$ (*Faktor*), $b$ (*Inkrement*) und $z_0$ (*Anfangsglied*) mit $z_0 \le m-1$ und verwendet das *iterative Kongruenzschema*

$$z_{j+1} \equiv a \cdot z_j + b \bmod m, \; j \ge 0. \qquad (5.16)$$

Durch die Normierungsvorschrift

$$x_j := \frac{z_j}{m}, \qquad j \ge 0, \qquad (5.17)$$

entsteht dann eine Folge $x_0, x_1, \ldots$ im Einheitsintervall.

Als Beispiel diene der Fall $m = 100$, $a = 18$, $b = 11$ und $z_0 = 40$. Hier gilt (bitte nachrechnen!) $z_1 = 31$, $z_2 = 69$, $z_3 = 53$, $z_4 = 65$, $z_5 = 81$ und $z_6 = 69 = z_2$. Dies bedeutet, dass der Generator schon nach zwei Schritten eine *Periode* der Länge vier läuft. Die wünschenswerte maximale Periodenlänge $m$ wird genau dann erreicht, wenn gilt (siehe z. B. [18]):

- $b$ ist teilerfremd zu $m$,
- jede Primzahl, die $m$ teilt, teilt auch $a-1$,
- ist $m$ durch 4 teilbar, so auch $a-1$.

Dass die Periodenlänge $m$ vorliegt, bedeutet nur, dass alle Zahlen $j/m$, $0 \le j < m$, nach $(m-1)$-maligem Aufruf von (5.16) aufgetreten sind. Die obigen Bedingungen sagen jedoch nichts über die statistische Qualität der erzeugten Zufallszahlen aus. So besitzt etwa das lineare Kongruenzschema $z_{j+1} = z_j + 1 \pmod{m}$ maximale Periodenlänge; diese Folge wird man jedoch kaum als zufällig erzeugt ansehen. Um die Aussicht auf die Vermeidung derart pathologischer Fälle zu vergrößern, sollte man $a$ nicht zu klein und nicht zu groß wählen.

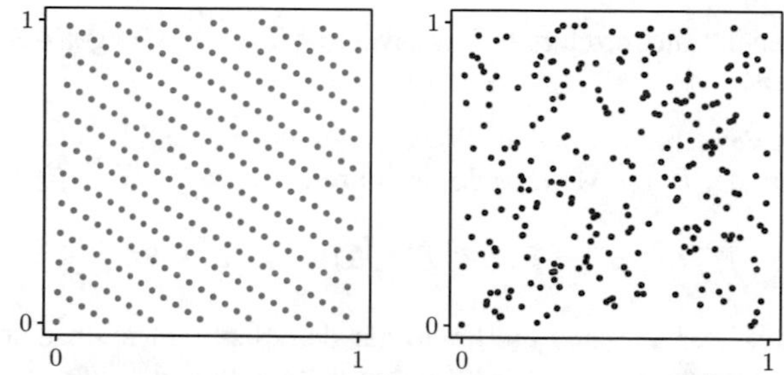


Von linearen Kongruenzgeneratoren erzeugte Punktepaare

Eine prinzipielle Schwäche linearer Kongruenzgeneratoren ist deren *Gitterstruktur*. Diese Namensgebung bedeutet, dass für jedes $d \ge 2$ die Vektoren $(x_i, x_{i+1}, \ldots, x_{i+d-1})$, $i \ge 0$, auf einem Gitter im $\mathbb{R}^d$ liegen (Aufgabe 5.39). So fallen die 256 Pseudozufalls-Paare $(x_0, x_1), \ldots, (x_{255}, x_{256})$ des Kongruenzgenerators mit $m = 256$, $a = 25$, $b = 1$ und $z_0 = 1$ auf insgesamt 16 Geraden (s. obige Abb. links).

Ein guter linearer Kongruenzgenerator sollte eine hinreichend feine Gitterstruktur besitzen. Der *Spektraltest* präzisiert diese Idee, indem für den Fall $d = 2$ in $[0,1]^2$ der breiteste Streifen zwischen irgendwelchen parallelen Geraden im Gitter betrachtet wird, der kein Punktepaar $(x_i, x_{i+1})$ enthält. Je schmaler dieser Streifen, desto besser ist nach dem Wertmaßstab dieses Tests die statistische Qualität der Pseudozufalls-Paare $(x_i, x_{i+1})$, $i \ge 0$. Im Fall $d = 3$ bildet man analog im Einheitswürfel den größten Streifen zwischen parallelen Ebenen, der keinen der Punkte $(x_i, x_{i+1}, x_{i+2})$, $i \ge 0$, enthält. Durch geeignete Wahl von $a$ wird dann versucht, die Breite dieses punktfreien Streifens zu minimieren. Dieser *Gittereffekt* wird kaum sichtbar, wenn bei großem Modul $m$ relativ wenige Punktepaare $(x_j, x_{j+1})$ geplottet werden. So sehen z. B. die ersten 250 Paare $(x_0, x_1), \ldots, (x_{249}, x_{250})$ des Generators mit $m = 2^{24}$, $a = 54\,677$, $b = 1$, $z_0 = 1$ „unabhängig und in $[0,1]^2$ gleichverteilt" aus (obiges Bild rechts).

## 5.2 Transformationen von Verteilungen

Es seien $\mathbf{X} = (X_1, \ldots, X_k)$ ein $k$-dimensionaler Zufallsvektor und $T : \mathbb{R}^k \to \mathbb{R}^s$ eine messbare Abbildung, also

$$T(x) =: (T_1(x), \ldots, T_s(x)), \quad x = (x_1, \ldots, x_k),$$

mit Komponentenabbildungen $T_j : \mathbb{R}^k \to \mathbb{R}$, $j = 1, \ldots, s$. Dabei setzen wir $s \leq k$ voraus. In diesem Abschnitt gehen wir der Frage nach, wie man die Verteilung des durch

$$\mathbf{Y} := T(\mathbf{X}), \quad \mathbf{Y} = (Y_1, \ldots, Y_s) = (T_1(\mathbf{X}), \ldots, T_s(\mathbf{X})),$$

gegebenen transformierten Zufallsvektors $\mathbf{Y}$ aus derjenigen von $\mathbf{X}$ erhält.

Da die Verteilung von $\mathbf{Y}$ als Wahrscheinlichkeitsmaß auf der $\sigma$-Algebra der Borel-Mengen des $\mathbb{R}^s$ durch

$$\mathbb{P}(\mathbf{Y} \in B) = \mathbb{P}(\mathbf{X} \in T^{-1}(B)), \qquad B \in \mathcal{B}^s,$$

gegeben ist, kann sich die Frage nur darauf beziehen, ob man diese Verteilung einfach beschreiben kann, etwa über die Verteilungsfunktion oder eine Dichte.

Wir stellen jetzt drei Methoden vor, mit denen man dieses Problem angehen kann. Diese grundsätzlichen Vorgehensweisen können schlagwortartig als

- „*Methode Verteilungsfunktion*",
- „*Methode Transformationssatz (Trafosatz)*" und
- „*Methode Ergänzen, Trafosatz und Marginalverteilung*"

bezeichnet werden.

Bei der *Methode Verteilungsfunktion* geht es darum, direkt aus der Verteilungsfunktion von $X$ diejenige von $Y$ zu erhalten. Wir haben hier bewusst keinen Fettdruck verwendet, weil diese Methode fast ausschließlich im Fall $k = s = 1$ angewendet wird.

**Satz (Methode Verteilungsfunktion, $k = s = 1$)**

Es sei $X$ eine Zufallsvariable mit Verteilungsfunktion $F$ und einer bis auf endlich viele Stellen stetigen Dichte $f$, wobei $\mathbb{P}(X \in O) = 1$ für ein offenes Intervall $O$. Die Restriktion der Abbildung $T : \mathbb{R} \to \mathbb{R}$ auf $O$ sei stetig differenzierbar und streng monoton mit $T'(x) \neq 0, x \in O$. Bezeichnen $T^{-1} : T(O) \to O$ die Inverse von $T$ auf $T(O)$ und $G$ die Verteilungsfunktion von $Y := T(X)$, so gelten:

a) Ist $T$ streng monoton wachsend, so ist

$$G(y) = F(T^{-1}(y)), \quad y \in T(O).$$

b) Ist $T$ streng monoton fallend, so ist

$$G(y) = 1 - F(T^{-1}(y)), \quad y \in T(O).$$

c) In jedem dieser beiden Fälle besitzt $Y$ die Dichte

$$g(y) := \frac{f(T^{-1}(y))}{|T'(T^{-1}(y))|}, \quad y \in T(O),$$

und $g(y) := 0$ sonst.

**Beweis** Ist $T$ streng monoton wachsend, so folgt

$$\begin{aligned} G(y) &= \mathbb{P}(Y \leq y) = \mathbb{P}(T(X) \leq y) = \mathbb{P}(X \leq T^{-1}(y)) \\ &= F(T^{-1}(y)), \quad y \in T(O), \end{aligned}$$

und somit durch Differenziation (in jedem Stetigkeitspunkt der Ableitung)

$$g(y) = G'(y) = \frac{F'(T^{-1}(y))}{T'(T^{-1}(y))} = \frac{f(T^{-1}(y))}{T'(T^{-1}(y))}.$$

Der zweite Fall ergibt sich analog. ■

**Selbstfrage 4**

Können Sie den Beweis für fallendes $T$ selbstständig zu Ende führen?

**Kommentar** Sie sollten die Dichte $g$ nach der in c) angegebenen Formel nicht nur durch formales Differenzieren herleiten können, sondern damit auch eine intuitive Vorstellung verbinden. Nach (5.8) mit $x$ anstelle von $t$ gilt ja für jede Stetigkeitsstelle $x$ von $f$ die Approximation

$$f(x)\Delta \approx \mathbb{P}(x \leq X \leq x + \Delta)$$

bei kleinem positiven $\Delta$ (siehe auch Abb. 5.7). Eine streng monoton wachsende Transformation $T$ bildet das Intervall $[x, x + \Delta]$ auf das Intervall $[T(x), T(x + \Delta)]$ ab, das seinerseits mit $y := T(x)$ und der Differenzierbarkeitsvoraussetzung durch das Intervall $[y, y + T'(x)\Delta]$ approximiert wird. Aus einem kleinen Intervall der Länge $\Delta$ ist also eines der approximativen Länge $T'(x)\Delta$ geworden. Wegen

$$\begin{aligned} g(y) &\approx \frac{\mathbb{P}(y \leq Y \leq T'(x)\Delta)}{T'(x)\Delta} \approx \frac{\mathbb{P}(x \leq X \leq x + \Delta)}{T'(x)\Delta} \\ &\approx \frac{f(x)\Delta}{T'(x)\Delta} = \frac{f(x)}{T'(x)} = \frac{f(T^{-1}(y))}{T'(T^{-1}(y))} \end{aligned}$$

„muss" die in c) angegebene Darstellung für die Dichte von $Y$ gelten. Ist $T$ fallend, so wird aus $[x, x + \Delta]$ das Intervall $[T(x + \Delta), T(x)]$. Dieses wird durch das Intervall $[y + T'(x)\Delta, y]$ mit der Länge $|T'(x)|\Delta$ approximiert. ◄

**Beispiel (Lokations-Skalen-Familien)** Wir betrachten für $\sigma, \mu \in \mathbb{R}$ mit $\sigma > 0$ die affine Abbildung

$$T(x) := \sigma x + \mu, \qquad x \in \mathbb{R}. \tag{5.18}$$

Besitzt die Zufallsvariable $X$ die Dichte $f$, so ist nach Teil c) des obigen Satzes die Dichte von $Y := \sigma X + \mu$ durch

$$g(y) = \frac{1}{\sigma} \cdot f\left(\frac{y - \mu}{\sigma}\right), \qquad y \in \mathbb{R},$$

gegeben. Die obige Zuordnung $T$ wird auch als *Lokations-Skalen-Transformation* bezeichnet, weil $\mu$ eine Verschiebung und $\sigma$ eine Skalenänderung bewirken. Die Bedeutung der Transformation (5.18) im Hinblick auf Anwendungen ist immens, erlaubt sie doch, aus einer gegebenen Verteilung eine ganze Klasse von Verteilungen zu generieren, die durch zwei Parameter, nämlich $\mu$ und $\sigma$, charakterisiert ist. Ist $X_0$ eine Zufallsvariable mit Verteilungsfunktion $F_0$ und Dichte $f_0$, so heißt die Menge der Verteilungsfunktionen

$$\left\{F_{\mu,\sigma}(\cdot) = F_0\left(\frac{\cdot - \mu}{\sigma}\right) \,\middle|\, \mu \in \mathbb{R},\ \sigma > 0\right\} \tag{5.19}$$

die von $F_0$ erzeugte *Lokations-Skalen-Familie*. Die zugehörigen Dichten sind

$$\left\{f_{\mu,\sigma}(\cdot) = \frac{1}{\sigma}\, f_0\left(\frac{\cdot - \mu}{\sigma}\right) \,\middle|\, \mu \in \mathbb{R},\ \sigma > 0\right\}.$$

Eine Lokations-Skalen-Familie, die von der Verteilung von $X_0$ erzeugt wird, besteht also aus den Verteilungen aller Zufallsvariablen $X := \sigma X_0 + \mu$ mit $\mu \in \mathbb{R}$ und $\sigma > 0$. ◄

## Ist $X_0$ standardnormalverteilt, so hat $\sigma X_0 + \mu$ die Normalverteilung $\mathrm{N}(\mu, \sigma^2)$

Wählen wir im obigen Beispiel als erzeugende Verteilung speziell die Standardnormalverteilung $\mathrm{N}(0, 1)$ mit der in (5.4) angegebenen Dichte $\varphi$, so ergibt sich als Lokations-Skalen-Familie die Menge aller (eindimensionalen) Normalverteilungen im Sinne der folgenden Definition.

### Definition der Normalverteilung

Die Zufallsvariable $X$ hat eine **Normalverteilung mit Parametern $\mu$ und $\sigma^2$** (kurz: $X \sim \mathrm{N}(\mu, \sigma^2)$), falls $X$ die durch

$$f(x) := \frac{1}{\sigma\sqrt{2\pi}} \exp\left(-\frac{(x-\mu)^2}{2\sigma^2}\right), \quad x \in \mathbb{R},$$

gegebene Dichte $f$ besitzt.

**Kommentar** Es ist allgemein üblich, den zweiten Parameter der Normalverteilung $\mathrm{N}(\mu, \sigma^2)$ als $\sigma^2$ (und nicht als $\sigma$) zu wählen. Wir werden später sehen, dass $\mu$ der Erwartungswert und $\sigma^2$ die Varianz dieser Verteilung sind. ◄

Abb. 5.13 zeigt die Dichte (links) und die Verteilungsfunktion (rechts) der Normalverteilung $\mathrm{N}(\mu, \sigma^2)$. Eine einfache Kurvendiskussion ergibt, dass die Dichte symmetrisch um $x = \mu$ ist und an den Stellen $\mu + \sigma$ und $\mu - \sigma$ Wendepunkte besitzt.

**Selbstfrage 5**

Warum sind an den Stellen $\mu \pm \sigma$ Wendepunkte?

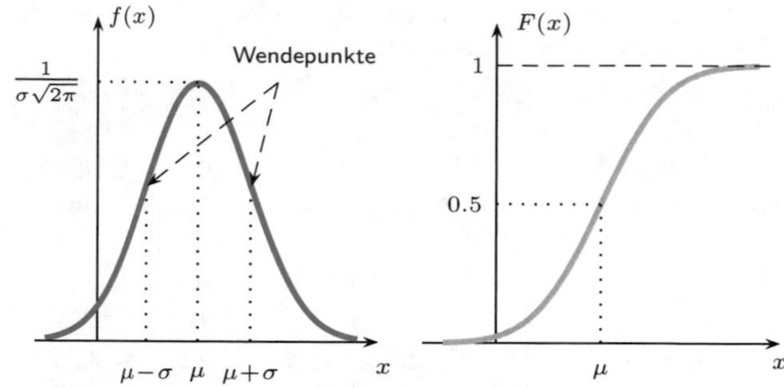


**Abb. 5.13** Dichte (links) und Verteilungsfunktion (rechts) der Normalverteilung $\mathrm{N}(\mu, \sigma^2)$

Es ist üblich, die Verteilungsfunktion der Standardnormalverteilung mit

$$\Phi(x) := \int_{-\infty}^{x} \frac{1}{\sqrt{2\pi}} \exp\left(-\frac{t^2}{2}\right) \mathrm{d}t, \quad x \in \mathbb{R}, \tag{5.20}$$

zu bezeichnen. Da die Funktion $x \mapsto \exp(-x^2/2)$ nicht elementar integrierbar ist, gibt es für $\Phi$ keine in geschlossener Form angebbare Stammfunktion, wenn man von einer Potenzreihe absieht (s. Aufgabe 5.15). In Tab. 5.1 sind Werte für $\Phi$ angegeben. Wegen der Symmetrie der Standardnormalverteilungsdichte $\varphi$ um 0 ist der Graph der Funktion $\Phi$ punktsymmetrisch zu $(0, 1/2)$ (siehe Abb. 5.14). Diese Eigenschaft spiegelt sich in der Gleichung

$$\Phi(-x) = 1 - \Phi(x), \quad x \in \mathbb{R}, \tag{5.21}$$

wider. Insbesondere erhält man aus Tab. 5.1 damit auch Werte $\Phi(x)$ für negatives $x$, also z. B. $\Phi(-1) = 1 - \Phi(1) = 1 - 0.8413 = 0.1587$.

Nach der Erzeugungsweise der Normalverteilung $\mathrm{N}(\mu, \sigma^2)$ aus der Standardnormalverteilung $\mathrm{N}(0, 1)$ über die Lokations-Skalen-Transformation

$$X_0 \sim \mathrm{N}(0,1) \Longrightarrow X := \sigma X_0 + \mu \sim \mathrm{N}(\mu, \sigma^2) \tag{5.22}$$

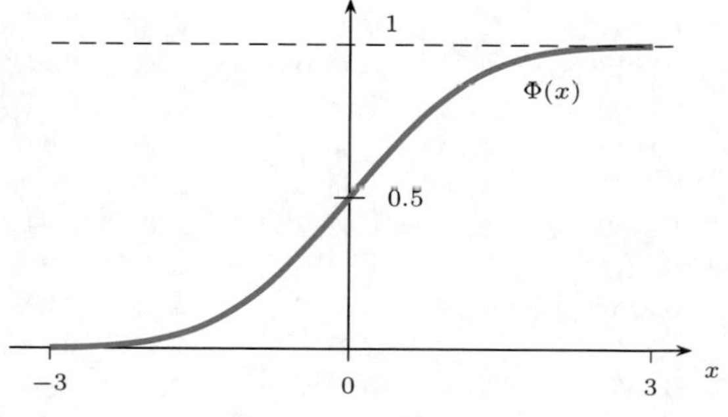


**Abb. 5.14** Graph der Verteilungsfunktion $\Phi$ der Standardnormalverteilung $\mathrm{N}(0, 1)$

**Tab. 5.1** Verteilungsfunktion $\Phi$ der Standardnormalverteilung (für $x < 0$ verwende man die Beziehung (5.21))

| $x$ | $\Phi(x)$ | $x$ | $\Phi(x)$ | $x$ | $\Phi(x)$ |
|---|---|---|---|---|---|
| 0.00 | 0.5000 | 1.00 | 0.8413 | 2.00 | 0.9772 |
| 0.02 | 0.5080 | 1.02 | 0.8461 | 2.02 | 0.9783 |
| 0.04 | 0.5160 | 1.04 | 0.8508 | 2.04 | 0.9793 |
| 0.06 | 0.5239 | 1.06 | 0.8554 | 2.06 | 0.9803 |
| 0.08 | 0.5319 | 1.08 | 0.8599 | 2.08 | 0.9812 |
| 0.10 | 0.5398 | 1.10 | 0.8643 | 2.10 | 0.9821 |
| 0.12 | 0.5478 | 1.12 | 0.8686 | 2.12 | 0.9830 |
| 0.14 | 0.5557 | 1.14 | 0.8729 | 2.14 | 0.9838 |
| 0.16 | 0.5636 | 1.16 | 0.8770 | 2.16 | 0.9846 |
| 0.18 | 0.5714 | 1.18 | 0.8810 | 2.18 | 0.9854 |
| 0.20 | 0.5793 | 1.20 | 0.8849 | 2.20 | 0.9861 |
| 0.22 | 0.5871 | 1.22 | 0.8888 | 2.22 | 0.9868 |
| 0.24 | 0.5948 | 1.24 | 0.8925 | 2.24 | 0.9875 |
| 0.26 | 0.6026 | 1.26 | 0.8962 | 2.26 | 0.9881 |
| 0.28 | 0.6103 | 1.28 | 0.8997 | 2.28 | 0.9887 |
| 0.30 | 0.6179 | 1.30 | 0.9032 | 2.30 | 0.9893 |
| 0.32 | 0.6255 | 1.32 | 0.9066 | 2.32 | 0.9898 |
| 0.34 | 0.6331 | 1.34 | 0.9099 | 2.34 | 0.9904 |
| 0.36 | 0.6406 | 1.36 | 0.9131 | 2.36 | 0.9909 |
| 0.38 | 0.6480 | 1.38 | 0.9162 | 2.38 | 0.9913 |
| 0.40 | 0.6554 | 1.40 | 0.9192 | 2.40 | 0.9918 |
| 0.42 | 0.6628 | 1.42 | 0.9222 | 2.42 | 0.9922 |
| 0.44 | 0.6700 | 1.44 | 0.9251 | 2.44 | 0.9927 |
| 0.46 | 0.6772 | 1.46 | 0.9279 | 2.46 | 0.9931 |
| 0.48 | 0.6844 | 1.48 | 0.9306 | 2.48 | 0.9934 |
| 0.50 | 0.6915 | 1.50 | 0.9332 | 2.50 | 0.9938 |
| 0.52 | 0.6985 | 1.52 | 0.9357 | 2.52 | 0.9941 |
| 0.54 | 0.7054 | 1.54 | 0.9382 | 2.54 | 0.9945 |
| 0.56 | 0.7123 | 1.56 | 0.9406 | 2.56 | 0.9948 |
| 0.58 | 0.7190 | 1.58 | 0.9429 | 2.58 | 0.9951 |
| 0.60 | 0.7257 | 1.60 | 0.9452 | 2.60 | 0.9953 |
| 0.62 | 0.7324 | 1.62 | 0.9474 | 2.62 | 0.9956 |
| 0.64 | 0.7389 | 1.64 | 0.9495 | 2.64 | 0.9959 |
| 0.66 | 0.7454 | 1.66 | 0.9515 | 2.66 | 0.9961 |
| 0.68 | 0.7517 | 1.68 | 0.9535 | 2.68 | 0.9963 |
| 0.70 | 0.7580 | 1.70 | 0.9554 | 2.70 | 0.9965 |
| 0.72 | 0.7642 | 1.72 | 0.9573 | 2.72 | 0.9967 |
| 0.74 | 0.7703 | 1.74 | 0.9591 | 2.74 | 0.9969 |
| 0.76 | 0.7764 | 1.76 | 0.9608 | 2.76 | 0.9971 |
| 0.78 | 0.7823 | 1.78 | 0.9625 | 2.78 | 0.9973 |
| 0.80 | 0.7881 | 1.80 | 0.9641 | 2.80 | 0.9974 |
| 0.82 | 0.7939 | 1.82 | 0.9656 | 2.82 | 0.9976 |
| 0.84 | 0.7995 | 1.84 | 0.9671 | 2.84 | 0.9977 |
| 0.86 | 0.8051 | 1.86 | 0.9686 | 2.86 | 0.9979 |
| 0.88 | 0.8106 | 1.88 | 0.9699 | 2.88 | 0.9980 |
| 0.90 | 0.8159 | 1.90 | 0.9713 | 2.90 | 0.9981 |
| 0.92 | 0.8212 | 1.92 | 0.9726 | 2.92 | 0.9982 |
| 0.94 | 0.8264 | 1.94 | 0.9738 | 2.94 | 0.9984 |
| 0.96 | 0.8315 | 1.96 | 0.9750 | 2.96 | 0.9985 |
| 0.98 | 0.8365 | 1.98 | 0.9761 | 2.98 | 0.9986 |

lässt sich die Verteilungsfunktion der Normalverteilung $\mathrm{N}(\mu, \sigma^2)$ mithilfe von $\Phi$ ausdrücken, denn es ist

$$\mathbb{P}(X \leq x) = \mathbb{P}(\sigma X_0 + \mu \leq x) = \mathbb{P}\left(X_0 \leq \frac{x-\mu}{\sigma}\right)$$
$$= \Phi\left(\frac{x-\mu}{\sigma}\right) \tag{5.23}$$

(siehe (5.19)).

**Selbstfrage 6**

Wie groß ist die Wahrscheinlichkeit $\mathbb{P}(2 \leq X \leq 5)$, wenn $X$ die Normalverteilung $\mathrm{N}(4, 4)$ besitzt?

Wir werden der Normalverteilung noch an verschiedenen Stellen begegnen und uns jetzt einer weiteren wichtigen Lokations-Skalen-Familie zuwenden. Starten wir hierzu im Beispiel einer allgemeinen Lokations-Skalen-Familie mit der Dichte $f_0(x) = 1$ für $0 < x < 1$ und $f_0(x) := 0$ sonst, also mit einer auf $(0, 1)$ gleichverteilten Zufallsvariablen $X_0$, und wenden für $a, b \in \mathbb{R}$ mit $a < b$ die Transformation

$$T(x) := a + (b - a)x, \qquad x \in \mathbb{R}, \tag{5.24}$$

an, so entsteht die Gleichverteilung auf $(a, b)$ im Sinne der folgenden Definition.

**Definition der stetigen Gleichverteilung**

Die Zufallsvariable $X$ hat eine (stetige) **Gleichverteilung auf dem Intervall $(a, b)$** (kurz: $X \sim \mathrm{U}(a, b)$), falls $X$ die Dichte

$$f(x) := \frac{1}{b-a}, \qquad \text{falls} \quad a < x < b,$$

und $f(x) := 0$ sonst, besitzt.

Die Dichte der Gleichverteilung $\mathrm{U}(a, b)$ ist in Abb. 5.15 links skizziert. Das rechte Bild zeigt die durch $F(x) = 0$, falls $x \leq a$, und $F(x) = 1$, falls $x \geq b$, sowie

$$F(x) = \frac{x-a}{b-a}, \qquad \text{falls} \quad a < x < b, \tag{5.25}$$

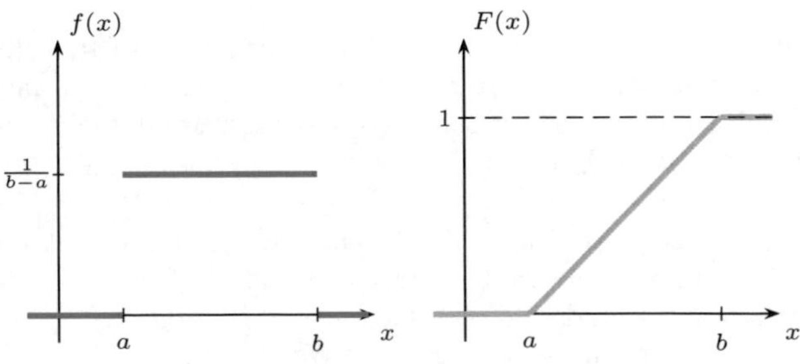


**Abb. 5.15** Dichte und Verteilungsfunktion der Verteilung $\mathrm{U}(a, b)$

gegebene Verteilungsfunktion von $X$. Man beachte, dass die Gleichverteilung bereits in Abschn. 5.1 allgemein auf Borel-Mengen im $\mathbb{R}^k$ mit positivem, endlichen Borel-Lebesgue-Maß eingeführt wurde. Die Gleichverteilung $\mathrm{U}(a, b)$ ist aber so wichtig, dass wir obige Definition gesondert aufgenommen haben. Aufgrund der Transformation (5.24) und den Betrachtungen in der Hintergrund-und-Ausblick-Box über den linearen Kongruenzgenerator ist klar, wie wir z. B. eine Gleichverteilung auf dem Intervall $(4, 7)$ simulieren können. Wir transformieren die erhaltenen, auf $(0, 1)$ gleichverteilten Pseudozufallszahlen $x_j$ einfach gemäß $x_j \mapsto 4 + 3x_j$.

Man beachte, dass die Verteilungsfunktion $F$ mit Ausnahme der Stellen $x = a$ und $x = b$ differenzierbar ist und dort die Gleichung $f(x) = F'(x)$ erfüllt. Wie die Dichte $f$ an den Stellen $a$ und $b$ definiert wird, ist unerheblich, da eine solche Festlegung die Verteilung nicht beeinflusst.

Das folgende Beispiel zeigt, dass die Anwendung der *Methode Verteilungsfunktion* auch dann zum Erfolg führen kann, wenn die Transformation $T$ nicht notwendig streng monoton ist (siehe auch Aufgabe 5.3).

**Beispiel (Quadrat-Transformation)** Es sei $X$ eine Zufallsvariable mit Verteilungsfunktion $F$ und stückweise stetiger Dichte $f$. Wir betrachten die Transformation $T : \mathbb{R} \to \mathbb{R}$, $T(x) := x^2$, und damit die Zufallsvariable $Y := X^2$. Für die Verteilungsfunktion $G$ von $Y$ gilt wegen der Stetigkeit von $F$ die Beziehung $G(y) = \mathbb{P}(Y \le 0) = 0$ für $y \le 0$ sowie für $y > 0$

$$\begin{aligned} G(y) &= \mathbb{P}(X^2 \le y) = \mathbb{P}(-\sqrt{y} \le X \le \sqrt{y}) \\ &= F(\sqrt{y}) - F(-\sqrt{y}). \end{aligned}$$

Differenziation liefert dann für $y > 0$

$$g(y) := G'(y) = f(\sqrt{y})\,\frac{1}{2\sqrt{y}} - f(-\sqrt{y})\left(-\frac{1}{2\sqrt{y}}\right).$$

Somit ist

$$g(y) = \frac{1}{2\sqrt{y}}\left(f(\sqrt{y}) + f(-\sqrt{y})\right), \qquad y > 0, \qquad (5.26)$$

und $g(y) := 0$ sonst, eine Dichte von $Y$. ◄

## Unter einer regulären Transformation $T$ ergibt sich die Dichte $g$ von $Y = T(X)$ zu $g(y) = f(T^{-1}(y))/|\det T'(T^{-1}(y))|$

Wir wollen es an dieser Stelle mit weiteren Beispielen zur *Methode Verteilungsfunktion* bewenden lassen, möchten aber schon jetzt darauf hinweisen, dass uns diese Methode im Zusammenhang mit wichtigen Verteilungen wie z. B. der *Lognormalverteilung* und der *Weibull-Verteilung* begegnen wird. Stattdessen wenden wir uns der *Methode Transformationssatz* (kurz: *Trafosatz*) zu. Diese Methode kommt immer dann zur Geltung, wenn der $k$-dimensionale Zufallsvektor $\mathbf{X}$ eine Dichte (bzgl. des Borel-Lebesgue-Maßes $\lambda^k$) besitzt und die Transformation $T$ dimensionserhaltend ist, also den $\mathbb{R}^k$ in sich abbildet.

**Satz (Methode Transformationssatz, $k = s > 1$)**

Es sei $\mathbf{X}$ ein $k$-dimensionaler Zufallsvektor mit einer Dichte $f$, die außerhalb einer offenen Menge $O$ verschwinde; es gelte also $\{x \mid f(x) > 0\} \subseteq O$. Weiter sei $T : \mathbb{R}^k \to \mathbb{R}^k$ eine Borel-messbare Abbildung, deren Restriktion auf $O$ stetig differenzierbar sei, eine nirgends verschwindende Funktionaldeterminante besitze und $O$ bijektiv auf $T(O) \subseteq \mathbb{R}^k$ abbilde. Dann ist die durch

$$g(y) := \begin{cases} \frac{f(T^{-1}(y))}{|\det T'(T^{-1}(y))|}, & \text{falls } y \in T(O), \\ 0, & \text{falls } y \in \mathbb{R}^k \setminus T(O), \end{cases}$$

definierte Funktion $g$ eine Dichte von $\mathbf{Y} := T(\mathbf{X})$.

Dieser Satz findet sich als Transformationssatz für $\lambda^k$-Dichten in Abschn. 8.8. Er wird dort in maßtheoretischer Formulierung bewiesen, ohne die Sprache von Zufallsvektoren zu verwenden. Ausgangspunkt ist der in Abschn. 22.3 von [1] behandelte Transformationssatz für Gebietsintegrale. Nach diesem Satz gilt für jede offene Teilmenge $M$ von $T(O)$

$$\begin{aligned} \mathbb{P}(\mathbf{Y} \in M) &= \mathbb{P}(\mathbf{X} \in T^{-1}(M)) \\ &= \int_{T^{-1}(M)} f(x)\,\mathrm{d}x \\ &= \int_M \frac{f(T^{-1}(y))}{|\det T'(T^{-1}(y))|}\,\mathrm{d}y. \end{aligned}$$

Mit Techniken der Maßtheorie folgert man, dass diese Gleichungskette dann auch für jede Borel-Menge $M$ des $\mathbb{R}^k$ gilt.

**Kommentar** Wie im Fall $k = 1$ sollte man auch dieses Ergebnis nicht nur formal beweisen, sondern sich klar machen, dass die Dichte $g$ von $\mathbf{Y} = T(\mathbf{X})$ die im Transformationssatz angegebene Gestalt „besitzen muss". Wir betrachten hierzu eine Stelle $x$, an der die Dichte $f$ von $\mathbf{X}$ stetig ist. Ist $B_x$ ein $x$ enthaltender Quader, so gilt bei kleinem $\lambda^k(B_x)$ (vgl. die Hintergrund-und-Ausblick-Box in Abschn. 8.8)

$$f(x) \approx \frac{\mathbb{P}(\mathbf{X} \in B_x)}{\lambda^k(B_x)}.$$

Unter der Transformation $T$ geht $B_x$ in $T(B_x)$ über. Auf $B_x$ wird $T$ durch die lineare Abbildung $z \mapsto T'(x)\,z$ approximiert, und es gilt $\lambda^k(T(B_x)) \approx |\det T'(x)|\,\lambda^k(B_x)$. Setzen wir $y = T(x)$ und damit $x = T^{-1}(y)$, so gilt für die Dichte von $Y$ an der Stelle $y$

$$\begin{aligned} g(y) &\approx \frac{\mathbb{P}(\mathbf{Y} \in T(B_x))}{\lambda^k(T(B_x))} = \frac{\mathbb{P}(\mathbf{X} \in B_x)}{\lambda^k(B_x)}\,\frac{\lambda^k(B_x)}{\lambda^k(T(B_x))} \\ &\approx f(x)\,\frac{1}{|\det T'(x)|} = \frac{f(T^{-1}(y))}{|\det T'(T^{-1}(y))|}. \end{aligned}$$ ◄

**Beispiel (Box-Muller-Methode)** Formuliert man das Beispiel zur Box-Muller-Methode in Abschn. 8.8, also den Fall $k = s = 2$, $O = (0,1)^2$, $f = \mathbb{1}_O$ und $T(x) := (T_1(x), T_2(x))$ mit $T_1(x) = \sqrt{-2\log x_1}\cos(2\pi x_2)$ und $T_2(x) = \sqrt{-2\log x_1}\sin(2\pi x_2)$, $x = (x_1, x_2)$, in die Sprache von Zufallsvariablen um, so ergibt sich folgende Aussage:

Sind $X_1, X_2$ stochastisch unabhängige und je $\mathrm{U}(0,1)$-verteilte Zufallsvariablen, so sind die durch

$$Y_1 := \sqrt{-2\log X_1}\,\cos(2\pi X_2),$$
$$Y_2 := \sqrt{-2\log X_1}\,\sin(2\pi X_2)$$

definierten Zufallsvariablen $Y_1, Y_2$ stochastisch unabhängig und je $\mathrm{N}(0,1)$-verteilt. Diese Erkenntnis kann verwendet werden, um aus zwei Pseudozufallszahlen $x_1, x_2$ mit der Gleichverteilung auf $(0,1)$ zwei Pseudozufallszahlen $y_1, y_2$ mit einer Standardnormalverteilung zu erzeugen. Aus letzteren erhält man dann mit der affinen Transformation $y_j \mapsto \sigma y_j + \mu$ $(j = 1,2)$ zwei Pseudozufallszahlen mit der Normalverteilung $\mathrm{N}(\mu, \sigma^2)$. ◀

Wie im nächsten Beispiel ist es oft vorteilhaft, Vektoren des $\mathbb{R}^k$ und $k$-dimensionale Zufallsvektoren als *Spaltenvektoren* zu schreiben. Dies ist insbesondere dann der Fall, wenn Abbildungen durch Matrizen definiert werden.

**Beispiel (affine Abbildung)** Wir betrachten die affine Abbildung

$$T(x) := Ax + \mu, \qquad x \in \mathbb{R}^k,$$

mit einer invertierbaren $(k \times k)$-Matrix $A$ und einem (Spalten-) Vektor $\mu \in \mathbb{R}^k$. Diese stetig differenzierbare Transformation bildet den $\mathbb{R}^k$ auf sich ab und besitzt die Funktionaldeterminante $\det A$. Ist $\mathbf{X}$ ein $k$-dimensionaler Zufallsvektor mit Dichte $f$, so hat der Zufallsvektor $\mathbf{Y} := A\mathbf{X} + b$ nach dem Transformationssatz die Dichte

$$g(y) = \frac{f(A^{-1}(y-\mu))}{|\det A|}, \qquad y \in \mathbb{R}^k. \quad ◀$$

## Die $k$-dimensionale Normalverteilung entsteht durch eine affine Transformation aus der Standardnormalverteilung im $\mathbb{R}^k$

Was ergibt sich, wenn wir die obige affine Transformation auf einen $k$-dimensionalen Zufallsvektor $\mathbf{X}$ mit der Standardnormalverteilung im $\mathbb{R}^k$ anwenden? Schreiben wir den transponierten Zeilenvektor eines Spaltenvektors $x$ mit $x^\top$, so stellt sich die Dichte von $\mathbf{X}$ in der Form

$$f(x) = \prod_{j=1}^{k}\left(\frac{1}{\sqrt{2\pi}}\exp\left(-\frac{x_j^2}{2}\right)\right) = \frac{1}{(2\pi)^{k/2}}\exp\left(-\frac{x^\top x}{2}\right)$$

dar. Nach dem obigen Beispiel besitzt der Zufallsvektor $\mathbf{Y} := A\mathbf{X} + \mu$ die Dichte

$$g(y) = \frac{1}{(2\pi)^{k/2}|\det A|}\exp\Big(-\frac{1}{2}(A^{-1}(y-\mu))^\top (A^{-1}(y-\mu))\Big),$$

$y \in \mathbb{R}^k$. Setzen wir

$$\Sigma := AA^\top, \tag{5.27}$$

so geht dieser Ausdruck wegen $\left(A^{-1}\right)^\top = \left(A^\top\right)^{-1}$ und $|\det A| = \sqrt{\det \Sigma}$ in

$$g(y) = \frac{1}{(2\pi)^{k/2}\sqrt{\det\Sigma}}\exp\left(-\frac{1}{2}(y-\mu)^\top\Sigma^{-1}(y-\mu)\right)$$

über. Die Dichte und damit auch die Verteilung von $\mathbf{Y}$ hängen also von der Transformationsmatrix $A$ nur über die in (5.27) definierte Matrix $\Sigma$ ab. Offenbar ist $\Sigma$ symmetrisch und positiv definit, da $A$ invertierbar ist. Da es zu jeder vorgegebenen symmetrischen und positiv definiten Matrix $\Sigma$ eine invertierbare Matrix $A$ mit $\Sigma = AA^\top$ gibt (Cholesky-Zerlegung!), haben wir gezeigt, dass die nachfolgende Definition – bei der wir den Zufallsvektor als $\mathbf{X}$ und nicht als $\mathbf{Y}$ schreiben – widerspruchsfrei ist. Außerdem haben wir gesehen, wie man einen Zufallsvektor mit dieser Verteilung mithilfe einer affinen Transformation erzeugt.

**Definition der $k$-dimensionalen Normalverteilung**

Es seien $\mu \in \mathbb{R}^k$ und $\Sigma$ eine symmetrische positiv-definite $(k \times k)$-Matrix. Der Zufallsvektor $\mathbf{X} = (X_1, \ldots, X_k)$ hat eine **(nichtausgeartete) $k$-dimensionale Normalverteilung mit Parametern $\mu$ und $\Sigma$**, falls $\mathbf{X}$ die Dichte

$$f(x) = \frac{1}{(2\pi)^{k/2}\sqrt{\det\Sigma}}\exp\Big(-\frac{1}{2}(x-\mu)^\top\Sigma^{-1}(x-\mu)\Big),$$

$x \in \mathbb{R}^k$, besitzt. In diesem Fall schreiben wir kurz

$$\mathbf{X} \sim \mathrm{N}_k(\mu, \Sigma).$$

**Kommentar** Es ist üblich, im Fall $k \geq 2$ ohne Benennung der Dimension von einer *mehrdimensionalen* oder *multivariaten Normalverteilung* zu sprechen. Die mehrdimensionale Normalverteilung ist die wichtigste multivariate Verteilung. Wir werden im nächsten Abschnitt sehen, dass die $j$-te Komponente $\mu_j$ des Vektors $\mu = (\mu_1, \ldots, \mu_k)$ gleich dem Erwartungswert von $X_j$ ist, und dass die Einträge $\sigma_{ij}$ der $(k \times k)$-Matrix $\Sigma = (\sigma_{ij})$ die Kovarianzen $\mathrm{Cov}(X_i, X_j)$ darstellen. Zudem wird sich aus dem Additionsgesetz für die Normalverteilung ergeben, dass jede Komponente $X_j$ normalverteilt ist. Abb. 5.16 zeigt die

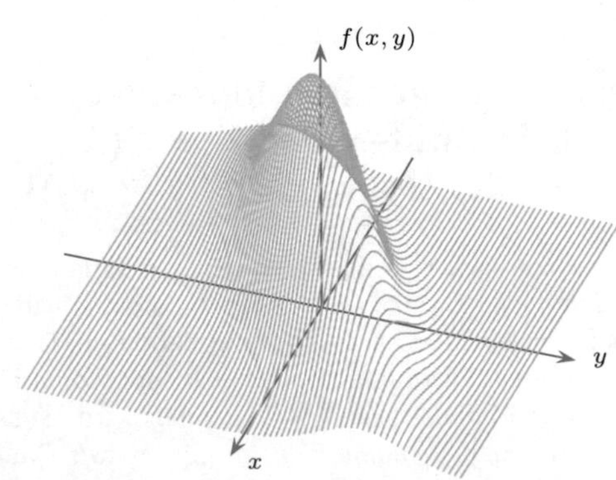


**Abb. 5.16** Dichte der zweidimensionalen Normalverteilung mit $\mu_1 = \mu_2 = 0$ und $\sigma_{11} = 2.25$, $\sigma_{12} = 1.2$ und $\sigma_{22} = 1$

## Unter der Lupe: Die Hauptkomponentendarstellung

Zur Struktur der $k$-dimensionalen Normalverteilung

Die Dichte eines $\mathrm{N}_k(\mu, \Sigma)$-normalverteilten Zufallsvektors $\mathbf{X}$ ist konstant auf den Mengen

$$\{x \in \mathbb{R}^k \mid (x-\mu)^\top \Sigma^{-1}(x-\mu) = c\}, \qquad c > 0,$$

also auf Ellipsoiden mit Zentrum $\mu$. Als symmetrische und positiv definite Matrix besitzt $\Sigma$ ein vollständiges System $v_1, \ldots, v_k$ von normierten und paarweise orthogonalen Eigenvektoren mit zugehörigen positiven Eigenwerten $\lambda_1, \ldots, \lambda_k$. Es gilt also

$$\Sigma\, v_j = \lambda_j\, v_j, \quad j = 1, \ldots, k, \tag{5.28}$$

sowie $v_i^\top v_j = 1$ für $i = j$ und $v_i^\top v_j = 0$ sonst. Bezeichnen $V = (v_1, \ldots, v_k)$ die orthonormale Matrix der Eigenvektoren und $\Lambda := \mathrm{diag}(\lambda_1, \ldots, \lambda_k)$ die Diagonalmatrix der Eigenwerte von $\Sigma$, so können wir die Gleichungen (5.28) in der kompakten Form

$$\Sigma\, V = V\, \Lambda$$

schreiben. Wegen $V^\top = V^{-1}$ ist diese Gleichung nach Rechtsmultiplikation mit $V^\top$ äquivalent zu

$$\Sigma = V\, \Lambda\, V^\top.$$

Mit $\Lambda^{1/2} := \mathrm{diag}(\sqrt{\lambda_1}, \ldots, \sqrt{\lambda_k})$ und $A := V\, \Lambda^{1/2}$, gilt dann $\Sigma = A\, A^\top$. Sind $Y_1, \ldots, Y_k$ stochastisch unabhängig und je standardnormalverteilt, und setzen wir $\mathbf{Y} := (Y_1, \ldots, Y_k)^\top$, so besitzt nach den vor der Definition der $k$-dimensionalen Normalverteilung angestellten Betrachtungen der Zufallsvektor $A\mathbf{Y} + \mu$ die gleiche Verteilung wie $\mathbf{X}$. Wegen $A = V\Lambda^{1/2}$ gilt also die sog. *Hauptkomponentendarstellung*

$$\mathbf{X} \sim V\Lambda^{1/2}\mathbf{Y} + \mu = \sqrt{\lambda_1}\, Y_1 v_1 + \ldots + \sqrt{\lambda_k}\, Y_k v_k + \mu.$$

Diese Erzeugungsweise der Normalverteilung $\mathrm{N}_k(\mu, \Sigma)$ lässt sich leicht veranschaulichen: Im Punkt $\mu \in \mathbb{R}^k$ wird das (i. Allg. schief liegende) rechtwinklige Koordinatensystem der $v_1, \ldots, v_k$ angetragen. Nach Erzeugung von $k$ unabhängigen und je $\mathrm{N}(0,1)$ verteilten Zufallsvariablen $Y_1, \ldots, Y_k$ trägt man $\sqrt{\lambda_j}\, Y_j$ in Richtung von $v_j$ auf ($j = 1, \ldots, k$) (s. nachstehende Abbildung).

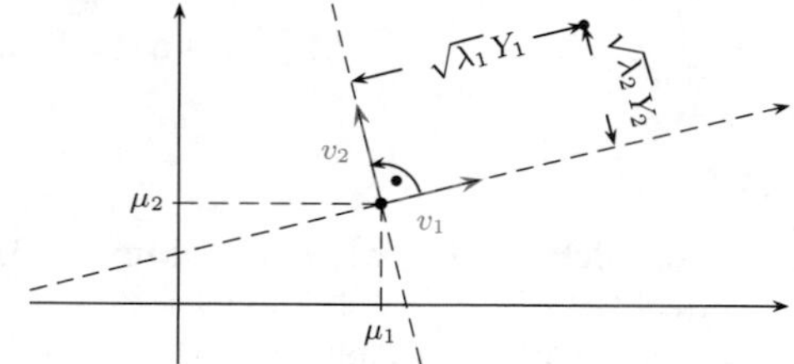


Wegen $\Sigma^{-1} = V\, \Lambda^{-1}\, V^\top$ folgt

$$(x-\mu)^\top \Sigma^{-1}(x-\mu) = \left(V^\top(x-\mu)\right)^\top \Lambda^{-1} \left(V^\top(x-\mu)\right) = \sum_{j=1}^{k} \frac{z_j^2}{\lambda_j},$$

wobei

$$z_j = v_j^\top(x-\mu), \quad j = 1, \ldots, n.$$

Somit ist die Menge $\{x \in \mathbb{R}^k : (x-\mu)^\top \Sigma^{-1}(x-\mu) = 1\}$ ein Ellipsoid in $\mathbb{R}^k$ mit Zentrum $\mu$ und Hauptachsen in Richtung von $v_1, \ldots, v_k$. Die Länge der Hauptachse in Richtung von $v_j$ ist $\sqrt{\lambda_j}$, $1 \le j \le k$.

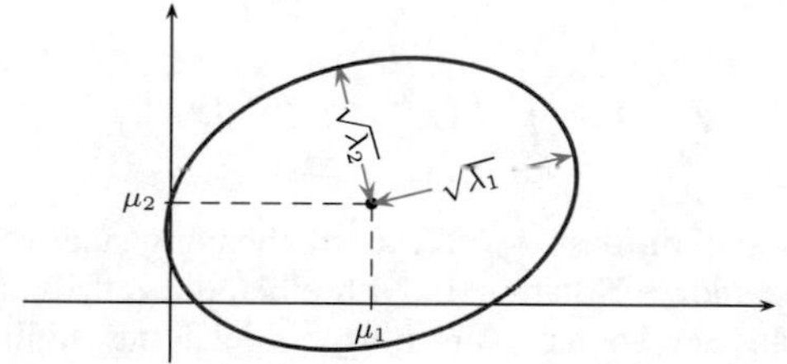


Dichte der zweidimensionalen Normalverteilung mit Parametern $\mu_1 = \mu_2 = 0$ und $\sigma_{11} = 2.25$, $\sigma_{12} = 1.2$ sowie $\sigma_{22} = 1$. Die Höhenlinien der Dichte einer $k$-dimensionalen Normalverteilung sind Ellipsoide, deren Lage und Gestalt von $\mu$ und $\Sigma$ abhängt (siehe die Unter-der-Lupe-Box über die Hauptkomponentendarstellung). ◀

## Die Methode „Ergänzen, Trafosatz und Marginalverteilung" funktioniert bei dimensionsreduzierenden Transformationen

Wir wenden uns nun der Methode *Ergänzen, Trafosatz und Marginalverteilung* zu. Hinter dieser schlagwortartigen Bezeichnung verbirgt sich eine Vorgehensweise, die im Fall einer Abbildung $T : \mathbb{R}^k \to \mathbb{R}^s$ mit $s < k$, also einer *dimensionsreduzierenden Transformation*, gewinnbringend eingesetzt werden kann.

Ist es nämlich möglich, die Abbildung $T = (T_1, \ldots, T_s)$ durch Hinzunahme geeigneter Funktionen $T_j : \mathbb{R}^k \to \mathbb{R}$ für $j = s+1, \ldots, k$ so zu einer durch

$$\widetilde{T}(x) := (T_1(x), \ldots, T_s(x), T_{s+1}(x), \ldots, T_k(x))$$

definierten Abbildung $\widetilde{T} : \mathbb{R}^k \to \mathbb{R}^k$ zu *ergänzen*, dass für $\widetilde{T}$ die Voraussetzungen des Transformationssatzes erfüllt sind, so ist man ein gutes Stück weiter. Durch Anwendung des Transformationssatzes erhält man ja mit $\mathbf{X} = (X_1, \ldots, X_k)$

Kapitel 5

und $\mathbf{Z} = (T_{s+1}(\mathbf{X}), \ldots, T_k(\mathbf{X}))$ zunächst die Dichte $\widetilde{g}$ des $k$-dimensionalen Zufallsvektors

$$\widetilde{\mathbf{Y}} := \widetilde{T}(\mathbf{X}) =: (\mathbf{Y}, \mathbf{Z}).$$

Da der interessierende Zufallsvektor $\mathbf{Y}$ gerade aus den ersten $s$ Komponenten von $\widetilde{\mathbf{Y}}$ besteht, integriert man die Dichte $\widetilde{g}$ nach dem Rezept zur Bildung der Marginalverteilung und erhält somit die Dichte $g$ von $\mathbf{Y} = T(\mathbf{X})$ zu

$$g(y) = \int_{-\infty}^{\infty} \cdots \int_{-\infty}^{\infty} \widetilde{g}(y_1, \ldots, y_s, y_{s+1}, \ldots, y_k)\, \mathrm{d}y_{s+1} \cdots \mathrm{d}y_k,$$

$y = (y_1, \ldots, y_s) \in \mathbb{R}^s$.

Als Beispiel für die Methode *Ergänzen, Trafosatz und Marginalverteilung* betrachten wir die durch $T(x) := x_1 + x_2$, $x = (x_1, x_2) \in \mathbb{R}^2$, definierte Summen-Abbildung $T : \mathbb{R}^2 \to \mathbb{R}$. Um eine Transformation $\widetilde{T} : \mathbb{R}^2 \to \mathbb{R}^2$ zu erhalten, kann man als ergänzende Komponenten-Abbildung $T_2 : \mathbb{R}^2 \to \mathbb{R}$, $T_2(x) := x_1$, wählen, denn dann ist

$$\widetilde{T}(x_1, x_2)^\top = \begin{pmatrix} 1 & 1 \\ 1 & 0 \end{pmatrix} \cdot \begin{pmatrix} x_1 \\ x_2 \end{pmatrix} = \begin{pmatrix} x_1 + x_2 \\ x_1 \end{pmatrix}$$

eine lineare Abbildung mit invertierbarer Matrix, sodass für $\widetilde{T}$ die Voraussetzungen des Transformationssatzes erfüllt sind. Besitzt $\mathbf{X} = (X_1, X_2)$ die Dichte $f$, so hat $\widetilde{T}(\mathbf{X}) = (X_1 + X_2, X_1)$ nach dem Transformationssatz unter Beachtung von $|\det \widetilde{T}'(x)| = 1$ die Dichte

$$\widetilde{g}(y_1, y_2) = f(\widetilde{T}^{-1}(y_1, y_2)) = f(y_2, y_1 - y_2).$$

Bildet man jetzt die Marginalverteilung von $X_1 + X_2$, integriert man also über $y_2$, so ergibt sich die Dichte von $X_1 + X_2$ zu

$$g(y_1) = \int_{-\infty}^{\infty} f(y_2, y_1 - y_2)\, \mathrm{d}y_2.$$

Für den Spezialfall, dass $X_1$ und $X_2$ unabhängig sind, verwenden wir eine andere Notation und schreiben die Zufallsvariable als Index an die Dichte. Aus obiger Gleichung ergibt sich dann als „stetiges Analogon" der diskreten Faltungsformel aus Abschn. 4.1 das nachstehende Resultat.

**Die Faltungsformel für Dichten**

Es seien $X_1$ und $X_2$ *stochastisch unabhängige* Zufallsvariablen mit Dichten $f_{X_1}$ bzw. $f_{X_2}$. Dann besitzt $X_1 + X_2$ die Dichte

$$f_{X_1+X_2}(t) = \int_{-\infty}^{\infty} f_{X_1}(s)\, f_{X_2}(t-s)\, \mathrm{d}s, \quad t \in \mathbb{R}. \qquad (5.29)$$

Das nächste Beispiel zeigt, dass bei Anwendung der Faltungsformel die Positivitätsbereiche der beteiligten Dichten beachtet werden müssen.

**Beispiel** Es seien $X_1$ und $X_2$ stochastisch unabhängig und je im Intervall $(0, 1)$ gleichverteilt. In diesem Fall besitzen $X_1$ und $X_2$ die gleiche Dichte $f_{X_1} = f_{X_2} = \mathbb{1}_{(0,1)}$, und die Faltungsformel liefert

$$f_{X_1+X_2}(t) = \int_{-\infty}^{\infty} \mathbb{1}_{(0,1)}(s)\mathbb{1}_{(0,1)}(t-s)\, \mathrm{d}s.$$

Da das Produkt dieser Indikatorfunktionen genau dann von null verschieden und damit gleich eins ist, wenn die Ungleichungen $0 < s < 1$ und $0 < t - s < 1$ erfüllt sind, nimmt die obige Gleichung die Gestalt

$$f_{X_1+X_2}(t) = \int_{\max(0,t-1)}^{\min(1,t)} 1\, \mathrm{d}s, \quad 0 < t < 2,$$

an. Außerdem ist $f_{X_1+X_2}(t) = 0$, falls $t \le 0$ oder $t \ge 2$. Im Fall $0 < t \le 1$ folgt aus obiger Gleichung $f_{X_1+X_2}(t) = t$, im Fall $1 < t < 2$ ergibt sich $f_{X_1+X_2}(t) = 2 - t$. Die Summe $X_1 + X_2$ besitzt also die in Abb. 5.1 dargestellte Dreiecksverteilung auf dem Intervall $(0, 2)$. ◀

Mit der Faltungsformel erhält man das folgende wichtige Resultat, dass durch Induktion auch für mehr als zwei Zufallsvariablen gültig bleibt.

**Additionsgesetz für die Normalverteilung**

Es seien $X$ und $Y$ unabhängige Zufallsvariablen, wobei $X \sim \mathrm{N}(\mu, \sigma^2)$ und $Y \sim \mathrm{N}(\nu, \tau^2)$ mit $\mu, \nu \in \mathbb{R}$ und $\sigma^2 > 0$, $\tau^2 > 0$. Dann gilt

$$X + Y \sim \mathrm{N}(\mu + \nu, \sigma^2 + \tau^2).$$

**Beweis** Nach (5.22) können wir ohne Beschränkung der Allgemeinheit $\mu = \nu = 0$ annehmen. Setzt man in die Faltungsformel die Dichten von $X$ und $Y$ ein und zieht Konstanten vor das Integral, so folgt

$$f_{X+Y}(t) = \frac{1}{2\pi\sigma\tau} \int_{-\infty}^{\infty} \exp\left(-\frac{1}{2}\left\{\frac{s^2}{\sigma^2} + \frac{(t-s)^2}{\tau^2}\right\}\right) \mathrm{d}s.$$

Führt man die Substitution

$$z = s \cdot \frac{\sqrt{\sigma^2 + \tau^2}}{\sigma\tau} - \frac{t\sigma}{\tau\sqrt{\sigma^2 + \tau^2}}$$

durch, so ist $\mathrm{d}s = \sigma\tau/\sqrt{\sigma^2 + \tau^2}\mathrm{d}z$, und da die geschweifte Klammer in obigem Integral zu $z^2 + t^2/(\sigma^2 + \tau^2)$ wird, ergibt sich nach Kürzen durch $\sigma\tau$

$$\begin{aligned} f_{X+Y}(t) &= \frac{1}{2\pi\sqrt{\sigma^2 + \tau^2}} \exp\left(-\frac{t^2}{2(\sigma^2 + \tau^2)}\right) \int_{-\infty}^{\infty} \mathrm{e}^{-z^2/2}\, dz \\ &= \frac{1}{\sqrt{2\pi(\sigma^2 + \tau^2)}} \exp\left(-\frac{t^2}{2(\sigma^2 + \tau^2)}\right). \end{aligned}$$

■

Kapitel 5

Aus diesem Additionsgesetz ergibt sich ohne formale Bildung der Marginalverteilung durch Integration der gemeinsamen Dichte über die nicht interessierenden Koordinaten, dass die Komponenten eines multivariat normalverteilten Zufallsvektors eindimensional normalverteilt sind. In der Beispiel-Box über marginale und bedingte Verteilungen bei multivariater Normalverteilung in Abschn. 5.6 werden wir allgemeiner zeigen, dass auch die gemeinsamen Verteilungen irgendwelcher Komponenten von $\mathbf{X}$ multivariate Normalverteilungen sind.

**Folgerung** Der Zufallsvektor $\mathbf{X} = (X_1, \ldots, X_k)$ besitze die $k$-dimensionale Normalverteilung $\mathrm{N}_k(\mu, \Sigma)$, wobei $\mu = (\mu_1, \ldots, \mu_k)^\top$, $\Sigma = (\sigma_{ij})_{1 \le i,j \le k}$. Dann gilt

$$X_j \sim \mathrm{N}(\mu_j, \sigma_{jj}), \qquad j = 1, \ldots, k. \qquad ◀$$

**Beweis** Wir nutzen die Verteilungsgleichheit $\mathbf{X} \sim A\mathbf{Y} + \mu$ mit $\Sigma = AA^\top$ und $\mathbf{Y} = (Y_1, \ldots, Y_k)^\top$ aus. Dabei sind $Y_1, \ldots, Y_k$ unabhängige und je $\mathrm{N}(0,1)$-normalverteilte Zufallsvariablen. Mit $A = (a_{ij})_{1 \le i,j \le k}$ folgt dann

$$X_j \sim \sum_{\ell=1}^{k} a_{j\ell} Y_\ell + \mu_j .$$

Es gilt $Z_\ell := a_{j\ell} Y_\ell \sim \mathrm{N}(0, a_{j\ell}^2)$, und die Zufallsvariablen $Z_1, \ldots, Z_k$ sind stochastisch unabhängig. Nach dem Additionsgesetz für die Normalverteilung ergibt sich

$$X_j \sim \mathrm{N}\left(\mu_j, \sum_{\ell=1}^{k} a_{j\ell}^2\right).$$

Wegen $\Sigma = AA^\top$ folgt $\sigma_{jj} = \sum_{\ell=1}^{k} a_{j\ell}^2$. ■

Mithilfe der Methode *Ergänzen, Trafosatz und Marginalverteilung* ergeben sich folgende Regeln für die Dichte der Differenz, des Produktes und des Quotienten von *unabhängigen* Zufallsvariablen:

**Dichte von Differenz, Produkt und Quotient**

Sind $X_1, X_2$ *unabhängige* Zufallsvariablen mit den Dichten $f_{X_1}$ bzw. $f_{X_2}$, so gelten:

a) $f_{X_1 - X_2}(t) = \int_{-\infty}^{\infty} f_{X_1}(t+s)\, f_{X_2}(s)\, \mathrm{d}s$,
b) $f_{X_1 \cdot X_2}(t) = \int_{-\infty}^{\infty} f_{X_1}\left(\frac{t}{s}\right) f_{X_2}(s) \frac{1}{|s|}\, \mathrm{d}s$,
c) $f_{X_1/X_2}(t) = \int_{-\infty}^{\infty} f_{X_1}(ts)\, f_{X_2}(s)\, |s|\, \mathrm{d}s, \quad t \in \mathbb{R}$.

**Beweis** Wir zeigen exemplarisch Teil c) und nehmen zunächst nur an, dass der Zufallsvektor $(X_1, X_2)$ eine $\lambda^2$-Dichte $f(x_1, x_2)$ besitze. Den Quotienten $Y := X_1/X_2$ definieren wir als 0, wenn $X_2 = 0$ gilt, was mit Wahrscheinlichkeit null passiert. Um die Voraussetzungen des Transformationssatzes zu erfüllen, setzen wir $f$ auf der $\lambda^2$-Nullmenge $N := \{x := (x_1, x_2) \in \mathbb{R}^2 \mid x_2 = 0\}$ gleich 0. Die Abbildung

$$T(x) := \begin{cases} \frac{x_1}{x_2}, & \text{falls } x_2 \neq 0, \\ 0 & \text{sonst,} \end{cases}$$

ergänzen wir durch die Komponente $x \mapsto x_2$ zu der Transformation $\widetilde{T}(x) := (T(x), x_2)$, $x \in \mathbb{R}^2$. Diese bildet die offene Menge $O := \{(x_1, x_2) \in \mathbb{R}^2 \mid x_2 \neq 0\}$ eineindeutig auf sich selbst ab, und sie besitzt die Funktionaldeterminante

$$\widetilde{T}'(x_1, x_2) = \det \begin{pmatrix} \frac{1}{x_2} & -\frac{x_1}{x_2^2} \\ 0 & 1 \end{pmatrix} = \frac{1}{x_2} \neq 0, \quad x \in O.$$

Nach dem Transformationssatz hat $\widetilde{Y} := \widetilde{T}(X_1, X_2) = (T(X_1, X_2), X_2)$ auf $O$ und damit – da $\lambda^2(N) = 0$ gilt – auf ganz $\mathbb{R}^2$ die Dichte $\widetilde{g}(y_1, y_2) = f(y_1 y_2, y_2)|y_2|$. Durch Integration bzgl. $y_2$ ergibt sich die Dichte von $Y = X_1/X_2$ zu

$$g(y) = \int_{-\infty}^{\infty} f(ys, s)\, |s|\, \mathrm{d}s \tag{5.30}$$

und damit zu $\int_{-\infty}^{\infty} f_{X_1}(ys) f_{X_2}(s)|s|\, \mathrm{d}s$, wenn $X_1$ und $X_2$ unabhängig sind und die Dichten $f_{X_1}$ bzw. $f_{X_2}$ besitzen. In gleicher Weise können die Dichten von $X_1 - X_2$ und $X_1 \cdot X_2$ erhalten werden. Man beachte dass Teil a) leicht aus der Faltungsformel folgt, denn die Dichte von $-X_2$ ist $f_{-X_2}(s) = f_{X_2}(-s)$. ■

**Beispiel (Die Cauchy-Verteilung C(0, 1))** Sind $X_1$ und $X_2$ stochastisch unabhängig und je $\mathrm{N}(0,1)$-normalverteilt, so ergibt sich die Dichte $f := f_{X_1/X_2}$ des Quotienten $X_1/X_2$ nach Teil c) des obigen Satzes zu

$$\begin{aligned} f(t) &= \frac{1}{2\pi} \int_{-\infty}^{\infty} \exp\left(-\frac{(t^2+1)s^2}{2}\right) |s|\, \mathrm{d}s \\ &= \frac{1}{\pi} \int_{0}^{\infty} s \exp\left(-\frac{(t^2+1)s^2}{2}\right) \mathrm{d}s \\ &= -\frac{1}{\pi(1+t^2)} \left[\exp\left(-\frac{(t^2+1)s^2}{2}\right)\right]_0^\infty \\ &= \frac{1}{\pi(1+t^2)}, \qquad t \in \mathbb{R}. \end{aligned}$$

Der Graph von $f$ ist symmetrisch zur Ordinate und wie die Dichte $\varphi$ der Standardnormalverteilung glockenförmig. Die Dichte $f$ fällt aber für $t \to \pm\infty$ im Vergleich zu $\varphi$ wesentlich langsamer ab (Abb. 5.17).

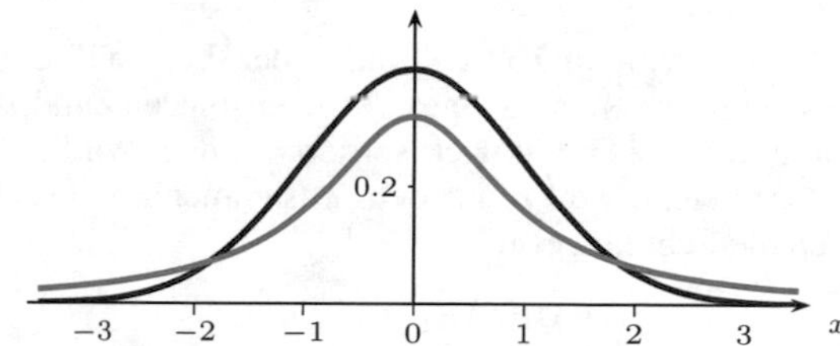


**Abb. 5.17** Dichte der Cauchy-Verteilung C(0, 1) (blau) und Dichte der Standardnormalverteilung (rot)

Die Verteilung mit der Dichte $f$ heißt **Cauchy-Verteilung** $C(0, 1)$. Sie entsteht allgemeiner als Verteilung des Quotienten $X_1/X_2$ zweier Zufallsvariablen mit einer rotationsinvarianten gemeinsamen Dichte (Aufgabe 5.21). Dass der Quotient zweier unabhängiger standardnormalverteilter Zufallsvariablen die obige Dichte besitzt, ergibt sich auch direkt mit der Box-Muller-Methode (Aufgabe 5.22). ◄

**Selbstfrage 7**

Können Sie die Verteilungsfunktion der Cauchy-Verteilung $C(0, 1)$ angeben?

## Die Verteilung einer Ordnungsstatistik hängt mit der Binomialverteilung zusammen

Wir möchten diesen Abschnitt mit *Ordnungsstatistiken* und deren Verteilungen beschließen. Ordnungsstatistiken entstehen, wenn die Realisierungen von Zufallsvariablen nach aufsteigender Größe sortiert werden. Es bezeichne hierzu $T_o : \mathbb{R}^n \to \mathbb{R}^n$ diejenige Abbildung, die bei Anwendung auf einen Vektor $x = (x_1, \ldots, x_n)$ dessen Komponenten $x_1, \ldots, x_n$ nach aufsteigender Größe sortiert. Für $y = T_o(x) = (y_1, \ldots, y_n)$ gilt also $y_1 \leq y_2 \leq \cdots \leq y_n$, und $(y_1, \ldots, y_n)$ ist eine i. Allg. nicht eindeutig bestimmte Permutation von $(x_1, \ldots, x_n)$. Beispielweise ist $T_o((2.7, -1.3, 0, -1.3)) = (-1.3, -1.3, 0, 2.7)$.

**Geordnete Stichprobe, Ordnungsstatistiken**

Ist $\mathbf{X} = (X_1, \ldots, X_n)$ ein $n$-dimensionaler Zufallsvektor auf einem Wahrscheinlichkeitsraum $(\Omega, \mathcal{A}, \mathbb{P})$, so heißt der Zufallsvektor

$$(X_{1:n}, X_{2:n}, \ldots, X_{n:n}) := T_o(\mathbf{X})$$

die **geordnete Stichprobe von** $X_1, \ldots, X_n$. Die Zufallsvariable $X_{r:n}$ heißt ***r*-te Ordnungsstatistik**, $r = 1, \ldots, n$.

### Kommentar

- Spezielle Ordnungsstatistiken sind das *Maximum*

  $$X_{n:n} = \max(X_1, \ldots, X_n)$$

  und das *Minimum*

  $$X_{1:n} = \min(X_1, \ldots, X_n)$$

  von $X_1, \ldots, X_n$.
- Die Doppelindizierung mit $r$ und $n$ bei $X_{r:n}$ soll betonen, dass es die Komponenten eines $n$-dimensionalen Zufallsvektors sind, die der Größe nach sortiert werden. Wird hierauf kein Wert gelegt, weil $n$ aus dem Zusammenhang feststeht, ist auch die Schreibweise

  $$(X_{(1)}, X_{(2)}, \ldots, X_{(n)})$$

  für die geordnete Stichprobe üblich.
- Die $(\mathcal{A}, \mathcal{B})$-Messbarkeit der Abbildung $X_{r:n}$ für festes $r$ (und folglich die $(\mathcal{A}, \mathcal{B}^n)$-Messbarkeit der Abbildung $T_o(\mathbf{X})$ nach Folgerung c) aus dem Satz über Erzeuger und Messbarkeit in Abschn. 8.4) ergibt sich aus der für jedes $t \in \mathbb{R}$ geltenden Ereignis-Gleichheit

  $$\{X_{r:n} \leq t\} = \left\{\sum_{j=1}^{n} \mathbb{1}\{X_j > t\} \leq n - r\right\} \tag{5.31}$$

  zusammen mit Teil a) der oben genannten Folgerung und der $(\mathcal{A}, \mathcal{B})$-Messbarkeit der Abbildung $\sum_{j=1}^{n} \mathbb{1}\{X_j > t\}$. Um (5.31) einzusehen, mache man sich klar, dass für jedes $\omega \in \Omega$ die Ungleichung $X_{r:n}(\omega) \leq t$ zur Aussage „mindestens $r$ der Werte $X_1(\omega), \ldots, X_n(\omega)$ sind kleiner oder gleich $t$" und somit zu „höchstens $n - r$ der Werte $X_1(\omega), \ldots, X_n(\omega)$ sind größer als $t$" äquivalent ist. (5.31) ist auch der Schlüssel zur Bestimmung der Verteilungsfunktion von $X_{r:n}$. Hier betrachten wir den Spezialfall, dass $X_1, \ldots, X_n$ stochastisch unabhängig und identisch verteilt sind. ◄

**Verteilung der $r$-ten Ordnungsstatistik**

Die Zufallsvariablen $X_1, \ldots, X_n$ seien unabhängig und identisch verteilt mit Verteilungsfunktion $F$. Bezeichnet $G_{r,n}$ die Verteilungsfunktion von $X_{r:n}$, so gilt

$$G_{r,n}(t) = \sum_{j=0}^{n-r} \binom{n}{j} (1 - F(t))^j \, F(t)^{n-j}, \; t \in \mathbb{R}.$$

Besitzt $X_1$ die $\lambda^1$-Dichte $f$, so hat $X_{r:n}$ die $\lambda^1$-Dichte

$$g_{r,n}(t) = n \binom{n-1}{r-1} F(t)^{r-1} (1 - F(t))^{n-r} \, f(t), \; t \in \mathbb{R}.$$

**Beweis** Da die Ereignisse $A_j := \{X_j > t\}$, $j = 1, \ldots, n$, stochastisch unabhängig sind und die gleiche Wahrscheinlichkeit $\mathbb{P}(A_j) = 1 - F(t)$ besitzen, hat die Indikatorsumme $\sum_{j=1}^{n} \mathbb{1}\{A_j\}$ die Binomialverteilung $\text{Bin}(n, 1 - F(t))$. Wegen $G_{r,n}(t) = \mathbb{P}(X_{r:n} \leq t)$ folgt somit die erste Aussage aus (5.31). Die zweite ergibt sich hieraus durch Differenziation der rechten Summe nach $t$, wenn man beachtet, dass von der nach Anwendung der Produktregel auftretenden Differenz nach einer Index-Verschiebung nur ein Term übrig bleibt. ■

Man kann die Dichte von $X_{r:n}$ auch auf anderem Wege als Grenzwert des Quotienten $\mathbb{P}(t \leq X_{r:n} \leq t + \varepsilon)/\varepsilon$ für $\varepsilon \downarrow 0$ herleiten (Aufgabe 5.4). Bevor wir ein Beispiel geben, sollen die Spezialfälle $r = n$ und $r = 1$ gesondert hervorgehoben werden.

**Folgerung** Sind $X_1, \ldots, X_n$ unabhängige Zufallsvariablen mit gleicher Verteilungsfunktion $F$, so gelten:

$$\mathbb{P}\left(\max_{j=1,\ldots,n} X_j \leq t\right) = F(t)^n, \quad t \in \mathbb{R},$$

$$\mathbb{P}\left(\min_{j=1,\ldots,n} X_j \leq t\right) = 1 - (1 - F(t))^n, \quad t \in \mathbb{R}.$$

Eine Verallgemeinerung dieser Aussagen findet sich in Aufgabe 5.5. ◄

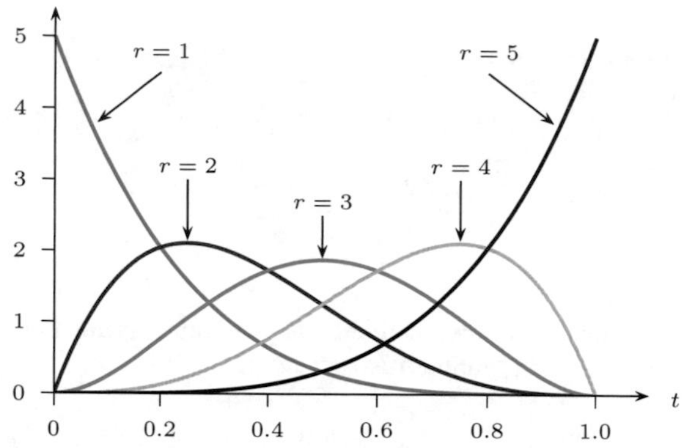


**Abb. 5.18** Dichte $g_{r:5}$ der $r$-ten Ordnungsstatistik von 5 in $(0, 1)$ gleichverteilten Zufallsvariablen

**Beispiel (Gleichverteilung U(0, 1))** Besitzen $X_1, \ldots, X_n$ die Gleichverteilung $\mathrm{U}(0, 1)$, so hat die $r$-te Ordnungsstatistik $X_{r:n}$ die Dichte

$$g_{r:n}(t) = \frac{n!}{(k-1)!(n-k)!} t^{k-1}(1-t)^{n-k}, \quad 0 \le t \le 1,$$

und $g_{r:n}(t) = 0$ sonst. Abb. 5.18 zeigt die Graphen dieser Dichten für den Fall $n = 5$. Es handelt sich hierbei um Spezialfälle der in Aufgabe 5.33 behandelten *Betaverteilung*. ◀

## 5.3 Kenngrößen von Verteilungen

In diesem Abschnitt behandeln wir die wichtigsten Kenngrößen von Verteilungen. Hierzu zählen *Erwartungswert* und *Varianz*, höhere *Momente* sowie *Quantile*. Für Zufallsvektoren kommen die Begriffe *Kovarianz*, *Korrelation* und *Kovarianzmatrix* hinzu. Wir beginnen mit Erwartungswerten und den davon abgeleiteten Begriffen Varianz, Kovarianz und Korrelation, die alle bereits im Kapitel über diskrete Verteilungen auftraten.

Sind $(\Omega, \mathcal{A}, \mathbb{P})$ ein diskreter Wahrscheinlichkeitsraum und $X$ eine auf $\Omega$ definierte Zufallsvariable, so wurde der Erwartungswert von $X$ als

$$\mathbb{E}(X) := \sum_{\omega \in \Omega_0} X(\omega)\,\mathbb{P}(\{\omega\}) \tag{5.32}$$

definiert. Dabei ist $\Omega_0$ eine abzählbare Teilmenge von $\Omega$ mit $\mathbb{P}(\Omega_0) = 1$, und die obige (im Fall $|\Omega_0| = \infty$) unendliche Reihe wird als absolut konvergent vorausgesetzt. Durch Zusammenfassen nach gleichen Werten von $X$ erhielten wir die Darstellungsformel

$$\mathbb{E}(X) = \sum_{x \in \mathbb{R}:\mathbb{P}(X=x)>0} x\,\mathbb{P}(X = x), \tag{5.33}$$

und die Eigenschaften der Erwartungswertbildung wie etwa Linearität und Monotonie ermöglichten oft, Erwartungswerte zu bestimmen, ohne die mit (5.33) einhergehenden Berechnungen durchführen zu müssen.

Die Verallgemeinerung der Definition (5.32) für *beliebige* $\overline{\mathbb{R}}$-wertige Zufallsvariablen auf einem *beliebigen* Wahrscheinlichkeitsraum ist ein Spezialfall des in Abschn. 8.5 eingeführten Maß-Integrals. Wer damit (noch) nicht vertraut ist, sollte in der nachfolgenden Definition ein formales „Integral-Analogon" von (5.32) sehen.

**Definition des Erwartungswertes (allgemeiner Fall)**

Es seien $(\Omega, \mathcal{A}, \mathbb{P})$ ein Wahrscheinlichkeitsraum und $X : \Omega \to \overline{\mathbb{R}}$ eine Zufallsvariable. *Der Erwartungswert von X existiert*, falls gilt:

$$\int_\Omega |X|\,\mathrm{d}\mathbb{P} < \infty. \tag{5.34}$$

In diesem Fall heißt

$$\mathbb{E}(X) := \int_\Omega X\,\mathrm{d}\mathbb{P} \tag{5.35}$$

der **Erwartungswert von** $X$.

Die wichtigste Botschaft dieser Definition ist, dass die nachstehenden, im Fall eines diskreten Wahrscheinlichkeitsraums formulierten und bewiesenen Eigenschaften der Erwartungswertbildung unverändert gültig bleiben, sind sie doch ein Spezialfall der in Abschn. 8.5 aufgeführten Eigenschaften integrierbarer Funktionen.

**Eigenschaften der Erwartungswertbildung**

Es seien $X$ und $Y$ $\overline{\mathbb{R}}$-wertige Zufallsvariablen auf $(\Omega, \mathcal{A}, \mathbb{P})$ mit existierenden Erwartungswerten und $a \in \mathbb{R}$. Dann existieren auch die Erwartungswerte von $X + Y$ und $aX$, und es gelten:

a) $\mathbb{E}(aX) = a\mathbb{E}X$ (**Homogenität**),
b) $\mathbb{E}(X + Y) = \mathbb{E}X + \mathbb{E}Y$ (**Additivität**),
c) $\mathbb{E}(\mathbb{1}_A) = \mathbb{P}(A), \quad A \in \mathcal{A}$,
d) aus $X \le Y$ folgt $\mathbb{E}X \le \mathbb{E}Y$ (**Monotonie**),
e) $|\mathbb{E}(X)| \le \mathbb{E}|X|$ (**Dreiecksungleichung**).

Kapitel 5

Wer bereits Kap. 8 gelesen hat, findet in (5.35) und obigen Eigenschaften mathematisch nichts Neues, ist doch $\int X\,\mathrm{d}\mathbb{P}$ ein Spezialfall des Maß-Integrals $\int f\,\mathrm{d}\mu$ mit $X = f$ und $\mathbb{P} = \mu$. Für alle anderen rekapitulieren wir kurz die zum Integral $\int X\,\mathrm{d}\mathbb{P}$ führende und in Abschn. 8.5 allgemeiner dargelegte Vorgehensweise.

Das Integral $\int X\,\mathrm{d}\mathbb{P}$ wird für eine Indikatorfunktion $\mathbb{1}_A$ mit $A \in \mathcal{A}$ als $\int \mathbb{1}_A \mathrm{d}\mathbb{P} := \mathbb{P}(A)$ erklärt. Ist $X = \sum_{j=1}^k a_j \mathbb{1}\{A_j\}$ ($a_j \ge 0, A_j \in \mathcal{A}$) eine nichtnegative Zufallsvariable, die endlich viele Werte annimmt, so definiert man

$$\int X\,\mathrm{d}\mathbb{P} := \sum_{j=1}^n a_j\,\mathbb{P}(A_j). \tag{5.36}$$

Man setzt also das für Indikatorfunktionen eingeführte Integral „linear fort". Ist $X$ eine $[0, \infty]$-wertige Zufallsvariable, so gibt es eine Folge $(X_n)_{n \geq 1}$ von nichtnegativen reellen Zufallsvariablen $X_n$ mit jeweils endlichem Wertebereich, die punktweise von unten gegen $X$ konvergiert, nämlich

$$X_n = \sum_{j=0}^{n2^n-1} \frac{j}{2^n} \cdot \mathbb{1}\left\{\frac{j}{2^n} \leq X < \frac{j+1}{2^n}\right\} + n \cdot \mathbb{1}\{X \geq n\}.$$

Da $X_n$ auf $X^{-1}([j/2^n, (j+1)/2^n))$ den Wert $j/2^n$ mit der Wahrscheinlichkeit $\mathbb{P}(j/2^n \leq X < (j+1)/2^n)$ sowie den Wert $n$ mit der Wahrscheinlichkeit $\mathbb{P}(X \geq n)$ annimmt, folgt mit (5.36)

$$\int X_n \, \mathrm{d}\mathbb{P} = \sum_{j=0}^{n2^n-1} \frac{j}{2^n} \mathbb{P}\left(\frac{j}{2^n} \leq X < \frac{j+1}{2^n}\right) + n\mathbb{P}(X \geq n).$$

Man definiert dann

$$\mathbb{E}(X) := \int X \, \mathrm{d}\mathbb{P} := \lim_{n\to\infty} \int X_n \, \mathrm{d}\mathbb{P}. \tag{5.37}$$

Schließlich löst man sich von der Bedingung $X \geq 0$, indem eine beliebige Zufallsvariable $X$ gemäß $X = X^+ - X^-$ als Differenz ihres Positivteils $X^+ = \max(X, 0)$ und ihres Negativteils $X^- = \max(-X, 0)$ geschrieben wird. Wohingegen in (5.37) $\mathbb{E}(X) = \infty$ gelten kann, fordert man $\mathbb{E}(X^+) < \infty$ und $\mathbb{E}(X^-) < \infty$ und setzt (nur) dann

$$\mathbb{E}(X) := \int X \, \mathrm{d}\mathbb{P} := \mathbb{E}(X^+) - \mathbb{E}(X^-).$$

Natürlich muss bei diesem Aufbau beachtet werden, dass alle Definitionen widerspruchsfrei sind.

## Kommentar

- Die obige Vorgehensweise zeigt, dass der Erwartungswert nicht von der genauen Gestalt des zugrunde liegenden Wahrscheinlichkeitsraums $(\Omega, \mathcal{A}, \mathbb{P})$ abhängt, sondern nur von der Verteilung $\mathbb{P}^X$ der Zufallsvariablen $X$.
- Wie bereits im vorangehenden Kapitel lassen wir auch in der Folge häufig die Klammern bei der Erwartungswertbildung weg, schreiben also

  $$\mathbb{E}X := \mathbb{E}(X),$$

  wenn keine Verwechslungen zu befürchten sind.
- Ist $X$ eine *nichtnegative* Zufallsvariable, so existiert der Erwartungswert von $X$ genau dann, wenn $\mathbb{E}X < \infty$. Für eine allgemeine Zufallsvariable ist demnach die Existenz des Erwartungswertes von $X$ gleichbedeutend mit dem Bestehen der Ungleichung

  $$\mathbb{E}|X| < \infty. \tag{5.38}$$

◀

Bevor wir uns mit der konkreten Bestimmung von Erwartungswerten für stetige Zufallsvariablen befassen, sei ein Ergebnis aus Abschn. 8.6 in die Sprache von Zufallsvariablen und Wahrscheinlichkeitsmaßen umformuliert.

### Markov-Ungleichung

Für jede Zufallsvariable $X : \Omega \to \overline{\mathbb{R}}$ und jedes $\varepsilon > 0$ gilt

$$\mathbb{P}(|X| \geq \varepsilon) \leq \frac{\mathbb{E}\,|X|}{\varepsilon}.$$

Man beachte, dass diese Ungleichung unmittelbar aus der elementweise auf $\Omega$ geltenden Abschätzung

$$\mathbb{1}\{|X(\omega)| \geq \varepsilon\} \leq \frac{|X(\omega)|}{\varepsilon}, \quad \omega \in \Omega,$$

folgt, wenn man auf beiden Seiten den Erwartungswert bildet. Lässt man $\varepsilon$ gegen unendlich streben, so ergibt sich auch, dass die Existenz des Erwartungswertes, also $\mathbb{E}\,|X| < \infty$, notwendigerweise $\mathbb{P}(|X| = \infty) = 0$ nach sich zieht, was man kompakt auch durch

$$\mathbb{E}\,|X| < \infty \implies \mathbb{P}(|X| < \infty) = 1$$

ausdrücken kann. Sollte eine Zufallsvariable $X$ also auch die Werte $\infty$ und $-\infty$ annehmen können, so geschieht dies nur mit der Wahrscheinlichkeit 0, sofern der Erwartungswert von $X$ existiert.

Wir möchten an dieser Stelle noch eine nützliche Ungleichung angeben, die nach dem Telefoningenieur und mathematischen Autodidakten Johann Ludvig Valdemar Jensen (1859–1925) benannt ist und erinnern in diesem Zusammenhang an folgenden, in [1], Abschn. 15.4 behandelten Begriff. Eine auf einem Intervall $M \subseteq \mathbb{R}$ definierte reelle Funktion $g$ heißt *konvex*, falls für jede Wahl von $x, y \in M$ und jedes $\lambda \in [0, 1]$ die Ungleichung

$$g(\lambda x + (1-\lambda)y) \leq \lambda g(x) + (1-\lambda)g(y)$$

erfüllt ist. Steht hier für $x \neq y$ und $\lambda \in (0, 1)$ stets „<", so heißt $g$ *strikt konvex*. Aus obiger Ungleichung folgt, dass der Graph von $g$ oberhalb jeder Stützgeraden verläuft, die man an Punkten $(x, g(x))$ mit $x \in M$ an $g$ legen kann.

### Jensen-Ungleichung

Es seien $M \subseteq \mathbb{R}$ ein Intervall, $X$ eine Zufallsvariable mit $\mathbb{P}(X \in M) = 1$ und $g : M \to \mathbb{R}$ eine konvexe Funktion. Gelten $\mathbb{E}|X| < \infty$ und $\mathbb{E}|g(X)| < \infty$, so folgt

$$\mathbb{E}g(X) \geq g(\mathbb{E}X).$$

Ist $g$ strikt konvex und die Verteilung von $X$ nicht ausgeartet, so ist obige Ungleichung strikt.

**Beweis** Zunächst gilt $\mathbb{E}X \in M$, was im Fall $M = \mathbb{R}$ aus $\mathbb{E}|X| < \infty$ und andernfalls aus der Monotonie der Erwartungswertbildung folgt. Nach den Vorbemerkungen liegt der Graph von $g$ oberhalb der Stützgeraden an $g$ im Punkt $(\mathbb{E}X, g(\mathbb{E}X))$, d. h., es gibt ein $a \in \mathbb{R}$ mit

$$g(x) \geq a(x - \mathbb{E}X) + g(\mathbb{E}X), \qquad x \in M.$$

Die Monotonie der Erwartungswertbildung liefert dann

$$\begin{aligned}\mathbb{E}g(X) &\geq \mathbb{E}\,[a(X - \mathbb{E}X)] + g(\mathbb{E}X)\\ &= a \cdot 0 + g(\mathbb{E}X) = g(\mathbb{E}X).\end{aligned}$$

Der Zusatz folgt aus (8.35), wenn man für das dort stehende $f$ die nichtnegative Funktion $Y := g(X) - a(X - \mathbb{E}X) - g(\mathbb{E}X)$ auf $\Omega$ betrachtet. Letztere ist im Fall der strikten Konvexität von $g$ bis auf die Menge $\{\omega \in \Omega \mid X(\omega) = \mathbb{E}X\}$ strikt positiv. Aus $\mathbb{E}Y = 0$ würde dann $Y = 0$ $\mathbb{P}$-fast sicher und somit $X = \mathbb{E}X$ $\mathbb{P}$-fast sicher folgen. Eine Entartung der Verteilung von $X$ war jedoch ausgeschlossen. ■

## Erwartungswerte von Funktionen stetiger Zufallsvektoren erhält man durch Integration

Diejenigen, die (noch) nicht mit der allgemeinen Maß- und Integrationstheorie vertraut sind, werden sich natürlich an dieser Stelle fragen, wie man zum Beispiel überprüft, ob eine stetige Zufallsvariable $X$ mit Dichte $f$ einen Erwartungswert besitzt, und wie man diesen gegebenenfalls konkret berechnet. Wir geben hierzu ein allgemeines Resultat an und zeigen auch, welche Sätze aus Kap. 8 in den Beweis eingehen.

**Die allgemeine Transformationsformel (Erwartungswerte von Funktionen stetiger Zufallsvektoren)**

Es seien $\mathbf{Z}$ ein $k$-dimensionaler Zufallsvektor mit Dichte $f$ und $g : \mathbb{R}^k \to \mathbb{R}$ eine messbare Funktion. Dann existiert der Erwartungswert der Zufallsvariablen $g(\mathbf{Z}) = g \circ \mathbf{Z}$ genau dann, wenn gilt:

$$\int_{\mathbb{R}^k} |g(z)|\, f(z)\,\mathrm{d}z < \infty.$$

In diesem Fall folgt

$$\mathbb{E}\, g(\mathbf{Z}) = \int_{\mathbb{R}^k} g(z)\, f(z)\,\mathrm{d}z. \tag{5.39}$$

**Beweis** Nach dem Transformationssatz für Integrale am Ende von Abschn. 8.5 gilt

$$\mathbb{E}|g(\mathbf{Z})| = \int_{\Omega} |g(\mathbf{Z})|\,\mathrm{d}\mathbb{P} = \int_{\mathbb{R}^k} |g(z)|\,\mathbb{P}^{\mathbf{Z}}(\mathrm{d}z).$$

Da die Verteilung $\mathbb{P}^{\mathbf{Z}}$ von $\mathbf{Z}$ die Dichte $f$ bzgl. $\lambda^k$ besitzt, gilt nach dem Satz über den Zusammenhang zwischen $\mu$- und $\nu$-Integralen in Abschn. 8.8

$$\int_{\mathbb{R}^k} |g(z)|\,\mathbb{P}^{\mathbf{Z}}(\mathrm{d}z) = \int_{\mathbb{R}^k} |g(z)|\, f(z)\,\mathrm{d}z.$$

Dabei haben wir kurz d$z$ für die Integration bzgl. des Borel-Lebesgue-Maßes $\lambda^k$ geschrieben. Zusammen ergibt sich also die erste Behauptung des Satzes. Die zweite folgt aus den jeweiligen Teilen b) der oben zitierten Sätze. ■

**Kommentar** Formel (5.39) ist das „stetige Analogon" der Gleichung

$$\mathbb{E}\, g(\mathbf{Z}) = \sum_{z \in \mathbb{R}^k : \mathbb{P}(\mathbf{Z}=z)>0} g(z)\,\mathbb{P}(\mathbf{Z} = z)$$

für diskret verteilte Zufallsvektoren. Für den Spezialfall einer reellen Zufallsvariablen $X$ und die Funktion $g(x) = x$, $x \in \mathbb{R}$, erhalten wir aus (5.39) das folgende stetige Analogon der Transformationsformel (5.33) für diskrete Zufallsvariablen. ◄

**Transformationsformel für den Erwartungswert**

Ist $X$ eine Zufallsvariable mit Dichte $f$, so existiert der Erwartungswert von $X$ genau dann, wenn gilt:

$$\int_{-\infty}^{\infty} |x|\, f(x)\,\mathrm{d}x < \infty.$$

In diesem Fall gilt

$$\mathbb{E}\,X = \int_{-\infty}^{\infty} x\, f(x)\,\mathrm{d}x. \tag{5.40}$$

**Kommentar** (5.39) und (5.40) sind „die Rezepte" zur Berechnung von Erwartungswerten, *sofern keine elegantere Methode zur Verfügung steht.* So sollte vor deren Befolgung wie schon bei diskreten Zufallsvariablen mehrfach geschehen stets versucht werden, strukturelle Eigenschaften der Erwartungswertbildung wie etwa die Linearität auszunutzen. Man beachte, dass jede Zufallsvariable, die mit Wahrscheinlichkeit eins Werte in einem kompakten Intervall annimmt, einen Erwartungswert besitzt, denn $\mathbb{P}(a \leq X \leq b) = 1$ zieht $|X| \leq \max(|a|, |b|)$ und damit $\mathbb{E}|X| \leq \max(|a|, |b|)$ nach sich. ◄

**Beispiel**

- Für eine Zufallsvariable $X$ mit der Gleichverteilung U$(a, b)$, also der Dichte $f = (b - a)^{-1}\mathbb{1}_{[a,b]}$, gilt

$$\mathbb{E}\,X = \frac{1}{b-a}\int_a^b x\,\mathrm{d}x = \frac{1}{b-a}\,\frac{x^2}{2}\Big|_a^b = \frac{a+b}{2}.$$

  Der Erwartungswert von $X$ ist also – kaum verwunderlich – das Symmetriezentrum der Dichte $f$.
- Eine Zufallsvariable mit der Cauchy-Verteilung C$(0, 1)$, also der Dichte $f(x) = 1/(\pi(1 + x^2))$, $x \in \mathbb{R}$, besitzt keinen Erwartungswert, da

$$\int_{-\infty}^{\infty} \frac{|x|}{1 + x^2}\,\mathrm{d}x = \infty.$$

Man beachte hierzu, dass

$$\int_0^n \frac{x}{1+x^2}\,\mathrm{d}x = \frac{\log(1+n^2)}{2} \to \infty \text{ für } n \to \infty. \blacktriangleleft$$

**Kommentar** Ist $X$ eine Zufallsvariable mit Verteilungsfunktion $F$, so findet man häufig auch die Schreibweise

$$\mathbb{E}g(X) = \int_{-\infty}^{\infty} g(x)\,\mathrm{d}F(x)$$

für den als existent vorausgesetzten Erwartungswert einer Funktion $g$ von $X$. Diese „$\mathrm{d}F$-Notation" steht synonym für das Maß-Integral

$$\int_{-\infty}^{\infty} g(x)\,\mathrm{d}F(x) := \int_{-\infty}^{\infty} g(x)\,\mathbb{P}^X(\mathrm{d}x).$$

Da wir nur die beiden Fälle betrachten, dass $X$ entweder diskret oder stetig verteilt ist, gilt im ersten Fall

$$\int_{-\infty}^{\infty} g(x)\,\mathrm{d}F(x) = \sum_{j\geq 1} g(x_j)\,\mathbb{P}(X = x_j)$$

(falls $\sum_{j\geq 1} \mathbb{P}(X = x_j) = 1$) und im zweiten

$$\int_{-\infty}^{\infty} g(x)\,\mathrm{d}F(x) = \int_{-\infty}^{\infty} g(x)\,f(x)\,\mathrm{d}x.$$

Dabei besitzt $X$ die Lebesgue-Dichte $f$. ◀

## Momente sind Erwartungswerte von Potenzen einer Zufallsvariablen

Wichtige Erwartungswerte von Funktionen einer Zufallsvariablen oder Funktionen zweier Zufallsvariablen sind mit Namen belegt, die größtenteils schon aus dem vorigen Kapitel bekannt sind. Bei der folgenden Definition wird stillschweigend unterstellt, dass die Zufallsvariablen $X$ und $Y$ auf dem gleichen Wahrscheinlichkeitsraum definiert sind und alle auftretenden Erwartungswerte existieren.

### Momente, Varianz, Kovarianz, Korrelation

Für $p \in \mathbb{R}$ mit $p > 0$ und $k \in \mathbb{N}$ heißen

- $\mathbb{E}\, X^k$ das **$k$-te Moment** von $X$,
- $\mathbb{E}(X - \mathbb{E}\, X)^k$ das **$k$-te zentrale Moment** von $X$,
- $\mathbb{V}(X) = \mathbb{E}(X - \mathbb{E}\, X)^2$ die **Varianz** von $X$,
- $\sqrt{\mathbb{V}(X)}$ die **Standardabweichung** von $X$,
- $\mathbb{E}\,|X|^p$ das **$p$-te absolute Moment** von $X$,
- $\mathrm{Cov}(X,Y) = \mathbb{E}[(X - \mathbb{E}X)(Y - \mathbb{E}Y)]$ die **Kovarianz** zwischen $X$ und $Y$,
- $\rho(X,Y) = \frac{\mathrm{Cov}(X,Y)}{\sqrt{\mathbb{V}(X)\,\mathbb{V}(Y)}}$ (falls $\mathbb{V}(X)\mathbb{V}(Y) > 0$) der **Korrelationskoeffizient** zwischen $X$ und $Y$.

**Kommentar** Der Begriff *Moment* stammt aus der Mechanik, wo insbesondere die Bezeichnungen *Drehmoment* und *Trägheitsmoment* geläufig sind. Nach obigen Definitionen sind also der Erwartungswert das erste Moment und die Varianz das zweite zentrale Moment. Man spricht auch von den *Momenten der Verteilung von* $X$, da Erwartungswerte einer Funktion von $X$ bzw. einer Funktion von $(X,Y)$ nur von der Verteilung $\mathbb{P}^X$ bzw. der gemeinsamen Verteilung $\mathbb{P}^{(X,Y)}$ von $X$ und $Y$ abhängen. Besitzen $X$ eine Dichte $f$ und $(X,Y)$ eine gemeinsame Dichte $h$, so gelten nach der allgemeinen Transformationsformel (5.39) mit den Abkürzungen $\mu := \mathbb{E}X$ und $\nu := \mathbb{E}Y$

$$\begin{aligned}
\mathbb{E}\, X^k &= \int x^k\, f(x)\,\mathrm{d}x,\\
\mathbb{E}(X - \mathbb{E}X)^k &= \int (x-\mu)^k\, f(x)\,\mathrm{d}x,\\
\mathbb{V}(X) &= \int (x-\mu)^2\, f(x)\,\mathrm{d}x,\\
\mathbb{E}|X|^p &= \int |x|^p\, f(x)\,\mathrm{d}x,\\
\mathrm{Cov}(X,Y) &= \iint (x-\mu)(y-\nu)\,h(x,y)\,\mathrm{d}x\mathrm{d}y.
\end{aligned}$$

Dabei erstrecken sich alle Integrale grundsätzlich über $\mathbb{R}$ und im konkreten Einzelfall über den Positivitätsbereich von $f$ bzw. von $h$. Wir betonen an dieser Stelle ausdrücklich, dass alle im vorigen Kapitel hergeleiteten strukturellen Eigenschaften der Varianz- und Kovarianzbildung erhalten bleiben, weil sie auf den grundlegenden Eigenschaften der Erwartungswertbildung (namentlich der Linearität) fußen. Insbesondere sei hervorgehoben, dass auch die Schlussfolgerung

$$X, Y \text{ unabhängig} \Longrightarrow \mathrm{Cov}(X,Y) = 0$$

ganz allgemein gültig bleibt. Wegen $\mathrm{Cov}(X,Y) = \mathbb{E}(X\,Y) - \mathbb{E}X\,\mathbb{E}Y$ ist diese Implikation gleichbedeutend mit der nachfolgenden, bereits im vorigen Kapitel im Spezialfall diskreter Zufallsvariablen formulierten Aussage, deren Beweis wichtige Techniken der Maß- und Integrationstheorie verwendet. ◀

### Multiplikationsregel für den Erwartungswert

Sind $X$ und $Y$ *stochastisch unabhängige* Zufallsvariablen mit existierenden Erwartungswerten, so existiert auch der Erwartungswert von $X\,Y$, und es gilt

$$\mathbb{E}(X\,Y) = \mathbb{E}X \cdot \mathbb{E}Y.$$

**Beweis** Die Unabhängigkeit von $X$ und $Y$ ist gleichbedeutend damit, dass die gemeinsame Verteilung $\mathbb{P}^{(X,Y)}$ das Produkt $\mathbb{P}^X \otimes \mathbb{P}^Y$ der Marginalverteilungen ist (vgl. den Kommentar nach dem allgemeinen Unabhängigkeitskriterium in Abschn. 3.3). Nach dem Transformationssatz für Integrale in

Abschn. 8.5 und dem Satz von Tonelli gilt unter Weglassung der Integrationsgrenzen $-\infty$ und $\infty$

$$\begin{aligned}\mathbb{E}|XY| &= \iint |xy|\mathbb{P}^{(X,Y)}(\mathrm{d}x,\mathrm{d}y)\\ &= \iint |x|\,|y|\mathbb{P}^X\otimes\mathbb{P}^Y(\mathrm{d}x,\mathrm{d}y)\\ &= \left(\int |x|\,\mathbb{P}^X(\mathrm{d}x)\right)\left(\int |y|\,\mathbb{P}^Y(\mathrm{d}y)\right)\\ &= \mathbb{E}|X|\,\mathbb{E}|Y|.\end{aligned}$$

Folglich gilt $\mathbb{E}|XY| < \infty$. Wir können jetzt jeweils die Betragsstriche weglassen und erhalten wie behauptet $\mathbb{E}(XY) = \mathbb{E}X\,\mathbb{E}Y$. ∎

**Beispiel (Gleichverteilung)** Das $k$-te Moment einer Zufallsvariablen $X$ mit der Gleichverteilung $\mathrm{U}(0,1)$ ist durch

$$\mathbb{E}X^k = \int_0^1 x^k\,\mathrm{d}x = \frac{1}{k+1}, \quad k\in\mathbb{N},$$

gegeben. Hiermit erhält man

$$\mathbb{V}(X) = \mathbb{E}X^2 - (\mathbb{E}X)^2 = \frac{1}{3} - \frac{1}{4} = \frac{1}{12}.$$

Besitzt $Y$ die Gleichverteilung $\mathrm{U}(a,b)$, so gilt die Verteilungsgleichheit $Y \sim (b-a)X + a$ und folglich

$$\begin{aligned}\mathbb{E}Y^k &= \mathbb{E}\left[((b-a)X+a)^k\right]\\ &= \mathbb{E}\left[\sum_{j=0}^k \binom{k}{j}(b-a)^j X^j a^{k-j}\right]\\ &= \sum_{j=0}^k \binom{k}{j}\frac{(b-a)^j}{j+1}a^{k-j}.\end{aligned}$$ ◀

Wir benötigen in der Folge die i. Allg. aus den Analysis-Grundvorlesungen bekannte **Gammafunktion**. Diese ist für jedes $x > 0$ durch

$$\Gamma(x) := \int_0^\infty t^{x-1}\mathrm{e}^{-t}\,\mathrm{d}t \tag{5.41}$$

definiert. Die Funktion $\Gamma : (0,\infty) \to \mathbb{R}$ besitzt folgende Eigenschaften:

- $\Gamma(x+1) = x\Gamma(x)$, $x > 0$,
- $\Gamma(n) = (n-1)!$, $n \in \mathbb{N}$,
- $\Gamma(1/2) = \sqrt{\pi}$.

Dabei folgt die erste Gleichung mithilfe partieller Integration, und die zweite ergibt sich hieraus zusammen mit $\Gamma(1) = 1$. Die letzte Beziehung ist äquivalent zu der Normierungsbedingung $\int_{-\infty}^{\infty}\varphi(x)\,\mathrm{d}x = 1$ für die in (5.4) eingeführte Dichte $\varphi$ der Standardnormalverteilung (siehe z. B. [1], Abschn. 16.6 und Aufgabe 16.12).

**Beispiel (Normalverteilung)** Die Zufallsvariable $X$ sei $\mathrm{N}(0,1)$-normalverteilt, besitze also die Dichte

$$\varphi(x) = \frac{1}{\sqrt{2\pi}}\exp\left(-\frac{x^2}{2}\right), \quad x\in\mathbb{R}.$$

Für $k \in \mathbb{N}$ gilt wegen der Symmetrie von $\varphi$ um 0, der Substitution $u = x^2/2$ und der Definition der Gammafunktion

$$\begin{aligned}\mathbb{E}|X|^k &= \frac{1}{\sqrt{2\pi}}\int_{-\infty}^{\infty}|x|^k\exp\left(-\frac{x^2}{2}\right)\mathrm{d}x\\ &= \frac{2}{\sqrt{2\pi}}\int_0^\infty x^k\exp\left(-\frac{x^2}{2}\right)\mathrm{d}x\\ &= \frac{2^{k/2}}{\sqrt{\pi}}\int_0^\infty u^{(k+1)/2-1}\,\mathrm{e}^{-u}\,\mathrm{d}u\\ &= \frac{2^{k/2}}{\sqrt{\pi}}\Gamma\left(\frac{k+1}{2}\right) < \infty.\end{aligned}$$

Somit existiert für jedes $k \in \mathbb{N}$ das $k$-te Moment von $X$. Wiederum wegen der Symmetrie von $\varphi$ um 0 ergeben sich dann

$$\mathbb{E}X^{2m+1} = 0, \quad m\in\mathbb{N}_0,$$

sowie

$$\mathbb{E}X^{2m} = \frac{2^m}{\sqrt{\pi}}\Gamma\left(\frac{2m+1}{2}\right) = \prod_{j=1}^m(2j-1), \quad m\in\mathbb{N}.$$

Das letzte Gleichheitszeichen folgt dabei aus $\Gamma(x+1) = x\Gamma(x)$, $x > 0$, und $\Gamma(1/2) = \sqrt{\pi}$. Insbesondere erhält man $\mathbb{E}X = 0$ und $\mathbb{V}(X) = \mathbb{E}X^2 = 1$.

Besitzt $X$ die Normalverteilung $\mathrm{N}(\mu,\sigma^2)$, so gilt $X \sim \sigma Y + \mu$ mit $Y \sim \mathrm{N}(0,1)$. Nach den Rechenregeln für Erwartungswert und Varianz erhalten wir

$$\begin{aligned}\mathbb{E}X &= \mathbb{E}(\sigma Y + \mu) = \sigma\,\mathbb{E}Y + \mu = \mu,\\ \mathbb{V}(X) &= \mathbb{V}(\sigma Y + \mu) = \sigma^2\mathbb{V}(Y) = \sigma^2.\end{aligned}$$

Die Parameter $\mu$ und $\sigma^2$ der Normalverteilung $\mathrm{N}(\mu,\sigma^2)$ sind also Erwartungswert bzw. Varianz dieser Verteilung. ◀

In Aufgabe 4.46 haben wir gesehen, dass der Erwartungswert einer $\mathbb{N}_0$-wertigen Zufallsvariablen $X$ in der Form

$$\mathbb{E}X = \sum_{n=1}^{\infty}\mathbb{P}(X \ge n)$$

dargestellt werden kann. Bezeichnet $F$ die Verteilungsfunktion von $X$, so gilt wegen der Ganzzahligkeit von $X$ die Identität $\mathbb{P}(X \ge n) = \mathbb{P}(X > n-1)$, und wir erhalten

$$\mathbb{E}X = \sum_{n=0}^{\infty}(1 - F(n)) = \int_0^\infty (1 - F(x))\,\mathrm{d}x.$$

Dabei existiert der Erwartungswert genau dann, wenn das uneigentliche Integral bzw. die unendliche Reihe konvergiert. Die

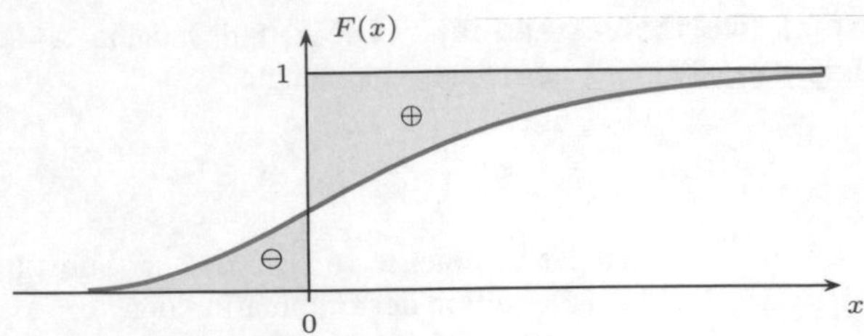


**Abb. 5.19** Erwartungswert als Differenz zweier Flächeninhalte

nachstehende Eigenschaft ist eine Verallgemeinerung dieses Resultats. Der Beweis ist eine direkte Anwendung des Satzes von Tonelli, der für alle, die bereits Kenntnisse der Maß- und Integrationstheorie besitzen, als Aufgabe 5.41 formuliert ist.

**Darstellungsformel für den Erwartungswert**

Ist $X$ eine Zufallsvariable mit Verteilungsfunktion $F$, so gilt

$$\mathbb{E}|X| < \infty \iff \int_0^\infty (1 - F(x))\,\mathrm{d}x < \infty, \int_{-\infty}^0 F(x)\,\mathrm{d}x < \infty.$$

In diesem Fall folgt

$$\mathbb{E}\,X = \int_0^\infty (1 - F(x))\,\mathrm{d}x - \int_{-\infty}^0 F(x)\,\mathrm{d}x. \qquad (5.42)$$

Die Darstellungsformel besagt, dass die Werte $F(x)$ der Verteilungsfunktion $F$ hinreichend schnell gegen null (für $x \to -\infty$) und eins (für $x \to \infty$) konvergieren müssen, damit der Erwartungswert existiert. Ist dies der Fall, so kann man den Erwartungswert als Differenz zweier Flächeninhalte deuten (Abb. 5.19).

Im Folgenden wenden wir uns den Begriffen *Erwartungswertvektor* und *Kovarianzmatrix* zu. In diesem Zusammenhang ist es zweckmäßig, Vektoren grundsätzlich als *Spaltenvektoren* zu verstehen. Für einen Spaltenvektor $x$ bezeichne dann $x^\top$ den zu $x$ transponierten Zeilenvektor. In gleicher Weise sei $A^\top$ die zu einer Matrix $A$ transponierte Matrix. Weiter setzen wir voraus, dass alle auftretenden Erwartungswerte existieren.

**Erwartungswertvektor, Kovarianzmatrix**

Es sei $\mathbf{X} = (X_1, \ldots, X_k)^\top$ ein $k$-dimensionaler Zufallsvektor. Dann heißen

$$\mathbb{E}(\mathbf{X}) := (\mathbb{E}X_1, \ldots, \mathbb{E}X_k)^\top$$

der **Erwartungswertvektor** und

$$\Sigma(\mathbf{X}) := (\mathrm{Cov}(X_i, X_j))_{1 \le i,j \le k}$$

die **Kovarianzmatrix** von **X**.

Sei $\mathbf{Z} = (Z_{i,j})_{1 \le i \le m, 1 \le j \le n}$ ein in Form einer $(m \times n)$-dimensionalen Matrix geschriebener Zufallsvektor. Mit der Festsetzung

$$\mathbb{E}\,\mathbf{Z} := (\mathbb{E}\,Z_{i,j})_{1 \le i \le m, 1 \le j \le n}$$

gilt dann

$$\begin{aligned}\Sigma(\mathbf{X}) &= \mathbb{E}\big[(\mathbf{X} - \mathbb{E}\,\mathbf{X})(\mathbf{X} - \mathbb{E}\,\mathbf{X})^\top\big] \\ &= \mathbb{E}\left[\begin{pmatrix} X_1 - \mathbb{E}\,X_1 \\ \vdots \\ X_k - \mathbb{E}\,X_k \end{pmatrix} \begin{pmatrix} X_1 - \mathbb{E}\,X_1 & \cdots & X_k - \mathbb{E}\,X_k \end{pmatrix}\right].\end{aligned}$$

**Rechenregeln**

Es seien $\mathbf{X}$ ein $k$-dimensionaler Zufallsvektor, $b \in \mathbb{R}^n$ und $A$ eine $(n \times k)$-Matrix. Dann gelten:

a) $\mathbb{E}(A\mathbf{X} + b) = A\,\mathbb{E}\,\mathbf{X} + b$,
b) $\Sigma(A\mathbf{X} + b) = A\,\Sigma(\mathbf{X})\,A^\top$.

**Selbstfrage 8**

Können Sie diese Rechenregeln beweisen?

**Eigenschaften der Kovarianzmatrix**

Die Kovarianzmatrix $\Sigma(\mathbf{X})$ eines Zufallsvektors $\mathbf{X}$ besitzt folgende Eigenschaften:

a) $\Sigma(\mathbf{X})$ ist symmetrisch und positiv-semidefinit.
b) $\Sigma(\mathbf{X})$ ist genau dann singulär, wenn es ein $c \in \mathbb{R}^k$ mit $c \neq 0$ und ein $\gamma \in \mathbb{R}$ mit $\mathbb{P}(c^\top \mathbf{X} = \gamma) = 1$ gibt.

**Beweis** Da die Kovarianzbildung $\mathrm{Cov}(\cdot,\cdot)$ ein symmetrischer Operator ist, ist $\Sigma(\mathbf{X})$ symmetrisch. Für einen beliebigen Vektor $c = (c_1, \ldots, c_k)^\top \in \mathbb{R}^k$ gilt

$$\begin{aligned}\sum_{i=1}^k \sum_{j=1}^k c_i c_j \mathrm{Cov}(X_i, X_j) &= \mathrm{Cov}\left(\sum_{i=1}^k c_i X_i, \sum_{j=1}^k c_j X_j\right) \\ &= \mathbb{V}\left(\sum_{j=1}^k c_j X_j\right) = \mathbb{V}(c^\top \mathbf{X}) \\ &\ge 0.\end{aligned}$$

Somit ist $\Sigma(\mathbf{X})$ positiv-semidefinit. Nach dem Gezeigten ist $\Sigma(\mathbf{X})$ genau dann singulär, also nicht invertierbar, wenn ein vom Nullvektor verschiedenes $c \in \mathbb{R}^k$ existiert, sodass $\mathbb{V}(c^\top \mathbf{X}) = 0$ gilt. Letztere Eigenschaft ist äquivalent dazu, dass es ein $c \neq 0$ und ein $\gamma \in \mathbb{R}$ gibt, sodass gilt:

$$\mathbb{P}(c^\top \mathbf{X} = \gamma) = 1. \qquad \blacksquare$$

Die Kovarianzmatrix eines Zufallsvektors $\mathbf{X}$ ist also genau dann singulär, wenn $\mathbf{X}$ mit Wahrscheinlichkeit 1 in eine Hyperebene $\mathcal{H}$ des $\mathbb{R}^k$, also eine Menge der Gestalt $\mathcal{H} = \{x \in \mathbb{R}^k \mid c^\top x = \gamma\}$ mit $c \neq 0$ und $\gamma \in \mathbb{R}$ fällt. Diese Eigenschaft trifft etwa für einen Zufallsvektor mit einer Multinomialverteilung zu (Aufgabe 5.7).

Das folgende Resultat zeigt, dass die Parameter $\mu$ und $\Sigma$ der nichtausgearteten $k$-dimensionalen Normalverteilung $\mathrm{N}_k(\mu, \Sigma)$ den Erwartungswertvektor bzw. die Kovarianzmatrix dieser Verteilung darstellen. Aus diesem Grunde sagt man auch, ein Zufallsvektor $\mathbf{X}$ habe eine nichtausgeartete $k$-dimensionale Normalverteilung *mit Erwartungswert(vektor)* $\mu$ *und Kovarianzmatrix* $\Sigma$.

**Erwartungswert und Kovarianzmatrix von $\mathrm{N}_k(\mu, \Sigma)$**

Für einen Zufallsvektor $\mathbf{X} \sim \mathrm{N}_k(\mu, \Sigma)$ gilt

$$\mathbb{E}(\mathbf{X}) = \mu, \qquad \Sigma(\mathbf{X}) = \Sigma.$$

**Beweis** Wir verwenden die Verteilungsgleichheit $\mathbf{X} \sim A\mathbf{Y} + \mu$, wobei $\Sigma = A\,A^\top$ und $\mathbf{Y} = (Y_1, \ldots, Y_k)^\top$ mit unabhängigen und je $\mathrm{N}(0,1)$-verteilten Zufallsvariablen $Y_1, \ldots, Y_k$, vgl. die vor der Definition der $k$-dimensionalen Normalverteilung angestellten Überlegungen. Wegen $\mathbb{E}(\mathbf{Y}) = 0$ und $\Sigma(\mathbf{Y}) = \mathrm{I}_k$ ($k$-reihige Einheitsmatrix) folgt die Behauptung aus den obigen Rechenregeln, da

$$\mathbb{E}(\mathbf{X}) = \mathbb{E}(A\mathbf{Y} + \mu) = A\,\mathbb{E}(\mathbf{Y}) + \mu,$$
$$\Sigma(\mathbf{X}) = A\Sigma(\mathbf{Y})A^\top = A\,A^\top = \Sigma. \qquad \blacksquare$$

Wir wissen, dass ganz allgemein stochastisch unabhängige Zufallsvariablen unkorreliert sind, also die Kovarianz 0 besitzen. Insbesondere ist dann die Kovarianzmatrix $\Sigma$ eines Zufallsvektors $\mathbf{X} = (X_1, \ldots, X_k)^\top \sim \mathrm{N}_k(\mu, \Sigma)$ mit unabhängigen Komponenten eine Diagonalmatrix. Aufgabe 5.26 zeigt, dass man in diesem Fall auch umgekehrt schließen kann: Gilt $\mathbf{X} \sim \mathrm{N}_k(\mu, \Sigma)$, und ist $\Sigma$ eine Diagonalmatrix, so sind $X_1, \ldots, X_k$ stochastisch unabhängig. Für die $k$-dimensionale Normalverteilung gilt zudem noch folgendes wichtiges Reproduktionsgesetz:

**Reproduktionsgesetz für die Normalverteilung**

Es seien $\mathbf{X} \sim \mathrm{N}_k(\mu, \Sigma)$, $B \in \mathbb{R}^{m \times k}$ eine Matrix mit $m \leq k$ und $\mathrm{rg}(B) = m$ sowie $\nu \in \mathbb{R}^m$. Dann gilt

$$B\mathbf{X} + \nu \sim \mathrm{N}_m(B\mu + \nu, B\Sigma B^\top).$$

**Beweis** Es ist nur zu zeigen, dass $B\mathbf{X} + \nu$ normalverteilt ist, da sich die Parameter aus den Rechenregeln

$$\mathbb{E}(B\mathbf{X} + \nu) = B\mathbb{E}(\mathbf{X}) + \nu, \quad \Sigma(B\mathbf{X} + \nu) = B\,\Sigma(\mathbf{X})\,B^\top$$

ergeben. Gilt $m = k$, so ist $\mathbf{X}$ verteilungsgleich mit $A\mathbf{Y} + \mu$, wobei $AA^\top = \Sigma$ und $\mathbf{Y} \sim \mathrm{N}_k(0, \mathrm{I}_k)$. Somit folgt $B\mathbf{X} + \nu \sim BA\mathbf{Y} + B\mu + \nu$ mit einer regulären Matrix $BA$, und $B\mathbf{X} + \nu$ ist ($k$-dimensional) normalverteilt. Im Fall $m < k$ ergänzen wir die Matrix $B$ durch Hinzufügen von $k - m$ Zeilen zu einer regulären Matrix $C$. Dann ist nach dem Gezeigten $C\mathbf{X}$ normalverteilt, und nach den Ausführungen in der großen Beispiel-Box in Abschn. 5.6 hat dann auch $B\mathbf{X}$ als gemeinsame Verteilung von Komponenten von $C\mathbf{X}$ eine ($m$-dimensionale) Normalverteilung. Eine Addition von $\nu$ ändert daran nichts. $\blacksquare$

## Das $p$-Quantil teilt die Gesamtfläche unter einer Dichte im Verhältnis $p$ zu $1 - p$ auf

Wir wenden uns nun *Quantilen* als weiteren wichtigen Kenngrößen von Verteilungen zu.

**Quantile, Quantilfunktion**

Es seien $X$ eine Zufallsvariable mit Verteilungsfunktion $F$ und $p$ eine Zahl mit $0 < p < 1$. Dann heißt

$$F^{-1}(p) := \inf\{x \in \mathbb{R} \mid F(x) \geq p\} \tag{5.43}$$

das **p-Quantil von F** (bzw. von $\mathbb{P}^X$).

Die durch (5.43) definierte Funktion $F^{-1} : (0,1) \to \mathbb{R}$ heißt **Quantilfunktion zu F.**

Wegen $\lim_{x\to\infty} F(x) = 1$ und $\lim_{x\to-\infty} F(x) = 0$ ist die Quantilfunktion wohldefiniert. Da eine Verteilungsfunktion Konstanzbereiche haben kann und somit nicht injektiv sein muss, darf man der Quantilfunktion nicht unbedingt die Rolle einer Umkehrfunktion zuschreiben, obwohl die Schreibweise $F^{-1}$ Assoziationen an die Umkehrfunktion weckt. Da $F$ rechtsseitig stetig ist, gilt die Äquivalenz

$$F(x) \geq p \iff x \geq F^{-1}(p), \quad 0 < p < 1,\ x \in \mathbb{R}. \tag{5.44}$$

**Selbstfrage 9**

Bei welcher der Richtungen „$\Rightarrow$" und „$\Leftarrow$" geht die rechtsseitige Stetigkeit von $F$ ein?

Im Folgenden schreiben wir auch

$$Q_p := Q_p(F) := F^{-1}(p)$$

für das $p$-Quantil zu $F$. Abb. 5.20 veranschaulicht diese Begriffsbildung.

In dem in Abb. 5.20 für $p = p_3$ skizzierten „Normalfall", dass $F$ an der Stelle $Q_p$ eine positive Ableitung hat, gilt

$$\mathbb{P}(X \leq Q_p) = F(Q_p) = p,$$
$$\mathbb{P}(X \geq Q_p) = 1 - F(Q_p) = 1 - p.$$

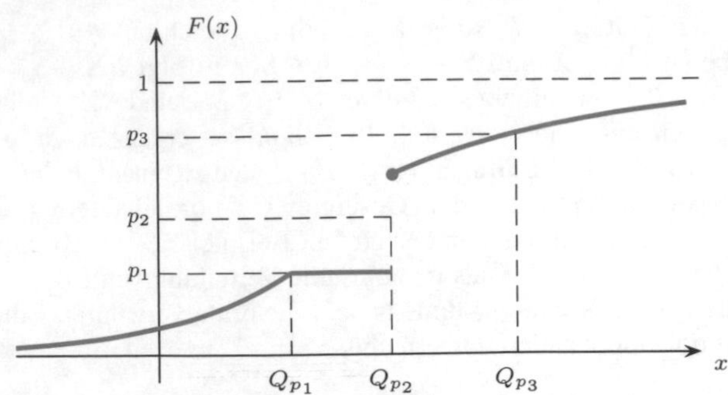


**Abb. 5.20** Zur Definition des $p$-Quantils

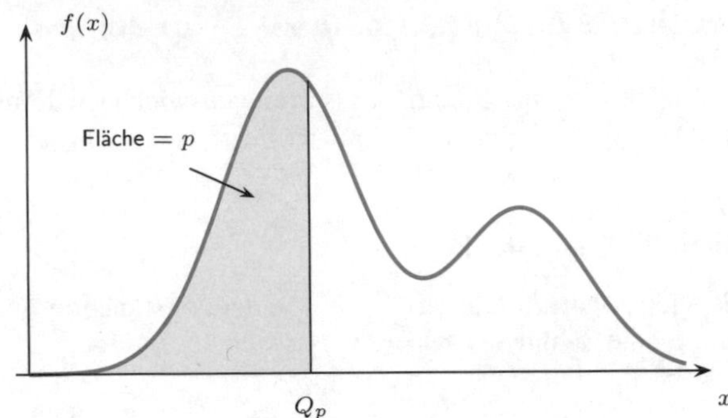


**Abb. 5.21** $p$-Quantil als „Flächen-Teiler"

Ist $X$ stetig mit der Dichte $f$, so teilt $Q_p$ die Gesamtfläche 1 unter dem Graphen von $f$ in einen Anteil $p$ links und einen Anteil $1 - p$ rechts von $Q_p$ auf (Abb. 5.21).

Gewisse Quantile sind mit speziellen Namen belegt. So wird das 0.5-Quantil als **Median** oder **Zentralwert** bezeichnet, und $Q_{0.25}$ sowie $Q_{0.75}$ heißen **unteres Quartil** bzw. **oberes Quartil** von $F$. Der Median halbiert somit die Fläche unter einer Dichte $f$, und das untere (obere) Quartil spaltet ein Viertel der gesamten Fläche von links (rechts) kommend ab. Die Differenz $Q_{0.75} - Q_{0.25}$ heißt **Quartilsabstand**. Das Quantil $Q_{k \cdot 0.2}$ heißt **$k$-tes Quintil** ($k = 1, 2, 3, 4$) und das Quantil $Q_{k \cdot 0.1}$ **$k$-tes Dezil** ($k = 1, 2, \ldots, 9$).

**Beispiel (Lokations-Skalen-Familien)** Wir betrachten eine Zufallsvariable $X_0$ mit stetiger, auf $\{x \mid 0 < F_0(x) < 1\}$ streng monoton wachsender Verteilungsfunktion $F_0$ sowie die von $F_0$ erzeugte Lokations-Skalen-Familie

$$\left\{F_{\mu,\sigma}(\cdot) = F_0\left(\frac{\cdot - \mu}{\sigma}\right) \,\middle|\, \mu \in \mathbb{R},\ \sigma > 0\right\}.$$

Da $X_0$ die Verteilungsfunktion $F_0$ und $X := \sigma X_0 + \mu$ die Verteilungsfunktion

$$F_{\mu,\sigma}(x) = \mathbb{P}(X \leq x) = F_0\left(\frac{x - \mu}{\sigma}\right)$$

besitzt, hängt das $p$-Quantil $Q_p(F)$ mit dem $p$-Quantil von $F_0$ über die Beziehung

$$Q_p(F) = \mu + \sigma\, Q_p(F_0) \tag{5.45}$$

zusammen.

**Tab. 5.2** Quantile der Standardnormalverteilung

| $p$ | 0.75 | 0.9 | 0.95 | 0.975 | 0.99 | 0.995 |
|---|---|---|---|---|---|---|
| $\Phi^{-1}(p)$ | 0.667 | 1.282 | 1.645 | 1.960 | 2.326 | 2.576 |

Für den Spezialfall $X_0 \sim \mathrm{N}(0, 1)$, also $F_0 = \Phi$, sind in Tab. 5.2 wichtige Quantile tabelliert. ◀

**Selbstfrage 10**

Welchen Quartilsabstand besitzt die Normalverteilung $\mathrm{N}(\mu, \sigma^2)$?

Man beachte, dass der Median einer Verteilung im Gegensatz zum Erwartungswert immer existiert. Wohingegen der Erwartungswert einer Zufallsvariablen $X$ die *mittlere quadratische Abweichung*

$$\mathbb{E}(X - c)^2$$

als Funktion von $c \in \mathbb{R}$ minimiert, löst der Median $Q_{1/2}$ von $X$ das Problem, die *mittlere absolute Abweichung*

$$\mathbb{E}|X - c|$$

in Abhängigkeit von $c$ zu minimieren (Aufgabe 5.47).

Im Allgemeinen sind Median (als „Hälftigkeitswert") und Erwartungswert als Schwerpunkt einer Verteilung verschieden. Es gibt jedoch eine einfache hinreichende Bedingung dafür, wann beide Werte zusammenfallen. Man nennt eine Zufallsvariable $X$ *symmetrisch verteilt um einen Wert* $a$, falls $X - a$ und $-(X - a)$ dieselbe Verteilung besitzen, falls also gilt:

$$X - a \sim a - X. \tag{5.46}$$

In diesem Fall sagt man auch, die *Verteilung von $X$ sei symmetrisch um $a$*, und nennt $a$ das *Symmetriezentrum* der Verteilung.

Besitzt $X$ eine Dichte $f$, so ist $X$ symmetrisch verteilt um $a$, falls $f(a + t) = f(a - t)$, $t \in \mathbb{R}$, gilt.

**Selbstfrage 11**

Können Sie diese Aussage beweisen?

Beispiele für symmetrische Verteilungen sind die Binomialverteilung $\mathrm{Bin}(n, 1/2)$, die Gleichverteilung $\mathrm{U}(a, b)$ und die Normalverteilung $\mathrm{N}(\mu, \sigma^2)$ mit den jeweiligen Symmetriezentren $n/2$, $(a + b)/2$ und $\mu$. Wie das folgende Resultat zeigt, fallen unter schwachen Voraussetzungen bei symmetrischen Verteilungen Median und Erwartungswert (falls existent) zusammen.

**Erwartungswert und Median bei symmetrischen Verteilungen**

Die Zufallsvariable $X$ mit stetiger Verteilungsfunktion $F$ sei symmetrisch verteilt um $a$. Dann gelten:

a) $\mathbb{E}X = a$ (falls $\mathbb{E}|X| < \infty$),
b) $F(a) = \frac{1}{2}$,
c) $Q_{1/2} = a$, falls $|\{x \in \mathbb{R} \mid F(x) = 1/2\}| = 1$.

**Beweis** Aus (5.46) folgt

$$\mathbb{E}X - a = \mathbb{E}(X - a) = \mathbb{E}(a - X) = a - \mathbb{E}X$$

und damit a). Wegen $\mathbb{P}(X = a) = 0$ liefert (5.46) ferner

$$\begin{aligned}\mathbb{P}(X \le a) &= \mathbb{P}(X - a \le 0) = \mathbb{P}(a - X \le 0) = \mathbb{P}(X \ge a) \\ &= 1 - \mathbb{P}(X \le a),\end{aligned}$$

also b). Behauptung c) folgt unmittelbar aus b). ■

Ein prominentes Beispiel einer symmetrischen Verteilung, die keinen Erwartungswert besitzt, ist die Cauchy-Verteilung $\mathrm{C}(\alpha, \beta)$. Sie entsteht aus der bereits bekannten Cauchy-Verteilung $\mathrm{C}(0, 1)$ durch die Lokations-Skalen-Transformation

$$X_0 \sim \mathrm{C}(0, 1) \implies \beta X_0 + \alpha \sim \mathrm{C}(\alpha, \beta).$$

**Definition der Cauchy-Verteilung**

Die Zufallsvariable $X$ hat eine **Cauchy-Verteilung** mit Parametern $\alpha$ und $\beta$ ($\alpha \in \mathbb{R}, \beta > 0$), kurz: $X \sim \mathrm{C}(\alpha, \beta)$, falls $X$ die Dichte

$$f(x) = \frac{\beta}{\pi(\beta^2 + (x - \alpha)^2)}, \qquad x \in \mathbb{R},$$

besitzt.

Wie man unmittelbar durch Differenziation bestätigt, ist die Verteilungsfunktion der Cauchy-Verteilung $\mathrm{C}(\alpha, \beta)$ durch

$$F(x) = \frac{1}{2} + \frac{1}{\pi} \arctan\left(\frac{x - \alpha}{\beta}\right), \qquad x \in \mathbb{R}, \tag{5.47}$$

gegeben.

Die Cauchy-Verteilung ist symmetrisch um den Median $a$ (Abb. 5.22), und es gilt $2\beta = Q_{3/4} - Q_{1/4}$. Der Skalenparameter $\beta$ ist also die Hälfte des *Quartilsabstandes* $Q_{3/4} - Q_{1/4}$ (Aufgabe 5.28).

Eine physikalische Erzeugungsweise der Verteilung $\mathrm{C}(\alpha, \beta)$ zeigt Abb. 5.23. Eine im Punkt $(\alpha, \beta)$ angebrachte Quelle sendet

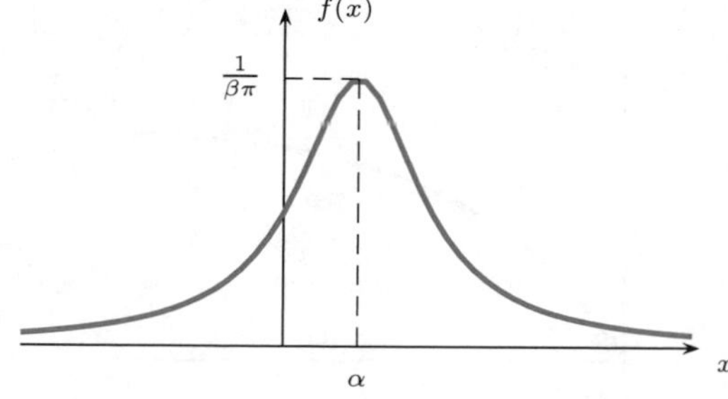

**Abb. 5.22** Dichte der Cauchy-Verteilung $\mathrm{C}(\alpha, \beta)$

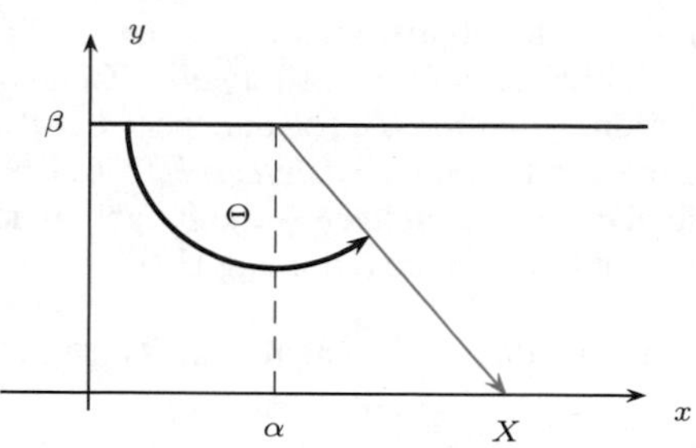

**Abb. 5.23** Erzeugungsweise der Cauchy-Verteilung

rein zufällig Partikel in Richtung der $x$-Achse aus. Dabei sei der von der Geraden $y = \beta$ gegen den Uhrzeigersinn aus gemessene Winkel $\Theta$, unter dem das Teilchen die Quelle verlässt, auf dem Intervall $(0, \pi)$ gleichverteilt. Der zufällige Ankunftspunkt $X$ des Teilchens auf der $x$-Achse besitzt dann die Verteilung $\mathrm{C}(\alpha, \beta)$ (Aufgabe 5.27).

**Satz über die Quantiltransformation**

Es seien $F : \mathbb{R} \to [0, 1]$ eine Verteilungsfunktion und $U$ eine Zufallsvariable mit $U \sim \mathrm{U}(0, 1)$. Dann besitzt die Zufallsvariable

$$X := F^{-1}(U)$$

(sog. **Quantiltransformation**) die Verteilungsfunktion $F$.

**Beweis** Aufgrund der Äquivalenz (5.44) gilt für jedes $x \in \mathbb{R}$

$$\mathbb{P}(X \le x) = \mathbb{P}(F^{-1}(U) \le x) = \mathbb{P}(U \le F(x)).$$

Wegen der Gleichverteilung von $U$ ist die rechts stehende Wahrscheinlichkeit gleich $F(x)$, was zu zeigen war. ■

Kann die Quantilfunktion $F^{-1}$ leicht in geschlossener Form angegeben werden, so liefert die Quantiltransformation eine einfache Möglichkeit, aus einer auf $(0, 1)$ gleichverteilten Pseudozufallszahl eine Pseudozufallszahl zu der Verteilungsfunktion $F$ zu erzeugen. Dieser Sachverhalt trifft zwar nicht für die Normalverteilung, wohl aber etwa für die Cauchy-Verteilung zu.

**Beispiel (Cauchy-Verteilung)** Eine Zufallsvariable mit der Cauchy-Verteilung $\mathrm{C}(\alpha, \beta)$ hat die in (5.47) angegebene Verteilungsfunktion $F$. Diese ist auf $\mathbb{R}$ streng monoton wachsend und stetig, und sie besitzt die (mit der Quantilfunktion zusammenfallende) Umkehrfunktion

$$F^{-1}(p) = \beta \tan\left[\pi\left(p - \frac{1}{2}\right)\right] + \alpha, \qquad 0 < p < 1.$$

Aus einer Pseudozufallszahl $x$ mit der Gleichverteilung auf $(0, 1)$ erhält man also mit $F^{-1}(x)$ eine Pseudozufallszahl nach der Cauchy-Verteilung $\mathrm{C}(\alpha, \beta)$. ◀

Wohingegen die Quantiltransformation $U \mapsto X := F^{-1}(U)$ aus einer Zufallsvariablen $U \sim \mathrm{U}(0,1)$ eine Zufallsvariable $X$ mit der Verteilungsfunktion $F$ erzeugt, geht bei der nachstehend erklärten *Wahrscheinlichkeitsintegral-Transformation* eine Zufallsvariable mit einer *stetigen* Verteilungsfunktion in eine Zufallsvariable mit der Gleichverteilung $\mathrm{U}(0,1)$ über.

**Video 5.2** Quantil- und Wahrscheinlichkeitsintegral-Transformation

**Wahrscheinlichkeitsintegral-Transformation**

Es sei $X$ eine Zufallsvariable mit *stetiger* Verteilungsfunktion $F$. Dann besitzt die durch die sog. **Wahrscheinlichkeitsintegral-Transformation** $X \mapsto F(X)$ erklärte Zufallsvariable

$$U := F(X) = F \circ X$$

die Gleichverteilung $\mathrm{U}(0,1)$.

**Beweis** Es sei $p$ mit $0 < p < 1$ beliebig. Wegen der Äquivalenz (5.44) und der Stetigkeit von $F$ gilt

$$\begin{aligned}\mathbb{P}(U < p) &= \mathbb{P}(F(X) < p) = \mathbb{P}(X < F^{-1}(p)) \\ &= \mathbb{P}(X \leq F^{-1}(p)) = F(F^{-1}(p)) = p.\end{aligned}$$

Hiermit ergibt sich

$$\mathbb{P}(U \leq p) = \lim_{n\to\infty} \mathbb{P}\left(U < p + \frac{1}{n}\right) = \lim_{n\to\infty}\left(p + \frac{1}{n}\right) = p,$$

was zu zeigen war. ■

**Selbstfrage 12**

Warum ist die Stetigkeit von $F$ für obigen Sachverhalt auch notwendig?

## 5.4 Wichtige stetige Verteilungen

Wir haben bereits mit der *Gleichverteilung* $\mathrm{U}(a,b)$, der *Normalverteilung* $\mathrm{N}(\mu,\sigma^2)$ und der *Cauchy-Verteilung* $\mathrm{C}(\alpha,\beta)$ drei wichtige Verteilungen kennengelernt. Diese Verteilungen sind jeweils Mitglieder von Lokations-Skalen-Familien, die durch die Gleichverteilung $\mathrm{U}(0,1)$, die Standardnormalverteilung $\mathrm{N}(0,1)$ und die Cauchy-Verteilung $\mathrm{C}(0,1)$ erzeugt werden, denn es gelten

- $X \sim \mathrm{U}(0,1) \Longrightarrow a + (b-a)X \sim \mathrm{U}(a,b)$,
- $X \sim \mathrm{N}(0,1) \Longrightarrow \mu + \sigma X \sim \mathrm{N}(\mu,\sigma^2)$,
- $X \sim \mathrm{C}(0,1) \Longrightarrow \alpha + \beta X \sim \mathrm{C}(\alpha,\beta)$.

In diesem Abschnitt lernen wir weitere grundlegende stetige Verteilungen und deren Eigenschaften sowie Erzeugungsweisen und Querverbindungen zwischen ihnen kennen. Wir beginnen mit der *Exponentialverteilung*.

**Definition der Exponentialverteilung**

Die Zufallsvariable $X$ hat eine **Exponentialverteilung** mit Parameter $\lambda > 0$, kurz: $X \sim \mathrm{Exp}(\lambda)$, falls $X$ die Dichte

$$f(x) = \lambda \mathrm{e}^{-\lambda x}, \quad x \geq 0,$$

und $f(x) = 0$ sonst, besitzt.

Offenbar wird durch diese Festsetzung in der Tat eine Wahrscheinlichkeitsdichte definiert, denn $f$ ist bis auf die Stelle 0 stetig, und es gilt $\int_{-\infty}^{\infty} f(x)\,\mathrm{d}x = 1$. Der Graph von $f$ ist in Abb. 5.24 dargestellt.

Die Verteilungsfunktion der Verteilung $\mathrm{Exp}(\lambda)$ ist durch

$$F(x) = \begin{cases} 1 - \exp(-\lambda x), & \text{falls } x \geq 0, \\ 0 \text{ sonst}, \end{cases} \tag{5.48}$$

gegeben. Der Graph von $F$ ist in Abb. 5.25 skizziert.

Aus der Verteilungsfunktion ergibt sich unmittelbar, dass der Parameter $\lambda$ die Rolle eines *Skalenparameters* spielt. Genauer gilt

$$X \sim \mathrm{Exp}(1) \Longrightarrow \frac{1}{\lambda} X \sim \mathrm{Exp}(\lambda); \tag{5.49}$$

jede Exponentialverteilung lässt sich also aus der Exponentialverteilung $\mathrm{Exp}(1)$ durch eine Multiplikation erzeugen. Die

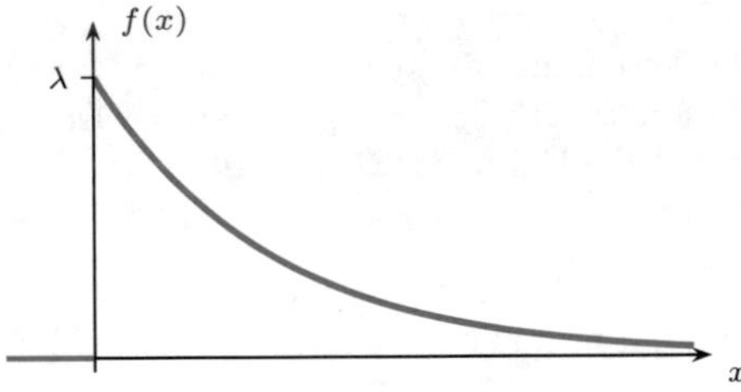


**Abb. 5.24** Dichte der Exponentialverteilung $\mathrm{Exp}(\lambda)$

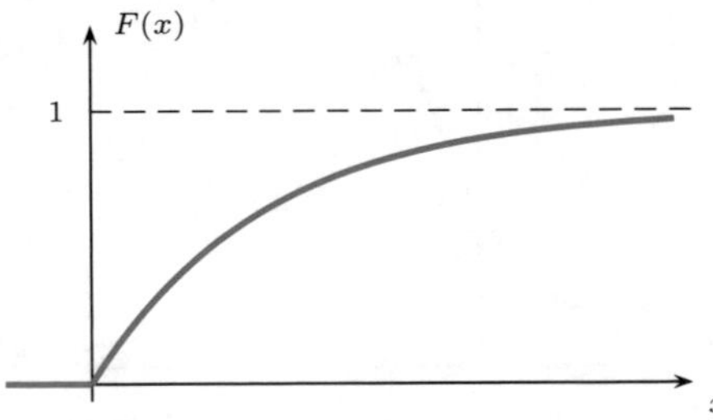


**Abb. 5.25** Verteilungsfunktion der Exponentialverteilung $\mathrm{Exp}(\lambda)$

Kapitel 5

einfache Gestalt der Verteilungsfunktion ermöglicht auch problemlos deren Invertierung: Die zugehörige Quantilfunktion ist

$$F^{-1}(p) = -\frac{1}{\lambda}\log(1-p), \qquad 0 < p < 1,$$

und wir erhalten mithilfe der Quantiltransformation den Zusammenhang

$$U \sim \mathrm{U}(0,1) \implies -\frac{1}{\lambda}\log(1-U) \sim \mathrm{Exp}(\lambda).$$

Aus der Dichte erhält man Erwartungswert und Varianz der Exponentialverteilung mithilfe direkter Integration zu

$$\mathbb{E}\,X = \int_0^\infty x\,\lambda\,\mathrm{e}^{-\lambda x}\,\mathrm{d}x = \frac{1}{\lambda},$$
$$\mathbb{V}(X) = \mathbb{E}(X^2) - (\mathbb{E}\,X)^2 = \frac{2}{\lambda^2} - \frac{1}{\lambda^2} = \frac{1}{\lambda^2}.$$

**Selbstfrage 13**

Welchen Median besitzt die Exponentialverteilung?

Die Exponentialverteilung ist ein grundlegendes Modell zur Beschreibung der zufälligen Lebensdauer von Maschinen oder Bauteilen, wenn Alterungserscheinungen vernachlässigbar sind. In der Physik findet sie z. B. bei der Modellierung der zufälligen Zeitspannen zwischen radioaktiven Zerfällen Verwendung. Der Grund hierfür ist die Eigenschaft der *Gedächtnislosigkeit*, die wir schon in ähnlicher Form bei der geometrischen Verteilung kennengelernt haben. Im Fall $X \sim \mathrm{Exp}(\lambda)$ gilt nämlich für beliebige positive reelle Zahlen $t$ und $h$ die Gleichung

$$\mathbb{P}(X \geq t + h | X \geq t) = \mathbb{P}(X \geq h). \tag{5.50}$$

**Selbstfrage 14**

Können Sie diese Gleichung beweisen?

Als zweite Verteilungsfamilie betrachten wir die nach dem schwedischen Ingenieur und Mathematiker Ernst Hjalmar Waloddi Weibull (1887–1979) benannten *Weibull-Verteilungen*. Sie finden u. a. bei der Modellierung von Niederschlagsmengen, Windgeschwindigkeiten und zufälligen Lebensdauern in der Qualitätssicherung Verwendung.

**Definition der Weibull-Verteilung**

Eine positive Zufallsvariable $X$ hat eine **Weibull Verteilung** mit Parametern $\alpha > 0$ und $\lambda > 0$, falls $X$ die Dichte

$$f(x) = \alpha\,\lambda\,x^{\alpha-1}\exp(-\lambda x^\alpha), \qquad x > 0, \tag{5.51}$$

und $f(x) = 0$ sonst, besitzt, und wir schreiben hierfür kurz $X \sim \mathrm{Wei}(\alpha, \lambda)$.

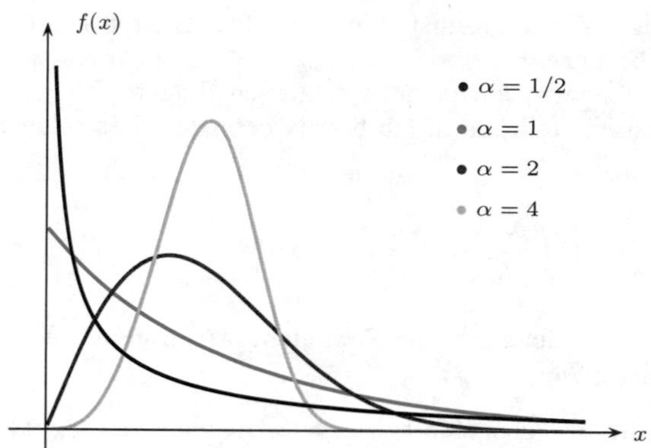


**Abb. 5.26** Weibull-Dichten für verschiedene Werte von $\alpha$

Offenbar ist die Exponentialverteilung $\mathrm{Exp}(\lambda)$ ein Spezialfall der Weibull-Verteilung, denn es gilt $\mathrm{Exp}(\lambda) = \mathrm{Wei}(1, \lambda)$. Die Weibull-Verteilung ist aber auch für allgemeines $\alpha$ unmittelbar durch den Zusammenhang

$$Y \sim \mathrm{Exp}(\lambda) \implies X := Y^{1/\alpha} \sim \mathrm{Wei}(\alpha, \lambda), \tag{5.52}$$

mit der Exponentialverteilung verknüpft, denn es ist für $x > 0$

$$\begin{aligned} F(x) &:= \mathbb{P}(X \leq x) = \mathbb{P}(Y^{1/\alpha} \leq x) = \mathbb{P}(Y \leq x^\alpha) \\ &= 1 - \exp(-\lambda x^\alpha), \end{aligned} \tag{5.53}$$

und durch Differenziation (Kettenregel!) ergibt sich die Dichte der Weibull-Verteilung zu (5.51). Wegen

$$X \sim \mathrm{Wei}(\alpha, 1) \implies \left(\frac{1}{\lambda}\right)^{1/\alpha} X \sim \mathrm{Wei}(\alpha, \lambda) \tag{5.54}$$

(Übungsaufgabe 5.29) bewirkt der Parameter $\lambda$ wie schon bei der Exponentialverteilung nur eine Skalenänderung. Die Gestalt der Dichte von $X$ wird somit maßgeblich durch den sog. *Formparameter* $\alpha$ beeinflusst. Abb. 5.26 zeigt Dichten von Weibull-Verteilungen für $\lambda = 1$ und verschiedene Werte von $\alpha$. Die Momente der Weibull-Verteilung lassen sich mithilfe der Gammafunktion ausdrücken (Aufgabe 5.30):

**Satz** Es sei $X \sim \mathrm{Wei}(\lambda, \alpha)$. Dann gilt

$$\mathbb{E}X^k = \frac{\Gamma\left(1 + \frac{k}{\alpha}\right)}{\lambda^{k/\alpha}}, \quad k \in \mathbb{N}.$$

Insbesondere folgt

$$\mathbb{E}X = \frac{1}{\lambda^{1/\alpha}}\,\Gamma\left(1 + \frac{1}{\alpha}\right),$$
$$\mathbb{V}(X) = \frac{1}{\lambda^{2/\alpha}}\left(\Gamma\left(1 + \frac{2}{\alpha}\right) - \left[\Gamma\left(1 + \frac{1}{\alpha}\right)\right]^2\right). \quad ◄$$

Abschließend erinnern wir daran, dass uns die Weibull-Verteilung Wei(2, 1/2) in Aufgabe 2.36 als Grenzverteilung der

Kapitel 5

Zeit bis zur ersten Kollision in einem Fächer-Modell mit $n$ Fächern begegnet ist. Bezeichnet $X_n$ die Anzahl der rein zufällig und unabhängig voneinander platzierten Teilchen, bis zum ersten Mal ein Teilchen in ein bereits besetztes Fach gelangt, so gilt

$$\lim_{n\to\infty} \mathbb{P}\left(\frac{X_n}{\sqrt{n}} \leq t\right) = 1 - \exp\left(-\frac{1}{2}t^2\right), \quad t > 0.$$

Die rechte Seite ist die Verteilungsfunktion der Weibull-Verteilung Wei$(2, 1/2)$.

Auch die im Folgenden betrachtete *Gammaverteilung* ist eine weitere Verallgemeinerung der Exponentialverteilung. Sie tritt u. a. bei der Modellierung von Bedien- und Reparaturzeiten in Warteschlangen auf. Im Versicherungswesen dient sie zur Beschreibung kleiner bis mittlerer Schäden.

**Definition der Gammaverteilung**

Die Zufallsvariable $X$ hat eine **Gammaverteilung** mit Parametern $\alpha > 0$ und $\lambda > 0$, kurz: $X \sim \Gamma(\alpha, \lambda)$, wenn $X$ die Dichte

$$f(x) = \frac{\lambda^\alpha}{\Gamma(\alpha)} x^{\alpha-1} e^{-\lambda x}, \qquad \text{falls} \quad x > 0 \tag{5.55}$$

und $f(x) = 0$ sonst, besitzt.

Mithilfe des Satzes „Methode Verteilungsfunktion" in Abschn. 5.2 erschließt sich unmittelbar die Implikation

$$X \sim \Gamma(\alpha, 1) \Longrightarrow \frac{1}{\lambda} X \sim \Gamma(\alpha, \lambda). \tag{5.56}$$

Wohingegen der Parameter $\alpha$ die Gestalt der Dichte wesentlich beeinflusst, bewirkt $\lambda$ wie bei der Exponentialverteilung also nur eine Skalenänderung. Abb. 5.27 zeigt Dichten der Gammaverteilung für $\lambda = 1$ und verschiedene Werte von $\alpha$.

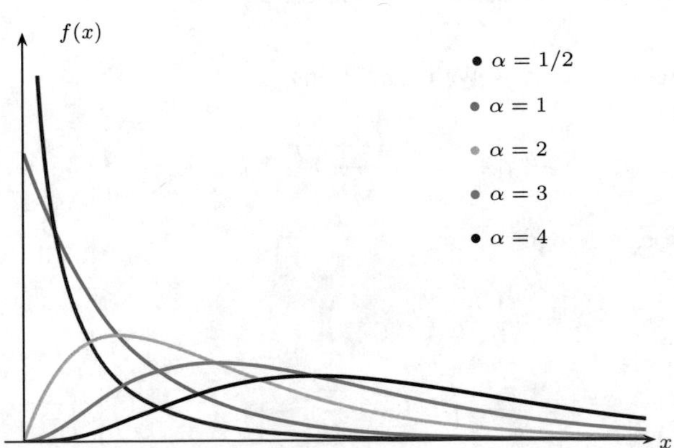


**Abb. 5.27** Dichten der Gammaverteilung mit $\lambda = 1$ für verschiedene Werte von $\alpha$

Wie bei der Normalverteilung gibt es auch bei der Gammaverteilung $\Gamma(\alpha, \lambda)$ zumindest für allgemeines $\alpha$ keinen geschlossenen Ausdruck für die Verteilungsfunktion und die Quantile. Für die Momente gilt das folgende Resultat:

**Satz** Die Zufallsvariable $X$ besitze die Gammaverteilung $\Gamma(\alpha, \lambda)$. Dann gilt

$$\mathbb{E}X^k = \frac{\Gamma(k+\alpha)}{\lambda^k\, \Gamma(\alpha)}, \quad k \in \mathbb{N}. \tag{5.57}$$

Insbesondere folgt

$$\mathbb{E}\, X = \frac{\alpha}{\lambda}, \quad \mathbb{V}(X) = \frac{\alpha}{\lambda^2}.$$ ◄

**Selbstfrage 15**

Können Sie (5.57) beweisen?

Für die Gammaverteilung gilt das folgende Additionsgesetz, dessen Beweis als Abfallprodukt eine wichtige Integral-Identität liefert.

**Additionsgesetz für die Gammaverteilung**

Sind $X$ und $Y$ unabhängige Zufallsvariablen mit den Gammaverteilungen $\Gamma(\alpha, \lambda)$ bzw. $\Gamma(\beta, \lambda)$, so gilt:

$$X + Y \sim \Gamma(\alpha + \beta, \lambda).$$

**Beweis** Setzt man die durch (5.55) gegebenen Dichten $f_X$ und $f_Y$ von $X$ bzw. $Y$ in die Faltungsformel (5.29) ein, so folgt wegen $f_X(s) = 0$ für $s \leq 0$ sowie $f_Y(t-s) = 0$ für $s \geq t$

$$\begin{aligned} f_{X+Y}(t) &= \int_0^t f_X(s)\, f_Y(t-s)\, ds \\ &= \frac{\lambda^\alpha}{\Gamma(\alpha)} \frac{\lambda^\beta}{\Gamma(\beta)} e^{-\lambda t} \int_0^t s^{\alpha-1}(t-s)^{\beta-1}\, ds. \end{aligned}$$

Die Substitution $s = t\,u$ liefert dann

$$f_{X+Y}(t) = \int_0^1 u^{\alpha-1}(1-u)^{\beta-1} du\, \frac{\lambda^{\alpha+\beta}}{\Gamma(\alpha)\,\Gamma(\beta)}\, t^{\alpha+\beta-1}\, e^{-\lambda t}$$

für $t > 0$ und $f_{X+Y}(t) = 0$ für $t \leq 0$. Da der rechts stehende Ausdruck eine Dichte ist und die Verteilung $\Gamma(\alpha + \beta, \lambda)$ die Dichte

$$g(t) = \frac{\lambda^{\alpha+\beta}}{\Gamma(\alpha+\beta)}\, t^{\alpha+\beta-1} \exp(-\lambda t), \qquad t > 0,$$

Kapitel 5

besitzt, liefert die Normierungsbedingung $1 = \int_0^\infty g(t)\mathrm{d}t = \int_0^\infty f_{X+Y}(t)\mathrm{d}t$ die Beziehung

$$\int_0^1 u^{\alpha-1}(1-u)^{\beta-1}\,\mathrm{d}u = \frac{\Gamma(\alpha)\,\Gamma(\beta)}{\Gamma(\alpha+\beta)}, \qquad (5.58)$$

woraus die Behauptung folgt. ■

**Kommentar** Das in (5.58) stehende Integral

$$\mathrm{B}(\alpha,\beta) := \int_0^1 u^{\alpha-1}(1-u)^{\beta-1}\,\mathrm{d}u \qquad (5.59)$$

heißt (als Funktion von $\alpha > 0$ und $\beta > 0$ betrachtet) **Eulersche Betafunktion**. Gleichung (5.58) zeigt, dass diese nach Leonhard Euler (1707–1783) benannte Funktion über die Beziehung

$$B(\alpha,\beta) = \frac{\Gamma(\alpha)\,\Gamma(\beta)}{\Gamma(\alpha+\beta)}, \qquad \alpha,\beta > 0. \qquad (5.60)$$

mit der in (5.41) definierten Gammafunktion zusammenhängt. ◄

Die nachfolgende *Chi-Quadrat-Verteilung* ist insbesondere in der Statistik wichtig. Sie lässt sich wie folgt direkt aus der Normalverteilung ableiten.

**Definition der Chi-Quadrat-Verteilung**

Die Zufallsvariablen $Y_1,\ldots,Y_k$ seien *stochastisch unabhängig* und je N(0, 1)-normalverteilt. Dann heißt die Verteilung der Quadratsumme

$$X := Y_1^2 + Y_2^2 + \ldots + Y_k^2$$

**Chi-Quadrat-Verteilung mit k Freiheitsgraden**, und wir schreiben hierfür kurz $X \sim \chi_k^2$.

Wir können an dieser Stelle sofort Erwartungswert und Varianz von $X$ angeben, ohne die genaue Gestalt der Verteilung wie Verteilungsfunktion und Dichte zu kennen. Wegen $\mathbb{E}Y_1^2 = \mathbb{V}(Y_1) = 1$ und

$$\mathbb{V}(Y_1^2) = \mathbb{E}Y_1^4 - (\mathbb{E}Y_1^2)^2 = 3 - 1 = 2$$

folgt wegen der Additivität von Erwartungswert- und Varianzbildung $\mathbb{E}X = k$ und $\mathbb{V}(X) = 2k$.

Mithilfe der Faltungsformel (Aufgabe 5.31) erhält man durch Induktion über $k$ das folgende Resultat.

**Satz (über die Dichte der $\chi_k^2$-Verteilung)** Eine Zufallsvariable $X$ mit der $\chi_k^2$-Verteilung besitzt die Dichte

$$f(x) = \frac{1}{2^{k/2}\Gamma(k/2)}\, x^{\frac{k}{2}-1}\,\mathrm{e}^{-\frac{x}{2}}, \qquad x > 0,$$

und $f(x) = 0$ sonst. ◄

**Kommentar** Nach obigem Resultat ist die Chi-Quadrat-Verteilung mit $k$ Freiheitsgraden nichts anderes als die Gammaverteilung $\Gamma(\alpha,\lambda)$ mit $\alpha = k/2$ und $\lambda = 1/2$. Konsequenterweise folgt aus dem Additionsgesetz für die Gammaverteilung das

**Additionsgesetz für die $\chi^2$-Verteilung**

Sind $X$ und $Y$ unabhängige Zufallsvariablen mit den Chi-Quadrat-Verteilungen $X \sim \chi_k^2$ und $Y \sim \chi_\ell^2$, so folgt $X + Y \sim \chi_{k+\ell}^2$.

Dieses Resultat ergibt sich auch sofort aufgrund der Erzeugungsweise der Chi-Quadrat-Verteilung. ◄

Als weitere Verteilung stellen wir die *Lognormalverteilung* vor. Sie dient u. a. zur Modellierung von Aktienkursen im sog. *Black-Scholes-Modell* der Finanzmathematik.

**Definition der Lognormalverteilung**

Die positive Zufallsvariable $X$ besitzt eine **Lognormalverteilung** mit Parametern $\mu$ und $\sigma^2$ ($\mu \in \mathbb{R}, \sigma > 0$), kurz: $X \sim \mathrm{LN}(\mu,\sigma^2)$, falls gilt:

$$\log X \sim \mathrm{N}(\mu,\sigma^2).$$

Eine Zufallsvariable ist also lognormalverteilt, wenn ihr Logarithmus normalverteilt ist. Diese Definition, bei der die Erzeugungsweise aus der Normalverteilung (beachte: $Y \sim \mathrm{N}(\mu,\sigma^2) \Longrightarrow \exp(Y) \sim \mathrm{LN}(\mu,\sigma^2)$) und nicht die Dichte im Vordergrund steht, liefert ein begriffliches Verständnis dieser Verteilung. Die Dichte von $X$ können wir uns sofort über die Verteilungsfunktion herleiten:

Für $x > 0$ ist

$$\begin{aligned} F(x) &:= \mathbb{P}(X \le x) = \mathbb{P}(\log X \le \log x) \\ &= \Phi\left(\frac{\log x - \mu}{\sigma}\right) \end{aligned}$$

die Verteilungsfunktion von $X$, und offenbar ist $F(x) = 0$ für $x \le 0$. Hiermit erhält man durch Differenziation (Kettenregel!) das folgende Resultat:

**Satz (über die Dichte der Lognormalverteilung)** Eine Zufallsvariable $X$ mit der Lognormalverteilung $\mathrm{LN}(\mu,\sigma^2)$ besitzt die Dichte

$$f(x) = \frac{1}{\sigma x\sqrt{2\pi}} \cdot \exp\left(-\frac{(\log x - \mu)^2}{2\sigma^2}\right), \qquad x > 0,$$

und $f(x) = 0$ sonst. ◄

Kapitel 5

## Hintergrund und Ausblick: Der Poisson-Prozess

Unabhängige und identisch exponentialverteilte „Zeit-Lücken" modellieren zeitlich spontane Phänomene

Es sei $X_1, X_2, \ldots$ eine Folge unabhängiger und je $\mathrm{Exp}(\lambda)$-verteilter Zufallsvariablen. Wir stellen uns vor, dass $X_1$ eine vom Zeitpunkt 0 aus gerechnete Zeitspanne bis zum ersten Klick eines Geiger-Zählers beschreibe. Die Zufallsvariable $X_2$ modelliere dann die „zeitliche Lücke" bis zum nächsten Zählerklick. Allgemein beschreibe die Summe $S_n := X_1 + \ldots + X_n$ die von 0 an gerechnete Zeit bis zum $n$-ten Klick. Wegen $X_j \sim \Gamma(1, \lambda)$ hat $S_n$ nach dem Additionsgesetz für die Gammaverteilung die Verteilung $\Gamma(n, \lambda)$, also die Dichte

$$f_n(t) := \frac{\lambda^n}{(n-1)!} t^{n-1} \mathrm{e}^{-\lambda t}$$

für $t > 0$ und $f_n(t) := 0$ sonst.

Welche Verteilung besitzt die mit

$$N_t := \sup\{k \in \mathbb{N}_0 \mid S_k \leq t\} \tag{5.61}$$

bezeichnete Anzahl der Klicks bis zum Zeitpunkt $t \in [0, \infty)$? Dabei haben wir $S_0 := 0$ gesetzt. Wegen $\{N_t = 0\} = \{X_1 > t\}$ gilt zunächst

$$\mathbb{P}(N_t = 0) = \mathrm{e}^{-\lambda t}.$$

Ist $k \geq 1$, so folgt

$$\begin{aligned}\{N_t = k\} &= \{S_k \leq t, S_{k+1} > t\} \\ &= \{S_k \leq t, S_k + X_{k+1} > t\}.\end{aligned}$$

Da die Zufallsvariablen $S_k (= X_1 + \ldots + X_k)$ und $X_{k+1}$ unabhängig sind, ergibt sich mit dem Satz von Fubini

$$\begin{aligned}\mathbb{P}(N_t = k) &= \int_0^t \mathbb{P}(X_{k+1} > t - x)\, f_k(x)\, \mathrm{d}x \\ &= \int_0^t \mathrm{e}^{-\lambda(t-x)} \frac{\lambda^n}{(k-1)!} x^{k-1} \mathrm{e}^{-\lambda x}\, \mathrm{d}x \\ &= \mathrm{e}^{-\lambda t} \frac{(\lambda t)^k}{k!}.\end{aligned}$$

Die Zufallsvariable $N_t$ besitzt also die Poisson-Verteilung $\mathrm{Po}(\lambda t)$.

Die Familie $(N_t)_{t \geq 0}$ $\mathbb{N}_0$-wertiger Zufallsvariablen heißt **Poisson-Prozess mit Intensität** $\lambda$. Sie besitzt folgende charakteristische Eigenschaften (die üblicherweise zur Definition eines Poisson-Prozesses dienen):

a) Es gilt $\mathbb{P}(N_0 = 0) = 1$.
b) Für jedes $n \in \mathbb{N}$ und jede Wahl von $t_0, \ldots, t_n \in \mathbb{R}$ mit $0 = t_0 < t_1 < \ldots < t_n$ sind die Zufallsvariablen $N_{t_j} - N_{t_{j-1}}$, $1 \leq j \leq n$, stochastisch unabhängig.
c) Für jede Wahl von $t$ und $s$ mit $0 \leq s < t$ gilt $N_t - N_s \sim \mathrm{Po}(\lambda(t - s))$.

Offenbar ist mit der konkreten Konstruktion (5.61) Bedingung a) erfüllt. Dass b) und c) gelten, kann wie folgt gezeigt werden (wobei wir uns auf den Fall $n = 2$ beschränken): Sind $s, t > 0$ mit $s < t$ und $k, \ell \in \mathbb{N}_0$, so ist die Gleichung

$$\begin{aligned}&\mathbb{P}(N_s = k, N_t - N_s = \ell) \\ &= \mathrm{e}^{-\lambda s} \frac{(\lambda s)^k}{k!} \mathrm{e}^{-\lambda(t-s)} \frac{(\lambda(t-s))^\ell}{\ell!}\end{aligned} \tag{5.62}$$

nachzuweisen. Summiert man hier über $k$, so folgt unmittelbar, dass $N_t - N_s$ die geforderte Poisson-Verteilung besitzt. Um (5.62) zu zeigen, startet man mit der für $\ell \geq 1$ gültigen Identität

$$\begin{aligned}&\mathbb{P}(N_s = k, N_t - N_s = \ell) \\ &= \mathbb{P}(S_k \leq s < S_{k+1} \leq S_{k+\ell} \leq t < S_{k+\ell+1})\end{aligned}$$

(der Fall $\ell = 0$ folgt analog). Rechts steht die Wahrscheinlichkeit eines Ereignisses, das durch die Zufallsvariablen $X_1, \ldots, X_{k+\ell+1}$ beschrieben ist. Diese besitzen die gemeinsame Dichte $\lambda^{k+\ell+1} \exp(-\lambda \sigma_{k+\ell+1}(x))$. Dabei wurde $x = (x_1, \ldots, x_{j+k+1})$ und allgemein $\sigma_m(x) := x_1 + \ldots + x_m$ gesetzt. Die rechts stehende Wahrscheinlichkeit stellt sich damit als Integral

$$\begin{aligned}\int_0^\infty \cdots \int_0^\infty &\mathrm{d}x_1 \ldots \mathrm{d}x_{k+\ell+1} \lambda^{k+\ell+1} \mathrm{e}^{-\lambda \sigma_{k+\ell+1}(x)} \\ &\cdot \mathbb{1}_{\{\sigma_k(x) \leq s < \sigma_{k+1}(x) \leq \sigma_{k+\ell}(x) \leq t < \sigma_{k+\ell+1}(x)\}}\end{aligned}$$

dar. Dieses lässt sich durch iterierte Integration von innen nach außen und geeignete Substitutionen berechnen, wobei sich die rechte Seite von (5.62) ergibt.

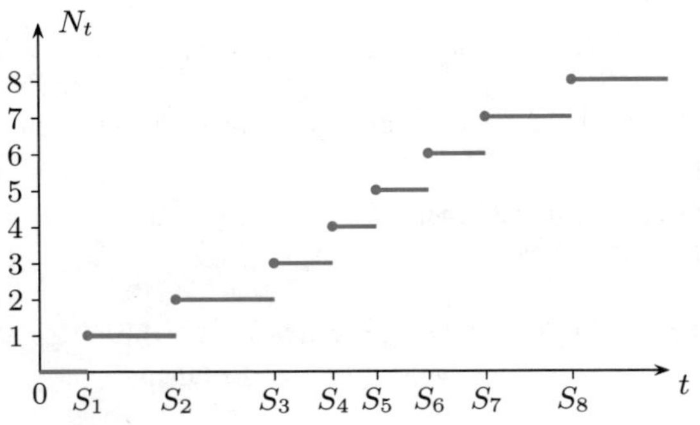


Realisierung eines Poisson-Prozesses

**Übersicht: Stetige Verteilungen**

| Verteilung | Dichte | Bereich | Erwartungswert | Varianz |
|---|---|---|---|---|
| $U(a,b)$ | $\frac{1}{b-a}$ | $a < x < b$ | $\frac{a+b}{2}$ | $\frac{(b-a)^2}{12}$ |
| $\mathrm{Exp}(\lambda)$ | $\lambda \exp(-\lambda x)$ | $x > 0$ | $\frac{1}{\lambda}$ | $\frac{1}{\lambda^2}$ |
| $N(\mu,\sigma^2)$ | $\frac{1}{\sigma\sqrt{2\pi}} \exp\left(-\frac{(x-\mu)^2}{2\sigma^2}\right)$ | $x \in \mathbb{R}$ | $\mu$ | $\sigma^2$ |
| $\Gamma(\alpha,\lambda)$ | $\frac{\lambda^\alpha}{\Gamma(\alpha)} x^{\alpha-1} \exp(-\lambda x)$ | $x > 0$ | $\frac{\alpha}{\lambda}$ | $\frac{\alpha}{\lambda^2}$ |
| $\mathrm{Wei}(\alpha,\lambda)$ | $\alpha\lambda x^{\alpha-1} \exp(-\lambda x^\alpha)$ | $x > 0$ | $\frac{\Gamma(1+1/\alpha)}{\lambda^{1/\alpha}}$ | $\frac{\Gamma\left(1+\frac{2}{\alpha}\right) - \Gamma^2\left(1+\frac{1}{\alpha}\right)}{\lambda^{2/\alpha}}$ |
| $\mathrm{LN}(\mu,\sigma^2)$ | $\frac{1}{\sigma x\sqrt{2\pi}} \exp\left(-\frac{(\log x-\mu)^2}{2\sigma^2}\right)$ | $x > 0$ | $\exp\left(\mu + \frac{\sigma^2}{2}\right)$ | $e^{2\mu+\sigma^2}(\exp(\sigma^2)-1)$ |
| $C(\alpha,\beta)$ | $\frac{\beta}{\pi(\beta^2 + (x-\alpha)^2)}$ | $x \in \mathbb{R}$ | existiert nicht | existiert nicht |
| $N_k(\mu,\Sigma)$ | $\frac{1}{(2\pi)^{k/2}\sqrt{\det\Sigma}} \exp\left(-\frac{1}{2}(x-\mu)^\top \Sigma^{-1}(x-\mu)\right)$ | $x \in \mathbb{R}^k$ | $\mu$ | $\Sigma$ (Kovarianzmatrix) |

Die in Abb. 5.28 skizzierte Dichte der Lognormalverteilung ist *rechtsschief*, d. h., sie steigt schnell an und fällt dann nach Erreichen des Maximums langsamer wieder ab. Besitzt die Dichte $f$ einer Zufallsvariablen $X$ ein eindeutiges Maximum, so bezeichnet man den Abszissenwert, für den dieses Maximum angenommen wird, als *Modalwert* von $f$ (von $X$) und schreibt hierfür $\mathrm{Mod}(X)$. Das nachstehende Resultat, dessen Beweis Gegenstand von Aufgabe 5.32 ist, rechtfertigt die in Abb. 5.28 dargestellte Reihenfolge zwischen Modalwert, Median und Erwartungswert der Lognormalverteilung.

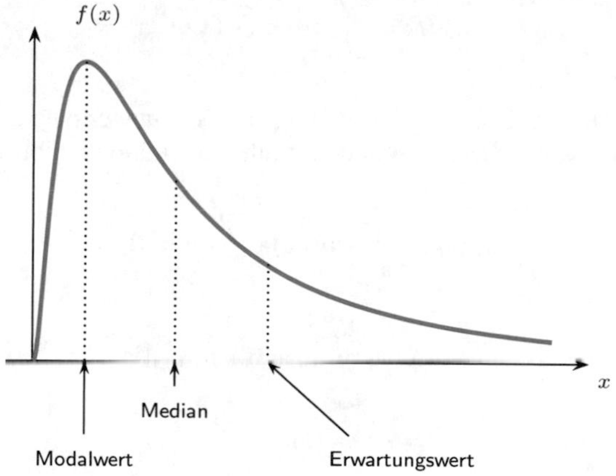


**Abb. 5.28** Dichte der Lognormalverteilung

**Satz über Eigenschaften der Lognormalverteilung**

Die Zufallsvariable $X$ besitze die Lognormalverteilung $\mathrm{LN}(\mu,\sigma^2)$. Dann gelten:

a) $\mathrm{Mod}(X) = \exp(\mu - \sigma^2)$,

b) $Q_{1/2} = \exp(\mu)$,

c) $\mathbb{E}\, X = \exp(\mu + \sigma^2/2)$,

d) $\mathbb{V}(X) = \exp(2\mu + \sigma^2)(\exp(\sigma^2) - 1)$.

Die behandelten stetigen Verteilungen sind tabellarisch in der Übersicht dargestellt.

## 5.5 Charakteristische Funktionen (Fourier-Transformation)

Charakteristische Funktionen sind ein wichtiges Hilfsmittel der analytischen Wahrscheinlichkeitstheorie, insbesondere bei der Charakterisierung von Verteilungen und der Herleitung von Grenzwertsätzen. In diesem Abschnitt stellen wir die wichtigsten Eigenschaften charakteristischer Funktionen vor und beginnen dabei mit einem kleinen Exkurs über komplexwertige Zufallsvariablen.

Kapitel 5

Ist $(\Omega, \mathcal{A}, \mathbb{P})$ ein im Folgenden fest gewählter Wahrscheinlichkeitsraum, und sind $U$, $V$ reelle Zufallsvariablen auf $\Omega$, so ist $Z := U + \mathrm{i}V$ eine $\mathbb{C}$-wertige Zufallsvariable auf $\Omega$. Hierbei ist $\mathbb{C}$ mit der $\sigma$-Algebra $\mathcal{B}(\mathbb{C}) := \{\{u + \mathrm{i}v \mid (u, v) \in B\} : B \in \mathcal{B}^2\}$ versehen. Das Symbol i bezeichne die *imaginäre Einheit* in $\mathbb{C}$; es gilt also $\mathrm{i}^2 = -1$. Ist $Z = U + \mathrm{i}V$ eine komplexwertige Zufallsvariable mit *Realteil* $U = \operatorname{Re} Z$ und *Imaginärteil* $V = \operatorname{Im} Z$, so definieren wir

$$\mathbb{E}Z := \mathbb{E}U + \mathrm{i}\,\mathbb{E}V,$$

falls $\mathbb{E}U$ und $\mathbb{E}V$ und damit $\mathbb{E}|Z|$ existieren. Die Rechenregeln für Erwartungswerte bleiben auch für Zufallsvariablen mit Werten in $\mathbb{C}$ gültig. Zusätzlich gilt

$$|\mathbb{E}Z| \le \mathbb{E}|Z|. \tag{5.63}$$

Zum Nachweis von (5.63) betrachten wir die Polarkoordinaten-Darstellung $\mathbb{E}Z = r\mathrm{e}^{\mathrm{i}\vartheta}$ mit $r = |\mathbb{E}Z|$ und $\vartheta = \arg \mathbb{E}Z$. Wegen $\operatorname{Re}(\mathrm{e}^{-\mathrm{i}\vartheta} Z) \le |Z|$ folgt

$$\begin{aligned}|\mathbb{E}Z| = r &= \mathbb{E}\left(\mathrm{e}^{-\mathrm{i}\vartheta} Z\right)\\ &= \mathbb{E}\left(\operatorname{Re}(\mathrm{e}^{-\mathrm{i}\vartheta} Z)\right) \le \mathbb{E}|Z|.\end{aligned}$$

**Selbstfrage 16**

Warum gilt $\mathbb{E}(cZ) = c\,\mathbb{E}Z$ für $c \in \mathbb{C}$?

### Definition der charakteristischen Funktion

Es sei $X$ eine reelle Zufallsvariable mit Verteilung $\mathbb{P}^X$ und Verteilungsfunktion $F$. Dann heißt die durch

$$\begin{aligned}\varphi_X(t) &:= \mathbb{E}\left(\mathrm{e}^{\mathrm{i}tX}\right)\\ &= \int_{-\infty}^{\infty} \mathrm{e}^{\mathrm{i}tx}\, \mathbb{P}^X(\mathrm{d}x)\end{aligned}$$

definierte Funktion $\varphi_X : \mathbb{R} \to \mathbb{C}$ die **charakteristische Funktion von X.**

### Kommentar

- Als Erwartungswert einer Funktion von $X$ hängt $\varphi_X$ nicht von der konkreten Gestalt des zugrunde liegenden Wahrscheinlichkeitsraums ab. Aus diesem Grund nennt man $\varphi_X$ auch die *charakteristische Funktion der Verteilung* $\mathbb{P}^X$ *von* $X$ oder auch die *charakteristische Funktion von* $F$. Synonym hierfür ist auch die Bezeichnung **Fourier-Transformierte** (von $X$, von $\mathbb{P}^X$, von $F$) gebräuchlich, wofür der Mathematiker Jean-Baptiste-Joseph de Fourier (1768–1830) Pate steht. Man beachte, dass $\varphi_X(t)$ wegen $|\mathrm{e}^{\mathrm{i}tX}| \le 1$ wohldefiniert ist.
- Für eine $\mathbb{N}_0$-wertige Zufallsvariable $X$ haben wir in Abschn. 4.6 die *erzeugende Funktion* von $X$ durch $\mathbb{E}(s^X)$, $|s| \le 1$, definiert. Für solche Zufallsvariablen wird also bei der Bildung der charakteristischen Funktion formal $s$ durch $\mathrm{e}^{\mathrm{i}t}$ ersetzt. ◄

Besitzt $X$ eine Dichte $f$, so berechnet sich $\varphi_X$ gemäß

$$\begin{aligned}\varphi_X(t) &= \int_{-\infty}^{\infty} \mathrm{e}^{\mathrm{i}tx} f(x)\,\mathrm{d}x\\ &= \int_{-\infty}^{\infty} \cos(tx) f(x)\,\mathrm{d}x + \mathrm{i}\int_{-\infty}^{\infty} \sin(tx) f(x)\,\mathrm{d}x.\end{aligned}$$

Ist $X$ diskret verteilt mit $\mathbb{P}(X \in \{x_1, x_2, \ldots\}) = 1$, so gilt

$$\begin{aligned}\varphi_X(t) &= \sum_k \mathrm{e}^{\mathrm{i}tx_k} \mathbb{P}(X = x_k)\\ &= \sum_k \cos(tx_k)\mathbb{P}(X = x_k) + \mathrm{i}\sum_k \sin(tx_k)\mathbb{P}(X = x_k).\end{aligned}$$

### Beispiel

- Eine Zufallsvariable $X$ mit der Binomialverteilung $\mathrm{Bin}(n, p)$ besitzt die charakteristische Funktion

$$\varphi_X(t) = \left(1 - p + p\mathrm{e}^{\mathrm{i}t}\right)^n,$$

denn es ist

$$\begin{aligned}\mathbb{E}\left(\mathrm{e}^{\mathrm{i}tX}\right) &= \sum_{k=0}^{n} \binom{n}{k} p^k (1-p)^{n-k} \mathrm{e}^{\mathrm{i}tk}\\ &= \sum_{k=0}^{n} \binom{n}{k} \left(p\mathrm{e}^{\mathrm{i}t}\right)^k (1-p)^{n-k},\end{aligned}$$

sodass die binomische Formel die Behauptung liefert.
- Im Fall $X \sim \mathrm{N}(0, 1)$ der Standardnormalverteilung gilt

$$\varphi_X(t) = \exp\left(-\frac{t^2}{2}\right). \tag{5.64}$$

Zum Nachweis sei $f(x) := (2\pi)^{-1/2} \exp(-\frac{1}{2}x^2)$, $x \in \mathbb{R}$, gesetzt. Wegen $f(x) = f(-x)$ und $f'(x) = -xf(x)$ folgt

$$\varphi_X(t) = \int_{-\infty}^{\infty} \cos(tx)\, f(x)\,\mathrm{d}x.$$

Mit dem Satz über die Ableitung eines Parameterintegrals am Ende von Abschn. 8.6 und partieller Integration ergibt sich

$$\begin{aligned}\varphi_X'(t) &= \int_{-\infty}^{\infty} \sin(tx) \cdot (-x\, f(x))\,\mathrm{d}x\\ &= -t \int_{-\infty}^{\infty} \cos(tx)\, f(x)\,\mathrm{d}x\\ &= -t\,\varphi_X(t).\end{aligned}$$

Die einzige Lösung dieser Differenzialgleichung mit der Anfangsbedingung $\varphi_X(0) = 1$ ist $\varphi_X(t) = \exp(-t^2/2)$.
- Besitzt $X$ die Poisson-Verteilung $\mathrm{Po}(\lambda)$, so gilt

$$\varphi_X(t) = \exp(\lambda(\mathrm{e}^{\mathrm{i}t} - 1)).$$ ◄

**Selbstfrage 17**

Können Sie die charakteristische Funktion der Poisson-Verteilung $\mathrm{Po}(\lambda)$ herleiten?

Die nachstehenden Eigenschaften folgen direkt aus der Definition. Dabei bezeichne wie üblich $\overline{z} = u - \mathrm{i}v$ die zu $z = u + \mathrm{i}v$ $(u, v \in \mathbb{R})$ *konjugiert komplexe Zahl.*

**Elementare Eigenschaften von $\varphi_X$**

Für die charakteristische Funktion $\varphi_X$ einer Zufallsvariablen $X$ gelten:

a) $\varphi_X(0) = 1, \quad |\varphi_X(t)| \le 1, \quad t \in \mathbb{R},$
b) $\varphi_X$ ist gleichmäßig stetig,
c) $\varphi_X(-t) = \overline{\varphi_X(t)}, \quad t \in \mathbb{R},$
d) $\varphi_{aX+b}(t) = \mathrm{e}^{\mathrm{i}tb} \cdot \varphi_X(at), \quad a, b, t \in \mathbb{R}.$

**Beweis** a) folgt unmittelbar aus der Definition von $\varphi_X$ und (5.63). Zum Nachweis von b) schreiben wir im Folgenden abkürzend $\varphi = \varphi_X$. Mit (5.63) ergibt sich

$$\begin{aligned}|\varphi(t+h) - \varphi(t)| &= \left|\mathbb{E}\left(\mathrm{e}^{\mathrm{i}(t+h)X} - \mathrm{e}^{\mathrm{i}tX}\right)\right| \\ &= |\mathbb{E}(\mathrm{e}^{\mathrm{i}tX}(\mathrm{e}^{\mathrm{i}hX} - 1))| \\ &\le \mathbb{E}|\mathrm{e}^{\mathrm{i}hX} - 1|.\end{aligned}$$

Nach dem Satz über die Stetigkeit eines Parameterintegrals am Ende von Abschn. 8.6 gilt $\lim_{h\to 0} \mathbb{E}|\mathrm{e}^{\mathrm{i}hX} - 1| = 0$. Zusammen mit der obigen Ungleichungskette folgt die gleichmäßige Stetigkeit von $\varphi$. Der Nachweis von c) und d) ist Gegenstand von Aufgabe 5.50. ∎

**Beispiel (Normalverteilung $\mathrm{N}(\mu, \sigma^2)$)** Wegen $X_0 \sim \mathrm{N}(0,1) \Longrightarrow X := \sigma X_0 + \mu \sim \mathrm{N}(\mu, \sigma^2)$ ist die charakteristische Funktion der Normalverteilung $\mathrm{N}(\mu, \sigma^2)$ nach Eigenschaft d) mit $a = \sigma$ und $b = \mu$ und $\varphi_{X_0}(t) = \exp(-t^2/2)$ durch

$$\varphi_X(t) = \exp\left(\mathrm{i}\mu t - \frac{\sigma^2 t^2}{2}\right), \quad t \in \mathbb{R}, \tag{5.65}$$

gegeben. ◀

Nach Eigenschaft a) liegen die Werte der charakteristischen Funktion im abgeschlossenen Einheitskreis der komplexen Zahlenebene. Dass im Fall einer standardnormalverteilten Zufallsvariablen $X$ nur reelle Werte auftreten, liegt daran, dass die Verteilung von $X$ symmetrisch zu null ist (siehe Aufgabe 5.8). Allgemein ist das Bild $\{\varphi_X(t) \mid t \in \mathbb{R}\}$ eine Kurve im Einheitskreis. Da die Funktion $t \mapsto \mathrm{e}^{\mathrm{i}t}$ $2\pi$-periodisch ist, besitzen auch die charakteristischen Funktionen der Binomialverteilung und der Poisson-Verteilung diese Periode. Abb. 5.29 zeigt die Kurven $t \mapsto \varphi_X(t)$, $0 \le t \le 2\pi$ für die Poisson-Verteilungen $\mathrm{Po}(\lambda)$ mit $\lambda = 1$ (blau), $\lambda = 5$ (rot) und $\lambda = 10$ (grün). Gilt allgemein $|\varphi_X(2\pi/h)| = 1$ für ein $h > 0$, so existiert ein $a \in \mathbb{R}$

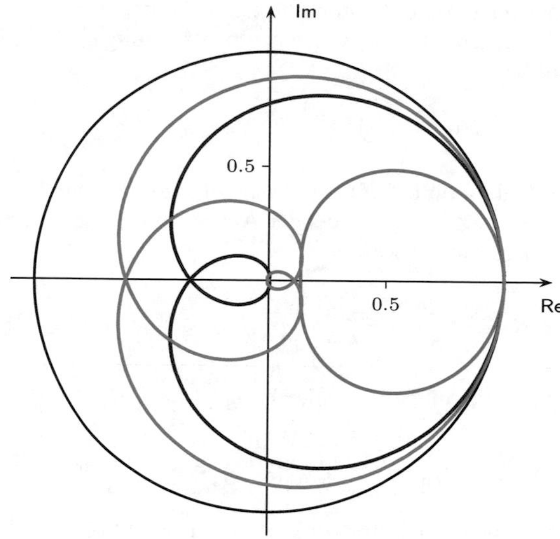


**Abb. 5.29** Charakteristische Funktionen der Poisson-Verteilungen $\mathrm{Po}(\lambda)$ mit $\lambda = 1$ (blau), $\lambda = 5$ (rot) und $\lambda = 10$ (grün)

mit $\mathbb{P}(X \in \{a + hm \mid m \in \mathbb{Z}\} = 1)$ (Aufgabe 5.53). Für die Poisson-Verteilung ist diese Eigenschaft mit $a = 0$ und $h = 1$ erfüllt.

Die folgenden Ergebnisse zeigen, dass die Existenz von Momenten von $X$ mit Glattheitseigenschaften von $\varphi_X$ verknüpft ist.

**Charakteristische Funktionen und Momente**

Gilt $\mathbb{E}|X|^k < \infty$ für ein $k \ge 1$, so ist $\varphi_X$ $k$ mal stetig differenzierbar, und es gilt für $r = 1, \ldots, k$

$$\varphi_X^{(r)}(t) = \frac{\mathrm{d}^r \varphi_X}{\mathrm{d}t^r}(t) = \int_{-\infty}^{\infty} (\mathrm{i}x)^r \mathrm{e}^{\mathrm{i}tx}\, \mathbb{P}^X(\mathrm{d}x), \; t \in \mathbb{R},$$

insbesondere also

$$\varphi_X^{(r)}(0) = \mathrm{i}^r\, \mathbb{E}X^r, \quad r = 1, \ldots, k. \tag{5.66}$$

Mit der Abkürzung $x \wedge y := \min(x, y)$ gilt weiter für jedes $t \in \mathbb{R}$

$$\left|\varphi_X(t) - \sum_{r=0}^{k} \frac{(\mathrm{i}t)^r}{r!}\, \mathbb{E}X^r\right| \le \mathbb{E}\left(\frac{2|tX|^k}{k!} \wedge \frac{|tX|^{k+1}}{(k+1)!}\right) \tag{5.67}$$

**Beweis** Mit $\varphi := \varphi_X$ gilt für $h \in \mathbb{R}$ mit $h \ne 0$

$$\frac{\varphi(t+h) - \varphi(t)}{h} = \int \mathrm{e}^{\mathrm{i}tx} \left(\frac{\mathrm{e}^{\mathrm{i}hx} - 1}{h}\right) \mathbb{P}^X(\mathrm{d}x).$$

Wegen

$$\left|\frac{\mathrm{e}^{\mathrm{i}hx} - 1}{h}\right| \le |x| \quad \text{und} \quad \lim_{h\to 0} \frac{\mathrm{e}^{\mathrm{i}hx} - 1}{h} = \mathrm{i}x$$

liefert der Satz von der Ableitung eines Parameterintegrals am Ende von Abschn. 8.6 die Existenz der Ableitung $\varphi'$ von $\varphi$ und die Identität

$$\varphi'(t) = \int \mathrm{i}x\, \mathrm{e}^{\mathrm{i}tx}\, \mathbb{P}^X(\mathrm{d}x), \quad t \in \mathbb{R}.$$

Die Darstellung für $\varphi^{(r)}(t)$ ergibt sich jetzt durch Induktion über $r$, $1 \le r \le k$. Zum Nachweis der Abschätzung (5.67) verwenden wir, dass für den Restterm

$$R_k(x) := \mathrm{e}^{\mathrm{i}x} - \sum_{r=0}^{k} \frac{(\mathrm{i}x)^r}{r!}, \quad x \in \mathbb{R},\ k \in \mathbb{N}_0,$$

der Exponentialreihe die Ungleichung

$$|R_k(x)| \le \frac{2|x|^k}{k!} \wedge \frac{|x|^{k+1}}{(k+1)!}, \quad x \in \mathbb{R},\ k \in \mathbb{N}_0, \tag{5.68}$$

gilt. Der Beweis von (5.68) erfolgt durch Induktion über $k$. Offenbar ist

$$R_0(x) = \mathrm{e}^{\mathrm{i}x} - 1 = \int_0^x \mathrm{i}\mathrm{e}^{\mathrm{i}y}\, \mathrm{d}y.$$

Aus diesen beiden Gleichungen ergibt sich

$$|R_0(x)| \le 2 \text{ und } |R_0(x)| \le |x|,$$

womit der Induktionsanfang gezeigt ist. Wegen

$$R_{k+1}(x) = \mathrm{i} \int_0^x R_k(y)\, \mathrm{d}y$$

folgt für jedes $k \ge 0$

$$|R_{k+1}(x)| \le \int_0^x \frac{2|y|^k}{k!}\, \mathrm{d}y \le \frac{2|x|^{k+1}}{(k+1)!},$$

$$|R_{k+1}(x)| \le \int_0^x \frac{|y|^{k+1}}{(k+1)!}\, \mathrm{d}y \le \frac{|x|^{k+2}}{(k+2)!}$$

und damit der Induktionsschluss. Abschätzung (5.67) erhält man jetzt durch Ersetzen von $x$ durch $X$ in (5.68) und Bildung des Erwartungswertes. ∎

Das folgende Resultat zeigt, dass sich charakteristische Funktionen – ebenso wie erzeugende Funktionen $\mathbb{N}_0$-wertiger Zufallsvariablen – multiplikativ gegenüber der Addition *unabhängiger* Zufallsvariablen verhalten.

**Die Multiplikationsformel für charakteristische Funktionen**

Für unabhängige Zufallsvariablen $X_1, \ldots, X_n$ gilt

$$\varphi_{X_1+\ldots+X_n}(t) = \prod_{j=1}^{n} \varphi_{X_j}(t), \quad t \in \mathbb{R}.$$

**Beweis** Es sei o.B.d.A. $n = 2$ und abkürzend $X = X_1$, $Y = X_2$ gesetzt. Da sich die Multiplikationsformel für Erwartungswerte unabhängiger reeller Zufallsvariablen durch Zerlegung in Real- und Imaginärteil unmittelbar auf $\mathbb{C}$-wertige Zufallsvariablen überträgt und mit $X$ und $Y$ auch $\mathrm{e}^{\mathrm{i}tX}$ und $\mathrm{e}^{\mathrm{i}tY}$ unabhängig sind, folgt

$$\begin{aligned}\varphi_{X+Y}(t) &= \mathbb{E}\left(\mathrm{e}^{\mathrm{i}t(X+Y)}\right)\\ &= \mathbb{E}\left(\mathrm{e}^{\mathrm{i}tX}\, \mathrm{e}^{\mathrm{i}tY}\right)\\ &= \mathbb{E}\left(\mathrm{e}^{\mathrm{i}tX}\right) \mathbb{E}\left(\mathrm{e}^{\mathrm{i}tY}\right)\\ &= \varphi_X(t)\, \varphi_Y(t).\end{aligned}$$ ∎

**Selbstfrage 18**

Können Sie die Formel $\mathbb{E}(WZ) = \mathbb{E}W\,\mathbb{E}Z$ für unabhängige $\mathbb{C}$-wertige Zufallsvariablen aus der Multiplikationsformel für Erwartungswerte reeller Zufallsvariablen herleiten?

## Aus der charakteristischen Funktion erhält man die Verteilungsfunktion

Die nächsten Resultate rechtfertigen die Namensgebung *charakteristische* Funktion. Sie zeigen, dass die Kenntnis von $\varphi_X$ zur Bestimmung der Verteilung von $X$ ausreicht.

**Satz über Umkehrformeln**

Es sei $X$ eine Zufallsvariable mit Verteilungsfunktion $F$ und charakteristischer Funktion $\varphi$. Dann gelten:

a) Sind $a, b \in \mathbb{R}$ mit $a < b$, so gilt

$$\begin{aligned}&\lim_{T\to\infty} \frac{1}{2\pi} \int_{-T}^{T} \frac{\mathrm{e}^{-\mathrm{i}ta} - \mathrm{e}^{-\mathrm{i}tb}}{\mathrm{i}t} \cdot \varphi(t)\, \mathrm{d}t\\ &= \frac{1}{2}\mathbb{P}(X = a) + \mathbb{P}(a < X < b) + \frac{1}{2}\mathbb{P}(X = b)\end{aligned}$$

**(Umkehrformel für die Verteilungsfunktion).**

b) Ist

$$\int_{-\infty}^{\infty} |\varphi(t)|\, \mathrm{d}t < \infty, \tag{5.69}$$

so besitzt $X$ eine stetige beschränkte $\lambda^1$-Dichte $f$, die durch

$$f(x) = \frac{1}{2\pi} \int_{-\infty}^{\infty} \mathrm{e}^{-\mathrm{i}tx}\, \varphi(t)\, \mathrm{d}t \tag{5.70}$$

gegeben ist **(Umkehrformel für Dichten).**

Kapitel 5

**Beweis** a) Es sei für $T > 0$

$$I(T) := \frac{1}{2\pi}\int_{-T}^{T} \frac{e^{-ita} - e^{-itb}}{it}\,\varphi(t)\,dt = \frac{1}{2\pi}\int_{-T}^{T} \frac{e^{-ita} - e^{-itb}}{it}\left[\int_{-\infty}^{\infty} e^{itx}\,\mathbb{P}^X(dx)\right] dt$$

gesetzt. Wegen

$$\left|\frac{e^{-ita} - e^{-itb}}{it}\right| = \left|\int_a^b e^{-it\xi} d\xi\right| \le b - a$$

liefert der Satz von Fubini

$$I(T) = \int_{-\infty}^{\infty}\left[\frac{1}{2\pi}\int_{-T}^{T} \frac{e^{it(x-a)} - e^{it(x-b)}}{it}\,dt\right]\mathbb{P}^X(dx).$$

Setzen wir

$$S(T) := \int_0^T \frac{\sin x}{x}\,dx, \quad T \ge 0,$$

so folgt wegen

$$\int_0^T \frac{\sin t\vartheta}{t} dt = \operatorname{sgn}(\vartheta) S(T|\vartheta|), \quad T \ge 0,\ \vartheta \in \mathbb{R},$$

und Symmetrieüberlegungen

$$I(T) = \int_{-\infty}^{\infty} \frac{1}{\pi}\int_0^T \frac{\sin(t(x-a)) - \sin(t(x-b))}{t}\,dt\,\mathbb{P}^X(dx) = \int_{-\infty}^{\infty} g(x,T)\,\mathbb{P}^X(dx),$$

wobei

$$g(x,T) := \frac{\operatorname{sgn}(x-a)S(T|x-a|) - \operatorname{sgn}(x-b)\,S(T|x-b|)}{\pi}.$$

Die Funktion $g(x,T)$ ist beschränkt, und nach (8.76) gilt

$$\psi_{a,b}(x) := \lim_{T\to\infty} g(x,T) = \begin{cases} 0, & \text{falls } x < a \text{ oder } x > b, \\ 1/2, & \text{falls } x = a \text{ oder } x = b, \\ 1, & \text{falls } a < x < b. \end{cases}$$

Der Satz von der dominierten Konvergenz ergibt jetzt

$$\lim_{T\to\infty} I(T) = \int_{-\infty}^{\infty} \psi_{a,b}(x)\,\mathbb{P}^X(dx) = \frac{1}{2}\,\mathbb{P}^X(\{a\}) + \mathbb{P}^X((a,b)) + \frac{1}{2}\,\mathbb{P}^X(\{b\}),$$

was zu zeigen war.

b) Die durch $f(x) := (2\pi)^{-1}\int_{-\infty}^{\infty} e^{-itx}\varphi(t)\,dt$ definierte Funktion $f : \mathbb{R} \to \mathbb{C}$ ist wegen

$$|f(x)| \le \frac{1}{2\pi}\int_{-\infty}^{\infty} |\varphi(t)|\,dt < \infty$$

beschränkt. Weiter gilt

$$|f(x) - f(y)| \le \frac{1}{2\pi}\int_{-\infty}^{\infty} |e^{-itx} - e^{-ity}|\,|\varphi(t)|\,dt,$$

sodass der Satz von der dominierten Konvergenz die Stetigkeit von $f$ liefert. Für $a, b \in \mathbb{R}$ mit $a < b$ gilt mit dem Satz von Fubini

$$\int_a^b f(x)\,dx = \int_a^b \frac{1}{2\pi}\int_{-\infty}^{\infty} e^{-itx}\,\varphi(t)\,dt\,dx = \frac{1}{2\pi}\int_{-\infty}^{\infty}\varphi(t)\int_a^b e^{-itx}\,dx\,dt = \lim_{T\to\infty}\frac{1}{2\pi}\int_{-T}^{T}\varphi(t)\,\frac{e^{-ita} - e^{-itb}}{it}dt,$$

sodass die Reellwertigkeit von $f$ aus Teil a) folgt. Des Weiteren ergibt sich die Stetigkeit von $f$ sowie $\mathbb{P}^X = f\lambda^1$. ■

Der Grenzwert in Teil a) des Satzes über Umkehrformeln ist gleich der Differenz $F(b) - F(a)$, wenn $a$ und $b$ Stetigkeitsstellen von $F$ sind. Da $F$ durch die Werte $F(a)$ in allen Stetigkeitsstellen eindeutig bestimmt ist, folgt aus der Gleichheit zweier charakteristischer Funktionen, dass die zugehörigen Verteilungen identisch sind. In diesem Sinn *charakterisiert* $\varphi_X$ die Verteilung von $X$. Wir halten dieses Ergebnis wie folgt fest:

**Eindeutigkeitssatz für charakteristische Funktionen**

Sind $X$ und $Y$ Zufallsvariablen, so gilt:

$$\mathbb{P}^X = \mathbb{P}^Y \iff \varphi_X(t) = \varphi_Y(t), \quad t \in \mathbb{R}.$$

Der Zusammenhang zwischen der Existenz von Momenten von $X$ und Differenzierbarkeitseigenschaften von $\varphi_X$ zeigt, dass das Verhalten einer Verteilung „in den Flanken" mit „Glattheitseigenschaften" der charakteristischen Funktion verknüpft ist. Wie die gerade bewiesene Umkehrformel b) zeigt, hängt andererseits das Verhalten der charakteristischen Funktion für $|t| \to \infty$ mit „Glattheitseigenschaften" der Verteilungsfunktion zusammen. Diesbzgl. soll noch eine später benötigte Ungleichung bewiesen werden.

## Hintergrund und Ausblick: Charakteristische Funktionen von Zufallsvektoren

Auch für Zufallsvektoren lassen sich charakteristische Funktionen definieren. Aus einem Eindeutigkeitssatz ergibt sich der Satz von Radon-Herglotz-Cramér-Wold, wonach eine multivariate Verteilung durch die Verteilungen aller eindimensionalen Projektionen festgelegt ist. Dieser Sachverhalt bildet u. a. den Ausgangspunkt der Computertomographie.

Für einen $k$-dimensionalen Zufallsvektor $\mathbf{X} = (X_1, \dots, X_k)^\top$ heißt die durch

$$\varphi_{\mathbf{X}}(t) := \mathbb{E}\left(\exp(\mathrm{i}t^\top \mathbf{X})\right)$$

definierte Abbildung $\varphi_{\mathbf{X}} : \mathbb{R}^k \to \mathbb{C}$ die **charakteristische Funktion** von $\mathbf{X}$.

Wie im Fall $k = 1$ gelten auch hier

- $\varphi_{\mathbf{X}}(0) = 1,\ |\varphi_{\mathbf{X}}(t)| \le 1,$
- $\varphi_{\mathbf{X}}$ ist gleichmäßig stetig,
- $\varphi_{\mathbf{X}}(-t) = \overline{\varphi_{\mathbf{X}}(t)},$

und direkt aus der Definition folgt das Verhalten

$$\varphi_{A\mathbf{X}+b}(t) = \mathrm{e}^{\mathrm{i}t^\top b}\, \varphi_{\mathbf{X}}\left(A^\top t\right)$$

unter einer affinen Transformation $x \mapsto Ax + b$ mit einer $(n \times k)$-Matrix $A$ und $b \in \mathbb{R}^n$.

In Verallgemeinerung der Umkehrformel für die Verteilungsfunktion gilt für jeden kompakten Quader $B = [a_1, b_1] \times \ldots \times [a_k, b_k] \subseteq \mathbb{R}^k$ mit der Eigenschaft, dass für jedes $j = 1, \dots, k$ die Punkte $a_j$ und $b_j$ Stetigkeitsstellen der Verteilungsfunktion von $X_j$ sind,

$$\mathbb{P}^X(B) = \lim_{T\to\infty} \frac{1}{(2\pi)^k} \int_{C_T} \prod_{\nu=1}^{k} \frac{\mathrm{e}^{-\mathrm{i}t_\nu a_\nu} - \mathrm{e}^{-\mathrm{i}t_\nu b_\nu}}{\mathrm{i}t_\nu} \varphi_{\mathbf{X}}(t)\,\mathrm{d}t.$$

Dabei ist $C_T = [-T, T]^k$ und $\mathrm{d}t = \mathrm{d}t_1 \cdots \mathrm{d}t_k$.

Da die Menge dieser Quader $B$ die Voraussetzungen des Eindeutigkeitssatzes für Maße erfüllt, gilt auch für $k$-dimensionale Zufallsvektoren $\mathbf{X}$ und $\mathbf{Y}$ der *Eindeutigkeitssatz*

$$\mathbf{X} \sim \mathbf{Y} \iff \varphi_{\mathbf{X}}(t) = \varphi_{\mathbf{Y}}(t), \quad t \in \mathbb{R}^k. \qquad (5.71)$$

Daran knüpft nahtlos ein bedeutendes Resultat der Mathematiker Johann Karl August Radon (1887–1956), Gustav Herglotz (1881–1953), Harald Cramér (1893–1985) und Herman Ole Andreas Wold (1908–1992) an.

**Satz von Radon-Herglotz-Cramér-Wold**

Sind $\mathbf{X}$ und $\mathbf{Y}$ $k$-dimensionale Zufallsvektoren, so gilt $\mathbf{X} \sim \mathbf{Y} \iff a^\top \mathbf{X} \sim a^\top \mathbf{Y}\ \forall a \in \mathbb{R}^k$.

Um die nichttriviale Richtung „$\Leftarrow$" zu zeigen, beachte man die Gültigkeit der Gleichungskette

$$\begin{aligned}\varphi_{\mathbf{X}}(a) &= \mathbb{E}\left(\mathrm{e}^{\mathrm{i}a^\top \mathbf{X}}\right)\\ &= \varphi_{a^\top\mathbf{X}}(1) = \varphi_{a^\top\mathbf{Y}}(1)\\ &= \mathbb{E}\left(\mathrm{e}^{\mathrm{i}a^\top \mathbf{Y}}\right) = \varphi_{\mathbf{Y}}(a), \quad a \in \mathbb{R}^k.\end{aligned}$$

Nach dem Eindeutigkeitssatz (5.71) folgt $\mathbf{X} \sim \mathbf{Y}$.

Mithilfe dieses Satzes kann man die multivariate Normalverteilung auf anderem Weg und allgemeiner einführen: Fasst man eine Zufallsvariable, die einen Wert mit Wahrscheinlichkeit 1 annimmt, also die Varianz 0 besitzt, als (ausgeartete) Normalverteilung auf, so definiert man:

**Definition der allgemeinen $k$-dimensionalen Normalverteilung**

Der Zufallsvektor $\mathbf{X} = (X_1, \dots, X_k)^\top$ besitzt eine $k$-dimensionale Normalverteilung, falls gilt:

$$c^\top \mathbf{X} = \sum_{j=1}^{k} c_j X_j \text{ ist normalverteilt } \forall c \in \mathbb{R}^k.$$

Aus dieser Definition folgt unmittelbar, dass jede $s$-Auswahl $(X_{i_1}, \dots, X_{i_s})^\top$ mit $1 \le i_1 < \ldots < i_s \le k$ eine $s$-dimensionale Normalverteilung besitzt und insbesondere jedes $X_j$ normalverteilt ist. Außerdem existieren der Erwartungswertvektor $\mathbb{E}\mathbf{X}$ und die Kovarianzmatrix $\Sigma(\mathbf{X})$ von $\mathbf{X}$. Wegen

$$\mathbb{E}(c^\top \mathbf{X}) = c^\top \mathbb{E}\mathbf{X}, \ \mathbb{V}(c^\top \mathbf{X}) = c^\top \Sigma(\mathbf{X}) c, \quad c \in \mathbb{R}^k,$$

folgt mit dem Satz von Radon-Herglotz-Cramér-Wold, dass die Verteilung von $\mathbf{X}$ durch $\mu := \mathbb{E}\mathbf{X}$ und $\Sigma := \Sigma(\mathbf{X})$ eindeutig festgelegt ist. Man sagt, $\mathbf{X}$ besitze eine $k$-dimensionale Normalverteilung mit Erwartungswert $\mu$ und Kovarianzmatrix $\Sigma$ und schreibt hierfür $\mathbf{X} \sim \mathrm{N}_k(\mu, \Sigma)$.

Die charakteristische Funktion $\varphi_{\mathbf{X}}$ von $\mathbf{X}$ ist durch

$$\varphi_{\mathbf{X}}(t) = \exp\left(\mathrm{i}\mu^\top t - \frac{t^\top \Sigma t}{2}\right), \quad t \in \mathbb{R}^k,$$

gegeben. Diese Darstellung folgt aus der Verteilungsgleichheit $t^\top \mathbf{X} \sim \mathrm{N}(t^\top \mu, t^\top \Sigma t)$ sowie (5.65). Die Existenz der Verteilung $\mathrm{N}_k(\mu, \Sigma)$ erhält man jetzt auch für nicht unbedingt invertierbares $\Sigma$ aus der Cholesky-Zerlegung $\Sigma = A A^\top$ und dem Ansatz $\mathbf{X} := A\mathbf{Y} + \mu$ und $\mathbf{Y} = (Y_1, \dots, Y_k)^\top$ mit unabhängigen, je $\mathrm{N}(0,1)$-verteilten Zufallsvariablen $Y_1, \dots, Y_k$.

**Wahrscheinlichkeits-Ungleichung für charakteristische Funktionen**

Es sei $X$ eine Zufallsvariable mit charakteristischer Funktion $\varphi$. Dann gilt für jede positive reelle Zahl $a$:

$$\mathbb{P}\left(|X| \ge \frac{1}{a}\right) \le \frac{7}{a}\int_0^a (1-\operatorname{Re}\varphi(t))\,\mathrm{d}t. \qquad (5.72)$$

**Beweis** Wegen $u^{-1}\sin u \le \sin 1$ für $|u| \ge 1$ und $1-\sin 1 \ge \frac{1}{7}$ folgt

$$\begin{aligned}\frac{1}{a}\int_0^a (1-\operatorname{Re}\varphi(t))\,\mathrm{d}t &= \int \frac{1}{a}\int_0^a (1-\cos(tx))\,\mathrm{d}t\,\mathbb{P}^X(\mathrm{d}x)\\ &= \int \left(1-\frac{\sin(ax)}{ax}\right)\mathbb{P}^X(\mathrm{d}x)\\ &\ge \int_{\{|x|\ge 1/a\}} \left(1-\frac{\sin(ax)}{ax}\right)\mathbb{P}^X(\mathrm{d}x)\\ &\ge (1-\sin 1)\int_{\{|x|\ge 1/a\}} 1\,\mathbb{P}^X(\mathrm{d}x)\\ &\ge \frac{1}{7}\,\mathbb{P}\left(|X|\ge\frac{1}{a}\right). \end{aligned}$$ ■

## 5.6 Bedingte Verteilungen

In Abschn. 3.1 haben wir mithilfe von *Startverteilungen* und *Übergangswahrscheinlichkeiten* mehrstufige stochastische Vorgänge modelliert. Wir lösen uns jetzt von den dort zugrunde gelegten *abzählbaren* Grundräumen und betrachten zur Einstimmung folgendes instruktive Beispiel.

**Beispiel (Bernoulli-Kette mit rein zufälliger Trefferwahrscheinlichkeit)** In einem ersten Teilexperiment werde die Realisierung $z$ einer Zufallsvariablen $Z$ mit der Gleichverteilung $\mathrm{U}(0,1)$ beobachtet. Danach führt man als zweites Teilexperiment $n$-mal in unabhängiger Folge ein Bernoulli-Experiment mit Trefferwahrscheinlichkeit $z$ durch. Die Zufallsvariable $X$ beschreibe die Anzahl der dabei erzielten Treffer. Welche Verteilung besitzt $X$?

Aufgrund der Rahmenbedingungen dieses zweistufigen stochastischen Vorgangs hat $X$ *unter der Bedingung* $Z = z$ die Binomialverteilung $\mathrm{Bin}(n,z)$. Man beachte jedoch, dass wegen $\mathbb{P}(Z = z) = 0$ für jedes $z$ die bedingte Wahrscheinlichkeit $\mathbb{P}(X = k|Z = z)$ nicht definiert ist. Trotzdem sollte die *Festlegung*

$$\mathbb{P}(X=k|Z=z) := \binom{n}{k} z^k(1-z)^{n-k}, \quad k = 0,1,\ldots,n,$$

zu einem sinnvollen stochastischen Modell führen. Durch Integration über die möglichen Realisierungen $z \in [0,1]$ von $Z$, die nach der Gleichverteilungs-Dichte auftreten, müsste sich dann die Verteilung von $X$ zu

$$\begin{aligned}\mathbb{P}(X=k) &= \int_0^1 \mathbb{P}(X=k|Z=z)\,\mathrm{d}z\\ &= \binom{n}{k}\int_0^1 z^k(1-z)^{n-k}\,\mathrm{d}z\\ &= \binom{n}{k}\frac{k!(n-k)!}{(n+1)!}\\ &= \frac{1}{n+1}, \quad k = 0,1,\ldots,n,\end{aligned}$$

ergeben. Die Verteilung von $X$ sollte also die Gleichverteilung auf den Werten $0,1,\ldots,n$ sein. ◄

**Selbstfrage 19**

Warum gilt das vorletzte Gleichheitszeichen?

Dass wir auch in allgemeineren Situationen so vorgehen können, zeigen die nachfolgenden Betrachtungen. Für diese verwenden wir zunächst nicht die Sprache und Terminologie von Zufallsvariablen oder Zufallsvektoren.

### Die Kopplung $\mathbb{P}_1 \otimes \mathbb{P}_{1,2}$ verknüpft eine Startverteilung $\mathbb{P}_1$ mit einer Übergangswahrscheinlichkeit $\mathbb{P}_{1,2}$

Es seien $\Omega_1$ und $\Omega_2$ *beliebige* nichtleere Mengen, die mit $\sigma$-Algebren $\mathcal{A}_j \subseteq \mathcal{P}(\Omega_j)$, $j = 1,2$, versehen seien. Wie früher stehe $\Omega_j$ für die Menge der möglichen Ergebnisse der $j$-ten Stufe eines zweistufigen stochastischen Vorgangs. Weiter sei $\mathbb{P}_1$ ein Wahrscheinlichkeitsmaß auf $\mathcal{A}_1$, das als *Startverteilung* für die erste Stufe dieses Vorgangs diene.

**Definition einer Übergangswahrscheinlichkeit**

In obiger Situation heißt eine Abbildung

$$\mathbb{P}_{1,2} : \Omega_1 \times \mathcal{A}_2 \to \mathbb{R}$$

**Übergangswahrscheinlichkeit** von $(\Omega_1,\mathcal{A}_1)$ nach $(\Omega_2,\mathcal{A}_2)$, falls gilt:

- Für jedes $\omega_1 \in \Omega_1$ ist $\mathbb{P}_{1,2}(\omega_1,\cdot) : \mathcal{A}_2 \to \mathbb{R}$ ein Wahrscheinlichkeitsmaß auf $\mathcal{A}_2$,
- Für jedes $A_2 \in \mathcal{A}_2$ ist $\mathbb{P}_{1,2}(\cdot,A_2) : \Omega_1 \to \mathbb{R}$ eine $(\mathcal{A}_1,\mathcal{B}^1)$-messbare Abbildung.

Kapitel 5

**Kommentar** Diese Definition ist offenbar eine direkte Verallgemeinerung von (3.2). Die Forderung nach der Messbarkeit der Abbildung $\mathbb{P}_{1,2}(\cdot, A_2) : \Omega_1 \to \mathbb{R}$ für festes $A_2 \in \mathcal{A}_2$ ist im diskreten Fall entbehrlich, da dann als $\sigma$-Algebra $\mathcal{A}_1$ die Potenzmenge $\mathcal{P}(\Omega_1)$ zugrunde liegt. Wie wir gleich sehen werden, wird die Messbarkeit jedoch jetzt benötigt, wenn man die Startverteilung $\mathbb{P}_1$ und die Übergangswahrscheinlichkeit $\mathbb{P}_{1,2}$ zu einem Wahrscheinlichkeitsmaß $\mathbb{P}$ auf der Produkt-$\sigma$-Algebra $\mathcal{A}_1 \otimes \mathcal{A}_2$ über $\Omega_1 \times \Omega_2$ *koppelt*. ◄

**Existenz und Eindeutigkeit der Kopplung**

Es seien $(\Omega_1, \mathcal{A}_1, \mathbb{P}_1)$ ein Wahrscheinlichkeitsraum, $(\Omega_2, \mathcal{A}_2)$ ein Messraum und $\mathbb{P}_{1,2}$ eine Übergangswahrscheinlichkeit wie oben. Dann wird durch

$$\mathbb{P}(A) := \int_{\Omega_1} \left[ \int_{\Omega_2} \mathbb{1}_A(\omega_1, \omega_2) \mathbb{P}_{1,2}(\omega_1, \mathrm{d}\omega_2) \right] \mathbb{P}_1(\mathrm{d}\omega_1) \tag{5.73}$$

ein Wahrscheinlichkeitsmaß $\mathbb{P}$ auf $\mathcal{A} := \mathcal{A}_1 \otimes \mathcal{A}_2$ definiert. Es heißt **Kopplung von $\mathbb{P}_1$ und $\mathbb{P}_{1,2}$** und wird mit $\mathbb{P}_1 \otimes \mathbb{P}_{1,2}$ bezeichnet. $\mathbb{P}$ ist das einzige Wahrscheinlichkeitsmaß auf $\mathcal{A}$ mit der Eigenschaft

$$\mathbb{P}(A_1 \times A_2) = \int_{A_1} \mathbb{P}_{1,2}(\omega_1, A_2)\, \mathbb{P}_1(\mathrm{d}\omega_1) \tag{5.74}$$

für jede Wahl von $A_1 \in \mathcal{A}_1$ und $A_2 \in \mathcal{A}_2$.

**Beweis** Ist allgemein $f : \Omega_1 \times \Omega_2 \to \mathbb{R}$ eine nichtnegative $\mathcal{A}$-messbare Funktion, so ist (vgl. die Ausführungen vor dem Satz von Tonelli in Abschn. 8.9) die Abbildung $\omega_2 \mapsto f(\omega_1, \omega_2)$ für jedes feste $\omega_1 \in \Omega_1$ $\mathcal{A}_2$-messbar und somit das innere Integral in (5.73) wohldefiniert. Zum Nachweis der Aussage

$$\omega_1 \mapsto \int_{\Omega_2} f(\omega_1, \omega_2) \mathbb{P}_{1,2}(\omega_1, \mathrm{d}\omega_2) \text{ ist } \mathcal{A}_1\text{-messbar} \tag{5.75}$$

überlege man sich unter Verwendung der Messbarkeitseigenschaft von $\mathbb{P}_{1,2}(\cdot, A_2)$ bei festem $A_2$, dass das Mengensystem $\mathcal{D} := \{A \in \mathcal{A} \mid (5.75) \text{ gilt für } f = \mathbb{1}_A\}$ ein Dynkin-System ist, welches das $\cap$-stabile Erzeugendensystem $\{A_1 \times A_2 : A_1 \in \mathcal{A}_1, A_2 \in \mathcal{A}_2\}$ von $\mathcal{A}$ enthält. Da für ein $\cap$-stabiles Mengensystem die erzeugte $\sigma$-Algebra gleich dem erzeugten Dynkin-System ist, folgt dann $\mathcal{D} = \mathcal{A}$, und die noch vorzunehmende Erweiterung von Indikatorfunktionen auf nichtnegative messbare Funktionen geschieht durch algebraische Induktion. Somit ist $\mathbb{P}$ wohldefiniert und offenbar nichtnegativ. Mit (5.74) gilt weiter $\mathbb{P}(\Omega_1 \times \Omega_2) = 1$. Ist $(A_n)$ eine Folge paarweise disjunkter Mengen aus $\mathcal{A}$, so folgt aus $\mathbb{1}\{\sum_{n=1}^\infty A_n\} = \sum_{n=1}^\infty \mathbb{1}\{A_n\}$ unter zweimaliger Anwendung des Satzes von der monotonen Konvergenz

$$\begin{aligned}
\mathbb{P}\left(\sum_{n=1}^\infty A_n\right) &= \int_{\Omega_1} \left[ \int_{\Omega_2} \mathbb{1}_{\sum A_n}(\omega_1, \omega_2)\, \mathbb{P}_{1,2}(\omega_1, \mathrm{d}\omega_2) \right] \mathbb{P}_1(\mathrm{d}\omega_1) \\
&= \int_{\Omega_1} \left[ \sum_{n=1}^\infty \int_{\Omega_2} \mathbb{1}_{A_n}(\omega_1, \omega_2) \mathbb{P}_{1,2}(\omega_1, \mathrm{d}\omega_2) \right] \mathbb{P}_1(\mathrm{d}\omega_1) \\
&= \sum_{n=1}^\infty \int_{\Omega_1} \left[ \int_{\Omega_2} \mathbb{1}_{A_n}(\omega_1, \omega_2)\, \mathbb{P}_{1,2}(\omega_1, \mathrm{d}\omega_2) \right] \mathbb{P}_1(\mathrm{d}\omega_1) \\
&= \sum_{n=1}^\infty \mathbb{P}(A_n).
\end{aligned}$$

Also ist $\mathbb{P}$ $\sigma$-additiv. Nach dem Eindeutigkeitssatz für Maße ist $\mathbb{P}$ durch (5.74) eindeutig bestimmt. ■

## Die Verteilung eines Zufallsvektors $(\mathbf{Z}, \mathbf{X})$ ist durch $\mathbb{P}^{\mathbf{Z}}$ und die bedingte Verteilung $\mathbb{P}_{\mathbf{Z}}^{\mathbf{X}}$ von $\mathbf{X}$ bei gegebenem $\mathbf{Z}$ festgelegt

**Kommentar** Die obige Vorgehensweise bedeutet für den Spezialfall $(\Omega_1, \mathcal{A}_1) = (\mathbb{R}^k, \mathcal{B}^k)$, $(\Omega_2, \mathcal{A}_2) = (\mathbb{R}^n, \mathcal{B}^n)$, dass wir ein Wahrscheinlichkeitsmaß auf der $\sigma$-Algebra $\mathcal{B}^{k+n}$ konstruieren können, indem wir ein Wahrscheinlichkeitsmaß $\mathbb{P}_1$ auf $\mathcal{B}^k$ angeben und dann für jedes $z \in \mathbb{R}^k$ ein Wahrscheinlichkeitsmaß $\mathbb{P}_{1,2}(z, \cdot)$ auf $\mathcal{B}^n$ spezifizieren. Dabei muss nur die Abbildung $\mathbb{R}^k \ni z \mapsto \mathbb{P}_{1,2}(z, C)$ für jedes $C \in \mathcal{B}^n$ messbar sein.

Man beachte, dass wir mit der kanonischen Konstruktion $\mathbf{Z} := \mathrm{id}_{\mathbb{R}^k}$ und $\mathbf{X} := \mathrm{id}_{\mathbb{R}^n}$ die Kopplung $\mathbb{P}$ als gemeinsame Verteilung zweier Zufallsvektoren $\mathbf{Z}$ und $\mathbf{X}$ ansehen können; es gilt also $\mathbb{P} = \mathbb{P}^{(\mathbf{Z},\mathbf{X})}$. Weiter ist $\mathbb{P}_1 = \mathbb{P}^{\mathbf{Z}}$ die (marginale) Verteilung von $\mathbf{Z}$, denn nach (5.74) gilt wegen $\mathbb{P}_{1,2}(z, \mathbb{R}^n) = 1$ für jede Menge $B \in \mathcal{B}^k$

$$\begin{aligned}
\mathbb{P}^{\mathbf{Z}}(B) &= \mathbb{P}^{(\mathbf{Z},\mathbf{X})}(B \times \mathbb{R}^n) = \mathbb{P}(B \times \mathbb{R}^n) \\
&= \int_B \mathbb{P}_{1,2}(z, \mathbb{R}^n)\, \mathbb{P}_1(\mathrm{d}z) \\
&= \mathbb{P}_1(B).
\end{aligned}$$

Die Übergangswahrscheinlichkeit $\mathbb{P}_{1,2}$ wird in diesem Fall als **bedingte Verteilung von X bei gegebenem Z** bezeichnet und mit dem Symbol

$$\mathbb{P}_{\mathbf{Z}}^{\mathbf{X}} := \mathbb{P}_{1,2}$$

beschrieben. Hiermit besteht also die „Kopplungs-Gleichung“

$$\mathbb{P}^{(\mathbf{Z},\mathbf{X})} = \mathbb{P}^{\mathbf{Z}} \otimes \mathbb{P}_{\mathbf{Z}}^{\mathbf{X}}. \tag{5.76}$$

Kapitel 5

Das Wahrscheinlichkeitsmaß $\mathbb{P}_{1,2}(z,\cdot)$ heißt **bedingte Verteilung von X unter der Bedingung Z = z**, und man schreibt hierfür

$$\mathbb{P}^{\mathbf{X}}_{\mathbf{Z}=z} := \mathbb{P}_{1,2}(z,\cdot).$$

Gleichung (5.74) nimmt dann die Gestalt

$$\mathbb{P}^{(\mathbf{Z},\mathbf{X})}(B \times C) = \mathbb{P}(\mathbf{Z} \in B, \mathbf{X} \in C) = \int_B \mathbb{P}^{\mathbf{X}}_{\mathbf{Z}=z}(C)\, \mathbb{P}^{\mathbf{Z}}(\mathrm{d}z), \quad (5.77)$$

$B \in \mathcal{B}^k, C \in \mathcal{B}^n$, an. Setzt man speziell $B = \mathbb{R}^k$, so ergibt sich die Verteilung von $\mathbf{X}$ zu

$$\mathbb{P}^{\mathbf{X}}(C) = \int_{\mathbb{R}^n} \mathbb{P}^{\mathbf{X}}_{\mathbf{Z}=z}(C)\, \mathbb{P}^{\mathbf{Z}}(\mathrm{d}z). \quad (5.78)$$

Es ist üblich, auch

$$\mathbb{P}(\mathbf{X} \in C | \mathbf{Z} = z) := \mathbb{P}^{\mathbf{X}}_{\mathbf{Z}=z}(C)$$

zu schreiben, obwohl im Fall $\mathbb{P}(\mathbf{Z} = z) = 0$ keine elementare bedingte Wahrscheinlichkeit im Sinne von $\mathbb{P}(A|B) = \mathbb{P}(A \cap B)/\mathbb{P}(B)$ für $\mathbb{P}(B) > 0$ vorliegt. Gleichung (5.78) geht dann in

$$\mathbb{P}(\mathbf{X} \in C) = \int_{\mathbb{R}^n} \mathbb{P}(\mathbf{X} \in C | \mathbf{Z} = z)\, \mathbb{P}^{\mathbf{Z}}(\mathrm{d}z) \quad (5.79)$$

über. Da bzgl. der Verteilung von $\mathbf{Z}$ integriert wird, kann der Integrand $\mathbb{P}(\mathbf{X} \in C | \mathbf{Z} = z)$ als Funktion von $z$ nach den in Abschn. 8.6 angestellten Überlegungen auf einer $\mathbb{P}^{\mathbf{Z}}$-Nullmenge modifiziert werden, ohne den Wert $(= \mathbb{P}(\mathbf{X} \in C))$ des Integrals zu ändern.

Man beachte, dass wir im einführenden Beispiel zu diesem Abschnitt die Verteilung von $X$ nach Gleichung (5.79) hergeleitet haben. In der Situation des Beispiels ist $C = \{k\}$, und die Integration $\mathbb{P}^Z(\mathrm{d}z)$ bedeutet $\mathrm{d}z$. ◄

**Beispiel (Spezialfall: Z ist diskret verteilt)** Ist in der obigen Situation $\mathbf{Z}$ ein *diskreter* Zufallsvektor, so kann man für jedes $z \in M := \{z \in \mathbb{R}^n \,|\, \mathbb{P}(\mathbf{Z} = z) > 0\}$ und jedes $C \in \mathcal{B}^k$ die elementare bedingte Wahrscheinlichkeit

$$\mathbb{P}^{\mathbf{X}}_{\mathbf{Z}=z}(C) := \mathbb{P}(\mathbf{X} \in C | \mathbf{Z} = z) = \frac{\mathbb{P}(\mathbf{X} \in C, \mathbf{Z} = z)}{\mathbb{P}(\mathbf{Z} = z)}$$

bilden. Nach der Formel von der totalen Wahrscheinlichkeit gilt dann

$$\mathbb{P}(\mathbf{X} \in C) = \sum_{z \in M} \mathbb{P}(\mathbf{X} \in C | \mathbf{Z} = z)\, \mathbb{P}(\mathbf{Z} = z),$$

was Gleichung (5.79) entspricht. In diesem Fall ist es irrelevant, wie wir den Integranden in (5.79) auf der Menge $\mathbb{R}^n \setminus M$ definieren. Eine Möglichkeit wäre, ein beliebiges Wahrscheinlichkeitsmaß $Q$ auf $\mathcal{B}^k$ zu wählen und $\mathbb{P}(\mathbf{X} \in C | \mathbf{Z} = z) := Q(C)$, $z \in \mathbb{R}^n \setminus M$, zu setzen. Eine solche elementare bedingte Verteilung haben wir in Abschn. 4.5 für den Fall betrachtet, dass auch $\mathbf{X}$ diskret verteilt ist. Dort ergab sich u. a., dass die Binomialverteilung $\mathrm{Bin}(k, p)$ mit $p = \lambda/(\lambda + \mu)$ als bedingte Verteilung von $X$ unter der Bedingung $X + Y = k$ entsteht, wenn $X$ und $Y$ unabhängig sind und die Poisson-Verteilungen $X \sim \mathrm{Po}(\lambda)$, $Y \sim \mathrm{Po}(\mu)$ besitzen.

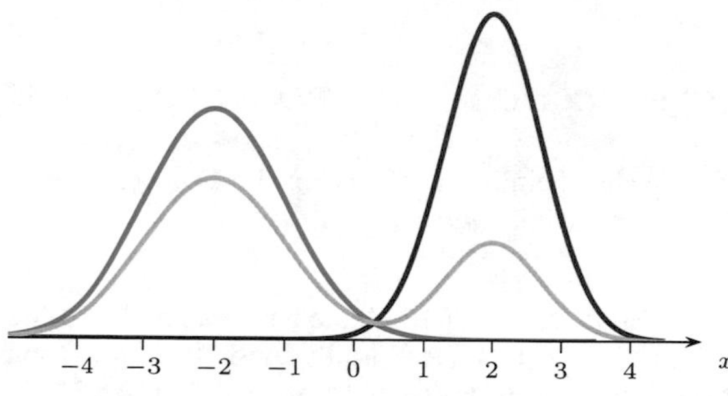


**Abb. 5.30** Dichten $f_1$ (blau) und $f_2$ (rot) der Normalverteilungen $\mathrm{N}(-2,1)$ bzw. $\mathrm{N}(2,1/2)$ und Mischungsdichte $0.7 f_1 + 0.3 f_2$ (orange)

Nimmt $\mathbf{Z}$ (ausschließlich) die Werte $z_1, \ldots, z_s$ mit positiven Wahrscheinlichkeiten an, und besitzt der Zufallsvektor $\mathbf{X}$ unter der Bedingung $\mathbf{Z} = z_j$ die Lebesgue-Dichte $f_j$, $j \in \{1, \ldots, s\}$, so gilt

$$\mathbb{P}(\mathbf{X} \in C | \mathbf{Z} = z_j) = \int_C f_j(x)\, \mathrm{d}x.$$

Mit der Abkürzung $p_j := \mathbb{P}(\mathbf{Z} = z_j)$ erhalten wir dann

$$\mathbb{P}(\mathbf{X} \in C) = \int_C f(x)\, \mathrm{d}x,$$

wobei

$$f(x) := p_1 f_1(x) + \ldots + p_s f_s(x), \quad x \in \mathbb{R}^n,$$

gesetzt ist. Die Dichte von $\mathbf{X}$ ist also eine Konvexkombination der Dichten $f_1, \ldots, f_s$. Man spricht in diesem Fall auch von einer *diskreten Mischung endlich vieler stetiger Verteilungen* und nennt $f$ eine *Mischungsdichte*. Es kommt für diese Bildung offenbar nicht auf die Werte $z_1, \ldots, z_s$ an, sondern nur auf die Wahrscheinlichkeiten $p_1, \ldots, p_s$. Mischungsverteilungen treten etwa dann auf, wenn sich eine Population aus Teilpopulationen zusammensetzt und ein Merkmal, das durch eine Zufallsvariable $X$ modelliert wird, in der $j$-ten Teilpopulation eine Dichte $f_j$ besitzt, $j = 1, \ldots, s$. Tritt bei rein zufälliger Auswahl eines Elementes der Population mit der Wahrscheinlichkeit $p_j$ ein Element der $j$-ten Teilpopulation auf, so hat $X$ die Mischungsdichte $p_1 f_1 + \ldots + p_s f_s$. Abb. 5.30 zeigt zwei Normalverteilungsdichten und eine daraus gebildete Mischungsdichte. ◄

Ein Spezialfall dieses Beispiels entsteht für eine Indikatorvariable $Z = \mathbb{1}_A$ mit $A \in \mathcal{A}$ und $\mathbb{P}(A) > 0$. In diesem Fall heißt das

Kapitel 5

durch

$$\mathbb{P}_A^{\mathbf{X}}(C) := \mathbb{P}(\mathbf{X} \in C | \mathbb{1}_A = 1) = \mathbb{P}(\mathbf{X} \in C | A), \quad C \in \mathcal{B}^n,$$

definierte Wahrscheinlichkeitsmaß $\mathbb{P}_A^{\mathbf{X}}$ die *bedingte Verteilung von* $\mathbf{X}$ *unter (der Bedingung)* $A$.

**Beispiel** Es sei $\mathbf{X} \sim \mathrm{U}(B)$ für eine beschränkte Borel-Menge $B \subseteq \mathbb{R}^n$ mit $0 < \lambda^n(B)$. Der Zufallsvektor $\mathbf{X}$ besitze also eine Gleichverteilung auf $B$. Ist $B_0 \in \mathcal{B}^n$ mit $B_0 \subseteq B$ und $\lambda^n(B_0) > 0$, so gilt für jede Borel-Menge $C \in \mathcal{B}^n$

$$\begin{aligned}\mathbb{P}(\mathbf{X} \in C | \mathbf{X} \in B_0) &= \frac{\mathbb{P}(\mathbf{X} \in C, \mathbf{X} \in B_0)}{\mathbb{P}(\mathbf{X} \in B_0)} \\ &= \frac{\frac{\lambda^n(C \cap B_0)}{\lambda^n(B)}}{\frac{\lambda^n(B_0)}{\lambda^n(B)}} \\ &= \frac{\lambda^n(C \cap B_0)}{\lambda^n(B_0)}.\end{aligned}$$

Die bedingte Verteilung von $\mathbf{X}$ unter der Bedingung $\mathbf{X} \in B_0$ ist also die Gleichverteilung auf $B_0$, d. h., es gilt

$$\mathbb{P}_{\mathbf{X} \in B_0}^{\mathbf{X}} := \mathbb{P}_{\{\mathbf{X} \in B_0\}}^{\mathbf{X}} = \mathrm{U}(B_0).$$

Als Konsequenz dieser Überlegungen bietet sich die folgende Möglichkeit an, mithilfe von Pseudozufallszahlen, die im Intervall $(0, 1)$ gleichverteilt sind, Realisierungen eines Zufallsvektors $\mathbf{X}$ mit einer Gleichverteilung in einer eventuell recht komplizierten Borel-Menge $B_0$ zu erhalten. Gilt $B_0 \subseteq B$ für einen achsenparallelen Quader der Gestalt $B = \times_{j=1}^n [a_j, b_j]$, so erzeuge solange unabhängige und je in $B$ gleichverteilte Zufallsvektoren $\mathbf{X}_1, \mathbf{X}_2, \ldots$, bis die Bedingung $\mathbf{X}_j \in B_0$ erfüllt ist. Im letzteren Fall liegt ein Zufallsvektor mit der Gleichverteilung $\mathrm{U}(B_0)$ vor. Eine Realisierung eines in $B$ gleichverteilten Zufallsvektors $\mathbf{Y}$ erzeugt man mithilfe von $n$ unabhängigen und je in $(0, 1)$ gleichverteilten Zufallsvariablen $U_1, \ldots, U_n$, indem man $\widetilde{U}_j := a_j + U_j(b_j - a_j)$, $1 \leq j \leq n$, sowie $\mathbf{X} := (\widetilde{U}_1, \ldots, \widetilde{U}_n)$ setzt. Realisierungen der $U_j$ gewinnt man mithilfe von gleichverteilten Pseudozufallszahlen. ◄

**Selbstfrage 20**

Wie würden Sie die Gleichverteilung im Kreis $K := \{(x, y) \in \mathbb{R}^2 \,|\, x^2 + y^2 \leq 1\}$ simulieren?

Wir betrachten jetzt den wichtigen Spezialfall, dass der Zufallsvektor $\mathbf{Z}$ in (5.79) eine Lebesgue-Dichte besitzt.

**Beispiel (Spezialfall: Z ist stetig verteilt)** Ist $\mathbf{Z}$ ein *stetiger* Zufallsvektor mit Lebesgue-Dichte $g$, so nimmt Gleichung (5.79) die spezielle Gestalt

$$\mathbb{P}(\mathbf{X} \in C) = \int_{\mathbb{R}^n} \mathbb{P}(\mathbf{X} \in C | \mathbf{Z} = z)\, g(z)\, \mathrm{d}z \qquad (5.80)$$

an. Schreiben wir $M := \{z \in \mathbb{R}^n \,|\, g(z) > 0\}$ für den Positivitätsbereich der Dichte $g$, so ist es offenbar unerheblich, wie der Integrand $\mathbb{P}(\mathbf{X} \in C | \mathbf{Z} = z)$ als Funktion von $z$ auf der $\mathbb{P}^{\mathbf{Z}}$-Nullmenge $\mathbb{R}^n \setminus M$ definiert ist. Auch hier könnten wir ein beliebiges Wahrscheinlichkeitsmaß $Q$ auf $\mathcal{B}^k$ wählen und $\mathbb{P}(\mathbf{X} \in C | \mathbf{Z} = z) := Q(C)$, $z \in \mathbb{R}^n \setminus M$, setzen.

Man beachte, dass das einführende Beispiel zu diesem Abschnitt einen Spezialfall dieses Beispiels darstellt. Aufgabe 5.34 behandelt den Fall, dass $Z$ eine Gamma-Verteilung besitzt und die Zufallsvariable $X$ bei gegebenem $Z = z$, $z > 0$, eine Poisson-Verteilung $\mathrm{Po}(z)$ hat. ◄

Wir haben gesehen, dass man die gemeinsame Verteilung $\mathbb{P}^{(\mathbf{Z},\mathbf{X})}$ eines Zufallsvektors $(\mathbf{Z}, \mathbf{X})$ festlegen kann, indem man die Verteilung $\mathbb{P}^{\mathbf{Z}}$ von $\mathbf{Z}$ und die bedingte Verteilung $\mathbb{P}_{\mathbf{Z}}^{\mathbf{X}}$ von $\mathbf{X}$ bei gegebenem $\mathbf{Z}$ spezifiziert. Dabei können $\mathbf{Z}$ und $\mathbf{X}$ Zufallsvektoren beliebiger Dimensionen sein. Um gekehrt gilt, dass man eine gegebene gemeinsame Verteilung $\mathbb{P}^{(\mathbf{Z},\mathbf{X})}$ in die Marginalverteilung $\mathbb{P}^{\mathbf{Z}}$ von $\mathbf{Z}$ und eine bedingte Verteilung $\mathbb{P}_{\mathbf{Z}}^{\mathbf{X}}$ von $\mathbf{X}$ bei gegebenem $\mathbf{Z}$ „zerlegen kann", sodass die Kopplungsgleichung (5.76) erfüllt ist. Wir möchten diese nicht triviale Fragestellung nicht im allgemeinsten Rahmen behandeln, sondern betrachten die beiden Spezialfälle, dass $(\mathbf{Z}, \mathbf{X})$ diskret verteilt ist oder eine Lebesgue-Dichte besitzt. Im ersten Fall ist die Existenz einer Zerlegung $\mathbb{P}^{(\mathbf{Z},\mathbf{X})} = \mathbb{P}^{\mathbf{Z}} \otimes \mathbb{P}_{\mathbf{Z}}^{\mathbf{X}}$ schnell gezeigt, gilt doch

$$\mathbb{P}(\mathbf{Z} = z, \mathbf{X} = x) = \mathbb{P}(\mathbf{Z} = z) \cdot \mathbb{P}(\mathbf{X} = x | \mathbf{Z} = z)$$

für jedes $z \in \mathbb{R}^k$ mit $\mathbb{P}(\mathbf{Z} = z) > 0$.

Sind $\mathbf{Z}$ und $\mathbf{X}$ *stetige* Zufallsvektoren auf einem allgemeinen Wahrscheinlichkeitsraum, die die Dichten $f_{\mathbf{Z}}$ bzw. $f_{\mathbf{X}}$ und die gemeinsame Dichte $f_{\mathbf{Z},\mathbf{X}}$ besitzen, so ist eine Bildung wie oben nicht möglich, da $\mathbb{P}(\mathbf{Z} = z) = 0$ für jedes $z \in \mathbb{R}^k$ gilt. In diesem Fall erhält man wie folgt eine bedingte Verteilung von $\mathbf{X}$ unter der Bedingung $\mathbf{Z}$:

**Bedingte Dichte**

Es seien $\mathbf{Z}$ und $\mathbf{X}$ $k$- bzw. $n$-dimensionale Zufallsvektoren auf einem Wahrscheinlichkeitsraum $(\Omega, \mathcal{A}, \mathbb{P})$. Der Zufallsvektor $(\mathbf{Z}, \mathbf{X})$ besitze die gemeinsame Dichte $f_{\mathbf{Z},\mathbf{X}}$. Weiter seien $f_{\mathbf{Z}}$ die marginale Dichte von $\mathbf{Z}$ und $z \in \mathbb{R}^k$ mit $f_{\mathbf{Z}}(z) > 0$. Dann heißt die durch

$$f(x|z) := \frac{f_{\mathbf{Z},\mathbf{X}}(z, x)}{f_{\mathbf{Z}}(z)}$$

definierte Funktion $f(\cdot|z) : \mathbb{R}^n \to \mathbb{R}$ die **bedingte Dichte von X unter der Bedingung $\mathbf{Z} = z$.**

Die Namensgebung *bedingte Dichte* wird dadurch gerechtfertigt, dass $f(\cdot|z)$ für festes $z$ eine nichtnegative und nach Sätzen der Maßtheorie messbare Funktion ist, für die

$$\int_{\mathbb{R}^n} f(x|z)\, \mathrm{d}x = 1$$

gilt. Die **bedingte Verteilung $\mathbb{P}^{\mathbf{X}}_{\mathbf{Z}=z}$ von X bei gegebenem Z =** $z$ ist die Verteilung mit der Dichte $f(\cdot|z)$, d. h., es gilt für jede Borel-Menge $C \subseteq \mathbb{R}^n$

$$\mathbb{P}^{\mathbf{X}}_{\mathbf{Z}=z}(C) = \mathbb{P}(\mathbf{X} \in C|\mathbf{Z} = z) = \int_C f(x|z)\,\mathrm{d}x.$$

Damit auch für den mit Wahrscheinlichkeit null eintretenden Fall $f_{\mathbf{Z}}(z) = 0$ eine bedingte Verteilung von $\mathbf{X}$ unter der Bedingung $\mathbf{Z} = z$ definiert ist, wählen wir eine *beliebige* Dichte $g_0$ auf $\mathbb{R}^n$ und treffen für solche $z$ die Festsetzung $f(x|z) := g_0(x)$, $x \in \mathbb{R}^n$. Wie man direkt überprüft, gilt dann Gleichung (5.77).

**Selbstfrage 21**

Können Sie Gleichung (5.77) nachrechnen?

**Beispiel** Der Zufallsvektor $(X, Y)$ besitze eine Gleichverteilung im Bereich $A := \{(x, y) \in [0,1]^2 \,|\, 0 \le x \le y \le 1\}$ (Abb. 5.11 links), also die Dichte $h(x, y) := 2$, falls $(x, y) \in A$ und $h(x, y) := 0$ sonst. Die marginale Dichte $f$ von $X$ ist durch $f(x) = 2(1-x)$ für $0 \le x \le 1$ sowie $f(x) = 0$ sonst, gegeben (blauer Graph in Abb. 5.11 rechts). Für $0 \le x < 1$ gilt $f(x) > 0$, und wir erhalten die bedingte Dichte von $Y$ unter der Bedingung $X = x$ zu

$$f(y|x) = \frac{h(x,y)}{f(x)} = \frac{2}{2(1-x)} = \frac{1}{1-x}$$

für $x \le y \le 1$ und $f(y|x) = 0$ sonst. Die bedingte Verteilung von $Y$ unter der Bedingung $X = x$ ist also die Gleichverteilung $\mathrm{U}(x, 1)$.

In gleicher Weise ist die bedingte Verteilung von $X$ unter der Bedingung $Y = y$, $0 < y \le 1$, die Gleichverteilung auf dem Intervall $(0, y)$. ◄

Sind $(\mathbf{Z}, \mathbf{X})$ ein $(k+n)$-dimensionaler Zufallsvektor wie im Kommentar nach dem Satz über die Existenz und Eindeutigkeit der Kopplung und $f : \mathbb{R}^{k+n} \to \mathbb{R}$ eine messbare Funktion, so kann man den Erwartungswert $\mathbb{E} f(\mathbf{Z}, \mathbf{X})$ – sofern dieser existiert – iteriert berechnen. Die maßtheoretische Grundlage hierfür ist der nachfolgende Satz von Fubini für Übergangswahrscheinlichkeiten.

**Satz von Fubini für $\mathbb{P}_1 \otimes \mathbb{P}_{1,2}$**

Ist in der Situation des Satzes über die Existenz und Eindeutigkeit der Kopplung $f : \Omega_1 \times \Omega_2 \to \mathbb{R}$ eine $\mathcal{A}_1 \otimes \mathcal{A}_2$-messbare nichtnegative oder $\mathbb{P}_1 \otimes \mathbb{P}_{1,2}$-integrierbare Funktion, so gilt

$$\int_{\Omega_1 \times \Omega_2} f \,\mathrm{d}\mathbb{P}_1 \otimes \mathbb{P}_{1,2} \tag{5.81}$$

$$= \int_{\Omega_1} \left[ \int_{\Omega_2} f(\omega_1, \omega_2) \mathbb{P}_{1,2}(\omega_1, \mathrm{d}\omega_2) \right] \mathbb{P}_1(\mathrm{d}\omega_1).$$

**Beweis** Nach (5.73) gilt die Behauptung für Indikatorfunktionen und folglich mittels algebraischer Induktion auch für nichtnegative messbare Funktionen. Ist $f$ $\mathbb{P}_1 \otimes \mathbb{P}_{1,2}$-integrierbar, so ergibt sich mit Folgerung b) aus der Markov-Ungleichung in Abschn. 8.6, dass für $\mathbb{P}_1$-fast alle $\omega_1 \in \Omega_1$ der auf der rechten Seite von (5.81) in Klammern stehende Integrand endlich und somit $f(\omega_1, \cdot)$ bzgl. $\mathbb{P}_{1,2}(\omega_1, \cdot)$-integrierbar ist. Also ist die Abbildung

$$\omega_1 \mapsto \int_{\Omega_2} f(\omega_1, \omega_2)\, \mathbb{P}_{1,2}(\omega_1, \mathrm{d}\omega_2)$$

$\mathbb{P}_1$-fast sicher definiert, und die Zerlegung $f = f^+ - f^-$ liefert die Behauptung. ■

Spezialisiert man dieses Ergebnis auf die Situation zu Beginn des Kommentars nach dem Satz über die Existenz und Eindeutigkeit der Kopplung zu Beginn dieses Abschnitts, so ergibt sich:

**Iterierte Erwartungswertbildung**

Es seien $\mathbf{Z}$ und $\mathbf{X}$ ein $k$- bzw. $n$-dimensionaler Zufallsvektor auf einem Wahrscheinlichkeitsraum $(\Omega, \mathcal{A}, \mathbb{P})$. Weiter sei $f : \mathbb{R}^{k+n} \to \mathbb{R}$ eine messbare Funktion derart, dass $\mathbb{E}|f(\mathbf{Z}, \mathbf{X})| < \infty$. Dann gilt

$$\mathbb{E} f(\mathbf{Z}, \mathbf{X}) = \int_{\mathbb{R}^k} \mathbb{E}\left[f(\mathbf{Z}, \mathbf{X})|\mathbf{Z} = z\right] \mathbb{P}^{\mathbf{Z}}(\mathrm{d}z).$$

Hierbei ist

$$\mathbb{E}[f(\mathbf{Z}, \mathbf{X})|\mathbf{Z} = z] := \int_{\mathbb{R}^n} f(z, x) \mathbb{P}^{\mathbf{X}}_{\mathbf{Z}=z}(\mathrm{d}x)$$

der sog. **bedingte Erwartungswert von $f(\mathbf{Z}, \mathbf{X})$ unter der Bedingung $\mathbf{Z} = z$.**

Im Fall $n = 1$ ist $X$ eine reelle Zufallsvariable, sodass Kenngrößen der bedingten Verteilung von $X$ unter der Bedingung $\mathbf{Z} = z$ bestimmt werden können. Für den Spezialfall $f(x, z) = x$ ergibt sich dann aus obigem Resultat:

**Bedingter Erwartungswert**

Es seien $X$ eine Zufallsvariable $\mathbf{Z}$ ein $k$-dimensionaler Zufallsvektor. Falls $\mathbb{E}|X| < \infty$, so gilt

$$\mathbb{E}(X) = \int_{\mathbb{R}^k} \mathbb{E}(X|\mathbf{Z} = z)\, \mathbb{P}^{\mathbf{Z}}(\mathrm{d}z). \tag{5.82}$$

Dabei ist

$$\mathbb{E}(X|\mathbf{Z} = z) := \int_{\mathbb{R}} x\, \mathbb{P}^{X}_{\mathbf{Z}=z}(\mathrm{d}x) \tag{5.83}$$

der **bedingte Erwartungswert von $X$ unter der Bedingung $\mathbf{Z} = z$.**

## Beispiel: Marginale und bedingte Verteilungen bei multivariater Normalverteilung

Es seien $\mathbf{X}$ ein $k$- und $\mathbf{Y}$ ein $\ell$-dimensionaler Zufallsvektor. Der $(k+\ell)$-dimensionale Zufallsvektor $(\mathbf{X}, \mathbf{Y})$ besitze eine nichtausgeartete Normalverteilung. Welche bedingte Verteilung besitzt $\mathbf{X}$ unter der Bedingung $\mathbf{Y} = y$?

**Problemanalyse und Strategie** Wir notieren $\mathbf{X}$ und $\mathbf{Y}$ als Spaltenvektoren und treffen die Annahme

$$\begin{pmatrix} \mathbf{X} \\ \mathbf{Y} \end{pmatrix} \sim \mathrm{N}_{k+\ell}\left( \begin{pmatrix} \mu \\ \nu \end{pmatrix}, \ \Sigma \right), \text{ wobei } \Sigma = \begin{pmatrix} \Sigma_{11} & \Sigma_{12} \\ \Sigma_{21} & \Sigma_{22} \end{pmatrix}.$$

Hierbei bezeichnen $\Sigma_{11}$ und $\Sigma_{22}$ die $k$-reihigen bzw. $\ell$-reihigen Kovarianzmatrizen von $\mathbf{X}$ bzw. $\mathbf{Y}$, $\Sigma_{12}$ die $(k \times \ell)$-Matrix der „Kreuz-Kovarianzen" $\mathrm{Cov}(X_i, Y_j)$ $(1 \le i \le k, 1 \le j \le \ell)$ und $\Sigma_{21}$ deren Transponierte sowie $X_1, \ldots, X_k$ bzw. $Y_1, \ldots, Y_\ell$ die Komponenten von $\mathbf{X}$ bzw. $\mathbf{Y}$. Weiter seien $h$ die gemeinsame Dichte von $\mathbf{X}$ und $\mathbf{Y}$ sowie $f$ und $g$ die marginalen Dichten von $\mathbf{X}$ bzw. $\mathbf{Y}$. Wir bestimmen zunächst $g$ und dann die bedingte Dichte von $\mathbf{X}$ unter der Bedingung $\mathbf{Y} = y$ als Quotienten $h(x, y)/g(y)$.

**Lösung** Schreiben wir kurz

$$Q(x, y) := \left((x-\mu)^\top (y-\nu)^\top\right) \Sigma^{-1} \begin{pmatrix} x-\mu \\ y-\nu \end{pmatrix}$$

und setzen allgemein $|D| := \det D$ für eine quadratische Matrix $D$, so gilt nach Definition einer multivariaten Normalverteilung

$$h(x, y) = \frac{1}{(2\pi)^{(k+\ell)/2} |\Sigma|^{1/2}} \exp\left(-\frac{Q(x, y)}{2}\right).$$

Partitioniert man die Inverse $\Sigma^{-1}$ von $\Sigma$ gemäß

$$\begin{pmatrix} \Sigma_{11} & \Sigma_{12} \\ \Sigma_{21} & \Sigma_{22} \end{pmatrix}^{-1} =: \begin{pmatrix} A & B \\ B^\top & C \end{pmatrix},$$

so liefern die Bedingungen $\Sigma\Sigma^{-1} = \Sigma^{-1}\Sigma = I_{k+\ell}$ die Gleichungen

$$\Sigma_{11} A + \Sigma_{12} B^\top = I_k, \tag{5.84}$$

$$\Sigma_{11} B + \Sigma_{12} C = 0, \tag{5.85}$$

$$\Sigma_{21} A + \Sigma_{22} B^\top = 0, \tag{5.86}$$

$$\Sigma_{21} B + \Sigma_{22} C = I_\ell. \tag{5.87}$$

Mit den Abkürzungen

$$\kappa := \mu - A^{-1} B (y-\nu),$$
$$S := C - B^\top A^{-1} B$$

nimmt dann die quadratische Form $Q$ die Gestalt

$$Q(x, y) = (x-\kappa)^\top A (x-\kappa) + (y-\nu)^\top S (y-\nu)$$

an. Somit folgt $h(x, y) = u(x, y) v(y)$, wobei

$$u(x, y) = \frac{1}{(2\pi)^{k/2} |A^{-1}|^{1/2}} \exp\left(-\frac{(x-\kappa)^\top (A^{-1})^{-1} (x-\kappa)}{2}\right),$$
$$v(y) = \frac{1}{(2\pi)^{\ell/2} |\Sigma|^{1/2} |A|^{1/2}} \exp\left(-\frac{(y-\nu)^\top S (y-\nu)}{2}\right).$$

Da $u(\cdot, y)$ die Dichte der Normalverteilung $\mathrm{N}_k(\kappa, A^{-1})$ darstellt und sich die marginale Dichte $g$ von $\mathbf{Y}$ durch Integration gemäß $g(y) = \int h(x, y) \mathrm{d}x$ ergibt sowie $v(y)$ nicht von $x$ abhängt, gilt $g(y) = v(y)$, $y \in \mathbb{R}^\ell$, d. h., $v$ ist die marginale Dichte von $\mathbf{Y}$.

Aus (5.87) und (5.86) erhält man $\Sigma_{22} S = S \Sigma_{22} = \mathrm{I}_\ell$ und somit $S = \Sigma_{22}^{-1}$. Hiermit folgt $\mathbf{Y} \sim \mathrm{N}_\ell(\nu, \Sigma_{22})$, denn die Normierungsbedingung $1 = \int g(y)\,\mathrm{d}y$ liefert ohne Matrizenrechnung die Identität $|\Sigma|^{1/2} |A|^{1/2} = |\Sigma_{22}|^{1/2}$.

Man beachte, dass wir in Verallgemeinerung der Folgerung aus dem Additionsgesetz für die Normalverteilung in Abschn. 5.2 gezeigt haben, dass auch die gemeinsame Verteilung irgendwelcher Komponenten eines multivariat normalverteilten Zufallsvektors eine multivariate Normalverteilung ist.

Die Darstellung $h(x, y) = u(x, y) g(y)$ liefert auch, dass $u(x, y) = h(x, y)/g(y)$ die bedingte Dichte von $\mathbf{X}$ unter der Bedingung $\mathbf{Y} = y$ ist. Aus der Gestalt von $u(x, y)$ ist klar, dass die bedingte Verteilung von $\mathbf{X}$ unter der Bedingung $\mathbf{Y} = y$ die Normalverteilung $\mathrm{N}_k(\mu - A^{-1} B (y-\nu), A^{-1})$ ist.

Um die Matrizen $A^{-1} B$ und $A^{-1}$ in Abhängigkeit von $\Sigma_{ij}$ $(i, j \in \{1, 2\})$ auszudrücken, verwenden wir Gleichung (5.86), wonach $B^\top = -\Sigma_{22}^{-1} \Sigma_{21} A$ gilt. Setzt man diesen Ausdruck für $B^\top$ in (5.84) ein, so ergibt sich $A = (\Sigma_{11} - \Sigma_{12} \Sigma_{22}^{-1} \Sigma_{21})^{-1}$ und somit

$$A^{-1} = \Sigma_{11} - \Sigma_{12} \Sigma_{22}^{-1} \Sigma_{21}.$$

Zusammen mit (5.85) und (5.87) ergibt sich weiter

$$\begin{aligned} -A^{-1} B &= -(\Sigma_{11} - \Sigma_{12} \Sigma_{22}^{-1} \Sigma_{21}) B \\ &= \Sigma_{12} (C + \Sigma_{22}^{-1} (\mathrm{I}_\ell - \Sigma_{22} C)) \\ &= \Sigma_{12} \Sigma_{22}^{-1}. \end{aligned}$$

Mit $\Sigma_{22.1} := \Sigma_{11} - \Sigma_{12} \Sigma_{22}^{-1} \Sigma_{21}$ gilt also

$$\mathbb{P}^{\mathbf{X}}_{\mathbf{Y}=y} = \mathrm{N}_k(\mu + \Sigma_{12} \Sigma_{22}^{-1} (y-\nu), \Sigma_{22.1}). \tag{5.88}$$

In der numerischen Mathematik nennt man die Matrix $\Sigma_{22.1}$ das **Schur-Komplement** von $\Sigma_{11}$ in $\Sigma$.

Kapitel 5

Der bedingte Erwartungswert $\mathbb{E}(X|\mathbf{Z} = z)$ ist also nichts anderes als der Erwartungswert der bedingten Verteilung von $X$ unter der Bedingung $\mathbf{Z} = z$. Besitzt $X$ unter der Bedingung $\mathbf{Z} = z$ die bedingte Dichte $f(\cdot|z)$, so gilt

$$\mathbb{E}(X|\mathbf{Z} = z) = \int_{\mathbb{R}} x\, f(x|z)\, \mathrm{d}x.$$

Man beachte auch, dass Gleichung (5.82) eine Verallgemeinerung von (4.46) darstellt.

**Beispiel (Bivariate Normalverteilung)** Der Zufallsvektor $(X, Y)$ besitze die nichtausgeartete bivariate Normalverteilung

$$\mathrm{N}_2\left(\begin{pmatrix}\mu\\ \nu\end{pmatrix}, \begin{pmatrix}\sigma^2 & \rho\sigma\tau\\ \rho\sigma\tau & \tau^2\end{pmatrix}\right),$$

wobei $\mu = \mathbb{E}X$, $\nu = \mathbb{E}Y$, $\sigma^2 = \mathbb{V}(X)$, $\tau^2 = \mathbb{V}(Y)$, $\rho = \rho(X,Y)$.

Es liegt somit ein Spezialfall der allgemeinen Situation der großen Beispiel-Box über marginale und bedingte Veteilungen bei multivariater Normalverteilung mit $k = \ell = 1$ und

$$\Sigma_{11} = (\sigma^2),\ \Sigma_{22} = (\tau^2),\ \Sigma_{12} = (\rho\sigma\tau)$$

vor. Wegen $\Sigma_{22}^{-1} = \tau^{-2}$ ist nach (5.88) die bedingte Verteilung von $X$ unter der Bedingung $Y = y$ die Normalverteilung

$$\mathrm{N}\left(\mu + \rho\frac{\sigma}{\tau}(y - \nu), \sigma^2(1 - \rho^2)\right).$$

Folglich gilt

$$\mathbb{E}(X|Y = y) = \mu + \rho\frac{\sigma}{\tau}(y - \nu);$$

der bedingte Erwartungswert ist also eine affine Funktion von $y$.

Nach dem Satz über das Optimierungsproblem $\min_{a,b} \mathbb{E}(Y - a - bX)^2$ in Abschn. 4.4 (unter Vertauschung der Rollen von $X$ und $Y$) wird die mittlere quadratische Abweichung $\mathbb{E}(X - a - bY)^2$ für die Wahl

$$b = \frac{\mathrm{Cov}(X,Y)}{\mathbb{V}(Y)} = \rho\frac{\sigma}{\tau},$$
$$a = \mathbb{E}(X) - b\mathbb{E}(Y) = \mu - \rho\frac{\sigma}{\tau}\nu$$

minimal. Die sog. *bedingte Erwartung*

$$\mathbb{E}(X|Y) = \mu + \rho\frac{\sigma}{\tau}(Y - \nu)$$

(vgl. Abschn. 5.7) liefert also eine Bestapproximation von $X$ im quadratischen Mittel durch eine *affine* Funktion von $Y$. Nach dem Satz über die bedingte Erwartung als Orthogonalprojektion im nächsten Abschnitt ist diese Approximation sogar bestmöglich innerhalb der größeren Klasse aller messbaren Funktionen $h(Y)$ von $Y$ mit $\mathbb{E}h(Y)^2 < \infty$. ◀

## 5.7 Bedingte Erwartungen

In Abschn. 4.5 hatten wir für eine auf einem diskreten Wahrscheinlichkeitsraum definierte Zufallsvariable mit $\mathbb{E}|X| < \infty$ und ein Ereignis $A$ mit $\mathbb{P}(A) > 0$ den *bedingten Erwartungswert*

$$\mathbb{E}(X|A) := \frac{1}{\mathbb{P}(A)} \sum_{\omega \in A \cap \Omega_0} X(\omega)\, \mathbb{P}(\{\omega\})$$

*von $X$ unter der Bedingung $A$* definiert. Dabei ist $\Omega_0$ eine abzählbare Teilmenge der potenziell überabzählbaren Menge $\Omega$ mit $\mathbb{P}(\Omega_0) = 1$.

Ist $Z$ ein $k$-dimensionaler Zufallsvektor auf $\Omega$, der (nur) die Werte $z_1, z_2, \ldots$ mit positiven Wahrscheinlichkeiten annimmt, so lieferte die durch $h(z) := \mathbb{E}(X|Z = z_j)$, falls $z \in \{z_1, z_2, \ldots\}$, und $h(z) := 0$, sonst, definierte Funktion $h : \mathbb{R}^k \to \mathbb{R}$ im Fall $\mathbb{E}(X^2) < \infty$ die Bestapproximation von $X$ durch $Z$ im quadratischen Mittel, und die durch $\mathbb{E}(X|Z) := h \circ Z$ definierte Zufallsvariable wurde *bedingte Erwartung von $Z$ bei gegebenem $Z$* genannt, siehe Abschn. 4.5.

### $\mathbb{E}(X|\mathcal{G})$ ist $\mathcal{G}$-messbar und liefert gleiche Integrale wie $X$ über die Mengen aus $\mathcal{G}$

In diesem Abschnitt knüpfen wir an die damaligen Betrachtungen an, legen aber jetzt einen *beliebigen* Wahrscheinlichkeitsraum $(\Omega, \mathcal{A}, \mathbb{P})$ zugrunde. Weiter seien $X$ eine reelle Zufallsvariable auf $\Omega$ mit $\mathbb{E}|X| < \infty$ und $\mathcal{G} \subseteq \mathcal{A}$ eine *beliebige Sub-$\sigma$-Algebra von $\mathcal{A}$*. Nehmen wir an, wir könnten (nur) das Eintreten oder Nichteintreten der Ereignisse $A$ aus $\mathcal{G}$ beobachten. Gibt es unter dieser Bedingung eine Zufallsvariable, die messbar bzgl. $\mathcal{G}$ ist und eine möglichst gute Approximation von $X$ darstellt? Natürlich müssen wir spezifizieren, was unter dem Wort „Approximation" zu verstehen ist, denn wir haben nicht $\mathbb{E}(X^2) < \infty$ vorausgesetzt, was z. B. eine Approximation im *quadratischen* Mittel ermöglichen würde. Bevor wir diese Spezifizierung vornehmen und einen entsprechenden Satz formulieren, sei gesagt, dass im Fall des eingangs erwähnten $k$-dimensionalen Zufallsvektors $Z$ die Sub-$\sigma$-Algebra $\mathcal{G}$ gleich der von $Z$ erzeugten $\sigma$-Algebra $\sigma(Z) = Z^{-1}(\mathcal{B}^k)$ ist. Wir werden auf diesen Punkt noch später zurückkommen.

**Satz (Kolmogorov, 1933)**

Es seien $X \in \mathcal{L}^1(\Omega, \mathcal{A}, \mathbb{P})$ und $\mathcal{G} \subseteq \mathcal{A}$ eine Sub-$\sigma$-Algebra von $\mathcal{A}$. Dann existiert eine Zufallsvariable $Y \in \mathcal{L}^1(\Omega, \mathcal{A}, \mathbb{P})$ mit folgenden Eigenschaften:

a) $Y$ ist $\mathcal{G}$-messbar.
b) Es gilt

$$\int_A Y\, \mathrm{d}\mathbb{P} = \int_A X\, \mathrm{d}\mathbb{P}, \quad A \in \mathcal{A}. \tag{5.89}$$

Die Zufallsvariable $Y$ ist $\mathbb{P}$-f.s. eindeutig bestimmt.

Kapitel 5

**Beweis** Wir überlegen uns zunächst die $\mathbb{P}$-fast sichere Eindeutigkeit von $Y$ und nehmen hierzu an, $\widetilde{Y}$ wäre eine weitere Zufallsvariable mit obigen Eigenschaften. Dann gälte $\int_A (Y - \widetilde{Y})\mathrm{d}\mathbb{P} = 0$ für jedes $A \in \mathcal{G}$. Wegen $\{Y > \widetilde{Y}\} \in \mathcal{G}$ und $\{Y < \widetilde{Y}\} \in \mathcal{G}$ ($Y$ und $\widetilde{Y}$ sind $\mathcal{G}$-messbar!) folgt

$$\mathbb{E}|Y - \widetilde{Y}| = \int_{\{Y > \widetilde{Y}\}} (Y - \widetilde{Y})\mathrm{d}\mathbb{P} - \int_{\{Y < \widetilde{Y}\}} (Y - \widetilde{Y})\mathrm{d}\mathbb{P} = 0$$

und somit $Y = \widetilde{Y}$ $\mathbb{P}$-f.s.

Um die Existenz von $Y$ zu zeigen, machen wir o.B.d.A. die Annahme $X \geq 0$. Durch

$$\nu(A) := \int_A X \,\mathrm{d}\mathbb{P}, \qquad A \in \mathcal{G},$$

wird ein Maß $\nu$ auf $\mathcal{G}$ definiert, das als Maß mit der Dichte $X$ bzgl. der Restriktion $\mathbb{P}_{|\mathcal{G}}$ von $\mathbb{P}$ auf $\mathcal{G}$ absolut stetig bzgl. $\mathbb{P}_{|\mathcal{G}}$ ist. Der Satz von Radon-Nikodým zeigt, dass $\nu$ eine mit $Y$ bezeichnete Dichte bzgl. $\mathbb{P}_{|\mathcal{G}}$ besitzt. Nach Definition der Radon-Nikodým-Dichte ist $Y$ $\mathcal{G}$-messbar, und es gilt

$$\nu(A) = \int_A Y \,\mathrm{d}\mathbb{P}_{|\mathcal{G}} = \int_A Y \,\mathrm{d}\mathbb{P}, \quad A \in \mathcal{G},$$

was zu zeigen war. ■

**Selbstfrage 22**

Warum kann in obigem Beweis o.B.d.A. $X \geq 0$ angenommen werden?

### Kommentar

- Der obige Beweis trägt wenig zum *Verständnis* der Zufallsvariablen $Y$ bei; nicht nur aus diesem Grund werden wir später noch einen zweiten Beweis führen. Wichtig ist zunächst, dass Sie sich die beiden an $Y$ gestellten Bedingungen deutlich vor Augen führen. Die Forderung der $\mathcal{G}$-Messbarkeit ist umso schwerer zu erfüllen, je kleiner $\mathcal{G}$ als Sub-$\sigma$-Algebra von $\mathcal{A}$ ist. Im Extremfall $\mathcal{G} = \{\emptyset, \Omega\}$ sind nur konstante Abbildungen $\mathcal{G}$-messbar. Forderung b) der Gleichheit der Integrale von $X$ und $Y$ über jede Menge aus $\mathcal{G}$ reduziert sich aber dann auf nur zwei Gleichungen, nämlich eine für $A = \emptyset$ und eine zweite für $A = \Omega$. Die zweite Gleichung ist nur erfüllt, wenn $Y :\equiv \mathbb{E}(X)$ gesetzt wird, und die erste gilt trivialerweise. Der andere Extremfall $\mathcal{G} = \mathcal{A}$ ist ebenfalls schnell abgehandelt: Hier kann man $Y := X$ setzen, denn $X$ ist ja dann $\mathcal{G}$-messbar.
- Durch die Bedingung a) der $\mathcal{G}$-Messbarkeit ist die Zufallsvariable $Y$ prinzipiell „einfacher" als $X$. Die Forderung b) der Gleichheit von Integralen präzisiert die oben noch vage gehaltene Formulierung, dass $Y$ eine „Approximation von $X$" sein sollte.
- Bedingung (5.89) wird in der Folge auch oft in der Form

$$\mathbb{E}(Y \mathbb{1}_A) = \mathbb{E}(X \mathbb{1}_A), \quad A \in \mathcal{G},$$

geschrieben. ◄

**Definition der bedingten Erwartung**

In obiger Situation heißt jede Zufallsvariable $Y$ mit a) und b) **bedingte Erwartung von $X$ gegeben $\mathcal{G}$** (bzw. **unter der Bedingung $\mathcal{G}$**), und man schreibt hierfür

$$\mathbb{E}(X|\mathcal{G}) := Y.$$

**Achtung** Wir haben gesehen, dass die Zufallsvariable $Y$ nur $\mathbb{P}$-f.s. eindeutig bestimmt ist. Insofern ist $\mathbb{E}(X|\mathcal{G})$ streng genommen eine (nach obigem Satz nichtleere) *Menge von Zufallsvariablen*, wobei je zwei Elemente dieser Menge mit Wahrscheinlichkeit eins übereinstimmen. So gesehen ist also $\mathbb{E}(X|\mathcal{G})$ ein Element des Banach-Raumes $L^1(\Omega, \mathcal{G}, \mathbb{P})$ der Äquivalenzklassen $\mathbb{P}$-fast sicher gleicher Zufallsvariablen, vgl. den Kommentar am Ende von Abschn. 8.7. In dieser Sichtweise nennt man jedes Element der Menge $\mathbb{E}(X|\mathcal{G})$ eine *Version der bedingten Erwartung*. Wir folgen aber dem allgemeinen Brauch, jede Zufallsvariable $Y$ mit den Eigenschaften a) und b) als *bedingte Erwartung von $X$ gegeben $\mathcal{G}$* zu bezeichnen. Wichtig ist, dass alle Gleichungen zwischen bedingten Erwartungen, wenn letztere als Zufallsvariablen angesehen werden, **jeweils nur $\mathbb{P}$-fast sicher gelten.** ◄

### Beispiel

- Es gilt $\mathbb{E}(X|\mathcal{A}) = X$.
- Es gilt $\mathbb{E}(X|\{\emptyset, \Omega\}) = \mathbb{E}(X)$.
- Es sei $J \subseteq \mathbb{N}_0$ eine mindestens zweielementige Menge und $\Omega = \sum_{j \in J} A_j$ eine Zerlegung von $\Omega$ in paarweise disjunkte Mengen aus $\mathcal{A}$ sowie $\mathcal{G} := \sigma(\{A_j \mid j \in J\})$ die von diesen Mengen erzeugte $\sigma$-Algebra. Es gilt (vgl. das Beispiel am Ende von Abschn. 2.1)

$$\mathcal{G} = \left\{ \sum_{j \in I} A_j \,\middle|\, I \subseteq J \right\}. \tag{5.90}$$

Mit $J^* := \{j \in J \mid \mathbb{P}(A_j) > 0\}$ gilt dann

$$\mathbb{E}(X|\mathcal{G}) = \sum_{j \in J^*} \mathbb{1}\{A_j\} \cdot \frac{1}{\mathbb{P}(A_j)} \int_{A_j} X \,\mathrm{d}\mathbb{P}. \tag{5.91}$$

In der Tat ist die mit $Y$ abgekürzte rechte Seite als Abbildung auf $\Omega$ konstant auf jeder der Mengen $A_j$, $j \in J$, und damit $\mathcal{G}$-messbar. Um Bedingung (5.89) nachzuprüfen, beachten wir zunächst, dass für jedes $i \in J$ mit $\mathbb{P}(A_i) > 0$ die Gleichheit

$$\int_{A_i} Y \,\mathrm{d}\mathbb{P} = \int_{A_i} X \,\mathrm{d}\mathbb{P} \tag{5.92}$$

besteht, denn für das Integral von $Y$ über $A_i$ liefert nur der Summand mit $j = i$ in (5.91) den Beitrag

$$\frac{1}{\mathbb{P}(A_i)} \int_{A_i} X \,\mathrm{d}\mathbb{P} \cdot \int_{A_i} 1 \,\mathrm{d}\mathbb{P} = \int_{A_i} X \,\mathrm{d}\mathbb{P}.$$

Sollte $J \setminus J^* \neq \emptyset$ gelten, also ein $i$ mit $\mathbb{P}(A_i) = 0$ existieren, so gilt ebenfalls (5.92) mit dem Integralwert 0, denn $Y$ verschwindet nach Konstruktion auf der $\mathbb{P}$-Nullmenge $A_i$.

Da nach (5.90) jede Menge $A$ aus $\mathcal{G}$ eine endliche oder abzählbar unendliche Vereinigung von Mengen $A_i$ mit (5.92) ist, folgt (5.89). ◄

**Selbstfrage 23**

Warum folgt (5.89) aus „(5.92) gilt für jedes $i \in J$", wenn die Menge $A$ die Gestalt $A = \sum_{i \in I} A_i$ besitzt und $I$ *unendlich* ist?

---

Man beachte, dass das letzte Beispiel den eingang geschilderten und in Abschn. 4.5 behandelten Fall umfasst, dass die $\sigma$-Algebra $\mathcal{G}$ von einem Zufallsvektor $Z$ mit $\mathbb{P}(Z = z_j) > 0$, $j \in \mathbb{N}$, und $\sum_{j=1}^{\infty} \mathbb{P}(Z = z_j) = 1$ erzeugt wird. Wir müssen nur $A_j := \{Z = z_j\}$, $j \geq 1$, und $A_0 := \Omega \setminus (\sum_{j\geq 1} A_j)$ setzen. Dann ist (mit $J := \mathbb{N}_0$) $\sigma(Z)$ gleich der in (5.90) stehenden $\sigma$-Algebra, und es gilt

$$\begin{aligned}\mathbb{E}(X|\sigma(Z)) &= \sum_{j=1}^{\infty} \mathbb{1}\{A_j\} \cdot \frac{1}{\mathbb{P}(Z = z_j)} \int_{\{Z=z_j\}} X \, d\mathbb{P} \\ &= \sum_{j=1}^{\infty} \mathbb{1}\{A_j\} \cdot \mathbb{E}(X|Z = z_j) \\ &= h(Z)\end{aligned}$$

mit der in (4.44) angegebenen Funktion $h$. Dass im Fall $\mathcal{G} = \sigma(Z)$ (unter viel allgemeineren Bedingungen an $Z$) die bedingte Erwartung eine Funktion von $Z$ ist, ist ein wichtiger Sachverhalt, der aus dem am Ende dieses Abschnittes vorgestellten Faktorisierungslemma folgt.

Abb. 5.31 illustriert die Situation des letzten Beispiels anhand des Spezialfalls $\Omega = (0, 1]$, $\mathcal{A} = \mathcal{B} \cap \Omega$ und der Gleichverteilung $\mathbb{P}$ auf $\Omega$ sowie $X = \mathrm{id}_\Omega$. Dabei wählen wir als Sub-$\sigma$-Algebra $\mathcal{G}$ das System $\mathcal{G} = \sigma(A_1, A_2, A_3, A_4)$ mit $A_j = ((j-1)/4, j/4]$, $j = 1, 2, 3, 4$. Hier gelten

$$\frac{1}{\mathbb{P}(A_j)} \int_{A_j} X \, d\mathbb{P} = \frac{2j-1}{8}, \quad j = 1, 2, 3, 4,$$

sowie

$$\mathbb{E}(X|\mathcal{G}) = \sum_{j=1}^{4} \frac{2j-1}{8} \mathbb{1}\{A_j\}.$$

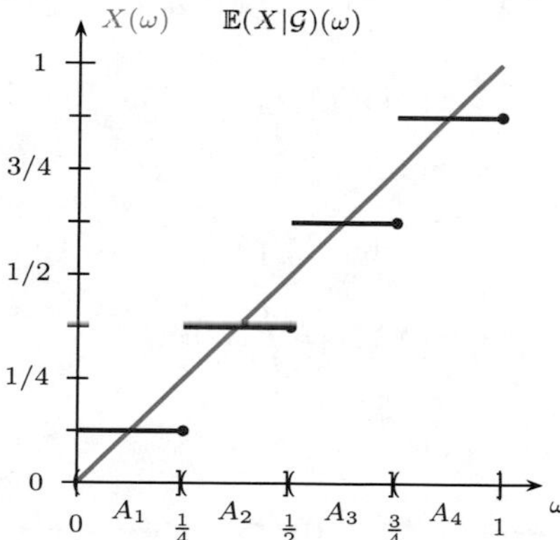


**Abb. 5.31** Bedingte Erwartung am Beispiel $\Omega = (0, 1]$, $X = \mathrm{id}_\Omega$ und der Gleichverteilung sowie $\mathcal{G} = \sigma(A_1, A_2, A_3, A_4)$

## Gilt $\mathbb{E}(X^2) < \infty$, so ist $\mathbb{E}(X|\mathcal{G})$ eine Orthogonalprojektion

Eine wichtige Eigenschaft bedingter Erwartungen im Falle quadratisch integrierbarer Zufallsvariablen ist folgendes Resultat über die *Best-Approximation im quadratischen Mittel*, vgl. den Satz über den bedingten Erwartungswert als beste Vorhersage im quadratischen Mittel in Abschn. 4.5.

**Bedingte Erwartung als Orthogonalprojektion**

Für $X \in \mathcal{L}^2(\Omega, \mathcal{A}, \mathbb{P})$ ist $\mathbb{E}(X|\mathcal{G})$ die Orthogonalprojektion von $X$ auf den Teilraum $\mathcal{L}^2(\Omega, \mathcal{G}, \mathbb{P})$ bzgl. des (positiv-semidefiniten) Skalarproduktes

$$\langle U, V \rangle := \mathbb{E}(UV)$$

auf $\mathcal{L}^2(\Omega, \mathcal{A}, \mathbb{P})$. Mit $\|U\|^2 := \langle U, U \rangle$ gelten

$$\|X - \mathbb{E}(X|\mathcal{G})\|^2 = \inf\left\{\|X - W\|^2 \mid W \in \mathcal{L}^2(\Omega, \mathcal{G}, \mathbb{P})\right\}$$

sowie $\langle X - \mathbb{E}(X|\mathcal{G}), W \rangle = 0$, $W \in \mathcal{L}^2(\Omega, \mathcal{G}, \mathbb{P})$.

**Beweis** Es seien $\mathcal{L}^2(\mathcal{G}) := \mathcal{L}^2(\Omega, \mathcal{G}, \mathbb{P})$ sowie $\Delta := \inf\{\|X - W\| : W \in \mathcal{L}^2(\mathcal{G})\}$. Nach Definition von $\Delta$ existiert eine Folge $(Y_n)$ aus $\mathcal{L}^2(\mathcal{G})$ mit $\lim_{n\to\infty} \|X - Y_n\| = \Delta$. Wegen

$$\begin{aligned}&\|X - Y_m\|^2 + \|X - Y_n\|^2 \\ &= 2\left\|X - \frac{1}{2}(Y_m + Y_n)\right\|^2 + \frac{1}{2}\|Y_m - Y_n\|^2 \\ &\geq 2\Delta^2 + \frac{1}{2}\|Y_m - Y_n\|^2\end{aligned}$$

ist $(Y_n)$ eine Cauchy-Folge in $\mathcal{L}^2(\mathcal{G})$. Nach dem Satz von Riesz-Fischer in Abschn. 8.7 ist der Raum $\mathcal{L}^2(\mathcal{G})$ vollständig, und somit existiert ein $Y$ aus $\mathcal{L}^2(\mathcal{G})$ mit $\lim_{n\to\infty} \|Y_n - Y\| = 0$. Die Minkowski-Ungleichung $\|X - Y\| \leq \|X - Y_n\| + \|Y_n - Y\|$ liefert beim Grenzübergang $n \to \infty$ die Gleichheit $\|X - Y\| = \Delta$. Wegen $Y \in \mathcal{L}^2(\mathcal{G})$ ist $Y$ nach Definition $\mathcal{G}$-messbar, sodass nur noch (5.89) zu zeigen ist. Hierzu beachten wir, dass mit $W \in \mathcal{L}^2(\mathcal{G})$ und $t \in \mathbb{R}$ auch $Y + tW \in \mathcal{L}^2(\mathcal{G})$ gilt, was $\|X - Y - tW\|^2 \geq \|X - Y\|^2$ und folglich

$$-2t\mathbb{E}\big(W(X - Y)\big) + t^2\|W\|^2 \geq 0 \quad (t \in \mathbb{R},\ W \in \mathcal{L}^2(\mathcal{G}))$$

impliziert. Da $t$ beliebig ist, ergibt sich

$$\mathbb{E}\big(W(X - Y)\big) = 0, \quad W \in \mathcal{L}^2(\mathcal{G}), \tag{5.93}$$

insbesondere also $\mathbb{E}\left(\mathbb{1}_A(X - Y)\right) = 0$, $A \in \mathcal{G}$. ■

Die nachstehenden Eigenschaften sind grundlegend im Umgang mit bedingten Erwartungen.

Kapitel 5

**Eigenschaften bedingter Erwartungen**

Seien $(\Omega, \mathcal{A}, \mathbb{P})$ ein Wahrscheinlichkeitsraum, $\mathcal{G} \subseteq \mathcal{A}$ eine Sub-$\sigma$-Algebra von $\mathcal{A}$ und $X, Y \in \mathcal{L}^1(\Omega, \mathcal{A}, \mathbb{P})$. Dann gelten (bei b)-h) jeweils $\mathbb{P}$-f.s.):

a) $\mathbb{E}(\mathbb{E}(X|\mathcal{G})) = \mathbb{E}(X)$.
b) Ist $X$ $\mathcal{G}$-messbar, so gilt $\mathbb{E}(X|\mathcal{G}) = X$.
c) $\mathbb{E}(aX + bY|\mathcal{G}) = a\mathbb{E}(X|\mathcal{G}) + b\mathbb{E}(Y|\mathcal{G}), a, b \in \mathbb{R}$.
d) Falls $X \leq Y$ $\mathbb{P}$-f.s., so folgt $\mathbb{E}(X|\mathcal{G}) \leq \mathbb{E}(Y|\mathcal{G})$.
e) $|\mathbb{E}(X|\mathcal{G})| \leq \mathbb{E}\left(|X|\middle|\mathcal{G}\right)$.
f) Es gelte $\mathbb{E}|XY| < \infty$, und $Y$ sei $\mathcal{G}$-messbar. Dann folgt

$$\mathbb{E}(XY|\mathcal{G}) = Y\mathbb{E}(X|\mathcal{G}). \tag{5.94}$$

g) Sind $\sigma(X)$ und $\mathcal{G}$ unabhängig, so gilt

$$\mathbb{E}(X|\mathcal{G}) = \mathbb{E}(X).$$

h) Ist $\mathcal{F} \subseteq \mathcal{G}$ eine weitere $\sigma$-Algebra, so gilt

$$\mathbb{E}\left[\mathbb{E}(X|\mathcal{G})\middle|\mathcal{F}\right] = \mathbb{E}(X|\mathcal{F}) = \mathbb{E}\left[\mathbb{E}(X|\mathcal{F})\middle|\mathcal{G}\right].$$

**Kommentar** Eigenschaft a) bedeutet, dass man $\mathbb{E}(X)$ durch *iterierte Erwartungswertbildung* berechnen kann, vgl. Abschn. 4.5. Die Eigenschaften c), d) und e) besagen, dass die Bildung bedingter Erwartungen linear und monoton ist, und dass die Dreiecksungleichung gilt. Eigenschaft f) wird häufig angewandt. Sie bedeutet salopp formuliert, dass man $\mathcal{G}$-messbare Faktoren bei der Bildung der bedingten Erwartung gegeben $\mathcal{G}$ „wie Konstanten behandeln und nach vorne ziehen kann". Eigenschaft f) besagt, dass „eine von $X$ unabhängige $\sigma$-Algebra beim Bedingen gestrichen werden kann". Eigenschaft h) wird üblicherweise *Turmeigenschaft* genannt. ◀

**Beweis** a) folgt aus (5.89) mit $A := \Omega$, und b) ergibt sich nach Definition der bedingten Erwartung. Zum Nachweis von c) beachten wir, dass die rechte Seite $\mathcal{G}$-messbar ist, und für $A \in \mathcal{G}$ gilt mit der Abkürzung $\mathbb{E}_\mathcal{G}X := \mathbb{E}(X|\mathcal{G})$, $\mathbb{E}_\mathcal{G}Y := \mathbb{E}(Y|\mathcal{G})$

$$\begin{aligned}\mathbb{E}[\mathbb{1}_A(a\mathbb{E}_\mathcal{G}X + b\mathbb{E}_\mathcal{G}Y)] &= a\mathbb{E}(\mathbb{1}_A\mathbb{E}_\mathcal{G}X) + b\mathbb{E}(\mathbb{1}_A\mathbb{E}_\mathcal{G}Y)\\ &= a\mathbb{E}(\mathbb{1}_AX) + b\mathbb{E}(\mathbb{1}_AY)\\ &= \mathbb{E}[\mathbb{1}_A(aX + bY)].\end{aligned}$$

Dabei wurde beim zweiten Gleichheitszeichen die Definition der bedingten Erwartung verwendet. Um d) zu zeigen, setzen wir $A := \{\mathbb{E}(X|\mathcal{G}) > \mathbb{E}(Y|\mathcal{G})\}$. Es gilt $A \in \mathcal{G}$, und wegen $X \leq Y$ $\mathbb{P}$-f.s. folgt weiter

$$0 \leq \mathbb{E}[\mathbb{1}_A(Y - X)] = \mathbb{E}[\mathbb{1}_A(\mathbb{E}(Y|\mathcal{G}) - \mathbb{E}(X|\mathcal{G}))].$$

Da der Integrand $\mathbb{E}(Y|\mathcal{G}) - \mathbb{E}(X|\mathcal{G})$ auf $A$ strikt negativ ist, folgt $\mathbb{P}(A) = 0$. Der Nachweis von e) ist Gegenstand von Aufgabe 5.55. Für den Beweis von f) kann o.B.d.A. $X \geq 0$ und $Y \geq 0$ angenommen werden (sonst jeweils Zerlegung in Positiv- und Negativteil!). Die rechte Seite von (5.94) ist $\mathcal{G}$-messbar. Zu zeigen ist

$$\int_A Y\mathbb{E}(X|\mathcal{G})\,\mathrm{d}\mathbb{P} = \int_A XY\,\mathrm{d}\mathbb{P} \quad \forall A \in \mathcal{G}. \tag{5.95}$$

Wählt man speziell $Y = \mathbb{1}_B$ mit $B \in \mathcal{G}$, so geht (5.95) in $\int_{A\cap B} \mathbb{E}[X|\mathcal{G}]\,\mathrm{d}\mathbb{P} = \int_{A\cap B} X\,\mathrm{d}\mathbb{P}$ über. Wegen $A \cap B \in \mathcal{G}$ gilt dann (5.95) nach Definition von $\mathbb{E}(X|\mathcal{G})$. Der Rest der Behauptung folgt jetzt mit algebraischer Induktion. Für den Nachweis von g) beachten wir zunächst, dass die Konstante $\mathbb{E}(X)$ $\mathcal{G}$-messbar ist. Zu zeigen bleibt

$$\mathbb{E}[\mathbb{E}(X|\mathcal{G})\mathbb{1}_A] = \mathbb{E}[\mathbb{E}(X)\mathbb{1}_A], \quad A \in \mathcal{G}.$$

Für beliebiges $A \in \mathcal{G}$ sind nach Voraussetzung $X$ und $\mathbb{1}_A$ unabhängige Zufallsvariablen. Nach Definition der bedingten Erwartung und mit der Multiplikationsformel für Erwartungswerte wird dann die linke Seite zu $\mathbb{E}(X\mathbb{1}_A) = \mathbb{E}(X)\mathbb{E}(\mathbb{1}_A)$, was mit der rechten Seite übereinstimmt. Um das erste Gleichheitszeichen in h) zu zeigen, sei $A \in \mathcal{F}$ (und damit auch $A \in \mathcal{G}$). Es folgt

$$\begin{aligned}\int_A \mathbb{E}\left[\mathbb{E}[X|\mathcal{G}]\middle|\mathcal{F}\right]\mathrm{d}\mathbb{P} &= \int_A \mathbb{E}[X|\mathcal{G}]\,\mathrm{d}\mathbb{P} = \int_A X\,\mathrm{d}\mathbb{P}\\ &= \int_A \mathbb{E}[X|\mathcal{F}]\,\mathrm{d}\mathbb{P}.\end{aligned}$$

Das zweite Gleichheitszeichen in h) gilt, weil $\mathbb{E}(X|\mathcal{F})$ $\mathcal{G}$-messbar ist. ■

Wir haben ohne Rückgriff auf den Satz von Radon-Nikodým die Existenz der bedingten Erwartung $\mathbb{E}(X|\mathcal{G})$ nachgewiesen, wenn $X$ quadratisch integrierbar ist, also $\mathbb{E}(X^2) < \infty$ gilt. Zusammen mit der Monotonieeigenschaft d) kann man jetzt auch die Existenz von $\mathbb{E}(X|\mathcal{G})$ zeigen, wenn nur $\mathbb{E}|X| < \infty$ gilt.

Hierzu nehmen wir o.B.d.A. $X \geq 0$ an (sonst: $X = X^+ - X^-$). Die Beweisidee besteht darin, $X_n := \min(X, n)$ zu setzen. Es gelten $X_n \uparrow X$ für $n \to \infty$. Wegen $\mathbb{E}(X_n^2) < \infty$ gibt es nach dem Satz über die bedingte Erwartung als Orthogonalprojektion eine Zufallvariable $Y_n := \mathbb{E}(X_n|\mathcal{G})$, $n \geq 1$. Wegen $X_n \leq X_{n+1}$ folgt mit der Monotonie der bedingten Erwartung $Y_n \leq Y_{n+1}$ $\mathbb{P}$-f.s., $n \geq 1$. Es gibt dann eine Menge $\Omega_0 \in \mathcal{G}$ mit $\mathbb{P}(\Omega_0) = 1$, sodass $Y(\omega) := \lim_{n\to\infty} Y_n(\omega)$, $\omega \in \Omega_0$, existiert. Setzen wir $Y(\omega) := 0$, falls $\Omega \setminus \Omega_0$, so ist $Y$ $\mathcal{G}$-messbar, und es gilt für jedes $A \in \mathcal{G}$

$$\begin{aligned}\int_A Y\,\mathrm{d}\mathbb{P} &= \mathbb{E}[Y\mathbb{1}_A] = \mathbb{E}\Big[\Big(\lim_{n\to\infty} Y_n\Big)\mathbb{1}_A\Big]\\ &= \mathbb{E}\Big[\lim_{n\to\infty}(Y_n\mathbb{1}_A)\Big] = \lim_{n\to\infty}\mathbb{E}[Y_n\mathbb{1}_A]\\ &= \lim_{n\to\infty}\mathbb{E}[X_n\mathbb{1}_A]\\ &= \mathbb{E}\Big[\Big(\lim_{n\to\infty} X_n\Big)\mathbb{1}_A\Big]\\ &= \mathbb{E}[X\mathbb{1}_A] = \int_A X\,\mathrm{d}\mathbb{P}.\end{aligned}$$

Somit folgt $Y = \mathbb{E}(X|\mathcal{G})$.

**Selbstfrage 24**

Warum gelten in der obigen Gleichungskette das vierte, fünfte und sechste Gleichheitszeichen?

Kapitel 5

### Jensen-Ungleichung für bedingte Erwartungen

Seien $g : \mathbb{R} \to \mathbb{R}$ eine konvexe Funktion und $X \in \mathcal{L}^1(\Omega, \mathcal{A}, \mathbb{P})$ mit $\mathbb{E}|g(X)| < \infty$. Ist $\mathcal{G} \subseteq \mathcal{A}$ eine Sub-$\sigma$-Algebra von $\mathcal{A}$, so gilt

$$\mathbb{E}\big[g(X)|\mathcal{G}\big] \geq g\big(\mathbb{E}[X|\mathcal{G}]\big)\ \mathbb{P}\text{-f.s.}$$

**Beweis** Für $x \in \mathbb{R}$ sei $D^+g(x)$ die maximale Tangentensteigung von $g$ an der Stelle $x$, also der maximale Wert $t$ mit

$$g(y) \geq t(y-x) + g(x), \quad y \in \mathbb{R}.$$

Die Abbildung $\mathbb{R} \ni x \mapsto D^+g(x)$ ist monoton wachsend, also messbar. Damit ist $D^+g(\mathbb{E}[X|\mathcal{G}])$ eine $\mathcal{G}$-messbare Zufallsvariable. Es folgt (elementweise auf $\Omega$)

$$g(X) \geq D^+g(\mathbb{E}[X|\mathcal{G}])\,(X - \mathbb{E}[X|\mathcal{G}]) + g(\mathbb{E}[X|\mathcal{G}])$$

und somit – wenn wir kurz $\mathbb{E}_\mathcal{G}X := \mathbb{E}[X|\mathcal{G}]$ setzen –

$$\begin{aligned}\mathbb{E}[g(X)|\mathcal{G}] &\geq \mathbb{E}[D^+g(\mathbb{E}_\mathcal{G}X)(X - \mathbb{E}_\mathcal{G}X) + g(\mathbb{E}_\mathcal{G}X)|\mathcal{G}] \\ &= \mathbb{E}[D^+g(\mathbb{E}_\mathcal{G}X)(X - \mathbb{E}_\mathcal{G}X)|\mathcal{G}] + \mathbb{E}[g(\mathbb{E}_\mathcal{G}X)|\mathcal{G}] \\ &= D^+g(\mathbb{E}_\mathcal{G}X)\mathbb{E}[X - \mathbb{E}_\mathcal{G}X|\mathcal{G}] + \mathbb{E}[g(\mathbb{E}_\mathcal{G}X)|\mathcal{G}] \\ &= g(\mathbb{E}[X|\mathcal{G}]).\end{aligned}$$

Dabei wurde die Monotonie der bedingten Erwartung sowie beim ersten Gleichheitszeichen deren Linearität verwendet. Das zweite Gleichheitszeichen folgt aus Eigenschaft f) der bedingten Erwartung. ■

**Selbstfrage 25**

Warum gilt das letzte Gleichheitszeichen?

## Im Fall $\mathcal{G} = \sigma(Z)$ ist $\mathbb{E}(X|\mathcal{G})$ eine messbare Funktion von $Z$

Wir werden jetzt sehen, dass im Fall $\mathcal{G} = \sigma(Z)$ für eine abstrakt-wertige Zufallsvariable $Z$ die bedingte Erwartung $\mathbb{E}(X|\mathcal{G})$ eine messbare Funktion von $Z$ ist. Der Grund hierfür ist das folgende Resultat.

### Faktorisierungslemma

Seien $\Omega \neq \emptyset$, $(\Omega', \mathcal{A}')$ ein messbarer Raum sowie $Z : \Omega \to \Omega'$, $Y : \Omega \to \overline{\mathbb{R}}$ Abbildungen. Dann sind folgende Aussagen äquivalent:

a) $Y$ ist $(Z^{-1}(\mathcal{A}'), \overline{\mathcal{B}})$-messbar.
b) Es gibt eine $(\mathcal{A}', \overline{\mathcal{B}})$-messbare Funktion $h : \Omega' \to \overline{\mathbb{R}}$ mit $Y = h \circ Z$.

**Beweis** Die Implikation „b) $\Longrightarrow$ a)“ gilt, da die Verkettung messbarer Funktionen messbar ist. Die Situation ist in Abb. 5.32

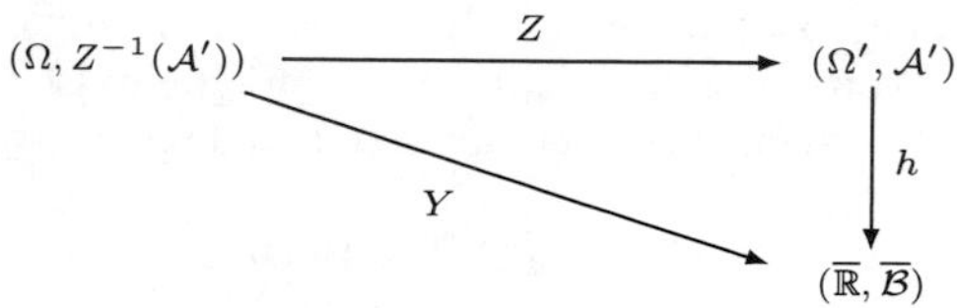


**Abb. 5.32** Zum Faktorisierunglemma

veranschaulicht. Der Beweis der Richtung „a) $\Longrightarrow$ b)“ erfolgt mithilfe algebraischer Induktion. Da wir eine Zerlegung in Positiv- und Negativteil vornehmen können, sei o.B.d.A. $Y \geq 0$ vorausgesetzt. Ist $Y = \sum_{j=1}^k \alpha_j \mathbb{1}\{A_j\}$ mit $\alpha_j \in \mathbb{R}_{\geq 0}$, $A_j = Z^{-1}(A_j')$, $A_j' \in \mathcal{A}'$, eine Elementarfunktion, so gilt mit $h := \sum_{j=1}^k \alpha_j \mathbb{1}\{A_j'\}$ die Beziehung $Y = h \circ Z$. Ist $Y \geq 0$, so gilt $Y_n \uparrow Y$ mit Elementarfunktionen $Y_n$ und $Y_n = h_n \circ Z$ mit $(\mathcal{A}', \overline{\mathcal{B}})$-messbaren Funktionen $h_n : \Omega' \to \overline{\mathbb{R}}$. Dann ist $Y = h \circ Z$ mit $h = \sup_{n\geq 1} h_n$. ■

Gilt in der Situation des Satzes von Kolmogorov $\mathcal{G} = Z^{-1}(\mathcal{A}') = \sigma(Z)$ für eine $(\mathcal{A}, \mathcal{A}')$-messbare Abbildung $Z : \Omega \to \Omega'$, so gibt es nach dem Faktorisierungslemma eine $(\mathcal{A}', \overline{\mathcal{B}})$-messbare Abbildung $h : \Omega' \to \overline{\mathbb{R}}$ mit $\mathbb{E}(X|\sigma(Z)) = h \circ Z$.

### Faktorisierung der bedingten Erwartung

In obiger Situation heißt

$$\mathbb{E}[X|Z] := \mathbb{E}[X|\sigma(Z)] = h \circ Z$$

**bedingte Erwartung von $X$ gegeben $Z$** (oder **unter der Bedingung $Z$**). Die Funktion $h : \Omega' \to \overline{\mathbb{R}}$ heißt (eine) **Faktorisierung von $\mathbb{E}[X|Z]$.**
Für $z \in \Omega'$ heißt

$$\mathbb{E}(X|Z = z) := h(z)$$

(ein) **bedingter Erwartungswert von $X$ unter der Bedingung $Z = z$.**

Wegen $\sigma(Z) = Z^{-1}(\mathcal{A}')$ gilt für jedes $A' \in \mathcal{A}'$

$$\int_{A'} h\,\mathrm{d}\mathbb{P}^Z = \int_{Z^{-1}(A')} h \circ Z\,\mathrm{d}\mathbb{P} = \int_{Z^{-1}(A')} \mathbb{E}[X|\sigma(Z)]\,\mathrm{d}\mathbb{P}$$

und damit

$$\int_{A'} h\,\mathrm{d}\mathbb{P}^Z = \int_{Z^{-1}(A')} X\,\mathrm{d}\mathbb{P}, \quad A' \in \mathcal{A}'. \tag{5.96}$$

Die sog. *charakteristischen Gleichungen* (5.96) legen die Funktion $h$ $\mathbb{P}^Z$-fast sicher fest. Ist nämlich $g : \Omega' \to \overline{\mathbb{R}}$ eine weitere Faktorisierung, so folgt durch zweifache Anwendung von Aufgabe 8.42

$$\int_{A'} g\,\mathrm{d}\mathbb{P}^Z = \int_{A'} h\,\mathrm{d}\mathbb{P}^Z$$

für jedes $A' \in \mathcal{A}'$ und damit $g = h$ $\mathbb{P}^Z$-f.s.

Dass die obige Definition von $\mathbb{E}(X|Z = z)$ mit der in (5.83) gegebenen kompatibel ist, sieht man wie folgt ein: Ist $\mathbf{Z}$ wie in (5.83) ein $k$-dimensionaler Zufallsvektor, und setzen wir

$$g(z) := \int_{\mathbb{R}} x\, \mathbb{P}^X_{\mathbf{Z}=z}(\mathrm{d}x),$$

$z \in \mathbb{R}^k$, für den *Erwartungswert von X unter der bedingten Verteilung* $\mathbb{P}^X_{\mathbf{Z}=z}$, so gilt mit $T := X \cdot (\mathbf{1}_B \circ Z)$ für jedes $B \in \mathcal{B}^k$

$$\begin{aligned}
\int_{\mathbf{Z}^{-1}(B)} X\,\mathrm{d}\mathbb{P} &= \int_{\Omega} T(\mathbf{Z}, X)\,\mathrm{d}\mathbb{P} \\
&= \int_{B\times\mathbb{R}} T(z,x)\,\mathbb{P}^{(\mathbf{Z},X)}(\mathrm{d}z,\mathrm{d}x) \\
&= \int_{B\times\mathbb{R}} x \cdot \mathbf{1}_B(z)\,\mathbb{P}^{(\mathbf{Z},X)}(\mathrm{d}z,\mathrm{d}x) \\
&= \int_B \left[\int_{\mathbb{R}} x\,\mathbb{P}^X_{\mathbf{Z}=z}(\mathrm{d}x)\right]\mathbb{P}^{\mathbf{Z}}(\mathrm{d}z) \\
&= \int_B g\,\mathrm{d}\mathbb{P}^{\mathbf{Z}}.
\end{aligned}$$

Diese Gleichungskette zeigt, dass die Funktion $g$ in der Tat die charakteristischen Gleichungen (5.96) erfüllt.

## 5.8 Stoppzeiten und Martingale

In diesem Abschnitt lernen wir *Stoppzeiten* und *Martingale* kennen. Martingale bilden eine grundlegende Klasse stochastischer Prozesse mit mannigfachen Anwendungen. Sie dienen u. a. als Modelle für faire Spiele. Mit dem Begriff einer Stoppzeit verbindet man wohl am ehesten die Vorstellung, einen stochastischen Vorgang zu einem zufallsabhängigen Zeitpunkt zu beenden. Im Folgenden seien $(\Omega, \mathcal{A}, \mathbb{P})$ ein Wahrscheinlichkeitsraum und $(\Omega', \mathcal{A}')$ ein Messraum.

**Definition (Filtration, Stoppzeit, Adaptiertheit)**

Eine Folge $\mathbb{F} := (\mathcal{F}_n)_{n\geq 0}$ von Sub-$\sigma$-Algebren von $\mathcal{A}$ heißt **Filtration**, falls gilt: $\mathcal{F}_n \subseteq \mathcal{F}_{n+1} \subseteq \mathcal{A}$, $n \geq 0$.

Eine Abbildung $\tau : \Omega \to \mathbb{N}_0 \cup \{\infty\}$ heißt **Stoppzeit** bzgl. der Filtration $\mathbb{F}$, falls gilt:

$$\{\tau = n\} \in \mathcal{F}_n \quad \text{für jedes } n \geq 0. \tag{5.97}$$

Gilt $\mathbb{P}(\tau < \infty) = 1$, so heißt $\tau$ **endlich**.

Eine Folge $(X_n)_{n\geq 0}$ von Zufallsvariablen $X_n : \Omega \to \Omega'$ heißt **(an $\mathbb{F}$) adaptiert**, falls für jedes $n \geq 0$ die Zufallsvariable $X_n$ $(\mathcal{F}_n, \mathcal{A}')$-messbar ist.

Die zu einer Folge $(X_n)_{n\geq 0}$ wie oben assoziierte Filtration $\mathbb{F}^X = (\mathcal{F}^X_n)_{n\geq 0}$ mit

$$\mathcal{F}^X_n := \sigma(X_0, X_1, \ldots, X_n)$$

heißt **natürliche Filtration** von $(X_n)_{n\geq 0}$.

Kapitel 5

In der Folge schreiben wir kurz $(X_n) = (X_n)_{n\geq 0}$.

### Kommentar

- Interpretiert man $0, 1, 2, \ldots$ als *Zeitpunkte*, zu denen man das Eintreten oder Nichteintreten der Ereignisse aus $\mathcal{F}_0, \mathcal{F}_1, \mathcal{F}_2, \ldots$ beobachten kann, so spiegelt eine Filtration als *aufsteigende Folge* von $\sigma$-Algebren den zeitlichen Verlauf des mit der Inklusion $\mathcal{F}_{n+1} \supseteq \mathcal{F}_n$ verbundenen *Informationsgewinns* wider. Diese Vorstellung wird noch konkreter, wenn man die zu einer Folge $(X_n)$ von Zufallsvariablen gehörende natürliche Filtration $\mathbb{F}^X$ betrachtet. Zu $\mathcal{F}^X_n$ gehören alle Ereignisse in $\mathcal{A}$, die sich durch $X_0, \ldots, X_n$ beschreiben lassen. Offenbar ist die Folge $(X_n)$ an $\mathbb{F}^X$ adaptiert.
- Der Begriff *Stoppzeit* hat einen Bezug zu Glücksspielen. Die intuitive Vorstellung ist hier, ein Spiel zu einem zufallsabhängigen Zeitpunkt zu beenden. Bedingung (5.97) stellt dann sicher, dass zum Stoppen kein Wissen aus der Zukunft verwendet wird, sondern nur die bis zum Zeitpunkt $n$ vorhandene Information einfließt.
- Aus (5.97) folgt $\{\tau = k\} \in \mathcal{F}_k \subseteq \mathcal{F}_n$ für jedes $k \leq n$ und somit

$$\{\tau \leq n\} = \bigcup_{k=0}^{n} \{\tau = k\} \in \mathcal{F}_n.$$

Umgekehrt ergibt sich aus $\{\tau \leq n\}$ für jedes $n \geq 0$ die Beziehung $\{\tau = n\} = \{\tau \leq n\} \setminus \{\tau \leq n-1\} \in \mathcal{F}_n$. Somit ist (5.97) zu

$$\{\tau \leq n\} \in \mathcal{F}_n \quad \text{für jedes } n \geq 0$$

äquivalent. Hieraus erhält man leicht (Aufgabe 5.56), dass mit Stoppzeiten $\sigma$ und $\tau$ bzgl. einer Filtration $\mathbb{F}$ auch $\max(\sigma, \tau)$, $\min(\sigma, \tau)$ und $\sigma + \tau$ Stoppzeiten bzgl. $\mathbb{F}$ sind.
- Falls nur endlich viele Zufallsvariablen $X_0, \ldots, X_m$ vorliegen, besteht auch die Filtration nur aus endlich vielen $\sigma$-Algebren $\mathcal{F}_0 \subseteq \ldots \subseteq \mathcal{F}_m \subseteq \mathcal{A}$. Dann ist eine Stoppzeit eine Abbildung $\tau : \Omega \to \{0, 1, \ldots, m\}$ mit $\{\tau \leq n\} \in \mathcal{F}_n$ für $0 \leq n \leq m$. ◀

### Beispiel

a) Die wichtigsten Stoppzeiten sind sog. *Ersteintrittszeiten*. Sind $(X_n)$ eine Folge $(\Omega', \mathcal{A}')$-wertiger Zufallsvariablen und $A' \in \mathcal{A}'$, so ist (mit der Konvention $\inf \emptyset := \infty$) die Ersteintrittszeit

$$\tau := \inf\{n \geq 0 : X_n \in A'\}$$

in die Menge $A'$ eine Stoppzeit bzgl. der natürlichen Filtration $\mathbb{F}^X$, denn es gilt für jedes $n \geq 0$

$$\{\tau = n\} = \{X_n \in A'\} \cap \bigcap_{j=0}^{n-1} \{X_j \notin A'\} \in \sigma(X_0, \ldots, X_n).$$

b) Eine triviale Stoppzeit ist die *feste Stoppzeit* $\tau(\omega) := c$, $\omega \in \Omega$, für ein vorgegebenes $c \in \mathbb{N}_0$, denn es gilt $\{\tau = n\} = \Omega$ oder $\{\tau = n\} = \emptyset$, je nachdem, ob $n = c$ oder $n \neq c$ ist.

### Beispiel: Geschicktes Stoppen unter widrigen Umständen

Eine Urne enthalte fünf Kugeln, von denen drei die Zahl $-1$ und zwei die Zahl 1 tragen. Man zieht rein zufällig ohne Zurücklegen Kugeln aus dieser Urne. Hierbei darf man jederzeit stoppen. Die Summe der erhaltenen Werte ist der Gewinn. Gibt es eine Stoppregel (Stoppzeit), sodass der erwartete Gewinn positiv ist?

**Problemanalyse und Strategie** Um diese Frage zu beantworten, stellen wir zunächst ein geeignetes Modell auf. Hierzu setzen wir

$$\Omega := \left\{\omega := (a_1,\ldots,a_5) \in \{-1,1\}^5 \,\middle|\, \sum_{j=1}^{5} \mathbb{1}\{a_j = 1\} = 2\right\},$$

betrachten also als Grundraum die zehnelementige Menge aller 5-Tupel mit genau 2 Einsen und 3 „Minus-Einsen". Weiter setzen wir $X_j(\omega) := a_j$, $j = 1,\ldots,5$. In diesem Modell beschreibt also $X_j$ die Zahl auf der im $j$-ten Zug gezogenen Kugel. Als Wahrscheinlichkeitsmaß $\mathbb{P}$ wählen wir die Gleichverteilung auf $\Omega$.

**Lösung** Man beachte, dass wir mindestens eine Kugel ziehen und somit die Realisierung von $X_1$ beobachten müssen. Sollte $X_1 = 1$ gelten, würden wir sofort stoppen, denn unter den übrigen Kugeln befinden sich ja dann noch drei mit der Aufschrift $-1$ und nur eine Kugel, die die Zahl 1 trägt. Im Fall $X_1 = -1$ sollten wir eine weitere Kugel ziehen, denn das Resultat $-1$ stellt sich ja auch ein, wenn wir alle Kugeln ziehen. Sollte dann $X_2 = 1$ gelten, so würden wir mit dem Wert 0 stoppen, da ein weiterer Zug bei noch zwei ausstehenden Kugeln mit der Aufschrift $-1$ ungünstig wäre. Sollte auch die zweite Kugel den Wert $-1$ tragen, ziehen wir auf jeden Fall noch zweimal (mit der Aussicht auf den Wert 0 beim Stoppen nach vier Zügen). Nur wenn bei diesen beiden Zügen die letzte Kugel mit der Aufschrift $-1$ dabei ist, ziehen wir noch die letzte Kugel, die ja dann mit einer 1 beschriftet ist. Diese Überlegungen münden in die folgende Stoppzeit (bzgl. der natürlichen Filtration):

Wir setzen

$$\tau(\omega) := \begin{cases} 1, & \text{falls } X_1(\omega) = 1, \\ 2, & \text{falls } X_1(\omega) = -1, X_2(\omega) = 1, \\ 4, & \text{falls } X_1(\omega) = X_2(\omega) = -1, \\ & \qquad X_3(\omega) = X_4(\omega) = 1, \\ 5, & \text{falls } X_1(\omega) = X_2(\omega) = -1, \\ & \qquad X_3(\omega)X_4(\omega) = -1. \end{cases}$$

Mit $S_n := \sum_{j=1}^n X_j$ ist die *gestoppte Summe* $S_\tau$ der Gewinn. Es gilt

$$\begin{aligned} \mathbb{E}(S_\tau) &= 1 \cdot \mathbb{P}(S_\tau = 1) + (-1) \cdot \mathbb{P}(S_\tau = -1) \\ &= 1 \cdot \frac{2}{5} - \frac{3}{5} \cdot \frac{2}{4} \cdot \frac{2}{3} = \frac{1}{5}. \end{aligned}$$

Der Erwartungswert des Gewinns ist also bei dieser Stoppzeit in der Tat positiv.

c) In der Situation von a) ist die *Letzteintrittszeit*

$$\tau := \sup\{n \ge 0 \mid X_n \in A'\}$$

mit der zusätzlichen Festsetzung $\sup \emptyset := 0$ i. Allg. (z. B. bei unabhängigen Zufallsvariablen) keine Stoppzeit, denn es gilt

$$\{\tau = n\} = \{X_n \in A\} \cap \bigcap_{k=n+1}^{\infty} \{X_k \notin A\}. \quad ◄$$

**Selbstfrage 26**

Ist mit $\tau$ auch $\tau^2$ eine Stoppzeit?

**Definition ($\sigma$-Algebra der $\tau$-Vergangenheit)**

Ist $\tau$ eine Stoppzeit bzgl. einer Filtration $\mathbb{F} := (\mathcal{F}_n)_{n\ge 0}$, so heißt das Mengensystem

$$\mathcal{A}_\tau := \{A \in \mathcal{A} : A \cap \{\tau \le n\} \in \mathcal{F}_n \ \forall n \ge 0\} \qquad (5.98)$$

**$\sigma$-Algebra der $\tau$-Vergangenheit.**

**Kommentar** Bitte überlegen Sie sich (Aufgabe 5.57), dass $\mathcal{A}_\tau$ in der Tat eine Sub-$\sigma$-Algebra von $\mathcal{A}$ ist. Die $\sigma$-Algebra $\mathcal{A}_\tau$ wird manchmal auch *$\sigma$-Algebra der Ereignisse bis zur Zeit $\tau$* genannt. Sie besteht aus allen Ereignissen, deren Eintreten oder Nichteintreten bis zum zufallsabhängigen Stoppzeitpunkt $\tau$ beobachtet werden kann. Im Fall einer festen Stoppzeit $\tau \equiv c$ für $c \in \mathbb{N}_0$ gilt $\mathcal{A}_\tau = \mathcal{F}_c$, da $\{\tau \le n\} = \Omega$, falls $n \ge c$, und $\{\tau \le n\} = \emptyset$, falls $n < c$. ◄

**Beispiel** Es sei $(X_n)$ eine Folge reeller Zufallsvariablen mit der natürlichen Filtration $\mathcal{F}_n = \sigma(X_0,\ldots,X_n)$. Für eine reelle Zahl $a$ sei $\tau := \inf\{n \ge 0 \mid X_n \ge a\}$ die Ersteintrittszeit in das Intervall $[a,\infty)$. Weiter seien

$$\begin{aligned} A &:= \left\{\sup\{X_k \mid k \ge 0\} > a - 1\right\}, \\ B &:= \left\{\sup\{X_k \mid k \ge 0\} > a + 1\right\}. \end{aligned}$$

Es gilt $\{\tau \le n\} \subseteq A$ und somit $A \cap \{\tau \le n\} = \{\tau \le n\} \in \mathcal{F}_n$, $n \ge 0$, also $A \in \mathcal{A}_\tau$. Jedoch gilt i. Allg. $B \notin \mathcal{A}_\tau$, da zur Zeit $\tau$ nicht klar ist, ob die Folge $(X_n)$ irgendwann auch den Wert $a + 1$ überschreiten wird. ◄

Will man eine Folge $(X_n)$ von Zufallsvariablen zu einem zufälligen Zeitpunkt $\tau$ stoppen, so interessiert der Wert, den die

Folge zu diesem zufälligen Zeitpunkt annimmt. Man muss also in geeigneter Weise eine Zufallsvariable $X_\tau$ auf $\Omega$ definieren. Da $\tau$ als Stoppzeit den Wert $\infty$ annehmen kann und eine Zufallsvariable $X_\infty$ nicht definiert ist, muss gefordert werden, dass $\mathbb{P}(\tau = \infty) = 0$ gilt, also $\tau$ eine endliche Stoppzeit ist. Man setzt dann für $\omega \in \Omega$

$$X_\tau(\omega) := X_{\tau(\omega)}(\omega), \quad \text{falls } \tau(\omega) < \infty,$$

und $X_\tau(\omega) := 0$, sonst. Der zweite, zu einer willkürlichen Festsetzung führende Fall tritt dann nur mit der Wahrscheinlichkeit null ein.

Bzgl. der Definition und Messbarkeit der Abbildung $X_\tau : \Omega \to \mathbb{R}$ gibt der nachstehende Satz Auskunft.

**Satz** Sei $\tau$ eine *endliche* Stoppzeit bzgl. einer Filtration $\mathbb{F}$ und $(X_n)$ ein Folge reeller adaptierter Zufallsvariablen. Dann ist die oben definierte Abbildung $X_\tau$ $\mathcal{A}_\tau$-messbar. ◄

**Beweis** Es sei $B$ eine beliebige Borel-Menge. Wegen

$$\{X_\tau \in B\} \cap \{\tau \le n\} = \bigcup_{k=0}^{n} (\{X_k \in B\} \cap \{\tau = k\}) \in \mathcal{F}_n$$

für jedes $n \ge 0$ gilt nach Definition von $\mathcal{A}_\tau$ die Beziehung $\{X_\tau \in B\} \in \mathcal{A}_\tau$. ■

## Martingale modellieren „im Mittel" faire Spiele, Supermartingale „im Mittel" unfaire

**Definition (Sub- bzw. Supermartingal, Martingal)**

Es seien $\mathbb{F} = (\mathcal{F}_n)_{n\ge 0}$ eine Filtration und $(X_n)_{n\ge 0}$ eine adaptierte Folge integrierbarer Zufallsvariablen. Die Folge $(X_n)$ heißt (bzgl. $\mathbb{F}$) ein

a) **Submartingal**, falls für jedes $n \ge 0$ gilt:

$$\mathbb{E}(X_{n+1}|\mathcal{F}_n) \ge X_n \quad \mathbb{P}\text{-f.s.}, \tag{5.99}$$

b) **Supermartingal**, falls für jedes $n \ge 0$ gilt:

$$\mathbb{E}(X_{n+1}|\mathcal{F}_n) \le X_n \quad \mathbb{P}\text{-f.s.}, \tag{5.100}$$

c) **Martingal**, falls für jedes $n \ge 0$ gilt:

$$\mathbb{E}(X_{n+1}|\mathcal{F}_n) = X_n \quad \mathbb{P}\text{-f.s.} \tag{5.101}$$

**Kommentar** Im Spezialfall $\mathcal{F}_n^X = \sigma(X_0, \ldots, X_n)$ der natürlichen Filtration lassen wir den erklärenden Zusatz „bzgl. $\mathbb{F}$" weg und sprechen kurz von einem Submartingal (bzw. Supermartingal bzw. Martingal). Die Ungleichungen (5.99) – (5.101) nehmen dann die Form

$$\mathbb{E}(X_{n+1}|X_0, \ldots, X_n) \ge X_n \quad \mathbb{P}\text{-f.s.}, \tag{5.102}$$
$$\mathbb{E}(X_{n+1}|X_0, \ldots, X_n) \le X_n \quad \mathbb{P}\text{-f.s.}, \tag{5.103}$$
$$\mathbb{E}(X_{n+1}|X_0, \ldots, X_n) = X_n \quad \mathbb{P}\text{-f.s.} \tag{5.104}$$

an. ◄

**Kommentar**

a) Interpretiert man $X_n$ als Kapital einer Person nach dem $n$-ten Spiel einer Serie von Glücksspielen ($X_0$ ist dann das Anfangskapital), so besagt die Martingaleigenschaft (5.101), dass das Spiel in dem Sinne fair ist, dass das erwartete Kapital nach dem nächsten Spiel gleich dem Kapital vor diesem Spiel ist. In dieser Interpretation modellieren also Submartingale bzw. Supermartingale die Kapitalstände bei Spielen, die wegen (5.102) bzw. (5.103) prinzipiell vorteilhaft bzw. unvorteilhaft sind. Ein Supermartingal ist also – und das ist eine gute Eselsbrücke, um sich die Richtung der Ungleichung zu merken – für die spielende Person gar nicht super!
b) Der Begriff *Martingal* wurde von Jean Ville in [23], S. 73, für ein Glücksspielsystem verwendet. Die sog. *Martingale* ist eine seit dem 18. Jahrhundert bekannte Strategie im Glücksspiel, bei der nach einem verlorenen Spiel im einfachsten Fall der Einsatz verdoppelt wird (frz. *martingale à la mise*), sodass im hypothetischen Fall unbeschränkten Vermögens, unendlicher Zeit sowie keinerlei Beschränkung für die Höhe des Einsatzes ein „fast sicherer Gewinn einträte".
c) Die Folge $(X_n)$ ist genau dann ein Submartingal, wenn die Folge $(-X_n)$ ein Supermartingal ist und genau dann ein Martingal, wenn sie sowohl ein Sub- als auch ein Supermartingal bildet.
d) Ist $(X_n)$ ein Submartingal bzgl. $\mathbb{F}$, so gilt für jede Wahl von $m$ und $n$ mit $m > n \ge 0$

$$\mathbb{E}(X_m|\mathcal{F}_n) \ge X_n \quad \mathbb{P}\text{-f.s.}$$

(Aufgabe 5.58). Diese Ungleichung kehrt sich für Supermartingale um. Für ein Martingal $(X_n)$ folgt hieraus insbesondere

$$\mathbb{E}(X_n) = \mathbb{E}(X_0) \quad \text{für jedes } n \ge 1. \tag{5.105}$$

Martingale sind also „im Mittel konstant". Weiß man schon, dass $(X_n)$ ein Sub- oder Supermartingal ist, so folgt aus (5.105) sogar die Martingaleigenschaft (Aufgabe 5.59). ◄

**Beispiel**

- Es seien $Y_1, Y_2, \ldots$ unabhängige integrierbare Zufallsvariablen auf $\Omega$. Setzen wir $X_0 := 0$,

$$X_n := \sum_{j=0}^{n} Y_j, \quad n \ge 1,$$

so gilt mit den Eigenschaften b), c) und g) bedingter Erwartungen aus Abschn. 5.7 (jeweils $\mathbb{P}$-fast sicher)

$$\begin{aligned}\mathbb{E}(X_{n+1}|X_0, \ldots, X_n) &= \mathbb{E}(Y_{n+1} + X_n|X_0, \ldots, X_n)\\ &= \mathbb{E}(Y_{n+1}|X_0, \ldots, X_n) + X_n\\ &= \mathbb{E}(Y_{n+1}) + X_n.\end{aligned}$$

Partialsummen unabhängiger integrierbarer Zufallsvariablen bilden also genau dann ein Martingal, wenn jeder Summand $Y_n$ den Erwartungswert null besitzt. Ein Submartingal bzw. Supermartingal ergibt sich genau dann, wenn stets $\mathbb{E}(Y_n) \ge 0$ bzw. $\mathbb{E}(Y_n) \le 0$ gilt.

Kapitel 5

- Es seien $Z_1, Z_2 \dots$ unabhängige nichtnegative Zufallsvariablen mit $\mathbb{E}(Z_j) = 1$ für jedes $j \geq 1$. Setzen wir $X_0 := 1$,

$$X_n := Z_1 \cdot \ldots \cdot Z_n, \qquad n \geq 1,$$

so gilt für jedes $n \geq 0$ (stets $\mathbb{P}$-fast sicher)

$$\begin{aligned}\mathbb{E}(X_{n+1}|X_0,\ldots,X_n) &= \mathbb{E}(Z_{n+1}X_n|X_0,\ldots,X_n)\\ &= X_n \cdot \mathbb{E}(Z_{n+1}|X_0,\ldots,X_n)\\ &= X_n \cdot \mathbb{E}(Z_{n+1})\\ &= X_n.\end{aligned}$$

Dabei wurde beim zweiten bzw. dritten Gleichheitszeichen Eigenschaft f) bzw. g) der bedingten Erwartung verwendet. Produkte nichtnegativer unabhängiger Zufallsvariablen mit gleichem Erwartungswert 1 bilden somit ein Martingal. Die obige Gleichungskette zeigt, dass die Voraussetzung $\mathbb{E}(Z_j) \geq 1$ für jedes $j$ zu einem Supermartingal führt. ◄

Ein weiteres Beispiel für ein Martingal bildet das nach dem amerikanischen Mathematiker Joseph Leo Doob (1910–2004) benannte *Doobsche Martingal*. Wir formulieren dieses Resultat als eigenständigen Satz.

**Satz über das Doobsche Martingal**

Es seien $X$ eine integrierbare Zufallsvariable und $\mathbb{F} = (\mathcal{F}_n)_{n\geq 0}$ eine Filtration. Dann ist

$$X_n := \mathbb{E}(X|\mathcal{F}_n), \qquad n \geq 0,$$

ein Martingal, das sog. *Doobsche Martingal*.

**Beweis** Wegen $\mathbb{E}|X| < \infty$ ist auch $X_n$ integrierbar. Nach Definition von $\mathbb{E}(X|\mathcal{F}_n)$ ist $X_n$ $\mathcal{F}_n$-messbar, und somit ist die Folge $(X_n)$ adaptiert. Mit der Turmeigenschaft h) für bedingte Erwartungen in Abschn. 5.7 folgt

$$\mathbb{E}(X_{n+1}|\mathcal{F}_n) = \mathbb{E}\left[\mathbb{E}(X|\mathcal{F}_{n+1})|\mathcal{F}_n\right] = \mathbb{E}(X|\mathcal{F}_n) = X_n.$$

Dabei gilt jedes Gleichheitszeichen $\mathbb{P}$-fast sicher. ■

Es sei $(X_n)$ ein Martingal bzgl. einer Filtration $\mathbb{F}$. Interpretiert man $X_0$ als Anfangskapital und $X_n - X_{n-1}$ als Gewinn oder (bei einem negativen Wert) Verlust in einem $n$-ten Spiel pro eingesetztem Euro (wobei das Spiel auch eine risikobehaftete Finanzinvestition sein könnte), so liefert die Martingaleigenschaft (5.101) die Gleichung

$$\mathbb{E}(X_n - X_{n-1}|\mathcal{F}_{n-1}) = 0 \quad \mathbb{P}\text{-f.s.}$$

Das Spiel ist somit zumindest „im Mittel fair". Es erhebt sich die natürliche Frage, ob man durch geschickten, vom Zeitpunkt $n \geq 1$ abhängenden Kapitaleinsatz das Spiel für sich selbst vorteilhaft machen kann.

## Eine prävisible Folge transformiert ein Martingal in ein Martingal

Um eine derartige, auch *Spielsystem* genannte *Einsatzstrategie* mathematisch zu fassen, ist zu beachten, dass der mit $C_n$ bezeichnete zufallsabhängige Einsatz in der $n$-ten Spielrunde eine Zufallsvariable ist, deren Realisierungen nur von den in den vergangenen Spielrunden gewonnenen Informationen abhängen. Diese Überlegungen führen zu folgender Begriffsbildung:

**Definition einer prävisiblen Folge**

Eine Folge $(C_n)_{n\geq 0}$ von Zufallsvariablen auf $\Omega$ heißt **prävisibel** bzgl. einer Filtration $\mathbb{F} = (\mathcal{F}_n)_{n\geq 0}$, falls $C_0$ konstant ist und für jedes $n \geq 1$ gilt:

$$C_n \text{ ist } \mathcal{F}_{n-1}\text{-messbar.}$$

**Beispiel** Sei $\tau : \Omega \to \mathbb{N}_0 \cup \{\infty\}$ eine Stoppzeit bzgl. der Filtration $\mathbb{F}$. Setzen wir $V_n := \mathbb{1}\{\tau \geq n\}$, $n \geq 0$, so ist die Folge $(V_n)_{n\geq 0}$ prävisibel bzgl. $\mathbb{F}$, denn es gelten $V_0 = 1$ und

$$\{\tau \geq n\} = \{\tau \leq n-1\}^c \in \mathcal{F}_{n-1}, \qquad n \geq 1. \qquad ◄$$

Das nachstehende Resultat besagt, dass jede adaptierte Folge von Zufallsvariablen mit existierenden Erwartungswerten additiv in ein Martingal und eine prävisible Folge zerlegt werden kann.

**Die Doob-Zerlegung**

Es seien $(\Omega, \mathcal{A}, \mathbb{P})$ ein W-Raum, $\mathbb{F} := (\mathcal{F}_n)_{n\geq 0}$ eine Filtration und $(X_n)_{n\geq 0}$ eine an $\mathbb{F}$ adaptierte Folge von $\mathbb{P}$-integrierbaren Zufallsvariablen auf $\Omega$. Dann existiert eine eindeutig bestimmte Zerlegung der Gestalt

$$X_n = M_n + V_n, \quad n \geq 0.$$

Hierbei ist $(M_n)$ ein Martingal, und die Folge $(V_n)$ ist prävisibel mit $V_0 = 0$. $(X_n)$ ist genau dann ein Submartingal, wenn $(V_n)_{n\geq 0}$ $\mathbb{P}$-f.s. monoton wächst.

**Beweis** Die Existenz einer Darstellung wie oben ist schnell gezeigt. Setzt man

$$M_n := X_0 + \sum_{k=1}^{n} \left(X_k - \mathbb{E}[X_k|\mathcal{F}_{k-1}]\right),$$

$$V_n := \sum_{k=1}^{n} \left(\mathbb{E}[X_k|\mathcal{F}_{k-1}] - X_{k-1}\right),$$

so gilt $X_n = M_n + V_n$, und $(V_n)$ ist prävisibel mit $V_0 = 0$. Des Weiteren ist die Folge $(M_n)$ wegen

$$\mathbb{E}\big[M_n - M_{n-1}|\mathcal{F}_{n-1}\big] = \mathbb{E}\Big[X_n - \mathbb{E}\big[X_n|\mathcal{F}_{n-1}\big]\big|\mathcal{F}_{n-1}\Big] = 0$$

ein Martingal. Um die Eindeutigkeit der Zerlegung zu zeigen, nehmen wir $X_n = M_n + V_n = M_n' + V_n'$ mit Martingalen $M_n$, $M_n'$ und prävisiblen Folgen $V_n$ und $V_n'$ sowie $V_0 = V_0' = 0$ an. Wegen $M_n - M_n' = V_n' - V_n$ ist dann $(M_n - M_n')$ ein prävisibles Martingal. Nach Aufgabe 5.63 gilt $M_n - M_n' = M_0 - M_0' = 0$.

Die Folge $(X_n)$ ist genau dann ein Submartingal, wenn für jedes $n$ gilt:

$$X_n \le \mathbb{E}(X_{n+1}|\mathcal{F}_n) = \mathbb{E}(M_{n+1}|\mathcal{F}_n) + \mathbb{E}(V_{n+1}|\mathcal{F}_n)\ \mathbb{P}\text{-f.s.}$$

Wegen $\mathbb{E}(M_{n+1}|\mathcal{F}_n) = M_n$ $\mathbb{P}$-f.s. und $\mathbb{E}(V_{n+1}|\mathcal{F}_n) = V_{n+1}$ $\mathbb{P}$-f.s. ist die obige Ungleichung wegen $X_n = M_n + V_n$ zu $X_n \le X_n + V_{n-1} - V_n$ $\mathbb{P}$-f.s. und somit zu $V_n \le V_{n+1}$ $\mathbb{P}$-f.s. äquivalent. ■

Sind $\mathbb{F} = (\mathcal{F}_n)_{n\ge0}$ eine Filtration und $(X_n)_{n\ge0}$ eine an $\mathbb{F}$ adaptierte Folge von Zufallsvariablen auf $\Omega$, so beschreibt (mit der Interpretation von $C_k$ als Spieleinsatz beim $k$-ten Spiel und $X_k$ als Kapital eines Spielers nach dem $k$-ten Spiel) die Zufallsvariable

$$Y_n := \sum_{k=1}^{n} C_k(X_k - X_{k-1}) \qquad (5.106)$$

den (Gesamt)-Gewinn nach dem $n$-ten Spiel.

**Definition (Spielsystem, Martingaltransformation)**

Ist in obiger Situation die Folge $(C_n)_{n\ge0}$ prävisibel bzgl. $\mathbb{F}$, so heißt $(C_n)_{n\ge0}$ ein **Spielsystem** für $(X_n)$. Man schreibt die Gleichungen (5.106) in der Kurzform

$$Y := C \bullet X, \quad Y_n := (C \bullet X)_n.$$

Der Übergang von $X = (X_n)$ zu $C \bullet X$ heißt **Martingaltransformation** von $X$ durch $C$.

Die Begriffsbildung *Martingaltransformation* wird durch nachstehendes Resultat verständlich.

**Satz (mit $X = (X_n)$ ist auch $C \bullet X$ ein Martingal)** Es seien $X = (X_n)_{n\ge0}$ ein Martingal bzgl. $(\mathcal{F}_n)_{n\ge0}$ und $C = (C_n)_{n\ge0}$ prävisibel bzgl. $(\mathcal{F}_n)$. Gilt

$$C_n(X_n - X_{n-1}) \in \mathcal{L}^1(\Omega, \mathcal{A}, \mathbb{P}), \quad n \ge 1, \qquad (5.107)$$

so ist $C \bullet X$ ein Martingal.

Gilt $C_n \ge 0$ für jedes $n$, so bleibt die Aussage gültig, wenn man jeweils „Martingal" durch „Submartingal" bzw. jeweils durch „Supermartingal" ersetzt. ◀

**Beweis** Die Folge $C \bullet X$ ist adaptiert, und wegen (5.107) ist $(C \bullet X)_n$ für jedes $n$ integrierbar. Aufgrund der $\mathcal{F}_{n-1}$-Messbarkeit von $C_n$ folgt mit Eigenschaft f) der bedingten Erwartung in Abschn. 5.7

$$\begin{aligned}\mathbb{E}[(C \bullet X)_n - (C \bullet X)_{n-1}|\mathcal{F}_{n-1}] &= \mathbb{E}[C_n(X_n - X_{n-1})|\mathcal{F}_{n-1}] \\ &= C_n\, \mathbb{E}[X_n - X_{n-1}|\mathcal{F}_{n-1}] \\ &= 0.\end{aligned}$$

Für ein Sub- bzw. Supermartingal ist das letzte „=" durch „≥" bzw. durch „≤" zu ersetzen. ■

**Selbstfrage 27**

Warum ist die Folge $C \bullet X$ adaptiert?

**Kommentar** Eine hinreichende Bedingung für (5.107) ist die gleichmäßige Beschränktheit der Folge $(C_n)$. In einer Spielsituation ist Letztere durch Höchsteinsätze gewährleistet. Man beachte, dass die Tansformation $X \mapsto C \bullet X$ auch dann Sinn macht, wenn $X = (X_n)_{n\ge0}$ nicht unbedingt ein Martingal darstellt, sondern nur eine bzgl. $\mathbb{F}$ adaptierte Folge ist. Ist $C = (C_n)$ prävisibel, und ist die Bedingung (5.107) erfüllt, so nennt man den Übergang von $X$ zu $C \bullet X$ auch *(diskretes) stochastisches Integral von $C$ bzgl. $X$.* ◀

## Gestoppte Martingale bleiben Martingale, und im Mittel ändert sich nichts

Der obige Satz besagt, dass es unmöglich ist, durch geschickte Wahl des Einsatzes aus einem fairen Spiel ein vorteilhaftes Spiel zu machen. Die nächsten Resultate zeigen, dass diesbzgl. auch keine noch so geschickte Stoppstrategie hilft. Die erste Aussage besagt, dass gestoppte Martingale Martingale bleiben. Zu ihrer Formulierung verwenden wir die Notation

$$x \wedge n := \min(x, n), \; x \in \mathbb{R}, \text{ und } \infty \wedge n := n.$$

**Satz (gestoppte Martingale bleiben Martingale)**

Seien $(X_n)_{n\ge0}$ ein Martingal bzgl. $(\mathcal{F}_n)$ und $\tau$ eine Stoppzeit. Sei $(X_{\tau\wedge n})_{n\ge0}$ definiert durch

$$X_{\tau\wedge n}(\omega) := X_{\tau(\omega)\wedge n}(\omega), \; \omega \in \Omega.$$

Dann ist auch die gestoppte Folge $(X_{\tau\wedge n})_{n\ge0}$ ein Martingal. Eine entsprechende Aussage gilt für Submartingale und Supermartingale.

**Beweis** Betrachte das Spielsystem $C_n := \mathbf{1}\{\tau \geq n\}$, $n \geq 1$. Es gilt $\{\tau \geq n\} \in \mathcal{F}_{n-1}$, und somit ist $C_n$ $\mathcal{F}_{n-1}$-messbar. Nach Definition von $C_k$ gilt

$$Y_n := \sum_{k=1}^{n} C_k(X_k - X_{k-1}) = X_{\tau\wedge n} - X_0.$$

Nach obigem Satz über die Martingaltransformation ist $(Y_n)_{n\geq 0}$ ein Martingal. Damit ist auch $(X_{\tau\wedge n})_{n\geq 0}$ ein Martingal, denn es gilt

$$\begin{aligned}\mathbb{E}\big[X_{\tau\wedge(n+1)}|\mathcal{F}_n\big] &= \mathbb{E}\big[Y_{n+1} + X_0|\mathcal{F}_n\big]\\ &= \mathbb{E}\big[Y_{n+1}|\mathcal{F}_n\big] + \mathbb{E}\big[X_0|\mathcal{F}_n\big]\\ &= Y_n + X_0 = X_{\tau\wedge n}.\end{aligned}$$

■

Das nächste Resultat präzisiert die saloppe Formulierung, dass sich bei einem gestoppten Martingal „im Mittel nichts ändert".

**Satz (Optionales Stoppen, Doob)**

Seien $(X_n)_{n\geq 0}$ ein Martingal und $\tau$ eine Stoppzeit bzgl. der natürlichen Filtration $\sigma(X_0, \ldots, X_n)$, $n \geq 0$, mit $\mathbb{E}(\tau) < \infty$. Es gebe ein $c \in (0, \infty)$ mit

$$\begin{aligned}&\mathbb{E}\big[\mathbb{1}\{\tau \geq n\} \cdot |X_n - X_{n-1}|\big|X_0, \ldots, X_{n-1}\big]\\ &\leq c\,\mathbb{1}\{\tau \geq n\}\ \mathbb{P}\text{-f.s.},\ n \geq 1.\end{aligned} \tag{5.108}$$

Dann folgt $\mathbb{E}(X_\tau) = \mathbb{E}(X_0)$.

**Beweis** Wir zeigen zunächst, dass der Erwartungswert von $\tau$ existiert. Hierzu gehen wir von der für jedes $\omega \in \Omega$ mit $\tau(\omega) < \infty$ (und damit wegen $\mathbb{E}(\tau) < \infty$ $\mathbb{P}$-fast sicher) geltenden Identität

$$X_\tau(\omega) = X_0(\omega) + \sum_{n=1}^{\infty} \mathbb{1}\{\tau(\omega) \geq n\}(X_n(\omega) - X_{n-1}(\omega))$$

aus. Man beachte, dass die Summe bei $n = \tau(\omega)$ abbricht und ein Teleskopeffekt vorliegt. Hiermit folgt

$$\begin{aligned}\mathbb{E}|X_\tau| &\leq \mathbb{E}|X_0| + \mathbb{E}\left(\sum_{n=1}^{\infty} \mathbb{1}\{\tau \geq n\}|X_n - X_{n-1}|\right)\\ &= \mathbb{E}|X_0| + \sum_{n=1}^{\infty} \mathbb{E}\big[\mathbb{1}\{\tau \geq n\}|X_n - X_{n-1}|\big].\end{aligned}$$

Rechnet man den rechts stehenden Erwartungswert iteriert durch Bedingen nach $X_0, \ldots, X_{n-1}$ aus, so liefert die Ungleichung (5.108)

$$\begin{aligned}\mathbb{E}|X_\tau| &\leq \mathbb{E}|X_0| + \sum_{n=1}^{\infty} \mathbb{E}(c\mathbb{1}\{\tau \geq n\})\\ &\leq \mathbb{E}|X_0| + c\,\mathbb{E}(\tau) < \infty.\end{aligned}$$

In einem zweiten Beweisschritt setzen wir $\tau \wedge k := \min(\tau, k)$ und approximieren $\mathbb{E}(X_\tau)$ durch $\mathbb{E}(X_{\tau\wedge k})$. Es gilt

$$\begin{aligned}|\mathbb{E}(X_\tau) - \mathbb{E}(X_{\tau\wedge k})| &\leq \mathbb{E}|X_\tau - X_{\tau\wedge k}|\\ &= \mathbb{E}\Big|\sum_{n=k+1}^{\infty} \mathbb{1}\{\tau \geq n\}(X_n - X_{n-1})\Big|\\ &\leq \mathbb{E}\Big(\sum_{n=k+1}^{\infty} \mathbb{1}\{\tau \geq n\}\,|X_n - X_{n-1}|\Big)\\ &= \sum_{n=k+1}^{\infty} \mathbb{E}\,(\mathbb{1}\{\tau \geq n\}|X_n - X_{n-1}|)\\ &\leq c \sum_{n=k+1}^{\infty} \mathbb{P}(\tau \geq n).\end{aligned}$$

Dabei wurde beim letzten Gleichheitszeichen der Satz von der monotonen Konvergenz benutzt. Wegen $\mathbb{E}(\tau) < \infty$ konvergiert die erhaltene Schranke für $k \to \infty$ gegen null, und es folgt $\mathbb{E}(X_\tau) = \lim_{k\to\infty} \mathbb{E}(X_{\tau\wedge k})$. Zu guter Letzt zeigen wir $\mathbb{E}(X_{\tau\wedge k}) = \mathbb{E}(X_0)$, womit der Beweis abgeschlossen wäre. Hierzu gehen wir von

$$X_{\tau\wedge k} = X_0 + \sum_{n=1}^{k} \mathbb{1}\{\tau \geq n\}(X_n - X_{n-1})$$

und der daraus resultierenden Gleichung

$$\mathbb{E}(X_{\tau\wedge k}) = \mathbb{E}(X_0) + \sum_{n=1}^{k} \mathbb{E}\,[\mathbb{1}\{\tau \geq n\}(X_n - X_{n-1})]$$

aus. Wegen $\{\tau \geq n\} = \{\tau \leq n-1\}^c \in \sigma(X_0, \ldots, X_{n-1})$ folgt durch Bedingen des rechts stehenden Erwartungswertes nach $X_0, \ldots, X_{n-1}$ mit Eigenschaft f) der bedingte Erwartung in Abschn. 5.7

$$\begin{aligned}&\mathbb{E}\Big[\mathbb{1}\{\tau \geq n\}(X_n - X_{n-1})\Big|X_0, \ldots, X_{n-1}\Big]\\ &= \mathbb{1}\{\tau \geq n\}\mathbb{E}[X_n - X_{n-1}|X_0, \ldots, X_{n-1}].\end{aligned} \tag{5.109}$$

Wegen der Martingaleigenschaft verschwindet der letzte bedingte Erwartungswert, und wir erhalten wie behauptet $\mathbb{E}(X_{\tau\wedge k}) = \mathbb{E}(X_0)$. ■

**Folgerung** Für Sub- bzw. Supermartingale gilt unter den Voraussetzungen des obigen Satzes

$$\mathbb{E}(X_\tau) \geq \mathbb{E}(X_0) \quad \text{bzw.} \quad \mathbb{E}(X_\tau) \leq \mathbb{E}(X_0).$$

◀

**Beweis** Die Martingaleigenschaft wurde erst bei der Behandlung des bedingten Erwartungswertes in (5.109) verwendet. Für ein Submartingal ist dieser bedingte Erwartungswert nichtnegativ, für ein Supermartingal kleiner oder gleich null. Hieraus folgt die Behauptung. ■

## Beispiel: Der Satz von Doob über optionales Stoppen und das Spieler-Ruin-Problem

Zwei Spieler A und B mit einem Anfangskapital von $a$ bzw. $b$ Euro spielen wiederholt ein Spiel, bei dem A mit Wahrscheinlichkeit $p$ und B mit Wahrscheinlichkeit $1-p$ gewinnt, wobei jeweils ein Euro seinen Besitzer wechselt. Wie groß ist die Wahrscheinlichkeit, dass Spieler B bei diesem Spiel bankrott geht? Der Satz von Doob gestattet eine elegante Lösung dieses schon in einer Unter-der-Lupe-Box in Abschn. 3.5 vorgestellten Spieler-Ruin-Problems.

**Problemanalyse und Strategie** Um den Satz von Doob anwenden zu können, formulieren wir das Spieler-Ruin-Problem hier wie folgt: Seien $X_1, X_2, \ldots$ unabhängige und identisch verteilte Zufallsvariablen auf einem Wahrscheinlichkeitsraum $(\Omega, \mathcal{A}, \mathbb{P})$ mit $\mathbb{P}(X_1 = 1) = p = 1-q = 1 - \mathbb{P}(X_1 = -1)$, wobei $0 < p < 1$. Hier stehe $\{X_i = 1\}$ bzw. $\{X_i = -1\}$ für das Ereignis, dass Spieler A in der $i$-ten Spielrunde einen Euro von Spieler B gewinnt oder einen Euro an Spieler B verliert. Setzen wir $S_0 := 0$ sowie $S_n := X_1 + \ldots + X_n, n \geq 1$, so gibt – solange $-a+1 \leq S_n \leq b-1$ gilt – die Zufallsvariable $S_n$ den Zuwachs (in Euro) des Kapitals von Spieler A nach dem $n$-ten Spiel („zur Zeit $n$") an.

**Lösung** Die Zeit bis zum Ruin eines der beiden Spieler ist durch

$$\tau := \inf\{n \geq 1 \mid S_n \in \{-a, b\}\}$$

gegeben. Die nachstehende Abbildung zeigt einen möglichen Spielverlauf als Polygonzug für den Fall $a = 3$ und $b = 4$. Hier ist Spieler B nach 8 Spielrunden bankrott.

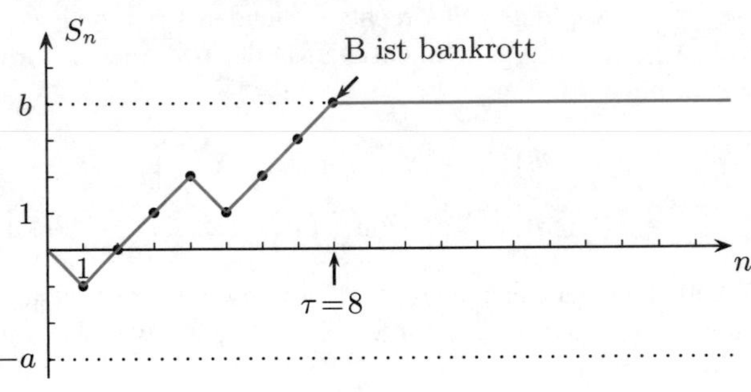


Wegen

$$\{\tau = n\} = \bigcap_{j=1}^{n-1} \{-a+1 \leq S_j \leq b-1\} \cap \{S_n \in \{-a, b\}\}$$
$$\in \sigma(X_1, \ldots, X_n)$$

ist $\tau$ eine Stoppzeit bzgl. der natürlichen Filtration. Gesucht ist die Ruinwahrscheinlichkeit $\mathbb{P}(S_\tau = b)$ von Spieler B. Um den Satz von Doob anwenden zu können, muss $\mathbb{E}(\tau) < \infty$ gelten. Diese Bedingung ist relativ schnell nachgewiesen: Setzen wir $k := a+b$, so folgt für gegebenes $m \geq 1$ aus dem Ereignis $\{\tau \geq mk+1\}$, dass die Zuwächse $S_k - S_0, S_{2k} - S_k, \ldots, S_{mk} - S_{(m-1)k}$ sämtlich kleiner als $k$ sein müssen. Es gilt also

$$\{\tau \geq mk+1\} \subseteq \bigcap_{j=1}^{m} \{S_{jk} - S_{(j-1)k} < k\}$$

und damit wegen der stochastischen Unabhängigkeit dieser Zuwächse (Blockungslemma!) und deren identischer Verteilung

$$\mathbb{P}(\tau \geq mk+1) \leq \{\mathbb{P}(S_k < k)\}^m = (1-p^k)^m.$$

Zu $n \in \mathbb{N}$ gibt es ein $m$ mit $mk+1 \leq n \leq (m+1)k$, was $m \geq n/k - 1$ zur Folge hat. Also erhalten wir

$$\mathbb{P}(\tau \geq n) \leq \mathbb{P}(\tau \geq mk+1) \leq (1-p^k)^m \leq \left(1-p^k\right)^{\frac{n}{k}-1}$$
$$\leq \left(1-p^k\right)^{-1} \left[\left(1-p^k\right)^{1/k}\right]^n.$$

Wegen $\sum_{n=1}^{\infty} \mathbb{P}(\tau \geq n) < \infty$ gilt $\mathbb{E}(\tau) < \infty$.

Sei nun zunächst $p \neq q$, also $p \neq 1/2$. Es gilt

$$\mathbb{E}\left[\left(\frac{q}{p}\right)^{X_1}\right] = \left(\frac{q}{p}\right)^1 p + \left(\frac{q}{p}\right)^{-1} q = 1.$$

Setzen wir $M_0 := 1$ und

$$M_n := \prod_{j=1}^{n} \left(\frac{q}{p}\right)^{X_j} = \left(\frac{q}{p}\right)^{S_n}, \quad n \geq 1,$$

so ist $(M_n)$ als Produkt unabhängiger Zufallsvariablen mit Erwartungswert 1 ein Martingal. Der Satz von Doob liefert nun

$$1 = \mathbb{E}(M_0) = \mathbb{E}(M_\tau) = \mathbb{E}\left[\left(\frac{q}{p}\right)^{S_\tau}\right]$$
$$= \left(\frac{q}{p}\right)^{-a} \mathbb{P}(S_\tau = -a) + \left(\frac{q}{p}\right)^{b} \mathbb{P}(S_\tau = b).$$

Wegen $\mathbb{P}(S_\tau = -a) = 1 - \mathbb{P}(S_\tau = b)$ folgt dann mithilfe direkter Rechnung

$$\mathbb{P}(S_\tau = b) = \frac{1 - \left(\frac{q}{p}\right)^a}{1 - \left(\frac{q}{p}\right)^{a+b}}.$$

Im Fall $p = 1/2$ ist $(S_n)$ ein Martingal, und der Satz von Doob ergibt

$$0 = \mathbb{E}(S_0) = \mathbb{E}(S_\tau) = b\mathbb{P}(S_\tau = b) - a\mathbb{P}(S_\tau = -a)$$

und somit das ebenfalls schon aus Abschn. 3.5 (Unter-der-Lupe-Box zum Spieler-Ruin-Problem) bekannte Resultat $\mathbb{P}(S_\tau = b) = a/(a+b)$.

Kapitel 5

Wir haben schon mehrfach randomisierte Summen, also Summen von Zufallsvariablen mit einer zufälligen Anzahl von Summanden, kennengelernt (etwa im Zusammenhang mit der Augensumme bei zufälliger Wurfanzahl in Abschn. 4.5). Das nachstehende, aus dem Satz von Doob über optionales Stoppen folgende und auf Abraham Wald (1902–1950) zurückgehende Resultat zeigt, dass das Ergebnis von Aufgabe 4.44 a) auch unter gegenüber dort modifizierten Voraussetzungen gültig ist.

**Die Waldsche Gleichung**

Seien $X_1, X_2, \ldots$ unabhängige und identisch verteilte Zufallsvariablen mit $\mathbb{E}|X_1| < \infty$ und $N$ eine Stoppzeit bzgl. der zu $X_1, X_2, \ldots$ gehörenden natürlichen Filtration mit $\mathbb{E}(N) < \infty$. Dann gilt:

$$\mathbb{E}\left(\sum_{j=1}^{N} X_j\right) = \mathbb{E}(X_1)\,\mathbb{E}(N).$$

**Beweis** Wir machen o.B.d.A. die Annahme $\mathbb{E}X_1 = 0$ und setzen $S_n := \sum_{j=1}^{n} X_j$. Als Folge von Partialsummen unabhängiger Zufallsvariablen mit Erwartungswert null ist $(S_n)_{n\ge1}$ ein Martingal bzgl. $(\sigma(S_1,\ldots,S_n))_{n\ge1}$. Wegen

$$\begin{aligned}(X_1, X_2, \ldots, X_n) &= (S_1, S_2 - S_1, \ldots, S_n - S_{n-1}),\\ (S_1, S_2, \ldots, S_n) &= (X_1, X_1 + X_2, \ldots, X_1 + \ldots + X_n)\end{aligned}$$

gilt $\sigma(X_1,\ldots,X_n) = \sigma(S_1,\ldots,S_n)$. Somit ist $N$ auch eine Stoppzeit bzgl. $(\sigma(S_1,\ldots,S_n)_{n\ge1})$. Mit den Eigenschaften f) und g) bedingter Erwartungen in Abschn. 5.7 gilt weiter ($\mathbb{P}$-f.s.)

$$\begin{aligned}&\mathbb{E}\big[\mathbf{1}\{N \ge n\}|S_n - S_{n-1}|\big|S_1,\ldots,S_{n-1}\big]\\ &= \mathbb{E}\big[\mathbf{1}\{N \ge n\}|X_n|\big|S_1,\ldots,S_{n-1}\big]\\ &= \mathbb{E}|X_1| \cdot \mathbf{1}\{N \ge n\}.\end{aligned}$$

Der Satz von Doob über optionales Stoppen liefert nun $0 = \mathbb{E}(S_1) = \mathbb{E}(S_N) = \mathbb{E}(N)\,\mathbb{E}(X_1)$. ■

**Selbstfrage 28**

Warum kann man o.B.d.A. $\mathbb{E}(X_1) = 0$ annehmen?

Ein instruktives Beispiel für die Nichtgültigkeit der Waldschen Gleichung bildet eine Folge $X_1, X_2, \ldots$ von unabhängigen Zufallsvariablen mit $\mathbb{P}(X_j = 1) = \mathbb{P}(X_j = -1) = 1/2$, $j \ge 1$ mit der Stoppzeit $N := \inf\{n \ge 1 \mid S_n = 1\}$. Hierbei ist $S_n := X_1 + \ldots + X_n$ gesetzt. Die Stoppzeit $N$ modelliert anschaulich die Anzahl der Versuche, bis in einer Bernoulli-Kette mit Trefferwahrscheinlichkeit $1/2$ erstmals mehr Treffer als Nieten aufgetreten sind. Es lässt sich zeigen (siehe z. B. [15], S. 66), dass $N$ eine endliche Stoppzeit ist, dass also $\mathbb{P}(N < \infty) = 1$ gilt. Nach Konstruktion gilt $\mathbb{E}(S_N) = 1$. Wegen $\mathbb{E}(X_1) = 0$ ist die Waldsche Gleichung nicht erfüllt. Der Grund hierfür ist die überraschende Identität $\mathbb{E}(N) = \infty$. Man wartet also im Mittel unendlich lange, bis zum ersten Mal mehr Treffer als Nieten aufgetreten sind!

# Zusammenfassung

Die Verteilung einer Zufallsvariablen $X$ ist durch die **Verteilungsfunktion** (engl.: *distribution function*) $F(x) = \mathbb{P}(X \le x), x \in \mathbb{R}$, von $X$ festgelegt. $F$ ist monoton wachsend sowie rechtsseitig stetig, und es gelten $F(x) \to 0$ bei $x \to -\infty$ und $F(x) \to 1$ bei $x \to \infty$. Umgekehrt existiert zu jeder Funktion $F : \mathbb{R} \to [0,1]$ mit diesen Eigenschaften eine Zufallsvariable $X$ mit der Verteilungsfunktion $F$. Ist $X$ diskret verteilt, gilt also $\mathbb{P}(X \in D) = 1$ für eine abzählbare Menge $D \subseteq \mathbb{R}$, so nimmt $F$ die Gestalt $F(x) = \sum_{t \in D: t \le x} \mathbb{P}(X = t)$ an. Eine Zufallsvariable $X$ heißt **(absolut) stetig (verteilt)** (*X has an (absolutely) continuous distribution*), wenn es eine nichtnegative messbare Funktion $f$ mit

$$\mathbb{P}(X \in B) = \mathbb{P}^X(B) = \int_B f(x)\,\mathrm{d}x, \quad B \in \mathcal{B}, \qquad (5.110)$$

gibt. Man nennt $f$ die **Dichte** (*density*) von $X$ bzw. von $\mathbb{P}^X$. In diesem Fall gilt $F(x) = \int_{-\infty}^{x} f(t)\,dt$, $x \in \mathbb{R}$.

Die obige Definition überträgt sich unmittelbar auf einen $k$-dimensionalen Zufallsvektor $\mathbf{X} = (X_1, \ldots, X_k)$, wenn man in (5.110) $X$ durch $\mathbf{X}$ und $\mathcal{B}$ durch $\mathcal{B}^k$ ersetzt. Die Dichte $f$ heißt dann auch **gemeinsame Dichte** (*joint density*) von $X_1, \ldots, X_k$. Aus $f$ erhält man die marginalen Dichten der $X_j$ durch Integration. Stetige Zufallsvariablen sind unabhängig, wenn die gemeinsame Dichte das Produkt der marginalen Dichten ist. Die Dichte der Summe zweier unabhängiger Zufallsvariablen $X$ und $Y$ gewinnt man über die **Faltungsformel** (*convolution formula*)

$$f_{X+Y}(t) = \int_{-\infty}^{\infty} f_X(s) f_Y(t-s)\,\mathrm{d}s.$$

Sind $\mathbf{X}$ ein $k$-dimensionaler Zufallsvektor mit Dichte $f$ und $T : \mathbb{R}^k \to \mathbb{R}^s$ eine Borel-messbare Abbildung, so hat der Zufallsvektor $\mathbf{Y} := T(\mathbf{X})$ unter gewissen Voraussetzungen ebenfalls eine Dichte. Gilt im Fall $k = s$ $\mathbb{P}(\mathbf{X} \in O) = 1$ für eine offene Menge $O$, und ist die Restriktion von $T$ auf $O$ stetig differenzierbar und injektiv mit nirgends verschwindender Funktionaldeterminante, so ist

$$g(y) = \frac{f(T^{-1}(y))}{|\det T'(T^{-1}(y))|}, \quad y \in T(O),$$

und $g(y) = 0$ sonst, eine Dichte von $\mathbf{Y}$. Wichtige Transformationen $x \mapsto T(x)$ sind affine Transformationen der Gestalt $y = Ax + \mu$ mit einer invertierbaren Matrix $A$ und $\mu \in \mathbb{R}^k$. Hiermit ergibt sich etwa aus einem Vektor $\mathbf{X} = (X_1, \ldots, X_k)^\top$ mit unabhängigen und je N(0, 1)-verteilten Komponenten ein Zufallsvektor mit der $k$-dimensionalen Normalverteilung $\mathrm{N}_k(\mu, \Sigma)$, wobei $\Sigma = AA^\top$.

Wichtige Kenngrößen von Verteilungen sind **Erwartungswert** (*expectation*), **Varianz** (*variance*) und höhere **Momente** (*moments*) sowie bei Zufallsvektoren **Erwartungswertvektor** (*mean vector*) und **Kovarianzmatrix** (*covariance matrix*). Alle diese Größen sind auf dem Erwartungswertbegriff aufgebaut, der für Zufallsvariablen auf einem allgemeinen Wahrscheinlichkeitsraum in der Maßtheorie als Integral $\mathbb{E}X = \int X\,\mathrm{d}\mathbb{P}$ über dem Grundraum $\Omega$ eingeführt wird. Dabei setzt man $\mathbb{E}|X| < \infty$ voraus. Ist $X$ eine Funktion $g$ eines $k$-dimensionalen Zufallsvektors $\mathbf{Z}$, der eine Dichte $f$ (bzgl. des Borel-Lebesgue-Maßes) besitzt, so kann man $\mathbb{E}g(\mathbf{Z})$ über

$$\mathbb{E}g(\mathbf{Z}) = \int_{\mathbb{R}^k} g(x) f(x)\,\mathrm{d}x$$

berechnen. Insbesondere ist also $\mathbb{E}X = \int x f(x)\,\mathrm{d}x$, wenn $X$ eine Dichte $f$ besitzt, für die $\int |x| f(x)\,\mathrm{d}x < \infty$ gilt. Für einen Zufallsvektor definiert man den Erwartungswertvektor als Vektor der Erwartungswerte der einzelnen Komponenten und die Kovarianzmatrix als Matrix, deren Einträge die Kovarianzen zwischen den Komponenten sind. Eine Kovarianzmatrix ist symmetrisch und positiv semidefinit, und sie ist genau dann singulär, wenn mit Wahrscheinlichkeit eins eine lineare Beziehung zwischen den Komponenten des Zufallsvektors besteht.

Zu einer Verteilungsfunktion $F$ (einer Zufallsvariablen $X$) ist die **Quantilfunktion** (*quantile function*) $F^{-1} : (0,1) \to \mathbb{R}$ durch $F^{-1}(p) := \inf\{x \in \mathbb{R} \mid F(x) \ge p\}$ definiert. Der Wert $F^{-1}(p)$ heißt **p-Quantil** (*p-quantile*) **von F** bzw. von $\mathbb{P}^X$. Wichtige Quantile sind der **Median** (*median*) für $p = 1/2$ und das **untere** (*lower*) bzw. **obere Quartil** (*upper quartile*), die sich für $p = 1/4$ bzw. $p = 3/4$ ergeben. Für eine **symmetrische Verteilung** (*symmetric distribution*) sind unter schwachen Voraussetzungen Median und Erwartungswert gleich. Ist $U$ eine Zufallsvariable mit der Gleichverteilung U(0, 1), so liefert die **Quantiltransformation** (*quantile transformation*) $X := F^{-1}(U)$ eine Zufallsvariable $X$ mit Verteilungsfunktion $F$. Besitzt $X$ eine *stetige* Verteilungsfunktion, so ergibt die **Wahrscheinlichkeitsintegral-Transformation** (*probability integral transform*) $U := F(X)$ eine Zufallsvariable mit der Verteilung U(0, 1).

Eine grundlegende stetige Verteilung ist die **Gleichverteilung** (*uniform distribution*) $\mathrm{U}(a, b)$ auf dem Intervall $(a, b)$. Sie ergibt sich durch die Lokations-Skalen-Transformation $x \mapsto a + (b-a)x$ aus der Gleichverteilung U(0, 1). Letztere Verteilung wird durch Pseudozufallszahlengeneratoren im Computer simuliert. Die **Normalverteilung** (*normal distribution*) $\mathrm{N}(\mu, \sigma^2)$ entsteht aus der Standardnormalverteilung N(0, 1) mit der Dichte $\varphi(x) = (2\pi)^{-1/2}\exp(-x^2/2)$ durch die Transformation $x \mapsto \sigma x + \mu$. In gleicher Weise ergibt sich die **Cauchy-Verteilung** (*Cauchy distribution*) $\mathrm{C}(\alpha, \beta)$ aus der Cauchy-Verteilung C(0, 1) mit der Dichte $f(x) = 1/(\pi(1+x^2))$ durch die Transformation $x \mapsto \beta x + \alpha$. Die Cauchy-Verteilung besitzt keinen Erwartungswert; hier ist das Symmetriezentrum $\alpha$ der Dichte als Median zu interpretieren. Die gedächtnislose **Exponentialverteilung** $\mathrm{Exp}(\lambda)$ (*exponential distribution*) besitzt die für $x > 0$ positive Dichte $\lambda\exp(-\lambda x)$. Durch die Potenztransformation $x \mapsto x^{1/\alpha}$, $x > 0$, erhält man hieraus die allgemeinere Klasse der **Weibull-Verteilungen** (*Weibull distributions*) $\mathrm{Wei}(\alpha, \lambda)$ mit der Verteilungsfunktion $F(x) = 1 - \exp(-\lambda x^\alpha)$, $x > 0$. Die **Gammaverteilung** (*Gamma distribution*) $\Gamma(\alpha, \lambda)$ besitzt die für $x > 0$ positive Dichte $f(x) = \lambda^\alpha x^{\alpha-1} \mathrm{e}^{-\lambda x} / \Gamma(\alpha)$. Sie enthält für $\alpha = k/2$ und $\lambda = 1/2$ als Spezialfall die **Chi-Quadrat-Verteilung** (*Chi square distribution*) mit $k$ Freiheitsgraden. Letztere ist die Verteilung der Summe von $k$ Quadraten unabhängiger und je $\mathrm{N}(0,1)$-verteilter Zufallsvariablen. Die **Lognormalverteilung** (*lognormal distribution*) $\mathrm{LN}(\mu, \sigma^2)$ ist die Verteilung von $\mathrm{e}^X$, wobei $X$ $\mathrm{N}(\mu, \sigma^2)$-verteilt ist. Für die Normalverteilung und die Gammaverteilung gelten **Additionsgesetze** (*convolution theorems*), die mit der **Faltungsformel** (*convolution formula*) hergeleitet werden können.

Die **charakteristische Funktion** (*characteristic function*) $\varphi_X$ einer Zufallsvariablen $X$ ist durch $\varphi_X(t) = \mathbb{E}(\exp(\mathrm{i}tX))$, $t \in \mathbb{R}$, definiert. Dabei wird der komplexwertige Erwartungswert durch Zerlegung in Real- und Imaginärteil eingeführt. Die Funktion $\varphi_X$ ist gleichmäßig stetig, und sie gestattet im Fall $\mathbb{E}|X|^k < \infty$ eine Taylorentwicklung bis zur Ordnung $k$ um 0, wobei $\varphi_X^{(r)}(0) = \mathrm{i}^r \mathbb{E} X^r$, $r = 1, \ldots, k$. Sind $X$ und $Y$ unabhängig, so gilt $\varphi_{X+Y} = \varphi_X \, \varphi_Y$. Über **Umkehrformeln** (*inversion formulae*) lässt sich aus $\varphi_X$ die Verteilung zurückgewinnen. Es gilt also der **Eindeutigkeitssatz** (*uniqueness theorem*) $X \sim Y \iff \varphi_X = \varphi_Y$. Für den Fall, dass $|\varphi_X|$ integrierbar ist, besitzt $X$ die stetige, beschränkte Dichte

$$f(x) = \frac{1}{2\pi} \int_{-\infty}^{\infty} \mathrm{e}^{-\mathrm{i}tx} \, \varphi_X(t) \, \mathrm{d}t, \quad x \in \mathbb{R}.$$

Sind $(\Omega_1, \mathcal{A}_1, \mathbb{P}_1)$ ein Wahrscheinlichkeitsraum, $(\Omega_2, \mathcal{A}_2)$ ein Messraum und $\mathbb{P}_{1,2} : \Omega_1 \times \mathcal{A}_2 \to \mathbb{R}$ eine Funktion (sog. **Übergangswahrscheinlichkeit**) (*transition probability*) derart, dass $\mathbb{P}_{1,2}(\omega_1, \cdot)$ ein Wahrscheinlichkeitsmaß auf $\mathcal{A}_2$ und $\mathbb{P}_{1,2}(\cdot, A_2)$ eine messbare Funktion ist ($\omega_1 \in \Omega_1$, $A_2 \in \mathcal{A}_2$), so wird durch

$$\mathbb{P}(A) := \int_{\Omega_1} \left[ \int_{\Omega_2} \mathbb{1}_A(\omega_1, \omega_2) \mathbb{P}_{1,2}(\omega_1, \mathrm{d}\omega_2) \right] \mathbb{P}_1(\mathrm{d}\omega_1)$$

ein Wahrscheinlichkeitsmaß $\mathbb{P} =: \mathbb{P}_1 \otimes \mathbb{P}_{1,2}$ (sog. **Kopplung von $\mathbb{P}_1$ und $\mathbb{P}_{1,2}$**) auf der Produkt-$\sigma$-Algebra $\mathcal{A}_1 \otimes \mathcal{A}_2$ definiert, das durch seine Werte auf Rechteckmengen $A_1 \times A_2 \in \mathcal{A}_1 \times \mathcal{A}_2$ eindeutig bestimmt ist.

In der Sprache von Zufallsvektoren bedeutet dieses Resultat, dass man die Verteilung eines $(k+n)$-dimensionalen Zufallsvektors $(\mathbf{Z}, \mathbf{X})$ durch die Verteilung $\mathbb{P}^{\mathbf{Z}}$ von $\mathbf{Z}$ und die **bedingte Verteilung** (*conditional distribution*) **$\mathbb{P}_{\mathbf{Z}}^{\mathbf{X}}$ von X bei gegebenem Z** gemäß $\mathbb{P}^{(\mathbf{Z},\mathbf{X})} = \mathbb{P}^{\mathbf{Z}} \otimes \mathbb{P}_{\mathbf{Z}}^{\mathbf{X}}$ koppeln kann. Es gilt dann

$$\mathbb{P}(\mathbf{Z} \in B, \mathbf{X} \in C) = \int_B \mathbb{P}_{\mathbf{Z}=z}^{\mathbf{X}}(C) \, \mathbb{P}^{\mathbf{Z}}(\mathrm{d}z), \qquad B \in \mathcal{B}^k, C \in \mathcal{B}^n.$$

$\mathbb{P}_{\mathbf{Z}}^{\mathbf{X}} : \mathbb{R}^k \times \mathcal{B}^n$ ist eine Übergangswahrscheinlichkeit von $(\mathbb{R}^k, \mathcal{B}^k)$ nach $(\mathbb{R}^n, \mathcal{B}^n)$, und man schreibt $\mathbb{P}_{\mathbf{Z}=z}^{\mathbf{X}}(\cdot) = \mathbb{P}_{\mathbf{Z}}^{\mathbf{X}}(z, \cdot)$. Besitzt $(\mathbf{Z}, \mathbf{X})$ eine Dichte $f_{\mathbf{Z},\mathbf{X}}$, und ist $f_{\mathbf{Z}}$ die marginale Dichte von $\mathbf{Z}$, so erhält man aus der gemeinsamen Dichte über die **bedingte Dichte** (*conditional density*) $f(x|z) := f_{\mathbf{Z},\mathbf{X}}(x,z)/f_{\mathbf{Z}}(z)$ von $\mathbf{X}$ unter der Bedingung $\mathbf{Z} = z$ die bedingte Verteilung von $\mathbf{X}$ bei gegebenem $\mathbf{Z} = z$.

Sind $X$ eine Zufallsvariable mit $\mathbb{E}|X| < \infty$ und $\mathcal{G}$ eine Sub-$\sigma$-Algebra von $\mathcal{A}$, so heißt jede $\mathcal{G}$-messbare Zufallsvariable $Y$ mit $\mathbb{E}(Y \mathbf{1}_A) = \mathbb{E}(X \mathbf{1}_A)$, $A \in \mathcal{G}$, **bedingte Erwartung** von $X$ unter der Bedingung $\mathcal{G}$ (*conditional expectation*), und man schreibt $Y =: \mathbb{E}(X|\mathcal{G})$. Die Existenz von $Y$ folgt aus dem Satz von Radon-Nikodým, und $Y$ ist $\mathbb{P}$-f.s. eindeutig bestimmt. Im Fall $\mathbb{E}(X^2) < \infty$ ist $\mathbb{E}(X|\mathcal{G})$ die Orthogonalprojektion von $X$ auf den Teilraum $\mathcal{L}^2(\Omega, \mathcal{G}, \mathbb{P})$ bzgl. des (positiv-semidefiniten) Skalarproduktes $\langle U, V \rangle = \mathbb{E}(UV)$. Auch bedingte Erwartungen sind linear und monoton, und bzgl. $\mathcal{G}$ messbare Faktoren können wie Konstanten vor den bedingten Erwartungswert gezogen werden. Ist $\mathcal{G} = \sigma(Z)$ für eine Zufallsvariabe $Z$, so ist $\mathbb{E}(X|\mathcal{G})$ nach dem Faktorisierungslemma eine messbare Funktion von $Z$.

Eine aufsteigende Folge $\mathbb{F} := (\mathcal{F}_n)_{n \ge 0}$ von Sub-$\sigma$-Algebren von $\mathcal{A}$ heißt **Filtration** (*filtration*). Eine Abbildung $\tau : \Omega \to \mathbb{N}_0 \cup \{\infty\}$ heißt **Stoppzeit** (*stopping time*) bzgl. $\mathbb{F}$, falls $\{\tau = n\} \in \mathcal{F}_n$ für jedes $n \ge 0$. Gilt $\mathbb{P}(\tau < \infty) = 1$, so heißt $\tau$ **endlich** (*finite*). Zufallsvariablen $X_0, X_1, \ldots$ heißen **(an $\mathbb{F}$) adaptiert** (*adapted to* $\mathbb{F}$), falls $X_n$ $(\mathcal{F}_n, \mathcal{A}')$-messbar ist, $n \ge 0$. Die zu einer Folge $(X_n)$ assoziierte Filtration $\mathbb{F}^X = (\mathcal{F}_n^X)$ mit $\mathcal{F}_n^X := \sigma(X_0, X_1, \ldots, X_n)$ heißt **natürliche Filtration** (*natural filtration*). Sind $\tau$ eine endliche Stoppzeit bzgl. $\mathbb{F}$ und $X_0.X_1, \ldots$ eine an $\mathbb{F}$ adaptierte Folge reeller Zufallsvariablen, so ist die durch $X_\tau(\omega) := X_{\tau(\omega)}(\omega)$, falls $\tau(\omega) < \infty$, und $X_\tau(\omega) := 0$, sonst, definierte Abbildung $X_\tau$ messbar bzgl. der sog. **$\sigma$-Algebra der $\tau$-Vergangenheit**, die durch $\mathcal{A}_\tau := \{A \in \mathcal{A} : A \cap \{\tau \le n\} \in \mathcal{F}_n \ \forall n \ge 0\}$ definiert ist. Sind $X_0, X_1, \ldots$ integrierbar, so heißt die Folge $(X_n)$ (bzgl. $\mathbb{F}$) ein **Martingal** (*martingale*), falls für jedes $n \ge 0$ gilt: $\mathbb{E}(X_{n+1}|\mathcal{F}_n) = X_n$ $\mathbb{P}$-f.s. Für **Super-** bzw. **Submartingale** steht hier stets „$\le$" bzw. „$\ge$".

Eine Folge $C_0, C_1, \ldots$ von Zufallsvariablen heißt **prävisibel** (*previsible*) bzgl. $\mathbb{F}$, falls $C_0$ konstant und für jedes $n \ge 1$ die Zufallsvariable $C_n$ $\mathcal{F}_{n-1}$-messbar ist. Sind $(C_n)$ prävisibel und $(X_n)$ ein Martingal, so ist im Fall $\mathbb{E}|C_n(X_n - X_{n-1})| < \infty$, $n \ge 1$, auch die durch $Y_n := \sum_{k=1}^n C_k(X_k - X_{k-1})$ definierte Folge $(Y_n)$ ein Martingal. Mit einer Stoppzeit $\tau$ und einem Martingal $(X_n)$ bzgl. $\mathbb{F}$ ist auch die gestoppte Folge $(X_{\tau \wedge n})$ ein Martingal bzgl. $\mathbb{F}$. Gilt $\mathbb{E}(\tau) < \infty$, so gilt unter einer Zusatzbedingung $\mathbb{E}(X_\tau) = \mathbb{E}(X_0)$ (Satz von Doob über optionales Stoppen).

# Aufgaben

Die Aufgaben gliedern sich in drei Kategorien: Anhand der *Verständnisfragen* können Sie prüfen, ob Sie die Begriffe und zentralen Aussagen verstanden haben, mit den *Rechenaufgaben* üben Sie Ihre technischen Fertigkeiten und die *Beweisaufgaben* geben Ihnen Gelegenheit, zu lernen, wie man Beweise findet und führt.
Ein Punktesystem unterscheidet leichte •, mittelschwere •• und anspruchsvolle ••• Aufgaben. Lösungshinweise am Ende des Buches helfen Ihnen, falls Sie bei einer Aufgabe partout nicht weiterkommen. Dort finden Sie auch die Lösungen – betrügen Sie sich aber nicht selbst und schlagen Sie erst nach, wenn Sie selber zu einer Lösung gekommen sind. Ausführliche Lösungswege, Beweise und Abbildungen finden Sie auf der Website zum Buch.
Viel Spaß und Erfolg bei den Aufgaben!

## Verständnisfragen

**5.1** •• Es sei $F$ die Verteilungsfunktion einer Zufallsvariablen $X$. Zeigen Sie.

a) $\mathbb{P}(a < X \le b) = F(b) - F(a), a, b \in \mathbb{R}, a < b$.
b) $\mathbb{P}(X = x) = F(x) - F(x-), x \in \mathbb{R}$.

**5.2** •• Zeigen Sie, dass eine Verteilungsfunktion höchstens abzählbar unendlich viele Unstetigkeitsstellen besitzen kann.

**5.3** •• Die Zufallsvariable $X$ besitze eine Gleichverteilung in $(0, 2\pi)$. Welche Verteilung besitzt $Y := \sin X$?

**5.4** •• Leiten Sie die im Satz über die Verteilung der $r$-ten Ordnungsstatistik am Ende von Abschn. 5.2 angegebene Dichte $g_{r,n}$ der $r$-ten Ordnungsstatistik $X_{r:n}$ über die Beziehung

$$\lim_{\varepsilon \to 0} \frac{\mathbb{P}(t \le X_{r:n} \le t + \varepsilon)}{\varepsilon} = g_{r,n}(t)$$

für jede Stetigkeitsstelle $t$ der Dichte $f$ von $X_1$ her.

**5.5** • Die Zufallsvariablen $X_1, \ldots, X_n$ seien stochastisch unabhängig. Die Verteilungsfunktion von $X_j$ sei mit $F_j$ bezeichnet, $j = 1, \ldots, n$. Zeigen Sie:

a) $\mathbb{P}\left(\max_{j=1,\ldots,n} X_j \le t\right) = \prod_{j=1}^n F_j(t), t \in \mathbb{R}$,
b) $\mathbb{P}\left(\min_{j=1,\ldots,n} X_j \le t\right) = 1 - \prod_{j=1}^n (1 - F_j(t)), t \in \mathbb{R}$.

**5.6** •• Es sei $X$ eine Zufallsvariable mit nichtausgearteter Verteilung. Zeigen Sie:

a) $\mathbb{E}\left(\frac{1}{X}\right) > \frac{1}{\mathbb{E}X}$,
b) $\mathbb{E}(\log X) < \log(\mathbb{E}X)$,
c) $\mathbb{E}\left(e^X\right) > e^{\mathbb{E}X}$.

Dabei mögen alle auftretenden Erwartungswerte existieren, und für a) und b) sei $\mathbb{P}(X > 0) = 1$ vorausgesetzt.

**5.7** • Der Zufallsvektor $\mathbf{X} = (X_1, \ldots, X_s)$ sei multinomialverteilt mit Parametern $n$ und $p_1, \ldots, p_s$. Zeigen Sie, dass die Kovarianzmatrix von $\mathbf{X}$ singulär ist.

**5.8** • Es sei $X$ eine Zufallsvariable mit charakteristischer Funktion $\varphi_X$. Zeigen Sie:

$$X \sim -X \iff \varphi_X(t) \in \mathbb{R} \quad \forall t \in \mathbb{R}.$$

## Rechenaufgaben

**5.9** •

a) Zeigen Sie, dass die Festsetzung

$$F(x) := 1 - \frac{1}{1+x}, \qquad x \ge 0,$$

und $F(x) := 0$ sonst, eine Verteilungsfunktion definiert.
b) Es sei $X$ eine Zufallsvariable mit Verteilungsfunktion $F$. Bestimmen Sie $\mathbb{P}(X \le 10)$ und $\mathbb{P}(5 \le X \le 8)$.
c) Besitzt $X$ eine Dichte?

**5.10** •• Der Zufallsvektor $(X, Y)$ besitze eine Gleichverteilung im Einheitskreis $B := \{(x, y) : x^2 + y^2 \le 1\}$. Welche marginalen Dichten haben $X$ und $Y$? Sind $X$ und $Y$ stochastisch unabhängig?

**5.11** •• Die Zufallsvariable $X$ habe die stetige Verteilungsfunktion $F$. Welche Verteilungsfunktion besitzen die Zufallsvariablen

a) $X^4$,
b) $|X|$,
c) $-X$?

**5.12** • Wie ist die Zahl $a$ zu wählen, damit die durch $f(x) := a \exp(-|x|)$, $x \in \mathbb{R}$, definierte Funktion eine Dichte wird? Wie lautet die zugehörige Verteilungsfunktion?

**5.13** • Der Messfehler einer Waage kann aufgrund von Erfahrungswerten als approximativ normalverteilt mit Parametern $\mu = 0$ (entspricht optimaler Justierung) und $\sigma^2 = 0.2025$ mg$^2$ angenommen werden. Wie groß ist die Wahrscheinlichkeit, dass eine Messung um weniger als 0.45 mg (weniger als 0.9 mg) vom wahren Wert abweicht?

Kapitel 5

**5.14** • Die Zufallsvariable $X$ sei $\mathrm{N}(\mu, \sigma^2)$-verteilt. Wie groß ist die Wahrscheinlichkeit, dass $X$ vom Erwartungswert $\mu$ betragsmäßig um höchstens das $k$-Fache der Standardabweichung $\sigma$ abweicht, $k \in \{1, 2, 3\}$?

**5.15** • Zeigen Sie, dass die Verteilungsfunktion $\Phi$ der Standardnormalverteilung die Darstellung

$$\Phi(x) = \frac{1}{2} + \frac{1}{\sqrt{2\pi}} \sum_{k=0}^{\infty} \frac{(-1)^k x^{2k+1}}{2^k k!(2k+1)}, \qquad x > 0,$$

besitzt.

**5.16** •• Es sei $F_0(x) := (1 + \exp(-x))^{-1}$, $x \in \mathbb{R}$.

a) Zeigen Sie: $F_0$ ist eine Verteilungsfunktion, und es gilt $F_0(-x) = 1 - F_0(x)$ für $x \in \mathbb{R}$.
b) Skizzieren Sie die Dichte von $F_0$. Die von $F_0$ erzeugte Lokations-Skalen-Familie heißt *Familie der logistischen Verteilungen*. Eine Zufallsvariable $X$ mit der Verteilungsfunktion

$$F(x) = \left[1 + \exp\left(-\frac{x-a}{\sigma}\right)\right]^{-1} = F_0\left(\frac{x-a}{\sigma}\right)$$

heißt *logistisch verteilt* mit Parametern $a$ und $\sigma$, $\sigma > 0$, kurz: $X \sim \mathrm{L}(a, \sigma)$.
c) Zeigen Sie: Ist $F$ wie oben und $f = F'$ die Dichte von $F$, so gilt

$$f(x) = \frac{1}{\sigma} F(x)(1 - F(x)).$$

Die Verteilungsfunktion $F$ genügt also einer *logistischen Differenzialgleichung*.

**5.17** • Die Zufallsvariable $X$ habe die Gleichverteilung $\mathrm{U}(0, 1)$. Welche Verteilung besitzt $Y := 4X(1 - X)$?

**5.18** •• Die Zufallsvariablen $X_1, X_2$ besitzen die gemeinsame Dichte

$$f(x_1, x_2) = \frac{\sqrt{2}}{\pi} \exp\left(-\frac{3}{2}x_1^2 - x_1x_2 - \frac{3}{2}x_2^2\right), \; (x_1, x_2) \in \mathbb{R}^2.$$

a) Bestimmen Sie die Dichten der Marginalverteilungen von $X_1$ und $X_2$. Sind $X_1, X_2$ stochastisch unabhängig?
b) Welche gemeinsame Dichte besitzen $Y_1 := X_1 + X_2$ und $Y_2 := X_1 - X_2$? Sind $Y_1$ und $Y_2$ unabhängig?

**5.19** •• Die Zufallsvariablen $X, Y$ seien unabhängig und je $\mathrm{Exp}(\lambda)$-verteilt, wobei $\lambda > 0$. Zeigen Sie: Der Quotient $X/Y$ besitzt die Verteilungsfunktion

$$G(t) = \frac{t}{1+t}, \qquad t > 0,$$

und $G(t) = 0$ sonst.

**5.20** •• In der *kinetischen Gastheorie* werden die Komponenten $V_j$ des Geschwindigkeitsvektors $V = (V_1, V_2, V_3)$ eines einzelnen Moleküls mit Masse $m$ als stochastisch unabhängige und je $\mathrm{N}(0, kT/m)$-verteilte Zufallsvariablen betrachtet. Hierbei bezeichnen $k$ die Boltzmann-Konstante und $T$ die absolute Temperatur. Zeigen Sie, dass $Y := \sqrt{V_1^2 + V_2^2 + V_3^2}$ die Dichte

$$g(y) = \sqrt{\frac{2}{\pi}} \left(\frac{m}{kT}\right)^{3/2} y^2 \exp\left(-\frac{m\,y^2}{2kT}\right) \mathbb{1}_{(0,\infty)}(y)$$

besitzt (sog. *Maxwellsche Geschwindigkeitsverteilung*).

**5.21** •• Die gemeinsame Dichte $f$ der Zufallsvariablen $X$ und $Y$ habe die Gestalt $f(x, y) = \psi(x^2 + y^2)$ mit einer Funktion $\psi : \mathbb{R}_{\geq 0} \to \mathbb{R}_{\geq 0}$. Zeigen Sie: Der Quotient $X/Y$ besitzt die Cauchy-Verteilung $\mathrm{C}(0, 1)$, also die Dichte

$$g(t) = \frac{1}{\pi(1 + t^2)}, \qquad t \in \mathbb{R}.$$

**5.22** • Zeigen Sie unter Verwendung der Box-Muller-Methode (s. Abschn. 5.2), dass der Quotient zweier unabhängiger standardnormalverteilter Zufallsvariablen die Cauchy-Verteilung $\mathrm{C}(0, 1)$ besitzt.

**5.23** •• Es seien $X_1$ und $X_2$ unabhängige und je $\mathrm{N}(0, 1)$-verteilte Zufallsvariablen: Zeigen Sie:

$$\frac{X_1 X_2}{\sqrt{X_1^2 + X_2^2}} \sim \mathrm{N}\left(0, \frac{1}{4}\right).$$

**5.24** •• Welche Verteilung besitzt der Quotient $X/Y$, wenn $X$ und $Y$ stochastisch unabhängig und je im Intervall $(0, a)$ gleichverteilt sind?

**5.25** •• Der Zufallsvektor $(X, Y)$ besitze die Dichte $h := 2\,\mathbb{1}_A$, wobei $A := \{(x, y) \in \mathbb{R}^2 \mid 0 \leq x \leq y \leq 1\}$. Zeigen Sie:

a) $\mathbb{E}\,X = \frac{1}{3}$, $\mathbb{E}\,Y = \frac{2}{3}$,
b) $\mathbb{V}(X) = \mathbb{V}(Y) = \frac{1}{18}$,
c) $\mathrm{Cov}(X, Y) = \frac{1}{36}$, $\rho(X, Y) = \frac{1}{2}$.

**5.26** • Der Zufallsvektor $(X_1, \ldots, X_k)$ besitze eine nichtausgeartete Normalverteilung $\mathrm{N}_k(\mu; \Sigma)$. Zeigen Sie: Ist $\Sigma$ eine Diagonalmatrix, so sind $X_1, \ldots, X_k$ stochastisch unabhängig.

**5.27** •• Zeigen Sie, dass in der Situation von Abb. 5.23 der zufällige Ankunftspunkt $X$ auf der $x$-Achse die Cauchy-Verteilung $\mathrm{C}(\alpha, \beta)$ besitzt.

**5.28** • Es sei $X \sim \mathrm{C}(\alpha, \beta)$. Zeigen Sie:

a) $Q_{1/2} = \alpha$,
b) $2\beta = Q_{3/4} - Q_{1/4}$.

**5.29** • Die Zufallsvariable $X$ besitze die Weibull-Verteilung $\mathrm{Wei}(\alpha, 1)$. Zeigen Sie: Es gilt

$$\left(\frac{1}{\lambda}\right)^{1/\alpha} X \sim \mathrm{Wei}(\alpha, \lambda).$$

**5.30** •• Die Zufallsvariable $X$ besitzt die Weibull-Verteilung $\mathrm{Wei}(\alpha, \lambda)$. Zeigen Sie:

a) $\mathbb{E}X^k = \frac{\Gamma(1+\frac{k}{\alpha})}{\lambda^{k/\alpha}}, k \in \mathbb{N}$.
b) $Q_{1/2} < \mathbb{E}X$.

**5.31** •• Zeigen Sie, dass eine $\chi^2_k$-verteilte Zufallsvariable $X$ die Dichte

$$f_k(x) := \frac{1}{2^{k/2}\Gamma(k/2)} x^{\frac{k}{2}-1} \mathrm{e}^{-\frac{x}{2}}, \quad x > 0$$

und $f_k(x) := 0$ sonst besitzt.

**5.32** •• Die Zufallsvariable $X$ besitze die Lognormalverteilung $\mathrm{LN}(\mu, \sigma^2)$. Zeigen Sie:

a) $\mathrm{Mod}(X) = \exp(\mu - \sigma^2)$,
b) $Q_{1/2} = \exp(\mu)$,
c) $\mathbb{E}\, X = \exp(\mu + \sigma^2/2)$,
d) $\mathbb{V}(X) = \exp(2\mu + \sigma^2)(\exp(\sigma^2) - 1)$.

**5.33** •• Die Zufallsvariable $X$ hat eine *Betaverteilung* mit Parametern $\alpha > 0$ und $\beta > 0$, falls $X$ die Dichte

$$f(x) := \frac{1}{\mathrm{B}(\alpha, \beta)} x^{\alpha-1}(1-x)^{\beta-1} \quad \text{für } 0 < x < 1$$

und $f(x) := 0$ sonst besitzt, und wir schreiben hierfür kurz $X \sim \mathrm{BE}(\alpha, \beta)$. Dabei ist

$$\mathrm{B}(\alpha, \beta) := \frac{\Gamma(\alpha)\Gamma(\beta)}{\Gamma(\alpha+\beta)}$$

die in (5.59) eingeführte Eulersche Betafunktion. Zeigen Sie:

a) $\mathbb{E}X^k = \prod_{j=0}^{k-1} \frac{\alpha+j}{\alpha+\beta+j}, k \in \mathbb{N}$,
b) $\mathbb{E}X = \frac{\alpha}{\alpha+\beta}$, $\mathbb{V}(X) = \frac{\alpha\beta}{(\alpha+\beta+1)(\alpha+\beta)^2}$.
c) Sind $V$ und $W$ stochastisch unabhängige Zufallsvariablen, wobei $V \sim \Gamma(\alpha, \lambda)$ und $W \sim \Gamma(\beta, \lambda)$, so gilt

$$\frac{V}{V+W} \sim \mathrm{BE}(\alpha, \beta).$$

**5.34** •• Die Zufallsvariable $Z$ besitze eine Gamma-Verteilung $\Gamma(r, \beta)$, wobei $r \in \mathbb{N}$. Die bedingte Verteilung der Zufallsvariablen $X$ unter der Bedingung $Z = z$, $z > 0$, sei die Poisson-Verteilung $\mathrm{Po}(z)$. Welche Verteilung hat $X$?

## Beweisaufgaben

**5.35** ••• Es seien $F, G : \mathbb{R} \to [0,1]$ Verteilungsfunktionen. Zeigen Sie:

a) Stimmen $F$ und $G$ auf einer in $\mathbb{R}$ dichten Menge (deren Abschluss also ganz $\mathbb{R}$ ist) überein, so gilt $F = G$.
b) Die Menge

$$W(F) := \{x \in \mathbb{R} \mid F(x+\varepsilon) - F(x-\varepsilon) > 0 \;\forall\, \varepsilon > 0\}$$

der *Wachstumspunkte* von $F$ ist nichtleer und abgeschlossen.
c) Es gibt eine diskrete Verteilungsfunktion $F$ mit der Eigenschaft $W(F) = \mathbb{R}$.

**5.36** •• Sei $F$ die Verteilungsfunktion eines $k$-dimensionalen Zufallsvektors $\mathbf{X} = (X_1, \ldots, X_k)$. Zeigen Sie: Für $x = (x_1, \ldots, x_k)$, $y = (y_1, \ldots, y_k) \in \mathbb{R}^k$ mit $x \leq y$ gilt

$$\Delta_x^y F = \mathbb{P}(\mathbf{X} \in (x, y]),$$

wobei

$$\Delta_x^y F := \sum_{\rho \in \{0,1\}^k} (-1)^{k-s(\rho)} F(y_1^{\rho_1} x_1^{1-\rho_1}, \ldots, y_k^{\rho_k} x_k^{1-\rho_k})$$

und $\rho = (\rho_1, \ldots, \rho_k)$, $s(\rho) = \rho_1 + \ldots + \rho_k$.

**5.37** •• Für eine natürliche Zahl $m$ sei $\mathbb{P}_m$ die Gleichverteilung auf der Menge $\Omega_m := \{0, 1/m, \ldots, (m-1)/m\}$. Zeigen Sie: Ist $[u, v]$, $0 \leq u < v \leq 1$, ein beliebiges Teilintervall von $[0, 1]$, so gilt

$$|\mathbb{P}_m(\{a \in \Omega_m : u \leq a \leq v\}) - (v-u)| \leq \frac{1}{m}. \tag{5.111}$$

**5.38** •• Es seien $r_1, \ldots, r_n, s_1, \ldots, s_n \in [0, 1]$ mit $|r_j - s_j| \leq \varepsilon$, $j = 1, \ldots, n$, für ein $\varepsilon > 0$.

a) Zeigen Sie:

$$\left|\prod_{j=1}^n r_j - \prod_{j=1}^n s_j\right| \leq n\,\varepsilon. \tag{5.112}$$

b) Es seien $\mathbb{P}_m^n$ die Gleichverteilung auf $\Omega_m^n$ (vgl. Aufgabe 5.37) sowie $u_j, v_j \in [0, 1]$ mit $u_j < v_j$ für $j = 1, \ldots, n$. Weiter sei $A := \{(a_1, \ldots, a_n) \in \Omega_m^n : u_j \leq a_j \leq v_j \text{ für } j = 1, \ldots, n\}$. Zeigen Sie mithilfe von (5.112):

$$\left|\mathbb{P}_m^n(A) - \prod_{j=1}^n (v_j - u_j)\right| \leq \frac{n}{m}.$$

Kapitel 5

**5.39** •• Es sei $z_{j+1} \equiv az_j + b \pmod m$ das iterative lineare Kongruenzschema des linearen Kongruenzgenerators mit Startwert $z_0$, Modul $m$, Faktor $a$ und Inkrement $b$ (siehe die Hintergrund-und-Ausblick-Box über den linearen Kongruenzgenerator in Abschn. 5.2). Weiter seien $d \in \mathbb{N}$ mit $d \geq 2$ und

$$Z_i := (z_i, z_{i+1}, \ldots, z_{i+d-1})^\top, \quad 0 \leq i < m.$$

Dabei bezeichne $u^\top$ den zu einem Zeilenvektor $u$ transponierten Spaltenvektor. Zeigen Sie:

a) $Z_i - Z_0 \equiv (z_i - z_0)(1\, a\, a^2 \cdots a^{d-1})^\top \pmod m$, $i \geq 0$.
b) Bezeichnet $\mathcal{G}$ die Menge der ganzzahligen Linearkombinationen der $d$ Vektoren

$$\begin{pmatrix} 1 \\ a \\ \vdots \\ a^{d-1} \end{pmatrix}, \begin{pmatrix} 0 \\ m \\ \vdots \\ 0 \end{pmatrix}, \ldots, \begin{pmatrix} 0 \\ 0 \\ \vdots \\ m \end{pmatrix},$$

so gilt $Z_i - Z_0 \in \mathcal{G}$ für jedes $i$.

**5.40** •• Die Zufallsvariablen $X_1, \ldots, X_k$, $k \geq 2$, seien stochastisch unabhängig mit gleicher, überall positiver differenzierbarer Dichte $f$. Dabei hänge $\prod_{j=1}^k f(x_j)$ von $(x_1, \ldots, x_k) \in \mathbb{R}^k$ nur über $x_1^2 + \ldots + x_k^2$ ab. Zeigen Sie: Es gibt ein $\sigma > 0$ mit

$$f(x) = \frac{1}{\sigma\sqrt{2\pi}} \exp\left(-\frac{x^2}{2\sigma^2}\right), \quad x \in \mathbb{R}.$$

**5.41** •• Leiten Sie die Darstellungsformel

$$\mathbb{E}(X) = \int_0^\infty (1 - F(x))\,\mathrm{d}x - \int_{-\infty}^0 F(x)\,\mathrm{d}x$$

für den Erwartungswert (vgl. Abschn. 5.3) her.

**5.42** •• Es seien $X$ eine Zufallsvariable und $p$ eine positive reelle Zahl. Man prüfe, ob die folgenden Aussagen äquivalent sind:

a) $\mathbb{E}|X|^p < \infty$,
b) $\sum_{n=1}^\infty \mathbb{P}\left(|X| > n^{1/p}\right) < \infty$.

**5.43** ••

a) Es sei $X$ eine Zufallsvariable mit $\mathbb{E}|X|^p < \infty$ für ein $p > 0$. Zeigen Sie: Es gilt $\mathbb{E}|X|^q < \infty$ für jedes $q \in (0, p)$.
b) Geben Sie ein Beispiel für eine Zufallsvariable $X$ mit $\mathbb{E}|X| = \infty$ und $\mathbb{E}|X|^p < \infty$ für jedes $p$ mit $0 < p < 1$ an.

**5.44** ••• Es sei $X$ eine Zufallsvariable mit $\mathbb{E}X^4 < \infty$ und $\mathbb{E}X = 0$, $\mathbb{E}X^2 = 1 = \mathbb{E}X^3$. Zeigen Sie: $\mathbb{E}X^4 \geq 2$. Wann tritt hier Gleichheit ein?

**5.45** •• Die Zufallsvariablen $X_1, X_2, \ldots$ seien identisch verteilt, wobei $\mathbb{E}|X_1| < \infty$. Zeigen Sie:

$$\lim_{n\to\infty} \mathbb{E}\left(\frac{1}{n} \max_{j=1,\ldots,n} |X_j|\right) = 0.$$

**5.46** ••• Es sei $(X_1, X_2)$ ein zweidimensionaler Zufallsvektor mit $0 < \mathbb{V}(X_1) < \infty$, $0 < \mathbb{V}(X_2) < \infty$. Zeigen Sie: Mit $\rho := \rho(X_1, X_2)$ gilt für jedes $\varepsilon > 0$:

$$\mathbb{P}\left(\bigcup_{j=1}^2 \left\{|X_j - \mathbb{E}X_j| \geq \varepsilon\sqrt{\mathbb{V}(X_j)}\right\}\right) \leq \frac{1 + \sqrt{1-\rho^2}}{\varepsilon^2}.$$

**5.47** ••• Es sei $X$ eine Zufallsvariable mit $\mathbb{E}|X| < \infty$. Zeigen Sie: Ist $a_0 \in \mathbb{R}$ mit

$$\mathbb{P}(X \geq a_0) \geq \frac{1}{2}, \quad \mathbb{P}(X \leq a_0) \geq \frac{1}{2},$$

so folgt $\mathbb{E}|X - a_0| = \min_{a\in\mathbb{R}} \mathbb{E}|X - a|$. Insbesondere gilt also

$$\mathbb{E}|X - Q_{1/2}| = \min_{a\in\mathbb{R}} \mathbb{E}|X - a|.$$

**5.48** •• Die Zufallsvariable $X$ sei symmetrisch verteilt und besitze die stetige, auf $\{x \,|\, 0 < F(x) < 1\}$ streng monotone Verteilungsfunktion $F$. Weiter gelte $\mathbb{E}X^2 < \infty$. Zeigen Sie:

$$Q_{3/4} - Q_{1/4} \leq \sqrt{8\mathbb{V}(X)}.$$

**5.49** •• Es gelte $\mathbf{X} \sim \mathrm{N}_k(\mu, \Sigma)$. Zeigen Sie, dass die quadratische Form $(\mathbf{X}-\mu)^\top\Sigma^{-1}(\mathbf{X}-\mu)$ eine $\chi_k^2$-Verteilung besitzt.

**5.50** • Zeigen Sie: Für die charakteristische Funktion $\varphi_X$ einer Zufallsvariablen $X$ gelten:

a) $\varphi_X(-t) = \overline{\varphi_X(t)}$, $t \in \mathbb{R}$,
b) $\varphi_{aX+b}(t) = \mathrm{e}^{\mathrm{i}tb}\,\varphi_X(at)$, $a, b, t \in \mathbb{R}$.

**5.51** •• Es sei $X$ eine Zufallsvariable mit charakteristischer Funktion $\varphi$ und Dichte $f$. Weiter sei $\varphi$ reell und nicht negativ, und es gelte $c := \int \varphi(t)\,\mathrm{d}t < \infty$. Zeigen Sie:

a) Es gilt $c > 0$, sodass durch $g(x) := \varphi(x)/c$, $x \in \mathbb{R}$, eine Dichte $g$ definiert wird.
b) Ist $Y$ eine Zufallsvariable mit Dichte $g$, so besitzt $Y$ die charakteristische Funktion

$$\psi(t) = \frac{2\pi}{c} f(t), \quad t \in \mathbb{R}.$$

**5.52** ••

a) Es seien $X$ und $Y$ unabhängige und je Exp(1)-verteilte Zufallsvariablen. Bestimmen Sie Dichte und charakteristische Funktion von $Z := X - Y$.
b) Zeigen Sie: Eine Zufallsvariable mit der Cauchy-Verteilung $\mathrm{C}(0, 1)$ besitzt die charakteristische Funktion $\psi(t) = \exp(-|t|)$, $t \in \mathbb{R}$.
c) Es seien $X_1, \ldots, X_n$ unabhängig und identisch verteilt mit Cauchy-Verteilung $\mathrm{C}(\alpha, \beta)$. Dann gilt:

$$\frac{1}{n}\sum_{j=1}^n X_j \sim \mathrm{C}(\alpha, \beta).$$

**5.53** ••• Es sei $h$ eine positive reelle Zahl. Die Zufallsvariable $X$ besitzt eine *Gitterverteilung mit Spanne h*, falls ein $a \in \mathbb{R}$ existiert, sodass $\mathbb{P}^X(\{a + hm \mid m \in \mathbb{Z}\}) = 1$ gilt. (Beispiele für $a = 0, h = 1$: Binomialverteilung, Poissonverteilung). Beweisen Sie die Äquivalenz der folgenden Aussagen:

a) $X$ besitzt eine Gitterverteilung mit Spanne $h$.
b) $|\varphi_X(\frac{2\pi}{h})| = 1$.
c) $|\varphi_X(t)|$ ist periodisch mit Periode $\frac{2\pi}{h}$.

**5.54** •• Es sei $X$ eine Zufallsvariable mit charakteristischer Funktion $\varphi$. Zeigen Sie: Es gilt

$$\lim_{T\to\infty} \frac{1}{2T} \int_{-T}^{T} \mathrm{e}^{-ita}\varphi(t)\,\mathrm{d}t = \mathbb{P}(X = a), \quad a \in \mathbb{R}.$$

**5.55** •• Beweisen Sie die Dreiecksungleichung $|\mathbb{E}(X|\mathcal{G})| \le \mathbb{E}(|X||\mathcal{G})$ für bedingte Erwartungen.

**5.56** • Zeigen Sie, dass mit Stoppzeiten $\sigma$ und $\tau$ bzgl. einer Filtration $\mathbb{F}$ auch $\max(\sigma, \tau)$, $\min(\sigma, \tau)$ und $\sigma+\tau$ Stoppzeiten bzgl. $\mathbb{F}$ sind.

**5.57** • Zeigen Sie, dass die in Abschn. 5.8 definierte $\sigma$-Algebra der $\tau$-Vergangenheit in der Tat eine $\sigma$-Algebra ist.

**5.58** • Es sei $(X_n)_{n\ge 0}$ ein Submartingal bzgl. einer Filtration $\mathbb{F} = (\mathcal{F}_n)_{n\ge 0}$. Zeigen Sie: Für jede Wahl von $m$ und $n$ mit $m > n \ge 0$ gilt

$$\mathbb{E}(X_m|\mathcal{F}_n) \ge X_n \quad \mathbb{P}\text{-f.s.}$$

**5.59** • Es sei $(X_n)_{n\ge 0}$ ein Submartingal oder Supermartingal. Zeigen Sie:

$$(X_n) \text{ ist ein Martingal} \iff \mathbb{E}(X_n) = \mathbb{E}(X_0)\ \forall\, n \ge 1.$$

**5.60** • Es seien $(X_n)_{n\ge 0}$ und $(Y_n)_{n\ge 0}$ Submartingale bzgl. der gleichen Filtration $\mathbb{F} = (\mathcal{F}_n)_{n\ge 0}$. Zeigen Sie, dass auch $(\max(X_n, Y_n))_{n\ge 0}$ ein Submartingal bzgl. $\mathbb{F}$ ist.

**5.61** • Es seien $\sigma$ und $\tau$ Stoppzeiten bzgl. einer Filtration $\mathbb{F} = (\mathcal{F}_n)_{n\ge 0}$ mit der Eigenschaft $\sigma \le \tau$. Zeigen Sie, dass für die zugehörigen $\sigma$-Algebren $\mathcal{A}_\sigma$ und $\mathcal{A}_\tau$ der $\sigma$- bzw. $\tau$-Vergangenheit die Inklusion $\mathcal{A}_\sigma \subseteq \mathcal{A}_\tau$ besteht.

**5.62** •• Es sei $(X_n)_{n\ge 0}$ ein Martingal bzgl. einer Filtration $\mathbb{F}$ mit $\mathbb{E}(X_n^2) < \infty$ für jedes $n \ge 0$. Zeigen Sie:

a) $(X_n)$ besitzt *orthogonale Zuwächse*, d. h., es gilt

$$\mathbb{E}\big[\,(X_m - X_{m-1})\,(X_\ell - X_{\ell-1})\,\big] = 0 \quad \forall\, \ell, m \ge 1, \ell \ne m.$$

b) Es gilt $\mathbb{V}(X_n) = \mathbb{V}(X_0) + \sum_{j=1}^n \mathbb{E}\big[\,(X_j - X_{j-1})^2\,\big]$.

**5.63** • Zeigen Sie: Ist $(X_n)_{n\ge 0}$ sowohl pävisibel als auch ein Martingal bzgl. einer Filtration, so gilt für jedes $n \ge 1$: $X_n = X_0$ $\mathbb{P}$-fast sicher.

**5.64** ••• Es sei $A$ eine $K$-elementige Menge, wobei $K \ge 2$. Ein Element $a \in A$ heißt Fixpunkt einer Permutation von $A$, wenn es auf sich selbst abgebildet wird. Wir starten mit einer rein zufälligen Permutation $P1$ von $A$. Sollte $P1$ weniger als $K$ Fixpunkte ergeben, so unterwerfen wir in einer zweiten Runde die „Nicht-Fixpunkte von $A$" einer rein zufälligen Permutation $P2$. Die evtl. vorhandenen „Nicht-Fixpunkte" *dieser* Permutation unterwerfen wir einer dritten rein zufälligen Permutation $P3$ usw. Die Zufallsvariable $\tau$ bezeichne die zufällige Anzahl der Runden, bis jedes Element von $A$ als Fixpunkt aufgetreten ist. Zeigen Sie:

a) $\mathbb{E}(\tau) = K$.
b) $\mathbb{V}(\tau) = K$.

# Antworten zu den Selbstfragen

**Antwort 1** Es gilt

$$\mathbb{P}(0.2 < X \leq 0.8) = \int_{0.2}^{0.8} f(x)\,\mathrm{d}x = \int_{0.2}^{0.8} x\,\mathrm{d}x = \frac{x^2}{2}\Big|_{0.2}^{0.8} = 0.3.$$

Wegen $\mathbb{P}(X = a) = 0$ für jedes feste $a \in \mathbb{R}$ gilt auch $\mathbb{P}(0.2 \leq X \leq 0.8) = 0.3$.

**Antwort 2** Ist $(x_n)$ eine beliebige Folge mit $x_n \geq x_{n+1}$, $n \geq 1$, und $\lim_{n\to\infty} x_n = -\infty$, so gilt $(-\infty, x_n] \downarrow \emptyset$. Da $\mathbb{P}^X$ stetig von oben ist, folgt die erste Limesaussage wegen $\mathbb{P}^X(\emptyset) = 0$. Ist $(x_n)$ eine beliebige Folge mit $x_n \leq x_{n+1}$, $n \geq 1$, und $\lim_{n\to\infty} x_n = \infty$, so gilt $(-\infty, x_n] \uparrow \mathbb{R}$. Die zweite Grenzwertaussage ergibt sich dann aus $\mathbb{P}^X(\mathbb{R}) = 1$ und der Tatsache, dass $\mathbb{P}^X$ stetig von unten ist.

**Antwort 3** Nein, denn es ist $\mathbb{P}(X \geq 0.5, Y \geq 0.5) = 0$, aber $\mathbb{P}(X \geq 0.5) > 0$ und $\mathbb{P}(Y \geq 0.5) > 0$.

**Antwort 4** Ist $T$ streng monoton fallend, so ergibt sich

$$G(y) = \mathbb{P}(T(X) \leq y) = \mathbb{P}(X \geq T^{-1}(y)) = 1 - F(T^{-1}(y)).$$

Dabei gilt das letzte Gleichheitszeichen wegen $\mathbb{P}(X = T^{-1}(y) = 0)$, denn $F$ is stetig. Ableiten liefert für jeden Stetigkeitspunkt von $g$

$$g(y) = G'(y) = -\frac{F'(T^{-1}(y))}{T'(T^{-1}(y))} = \frac{f(T^{-1}(y))}{|T'(T^{-1}(y))|}.$$

**Antwort 5** Ein Wendepunkt an einer Stelle $x$ liegt vor, wenn $f''(x) = 0$ gilt. Mit der Ketten- und Produktregel ergibt sich

$$f''(x) = f(x) \cdot \frac{(x-\mu)^2 - \sigma^2}{\sigma^4}$$

und somit $f''(x) = 0 \iff (x-\mu)^2 = \sigma^2$, also $x = \mu \pm \sigma$.

**Antwort 6** Mit $\mu = 4$ und $\sigma^2 = 4$ gilt nach (5.23)

$$\mathbb{P}(X \leq x) = \Phi\left(\frac{x-4}{2}\right)$$

und damit wegen $\mathbb{P}(a \leq X \leq b) = \mathbb{P}(a < X \leq b)$

$$\mathbb{P}(2 \leq X \leq 5) = \Phi(0.5) - \Phi(-1) = \Phi(.5) - (1 - \Phi(1)) \approx 0.6915 + 0.8413 - 1 = 0.5328.$$

**Antwort 7** Die allgemeine Stammfunktion von $1/(\pi(1+x^2))$ ist $\pi^{-1}\arctan(x) + c$, $c \in \mathbb{R}$. Wegen

$$\lim_{x\to\infty} \arctan(x) = \frac{\pi}{2}, \quad \lim_{x\to-\infty} \arctan(x) = -\frac{\pi}{2}$$

muss $c = 1/2$ gesetzt werden, damit die dritte Eigenschaft (5.7) einer Verteilungsfunktion erfüllt ist. Die Verteilungsfunktion $F$ der Verteilung $\mathrm{C}(0,1)$ ist somit

$$F(x) = \frac{1}{2} + \frac{1}{\pi}\arctan(x), \quad x \in \mathbb{R}.$$

**Antwort 8** Sei $A = (a_{ij})_{1\leq i\leq n, 1\leq j\leq k}$ und $b = (b_1, \ldots, b_n)^\top$ sowie $Y_i = \sum_{j=1}^k a_{ij}X_j + b_i$ die $i$-te Komponente von $\mathbf{Y} = (Y_1, \ldots, Y_n)^\top$. Dann ist wegen der Linearität der Erwartungswertbildung

$$\mathbb{E}Y_i = \sum_{j=1}^k a_{ij}\,\mathbb{E}X_j + b_i, \quad i = 1, \ldots, n,$$

was gleichbedeutend mit a) ist. Da die Kovarianzbildung bilinear ist und allgemein $\mathrm{Cov}(U+a, V+b) = \mathrm{Cov}(U, V)$ gilt, folgt weiter für jede Wahl von $i, j \in \{1, \ldots, n\}$

$$\mathrm{Cov}(Y_i, Y_j) = \mathrm{Cov}\left(\sum_{\ell=1}^k a_{i\ell}X_\ell + b_i, \sum_{m=1}^k a_{jm}X_m + b_j\right) = \sum_{\ell=1}^k\sum_{m=1}^k a_{i\ell}a_{jm}\,\mathrm{Cov}(X_\ell, X_m),$$

was zu b) äquivalent ist.

**Antwort 9** Bei der Richtung $\Leftarrow$, denn $x \geq F^{-1}(p)$ impliziert $F(x) \geq F(F^{-1}(p))$, und wegen der rechtsseitigen Stetigkeit von $F$ gilt $F(F^{-1}(p)) \geq p$.

**Antwort 10** Nach (5.45) und Tab. 5.2 ist das obere Quartil durch

$$Q_{3/4}(F) = \mu + 0.667\,\sigma$$

gegeben. Wegen $\Phi^{-1}(0.25) = -\Phi^{-1}(0.75) = -0.667$ ist der Quartilsabstand $Q_{3/4}(F) - Q_{1/4}(F)$ gleich $1.334\sigma$.

**Antwort 11** Bezeichnet $F$ die Verteilungsfunktion von $X$, so ist wegen der Stetigkeit von $F$ Aussage (5.46) gleichbedeutend mit

$$F(a+t) = \mathbb{P}(X - a \leq t) = \mathbb{P}(a - X \leq t) = 1 - F(a-t), \quad t \in \mathbb{R}.$$

Nun ist mit geeigneten Substitutionen und unter der Voraussetzung $f(a+t) = f(a-t)$

$$\begin{aligned} F(a+t) &= \int_{-\infty}^{a+t} f(x)\,\mathrm{d}x = \int_{-\infty}^{t} f(a+u)\,\mathrm{d}u \\ &= \int_{-\infty}^{t} f(a-u)\,\mathrm{d}u = -\int_{\infty}^{a-t} f(x)\,\mathrm{d}x \\ &= \int_{a-t}^{\infty} f(x)\,\mathrm{d}x = 1 - F(a-t). \end{aligned}$$

**Antwort 12** Andernfalls gäbe es mindestens ein $x_0$ mit $F(x_0) - F(x_0-) > 0$. Damit wäre $\mathbb{P}(F(X) \in (F(x_0-), F(x_0))) = 0$, also $U = F(X)$ nicht gleichverteilt auf $(0,1)$.

**Antwort 13** Es ist

$$F^{-1}\left(\frac{1}{2}\right) = -\frac{1}{\lambda}\log\left(\frac{1}{2}\right) = \frac{\log 2}{\lambda} \approx \frac{0.6931}{\lambda}.$$

Der Median ist also kleiner als der Erwartungswert.

**Antwort 14** Es gilt

$$\begin{aligned} \mathbb{P}(X \geq t+h \mid X \geq t) &= \frac{\mathbb{P}(X \geq t+h, X \geq t)}{\mathbb{P}(X \geq t)} \\ &= \frac{\mathbb{P}(X \geq t+h)}{\mathbb{P}(X \geq t)} = \frac{1 - F(t+h)}{1 - F(t)} \\ &= \frac{\exp(-\lambda(t+h))}{\exp(-\lambda t)} = \mathrm{e}^{-\lambda h} = \mathbb{P}(X \geq h). \end{aligned}$$

**Antwort 15** Mit der Substitution $y = \lambda\, x$ folgt

$$\begin{aligned} \mathbb{E}\, X^k &= \int_0^\infty x^k\, f(x)\,\mathrm{d}x = \frac{\lambda^\alpha}{\Gamma(\alpha)} \int_0^\infty x^{k+\alpha-1}\mathrm{e}^{-\lambda x}\mathrm{d}x \\ &= \frac{1}{\lambda^k\,\Gamma(\alpha)} \int_0^\infty y^{k+\alpha-1}\mathrm{e}^{-y}\mathrm{d}y = \frac{\Gamma(k+\alpha)}{\lambda^k\,\Gamma(\alpha)}. \end{aligned}$$

**Antwort 16** Wir zerlegen $Z = U + \mathrm{i}V$ und $c = a + \mathrm{i}\,b$ jeweils in Real- und Imaginärteil. Dann gilt

$$cZ = (a + \mathrm{i}\,b)(U + \mathrm{i}V) = (aU - bV) + \mathrm{i}\,(aV + bU).$$

Nach Definition des Integrals einer komplexwertigen Zufallsvariablen folgt

$$\begin{aligned} \mathbb{E}(cZ) &= \mathbb{E}\,(aU - bV) + \mathrm{i}\mathbb{E}\,(aV + bU) \\ &= a\mathbb{E}U - b\mathbb{E}V + \mathrm{i}\,(a\mathbb{E}V + b\mathbb{E}U) \\ &= (a + \mathrm{i}b)\,(\mathbb{E}U + \mathrm{i}\mathbb{E}V) \\ &= c\,\mathbb{E}Z. \end{aligned}$$

Dabei existieren wegen $\mathbb{E}|Z| < \infty$ alle auftretenden Erwartungswerte.

**Antwort 17** Im Fall $X \sim \mathrm{Po}(\lambda)$ gilt

$$\begin{aligned} \mathbb{E}\left(\mathrm{e}^{\mathrm{i}tX}\right) &= \sum_{k=0}^{\infty} \mathrm{e}^{-\lambda}\frac{\lambda^k}{k!}\,\mathrm{e}^{\mathrm{i}tk} = \mathrm{e}^{-\lambda}\sum_{k=0}^{\infty}\frac{1}{k!}\left(\lambda\mathrm{e}^{\mathrm{i}tk}\right)^k \\ &= \mathrm{e}^{-\lambda}\,\exp\left(\lambda\mathrm{e}^{\mathrm{i}t}\right) = \exp(\lambda(\mathrm{e}^{\mathrm{i}t} - 1)). \end{aligned}$$

**Antwort 18** Es seien $W = U + \mathrm{i}V$, $Z = X + \mathrm{i}Y$ die Zerlegungen von $W$ und $Z$ in Real- und Imaginärteil. Es gilt $WZ = UX - VY + \mathrm{i}(UY + VX)$. Hier sind wegen der Unabhängigkeit von $W$ und $Z$ auf der rechten Seite die Faktoren jedes auftretenden Paars von Zufallsvariablen stochastisch unabhängig. Die bekannte Multiplikationsformel liefert somit

$$\mathbb{E}(WZ) = \mathbb{E}U\,\mathbb{E}X - \mathbb{E}V\,\mathbb{E}Y + \mathrm{i}(\mathbb{E}U\mathbb{E}Y + \mathbb{E}V\mathbb{E}X).$$

Die rechte Seite ist gleich $\mathbb{E}W\,\mathbb{E}Z$.

**Antwort 19** Nach Definition der Betafunktion in (5.59) sowie (5.60) gilt $\int_0^1 z^k(1-z)^{n-k}\mathrm{d}z = \Gamma(k+1)\Gamma(n-k+1)/\Gamma(n+2)$, woraus die Behauptung folgt.

**Antwort 20** Wiederhole folgenden Algorithmus, bis die Bedingung $\widetilde{u}_1^2 + \widetilde{u}_2^2 \leq 1$ erfüllt ist: Erzeuge in $[0,1]$ gleichverteilte Pseudozufallszahlen $u_1, u_2$. Setze $\widetilde{u}_1 := -1 + 2u_1$, $\widetilde{u}_2 := -1 + 2u_2$. Falls $\widetilde{u}_1^2 + \widetilde{u}_2^2 \leq 1$, so ist $(\widetilde{u}_1, \widetilde{u}_2)$ ein Pseudozufallspunkt mit Gleichverteilung in $K$.

**Antwort 21** Für beliebige Mengen $B \in \mathcal{B}^k, C \in \mathcal{B}^n$ gilt

$$\mathbb{P}^{(\mathbf{Z},\mathbf{X})}(B \times C) = \int_B \left[\int_C f_{\mathbf{Z},\mathbf{X}}(z,x)\,\mathrm{d}x\right]\mathrm{d}z.$$

Nach Definition von $f(x|z)$ und der obigen Zusatzvereinbarung gilt dann $f_{\mathbf{Z},\mathbf{X}}(z,x) = f(x|z)f_{\mathbf{Z}}(z)$ für jede Wahl von $x$ und $z$, und wir erhalten

$$\begin{aligned} \mathbb{P}^{(\mathbf{Z},\mathbf{X})}(B \times C) &= \int_B \left[\int_C f(x|z)\,\mathrm{d}x\right] f_{\mathbf{Z}}(z)\,\mathrm{d}z \\ &= \int_B \mathbb{P}^{\mathbf{X}}_{\mathbf{Z}=z}(C)\,f_{\mathbf{Z}}(z)\,\mathrm{d}z \\ &= \int_B \mathbb{P}^{\mathbf{X}}_{\mathbf{Z}=z}(C)\mathbb{P}^{\mathbf{Z}}(\mathrm{d}z), \end{aligned}$$

was zu zeigen war.

**Antwort 22** Hat man die Existenz von $Y$ im Fall $X \geq 0$ gezeigt, so liefert die Zerlegung $X = X^+ - X^-$ in Positiv- und Negativteil $\mathcal{G}$-messbare Zufallsvariablen $Y_1$ und $Y_2$ mit $\int_A Y_1\,\mathrm{d}\mathbb{P} = \int_A X^+\mathrm{d}\mathbb{P}$ und $\int_A Y_2\,\mathrm{d}\mathbb{P} = \int_A X^-\mathrm{d}\mathbb{P}$ für jedes $A \in \mathcal{G}$. Dann leistet $Y := Y_1 - Y_2$ das Verlangte.

**Antwort 23** Ist $(I_n)$ eine aufsteigende Folge *endlicher* Teilmengen von $I$ mit $I_n \uparrow I$, so gilt $Y\mathbb{1}\{I_n\} \to Y\mathbb{1}\{I\}$ (elementweise auf $\Omega$). Weiter gilt $|Y\mathbb{1}\{I_n\}| \leq |Y|$, und die Behauptung folgt aufgrund der Additivität des Integrals mit dem Satz von der dominierten Konvergenz.

**Antwort 24** Das vierte und sechste Gleichheitszeichen folgen aus dem Satz von der monotonen Konvergenz von Beppo Levi, und das fünfte gilt aufgrund der Definition der bedingten Erwartung.

**Antwort 25** Da $\mathbb{E}_{\mathcal{G}}X$ $\mathcal{G}$-messbar ist, gilt

$$\mathbb{E}\big[X - \mathbb{E}_{\mathcal{G}}X \big| \mathcal{G}\big] = \mathbb{E}_{\mathcal{G}}X - \mathbb{E}_{\mathcal{G}}X = 0$$

sowie $\mathbb{E}\big[g(\mathbb{E}_{\mathcal{G}}X)\big|\mathcal{G}\big] = g(\mathbb{E}[X|\mathcal{G}])$.

**Antwort 26** Ja, denn $\tau^2$ ist $(\mathbb{N}_0 \cup \{\infty\})$-wertig, und es gilt für jedes $n \geq 0$ $\{\tau^2 \leq n\} = \{\tau \leq \lfloor\sqrt{n}\rfloor\} \in \mathcal{F}_{\lfloor\sqrt{n}\rfloor} \subseteq \mathcal{F}_n$.

**Antwort 27** Nach Definition gilt

$$(C \bullet X)_n = \sum_{k=1}^{n} C_k(X_k - X_{k-1}).$$

Der $k$-te Summand ist $\mathcal{F}_k$-messbar und wegen $k \leq n$ auch $\mathcal{F}_n$-messbar. Damit ist $(C \bullet X)_n$ $\mathcal{F}_n$-messbar.

**Antwort 28** Ist $\mu := \mathbb{E}(X_1)$, so haben wir unter der o.B.d.A.-Annahme

$$\mathbb{E}\left(\sum_{j=1}^{N}(X_j - \mu)\right) = \mathbb{E}(X_1 - \mu)\mathbb{E}(N)$$

bewiesen. Hier verschwindet die rechte Seite, und die linke ist gleich $\mathbb{E}\left(\sum_{j=1}^{N} X_j\right) - \mu\mathbb{E}(N)$.

# Konvergenzbegriffe und Grenzwertsätze – Stochastik für große Stichproben

Wie stehen die Begriffe *fast sichere Konvergenz*, *stochastische Konvergenz*, *Konvergenz im $p$-ten Mittel* und *Verteilungskonvergenz* zueinander?

Was besagt das starke Gesetz großer Zahlen?

Was besagt der Stetigkeitssatz von Lévy-Cramér?

Warum ist der Zentrale Grenzwertsatz von Lindeberg-Feller *zentral*?







N. Henze, *Stochastik: Eine Einführung mit Grundzügen der Maßtheorie*, https://doi.org/10.1007/978-3-662-59563-3_6

In diesem Kapitel lernen wir mit der fast sicheren Konvergenz, der stochastischen Konvergenz, der Konvergenz im $p$-ten Mittel und der Verteilungskonvergenz die wichtigsten Konvergenzbegriffe der Stochastik kennen. Hauptergebnisse sind das starke Gesetz großer Zahlen von Kolmogorov und die Zentralen Grenzwertsätze von Lindeberg-Lévy und Lindeberg-Feller. Diese Resultate zählen zu den Glanzlichtern der klassischen Wahrscheinlichkeitstheorie, und sie sind bei der Untersuchung statistischer Verfahren für große Stichproben unverzichtbar. Wir haben beim Beweis des Zentralen Grenzwertsatzes von Lindeberg-Lévy bewusst auf charakteristische Funktionen verzichtet und einen relativ elementaren Zugang von Stein gewählt. Damit wird dieser Satz auch für Leserinnen und Leser zugänglich, die mit charakteristischen Funktionen nicht vertraut sind. Bei allen Betrachtungen sei im Folgenden ein fester Wahrscheinlichkeitsraum $(\Omega, \mathcal{A}, \mathbb{P})$ zugrunde gelegt. Wir erinnern an dieser Stelle an die bequeme Notation, bei Ereignissen, die mithilfe von Zufallsvariablen geschrieben werden, die hierdurch gegebenen Elemente $\omega \in \Omega$ zu unterdrücken. So ist etwa für reelle Zufallsvariablen $X, X_1, X_2, \ldots$ und $k \in \mathbb{N}$ sowie $\varepsilon > 0$

$$\left\{\sup_{n\geq k} |X_n - X| > \varepsilon\right\} := \left\{\omega \in \Omega \mid \sup_{n\geq k} |X_n(\omega) - X(\omega)| > \varepsilon\right\}.$$

## 6.1 Konvergenz fast sicher, stochastisch und im $p$-ten Mittel

In der Analysis lernt man zu Beginn des Studiums die *punktweise* und die *gleichmäßige Konvergenz* von Funktionenfolgen kennen. In der Stochastik ist bereits die punktweise Konvergenz zu stark, da Mengen, die die Wahrscheinlichkeit null besitzen, irrelevant sind. Nach diesen Vorbemerkungen drängt sich der folgende Konvergenzbegriff für reelle Zufallsvariablen $X, X_1, X_2, \ldots$ auf einem Wahrscheinlichkeitsraum $(\Omega, \mathcal{A}, \mathbb{P})$ nahezu auf.

**Definition der fast sicheren Konvergenz**

Die Folge $(X_n)_{n\geq 1}$ konvergiert **($\mathbb{P}$-)fast sicher** gegen $X$, wenn

$$\mathbb{P}\left(\left\{\omega \in \Omega \mid \lim_{n\to\infty} X_n(\omega) = X(\omega)\right\}\right) = 1 \qquad (6.1)$$

gilt, und wir schreiben hierfür $X_n \xrightarrow{\text{f.s.}} X$.

### Fast sichere Konvergenz bedeutet punktweise Konvergenz fast überall

Nennen wir eine Menge $\Omega_0 \in \mathcal{A}$ eine *Eins-Menge*, wenn $\mathbb{P}(\Omega_0) = 1$ gilt, so besagt $X_n \xrightarrow{\text{f.s.}} X$, dass die Folge $(X_n)$ auf einer Eins-Menge punktweise gegen $X$ konvergiert. Fast sichere Konvergenz bedeutet also „fast überall punktweise Konvergenz“. Dass die in (6.1) stehende Menge zur $\sigma$-Algebra $\mathcal{A}$ gehört, zeigt Übungsaufgabe 6.1.

**Selbstfrage 1**

Ist der Grenzwert einer fast sicher konvergenten Folge mit Wahrscheinlichkeit eins eindeutig bestimmt?

Wie wir sehen werden, ist der obige Konvergenzbegriff recht einschneidend, und die fast sichere Konvergenz einer Folge von Zufallsvariablen kann oft nur mit einigem technischen Aufwand nachgewiesen werden. Eine handliche notwendige und hinreichende Bedingung für die fast sichere Konvergenz liefert der nachstehende Satz.

**Charakterisierung der fast sicheren Konvergenz**

Die folgenden Aussagen sind äquivalent:

a) $X_n \xrightarrow{\text{f.s.}} X$,
b) $\lim_{n\to\infty} \mathbb{P}\left(\sup_{k\geq n} |X_k - X| > \varepsilon\right) = 0 \quad \forall \varepsilon > 0.$

**Beweis** Die nachfolgende Beweisführung macht starken Gebrauch von der am Ende des Kapitelvorworts in Erinnerung gerufenen Konvention, durch Zufallsvariablen definierte Ereignisse in kompakter Form ohne „$\omega \in \Omega \mid$“ zu schreiben.

Um „a) $\Rightarrow$ b)“ zu zeigen, seien $\varepsilon > 0$ beliebig sowie $A_n := \{\sup_{k\geq n} |X_k - X| > \varepsilon\}$, $C := \{\lim_{n\to\infty} X_n = X\}$ und $B_n := C \cap A_n$ gesetzt. Nach Voraussetzung gilt dann $\mathbb{P}(C) = 1$, und zu zeigen ist $\lim_{n\to\infty} \mathbb{P}(A_n) = 0$. Die Definition des Supremums liefert $B_n \supseteq B_{n+1}$, $n \geq 1$, und die Definition von $C$ und $A_n$ ergibt $\bigcap_{n=1}^{\infty} B_n = \emptyset$. Da $\mathbb{P}$ stetig von oben ist und wegen $\mathbb{P}(C) = 1$ die Gleichheit $\mathbb{P}(A_n) = \mathbb{P}(B_n)$ besteht, folgt wie behauptet

$$0 = \lim_{n\to\infty} \mathbb{P}(B_n) = \lim_{n\to\infty} \mathbb{P}(A_n).$$

Für die Umkehrung „b) $\Rightarrow$ a)“ seien $A_n$ und $C$ wie oben sowie $D_\varepsilon := \{\limsup_{n\to\infty} |X_n - X| > \varepsilon\}$. Nach Definition des Limes superior erhalten wir $D_\varepsilon \subseteq A_n$ für jedes $n \geq 1$ und somit $\mathbb{P}(D_\varepsilon) = 0$, da nach Voraussetzung $\mathbb{P}(A_n)$ gegen null konvergiert. Weiter gilt

$$C^c = \bigcup_{k=1}^{\infty} \left\{\limsup_{n\to\infty} |X_n - X| > \frac{1}{k}\right\}$$

und somit wegen der $\sigma$-Subadditivität von $\mathbb{P}$

$$0 \leq \mathbb{P}(C^c) \leq \sum_{k=1}^{\infty} \mathbb{P}(D_{1/k}) = 0, \quad \text{also } \mathbb{P}(C) = 1. \qquad \blacksquare$$

Mithilfe des Lemmas von Borel-Cantelli in Abschn. 3.4 erhält man folgende hinreichende Bedingung für fast sichere Konvergenz.

**Reihenkriterium für fast sichere Konvergenz**

Gilt $\sum_{n=1}^{\infty} \mathbb{P}(|X_n - X| > \varepsilon) < \infty$ für jedes $\varepsilon > 0$, so folgt $X_n \xrightarrow{\text{f.s.}} X$.

Kapitel 6

**Beweis** Aus der Konvergenz obiger Reihe ergibt sich mit dem Lemma von Borel-Cantelli sowie nach Definition des Limes Superior einer Mengenfolge

$$\mathbb{P}\left(\bigcap_{n=1}^{\infty}\bigcup_{k=n}^{\infty}\{|X_k - X| > \varepsilon\}\right) = 0 \qquad \forall \varepsilon > 0. \tag{6.2}$$

Wegen

$$\bigcup_{k=n}^{\infty}\{|X_k - X| > \varepsilon\} = \left\{\sup_{k\ge n}|X_k - X| > \varepsilon\right\}$$

und der Tatsache, dass diese Mengen absteigende Folgen bilden, ist die linke Seite von (6.2) gleich $\lim_{n\to\infty}\mathbb{P}(\{\sup_{k\ge n}|X_k - X| > \varepsilon\})$. Die Charakterisierung der fast sicheren Konvergenz liefert somit die Behauptung. ■

**Video 6.1** Fast sichere und stochastische Konvergenz

## Stochastische Konvergenz ist schwächer als fast sichere Konvergenz

Auch der nachfolgende Konvergenzbegriff besitzt für die Stochastik grundlegende Bedeutung.

**Definition der stochastischen Konvergenz**

Die Folge $(X_n)_{n\ge 1}$ konvergiert **stochastisch** gegen $X$, falls gilt:

$$\lim_{n\to\infty}\mathbb{P}(|X_n - X| > \varepsilon) = 0 \qquad \forall \varepsilon > 0. \tag{6.3}$$

In diesem Fall schreiben wir kurz $X_n \xrightarrow{\mathbb{P}} X$.

Stochastische Konvergenz von $X_n$ gegen $X$ besagt also, dass für jedes (noch so kleine) $\varepsilon > 0$ das Wahrscheinlichkeitsmaß derjenigen $\omega \in \Omega$, für die $X_n(\omega)$ außerhalb des $\varepsilon$-Schlauchs um $X(\omega)$ liegt, für $n \to \infty$ gegen null konvergiert.

Anstelle von *stochastischer Konvergenz* oder auch *$\mathbb{P}$-stochastischer Konvergenz* findet man häufig die synonyme Bezeichnung *Konvergenz in Wahrscheinlichkeit*. Gilt $\mathbb{P}(X = a) = 1$ für ein $a \in \mathbb{R}$, ist also $\mathbb{P}^X = \delta_a$ die Einpunktverteilung (Dirac-Maß) im Punkt $a$, so schreibt man anstelle von $X_n \xrightarrow{\mathbb{P}} X$ auch $X_n \xrightarrow{\mathbb{P}} a$. Im Fall $X_n/a_n \xrightarrow{\mathbb{P}} 0$ für eine Zahlenfolge $(a_n)$ mit $a_n \ne 0$, $n \ge 1$, ist auch in Analogie zur Landauschen o-Notation für konvergente Zahlenfolgen die *stochastische $o_{\mathbb{P}}$-Notation*

$$X_n = o_{\mathbb{P}}(a_n) \;:\Longleftrightarrow\; \frac{X_n}{a_n} \xrightarrow{\mathbb{P}} 0 \tag{6.4}$$

üblich. Speziell ist also $X_n = o_{\mathbb{P}}(1)$ gleichbedeutend mit $X_n \xrightarrow{\mathbb{P}} 0$.

Aus der Teilmengenbeziehung

$$\{|X_n - X| > \varepsilon\} \subseteq \left\{\sup_{k\ge n}|X_k - X| > \varepsilon\right\}, \qquad \varepsilon > 0,$$

erhalten wir zusammen mit der Charakterisierung der fast sicheren Konvergenz:

**Satz über fast sichere und stochastische Konvergenz**

Aus $X_n \xrightarrow{\text{f.s.}} X$ folgt $X_n \xrightarrow{\mathbb{P}} X$.

Die Umkehrung dieser Aussage gilt in einem diskreten Wahrscheinlichkeitsraum (Aufgabe 6.3). Wie das folgende Beispiel zeigt, ist jedoch die fast sichere Konvergenz i. Allg. stärker als die stochastische Konvergenz.

**Beispiel** Seien $\Omega := [0,1]$, $\mathcal{A} := \Omega \cap \mathcal{B}$ und $\mathbb{P} := \lambda^1_{\Omega}$ die Gleichverteilung auf $\Omega$. Jede natürliche Zahl $n$ besitzt eine eindeutige Darstellung der Form $n = 2^k + j$ mit $k \in \mathbb{N}_0$ und $0 \le j < 2^k$. Somit wird durch

$$X_n(\omega) := \begin{cases} 1, & \text{falls } j2^{-k} \le \omega \le (j+1)2^{-k}, \\ 0 & \text{sonst,} \end{cases}$$

eine Folge $(X_n)$ von Zufallsvariablen auf $\Omega$ definiert. Setzen wir $X :\equiv 0$, so gilt $X_n \xrightarrow{\mathbb{P}} X$, denn für jedes $\varepsilon$ mit $0 < \varepsilon < 1$ ist

$$\mathbb{P}(|X_n - X| > \varepsilon) = \mathbb{P}(X_n = 1) = 2^{-k},$$

falls $2^k \le n < 2^{k+1}$. Andererseits gilt für jedes $\omega \in \Omega$

$$0 = \liminf_{n\to\infty} X_n(\omega) < \limsup_{n\to\infty} X_n(\omega) = 1.$$

Die Folge $(X_n(\omega))$ konvergiert also für kein $\omega$ und ist damit erst recht nicht fast sicher konvergent. Abb. 6.1 zeigt die Graphen von $X_1, \ldots, X_6$. ◄

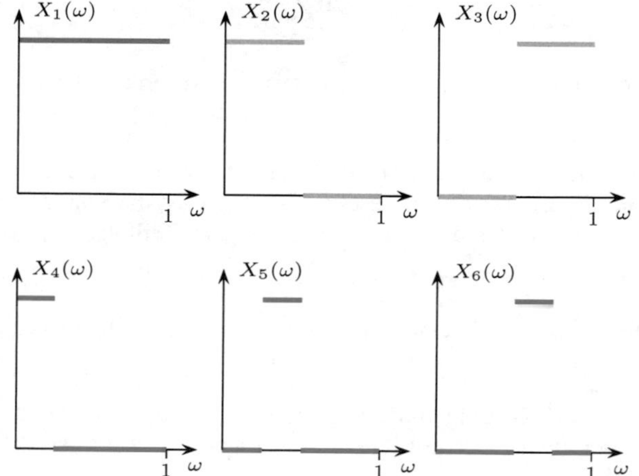


**Abb. 6.1** Eine Folge $(X_n)$, die stochastisch, aber nicht fast sicher konvergiert (sie konvergiert in keinem Punkt!)

Der springende Punkt an obigem Beispiel für eine stochastisch, aber nicht fast sicher konvergente Folge ist, dass auf der einen Seite die Ausnahmemengen $A_n := \{\omega \mid |X_n(\omega) - X(\omega)| > \varepsilon\}$ mit wachsendem $n$ immer kleiner werden und ihre Wahrscheinlichkeit gegen null strebt. Andererseits überdecken für jedes $k = 0, 1, 2, \ldots$ die Mengen $A_n$ mit $n = 2^k, 2^k+1, \ldots, 2^{k+1}-1$ ganz $\Omega$, weshalb keine punktweise Konvergenz vorliegt. Natürlich gibt es Teilfolgen wie z. B. $(X_{2^k})_{k\geq 0}$, die fast sicher gegen $X \equiv 0$ konvergieren. Das folgende Resultat charakterisiert die stochastische Konvergenz mithilfe der fast sicheren Konvergenz von Teilfolgen.

**Teilfolgenkriterium für stochastische Konvergenz**

Folgende Aussagen sind äquivalent:

a) $X_n \xrightarrow{\mathbb{P}} X$.
b) Jede Teilfolge $(X_{n_k})_{k\geq 1}$ von $(X_n)_{n\geq 1}$ besitzt eine weitere Teilfolge $(X_{n'_k})_{k\geq 1}$ mit $X_{n'_k} \xrightarrow{\text{f.s.}} X$.

**Beweis** Wir zeigen zunächst die Gültigkeit der Implikation „a) $\Rightarrow$ b)" und starten hierzu mit einer beliebigen Teilfolge $(X_{n_k})_{k\geq 1}$ von $(X_n)$. Da für jedes feste $k \in \mathbb{N}$ die Folge $\mathbb{P}(|X_n - X| > 1/k)$ gegen 0 konvergiert, gibt es eine Teilfolge $(X_{n'_k})_{k\geq 1}$ mit

$$\mathbb{P}\left(|X_{n'_k} - X| > \frac{1}{k}\right) \leq \frac{1}{k^2}, \qquad k \geq 1.$$

Wählen wir zu vorgegebenem $\varepsilon > 0$ die natürliche Zahl $k$ so groß, dass die Ungleichung $k^{-1} < \varepsilon$ erfüllt ist, so folgt

$$\begin{aligned}\mathbb{P}\left(\sup_{r\geq k} |X_{n'_r} - X| > \varepsilon\right) &\leq \sum_{r=k}^{\infty} \mathbb{P}(|X_{n'_r} - X| > \varepsilon) \\ &\leq \sum_{r=k}^{\infty} \mathbb{P}\left(|X_{n'_r} - X| > \frac{1}{r}\right) \\ &\leq \sum_{r=k}^{\infty} \frac{1}{r^2}.\end{aligned}$$

Wegen $\lim_{k\to\infty} \sum_{r=k}^{\infty} r^{-2} = 0$ liefert das Kriterium für fast sichere Konvergenz $X_{n'_k} \xrightarrow{\text{f.s.}} X$.

Für die Beweisrichtung „b) $\Rightarrow$ a)" seien $\varepsilon > 0$ beliebig und kurz $a_n := \mathbb{P}(|X_n - X| > \varepsilon)$ gesetzt. Zu zeigen ist die Konvergenz $a_n \to 0$. Nach Voraussetzung gibt es zu jeder Teilfolge $(a_{n_k})_{k\geq 1}$ von $(a_n)$ eine weitere Teilfolge $(a_{n'_k})_{k\geq 1}$ mit $X_{n'_k} \xrightarrow{\text{f.s.}} X$, also auch $X_{n'_k} \xrightarrow{\mathbb{P}} X$ und somit $\lim_{k\to\infty} a_{n'_k} = 0$. Hieraus folgt $\lim_{n\to\infty} a_n = 0$. ∎

Aus diesem Teilfolgenkriterium ergibt sich unmittelbar, dass auch der stochastische Limes $\mathbb{P}$-fast sicher eindeutig ist, d. h., es gilt:

$$\text{Aus } X_n \xrightarrow{\mathbb{P}} X \text{ und } X_n \xrightarrow{\mathbb{P}} Y \text{ folgt } X = Y \ \mathbb{P}\text{-f.s.}$$

**Selbstfrage 2**

Wie könnte ein Beweis dieser Aussage aussehen?

Die beiden bislang vorgestellten Konvergenzbegriffe für Folgen reeller Zufallsvariablen lassen sich direkt auf Folgen $k$-dimensionaler Zufallsvektoren verallgemeinern. Hierzu bezeichne $\|\cdot\|_\infty$ die durch

$$\|\mathbf{x}\|_\infty := \max(|x_1|, \ldots, |x_k|), \quad \mathbf{x} := (x_1, x_2, \ldots, x_k) \in \mathbb{R}^k$$

definierte *Maximum-Norm* im $\mathbb{R}^k$.

**Fast sichere und stochastische Konvergenz im $\mathbb{R}^k$**

Es seien $\mathbf{X}, \mathbf{X}_1, \mathbf{X}_2, \ldots$ $\mathbb{R}^k$-wertige Zufallsvektoren auf einem Wahrscheinlichkeitsraum $(\Omega, \mathcal{A}, \mathbb{P})$. Die Folge $(\mathbf{X}_n)_{n\geq 1}$ konvergiert

a) **fast sicher** gegen $\mathbf{X}$ (in Zeichen: $\mathbf{X}_n \xrightarrow{\text{f.s.}} \mathbf{X}$), falls

$$\mathbb{P}\left(\{\omega \in \Omega : \lim_{n\to\infty} \mathbf{X}_n(\omega) = \mathbf{X}(\omega)\}\right) = 1,$$

b) **stochastisch** gegen $\mathbf{X}$ (kurz: $\mathbf{X}_n \xrightarrow{\mathbb{P}} \mathbf{X}$), falls

$$\lim_{n\to\infty} \mathbb{P}(\|\mathbf{X}_n - \mathbf{X}\|_\infty > \varepsilon) = 0 \qquad \forall \varepsilon > 0.$$

Im $\mathbb{R}^k$ gibt es neben der Maximum-Norm noch viele weitere Normen wie z. B. die Summenbetragsnorm $\|\mathbf{x}\|_1 := |x_1| + \ldots + |x_k|$ oder die euklidische Norm. Da je zwei Normen $\|\cdot\|$ und $\|\cdot\|_*$ auf dem $\mathbb{R}^k$ in dem Sinne äquivalent sind, dass es positive Konstanten $\alpha$ und $\beta$ mit

$$\|\cdot\| \leq \alpha \cdot \|\cdot\|_*, \qquad \|\cdot\|_* \leq \beta \cdot \|\cdot\|$$

gibt (siehe z. B. [1], Abschn. 19.3), könnten wir in der Definition der stochastischen Konvergenz anstelle der Maximum-Norm auch jede andere Norm wählen.

Bekanntlich ist die Konvergenz von Folgen im $\mathbb{R}^k$ zur Konvergenz jeder der $k$ Koordinatenfolgen äquivalent. Ein analoges Resultat gilt sowohl für die fast sichere als auch für die stochastische Konvergenz von Zufallsvektoren im $\mathbb{R}^k$. Versuchen Sie sich einmal selbst an einem Beweis (siehe Aufgabe 6.21)!

**Satz (Äquivalenz zu komponentenweiser Konvergenz)** Es seien $\mathbf{X} = (X^{(1)}, \ldots, X^{(k)})$ und $\mathbf{X}_n = (X_n^{(1)}, \ldots, X_n^{(k)})$, $n \geq 1$, $k$-dimensionale Zufallsvektoren auf einem Wahrscheinlichkeitsraum $(\Omega, \mathcal{A}, \mathbb{P})$. Dann gelten:

a) $\mathbf{X}_n \xrightarrow{\text{f.s.}} \mathbf{X} \iff X_n^{(j)} \xrightarrow{\text{f.s.}} X^{(j)}$, $j = 1, \ldots, k$,
b) $\mathbf{X}_n \xrightarrow{\mathbb{P}} \mathbf{X} \iff X_n^{(j)} \xrightarrow{\mathbb{P}} X^{(j)}$, $j = 1, \ldots, k$. ◀

Aus dem obigen Satz und dem Teilfolgenkriterium für stochastische Konvergenz ergeben sich nachstehende Rechenregeln.

**Rechenregeln für stochastische Konvergenz**

Es seien $\mathbf{X}, \mathbf{X}_1, \mathbf{X}_2, \ldots$ $k$-dimensionale Zufallsvektoren auf einem Wahrscheinlichkeitsraum $(\Omega, \mathcal{A}, \mathbb{P})$ mit $\mathbf{X}_n \xrightarrow{\mathbb{P}} \mathbf{X}$. Dann gelten:

a) $h(\mathbf{X}_n) \xrightarrow{\mathbb{P}} h(\mathbf{X})$ für jede *stetige* Funktion $h : \mathbb{R}^k \to \mathbb{R}^s$.
b) Sind $A, A_1, A_2, \ldots$ reelle $(m \times k)$-Matrizen mit der Eigenschaft $\lim_{n\to\infty} A_n = A$, so folgt $A_n \mathbf{X}_n \xrightarrow{\mathbb{P}} A\mathbf{X}$. Hierbei wurden $\mathbf{X_n}$ und $\mathbf{X}$ als Spaltenvektoren aufgefasst.

**Beweis** a) Wir benutzen das Teilfolgenkriterium für stochastische Konvergenz. Es sei $(\mathbf{X}_{n_\ell})_{\ell\geq 1}$ eine beliebige Teilfolge von $(\mathbf{X}_n)_{n\geq 1}$. Nach besagtem Kriterium existiert eine weitere Teilfolge $(\mathbf{X}_{n'_\ell})_{\ell\geq 1}$ mit $\mathbf{X}_{n'_\ell} \xrightarrow{\text{f.s.}} \mathbf{X}$, also $\lim_{\ell\to\infty} \mathbf{X}_{n'_\ell}(\omega) = \mathbf{X}(\omega)$ für jedes $\omega$ aus einer Eins-Menge $\Omega_0$. Aufgrund der Stetigkeit von $h$ folgt $\lim_{\ell\to\infty} h(\mathbf{X}_{n'_\ell}(\omega)) = h(\mathbf{X}(\omega))$, $\omega \in \Omega_0$, sodass das Teilfolgenkriterium die Behauptung a) liefert. Der Nachweis von b) erfolgt analog (s. Aufgabe 6.4). ■

Sind also $(X_n)$ und $(Y_n)$ Folgen reeller Zufallsvariablen auf $(\Omega, \mathcal{A}, \mathbb{P})$ mit $X_n \xrightarrow{\mathbb{P}} X$ und $Y_n \xrightarrow{\mathbb{P}} Y$, so ergibt sich aus a) insbesondere

$$X_n \pm Y_n \xrightarrow{\mathbb{P}} X \pm Y,$$

$$X_n Y_n \xrightarrow{\mathbb{P}} XY,$$

$$\mathrm{e}^{\sin X_n} \cos Y_n \xrightarrow{\mathbb{P}} \mathrm{e}^{\sin X} \cos Y$$

usw.

Im Gegensatz zur fast sicheren und zur stochastischen Konvergenz erfordert der nachstehende Konvergenzbegriff für Folgen von Zufallsvariablen eine Integrierbarkeitsvoraussetzung.

**Definition der Konvergenz im $p$-ten Mittel**

Es seien $p \in (0, \infty)$ eine positive reelle Zahl und

$$\mathcal{L}^p = \mathcal{L}^p(\Omega, \mathcal{A}, \mathbb{P}) := \{X : \Omega \to \mathbb{R} \mid \mathbb{E}|X|^p < \infty\}$$

der Vektorraum aller reellen Zufallsvariablen auf $\Omega$ mit existierendem $p$-ten absoluten Moment. Sind $X, X_1, X_2, \ldots$ in $\mathcal{L}^p$, und gilt

$$\lim_{n\to\infty} \mathbb{E}|X_n - X|^p = 0,$$

so heißt die Folge $(X_n)_{n\geq 1}$ **im $p$-ten Mittel gegen $X$ konvergent**, und wir schreiben hierfür $X_n \xrightarrow{\mathcal{L}^p} X$.

**Kommentar** Im Fall $p = 1$ spricht man kurz von *Konvergenz im Mittel*, für $p = 2$ ist die Sprechweise *Konvergenz im quadratischen Mittel* üblich. Man beachte, dass die Konvergenz im $p$-ten Mittel nichts anderes ist als die im Kapitel über Maß- und Integrationstheorie behandelte Konvergenz im $p$-ten Mittel. Dort wird u. a. gezeigt, dass der Raum $\mathcal{L}^p$ vollständig ist, also jede Cauchy-Folge in $\mathcal{L}^p$ einen Grenzwert im Raum $\mathcal{L}^p$ besitzt. Weiter gilt im Fall $p \geq 1$ für $X, Y \in \mathcal{L}^p$ die *Minkowski-Ungleichung*

$$(\mathbb{E}|X + Y|^p)^{1/p} \leq (\mathbb{E}|X|^p)^{1/p} + (\mathbb{E}|Y|^p)^{1/p}.$$ ◄

## Aus der Konvergenz im $p$-ten Mittel folgt die stochastische Konvergenz

Dass die Konvergenz im $p$-ten Mittel die stochastische Konvergenz nach sich zieht, folgt aus der nachstehenden, nach dem russischen Mathematiker Andrej Andrejewitsch Markov (1856–1922) benannten Ungleichung.

**Allgemeine Markov-Ungleichung**

Es seien $(\Omega, \mathcal{A}, \mathbb{P})$ ein Wahrscheinlichkeitsraum sowie $g : [0, \infty) \to \mathbb{R}$ eine monoton wachsende Funktion mit $g(t) > 0$ für jedes $t > 0$. Für jede Zufallsvariable $X$ auf $\Omega$ und jedes $\varepsilon > 0$ gilt dann

$$\mathbb{P}(|X| \geq \varepsilon) \leq \frac{\mathbb{E}g(|X|)}{g(\varepsilon)}.$$

**Beweis** Aufgrund der Voraussetzung über $g$ gilt

$$\mathbb{1}\{|X(\omega)| \geq \varepsilon\} \leq \frac{g(|X(\omega)|)}{g(\varepsilon)}, \qquad \omega \in \Omega.$$

Bildet man auf beiden Seiten den Erwartungswert, so folgt die Behauptung. ■

**Selbstfrage 3**

Können Sie aus obiger Ungleichung die Tschebyschow-Ungleichung herleiten?

Wählt man speziell die Funktion $g(t) := t^p$, $t \geq 0$, so ergibt sich für Zufallsvariablen $X_n$ und $X$ aus $\mathcal{L}^p$ die Ungleichung

$$\mathbb{P}(|X_n - X| \geq \varepsilon) \leq \frac{\mathbb{E}|X_n - X|^p}{\varepsilon^p},$$

und man erhält das folgende Resultat.

**Satz über Konvergenz im $p$-ten Mittel und stochastische Konvergenz**

Aus $X_n \xrightarrow{\mathcal{L}^p} X$ folgt $X_n \xrightarrow{\mathbb{P}} X$. Die Umkehrung dieser Aussage gilt i. Allg. nicht.

Dass aus der stochastischen Konvergenz i. Allg. nicht die Konvergenz im $p$-ten Mittel folgt, zeigt das nachstehende Beispiel.

**Beispiel** Es seien $\Omega := [0,1]$, $\mathcal{A} := \Omega \cap \mathcal{B}$, $\mathbb{P} := \lambda^1_\Omega$ sowie $X :\equiv 0$ sowie $X_n$ definiert durch

$$X_n(\omega) := \begin{cases} n^{1/p}, & \text{falls } 0 \le \omega \le 1/n, \\ 0 & \text{sonst.} \end{cases}$$

Dann gilt $X_n \xrightarrow{\mathbb{P}} X$, denn es ist $\mathbb{P}(|X_n - X| > \varepsilon) = \mathbb{P}(X_n = n^{1/p}) = 1/n \to 0$. Andererseits gilt $\mathbb{E}|X_n - X|^p = n \cdot 1/n = 1$ für jedes $n$, was zeigt, dass keine Konvergenz im $p$-ten Mittel vorliegt. ◀

Zwischen der fast sicheren Konvergenz und der Konvergenz im $p$-ten Mittel besteht ohne zusätzliche Voraussetzungen keinerlei Hierarchie. So konvergiert die Folge $(X_n)$ im obigen Beispiel fast sicher gegen $X$, es liegt aber keine Konvergenz im $p$-ten Mittel vor. Auf der anderen Seite konvergiert die Folge $(X_n)$ aus dem Beispiel zu Abb. 6.1 im $p$-ten Mittel gegen $X \equiv 0$, aber nicht fast sicher. Das nachstehende Resultat gibt eine hinreichende Bedingung an, unter der aus der fast sicheren Konvergenz die Konvergenz im $p$-ten Mittel folgt.

**Satz** Es gelte $X_n \xrightarrow{\text{f.s.}} X$. Gibt es eine nichtnegative Zufallsvariable $Y \in \mathcal{L}^p$ (also $\mathbb{E}(Y^p) < \infty$) mit der Eigenschaft $|X_n| \le Y$ $\mathbb{P}$-fast sicher für jedes $n \ge 1$, so folgt

$$X_n \xrightarrow{\mathcal{L}^p} X.$$ ◀

**Beweis** Es sei $Z_n := |X_n - X|^p$. Wegen $|X_n| \le Y$ $\mathbb{P}$-f.s. für jedes $n$ und $X_n \xrightarrow{\text{f.s.}} X$ folgt $|X| \le Y$ $\mathbb{P}$-f.s., und somit gilt $|Z_n| \le (2Y)^p$ $\mathbb{P}$-f.s., $n \ge 1$. Wegen $Z_n \xrightarrow{\text{f.s.}} 0$ liefert der Satz von der dominierten Konvergenz wie behauptet $\mathbb{E}(Z_n) \to 0$. ■

**Kommentar** Aus der stochastischen Konvergenz folgt die Konvergenz im Mittel, wenn die Folge $(X_n)$ *gleichgradig integrierbar* ist, also der Bedingung

$$\lim_{a\to\infty} \sup_{n\ge 1} \mathbb{E}\left[|X_n| \mathbb{1}\{|X_n| \ge a\}\right] = 0 \tag{6.5}$$

genügt. Wir werden im Folgenden nicht auf diese Begriffsbildung eingehen, sondern verweisen hier auf weiterführende Literatur. Abschließend zeigen wir noch, dass die Konvergenz im $p$-ten Mittel eine umso stärkere Eigenschaft darstellt, je größer $p$ ist (siehe hierzu auch Aufgabe 8.43). ◀

**Satz** Es seien $X, X_1, X_2, \ldots$ Zufallsvariablen auf $(\Omega, \mathcal{A}, \mathbb{P})$ sowie $0 < p \le s < \infty$. Dann gilt:

$$X_n \xrightarrow{\mathcal{L}^s} X \Longrightarrow X_n \xrightarrow{\mathcal{L}^p} X.$$ ◀

**Beweis** Es seien $\Delta_n := |X_n - X|$ sowie $\varepsilon > 0$ beliebig. Setzen wir

$$A_n = \{\Delta_n \le \varepsilon^{1/p}\},\ B_n = \{\varepsilon^{1/p} < \Delta_n < 1\},\ C_n = \{1 \le \Delta_n\},$$

so gilt $\mathbb{E}\Delta_n^p = \mathbb{E}\Delta_n^p \mathbb{1}\{A_n\} + \mathbb{E}\Delta_n^p \mathbb{1}\{B_n\} + \mathbb{E}\Delta_n^p \mathbb{1}\{C_n\}$. Hier ist der erste Summand auf der rechten Seite höchstens gleich $\varepsilon$ und der dritte wegen $t^p \le t^s$ für $t \ge 1$ kleiner oder gleich $\mathbb{E}\Delta_n^s$. Der zweite Summand ist wegen

$$\Delta_n^p \mathbb{1}\{B_n\} = \Delta_n^s \frac{\mathbb{1}\{B_n\}}{\Delta_n^{s-p}}$$

höchstens gleich $\mathbb{E}\Delta_n^s / \varepsilon^{(s-p)/p}$, sodass wir

$$\mathbb{E}\Delta_n^p \le \varepsilon + \mathbb{E}\Delta_n^s/\varepsilon^{(s-p)/p} + \mathbb{E}\Delta_n^s$$

und somit $\limsup_{n\to\infty} \mathbb{E}\Delta_n^p \le \varepsilon$ erhalten. Da $\varepsilon$ beliebig war, folgt die Behauptung. ■

## 6.2 Das starke Gesetz großer Zahlen

In diesem Abschnitt betrachten wir eine Folge $X_1, X_2, \ldots$ stochastisch unabhängiger identisch verteilter reeller Zufallsvariablen (kurz: **u.i.v.-Folge**) auf einem Wahrscheinlichkeitsraum $(\Omega, \mathcal{A}, \mathbb{P})$. Existiert das zweite Moment von $X_1$, gilt also $\mathbb{E}X_1^2 < \infty$, so existieren auch der mit $\mu := \mathbb{E}(X_1)$ bezeichnete Erwartungswert von $X_1$ sowie die Varianz $\sigma^2 := \mathbb{V}(X_1)$, und es gilt das *schwache Gesetz großer Zahlen*

$$\frac{1}{n}\sum_{j=1}^n X_j \xrightarrow{\mathbb{P}} \mu,$$

vgl. Abschn. 4.2. Die Folge $(\overline{X}_n)$ der arithmetischen Mittel $\overline{X}_n := n^{-1}\sum_{j=1}^n X_j$ konvergiert also für $n \to \infty$ stochastisch gegen den Erwartungswert der zugrunde liegenden Verteilung.

### Arithmetische Mittel von u.i.v.-Folgen aus $\mathcal{L}^1$ konvergieren fast sicher

Die obige Aussage lässt nur die Interpretation zu, dass es zu jedem vorgegebenen $\varepsilon > 0$ und jedem $\delta > 0$ ein von $\varepsilon$ und $\delta$ abhängendes $n_0$ gibt, sodass für jedes (einzelne) *feste* $n$ mit $n \ge n_0$ die Ungleichung

$$\mathbb{P}\left(|\overline{X}_n - \mu| > \varepsilon\right) \le \delta$$

erfüllt ist. Wollen wir erreichen, dass sogar die unendliche Vereinigung $\bigcup_{n=n_0}^\infty \{|\overline{X}_n - \mu| > \varepsilon\}$ eine Wahrscheinlichkeit besitzt, die höchstens gleich $\delta$ ist, so müssen wir die fast sichere Konvergenz

$$\frac{1}{n}\sum_{j=1}^n X_j \xrightarrow{\text{f.s.}} \mu$$

nachweisen, denn diese ist nach der Charakterisierung der fast sicheren Konvergenz in Abschn. 6.1 gleichbedeutend mit

$$\lim_{n\to\infty} \mathbb{P}\left(\bigcup_{k=n}^\infty |\overline{X}_n - \mu| > \varepsilon\right) = 0 \quad \text{für jedes } \varepsilon > 0.$$

In dieser Hinsicht bildet das folgende Resultat ein Hauptergebnis der klassischen Wahrscheinlichkeitstheorie.

**Starkes Gesetz großer Zahlen von Kolmogorov**

Es sei $(X_n)_{n\geq 1}$ eine u.i.v.-Folge von Zufallsvariablen auf einem Wahrscheinlichkeitsraum $(\Omega, \mathcal{A}, \mathbb{P})$. Dann sind folgende Aussagen äquivalent:

a) $\frac{1}{n}\sum_{j=1}^{n} X_j \xrightarrow{\text{f.s.}} X$ für eine Zufallsvariable $X$.
b) $\mathbb{E}|X_1| < \infty$.

In diesem Fall gilt $X = \mathbb{E}X_1$ $\mathbb{P}$-fast sicher und somit

$$\frac{1}{n}\sum_{j=1}^{n} X_j \xrightarrow{\text{f.s.}} \mathbb{E}X_1.$$

**Beweis** Wir beweisen zunächst die Implikation „a) $\Rightarrow$ b)". Schreiben wir $S_n := X_1 + \ldots + X_n$ für die $n$-te Partialsumme der Folge $X_1, X_2, \ldots$, so gilt

$$\frac{X_n}{n} = \frac{S_n}{n} - \frac{n-1}{n} \cdot \frac{S_{n-1}}{n-1}. \tag{6.6}$$

Gibt es also eine Zufallsvariable $X$, gegen die $S_n/n$ fast sicher konvergiert, so gilt auf einer Eins-Menge $\Omega_0$ die punktweise Konvergenz $S_n(\omega)/n \to X(\omega)$, $\omega \in \Omega_0$, und nach (6.6) folgt $\lim_{n\to\infty} X_n(\omega)/n = 0$, $\omega \in \Omega_0$, also $X_n/n \xrightarrow{\text{f.s.}} 0$. Von den durch $A_n := \{|X_n| \geq n\}$, $n \geq 1$, definierten Ereignissen können somit nur mit Wahrscheinlichkeit null unendlich viele eintreten, es gilt also $\mathbb{P}(\limsup_{n\to\infty} A_n) = 0$. Da die Zufallsvariablen $X_1, X_2, \ldots$ identisch verteilt sind, gilt $\mathbb{P}(A_n) = \mathbb{P}(|X_1| \geq n)$. Teil b) des Lemmas von Borel-Cantelli liefert somit

$$\sum_{n=1}^{\infty} \mathbb{P}(|X_1| \geq n) < \infty. \tag{6.7}$$

Wegen

$$\begin{aligned}\int_0^{\infty} \mathbb{P}(|X_1| > t)\,\mathrm{d}t &= \sum_{n=1}^{\infty} \int_{n-1}^{n} \mathbb{P}(|X_1| \geq t)\,\mathrm{d}t \\ &\leq \sum_{n=0}^{\infty} \mathbb{P}(|X_1| \geq n)\end{aligned}$$

ergibt sich b) aus (6.7) und der Darstellungsformel (5.42) für den Erwartungswert.

Den Beweis der Richtung „b) $\Rightarrow$ a)" unterteilen wir der Übersichtlichkeit halber in mehrere Schritte. Zunächst zeigt eine Zerlegung in Positiv- und Negativteil, dass ohne Beschränkung der Allgemeinheit $X_n \geq 0$ angenommen werden kann (Übungsaufgabe 6.6). Um Zufallsvariablen mit existierenden Varianzen zu erhalten, die (hoffentlich) eine ausreichend gute Approximation der Ausgangsfolge $(X_n)$ bilden, stutzen wir in einem zweiten Schritt die Zufallsvariable $X_n$ in der Höhe $n$ und setzen

$$Y_n := X_n \mathbb{1}\{X_n \leq n\}$$

sowie $T_n := Y_1 + Y_2 + \ldots + Y_n$, $n \geq 1$.

Wir behaupten, dass

$$\frac{S_n}{n} - \frac{T_n}{n} \xrightarrow{\text{f.s.}} 0 \tag{6.8}$$

gilt und somit „nur"

$$\frac{T_n}{n} \xrightarrow{\text{f.s.}} \mathbb{E}X_1 \tag{6.9}$$

zu zeigen ist. Der Beweis von (6.8) ist schnell erbracht: Wegen der identischen Verteilung der $X_j$ und der Darstellungsformel (5.42) für den Erwartungswert gilt

$$\begin{aligned}\sum_{n=1}^{\infty} \mathbb{P}(X_n \neq Y_n) &= \sum_{n=1}^{\infty} \mathbb{P}(X_n > n) \\ &= \sum_{n=1}^{\infty} \mathbb{P}(X_1 > n) \\ &\leq \sum_{n=1}^{\infty} \int_{n-1}^{n} \mathbb{P}(X_1 > t)\,\mathrm{d}t \\ &= \int_0^{\infty} \mathbb{P}(X_1 > t)\,\mathrm{d}t \\ &= \mathbb{E}X_1 < \infty\end{aligned}$$

und somit $\mathbb{P}(\limsup_{n\to\infty}\{X_n \neq Y_n\}) = 0$ nach dem Borel-Cantelli-Lemma. Komplementbildung ergibt dann

$$\mathbb{P}\left(\bigcup_{n=1}^{\infty}\bigcap_{k=n}^{\infty}\{X_k = Y_k\}\right) = 1.$$

Zu jedem $\omega$ aus einer Eins-Menge $\Omega_0$ gibt es also ein (von $\omega$ abhängendes) $n_0$ mit $X_k(\omega) = Y_k(\omega)$ für jedes $k \geq n_0$. Für jedes solche $\omega$ gilt demnach für jedes $n \geq n_0$

$$\left|\frac{S_n(\omega)}{n} - \frac{T_n(\omega)}{n}\right| \leq \frac{1}{n}\sum_{j=1}^{n_0} |X_j(\omega) - Y_j(\omega)|.$$

Da die rechte Seite gegen null konvergiert, folgt (6.8).

Um (6.9) nachzuweisen, untersuchen wir zunächst $T_n/n$ entlang der für ein beliebiges $\alpha > 1$ durch

$$k_n := \lfloor \alpha^n \rfloor = \max\{\ell \in \mathbb{N} \mid \ell \leq \alpha\}, \quad n \geq 1,$$

definierten Teilfolge. Wir behaupten die Gültigkeit von

$$\frac{T_{k_n}}{k_n} \xrightarrow{\text{f.s.}} \mathbb{E}X_1 \tag{6.10}$$

und weisen diese Konvergenz nach, indem wir

$$\frac{T_{k_n}}{k_n} - \frac{\mathbb{E}T_{k_n}}{k_n} \xrightarrow{\text{f.s.}} 0 \tag{6.11}$$

und

$$\lim_{n\to\infty} \frac{\mathbb{E}T_{k_n}}{k_n} = \mathbb{E}X_1 \tag{6.12}$$

zeigen. Wegen der gleichen Verteilung aller $X_j$ gilt $\mathbb{E}Y_n = \mathbb{E}(X_1 \mathbb{1}\{X_1 \le n\})$ und somit nach dem Satz von der monotonen Konvergenz $\mathbb{E}Y_n \to \mathbb{E}X_1$. Da mit einer konvergenten Zahlenfolge auch die Folge der arithmetischen Mittel gegen den gleichen Grenzwert konvergiert, folgt (6.12). Um (6.11) zu zeigen, setzen wir für beliebiges $\varepsilon > 0$

$$B_n(\varepsilon) := \left\{ \left| \frac{1}{k_n} (T_{k_n} - \mathbb{E}T_{k_n}) \right| > \varepsilon \right\}$$

und behaupten

$$\sum_{n=1}^{\infty} \mathbb{P}(B_n(\varepsilon)) < \infty. \tag{6.13}$$

Hierzu nutzen wir aus, dass $Y_n$ als beschränkte Zufallsvariable ein endliches zweites Moment besitzt. Aufgrund der Tschebyschow-Ungleichung, der Unabhängigkeit der Folge $Y_1, Y_2, \ldots$, der allgemeinen Ungleichung $\mathbb{V}(Z) \le \mathbb{E}Z^2$ und der identischen Verteilung der $X_j$ folgt dann

$$\begin{aligned}
\sum_{n=1}^{\infty} \mathbb{P}(B_n(\varepsilon)) &\le \frac{1}{\varepsilon^2} \sum_{n=1}^{\infty} \frac{1}{k_n^2} \mathbb{V}(T_{k_n}) \\
&\le \frac{1}{\varepsilon^2} \sum_{n=1}^{\infty} \frac{1}{k_n^2} \sum_{j=1}^{k_n} \mathbb{E}Y_j^2 \\
&= \frac{1}{\varepsilon^2} \sum_{n=1}^{\infty} \frac{1}{k_n^2} \sum_{j=1}^{k_n} \mathbb{E}[X_1^2 \mathbb{1}\{X_1 \le j\}] \\
&\le \frac{1}{\varepsilon^2} \sum_{n=1}^{\infty} \frac{1}{k_n} \mathbb{E}[X_1^2 \mathbb{1}\{X_1 \le k_n\}] \\
&= \frac{1}{\varepsilon^2} \mathbb{E}\left[ X_1^2 \sum_{n=1}^{\infty} \frac{1}{k_n} \mathbb{1}\{X_1 \le k_n\} \right].
\end{aligned}$$

Dabei haben wir beim letzten Ungleichheitszeichen den Sachverhalt $j \le k_n$ und beim letzten Gleichheitszeichen den Satz von der monotonen Konvergenz verwendet. Um den Nachweis von (6.13) abzuschließen, setzen wir $M := 2\alpha/(\alpha - 1)$ sowie für festes $x > 0$ $n_0 := \min\{n \ge 1 \mid k_n \ge x\}$. Die Ungleichung $y \le 2\lfloor y \rfloor$ für $y \ge 1$ ergibt

$$\begin{aligned}
\sum_{n=1}^{\infty} \frac{1}{k_n} \mathbb{1}\{x \le k_n\} &= \sum_{n=n_0}^{\infty} \frac{1}{k_n} \le 2 \sum_{n=n_0}^{\infty} \frac{1}{\alpha^n} \\
&= \frac{2}{\alpha^{n_0}\left(1 - \frac{1}{\alpha}\right)} \le \frac{M}{x}.
\end{aligned}$$

Hieraus folgt die Abschätzung

$$X_1^2 \sum_{n=1}^{\infty} \frac{1}{k_n} \mathbb{1}\{X_1 \le k_n\} \le M\, X_1$$

und somit (6.13). Nach dem Reihenkriterium für fast sichere Konvergenz gilt also (6.11) und somit auch (6.10), da (6.12) bereits gezeigt wurde. Da die schon bewiesene Beziehung (6.8) auch entlang der Teilfolge $k_n$ gilt, wissen wir bereits, dass die Konvergenz

$$\frac{S_{k_n}}{k_n} \xrightarrow{\text{f.s.}} \mathbb{E}X_1$$

besteht. Die eigentliche Behauptung $S_n/n \xrightarrow{\text{f.s.}} \mathbb{E}X_1$ erhält man hieraus wie folgt durch eine geeignete Interpolation: Ist $j \ge 1$ mit $k_n < j \le k_{n+1}$, so ergibt sich wegen $X_n \ge 0$ die Ungleichungskette

$$\frac{S_{k_n}}{k_{n+1}} \le \frac{S_{k_n}}{j} \le \frac{S_j}{j} \le \frac{S_{k_{n+1}}}{j} \le \frac{S_{k_{n+1}}}{k_n}$$

und somit

$$\frac{S_{k_n}}{k_n} \frac{k_n}{k_{n+1}} \le \frac{S_j}{j} \le \frac{S_{k_{n+1}}}{k_{n+1}} \frac{k_{n+1}}{k_n}.$$

Wegen $k_n^{-1} S_{k_n} \xrightarrow{\text{f.s.}} \mathbb{E}X_1$, $k_{n+1}^{-1} S_{k_{n+1}} \xrightarrow{\text{f.s.}} \mathbb{E}X_1$ und

$$\lim_{n\to\infty} \frac{k_n}{k_{n+1}} = \frac{1}{\alpha}, \qquad \lim_{n\to\infty} \frac{k_{n+1}}{k_n} = \alpha$$

folgt also $\mathbb{P}(\Omega(\alpha)) = 1$, wobei

$$\Omega(\alpha) := \left\{ \frac{\mathbb{E}X_1}{\alpha} \le \liminf_{n\to\infty} \frac{S_n}{n} \le \limsup_{n\to\infty} \frac{S_n}{n} \le \alpha\, \mathbb{E}X_1 \right\}.$$

Setzen wir schließlich $\Omega^* := \bigcap_{r=1}^{\infty} \Omega\left(1 + r^{-1}\right)$, so gilt $\mathbb{P}(\Omega^*) = 1$ und

$$\lim_{n\to\infty} \frac{S_n(\omega)}{n} = \mathbb{E}X_1 \qquad \forall \omega \in \Omega^*,$$

also $S_n/n \xrightarrow{\text{f.s.}} \mathbb{E}X_1$. ■

**Selbstfrage 4**

Nach Aufgabe 5.52 besitzt das arithmetische Mittel von unabhängigen Zufallsvariablen mit gleicher Cauchy-Verteilung $C(\alpha, \beta)$ die gleiche Verteilung wie jeder Summand. Warum widerspricht dieses Ergebnis nicht dem starken Gesetz großer Zahlen?

**Kommentar** Der obige Beweis lässt sich wesentlich verkürzen, wenn zusätzliche Bedingungen an die u.i.v.-Folge $(X_n)$ gestellt werden. So liefert z. B. die nachfolgende, auf Kolmogorov zurückgehende und eine Verschärfung der Tschebyschow-Ungleichung darstellende *Maximal-Ungleichung* u. a. ein starkes Gesetz großer Zahlen in der eben betrachteten Situation,

## Beispiel: Monte-Carlo-Integration

Selbst hochdimensionale Integrale können mithilfe von Pseudozufallszahlen beliebig genau bestimmt werden.

Es gibt verschiedene Methoden, um ein Integral $\int_a^b f(x)\,\mathrm{d}x$ durch eine geeignete Linearkombination $\sum_{j=0}^n a_j f(x_j)$ der Funktionswerte von $f$ in gewissen Stützstellen $x_j$ zu approximieren. Bei den Newton-Cotes-Formeln liegen diese Stützstellen äquidistant, bei den Gauß-Quadraturformeln bilden sie Nullstellen orthogonaler Polynome. Die Theorie beschränkt sich fast ausschließlich auf den eindimensionalen Fall; numerische Quadratur in mehreren Dimensionen ist ein weitestgehend offenes Forschungsgebiet.

Was passiert, wenn wir die Wahl der Stützstellen Meister Zufall überlassen? Hierzu seien $B$ eine beschränkte Borel-Menge im $\mathbb{R}^k$ mit $0 < |B| := \lambda^k(B)$ und $f$ eine auf $B$ definierte messbare, Lebesgue-integrierbare und nicht fast überall konstante Funktion, die nicht notwendig stetig sein muss. Ist $\mathbf{U}$ ein Zufallsvektor mit der Gleichverteilung $\mathrm{U}(B)$ auf $B$, so existiert der Erwartungswert der Zufallsvariablen $f(\mathbf{U})$, und es gilt $\mathbb{E} f(\mathbf{U}) = \int_B f(x)\frac{1}{|B|}\,\mathrm{d}x = \frac{I}{|B|}$, wobei $I := \int_B f(x)\,\mathrm{d}x$.

Ist $(\mathbf{U}_n)_{n\ge1}$ eine u.i.v.-Folge $k$-dimensionaler Zufallsvektoren mit $\mathbf{U}_1 \sim \mathrm{U}(B)$, so ist $(f(\mathbf{U}_n))_{n\ge1}$ eine u.i.v.-Folge von Zufallsvariablen mit Erwartungswert $\mathbb{E} f(\mathbf{U}_1) = I/|B|$. Nach dem starken Gesetz großer Zahlen gilt dann $n^{-1}\sum_{j=1}^n f(\mathbf{U}_j) \xrightarrow{\text{f.s.}} I/|B|$ und somit

$$I_n := |B| \cdot \frac{1}{n}\sum_{j=1}^n f(\mathbf{U}_j) \xrightarrow{\text{f.s.}} I. \tag{6.14}$$

Wählt man also die Stützstellen aus dem Integrationsbereich $B$ rein zufällig und unabhängig voneinander, so ist die Zufallsvariable $I_n$, deren Realisierungen man durch Simulation erhält, ein sinnvoller *Schätzer* für $I$. Realisierungen der $\mathbf{U}_j$ gewinnt man mithilfe von Pseudozufallszahlen wie im Beispiel nach Abb. 5.30 beschrieben.

Als Zahlenbeispiel betrachten wir den Bereich $B := [0,1]^3$ und die Funktion $f(x_1, x_2, x_3) := \sin(x_1 + x_2 + x_3)$. In diesem Fall berechnet sich das Integral

$$I := \int_0^1\int_0^1\int_0^1 \sin(x_1 + x_2 + x_3)\,\mathrm{d}x_1\mathrm{d}x_2\mathrm{d}x_3$$

zu $I = \cos(3) + 3\cos(1) - 3\cos(2) - 1 = 0.879354\ldots$ Zehn Simulationen mit jeweils $n = 10\,000$ Pseudozufallspunkten ergaben die Werte 0.87911, 0.87772, 0.88080, 0.87891, 0.88081, 0.88006, 0.88120, 0.87852, 0.87832 und 0.88132. In jedem dieser Fälle ist die betragsmäßige Abweichung vom wahren Wert höchstens gleich 0.002.

Gilt $\int_B f^2(x)\,\mathrm{d}x < \infty$, so können wir die Varianz der in (6.14) definierten Größe $I_n$ angeben und eine Fehlerabschätzung durchführen: Es ist dann

$$\begin{aligned}\sigma_f^2 &:= \mathbb{V}(|B| f(\mathbf{U}_1)) = |B|^2\left(\mathbb{E} f^2(\mathbf{U}_1) - (\mathbb{E} f(\mathbf{U}_1))^2\right)\\ &= |B|^2\left(\frac{1}{|B|}\int_B f^2(x)\,\mathrm{d}x - \frac{1}{|B|^2}\left(\int_B f(x)\,\mathrm{d}x\right)^2\right)\end{aligned}$$

und somit $\mathbb{V}(I_n) = \sigma_f^2/n$. Die Varianz des Schätzers $I_n$ für $I$ konvergiert also invers proportional mit der Anzahl der Stützstellen gegen null, und diese Geschwindigkeit hängt nicht von der Dimension $k$ des Problems ab! Eine Aussage über den zufälligen Schätzfehler $I_n - I$ macht der Zentrale Grenzwertsatz von Lindeberg-Lévy. Wenden wir diesen auf die u.i.v.-Folge $X_j := |B| f(\mathbf{U}_j)$, $j \ge 1$, an, so folgt

$$\begin{aligned}\frac{\sum_{j=1}^n X_j - n\mathbb{E}X_1}{\sqrt{n\,\mathbb{V}(X_1)}} &= \frac{|B|\sum_{j=1}^n f(\mathbf{U}_j) - nI}{\sqrt{n\,|B|^2\mathbb{V}(f(\mathbf{U}_1))}}\\ &= \frac{\sqrt{n}\,(I_n - I)}{\sigma_f} \xrightarrow{\mathcal{D}} \mathrm{N}(0,1)\end{aligned}$$

für $n \to \infty$.

Wählt man zu einem kleinen $\alpha \in (0,1)$ die Zahl $h = h_\alpha$ durch $h_\alpha = \Phi^{-1}(1 - \alpha/2)$, so ergibt sich

$$\mathbb{P}\left(|I_n - I| \le \frac{h_\alpha\sigma_f}{\sqrt{n}}\right) \to 1 - \alpha$$

und somit

$$\lim_{n\to\infty}\mathbb{P}\left(I_n - \frac{h_\alpha\sigma_f}{\sqrt{n}} \le I \le I_n + \frac{h_\alpha\sigma_f}{\sqrt{n}}\right) = 1 - \alpha.$$

Für $\alpha = 0.05$ ist $h_\alpha = 1.96$, und so enthält für großes $n$ ein zufälliges Intervall mit Mittelpunkt $I_n$ (dem mit Pseudozufallszahlen simulierten Wert) und Intervallbreite $3.92\sigma_f/\sqrt{n}$ die unbekannte Zahl $I$ mit großer Wahrscheinlichkeit 0.95. Dass $\sigma_f$ nicht bekannt ist, bereitet kein großes Problem, da es durch ein von $\mathbf{U}_1, \ldots, \mathbf{U}_n$ abhängendes $\sigma_n$ ersetzt werden kann, ohne obige Grenzwertaussage zu ändern (Aufgabe 6.13).

wenn zusätzlich $\mathbb{E}X_1^2 < \infty$ vorausgesetzt wird. Man beachte, dass in der Kolmogorov-Ungleichung nur die Unabhängigkeit, aber nicht die identische Verteilung der Zufallsvariablen vorausgesetzt ist. Zudem erinnern wir an die Definition $S_k := \sum_{j=1}^k X_j$. ◄

**Kolmogorov-Ungleichung**

Es seien $X_1, \ldots, X_n$ unabhängige Zufallsvariablen mit $\mathbb{E}X_j^2 < \infty$, $j = 1, \ldots, n$. Dann gilt:

$$\mathbb{P}\left(\max_{1 \le k \le n} |S_k| \ge \varepsilon\right) \le \frac{1}{\varepsilon^2}\,\mathbb{V}(S_n), \qquad \varepsilon > 0,$$

wobei $S_k = \sum_{j=1}^k (X_j - \mathbb{E}X_j)$, $k = 1, \ldots, n$.

**Beweis** Da sich die Aussage auf die zentrierten Zufallsvariablen $X_j - \mathbb{E}X_j$ bezieht, kann o.B.d.A. $\mathbb{E}X_j = 0$, $j = 1, \ldots, n$, gesetzt werden. Bezeichnet

$$A_k := \{\omega \in \Omega \mid |S_k(\omega)| \ge \varepsilon, |S_j(\omega)| < \varepsilon \text{ für } j = 1, \ldots, k-1\}$$

das Ereignis, dass „erstmals zum Zeitpunkt $k$" $|S_k(\omega)| \ge \varepsilon$ gilt, so folgt wegen $\sum_{k=1}^n A_k \subseteq \Omega$

$$\begin{aligned}
\mathbb{V}(S_n) &= \mathbb{E}S_n^2 \\
&\ge \sum_{k=1}^n \mathbb{E}\left[S_n^2 \mathbb{1}\{A_k\}\right] \\
&= \sum_{k=1}^n \mathbb{E}\left[(S_k + (S_n - S_k))^2 \mathbb{1}\{A_k\}\right] \\
&\ge \sum_{k=1}^n \mathbb{E}\left[(S_k^2 + 2S_k(S_n - S_k))\mathbb{1}\{A_k\}\right] \\
&= \sum_{k=1}^n \mathbb{E}\left[S_k^2 \mathbb{1}\{A_k\}\right] + 2\sum_{k=1}^n \mathbb{E}\left[S_k(S_n - S_k)\mathbb{1}\{A_k\}\right].
\end{aligned}$$

Nach Definition von $A_k$ gilt $\mathbb{E}\left[S_k^2 \mathbb{1}\{A_k\}\right] \ge \varepsilon^2 \mathbb{P}(A_k)$. Da die Zufallsvariablen $\mathbb{1}\{A_k\}S_k$ und $S_n - S_k$ nur von $X_1, \ldots, X_k$ bzw. nur von $X_{k+1}, \ldots, X_n$ abhängen, sind sie nach dem Blockungslemma stochastisch unabhängig, was

$$\begin{aligned}
\mathbb{E}\left[S_k(S_n - S_k)\mathbb{1}\{A_k\}\right] &= \mathbb{E}(S_k \mathbb{1}\{A_k\})\,\mathbb{E}(S_n - S_k) \\
&= \mathbb{E}(S_k \mathbb{1}\{A_k\}) \cdot 0 = 0
\end{aligned}$$

zur Folge hat. Zusammen mit der Gleichung

$$\mathbb{P}\left(\sum_{k=1}^n A_k\right) = \mathbb{P}\left(\max_{1 \le k \le n} |S_k| \ge \varepsilon\right)$$

folgt dann die Behauptung. ■

**Selbstfrage 5**

Warum gilt die letzte Gleichung?

Mithilfe der Kolmogorov-Ungleichung ergibt sich mit dem *Kolmogorov-Kriterium* eine hinreichende Bedingung für ein starkes Gesetz großer Zahlen für nicht notwendig identisch verteilte Zufallsvariablen mit existierender Varianz. Zur Vorbereitung dieses Resultats stellen wir zwei Hilfssätze aus der Analysis voran. Das erste ist nach Ernesto Cesàro (1859–1906), das zweite nach Leopold Kronecker (1823–1891) benannt.

**Das Lemma von Cesàro**

Sind $(b_n)$ eine Folge reeller Zahlen mit $b_n \to b \in \mathbb{R}$ für $n \to \infty$ und $(a_n)$ eine monoton wachsende Folge positiver reeller Zahlen mit $\lim_{n\to\infty} a_n = \infty$ (kurz: $a_n \uparrow \infty$), so gilt mit der Festsetzung $a_0 := b_0 := 0$:

$$\lim_{n\to\infty} \frac{1}{a_n} \sum_{j=1}^n (a_j - a_{j-1}) b_{j-1} = b.$$

**Beweis** Zu jedem $\varepsilon > 0$ gibt es ein $k = k(\varepsilon)$ mit

$$b - \varepsilon \le b_n \le b + \varepsilon \text{ für jedes } n \ge k. \tag{6.15}$$

Setzen wir $c_n := a_n^{-1} \sum_{j=1}^n (a_j - a_{j-1}) b_{j-1}$, so folgt für $n > k$

$$c_n \le \frac{1}{a_n} \sum_{j=1}^k (a_j - a_{j-1}) b_{j-1} + \frac{a_n - a_k}{a_n}(b + \varepsilon)$$

und somit $\limsup_{n\to\infty} c_n \le b + \varepsilon$. Da $\varepsilon$ beliebig war, erhalten wir $\limsup_{n\to\infty} c_n \le b$. Verwendet man die erste Ungleichung in (6.15), so ergibt sich völlig analog die noch fehlende Abschätzung $\liminf_{n\to\infty} c_n \ge b$. ■

Man beachte, dass sich für $a_n = n$ das einfach zu merkende, als *Grenzwertsatz von Cauchy* bekannte Resultat ergibt, dass mit einer Folge auch die Folge der arithmetischen Mittel gegen den gleichen Grenzwert konvergiert.

**Das Lemma von Kronecker**

Es seien $(x_n)$ eine reelle Folge und $(a_n)$ eine Folge positiver Zahlen mit $a_n \uparrow \infty$. Dann gilt:

$$\text{Ist } \sum_{n=1}^\infty \frac{x_n}{a_n} \text{ konvergent, so folgt } \lim_{n\to\infty} \frac{1}{a_n} \sum_{j=1}^n x_j = 0.$$

**Beweis** Sei $b_n := \sum_{j=1}^n x_j / a_j$ für $n \ge 1$ und $b_0 := 0$. Nach Voraussetzung gibt es ein $b \in \mathbb{R}$ mit $b_n \to b$ für $n \to \infty$. Wegen $b_n - b_{n-1} = x_n / a_n$ folgt

$$\sum_{j=1}^n x_j = \sum_{j=1}^n a_j (b_j - b_{j-1}) = a_n b_n - \sum_{j=1}^n (a_j - a_{j-1}) b_{j-1}.$$

Dividiert man jetzt durch $a_n$ und beachtet Cesàros Lemma, so ergibt sich die Behauptung. ■

Kapitel 6

## Beispiel: Normale Zahlen

In fast jeder reellen Zahl tritt jeder vorgegebene Ziffernblock beliebiger Länge unter den Nachkommastellen asymptotisch mit gleicher relativer Häufigkeit auf.

Eine reelle Zahl heißt *normal* (zur Basis 10), wenn in ihrer Dezimalentwicklung unter den Nachkommastellen für jedes $k \geq 1$ jeder mögliche $k$-stellige Ziffernblock mit gleicher asymptotischer relativer Häufigkeit auftritt. In diesem Sinn kann offenbar keine rationale Zahl normal sein, da ihre Dezimalentwicklung stets periodisch wird. Da es für die Normalität einer Zahl nur auf die Nachkommastellen ankommt und insbesondere natürliche Zahlen nicht normal sind, fragen wir, ob es normale Zahlen im Einheitsintervall $\Omega := (0, 1)$ gibt.

Um die eingangs gegebene verbale Beschreibung zu präzisieren, halten wir zunächst fest, dass jede reelle Zahl $\omega \in (0, 1)$ genau eine nicht in einer unendlichen Folge von Neunen endende Dezimalentwicklung

$$\omega = \sum_{j=1}^{\infty} \frac{d_j(\omega)}{10^j} = 0.d_1(\omega)d_2(\omega)\ldots$$

mit $d_j(\omega) \in \{0, 1, \ldots, 9\}$ für jedes $j$ besitzt. Die Ziffer $d_j(\omega)$ steht dabei für die $j$-te Nachkommastelle von $\omega$. So gilt z. B. $\frac{1}{11} = 0.090909\ldots$

Ein $k$-stelliger Ziffernblock ist durch ein $k$-tupel $(i_1, \ldots, i_k) \in \{0, 1, \ldots, 9\}^k$ definiert. Eine Zahl $\omega \in (0, 1)$ ist genau dann normal, wenn für jedes $k \geq 1$ und für jedes der $10^k$ möglichen Tupel $(i_1, \ldots, i_k)$ gilt:

$$\lim_{n\to\infty} \frac{1}{n} \sum_{\ell=1}^{n} \mathbb{1}\{d_\ell(\omega) = i_1, \ldots, d_{\ell+k-1}(\omega) = i_k\} = \frac{1}{10^k}.$$

Wir fassen $d_1, d_2, \ldots$ als Zufallsvariablen auf dem Grundraum $\Omega$ mit der Spur-$\sigma$-Algebra $\mathcal{A} = \mathcal{B} \cap \Omega$ auf und legen als Wahrscheinlichkeitsmaß $\mathbb{P}$ die Gleichverteilung $\lambda^1_{|\Omega}$ auf $\Omega$ zugrunde. Den Schlüssel für eine auf Émile Borel (1909) zurückgehende Aussage über normale Zahlen in $(0, 1)$ und damit allgemeiner über normale Zahlen in $\mathbb{R}$ bildet die Beobachtung, dass $(d_j)_{j\geq 1}$ eine Folge *stochastisch unabhängiger und identisch verteilter* Zufallsvariablen ist, wobei

$$\mathbb{P}(d_j = m) = \frac{1}{10}, \quad m = 0, 1, \ldots, 9, \tag{6.16}$$

gilt. Gilt $U \sim \mathrm{U}(0, 1)$, so tritt das Ereignis $\{d_j = m\}$ genau dann ein, wenn $U$ in eine Vereinigung von $10^{j-1}$ paarweise disjunkten Intervallen der jeweiligen Länge $10^{-j}$ fällt, was mit der Wahrscheinlichkeit $1/10$ geschieht. Die $d_j$ sind also identisch verteilt mit (6.16). Da für ein beliebiges $k \geq 2$ und jede beliebige Wahl von $m_1, \ldots, m_k \in \{0, 1, \ldots, 9\}$ das Ereignis $\{d_1 = m_1, \ldots, d_k = m_k\}$ genau dann eintritt, wenn $U$ in ein Intervall der Länge $10^{-k}$ fällt, gilt

$$\mathbb{P}(d_1 = m_1, \ldots, d_k = m_k) = \prod_{j=1}^{k} \mathbb{P}(d_j = m_j),$$

und somit sind $d_1, d_2, \ldots$ stochastisch unabhängig.

Setzen wir jetzt für festes $m \in \{0, 1 \ldots, 9\}$ $X_j := \mathbb{1}\{d_j = m\}$, so ist $(X_n)_{n\geq 1}$ eine u.i.v.-Folge mit $\mathbb{E}X_1 = \mathbb{P}(X_1 = m) = \frac{1}{10}$. Nach dem starken Gesetz großer Zahlen von Kolmogorov folgt somit für $n \to \infty$

$$\frac{1}{n}\sum_{j=1}^{n} X_j = \frac{1}{n}\sum_{j=1}^{n} \mathbb{1}\{d_j = m\} \xrightarrow{\text{f.s.}} \frac{1}{10}.$$

Fast jede Zahl aus $(0, 1)$ besitzt also die Eigenschaft, dass jede Ziffer in der Folge der Nachkommastellen asymptotisch mit gleicher relativer Häufigkeit auftritt.

Ist nun $(i_1, \ldots, i_k) \in \{0, 1, \ldots, 9\}^k$ ein beliebiger Ziffernblock, so setzen wir für $\ell \geq 1$

$$Y_\ell := \mathbb{1}\{d_\ell = i_1, \ldots, d_{\ell+k-1} = i_k\}.$$

Dann sind $Y_1, Y_2, \ldots$ identisch verteilte Zufallsvariablen mit $\mathbb{E}Y_1 = \mathbb{P}(X_\ell = i_1, \ldots, X_{\ell+k-1} = i_k) = 10^{-k}$. Darüber hinaus sind für jede Wahl von $\ell, n \in \mathbb{N}$ die Zufallsvariablen $Y_\ell$ und $Y_n$ stochastisch unabhängig, falls $|n - \ell| \geq k + 1$ gilt, weil $Y_\ell$ und $Y_n$ dann von disjunkten Blöcken der unabhängigen $d_j$ gebildet werden. Nach Aufgabe 6.25 gilt

$$\frac{1}{n}\sum_{\ell=1}^{n} Y_\ell = \frac{1}{n}\sum_{\ell=1}^{n} \mathbb{1}\{d_\ell = i_1, \ldots, d_{\ell+k-1} = i_k\} \xrightarrow{\text{f.s.}} \frac{1}{10^k}$$

für $n \to \infty$. Dieses als *Borels Satz über normale Zahlen* bekannte Resultat zeigt, dass nicht normale Zahlen eine Nullmenge bilden. Es ist jedoch bis heute ein ungelöstes Problem, ob konkrete Zahlen wie $\pi$ oder die Eulersche Zahl e normal sind.

Man mache sich klar, dass wir anstelle der Dezimaldarstellung auch die Dualentwicklung oder eine allgemeine $g$-adische Entwicklung (mit entsprechender Definition einer normalen Zahl) hätten wählen können und sinngemäß zum gleichen Ergebnis gelangt wären.

## Hintergrund und Ausblick: Das Gesetz vom iterierten Logarithmus

Das Fluktuationsverhalten von Partialsummen unabhängiger identisch verteilter Zufallsvariablen mit endlichem zweiten Moment ist genauestens bekannt.

Es sei $(X_n)$ eine Folge stochastisch unabhängiger und identisch verteilter Zufallsvariablen mit $\mathbb{E}X_1 = 0$ und $\mathbb{V}(X_1) = 1$. Nach dem starken Gesetz großer Zahlen gilt dann mit $a_n := n$ für die Folge $(S_n)$ der Partialsummen $S_n = X_1 + \ldots + X_n$

$$\lim_{n\to\infty} \frac{S_n}{a_n} = 0 \ \mathbb{P}\text{-fast sicher.} \tag{6.17}$$

Wir können hier die normierende Folge $(a_n)$ sogar deutlich verkleinern, ohne an der Grenzwertaussage etwas zu ändern. Wählen wir zum Beispiel $a_n := n^{1/2+\varepsilon}$ für ein $\varepsilon > 0$, so folgt aus der Konvergenz

$$\sum_{n=1}^{\infty} \frac{1}{a_n^2} = \sum_{n=1}^{\infty} \frac{1}{n^{1+2\varepsilon}} < \infty$$

und dem Kolmogorov-Kriterium, dass (6.17) auch für diese Wahl von $a_n$ gilt. Der Versuch, $\varepsilon = 0$ und somit $a_n = \sqrt{n}$ zu setzen, würde jedoch scheitern. Wir werden sehen, dass $S_n/\sqrt{n}$ in Verteilung gegen eine Standardnormalverteilung konvergieren würde.

Eine natürliche Frage betrifft das *fast sichere Fluktuationsverhalten* von $(S_n)_{n\geq 1}$. Gibt es eine monoton wachsende Folge $(\lambda_n)$ positiver Zahlen, sodass für jedes feste positive $\varepsilon$ Folgendes gilt:

$$\mathbb{P}\left(\frac{S_n}{\lambda_n} \geq 1+\varepsilon \text{ für unendlich viele } n\right) = 0,$$
$$\mathbb{P}\left(\frac{S_n}{\lambda_n} \geq 1-\varepsilon \text{ für unendlich viele } n\right) = 1?$$

Da der Durchschnitt von abzählbar vielen Eins-Mengen ebenfalls eine Eins-Menge ist und die Vereinigung von abzählbar vielen Mengen der Wahrscheinlichkeit 0 ebenfalls die Wahrscheinlichkeit 0 besitzt, folgt aus obigen Wahrscheinlichkeitsaussagen, wenn wir

$$A_\varepsilon := \limsup_{n\to\infty}\left\{\frac{S_n}{\lambda_n} \geq 1+\varepsilon\right\},\ B_\varepsilon := \limsup_{n\to\infty}\left\{\frac{S_n}{\lambda_n} \geq 1-\varepsilon\right\}$$

setzen und die Definition des Limes superior einer Mengenfolge (vgl. Abschn. 3.4) beachten:

$$\mathbb{P}\left(\bigcap_{k=1}^{\infty} A_{1/k} \setminus \left(\bigcup_{k=1}^{\infty} B_{1/k}\right)\right) = 1.$$

Dass eine solche Folge $(\lambda_n)$ existiert, hat für den Fall $\mathbb{P}(X_1 = 1) = \mathbb{P}(X_1 = -1) = 1/2$ zuerst der russische Mathematiker Alexander Chintschin (1894–1959) bewiesen. Die Gestalt dieser Folge gibt dem folgenden Resultat dessen Namen, siehe z. B. [4], S. 149.

**Das Gesetz vom iterierten Logarithmus**

In der obigen Situation gilt

$$\mathbb{P}\left(\limsup_{n\to\infty} \frac{S_n}{\sqrt{2n\log\log n}} = 1\right) = 1,$$
$$\mathbb{P}\left(\liminf_{n\to\infty} \frac{S_n}{\sqrt{2n\log\log n}} = -1\right) = 1.$$

Die nachstehende Abbildung zeigt Graphen der Funktionen $n \mapsto \sqrt{2n\log\log n}$ und $n \mapsto -\sqrt{2n\log\log n}$ zusammen mit zwei mithilfe von Pseudozufallszahlen erzeugten Folgen $(S_n)$ der Länge $n = 2\,500$, denen jeweils das Modell $\mathbb{P}(X_1 = 1) = \mathbb{P}(X_1 = -1) = 1/2$ zugrunde lag.

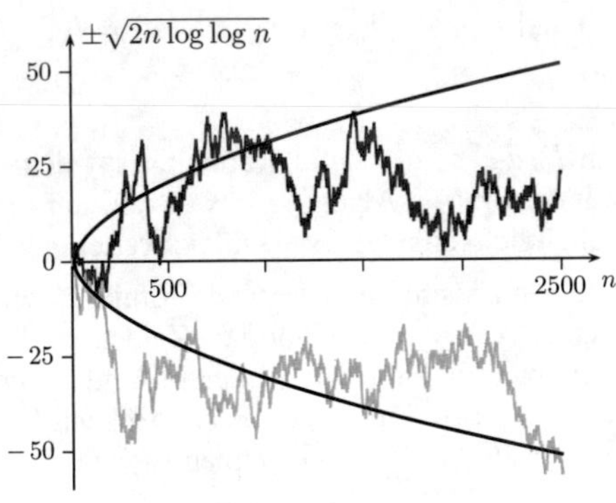


Kapitel 6

**Kolmogorov-Kriterium**

Es sei $(X_n)_{n\geq 1}$ eine *unabhängige Folge* von Zufallsvariablen mit $\mathbb{E}X_n^2 < \infty$, $n \geq 1$. Gilt für eine Folge $(a_n)$ positiver reeller Zahlen mit $a_n \uparrow \infty$

$$\sum_{n=1}^{\infty} \frac{\mathbb{V}(X_n)}{a_n^2} < \infty,$$

so folgt $\frac{1}{a_n} \sum_{j=1}^{n} (X_j - \mathbb{E}X_j) \xrightarrow{\text{f.s.}} 0$.

**Beweis** Wir setzen

$$Y_j := \frac{X_j - \mathbb{E}X_j}{a_j}, \quad j \geq 1,$$

sowie $S_n := Y_1 + \ldots + Y_n$ für $n \geq 1$ und $S_0 := 0$. Wegen $\mathbb{E}Y_j = 0$ können wir die Kolmogorov-Ungleichung für festes $k, m$ mit $m > k$ auf $Y_{k+1}, \ldots, Y_m$ anwenden. Es folgt

$$\mathbb{P}\left(\max_{k\leq n\leq m} |S_n - S_k| \geq \varepsilon\right) \leq \frac{1}{\varepsilon^2} \sum_{n=k+1}^{m} \mathbb{V}(Y_n)$$

und deshalb für $m \to \infty$

$$\mathbb{P}\left(\sup_{n\geq k} |S_n - S_k| \geq \varepsilon\right) \leq \frac{1}{\varepsilon^2} \sum_{n=k+1}^{\infty} \mathbb{V}(Y_n).$$

Nach Voraussetzung gilt $\sum_{n=1}^{\infty} \mathbb{V}(Y_n) < \infty$, und somit folgt $\sup_{n\geq k} |S_n - S_k| \xrightarrow{\mathbb{P}} 0$ für $k \to \infty$. Nach dem Teilfolgenkriterium für stochastische Konvergenz gibt es eine Teilfolge $(k_j)$ mit

$$\lim_{j\to\infty} \sup_{n\geq k_j} |S_n - S_{k_j}| \to 0 \ \mathbb{P}\text{-fast sicher.}$$

Da das Supremum monoton in $k$ fällt, gilt die fast sichere Konvergenz für die gesamte Folge. Damit ist $(S_n)$ $\mathbb{P}$-fast sicher eine Cauchy-Folge, und somit konvergiert die Reihe

$$\sum_{n=1}^{\infty} \frac{X_n(\omega) - \mathbb{E}X_n}{a_n}$$

für jedes $\omega$ aus einer Eins-Menge $\Omega_0$ gegen einen endlichen Grenzwert. Aus dem Lemma von Kronecker folgt dann unmittelbar die Behauptung. ■

Da die Reihe $\sum_{n=1}^{\infty} n^{-2}$ (mit dem Grenzwert $\pi^2/6$) konvergent ist, ergibt sich aus dem Kolmogorov-Kriterium das folgende Resultat.

**Folgerung** Es sei $(X_n)$ eine Folge unabhängiger Zufallsvariablen mit *gleichmäßig beschränkten Varianzen*. Es gebe also ein $c < \infty$ mit $\mathbb{V}(X_n) \leq c$ für jedes $n \geq 1$. Dann gilt das starke Gesetz großer Zahlen

$$\lim_{n\to\infty} \frac{1}{n} \sum_{j=1}^{n} (X_j - \mathbb{E}X_j) = 0 \ \mathbb{P}\text{-fast sicher.}$$ ◄

## 6.3 Verteilungskonvergenz

Wir wissen bereits, dass eine Folge von Zufallsvariablen *fast sicher*, *stochastisch* oder auch *im p-ten Mittel* konvergieren kann. In diesem Abschnitt lernen wir mit der *Verteilungskonvergenz* einen weiteren Konvergenzbegriff für Folgen von Zufallsvariablen kennen, dem sowohl in theoretischer Hinsicht als auch im Hinblick auf statistische Anwendungen eine zentrale Rolle zukommt. Für die weiteren Betrachtungen seien $X, X_1, X_2, \ldots$ reelle Zufallsvariablen auf einem Wahrscheinlichkeitsraum $(\Omega, \mathcal{A}, \mathbb{P})$ mit zugehörigen Verteilungsfunktionen

$$F(x) := \mathbb{P}(X \leq x), \quad F_n(x) := \mathbb{P}(X_n \leq x), \quad n \geq 1, x \in \mathbb{R}.$$

Für eine Funktion $G : \mathbb{R}^k \to \mathbb{R}^s$ stehe allgemein

$$C(G) := \{x \in \mathbb{R}^k \mid G \text{ stetig an der Stelle } x\}$$

für die Menge der *Stetigkeitsstellen* von $G$.

**Definition der Verteilungskonvergenz**

Die Folge $(X_n)_{n\geq 1}$ **konvergiert nach Verteilung** gegen $X$, falls

$$\lim_{n\to\infty} F_n(x) = F(x) \qquad \forall x \in C(F), \tag{6.18}$$

und wir schreiben hierfür kurz $X_n \xrightarrow{\mathcal{D}} X$.

Die Verteilung von $X$ heißt **Grenzverteilung** oder auch **asymptotische Verteilung** von $(X_n)$.

**Kommentar** Offenbar macht (6.18) nur eine Aussage über die Verteilungen $\mathbb{P}^{X_n}$ und $\mathbb{P}^X$: es wird die Konvergenz $\lim_{n\to\infty} \mathbb{P}^{X_n}(B) = \mathbb{P}^X(B)$ für *gewisse* Borel-Mengen $B$, nämlich jede Menge $B$ der Gestalt $B = (-\infty, x]$ mit $x \in C(F)$, gefordert. Die Zufallsvariablen $X_n$ und $X$ könnten jedoch hierfür auf völlig unterschiedlichen Wahrscheinlichkeitsräumen definiert sein. Aus diesem Grund schreibt man im Falle von (6.18) auch oft

$$F_n \xrightarrow{\mathcal{D}} F \quad \text{bzw.} \quad \mathbb{P}^{X_n} \xrightarrow{\mathcal{D}} \mathbb{P}^X \quad \text{bzw.} \quad X_n \xrightarrow{\mathcal{D}} \mathbb{P}^X$$

und sagt, dass die Folge $(\mathbb{P}^{X_n})$ *schwach* gegen $\mathbb{P}^X$ *konvergiert*. Dabei ist insbesondere die letztere etwas „hybrid" anmutende Schreibweise häufig anzutreffen. Die erste Notation $F_n \xrightarrow{\mathcal{D}} F$ verdeutlicht, dass (6.18) eine rein analytische Definition ist, nämlich punktweise Konvergenz von Funktionen in jeder Stetigkeitsstelle der Grenzfunktion. Der für die Verteilungskonvergenz gewählte Buchstabe $\mathcal{D}$ soll auf die entsprechende englische Bezeichnung *convergence in distribution* hinweisen. ◄

Das nachstehende Beispiel zeigt, dass es wenig Sinn machen würde, die Konvergenz der Folge $(F_n)$ auch in Punkten zu fordern, in denen die Grenzfunktion $F$ unstetig ist.

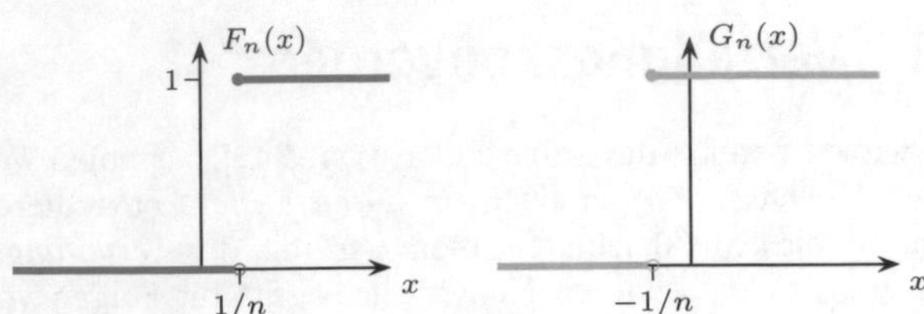


**Abb. 6.2** Graphen der Funktionen $F_n$ (links) und $G_n$ (rechts)

**Beispiel** Wir betrachten Folgen $(X_n)$ und $(Y_n)$ mit $\mathbb{P}(X_n = 1/n) = \mathbb{P}(Y_n = -1/n) = 1$, $n \geq 1$. Die Zufallsvariablen $X_n$ und $Y_n$ besitzen also Einpunktverteilungen in $1/n$ bzw. $-1/n$. Wegen $\lim_{n\to\infty} 1/n = \lim_{n\to\infty} -1/n = 0$ sollten sowohl $X_n$ als auch $Y_n$ in Verteilung gegen eine Zufallsvariable $X$ konvergieren, die eine Einpunktverteilung in 0 besitzt. Nun hat $X_n$ die Verteilungsfunktion

$$F_n(x) = \begin{cases} 0, & \text{falls } x < 1/n, \\ 1 & \text{sonst,} \end{cases}$$

und $Y_n$ die Verteilungsfunktion

$$G_n(x) = \begin{cases} 0, & \text{falls } x < -1/n, \\ 1 & \text{sonst} \end{cases}$$

(s. Abb. 6.2), und es gilt

$$\lim_{n\to\infty} F_n(x) = \lim_{n\to\infty} G_n(x) = \begin{cases} 0, & \text{falls } x < 0, \\ 1, & \text{falls } x > 0, \end{cases}$$

aber $0 = \lim_{n\to\infty} F_n(0) \neq \lim_{n\to\infty} G_n(0) = 1$. Eine Zufallsvariable $X$ mit $\mathbb{P}(X = 0) = 1$ besitzt die Verteilungsfunktion $F(x) = 0$, falls $x < 0$, und $F(x) = 1$ sonst. Da die Konvergenz in (6.18) nur in den Stetigkeitsstellen der Grenzfunktion gefordert wird, gilt also $X_n \xrightarrow{\mathcal{D}} X$ und $Y_n \xrightarrow{\mathcal{D}} X$, wie es sein sollte. ◀

Im nächsten Beispiel tritt eine Grenzverteilung auf, die in der *Extremwertstochastik* eine bedeutende Rolle spielt.

**Beispiel** Die Zufallsvariablen $Y_1, Y_2, \ldots$ seien stochastisch unabhängig und je exponentialverteilt mit Parameter 1, besitzen also die Verteilungsfunktion

$$\mathbb{P}(Y_1 \leq t) = \begin{cases} 1 - \exp(-t), & \text{falls } t \geq 0, \\ 0 & \text{sonst}. \end{cases}$$

Wir betrachten die Zufallsvariablen

$$X_n := \max_{j=1,\ldots,n} Y_j - \log n, \qquad n \geq 1.$$

Für die Verteilungsfunktion $F_n$ von $X_n$ gilt

$$\begin{aligned} F_n(x) &= \mathbb{P}(X_n \leq x) = \mathbb{P}\left(\max_{j=1,\ldots,n} Y_j \leq x + \log n\right) \\ &= \mathbb{P}(Y_1 \leq x + \log n)^n \end{aligned}$$

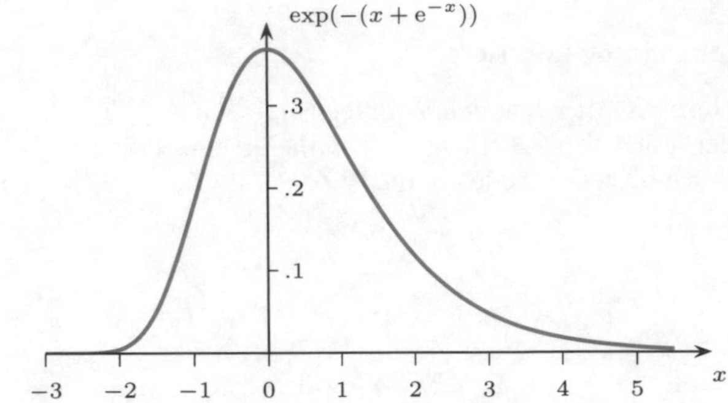


**Abb. 6.3** Dichte der Gumbelschen Extremwertverteilung

und somit für genügend großes $n$

$$F_n(x) = \left(1 - e^{-(x+\log n)}\right)^n = \left(1 - \frac{e^{-x}}{n}\right)^n.$$

Es folgt

$$\lim_{n\to\infty} F_n(x) = G(x), \qquad x \in \mathbb{R},$$

wobei $G$ die durch $G(x) := \exp(-\exp(-x))$ definierte Verteilungsfunktion der sog. *Extremwertverteilung von Gumbel* bezeichnet. Es gilt also

$$\max_{j=1,\ldots,n} Y_j - \log n \xrightarrow{\mathcal{D}} Z,$$

wobei $Z$ die Verteilungsfunktion $G$ besitzt. Die Dichte $g$ der nach dem Mathematiker Emil Julius Gumbel (1891–1966) benannten Verteilung mit der Verteilungsfunktion $G$ ist in Abb. 6.3 skizziert. ◀

Wohingegen der Grenzwert einer fast sicher konvergenten Folge von Zufallsvariablen $\mathbb{P}$-fast sicher eindeutig ist und Gleiches für die stochastische Konvergenz und die Konvergenz im $p$-ten Mittel gilt, kann bei einer nach Verteilung konvergenten Folge nur geschlossen werden, dass die Grenz*verteilung* eindeutig bestimmt ist. Es gilt also

$$X_n \xrightarrow{\mathcal{D}} X \text{ und } X_n \xrightarrow{\mathcal{D}} Y \implies \mathbb{P}^X = \mathbb{P}^Y.$$

Bezeichnen nämlich $F$ bzw. $G$ die Verteilungsfunktionen von $X$ bzw. $Y$, so zieht die gemachte Voraussetzung die Gleichheit $F(x) = G(x)\ \forall x \in C(F) \cap C(G)$ nach sich. Aufgrund der rechtsseitigen Stetigkeit von $F$ und $G$ und der Abzählbarkeit der Menge aller Unstetigkeitsstellen von $F$ oder $G$ gilt dann $F = G$ und somit $\mathbb{P}^X = \mathbb{P}^Y$.

## Verteilungskonvergenz ist schwächer als stochastische Konvergenz

Das folgende Resultat besagt, dass die Verteilungskonvergenz unter den behandelten Konvergenzbegriffen für Folgen von Zufallsvariablen der schwächste ist. Abb. 6.4 zeigt die behandelten Konvergenzbegriffe in deren Hierarchie.

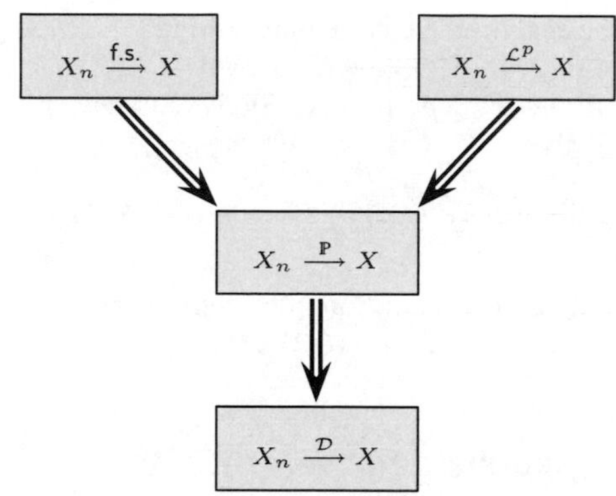


**Abb. 6.4** Konvergenzbegriffe für Zufallsvariablen in ihrer Hierarchie

**Satz über Verteilungskonvergenz und stochastische Konvergenz**

Aus $X_n \xrightarrow{\mathbb{P}} X$ folgt $X_n \xrightarrow{\mathcal{D}} X$. Die Umkehrung gilt, falls $X$ eine Einpunktverteilung besitzt.

**Beweis** Im Folgenden seien $F_n$ und $F$ die Verteilungsfunktionen von $X_n$ bzw. von $X$. Für $\varepsilon > 0$ liefert die Dreiecksungleichung die für jedes $x \in \mathbb{R}$ geltende Inklusion $\{X \le x - \varepsilon\} \subseteq \{X_n \le x\} \cup \{|X_n - X| \ge \varepsilon\}$. Diese zieht ihrerseits die Ungleichung $F(x-\varepsilon) \le F_n(x) + \mathbb{P}(|X_n - X| \ge \varepsilon)$ und somit $F(x-\varepsilon) \le \liminf_{n\to\infty} F_n(x)$ nach sich. Völlig analog ergibt sich $\limsup_{n\to\infty} F_n(x) \le F(x+\varepsilon)$. Lässt man nun $\varepsilon$ gegen null streben, so folgt $\lim_{n\to\infty} F_n(x) = F(x)\ \forall x \in C(F)$, also $X_n \xrightarrow{\mathcal{D}} X$.

Gilt $\mathbb{P}(X = a) = 1$ für ein $a \in \mathbb{R}$, so folgt für jedes $\varepsilon > 0$

$$\begin{aligned}\mathbb{P}(|X_n - X| \ge \varepsilon) &= \mathbb{P}(|X_n - a| \ge \varepsilon)\\ &= \mathbb{P}(X_n \le a - \varepsilon) + \mathbb{P}(X_n \ge a + \varepsilon)\\ &\le F_n(a-\varepsilon) + 1 - F_n\left(a + \frac{\varepsilon}{2}\right).\end{aligned}$$

Falls $X_n \xrightarrow{\mathcal{D}} X$, so folgt wegen $a - \varepsilon \in C(F)$ und $a + \varepsilon/2 \in C(F)$ sowie $F(a-\varepsilon) = 0$ und $F(a+\varepsilon/2) = 1$ die Konvergenz $\mathbb{P}(|X_n - X| \ge \varepsilon) \to 0$ und somit $X_n \xrightarrow{\mathbb{P}} X$. ∎

**Selbstfrage 6**

Warum gelten $a - \varepsilon \in C(F)$ und $a + \varepsilon/2 \in C(F)$?

Das folgende Resultat besagt, dass im Falle von Verteilungskonvergenz nicht nur punktweise, sondern sogar gleichmäßige Konvergenz von $F_n$ gegen $F$ vorliegt, wenn die Verteilungsfunktion $F$ stetig ist. Der Beweis ist dem Leser als Übungsaufgabe 6.34 überlassen.

**Satz von Pólya**

Ist die Grenzverteilungsfunktion $F$ einer verteilungskonvergenten Folge $X_n \xrightarrow{\mathcal{D}} X$ von Zufallsvariablen $X_n$ mit Verteilungsfunktionen $F_n$ stetig, so gilt

$$\lim_{n\to\infty} \sup_{x\in\mathbb{R}} |F_n(x) - F(x)| = 0.$$

Oft lässt sich eine komplizierte Folge $(Z_n)$ von Zufallsvariablen entweder additiv gemäß $Z_n = X_n + Y_n$ oder multiplikativ in der Form $Z_n = X_n Y_n$ zerlegen. Dabei konvergiert $X_n$ nach Verteilung und $Y_n$ stochastisch *gegen eine Konstante* $a$. Das folgende, nach dem russischen Mathematiker Jewgeni Jewgenjewitsch Sluzki (1880–1948) benannte Resultat zeigt, dass dann auch $Z_n$ verteilungskonvergent ist und dass die Grenzverteilung von $X_n$ um $a$ zu verschieben bzw. mit $a$ zu multiplizieren ist.

**Lemma von Sluzki**

Es seien $X, X_1, X_2, \ldots; Y_1, Y_2, \ldots$ Zufallsvariablen auf einem Wahrscheinlichkeitsraum $(\Omega, \mathcal{A}, \mathbb{P})$ mit $X_n \xrightarrow{\mathcal{D}} X$ und $Y_n \xrightarrow{\mathbb{P}} a$ für ein $a \in \mathbb{R}$. Dann gelten:

a) $X_n + Y_n \xrightarrow{\mathcal{D}} X + a$,
b) $X_n Y_n \xrightarrow{\mathcal{D}} a\,X$.

**Beweis** a) Für jedes $\varepsilon > 0$ und jedes $t \in \mathbb{R}$ gilt

$$\begin{aligned}\mathbb{P}(X_n + Y_n \le t) &= \mathbb{P}(X_n + Y_n \le t,\ |Y_n - a| > \varepsilon)\\ &\quad + \mathbb{P}(X_n + Y_n \le t,\ |Y_n - a| \le \varepsilon)\\ &\le \mathbb{P}(|Y_n - a| > \varepsilon) + \mathbb{P}(X_n \le t - a + \varepsilon)\end{aligned}$$

und somit wegen $Y_n \xrightarrow{\mathbb{P}} a$ im Fall $t - a + \varepsilon \in C(F)$

$$\limsup_{n\to\infty} \mathbb{P}(X_n + Y_n \le t) \le F(t - a + \varepsilon). \tag{6.19}$$

Dabei bezeichnet $F$ die Verteilungsfunktion von $X$. Wegen $\mathbb{P}(X + a \le t) = F(t-a)$ ist $t$ genau dann Stetigkeitsstelle der Verteilungsfunktion von $X + a$, wenn $t - a \in C(F)$ gilt. Für eine solche Stetigkeitsstelle erhalten wir aus (6.19), wenn $\varepsilon = \varepsilon_k$ eine Nullfolge mit der Eigenschaft $t - a + \varepsilon_k \in C(F)$, $k \ge 1$, durchläuft, die Ungleichung

$$\limsup_{n\to\infty} \mathbb{P}(X_n + Y_n \le t) \le \mathbb{P}(X + a \le t).$$

Völlig analog ergibt sich für $t - a \in C(F)$

$$\liminf_{n\to\infty} \mathbb{P}(X_n + Y_n \le t) \ge \mathbb{P}(X + a \le t)$$

und somit $\lim_{n\to\infty} \mathbb{P}(X_n + Y_n \le t) = \mathbb{P}(X + a \le t)$ für $t - a \in C(F)$, was zu zeigen war. Der Nachweis von b) ist eine Übungsaufgabe. ■

**Achtung** Die Rechenregeln

$$X_n \xrightarrow{\text{f.s.}} X,\ Y_n \xrightarrow{\text{f.s.}} Y \Longrightarrow X_n + Y_n \xrightarrow{\text{f.s.}} X + Y,$$
$$X_n \xrightarrow{\mathbb{P}} X,\ Y_n \xrightarrow{\mathbb{P}} Y \Longrightarrow X_n + Y_n \xrightarrow{\mathbb{P}} X + Y$$

gelten nicht ohne Weiteres auch für die Verteilungskonvergenz. Als Gegenbeispiel betrachten wir eine Zufallsvariable $X \sim \mathrm{N}(0,1)$ und setzen $X_n := Y_n := X$ für $n \ge 1$ sowie $Y := -X$. Dann gelten $X_n \xrightarrow{\mathcal{D}} X$ und wegen $Y \sim \mathrm{N}(0,1)$ auch $Y_n \xrightarrow{\mathcal{D}} Y$. Es gilt aber $X_n + Y_n = 2X_n = 2X$ und somit $X_n + Y_n \xrightarrow{\mathcal{D}} \mathrm{N}(0,4) \sim 2X$. Wegen $X+Y \equiv 0$ konvergiert also $X_n+Y_n$ nicht in Verteilung gegen $X + Y$. Gilt jedoch allgemein $(X_n, Y_n) \xrightarrow{\mathcal{D}} (X, Y)$ im Sinne der in der Hintergrund-und-Ausblick-Box über Veteilungskonvergenz und den zentralen Grenzwertsatz im $\mathbb{R}^k$ in Abschn. 6.4 definierten Verteilungskonvergenz von Zufallsvektoren, so folgt $X_n+Y_n \xrightarrow{\mathcal{D}} X+Y$ nach dem dort formulierten Abbildungssatz. ◀

Obwohl Verteilungskonvergenz mit fast sicherer Konvergenz auf den ersten Blick wenig gemeinsam hat, besteht ein direkter Zusammenhang zwischen beiden Begriffen, wie das folgende, auf den ukrainischen Mathematiker Anatolie Wladimirowitsch Skorokhod (1930–2011) zurückgehende Resultat besagt.

**Satz von Skorokhod**

Es seien $X, X_1, X_2, \ldots$ reelle Zufallsvariablen auf $(\Omega, \mathcal{A}, \mathbb{P})$ mit $X_n \xrightarrow{\mathcal{D}} X$. Dann existieren auf einem geeigneten Wahrscheinlichkeitsraum $(\widetilde{\Omega}, \widetilde{\mathcal{A}}, \widetilde{\mathbb{P}})$ Zufallsvariablen $Y, Y_1, Y_2, \ldots$ mit

$$\widetilde{\mathbb{P}}^Y = \mathbb{P}^X, \quad \widetilde{\mathbb{P}}^{Y_n} = \mathbb{P}^{X_n}, \quad n \ge 1, \tag{6.20}$$

also insbesondere $Y_n \xrightarrow{\mathcal{D}} Y$, und

$$\lim_{n\to\infty} Y_n = Y \quad \widetilde{\mathbb{P}}\text{-fast sicher.} \tag{6.21}$$

**Beweis** Es seien $F, F_1, F_2, \ldots$ die Verteilungsfunktionen von $X, X_1, X_2, \ldots$ Wir setzen

$$(\widetilde{\Omega}, \widetilde{\mathcal{A}}, \widetilde{\mathbb{P}}) := ((0,1), \mathcal{B} \cap (0,1), \lambda^1|_{(0,1)}),$$

wobei $\lambda^1|_{(0,1)}$ das auf das Intervall $(0,1)$ eingeschränkte Borel-Lebesgue-Maß bezeichnet, sowie

$$Y(p) := F^{-1}(p), \quad Y_n(p) := F_n^{-1}(p), \quad n \ge 1,\ p \in \widetilde{\Omega}.$$

Dabei ist allgemein $G^{-1}$ die in (5.43) definierte Quantilfunktion zu einer Verteilungsfunktion $G$. Nach dem Satz über die Quantiltransformation am Ende von Abschn. 5.3 gilt dann (6.20), und eine einfache analytische Überlegung (Aufgabe 6.35) zeigt, dass aus der Konvergenz $F_n(x) \to F(x)\ \forall x \in C(F)$ die Konvergenz $F_n^{-1}(p) \to F^{-1}(p)$ in jeder Stetigkeitsstelle $p$ von $F^{-1}$ folgt. Es gilt also

$$\lim_{n\to\infty} Y_n(p) = Y(p) \qquad \forall p \in C(F^{-1}).$$

Da $F^{-1}$ als monotone Funktion höchstens abzählbar viele Unstetigkeitsstellen besitzt, folgt (6.21). ■

## Verteilungskonvergenz vererbt sich unter stetigen Abbildungen

Die Nützlichkeit des Satzes von Skorokhod zeigt sich beim Nachweis des folgenden wichtigen Resultats.

**Abbildungssatz**

Es seien $X, X_1, X_2, \ldots$ Zufallsvariablen auf einem Wahrscheinlichkeitsraum $(\Omega, \mathcal{A}, \mathbb{P})$ und $h : \mathbb{R} \to \mathbb{R}$ eine messbare Funktion, die $\mathbb{P}^X$-fast überall stetig ist, also $\mathbb{P}^X(C(h)) = 1$ erfüllt. Dann gilt:

$$X_n \xrightarrow{\mathcal{D}} X \Longrightarrow h(X_n) \xrightarrow{\mathcal{D}} h(X).$$

**Beweis** Es seien $(\widetilde{\Omega}, \widetilde{\mathcal{A}}, \widetilde{\mathbb{P}})$ und $Y_n, Y$ wie im Beweis des Satzes von Skorokhod. Nach diesem Satz existiert eine Menge $\widetilde{\Omega}_0 \in \widetilde{\mathcal{A}}$ mit $\widetilde{\mathbb{P}}(\widetilde{\Omega}_0) = 1$ und $\lim_{n\to\infty} Y_n(t) = Y(t)$, $t \in \widetilde{\Omega}_0$. Wegen $1 = \mathbb{P}^X(C(h)) = \widetilde{\mathbb{P}}^Y(C(h))$ gilt $\widetilde{\mathbb{P}}(\widetilde{\Omega}_1) = 1$, wobei $\widetilde{\Omega}_1 := \widetilde{\Omega}_0 \cap Y^{-1}(C(h))$. Für jedes $t \in \widetilde{\Omega}_1$ gilt $\lim_{n\to\infty} h(Y_n(t)) = h(Y(t))$ und somit $h(Y_n) \to h(Y)$ $\widetilde{\mathbb{P}}$-fast sicher. Da aus der fast sicheren Konvergenz die Verteilungskonvergenz folgt (s. Abb. 6.4), erhalten wir

$$\widetilde{\mathbb{P}}^{h(Y_n)} \xrightarrow{\mathcal{D}} \widetilde{\mathbb{P}}^{h(Y)},$$

was wegen $\widetilde{\mathbb{P}}^{h(Y_n)} = \mathbb{P}^{h(X_n)}$ und $\widetilde{\mathbb{P}}^{h(Y)} = \mathbb{P}^{h(X)}$ äquivalent zu $h(X_n) \xrightarrow{\mathcal{D}} h(X)$ ist. ■

**Selbstfrage 7**

Warum gilt $\widetilde{\mathbb{P}}^{h(Y_n)} = \mathbb{P}^{h(X_n)}$?

**Achtung** Gilt $\mathbb{E}|X_n| < \infty$ und $\mathbb{E}|X| < \infty$, so folgt aus $X_n \xrightarrow{\mathcal{D}} X$ i. Allg. *nicht* $\mathbb{E}X_n \to \mathbb{E}X$. Obwohl mit $X_n \xrightarrow{\mathcal{D}} X$ die Konvergenz $\mathbb{E}h(X_n) \to \mathbb{E}h(X)$ für alle stetigen *beschränkten* Funktionen $h$ verknüpft ist, trifft dieser Sachverhalt für die Funktion $h(x) = x$ zumindest ohne zusätzliche Voraussetzungen nicht zu. Ein instruktives Beispiel sind Zufallsvariablen $X, X_1, X_2 \ldots$ mit identischer Normalverteilung $\mathrm{N}(0,1)$, für die trivialerweise $X_n \xrightarrow{\mathcal{D}} X$ (und auch $\mathbb{E}X_n \to \mathbb{E}X$) gilt. Addieren wir zu $X_n$ eine Zufallsvariable $Y_n$ mit $Y_n \xrightarrow{\mathbb{P}} 0$, so gilt nach dem

Lemma von Sluzki $X_n + Y_n \xrightarrow{\mathcal{D}} X$; an der Verteilungskonvergenz hat sich also nichts geändert. Wählen wir nun $Y_n$ spezieller, indem wir $\mathbb{P}(Y_n = n^2) = 1/n$ und $\mathbb{P}(Y_n = 0) = 1 - 1/n$ setzen, so gilt $\mathbb{E}Y_n = n \to \infty$ und somit

$$X_n + Y_n \xrightarrow{\mathcal{D}} X \sim \mathrm{N}(0,1), \quad \mathbb{E}(X_n + Y_n) = n \to \infty.$$

Eine hinreichende Bedingung für die Gültigkeit der Implikation $X_n \xrightarrow{\mathcal{D}} X \Longrightarrow \mathbb{E}X_n \to \mathbb{E}X$ ist die in (6.5) formulierte *gleichgradige Integrierbarkeit* der Folge $(X_n)$. ◀

Wir werden jetzt weitere Kriterien für Verteilungskonvergenz kennenlernen. Diese sind zum einen wichtig für die Herleitung der Zentralen Grenzwertsätze, zum anderen geben Sie einen Hinweis darauf, wie das Konzept der Verteilungskonvergenz für Zufallsvariablen mit allgemeineren Wertebereichen aussehen könnte. Ausgangspunkt ist die Feststellung, dass die Wahrscheinlichkeit $\mathbb{P}(A)$ eines Ereignisses $A$ gleich dem Erwartungswert $\mathbb{E}\mathbb{1}_A$ der Indikatorfunktion von $A$ ist. Folglich ist die Definition der Verteilungskonvergenz $X_n \xrightarrow{\mathcal{D}} X$ in (6.18) gleichbedeutend mit

$$\lim_{n\to\infty} \mathbb{E}h(X_n) = \mathbb{E}h(X) \quad \forall h \in \mathcal{H},$$

wobei $\mathcal{H}$ die Menge aller Indikatorfunktionen

$$h = \mathbb{1}_{(-\infty,x]} : \mathbb{R} \to \mathbb{R}$$

mit $x \in C(F)$ bezeichnet. Das folgende Resultat zeigt, dass die Menge $\mathcal{H}$ durch andere Funktionenklassen ersetzt werden kann. Hierzu schreiben wir kurz

$$C_b := \{h : \mathbb{R} \to \mathbb{R} \mid h \text{ stetig und beschränkt}\},$$

$$C_{b,\infty} := \left\{h \in C_b \,\middle|\, \lim_{x\to\pm\infty} h(x) \text{ existiert}\right\}.$$

Man mache sich klar, dass die Funktionen aus $C_{b,\infty}$ wegen der Existenz der Grenzwerte $\lim_{x\to\infty} h(x)$ und $\lim_{x\to-\infty} h(x)$ *gleichmäßig stetig* sind.

**Kriterien für Verteilungskonvergenz**

Die folgenden Aussagen sind äquivalent:

a) $X_n \xrightarrow{\mathcal{D}} X$,
b) $\lim_{n\to\infty} \mathbb{E}h(X_n) = \mathbb{E}h(X)\ \forall h \in C_b$,
c) $\lim_{n\to\infty} \mathbb{E}h(X_n) = \mathbb{E}h(X)\ \forall h \in C_{b,\infty}$.

**Beweis** Wir zeigen zunächst die Implikation „a $\Rightarrow$ b)". Es sei $h \in C_b$ beliebig. Wir setzen $K := \sup_{x\in\mathbb{R}} |h(x)|$ sowie $Y_n := h(X_n)$, $n \geq 1$, und $Y := h(X)$. Die Verteilungsfunktionen von $Y_n$ und $Y$ seien mit $G_n$ bzw. $G$ bezeichnet. Nach dem Abbildungssatz zieht $X_n \xrightarrow{\mathcal{D}} X$ die Verteilungskonvergenz $Y_n \xrightarrow{\mathcal{D}} Y$ und somit insbesondere $G_n \to G$ $\lambda^1$-fast überall nach sich. Wegen $|Y_n| \leq K$ und $|Y| \leq K$ liefern die Darstellungsformel für den Erwartungswert und der Satz von der dominierten

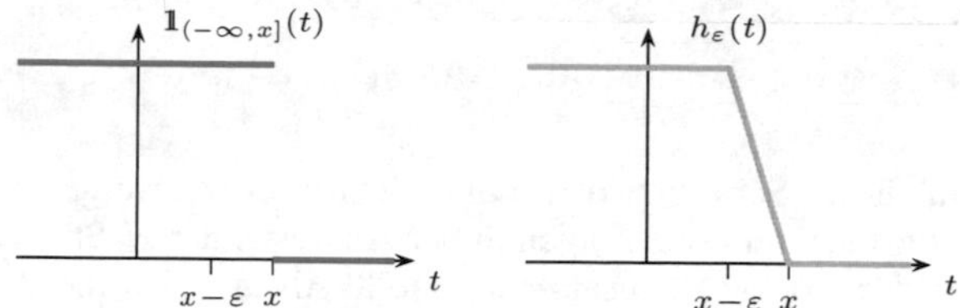


**Abb. 6.5** Die Funktion $h_\varepsilon$ approximiert Indikatorfunktionen

Konvergenz wie behauptet

$$\begin{aligned}\mathbb{E}Y_n &= \int_0^K (1 - G_n(x))\,\mathrm{d}x - \int_{-K}^0 G_n(x)\,\mathrm{d}x \\ &\to \int_0^K (1 - G(x))\,\mathrm{d}x - \int_{-K}^0 G(x)\,\mathrm{d}x \\ &= \mathbb{E}Y.\end{aligned}$$

Da die Implikation „b) $\Rightarrow$ c)" wegen $C_{b,\infty} \subseteq C_b$ trivialerweise gilt, bleibt nur noch „c) $\Rightarrow$ a)" zu zeigen. Seien hierzu $F, F_1, F_2, \ldots$ die Verteilungsfunktionen von $X, X_1, X_2, \ldots$, $x$ eine beliebige Stetigkeitsstelle von $F$ und $\varepsilon > 0$ beliebig. Wir approximieren die Indikatorfunktion $\mathbb{1}_{(-\infty,x]}$ durch eine Funktion $h_\varepsilon$ aus $C_{b,\infty}$, indem wir $h_\varepsilon(t) := 1$, falls $t \leq x - \varepsilon$, sowie $h_\varepsilon(t) := 0$, falls $t \geq x$, setzen und im Intervall $[x - \varepsilon, x]$ linear interpolieren (Abb. 6.5 rechts).

Dann gilt $\mathbb{1}_{(-\infty,x-\varepsilon]} \leq h_\varepsilon \leq \mathbb{1}_{(-\infty,x]}$ (s. Abb. 6.5 links), und die Monotonie des Erwartungswertes sowie Voraussetzung c) liefern

$$\begin{aligned}F_n(x) &= \mathbb{E}\mathbb{1}_{(-\infty,x]}(X_n) \geq \mathbb{E}h_\varepsilon(X_n) \\ &\to \mathbb{E}h_\varepsilon(X) \geq \mathbb{E}\mathbb{1}_{(-\infty,x-\varepsilon]}(X) \\ &= F(x - \varepsilon)\end{aligned}$$

und somit $\liminf_{n\to\infty} F_n(x) \geq F(x - \varepsilon)$. Lässt man $\varepsilon$ gegen null streben, so folgt wegen $x \in C(F)$ die Ungleichung

$$\liminf_{n\to\infty} F_n(x) \geq F(x).$$

Völlig analog zeigt man $\limsup_{n\to\infty} F_n(x) \leq F(x)$, indem man zu $\varepsilon > 0$ eine Funktion $g_\varepsilon$ aus $C_{b,\infty}$ mit der Eigenschaft $\mathbb{1}_{(-\infty,x]} \leq g_\varepsilon \leq \mathbb{1}_{(-\infty,x+\varepsilon]}$ wählt. ■

Wir werden jetzt mit dem Konzept der *Straffheit* eine notwendige Bedingung für Verteilungskonvergenz kennenlernen und beginnen hierzu mit einem auf Eduard Helly (1884–1943) zurückgehenden Resultat.

**Auswahlsatz von Helly**

Zu jeder Folge $(F_n)_{n\geq 1}$ von Verteilungsfunktionen gibt es eine Teilfolge $(F_{n_k})_{k\geq 1}$ und eine monoton wachsende, rechtsseitig stetige Funktion $F : \mathbb{R} \to [0,1]$ mit

$$\lim_{k\to\infty} F_{n_k}(x) = F(x) \quad \forall\, x \in C(F). \tag{6.22}$$

Kapitel 6

## Übersicht: Konvergenzbegriffe in der Analysis, der Maßtheorie und der Stochastik

Auf dieser Seite haben wir die wichtigsten Konvergenzbegriffe für Funktionenfolgen in der Analysis, der Maßtheorie und der Stochastik zusammengestellt. Als gemeinsamer Definitionsbereich der betrachteten reellwertigen Funktionen sei eine nichtleere Menge $\Omega$ zugrunde gelegt.

### Konvergenzbegriffe der Analysis

**Punktweise Konvergenz:**

$$f_n \to f :\Longleftrightarrow \lim_{n\to\infty} f_n(\omega) = f(\omega) \quad \forall \omega \in \Omega.$$

**Gleichmäßige Konvergenz:**

$$f_n \Longrightarrow f :\Longleftrightarrow \lim_{n\to\infty} \sup_{\omega\in\Omega} |f_n(\omega) - f(\omega)| = 0.$$

Das Beispiel $\Omega = [0,1]$, $f_n(\omega) = \omega^n$, $f(\omega) = 0$ für $0 \le \omega < 1$ und $f(1) = 1$ zeigt, dass die punktweise Konvergenz der schwächere dieser Begriffe ist. Man beachte, dass der Wertebereich der Funktionen $f_n$ und $f$ deutlich allgemeiner sein kann, um punktweise und gleichmäßige Konvergenz von $f_n$ gegen $f$ definieren zu können. Ist dieser Wertebereiche etwa ein metrischer Raum mit Metrik $d$, so bedeutet punktweise Konvergenz von $f_n$ gegen $f$ die Konvergenz $d(f_n(\omega), f(\omega)) \to 0$ für $n \to \infty$ für jedes feste $\omega \in \Omega$, und gleichmäßige Konvergenz von $f_n$ gegen $f$ ist gegeben durch $\lim_{n\to\infty} \sup_{\omega\in\Omega} d(f_n(\omega), f(\omega)) = 0$.

Eine Modifikation der punktweisen Konvergenz sowie zwei deutlich andere Konvergenzbegriffe ergeben sich, wenn die Menge $\Omega$ mit einer $\sigma$-Algebra $\mathcal{A} \subseteq \mathcal{P}(\Omega)$ versehen ist und ein Maß $\mu$ auf $\mathcal{A}$ zugrunde liegt. Man betrachtet dann *messbare* Funktionen, was im Hinblick auf eine tragfähige Theorie und Anwendungen jedoch keinerlei Einschränkung bedeutet.

### Konvergenzbegriffe der Maßtheorie

**Konvergenz $\mu$-fast überall:**

$$f_n \to f \ \mu\text{-f.ü.} :\Longleftrightarrow \exists N \in \mathcal{A} : \mu(N) = 0 \text{ und } \lim_{n\to\infty} f_n(\omega) = f(\omega) \ \forall \omega \in \Omega \setminus N.$$

**Konvergenz dem Maße nach:**

$$f_n \xrightarrow{\mu} f :\Longleftrightarrow \lim_{n\to\infty} \mu(\{|f_n - f| > \varepsilon\}) = 0 \ \forall \varepsilon > 0.$$

**Konvergenz im $p$-ten Mittel, $0 < p < \infty$:**

$$f_n \xrightarrow{\mathcal{L}^p} f :\Longleftrightarrow \lim_{n\to\infty} \int_\Omega |f_n - f|^p \, \mathrm{d}\mu = 0.$$

Die Konvergenz $\mu$-fast überall ist die natürliche Abschwächung der punktweisen Konvergenz (überall), da $\mu$-Nullmengen, also Mengen $N \in \mathcal{A}$ mit $\mu(N) = 0$, in der Maßtheorie keine Rolle spielen. Die Konvergenz dem Maße nach wird in Kap. 8 nicht behandelt. Sie besagt, dass für jedes (noch so kleine) $\varepsilon > 0$ das *Maß* der Menge aller $\omega$, für die $f_n(\omega)$ außerhalb des $\varepsilon$-Schlauchs um $f(\omega)$ liegt, gegen null konvergiert. Wir nehmen die Konvergenz dem Maße nach hier auf, weil sie im Spezialfall eines Wahrscheinlichkeitsmaßes auf die stochastische Konvergenz führt. Für die Konvergenz im $p$-ten Mittel wird natürlich vorausgesetzt, dass die Funktionen $f_n$ und $f$ $p$-fach integrierbar sind. Die Konvergenz im $p$-ten Mittel ist vielleicht schon aus dem ersten Studienjahr für den Spezialfall des Lebesgue-Integrals auf einem kompakten Intervall $\Omega$ bekannt, siehe z. B. Abschn. 19.6 in [1]. Sie wird dort üblicherweise „Konvergenz bzgl. der $L^p$-Norm" genannt, weil die Menge der Äquivalenzklassen $\mu$-fast überall gleicher Funktionen im Fall $p \ge 1$ einen Banach-Raum bzgl. der Norm $\|g\|_p := \left(\int |g|^p \, \mathrm{d}\mu\right)^{1/p}$ bildet (s. den Kommentar am Ende von Abschn. 8.7). Das Beispiel zu Abb. 6.1 zeigt, dass eine dem Maße nach oder im $p$-ten Mittel konvergente Folge in keinem einzigen Punkt konvergieren muss.

In der Stochastik legt man einen Wahrscheinlichkeitsraum $(\Omega, \mathcal{A}, \mathbb{P})$ zugrunde und verwendet für die dann *Zufallsvariablen* genannten Funktionen auf $\Omega$ die Bezeichnungen $X_n := f_n$ und $X := f$.

### Konvergenzbegriffe der Stochastik

**$\mathbb{P}$-fast sichere Konvergenz:**

$$X_n \xrightarrow{\text{f.s.}} X :\Longleftrightarrow \mathbb{P}(\{\omega \mid \lim_{n\to\infty} X_n(\omega) = X(\omega)\}) = 1.$$

**Stochastische Konvergenz:**

$$X_n \xrightarrow{\mathbb{P}} X :\Longleftrightarrow \lim_{n\to\infty} \mathbb{P}(|X_n - X| > \varepsilon) = 0 \ \forall \varepsilon > 0.$$

**Konvergenz im $p$-ten Mittel:**

$$X_n \xrightarrow{\mathcal{L}^p} X :\Longleftrightarrow \lim_{n\to\infty} \mathbb{E}|X_n - X|^p = 0.$$

**Verteilungskonvergenz:**

$$X_n \xrightarrow{\mathcal{D}} X :\Longleftrightarrow \lim_{n\to\infty} F_n(x) = F(x) \quad \text{für jede Stetigkeitsstelle } x \text{ von } F.$$

Die ersten drei Konvergenzbegriffe sind die entsprechenden Konvergenzbegriffe der Maßtheorie, spezialisiert auf den Fall eines Wahrscheinlichkeitsmaßes. Die Verteilungskonvergenz verwendet die Verteilungsfunktionen $F_n(x) = \mathbb{P}(X_n \le x)$ und $F(x) = \mathbb{P}(X \le x)$ von $X_n$ bzw. $X$. Sie ist äquivalent zur Konvergenz

$$\lim_{n\to\infty} \mathbb{E}h(X_n) = \mathbb{E}h(X)$$

für jede stetige beschränkte Funktion $h : \mathbb{R} \to \mathbb{R}$.

**Beweis** Es sei $\mathbb{Q} := \{r_1, r_2, \ldots\}$ die Menge der rationalen Zahlen. Wegen $0 \leq F_n(r_1) \leq 1$, $n \geq 1$, gibt es nach dem Satz von Bolzano-Weierstraß (vgl. [1], Abschn. 8.3) eine Teilfolge $(F_{n_{1,j}})_{j\geq 1}$ von $(F_n)$, für die der Grenzwert

$$G(r_1) := \lim_{j\to\infty} F_{n_{1,j}}(r_1)$$

existiert. Da die Folge $(F_{n_{1,j}}(r_2))$, $j \geq 1$, beschränkt ist, liefert der gleiche Satz eine mit $(F_{n_{2,j}})$ bezeichnete Teilfolge von $(F_{n_{1,j}})_{j\geq 1}$, für die der Grenzwert

$$G(r_2) := \lim_{j\to\infty} F_{n_{2,j}}(r_2)$$

existiert. Fahren wir so fort, so ist $(F_{n_j})_{j\geq 1}$ mit $n_j := n_{j,j}$, $j \geq 1$, eine Teilfolge von $(F_n)$, sodass der Grenzwert

$$G(r) := \lim_{j\to\infty} F_{n_j}(r)$$

für jede *rationale Zahl* $r$ existiert. Setzen wir

$$F(x) := \inf\{G(r) \mid r \in \mathbb{Q}, r > x\}, \quad x \in \mathbb{R},$$

so ist $F : \mathbb{R} \to [0, 1]$ eine wohldefinierte monoton wachsende Funktion. Zu jedem $x \in \mathbb{R}$ und jedem $\varepsilon > 0$ gibt es ein $r \in \mathbb{Q}$ mit $x < r$ und $G(r) < F(x) + \varepsilon$. Für jedes $y \in \mathbb{R}$ mit $x \leq y < r$ gilt dann $F(y) \leq G(r) < F(x) + \varepsilon$. Somit ist $F$ rechtsseitig stetig. Ist $F$ an der Stelle $x$ stetig, so wählen wir zu beliebigem $\varepsilon > 0$ ein $y < x$ mit $F(x) - \varepsilon < F(y)$ und dann $r, s \in \mathbb{Q}$ mit $y < r < x < s$ und $G(s) < F(x) + \varepsilon$. Wegen $F(x) - \varepsilon < G(r) \leq G(s) < F(x) + \varepsilon$ und $F_n(r) \leq F_n(x) \leq F_n(s)$, $n \geq 1$, folgt dann

$$F(x) - \varepsilon \leq \liminf_{k\to\infty} F_{n_k}(x) \leq \limsup_{k\to\infty} F_{n_k}(x) \leq F(x) + \varepsilon,$$

also $\lim_{k\to\infty} F_{n_k}(x) = F(x)$, da $\varepsilon > 0$ beliebig war. ∎

Das Beispiel der Folge $(F_n)$ mit $F_n(x) = \mathbb{1}_{[n,\infty)}(x)$ zeigt, dass die Funktion $F$ im Auswahlsatz von Helly keine Verteilungsfunktion sein muss. In diesem Fall „wandert die bei $F_n$ im Punkt $n$ konzentrierte Wahrscheinlichkeitsmasse nach unendlich ab", und für die Grenzfunktion $F$ gilt $F \equiv 0$. Es stellt sich somit in natürlicher Weise die Frage nach einer Bedingung an die Folge $(F_n)$, die garantiert, dass die Funktion im Satz von Helly eine Verteilungsfunktion ist, also auch die Bedingungen $F(x) \to 1$ für $x \to \infty$ und $F(x) \to 0$ für $x \to -\infty$ erfüllt.

**Definition der Straffheit**

Eine Menge $\mathcal{Q}$ von Wahrscheinlichkeitsmaßen auf der $\sigma$-Algebra $\mathcal{B}$ heißt **straff**, falls es zu jedem $\varepsilon > 0$ eine kompakte Menge $K \subseteq \mathbb{R}$ gibt, sodass gilt:

$$Q(K) \geq 1 - \varepsilon \quad \forall\, Q \in \mathcal{Q}.$$

Diese Definition verhindert gerade, dass etwa wie im obigen Beispiel Masse nach unendlich abwandert. Bitte überlegen Sie sich in Aufgabe 6.9, dass jede *endliche* Menge $\mathcal{Q}$ von Wahrscheinlichkeitsmaßen straff ist.

**Beispiel** Es seien $X_1, X_2, \ldots$ Zufallsvariablen mit existierenden Erwartungswerten, für die die Folge $(\mathbb{E}|X_n|)_{n\geq 1}$ beschränkt ist. Gilt etwa $\mathbb{E}|X_n| \leq M < \infty$ für jedes $n$, so ergibt sich mit der Markov-Ungleichung für jedes $c > 0$

$$\mathbb{P}(|X_n| > c) \leq \frac{\mathbb{E}|X_n|}{c} \leq \frac{M}{c}.$$

Legen wir somit zu vorgegebenem $\varepsilon > 0$ die Zahl $c$ durch $c := M\varepsilon$ fest und setzen $K := [-c, c]$, so folgt

$$\mathbb{P}^{X_n}(K) = \mathbb{P}(|X_n| \leq c) = 1 - \mathbb{P}(|X_n| > c) \geq 1 - \varepsilon$$

für jedes $n \geq 1$. Die Menge $\{\mathbb{P}^{X_n} \mid n \geq 1\}$ ist somit straff. ◄

**Beispiel** Die Zufallsvariable $X_n$ sei Exp$(\lambda_n)$-verteilt, $n \geq 1$. Wegen $\mathbb{E}X_n = \mathbb{E}|X_n| = 1/\lambda_n$ ist die Menge $\{\mathbb{P}^{X_n} \mid n \geq 1\}$ straff, wenn die Folge $(1/\lambda_n)_{n\geq 1}$ beschränkt ist. Dies ist genau dann der Fall, wenn es ein $a > 0$ mit $\lambda_n \geq 1/a$, $n \geq 1$, gibt. Diese Bedingung ist aber auch notwendig für die Straffheit. Würde es nämlich eine Teilfolge $(\lambda_{n_k})_{k\geq 1}$ mit $\lambda_{n_k} \to 0$ für $k \to \infty$ geben, so würde für jede (noch so große) Zahl $L > 0$

$$\mathbb{P}(X_{n_k} > L) = \exp(-\lambda_{n_k} L) \to 1$$

für $k \to \infty$ gelten. Folglich kann es keine kompakte Menge $K$ geben, für die zu vorgegebenem $\varepsilon > 0$ für jedes $n \geq 1$ die Ungleichung $\mathbb{P}(X_n \in K) \geq 1 - \varepsilon$ erfüllt ist. ◄

## Straffheit und relative Kompaktheit sind äquivalent

**Straffheitskriterium**

Für eine Menge $\mathcal{Q}$ von Wahrscheinlichkeitsmaßen auf $\mathcal{B}$ sind folgende Aussagen äquivalent:

a) $\mathcal{Q}$ ist straff.
b) Zu jeder Folge $(Q_n)_{n\geq 1}$ aus $\mathcal{Q}$ existieren eine Teilfolge $(Q_{n_k})_{k\geq 1}$ und ein *Wahrscheinlichkeitsmaß* $Q$ (welches nicht notwendig zu $\mathcal{Q}$ gehören muss!) mit

$$Q_{n_k} \xrightarrow{\mathcal{D}} Q \quad \text{für} \quad k \to \infty. \qquad (6.23)$$

**Beweis** a) $\Rightarrow$ b): Es sei $F_n$ die Verteilungsfunktion von $Q_n$, also $F_n(x) = Q_n((-\infty, x])$, $n \geq 1$, $x \in \mathbb{R}$. Nach dem Auswahlsatz von Helly existieren eine Teilfolge $(F_{n_k})_{k\geq 1}$ und eine monoton wachsende, rechtsseitig stetige Funktion $F$ mit (6.22). Da $\mathcal{Q}$ straff ist, gibt es zu beliebig vorgegebenem $\varepsilon > 0$ reelle Zahlen $a, b$ mit $a < b$ und

$$Q_n((a, b]) = F_n(b) - F_n(a) \geq 1 - \varepsilon \ \ \forall\, n \geq 1.$$

Sind $a', b' \in C(F)$ mit $a' < a, b' > b$, so folgt

$$\begin{aligned} 1 - \varepsilon &\le Q_{n_k}((a,b]) \\ &\le Q_{n_k}((a',b']) \\ &= F_{n_k}(b') - F_{n_k}(a') \\ &\to F(b') - F(a') \text{ für } k \to \infty. \end{aligned}$$

Also gilt $\lim_{x\to\infty} F(x) = 1$, $\lim_{x\to-\infty} F(x) = 0$, und somit ist $F$ eine Verteilungsfunktion. Wählen wir $Q$ als das zu $F$ gehörende Wahrscheinlichkeitsmaß, so gilt (6.23).

b) $\Rightarrow$ a): Angenommen, $\mathcal{Q}$ sei nicht straff. Dann gibt es ein $\varepsilon > 0$ und eine Folge $(Q_n)_{n\ge1}$ aus $\mathcal{Q}$ mit $Q_n([-n,n]) < 1-\varepsilon$, $n \ge 1$. Nach Voraussetzung existieren eine Teilfolge $(Q_{n_k})_{k\ge1}$ und ein Wahrscheinlichkeitsmaß $Q$ mit (6.23). Wir wählen Stetigkeitsstellen $a, b$ der Verteilungsfunktion von $Q$ so, dass gilt:

$$Q((a,b]) \ge 1 - \frac{\varepsilon}{2}. \tag{6.24}$$

Für hinreichend großes $k$ gilt $(a,b] \subseteq [-n_k, n_k]$ und somit

$$\begin{aligned} 1 - \varepsilon &> Q_{n_k}([-n_k, n_k]) \\ &\ge Q_{n_k}((a,b]) \\ &\to Q((a,b]) \quad \text{für } k \to \infty, \end{aligned}$$

was jedoch im Widerspruch zu (6.24) steht. ■

**Selbstfrage 8**

Warum können wir Stetigkeitsstellen $a$ und $b$ der Verteilungsfunktion von $Q$ mit (6.24) wählen?

**Kommentar** Die im obigen Straffheitskriterium in b) formulierte Eigenschaft der Menge $\mathcal{Q}$ heißt *relative Kompaktheit* von $\mathcal{Q}$. Das Straffheitskriterium besagt also, dass Straffheit und relative Kompaktheit äquivalent zueinander sind. Man beachte die Analogie zum Begriff der relativen Kompaktheit einer Teilmenge $M$ eines normierten Raumes oder allgemeiner eines metrischen Raumes. Eine solche Menge $M$ heißt *relativ kompakt*, wenn jede Folge aus $M$ eine konvergente Teilfolge besitzt, deren Grenzwert nicht notwendig in $M$ liegen muss. ◄

Aus dem Straffheitskriterium können wir zwei wichtige Schlussfolgerungen ziehen.

**Satz über Straffheit und Verteilungskonvergenz**

a) Die Verteilungskonvergenz $X_n \xrightarrow{\mathcal{D}} X$ hat die Straffheit der Menge $\{\mathbb{P}^{X_n} \mid n \ge 1\}$ zur Folge. Straffheit ist also eine notwendige Bedingung für Verteilungskonvergenz.
b) Ist $\{\mathbb{P}^{X_n} \mid n \ge 1\}$ straff und existiert ein Wahrscheinlichkeitsmaß $Q$, sodass jede schwach konvergente Teilfolge $(\mathbb{P}^{X_{n_k}})_{k\ge1}$ gegen $Q$ konvergiert, so gilt $\mathbb{P}^{X_n} \xrightarrow{\mathcal{D}} Q$.

**Beweis** a) ergibt sich unmittelbar aus der Implikation b) $\Rightarrow$ a) des Straffheitskriteriums. Um b) zu zeigen, nehmen wir an, die Folge $(X_n)$ würde nicht nach Verteilung gegen $Q$ konvergieren. Bezeichnen $F_n$ die Verteilungsfunktion von $X_n$ und $F$ die Verteilungsfunktion von $Q$, so gäbe es dann eine Stetigkeitsstelle $x$ von $F$ und ein $\varepsilon > 0$, sodass für eine geeignete Teilfolge $(F_{n_k})_{k\ge1}$ von $(F_n)$

$$|F_{n_k}(x) - F(x)| > \varepsilon, \quad k \ge 1, \tag{6.25}$$

gelten würde. Da nach Voraussetzung die Menge $\{\mathbb{P}^{X_n} \mid n \ge 1\}$ und damit auch die Teilmenge $\{\mathbb{P}^{X_{n_k}} \mid k \ge 1\}$ straff ist, gibt es nach dem Straffheitskriterium eine Teilfolge $(X_{n'_k})$ von $(X_{n_k})$, die nach Voraussetzung nach Verteilung gegen $Q$ konvergieren müsste. Insbesondere müsste also $F_{n'_k}(x) \to F(x)$ für $k \to \infty$ gelten, was jedoch (6.25) widerspricht. ■

**Kommentar** Die Straffheit einer Menge $\{\mathbb{P}^{X_n} \mid n \ge 1\}$ von Verteilungen von Zufallsvariablen wird als *Straffheit der Folge* $(X_n)_{n\ge1}$ bezeichnet. Synonym hierfür ist auch die Sprechweise *die Folge* $(X_n)_{n\ge1}$ *ist stochastisch beschränkt*. In Anlehnung an die in der Analysis gebräuchliche *Landau-Notation* $a_n = \mathrm{O}(1)$ für eine beschränkte Zahlenfolge $(a_n)$ motiviert diese Sprechweise die Schreibweise

$$X_n = \mathrm{O}_{\mathbb{P}}(1) \quad (\text{für } n \to \infty)$$

für die Straffheit von $(X_n)_{n\ge1}$ (vgl. die $\mathrm{o}_{\mathbb{P}}$-Notation (6.4)). Allgemeiner definiert man für eine Zahlenfolge $(a_n)$ mit $a_n \ne 0$, $n \ge 1$, die stochastische Beschränktheit der Folge $(X_n/a_n)_{n\ge1}$ durch

$$X_n = \mathrm{O}_{\mathbb{P}}(a_n) :\Longleftrightarrow \frac{X_n}{a_n} = \mathrm{O}_{\mathbb{P}}(1).$$

Wir können somit die im letzten Beispiel gefundene Charakterisierung einer Folge $(X_n)$ mit $X_n \sim \mathrm{Exp}(\lambda_n)$ wie folgt kompakt formulieren:

$$X_n = \mathrm{O}_{\mathbb{P}}(1) \Longleftrightarrow \inf_{n\in\mathbb{N}} \lambda_n > 0.$$ ◄

Der folgende, auf Paul Lévy (1886–1971) und Harald Cramér (1893–1985) zurückgehende Satz ist ein grundlegendes Kriterium für Verteilungskonvergenz.

**Stetigkeitssatz von Lévy–Cramér**

Es sei $(X_n)_{n\ge1}$ eine Folge von Zufallsvariablen mit zugehörigen Verteilungsfunktionen $F_n$ und charakteristischen Funktionen $\varphi_n$. Dann sind folgende Aussagen äquivalent:

a) Es gibt eine Verteilungsfunktion $F$ mit $F_n \xrightarrow{\mathcal{D}} F$.
b) Für jedes $t \in \mathbb{R}$ existiert $\varphi(t) := \lim_{n\to\infty} \varphi_n(t)$, und die Funktion $\varphi : \mathbb{R} \to \mathbb{C}$ ist stetig im Nullpunkt.

Falls a) oder b) gilt, so ist $\varphi$ die charakteristische Funktion von $F$, es gilt also

$$\varphi(t) = \int e^{itx} \mathrm{d}F(x), \qquad t \in \mathbb{R}.$$

**Beweis** Die Richtung a) $\Rightarrow$ b) folgt aus dem Kriterium b) für Verteilungskonvergenz mit $h(x) = \cos(tx)$ und $h(x) = \sin(tx)$ für festes $t \in \mathbb{R}$.

b) $\Rightarrow$ a): Mit der Wahrscheinlichkeitsungleichung (5.72) für charakteristische Funktionen gilt für jedes $a > 0$

$$\mathbb{P}\left(|X_n| \geq \frac{1}{a}\right) \leq \frac{7}{a} \int_0^a [1 - \operatorname{Re}\varphi_n(t)]\,\mathrm{d}t.$$

Wegen $\varphi(t) = \lim_{n\to\infty} \varphi_n(t)$, $\varphi(0) = 1$ und der Stetigkeit von $\varphi$ im Nullpunkt gibt es somit zu beliebig vorgegebenem $\varepsilon > 0$ ein $a > 0$, sodass gilt:

$$\mathbb{P}^{X_n}\left(\left[-\frac{1}{a}, \frac{1}{a}\right]\right) \geq 1 - \varepsilon, \quad n \geq 1.$$

Also ist die Folge $(X_n)$ straff und das Straffheitskriterium garantiert die Existenz einer Teilfolge $(X_{n_k})_{k\geq 1}$ sowie eines Wahrscheinlichkeitsmaßes $Q$ mit $X_{n_k} \xrightarrow{\mathcal{D}} Q$ für $k \to \infty$. Sei $X$ eine Zufallsvariable mit Verteilung $Q$ und Verteilungsfunktion $F$. Aus dem Beweisteil „a) $\Rightarrow$ b)" folgt $\lim_{k\to\infty} \varphi_{n_k}(t) = \mathbb{E}(\mathrm{e}^{\mathrm{i}tX}) =: \psi(t)$, $t \in \mathbb{R}$. Wegen $\lim_{k\to\infty} \varphi_{n_k}(t) = \varphi(t)$ $(t \in \mathbb{R})$ erhalten wir die Gleichheit $\psi = \varphi$, und somit ist $\varphi$ die charakteristische Funktion von $X$ (von $F$). Da (mit den gleichen Überlegungen) jede schwach konvergente Teilfolge von $(\mathbb{P}^{X_n})$ gegen $Q$ konvergiert, folgt die Behauptung aus Teil b) des Satzes über Straffheit und Verteilungskonvergenz. ■

## 6.4 Zentrale Grenzwertsätze

Hinter der schlagwortartigen Begriffsbildung *Zentraler Grenzwertsatz* verbirgt sich die auf den ersten Blick überraschend anmutende Tatsache, dass unter relativ allgemeinen Voraussetzungen Summen vieler stochastisch unabhängiger Zufallsvariablen approximativ normalverteilt sind. Dies erklärt, warum reale Zufallsphänomene, bei denen das Resultat eines durch additive Überlagerung vieler zufälliger Einflussgrößen entstandenen Prozesses beobachtet wird, häufig angenähert normalverteilt erscheinen.

Zur Einstimmung zeigt Abb. 6.6 ein Histogramm der *standardisierten Binomialverteilung* Bin$(n, p)$ mit $n = 20$ und $p = 0.3$.

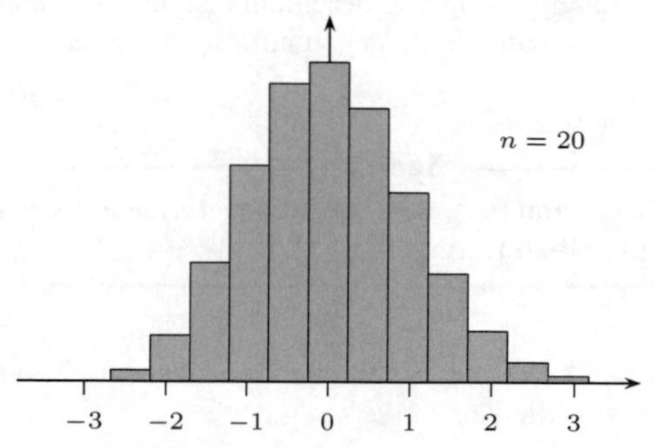


**Abb. 6.6** Histogramm der standardisierten Binomialverteilung Bin$(20, 0.3)$

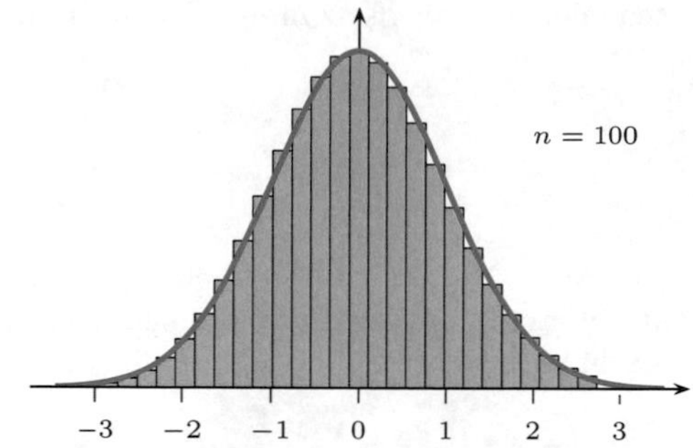


**Abb. 6.7** Histogramm der standardisierten Binomialverteilung Bin$(100, 0.3)$ mit Dichte $\varphi$ der Standardnormalverteilung

Da eine Zufallsvariable $S_n$ mit der Verteilung Bin$(n, p)$ die Werte $k \in \{0, 1, \ldots, n\}$ mit den Wahrscheinlichkeiten

$$p_{n,k} = \binom{n}{k} p^k (1-p)^{n-k}$$

annimmt, nimmt die standardisierte Zufallsvariable $S_n^* = (S_n - np)/\sqrt{np(1-p)}$ die Werte $x_{n,k} := (k - np)/\sqrt{np(1-p)}$ mit $k \in \{0, 1, \ldots, n\}$ an. Dargestellt sind Rechtecke, deren Grundseiten-Mittelpunkte auf der $x$-Achse die $x_{n,k}$ sind; die *Fläche* des Rechtecks zu $x_{n,k}$ ist die Wahrscheinlichkeit $p_{n,k}$. Insofern ist die Summe der Rechteckflächen gleich eins.

Vergrößert man $n$ und macht damit die Rechtecke schmaler, so wird die Gestalt des Histogramms zunehmend symmetrischer (zur $y$-Achse). Abb. 6.7 zeigt diesen Effekt für $n = 100$. Zusätzlich ist noch der Graph der Dichtefunktion $\varphi$ der Standardnormalverteilung N$(0, 1)$ eingezeichnet, wobei die Güte der Übereinstimmung zwischen Histogramm und Schaubild von $\varphi$ verblüffend ist.

Nach dem Additionsgesetz für die Binomialverteilung ist eine binomialverteilte Zufallsvariable $S_n$ verteilungsgleich mit einer Summe von $n$ unabhängigen identisch Bin$(1, p)$-verteilten Zufallsvariablen. Insofern kann sie wie eingangs beschrieben als Resultat eines durch additive Überlagerung vieler zufälliger Einflussgrößen entstandenen Prozesses angesehen werden. Ein erstes grundlegendes Ergebnis in diesem Zusammenhang ist das folgende, auf den finnischen Landwirt und Mathematiker Jarl Waldemar Lindeberg (1876–1932) und den französischen Mathematiker Paul Lévy (1886–1971) zurückgehende Resultat.

### Zentraler Grenzwertsatz von Lindeberg-Lévy

Es sei $(X_n)_{n\geq 1}$ eine u.i.v.-Folge von Zufallsvariablen auf einem Wahrscheinlichkeitsraum $(\Omega, \mathcal{A}, \mathbb{P})$ mit endlicher, positiver Varianz. Setzen wir $\mu := \mathbb{E}X_1$, $\sigma^2 := \mathbb{V}(X_1)$, so gilt:

$$\frac{1}{\sigma\sqrt{n}} \left(\sum_{j=1}^n X_j - n\,\mu\right) \xrightarrow{\mathcal{D}} \mathrm{N}(0, 1). \tag{6.26}$$

**Video 6.2** Zentraler Grenzwertsatz für die Binomialverteilung

**Kommentar** Wir möchten dem Beweis einige Anmerkungen voranstellen. Schreiben wir

$$S_n := X_1 + \ldots + X_n, \qquad n \geq 1,$$

für die $n$-te Partialsumme der Folge $(X_n)$, so steht auf der linken Seite von (6.26) gerade die aus $S_n$ durch Standardisierung hervorgehende Zufallsvariable

$$S_n^* = \frac{S_n - \mathbb{E}S_n}{\sqrt{\mathbb{V}(S_n)}} = \frac{1}{\sqrt{n}} \sum_{j=1}^{n} \left( \frac{X_j - \mu}{\sigma} \right).$$

Da die Zufallsvariable $(X_j - \mu)/\sigma$ standardisiert sind, also den Erwartungswert 0 und die Varianz 1 besitzen, können wir im Beweis o.B.d.A. den Fall $\mu = \mathbb{E}X_1 = 0$ und $\sigma^2 = \mathbb{V}(X_1) = 1$ annehmen. ◀

**Beweis** Nach den Vorbemerkungen und Kriterium c) für Verteilungskonvergenz müssen wir für jede Funktion $h \in C_{b,\infty}$ die Konvergenz

$$\lim_{n\to\infty} \mathbb{E}h\left(S_n^*\right) = \int_{-\infty}^{\infty} h(x)\varphi(x)\,\mathrm{d}x$$

nachweisen, denn die rechte Seite ist gerade $\mathbb{E}h(Z)$, wobei $Z$ standardnormalverteilt ist. Gehen wir zur Funktion

$$f(x) := h(x) - \int_{-\infty}^{\infty} h(x)\varphi(x)\,\mathrm{d}x$$

über, so ist die Konvergenz

$$\lim_{n\to\infty} \mathbb{E}f\left(S_n^*\right) = 0 \qquad (6.27)$$

zu zeigen. Bei der im Folgenden vorgestellten, auf den US-amerikanischen Statistiker Charles M. Stein (1920–2016) zurückgehenden Beweismethode benötigen wir eine differenzierbare Funktion $g : \mathbb{R} \to \mathbb{R}$ mit gleichmäßig stetiger und beschränkter Ableitung $g'$ derart, dass

$$f(x) = g'(x) - xg(x) \qquad (6.28)$$

gilt. Wie man unmittelbar nachrechnet, erfüllt die durch

$$g(x) := \frac{\int_{-\infty}^{x} f(y)\varphi(y)\,\mathrm{d}y}{\varphi(x)}$$

definierte Funktion $g$ die obige Differenzialgleichung. Teilt man den Nenner durch $x$ und wendet dann die Regel von l'Hospital an, so zeigt sich, dass die Grenzwerte $\lim_{x\to\pm\infty} xg(x)$ existieren und somit die Funktion $x \to xg(x)$ gleichmäßig stetig ist. Wegen (6.28) und der gleichmäßigen Stetigkeit von $f$ ist dann auch $g'$ gleichmäßig stetig. Mit (6.28) folgt jetzt

$$\begin{aligned}
\mathbb{E}f(S_n^*) &= \mathbb{E}g'(S_n^*) - \mathbb{E}\left(S_n^* g(S_n^*)\right) \\
&= \mathbb{E}g'(S_n^*) - \frac{1}{\sqrt{n}} \sum_{j=1}^{n} \mathbb{E}\left(X_j g(S_n^*)\right) \\
&= \mathbb{E}g'(S_n^*) - \sqrt{n}\mathbb{E}\left[X_1 g\left(\frac{X_1}{\sqrt{n}} + \frac{\sum_{j=2}^{n} X_j}{\sqrt{n}}\right)\right].
\end{aligned}$$

Dabei wurde beim zweiten Gleichheitszeichen verwendet, dass die Paare $(X_j, \overline{X}_n)$, $j = 1, \ldots, n$, aus Symmetriegründen die gleiche Verteilung besitzen. Setzen wir kurz $Z_n := \sum_{j=2}^{n} X_j / \sqrt{n}$, so liefert eine Taylor-Entwicklung von $g$ um die Stelle $Z_n$

$$\begin{aligned}
g\left(\frac{X_1}{\sqrt{n}} + Z_n\right) &= g\left(Z_n\right) + g'\left(Z_n\right)\frac{X_1}{\sqrt{n}} \\
&\quad + \left[g'\left(Z_n + \Theta_n \frac{X_1}{\sqrt{n}}\right) - g'(Z_n)\right]\frac{X_1}{\sqrt{n}}
\end{aligned}$$

mit einer Zufallsvariablen $\Theta_n$, wobei $|\Theta_n| \leq 1$. Mit

$$\Delta_n := g'\left(Z_n + \Theta_n \frac{X_1}{\sqrt{n}}\right) - g'(Z_n) \qquad (6.29)$$

ergibt sich wegen der Unabhängigkeit von $X_1$ und $Z_n$ sowie den Annahmen $\mathbb{E}X_1 = 0$ und $\mathbb{E}X_1^2 = 1$

$$\begin{aligned}
&\sqrt{n}\mathbb{E}\left(X_1 g\left(\frac{X_1}{\sqrt{n}} + Z_n\right)\right) \\
&= \sqrt{n}\mathbb{E}(X_1 g(Z_n)) + \mathbb{E}(X_1^2 g'(Z_n)) + \mathbb{E}\left(X_1^2 \Delta_n\right) \\
&= \sqrt{n}\mathbb{E}X_1 \mathbb{E}g(Z_n) + \mathbb{E}X_1^2 \mathbb{E}g'(Z_n) + \mathbb{E}\left(X_1^2 \Delta_n\right) \\
&= \mathbb{E}g'(Z_n) + \mathbb{E}\left(X_1^2 \Delta_n\right).
\end{aligned}$$

Insgesamt erhält man

$$\mathbb{E}f(S_n^*) = \mathbb{E}\left(g'\left(\frac{X_1}{\sqrt{n}} + Z_n\right) - g'(Z_n)\right) - \mathbb{E}(X_1^2 \Delta_n).$$

Da $g'$ gleichmäßig stetig und beschränkt ist, konvergieren beide Terme auf der rechten Seite gegen null, sodass (6.27) bewiesen ist. ■

**Selbstfrage 9**

Welcher Satz garantiert, dass die beiden Terme auf der rechten Seite gegen null konvergieren?

**Kommentar** Der obige Zentrale Grenzwertsatz besagt, dass für jedes $x \in \mathbb{R}$ die Konvergenz

$$\lim_{n\to\infty} \mathbb{P}\left(\frac{S_n - n\,\mu}{\sigma\sqrt{n}} \leq x\right) = \Phi(x) \qquad (6.30)$$

besteht. Da die Verteilungsfunktion $\Phi$ der Standardnormalverteilung stetig ist, gilt nach dem Satz von Pólya in Abschn. 6.3, dass selbst der betragsmäßig größte Abstand

$$\Delta_n := \sup_{x\in\mathbb{R}} \left|\mathbb{P}\left(\frac{S_n - n\,\mu}{\sigma\sqrt{n}} \le x\right) - \Phi(x)\right|$$

zwischen der Verteilungsfunktion der standardisierten Summe $S_n^* = (S_n - n\mu)/(\sigma\sqrt{n})$ und der Funktion $\Phi$ gegen null konvergiert. In diesem Zusammenhang ist es naheliegend, nach der Konvergenzgeschwindigkeit von $\Delta_n$ gegen null zu fragen. Diesbezüglich gilt der *Satz von Berry-Esseen*: Falls $\mathbb{E}|X_1|^3 < \infty$, so gilt

$$\Delta_n \le \frac{C}{\sqrt{n}}\mathbb{E}\left|\frac{X_1 - \mu}{\sigma}\right|^3$$

für eine Konstante $C$ mit $0.4097 \approx (\sqrt{10} + 3)/(6\sqrt{2\pi}) \le C \le 0.4690\cdots$. Die Konvergenzgeschwindigkeit beim Zentralen Grenzwertsatz von Lindeberg-Lévy ist also unter der schwachen zusätzlichen Momentenbedingung $\mathbb{E}|X_1|^3 < \infty$ *von der Größenordnung* $1/\sqrt{n}$.

**Video 6.3** Zentraler Grenzwertsatz für die Binomialverteilung: Optimale Fehlerabschätzung

Die Botschaft des Zentralen Grenzwertsatzes von Lindeberg-Lévy ist salopp formuliert, dass eine Summe $S_n$ aus vielen unabhängigen und identisch verteilten Summanden „im Limes $n \to \infty$ die Verteilung eines einzelnen Summanden bis auf Erwartungswert und Varianz vergisst". Durch Differenzbildung in (6.30) ergibt sich

$$\lim_{n\to\infty} \mathbb{P}\left(a \le \frac{S_n - n\mu}{\sigma\sqrt{n}} \le b\right) = \Phi(b) - \Phi(a) \qquad (6.31)$$

für jede Wahl von $a, b$ mit $a < b$. Wählt man in (6.31) speziell $b = k \in \mathbb{N}$ und $a = -b$, so folgt wegen $\mathbb{E}S_n = n\mu$ und $\mathbb{V}(S_n) = n\sigma^2$ sowie $\Phi(-k) = 1 - \Phi(k)$

$$\lim_{n\to\infty} \mathbb{P}(\mathbb{E}S_n - k\sqrt{\mathbb{V}(S_n)} \le S_n \le \mathbb{E}S_n + k\sqrt{\mathbb{V}(S_n)})$$
$$= 2\Phi(k) - 1.$$

Die Wahrscheinlichkeit, dass sich die Summe $S_n$ von ihrem Erwartungswert betragsmäßig um höchstens das $k$-Fache der Standardabweichung unterscheidet, stabilisiert sich also für $n \to \infty$ gegen einen nur von $k$ abhängenden Wert. Für die Fälle $k = 1$, $k = 2$ und $k = 3$ gelten mit Tab. 5.1 die Beziehungen

$$2\Phi(1) - 1 \approx 0.682,$$
$$2\Phi(2) - 1 \approx 0.954,$$
$$2\Phi(3) - 1 \approx 0.997.$$

Obige Grenzwertaussage liefert somit die folgenden Faustregeln: Die Summe $S_n$ von $n$ unabhängigen und identisch verteilten Zufallsvariablen liegt für großes $n$ mit der approximativen Wahrscheinlichkeit

- 0.682 in den Grenzen $\mathbb{E}S_n \pm 1 \cdot \sqrt{\mathbb{V}(S_n)}$,
- 0.954 in den Grenzen $\mathbb{E}S_n \pm 2 \cdot \sqrt{\mathbb{V}(S_n)}$,
- 0.997 in den Grenzen $\mathbb{E}S_n \pm 3 \cdot \sqrt{\mathbb{V}(S_n)}$. ◄

**Beispiel** Ein echter Würfel wird $n$-mal in unabhängiger Folge geworfen; die Zufallsvariable $X_j$ beschreibe das Ergebnis des $j$-ten Wurfs, $1 \le j \le n$. Wir nehmen an, dass $X_1, \ldots, X_n$ unabhängig und je auf $\{1, \ldots, 6\}$ gleichverteilt sind. Wegen $\mathbb{E}X_1 = 3.5$ und $\mathbb{V}(X_1) = 35/12 \approx 2.917$ (vgl. (4.17)) gilt dann nach obigen Faustregeln für die mit $S_n := X_1 + \ldots + X_n$ bezeichnete Augensumme im Fall $n = 100$: Die Augensumme aus 100 Würfelwürfen liegt mit der approximativen Wahrscheinlichkeit

- 0.682 in den Grenzen $350 \pm \sqrt{291.7}$, also zwischen 333 und 367,
- 0.954 in den Grenzen $350 \pm 2 \cdot \sqrt{291.7}$, also zwischen 316 und 384,
- 0.997 in den Grenzen $350 \pm 3 \cdot \sqrt{291.7}$, also zwischen 299 und 401. ◄

Wendet man den Satz von Lindeberg-Lévy auf Indikatorvariablen $X_j = \mathbb{1}\{A_j\}$ unabhängiger Ereignisse $A_j$ mit gleicher Wahrscheinlichkeit $p \in (0, 1)$ an, so ergibt sich das folgende klassische Resultat von Abraham de Moivre (1667–1754) und Pierre Simon Laplace (1749–1827).

**Zentraler Grenzwertsatz von de Moivre-Laplace**

Es sei $S_n$ eine Zufallsvariable mit der Binomialverteilung $\text{Bin}(n, p)$, wobei $0 < p < 1$. Dann gilt

$$\frac{S_n - np}{\sqrt{np(1-p)}} \xrightarrow{\mathcal{D}} \text{N}(0, 1) \text{ für } n \to \infty.$$

**Beispiel** Wir hatten in Aufgabe 4.25 die Anzahl der Sechsen in $6n$ unabhängigen Würfen eines echten Würfels betrachtet und für $n \in \{1, 2, 3\}$ die Wahrscheinlichkeit bestimmt, dass in $6n$ Würfen mindestens $n$ Sechsen auftreten. Diese Wahrscheinlichkeiten berechneten sich zu 0.665 für $n = 1$, 0.618 für $n = 2$ und 0.597 für $n = 3$, Damals wurde behauptet, dass sich hier für $n \to \infty$ der Grenzwert $1/2$ ergibt. Diese Behauptung bestätigt sich unmittelbar mit dem Zentralen Grenzwertsatz von de Moivre-Laplace: Da die mit $S_n$ bezeichnete Anzahl der Sechsen in $n$ Würfelwürfen die Verteilung $\text{Bin}(n, 1/6)$ besitzt, gilt

$$\frac{S_n - n\frac{1}{6}}{\sqrt{n\,\frac{1}{6}\,\frac{5}{6}}} \xrightarrow{\mathcal{D}} \text{N}(0,1) \text{ für } n \to \infty$$

und somit

$$\mathbb{P}(S_{6n} \ge n) = \mathbb{P}\left(\frac{S_{6n} - n}{\sqrt{6n\,\frac{1}{6}\,\frac{5}{6}}} \ge 0\right)$$
$$\to 1 - \Phi(0) = \frac{1}{2}.$$ ◄

Wie das folgende Beispiel zeigt, sind die Voraussetzungen des Satzes von Lindeberg-Lévy selbst in einfachen Situationen nicht gegeben.

**Beispiel (Anzahl der Rekorde)** Es sei $\Omega_n$ die Menge der Permutationen der Zahlen $1, \ldots, n$ mit der Gleichverteilung $\mathbb{P}_n$ auf $\Omega_n$. Bezeichnet

$$A_{n,j} := \{(a_1, \ldots, a_n) \in \Omega_n \mid a_j = \max(a_1, \ldots, a_j)\}$$

das Ereignis, dass an der $j$-ten Stelle ein Rekord auftritt, so haben wir in Aufgabe 3.28 gesehen, dass $A_{n,1}, \ldots, A_{n,n}$ stochastisch unabhängige Ereignisse sind und die Wahrscheinlichkeiten $\mathbb{P}_n(A_{n,j}) = 1/j$, $j = 1, \ldots, n$, besitzen. Die zufällige Anzahl $R_n$ der Rekorde hat dann die Darstellung

$$R_n = \mathbb{1}\{A_{n,1}\} + \mathbb{1}\{A_{n,2}\} + \ldots + \mathbb{1}\{A_{n,n}\}$$

als Summe von *unabhängigen, aber nicht identisch verteilten Zufallsvariablen*. Man beachte, dass für jedes $n$ ein anderer Grundraum (mit der Potenzmenge als $\sigma$-Algebra) und ein anderes Wahrscheinlichkeitsmaß vorliegen. Wir werden sehen, dass mit einer Verallgemeinerung des Zentralen Grenzwertsatzes von Lindeberg-Lévy gezeigt werden kann, dass $R_n$ nach Standardisierung für $n \to \infty$ asymptotisch standardnormalverteilt ist. ◀

Durch dieses Beispiel motiviert betrachten wir jetzt eine im Vergleich zum Satz von Lindeberg-Lévy allgemeinere Situation, bei der die Summanden von $S_n$ zwar weiterhin stochastisch unabhängig sind, aber nicht mehr die gleiche Verteilung besitzen müssen. Genauer legen wir eine *Dreiecksschema* genannte doppelt-indizierte Folge von Zufallsvariablen

$$\{X_{nj} \mid n \in \mathbb{N}, j = 1, \ldots, k_n\}$$

zugrunde. Über diese setzen wir voraus, dass für jedes $n$ die $n$-te Zeile $X_{n1}, X_{n2}, \ldots, X_{nk_n}$ aus stochastisch unabhängigen Zufallsvariablen besteht. Dabei könnten $X_{n1}, X_{n2}, \ldots, X_{nk_n}$ für jedes $n$ auf einem anderen Wahrscheinlichkeitsraum definiert sein. Man beachte, dass sich die bisher betrachtete Situation dieser allgemeineren unterordnet: Von einer unendlichen Folge $X_1, X_2, \ldots$ unabhängiger Zufallsvariablen stehen in der $n$-ten Zeile des Dreiecksschemas die Zufallsvariablen $X_{n1} = X_1, \ldots, X_{nn} = X_n$; in diesem Fall ist also $k_n = n$.

Wir nehmen weiter $0 < \sigma_{nj}^2 := \mathbb{V}(X_{nj}) < \infty$ an und setzen $a_{nj} := \mathbb{E} X_{nj}$ sowie

$$\sigma_n^2 := \sigma_{n1}^2 + \ldots + \sigma_{nk_n}^2. \tag{6.32}$$

Mit $S_n := X_{n1} + \ldots + X_{nk_n}$ gilt dann

$$S_n^* := \frac{S_n - \mathbb{E}\, S_n}{\sqrt{\mathbb{V}(S_n)}} = \sum_{j=1}^{k_n} Y_{nj},$$

wobei

$$Y_{nj} := \frac{X_{nj} - a_{nj}}{\sigma_n}, \quad j = 1, \ldots, k_n.$$

Man beachte, dass $\mathbb{E} Y_{nj} = 0$ gilt und dass mit

$$\tau_{nj}^2 := \mathbb{V}(Y_{nj}) = \frac{\mathbb{V}(X_{nj})}{\sigma_n^2} = \frac{\sigma_{nj}^2}{\sigma_n^2}$$

wegen (6.32) die Beziehung

$$\tau_{n1}^2 + \ldots + \tau_{nk_n}^2 = 1 \tag{6.33}$$

besteht.

**Zentraler Grenzwertsatz von Lindeberg-Feller**

Ist in obiger Situation eines Dreiecksschemas die *Lindeberg-Bedingung*

$$L_n(\varepsilon) := \sum_{j=1}^{k_n} \mathbb{E}\left[Y_{nj}^2 \mathbb{1}\{|Y_{nj}| \geq \varepsilon\}\right] \to 0 \text{ für jedes } \varepsilon > 0$$

erfüllt, so gilt

$$S_n^* \xrightarrow{\mathcal{D}} \mathrm{N}(0, 1).$$

**Beweis** Wir stellen zunächst eine Vorbetrachtung über komplexe Zahlen an. Sind $z_1, \ldots, z_n, w_1, \ldots, w_n \in \mathbb{C}$ mit $|z_j|, |w_j| \leq 1$ für $j = 1, \ldots, n$, so gilt die leicht durch Induktion einzusehende Ungleichung

$$\left|\prod_{j=1}^n z_j - \prod_{j=1}^n w_j\right| \leq \sum_{j=1}^n |z_j - w_j| \tag{6.34}$$

(Aufgabe 6.38). Bezeichnet $\varphi_{nj}$ die charakteristische Funktion von $X_{nj}$, so ist nach der Multiplikationsformel für charakteristische Funktionen die Funktion $\varphi_n = \prod_{j=1}^{k_n} \varphi_{nj}$ die charakteristische Funktion von $S_n^*$. Nach (5.64) und dem Stetigkeitssatz von Lévy-Cramér ist somit die Konvergenz

$$\lim_{n\to\infty} \varphi_n(t) = \exp\left(-\frac{t^2}{2}\right), \quad t \in \mathbb{R},$$

zu zeigen. Hierzu schreiben wir wegen (6.33) $\exp(-t^2/2)$ in der Form

$$\exp\left(-\frac{t^2}{2}\right) = \prod_{j=1}^{k_n} \psi_{nj}(t), \quad \psi_{nj}(t) = \exp\left(-\frac{\tau_{nj}^2 t^2}{2}\right).$$

Da $\psi_{nj}$ nach (5.65) die charakteristische Funktion einer mit $Z_{nj}$ bezeichneten $\mathrm{N}(0, \tau_{nj}^2)$-normalverteilten Zufallsvariablen ist, folgt nach (6.34) und (5.67)

$$\begin{aligned}
&\left|\prod_{j=1}^{k_n} \varphi_{nj}(t) - \prod_{j=1}^{k_n} \psi_{nj}(t)\right| \\
&\leq \sum_{j=1}^{k_n} |\varphi_{nj}(t) - \psi_{nj}(t)| \\
&\leq \sum_{j=1}^{k_n} \left|\varphi_{nj}(t) - 1 + \frac{\tau_{nj}^2 t^2}{2}\right| + \sum_{j=1}^{k_n} \left|\psi_{nj}(t) - 1 + \frac{\tau_{nj}^2 t^2}{2}\right| \\
&\leq c \left(\sum_{j=1}^{k_n} \mathbb{E}\left[Y_{nj}^2 (1 \wedge |Y_{nj}|)\right] + \sum_{j=1}^{k_n} \mathbb{E}\left[Z_{nj}^2 (1 \wedge |Z_{nj}|)\right]\right).
\end{aligned}$$

Zu zeigen bleibt also, dass beide Summen innerhalb der großen Klammer für $n \to \infty$ gegen 0 streben. Für die erste Summe gilt zu beliebigem $\varepsilon > 0$

$$\begin{aligned}
&\sum_{j=1}^{k_n} \mathbb{E}\left[Y_{nj}^2(1 \wedge |Y_{nj}|)\right] \\
&\le \sum_{j=1}^{k_n} \left(\mathbb{E}\left[Y_{nj}^2 |Y_{nj}| \mathbb{1}\{|Y_{nj}| < \varepsilon\}\right] + \mathbb{E}\left[Y_{nj}^2 \mathbb{1}\{|Y_{nj}| \ge \varepsilon\}\right]\right) \\
&\le \varepsilon \sum_{j=1}^{k_n} \tau_{nj}^2 + \sum_{j=1}^{k_n} L_n(\varepsilon).
\end{aligned}$$

Wegen (6.33) und der Lindeberg-Bedingung folgt

$$\limsup_{n\to\infty} \sum_{j=1}^{k_n} \mathbb{E}\left[Y_{nj}^2(1 \wedge |Y_{nj}|)\right] \le \varepsilon,$$

und somit konvergiert die erste Summe gegen 0. Für die zweite Summe beachten wir, dass $Z_{nj} \sim \tau_{nj} Z$ mit $Z \sim \mathrm{N}(0,1)$ gilt. Damit ergibt sich

$$\begin{aligned}
\sum_{j=1}^{k_n} \mathbb{E}\left[Z_{nj}^2(1 \wedge |Z_{nj}|)\right] \le \sum_{j=1}^{k_n} \mathbb{E}|Z_{nj}|^3 &= \sum_{j=1}^{k_n} \mathbb{E}\left[|\tau_{nj} Z|^3\right] \\
&= \mathbb{E}|Z|^3 \sum_{j=1}^{k_n} \tau_{nj}^3 \\
&\le \mathbb{E}|Z|^3 \left(\max_{j=1,\ldots,k_n} \tau_{nj}\right) \sum_{j=1}^{k_n} \tau_{nj}^2 \\
&= \mathbb{E}|Z|^3 \left(\max_{j=1,\ldots,k_n} \tau_{nj}\right).
\end{aligned}$$

Wegen

$$\begin{aligned}
\max_{j=1,\ldots,k_n} \tau_{n,j}^2 &\le \varepsilon^2 + \max_{j=1,\ldots,k_n} \mathbb{E}\left[Y_{nj}^2 \mathbb{1}\{|Y_{nj}| > \varepsilon\}\right] \\
&\le \varepsilon^2 + L_n(\varepsilon), \quad \varepsilon > 0,
\end{aligned}$$

folgt aus der Lindeberg-Bedingung

$$\lim_{n\to\infty} \max_{j=1,\ldots,k_n} \tau_{nj}^2 = 0, \tag{6.35}$$

und somit konvergiert auch die zweite Summe gegen 0. ■

### Kommentar

- Der auf anderem Wege bewiesene Zentrale Grenzwertsatz von Lindeberg-Lévy ist als Spezialfall im Satz von Lindeberg-Feller enthalten (Übungsaufgabe 6.36).
- Für die Zufallsvariablen $X_{n1}, \ldots, X_{nk_n}$ nimmt die im Satz eingeführte „Lindeberg-Funktion“ $L_n$ die Gestalt

$$L_n(\varepsilon) = \frac{1}{\sigma_n^2} \sum_{j=1}^{k_n} \mathbb{E}\left[(X_{nj} - a_{nj})^2 \mathbb{1}\{|X_{nj} - a_{nj}| > \sigma_n \varepsilon\}\right]$$

an. Die Lindeberg-Bedingung $L_n(\varepsilon) \to 0$ für jedes $\varepsilon > 0$ garantiert, dass jeder der Summanden $X_{nj}$, $1 \le j \le k_n$, nur einen kleinen Einfluss auf die Summe $S_n$ besitzt. Nach (6.35) gilt ja – wenn wir $\tau_{nj}^2 = \sigma_{nj}^2/\sigma_n^2$ setzen –

$$\lim_{n\to\infty} \frac{\max_{j=1,\ldots,k_n} \sigma_{nj}^2}{\sigma_{n1}^2 + \ldots + \sigma_{nk_n}^2} = 0.$$

Diese sog. *Feller-Bedingung* besagt, dass die maximale Varianz eines einzelnen Summanden $X_{nj}$ im Vergleich zur Varianz der Summe asymptotisch verschwindet. Mit der Markov-Ungleichung ergibt sich hieraus die sog. *asymptotische Vernachlässigbarkeit*

$$\lim_{n\to\infty} \frac{1}{\sigma_n^2} \cdot \max_{1\le j\le k_n} \mathbb{P}\left(|X_{nj} - a_{nj}| \ge \varepsilon\right) = 0 \ \ \forall \varepsilon > 0$$

der Zufallsvariablen $(X_{nj} - a_{nj})/\sigma_n$, $1 \le j \le k_n, n \ge 1$. Setzt man die asymptotische Vernachlässigbarkeit voraus, so ist die Lindeberg-Bedingung sogar notwendig für die Gültigkeit des Zentralen Grenzwertsatzes. ◄

Eine einfache hinreichende Bedingung für die Gültigkeit des Zentralen Grenzwertsatzes geht auf den russischen Mathematiker Aleksander Michailowitsch Ljapunov (1857–1918) zurück.

**Satz von Ljapunov**

In der Situation des Satzes von Lindeberg-Feller existiere ein $\delta > 0$ mit

$$\lim_{n\to\infty} \frac{1}{\sigma_n^{2+\delta}} \sum_{j=1}^{k_n} \mathbb{E}\left[|X_{nj} - a_{nj}|^{2+\delta}\right] = 0 \tag{6.36}$$

(sog. *Ljapunov-Bedingung*).

Dann gilt der Zentrale Grenzwertsatz $S_n^* \xrightarrow{\mathcal{D}} \mathrm{N}(0,1)$.

**Beweis** Es sei $\varepsilon > 0$ beliebig. Wegen

$$(x-a)^2 \mathbb{1}\{|x-a| > \varepsilon\sigma\} \le |x-a|^{2+\delta} \frac{1}{(\varepsilon\sigma)^\delta}$$

für $x, a \in \mathbb{R}$ und $\sigma > 0$ folgt

$$\begin{aligned}
L_n(\varepsilon) &\le \frac{1}{\sigma_n^2} \sum_{j=1}^{k_n} \mathbb{E}\left[(X_{nj} - a_{nj})^2 \mathbb{1}\{|X_{nj} - a_{nj}| > \varepsilon\sigma_n\}\right] \\
&\le \frac{1}{\varepsilon^\delta} \frac{1}{\sigma_n^{2+\delta}} \sum_{j=1}^{k_n} \mathbb{E}\left[|X_{nk} - a_{nk}|^{2+\delta}\right].
\end{aligned}$$

Somit zieht die Ljapunov-Bedingung die Lindeberg-Bedingung nach sich. ■

## Hintergrund und Ausblick: Verteilungskonvergenz und Zentraler Grenzwertsatz im $\mathbb{R}^k$

Die Verteilungskonvergenz lässt sich auf Zufallsvariablen mit allgemeineren Wertebereichen verallgemeinern

Es seien $\mathbf{X}, \mathbf{X}_1, \mathbf{X}_2, \ldots$ $k$-dimensionale Zufallsvektoren mit Verteilungsfunktionen $F(x) = \mathbb{P}(\mathbf{X} \le x)$, $F_n(x) = \mathbb{P}(\mathbf{X}_n \le x)$, $x \in \mathbb{R}^k, n \ge 1$. Bezeichnen $\mathcal{O}^k$ und $\mathcal{A}^k$ die Systeme der offenen bzw. abgeschlossenen Mengen des $\mathbb{R}^k$, $\partial B$ den Rand einer Menge $B \subseteq \mathbb{R}^k$ sowie $C_b$ die Menge aller stetigen und beschränkten Funktionen $h : \mathbb{R}^k \to \mathbb{R}$, so sind folgende Aussagen äquivalent (sog. *Portmanteau-Theorem*, siehe z. B. [4], S. 390):

a) $\lim_{n\to\infty} \mathbb{E}h(\mathbf{X}_n) = \mathbb{E}h(\mathbf{X}) \ \forall\, h \in C_b$,
b) $\limsup_{n\to\infty} \mathbb{P}(\mathbf{X}_n \in A) \le \mathbb{P}(\mathbf{X} \in A) \ \forall\, A \in \mathcal{A}^k$,
c) $\liminf_{n\to\infty} \mathbb{P}(\mathbf{X}_n \in O) \ge \mathbb{P}(\mathbf{X} \in O) \ \forall\, O \in \mathcal{O}^k$,
d) $\lim_{n\to\infty} \mathbb{P}(\mathbf{X}_n \in B) = \mathbb{P}(\mathbf{X} \in B) \ \forall\, B \in \mathcal{B}^k$ mit $\mathbb{P}(\partial B) = 0$,
e) $\lim_{n\to\infty} F_n(x) = F(x) \ \forall x \in C(F)$.

Liegt eine dieser Gegebenheiten vor, so sagt man, $(\mathbf{X}_n)$ *konvergiere nach Verteilung gegen* $\mathbf{X}$ und schreibt

$$\mathbf{X}_n \xrightarrow{\mathcal{D}} \mathbf{X}.$$

Wie im Fall $k = 1$ ist dabei auch die Schreibweise $\mathbf{X}_n \xrightarrow{\mathcal{D}} \mathbb{P}^{\mathbf{X}}$ häufig anzutreffen. Man beachte, dass die Eigenschaft $\mathbb{P}(\partial B) = 0$ in d) im Fall $k = 1$ und $B = (-\infty, x]$ gerade die Stetigkeit der Verteilungsfunktion $F$ an der Stelle $x$ bedeutet.

Der *Abbildungssatz* überträgt sich direkt auf diese allgemeinere Situation: Ist $h : \mathbb{R}^k \to \mathbb{R}^s$ eine messbare Abbildung, die $\mathbb{P}^{\mathbf{X}}$-fast überall stetig ist, für die also $\mathbb{P}(\mathbf{X} \in C(h)) = 1$ erfüllt ist, so gilt:

$$\mathbf{X}_n \xrightarrow{\mathcal{D}} \mathbf{X} \Longrightarrow h(\mathbf{X}_n) \xrightarrow{\mathcal{D}} h(\mathbf{X}).$$

Auch das Konzept der *Straffheit* als notwendige Bedingung für Verteilungskonvergenz bleibt unverändert: Eine Menge $\mathcal{Q}$ von Wahrscheinlichkeitsmaßen auf $\mathcal{B}^k$ heißt *straff*, falls es zu jedem $\varepsilon > 0$ eine kompakte Menge $K \subseteq \mathbb{R}^k$ mit $Q(K) \ge 1 - \varepsilon$ für jedes $Q \in \mathcal{Q}$ gibt. Eine Folge $(\mathbf{X}_n)$ von Zufallsvektoren heißt straff, wenn die Menge ihrer Verteilungen straff ist. Bezeichnet $X_n^{(j)}$ die $j$-te Komponente von $\mathbf{X}_n$, so folgt aus der Ungleichung

$$\mathbb{P}(|X_n^{(j)}| \le c) \ge 1 - \frac{\varepsilon}{k}, \quad j = 1, \ldots, k;\ n \ge 1,$$

mit $K = [-c, c]^d$

$$\mathbb{P}(\mathbf{X}_n \in K) = \mathbb{P}\left(\bigcap_{j=1}^{k} \{|X_n^{(j)}| \le c\}\right) \ge 1 - \varepsilon,$$

$n \ge 1$. Ist jede Komponentenfolge $(X_n^{(j)})$, $1 \le j \le k$, straff, so ist also auch die Folge $(\mathbf{X}_n)$ straff.

Auch im multivariaten Fall gilt ein *Stetigkeitssatz* für charakteristische Funktionen. Bezeichnen

$$\varphi_n(t) = \mathbb{E}(\exp(\mathrm{i}t^\top \mathbf{X}_n)), \ \varphi(t) = \mathbb{E}(\exp(\mathrm{i}t^\top \mathbf{X})),$$

$t \in \mathbb{R}^k$, die charakteristischen Funktionen von $\mathbf{X}_n$ bzw. von $\mathbf{X}$ (vgl. die Hintergrund-und-Ausblick-Box über charakteristische Funktionen von Zufallsvektoren in Abschn. 5.1), so gilt

$$\mathbf{X}_n \xrightarrow{\mathcal{D}} \mathbf{X} \Longleftrightarrow \lim_{n\to\infty} \varphi_n(t) = \varphi(t) \, \forall t \in \mathbb{R}^k.$$

Dabei steckt die Richtung „$\Rightarrow$“ im Kriterium a) für Verteilungskonvergenz.

Ein wichtiges Mittel zum Nachweis der Verteilungskonvergenz ist die sog. *Cramér-Wold-Technik*. Nach dieser gilt die Äquivalenz

$$\mathbf{X}_n \xrightarrow{\mathcal{D}} \mathbf{X} \Longleftrightarrow c^\top \mathbf{X}_n \xrightarrow{\mathcal{D}} c^\top \mathbf{X} \ \forall c \in \mathbb{R}^k.$$

Die Verteilungskonvergenz im $\mathbb{R}^k$ kann also mithilfe der Verteilungskonvergenz aller Linearkombinationen von Komponenten von $\mathbf{X}_n$ gegen die entsprechenden Linearkombinationen der Komponenten von $\mathbf{X}$ bewiesen werden. Hiermit erhält man etwa das folgende Resultat.

**Satz (Multivariater Zentraler Grenzwertsatz)** Es sei $(\mathbf{X}_n)$ eine Folge unabhängiger und identisch verteilter $k$-dimensionaler Zufallsvektoren mit $\mathbb{E}\|\mathbf{X}_1\|^2 < \infty$. Bezeichnen $\mu := \mathbb{E}\mathbf{X}_1$ den Erwartungswertvektor und $\Sigma = \Sigma(\mathbf{X}_1)$ die Kovarianzmatrix von $\mathbf{X}_1$, so gilt

$$\frac{1}{\sqrt{n}}\left(\sum_{j=1}^{n} \mathbf{X}_j - n\,\mu\right) \xrightarrow{\mathcal{D}} \mathrm{N}_k(0, \Sigma). \quad ◄$$

Da sich die Eigenschaften der Stetigkeit und Beschränktheit für Funktionen mit allgemeineren Definitionsbereichen wie etwa metrischen Räumen verallgemeinern lassen, ist Eigenschaft a) der Ausgangspunkt für die Definition der Verteilungskonvergenz für Zufallsvariablen mit Werten in metrischen Räumen, siehe z. B. [5]. Ein einfaches Beispiel für einen solchen Raum ist die Menge C[0, 1] der auf dem Intervall [0, 1] stetigen Funktionen mit der Metrik $\rho(f, g) := \max_{0\le t\le 1} |f(t) - g(t)|$.

## Hintergrund und Ausblick: Der Brown-Wiener-Prozess

Der Satz von Donsker: Ein Zentraler Grenzwertsatz für Partialsummenprozesse

Es sei $(X_n)_{n\geq 1}$ eine u.i.v.-Folge von Zufallsvariablen auf einem Wahrscheinlichkeitsraum $(\Omega, \mathcal{A}, \mathbb{P})$ mit $\mathbb{E}X_1 = 0$ und $\mathbb{V}(X_1) = 1$. Mit $S_k := \sum_{j=1}^{k} X_j$, $k \geq 1$, gilt nach dem Zentralen Grenzwertsatz von Lindeberg-Lévy

$$\frac{1}{\sqrt{n}} S_n \xrightarrow{\mathcal{D}} \mathrm{N}(0,1) \quad \text{für } n \to \infty.$$

Eine weitreichende Verallgemeinerung dieses Resultats ergibt sich, wenn wir die Zufallsvariablen

$$W_n(t) := \frac{S_{\lfloor nt \rfloor}}{\sqrt{n}} + (nt - \lfloor nt \rfloor)\,\frac{X_{\lfloor nt \rfloor + 1}}{\sqrt{n}}, \tag{6.37}$$

$0 \leq t \leq 1$, $S_0 := 0$, betrachten. Man beachte, dass wir das Argument $\omega \in \Omega$ in der Notation sowohl bei $S_{\lfloor nt \rfloor}$ und $X_{\lfloor nt \rfloor+1}$ als auch bei $W_n(t)$ unterdrückt haben. Die Realisierungen von $W_n(\cdot)$ sind aufgrund des linear interpolierenden Charakters des zweiten Summanden in (6.37) stetige Funktionen auf $[0,1]$.

Die Familie $W_n := (W_n(t))_{0\leq t\leq 1}$ heißt ***n*-ter Partialsummenprozess von $(X_n)$**. Versieht man die Menge $C[0,1]$ mit der von den (durch die Supremumsmetrik induzierten) offenen Mengen erzeugten Borelschen $\sigma$-Algebra, so ist $W_n$ eine $C[0,1]$-wertige Zufallsvariable auf $\Omega$. Nachstehende Abbildung zeigt drei Realisierungen von $W_n$ für $n = 100$ im Fall $\mathbb{P}(X_1 = \pm 1) = 1/2$.

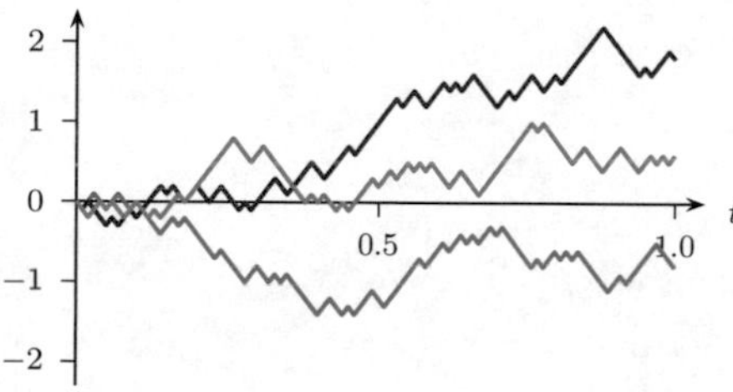


Realisierungen von $W_{100}$

Da der zweite Summand in (6.37) für $n \to \infty$ stochastisch gegen 0 konvergiert, gilt für $t > 0$

$$W_n(t) = \frac{\sqrt{\lfloor nt \rfloor}}{\sqrt{n}} \cdot \frac{S_{\lfloor nt \rfloor}}{\sqrt{\lfloor nt \rfloor}} + o_{\mathbb{P}}(1).$$

Wegen $S_{\lfloor nt \rfloor}/\sqrt{\lfloor nt \rfloor} \xrightarrow{\mathcal{D}} \mathrm{N}(0,1)$ (Lindeberg-Lévy) und $\sqrt{\lfloor nt \rfloor}/\sqrt{n} \to \sqrt{t}$ folgt $W_n(t) \xrightarrow{\mathcal{D}} \mathrm{N}(0,t)$. Diese Aussage gilt wegen $W_n(0) = 0$ auch für $t = 0$, wenn wir die Einpunktverteilung in 0 als ausgeartete Normalverteilung mit Varianz 0 auffassen. Mit dem multivariaten Zentralen Grenzwertsatz zeigt man, dass für jedes $k \in \mathbb{N}$ und jede Wahl von $t_1, \ldots, t_k \in [0,1]$ mit $0 \leq t_1 < \ldots < t_k \leq 1$ die Folge der Zufallsvektoren $(W_n(t_1), \ldots, W_n(t_k))$ in Verteilung gegen eine $k$-dimensionale Normalverteilung mit Erwartungswert 0 und Kovarianzmatrix $(\min(t_i, t_j))_{1\leq i,j\leq k}$ konvergiert.

Nach einem berühmten Satz des US-amerikanischen Mathematikers Monroe Davis Donsker (1924–1991) (siehe z. B. [5], S. 86 ff.) konvergiert die Folge $(W_n)$ in Verteilung gegen einen stochastischen Prozess (Familie von Zufallsvariablen) $W = (W(t))_{0\leq t\leq 1}$. Diese Verteilungskonvergenz $W_n \xrightarrow{\mathcal{D}} W$ ist definiert durch die Konvergenz

$$\lim_{n\to\infty} \mathbb{E}h(W_n) = \mathbb{E}h(W)$$

für jede beschränkte Funktion $h : C[0,1] \to \mathbb{R}$, die stetig bzgl. der Supremumsmetrik ist. Sie beinhaltet die oben beschriebene Konvergenz der sog. *endlich-dimensionalen Verteilungen* und wegen $W_n(1) \xrightarrow{\mathcal{D}} \mathrm{N}(0,1)$ insbesondere den Zentralen Grenzwertsatz von Lindeberg-Lévy.

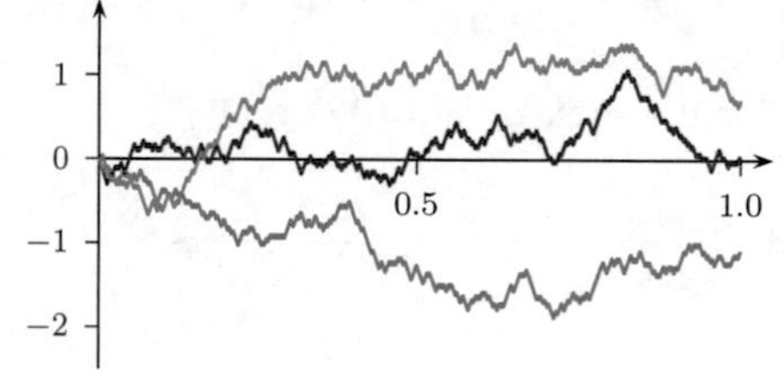


Realisierungen von $W_{1\,000}$

Der stochastische Prozess $W$, dessen Realisierungen stetige Funktionen auf $[0,1]$ sind, heißt **Brown-Wiener-Prozess**. Er bildet den Ausgangspunkt für viele weitere stochastische Prozesse und ist durch folgende Eigenschaften charakterisiert:

- $\mathbb{P}(W(0) = 0) = 1$ (der Prozess startet in 0),
- $W$ besitzt *unabhängige Zuwächse*, d. h., für jede Wahl von $k$ und jede Wahl von $0 = t_0 < t_1 < \ldots < t_k$ sind die Zufallsvariablen $W(t_1) - W(t_0), \ldots, W(t_k) - W(t_{k-1})$ stochastisch unabhängig,
- Für $0 \leq s < t$ gilt $W(t) - W(s) \sim \mathrm{N}(0, t-s)$.

Die obige Abbildung zeigt drei Realisierungen des Partialsummenprozesses für $n = 1\,000$. Da bei Vergrößerung von $n$ kaum qualitative Unterschiede sichtbar werden, hat man hiermit auch eine grobe Vorstellung der (mit Wahrscheinlichkeit eins nirgends differenzierbaren) Realisierungen des Brown-Wiener-Prozesses $W$.

**Beispiel (Anzahl der Rekorde)** In Fortsetzung des zweiten Beispiels nach dem zentralen Grenzwertsatz von de Moivre-Laplace sei

$$R_n = \sum_{j=1}^{n} \mathbb{1}\{A_{n,j}\}$$

die Anzahl der Rekorde in einer rein zufälligen Permutation der Zahlen $1, \ldots, n$. Setzen wir $X_{nj} := \mathbb{1}\{A_{n,j}\}$, $j = 1, \ldots, n$, so liegt wegen der stochastischen Unabhängigkeit von $X_{n1}, \ldots, X_{nn}$ die Situation des Satzes von Lindeberg-Feller vor. Wir werden sehen, dass in diesem Fall die Ljapunov-Bedingung (6.36) mit $\delta = 2$ erfüllt ist, also

$$\lim_{n\to\infty} \frac{1}{\sigma_n^4} \sum_{j=1}^{n} \mathbb{E}\left(X_{nj} - a_{nj}\right)^4 = 0 \qquad (6.38)$$

gilt. Mit $a_{nj} = \mathbb{E}X_{nj} = 1/j$ folgt (6.38) leicht, indem man unter Verwendung von $X_{nj}^k = X_{nj}, k \in \mathbb{N}$,

$$\begin{aligned}(X_{nj} - a_{nj})^4 &= \left(X_{nj} - \frac{1}{j}\right)^4 \\ &= X_{nj} - \frac{4X_{nj}}{j} + \frac{6X_{nj}}{j^2} - \frac{4X_{nj}}{j^3} + \frac{1}{j^4} \\ &\le X_{nj} + \frac{6X_{nj}}{j^2} + \frac{1}{j^4}\end{aligned}$$

abschätzt und damit wegen $\mathbb{E}X_{nj} = 1/j$

$$\mathbb{E}(X_{nj} - a_{nj})^4 \le \frac{1}{j} + \frac{6}{j^3} + \frac{1}{j^4} \le \frac{8}{j}$$

erhält. Schreiben wir $H_n := \sum_{j=1}^{n} j^{-1}$ für die *n-te harmonische Zahl*, so ergibt sich also

$$\sum_{j=1}^{n} \mathbb{E}\left(X_{nj} - a_{nj}\right)^4 \le 8\,H_n.$$

Für die Varianz $\sigma_n^2 = \mathbb{V}(X_{n1} + \ldots + X_{nn})$ gilt

$$\sigma_n^2 = \sum_{j=1}^{n} \frac{1}{j}\left(1 - \frac{1}{j}\right) = H_n - \sum_{j=1}^{n} \frac{1}{j^2}.$$

Schätzt man $H_n$ mithilfe geeigneter Integrale ab, so ergibt sich $\log(n+1) \le H_n \le 1 + \log n$, und wegen $\sum_{j=1}^{n} j^{-2} \le 2$ folgt für $n \ge 7$

$$\frac{1}{\sigma_n^4} \sum_{j=1}^{n} \mathbb{E}\left(X_{nj} - a_{nj}\right)^4 \le \frac{8(1 + \log n)}{(\log(n+1) - 2)^2}$$

und damit (6.38). Nach dem Zentralen Grenzwertsatz von Lindeberg-Feller gilt also

$$\frac{R_n - \mathbb{E}R_n}{\sqrt{\mathbb{V}(R_n)}} = \frac{R_n - H_n}{\sqrt{H_n - \sum_{j=1}^{n} j^{-2}}} \xrightarrow{\mathcal{D}} \mathrm{N}(0,1)$$

für $n \to \infty$. Mit Aufgabe 6.11 ergibt sich hieraus

$$\frac{R_n - \log n}{\sqrt{\log n}} \xrightarrow{\mathcal{D}} \mathrm{N}(0,1) \quad \text{für } n \to \infty.$$

Die Anzahl der Rekorde wächst also sehr langsam mit $n$. ◀

# Zusammenfassung

Für Zufallsvariablen $X, X_1, X_2, \ldots$ auf einem Wahrscheinlichkeitsraum $(\Omega, \mathcal{A}, \mathbb{P})$ definiert man die **$\mathbb{P}$-fast sichere Konvergenz** (engl.: *almost sure convergence*) von $X_n$ gegen $X$ durch

$$\mathbb{P}\left(\left\{\omega \in \Omega \mid \lim_{n\to\infty} X_n(\omega) = X(\omega)\right\}\right) = 1$$

und schreibt hierfür $X_n \xrightarrow{\text{f.s.}} X$ für $n \to \infty$. Bei der **stochastischen Konvergenz** (*convergence in probability, stochastic convergence*)

$$X_n \xrightarrow{\mathbb{P}} X :\Longleftrightarrow \lim_{n\to\infty} \mathbb{P}(|X_n - X| > \varepsilon) = 0 \qquad \forall \varepsilon > 0$$

wird wegen

$$X_n \xrightarrow{\text{f.s.}} X \Longleftrightarrow \lim_{n\to\infty} \mathbb{P}\left(\sup_{k\ge n} |X_k - X| > \varepsilon\right) = 0 \quad \forall \varepsilon > 0$$

weniger gefordert; die stochastische Konvergenz ist also schwächer als die fast sichere Konvergenz. Nach dem Teilfolgenkriterium für stochastische Konvergenz gilt $X_n \xrightarrow{\mathbb{P}} X$ genau dann, wenn es zu jeder Teilfolge $(X_{n_k})$ von $(X_n)$ eine weitere Teilfolge $(X_{n'_k})$ gibt, die fast sicher gegen $X$ konvergiert. Aus der Konvergenz $\mathbb{E}|X_n - X|^p \to 0$ **im $p$-ten Mittel** (*convergence in the pth mean*) folgt wegen der Markov-Ungleichung die stochastische Konvergenz.

Nach dem **starken Gesetz großer Zahlen** (*strong law of large numbers*) konvergiert das arithmetische Mittel $\overline{X}_n$ von unabhängigen und identisch verteilten Zufallsvariablen $X_1, X_2, \ldots$ genau dann $\mathbb{P}$-fast sicher gegen eine Zufallsvariable $X$, wenn der Erwartungswert von $X_1$ existiert, und in diesem Fall gilt $\overline{X}_n \xrightarrow{\text{f.s.}} \mathbb{E}X_1$. Das Kolmogorov-Kriterium

$$\sum_{n=1}^{\infty} \frac{\mathbb{V}(X_n)}{a_n^2} < \infty$$

gibt eine hinreichende Bedingung für die Konvergenz $a_n^{-1}\sum_{j=1}^n (X_j - \mathbb{E}X_j) \xrightarrow{\text{f.s.}} 0$ an, wenn die $X_j$ unabhängig, aber nicht notwendig identisch verteilt sind. Das Kriterium verwendet die **Kolmogorov-Ungleichung** (*Kolmogorov's maximal inequality*)

$$\mathbb{P}\left(\max_{1\le k\le n} |S_k| > \varepsilon\right) \le \frac{1}{\varepsilon^2}\mathbb{V}(S_n), \quad \varepsilon > 0,$$

für die Partialsummen $S_n = X_1 + \ldots + X_n$ von unabhängigen zentrierten Zufallsvariablen mit endlichen Varianzen.

Die **Verteilungskonvergenz** $X_n \xrightarrow{\mathcal{D}} X$ (*convergence in distribution*) ist definiert über die punktweise Konvergenz $F_n(x) \to F(x)$ der Verteilungsfunktionen $F_n$ von $X_n$ gegen die Verteilungsfunktion $F$ von $X$ in **jeder Stetigkeitsstelle** (*continuity point*) $x$ von $F$. Ist $F$ stetig, so liegt nach dem Satz von Pólya sogar gleichmäßige Konvergenz vor. Die Konvergenz $X_n \xrightarrow{\mathcal{D}} X$ ist gleichbedeutend mit

$$\lim_{n\to\infty} \mathbb{E}h(X_n) = \mathbb{E}h(X) \quad \forall h \in C_b.$$

Dabei bezeichnet $C_b$ die Menge der stetigen beschränkten reellen Funktionen auf $\mathbb{R}$. Man kann sich hier auch nur auf diejenigen Funktionen $h$ aus $C_b$ einschränken, bei denen die Grenzwerte $\lim_{x\to\pm\infty} h(x)$ existieren. Diese Erkenntnis führt zu einem Beweis des **Zentralen Grenzwertsatzes von Lindeberg-Lévy** (*central limit theorem of Lindeberg and Lévy*) : Ist $(X_n)$ eine unabhängige und identisch verteilte Folge mit $\mathbb{E}X_1^2 < \infty$ und $0 < \sigma^2 := \mathbb{V}(X_1)$, so gilt mit $a := \mathbb{E}X_1$ die Verteilungskonvergenz

$$\frac{S_n - n\,a}{\sigma\sqrt{n}} \xrightarrow{\mathcal{D}} \mathrm{N}(0,1) \text{ für } n \to \infty.$$

Für $S_n \sim \mathrm{Bin}(n,p)$ und $a = p$, $\sigma^2 = p(1-p)$ ergibt sich als wichtiger Spezialfall der **Zentrale Grenzwertsatz von de Moivre-Laplace**.

Notwendig für die Verteilungskonvergenz $X_n \xrightarrow{\mathcal{D}} X$ ist die **Straffheit** (*tightness*) der Folge $(X_n)$, also der Menge $\{\mathbb{P}^{X_n} \mid n \in \mathbb{N}\}$. Allgemein heißt eine Menge $\mathcal{Q}$ von Wahrscheinlichkeitsmaßen auf $\mathcal{B}$ **straff** (*tight*), wenn es zu jedem $\varepsilon > 0$ eine kompakte Menge $K$ mit $Q(K) \ge 1 - \varepsilon$ für jedes $Q \in \mathcal{Q}$ gibt. Konvergiert die Folge $\varphi_n$ der charakteristischen Funktionen von $X_n$ punktweise auf $\mathbb{R}$ gegen eine Funktion $\varphi$, die **stetig im Nullpunkt ist**, so ist die Folge $(X_n)$ straff und es gibt eine Zufallsvariable $X$ mit $X_n \xrightarrow{\mathcal{D}} X$ (**Stetigkeitssatz für charakteristische Funktionen**) (*continuity theorem for characteristic functions*) .

Ein **Dreiecksschema** (*triangular array*) $\{X_{nj} \mid n \in \mathbb{N}, j = 1, \ldots, k_n\}$ ist eine doppelt-indizierte Folge von Zufallsvariablen, wobei $X_{n1}, \ldots, X_{nn}$ für jedes $n$ stochastisch unabhängig sind. Setzt man $0 < \sigma_{nj}^2 := \mathbb{V}(X_{nj}) < \infty$ voraus, so ist mit $\sigma_n^2 := \sigma_{n1}^2 + \ldots + \sigma_{nk_n}^2$ sowie $a_{nj} := \mathbb{E}X_{nj}$ und $S_n := X_{n1} + \ldots + X_{nk_n}$ die sog. **Lindeberg-Bedingung** (*Lindeberg condition*)

$$\frac{1}{\sigma_n^2}\sum_{j=1}^{k_n} \mathbb{E}\left[(X_{nj} - a_{nj})^2 \mathbb{1}\{|X_{nj} - a_{nj}| > \sigma_n\varepsilon\}\right] \to 0 \; \forall \varepsilon > 0$$

hinreichend für den **Zentralen Grenzwertsatz**

$$\frac{S_n - \mathbb{E}S_n}{\sqrt{\mathbb{V}(S_n)}} \xrightarrow{\mathcal{D}} \mathrm{N}(0,1).$$

Letzterer folgt auch aus der **Ljapunov-Bedingung** (*Ljapunov condition*):

$$\text{Es gibt ein } \delta > 0 \text{ mit } \lim_{n\to\infty} \frac{1}{\sigma_n^{2+\delta}} \sum_{j=1}^{k_n} \mathbb{E}|X_{nj} - a_{nj}|^{2+\delta} = 0.$$

# Aufgaben

Die Aufgaben gliedern sich in drei Kategorien: Anhand der *Verständnisfragen* können Sie prüfen, ob Sie die Begriffe und zentralen Aussagen verstanden haben, mit den *Rechenaufgaben* üben Sie Ihre technischen Fertigkeiten und die *Beweisaufgaben* geben Ihnen Gelegenheit, zu lernen, wie man Beweise findet und führt.
Ein Punktesystem unterscheidet leichte •, mittelschwere •• und anspruchsvolle ••• Aufgaben. Lösungshinweise am Ende des Buches helfen Ihnen, falls Sie bei einer Aufgabe partout nicht weiterkommen. Dort finden Sie auch die Lösungen – betrügen Sie sich aber nicht selbst und schlagen Sie erst nach, wenn Sie selber zu einer Lösung gekommen sind. Ausführliche Lösungswege, Beweise und Abbildungen finden Sie auf der Website zum Buch.
Viel Spaß und Erfolg bei den Aufgaben!

## Verständnisfragen

**6.1** • Zeigen Sie, dass die in (6.1) stehende Menge zu $\mathcal{A}$ gehört.

**6.2** • Es sei $(X_n)_{n\geq 1}$ eine Folge von Zufallsvariablen auf einem Wahrscheinlichkeitsraum $(\Omega, \mathcal{A}, \mathbb{P})$ mit $X_n \leq X_{n+1}$, $n \geq 1$, und $X_n \xrightarrow{\mathbb{P}} X$. Zeigen Sie: $X_n \xrightarrow{\text{f.s.}} X$.

**6.3** •• Zeigen Sie, dass in einem diskreten Wahrscheinlichkeitsraum die Begriffe fast sichere Konvergenz und stochastische Konvergenz zusammenfallen.

**6.4** • Es seien $\mathbf{X}, \mathbf{X}_1, \mathbf{X}_2, \ldots$ (als Spaltenvektoren aufgefasste) $d$-dimensionale Zufallsvektoren auf einem Wahrscheinlichkeitsraum $(\Omega, \mathcal{A}, \mathbb{P})$ mit $\mathbf{X}_n \xrightarrow{\mathbb{P}} \mathbf{X}$ und $A, A_1, A_2, \ldots$ reelle $(k \times d)$-Matrizen mit $A_n \to A$. Zeigen Sie: $A_n \mathbf{X}_n \xrightarrow{\mathbb{P}} A\mathbf{X}$.

**6.5** •• Es sei $(X_n, Y_n)_{n\geq 1}$ eine Folge unabhängiger, identisch verteilter zweidimensionaler Zufallsvektoren auf einem Wahrscheinlichkeitsraum $(\Omega, \mathcal{A}, \mathbb{P})$ mit $\mathbb{E}X_1^2 < \infty$, $\mathbb{E}Y_1^2 < \infty$, $\mathbb{V}(X_1) > 0$, $\mathbb{V}(Y_1) > 0$ und

$$R_n := \frac{\frac{1}{n}\sum_{j=1}^n \left(X_j - \overline{X}_n\right)\left(Y_j - \overline{Y}_n\right)}{\sqrt{\frac{1}{n}\sum_{j=1}^n \left(X_j - \overline{X}_n\right)^2 \frac{1}{n}\sum_{j=1}^n \left(Y_j - \overline{Y}_n\right)^2}}$$

der sog. *empirische Korrelationskoeffizient* von $(X_1, Y_1), \ldots, (X_n, Y_n)$, wobei $\overline{X}_n := n^{-1}\sum_{j=1}^n X_j$, $\overline{Y}_n := n^{-1}\sum_{j=1}^n Y_j$. Zeigen Sie:

$$R_n \xrightarrow{\text{f.s.}} \frac{\operatorname{Cov}(X_1, Y_1)}{\sqrt{V(X_1) \cdot V(Y_1)}} = \varrho(X_1, Y_1).$$

**6.6** • Zeigen Sie, dass für den Beweis des starken Gesetzes großer Zahlen o.B.d.A. die Nichtnegativität der Zufallsvariablen $X_n$ angenommen werden kann.

**6.7** •• Formulieren und beweisen Sie ein starkes Gesetz großer Zahlen für Zufallsvektoren.

**6.8** •• Für die Folge $(X_n)$ unabhängiger Zufallsvariablen gelte

$$\mathbb{P}(X_n = 1) = \mathbb{P}(X_n = -1) = \frac{1}{2}(1 - 2^{-n}),$$

$$\mathbb{P}(X_n = 2^n) = \mathbb{P}(X_n = -2^n) = \frac{1}{2^{n-1}}.$$

a) Zeigen Sie, dass die Folge $(X_n)$ nicht dem Kolmogorov-Kriterium genügt.
b) Zeigen Sie mit Aufgabe 6.26, dass für $(X_n)$ ein starkes Gesetz großer Zahlen gilt.

**6.9** •• Zeigen Sie, dass eine endliche Menge $\mathcal{Q}$ von Wahrscheinlichkeitsmaßen auf $\mathcal{B}^1$ straff ist.

**6.10** •• In einer Folge $(X_n)_{n\geq 1}$ von Zufallsvariablen habe $X_n$ die charakteristische Funktion

$$\varphi_n(t) := \frac{\sin(nt)}{nt}, \quad t \neq 0,$$

und $\varphi_n(0) := 1$. Zeigen Sie, dass $X_n$ eine Gleichverteilung in $(-n, n)$ besitzt und folgern Sie hieraus, dass die Folge $(X_n)$ nicht nach Verteilung konvergiert, obwohl die Folge $(\varphi_n)$ punktweise konvergent ist. Welche Bedingung des Stetigkeitssatzes von Lévy-Cramér ist verletzt?

**6.11** •• Es seien $Y_1, Y_2, \ldots$ Zufallsvariablen und $(a_n)$, $(\sigma_n)$ reelle Zahlenfolgen mit $\sigma_n > 0$, $n \geq 1$, und

$$\frac{Y_n - a_n}{\sigma_n} \xrightarrow{\mathcal{D}} Z$$

für eine Zufallsvariable $Z$. Zeigen Sie: Sind $(b_n)$ und $(\tau_n)$ reelle Folgen mit $\tau_n > 0$, $n \geq 1$, und $(a_n - b_n)/\sigma_n \to 0$ sowie $\sigma_n/\tau_n \to 1$, so folgt

$$\frac{Y_n - b_n}{\tau_n} \xrightarrow{\mathcal{D}} Z.$$

**6.12** ••

a) Es seien $Y, Y_1, Y_2, \ldots$ Zufallsvariablen mit Verteilungsfunktionen $F, F_1, F_2, \ldots$, sodass $Y_n \xrightarrow{\mathcal{D}} Y$ für $n \to \infty$. Ferner sei $t$ eine Stetigkeitsstelle von $F$ und $(t_n)$ eine Folge mit $t_n \to t$ für $n \to \infty$. Zeigen Sie:

$$\lim_{n\to\infty} F_n(t_n) = F(t).$$

b) Zeigen Sie, dass in den Zentralen Grenzwertsätzen von Lindeberg-Feller und Lindeberg-Lévy jedes der „$\le$"-Zeichen durch das „$<$"-Zeichen ersetzt werden kann.

c) Es sei $S_n \sim \text{Bin}(n, 1/2)$, $n \in \mathbb{N}$. Bestimmen Sie den Grenzwert

$$\lim_{n\to\infty} \mathbb{P}\left(S_n \le \frac{n}{2}\left(\sqrt{n}\sin\left(\frac{1}{n}\right) + 1\right)\right).$$

**6.13** •• In der Situation und mit den Bezeichnungen der Beispiel-Box zur Monte-Carlo-Integration in Abschn. 6.2 gilt $\sqrt{n}(I_n - I)/\sigma_f \xrightarrow{\mathcal{D}} \text{N}(0,1)$. Es sei

$$J_n := |B| \cdot \frac{1}{n}\sum_{j=1}^{n} f^2(\mathbf{U}_j), \quad \sigma_n^2 := |B|^2\left(\frac{J_n}{|B|} - \frac{I_n^2}{|B|^2}\right).$$

Zeigen Sie:

a) $\sigma_n^2 \xrightarrow{\text{f.s.}} \sigma_f^2$ für $n \to \infty$.

b) $\sqrt{n}(I_n - I)/\sigma_n \xrightarrow{\mathcal{D}} \text{N}(0,1)$ für $n \to \infty$.

**6.14** •• Zeigen Sie:

a) $\lim_{n\to\infty} \sum_{k=0}^{n} \mathrm{e}^{-n}\frac{n^k}{k!} = \frac{1}{2}$,

b) $\lim_{n\to\infty} \sum_{k=0}^{2n} \mathrm{e}^{-n}\frac{n^k}{k!} = 1$.

**6.15** •• Die Zufallsvariable $S_n$ besitze die Binomialverteilung $\text{Bin}(n, p_n)$, $n \ge 1$, wobei $0 < p_n < 1$ und $p_n \to p \in (0,1)$ für $n \to \infty$. Zeigen Sie:

$$\frac{S_n - np_n}{\sqrt{np_n(1-p_n)}} \xrightarrow{\mathcal{D}} \text{N}(0,1) \quad \text{für } n \to \infty.$$

## Rechenaufgaben

**6.16** •• Der Lufthansa Airbus A380 bietet insgesamt 526 Fluggästen Platz. Da Kunden manchmal ihren Flug nicht antreten, lassen Fluggesellschaften zwecks optimaler Auslastung Überbuchungen zu. Es sollen möglichst viele Tickets verkauft werden, wobei jedoch die Wahrscheinlichkeit einer Überbuchung maximal 0.05 betragen soll. Wie viele Tickets dürfen dazu maximal verkauft werden, wenn bekannt ist, dass ein Kunde mit Wahrscheinlichkeit 0.04 nicht zum Flug erscheint und vereinfachend angenommen wird, dass das Nichterscheinen für verschiedene Kunden unabhängig voneinander ist?

**6.17** •• Da jeder Computer nur endlich viele Zahlen darstellen kann, ist das Runden bei numerischen Auswertungen prinzipiell nicht zu vermeiden. Der Einfachheit halber werde jede reelle Zahl auf die nächstgelegene ganze Zahl gerundet, wobei der begangene Fehler durch eine Zufallsvariable $R$ mit der Gleichverteilung $\text{U}(-1/2, 1/2)$ beschrieben sei. Für verschiedene zu addierende Zahlen seien diese Fehler stochastisch unabhängig. Addiert man 1 200 Zahlen, so könnten sich die Rundungsfehler $R_1, \ldots, R_{1\,200}$ theoretisch zu $\pm 600$ aufsummieren. Zeigen Sie: Es gilt

$$\mathbb{P}\left(\left|\sum_{j=1}^{1\,200} R_j\right| \le 20\right) \approx 0.9554.$$

**6.18** •• Die Zufallsvariablen $X_1, X_2, \ldots$ seien stochastisch unabhängig, wobei $X_k \sim \text{N}(0, k!)$, $k \ge 1$. Zeigen Sie:

a) Es gilt der Zentrale Grenzwertsatz.

b) Die Lindeberg-Bedingung ist *nicht* erfüllt.

**6.19** •• In einer Bernoulli-Kette mit Trefferwahrscheinlichkeit $p \in (0,1)$ bezeichne $T_n$ die Anzahl der Versuche, bis der $n$-te Treffer aufgetreten ist.

a) Zeigen Sie:

$$\lim_{n\to\infty} \mathbb{P}\left(T_n > \frac{n + a\sqrt{n(1-p)}}{p}\right) = 1 - \Phi(a), \quad a \in \mathbb{R}.$$

b) Wie groß ist ungefähr die Wahrscheinlichkeit, dass bei fortgesetztem Werfen eines echten Würfels die hundertste Sechs nach 650 Würfen noch nicht aufgetreten ist?

**6.20** •• Wir hatten in Aufgabe 4.6 gesehen, dass in einer patriarchisch orientierten Gesellschaft, in der Eltern so lange Kinder bekommen, bis der erste Sohn geboren wird, die Anzahl der Mädchen in einer aus $n$ Familien bestehenden Gesellschaft die negative Binomialverteilung $\text{Nb}(n, 1/2)$ besitzt. Zeigen Sie:

a) Für jede Wahl von $a, b \in \mathbb{R}$ mit $a < b$ gilt

$$\lim_{n\to\infty} \mathbb{P}\left(n + a\sqrt{n} \le S_n \le b + \sqrt{n}\right) = \Phi\left(\frac{b}{\sqrt{2}}\right) - \Phi\left(\frac{a}{\sqrt{2}}\right).$$

b) $\lim_{n\to\infty} \mathbb{P}(S_n \ge n) = \frac{1}{2}$.

## Beweisaufgaben

**6.21** • Beweisen Sie den Satz über die Äquivalenz der fast sicheren bzw. stochastischen Konvergenz von Zufallsvektoren zur jeweils komponentenweisen Konvergenz in Abschn. 6.1.

**6.22** ••• Es sei $(X_n)_{n\ge 1}$ eine Folge von Zufallsvariablen auf einem Wahrscheinlichkeitsraum $(\Omega, \mathcal{A}, \mathbb{P})$.

a) Zeigen Sie: $X_n \xrightarrow{\text{f.s.}} 0 \implies \frac{1}{n}\sum_{j=1}^{n} X_j \xrightarrow{\text{f.s.}} 0$.

b) Gilt diese Implikation auch, wenn fast sichere Konvergenz durch stochastische Konvergenz ersetzt wird?

**6.23** •• Es sei $(X_n)$ eine Folge unabhängiger Zufallsvariablen auf einem Wahrscheinlichkeitsraum $(\Omega, \mathcal{A}, \mathbb{P})$ mit $\mathbb{P}(X_n = 1) = 1/n$ und $\mathbb{P}(X_n = 0) = 1 - 1/n$, $n \geq 1$. Zeigen Sie, dass die Folge $(X_n)$ stochastisch, aber nicht fast sicher gegen null konvergiert.

**6.24** •• Es sei $V$ die Menge aller reellen Zufallsvariablen auf einem Wahrscheinlichkeitsraum $(\Omega, \mathcal{A}, \mathbb{P})$ und $d : V \times V \to [0, 1]$ durch

$$d(X, Y) := \inf\{\varepsilon \geq 0 \,|\, \mathbb{P}(|X - Y| > \varepsilon) \leq \varepsilon\}$$

definiert. Zeigen Sie: Für $X, Y, Z, X_1, X_2, \ldots \in V$ gelten:

a) $d(X, Y) = \min\{\varepsilon > 0 \,|\, \mathbb{P}(|X - Y| > \varepsilon) \leq \varepsilon\}$.
b) $d(X, Y) = 0 \iff X = Y$ $\mathbb{P}$-f.s.,
c) $d(X, Z) \leq d(X, Y) + d(Y, Z)$,
d) $\lim_{n\to\infty} d(X_n, X) = 0 \iff X_n \xrightarrow{\mathbb{P}} X$.

**6.25** •••

a) Es sei $(X_n)_{n\geq 1}$ eine Folge identisch verteilter Zufallsvariablen auf einem Wahrscheinlichkeitsraum $(\Omega, \mathcal{A}, \mathbb{P})$. Es existiere ein $k \geq 1$ so, dass $X_m$ und $X_n$ stochastisch unabhängig sind für $|m - n| \geq k$ $(m, n \geq 1)$. Zeigen Sie:

$$\mathbb{E}|X_1| < \infty \Longrightarrow \frac{1}{n}\sum_{j=1}^{n} X_j \xrightarrow{\text{f.s.}} \mathbb{E}X_1.$$

b) Ein echter Würfel werde in unabhängiger Folge geworfen. Die Zufallsvariable $Y_j$ beschreibe die beim $j$-ten Wurf erzielte Augenzahl, $j \geq 1$. Zeigen Sie:

$$\frac{1}{n}\sum_{j=1}^{n} \mathbb{1}\{Y_j < Y_{j+1}\} \xrightarrow{\text{f.s.}} \frac{5}{12}.$$

**6.26** •• Es seien $(X_n)_{n\geq 1}$ und $(Y_n)_{n\geq 1}$ Folgen von Zufallsvariablen auf einem Wahrscheinlichkeitsraum $(\Omega, \mathcal{A}, \mathbb{P})$ mit

$$\sum_{n=1}^{\infty} \mathbb{P}(X_n \neq Y_n) < \infty.$$

Zeigen Sie: $\frac{1}{n}\sum_{j=1}^{n} Y_j \xrightarrow{\text{f.s.}} 0 \Longrightarrow \frac{1}{n}\sum_{j=1}^{n} X_j \xrightarrow{\text{f.s.}} 0$.

**6.27** •• Es sei $(X_n)$ eine Folge unabhängiger Zufallsvariablen auf einem Wahrscheinlichkeitsraum $(\Omega, \mathcal{A}, \mathbb{P})$ mit $X_n \sim \text{Bin}(1, 1/n)$, $n \geq 1$. Zeigen Sie:

$$\lim_{n\to\infty} \frac{1}{\log n}\sum_{j=1}^{n} X_j = 1 \quad \mathbb{P}\text{-fast sicher.}$$

**6.28** •• Es sei $(X_n)$ eine u.i.v.-Folge mit $X_1 \sim \text{U}(0, 1)$. Zeigen Sie:

a) $n\left(1 - \max_{1\leq j\leq n} X_j\right) \xrightarrow{\mathcal{D}} \text{Exp}(1)$ für $n \to \infty$.
b) $n \min_{1\leq j\leq n} X_j \xrightarrow{\mathcal{D}} \text{Exp}(1)$ für $n \to \infty$.

**6.29** •• Es seien $X, X_1, X_2, \ldots; Y_1, Y_2, \ldots$ Zufallsvariablen auf einem Wahrscheinlichkeitsraum $(\Omega, \mathcal{A}, \mathbb{P})$ mit $X_n \xrightarrow{\mathcal{D}} X$ und $Y_n \xrightarrow{\mathbb{P}} a$ für ein $a \in \mathbb{R}$. Zeigen Sie:

$$X_n Y_n \xrightarrow{\mathcal{D}} a X.$$

**6.30** •• Es seien $X_n, Y_n$, $n \geq 1$, Zufallsvariablen auf einem Wahrscheinlichkeitsraum $(\Omega, \mathcal{A}, \mathbb{P})$ sowie $(a_n)$, $(b_n)$ beschränkte Zahlenfolgen mit $\lim_{n\to\infty} a_n = 0$. Weiter gelte $X_n = \text{O}_{\mathbb{P}}(1)$ und $Y_n = \text{O}_{\mathbb{P}}(1)$. Zeigen Sie:

a) $X_n + Y_n = \text{O}_{\mathbb{P}}(1)$, $X_n Y_n = \text{O}_{\mathbb{P}}(1)$,
b) $X_n + b_n = \text{O}_{\mathbb{P}}(1)$, $b_n X_n = \text{O}_{\mathbb{P}}(1)$,
c) $a_n X_n = \text{o}_{\mathbb{P}}(1)$.

**6.31** •• Es sei $X_n \sim \text{N}(\mu_n, \sigma_n^2)$, $n \geq 1$. Zeigen Sie:

$$X_n = \text{O}_{\mathbb{P}}(1) \iff (\mu_n) \text{ und } (\sigma_n^2) \text{ sind beschränkte Folgen.}$$

**6.32** ••• Es sei $(\Omega, \mathcal{A}, \mathbb{P}) := ((0, 1), \mathcal{B}^1 \cap (0, 1), \lambda^1_{|(0,1)})$ sowie $N := \{\omega \in \Omega \,|\, \exists n \in \mathbb{N}\, \exists \varepsilon_1, \ldots, \varepsilon_n \in \{0, 1\}, \varepsilon = 1, \text{ mit } \omega = \sum_{j=1}^{n} \varepsilon_j 2^{-j}\}$ die Menge aller Zahlen in $(0, 1)$ mit abbrechender dyadischer Entwicklung.

a) Zeigen Sie: $\mathbb{P}(N) = 0$.
b) Jedes $\omega \in \Omega \setminus N$ besitzt eine eindeutig bestimmte dyadische Entwicklung $\omega = \sum_{j=1}^{\infty} X_j(\omega) 2^{-j}$. Definieren wir zusätzlich $X_j(\omega) := 0$ für $\omega \in N$, $j \geq 1$, so sind $X_1, X_2, \ldots$ $\{0, 1\}$-wertige Zufallsvariablen auf $\Omega$. Zeigen Sie: $X_1, X_2, \ldots$ sind stochastisch unabhängig und je $\text{Bin}(1, 1/2)$-verteilt.
c) Nach Konstruktion gilt

$$\lim_{n\to\infty} \sum_{j=1}^{n} X_j 2^{-j} = \text{id}_\Omega \quad \mathbb{P}\text{-fast sicher,}$$

wobei $\text{id}_\Omega$ die Gleichverteilung $\text{U}(0, 1)$ besitzt. Die Gleichverteilung in $(0, 1)$ besitzt die charakteristische Funktion $t^{-1} \sin t$. Zeigen Sie unter Verwendung des Stetigkeitssatzes von Lévy-Cramér:

$$\frac{\sin t}{t} = \prod_{j=1}^{\infty} \cos\left(\frac{t}{2^j}\right), \quad t \in \mathbb{R}.$$

**6.33** •• Es seien $\mu \in \mathbb{R}$, $(Z_n)$ eine Folge von Zufallsvariablen und $(a_n)$ eine Folge positiver reeller Zahlen mit

$$a_n(Z_n - \mu) \xrightarrow{\mathcal{D}} \text{N}(0, 1) \quad \text{und} \quad Z_n \xrightarrow{\mathbb{P}} \mu$$

für $n \to \infty$. Weiter sei $g : \mathbb{R} \to \mathbb{R}$ eine stetig differenzierbare Funktion mit $g'(\mu) \neq 0$. Zeigen Sie:

$$a_n\left(g(Z_n) - g(\mu)\right) \xrightarrow{\mathcal{D}} \text{N}\left(0, (g'(\mu))^2\right) \text{ für } n \to \infty$$

(sog. *Fehlerfortpflanzungsgesetz*).

**6.34** •• Es seien $X, X_1, X_2, \ldots$ Zufallsvariablen mit zugehörigen Verteilungsfunktionen $F, F_1, F_2, \ldots$ Zeigen Sie: Ist $F$ stetig, so gilt:

$$X_n \xrightarrow{\mathcal{D}} X \iff \lim_{n\to\infty} \sup_{x\in\mathbb{R}} |F_n(x) - F(x)| = 0.$$

**6.35** •• Es seien $X, X_1, X_2, \ldots$ Zufallsvariablen mit Verteilungsfunktionen $F, F_1, F_2, \ldots$ und zugehörigen Quantilfunktionen $F^{-1}, F_1^{-1}, F_2^{-1}, \ldots$ Zeigen Sie: Aus $F_n(x) \to F(x)$ für jede Stetigkeitsstelle $x$ von $F$ folgt $F_n^{-1}(p) \to F^{-1}(p)$ für jede Stetigkeitsstelle $p$ von $F^{-1}$.

**6.36** •• Zeigen Sie, dass aus dem Zentralen Grenzwertsatz von Lindeberg-Feller derjenige von Lindeberg-Lévy folgt.

**6.37** •• Für eine u.i.v.-Folge $(X_n)$ mit $0 < \sigma^2 := \mathbb{V}(X_1)$ und $\mathbb{E}X_1^4 < \infty$ sei

$$S_n^2 := \frac{1}{n-1} \sum_{j=1}^{n} (X_j - \overline{X}_n)^2$$

die sog. *Stichprobenvarianz*, wobei $\overline{X}_n := n^{-1} \sum_{j=1}^n X_j$. Zeigen Sie:

a) $S_n^2$ konvergiert $\mathbb{P}$-fast sicher gegen $\sigma^2$.
b) Mit $\mu := \mathbb{E}X_1$ und $\tau^2 := \mathbb{E}(X_1 - \mu)^4 - \sigma^4 > 0$ gilt

$$\sqrt{n}\left(S_n^2 - \sigma^2\right) \xrightarrow{\mathcal{D}} \mathrm{N}(0, \tau^2).$$

**6.38** • Es seien $z_1, \ldots, z_n, w_1, \ldots, w_n \in \mathbb{C}$ mit $|z_j|, |w_j| \le 1$ für $j = 1, \ldots, n$. Zeigen Sie:

$$\left| \prod_{j=1}^{n} z_j - \prod_{j=1}^{n} w_j \right| \le \sum_{j=1}^{n} |z_j - w_j|$$

**6.39** •• Es seien $W_1, W_2, \ldots,$ eine u.i.v.-Folge mit $\mathbb{E}W_1 = 0$ und $0 < \sigma^2 := \mathbb{V}(W_1) < \infty$ sowie $(a_n)$ eine reelle Zahlenfolge mit $a_n \neq 0$, $n \ge 1$. Weiter sei $T_n := \sum_{j=1}^n a_j W_j$. Zeigen Sie:

Aus

$$\lim_{n\to\infty} \frac{\max_{1\le j\le n} |a_j|}{\sqrt{\sum_{j=1}^n a_j^2}} = 0$$

folgt

$$\frac{T_n}{\sqrt{\mathbb{V}(T_n)}} \xrightarrow{\mathcal{D}} \mathrm{N}(0, 1).$$

**6.40** •• Es sei $(X_n)_{n\ge 1}$ eine Folge von unabhängigen Indikatorvariablen und $S_n := \sum_{j=1}^n X_j$. Zeigen Sie: Aus $\sum_{n=1}^{\infty} \mathbb{V}(X_n) = \infty$ folgt die Gültigkeit des Zentralen Grenzwertsatzes $(S_n - \mathbb{E}S_n)/\sqrt{\mathbb{V}(S_n)} \xrightarrow{\mathcal{D}} \mathrm{N}(0, 1)$.

# Antworten zu den Selbstfragen

**Antwort 1** Ja, denn aus $X_n \xrightarrow{\text{f.s.}} X$ und $X_n \xrightarrow{\text{f.s.}} Y$ für Zufallsvariablen $X$ und $Y$ auf $(\Omega, \mathcal{A}, \mathbb{P})$ folgt wegen

$$\left\{\lim_{n\to\infty} X_n = X\right\} \cap \left\{\lim_{n\to\infty} X_n = Y\right\} \subseteq \{X = Y\}$$

und der Tatsache, dass der Schnitt zweier Eins-Mengen wieder eine Eins-Menge ist, die Aussage $\mathbb{P}(X = Y) = 1$, also $X = Y$ $\mathbb{P}$-f.s. Man beachte, dass die obige Inklusion wie folgt zu lesen ist: Gelten für ein $\omega \in \Omega$ sowohl $\lim_{n\to\infty} X_n(\omega) = X(\omega)$ als auch $\lim_{n\to\infty} X_n(\omega) = Y(\omega)$, so folgt $X(\omega) = Y(\omega)$.

**Antwort 2** Aus der Voraussetzung und dem Teilfolgenkriterium ergibt sich, dass eine geeignete Teilfolge von $(X_n)$ sowohl fast sicher gegen $X$ als auch fast sicher gegen $Y$ konvergiert. Da der fast sichere Grenzwert mit Wahrscheinlichkeit eins eindeutig bestimmt ist, folgt die Behauptung. Eine andere Beweismöglichkeit besteht darin, die aus der Dreiecksungleichung folgende Abschätzung

$$\mathbb{P}(|X - Y| > 2\varepsilon) \le \mathbb{P}(|X_n - X| > \varepsilon) + \mathbb{P}(|X_n - Y| > \varepsilon)$$

zu verwenden. Da die rechte Seite für $n \to \infty$ gegen null konvergiert, folgt $\mathbb{P}(|X - Y| > 2\varepsilon) = 0$ für jedes $\varepsilon > 0$ und somit ebenfalls die Behauptung.

**Antwort 3** Letztere erhält man für die Wahl $g(t) = t^2$ und $X - \mathbb{E}X$ anstelle von $X$.

**Antwort 4** Weil der Erwartungswert der Cauchy-Verteilung nicht existiert.

**Antwort 5** Die Vereinigung der paarweise disjunkten Ereignisse $A_1, \ldots, A_n$ ist gerade das Ereignis $\{\max_{1\le k\le n} |S_k| \ge \varepsilon\}$.

**Antwort 6** Weil die Verteilungsfunktion $F$ der Einpunktverteilung in $a$ an der Stelle $a$ von 0 nach 1 springt und somit für $x < a$ konstant gleich 0 und für $x > a$ konstant gleich 1 ist.

**Antwort 7** Wegen $\widetilde{\mathbb{P}}^{Y_n} = \mathbb{P}^{X_n}$ folgt für jede Borel-Menge $B$

$$\begin{aligned}\widetilde{\mathbb{P}}^{h(Y_n)}(B) &= \widetilde{\mathbb{P}}^{Y_n}(h^{-1}(B)) = \mathbb{P}^{X_n}(h^{-1}(B)) \\ &= \mathbb{P}^{h(X_n)}(B).\end{aligned}$$

**Antwort 8** Weil die Menge der Stetigkeitsstellen in $\mathbb{R}$ dicht liegt.

**Antwort 9** Es ist der Satz von der dominierten Konvergenz. Die Folge der in (6.29) definierten Zufallsvariablen $\Delta_n$ konvergiert wegen der gleichmäßigen Stetigkeit von $g'$ punktweise auf $\Omega$ gegen null, und sie ist betragsmäßig durch die integrierbare konstante Funktion $2\sup_{x\in\mathbb{R}} |g'(x)|$ nach oben beschränkt. Ebenso argumentiert man für $X_1^2 \Delta_n$; hier ist die integrierbare Majorante gleich $2X_1^2 \sup_{x\in\mathbb{R}} |g'(x)|$.

# Grundlagen der Mathematischen Statistik – vom Schätzen und Testen

Welche Eigenschaften sollte ein guter Schätzer besitzen?

Wie unterscheiden sich Fehler erster und zweiter Art eines Tests?

Welches Testproblem wird durch den Ein-Stichproben-$t$-Test behandelt?

Was besagt das Lemma von Neyman-Pearson?

Wie erhält man nichtparametrische Konfidenzbereiche für Quantile?




N. Henze, *Stochastik: Eine Einführung mit Grundzügen der Maßtheorie*, https://doi.org/10.1007/978-3-662-59563-3_7

In diesem Kapitel lernen wir die wichtigsten Grundbegriffe und Konzepte der *Mathematischen Statistik* kennen. Hierzu gehören die Begriffe *statistisches Modell, Verteilungsannahme, Schätzer, Maximum-Likelihood-Schätzmethode, Konfidenzbereich* und *statistischer Test.* Wünschenswerte Eigenschaften von Schätzern reeller Parameter sind eine kleine *mittlere quadratische Abweichung* und damit einhergehend *Erwartungstreue* sowie kleine Varianz. Bei Folgen von Schätzern kommen *asymptotische Erwartungstreue* und *Konsistenz* hinzu. Die Cramér-Rao-Ungleichung zeigt, dass die Varianz eines erwartungstreuen Schätzers in einem *regulären statistischen Modell* durch die Inverse der *Fisher-Information* nach unten beschränkt ist.

Ein *Konfidenzbereich* ist ein Bereichsschätzverfahren. Dieses garantiert, dass – ganz gleich, welcher unbekannte Parameter zugrunde liegt – eine zufallsabhängige Teilmenge des Parameterraums diesen unbekannten Parameter mit einer vorgegebenen hohen Mindestwahrscheinlichkeit überdeckt. Mit dem Satz von Student erhält man Konfidenzintervalle für den Erwartungswert einer Normalverteilung bei unbekannter Varianz. Asymptotische Konfidenzbereiche für große Stichprobenumfänge ergeben sich oft mithilfe Zentraler Grenzwertsätze.

Mit einem *statistischen Test* prüft man eine Hypothese über einen unbekannten Parameter. Grundbegriffe im Zusammenhang mit statistischen Tests sind *Hypothese* und *Alternative, kritischer Bereich, Testgröße, Fehler erster und zweiter Art, Gütefunktion* und *Test zum Niveau* $\alpha$. Bei Folgen von Tests treten die Konzepte *asymptotisches Niveau* und *Konsistenz* auf. Mit dem *Binomialtest,* dem *Ein- und Zwei-Stichproben-*$t$*-Test,* dem $F$*-Test für den Varianzquotienten,* dem *exakten Test von Fisher* und dem *Chi-Quadrat-Anpassungstest* lernen wir wichtige Testverfahren kennen.

Das *Lemma von Neyman-Pearson* zeigt, wie man mithilfe des *Likelihoodquotienten* optimale *randomisierte Tests* konstruiert, wenn ein *Zwei-Alternativ-Problem* vorliegt. Hieraus ergeben sich *gleichmäßig beste einseitige Tests* bei *monotonem Dichtequotienten.*

Das Kapitel schließt mit einigen Grundbegriffen, Konzepten und Resultaten der *Nichtparametrischen Statistik.* Hierzu gehören die *empirische Verteilungsfunktion,* der *Satz von Glivenko-Cantelli,* die *nichtparametrische Schätzung von Quantilen,* der *Vorzeichentest* für den Median sowie der *Wilcoxon-Rangsummentest* als nichtparametrisches Analogon zum Zwei-Stichproben-$t$-Test.

## 7.1 Einführende Betrachtungen

Mit diesem Abschnitt steigen wir in die *Mathematische Statistik* ein. Im Gegensatz zur *deskriptiven Statistik*, die sich insbesondere mit der Aufbereitung von Daten und der Angabe statistischer Maßzahlen beschäftigt (siehe z. B. [14], Kap. 5), fasst man in der Mathematischen Statistik vorliegende Daten $x$ als Realisierung einer Zufallsvariablen $X$ auf. Dabei zeichnet man für $X$ aufgrund der Rahmenbedingungen des stochastischen Vorgangs eine gewisse Klasse von Verteilungen aus, die man für möglich ansieht. Innerhalb dieser Klasse sucht man dann nach einer Verteilung, die die Daten in einem zu präzisierenden Sinn möglichst gut erklärt. Das prinzipielle Ziel besteht darin, über die Daten hinaus Schlussfolgerungen zu ziehen. Die damit verbundenen grundsätzlichen Probleme lassen sich am besten anhand eines einfachen wegweisenden Beispiels erläutern.

**Beispiel (Bernoulli-Kette, Binomialverteilung)** Ein auch als *Versuch* bezeichneter stochastischer Vorgang mit den beiden möglichen Ausgängen *Erfolg/Treffer* (1) und *Misserfolg/Niete* (0) werde $n$-mal in unabhängiger Folge unter gleichen Bedingungen durchgeführt. Wir modellieren diese bekannte Situation durch unabhängige Zufallsvariablen $X_1, \ldots, X_n$ mit der gleichen Binomialverteilung $\mathrm{Bin}(1, \vartheta)$. Dabei beschreibe $X_j$ den Ausgang des $j$-ten Versuchs. Im Gegensatz zu früher sehen wir die Erfolgswahrscheinlichkeit $\vartheta$ realistischerweise als unbekannt an. Diese veränderte Sichtweise drücken wir durch den Buchstaben $\vartheta$, der in der schließenden Statistik ganz allgemein einen unbekannten Parameter bezeichnet, anstelle des vertrauteren $p$ aus.

Wenn $\vartheta$ die wahre Erfolgswahrscheinlichkeit ist, tritt ein Daten-$n$-Tupel $x = (x_1, \ldots, x_n)$ aus Nullen und Einsen mit der Wahrscheinlichkeit

$$\mathbb{P}_\vartheta(X = x) = \prod_{j=1}^{n} \vartheta^{x_j}(1-\vartheta)^{1-x_j}$$

auf. Dabei haben wir $X := (X_1, \ldots, X_n)$ gesetzt und die Abhängigkeit der Verteilung von $X$ von $\vartheta$ durch Indizierung gekennzeichnet. Die Anzahl $S := X_1 + \ldots + X_n$ der Erfolge besitzt die Binomialverteilung $\mathrm{Bin}(n, \vartheta)$. Es gilt also

$$\mathbb{P}_\vartheta(S = k) = \binom{n}{k}\vartheta^k(1-\vartheta)^{n-k}, \quad k = 0, \ldots, n, \tag{7.1}$$

wenn $\vartheta$ die wahre Erfolgswahrscheinlichkeit ist.

Der springende Punkt ist nun, dass der stochastische Vorgang (wie z. B. der Wurf einer Reißzwecke, vgl. Abb. 2.2) $n$-mal durchgeführt wurde und sich insgesamt $k$ Treffer ergaben. Was kann man mit dieser Information über das unbekannte $\vartheta$ aussagen? Wie groß ist $\vartheta$, wenn etwa in 100 Versuchen 38 Treffer auftreten?

Da die in (7.1) stehende Wahrscheinlichkeit bei gegebenem $n$ und $k \in \{0, \ldots, n\}$ für jedes $\vartheta \in (0, 1)$ strikt positiv ist, müssen wir die entmutigende Erkenntnis ziehen, dass bei 38 Erfolgen in 100 Versuchen nur die triviale Antwort „es gilt $0 < \vartheta < 1$" mit Sicherheit richtig ist! Jede genauere Aussage über $\vartheta$ kann prinzipiell falsch sein. Wir müssen uns also offenbar damit abfinden, dass beim Schließen von Daten auf eine die Daten generierende Wahrscheinlichkeitsverteilung Fehler unvermeidlich sind. Andererseits werden wir etwa bei $k$ Treffern in $n$ Versuchen Werte für $\vartheta$ als „glaubwürdiger" bzw. „unglaubwürdiger" ansehen, für die die Wahrscheinlichkeit in (7.1) groß bzw. klein ist. Maximiert man $\mathbb{P}_\vartheta(S = k)$ als Funktion von $\vartheta$, so ergibt sich als Lösung der Wert

$$\vartheta = \frac{k}{n},$$

also die *relative Trefferhäufigkeit* (Aufgabe 7.15).

Dieser prinzipielle Ansatz, bei gewonnenen Daten deren Auftretenswahrscheinlichkeit in Abhängigkeit verschiedener, durch einen Parameter beschriebener stochastischer Modelle zu maximieren, heißt *Maximum-Likelihood-Schätzmethode*. Man zeichnet dann denjenigen Wert von $\vartheta$, der diese Funktion maximiert, als glaubwürdigsten aus und nennt ihn *Maximum-Likelihood-Schätzwert* für $\vartheta$. Offenbar sagt jedoch dieser Schätzwert $k/n$ nichts über den Schätzfehler $k/n - \vartheta$ aus, da $\vartheta$ unbekannt ist. Um hier Erkenntnisse zu gewinnen, müssen wir die Verteilung der zufälligen relativen Trefferhäufigkeit $S/n$ als *Schätz-Vorschrift* (kurz: *Schätzer*) für $\vartheta$ studieren, denn $k$ ist ja eine Realisierung der Zufallsvariablen $S$. Wir werden z. B. in Abschn. 7.3 ein von $n$, $S$ und einer gewählten Zahl $\alpha \in (0,1)$, aber nicht von $\vartheta$ abhängendes zufälliges Intervall $I$ konstruieren, das der Ungleichung

$$\mathbb{P}_\vartheta(I \ni \vartheta) \geq 1 - \alpha \quad \text{für jedes } \vartheta \in [0,1]$$

genügt. Dabei wurde bewusst „$I \ni \vartheta$“ und nicht „$\vartheta \in I$“ geschrieben, um den Gesichtspunkt hervorzuheben, dass das zufällige Intervall $I$ den unbekannten, aber nicht zufälligen Parameter $\vartheta$ enthält.

Nach diesen Überlegungen sollte auch klar sein, dass Fehler unvermeidlich sind, wenn man aufgrund von $x$ oder der daraus abgeleiteten Trefferanzahl $k$ eine Entscheidung darüber treffen soll, ob $\vartheta$ in einer vorgegebenen echten Teilmenge $\Theta_0$ von $\Theta := (0,1)$ liegt oder nicht. Derartige Testprobleme werden in Abschn. 7.4 behandelt. ◀

Mit diesem Hintergrund stellen wir jetzt den allgemeinen Ansatz der schließenden Statistik vor. Dieser Grundansatz betrachtet zufallsbehaftete Daten als Realisierung $x$ einer Zufallsvariablen $X$. Somit ist $x$ Funktionswert $X(\omega)$ einer auf einem Wahrscheinlichkeitsraum $(\Omega, \mathcal{A}, \mathbb{P})$ definierten Abbildung $X$, und man nennt $x$ auch eine *Stichprobe zur Zufallsvariablen* $X$. Der mit $\mathcal{X}$ bezeichnete Wertebereich von $X$ heißt *Stichprobenraum*. Dabei ist $\mathcal{X}$ mit einer geeigneten $\sigma$-Algebra $\mathcal{B}$ versehen, und $X : \Omega \to \mathcal{X}$ wird als $(\mathcal{A}, \mathcal{B})$-messbar vorausgesetzt. Ist $\mathcal{X}$ eine Borelsche Teilmenge eines $\mathbb{R}^n$, so besteht $\mathcal{B}$ aus den Borelschen Teilmengen von $\mathcal{X}$.

## Jedes Verfahren der Mathematischen Statistik benutzt Wahrscheinlichkeits-Modelle

Gilt $\mathcal{X} \subseteq \mathbb{R}^n$, so ist $X = (X_1, \ldots, X_n)$ ein $n$-dimensionaler Zufallsvektor mit Komponenten $X_1, \ldots, X_n$. Sind $X_1, \ldots, X_n$ unabhängig und identisch verteilt, so nennt man $x = (x_1, \ldots, x_n)$ eine *Stichprobe vom Umfang n*.

Bei Fragestellungen der schließenden Statistik interessiert man sich für die durch $\mathbb{P}^X(B) := \mathbb{P}(X^{-1}(B))$, $B \in \mathcal{B}$, definierte *Verteilung* $\mathbb{P}^X$ von $X$; wie schon früher bleibt der zugrunde liegende Wahrscheinlichkeitsraum $(\Omega, \mathcal{A}, \mathbb{P})$ auch hier im Hintergrund. Wir werden oft stillschweigend die *kanonische Konstruktion*

$$\Omega := \mathcal{X},\ \mathcal{A} := \mathcal{B},\ X := \mathrm{id}_\Omega$$

verwenden und dann vom Wahrscheinlichkeitsraum $(\mathcal{X}, \mathcal{B}, \mathbb{P}^X)$ ausgehen, siehe auch (2.8). In diesem Fall schreiben wir für $\mathbb{P}^X$ häufig $\mathbb{P}$ und für $\mathbb{P}^X(B)$ auch $\mathbb{P}(X \in B)$, $B \in \mathcal{B}$.

Im Gegensatz zur Wahrscheinlichkeitstheorie besteht der spezifische Aspekt der Statistik darin, dass die Verteilung $\mathbb{P}$ von $X$ als nicht vollständig bekannt angesehen wird und aufgrund einer Realisierung $x$ von $X$ eine Aussage über $\mathbb{P}$ getroffen werden soll. Dabei werden bei jedem konkreten Problem gewisse Kenntnisse hinsichtlich der Rahmenbedingungen eines stochastischen Vorgangs vorhanden sein. Diese führen zu einer Einschränkung der Menge aller möglichen Verteilungen von $X$ und somit zur Auszeichnung einer speziellen Klasse $\mathcal{P}$ von überhaupt für möglich angesehenen Verteilungen von $X$ über $(\mathcal{X}, \mathcal{B})$, der sog. *Verteilungsannahme*. Dabei indiziert man die Elemente $\mathbb{P} \in \mathcal{P}$ üblicherweise durch einen *Parameter* $\vartheta$. Es gebe also eine bijektive Abbildung eines *Parameterraums* $\Theta$ auf $\mathcal{P}$, wobei das Bild von $\vartheta$ unter dieser Abbildung mit $\mathbb{P}_\vartheta$ bezeichnet werde. Diese Betrachtungen münden in die folgende Definition.

**Definition eines statistischen Modells**

Ein **statistisches Modell**ist ein Tripel $(\mathcal{X}, \mathcal{B}, (\mathbb{P}_\vartheta)_{\vartheta \in \Theta})$. Dabei sind

- $\mathcal{X} \neq \emptyset$ der **Stichprobenraum**,
- $\mathcal{B}$ eine $\sigma$-Algebra über $\mathcal{X}$,
- $\Theta \neq \emptyset$ der **Parameterraum**,
- $\mathbb{P}_\vartheta$ ein Wahrscheinlichkeitsmaß auf $\mathcal{B}$, $\vartheta \in \Theta$,
- $\Theta \ni \vartheta \to \mathbb{P}_\vartheta$ eine als **Parametrisierung** bezeichnete injektive Abbildung.

**Kommentar** Oft wird ein statistisches Modell auch *statistischer Raum* genannt. Offenbar unterscheidet sich ein solches Modell von einem Wahrscheinlichkeitsraum nur dadurch, dass anstelle *eines* Wahrscheinlichkeitsmaßes $\mathbb{P}$ jetzt eine ganze Familie $(\mathbb{P}_\vartheta)_{\vartheta \in \Theta}$ auftritt. Diese bildet den *Modellrahmen* für weitere Betrachtungen. Der Statistiker nimmt an, dass eines dieser Wahrscheinlichkeitsmaße $\mathbb{P}_\vartheta$ die zufallsbehafteten Daten $x \in \mathcal{X}$ in dem Sinne „erzeugt hat“, dass $x$ Realisierung einer Zufallsvariablen $X$ mit Verteilung $\mathbb{P}_\vartheta$ ist. Da die Parametrisierung $\Theta \ni \vartheta \to \mathbb{P}_\vartheta$ injektiv ist, gibt es also genau einen „wahren“ Parameter $\vartheta$, der über die Verteilung $\mathbb{P}_\vartheta$ das Auftreten der möglichen Realisierungen von $X$ „steuert“. Das Ziel besteht darin, aufgrund von $x$ eine Aussage über $\vartheta$ zu machen. Eine solche Aussage kann in Form eines Schätzwertes $\widehat{\vartheta}(x) \in \Theta$ oder eines Schätzbereiches $C(x) \subseteq \Theta$ geschehen. Manchmal kann auch ein *Testproblem* in Form einer Zerlegung $\Theta = \Theta_0 + \Theta_1$ des Parameterraums in zwei nichtleere disjunkte Teilmengen $\Theta_0$ und $\Theta_1$ vorliegen, wobei entschieden werden soll, ob der wahre Parameter in $\Theta_0$ oder in $\Theta_1$ liegt. ◀

**Video 7.1** Statistik: Grundprobleme am Beispiel der Binomialverteilung

## Hintergrund und Ausblick: Ein kurzer Abriss der Geschichte der Statistik

Der Ursprung der Mathematischen Statistik ist die politische Arithmetik

Oft assoziiert man mit *Statistik* Tabellen und grafische Darstellungen und denkt vielleicht an *Arbeitslosen-*, *Krebs-* oder *Kriminalitätsstatistiken*. Der Gebrauch des Wortes Statistik in solchen Zusammensetzungen spiegelt einen wichtigen Teilaspekt der Statistik in Form der *amtlichen Statistik* wider. Diese reicht bis ca. 3000 v. Chr. zurück, wo sie Unterlagen für die Planung des Pyramidenbaus bildete und Einwohner- sowie Standesregister und Grundsteuerkataster umfasste. Die amtliche Statistik in Deutschland ist seit 1950 im Statistischen Bundesamt in Wiesbaden sowie in 14 statistischen Landesämtern institutionalisiert.

Der Ursprung des Wortes *Statistik* liegt im *Staatswesen* (italienisch *statista* = Staatsmann). In diesem Sinn steht Statistik für eine Sammlung von Daten, z. B. über Bevölkerung und Handel, die für einen Staatsmann von Interesse sind. Als *Universitätsstatistik* wurde die von Hermann Conring (1606–1681) begründete *wissenschaftliche* Staatskunde als „Wissenschaft und Lehre von den Staatsmerkwürdigkeiten" bezeichnet. Gottfried Achenwall (1719–1772) definierte Statistik im Sinne von Staatskunde. Der Gebrauch des Wortes Statistik in dieser Bedeutung verschwand um 1800.

Einer der ersten, der sich – abgesehen von Astronomen wie Tycho Brahe (1546–1601) und Johannes Kepler (1571–1630) – mit Fragen der Gewinnung von Erkenntnissen aus vorliegenden Daten beschäftigte und damit zusammen mit (Sir) William Petty (1623–1687) in England die sog. *politische Arithmetik* etablierte, war John Graunt (1620–1674), der als Begründer der *Biometrie* und der Bevölkerungsstatistik gilt. Petty führte statistische Methoden in die politische Ökonomie ein. Ein weiterer Vertreter der politischen Arithmetik war Edmond Halley (1656–1742). Mit der Erstellung der Sterbetafeln der Stadt Breslau 1693 war er ein Pionier der *Sozialstatistik*. In Deutschland wurde die politische Arithmetik vor allem durch Johann Peter Süßmilch (1707–1767) vertreten.

Ab ca. 1800 begann man, die mit der politischen Arithmetik verbundene Herangehensweise, nämlich Erkenntnisgewinn aus der Analyse von Daten zu ziehen, als *Statistik* zu bezeichnen. Auf der britischen Insel, wo ca. 100 Jahre später die *Mathematische Statistik* ihren Ausgang nahm, war Sir John Sinclair of Ulbster (1754–1835) der erste, der in seiner Abhandlung *Statistical Account of Scotland drawn up from the communications of the ministers of the different parishes* (1791–1799) das Wort Statistik in diesem Sinn verwendete. Der Ursprung der Statistik als eigenständige Wissenschaft von der Gewinnung, Analyse und Interpretation von Daten, um begründete Schlüsse zu ziehen, ist somit nicht die Staatenkunde, sondern die politische Arithmetik.

Nachdem sich im 19. Jahrhundert der Gedanke durchgesetzt hatte, dass der Wahrscheinlichkeitsbegriff wissenschaftlich gesicherte Erkenntnisse durch geeignetes Auswerten von Daten ermöglicht, entstand ab ca. 1900 die *Mathematische Statistik*. Obgleich es bis dahin schon diverse Techniken wie etwa die Methode der kleinsten Quadrate oder den Satz von Bayes gab, existierte noch keine kohärente Theorie. Den Beginn einer solchen markierte ein Aufsatz von Karl Pearson (1857–1936) im Jahr 1900, in dem der *Chi-Quadrat-Test* eingeführt wurde. Weitere Meilensteine waren die Entdeckung der $t$-Verteilung durch William Sealy Gosset (1876–1937) im Jahr 1908 sowie eine Arbeit von Sir Ronald Aylmer Fisher (1890–1962) im Jahr 1925, in der mit den Begriffen *Konsistenz, Suffizienz, Effizienz, Fisher-Information* und *Maximum-Likelihood-Schätzung* die Grundlagen der Schätztheorie gelegt wurden. Fisher war zudem der Urheber der *statistischen Versuchsplanung* und der *Varianzanalyse*. 1933 publizierten Jerzy Neyman (1894–1981) und Egon Sharpe Pearson (1895–1980) eine grundlegende Arbeit zum optimalen Testen, und 1950 wurde durch Abraham Wald (1902–1950) eine Theorie optimaler statistischer Entscheidungen begründet.

Während lange ausschließlich spezielle *parametrische Verteilungsannahmen* (insbesondere die einer zugrunde liegenden Normalverteilung) gemacht wurden, entstand ab ca. 1930 die *Nichtparametrische Statistik*. Seit etwa 1960 wird die Entwicklung der Statistik maßgeblich von immer schnelleren Computern bestimmt. Waren es zunächst Fragen der Robustheit von Verfahren gegenüber Abweichungen von Modellannahmen, so kam später verstärkt der Aspekt hinzu, sich weiteren Anwendungen zu öffnen und „Daten für sich selbst sprechen zu lassen", also *explorative Datenanalyse* zu betreiben. Auch die *Bootstrap-Verfahren*, die die beobachteten Daten für weitere Simulationen verwenden, um etwa die Verteilung einer komplizierten Teststatistik zu approximieren, wären ohne leistungsfähige Computer undenkbar. Aufgrund fast explosionsartig ansteigender Speicherkapazitäten und Rechengeschwindigkeiten ist aus der explorativen Datenanalyse mittlerweile ein *data mining* geworden, also eine Kunst, aus einem Berg an Daten etwas Wertvolles zu extrahieren. Als weiterführende Literatur zur Geschichte der Statistik seien u. a. [8], [12] und [13] empfohlen. Der Aufsatz [8] thematisiert die Bedeutung der Statistik im Zusammenhang mit dem von vielen Wissenschaftsorganisationen getragenen Aufruf, das Jahr 2013 zum *Internationalen Jahr der Statistik* zu erklären.

**Beispiel (Bernoulli-Kette, Binomialfall)** Die Situation des Eingangsbeispiels zu diesem Abschnitt wird durch das statistische Modell $(\mathcal{X}, \mathcal{B}, (\mathbb{P}_\vartheta)_{\vartheta \in \Theta})$ mit $\mathcal{X} := \{0,1\}^n$, $\mathcal{B} := \mathcal{P}(\mathcal{X})$, $\Theta := [0,1]$ und

$$\mathbb{P}_\vartheta(X = x) = \prod_{j=1}^{n} \vartheta^{x_j}(1-\vartheta)^{1-x_j}$$

beschrieben. Im Laufe dieses Beispiels sind wir vom Zufallsvektor $X = (X_1, \ldots, X_n)$ zu der davon abgeleiteten Trefferanzahl $S = X_1 + \ldots + X_n$ übergegangen. Will man statistische Entscheidungen über $\vartheta$ auf Realisierungen von $S$ gründen, so liegt das statistische Modell $(\mathcal{X}, \mathcal{B}, (\mathbb{P}_\vartheta)_{\vartheta \in \Theta})$ mit $\mathcal{X} := \{0, 1, \ldots, n\}$, $\mathcal{B} := \mathcal{P}(\mathcal{X})$, $\Theta := [0,1]$ und

$$\mathbb{P}_\vartheta(S = k) = \binom{n}{k} \vartheta^k (1-\vartheta)^{n-k}, \quad k = 0, \ldots, n,$$

vor. ◀

**Beispiel (Qualitätskontrolle)** Eine Warensendung vom Umfang $N$ enthalte $\vartheta$ defekte und $N - \vartheta$ intakte Einheiten, wobei $\vartheta$ unbekannt ist. In der statistischen Qualitätskontrolle entnimmt man der Sendung eine rein zufällige Stichprobe (Teilmenge) vom Umfang $n$, um hieraus den *Ausschussanteil* $\vartheta/N$ in der Sendung zu schätzen. Wir setzen $X_j := 1$ bzw. $X_j := 0$, falls das $j$-te entnommene Exemplar bei einer solchen Stichprobenentnahme (Ziehen ohne Zurücklegen) defekt bzw. intakt ist. Wie im vorigen Beispiel kann auch hier $\mathcal{X} = \{0,1\}^n$ gewählt werden. Im Gegensatz zu oben sind $X_1, \ldots, X_n$ zwar je binomialverteilt $X_j \sim \text{Bin}(1, \vartheta/N)$, jedoch nicht mehr stochastisch unabhängig. Setzen wir $\Theta := \{0, 1, \ldots, N\}$, $X := (X_1, \ldots, X_n)$, so gilt mit der Abkürzung $k := x_1 + \ldots + x_n$ für jedes $x = (x_1, \ldots, x_n) \in \mathcal{X}$

$$\mathbb{P}_\vartheta(X = x) = \prod_{j=0}^{k-1} \frac{\vartheta - j}{N - j} \cdot \prod_{j=0}^{n-k-1} \frac{N - \vartheta - j}{N - k - j}.$$

Dabei wurden die erste Pfadregel und die Kommutativität der Multiplikation verwendet. ◀

**Beispiel (Wiederholte Messung)** Eine physikalische Größe werde $n$-mal unter gleichen, sich gegenseitig nicht beeinflussenden Bedingungen fehlerbehaftet gemessen. Wir modellieren diese Situation durch unabhängige Zufallsvariablen $X_1, \ldots, X_n$ mit gleicher Normalverteilung $\text{N}(\mu, \sigma^2)$. Dabei stehen $\mu$ für den unbekannten wahren Wert der physikalischen Größe (z. B. die Zeit, die eine Kugel benötigt, eine Rampe hinunterzurollen) und die Varianz $\sigma^2$ für die Ungenauigkeit des Messverfahrens. Die Realisierungen der $X_j$ sind die Messergebnisse.

In diesem Fall ist der Parameterraum eines statistischen Modells durch

$$\Theta := \{\vartheta = (\mu, \sigma^2) \mid \mu \in \mathbb{R}, \sigma^2 > 0\}$$

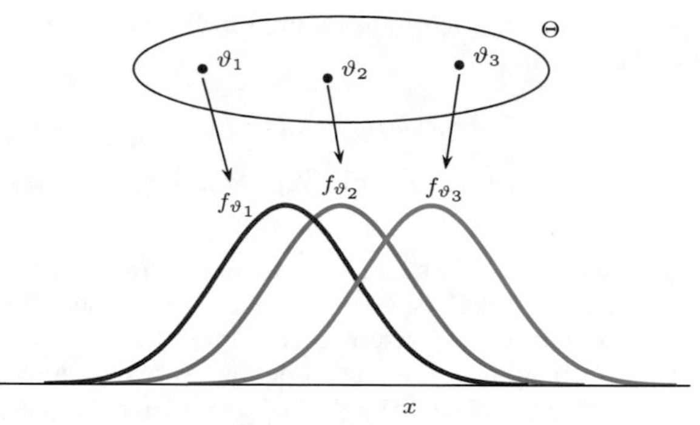


**Abb. 7.1** $\vartheta$ steuert das Auftreten von Daten (hier in Form unterschiedlicher Dichten)

gegeben. Die Verteilung $\mathbb{P}_\vartheta$ von $X := (X_1, \ldots, X_n)$ ist festgelegt durch die gemeinsame Dichte

$$\begin{aligned} f(x, \vartheta) &= \prod_{j=1}^{n} \left( \frac{1}{\sigma\sqrt{2\pi}} \exp\left( -\frac{(x_j - \mu)^2}{2\sigma^2} \right) \right) \\ &= \left( \frac{1}{\sigma\sqrt{2\pi}} \right)^n \exp\left( -\frac{1}{2\sigma^2} \sum_{j=1}^{n} (x_j - \mu)^2 \right) \end{aligned}$$

von $X_1, \ldots, X_n$. Hierbei ist $x = (x_1, \ldots, x_n) \in \mathcal{X} := \mathbb{R}^n$. ◀

In jedem dieser Beispiele könnte die Fragestellung darin bestehen, den unbekannten wahren Parameter $\vartheta$ aufgrund der Daten $x \in \mathcal{X}$ zu schätzen. Abb. 7.1 verdeutlicht im Fall $\mathcal{X} = \mathbb{R}$ ein schon im Eingangsbeispiel beobachtetes prinzipielles Problem. In der Abbildung entsprechen verschiedenen Werten von $\vartheta$ unterschiedliche Dichten $f_\vartheta(\cdot) = f(\cdot, \vartheta)$. Das Wahrscheinlichkeitsmaß $\mathbb{P}_\vartheta$ besitzt also eine (Lebesgue-)Dichte $f_\vartheta$.

Üblicherweise ist für ein beobachtetes $x$ für jedes $\vartheta \in \Theta$ die Ungleichung $f_\vartheta(x) > 0$ erfüllt. Bei stetigen Dichten gilt dann $\mathbb{P}_\vartheta([x - \varepsilon, x + \varepsilon]) > 0$, $\vartheta \in \Theta$, für jedes noch so kleine $\varepsilon > 0$, was bedeutet, dass für den wahren Parameter $\vartheta$ nur die triviale Aussage „es gilt $\vartheta \in \Theta$" mit Sicherheit richtig ist. Nicht ganz so extrem ist die Situation im Beispiel der statistischen Qualitätskontrolle. Hat man aber etwa aus einer Sendung mit $k = 10\,000$ Einheiten eine Stichprobe vom Umfang $n = 50$ entnommen und in dieser genau ein defektes Exemplar gefunden, so kann man mit Sicherheit nur schließen, dass die Sendung mindestens ein defektes und höchstens 9 951 defekte Exemplare enthält.

Wie diese Beispiele zeigen, können i. Allg. Daten durch mehrere Werte von $\vartheta$ über die Verteilung $\mathbb{P}_\vartheta$ erzeugt worden sein. Es kann also nur darum gehen, *Wahrscheinlichkeiten* für falsche Aussagen über den wahren Parameter klein zu halten. Man beachte, dass solche Wahrscheinlichkeiten wiederum vom unbekannten Wert $\vartheta$ über die Wahrscheinlichkeitsverteilung $\mathbb{P}_\vartheta$ abhängen.

Da erst durch Festlegung von $\vartheta$ in einem statistischen Modell Wahrscheinlichkeitsaussagen möglich sind, wird dieser Parameter auch bei Erwartungswerten, Varianzen o. Ä. als Index angebracht; man schreibt also für eine messbare reellwertige

Funktion $g$ auf dem Stichprobenraum, für die die auftretenden Kenngrößen existieren,

$$\mathbb{E}_\vartheta g(X), \quad \mathbb{V}_\vartheta g(X)$$

für den Erwartungswert bzw. die Varianz von $g(X)$ unter der Verteilung $\mathbb{P}_\vartheta$.

In der Folge werden wir statistische Modelle betrachten, bei denen wie in den obigen Beispielen entweder diskrete oder stetige Verteilungen auftreten. Konzeptionell besteht hier kein Unterschied, wenn man eine diskrete Verteilung als Verteilung mit einer Zähldichte $\mathbb{P}_\vartheta(X = x)$ bzgl. eines geeigneten Zähl-Maßes ansieht. Zudem behandeln wir meist statistische Modelle, bei denen $X = (X_1, \ldots, X_n)$ mit unabhängigen und identisch verteilten Zufallsvariablen $X_1, \ldots, X_n$ gilt. Dabei besitzt $X_1$ entweder eine Lebesgue-Dichte $f_1(t, \vartheta)$ oder eine diskrete Verteilung. Im letzteren Fall setzen wir

$$f_1(t, \vartheta) := \mathbb{P}_\vartheta(X_1 = t),$$

verwenden also die gleiche Schreibweise.

## Es gibt parametrische und nichtparametrische statistische Modelle

Bevor wir uns Schätzproblemen zuwenden, sei noch auf eine Grob-Klassifikation statistischer Modelle in *parametrische* und *nichtparametrische Modelle* hingewiesen. In den obigen Beispielen gilt stets $\Theta \subseteq \mathbb{R}^d$ für ein $d \geq 1$. Man könnte weitere solche Beispiele angeben, indem man – die Unabhängigkeit und identische Verteilung von $X_1, \ldots, X_n$ unterstellt – irgendeine andere, durch einen *endlich-dimensionalen Parameter* beschriebene Verteilungs-Klasse für $X_1$ wählt. Diese könnte z. B. sein:

- die Poisson-Verteilungen $\mathrm{Po}(\vartheta)$, $\vartheta \in \Theta := (0, \infty)$,
- die Exponentialverteilungen $\mathrm{Exp}(\theta)$, $\vartheta \in \Theta := (0, \infty)$,
- die Klasse der Gammaverteilungen $\mathrm{G}(\alpha, \lambda)$, wobei $\vartheta := (\alpha, \lambda) \in \Theta := (0, \infty)^2$,
- die Klasse der Weibull-Verteilungen $\mathrm{Wei}(\alpha, \lambda)$, wobei $\vartheta := (\alpha, \lambda) \in \Theta := (0, \infty)^2$.

In derartigen Fällen spricht man von einem *parametrischen statistischen Modell.* Ein solches liegt vor, wenn der Parameterraum $\Theta$ für ein $d \geq 1$ Teilmenge des $\mathbb{R}^d$ ist; andernfalls ist das statistische Modell *nichtparametrisch.* Ein solches Modell ergibt sich z. B., wenn man – wiederum unter Annahme der Unabhängigkeit und identischen Verteilung von $X_1, \ldots, X_n$ – nur voraussetzt, dass $X_1$ irgendeine, auf dem Bereich $\{f_1 > 0\} = \{t \in \mathbb{R} \mid f_1(t) > 0\}$ stetige Lebesgue-Dichte $f_1$ besitzt. Da diese Dichte die Verteilung von $X := (X_1, \ldots, X_n)$ über die Produkt-Dichte

$$f_1(x_1) \cdot \ldots \cdot f_1(x_n), \qquad (x_1, \ldots, x_n) \in \mathbb{R}^n,$$

festlegt, können wir sie formal als Parameter ansehen. Der Parameterraum $\Theta$ ist dann die Menge aller Lebesgue-Dichten $f_1$, die auf ihrem Positivitätsbereich $\{f_1 > 0\}$ stetig sind.

Eine solche *nichtparametrische Verteilungsannahme*, bei der sich die Menge der für möglich erachteten Verteilungen nicht zwanglos durch einen endlich-dimensionalen Parameter beschreiben lässt, ist prinzipiell näher an der Wirklichkeit, weil sie kein enges Rahmen-Korsett spezifiziert, sondern in den getroffenen Annahmen viel schwächer bleibt. So ist etwa die Existenz einer Dichte eine schwache Voraussetzung in einer Situation, in der eine hohe Messgenauigkeit vorliegt und gleiche Datenwerte kaum vorkommen. Bei einer derartigen nichtparametrischen Verteilungsannahme interessiert man sich meist für eine reelle Kenngröße der durch die Dichte $f_1$ gegebenen Verteilung von $X_1$ wie etwa den Erwartungswert oder den Median. Wir werden in Abschn. 7.6 einige Methoden der Nichtparametrischen Statistik kennenlernen.

# 7.2 Punktschätzung

Es sei $(\mathcal{X}, \mathcal{B}, (\mathbb{P}_\vartheta)_{\vartheta \in \Theta})$ ein *parametrisches* statistisches Modell mit $\Theta \subseteq \mathbb{R}^d$. Wir stellen uns die Aufgabe, aufgrund einer Realisierung $x \in \mathcal{X}$ der Zufallsvariablen $X$ einen möglichst guten Näherungswert für $\vartheta$ anzugeben. Da $x$ vor Beobachtung des Zufallsvorgangs nicht bekannt ist, muss ein Schätz*verfahren jedem* $x \in \mathcal{X}$ einen mit $T(x)$ bezeichneten *Schätzwert* für $\vartheta$ zuordnen und somit eine auf $\mathcal{X}$ definierte Abbildung sein. Eine solche bezeichnet man in der Mathematischen Statistik ganz allgemein als *Stichprobenfunktion* oder *Statistik.* Ist $\vartheta$ wie etwa im Beispiel der wiederholten Messung mehrdimensional, so ist häufig nur ein niederdimensionaler (meist eindimensionaler) Aspekt von $\vartheta$ von Belang, der durch eine Funktion $\gamma : \Theta \to \mathbb{R}^\ell$ mit $\ell \leq d$ beschrieben ist. So interessiert im Fall der Normalverteilung mit $\vartheta = (\mu, \sigma^2)$ häufig nur der Erwartungswert $\mu =: \gamma(\vartheta)$; die unbekannte Varianz wird dann als sog. *Störparameter* angesehen.

**Definition eines (Punkt-)Schätzers**

Es seien $(\mathcal{X}, \mathcal{B}, (\mathbb{P}_\vartheta)_{\vartheta \in \Theta})$ ein parametrisches statistisches Modell mit $\Theta \subseteq \mathbb{R}^d$ und $\gamma : \Theta \to \mathbb{R}^\ell$.

Ein **(Punkt-)Schätzer für $\gamma(\vartheta)$** ist eine messbare Abbildung $T : \mathcal{X} \to \mathbb{R}^\ell$. Für $x \in \mathcal{X}$ heißt $T(x)$ **Schätzwert für $\gamma(\vartheta)$ zur Beobachtung $x$**.

### Kommentar

- Das optionale Präfix *Punkt-* rührt daher, dass die Schätzwerte $T(x)$ einzelne Werte und damit „Punkte" im $\mathbb{R}^\ell$ sind. Offenbar wird bei der obigen Definition zugelassen, dass Werte $T(x) \in \mathbb{R}^\ell \setminus \gamma(\Theta)$ auftreten können, wenn $\gamma(\Theta)$ echte Teilmenge des $\mathbb{R}^\ell$ ist. Ist etwa im Beispiel Bernoulli-Kette der Parameterraum $\Theta$ das *offene* Intervall $(0, 1)$, weil aus guten Gründen die extremen Werte $\vartheta = 0$ und $\vartheta = 1$ ausgeschlossen werden können, so kann die durch

$$T(x) := \frac{1}{n}\,(x_1 + \ldots + x_n)$$

definierte *relative Trefferhäufigkeit* als Schätzer $T : \mathcal{X} \to \mathbb{R}$ für $\gamma(\vartheta) := \vartheta$ auch die Werte 0 und 1 annehmen.

- Die obige sehr allgemein gehaltene Definition lässt offenbar auch Schätzer für $\gamma(\vartheta)$ zu, die kaum sinnvoll sind. So ist es z. B. möglich, ein festes $\vartheta_0 \in \Theta$ zu wählen und

$$T(x) := \gamma(\vartheta_0), \qquad x \in \mathcal{X},$$

zu setzen. Dieser Schätzer ist vollkommen daten-ignorant. Eine der Aufgaben der Mathematischen Statistik besteht darin, Kriterien für die Qualität von Schätzern zu entwickeln und Prinzipien für die Konstruktion *guter Schätzer* bereitzustellen. Dabei ist grundsätzlich zu beachten, dass jede Aussage über $\vartheta$, die sich auf zufällige Daten, nämlich eine Realisierung $x$ der Zufallsvariablen $X$ stützt, falsch sein kann. Da $\vartheta$ über die Verteilung $\mathbb{P}_\vartheta$ von $X$ den Zufallscharakter der Realisierung $x \in \mathcal{X}$ „steuert", ist ja auch der Schätzer $T$ für $\gamma(\vartheta)$ als *Zufallsvariable* auf $\mathcal{X}$ mit Werten in $\mathbb{R}^\ell$ und einer von $\vartheta$ abhängenden Verteilung $\mathbb{P}_\vartheta^T$ auf $\mathcal{B}^\ell$ anzusehen. Wir können von einem guten Schätzer $T$ also nur erhoffen, dass dessen Verteilung $\mathbb{P}_\vartheta^T$ für jedes $\vartheta \in \Theta$ in einem zu präzisierenden Sinne *stark um den Wert* $\gamma(\vartheta)$ *konzentriert ist.* ◄

**Beispiel (Binomialfall, relative Trefferhäufigkeit)** Um diesen letzten Punkt zu verdeutlichen, betrachten wir wieder die Situation einer Bernoulli-Kette der Länge $n$ mit unbekannter Trefferwahrscheinlichkeit $\vartheta$, also unabhängige und je Bin$(1, \vartheta)$-verteilte Zufallsvariablen $X_1, \ldots, X_n$, wobei $\vartheta \in \Theta := [0, 1]$, und als Schätzer $T_n = T_n(X_1, \ldots, X_n)$ für $\vartheta$ die zufällige relative Trefferhäufigkeit

$$T_n := \frac{1}{n}\sum_{j=1}^{n} X_j.$$

Mit Rechenregeln für Erwartungswert und Varianz sowie $X_j \sim$ Bin$(1, \vartheta)$ gelten für jedes (unbekannte) $\vartheta \in \Theta$

$$\mathbb{E}_\vartheta(T_n) = \vartheta, \tag{7.2}$$

$$\mathbb{V}_\vartheta(T_n) = \frac{\vartheta(1-\vartheta)}{n}. \tag{7.3}$$

Man beachte, dass $T_n$ eine Zufallsvariable ist, die unter dem wahren Parameter $\vartheta$ die möglichen Werte $k/n$, $k \in \{0, 1, \ldots, n\}$ mit den Wahrscheinlichkeiten

$$\mathbb{P}_\vartheta\left(T_n = \frac{k}{n}\right) = \binom{n}{k}\vartheta^k(1-\vartheta)^{n-k}$$

annimmt. Diese mit dem Faktor $1/n$ skalierte Binomialverteilung Bin$(n, \vartheta)$ ist die *Verteilung des Schätzers* $T_n$ (kurz: *Schätz-Verteilung von* $T_n$) *unter* $\mathbb{P}_\vartheta$, siehe Abb. 7.2 für $\vartheta = 0.1$ und $\vartheta = 0.7$ sowie $n \in \{10, 20, 50\}$.

Beziehung (7.2) besagt, dass der Erwartungswert $\mathbb{E}_\vartheta(T_n)$ als physikalischer Schwerpunkt der Schätzverteilung von $T_n$ gleich $\vartheta$ ist, und zwar unabhängig vom konkreten Wert dieses unbekannten Parameters. Ein solcher Schätzer wird das Attribut *erwartungstreu* erhalten, s. u. Gleichung (7.3) beinhaltet den Stichprobenumfang $n$. Wie nicht anders zu erwarten, wird bei größerem $n$, also immer breiterer Datenbasis, die Varianz der Schätzverteilung kleiner und damit die Schätzung genauer, vgl. Abb. 7.2.

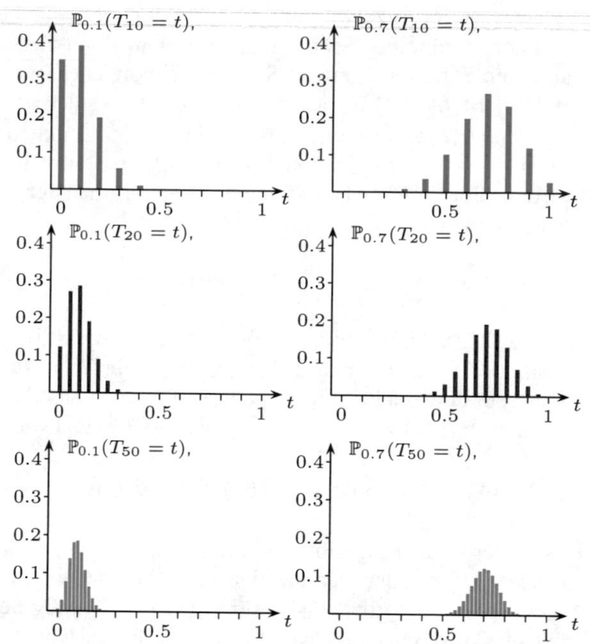


**Abb. 7.2** Verteilungen der relativen Trefferhäufigkeit für $\vartheta = 0.1$ und $\vartheta = 0.7$ und verschiedene Werte von $n$

Mit (7.2) und (7.3) folgt aus der Tschebyschow-Ungleichung

$$\lim_{n\to\infty} \mathbb{P}_\vartheta(|T_n - \vartheta| > \varepsilon) = 0 \quad \forall \varepsilon > 0. \tag{7.4}$$

Diese Eigenschaft wird später *Konsistenz der Schätzfolge* $(T_n)$ für $\vartheta$ genannt werden. Hierbei betrachtet man $(T_n)$ als eine *Folge von Schätzern* für $\vartheta$, wobei unabhängige und identisch Bin$(1, \vartheta)$-verteilte Zufallsvariablen $X_1, X_2, \ldots$ auf einem gemeinsamen Wahrscheinlichkeitsraum zugrunde gelegt werden. Für jedes $n$ ist dann $T_n$ wie oben eine Funktion von $X_1, \ldots, X_n$. ◄

Wir wollen jetzt die wichtigsten wünschenswerten Eigenschaften für Schätzer formulieren und danach zwei grundlegende Schätzverfahren vorstellen.

Für die folgende Definition legen wir ein parametrisches statistisches Modell $(\mathcal{X}, \mathcal{B}, (\mathbb{P}_\vartheta)_{\vartheta\in\Theta})$ mit $\Theta \subseteq \mathbb{R}^d$ sowie eine reelle Funktion $\gamma : \Theta \to \mathbb{R}$ zu Grunde. Zu schätzen sei also ein reeller Aspekt eines möglicherweise vektorwertigen Parameters $\vartheta$. Wir setzen weiter stillschweigend voraus, dass alle auftretenden Erwartungswerte existieren.

**Definition**

Es sei $T : \mathcal{X} \to \mathbb{R}$ ein Schätzer für $\gamma(\vartheta)$.

- $\mathrm{MQA}_T(\vartheta) := \mathbb{E}_\vartheta(T - \gamma(\vartheta))^2$ heißt **mittlere quadratische Abweichung von $T$ (an der Stelle $\vartheta$)**.
- $T$ heißt **erwartungstreu (für $\gamma(\vartheta)$)**, falls gilt:

$$\mathbb{E}_\vartheta(T) = \gamma(\vartheta) \quad \forall \vartheta \in \Theta.$$

- $b_T(\vartheta) := \mathbb{E}_\vartheta(T) - \gamma(\vartheta)$ heißt **Verzerrung von $T$ (an der Stelle $\vartheta$)**.

Die mittlere quadratische Abweichung ist ein mathematisch bequemes Gütemaß für einen Schätzer, und man würde mit diesem Maßstab einen Schätzer $\widetilde{T}$ einem Schätzer $T$ vorziehen, wenn $\mathrm{MQA}_{\widetilde{T}}(\vartheta) \leq \mathrm{MQA}_T(\vartheta)$ für jedes $\vartheta \in \Theta$ gelten würde, wenn also $\widetilde{T}$ *gleichmäßig besser* wäre als $T$. Unter allen denkbaren Schätzern für $\gamma(\vartheta)$ einen gleichmäßig besten finden zu wollen, ist aber ein hoffnungsloses Unterfangen, denn aufgrund der allgemeinen Gleichung $\mathbb{V}(Y) = \mathbb{E}(Y^2) - (\mathbb{E}Y)^2$ gilt

$$\mathrm{MQA}_T(\vartheta) = \mathbb{V}_\vartheta(T) + b_T(\vartheta)^2.$$

Die mittlere quadratische Abweichung setzt sich also additiv aus der Varianz des Schätzers und dem Quadrat seiner Verzerrung zusammen. Für den Schätzer $T_0 \equiv \gamma(\vartheta_0)$ mit einem festen Wert $\vartheta_0 \in \Theta$ gelten $\mathbb{V}_\vartheta(T_0) = 0$, $b_{T_0}(\vartheta) = \gamma(\vartheta_0) - \gamma(\vartheta)$ und somit

$$\mathrm{MQA}_{T_0}(\vartheta) = (\gamma(\vartheta_0) - \gamma(\vartheta))^2, \qquad \vartheta \in \Theta.$$

Auf Kosten der Verzerrung gibt es folglich stets (triviale) Schätzer mit verschwindender Varianz. Da $\vartheta_0 \in \Theta$ beliebig war und $\mathrm{MQA}_{T_0}(\vartheta_0) = 0$ gilt, müsste für einen gleichmäßig besten Schätzer $T$ die Beziehung $\mathrm{MQA}_T(\vartheta) = 0$ für jedes $\vartheta \in \Theta$ gelten, was nicht möglich ist.

**Beispiel (Binomialfall, $n = 2$)** Die Zufallsvariablen $X_1, X_2$ seien unabhängig und je $\mathrm{Bin}(1, \vartheta)$-verteilt. Die Schätzer $T_0 \equiv 0.6 =: \vartheta_0$ sowie $T^* := X_1$ und $\widetilde{T} := (X_1 + X_2)/2$ für $\vartheta$ besitzen die nachstehend gezeigten mittleren quadratischen Abweichungen als Funktionen von $\vartheta$.

Offenbar ist der Schätzer $\widetilde{T}$ gleichmäßig besser als der nicht die in $X_2$ „steckende Information“ ausnutzende Schätzer $T^*$. Der datenignorante Schätzer $T_0$ ist natürlich unschlagbar, wenn das wahre $\vartheta$ gleich $\vartheta_0$ ist oder in unmittelbarer Nähe dazu liegt. ◄

**Selbstfrage 1**

Können Sie die in Abb. 7.3 skizzierten Funktionen formal angeben?

---

Die Forderung der *Erwartungstreue* an einen Schätzer $T$ für $\gamma(\vartheta)$ besagt, dass für jedes $\vartheta$ die Verteilung $\mathbb{P}_\vartheta^T$ von $T$ unter $\vartheta$ den *physikalischen Schwerpunkt* $\gamma(\vartheta)$ besitzen soll. Sie

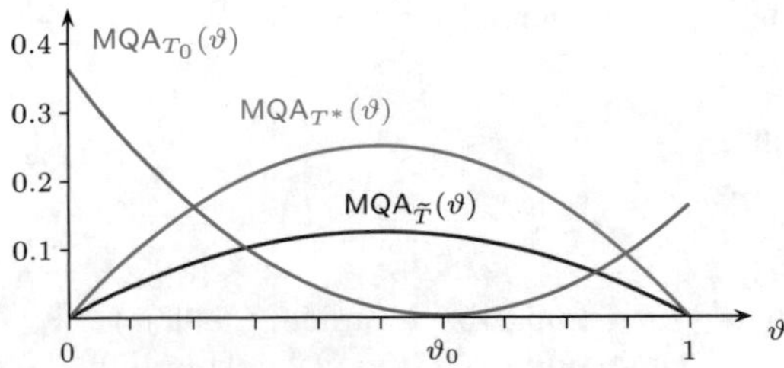


**Abb. 7.3** Mittlere quadratische Abweichungen verschiedener Schätzer für eine Erfolgswahrscheinlichkeit

schließt deshalb Schätzer wie das obige $T_0$ aus, die eine zu starke Präferenz für spezielle Parameterwerte besitzen. Trotzdem sollten nicht nur erwartungstreue Schätzer in Betracht gezogen werden. Es kann nämlich sein, dass für ein Schätzproblem überhaupt kein erwartungstreuer Schätzer existiert (Aufgabe 7.37) oder dass ein erwartungstreuer Schätzer, von anderen Kriterien aus beurteilt, unsinnig sein kann.

In statistischen Modellen, bei denen Realisierungen eines Zufallsvektors $X = (X_1, \ldots, X_n)$ mit unabhängigen und identisch verteilten Komponenten $X_1, \ldots, X_n$ beobachtet werden, liegt es nahe, Eigenschaften von Schätzern in Abhängigkeit des Stichprobenumfangs $n$ zu studieren und hier insbesondere das asymptotische Verhalten solcher Schätzer für $n \to \infty$. Wir nehmen hierfür an, dass für jedes $n \in \mathbb{N}$ (oder zumindest für jedes genügend große $n$) die Funktion $T_n : \mathcal{X}_n \to \mathbb{R}$ ein Schätzer für $\gamma(\vartheta)$ sei. Hierbei ist $\mathcal{X}_n$ der Stichprobenraum für $(X_1, \ldots, X_n)$. Man nennt dann $(T_n)_{n \geq 1}$ eine *Schätzfolge*.

**Definition**

Eine Schätzfolge $(T_n)$ für $\gamma(\vartheta)$ heißt

- **konsistent** (für $\gamma(\vartheta)$), falls

$$\lim_{n \to \infty} \mathbb{P}_\vartheta(|T_n - \gamma(\vartheta)| \geq \varepsilon) = 0 \quad \forall \varepsilon > 0 \quad \forall \vartheta \in \Theta,$$

- **asymptotisch erwartungstreu** (für $\gamma(\vartheta)$), falls

$$\lim_{n \to \infty} \mathbb{E}_\vartheta(T_n) = \gamma(\vartheta) \quad \forall\, \vartheta \in \Theta.$$

**Kommentar** In dieser Definition wurde die Abhängigkeit von $\mathbb{P}_\vartheta$ und $\mathbb{E}_\vartheta$ vom Stichprobenumfang $n$ aus bezeichnungstechnischen Gründen unterdrückt. Eine solche schwerfällige Notation ist auch entbehrlich, da es einen Wahrscheinlichkeitsraum gibt, auf dem eine unendliche Folge unabhängiger und identisch verteilter Zufallsvariablen definiert ist, siehe Abschn. 3.4. ◄

In der in Abschn. 6.1 eingeführten Terminologie bedeutet Konsistenz einer Schätzfolge, dass für jedes $\vartheta \in \Theta$ die Folge $(T_n)$ unter $\mathbb{P}_\vartheta$ stochastisch gegen $\gamma(\vartheta)$ konvergiert. Diese Eigenschaft muss als Minimalforderung an eine Schätzfolge angesehen werden, da $\gamma(\vartheta)$ zumindest aus einer beliebig langen Serie von Beobachtungsergebnissen immer genauer zu schätzen sein sollte. Man beachte, dass nach (7.4) die relativen Trefferhäufigkeiten bei wachsendem Stichprobenumfang eine konsistente Schätzfolge für die unbekannte Trefferwahrscheinlichkeit in einer Bernoulli-Kette.

Ganz allgemein ist eine asymptotisch erwartungstreue Schätzfolge $(T_n)$ für $\gamma(\vartheta)$ mit der Eigenschaft $\lim_{n\to\infty} \mathbb{V}_\vartheta(T_n) = 0$, $\vartheta \in \Theta$, konsistent für $\gamma(\vartheta)$.

**Selbstfrage 2**

Können Sie die obige Behauptung beweisen?

---

## Unter der Lupe: Antworten auf heikle Fragen: Die Randomized-Response-Technik

Durch Randomisierung bleibt die Anonymität des Befragten gewährleistet.

Würden Sie die Frage „Haben Sie schon einmal Rauschgift genommen?" ehrlich beantworten? Vermutlich nicht, und Sie wären damit kaum allein. In der Tat ist bei solch heiklen Fragen kaum eine offene Antwort zu erwarten. Helfen kann hier die *Randomized-Response-Technik*, die in einfacher Form wie folgt beschrieben werden kann: Dem Befragten werden die drei im Bild zu sehenden Karten gezeigt. Nach gutem Mischen wählt er (wobei die Interviewerin nicht zusieht) eine Karte rein zufällig aus und beantwortet die darauf stehende Frage mit Ja oder Nein. Dann mischt er die Karten, und die Interviewerin wendet sich ihm wieder zu. Da eine Ja-Antwort nicht ursächlich auf die heikle Frage zurückzuführen ist, ist Anonymität gewährleistet.

| Haben Sie schon einmal Rauschgift genommen? | Ist auf dieser Karte eine Eins? **1** | Ist auf dieser Karte eine Eins? |
|---|---|---|

Zur Randomized-Response-Technik

Nehmen wir an, von 3 000 Befragten hätten 1 150 mit Ja geantwortet. Jede Karte wurde von ca. 1 000 Befragten gezogen. Ca. 1 000 Ja-Antworten sind also auf die mittlere Karte zurückzuführen, die übrigen 150 auf die linke. Da ca. 1 000-mal die linke Karte gezogen wurde, ist der Prozentsatz der Merkmalträger ungefähr 15 %.

Zur Modellierung setzen wir $X_j := 1$ (0), falls der $j$-te Befragte mit Ja (Nein) antwortet ($j = 1, \ldots, n$). Weiter bezeichne $\vartheta$ die Wahrscheinlichkeit, dass eine der Population rein zufällig entnommene Person Merkmalträger ist, also schon einmal Rauschgift genommen hat. Wir nehmen $X_1, \ldots, X_n$ als unabhängige Zufallsvariablen an. Ist $K_i$ das Ereignis, dass die (im Bild von links gesehen) $i$-te Karte gezogen wurde, so gelten $\mathbb{P}(K_i) = 1/3$ ($i = 1, 2, 3$) und $\mathbb{P}(X_j = 1|K_1) = \vartheta$, $\mathbb{P}(X_j = 1|K_2) = 1$, $\mathbb{P}(X_j = 1|K_3) = 0$. Mit der Formel von der totalen Wahrscheinlichkeit folgt

$$\begin{aligned}\mathbb{P}_\vartheta(X_j = 1) &= \sum_{i=1}^{3} \mathbb{P}_\vartheta(X_i = 1|K_i)\,\mathbb{P}(K_i)\\ &= \frac{\vartheta + 1}{3}.\end{aligned}$$

Schreiben wir $R_n = n^{-1} \sum_{j=1}^{n} \mathbb{1}\{X_j = 1\}$ für den relativen Anteil der Ja-Antworten unter $n$ Befragten und setzen $\widehat{\vartheta}_n := 3R_n - 1$, so ergibt sich

$$\begin{aligned}\mathbb{E}_\vartheta[\widehat{\vartheta}_n] &= 3\mathbb{E}_\vartheta(R_n) - 1\\ &= 3((\vartheta + 1)/3) - 1\\ &= \vartheta.\end{aligned}$$

$\widehat{\vartheta}_n$ ist also ein erwartungstreuer Schätzer für $\vartheta$. Es folgt

$$\begin{aligned}\mathbb{V}_\vartheta(\widehat{\vartheta}_n) &= 9\,\mathbb{V}_\vartheta(R_n)\\ &= \frac{9}{n}\,\mathbb{V}_\vartheta(\mathbb{1}\{X_1 = 1\})\\ &= \frac{9}{n}\,\frac{\vartheta + 1}{3}\left(1 - \frac{\vartheta + 1}{3}\right)\\ &= \frac{2 + \vartheta(1 - \vartheta)}{n}.\end{aligned}$$

Die Varianz hat sich also im Vergleich zur Schätzung ohne Randomisierung (vgl. (7.3)) vergrößert, was zu erwarten war.

## Maximum-Likelihood-Schätzung maximiert die Wahrscheinlichkeit(sdichte) $f(x, \vartheta)$ als Funktion von $\vartheta$

Im Fall einer Bernoulli-Kette ist die relative Trefferhäufigkeit ein naheliegender Schätzer für eine unbekannte Trefferwahrscheinlichkeit. Das Problem gestaltet sich jedoch unter Umständen ungleich schwieriger, wenn nach der Angabe eines „vernünftigen" Schätzers für $\gamma(\vartheta)$ in einem komplizierten statistischen Modell $(\mathcal{X}, \mathcal{B}, (\mathbb{P}_\vartheta)_{\vartheta\in\Theta})$ gefragt ist. Wir lernen jetzt mit der *Maximum-Likelihood-Methode* und der *Momentenmethode* zwei Schätzverfahren kennen, die unter allgemeinen Bedingungen zu Schätzern mit wünschenswerten Eigenschaften führen.

Die Maximum-Likelihood-Methode ist ein von Sir Ronald Aylmer Fisher (1890–1962) eingeführtes allgemeines und sich intuitiv nahezu aufdrängendes *Konstruktionsprinzip für Schätzer*. Die Idee besteht darin, bei vorliegenden Daten $x \in \mathcal{X}$ die Wahrscheinlichkeit bzw. Wahrscheinlichkeitsdichte $f(x, \vartheta)$ *als Funktion von* $\vartheta$ zu betrachten und denjenigen Parameterwert $\vartheta$ für den plausibelsten zu halten, welcher dem beobachteten Ereignis $\{X = x\}$ die größte Wahrscheinlichkeit bzw. Wahrscheinlichkeitsdichte verleiht (sog. *Maximum-Likelihood-Schätzmethode*).

Für die folgende Definition setzen wir ein statistisches Modell $(\mathcal{X}, \mathcal{B}, (\mathbb{P}_\vartheta)_{\vartheta\in\Theta})$ mit $\Theta \subseteq \mathbb{R}^d$ voraus. Die Zufallsvariable $X$ ($= \mathrm{id}_\mathcal{X}$) besitze entweder für jedes $\vartheta \in \Theta$ eine Lebesgue-Dichte $f(x, \vartheta)$ oder für jedes $\vartheta \in \Theta$ eine Zähldichte $f(x, \vartheta) = \mathbb{P}_\vartheta(X = x)$.

**Definition**

In obiger Situation heißen für $x \in \mathcal{X}$ die Funktion

$$L_x : \begin{cases} \Theta \to \mathbb{R}_{\geq 0} \\ \vartheta \to L_x(\vartheta) := f(x, \vartheta) \end{cases}$$

**Likelihood-Funktion zu** $x$ und jeder Wert $\widehat{\vartheta}(x) \in \Theta$ mit

$$L_x(\widehat{\vartheta}(x)) = \sup\{L_x(\vartheta) \mid \vartheta \in \Theta\} \quad (7.5)$$

ein **Maximum-Likelihood-Schätzwert von $\vartheta$ zu $x$**. Eine messbare Abbildung $\widehat{\vartheta} : \mathcal{X} \to \mathbb{R}^d$ mit (7.5) für jedes $x \in \mathcal{X}$ heißt **Maximum-Likelihood-Schätzer** (kurz: ML-Schätzer) **für $\vartheta$**.

Es wirkt gekünstelt, die Dichte bzw. Zähldichte $f(x, \vartheta)$ nur anders zu notieren und mit dem Etikett *likelihood* zu versehen. Die Schreibweise $L_x(\vartheta)$ offenbart jedoch die für die Mathematische Statistik charakteristische Sichtweise, dass Daten $x$ vorliegen und man innerhalb des gesteckten Modellrahmens nach einem passenden, durch den Parameter $\vartheta$ beschriebenen Modell sucht.

Was die Tragweite der ML-Schätzmethode betrifft, so existiert in vielen statistischen Anwendungen ein eindeutig bestimmter ML-Schätzer $\widehat{\vartheta}$, und er ist gewöhnlich ein „guter" Schätzer für $\vartheta$. Häufig ist $\Theta$ eine offene Teilmenge in $\mathbb{R}^d$ und $f(x, \vartheta)$ nach $\vartheta$ differenzierbar, sodass man versuchen wird, einen ML-Schätzer durch Differenziation zu erhalten. Dabei kann es zweckmäßig sein, statt $L_x$ die sog. *Loglikelihood-Funktion* $\log L_x$ zu betrachten, die wegen der Monotonie der Logarithmus-Funktion ihr Maximum an der gleichen Stelle hat. Gilt nämlich $X = (X_1, \ldots, X_n)$ mit Zufallsvariablen $X_1, \ldots, X_n$, die unter $\mathbb{P}_\vartheta$ unabhängig und identisch verteilt sind und eine Dichte bzw. Zähldichte $f_1(t, \vartheta)$, $t \in \mathbb{R}$, besitzen, so hat $X$ die Dichte bzw. Zähldichte

$$f(x, \vartheta) = \prod_{j=1}^{n} f_1(x_j, \vartheta), \quad x = (x_1, \ldots, x_n) \in \mathbb{R}^n.$$

Somit ergibt sich für jedes $x \in \mathbb{R}^n$ mit $f(x, \vartheta) > 0$

$$\log f(x, \vartheta) = \sum_{j=1}^{n} \log f_1(x_j, \vartheta).$$

Differenziation nach $\vartheta$, also Bildung des Gradienten im Fall $d > 1$, liefert die sog. *Loglikelihood-Gleichungen*

$$\frac{\mathrm{d}}{\mathrm{d}\vartheta} \log f(x, \vartheta) = 0$$

als notwendige Bedingung für das Vorliegen eines Maximums. Diese Gleichung sind nur in den wenigsten Fällen explizit lösbar, sodass numerische Verfahren eingesetzt werden müssen, siehe Aufgabe 7.25.

**Beispiel (Exponentialverteilung)** Die Zufallsvariablen $X_1, \ldots, X_n$ seien unabhängig und je Exp($\vartheta$)-verteilt, wobei $\vartheta \in \Theta := (0, \infty)$ unbekannt sei. Die Lebesgue-Dichte von $X_1$ unter $\mathbb{P}_\vartheta$ ist

$$f_1(t, \vartheta) = \vartheta \exp(-\vartheta t), \quad \text{falls } t > 0,$$

und $f_1(t, \vartheta) = 0$ sonst. Wegen $\mathbb{P}_\vartheta(X_1 > 0) = 1$ für jedes $\vartheta$ wählen wir den Stichprobenraum $\mathcal{X} = \{x = (x_1, \ldots, x_n) \in \mathbb{R}^n \mid x_1 > 0, \ldots, x_n > 0\}$. Für $x \in \mathcal{X}$ ist dann die Likelihood-Funktion $L_x$ durch

$$L_x(\vartheta) = \prod_{j=1}^{n} f_1(x_j, \vartheta) = \vartheta^n \exp\left(-\vartheta \sum_{j=1}^{n} x_j\right)$$

gegeben, und die Loglikelihood-Funktion lautet

$$\log L_x(\vartheta) = n \log \vartheta - \vartheta \sum_{j=1}^{n} x_j.$$

Nullsetzen der Ableitung dieser Funktion ergibt $0 = n/\vartheta - \sum_{j=1}^{n} x_j$ und somit den ML-Schätzwert

$$\widehat{\vartheta}(x) = \frac{n}{\sum_{j=1}^{n} x_j} = \frac{1}{\overline{x}_n}.$$

Da die Ableitung $n/\vartheta - \sum_{j=1}^{n} x_j$ für hinreichend kleines $\vartheta$ positiv ist, streng monoton fällt und für $\vartheta > \widehat{\vartheta}(x)$ negativ wird, liegt ein eindeutiges Maximum der Likelihood-Funktion vor. Der ML-Schätzer $\widehat{\vartheta}_n$ für den Parameter $\vartheta$ der Exponentialverteilung ist also

$$\widehat{\vartheta}_n = \frac{n}{\sum_{j=1}^{n} X_j} = \frac{1}{\overline{X}_n}.$$

Dieser Schätzer ist *nicht* erwartungstreu. Die Schätzfolge $(\widehat{\vartheta}_n)_{n \geq 1}$ ist asymptotisch erwartungstreu und konsistent für $\vartheta$, vgl. Aufgabe 7.21. ◄

Im folgenden Beispiel kann man den ML-Schätzer nicht mit Mitteln der Analysis erhalten, da der Parameterraum $\Theta = \mathbb{N}$ eine diskrete Menge ist.

**Beispiel (Das Taxi-Problem)** In einer Urne befinden sich $\vartheta$ gleichartige, von 1 bis $\vartheta$ nummerierte Kugeln. Dabei sei $\vartheta \in \Theta := \mathbb{N}$ unbekannt. Es werden rein zufällig und unabhängig voneinander $n$ Kugeln mit Zurücklegen gezogen. Bezeichnet $X_j$ die Nummer der $j$-ten gezogenen Kugel, so sind die Zufallsvariablen $X_1, \ldots, X_n$ unabhängig und je gleichverteilt auf $\{1, 2, \ldots, \vartheta\}$. Setzen wir $X := (X_1, \ldots, X_n)$, so liegt ein statistisches Modell mit $\mathcal{X} = \mathbb{N}^n$ vor. Wegen $\mathbb{P}_\vartheta(X_j = x_j) = 1/\vartheta$ für $x_j \in \{1, \ldots, \vartheta\}$ und $\mathbb{P}_\vartheta(X_j = x_j) = 0$ für $x_j > \vartheta$ gilt für $x = (x_1, \ldots, x_n) \in \mathcal{X}$

$$L_x(\vartheta) = \mathbb{P}_\vartheta(X = x) = \begin{cases} \left(\frac{1}{\vartheta}\right)^n, & \text{falls } \max_{1 \leq j \leq n} x_j \leq \vartheta, \\ 0 & \text{sonst.} \end{cases}$$

Offenbar wird $L_x$ maximal, wenn $\widehat{\vartheta}_n(x) := \max_{1\le j\le n} x_j$ gesetzt wird. Der ML-Schätzer $\widehat{\vartheta}_n$ ist also

$$\widehat{\vartheta}_n := \max_{1\le j\le n} X_j.$$

Dieser unterschätzt den wahren Wert $\vartheta$ systematisch und ist somit nicht erwartungstreu, denn für $\vartheta \ge 2$ gilt

$$\begin{aligned}\mathbb{E}_\vartheta(\widehat{\vartheta}_n) &= \sum_{k=1}^{\vartheta} k\, \mathbb{P}_\vartheta\left(\max_{1\le j\le n} X_j = k\right)\\ &< \vartheta \sum_{k=1}^{\vartheta} \mathbb{P}_\vartheta\left(\max_{1\le j\le n} X_j = k\right)\\ &= \vartheta.\end{aligned}$$

Die Schätzfolge $(\widehat{\vartheta}_n)$ ist jedoch asymptotisch erwartungstreu und konsistent für $\vartheta$, s. Aufgabe 7.17. Ein erwartungstreuer Schätzer für $\vartheta$ ist

$$T_n(x) = \frac{\widehat{\vartheta}_n(x)^{n+1} - (\widehat{\vartheta}_n(x)-1)^{n+1}}{\widehat{\vartheta}_n(x)^{n} - (\widehat{\vartheta}_n(x)-1)^{n}},$$

vgl. Aufgabe 7.17. Dieser ist jedoch insofern unsinnig, als er nicht ganzzahlige Werte annimmt. So gilt etwa $T_n(x) = 109.458\ldots$ für das Zahlenbeispiel $n = 10$, $\widehat{\vartheta}_n(x) = 100$.

Die hier beschriebene Situation ist als *Taxi-Problem* bekannt, wenn $\vartheta$ als die unbekannte Anzahl von Taxis in einer großen Stadt angesehen wird. Die Zufallsvariable $X_j$ kann dann als Nummer des $j$-ten zufällig an einem Beobachter vorbeifahrenden Taxis gedeutet werden. ◀

**Beispiel (Normalverteilung)** Es seien $X_1,\ldots,X_n$ unabhängige Zufallsvariablen mit gleicher Normalverteilung $\mathrm{N}(\mu,\sigma^2)$, $\vartheta := (\mu,\sigma^2)$ sei unbekannt. Dann gilt: Der ML-Schätzer für $(\mu,\sigma^2)$ ist $\widehat{\vartheta}_n := \left(\widehat{\mu}_n, \widehat{\sigma^2_n}\right)$, wobei $\widehat{\mu}_n$ und $\widehat{\sigma^2_n}$ durch

$$\widehat{\mu}_n := \overline{X}_n := \frac{1}{n}\sum_{j=1}^{n} X_j, \qquad \widehat{\sigma^2_n} := \frac{1}{n}\sum_{j=1}^{n}\left(X_j - \overline{X}_n\right)^2$$

gegeben sind.

Zum Nachweis dieser Behauptung betrachten wir die Likelihood-Funktion zu $x = (x_1,\ldots,x_n)$, also

$$\begin{aligned}L_x\left(\mu,\sigma^2\right) &= \prod_{j=1}^{n}\left[\frac{1}{\sigma\sqrt{2\pi}}\exp\left(-\frac{(x_j-\mu)^2}{2\sigma^2}\right)\right]\\ &= \left(\frac{1}{\sigma\sqrt{2\pi}}\right)^n \exp\left(-\frac{1}{2\sigma^2}\sum_{j=1}^{n}(x_j-\mu)^2\right).\end{aligned}$$

Hier ist es bequem, die Maximierung in zwei Schritten durchzuführen, und zwar zunächst bzgl. $\mu$ bei festem $\sigma^2$ und danach bzgl. $\sigma^2$. Die erste Aufgabe führt auf die Minimierung der Summe $\sum_{j=1}^n (x_j-\mu)^2$ bzgl. $\mu$. Diese Aufgabe besitzt die Lösung $\overline{x}_n = n^{-1}\sum_{j=1}^n x_j$. Einsetzen von $\overline{x}_n$ für $\mu$ in $L_x$ und Maximierung des entstehenden Ausdrucks bzgl. $\sigma^2$ liefert nach Logarithmieren und Bildung der Ableitung nach $\sigma^2$ mittels direkter Rechnung die Lösung $\sigma^2 = n^{-1}\sum_{j=1}^n \left(x_j - \overline{x}_n\right)^2$. ◀

**Achtung** In der Literatur findet sich oft die Sprechweise „die ML-Schätzer für $\mu$ und $\sigma^2$ der Normalverteilung sind

$$\widehat{\mu}_n = \overline{X}_n, \qquad \widehat{\sigma^2_n} = \frac{1}{n}\sum_{j=1}^{n}(X_j - \overline{X}_n)^2\text{“}.$$

Wir schließen uns hier an, obwohl wir im Fall eines vektorwertigen Parameters keine ML-Schätzung für einen reellwertigen Aspekt $\gamma(\vartheta)$ wie z. B. $\gamma(\vartheta) = \mu$ vorgenommen, sondern nur $\widehat{\mu}_n$ und $\widehat{\sigma^2_n}$ als *Komponenten des ML-Schätzers* $\widehat{\vartheta}_n$ für $\vartheta = (\mu,\sigma^2)$ identifiziert haben.

Natürlich bietet sich ganz allgemein der aus einem ML-Schätzer $\widehat{\vartheta} : \mathcal{X} \to \Theta$ für $\vartheta$ abgeleitete Schätzer

$$\widehat{\gamma(\vartheta)} := \gamma(\widehat{\vartheta}),$$

für $\gamma(\vartheta)$ an, wenn ein statistisches Modell $(\mathcal{X}, \mathcal{B}, (\mathbb{P}_\vartheta)_{\vartheta\in\Theta})$ mit $\Theta \subseteq \mathbb{R}^d$ vorliegt und $\gamma(\vartheta)$ zu schätzen ist, wobei $\gamma : \Theta \to \mathbb{R}^\ell$. ◀

Die folgenden Eigenschaften der ML-Schätzer für $\mu$ und $\sigma^2$ und hier insbesondere die Unabhängigkeit von $\widehat{\mu}_n$ und $\widehat{\sigma^2_n}$ sind grundlegend für statistische Verfahren, die als Verteilungsannahme eine Normalverteilung unterstellen.

**Satz über Verteilungseigenschaften von $\widehat{\mu}_n$ und $\widehat{\sigma^2_n}$**

Die Zufallsvariablen $X_1,\ldots,X_n$ seien unabhängig und je $\mathrm{N}(\mu,\sigma^2)$-normalverteilt. Dann sind

$$\widehat{\mu}_n = \overline{X}_n = \frac{1}{n}\sum_{j=1}^{n} X_j, \quad \widehat{\sigma^2_n} = \frac{1}{n}\sum_{j=1}^{n}(X_j - \overline{X}_n)^2$$

stochastisch unabhängig, und es gelten

$$\overline{X}_n \sim \mathrm{N}\left(\mu, \frac{\sigma^2}{n}\right), \quad \frac{n}{\sigma^2}\widehat{\sigma^2_n} \sim \chi^2_{n-1}. \qquad (7.6)$$

**Beweis** Es sei $Z_j := X_j - \mu$ $(j = 1,\ldots,n)$ sowie $\mathbf{Z} := (Z_1,\ldots,Z_n)^\top$. Wegen $Z_j \sim \mathrm{N}(0,\sigma^2)$ und der Unabhängigkeit von $Z_1,\ldots,Z_n$ besitzt $\mathbf{Z}$ die Normalverteilung $\mathrm{N}_n\left(\mathbf{0},\sigma^2\mathrm{I}_n\right)$. Dabei bezeichnen $\mathbf{0}$ den Nullvektor in $\mathbb{R}^n$ und $\mathrm{I}_n$ die $n$-reihige Einheitsmatrix. Es sei $H = (h_{ij})_{1\le i,j\le n}$ eine beliebige orthogonale $(n\times n)$-Matrix mit $h_{nj} = n^{-1/2}$, $1 \le j \le n$. Setzen wir $Y := (Y_1,\ldots,Y_n)^\top := H\mathbf{Z}$, so hat $Y$ wegen $H H^\top = \mathrm{I}_n$ nach dem Reproduktionsgesetz für die Normalverteilung in Abschn. 5.3 die Verteilung $\mathrm{N}_n\left(\mathbf{0},\sigma^2\,\mathrm{I}_n\right)$, und nach

Aufgabe 5.26 sind $Y_1, \ldots, Y_n$ stochastisch unabhängig. Die Orthogonalität von $H$ und $h_{nj} \equiv n^{-1/2}$ liefern

$$Y_1^2 + \cdots + Y_n^2 = Z_1^2 + \cdots + Z_n^2,$$

$$Y_n = \frac{1}{\sqrt{n}} \sum_{j=1}^{n} Z_j = \sqrt{n}\left(\overline{X}_n - \mu\right)$$

und folglich mit der Abkürzung $\overline{Z}_n := n^{-1} \sum_{j=1}^{n} Z_j$

$$\begin{aligned} \sum_{j=1}^{n} (X_j - \overline{X}_n)^2 &= \sum_{j=1}^{n} (Z_j - \overline{Z}_n)^2 = \sum_{j=1}^{n} Z_j^2 - n\overline{Z}_n^2 \\ &= \sum_{j=1}^{n} Y_j^2 - Y_n^2 = \sum_{j=1}^{n-1} Y_j^2. \end{aligned}$$

Da $\widehat{\sigma_n^2}$ und $\overline{X}_n$ nur von $Y_1, \ldots, Y_{n-1}$ bzw. $Y_n$ abhängen, sind sie nach dem Blockungslemma stochastisch unabhängig. Die erste Aussage in (7.6) ergibt sich aus dem Additionsgesetz für die Normalverteilung und dem oben zitierten Reproduktionsgesetz. Wegen

$$\frac{n}{\sigma^2} \widehat{\sigma_n^2} = \frac{1}{\sigma^2} \sum_{j=1}^{n} (X_j - \overline{X}_n)^2 = \sum_{j=1}^{n-1} \left(\frac{Y_j}{\sigma}\right)^2$$

mit $\sigma^{-1} Y_j \sim \mathrm{N}(0,1)$ folgt die zweite Aussage in (7.6) nach Definition der $\chi^2_{n-1}$-Verteilung in Abschn. 5.4. ■

Da die $\chi^2_{n-1}$-Verteilung den Erwartungswert $n-1$ besitzt, folgt aus der obigen Verteilungsaussage, dass $\widehat{\sigma_n^2}$ *kein* erwartungstreuer Schätzer für $\sigma^2$ ist; es gilt

$$\mathbb{E}_\vartheta\left(\widehat{\sigma_n^2}\right) = \frac{n-1}{n} \sigma^2.$$

Teilt man die Summe der Abweichungsquadrate $(X_j - \overline{X}_n)^2$ nicht durch $n$, sondern durch $n-1$, so ergibt sich die sog. *Stichprobenvarianz*

$$S_n^2 := \frac{1}{n-1} \sum_{j=1}^{n} (X_j - \overline{X}_n)^2.$$

Diese ist ganz allgemein ein erwartungstreuer Schätzer für die unbekannte Varianz einer Verteilung, wenn $X_1, \ldots, X_n$ stochastisch unabhängige Zufallsvariablen mit dieser Verteilung sind (Aufgabe 7.22).

## Die Momentenmethode verwendet Stichprobenmomente zur Schätzung von Funktionen von Momenten

Wir möchten jetzt mit der *Momentenmethode* ein zweites Schätzprinzip vorstellen. Dieses ist unmittelbar einsichtig, wenn man an das starke Gesetz großer Zahlen von Kolmogorov denkt. Ist $(Y_n)_{n \geq 1}$ eine Folge unabhängiger und identisch verteilter Zufallsvariablen auf einem Wahrscheinlichkeitsraum $(\Omega, \mathcal{A}, \mathbb{P})$ mit existierendem Erwartungswert $\mu := \mathbb{E}\, Y_1$, so gilt nach diesem Gesetz

$$\lim_{n \to \infty} \frac{1}{n} \sum_{j=1}^{n} Y_j = \mu \quad \mathbb{P}\text{-fast sicher.}$$

Die Folge der auch als *Stichprobenmittel* bezeichneten arithmetischen Mittel $\overline{Y}_n = n^{-1} \sum_{j=1}^{n} Y_j$ konvergiert also $\mathbb{P}$-f.s. und damit auch stochastisch gegen den Erwartungswert der zugrunde liegenden Verteilung.

Ist nun $X_1, X_2, \ldots$, eine Folge unabhängiger und identisch verteilter Zufallsvariablen mit $\mathbb{E}|X_1|^d < \infty$ für ein $d \in \mathbb{N}$, existiert also das $d$-te Moment von $X_1$, so konvergiert nach obigem Gesetz für jedes $k \in \{1, \ldots, d\}$ die Folge

$$\widehat{\mu}_{k,n} := \frac{1}{n} \sum_{j=1}^{n} X_j^k, \quad n \geq 1,$$

der sog. *$k$-ten Stichprobenmomente* mit Wahrscheinlichkeit eins (und damit auch stochastisch) für $n \to \infty$ gegen das $k$-te Moment $\mu_k := \mathbb{E} X_1^k$ von $X_1$.

**Selbstfrage 3**

Warum gilt im Fall $d \geq 2$ die Konvergenz auch für $k < d$?

Lässt sich also in einem statistischen Modell der unbekannte Parameter-Vektor $\vartheta = (\vartheta_1, \ldots, \vartheta_d)$ durch die Momente $\mu_1, \ldots, \mu_d$, ausdrücken, gibt es somit (auf einer geeigneten Teilmenge des $\mathbb{R}^d$ definierte) Funktionen $h_1, \ldots, h_d$ mit

$$\begin{aligned} \vartheta_1 &= h_1(\mu_1, \ldots, \mu_d), \\ \vartheta_2 &= h_2(\mu_1, \ldots, \mu_d), \\ &\vdots \\ \vartheta_d &= h_d(\mu_1, \ldots, \mu_d), \end{aligned}$$

so ist der *Momentenschätzer* $\widetilde{\vartheta}_n$ für $\vartheta$ durch $\widetilde{\vartheta}_n := (\widetilde{\vartheta}_{1,n}, \ldots, \widetilde{\vartheta}_{d,n})$ mit

$$\widetilde{\vartheta}_{k,n} := h_k(\widehat{\mu}_{1,n}, \ldots, \widehat{\mu}_{d,n})$$

definiert. Man ersetzt folglich zur Schätzung von $\vartheta_k = h_k(\mu_1, \ldots, \mu_d)$ die $\mu_j$ durch die entsprechenden Stichprobenmomente $\widehat{\mu}_{j,n}$.

**Beispiel (Gammaverteilung)** Die Zufallsvariablen $X_1, \ldots, X_n$ seien unabhängig und je $\Gamma(\alpha, \lambda)$-verteilt, vgl. (5.55). Der Parameter $\vartheta := (\alpha, \lambda) \in \Theta := (0, \infty)^2$ sei unbekannt. Nach (5.57) gilt

$$\begin{aligned} \mu_1 &= \mathbb{E} X_1 = \frac{\Gamma(\alpha+1)}{\lambda \Gamma(\alpha)} = \frac{\alpha}{\lambda}, \\ \mu_2 &= \mathbb{E} X_1^2 = \frac{\Gamma(\alpha+2)}{\lambda^2 \Gamma(\alpha)} = \frac{\alpha(\alpha+1)}{\lambda^2}, \end{aligned}$$

sodass mit $\vartheta_1 := \alpha$ und $\vartheta_2 := \lambda$

$$\vartheta_1 = h_1(\mu_1, \mu_2) = \frac{\mu_1^2}{\mu_2 - \mu_1^2}, \quad \vartheta_2 = h_2(\mu_1, \mu_2) = \frac{\mu_1}{\mu_2 - \mu_1^2}$$

folgt. Mit

$$\widehat{\mu}_{1,n} = \overline{X}_n = \frac{1}{n}\sum_{j=1}^{n} X_j, \quad \widehat{\mu}_{2,n} = \overline{X_n^2} := \frac{1}{n}\sum_{j=1}^{n} X_j^2$$

ergibt sich somit der Momentenschätzer $\widetilde{\vartheta}_n = (\widetilde{\vartheta}_{1n}, \widetilde{\vartheta}_{2n})$ für $\vartheta$ zu

$$\widetilde{\vartheta}_{1n} = \frac{\overline{X}_n^2}{\overline{X_n^2} - \overline{X}_n^2}, \quad \widetilde{\vartheta}_{2n} = \frac{\overline{X}_n}{\overline{X_n^2} - \overline{X}_n^2}.$$

Im Gegensatz hierzu ist der ML-Schätzer für $\vartheta$ nicht in expliziter Form angebbar (Aufgabe 7.25). ◀

In manchen Fällen stimmen Momentenschätzer und ML-Schätzer überein. So ist im Fall der Normalverteilung der ML-Schätzer $\widehat{\mu}_n = \overline{X}_n$ auch der Momentenschätzer für $\mu$. Gleiches trifft wegen

$$\widehat{\sigma_n^2} = \frac{1}{n}\sum_{j=1}^{n}(X_j - \overline{X}_n)^2 = \frac{1}{n}\sum_{j=1}^{n} X_j^2 - \overline{X}_n^2$$

für den ML-Schätzer für $\sigma^2$ zu. Auch im Fall der Exponentialverteilung ist wegen $\mathbb{E}_\vartheta X_1 = 1/\vartheta$ der ML-Schätzer

$$\widehat{\vartheta}_n = \frac{n}{\sum_{j=1}^{n} X_j} = \frac{1}{\overline{X}_n}$$

gleich dem Momentenschätzer für $\vartheta$.

## Die Fisher-Information ist die Varianz der Scorefunktion

Wir werden jetzt u. a. sehen, dass die Varianz eines erwartungstreuen Schätzers unter bestimmten Regularitätsvoraussetzungen eine gewisse untere Schranke nicht unterschreiten kann. Hiermit lässt sich manchmal zeigen, dass ein erwartungstreuer Schätzer unter dem Kriterium der Varianz gleichmäßig bester Schätzer ist. Bei der folgenden Definition sei an die Schreibweise $f(x, \vartheta)$ sowohl für eine Lebesgue-Dichte als auch für eine Wahrscheinlichkeitsfunktion (Zähldichte) erinnert. Im letzteren Fall ist ein auftretendes Integral – das sich stets über den Stichprobenraum $\mathcal{X}$ erstreckt – durch eine entsprechende Summe zu ersetzen. Ableitungen nach $\vartheta$ werden mit dem gewöhnlichen Differenziations-Zeichen $\mathrm{d}/\mathrm{d}\vartheta$ geschrieben.

**Definition eines regulären statistischen Modells**

Ein statistisches Modell $(\mathcal{X}, \mathcal{B}, (\mathbb{P}_\vartheta)_{\vartheta\in\Theta})$ mit $\Theta \subseteq \mathbb{R}$ heißt **regulär**, falls gilt:

a) $\Theta$ ist ein offenes Intervall.
b) Die Dichte $f$ ist auf $\mathcal{X} \times \Theta$ strikt positiv und für jedes $x \in \mathcal{X}$ nach $\vartheta$ stetig differenzierbar. Insbesondere existiert dann die sog. **Scorefunktion**

$$U_\vartheta(x) := \frac{\mathrm{d}}{\mathrm{d}\vartheta}\log f(x, \vartheta) = \frac{\frac{\mathrm{d}}{\mathrm{d}\vartheta} f(x, \vartheta)}{f(x, \vartheta)}.$$

c) Für jedes $\vartheta \in \Theta$ gilt die Vertauschungsrelation

$$\int \frac{\mathrm{d}}{\mathrm{d}\vartheta} f(x, \vartheta)\,\mathrm{d}x = \frac{\mathrm{d}}{\mathrm{d}\vartheta}\int f(x, \vartheta)\,\mathrm{d}x. \qquad (7.7)$$

d) Für jedes $\vartheta \in \Theta$ gilt

$$0 < \mathrm{I}_f(\vartheta) := \mathbb{V}_\vartheta(U_\vartheta) < \infty. \qquad (7.8)$$

Die Zahl $\mathrm{I}_f(\vartheta)$ heißt **Fisher-Information von $f$ bzgl. $\vartheta$**.

**Selbstfrage 4**

Können Sie (unter den bislang aufgetretenen) ein nicht reguläres statistisches Modell identifizieren?

**Kommentar** Die Vertauschungsrelation (7.7) ist trivialerweise erfüllt, wenn eine diskrete Verteilungsfamilie vorliegt und $\mathcal{X}$ endlich ist. Andernfalls liefert der Satz über die Ableitung eines Parameterintegrals in Abschn. 8.6 mit (8.37) eine hinreichende Bedingung. Da die rechte Seite von (7.7) wegen $\int f(x, \vartheta)\,\mathrm{d}x = 1$ verschwindet, ergibt sich

$$\mathbb{E}_\vartheta(U_\vartheta) = \int \frac{\frac{\mathrm{d}}{\mathrm{d}\vartheta} f(x, \vartheta)}{f(x, \vartheta)} f(x, \vartheta)\,\mathrm{d}x = 0$$

und somit $\mathrm{I}_f(\vartheta) = \mathbb{E}_\vartheta(U_\vartheta^2)$. ◀

**Beispiel (Bernoulli-Kette)** Wir betrachten wie zu Beginn dieses Abschnittes das statistische Modell $(\mathcal{X}, \mathcal{B}, (\mathbb{P}_\vartheta)_{\vartheta\in\Theta})$ mit $\mathcal{X} := \{0,1\}^n$, $\mathcal{B} := \mathcal{P}(\mathcal{X})$, $\Theta := (0,1)$ und $X = (X_1, \ldots, X_n) := \mathrm{id}_{\mathcal{X}}$ mit unabhängigen und identisch $\mathrm{Bin}(1, \vartheta)$-verteilten Zufallsvariablen $X_1, \ldots, X_n$. Es ist also

$$\mathbb{P}_\vartheta(X = x) = f(x, \vartheta) = \prod_{j=1}^{n} \vartheta^{x_j}(1-\vartheta)^{1-x_j}.$$

Dieses Modell ist regulär, denn die Eigenschaften a) und b) sind wegen der Wahl von $\Theta$ erfüllt, und c) gilt offensichtlich. Der

## Hintergrund und Ausblick: asymptotische Verteilung von ML-Schätzern

Unter Regularitätsvoraussetzungen ist der mit $\sqrt{n}$ multiplizierte Schätzfehler $\widehat{\vartheta}_n - \vartheta$ asymptotisch normalverteilt.

Es seien $X_1, X_2, \ldots$ unabhängige Zufallsvariablen mit gleicher Dichte oder Zähldichte $f_1(t, \vartheta)$, $t \in \mathcal{X} \subseteq \mathbb{R}$, $\vartheta \in \Theta$, wobei für $f_1$ die Voraussetzungen a) bis d) in der Definition eines regulären statistischen Modells erfüllt sind. Insbesondere gilt also (7.14). Der ML-Schätzer $\widehat{\vartheta}_n$ für $\vartheta$ genügt dann der Loglikelihood-Gleichung

$$0 = U_n(\widehat{\vartheta}_n). \tag{7.9}$$

Dabei ist

$$U_n(\vartheta) := \sum_{j=1}^{n} \frac{\mathrm{d}}{\mathrm{d}\vartheta} \log f_1(X_j, \vartheta)$$

eine Summe unabhängiger identisch verteilter Zufallsvariablen mit Erwartungswert 0 und Varianz $\mathrm{I}_{f_1}(\vartheta)$. Nach dem Zentralen Grenzwertsatz von Lindeberg-Lévy gilt also für jedes $\vartheta \in \Theta$

$$\frac{1}{\sqrt{n}} U_n(\vartheta) \xrightarrow{\mathcal{D}_\vartheta} \mathrm{N}\left(0, \mathrm{I}_{f_1}(\vartheta)\right) \text{ für } n \to \infty. \tag{7.10}$$

Dabei haben wir $\vartheta$ als Index an das Symbol für Verteilungskonvergenz geschrieben und werden Gleiches auch bei der stochastischen Konvergenz tun. Wir nehmen an, dass $\widehat{\vartheta}_n \xrightarrow{\mathbb{P}_\vartheta} \vartheta$ gilt, dass also die Folge der ML-Schätzer konsistent für $\vartheta$ ist. Unter gewissen weiteren Voraussetzungen an $f_1$ ist dann die Folge $(\widehat{\vartheta}_n)$ asymptotisch normalverteilt. Genauer gilt

$$\sqrt{n}\left(\widehat{\vartheta}_n - \vartheta\right) \xrightarrow{\mathcal{D}_\vartheta} \mathrm{N}\left(0, \frac{1}{\mathrm{I}_{f_1}(\vartheta)}\right), \quad \vartheta \in \Theta, \tag{7.11}$$

siehe z. B. [11]. Man gelangt relativ schnell zu diesem Ergebnis, wenn man beide Seiten der Gleichung (7.9) durch $\sqrt{n}$ dividiert und eine Taylorentwicklung von $U_n$ um den wahren Wert $\vartheta$ vornimmt. Schreiben wir die Differenziation nach $\vartheta$ auch mit dem Differenziations-Strich, so folgt

$$0 = \frac{1}{\sqrt{n}} U_n(\vartheta) + \sqrt{n}(\widehat{\vartheta}_n - \vartheta) \frac{1}{n} U_n'(\vartheta) + R_n(\vartheta), \tag{7.12}$$

wobei $\widehat{\vartheta}_n \xrightarrow{\mathbb{P}_\vartheta} \vartheta$ und geeignete Annahmen an $f_1$ garantieren, dass $R_n(\vartheta) \xrightarrow{\mathbb{P}_\vartheta} 0$ gilt. Wegen

$$\frac{1}{n} U_n'(\vartheta) = \frac{1}{n} \sum_{j=1}^{n} \frac{\mathrm{d}^2}{\mathrm{d}\vartheta^2} \log f_1(X_j, \vartheta)$$

gilt nach dem starken Gesetz großer Zahlen

$$\lim_{n\to\infty} \frac{1}{n} U_n'(\vartheta) = \mathbb{E}_\vartheta \left( \frac{\mathrm{d}^2}{\mathrm{d}\vartheta^2} \log f_1(X_1, \vartheta) \right) \quad \mathbb{P}_\vartheta\text{-f.s.}$$

Da die rechte Seite gleich

$$\begin{aligned} &\int_{\mathcal{X}} \frac{f_1''(t,\vartheta) f_1(t,\vartheta) - f_1'(t,\vartheta)^2}{f_1(t,\vartheta)^2} f_1(t,\vartheta) \mathrm{d}t \\ &= \int_{\mathcal{X}} f_1''(t,\vartheta) \mathrm{d}t - \int_{\mathcal{X}} \left( \frac{\mathrm{d}}{\mathrm{d}\vartheta} \log f_1(t,\vartheta) \right)^2 f_1(t,\vartheta) \mathrm{d}t \\ &= 0 - \mathrm{I}_{f_1}(\vartheta) \end{aligned}$$

ist, erhält man aus (7.12) die Darstellung

$$\sqrt{n}(\widehat{\vartheta}_n - \vartheta) = \frac{1}{\mathrm{I}_{f_1}(\vartheta)} \frac{1}{\sqrt{n}} U_n(\vartheta) + \widetilde{R}_n(\vartheta)$$

mit $\widetilde{R}_n(\vartheta) \xrightarrow{\mathbb{P}_\vartheta} 0$. Die Asymptotik (7.11) folgt nun aus (7.10) und dem Lemma von Sluzki.

---

Nachweis von d) ergibt sich mit

$$\begin{aligned} \log f(X, \vartheta) &= \sum_{j=1}^{n} \left( X_j \log \vartheta + (1 - X_j) \log(1 - \vartheta) \right), \\ U_\vartheta(X) &= \frac{\mathrm{d}}{\mathrm{d}\vartheta} \log f(X, \vartheta) = \sum_{j=1}^{n} \left( \frac{X_j}{\vartheta} - \frac{1 - X_j}{1 - \vartheta} \right) \\ &= \sum_{j=1}^{n} \frac{X_j - \vartheta}{\vartheta(1 - \vartheta)}. \end{aligned}$$

Wegen $X_j \sim \mathrm{Bin}(1, \vartheta)$ gilt $\mathbb{V}_\vartheta(X_j) = \vartheta(1 - \vartheta)$. Da die Varianzbildung bei Summen unabhängiger Zufallsvariablen additiv ist, folgt mit (7.8)

$$\mathrm{I}_f(\vartheta) = \mathbb{V}_\vartheta\left(U_\vartheta(X)\right) = \frac{n}{\vartheta(1 - \vartheta)}, \tag{7.13}$$

sodass auch d) erfüllt ist. ◀

**Kommentar** Warum heißt $\mathrm{I}_f(\vartheta)$ Fisher-*Information*? Die Ableitung

$$\frac{\mathrm{d}}{\mathrm{d}\vartheta} \log f(x, \vartheta)\Big|_{\vartheta=\vartheta_0} = \frac{\frac{\mathrm{d}}{\mathrm{d}\vartheta} f(x, \vartheta)}{f(x, \vartheta)}\Big|_{\vartheta=\vartheta_0}$$

kann als lokale Änderungsrate der Dichte $f(x, \vartheta)$ an der Stelle $\vartheta = \vartheta_0$, bezogen auf den Wert $f(x, \vartheta_0)$, angesehen werden.

Quadrieren wir diese lokale Änderungsrate und integrieren bzgl. der Dichte $f(\cdot, \vartheta_0)$, so ergibt sich $\mathrm{I}_f(\vartheta_0)$ als gemittelte Version dieser Rate. Ist $\mathrm{I}_f(\vartheta_0)$ groß, so ändert sich die Verteilung schnell, wenn wir von $\vartheta_0$ zu Parameterwerten in der Nähe von $\vartheta_0$ übergehen. Wir sollten also in der Lage sein, den Parameterwert $\vartheta_0$ gut zu schätzen. Ist umgekehrt $\mathrm{I}_f(\vartheta_0)$ klein, so wäre die Verteilung $\mathbb{P}_{\vartheta_0}$ auch zu Verteilungen $\mathbb{P}_\vartheta$ ähnlich, bei denen sich $\vartheta$ deutlicher von $\vartheta_0$ unterscheidet. Es wäre dann schwieriger, $\vartheta_0$ zu schätzen. Wäre sogar $\mathrm{I}_f(\vartheta_0) = 0$ für jedes $\vartheta$ in einem Teilintervall $\Theta'$ von $\Theta$, so gälte

$$\mathbb{P}_\vartheta\left(\frac{\mathrm{d}}{\mathrm{d}\vartheta}\log f(X,\vartheta) = 0\right) = 1, \quad \vartheta \in \Theta',$$

da die Varianz von $U_\vartheta$ genau dann verschwindet, wenn $U_\vartheta$ mit Wahrscheinlichkeit eins nur den Wert $\mathbb{E}_\vartheta(U_\vartheta) = 0$ annimmt. Somit wäre die Dichte bzw. Zähldichte $f(x,\vartheta)$ für (fast) alle $x \in \mathcal{X}$ auf $\Theta'$ konstant und keine Beobachtung könnte die Parameterwerte aus $\Theta'$ unterscheiden.

Ein weiteres Merkmal der Fisher-Information ist deren *Additivität im Fall unabhängiger Zufallsvariablen*. Hierzu betrachten wir ein statistisches Modell mit $X = (X_1, \ldots, X_n)$, wobei die Zufallsvariablen $X_1, \ldots, X_n$ unter $\mathbb{P}_\vartheta$ unabhängig und identisch verteilt sind. Besitzt $X_1$ die Dichte oder Zähldichte $f_1(t,\vartheta)$, $t \in \mathcal{X}_1 \subseteq \mathbb{R}$, und sind die obigen Regularitätsvoraussetzungen a) bis d) für $f_1$ erfüllt, gilt also insbesondere

$$0 < \mathrm{I}_{f_1}(\vartheta) := \int\limits_{\mathcal{X}_1}\left(\frac{\mathrm{d}}{\mathrm{d}\vartheta}\log f_1(t,\vartheta)\right)^2 f_1(t,\vartheta)\mathrm{d}t < \infty \qquad (7.14)$$

für jedes $\vartheta \in \Theta$, so gelten a) bis d) auch für die Dichte

$$f(x,\vartheta) := \prod_{j=1}^{n} f_1(x_j,\vartheta), \quad x = (x_1, \ldots, x_n)$$

von $X = (X_1, \ldots, X_n)$ auf $\mathcal{X} \times \Theta$, wobei $\mathcal{X} = \mathcal{X}_1 \times \ldots \times \mathcal{X}_1$ ($n$ Faktoren). Wegen der Unabhängigkeit und identischen Verteilung von $X_1, \ldots, X_n$ folgt

$$\begin{aligned}\mathrm{I}_f(\vartheta) = \mathbb{V}_\vartheta(U_\vartheta) &= \mathbb{V}_\vartheta\left(\frac{\mathrm{d}}{\mathrm{d}\vartheta}\log f(X,\vartheta)\right)\\ &= \mathbb{V}_\vartheta\left(\sum_{j=1}^{n}\frac{\mathrm{d}}{\mathrm{d}\vartheta}\log f_1(X_j,\vartheta)\right)\\ &= \sum_{j=1}^{n}\mathbb{V}_\vartheta\left(\frac{\mathrm{d}}{\mathrm{d}\vartheta}\log f_1(X_j,\vartheta)\right)\\ &= n\,\mathbb{V}_\vartheta\left(\frac{\mathrm{d}}{\mathrm{d}\vartheta}\log f_1(X_1,\vartheta)\right)\end{aligned}$$

und somit

$$\mathrm{I}_f(\vartheta) = n\,\mathrm{I}_{f_1}(\vartheta). \qquad (7.15)$$

Die Fisher-Information nimmt also proportional zur Anzahl $n$ der Beobachtungen zu. Dieses Phänomen haben wir schon in Gleichung (7.13) im Spezialfall einer Bernoulli-Kette der Länge $n$ kennengelernt. ◄

**Selbstfrage 5**

Warum gilt die Gleichung (7.15)?

Aus der Cauchy-Schwarz-Ungleichung erhält man unmittelbar die folgende, auf Harald Cramér (1893–1985) und Radhakrishna Rao (*1920) zurückgehende Ungleichung.

**Cramér-Rao-Ungleichung**

Es seien $(\mathcal{X}, \mathcal{B}, (\mathbb{P}_\vartheta)_{\vartheta\in\Theta})$ ein reguläres statistisches Modell und $T : \mathcal{X} \to \mathbb{R}$ ein Schätzer für $\vartheta$ mit $\mathbb{E}_\vartheta|T| < \infty$, $\vartheta \in \Theta$, und

$$\frac{\mathrm{d}}{\mathrm{d}\vartheta}\mathbb{E}_\vartheta T = \int T(x)\frac{\mathrm{d}}{\mathrm{d}\vartheta}f(x,\vartheta)\,\mathrm{d}x. \qquad (7.16)$$

Dann folgt

$$\mathbb{V}_\vartheta(T) \geq \frac{\left[\frac{\mathrm{d}}{\mathrm{d}\vartheta}\mathbb{E}_\vartheta(T)\right]^2}{\mathrm{I}_f(\vartheta)}, \quad \vartheta \in \Theta. \qquad (7.17)$$

**Beweis** Es sei o.B.d.A. $\mathbb{V}_\vartheta(T) < \infty$. Die Cauchy-Schwarz-Ungleichung und (7.8) liefern

$$\mathrm{Cov}_\vartheta(U_\vartheta, T)^2 \leq \mathbb{V}_\vartheta(U_\vartheta)\,\mathbb{V}_\vartheta(T) = \mathrm{I}_f(\vartheta)\,\mathbb{V}_\vartheta(T).$$

Wegen $\mathbb{E}_\vartheta(U_\vartheta) = 0$ folgt

$$\begin{aligned}\mathrm{Cov}_\vartheta(U_\vartheta, T) &= \mathbb{E}_\vartheta(U_\vartheta\, T)\\ &= \int T(x)\left(\frac{\mathrm{d}}{\mathrm{d}\vartheta}\log f(x,\vartheta)\right) f(x,\vartheta)\,\mathrm{d}x\\ &= \int T(x)\frac{\mathrm{d}}{\mathrm{d}\vartheta}f(x,\vartheta)\,\mathrm{d}x\\ &= \frac{\mathrm{d}}{\mathrm{d}\vartheta}\mathbb{E}_\vartheta(T).\end{aligned}$$

■

**Kommentar** Bedingung (7.16) ist eine Regularitätsbedingung an den Schätzer $T$, die wie (7.7) eine Vertauschbarkeit von Differenziation und Integration bedeutet und bei endlichem $\mathcal{X}$ trivialerweise erfüllt ist. Ist unter obigen Voraussetzungen der Schätzer $T$ erwartungstreu für $\vartheta$, so geht die Cramér-Rao-Ungleichung in

$$\mathbb{V}_\vartheta(T) \geq \frac{1}{\mathrm{I}_f(\vartheta)}, \quad \vartheta \in \Theta,$$

über. Je größer die Fisher-Information, desto kleiner kann also die Varianz eines erwartungstreuen Schätzers werden. Liegen wie in den in der Gleichung (7.15) resultierenden Ausführungen zur Additivität der Fisher-Information unabhängige und identisch verteilte Zufallsvariablen $X_1, \ldots, X_n$ mit gleicher Dichte oder Zähldichte $f_1(t,\vartheta)$ vor, so gilt mit der in (7.14) eingeführten „Fisher-Information für eine Beobachtung" $\mathrm{I}_{f_1}(\vartheta)$ und (7.15) für jeden auf $X_1, \ldots, X_n$ basierenden erwartungstreuen Schätzer $T_n$

$$\mathbb{V}_\vartheta(T_n) \geq \frac{1}{n\mathrm{I}_{f_1}(\vartheta)}, \quad \vartheta \in \Theta.$$

Dabei haben wir den Stichprobenumfang $n$ als Index an $T$ kenntlich gemacht.

## Unter der Lupe: Wann tritt in der Cramér-Rao-Ungleichung das Gleichheitszeichen ein?

Nur für einparametrige Exponentialfamilien kann die untere Schranke angenommen werden.

Schreiben wir kurz $\rho(\vartheta) := \mathbb{E}_\vartheta(T)$, so folgt mit $a(\vartheta) := \rho'(\vartheta)/\mathrm{I}_f(\vartheta)$ sowie $\mathrm{I}_f(\vartheta) = \mathbb{V}_\vartheta(U_\vartheta)$ und der im Beweis der Cramér-Rao-Ungleichung eingesehenen Gleichheit $\mathrm{Cov}_\vartheta(U_\vartheta, T) = \rho'(\vartheta)$

$$\begin{aligned} 0 \le \mathbb{V}_\vartheta(T - a(\vartheta)U_\vartheta) &= \mathbb{V}_\vartheta(T) + a(\vartheta)^2\mathbb{V}_\vartheta(U_\vartheta) \\ &\quad - 2a(\vartheta)\mathrm{Cov}_\vartheta(T, U_\vartheta) \\ &= \mathbb{V}_\vartheta(T) - \frac{\rho'(\vartheta)^2}{\mathrm{I}_f(\vartheta)}. \end{aligned}$$

Diese Abschätzung bestätigt nicht nur die Cramér-Rao-Ungleichung, sondern zeigt auch, dass in (7.17) genau dann Gleichheit eintritt, wenn für jedes $\vartheta \in \Theta$ die Varianz $\mathbb{V}_\vartheta(T - a(\vartheta)U_\vartheta)$ verschwindet, wenn also die Zufallsvariable $T - a(\vartheta)U_\vartheta$ $\mathbb{P}_\vartheta$-fast sicher gleich ihrem Erwartungswert $\rho(\vartheta)$ ist oder gleichbedeutend

$$\mathbb{P}_\vartheta(T - \rho(\vartheta) \neq a(\vartheta)U_\vartheta) = 0\,, \quad \vartheta \in \Theta,$$

gilt. Weil $\mathbb{P}_\vartheta$ eine strikt positive Dichte $f(\cdot, \vartheta)$ bzgl. des mit $\mu$ bezeichneten Borel-Lebesgue-Maßes oder Zählmaßes auf $\mathcal{X}$ besitzt, folgt somit

$$\mu(\{x \in \mathcal{X} \mid T(x) - \rho(\vartheta) \neq a(\vartheta)U_\vartheta(x)\}) = 0.$$

Da diese Aussage für jedes $\vartheta \in \Theta$ gilt, ergibt sich unter Beachtung der Tatsache, dass die abzählbare Vereinigung von $\mu$-Nullmengen ebenfalls eine $\mu$-Nullmenge ist und man sich aus Stetigkeitsgründen bei der folgenden Aussage auf rationale $\vartheta \in \Theta$ beschränken kann:

$$\mu\left(\left\{x \in \mathcal{X} \middle| \frac{T(x) - \rho(\vartheta)}{a(\vartheta)} \neq U_\vartheta(x) \text{ für ein } \vartheta \in \Theta\right\}\right) = 0.$$

Für $\mu$-fast alle $x \in \mathcal{X}$ gilt also

$$\frac{\mathrm{d}}{\mathrm{d}\vartheta} \log f(x, \vartheta) = \frac{1}{a(\vartheta)}\, T(x) - \frac{\rho(\vartheta)}{a(\vartheta)}.$$

Durch unbestimmte Integration über $\vartheta$ folgt jetzt, dass für $\mu$-fast alle $x$ die Dichte $f(x, \vartheta)$ die Gestalt

$$f(x, \vartheta) = b(\vartheta)\, h(x)\, \mathrm{e}^{Q(\vartheta)T(x)} \qquad (7.18)$$

besitzen muss. Hier sind $h : \mathcal{X} \to (0, \infty)$ eine messbare Funktion, $Q : \Theta \to \mathbb{R}$ eine Stammfunktion von $1/a(\vartheta)$ und $b(\vartheta)$ eine durch $\int f(x, \vartheta)\,\mathrm{d}x = 1$ bestimmte Normierungsfunktion.

Man nennt eine Verteilungsfamilie $(\mathbb{P}_\vartheta)_{\vartheta\in\Theta}$ auf $(\mathcal{X}, \mathcal{B})$ *einparametrige Exponentialfamilie bezüglich* $T$, falls $\Theta \subseteq \mathbb{R}$ ein offenes Intervall ist und die Dichte oder Zähldichte von $\mathbb{P}_\vartheta$ auf $\mathcal{X}$ durch (7.18) gegeben ist. Dabei setzt man die Funktion $Q$ als stetig differenzierbar mit $Q'(\vartheta) \neq 0, \vartheta \in \Theta$, voraus. Die untere Schranke in der Cramér-Rao-Ungleichung kann also nur angenommen werden, wenn die zugrunde liegende Verteilungsdichte eine ganz spezielle Struktur besitzt. Einfache Beispiele einparametriger Exponentialfamilien sind die Binomialverteilung, die Poisson-Verteilung und die Exponentialverteilung (Aufgabe 7.26).

---

Ein erwartungstreuer Schätzer $T$ für $\vartheta$ heißt *Cramér-Rao-effizient*, falls

$$\mathbb{V}_\vartheta(T) = \frac{1}{\mathrm{I}_f(\vartheta)}, \qquad \vartheta \in \Theta,$$

gilt, falls also in der Cramér-Rao-Ungleichung das Gleichheitszeichen eintritt. ◀

**Beispiel (Relative Trefferhäufigkeit)** In der Standardsituation einer Bernoulli-Kette der Länge $n$ haben wir die Fisher-Information $\mathrm{I}_f(\vartheta)$ zu

$$\mathrm{I}_f(\vartheta) = \frac{n}{\vartheta(1-\vartheta)}, \qquad 0 < \vartheta < 1,$$

nachgewiesen. Da die relative Trefferhäufigkeit $T_n = \overline{X}_n = n^{-1}\sum_{j=1}^n X_j$ ein erwartungstreuer Schätzer für $\vartheta$ ist und die Varianz

$$\mathbb{V}_\vartheta(T_n) = \frac{\vartheta(1-\vartheta)}{n} = \frac{1}{\mathrm{I}_f(\vartheta)}$$

besitzt, nimmt dieser Schätzer für jedes $\vartheta \in (0,1)$ die Cramér-Rao-Schranke $1/\mathrm{I}_f(\vartheta)$ an und ist somit in obigem Sinn Cramér-Rao-effizient, also gleichmäßig bester erwartungstreuer Schätzer. Letztere Aussage gilt auch, wenn wir den Parameterraum $\Theta$ um die extremen Werte 0 und 1 erweitern, denn es gilt $\mathbb{V}_0(T_n) = \mathbb{V}_1(T_n) = 0$. ◀

## Hintergrund und Ausblick: Bayes-Schätzung

Wie lässt sich bei Schätzproblemen Vorwissen über Parameter nutzen?

Wir betrachten ein statistisches Modell $(\mathcal{X}, \mathcal{B}, (\mathbb{P}_\vartheta)_{\vartheta\in\Theta})$, wobei der Einfachheit halber $\Theta \subseteq \mathbb{R}$ ein Intervall sei. Im Unterschied zum bisherigen Ansatz, durch geeignete Wahl eines erwartungstreuen Schätzers $T$ für $\vartheta$ die mittlere quadratische Abweichung $\mathbb{E}_\vartheta(T-\vartheta)^2$ *gleichmäßig in* $\vartheta$ minimieren zu wollen, verfolgen Bayes-Verfahren ein anderes Ziel. Sie betrachten den Parameter $\vartheta$ als *zufallsabhängig* und legen für $\vartheta$ eine sog. *A-priori-Verteilung* auf den Borelschen Teilmengen von $\Theta$ zugrunde. Wir nehmen an, dass diese Verteilung durch eine Lebesgue-Dichte $\gamma$ über $\Theta$ gegeben ist. Durch geeignete Wahl von $T$ soll dann das als *Bayes-Risiko von $T$ bzgl. $\gamma$* bezeichnete Integral

$$R(\gamma, T) := \int_\Theta \mathbb{E}_\vartheta(T-\vartheta)^2\, \gamma(\vartheta)\,\mathrm{d}\vartheta \tag{7.19}$$

minimiert werden. Ein Schätzer $T^*: \mathcal{X} \to \Theta$ mit

$$R(\gamma, T^*) = \inf\{R(\gamma, T) \mid T: \mathcal{X} \to \Theta \text{ Schätzer für } \vartheta\}$$

heißt *Bayes-Schätzer für $\vartheta$ zur A-priori-Verteilung $\gamma$*.

Um einen solchen Schätzer zu bestimmen, sehen wir die Dichte (bzw. Zähldichte) $f(x,\vartheta)$ von $X$ $(:= \mathrm{id}_\mathcal{X})$ als *bedingte Dichte* $f(x|\vartheta) := f(x,\vartheta)$ unter der Bedingung an, dass die Zufallsvariable $G := \mathrm{id}_\Theta$ mit der Dichte $\gamma$ die Realisierung $\vartheta$ ergeben hat, und verwenden die Notation $f(x|\vartheta)$ anstelle von $f(x,\vartheta)$. In dieser Deutung ist dann das Produkt $\gamma(\vartheta)f(x|\vartheta)$ die gemeinsame Dichte von $G$ und $X$. Weiter ist

$$m(x) := \int_\Theta \gamma(\vartheta) f(x|\vartheta)\,\mathrm{d}\vartheta, \quad x \in \mathcal{X},$$

die marginale Dichte (bzw. Zähldichte) von $X$ und in Analogie zur Bayes-Formel

$$g(\vartheta|x) := \frac{\gamma(\vartheta) f(x|\vartheta)}{\int_\Theta \gamma(t) f(x|t)\,\mathrm{d}t} \tag{7.20}$$

die sog. *A-posteriori-Dichte* von $G$ bei gegebenem $X = x$. Diese Dichte kann als Update von $\gamma$ aufgrund der Stichprobe $x \in \mathcal{X}$ angesehen werden.

Ersetzen wir in (7.19) $\mathbb{E}_\vartheta(T-\vartheta)^2$ durch das Integral $\int_\mathcal{X}(T(x)-\vartheta)^2 f(x|\vartheta)\,\mathrm{d}x$ (bei einer Zähldichte steht hier eine Summe) und vertauschen unter Verwendung des Satzes von Tonelli die Integrationsreihenfolge, so ergibt sich wegen $\gamma(\vartheta)f(x|\vartheta) = g(\vartheta|x)m(x)$ die Darstellung

$$R(\gamma, T) = \int_\mathcal{X} \left[\int_\Theta (\vartheta - T(x))^2 g(\vartheta|x)\,\mathrm{d}\vartheta\right] m(x)\,\mathrm{d}x.$$

Hieran liest man die Gestalt eines Bayes-Schätzers ab: Man muss für jedes $x \in \mathcal{X}$ den Schätzwert $T^*(x)$ so wählen, dass das in eckigen Klammern stehende Integral minimal wird. Da Letzteres gleich $\mathbb{E}[(G - T(x))^2 | X = x]$ ist, liefert der bedingte Erwartungswert

$$T^*(x) := \mathbb{E}(G|X=x) = \int_\Theta \vartheta\, g(\vartheta|x)\,\mathrm{d}\vartheta$$

der A-posteriori-Verteilung von $G$ bei gegebenem $X = x$ die gesuchte Bayes-Schätzung.

Besitzt $X$ bei gegebenem $G = \vartheta$ die Binomialverteilung $\mathrm{Bin}(n,\vartheta)$, gilt also $f(x|\vartheta) = \binom{n}{x}\vartheta^x(1-\vartheta)^{n-x}$ für $x = 0,\ldots,n$, und legt man für $G$ die Beta-Dichte

$$\gamma(\vartheta) = \gamma_{\alpha,\beta}(\vartheta) = \frac{\vartheta^{\alpha-1}(1-\vartheta)^{\beta-1}}{B(\alpha,\beta)}, \quad 0 < \vartheta < 1,$$

zugrunde, s. nachfolgende Abbildung und Aufgabe 5.33, so ergibt sich mit (7.20) die A-posteriori-Dichte von $G$ unter $X = x$ zu

$$g(\vartheta|x) = \frac{\vartheta^{x+\alpha-1}(1-\vartheta)^{n-x+\beta-1}}{B(x+\alpha, n-x+\beta)}.$$

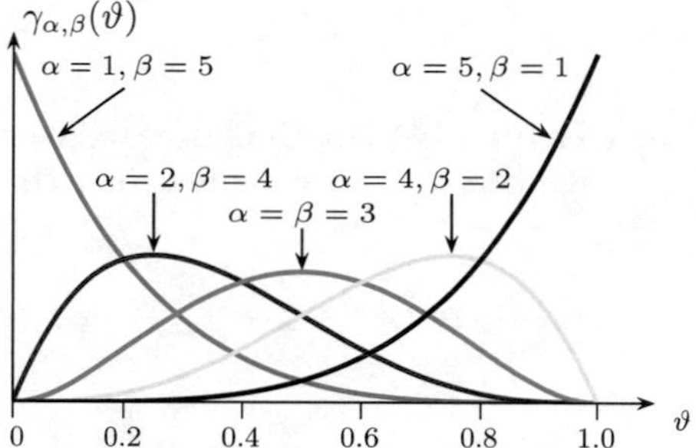


Die A-posteriori-Verteilung von $G$ unter $X = x$ ist also die Betaverteilung $\mathrm{B}(x+\alpha, n-x+\beta)$. Der Erwartungswert dieser Verteilung ist nach Aufgabe 5.33 b) gleich

$$T^*(x) := \int_0^1 \vartheta\, g(\vartheta|x)\,\mathrm{d}\vartheta = \frac{x+\alpha}{n+\alpha+\beta}.$$

Dieser Bayes-Schätzer ist verschieden vom ML-Schätzer $\widehat{\vartheta}(x) = x/n$. So ergibt sich etwa bei $x = 38$ Treffern in $n = 100$ unabhängigen Versuchen mit gleicher unbekannter Trefferwahrscheinlichkeit unter der Betaverteilung mit $\alpha = 1$ und $\beta = 5$ als A-priori-Verteilung der Bayes-Schätzwert $39/106 \approx 0.368$. Gewichtet man hingegen große Werte von $\vartheta$ stärker und wählt als A-priori-Verteilung die Betaverteilung $\mathrm{B}(5,1)$, so ist der Bayes-Schätzwert gleich $32/106 \approx 0.406$. Schreiben wir

$$T_n^* := \frac{X_n + \alpha}{n+\alpha+\beta}$$

mit $X_n \sim \mathrm{Bin}(n,\vartheta)$ unter $G = \vartheta$ für den auf dem Stichprobenumfang $n$ basierenden Bayes-Schätzer, so gelten

$$\mathbb{E}_\vartheta(T_n^*) = \frac{n\vartheta + \alpha}{n+\alpha+\beta} \to \vartheta,$$

$$\mathbb{V}_\vartheta(T_n^*) = \frac{n\vartheta(1-\vartheta)}{(n+\alpha+\beta)^2} \to 0.$$

Die Folge der Bayes-Schätzer ist somit für $n \to \infty$ asymptotisch erwartungstreu und konsistent für $\vartheta$.

## 7.3 Konfidenzbereiche

Es seien $(\mathcal{X}, \mathcal{B}, (\mathbb{P}_\vartheta)_{\vartheta\in\Theta})$ mit $\Theta \subseteq \mathbb{R}^d$ ein statistisches Modell und $\gamma : \Theta \to \mathbb{R}^\ell$. Ein Punktschätzer $T : \mathcal{X} \to \mathbb{R}^\ell$ für $\gamma(\vartheta)$ liefert bei Vorliegen von Daten $x \in \mathcal{X}$ einen *konkreten Schätzwert* $T(x)$ für $\gamma(\vartheta)$. Da dieser Schätzwert nichts über die Größe des *Schätzfehlers* $T(x) - \gamma(\vartheta)$ aussagt, liegt es nahe, die Punktschätzung $T(x)$ mit einer Genauigkeitsangabe zu versehen. Ist $\gamma$ reellwertig, gilt also $\ell = 1$, so könnte diese Angabe in Form eines Intervalls $C(x) = [T(x)-\varepsilon_1(x), T(x)+\varepsilon_2(x)]$ geschehen. Im Folgenden beschäftigen wir uns mit dem Wahrheitsanspruch eines Statistikers, der behauptet, die Menge $C(x)$ enthalte die unbekannte Größe $\gamma(\vartheta)$.

**Definition eines Konfidenzbereichs**

Es sei $\alpha \in (0, 1)$. In der obigen Situation heißt eine Abbildung

$$C : \mathcal{X} \to \mathcal{P}(\mathbb{R}^\ell)$$

**Konfidenzbereich für $\gamma(\vartheta)$ zur Konfidenzwahrscheinlichkeit** $1 - \alpha$ oder kurz **$(1 - \alpha)$-Konfidenzbereich**, falls gilt:

$$\mathbb{P}_\vartheta(\{x \in \mathcal{X} \mid C(x) \ni \gamma(\vartheta)\}) \geq 1 - \alpha \quad \forall \vartheta \in \Theta. \quad (7.21)$$

Synonym hierfür sind auch die Begriffe **Vertrauensbereich** und **Vertrauenswahrscheinlichkeit** üblich. Ist im Fall $\ell = 1$ die Menge $C(x)$ für jedes $x \in \mathcal{X}$ ein Intervall, so spricht man von einem **Konfidenzintervall** oder **Vertrauensintervall**. Die Menge $C(x) \subseteq \mathbb{R}^\ell$ heißt **konkreter Schätzbereich** zu $x \in \mathcal{X}$ für $\gamma(\vartheta)$. Ein Konfidenzbereich wird in Abgrenzung zur *Punktschätzung* auch **Bereichsschätzer** genannt, da die Schätzwerte $C(x)$ Teilmengen (Bereiche) des $\mathbb{R}^\ell$ sind. Weil wir nur mit kleiner Wahrscheinlichkeit in unserem Vertrauen enttäuscht werden wollen, ist in der obigen Definition $\alpha$ eine kleine Zahl. Übliche Werte sind $\alpha = 0.05$ oder $\alpha = 0.01$. Es ist dann gängige Praxis, von einem 95 %- bzw. 99 %-*Konfidenzbereich* zu sprechen.

**Video 7.2** Konfidenzbereich für das $p$ der Binomialverteilung I

**Kommentar**

- Setzen wir wie üblich $X := \mathrm{id}_\mathcal{X}$, so beschreibt für ein $\vartheta \in \Theta$ die (als messbar vorausgesetzte) Menge

$$\{C(X) \ni \gamma(\vartheta)\} = \{x \in \mathcal{X} \mid C(x) \ni \gamma(\vartheta)\}$$

das Ereignis „$\gamma(\vartheta)$ wird vom zufallsabhängigen Bereich $C(X)$ überdeckt". Man beachte, dass $C(X)$ eine Zufallsvariable auf $\mathcal{X}$ ist, deren Realisierungen Teilmengen des $\mathbb{R}^\ell$ sind.

- Nicht $\vartheta$ variiert zufällig, sondern $x$ und damit $C(x)$. Wird z. B. das konkrete Schätz-Intervall $[0.31, 0.64]$ für die Trefferwahrscheinlichkeit $\vartheta$ aufgrund einer beobachteten Trefferanzahl in einer Bernoulli-Kette angegeben, so ist nicht etwa die Wahrscheinlichkeit mindestens $1 - \alpha$, dass *dieses* Intervall den Parameter $\vartheta$ enthält. Für ein festes Intervall $I$ gilt entweder $\vartheta \in I$ oder $\vartheta \notin I$, aber $\{\vartheta \in [0, 1] \mid \vartheta \in I\}$ ist kein „Ereignis", dem wir eine Wahrscheinlichkeit zugeordnet haben. Die Aussage über das Niveau $1 - \alpha$ ist vielmehr eine Aussage über die gesamte Familie $\{C(x) \mid x \in \mathcal{X}\}$, d. h. über das Bereichsschätzverfahren als Abbildung auf $\mathcal{X}$.
Wenn wir wiederholt (unter gleichen sich gegenseitig nicht beeinflussenden Bedingungen) ein Bereichsschätzverfahren $C : \mathcal{X} \to \mathcal{P}(\mathbb{R}^\ell)$ für $\gamma(\vartheta)$ zum Niveau $1 - \alpha$ durchführen, so werden – was auch immer der wahre unbekannte Parameter $\vartheta \in \Theta$ ist – die zufälligen Mengen $C(X)$ auf die Dauer in ca. $(1 - \alpha) \cdot 100\%$ aller Fälle $\gamma(\vartheta)$ enthalten (Gesetz großer Zahlen!). Das bedeutet jedoch nicht, dass in $(1 - \alpha) \cdot 100\%$ aller Fälle, bei denen die Beobachtung zur konkreten Menge $B \subseteq \mathbb{R}^\ell$ führt, nun auch die Aussage $\gamma(\vartheta) \in B$ zutrifft.
- Der Konfidenzbereich $C(x) := \gamma(\Theta)\ \forall x \in \mathcal{X}$ erfüllt zwar trivialerweise Bedingung (7.21), ist aber völlig nutzlos. Wünschenswert wären natürlich bei Einhaltung eines vorgegebenen Niveaus $1 - \alpha$ möglichst „kleine" Konfidenzbereiche, also im Fall $\ell = 1$ „kurze" Konfidenzintervalle. ◀

### Das Konfidenzbereichs-Rezept: Bilde für jedes $\vartheta \in \Theta$ eine hochwahrscheinliche Menge $\mathcal{A}(\vartheta) \subseteq \mathcal{X}$ und löse $x \in \mathcal{A}(\vartheta)$ nach $\vartheta$ auf

Wir stellen jetzt ein *allgemeines Konstruktionsprinzip für Konfidenzbereiche* vor. Dabei sei $\vartheta$ mit $\vartheta \in \Theta \subseteq \mathbb{R}^d$ der interessierende Parameter(vektor). Prinzipiell führt ein Konfidenzbereich für $\vartheta$ unmittelbar zu einem Konfidenzbereich für $\gamma(\vartheta)$, denn aus dem Ereignis $\{C(X) \ni \vartheta\}$ folgt das Ereignis $\{\gamma(C(X)) \ni \gamma(\vartheta)\}$. Wir werden zudem nur im Fall der Normalverteilung Konfidenzbereiche für Komponenten eines vektorwertigen Parameters behandeln.

Die Angabe der Abbildung $C : \mathcal{X} \to \mathcal{P}(\mathbb{R}^d)$ ist gleichbedeutend mit der Angabe der Menge

$$\widetilde{C} := \{(x, \vartheta) \in \mathcal{X} \times \Theta \mid \vartheta \in C(x)\}$$

und daher auch mit der Angabe aller „Schnitt-Mengen"

$$\mathcal{A}(\vartheta) = \{x \in \mathcal{X} \mid (x, \vartheta) \in \widetilde{C}\}, \qquad \vartheta \in \Theta.$$

$\mathcal{A}(\vartheta)$ enthält die Stichprobenwerte $x$, in deren Konfidenzbereich $\vartheta$ enthalten ist. Zeichnen wir etwa zur Veranschaulichung $\Theta$ und $\mathcal{X}$ als Intervalle, so kann sich die in Abb. 7.4 skizzierte Situation ergeben. Hier sind $C(x)$ der Schnitt durch $\widetilde{C}$ bei Festhalten der $x$-Koordinate und $\mathcal{A}(\vartheta)$ der Schnitt durch $\widetilde{C}$ bei festgehaltener $\vartheta$-Koordinate.

Aufgrund der Äquivalenz

$$x \in \mathcal{A}(\vartheta) \iff \vartheta \in C(x) \quad \forall (x, \vartheta) \in \mathcal{X} \times \Theta$$

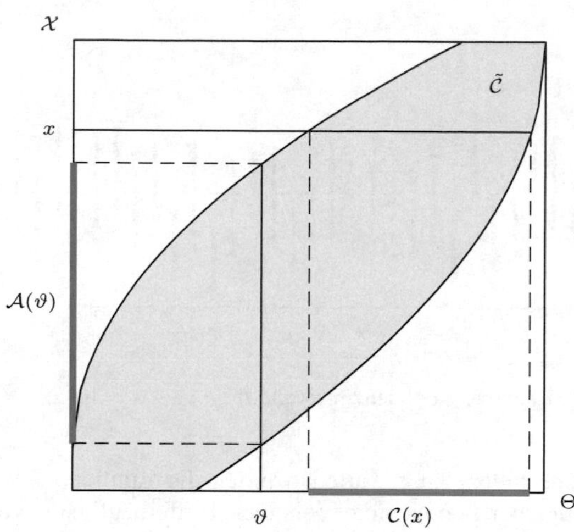


**Abb. 7.4** Allgemeines Konstruktionsprinzip für Konfidenzbereiche

ist (7.21) gleichbedeutend mit

$$\mathbb{P}_\vartheta(\mathcal{A}(\vartheta)) \geq 1 - \alpha \quad \forall \vartheta \in \Theta. \tag{7.22}$$

Wir müssen also nur für jedes $\vartheta \in \Theta$ eine Menge $\mathcal{A}(\vartheta) \subseteq \mathcal{X}$ mit (7.22) angeben. Um $\widetilde{C}$ und damit auch die Mengen $C(x)$, $x \in \mathcal{X}$, „klein" zu machen, wird man die Mengen $\mathcal{A}(\vartheta)$, $\vartheta \in \Theta$, so wählen, dass sie im Fall eines endlichen Stichprobenraums $\mathcal{X}$ möglichst wenige Punkte enthalten oder – für den Fall, dass $\mathcal{X}$ ein Intervall ist – möglichst kurze Teilintervalle von $\mathcal{X}$ sind. Damit wir trotzdem (7.22) erfüllen können, ist es plausibel, die Menge $\mathcal{A}(\vartheta)$ so zu wählen, dass sie diejenigen Stichprobenwerte $x$ enthält, für welche die Dichte oder Zähldichte $f(x, \vartheta)$ besonders groß ist.

**Video 7.3** Konfidenzbereich für das $p$ der Binomialverteilung II

**Beispiel (Binomialverteilung, zweiseitige Konfidenzintervalle)** Die Zufallsvariable $X$ besitze eine Binomialverteilung $\text{Bin}(n, \vartheta)$, wobei $\vartheta \in \Theta = [0, 1]$ unbekannt sei. Hier ist $\mathcal{X} = \{0, 1, \ldots, n\}$. Durch Betrachten der Quotienten

$$\frac{\mathbb{P}_\vartheta(X = k)}{\mathbb{P}_\vartheta(X = k-1)} = \frac{(n-k+1)\vartheta}{k(1-\vartheta)} \qquad (k = 1, \ldots, n, \ \vartheta \neq 1)$$

folgt, dass die nach obigem Rezept zu konstruierenden Mengen $\mathcal{A}(\vartheta)$ vom Typ

$$\{x \in \mathcal{X} \mid a(\vartheta) \leq x \leq A(\vartheta)\} \tag{7.23}$$

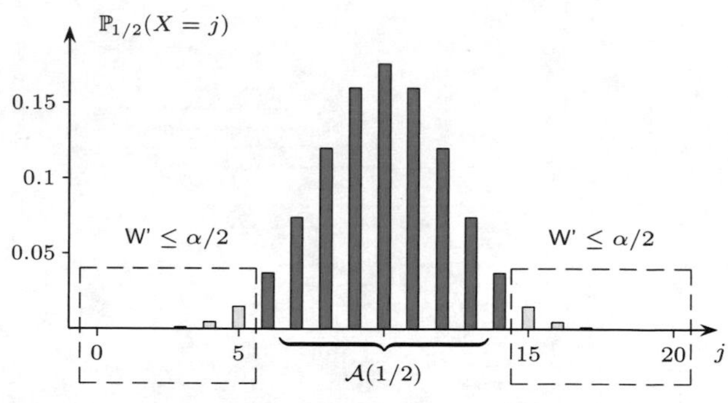


**Abb. 7.5** Zur Konstruktion der Mengen $\mathcal{A}(\vartheta)$

mit $a(\vartheta), A(\vartheta) \in \mathcal{X}$, also „Intervalle in $\mathcal{X}$" sind. Durch die aus (7.22) resultierende Forderung

$$\sum_{j=a(\vartheta)}^{A(\vartheta)} \binom{n}{j} \vartheta^j (1-\vartheta)^{n-j} \geq 1 - \alpha \quad \forall \vartheta \in \Theta$$

sind $a(\vartheta)$ und $A(\vartheta)$ nicht eindeutig bestimmt. Eine praktikable Möglichkeit ergibt sich, wenn

$$a(\vartheta) = \max\left\{k \in \mathcal{X} \,\middle|\, \sum_{j=0}^{k-1} \binom{n}{j} \vartheta^j (1-\vartheta)^{n-j} \leq \frac{\alpha}{2}\right\}, \tag{7.24}$$

$$A(\vartheta) = \min\left\{k \in \mathcal{X} \,\middle|\, \sum_{j=k+1}^{n} \binom{n}{j} \vartheta^j (1-\vartheta)^{n-j} \leq \frac{\alpha}{2}\right\} \tag{7.25}$$

und

$$\mathcal{A}(\vartheta) := \{x \in \mathcal{X} : a(\vartheta) \leq x \leq A(\vartheta)\} \tag{7.26}$$

gesetzt wird. Nach Definition gilt dann offenbar (7.22). Diese Konstruktion bedeutet anschaulich, dass man für jedes $\vartheta$ beim Stabdiagramm der Binomialverteilung $\text{Bin}(n, \vartheta)$ auf beiden Flanken eine Wahrscheinlichkeitsmasse von jeweils höchstens $\alpha/2$ abzweigt. Die übrig bleibenden Werte $j$ mit $a(\vartheta) \leq j \leq A(\vartheta)$ haben dann unter $\mathbb{P}_\vartheta$ zusammen eine Wahrscheinlichkeit von mindestens $1 - \alpha$. Sie bilden die Teilmenge $\mathcal{A}(\vartheta)$ von $\mathcal{X}$, vgl. Abb. 7.5. In der Abbildung ist $n = 20$, $\vartheta = 1/2$, $\alpha = 0.1$, sowie $a(\vartheta) = 6$, $A(\vartheta) = 14$.

Um die in (7.26) stehende Ungleichungskette nach $\vartheta$ aufzulösen, setzen wir $C(x) := (\ell(x), L(x))$, wobei

$$\ell(x) := \inf\{\vartheta \in \Theta | A(\vartheta) = x\}, \tag{7.27}$$

$$L(x) := \sup\{\vartheta \in \Theta | a(\vartheta) = x\}. \tag{7.28}$$

Mithilfe von Übungsaufgabe 7.38 ergibt sich dann

$$\vartheta \in C(x) \Longleftrightarrow x \in \mathcal{A}(\vartheta) \qquad \forall (x, \vartheta) \in \mathcal{X} \times \Theta, \tag{7.29}$$

und folglich ist die Abbildung $C : \mathcal{X} \to \mathcal{P}(\Theta)$ ein Konfidenzbereich für $\vartheta$ zum Niveau $1 - \alpha$.

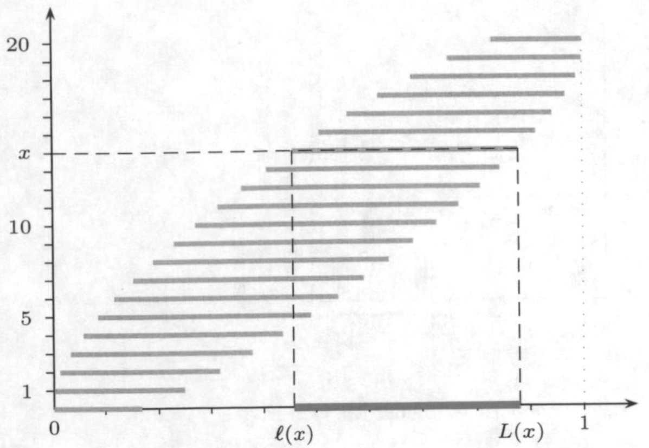


**Abb. 7.6** Konfidenzgrenzen für den Parameter $\vartheta$ der Binomialverteilung ($n = 20, \alpha = 0.05$)

Die Funktionen $\ell$ und $L$ sind für den Fall $n = 20$ und $\alpha = 0.05$ in Abb. 7.6 skizziert.

Die sog. *Konfidenzgrenzen* $\ell(x)$ und $L(x)$ können für $n \in \{20, 30, 40, 50\}$ und $\alpha = 0.05$ der Tab. 7.1 entnommen oder mithilfe von Aufgabe 7.39 numerisch berechnet werden. Für das in Abb. 7.6 dargestellte Zahlenbeispiel mit $n = 20$, $\alpha = 0.05$ und $x = 14$ gilt $\ell(x) = 0.457$, $L(x) = 0.881$.

**Tab. 7.1** Binomialverteilung: Konfidenzgrenzen für $\vartheta$ ($\alpha = 0.05$)

| $x$ | $n = 20$ | | $n = 30$ | | $n = 40$ | | $n = 50$ | |
|---|---|---|---|---|---|---|---|---|
| | $\ell(x)$ | $L(x)$ | $\ell(x)$ | $L(x)$ | $\ell(x)$ | $L(x)$ | $\ell(x)$ | $L(x)$ |
| 0 | 0.000 | 0.168 | 0.000 | 0.116 | 0.000 | 0.088 | 0.000 | 0.071 |
| 1 | 0.001 | 0.249 | 0.001 | 0.172 | 0.001 | 0.132 | 0.001 | 0.106 |
| 2 | 0.012 | 0.317 | 0.008 | 0.221 | 0.006 | 0.169 | 0.005 | 0.137 |
| 3 | 0.032 | 0.379 | 0.021 | 0.265 | 0.016 | 0.204 | 0.013 | 0.165 |
| 4 | 0.057 | 0.437 | 0.038 | 0.307 | 0.028 | 0.237 | 0.022 | 0.192 |
| 5 | 0.087 | 0.491 | 0.056 | 0.347 | 0.042 | 0.268 | 0.033 | 0.218 |
| 6 | 0.119 | 0.543 | 0.077 | 0.386 | 0.057 | 0.298 | 0.045 | 0.243 |
| 7 | 0.154 | 0.592 | 0.099 | 0.423 | 0.073 | 0.328 | 0.058 | 0.267 |
| 8 | 0.191 | 0.639 | 0.123 | 0.459 | 0.091 | 0.356 | 0.072 | 0.291 |
| 9 | 0.231 | 0.685 | 0.147 | 0.494 | 0.108 | 0.385 | 0.086 | 0.314 |
| 10 | 0.272 | 0.728 | 0.173 | 0.528 | 0.127 | 0.412 | 0.100 | 0.337 |
| 11 | 0.315 | 0.769 | 0.199 | 0.561 | 0.146 | 0.439 | 0.115 | 0.360 |
| 12 | 0.361 | 0.809 | 0.227 | 0.594 | 0.166 | 0.465 | 0.131 | 0.382 |
| 13 | 0.408 | 0.846 | 0.255 | 0.626 | 0.186 | 0.491 | 0.146 | 0.403 |
| 14 | 0.457 | 0.881 | 0.283 | 0.657 | 0.206 | 0.517 | 0.162 | 0.425 |
| 15 | 0.509 | 0.913 | 0.313 | 0.687 | 0.227 | 0.542 | 0.179 | 0.446 |
| 16 | 0.563 | 0.943 | 0.343 | 0.717 | 0.249 | 0.567 | 0.195 | 0.467 |
| 17 | 0.621 | 0.968 | 0.374 | 0.745 | 0.270 | 0.591 | 0.212 | 0.488 |
| 18 | 0.683 | 0.988 | 0.406 | 0.773 | 0.293 | 0.615 | 0.229 | 0.508 |
| 19 | 0.751 | 0.999 | 0.439 | 0.801 | 0.315 | 0.639 | 0.247 | 0.528 |
| 20 | 0.832 | 1.000 | 0.472 | 0.827 | 0.338 | 0.662 | 0.264 | 0.548 |
| 21 | | | 0.506 | 0.853 | 0.361 | 0.685 | 0.282 | 0.568 |
| 22 | | | 0.541 | 0.877 | 0.385 | 0.707 | 0.300 | 0.587 |
| 23 | | | 0.577 | 0.901 | 0.409 | 0.730 | 0.318 | 0.607 |
| 24 | | | 0.614 | 0.923 | 0.433 | 0.751 | 0.337 | 0.626 |
| 25 | | | 0.653 | 0.944 | 0.458 | 0.773 | 0.355 | 0.645 |

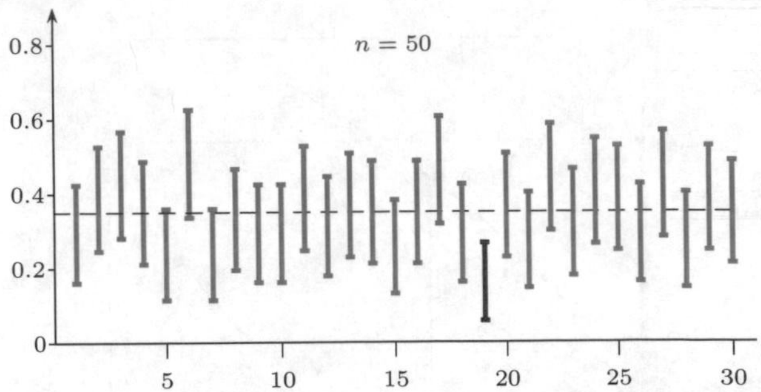


**Abb. 7.7** Konkrete Konfidenzintervalle für $\vartheta$ ($1 - \alpha = 0.95$)

Wie nicht anders zu erwarten, werden die Konfidenzintervalle bei gleicher beobachteter relativer Trefferhäufigkeit kürzer, wenn der Stichprobenumfang $n$ zunimmt. So führt der Wert $x/n = 0.4$ im Fall $n = 20$ zum Intervall $[0.191, 0.639]$, im Fall $n = 50$ jedoch zum deutlich kürzeren Intervall $[0.264, 0.548]$.

Abb. 7.7 zeigt die schon im Kommentar zur Definition eines Konfidenzbereichs angesprochene Fluktuation der konkreten Konfidenzintervalle bei wiederholter Bildung unter gleichen, unabhängigen Bedingungen. Zur Erzeugung von Abb. 7.7 wurde 30-mal eine Bernoulli-Kette der Länge $n = 50$ mit Trefferwahrscheinlichkeit $\vartheta = 0.35$ mithilfe von Pseudo-Zufallszahlen simuliert und jedes Mal gemäß Tab. 7.1 das konkrete Vertrauensintervall für $\vartheta$ berechnet. Aufgrund der gewählten Konfidenzwahrscheinlichkeit von 0.95 sollten nur etwa ein bis zwei der 30 Intervalle den wahren Wert (= 0.35) nicht enthalten. Dies trifft im vorliegenden Fall für genau ein Intervall zu. ◀

**Beispiel (Binomialverteilung, einseitiger Konfidenzbereich)** Häufig – z. B. wenn ein „Treffer" den Ausfall eines technischen Gerätes bedeutet – interessieren nur *obere Konfidenzschranken* für die unbekannte Wahrscheinlichkeit $\vartheta$ in einer Bernoulli-Kette. Hier empfiehlt es sich, die Menge $\mathcal{A}(\vartheta)$ im Unterschied zu (7.23) *einseitig* in der Form

$$\mathcal{A}(\vartheta) := \{x \in \mathcal{X} \mid a(\vartheta) \le x\}$$

mit

$$a(\vartheta) := \max\left\{k \in \mathcal{X} \,\middle|\, \sum_{j=0}^{k-1} \binom{n}{j} \vartheta^j (1-\vartheta)^{n-j} \le \alpha\right\}$$

anzusetzen. Man beachte, dass im Vergleich zu (7.24) $\alpha/2$ durch $\alpha$ ersetzt worden ist. Diese Festlegung bewirkt, dass die durch

$$\widetilde{C}(x) := [0, \widetilde{L}(x)), \qquad \widetilde{L}(x) := \sup\{\vartheta \in \Theta \mid a(\vartheta) = x\}$$

definierte Abbildung $\widetilde{C} : \mathcal{X} \to \mathcal{P}(\Theta)$ wegen $x \in \mathcal{A}(\vartheta) \Longleftrightarrow \vartheta \in \widetilde{C}(x)$ ein *einseitiger Konfidenzbereich* (nach oben) für $\vartheta$ zum Niveau $1 - \alpha$ ist. $\widetilde{L}(x)$ ergibt sich für jedes $x \in \{0, 1, \ldots, n-1\}$ als Lösung $\vartheta$ der Gleichung

$$\sum_{j=0}^{x} \binom{n}{j} \vartheta^j (1-\vartheta)^{n-j} = \alpha.$$

Speziell gilt also

$$\widetilde{L}(0) = 1 - \alpha^{1/n}. \tag{7.30}$$

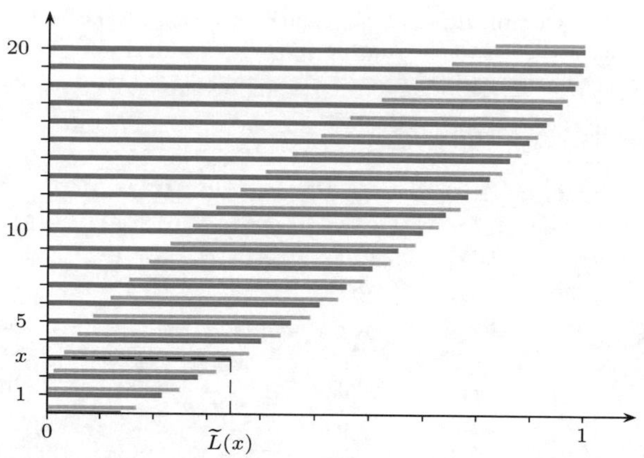


**Abb. 7.8** Obere Konfidenzgrenzen für den Parameter $\vartheta$ der Binomialverteilung ($n = 20, \alpha = 0.05$)

Analog zu Abb. 7.6 zeigt Abb. 7.8 für den Fall $n = 20$ und $\alpha = 0.05$ die (blau eingezeichneten) konkreten einseitigen Konfidenzintervalle $[0, \widetilde{L}(x))$. Zusätzlich wurden aus Abb. 7.6 die orangefarbenen zweiseitigen Intervalle $(\ell(x), L(x))$ übernommen. Nach Konstruktion gilt für jedes $x$ mit $x \leq 19$ die Ungleichung $\widetilde{L}(x) < L(x)$. Wie nicht anders zu erwarten, sind also unter Aufgabe jeglicher Absicherung nach unten die einseitigen oberen Konfidenzschranken kleiner als die jeweiligen oberen Konfidenzgrenzen eines zweiseitigen Konfidenzintervalls. Der hiermit verbundene Genauigkeitsgewinn hinsichtlich einer Abschätzung von $\vartheta$ nach oben wirkt sich umso stärker aus, je kleiner $x$ ist. So gilt für den eingezeichneten Fall $x = 3$ $\widetilde{L}(3) = 0.344$. Im Unterschied dazu ist das zweiseitige konkrete Konfidenzintervall gleich $[0.032, 0.379]$. Auf Kosten einer fehlenden unteren Konfidenzschranke für $\vartheta$ liegt die einseitige obere Konfidenzschranke um knapp 10 % unter der entsprechenden oberen Grenze eines zweiseitigen Konfidenzintervalls. ◀

## Unter Normalverteilung erhält man einen Konfidenzbereich für $\mu$ durch studentisieren

Wir stellen jetzt Konfidenzbereiche für die Parameter der Normalverteilung vor. Dabei legen wir ein statistisches Modell zu Grunde, bei dem die beobachtbaren Zufallsvariablen $X_1, \ldots, X_n$ unabhängig und je $\mathrm{N}(\mu, \sigma^2)$-verteilt sind. Von besonderer Bedeutung ist in dieser Situation ein Konfidenzbereich für $\mu$. Um die damit verbundenen Probleme zu verdeutlichen, nehmen wir zunächst an, die Varianz $\sigma^2$ sei bekannt. Mithilfe des Stichprobenmittels $\overline{X}_n = n^{-1} \sum_{j=1}^n X_j$ und der Zufallsvariablen

$$U := \frac{\sqrt{n}\,(\overline{X}_n - \mu)}{\sigma} \tag{7.31}$$

lässt sich dann unmittelbar ein Konfidenzintervall für $\mu$ angeben: Da $U$ die Verteilung $\mathrm{N}(0, 1)$ besitzt, gilt für $\alpha \in (0, 1)$ und $\mu \in \mathbb{R}$

$$\begin{aligned}\mathbb{P}_\mu\left(|U| \leq \Phi^{-1}\left(1 - \frac{\alpha}{2}\right)\right) &= 2\Phi\left(\Phi^{-1}\left(1 - \frac{\alpha}{2}\right)\right) - 1 \\ &= 1 - \alpha\end{aligned}$$

und somit

$$\mathbb{P}_\mu\left(\overline{X}_n - \frac{\sigma\Phi^{-1}(1 - \frac{\alpha}{2})}{\sqrt{n}} \leq \mu \leq \overline{X}_n + \frac{\sigma\Phi^{-1}(1 - \frac{\alpha}{2})}{\sqrt{n}}\right) = 1 - \alpha.$$

Folglich ist

$$\left[\overline{X}_n - \frac{\sigma\Phi^{-1}\left(1 - \frac{\alpha}{2}\right)}{\sqrt{n}}, \overline{X}_n + \frac{\sigma\Phi^{-1}\left(1 - \frac{\alpha}{2}\right)}{\sqrt{n}}\right]$$

ein $(1 - \alpha)$-Konfidenzintervall für $\mu$, dies jedoch nur unter der meist unrealistischen Annahme, $\sigma^2$ sei bekannt.

An dieser Stelle kommt William Sealy Gosset (1876–1937) ins Spiel, der unter dem Pseudonym *Student* veröffentlichte, weil ihm sein Arbeitsvertrag bei der Dubliner Brauerei Arthur Guinness & Son jegliches Publizieren verbot. Gosset ersetzte zunächst das unbekannte $\sigma$ im Nenner von (7.31) durch einen auf $X_1, \ldots, X_n$ basierenden Schätzer, nämlich die *Stichprobenstandardabweichung*

$$S_n := \sqrt{\frac{1}{n-1} \sum_{j=1}^n (X_j - \overline{X}_n)^2}, \tag{7.32}$$

also durch $\sqrt{S_n^2}$. Hierdurch ist das unbekannte $\sigma$ formal verschwunden, es ist jedoch eine neue Zufallsvariable entstanden, deren Verteilung möglicherweise von $\sigma^2$ abhängt. Die große Leistung von Gosset bestand darin, diese Verteilung herzuleiten und als nicht von $\sigma^2$ abhängig zu identifizieren. Wir definieren zunächst diese Verteilung und stellen dann das zentrale Resultat von Gosset vor.

**Definition der $t_k$-Verteilung**

Es seien $N_0, N_1, \ldots, N_k$ unabhängige und je $\mathrm{N}(0, 1)$-normalverteilte Zufallsvariablen. Dann heißt die Verteilung des Quotienten

$$Y := \frac{N_0}{\sqrt{\frac{1}{k}\sum_{j=1}^k N_j^2}} \tag{7.33}$$

**(Studentsche) $t$-Verteilung mit $k$ Freiheitsgraden** oder kurz $t_k$-Verteilung, und wir schreiben hierfür $Y \sim t_k$.

**Kommentar** Da Zähler und Nenner in der Definition von $Y$ nach dem Blockungslemma stochastisch unabhängig sind und die im Nenner stehende Quadratsumme eine $\chi_k^2$-Verteilung besitzt, kann man die $t_k$-Verteilung auch wie folgt definieren: Sind $N, Z_k$ unabhängige Zufallsvariablen, wobei $N \sim \mathrm{N}(0, 1)$ und $Z_k \sim \chi_k^2$, so gilt definitionsgemäß

$$\frac{N}{\sqrt{\frac{1}{k} Z_k}} \sim t_k. \tag{7.34}$$

Mit Teil c) des Satzes über die Dichte von Differenz, Produkt und Quotient zweier unabhängiger Zufallsvariablen in

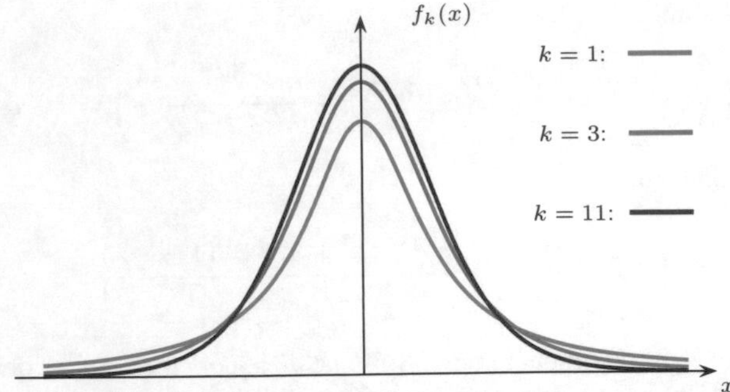


**Abb. 7.9** Dichten der $t_k$-Verteilung für $k = 1$, $k = 3$ und $k = 11$

Abschn. 5.2 ergibt sich die Dichte der $t_k$-Verteilung zu

$$f_k(t) = \frac{1}{\sqrt{\pi k}} \frac{\Gamma\left(\frac{k+1}{2}\right)}{\Gamma\left(\frac{k}{2}\right)} \left(1 + \frac{t^2}{k}\right)^{-(k+1)/2}, \qquad (7.35)$$

$t \in \mathbb{R}$ (Aufgabe 7.27 a)).

Abb. 7.9 zeigt Graphen der Dichten von $t_k$-Verteilungen für verschiedene Werte von $k$. Die Dichten sind symmetrisch zu 0 und fallen für $t \to \pm\infty$ langsamer ab als die Dichte der Normalverteilung N(0, 1), die sich im Limes für $k \to \infty$ ergibt. Für $k = 1$ entsteht die in Abschn. 5.2 eingeführte Cauchy-Verteilung C(0, 1). ◄

Tab. 7.2 gibt für verschiedene Werte von $p$ und $k$ das mit $t_{k;p}$ bezeichnete $p$-Quantil der $t_k$-Verteilung an. Aus Symmetriegründen gilt $t_{k;1-p} = -t_{k;p}$, sodass sich zum Beispiel $t_{7;0.05} = -1.895$ ergibt.

**Tab. 7.2** $p$-Quantile $t_{k;p}$ der $t$-Verteilung mit $k$ Freiheitsgraden. In der Zeile zu $k = \infty$ stehen die Quantile $\Phi^{-1}(p)$ der N(0, 1)-Verteilung

| | $p$ | | | | | |
|---|---|---|---|---|---|---|
| $k$ | 0.900 | 0.950 | 0.975 | 0.990 | 0.995 | 0.999 |
| 1 | 3.078 | 6.314 | 12.706 | 31.820 | 63.657 | 318.309 |
| 2 | 1.886 | 2.920 | 4.303 | 6.965 | 9.925 | 22.327 |
| 3 | 1.638 | 2.353 | 3.182 | 4.541 | 5.841 | 10.214 |
| 4 | 1.533 | 2.132 | 2.776 | 3.747 | 4.604 | 7.173 |
| 5 | 1.476 | 2.015 | 2.571 | 3.365 | 4.032 | 5.893 |
| 6 | 1.440 | 1.943 | 2.447 | 3.143 | 3.707 | 5.208 |
| 7 | 1.415 | 1.895 | 2.365 | 2.998 | 3.499 | 4.785 |
| 8 | 1.397 | 1.860 | 2.306 | 2.896 | 3.355 | 4.501 |
| 9 | 1.383 | 1.833 | 2.262 | 2.821 | 3.250 | 4.297 |
| 10 | 1.372 | 1.812 | 2.228 | 2.764 | 3.169 | 4.144 |
| 11 | 1.363 | 1.796 | 2.201 | 2.718 | 3.106 | 4.025 |
| 12 | 1.356 | 1.782 | 2.179 | 2.681 | 3.055 | 3.930 |
| 13 | 1.350 | 1.771 | 2.160 | 2.650 | 3.012 | 3.852 |
| 14 | 1.345 | 1.761 | 2.145 | 2.625 | 2.977 | 3.787 |
| 15 | 1.341 | 1.753 | 2.131 | 2.602 | 2.947 | 3.733 |
| 16 | 1.337 | 1.746 | 2.120 | 2.584 | 2.921 | 3.686 |
| 17 | 1.333 | 1.740 | 2.110 | 2.567 | 2.898 | 3.646 |
| 18 | 1.330 | 1.734 | 2.101 | 2.552 | 2.878 | 3.610 |
| 19 | 1.328 | 1.729 | 2.093 | 2.539 | 2.861 | 3.579 |
| 20 | 1.325 | 1.725 | 2.086 | 2.528 | 2.845 | 3.552 |
| 22 | 1.321 | 1.717 | 2.074 | 2.508 | 2.819 | 3.505 |
| 24 | 1.318 | 1.711 | 2.064 | 2.492 | 2.797 | 3.467 |
| 26 | 1.315 | 1.706 | 2.056 | 2.479 | 2.779 | 3.435 |
| 28 | 1.313 | 1.701 | 2.048 | 2.467 | 2.763 | 3.408 |
| 30 | 1.310 | 1.697 | 2.042 | 2.457 | 2.750 | 3.385 |
| 50 | 1.299 | 1.676 | 2.009 | 2.403 | 2.678 | 3.261 |
| 100 | 1.290 | 1.660 | 1.984 | 2.364 | 2.626 | 3.174 |
| $\infty$ | 1.282 | 1.645 | 1.960 | 2.326 | 2.576 | 3.090 |

**Satz von Student (1908)**

Es seien $X_1, \ldots, X_n$ stochastisch unabhängige und je $\mathrm{N}(\mu, \sigma^2)$-verteilte Zufallsvariablen. Bezeichnen $\overline{X}_n = n^{-1}\sum_{j=1}^n X_j$ den Stichprobenmittelwert und $S_n^2 = (n-1)^{-1}\sum_{j=1}^n (X_j - \overline{X}_n)^2$ die Stichprobenvarianz von $X_1, \ldots, X_n$, so gilt

$$\frac{\sqrt{n}\left(\overline{X}_n - \mu\right)}{S_n} \sim t_{n-1}.$$

**Beweis** Nach dem Satz über Verteilungseigenschaften für die ML-Schätzer der Parameter $\mu$ und $\sigma^2$ der Normalverteilung in Abschn. 7.2 sind $\overline{X}_n$ und $\sum_{j=1}^n (X_j - \overline{X}_n)^2$ und somit auch die Zufallsvariablen

$$U := \frac{\sqrt{n}\left(\overline{X}_n - \mu\right)}{\sigma}, \qquad V := \sqrt{\frac{1}{\sigma^2} S_n^2}$$

unabhängig. Weiter gelten $U \sim \mathrm{N}(0, 1)$ und (nach oben zitiertem Satz, insbes. (7.6)) $V \sim \sqrt{Z/(n-1)}$, wobei $Z \sim \chi^2_{n-1}$. Nach Definition der $t_{n-1}$-Verteilung folgt

$$\frac{U}{V} = \frac{\frac{\sqrt{n}(\overline{X}_n - \mu)}{\sigma}}{\sqrt{\frac{1}{\sigma^2} S_n^2}} = \frac{\sqrt{n}\left(\overline{X}_n - \mu\right)}{S_n} \sim t_{n-1}$$ ■

**Kommentar** Der Geniestreich von Student bestand also in der Entdeckung der nur vom Stichprobenumfang $n$ abhängenden $t_{n-1}$-Verteilung als Verteilung von $\sqrt{n}(\overline{X}_n - \mu)/S_n$. Wegen der Bedeutung dieses Resultates auch in anderen Zusammenhängen wird die Ersetzung von $\sigma$ durch $S_n$ im Nenner von (7.31) auch *Studentisierung* genannt. Man beachte, dass sich $\sigma$ in der Beweisführung des obigen Satzes im Bruch $U/V$ einfach herauskürzt!

Die Bedeutung des Satzes von Student liegt u. a. darin, dass sich unmittelbar die folgenden Konfidenzbereiche für $\mu$ bei unbekanntem $\sigma^2$ ergeben. ◄

**Konfidenzbereiche für $\mu$ bei Normalverteilung**

Es liege die Situation des Satzes von Student vor. Dann ist jedes der folgenden Intervalle ein Konfidenzintervall für $\mu$ zur Konfidenzwahrscheinlichkeit $1 - \alpha$:

a) $\left[\overline{X}_n - \frac{S_n\, t_{n-1;1-\alpha/2}}{\sqrt{n}}, \overline{X}_n + \frac{S_n\, t_{n-1;1-\alpha/2}}{\sqrt{n}}\right]$,
b) $\left(-\infty, \overline{X}_n + \frac{S_n\, t_{n-1;1-\alpha}}{\sqrt{n}}\right]$,
c) $\left[\overline{X}_n - \frac{S_n\, t_{n-1;1-\alpha}}{\sqrt{n}}, \infty\right)$.

Dabei ist allgemein $t_{k;p}$ das $p$-Quantil der $t_k$-Verteilung.

**Selbstfrage 6**

Können Sie exemplarisch das Intervall in b) herleiten?

Das zweiseitige Konfidenzintervall in a) ist vom Typ „$\overline{X}_n \pm$ Faktor $\times S_n$“. Dabei hängt der Faktor über das $(1-\alpha/2)$-Quantil der $t_{n-1}$-Verteilung von der gewählten Vertrauenswahrscheinlichkeit $1-\alpha$ und vom Stichprobenumfang $n$ ab. Letzterer wirkt sich über die Wurzel im Nenner insbesondere auf die Breite des Intervalls aus. Der Einfluss von $n$ sowohl über $t_{n-1;1-\alpha/2}$ als auch über $S_n$ auf die Intervallbreite ist demgegenüber geringer, da $S_n$ für $n \to \infty$ stochastisch gegen die Standardabweichung $\sigma$ konvergiert und sich $t_{n-1;1-\alpha/2}$ immer mehr dem $(1-\alpha/2)$-Quantil der Standardnormalverteilung annähert. Wegen der Wurzel im Nenner ist auch offensichtlich, dass man den Stichprobenumfang in etwa vervierfachen muss, um ein halb so langes Konfidenzintervall zu erhalten. Dass aber auch die gewählte Vertrauenswahrscheinlichkeit eine Rolle für die Breite des Konfidenzintervalls spielt, sieht man anhand der Werte von Tab. 7.2. So gilt etwa im Fall $n = 11$, also $n-1 = 10$ Freiheitsgraden $t_{10;0.95} = 1.812$ und $t_{10;0.995} = 3.169$. Ein 99 %-Konfidenzintervall ist also wegen der höheren Vertrauenswahrscheinlichkeit etwa 1.75-mal so lang wie ein 90 %-Konfidenzintervall.

Die einseitigen Intervalle b) oder c) wählt man, wenn aufgrund der Aufgabenstellung nur nach einer oberen oder unteren Konfidenzschranke für $\mu$ gefragt ist.

**Beispiel** Kann die Füllmenge einer Flaschenabfüllmaschine als angenähert $\mathrm{N}(\mu, \sigma^2)$-normalverteilt angesehen werden, so kommt es für eine Verbraucherorganisation nur darauf an, dass eine behauptete Nennfüllmenge $\mu_0$ mit großer Sicherheit nicht unterschritten wird. Sie würde aufgrund einer Stichprobe von $n$ abgefüllten Flaschen den in c) angegebenen Konfidenzbereich für $\mu$ wählen. Ist dann der Sollwert $\mu_0$ höchstens gleich dem festgestellten Wert von $\overline{X}_n - S_n\, t_{n-1;1-\alpha}/\sqrt{n}$, so würde die Organisation bei kleinem $\alpha$ zufrieden sein, da sie ja dann großes Vertrauen darin setzt, dass das in c) angegebene Intervall das unbekannte $\mu$ enthält (was dann mindestens gleich $\mu_0$ wäre). Eine Absicherung nach oben ist der Organisation egal, da Verbraucher ja nicht abgeneigt sein dürften, für das gleiche Geld „im Mittel mehr zu erhalten“. Der Produzent hat hier natürlich eine entgegengesetzte Perspektive.

Man beachte, dass wegen $t_{n-1;1-\alpha} < t_{n-1;1-\alpha/2}$ der linke Endpunkt des zweiseitigen Konfidenzintervalls in a) kleiner als der linke Endpunkt des Intervalls in c) ist. Liegt $\mu_0$ zwischen diesen Endpunkten, so kann man sich beim einseitigen Intervall ziemlich sicher sein, dass $\mu$ mindestens gleich $\mu_0$ ist, beim einseitigen Intervall jedoch nicht. Diese Situation ist schematisch in Abb. 7.10 skizziert. ◄

Nach dem Satz über die Eigenschaften der ML-Schätzer unter Normalverteilungsannahme in Abschn. 7.3 besitzt in der Situation des Satzes von Student die Zufallsvariable

$$\frac{n-1}{\sigma^2}\, S_n^2$$

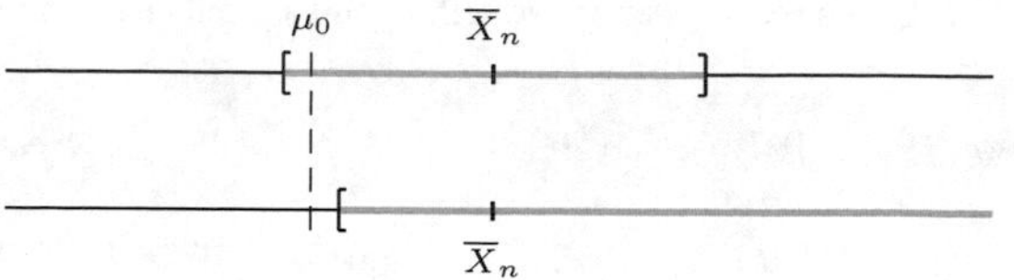


**Abb. 7.10** Ein- und zweiseitiger Konfidenzbereich für $\mu$ (schematisch)

eine $\chi^2_{n-1}$-Verteilung. Hieraus gewinnt man sofort die folgenden Konfidenzbereiche für $\sigma^2$ (die durch Ziehen der Wurzel der Intervallgrenzen zu Konfidenzbereichen für $\sigma$ führen).

**Konfidenzbereiche für $\sigma^2$ bei Normalverteilung**

Es liege die Situation des Satzes von Student vor. Dann ist jedes der folgenden Intervalle ein Konfidenzintervall für $\sigma^2$ zur Konfidenzwahrscheinlichkeit $1-\alpha$:

a) $\left[\frac{(n-1)S_n^2}{\chi^2_{n-1;1-\alpha/2}}, \frac{(n-1)S_n^2}{\chi^2_{n-1;\alpha/2}}\right]$,

b) $\left(0, \frac{(n-1)S_n^2}{\chi^2_{n-1;\alpha}}\right]$,

Dabei ist allgemein $\chi^2_{k;p}$ das $p$-Quantil der $\chi^2_k$-Verteilung.

**Selbstfrage 7**

Wie ergibt sich das Intervall in a)?

Tab. 7.3 gibt für ausgewählte Werte von $k$ und $p$ das $p$-Quantil $\chi^2_{k;p}$ der Chi-Quadrat-Verteilung mit $k$ Freiheitsgraden an.

Ist also etwa aus $n = 10$ wiederholten Messungen unter gleichen unabhängigen Bedingungen eine Stichprobenvarianz von 1.27 festgestellt worden, so ist eine obere 95 %-Konfidenzgrenze für die unbekannte Varianz $\sigma^2$ nach Tab. 7.3 durch

$$\frac{9 \cdot 1.27}{3.33} \approx 3.43$$

gegeben, und ein konkretes zweiseitiges 95 %-Konfidenzintervall hat die Gestalt

$$\left[\frac{9 \cdot 1.27}{19.02}, \frac{9 \cdot 1.27}{2.70}\right] \approx [0.60, 4.23].$$

Man beachte jedoch, dass wir bei diesen Berechnungen unterstellt haben, dass die Messwerte Realisierungen von *normalverteilten* Zufallsvariablen sind.

## Auch für die Differenz der Erwartungswerte zweier Normalverteilungen erhält man einen Konfidenzbereich mittels Studentisierung

Wir betrachten jetzt mit dem *Zwei-Stichproben-Problem* (bei unabhängigen Stichproben) eine praktisch höchst bedeutsame

**Tab. 7.3** $p$-Quantile $\chi^2_{k;p}$ der $\chi^2$-Verteilung mit $k$ Freiheitsgraden

| | $p$ | | | | | |
|---|---|---|---|---|---|---|
| $k$ | 0.025 | 0.050 | 0.100 | 0.900 | 0.950 | 0.975 |
| 1 | 0.00098 | 0.0039 | 0.02 | 2.71 | 3.84 | 5.02 |
| 2 | 0.05 | 0.10 | 0.21 | 4.61 | 5.99 | 7.38 |
| 3 | 0.22 | 0.35 | 0.58 | 6.25 | 7.81 | 9.35 |
| 4 | 0.48 | 0.71 | 1.06 | 7.78 | 9.49 | 11.14 |
| 5 | 0.83 | 1.15 | 1.61 | 9.24 | 11.07 | 12.83 |
| 6 | 1.24 | 1.64 | 2.20 | 10.64 | 12.59 | 14.45 |
| 7 | 1.69 | 2.17 | 2.83 | 12.02 | 14.07 | 16.01 |
| 8 | 2.18 | 2.73 | 3.49 | 13.36 | 15.51 | 17.53 |
| 9 | 2.70 | 3.33 | 4.17 | 14.68 | 16.92 | 19.02 |
| 10 | 3.25 | 3.94 | 4.87 | 15.99 | 18.31 | 20.48 |
| 11 | 3.82 | 4.57 | 5.58 | 17.28 | 19.68 | 21.92 |
| 12 | 4.40 | 5.23 | 6.30 | 18.55 | 21.03 | 23.34 |
| 13 | 5.01 | 5.89 | 7.04 | 19.81 | 22.36 | 24.74 |
| 14 | 5.63 | 6.57 | 7.79 | 21.06 | 23.68 | 26.12 |
| 15 | 6.26 | 7.26 | 8.55 | 22.31 | 25.00 | 27.49 |
| 20 | 9.59 | 10.85 | 12.44 | 28.41 | 31.41 | 34.17 |
| 25 | 13.12 | 14.61 | 16.47 | 34.38 | 37.65 | 40.65 |
| 30 | 16.79 | 18.49 | 20.60 | 40.26 | 43.77 | 46.98 |
| 40 | 24.43 | 26.51 | 29.05 | 51.81 | 55.76 | 59.34 |
| 50 | 32.36 | 34.76 | 37.69 | 63.17 | 67.50 | 71.42 |
| 60 | 40.48 | 43.19 | 46.46 | 74.40 | 79.08 | 83.30 |
| 80 | 57.15 | 60.39 | 64.28 | 96.58 | 101.88 | 106.63 |
| 100 | 74.22 | 77.93 | 82.36 | 118.50 | 124.34 | 129.56 |

Situation der statistischen Datenanalyse. Diese tritt immer dann auf, wenn unter sonst gleichen Bedingungen eine sog. *Versuchsgruppe* von $m$ Untersuchungseinheiten wie z. B. Pflanzen oder Personen eine bestimmten *Behandlung* (z. B. Düngung oder Gabe eines Medikaments) erfährt, wobei zum Vergleich in einer sog. *Kontrollgruppe* mit $n$ Einheiten keine Behandlung erfolgt. Bei Pflanzen würde man also nicht düngen, und die Personen erhielten anstelle eines Medikamentes ein Placebo. Sind $x_1, \ldots, x_m$ die gemessenen Werte eines interessierenden Merkmals in der Versuchsgruppe und $y_1, \ldots, y_n$ diejenigen in der Kontrollgruppe, so stellt sich die Frage, ob die beobachteten Gruppen-Mittelwerte $\overline{x}_m$ und $\overline{y}_n$ *signifikant voneinander abweichen oder der gemessene Unterschied auch gut durch reinen Zufall erklärt werden kann.* Wir haben den letzten Teilsatz bewusst kursiv gesetzt, weil wir zur Beantwortung dieser Frage gewisse Modellannahmen machen müssen.

Eine oft getroffene Vereinbarung ist in diesem Zusammenhang, dass $x_1, \ldots, x_m, y_1, \ldots, y_n$ Realisierungen unabhängiger Zufallsvariablen $X_1, \ldots, X_m, Y_1, \ldots, Y_n$ sind. Dabei nimmt man weiter an, dass $X_i \sim \mathrm{N}(\mu, \sigma^2)$ für $i = 1, \ldots, m$ und $Y_j \sim \mathrm{N}(\nu, \sigma^2)$ für $j = 1, \ldots, n$ gelten, unterstellt also insbesondere eine *gleiche Varianz* für die Beobachtungen der Behandlungs- und der Kontrollgruppe. Die Parameter $\mu$, $\nu$ und $\sigma^2$ seien unbekannt. Es liegt somit ein statistisches Modell vor, bei dem der beobachtbare Zufallsvektor

$$X := (X_1, \ldots, X_m, Y_1, \ldots, Y_n)$$

unabhängige Komponenten besitzt, aber (möglicherweise) nur jeweils die ersten $m$ und die letzten $n$ Komponenten identisch verteilt sind. Da drei unbekannte Parameter auftreten, nimmt der Parameterraum $\Theta$ die Gestalt

$$\Theta := \{\vartheta = (\mu, \nu, \sigma^2) \mid \mu, \nu \in \mathbb{R}, \sigma^2 > 0\} = \mathbb{R} \times \mathbb{R} \times \mathbb{R}_{>0}$$

an. Die gemeinsame, von $\vartheta$ abhängende Dichte aller Zufallsvariablen ist dann

$$f(x; \vartheta) = \left(\frac{1}{\sigma\sqrt{2\pi}}\right)^k \cdot \exp\left[-\frac{1}{2\sigma^2}\left(\sum_{i=1}^m (x_i - \mu)^2 + \sum_{j=1}^n (y_j - \nu)^2\right)\right]$$

$(x = (x_1, \ldots, x_m, y_1, \ldots, y_n) \in \mathbb{R}^{m+n}, k := m + n)$.

In dieser Situation wird meist ein (im nächsten Abschnitt behandelter) *Zwei-Stichproben-t-Test* durchgeführt. Wir werden jetzt darlegen, dass die oben im kursiv gesetzten Halbsatz aufgeworfene Frage auch mit einem Konfidenzintervall für die Differenz $\mu - \nu$ gelöst werden kann. Für einen allgemeinen Zusammenhang zwischen Konfidenzbereichen und Tests siehe Aufgabe 7.6.

Ein solches Konfidenzintervall ergibt sich durch folgende Überlegung: Für die einzelnen Stichprobenmittelwerte $\overline{X}_m := m^{-1}\sum_{i=1}^m X_i$ und $\overline{Y}_n := n^{-1}\sum_{j=1}^n Y_j$ gelten

$$\overline{X}_m \sim \mathrm{N}\left(\mu, \frac{\sigma^2}{m}\right), \quad \overline{Y}_n \sim \mathrm{N}\left(\nu, \frac{\sigma^2}{n}\right). \tag{7.36}$$

Da nach dem Blockungslemma $\overline{X}_m$ und $\overline{Y}_n$ stochastisch unabhängig sind, ergibt sich mit dem Additionsgesetz für die Normalverteilung und Standardisierung

$$\frac{\sqrt{\frac{mn}{m+n}}\,(\overline{X}_m - \overline{Y}_n - (\mu - \nu))}{\sigma} \sim \mathrm{N}(0, 1). \tag{7.37}$$

Hieraus könnte man ein Konfidenzintervall für $\mu - \nu$ konstruieren, wenn $\sigma^2$ bekannt wäre. Da dies jedoch nicht der Fall ist, bietet es sich an, das oben im Nenner auftretende $\sigma$ durch einen geeigneten Schätzer zu ersetzen, also zu „studentisieren". Hierzu führen wir die Zufallsvariable

$$S^2_{m,n} := \frac{1}{m + n - 2}\left(\sum_{i=1}^m (X_i - \overline{X}_m)^2 + \sum_{j=1}^n (Y_j - \overline{Y}_n)^2\right) \tag{7.38}$$

ein. Mit (7.6) gelten dann

$$\frac{\sum_{i=1}^m (X_i - \overline{X}_m)^2}{\sigma^2} \sim \chi^2_{m-1}, \quad \frac{\sum_{j=1}^n (Y_j - \overline{Y}_n)^2}{\sigma^2} \sim \chi^2_{n-1}, \tag{7.39}$$

wobei diese Zufallsvariablen nach dem Blockungslemma stochastisch unabhängig sind. Mit dem Additionsgesetz für die Chi-Quadrat-Verteilung in Abschn. 5.4 erhält man

$$\frac{(m+n-2)S_{m,n}^2}{\sigma^2} \sim \chi^2_{m+n-2}. \tag{7.40}$$

Da nach dem Blockungslemma alle Zufallsvariablen in (7.36) und (7.39) unabhängig sind und damit auch $S_{m,n}^2$ stochastisch unabhängig von der standardnormalverteilten Zufallsvariablen in (7.37) ist, liefern (7.40), der Satz von Student und die Erzeugungsweise der Studentschen $t$-Verteilung (vgl. (7.34)) die Verteilungsaussage

$$\frac{\sqrt{\frac{mn}{m+n}}\left(\overline{X}_m - \overline{Y}_n - (\mu - \nu)\right)}{S_{m,n}} \sim t_{m+n-2}. \tag{7.41}$$

Kürzt man die hier auftretende Zufallsvariable mit $T$ ab, so ergeben die Wahrscheinlichkeitsaussagen

$$\begin{aligned} \mathbb{P}_\vartheta\left(|T| \le t_{m+n-2;1-\alpha/2}\right) &= 1-\alpha, \\ \mathbb{P}_\vartheta\left(T \le t_{m+n-2;1-\alpha}\right) &= 1-\alpha, \\ \mathbb{P}_\vartheta\left(T \ge -t_{m+n-2;1-\alpha}\right) &= 1-\alpha. \end{aligned}$$

Durch Auflösen des jeweiligen Ereignisses nach $\mu - \nu$ ergeben sich die folgenden $(1-\alpha)$-Konfidenzbereiche für $\mu - \nu$:

**Konfidenzbereiche für $\mu - \nu$**

Sind $X_1, \ldots, X_m, Y_1, \ldots, Y_n$ unabhängige Zufallsvariablen mit $X_i \sim \mathrm{N}(\mu, \sigma^2)$ $(i = 1, \ldots, m)$ und $Y_j \sim \mathrm{N}(\nu, \sigma^2)$ $(j = 1, \ldots, n)$, so ist mit der Abkürzung

$$c_{m,n;p} := \sqrt{\frac{m+n}{mn}}\, t_{m+n-2;1-p}$$

jedes der folgenden Intervalle ein Konfidenzbereich für $\mu - \nu$ zur Konfidenzwahrscheinlichkeit $1-\alpha$:

a) $[\overline{X}_m - \overline{Y}_n - c_{m,n;\alpha/2}S_{m,n}, \overline{X}_m - \overline{Y}_n + c_{m,n;\alpha/2}S_{m,n}]$,
b) $[\overline{X}_m - \overline{Y}_n - c_{m,n;\alpha}S_{m,n}, \infty)$,
c) $(-\infty, \overline{X}_m - \overline{Y}_n + c_{m,n;\alpha}S_{m,n}]$.

**Kommentar** Welches der obigen Intervalle in einer konkreten Situation gewählt wird, hängt ganz von der Fragestellung ab. Wegen $c_{m,n;\alpha/2} > c_{m,n;\alpha}$ liegen die Intervalle in a) und b) wie in Abb. 7.11 skizziert. Sollte sich der Wert 0 wie in der Abbildung angedeutet zwischen dem linken Endpunkt des zweiseitigen und dem linken Endpunkt des nach oben unbeschränkten Intervalls befinden, so kann man bei Verwendung des letzten Intervalls ziemlich sicher sein, dass $\mu - \nu > 0$ und somit $\mu > \nu$ gilt, beim zweiseitigen Intervall jedoch nicht. Schlägt sich eine Behandlung gegenüber einem Placebo prinzipiell in größeren Werten des untersuchten Merkmals nieder, so kommt man also bei Wahl des nach oben unbeschränkten Konfidenzintervalls leichter zur begründeten Antwort „es gilt $\mu > \nu$".

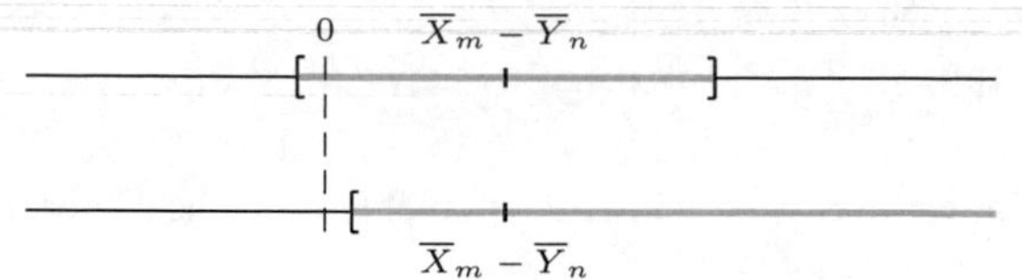


**Abb. 7.11** Ein- und zweiseitiger Konfidenzbereich für $\mu - \nu$ (schematisch)

Wenn man ein einseitiges Konfidenzintervall wählt, sollte jedoch vor der Datenerhebung klar sein, um welches der Intervalle in b) und c) es sich handelt. Auf keinen Fall ist es erlaubt, sich nach Bestimmung beider konkreter einseitiger Intervalle das passendere herauszusuchen und zu behaupten, man hätte es mit einem Konfidenzbereichs-Verfahren erhalten, das die Vertrauenswahrscheinlichkeit $1-\alpha$ besitzt! Bei diesem „Best-of-Verfahren" bildet man jedoch de facto den *Durchschnitt der Intervalle* in b) und c). Schreiben wir kurz $I$ für das Intervall in b) und $J$ für das Intervall in c), so gilt nach (2.28)

$$\mathbb{P}_\vartheta(I \cap J \ni \mu - \nu) \ge 1 - 2\alpha,$$

denn es ist $\mathbb{P}_\vartheta(I \ni \mu - \nu) \ge 1-\alpha$ und $\mathbb{P}_\vartheta(J \ni \mu - \nu) \ge 1-\alpha$. Der Schnitt der Intervalle $I$ und $J$ ist also nur ein Konfidenzintervall zur *geringeren* Konfidenzwahrscheinlichkeit $1 - 2\alpha$. Möchte man also durch Schnitt-Bildung von $I$ und $J$ ein zweiseitiges $(1-\alpha)$-Konfidenzintervall erhalten, so müssen $I$ und $J$ jeweils Konfidenzintervalle zur Konfidenzwahrscheinlichkeit $1-\alpha/2$ sein. Dann sind aber bei der Bildung von $I$ und $J$ jeweils $c_{m,n;\alpha}$ durch $c_{m,n;\alpha/2}$ zu ersetzen, und man gelangt zum zweiseitigen Intervall. ◄

## Mit dem Zentralen Grenzwertsatz erhält man oft approximative Konfidenzintervalle bei großem Stichprobenumfang

Häufig lassen sich Konfidenzbereiche für große Stichprobenumfänge approximativ mithilfe von Grenzwertsätzen konstruieren. Hierzu betrachten wir analog zu Schätzfolgen die Situation, dass Realisierungen eines Zufallsvektors $X = (X_1, \ldots, X_n)$ mit unabhängigen und identisch verteilten Komponenten $X_1, \ldots, X_n$ beobachtet werden und $C_n$ für jedes $n \in \mathbb{N}$ (oder zumindest für jedes genügend große $n$) eine Abbildung von $\mathcal{X}_n$ nach $\mathcal{P}(\mathbb{R}^d)$ ist. Dabei sei $\mathcal{X}_n$ der Stichprobenraum für $(X_1, \ldots, X_n)$.

**Definition eines asymptotischen Konfidenzbereichs**

In obiger Situation heißt die Folge $(C_n)$ **asymptotischer Konfidenzbereich für $\gamma(\vartheta)$ zum Niveau $1-\alpha$**, falls gilt:

$$\liminf_{n\to\infty} \mathbb{P}_\vartheta\left(\{x \in \mathcal{X}_n \mid C_n(x) \ni \gamma(\vartheta)\}\right) \ge 1-\alpha \quad \forall \vartheta \in \Theta.$$

Man beachte, dass die obige Bedingung insbesondere dann erfüllt ist, wenn anstelle des Limes inferior der Limes existiert und für jedes $\vartheta \in \Theta$ gleich $1-\alpha$ ist.

## Beispiel: Zur Genauigkeit der Aussagen beim „ZDF-Politbarometer"

Was verbirgt sich hinter den „Fehlerbereichen" der Forschungsgruppe Wahlen?

Auf der Website http://www.forschungsgruppe.de findet man unter dem Punkt *Zur Methodik der Politbarometer-Untersuchungen* u. a. die Aussage

> ... ergeben sich bei einem Stichprobenumfang von $n = 1\,250$ folgende Vertrauensbereiche: Der Fehlerbereich beträgt bei einem Parteianteil von 40 Prozent rund ± drei Prozentpunkte und bei einem Parteianteil von 10 Prozent rund ± zwei Prozentpunkte.

Um diese Behauptung kritisch zu hinterfragen, legen wir ein vereinfachendes Binomial-Urnenmodell zugrunde. Hierbei stellen wir uns vor, in einer Urne sei für jeden von $N$ Wahlberechtigten eine Kugel. Von diesen Kugeln seien $r$ rote, was einer Präferenz für eine bestimmte „Partei A" entspricht. Von Interesse ist der unbekannte Anteil $\vartheta := r/N$ der (momentanen) Anhänger dieser Partei. Wir stellen uns vor, aus dieser fiktiven Urne würde eine rein zufällige Stichprobe vom Umfang $n$ gezogen und setzen

$$X_j := \mathbb{1}\{j\text{-ter Befragter präferiert Partei A}\},$$

$j = 1, \ldots, n$. Obwohl das Ziehen ohne Zurücklegen erfolgt, arbeiten wir mit dem Modell stochastisch unabhängiger und je $\text{Bin}(1, \vartheta)$-verteilter Zufallsvariablen $X_1, \ldots, X_n$, da $N$ im Vergleich zu $n$ sehr groß ist.

Ein approximatives 95 %-Konfidenzintervall für $\vartheta$ aufgrund der zufälligen relativen Trefferhäufigkeit $T_n$ (Anteil der Partei-A-Anhänger unter den Befragten) ist nach (7.44) und (7.45)

$$\left[T_n - \frac{1.96}{\sqrt{n}}\sqrt{T_n(1-T_n)},\ T_n + \frac{1.96}{\sqrt{n}}\sqrt{T_n(1-T_n)}\right].$$

Die *halbe* Länge dieses Intervalls ist bei $n = 1\,250$:

$$\frac{1.96}{\sqrt{1\,250}}\sqrt{T_n\,(1-T_n)} = \begin{cases} 0.027\ldots & \text{bei } T_n = 0.4 \\ 0.017\ldots & \text{bei } T_n = 0.1 \end{cases}$$

Die zu Beginn zitierte Behauptung der Forschungsgruppe Wahlen hat also ihre Berechtigung.

**Beispiel (Binomialverteilung)** Die Zufallsvariablen $X_1, \ldots, X_n$ seien unabhängig und je $\text{Bin}(1, \vartheta)$-verteilt, wobei $\vartheta \in \Theta = (0, 1)$. Setzen wir $T_n := n^{-1}\sum_{j=1}^n X_j$, so gilt nach dem Zentralen Grenzwertsatz von De Moivre-Laplace für jedes $h > 0$

$$\lim_{n\to\infty} \mathbb{P}_\vartheta\left(\left|\frac{\sqrt{n}(T_n - \vartheta)}{\sqrt{\vartheta(1-\vartheta)}}\right| \le h\right) = \Phi(h) - \Phi(-h). \tag{7.42}$$

Wegen $\Phi(h) - \Phi(-h) = 2\Phi(h) - 1$ ist dann mit der Wahl

$$h_\alpha := \Phi^{-1}\left(1 - \frac{\alpha}{2}\right)$$

die rechte Seite von (7.42) gleich $1 - \alpha$, also

$$\mathcal{A}_n(\vartheta) := \left\{\left|\frac{\sqrt{n}(T_n - \vartheta)}{\sqrt{\vartheta(1-\vartheta)}}\right| \le h_\alpha\right\}$$

ein asymptotisch hochwahrscheinliches Ereignis. Die innerhalb der geschweiften Klammer stehende Ungleichung ist zur quadratischen Ungleichung

$$(n + h_\alpha^2)\,\vartheta^2 - (2nT_n + h_\alpha^2)\,\vartheta + n\,T_n^2 \le 0$$

und somit nach Bestimmung der Nullstellen einer quadratischen Gleichung zu $\ell_n \le \vartheta \le L_n$ mit

$$\ell_n = \frac{T_n + \frac{h_\alpha^2}{2n} - \frac{h_\alpha}{\sqrt{n}}\sqrt{T_n(1-T_n) + \frac{h_\alpha^2}{4n}}}{1 + \frac{h_\alpha^2}{n}},$$

$$L_n = \frac{T_n + \frac{h_\alpha^2}{2n} + \frac{h_\alpha}{\sqrt{n}}\sqrt{T_n(1-T_n) + \frac{h_\alpha^2}{4n}}}{1 + \frac{h_\alpha^2}{n}}$$

äquivalent. Dabei hängen $\ell_n$ und $L_n$ von $X_1, \ldots, X_n$ ab. Somit ist die durch $C_n := [\ell_n, L_n]$ definierte Folge $(C_n)$ ein asymptotischer $(1-\alpha)$-Konfidenzbereich für $\vartheta$, denn es gilt

$$\lim_{n\to\infty} \mathbb{P}_\vartheta\,(\ell_n \le \vartheta \le L_n) = 1 - \alpha \quad \forall \vartheta \in \Theta. \tag{7.43}$$

Dass obige Konfidenzgrenzen schon für $n = 50$ brauchbar sind, zeigt ein Vergleich mit Tab. 7.1. So liefern $\ell_n$ und $L_n$ bei einer Konfidenzwahrscheinlichkeit 0.95 und $k = 20$ Treffern das Intervall $[0.276, 0.538]$, verglichen mit dem aus Tab. 7.1 entnommenen Intervall $[0.264, 0.548]$. ◄

**Video 7.4** Konfidenzbereich für das $p$ der Binomialverteilung III

**Kommentar** Die obigen Konfidenzgrenzen $\ell_n$ und $L_n$ können unter Vernachlässigung aller Terme der Ordnung $O(n^{-1})$ durch

$$\ell_n^* := T_n - \frac{h_\alpha}{\sqrt{n}}\sqrt{T_n(1-T_n)}, \tag{7.44}$$

$$L_n^* := T_n + \frac{h_\alpha}{\sqrt{n}}\sqrt{T_n(1-T_n)} \tag{7.45}$$

ersetzt werden, ohne dass die Grenzwertaussage (7.43) mit $\ell_n^*$ und $L_n^*$ anstelle von $\ell_n$ und $L_n$ verletzt ist, vgl. Aufgabe 7.40. In der Praxis kann man $\ell_n^*$ und $L_n^*$ verwenden, falls je mindestens 50 Treffer und Nieten auftreten, was insbesondere einen Mindeststichprobenumfang von $n = 100$ voraussetzt. Die obigen Grenzen $\ell_n^*$ und $L_n^*$ erlauben auch, einen solchen Mindeststichprobenumfang zu planen, wenn ein Konfidenzintervall eine vorgegebene Höchstlänge nicht überschreiten soll (siehe Aufgabe 7.30).

Die Gestalt von $\ell_n^*$ und $L_n^*$ liefert die schon beim Konfidenzintervall für den Erwartungswert der Normalverteilung beobachtete Faustregel, dass der Stichprobenumfang $n$ vervierfacht werden muss, um ein halb so langes Konfidenzintervall zu erhalten. ◀

## Der Zentrale Grenzwertsatz liefert ein asymptotisches Konfidenzintervall für den Erwartungswert einer Verteilung

Mithilfe des Zentralen Grenzwertsatzes von Lindeberg-Lévy und des Lemmas von Sluzki können wir wie folgt einen asymptotischen Konfidenzbereich für den Erwartungswert einer Verteilung in einem *nichtparametrischen statistischen Modell* konstruieren: Wir nehmen an, dass $X_1, \ldots, X_n$ unabhängige und identisch verteilte Zufallsvariablen sind. Die Verteilungsfunktion $F$ von $X_1$ sei nicht bekannt; es wird nur vorausgesetzt, dass $\mathbb{E}X_1^2 < \infty$ gilt, also das zweite Moment der zugrunde liegenden Verteilung existiert, und dass die Varianz positiv ist. Im Folgenden schreiben wir die Verteilungsfunktion $F$ als Parameter an Wahrscheinlichkeiten, Erwartungswerte und Varianzen. Bezeichnen $\mu = \mathbb{E}_F(X_1)$ den unbekannten Erwartungswert und $\sigma^2 = \mathbb{V}_F(X_1)$ die Varianz von $X_1$, so gilt nach dem Zentralen Grenzwertsatz von Lindeberg-Lévy für das Stichprobenmittel $\overline{X}_n$ die Verteilungskonvergenz

$$\frac{\sqrt{n}\,(\overline{X}_n - \mu)}{\sigma} \xrightarrow{\mathcal{D}} \mathrm{N}(0,1)$$

bei $n \to \infty$. Da nach Aufgabe 6.37 die Stichprobenvarianz $S_n^2$ fast sicher gegen $\sigma^2$ und folglich die Stichprobenstandardabweichung $S_n$ fast sicher und somit stochastisch gegen $\sigma$ konvergiert, gilt nach dem Lemma von Sluzki

$$\frac{\sqrt{n}\,(\overline{X}_n - \mu)}{S_n} = \frac{\sqrt{n}\,(\overline{X}_n - \mu)}{\sigma} \cdot \frac{\sigma}{S_n} \xrightarrow{\mathcal{D}} \mathrm{N}(0,1),$$

denn der Faktor $\sigma/S_n$ konvergiert stochastisch gegen 1. Wir erhalten somit für $\alpha \in (0,1)$ und jede Verteilungsfunktion $F$ mit $\mathbb{E}_F(X_1^2) < \infty$ und $0 < \mathbb{V}_F(X_1)$

$$\lim_{n\to\infty} \mathbb{P}_F\left(\left|\frac{\sqrt{n}\,(\overline{X}_n - \mu)}{S_n}\right| \le \Phi^{-1}\left(1 - \frac{\alpha}{2}\right)\right) = 1 - \alpha.$$

Löst man dieses asymptotisch hoch wahrscheinliche Ereignis nach $\mu$ auf, so ergibt das folgende Resultat.

**Asymptotisches Konfidenzintervall für einen Erwartungswert**

Sind $X_1, \ldots, X_n$ unabhängige identisch verteilte Zufallsvariablen mit $0 < \mathbb{V}(X_1) < \infty$, so ist

$$\left[\overline{X}_n - \frac{\Phi^{-1}(1-\alpha/2)S_n}{\sqrt{n}}, \overline{X}_n + \frac{\Phi^{-1}(1-\alpha/2)S_n}{\sqrt{n}}\right]$$

ein asymptotisches $(1-\alpha)$-Konfidenzintervall für den Erwartungswert von $X_1$.

Natürlich kann man auch hier einseitige Intervalle erhalten, wenn man etwa in der obigen Grenzwertaussage die Betragsstriche weglässt und $\Phi^{-1}(1-\alpha/2)$ durch $\Phi^{-1}(1-\alpha)$ ersetzt. Man beachte, dass das obige Intervall bis auf die Tatsache, dass $t_{n-1;1-\alpha/2}$ durch $\Phi^{-1}(1-\alpha/2)$ ersetzt wurde, identisch mit dem nach dem Satz von Student angegebenen Konfidenzbereich a) für $\mu$ ist. Im Unterschied zu dort machen wir hier zwar keine spezielle parametrische Verteilungsannahme, dies geschieht jedoch auf Kosten einer nur noch asymptotisch für $n \to \infty$ geltenden Konfidenzwahrscheinlichkeit.

# 7.4 Statistische Tests

In diesem Abschnitt führen wir in Theorie und Praxis des Testens statistischer Hypothesen ein. Mit der Verfügbarkeit zahlreicher Statistik-Softwarepakete erfolgt das Testen solcher Hypothesen in den empirischen Wissenschaften oft nur noch per Knopfdruck nach einem fast schon rituellen Schema. Statistische Tests erfreuen sich u. a. deshalb so großer Beliebtheit, weil ihre Ergebnisse objektiv und exakt zu sein scheinen, alle von ihnen Gebrauch machen und der Nachweis der *statistischen Signifikanz* eines Resultats oft zum Erwerb eines Doktortitels unabdingbar ist. Wir werden zunächst sehen, dass die zu testenden Hypothesen nur insoweit *statistisch* sind, als sie sich auf den *Parameter in einem statistischen Modell* beziehen.

Wir legen im Folgenden ein solches statistisches Modell $(\mathcal{X}, \mathcal{B}, (\mathbb{P}_\vartheta)_{\vartheta\in\Theta})$ zugrunde. Im Unterschied zu bisherigen Überlegungen, bei denen der unbekannte, wahre Parameter $\vartheta$ zu schätzen war, liegt jetzt eine Zerlegung

$$\Theta = \Theta_0 + \Theta_1$$

des Parameterraums $\Theta$ in zwei nichtleere, disjunkte Teilmengen vor. Setzen wir wie früher $X := \mathrm{id}_{\mathcal{X}}$, so besteht ein *Testproblem* darin, aufgrund einer Realisierung $x$ von $X$ zwischen den Möglichkeiten $\vartheta \in \Theta_0$ und $\vartheta \in \Theta_1$ zu entscheiden. Man kann also einen statistischen Test als *Regel* auffassen, die für jedes $x \in \mathcal{X}$ festlegt, ob man sich für die

$$\textit{Hypothese } H_0 : \text{ es gilt } \vartheta \in \Theta_0$$

oder für die

$$\textit{Alternative } H_1 : \text{ es gilt } \vartheta \in \Theta_1$$

entscheidet. Die übliche, eine Asymmetrie zwischen $\Theta_0$ und $\Theta_1$ widerspiegelnde Redensart ist hier „zu testen ist die Hypothese $H_0$ gegen die Alternative $H_1$". Häufig findet man auch die Sprechweisen *Nullhypothese* für $H_0$ und *Alternativhypothese* für $H_1$. Da die Entscheidungsregel nur zwei Antworten zulässt, ist die nachstehende formale Definition verständlich.

### Definition eines nichtrandomisierten Tests

Ist in obiger Situation $\mathcal{K} \subseteq \mathcal{X}$ eine messbare Menge, so heißt die Indikatorfunktion $\mathbb{1}_{\mathcal{K}}$ **nichtrandomisierter Test (kurz: Test) zur Prüfung der Hypothese $H_0$ gegen die Alternative $H_1$.** Die Menge $\mathcal{K}$ heißt **kritischer Bereich** des Tests. Die Abbildung $\mathbb{1}_{\mathcal{K}}$ ist wie folgt zu interpretieren:

$$\text{Falls} \begin{cases} x \in \mathcal{K}, \text{ also } \mathbb{1}_{\mathcal{K}}(x) = 1, & \text{so Entscheidung für } H_1, \\ x \notin \mathcal{K}, \text{ also } \mathbb{1}_{\mathcal{K}}(x) = 0, & \text{so Entscheidung für } H_0. \end{cases}$$

**Kommentar** Gilt $x \in \mathcal{K}$, fällt also die Beobachtung in den kritischen Bereich, so sagt man auch, *die Hypothese $H_0$ wird verworfen*. Das Komplement $\mathcal{X} \setminus \mathcal{K}$ des kritischen Bereichs wird *Annahmebereich* genannt. Gilt $x \in \mathcal{X} \setminus \mathcal{K}$, so sagt man auch, *die Beobachtung $x$ steht nicht im Widerspruch zu $H_0$*. Das Wort *Annahmebereich* bezieht sich also auf *Annahme von $H_0$*. Man beachte, dass aufgrund der eineindeutigen Zuordnung zwischen Ereignissen und Indikatorfunktionen ein nichtrandomisierter Test auch mit dem (seinem) kritischen Bereich identifiziert werde kann. Das Attribut *nichtrandomisiert* deutet an, dass es auch randomisierte Tests gibt. Dies ist aus mathematischen Optimalitätsgesichtspunkten der Fall, und wir werden hierauf in Abschn. 7.5 eingehen. ◄

Da die Beobachtung $x$ i. Allg. von jedem $\vartheta \in \Theta$ über die Verteilung $\mathbb{P}_\vartheta$ erzeugt worden sein kann, sind Fehlentscheidungen beim Testen unvermeidlich.

### Fehler erster und zweiter Art

Es sei $\mathbb{1}_{\mathcal{K}}$ ein nichtrandomisierter Test. Gelten $\vartheta \in \Theta_0$ und $x \in \mathcal{K}$, so liegt ein **Fehler 1. Art** vor. Ein **Fehler 2. Art** entsteht, wenn $\vartheta \in \Theta_1$ und $x \notin \mathcal{K}$ gelten.

Man begeht also einen Fehler 1. Art (ohne dies zu wissen, denn man kennt ja $\vartheta$ nicht!), wenn man die Hypothese $H_0$ *fälschlicherweise verwirft*. Ein Fehler 2. Art tritt auf, wenn *fälschlicherweise gegen $H_0$ kein Einwand erhoben wird*. Die unterschiedlichen Möglichkeiten sind in der **Wirkungstabelle** eines Tests (Tab. 7.4) veranschaulicht. Der Ausdruck *Wirklichkeit* unterstellt dabei, dass wir an die Angemessenheit des durch das statistische Modell $(\mathcal{X}, \mathcal{B}, (\mathbb{P}_\vartheta)_{\vartheta \in \Theta})$ gesteckten Rahmens glauben.

Das nachfolgende klassische Beispiel diene zur Erläuterung der bisher vorgestellten Begriffsbildungen.

**Tab. 7.4** Wirkungstabelle eines Tests

| Entscheidung | Wirklichkeit | |
|---|---|---|
| | $\vartheta \in \Theta_0$ | $\vartheta \in \Theta_1$ |
| $H_0$ gilt | richtige Entscheidung | Fehler 2. Art |
| $H_1$ gilt | Fehler 1. Art | richtige Entscheidung |

**Beispiel (Tea tasting lady)** Eine Lady trinkt ihren Tee stets mit Milch. Sie behauptet, allein am Geschmack unterscheiden zu können, ob zuerst Milch oder zuerst Tee eingegossen wurde. Dabei sei sie zwar nicht unfehlbar; sie würde aber im Vergleich zum blinden Raten öfter die richtige Eingießreihenfolge treffen.

Um der Lady eine Chance zu geben, ihre Behauptung unter Beweis zu stellen, ist folgendes Verfahren denkbar: Es werden ihr $n$ mal zwei Tassen Tee gereicht, von denen jeweils eine vom Typ „Milch vor Tee" und die andere vom Typ „Tee vor Milch" ist. Die Reihenfolge beider Tassen wird durch Münzwurf festgelegt. Hinreichend lange Pausen zwischen den $n$ Geschmacksproben garantieren, dass die Lady unbeeinflusst von früheren Entscheidungen urteilen kann. Aufgrund dieser Versuchsanordnung können wir die $n$ Geschmacksproben als Bernoulli-Kette der Länge $n$ mit unbekannter Trefferwahrscheinlichkeit $\vartheta$ modellieren, wobei die richtige Zuordnung als Treffer angesehen wird. Da der Fall $\vartheta < 1/2$ ausgeschlossen ist (der Strategie des Ratens entspricht ja schon $\vartheta = 1/2$), ist eine Antwort auf die Frage „gilt $\vartheta = 1/2$ oder $\vartheta > 1/2$?" zu finden.

Wir beschreiben diese Situation durch ein statistisches Modell mit $\mathcal{X} := \{0,1\}^n$, $\mathcal{B} := \mathcal{P}(\mathcal{X})$ und $\Theta := [1/2, 1]$ sowie $X = (X_1, \ldots, X_n)$, wobei $X_1, \ldots, X_n$ unter $\mathbb{P}_\vartheta$ unabhängige und je Bin$(1, \vartheta)$-verteilte Zufallsvariablen sind. Dabei ist $X_j := 1$ bzw. $X_j := 0$ gesetzt, falls die Lady das $j$-te Tassenpaar richtig bzw. falsch zuordnet. Setzen wir $\Theta_0 := \{1/2\}$ und $\Theta_1 := (1/2, 1]$, so bedeutet die Hypothese $H_0 : \vartheta \in \Theta_0$ blindes Raten, und $H_1 : \vartheta \in \Theta_1$ besagt, dass die Lady die Eingießreihenfolge mehr oder weniger gut vorhersagen kann. Wir schreiben in der Folge Hypothese und Alternative auch als $H_0 : \vartheta = 1/2$, $H_1 : \vartheta > 1/2$.

Um einen Test für $H_0$ gegen $H_1$ festzulegen, müssen wir eine Menge $\mathcal{K} \subseteq \mathcal{X}$ als kritischen Bereich auszeichnen. Hier liegt es nahe, die Testentscheidung von einem $n$-Tupel $x = (x_1, \ldots, x_n) \in \mathcal{X}$ nur über dessen Einsen-Anzahl $T(x) := x_1 + \ldots + x_n$, also nur von der Anzahl der richtigen Tassenzuordnungen, abhängig zu machen. Da $T$ als Abbildung auf $\mathcal{X}$ die Werte $0, 1, \ldots, n$ annimmt und nur große Werte von $T$ gegen ein blindes Raten sprechen, bietet sich ein kritischer Bereich der Gestalt $\{T \geq c\} = \{x \in \mathcal{X} \mid T(x) \geq c\}$ an. Man würde also die Hypothese $H_0$ blinden Ratens zugunsten einer Attestierung besonderer geschmacklicher Fähigkeiten verwerfen, wenn die Lady mindestens $c$ Tassenpaare richtig zuordnet.

Wie sollten wir $c$ wählen? Sprechen etwa im Fall $n = 20$ mindestens 17 richtig zugeordnete Paare gegen $H_0$? Oder hat die Lady bei so vielen richtigen Zuordnungen nur geraten und dabei großes Glück gehabt? Wir sehen, dass hier ein Fehler 1. Art dem fälschlichen Attestieren besonderer geschmacklicher Fähigkeiten entspricht. Ein Fehler 2. Art wäre, ihr solche Fähigkeiten abzusprechen, obwohl sie (in Form von $\vartheta$) mehr oder weniger stark vorhanden sind. Es ist klar, dass wir mit dem Wert $c$ das Auftreten von Fehlern erster und 2. Art beeinflussen können. Vergrößern wir $c$, so lehnen wir $H_0$ seltener ab und begehen somit seltener einen Fehler 1. Art. Hingegen nimmt die Aussicht auf einen Fehler 2. Art zu. ◀

Typisch an diesem Beispiel ist, dass der kritische Bereich $\mathcal{K} \subseteq \mathcal{X}$ oft mithilfe einer messbaren Funktion $T : \mathcal{X} \to \mathbb{R}$ beschrieben werden kann. Diese Funktion heißt **Teststatistik** oder **Prüfgröße**. Der kritische Bereich ist dann meist von der Form

$$\{T \geq c\} = \{x \in \mathcal{X} \mid T(x) \geq c\}$$

oder $\{T \leq c\} = \{x \in \mathcal{X} \mid T(x) \leq c\}$.

Die Konstante $c$ heißt **kritischer Wert**. Die Hypothese wird also abgelehnt, wenn die Teststatistik mindestens oder höchstens gleich einem bestimmten Wert ist. Im ersten Fall liegt ein **oberer**, im zweiten ein **unterer Ablehnbereich** vor. In beiden Fällen nennt man den kritischen Bereich *einseitig*. Es kommt auch vor, dass $H_0$ abgelehnt wird, wenn für Konstanten $c_1, c_2$ mit $c_1 < c_2$ mindestens eine der Ungleichungen $T \geq c_2$ oder $T \leq c_1$ zutrifft. In diesem Fall spricht man von einem **zweiseitigen Ablehnbereich**, da die Ablehnung sowohl für zu große als auch für zu kleine Werte von $T$ erfolgt.

**Definition der Gütefunktion eines Tests**

Die durch

$$g_{\mathcal{K}}(\vartheta) := \mathbb{P}_\vartheta(X \in \mathcal{K})$$

definierte Funktion $g_{\mathcal{K}} : \Theta \to [0,1]$ heißt **Gütefunktion** des Tests $\mathbb{1}_{\mathcal{K}}$ mit kritischem Bereich $\mathcal{K} \subseteq \mathcal{X}$ für $H_0 : \vartheta \in \Theta_0$ gegen $H_1 : \vartheta \in \Theta_1$.

**Kommentar** Die Gütefunktion eines Tests ordnet jedem $\vartheta \in \Theta$ die *Verwerfungswahrscheinlichkeit der Hypothese $H_0$ unter $\mathbb{P}_\vartheta$* zu. Die ideale Gütefunktion eines Tests hätte die Gestalt $g_{\mathcal{K}}(\vartheta) = 0$ für jedes $\vartheta \in \Theta_0$ und $g_{\mathcal{K}}(\vartheta) = 1$ für jedes $\vartheta \in \Theta_1$. Die erste Eigenschaft besagt, dass man nie einen Fehler 1. Art begeht, denn dieser würde ja in einer fälschlichen Ablehnung von $H_0$ bestehen. Gilt $\vartheta \in \Theta_1$, so möchte man die (nicht geltende) Hypothese $H_0$ ablehnen. Insofern bedeutet der Idealfall $g_{\mathcal{K}} \equiv 1$ auf $\Theta_1$, dass kein Fehler 2. Art begangen wird.

Man beachte, dass es zwei datenblinde triviale Tests gibt, nämlich diejenigen mit kritischen Bereichen $\mathcal{K} = \emptyset$ und $\mathcal{K} = \mathcal{X}$. Der erste lehnt $H_0$ nie ab, was einen Fehler 1. Art kategorisch ausschließt. Der zweite Test lehnt $H_0$ immer ab, was bedeutet, dass ein Fehler 2. Art nicht auftritt. ◀

**Beispiel (Tea tasting lady, Fortsetzung)** Reichen wir der Lady $n = 20$ Tassenpaare und verwerfen die Hypothese $H_0 : \vartheta = 1/2$ genau dann, wenn mindestens 14 Paare richtig zugeordnet werden, so ist mit $T_{20} : \{0,1\}^{20} \to \{0, \ldots, n\}$, $T_{20}(x_1, \ldots, x_{20}) = x_1 + \ldots + x_{20}$, der kritische Bereich

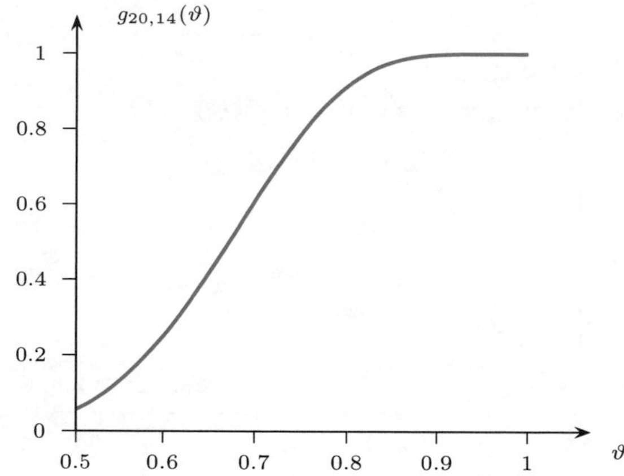


**Abb. 7.12** Gütefunktion $g_{20,14}$ im Beispiel der tea tasting lady

gleich $\{T_{20} \geq 14\}$. Da $x_1, \ldots, x_{20}$ unter $\mathbb{P}_\vartheta$ Realisierungen der unabhängigen und je Bin$(1, \vartheta)$-verteilten Zufallsvariablen $X_1, \ldots, X_{20}$ sind und die zufällige Trefferanzahl $T_{20} = X_1 + \ldots + X_{20}$ die Verteilung Bin$(20, \vartheta)$ besitzt, ist die Gütefunktion dieses Tests durch

$$g_{20,14}(\vartheta) := \sum_{k=14}^{20} \binom{20}{k} \vartheta^k (1-\vartheta)^{20-k}$$

gegeben. Hier haben wir das Zahlenpaar $(20, 14)$ als Index an $g$ geschrieben, um den kritischen Bereich, nämlich mindestens 14 Treffer in 20 Versuchen, deutlich zu machen. Abb. 7.12 zeigt den Graphen dieser Gütefunktion.

Wegen $g_{20,14}(0.5) = 0.0576\ldots$ haben wir mit obigem Verfahren erreicht, dass der Lady im Falle blinden Ratens nur mit der kleinen Wahrscheinlichkeit von ungefähr 0.058 besondere geschmackliche Fähigkeiten zugesprochen werden. Wir können diese Wahrscheinlichkeit für einen Fehler 1. Art verkleinern, indem wir den Wert 14 vergrößern und z. B. erst eine Entscheidung für $H_1$ treffen, wenn mindestens 15 oder sogar mindestens 16 von 20 Tassen-Paaren richtig zugeordnet werden. So ist etwa $\mathbb{P}_{0.5}(T_{20} \geq 15) \approx 0.0207$ und $\mathbb{P}_{0.5}(T_{20} \geq 16) \approx 0.0059$. Die Frage, ab welcher Mindesttrefferanzahl man $H_0$ verwerfen sollte, hängt von den Konsequenzen eines Fehlers 1. Art ab. Im vorliegenden Fall bestünde z. B. die Gefahr einer gesellschaftlichen Bloßstellung der Lady bei einem weiteren Geschmackstest, wenn man ihr Fähigkeiten zubilligt, die sie gar nicht besitzt. Abb. 7.12 zeigt, dass aufgrund der Monotonie der Funktion $g_{20,14}$ mit einer größeren Trefferwahrscheinlichkeit $\vartheta$ der Lady plausiblerweise auch die Wahrscheinlichkeit wächst, mindestens 14 Treffer in 20 Versuchen zu erzielen. Ist etwa $\vartheta = 0.9$, so gelangen wir bei obigem Verfahren mit der Wahrscheinlichkeit $g_{20,14}(0.9) = 0.997\ldots$ zur richtigen Antwort „$H_1$ trifft zu", entscheiden uns also nur mit der sehr kleinen Wahrscheinlichkeit $0.002\ldots$ fälschlicherweise für $H_0$. Beträgt $\vartheta$ hingegen nur 0.7, so gelangen wir mit der Wahrscheinlichkeit $1 - g_{20,14}(0.7) = \mathbb{P}_{0.7}(T_{20} \leq 13) = 0.392$ zur falschen Entscheidung „$H_0$ gilt". Die Wahrscheinlichkeit, fälschlicherweise für $H_0$ zu entscheiden, d. h. tatsächlich vorhandene geschmackliche Fähigkeiten abzusprechen, hängt also stark davon ab, wie

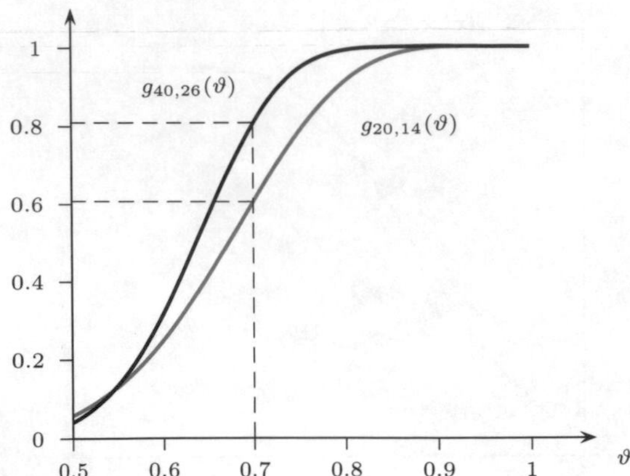


**Abb. 7.13** Gütefunktionen $g_{20,14}$ und $g_{40,26}$

groß diese Fähigkeiten in Form der Trefferwahrscheinlichkeit $\vartheta$ wirklich sind.

Um der Lady eine Chance zu geben, auch im Fall $\vartheta = 0.7$ ein Ergebnis zu erreichen, das der Hypothese des bloßen Ratens deutlich widerspricht, müssen wir die Anzahl $n$ der Tassenpaare vergrößern. Wählen wir etwa $n = 40$ Paare und lehnen $H_0$ ab, falls mindestens $k = 26$ Treffer erzielt werden, so ist die Wahrscheinlichkeit einer fälschlichen Ablehnung von $H_0$ wegen $\mathbb{P}_{0.5}(T_{40} \geq 26) = 0.0403\ldots$ im Vergleich zum bisherigen Verfahren etwas kleiner geworden.

Abb. 7.13 zeigt die Gütefunktionen $g_{20,14}$ und $g_{40,26}$. Durch Verdoppelung der Versuchsanzahl von 20 auf 40 hat sich offenbar die Wahrscheinlichkeit für eine richtige Entscheidung im Fall $\vartheta = 0.7$ von 0.608 auf über 0.8 erhöht. ◀

Anhand dieses Beispiels wurde klar, dass Fehler erster und zweiter Art bei einem Test unterschiedliche Auswirkungen haben können. Zur Konstruktion vernünftiger Tests hat sich eingebürgert, die Wahrscheinlichkeit eines Fehlers erster Art einer Kontrolle zu unterwerfen. Die Konsequenzen dieses Ansatzes werden wir gleich beleuchten.

**Definition eines Tests zum Niveau $\alpha$**

Es sei $\alpha \in (0, 1)$. Ein Test $\mathbb{1}_{\mathcal{K}}$ für $H_0 : \vartheta \in \Theta_0$ gegen $H_1 : \vartheta \in \Theta_1$ heißt **Test zum Niveau $\alpha$** oder **Niveau-$\alpha$-Test**, falls gilt:

$$g_{\mathcal{K}}(\vartheta) \leq \alpha \quad \text{für jedes } \vartheta \in \Theta_0. \tag{7.46}$$

**Kommentar** Durch Beschränkung auf Niveau-$\alpha$-Tests wird erreicht, dass die Hypothese $H_0$ *im Fall ihrer Gültigkeit* auf die Dauer (d. h. bei oftmaliger Durchführung unter unabhängigen gleichartigen Bedingungen) in höchstens $\alpha \cdot 100\%$ aller Fälle verworfen wird. Man beachte, dass bei dieser Vorgehensweise ein Fehler erster Art im Vergleich zum Fehler zweiter Art als schwerwiegender erachtet wird und deshalb mittels (7.46) kontrolliert werden soll. Dementsprechend muss in einer praktischen Situation die Wahl von $H_0$ und $H_1$ (diese sind rein formal austauschbar!) anhand sachlogischer Überlegungen erfolgen.

Um einen sinnvollen Niveau-$\alpha$-Test mit kritischem Bereich $\mathcal{K}$ für $H_0$ gegen $H_1$ zu konstruieren liegt es nahe, $\mathcal{K}$ (im Fall eines endlichen Stichprobenraums $\mathcal{X}$) aus denjenigen Stichprobenwerten in $\mathcal{X}$ zu bilden, die unter $H_0$ am unwahrscheinlichsten und somit am wenigsten glaubhaft sind. Dieser Gedanke lag bereits dem bei der tea tasting lady gemachten Ansatz zugrunde.

Es ist üblich, $\alpha$ im Bereich $0.01 \leq \alpha \leq 0.1$ zu wählen. Führt ein Niveau $\alpha$-Test für das Testproblem $H_0$ gegen $H_1$ mit solch kleinem $\alpha$ zur Ablehnung von $H_0$, so erlauben die beobachteten Daten begründete Zweifel an $H_0$, da sich das Testergebnis unter dieser Hypothese nur mit einer Wahrscheinlichkeit von höchstens $\alpha$ eingestellt hätte. Hier sind auch die Sprechweisen *die Ablehnung von $H_0$ ist signifikant zum Niveau $\alpha$* bzw. *die Daten stehen auf dem $\alpha \cdot 100\%$-Niveau im Widerspruch zu $H_0$* üblich. Der Wert $1 - \alpha$ wird häufig als die *statistische Sicherheit* des Urteils „Ablehnung von $H_0$" bezeichnet.

Ergibt der Test hingegen das Resultat „$H_0$ wird nicht verworfen", so bedeutet dies nur, dass die Beobachtung $x$ bei einer zugelassenen Wahrscheinlichkeit $\alpha$ für einen Fehler erster Art nicht im Widerspruch zu $H_0$ steht. Formulierungen wie „$H_0$ ist verifiziert" oder „$H_0$ ist validiert" sind hier völlig fehl am Platze. Sie suggerieren, dass man im Falle des Nicht-Verwerfens von $H_0$ die Gültigkeit von $H_0$ „bewiesen" hätte, was jedoch blanker Unsinn ist! ◀

**Beispiel (Zweiseitiger Binomialtest)** Sind $X_1, \ldots, X_n$ unabhängige und je $\text{Bin}(1, \vartheta)$-verteilte Zufallsvariablen, so prüft man bei einem *einseitigen Binomialtest* eine Hypothese der Form $H_0 : \vartheta \leq \vartheta_0$ (bzw. $\vartheta \geq \vartheta_0$) gegen die *einseitige Alternative* $H_1 : \vartheta > \vartheta_0$ (bzw. $\vartheta < \vartheta_0$). Dabei kann wie im Fall der *tea tasting lady* die Hypothese auch aus einem Parameterwert bestehen.

Im Gegensatz dazu spricht man von einem *zweiseitigen Binomialtest*, wenn eine Hypothese der Form $H_0^* : \vartheta = \vartheta_0$ gegen die *zweiseitige Alternative* $H_1^* : \vartheta \neq \vartheta_0$ geprüft werden soll. Der wichtigste Spezialfall ist hier das Testen auf Gleichwahrscheinlichkeit zweier sich ausschließender Ereignisse, also der Fall $\vartheta_0 = 1/2$.

Da im Vergleich zu der unter $H_0^* : \vartheta = \vartheta_0$ zu erwartenden Trefferanzahl sowohl zu große als auch zu kleine Werte von $\sum_{j=1}^n X_j$ für die Gültigkeit von $H_1$ sprechen, verwendet man beim zweiseitigen Binomialtest einen *zweiseitigen kritischen Bereich*, d. h. eine Teilmenge $\mathcal{K}$ des Stichprobenraumes $\{0, 1, \ldots, n\}$ der Form $\mathcal{K} = \{0, 1, \ldots, \ell\} \cup \{k, k+1, \ldots, n\}$ mit $\ell < k$. Die Hypothese $H_0^* : \vartheta = \vartheta_0$ wird abgelehnt, wenn höchstens $\ell$ oder mindestens $k$ Treffer aufgetreten sind.

Im Spezialfall $\vartheta_0 = 1/2$ hat die zufällige Trefferanzahl $S_n$ unter $H_0^*$ die symmetrische Binomialverteilung $\text{Bin}(n, 1/2)$. Plausiblerweise wählt man dann auch den kritischen Bereich symmetrisch zum Erwartungswert $n/2$ und setzt $\ell := n - k$. Dieser Test hat die Gütefunktion

$$g_{n,k}^*(\vartheta) = \sum_{j=k}^{n} \binom{n}{j} \vartheta^j (1-\vartheta)^{n-j} + \sum_{j=0}^{\ell} \binom{n}{j} \vartheta^j (1-\vartheta)^{n-j},$$

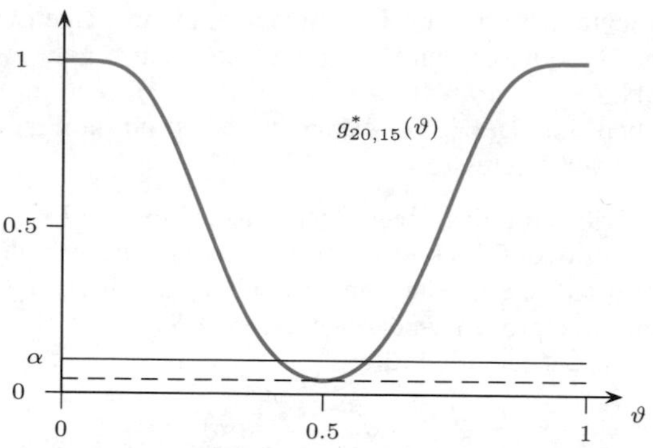


**Abb. 7.14** Gütefunktion beim zweiseitigen Binomialtest

und seine Wahrscheinlichkeit für einen Fehler 1. Art ist

$$g^*_{n,k}(1/2) = 2\left(\frac{1}{2}\right)^n \cdot \sum_{j=k}^{n} \binom{n}{j}.$$

Man bestimmt den kleinsten Wert $k$ mit der Eigenschaft $g^*_{n,k}(1/2) \leq \alpha$, indem man beim Stabdiagramm der Verteilung $\mathrm{Bin}(n, 1/2)$ so lange von *beiden* Seiten her kommend Wahrscheinlichkeitsmasse für den kritischen Bereich auszeichnet, wie jeweils der Wert $\alpha/2$ nicht überschritten wird. Im Zahlenbeispiel $n = 20$, $\alpha = 0.1$ ergibt sich der Wert $k = 15$, vgl. Abb. 7.5. Abb. 7.14 zeigt die Gütefunktion zu diesem Test.

Zusätzlich wurden in Abb. 7.14 zwei Niveaulinien eingezeichnet, und zwar einmal in der Höhe $\alpha = 0.1$ und zum anderen in der Höhe $0.0414 = g^*_{20,15}(0.5)$. Obwohl die zugelassene Wahrscheinlichkeit für einen Fehler erster Art gleich 0.1 und dieser Test somit ein Test zu diesem Niveau ist, ist seine tatsächliche Wahrscheinlichkeit für einen solchen Fehler viel geringer, nämlich nur 0.0414. Er ist also auch ein Test zu diesem Niveau. ◀

**Beispiel (Einseitiger Gauß-Test)** Es seien $X_1, \ldots, X_n$ unabhängige Zufallsvariablen mit gleicher Normalverteilung $\mathrm{N}(\mu, \sigma^2)$, wobei $\sigma^2$ *bekannt* und $\mu$ unbekannt sei. Weiter sei $\mu_0$ ein gegebener Wert. Der *einseitige Gauß-Test* prüft die Hypothese $H_0 : \mu \leq \mu_0$ gegen die Alternative $H_1 : \mu > \mu_0$ und verwendet hierfür die Teststatistik

$$T_n := \frac{\sqrt{n}(\overline{X}_n - \mu_0)}{\sigma}. \tag{7.47}$$

Lehnt man $H_0$ genau dann ab, wenn $T_n \geq \Phi^{-1}(1-\alpha)$ gilt (zur Erinnerung: $\Phi$ ist die Verteilungsfunktion der Normalverteilung $\mathrm{N}(0, 1)$), so besitzt dieser Test das Niveau $\alpha$, und seine mit $g_n(\mu) := \mathbb{P}_\mu(T_n \geq \Phi^{-1}(1-\alpha))$, $\mu \in \mathbb{R}$, bezeichnete Gütefunktion ist durch

$$g_n(\mu) = 1 - \Phi\left(\Phi^{-1}(1-\alpha) - \frac{\sqrt{n}(\mu - \mu_0)}{\sigma}\right), \tag{7.48}$$

$\mu \in \mathbb{R}$, gegeben (Aufgabe 7.41). Abb. 7.15 zeigt den Graphen dieser Gütefunktion für verschiedene Werte von $n$.

Natürlich kann die Teststatistik $T_n$ auch zur Prüfung der Hypothese $H_0 : \mu \geq \mu_0$ gegen die Alternative $H_1 : \mu < \mu_0$

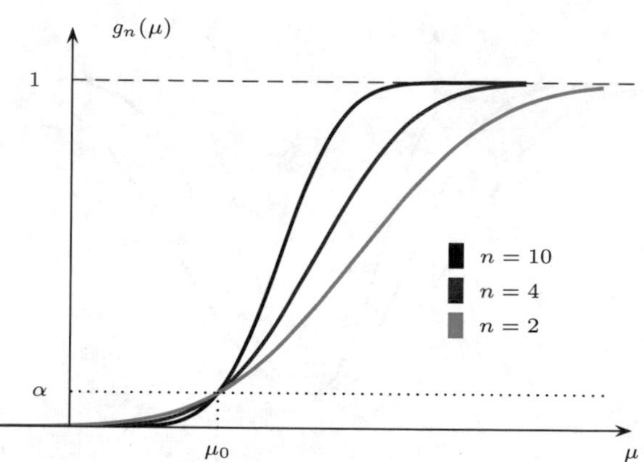


**Abb. 7.15** Gütefunktion des einseitigen Gauß-Tests für verschiedene Stichprobenumfänge

verwendet werden. Ablehnung von $H_0$ erfolgt hier, falls $T_n \leq -\Phi^{-1}(1-\alpha)$ gilt. Der Graph der Gütefunktion dieses Tests ergibt sich durch Spiegelung des in Abb. 7.15 dargestellten Graphen an der durch den Punkt $(\mu_0, \alpha)$ verlaufenden, zur Ordinate parallelen Geraden. Ob die Hypothese $\mu \leq \mu_0$ oder die Hypothese $\mu \geq \mu_0$ getestet wird, hängt ganz von der konkreten Fragestellung ab, siehe etwa das Beispiel zum Konsumenten- und Produzenten-Risiko. ◀

**Beispiel (Zweiseitiger Gauß-Test)** Analog zum zweiseitigen Binomialtest entsteht der *zweiseitige Gauß-Test*, wenn in der Situation des vorigen Beispiels

$$H_0^* : \mu = \mu_0 \quad \text{gegen} \quad H_1^* : \mu \neq \mu_0$$

getestet werden soll. Bei der hier vorliegenden *zweiseitigen* Alternative $H_1^*$ möchte man sich gegenüber Werten von $\mu$ absichern, die größer oder kleiner als $\mu_0$ sind.

Als Prüfgröße dient wie bisher die in (7.47) definierte Statistik $T_n$. Im Unterschied zum einseitigen Gauß-Test wird $H_0^*$ zum Niveau $\alpha$ genau dann abgelehnt, wenn

$$|T_n| \geq \Phi^{-1}\left(1 - \frac{\alpha}{2}\right)$$

gilt. Gleichbedeutend hiermit ist das Bestehen mindestens einer der beiden Ungleichungen

$$\overline{X}_n \geq \mu_0 + \frac{\sigma\,\Phi^{-1}(1-\alpha/2)}{\sqrt{n}}, \qquad \overline{X}_n \leq \mu_0 - \frac{\sigma\,\Phi^{-1}(1-\alpha/2)}{\sqrt{n}}.$$

Die Gütefunktion $g_n^*(\mu) := \mathbb{P}_\mu(H_0^* \text{ ablehnen})$ des zweiseitigen Gauß-Tests ist durch

$$\begin{aligned} g_n^*(\mu) &= 2 - \Phi\left(\Phi^{-1}\left(1-\frac{\alpha}{2}\right) + \frac{\sqrt{n}(\mu-\mu_0)}{\sigma}\right) \\ &= -\Phi\left(\Phi^{-1}\left(1-\frac{\alpha}{2}\right) - \frac{\sqrt{n}(\mu-\mu_0)}{\sigma}\right) \end{aligned} \tag{7.49}$$

gegeben (Aufgabe 7.41). Abb. 7.16 zeigt die Gestalt dieser Gütefunktion für verschiedene Stichprobenumfänge. Man beachte die Ähnlichkeit mit der in Abb. 7.14 dargestellten Gütefunktion des zweiseitigen Binomialtests. ◀

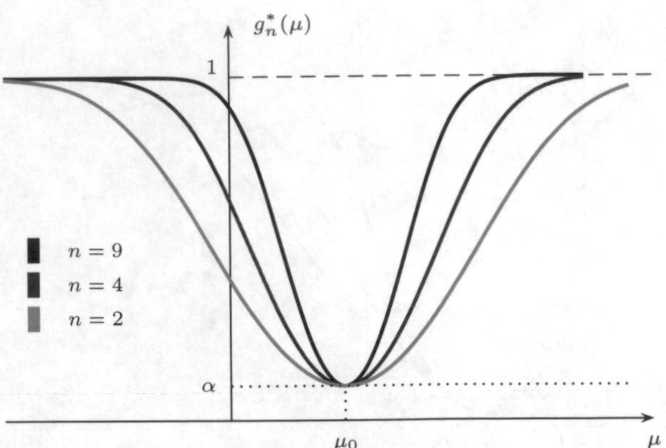


**Abb. 7.16** Gütefunktion des zweiseitigen Gauß-Tests für verschiedene Stichprobenumfänge

Wie das folgende Beispiel zeigt, hängt es ganz von der Fragestellung ab, ob der Gauß-Test ein- oder zweiseitig durchgeführt wird.

**Beispiel (Konsumenten- und Produzentenrisiko)** Eine Abfüllmaschine für Milchflaschen ist so konstruiert, dass die zufällige Abfüllmenge $X$ (gemessen in ml) angenähert als $\mathrm{N}(\mu, \sigma^2)$-verteilt angenommen werden kann. Dabei gilt $\sigma = 2$. Mithilfe einer Stichprobe soll überprüft werden, ob die Maschine im Mittel mindestens 1 l einfüllt, also $\mu \geq 1\,000$ ml gilt. Das *Produzentenrisiko* besteht darin, dass $\mu > 1\,000$ ml gilt, denn dann würde systematisch im Mittel mehr eingefüllt, als nötig wäre. Im Gegensatz dazu handelt es sich beim *Konsumentenrisiko* um die Möglichkeit, dass die Maschine zu niedrig eingestellt ist, also $\mu < 1\,000$ ml gilt. Möchte eine Verbraucherorganisation dem Hersteller statistisch nachweisen, dass die Maschine zu niedrig eingestellt ist, so testet sie unter Verwendung der Prüfgröße (7.47) die Hypothese $H_0 : \mu \geq 1\,000$ gegen die Alternative $H_1 : \mu < 1\,000$. Lehnt der Test die Hypothese $H_0$ zum Niveau $\alpha$ ab, so ist man bei kleinem $\alpha$ praktisch sicher, dass die Maschine zu niedrig eingestellt ist. Prüft man in dieser Situation die Hypothese $H_0^* : \mu = \mu_0$ gegen die zweiseitige Alternative $H_1^* : \mu \neq \mu_0$, so möchte man testen, ob die Maschine richtig eingestellt ist, wobei sowohl systematische Abweichungen nach oben und nach unten entdeckt werden sollen. Ein einseitiger Test sollte nur verwendet werden, wenn vor der Datenerhebung klar ist, ob man sich gegenüber großen oder kleinen Werten von $\mu$ im Vergleich zu $\mu_0$ absichern will. Andernfalls erschleicht man sich Signifikanz. ◀

## Der Ein-Stichproben-$t$-Test prüft Hypothesen über den Erwartungswert einer Normalverteilung bei unbekannter Varianz

Wir legen jetzt ein statistisches Modell mit unabhängigen und je $\mathrm{N}(\mu, \sigma^2)$-verteilten Zufallsvariablen zugrunde, wobei $\mu$ und $\sigma^2$ *(beide) unbekannt sind.* Zu prüfen sei wieder

$$H_0 : \mu \leq \mu_0 \text{ gegen } H_1 : \mu > \mu_0. \tag{7.50}$$

Man beachte, dass hier im Unterschied zum einseitigen Gauß-Test der Hypothesen- und Alternativenbereich durch $\Theta_0 := \{(\mu, \sigma^2) \mid \mu \leq \mu_0, \sigma^2 > 0\}$ bzw. $\Theta_1 := \{(\mu, \sigma^2) \mid \mu > \mu_0, \sigma^2 > 0\}$ gegeben sind. Der „Stör"-Parameter $\sigma^2$ ist für die Fragestellung nicht von Interesse.

Es liegt nahe, für das obige Testproblem die in (7.47) definierte Prüfgröße $T_n$ des Gauß-Tests zu *studentisieren* und die im Nenner auftretende Standardabweichung durch die in (7.32) definierte Stichprobenstandardabweichung $S_n$ zu ersetzen. Auf diese Weise entsteht die Prüfgröße

$$T_n := \frac{\sqrt{n}\,(\overline{X}_n - \mu_0)}{S_n} \tag{7.51}$$

des *Ein-Stichproben-t-Tests.* Da nur große Werte von $T_n$ gegen $H_0$ sprechen, würde man die Hypothese ablehnen, wenn $T_n$ einen noch festzulegenden kritischen Wert überschreitet. Die Darstellung

$$T_n = \frac{\sqrt{n}\,(\overline{X}_n - \mu)}{S_n} + \frac{\sqrt{n}\,(\mu - \mu_0)}{S_n} \tag{7.52}$$

zeigt, wie der kritische Wert gewählt werden muss, wenn der Test ein vorgegebenes Niveau $\alpha$ besitzen soll. Ist $\mu = \mu_0$, so hat $T_n$ nach dem Satz von Student eine $t_{n-1}$-Verteilung. Ist $\mu$ der wahre Erwartungswert, so hat der erste Summand in (7.52) eine $t_{n-1}$-Verteilung. Da der zweite für $\mu < \mu_0$ negativ ist, ergibt sich für solche $\mu$

$$\begin{aligned}\mathbb{P}_{\mu,\sigma^2}(T_n \geq t_{n-1;1-\alpha}) &\leq \mathbb{P}_{\mu,\sigma^2}\left(\frac{\sqrt{n}(\overline{X}_n - \mu)}{S_n} \geq t_{n-1;1-\alpha}\right)\\ &= \alpha.\end{aligned}$$

Also gilt $\mathbb{P}_\vartheta(T_n \geq t_{n-1;1-\alpha}) \leq \alpha$ für jedes $\vartheta = (\mu, \sigma^2) \in \Theta_0$, und somit hat der Test, der $H_0$ genau dann ablehnt, wenn $T_n \geq t_{n-1,1-\alpha}$ gilt, das Niveau $\alpha$. Die Gütefunktion

$$g_n(\vartheta) = \mathbb{P}_\vartheta(T_n \geq t_{n-1;1-\alpha}), \quad \vartheta \in \Theta, \tag{7.53}$$

dieses Tests hängt von $n$, $\mu_0$ und $\vartheta = (\mu, \sigma^2)$ nur über $\delta := \sqrt{n}(\mu - \mu_0)/\sigma$ ab und führt auf die *nichtzentrale t-Verteilung*, siehe Übungsaufgabe 7.7.

Soll die Hypothese

$$H_0^* : \mu = \mu_0 \quad \text{gegen die Alternative} \quad H_1^* : \mu \neq \mu_0$$

getestet werden, so erfolgt Ablehnung von $H_0^*$ genau dann, wenn $|T_n| \geq t_{n-1;1-\alpha/2}$ gilt. Da $T_n$ im Fall $\mu = \mu_0$ die $t_{n-1}$-Verteilung besitzt, hat dieser Test das Niveau $\alpha$.

**Beispiel** Nach der Fertigpackungsverordnung von 1981 dürfen nach Gewicht oder Volumen gekennzeichnete Fertigpackungen gleicher Nennfüllmenge nur so hergestellt werden, dass die Füllmenge im Mittel die Nennfüllmenge nicht unterschreitet und eine in Abhängigkeit von der Nennfüllmenge festgelegte Minusabweichung von der Nennfüllmenge nicht überschreitet. Letztere beträgt bei einer Nennfüllmenge von einem Liter 15 ml; sie darf nur von höchstens 2 % der Fertigpackungen überschritten werden. Fertigpackungen müssen regelmäßig überprüft wer-

## Unter der Lupe: Typische Fehler im Umgang mit statistischen Tests

Über Wahrscheinlichkeiten von Hypothesen, Datenschnuppern und Signifikanzerschleichung.

Ein oft begangener Fehler im Umgang mit Tests ist der fälschliche Rückschluss vom Testergebnis auf die „Wahrscheinlichkeit, dass $H_0$ bzw. $H_1$ gilt". Ergibt ein Niveau-$\alpha$-Test die Ablehnung von $H_0$ aufgrund von $x \in \mathcal{X}$, so ist eine Formulierung wie „Die Wahrscheinlichkeit ist höchstens $\alpha$, dass aufgrund des Testergebnisses die Hypothese $H_0$ zutrifft" sinnlos, da das Signifikanzniveau *nicht* angibt, mit welcher Wahrscheinlichkeit eine aufgrund einer Beobachtung $x$ getroffene Entscheidung falsch ist, vgl. hierzu die Übungsaufgaben 7.3, 7.4 und 7.5. Das Signifikanzniveau $\alpha$ charakterisiert nur in dem Sinne das Testverfahren, dass *bei Unterstellung der Gültigkeit von* $H_0$ die Wahrscheinlichkeit für eine Ablehnung von $H_0$ höchstens $\alpha$ ist.

Führt man etwa einen Test zum Niveau 0.05 unter unabhängigen gleichartigen Bedingungen 1 000-mal durch, so wird sich *für den Fall, dass die Hypothese* $H_0$ *gilt*, in etwa 50 Fällen ein signifikantes Ergebnis, also eine Ablehnung von $H_0$, einstellen. In jedem *dieser* ca. 50 Fälle wurde *mit Sicherheit* eine falsche Entscheidung getroffen. Diese Sicherheit war aber nur vorhanden, weil wir a priori die Gültigkeit von $H_0$ für alle 1 000 Testläufe unterstellt hatten! In gleicher Weise wird sich *bei Unterstellung der Alternative* $H_1$ in 1 000 unabhängigen Testdurchführungen ein gewisser Prozentsatz von signifikanten Ergebnissen, also Ablehnungen von $H_0$, einstellen. Hier hat man in jedem *dieser* Fälle mit Sicherheit eine richtige Entscheidung getroffen, weil die Gültigkeit von $H_1$ angenommen wurde. In der Praxis weiß man aber nicht, ob $H_0$ oder $H_1$ zutrifft, da man sich sonst die Testdurchführung ersparen könnte.

Es ist ferner vom Grundprinzip statistischer Tests her unzulässig, Hypothesen, die im Rahmen eines „Schnupperns" in Daten gewonnen wurden, anhand *dieser* Daten zu testen. Der Test kann dann nur dem Wunsch des Hypothesen-Formulierers entsprechend antworten. Haben sich z. B. in einer Bernoulli-Kette mit unbekannter Trefferwahrscheinlichkeit $\vartheta$ in 100 Versuchen 60 Treffer ergeben, so muss die Hypothese $H_0 : \vartheta = 0.6$ anhand „unvoreingenommener", unter denselben Bedingungen gewonnener Daten geprüft werden.

Problematisch im Umgang mit Tests ist auch, dass fast nur signifikante Ergebnisse veröffentlicht werden, da man die anderen als uninteressant einstuft. Der damit einhergehende *Verzerrungs-Effekt* des Verschweigens nichtsignifikanter Ergebnisse wird *publication bias* genannt. Auf der Jagd nach Signifikanz wird manchmal auch verzweifelt nach einem Test gesucht, der gegebenen Daten diese höhere Weihe erteilt (für kompliziertere, hier nicht behandelte Testprobleme existieren häufig mehrere Tests, die jeweils zur „Aufdeckung bestimmter Alternativen" besonders geeignet sind). Hat man etwa nach neun vergeblichen Anläufen endlich einen solchen Test gefunden, so ist es ein dreistes Erschleichen von Signifikanz, das Nichtablehnen der Hypothese durch die neun anderen Tests zu verschweigen.

## Unter der Lupe: Ein- oder zweiseitiger Test?

Legt man die Richtung eines einseitigen Tests nach Erhebung der Daten fest, so täuscht man Signifikanz vor.

Die Abbildung zeigt die Gütefunktionen des einseitigen Gauß-Tests der Hypothese $H_0 : \mu \le \mu_0$ gegen die Alternative $H_1 : \mu > \mu_0$ (blau) und des zweiseitigen Gauß-Tests der Hypothese $H_0^* : \mu = \mu_0$ gegen die Alternative $H_1^* : \mu \neq \mu_0$ zum gleichen Niveau $\alpha$ und zum gleichem Stichprobenumfang $n$.

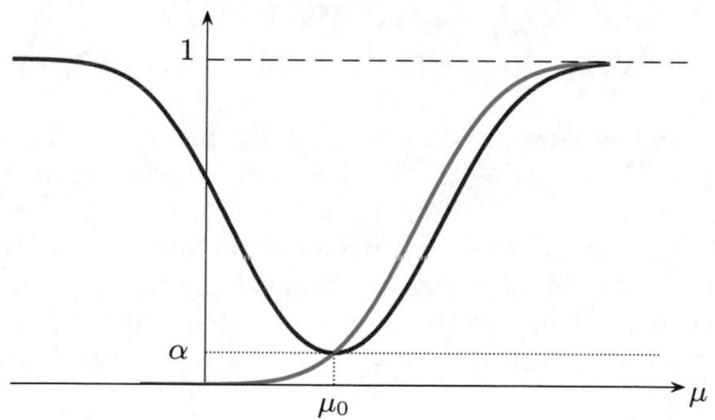


Gütefunktionen des ein- und zweiseitigen Gauß-Tests bei gleichem Stichprobenumfang

Es ist nicht verwunderlich, dass der einseitige Test Alternativen $\mu > \mu_0$ mit größerer Wahrscheinlichkeit erkennt und somit leichter zu einem signifikanten Resultat kommt als der zweiseitige Test, der im Hinblick auf die zweiseitige Alternative $\mu \neq \mu_0$ hin konzipiert wurde. Der zweiseitige Test lehnt ja die Hypothese $\mu = \mu_0$ „erst" ab, wenn die Ungleichung $|T_n| \ge \Phi^{-1}(1-\alpha/2)$ erfüllt ist. Der einseitige Test mit oberem Ablehnbereich kommt jedoch schon im Fall $T_n \ge \Phi^{-1}(1-\alpha)$ zu einer Ablehnung der Nullhypothese. In gleicher Weise lehnt der Test mit unterem Ablehnbereich die Hypothese $\mu = \mu_0$ (sogar: $\mu \ge \mu_0$) zugunsten der Alternative $\mu < \mu_0$ ab, wenn $T_n \le -\Phi^{-1}(1-\alpha)$ gilt. Wenn man also nach Beobachtung der Teststatistik $T_n$ die Richtung der Alternative festlegt und sich gegen $H_0^* : \mu = \mu_0$ entscheidet, wenn $|T_n| \ge \Phi^{-1}(1-\alpha)$ gilt, so hat man de facto einen zweiseitigen Test zum Niveau $2\alpha$ durchgeführt. Das Testergebnis ist also in Wirklichkeit weniger signifikant.

### Unter der Lupe: Der $p$-Wert

Es liege ein statistisches Modell $(\mathcal{X}, \mathcal{B}, (\mathbb{P}_\vartheta)_{\vartheta\in\Theta})$ vor, wobei die Hypothese $H_0 : \vartheta \in \Theta_0$ gegen die Alternative $H_1 : \vartheta \in \Theta_1$ getestet werden soll. Die Testentscheidung gründe auf einer Prüfgröße $T : \mathcal{X} \to \mathbb{R}$. Dabei erfolge eine Ablehnung von $H_0$ für *große* Werte von $T$.

Anstatt einen Höchstwert $\alpha$ für die Wahrscheinlichkeit eines Fehlers erster Art festzulegen und dann den kritischen Wert für $T$ zu wählen, stellen Statistik-Programmpakete meist einen sog. *p-Wert* $p(x)$ zur Beobachtung $x \in \mathcal{X}$ bereit. Hierzu beachte man, dass bei Wahl von $c$ als kritischem Wert

$$\alpha(c) := \sup_{\vartheta\in\Theta_0} \mathbb{P}_\vartheta(T \geq c) \tag{7.54}$$

die kleinste Zahl $\alpha$ ist, für die dieser Test noch das Niveau $\alpha$ besitzt.

Der **$p$-Wert $p(x)$ zu $x \in \mathcal{X}$** ist durch $\alpha(T(x))$ definiert. Er liefert sofort eine Anweisung an jemanden, der einen Test zum Niveau $\alpha$ durchführen möchte: Ist $p(x) \leq \alpha$, so lehnt man $H_0$ ab, andernfalls erhebt man keinen Einwand gegen $H_0$.

Als Beispiel betrachten wir einen einseitigen Binomialtest der Hypothese $H_0 : \vartheta \in \Theta_0 := (0, \vartheta_0]$ gegen die Alternative $H_1 : \vartheta \in \Theta_1 := (\vartheta_0, 1)$, der auf Realisierungen $x_1, \ldots, x_n$ von unabhängigen und je Bin$(1, \vartheta)$-verteilten Zufallsvariablen $X_1, \ldots, X_n$ gründet. Die Prüfgröße $T$ ist $T(x_1, \ldots, x_n) = x_1 + \ldots + x_n$. Da $\mathbb{P}_\vartheta(T \geq c)$ nach Aufgabe 7.38 a) monoton in $\vartheta$ wächst, wird das Supremum in (7.54) für $\vartheta = \vartheta_0$ angenommen, und der $p$-Wert zu $x = (x_1, \ldots, x_n)$ ist

$$p(x) = \mathbb{P}_{\vartheta_0}(T \geq T(x)) = \sum_{j=T(x)}^{n} \binom{n}{j} \vartheta_0^j (1-\vartheta_0)^{n-j}.$$

Setzen wir speziell $\vartheta_0 = 0.5$ und $n = 20$ sowie $T(x) = 13$, so folgt $p(x) = 0.0576$, vgl. das Beispiel der tea tasting lady zu Abb. 7.13.

Wird in obiger Situation $H_0 : \vartheta = 1/2$ gegen $H_1 : \vartheta \neq 1/2$ getestet und die Prüfgröße $T(x) = |x_1 + \ldots + x_n - n/2|$ gewählt, so ist der $p$-Wert zu $x$ gleich

$$p(x) = \mathbb{P}_{0.5}(T \geq T(x)) = \left(\frac{1}{2}\right)^{n-1} \sum_{j=n/2+T(x)}^{n} \binom{n}{j}.$$

Problematisch an der Verwendung von $p$-Werten ist u. a., dass sie leicht missverstanden werden. So wäre es ein großer Irrtum zu glauben, dass etwa im Falle $p(x) = 0.017$ die Hypothese $H_0$ „mit der Wahrscheinlichkeit 0.017 richtig sei" (s. auch die Unter-der-Lupe-Box zu typischen Fehlern im Umgang mit statistischen Tests).

den. Diese Überprüfung besteht zunächst aus der Feststellung der sog. *Losgröße*, also der Gesamtmenge der Fertigpackungen gleicher Nennfüllmenge, gleicher Aufmachung und gleicher Herstellung, die am selben Ort abgefüllt sind.

Aus einem Los wird dann eine Zufallsstichprobe vom Umfang $n$ entnommen, wobei $n$ in Abhängigkeit von der Losgröße festgelegt ist. So gilt etwa $n = 13$, wenn die Losgröße zwischen 501 und 3 200 liegt. Die Vorschriften über die mittlere Füllmenge sind erfüllt, wenn der festgestellte Mittelwert $\overline{x}_n$ der amtlich gemessenen Füllmengen $x_1, \ldots, x_n$, vermehrt um den Betrag $k\, s_n$, mindestens gleich der Nennfüllmenge ist. Dabei ist $s_n$ die Stichprobenstandardabweichung, und $k$ wird für die Stichprobenumfänge 8, 13 und 20 (diese entsprechen Losgrößen zwischen 100 und 500, 501 bis 3 200 und größer als 3 200) zu $k = 1.237$, $k = 0.847$ und $k = 0.640$ festgelegt. Ein Vergleich mit Tab. 7.2 zeigt, dass $k$ durch

$$k := \frac{t_{n-1;0.995}}{\sqrt{n}}$$

gegeben ist. Schreiben wir $\mu_0$ für die Nennfüllmenge und $\mu$ für die mittlere Füllmenge, so zeigt die beschriebene Vorgehensweise, dass die zufallsbehaftete Füllmenge als $\mathrm{N}(\mu, \sigma^2)$-normalverteilt betrachtet wird, wobei $\sigma^2$ unbekannt ist. Da man die Vorschriften über die mittlere Füllmenge $\mu$ als erfüllt betrachtet, wenn die Ungleichung

$$\overline{x}_n \geq \mu_0 + \frac{t_{n-1;0.995}}{\sqrt{n}}\, s_n$$

gilt, bedeutet die amtliche Prüfung, dass ein einseitiger $t$-Test der Hypothese $H_0 : \mu \leq \mu_0$ gegen die Alternative $H_1 : \mu > \mu_0$ zum Niveau $\alpha = 0.005$ durchgeführt wird. ◀

## Der Zwei-Stichproben-$t$-Test prüft auf Gleichheit der Erwartungswerte von Normalverteilungen mit unbekannter Varianz

Wir nehmen jetzt an, dass $X_1, \ldots, X_m$ und $Y_1, \ldots, Y_n$ unabhängige Zufallsvariablen mit den Normalverteilungen $X_i \sim \mathrm{N}(\mu, \sigma^2)$, $i = 1, \ldots, m$, und $Y_j \sim \mathrm{N}(\nu, \sigma^2)$, $j = 1, \ldots, n$, sind. Die Parameter $\mu$, $\nu$ und $\sigma^2$ sind unbekannt. In dieser Situation prüft der *Zwei-Stichproben-t-Test* die Hypothese $H_0 : \mu \leq \nu$ gegen die Alternative $H_1 : \mu > \nu$ (einseitiger Test) bzw. $H_0^* : \mu = \nu$ gegen $H_1^* : \mu \neq \nu$ (zweiseitiger Test). Die Prüfgröße ist

$$T_{m,n} = \frac{\sqrt{\frac{mn}{m+n}}(\overline{X}_m - \overline{Y}_n)}{S_{m,n}}$$

mit $S^2_{m,n}$ wie in (7.38). Nach (7.41) hat $T_{m,n}$ im Fall $\mu = \nu$ (unabhängig von $\sigma^2$) eine $t_{m+n-2}$-Verteilung.

Hiermit ist klar, dass der zweiseitige Zwei-Stichproben-$t$-Test $H_0^* : \mu = \nu$ genau dann zum Niveau $\alpha$ ablehnt, wenn

$$|T_{m,n}| \geq t_{m+n-2;1-\alpha/2}$$

gilt. Andernfalls besteht kein Einwand gegen $H_0^*$.

Der *einseitige Zwei-Stichproben-t-Test* lehnt $H_0 : \mu \leq \nu$ zugunsten von $H_1 : \mu > \nu$ ab, wenn $T_{m,n} \geq t_{m+n-2;1-\alpha}$ gilt. Analog testet man $H_0 : \mu \geq \nu$ gegen $H_1 : \mu < \nu$. Dieser Test ist ein Test zum Niveau $\alpha$, denn wegen

$$T_{m,n} = \frac{\frac{\sqrt{\frac{mn}{m+n}}(\overline{X}_m - \overline{Y}_n - (\mu-\nu))}{\sigma} + \delta}{\frac{S_{m,n}}{\sigma}}$$

mit

$$\delta = \sqrt{\frac{mn}{m+n}} \cdot \frac{\mu - \nu}{\sigma}$$

wächst seine Gütefunktion streng monoton in $\delta$. Nach Aufgabe 7.7 hat $T_{m,n}$ unter $\mathbb{P}_\vartheta$, $\vartheta = (\mu, \nu, \sigma^2)$, eine nichtzentrale $t_{m+n-2}$-Verteilung mit Nichtzentralitätsparameter $\delta$.

**Beispiel** In einem Werk werden Widerstände in zwei unterschiedlichen Fertigungslinien produziert. Es soll geprüft werden, ob die in jeder der Linien hergestellten Widerstände im Mittel den gleichen Wert (gemessen in Ohm) besitzen. Dabei wird unterstellt, dass die zufallsbehafteten Widerstandswerte als Realisierungen unabhängiger normalverteilter Zufallsvariablen mit gleicher unbekannter Varianz, aber möglicherweise unterschiedlichen (und ebenfalls unbekannten) Erwartungswerten $\mu$ bzw. $\nu$ für Fertigungslinie 1 bzw. 2 angesehen werden können.

Bei der Messung der Widerstandswerte einer aus der Fertigungslinie 1 entnommenen Stichprobe $x_1, \ldots, x_m$ vom Umfang $m = 15$ ergaben sich Stichprobenmittelwert und Stichprobenvarianz zu $\overline{x}_{15} = 151.1$ bzw. $\sum_{i=1}^{15}(x_i - \overline{x}_{15})^2/(15-1) = 2.56$. Die entsprechenden, aus einer Stichprobe vom Umfang $n = 11$ aus der Fertigungslinie 2 erhaltenen Werte waren $\overline{y}_{11} = 152.8$ und $\sum_{j=1}^{11}(y_j - \overline{y}_{11})^2/(11-1) = 2.27$.

Da die Hypothese $H_0^* : \mu = \nu$ gegen $H_1^* : \mu \neq \nu$ getestet werden soll, verwenden wir den zweiseitigen Zwei-Stichproben-$t$-Test. Aus den obigen Stichprobenvarianzen ergibt sich die Realisierung von $S^2_{m,n}$ (mit $m = 15, n = 11$) zu

$$s^2_{15,11} = \frac{1}{15+11-2} \cdot (14 \cdot 2.56 + 10 \cdot 2.27) = 2.44.$$

Folglich nimmt die Prüfgröße $T_{15,11}$ den Wert

$$T_{15,11} = \sqrt{\frac{15 \cdot 11}{15+11}} \cdot \frac{151.1 - 152.8}{\sqrt{2.44}} = -2.74$$

an. Zum üblichen Signifikanzniveau $\alpha = 0.05$ ergibt sich aus Tab. 7.2 der kritische Wert zu $t_{24;0.975} = 2.064$. Wegen $|T_{15,11}| \geq 2.064$ wird die Hypothese abgelehnt. ◄

## Bei verbundenen Stichproben wird die gleiche Größe zweimal gemessen

Im Unterschied zu unabhängigen Stichproben treten in den Anwendungen häufig *verbundene* oder *gepaarte Stichproben* auf. Dies ist immer dann der Fall, wenn für jede Beobachtungseinheit die gleiche Zielgröße zweimal gemessen wird, und zwar in verschiedenen „Zuständen" dieser Einheit. Beispiele hierfür sind der Blutdruck (Zielgröße) einer Person (Beobachtungseinheit) vor und nach Einnahme eines Medikaments (Zustand 1 bzw. 2) oder der Bremsweg (Zielgröße) eines Testfahrzeugs (Beobachtungseinheit), das mit zwei Reifensätzen unterschiedlicher Profilsorten (Zustand 1 bzw. Zustand 2) bestückt wird.

Modellieren $X_j$ bzw. $Y_j$ die zufallsbehafteten Zielgrößen-Werte der $j$-ten Beobachtungseinheit im Zustand 1 bzw. Zustand 2, so können zwar die Paare $(X_j, Y_j)$, $j = 1, \ldots, n$ als unabhängige identisch verteilte bivariate Zufallsvektoren angesehen werden. Für jedes $j$ sind $X_j$ und $Y_j$ jedoch nicht stochastisch unabhängig, da sie sich auf dieselbe Beobachtungseinheit beziehen.

In diesem Fall betrachtet man die stochastisch unabhängigen und identisch verteilten Differenzen $Z_j := X_j - Y_j$, $j = 1, \ldots, n$, der Zielgröße in den beiden Zuständen. Haben die unterschiedlichen Zustände keinen systematischen Effekt auf die Zielgröße, so sollte die Verteilung von $Z_1$ symmetrisch um 0 sein. Nimmt man spezieller an, dass $Z_1 \sim \mathrm{N}(\mu, \sigma^2)$ gilt, wobei $\mu$ und $\sigma^2$ unbekannt sind, so testet der *t-Test für verbundene Stichproben* die Hypothese $H_0 : \mu \leq 0$ gegen die Alternative $H_1 : \mu > 0$ (einseitiger Test) bzw. die Hypothese $H_0^* : \mu = 0$ gegen $H_1^* : \mu \neq 0$ (zweiseitiger Test). Mit $\overline{Z}_n = n^{-1} \sum_{j=1}^n Z_j$ ist die Prüfgröße

$$T_n := \frac{\sqrt{n}\,\overline{Z}_n}{\sqrt{(n-1)^{-1} \sum_{j=1}^n (Z_j - \overline{Z}_n)^2}}$$

die gleiche wie in (7.51), nur mit dem Unterschied, dass das dortige $X_j$ durch $Z_j$ ersetzt wird. Gilt $\mu = 0$, so hat $T_n$ nach dem Satz von Student eine $t_{n-1}$-Verteilung. Die Hypothese $H_0$ wird zum Niveau $\alpha$ abgelehnt, falls $T_n \geq t_{n-1;1-\alpha}$ gilt, andernfalls erhebt man keinen Einwand gegen $H_0$. Beim zweiseitigen Test erfolgt Ablehnung von $H_0^*$ zum Niveau $\alpha$ genau dann, wenn $|T_n| \geq t_{n-1;1-\alpha/2}$ gilt (siehe hierzu Aufgabe 7.33).

## Der F-Test für den Varianzquotienten prüft auf Gleichheit der Varianzen bei unabhängigen normalverteilten Stichproben

In Verallgemeinerung der beim Zwei-Stichproben-$t$-Test gemachten Annahmen setzen wir jetzt voraus, dass $X_1, \ldots, X_m$, $Y_1, \ldots, Y_n$ unabhängige Zufallsvariablen mit den Normalverteilungen $\mathrm{N}(\mu, \sigma^2)$ für $i = 1, \ldots, m$ und $\mathrm{N}(\nu, \tau^2)$ für $j = 1, \ldots, n$ sind. Dabei sind $\mu, \nu, \sigma^2$ und $\tau^2$ unbekannt. Die Varianzen der Beobachtungen in der Behandlungs- und der Kontrollgruppe können also verschieden sein. Will man in dieser Situation die Hypothese

$$H_0 : \sigma^2 = \tau^2$$

**Tab. 7.5** $p$-Quantile $\mathrm{F}_{r,s;p}$ der $\mathrm{F}_{r,s}$-Verteilung für $p = 0.95$

| s \ r | 1 | 2 | 3 | 4 | 5 | 6 | 7 | 8 | 9 |
|---|---|---|---|---|---|---|---|---|---|
| 1 | 161.45 | 199.50 | 215.71 | 224.58 | 230.16 | 233.99 | 236.77 | 238.88 | 240.54 |
| 2 | 18.51 | 19.00 | 19.16 | 19.25 | 19.30 | 19.33 | 19.35 | 19.37 | 19.38 |
| 3 | 10.13 | 9.55 | 9.28 | 9.12 | 9.01 | 8.94 | 8.89 | 8.85 | 8.81 |
| 4 | 7.71 | 6.94 | 6.59 | 6.39 | 6.26 | 6.16 | 6.09 | 6.04 | 6.00 |
| 5 | 6.61 | 5.79 | 5.41 | 5.19 | 5.05 | 4.95 | 4.88 | 4.82 | 4.77 |
| 6 | 5.99 | 5.14 | 4.76 | 4.53 | 4.39 | 4.28 | 4.21 | 4.15 | 4.10 |
| 7 | 5.59 | 4.74 | 4.35 | 4.12 | 3.97 | 3.87 | 3.79 | 3.73 | 3.68 |
| 8 | 5.32 | 4.46 | 4.07 | 3.84 | 3.69 | 3.58 | 3.50 | 3.44 | 3.39 |
| 9 | 5.12 | 4.26 | 3.86 | 3.63 | 3.48 | 3.37 | 3.29 | 3.23 | 3.18 |
| 10 | 4.96 | 4.10 | 3.71 | 3.48 | 3.33 | 3.22 | 3.14 | 3.07 | 3.02 |
| 12 | 4.75 | 3.89 | 3.49 | 3.26 | 3.11 | 3.00 | 2.91 | 2.85 | 2.80 |
| 14 | 4.60 | 3.74 | 3.34 | 3.11 | 2.96 | 2.85 | 2.76 | 2.70 | 2.65 |
| 16 | 4.49 | 3.63 | 3.24 | 3.01 | 2.85 | 2.74 | 2.66 | 2.59 | 2.54 |
| 18 | 4.41 | 3.55 | 3.16 | 2.93 | 2.77 | 2.66 | 2.58 | 2.51 | 2.46 |
| 20 | 4.35 | 3.49 | 3.10 | 2.87 | 2.71 | 2.60 | 2.51 | 2.45 | 2.39 |
| 50 | 4.03 | 3.18 | 2.79 | 2.56 | 2.40 | 2.29 | 2.20 | 2.13 | 2.07 |

gegen die (zweiseitige) Alternative $H_1 : \sigma^2 \neq \tau^2$ testen, so bietet sich an, die unbekannten Varianzen $\sigma^2$ und $\tau^2$ durch die Stichprobenvarianzen $(m-1)^{-1}\sum_{i=1}^m (X_i - \overline{X}_m)^2$ und $(n-1)^{-1}\sum_{j=1}^n (Y_j - \overline{Y}_n)^2$ zu schätzen und als Prüfgröße den sog. *Varianzquotienten*

$$Q_{m,n} := \frac{\frac{1}{m-1}\sum_{i=1}^m (X_i - \overline{X}_m)^2}{\frac{1}{n-1}\sum_{j=1}^n (Y_j - \overline{Y}_n)^2} \tag{7.55}$$

zu verwenden. Bei Gültigkeit der Hypothese kann man hier gedanklich Zähler und Nenner durch die dann gleiche Varianz $\sigma^2$ dividieren und erhält, dass $Q_{m,n}$ die nachstehend definierte Verteilung mit $r := m - 1$ und $s := n - 1$ besitzt.

**Definition der $\mathrm{F}_{r,s}$-Verteilung**

Sind $R$ und $S$ unabhängige Zufallsvariablen mit $R \sim \chi_r^2$ und $S \sim \chi_s^2$, so heißt die Verteilung des Quotienten

$$Q := \frac{\frac{1}{r}R}{\frac{1}{s}S}$$

**(Fishersche) F-Verteilung mit $r$ Zähler- und $s$ Nenner-Freiheitsgraden**, und wir schreiben hierfür

$$Q \sim \mathrm{F}_{r,s}.$$

**Selbstfrage 8**

Sehen Sie, dass $Q_{m,n}$ unter $H_0$ $\mathrm{F}_{m-1,n-1}$-verteilt ist?

**Kommentar** Dividiert man eine Chi-Quadrat-verteilte Zufallsvariable durch die Anzahl der Freiheitsgrade, so entsteht eine sog. *reduzierte Chi-Quadrat-Verteilung*. Die auf R. A. Fisher (1890–1962) zurückgehende $\mathrm{F}_{r,s}$-Verteilung ist also die Verteilung zweier unabhängiger reduziert Chi-Quadrat-verteilter Zufallsvariablen mit $r$ bzw. $s$ Freiheitsgraden. Die Dichte der $\mathrm{F}_{r,s}$-Verteilung ist nach Aufgabe 7.43 durch

$$f_{r,s}(t) := \frac{\left(\frac{r}{s}\right)^{r/2} t^{r/2-1}}{B\left(\frac{r}{2}, \frac{s}{2}\right)\left(1 + \frac{r}{s}t\right)^{(r+s)/2}} \tag{7.56}$$

für $t > 0$ und $f_{r,s}(t) := 0$ sonst, gegeben. Tab. 7.5 gibt für ausgewählte Werte von $r$ und $s$ das mit $\mathrm{F}_{r,s;p}$ bezeichnete $p$-Quantil der $\mathrm{F}_{r,s}$-Verteilung für $p = 0.95$ an. Aufgrund der Erzeugungsweise der $\mathrm{F}_{r,s}$-Verteilung gilt

$$\mathrm{F}_{r,s;p} = \frac{1}{\mathrm{F}_{s,r;1-p}} \tag{7.57}$$

(Aufgabe 7.8), sodass mithilfe von Tab. 7.5 für gewisse Werte von $r$ und $s$ auch 5 %-Quantile bestimmt werden können. So gilt z. B. $\mathrm{F}_{8,9;0.05} = 1/\mathrm{F}_{9,8;0.95} = 1/3.39 = 0.295$. ◄

Der *F-Test für den Varianzquotienten* lehnt die Hypothese $H_0 : \sigma^2 = \tau^2$ zum Niveau $\alpha$ genau dann ab, wenn

$$Q_{m,n} \leq F_{m-1,n-1;\alpha/2} \quad \text{oder} \quad Q_{m,n} \geq F_{m-1,n-1;1-\alpha/2}$$

gilt. Im Fall $m = 9$ und $n = 10$ würde man also $H_0$ zum Niveau $\alpha = 0.1$ verwerfen, wenn $Q_{9,10} \geq \mathrm{F}_{8,9:0.95} = 3.23$ oder $Q_{9,10} \leq \mathrm{F}_{8,9:0.05} = 1/\mathrm{F}_{9,8:0.95} = 1/3.39 = 0.295$ gilt. Bei solch kleinen Stichprobenumfängen können sich also die Schätzwerte für $\sigma^2$ und $\tau^2$ um den Faktor 3 unterscheiden, ohne dass dieser Unterschied zum Niveau $\alpha = 0.1$ signifikant wäre.

Analog zu früher lehnt man die Hypothese $H_0 : \sigma^2 \leq \tau^2$ gegen die einseitige Alternative $H_1 : \sigma^2 > \tau^2$ zum Niveau $\alpha$ ab, wenn $Q_{m,n} \geq \mathrm{F}_{m-1,n-1;1-\alpha}$ gilt. Da die Gütefunktion dieses Tests streng monoton in $\tau^2/\sigma^2$ wächst, besitzt dieser Test das Niveau $\alpha$ (Aufgabe 7.8).

## Der exakte Test von Fisher prüft auf Gleichheit zweier Wahrscheinlichkeiten

Wir betrachten jetzt ein Zwei-Stichproben-Problem mit unabhängigen Zufallsvariablen $X_1, \ldots, X_m, Y_1, \ldots, Y_n$, wobei $X_i \sim \text{Bin}(1, p)$ für $i = 1, \ldots, m$ und $Y_j \sim \text{Bin}(1, q)$ für $j = 1, \ldots, n$. Als Anwendungsszenarium können $m + n$ Personen dienen, von denen $m$ nach einer neuen und $n$ nach einer herkömmlichen (alten) Methode behandelt werden. Das Behandlungsergebnis schlage sich in den Möglichkeiten Erfolg (1) und Misserfolg (0) nieder, sodass $p$ und $q$ die unbekannten Erfolgswahrscheinlichkeiten für die neue bzw. alte Methode sind. Der Parameterraum eines statistischen Modells mit $\mathcal{X} := \{0, 1\}^{m+n}$ ist dann

$$\Theta := \{\vartheta := (p, q) \,|\, 0 < p, q < 1\} = (0, 1)^2,$$

und es gilt für $(x_1, \ldots, x_m, y_1, \ldots, y_n) \in \mathcal{X}$

$$\begin{aligned}&\mathbb{P}_\vartheta(X_1 = x_1, \ldots, X_m = x_m, Y_1 = y_1, \ldots, Y_n = y_n)\\ &= p^s (1-p)^{m-s}\, q^t (1-q)^{n-t}.\end{aligned}$$

Dabei sind $s = x_1 + \ldots + x_m$ und $t = y_1 + \ldots + y_n$ die jeweiligen Anzahlen der Erfolge in den beiden Stichproben. In dieser Situation testet man üblicherweise die Hypothese

$$H_0 : p \leq q$$

gegen die Alternative $H_1 : p > q$ (einseitiger Test) oder die Hypothese $H_0^* : p = q$ gegen die Alternative $H_1^* : p \neq q$ (zweiseitiger Test). Offenbar entspricht $H_0$ der Teilmenge $\Theta_0 := \{(p, q) \in \Theta \,|\, p \leq q\}$ von $\Theta$. Da die relativen Trefferhäufigkeiten $s/m$ und $t/n$ Schätzwerte für die Wahrscheinlichkeiten $p$ bzw. $q$ darstellen, erscheint es plausibel, $H_0$ abzulehnen, wenn $s/m$ im Vergleich zu $t/n$ „zu groß ist". Da sich „zu groß" nur auf die Verteilung der zufälligen relativen Trefferhäufigkeiten $\overline{X}_m := m^{-1} \sum_{j=1}^m X_j$ und $\overline{Y}_n := n^{-1} \sum_{j=1}^n Y_j$ unter $H_0$ beziehen kann und diese Verteilung selbst für diejenigen $(p, q) \in \Theta_0$ mit $p = q$, also „auf der Grenze zwischen Hypothese und Alternative", vom unbekannten $p$ abhängt, ist zunächst nicht klar, wie eine Teststatistik und ein zugehöriger kritischer Wert aussehen könnten.

An dieser Stelle kommt eine Idee von R. A. Fisher ins Spiel. Stellen wir uns vor, es gälte $p = q$, und wir hätten insgesamt $k := s + t = \sum_{i=1}^m x_i + \sum_{j=1}^n y_j$ Treffer beobachtet. Schreiben wir $S := X_1 + \ldots + X_m$ und $T := Y_1 + \ldots + Y_n$ für die zufälligen Trefferzahlen aus beiden Stichproben, so ist nach Aufgabe 4.11 die bedingte Verteilung von $S$ unter der Bedingung $S + T = k$ durch die *nicht von p abhängende* hypergeometrische Verteilung $\text{Hyp}(k, m, n)$ gegeben. Es gilt also für alle infrage kommenden $j$

$$\mathbb{P}(S = j \,|\, S + T = k) = \frac{\binom{m}{j}\binom{n}{k-j}}{\binom{m+n}{k}} =: h_{m,n,k}(j). \qquad (7.58)$$

Der sog. **exakte Test von Fisher** beurteilt die Signifikanz einer Realisierung $s$ von $S$ nach dieser Verteilung, also *bedingt nach der beobachteten Gesamttrefferzahl* $k = s + t$. Die Wahrscheinlichkeit, unter dieser Bedingung und $p = q$ (unabhängig vom konkreten Wert von $p$) mindestens $s$ Treffer in der $X$-Stichprobe zu beobachten, ist

$$\sum_{j=s}^{k} \frac{\binom{m}{j}\binom{n}{k-j}}{\binom{m+n}{k}}.$$

Ist dieser Wert höchstens $\alpha$, so wird $H_0$ zum Niveau $\alpha$ abgelehnt. Gilt in Wahrheit $p < q$, so wäre diese Wahrscheinlichkeit im Vergleich zum Fall $p = q$ noch kleiner. Formal ist also der kritische Bereich dieses Tests durch

$$\mathcal{K} := \left\{(x_1, \ldots, x_m, y_1, \ldots, y_n) \in \mathcal{X} \,\middle|\, \sum_{j=s}^{k} h_{m,n,k}(j) \leq \alpha\right\}$$

mit $k = \sum_{i=1}^m x_i + \sum_{j=1}^n y_j$ und $s = x_1 + \ldots + x_m$ gegeben. Beim zweiseitigen Test $H_0^* : p = q$ gegen $H_1^* : p \neq q$ würde man analog zum zweiseitigen Binomialtest ebenfalls mit der hypergeometrischen Verteilung (7.58) arbeiten, aber von jedem der beiden Enden ausgehend jeweils die Wahrscheinlichkeitsmasse $\alpha/2$ wegnehmen.

**Beispiel** Als Zahlenbeispiel für diesen Test betrachten wir den Fall $m = 12$ und $n = 10$. Es mögen sich insgesamt $k = 9$ Heilerfolge (Treffer) ergeben haben, von denen $s = 7$ auf die nach der neuen und nur zwei auf die nach der alten Methode behandelten Patienten fallen.

| | Erfolg | Misserfolg | Gesamt |
|---|---|---|---|
| neu | 7 | 5 | 12 |
| alt | 2 | 8 | 10 |
| **Gesamt** | **9** | **13** | **22** |

Da die neue Methode von vorneherein nicht schlechter als die alte erachtet wird, untersuchen wir (unter $p = q$) die bedingte Wahrscheinlichkeit, bei insgesamt $k = 12$ Heilerfolgen mindestens 7 davon unter den nach der neuen Methode behandelten Patienten anzutreffen. Diese ist

$$\sum_{j=7}^{9} \frac{\binom{12}{j}\binom{10}{9-j}}{\binom{22}{9}} \approx 0.073$$

und somit nicht klein genug, um die Hypothese $H_0 : p \leq q$ auf dem 5 %-Niveau zu verwerfen, wohl aber auf dem 10 %-Niveau. Hätten wir 8 Heilerfolge nach der neuen und nur einen nach der alten beobachtet, so hätte sich der $p$-Wert

$$\sum_{j=8}^{9} \frac{\binom{12}{j}\binom{10}{9-j}}{\binom{22}{9}} \approx 0.014$$

und eine Ablehnung von $H_0$ zum Niveau 0.05 ergeben. ◀

## Konsistenz ist eine wünschenswerte Eigenschaft einer Testfolge

Ganz analog zur Vorgehensweise bei Punktschätzern und Konfidenzbereichen möchten wir jetzt *asymptotische Eigenschaften von Tests* definieren und untersuchen. Hierzu betrachten wir der Einfachheit halber eine Folge unabhängiger und identisch verteilter Zufallsvariablen $X_1, X_2, \ldots$, deren Verteilung von einem Parameter $\vartheta \in \Theta$ abhängt. Zu testen sei die Hypothese $H_0 : \vartheta \in \Theta_0$ gegen die Alternative $H_1 : \vartheta \in \Theta_1$. Dabei sind $\Theta_0$, $\Theta_1$ disjunkte nichtleere Mengen, deren Vereinigung $\Theta$ ist. Der Stichprobenraum für $(X_1, \ldots, X_n)$ sei mit $\mathcal{X}_n$ bezeichnet. Ein auf $X_1, \ldots, X_n$ basierender Test für $H_0$ gegen $H_1$ ist eine mit

$$\varphi_n := \mathbb{1}\{\mathcal{K}_n\}$$

abgekürzte Indikatorfunktion eines kritischen Bereichs $\mathcal{K}_n \subseteq \mathcal{X}_n$. Gilt $\varphi_n(x) = 1$ für $x \in \mathcal{X}_n$, so wird $H_0$ aufgrund der Realisierung $x$ von $(X_1, \ldots, X_n)$ abgelehnt, andernfalls erhebt man keinen Einwand gegen $H_0$. Im Allgemeinen wird $\varphi_n = \mathbb{1}\{T_n \geq c_n\}$ mit einer Prüfgröße $T_n : \mathcal{X}_n \to \mathbb{R}$ und einem kritischen Wert $c_n$ gelten.

Wir werden bei Wahrscheinlichkeitsbetrachtungen stets $\mathbb{P}_\vartheta$ schreiben, also eine Abhängigkeit der gemeinsamen Verteilung von $X_1, \ldots, X_n$ unter $\vartheta$ vom Stichprobenumfang $n$ unterdrücken. Wie schon früher erwähnt, ist eine solche aufwändigere Schreibweise auch entbehrlich, weil $X_1, X_2, \ldots$ als unendliche Folge von Koordinatenprojektionen auf einem gemeinsamen Wahrscheinlichkeitsraum definiert werden kann, dessen Grundraum der Folgenraum $\mathbb{R}^{\mathbb{N}}$ ist.

Liegt diese Situation vor, so spricht man bei $(\varphi_n)_{n \geq 1}$ von einer **Testfolge**. Der Stichprobenumfang $n$ muss dabei nicht unbedingt ab $n = 1$ laufen. Es reicht, wenn $\varphi_n$ für genügend großes $n$ definiert ist.

Man beachte, dass die Gütefunktion von $\varphi_n$ durch

$$g_{\varphi_n}(\vartheta) := \mathbb{E}_\vartheta \varphi_n = \mathbb{P}_\vartheta\left((X_1, \ldots, X_n) \in \mathcal{K}_n\right), \quad \vartheta \in \Theta,$$

gegeben ist.

### Asymptotisches Niveau, Konsistenz

Eine Testfolge $(\varphi_n)$ für $H_0 : \vartheta \in \Theta_0$ gegen $H_1 : \vartheta \in \Theta_1$

- **hat asymptotisch das Niveau** $\alpha$, $\alpha \in (0, 1)$, falls gilt:

$$\limsup_{n\to\infty} g_{\varphi_n}(\vartheta) \leq \alpha \quad \forall \vartheta \in \Theta_0,$$

- heißt **konsistent für $H_0$ gegen $H_1$**, falls gilt:

$$\lim_{n\to\infty} g_{\varphi_n}(\vartheta) = 1 \quad \forall \vartheta \in \Theta_1.$$

**Kommentar** Die erste Forderung besagt, dass die Wahrscheinlichkeit für einen Fehler erster Art – unabhängig vom konkreten Parameterwert $\vartheta \in \Theta_0$ – asymptotisch für $n \to \infty$ höchstens gleich einem vorgegebenen Wert $\alpha$ ist. Die zweite Eigenschaft der Konsistenz betrifft den Fehler zweiter Art. Liegt ein $\vartheta \in \Theta_1$ und somit die Alternative $H_1$ zu $H_0$ vor, so möchte man bei wachsendem Stichprobenumfang mit einer für $n \to \infty$ gegen null konvergierenden Wahrscheinlichkeit einen Fehler zweiter Art begehen. Diese Eigenschaft ist selbstverständlich wünschenswert, jedoch vor allem in Situationen, in denen das statistische Modell nichtparametrisch ist, nicht immer gegeben. Zumindest sollte man sich stets überlegen, welche alternativen Verteilungen asymptotisch für $n \to \infty$ mit immer größerer Sicherheit erkannt werden können. ◄

**Beispiel (Asymptotischer einseitiger Binomialtest)** Es seien $X_1, \ldots, X_n, \ldots$ unabhängige und je $\mathrm{Bin}(1, \vartheta)$-verteilte Zufallsvariablen, wobei $\vartheta \in \Theta := (0, 1)$. Zu testen sei die Hypothese $H_0 : \vartheta \leq \vartheta_0$ gegen die Alternative $H_1 : \vartheta > \vartheta_0$; es gilt also $\Theta_0 = (0, \vartheta_0]$ und $\Theta_1 = (\vartheta_0, 1)$. Dabei ist $\vartheta_0$ ein Wert, der vor Beobachtung von $X_1, \ldots, X_n$ festgelegt wird. Wir möchten eine Testfolge $(\varphi_n)$ konstruieren, die asymptotisch ein vorgegebenes Niveau $\alpha$ besitzt und konsistent für $H_0$ gegen $H_1$ ist. Setzen wir

$$c_n := n\vartheta_0 + \sqrt{n\vartheta_0(1 - \vartheta_0)} \cdot \Phi^{-1}(1 - \alpha) \tag{7.59}$$

und für $(x_1, \ldots, x_n) \in \mathcal{X}_n := \{0, 1\}^n$

$$\varphi_n(x_1, \ldots, x_n) := \mathbb{1}\left\{\sum_{j=1}^n x_j \geq c_n\right\},$$

so gilt mit dem Zentralen Grenzwertsatz von De Moivre-Laplace

$$\begin{aligned}\lim_{n\to\infty} g_{\varphi_n}(\vartheta_0) &= \lim_{n\to\infty} \mathbb{P}_{\vartheta_0}\left(\sum_{j=1}^n X_j \geq c_n\right) \\ &= \lim_{n\to\infty} \mathbb{P}_{\vartheta_0}\left(\frac{\sum_{j=1}^n X_j - n\vartheta_0}{\sqrt{n\vartheta_0(1 - \vartheta_0)}} \geq \Phi^{-1}(1 - \alpha)\right) \\ &= 1 - \Phi(\Phi^{-1}(1 - \alpha)) = \alpha.\end{aligned}$$

Da nach Aufgabe 7.38 a) die Funktion $G_{\varphi_n}$ streng monoton wächst, hat die Testfolge $(\varphi_n)$ asymptotisch das Niveau $\alpha$.

Um die Konsistenz von $(\varphi_n)$ nachzuweisen, sei $\vartheta_1$ mit $\vartheta_0 < \vartheta_1 < 1$ beliebig gewählt. Weiter sei $\varepsilon > 0$ mit $\varepsilon < \vartheta_1 - \vartheta_0$. Aufgrund des schwachen Gesetzes großer Zahlen gilt

$$\mathbb{P}_{\vartheta_1}\left(\left|\frac{1}{n}\sum_{j=1}^n X_j - \vartheta_1\right| < \varepsilon\right) \to 1 \quad \text{für } n \to \infty. \tag{7.60}$$

Wird $n$ so groß gewählt, dass die Ungleichung

$$a_n := \frac{\sqrt{n}(\vartheta_1 - \vartheta_0 - \varepsilon)}{\sqrt{\vartheta_0(1 - \vartheta_0)}} \geq \Phi^{-1}(1 - \alpha)$$

erfüllt ist, so folgen die Ereignis-Inklusionen

$$\begin{aligned}\left\{\left|\frac{1}{n}\sum_{j=1}^n X_j - \vartheta_1\right| < \varepsilon\right\} &\subseteq \left\{\frac{\sum_{j=1}^n X_j - n\vartheta_0}{\sqrt{n\vartheta_0(1 - \vartheta_0)}} \geq a_n\right\} \\ &\subseteq \left\{\frac{\sum_{j=1}^n X_j - n\vartheta_0}{\sqrt{n\vartheta_0(1 - \vartheta_0)}} \geq \Phi^{-1}(1 - \alpha)\right\} \\ &= \left\{\sum_{j=1}^n X_j \geq c_n\right\}\end{aligned}$$

und somit wegen (7.60) die Konsistenzeigenschaft

$$\lim_{n\to\infty} g_{\varphi_n}(\vartheta_1) = \lim_{n\to\infty} \mathbb{P}_{\vartheta_1}\left(\sum_{j=1}^n X_j \geq c_n\right) = 1. \quad ◄$$

Man beachte, dass wir die Abhängigkeit der Gütefunktion vom Stichprobenumfang $n$ schon im Fall der tea tasting lady anhand von Abb. 7.13 und im Fall des ein- und zweiseitigen Gauß-Tests mit den Abb. 7.15 und 7.16 veranschaulicht haben. Die Gestalt der Gütefunktionen (7.48) und (7.49) des ein- bzw. zweiseitigen Gauß-Tests zeigt, dass diese Verfahren, jeweils als Testfolgen betrachtet, konsistent sind. In diesem Fall kann man sogar mit elementaren Mitteln beweisen, dass die Wahrscheinlichkeit für einen Fehler 2. Art exponentiell schnell gegen null konvergiert (Aufgabe 7.42).

**Selbstfrage 9**

Können Sie die Konsistenz des ein- und zweiseitigen Gauß-Tests zeigen?

---

**Beispiel (Planung des Stichprobenumfangs)** Wir wollen jetzt in der Situation des vorigen Beispiels eine Näherungsformel für den nötigen Mindeststichprobenumfang $n$ angeben, um einen vorgegebenen Wert $\vartheta_1$, $\vartheta_1 > \vartheta_0$, mit einer ebenfalls vorgegebenen Wahrscheinlichkeit $\beta$, wobei $\alpha < \beta < 1$, zu „erkennen". Die Forderung

$$\beta \overset{!}{=} \mathbb{P}_{\vartheta_1}\left(\sum_{j=1}^{n} X_j \geq c_n\right)$$

mit $c_n$ wie in (7.59) geht für die standardisierte Zufallsvariable $S_n^* := (\sum_{j=1}^n X_j - n\vartheta_1)/\sqrt{n\vartheta_1(1-\vartheta_1)}$ in

$$\beta \overset{!}{=} \mathbb{P}_{\vartheta_1}\left(S_n^* \geq \frac{\sqrt{n}(\vartheta_0 - \vartheta_1) + \sqrt{\vartheta_0(1-\vartheta_0)}\Phi^{-1}(1-\alpha)}{\sqrt{\vartheta_1(1-\vartheta_1)}}\right)$$

über. Durch Approximation mit der Standardnormalverteilung (obwohl der Ausdruck rechts vom Größer-Zeichen von $n$ abhängt) ergibt sich

$$\beta \approx 1 - \Phi\left(\Phi^{-1}(1-\alpha)\sqrt{\frac{\vartheta_0(1-\vartheta_0)}{\vartheta_1(1-\vartheta_1)}} + \sqrt{n}\frac{\vartheta_0 - \vartheta_1}{\sqrt{\vartheta_1(1-\vartheta_1)}}\right),$$

also

$$n \approx \frac{\vartheta_1(1-\vartheta_1)}{(\vartheta_0 - \vartheta_1)^2}\left[\Phi^{-1}(1-\beta) - \Phi^{-1}(1-\alpha)\sqrt{\frac{\vartheta_0(1-\vartheta_0)}{\vartheta_1(1-\vartheta_1)}}\right]^2.$$

Als Zahlenbeispiel diene der Fall $\vartheta_0 = 1/2$, $\vartheta_1 = 0.6$, $\alpha = 0.1$ und $\beta = 0.9$. Mit $\Phi^{-1}(0.1) = -\Phi^{-1}(0.9) = -1.282$ liefert die obige Approximation hier den Näherungswert $n \approx 161$, wobei auf die nächstkleinere ganze Zahl gerundet wurde. Der mithilfe des Computer-Algebra-Systems MAPLE berechnete exakte Wert von $n$ beträgt 163.

Im Eingangsbeispiel der *tea tasting lady* sollten also der Lady ca. 160 Tassenpaare gereicht werden, damit bei einer zugelassenen Wahrscheinlichkeit von 0.1 für einen Fehler erster Art die Wahrscheinlichkeit 0.9 beträgt, dass der Test besondere geschmackliche Fähigkeiten entdeckt, wenn ihre Erfolgswahrscheinlichkeit, die richtige Eingießreihenfolge zu treffen, in Wirklichkeit 0.6 ist. ◀

## Der Chi-Quadrat-Anpassungstest prüft die Verträglichkeit von relativen Häufigkeiten mit hypothetischen Wahrscheinlichkeiten

Wir lernen jetzt mit dem von Karl Pearson (1857–1938) entwickelten *Chi-Quadrat-Anpassungstest* (im Folgenden kurz *Chi-Quadrat-Test* genannt) eines der ältesten Testverfahren der Statistik kennen. In seiner einfachsten Form prüft dieser Test die Güte der Anpassung von relativen Häufigkeiten an hypothetische Wahrscheinlichkeiten in einem multinomialen Versuchsschema. Hierzu betrachten wir $n$ unabhängige gleichartige Versuche (Experimente) mit jeweils $s$ möglichen Ausgängen $1, 2, \ldots, s$, die wir wie früher Treffer 1. Art, … ,Treffer $s$-ter Art nennen. Beispiele sind der Würfelwurf mit den Ergebnissen 1 bis 6 ($s = 6$) oder ein Keimungsversuch bei Samen mit den Ausgängen *normaler Keimling*, *anormaler Keimling* und *fauler Keimling* ($s = 3$).

Bezeichnet $p_j$ die Wahrscheinlichkeit für einen Treffer $j$-ter Art, so hat der Zufallsvektor $X := (X_1, \ldots, X_s)$ der Trefferanzahlen nach (4.31) die Multinomialverteilung $\mathrm{Mult}(n; p_1, \ldots, p_s)$. Der Wertebereich für $X$ ist die Menge

$$\mathcal{X}_n := \{\mathbf{k} = (k_1, \ldots, k_s) \in \mathbb{N}_0^s \mid k_1 + \ldots + k_s = n\}$$

aller möglichen Vektoren von Trefferanzahlen. Wir nehmen an, dass $p_1, \ldots, p_s$ unbekannt sind und legen als Parameterraum eines statistischen Modells die Menge

$$\Theta := \left\{\vartheta := (p_1, \ldots, p_s) \middle| p_1 > 0, \ldots, p_s > 0, \sum_{j=1}^{s} p_j = 1\right\}$$

zugrunde. Zu testen sei die Hypothese

$$H_0 : \vartheta = \vartheta_0 = (\pi_1, \ldots, \pi_s)$$

gegen die Alternative $H_1 : \vartheta \neq \vartheta_0$. Dabei ist $\vartheta_0$ ein Vektor mit vorgegebenen Wahrscheinlichkeiten. Im Fall $s = 6$ und $\pi_1 = \ldots = \pi_6 = 1/6$ geht es also etwa darum, einen Würfel auf Echtheit zu prüfen. Im Folgenden schreiben wir kurz

$$m_n(\mathbf{k}) := \frac{n!}{k_1! \cdot \ldots \cdot k_s!} \prod_{j=1}^{s} \pi_j^{k_j}, \quad \mathbf{k} \in \mathcal{X}_n,$$

für die Wahrscheinlichkeit $\mathbb{P}_{\vartheta_0}(X = \mathbf{k})$.

Um einen Test für $H_0$ gegen $H_1$ zu konstruieren liegt es nahe, diejenigen $\mathbf{k}$ in einen kritischen Bereich $\mathcal{K} \subseteq \mathcal{X}_n$ aufzunehmen, die unter $H_0$ am unwahrscheinlichsten sind, also die kleinsten Werte für $m_n(\mathbf{k})$ liefern. Als Zahlenbeispiel betrachten wir den Fall $n = 4$, $s = 3$ und $\pi_1 = \pi_2 = 1/4$, $\pi_3 = 1/2$. Hier besteht der Stichprobenraum $\mathcal{X}_4$ aus 15 Tripeln, die zusammen mit ihren nach aufsteigender Größe sortierten $H_0$-Wahrscheinlichkeiten in Tab. 7.6 aufgelistet sind (die Bedeutung der letzten Spalte wird später erklärt).

Nehmen wir die obersten 5 Tripel in Tab. 7.6 in den kritischen Bereich auf, setzen wir also

$$\mathcal{K} := \{(k_1, k_2, k_3) \in \mathcal{X}_4 \mid k_3 = 0\},$$

**Tab. 7.6** Der Größe nach sortierte $H_0$-Wahrscheinlichkeiten im Fall $n = 4, s = 3, \pi_1 = \pi_2 = 1/4, \pi_3 = 1/2$

| $(k_1, k_2, k_3)$ | $\frac{4!}{k_1!k_2!k_3!}$ | $\prod_{j=1}^3 \pi_j^{k_j}$ | $m_4(\mathbf{k})$ | $\chi_4^2(\mathbf{k})$ |
|---|---|---|---|---|
| (4, 0, 0) | 1 | 1/256 | 1/256 | 12 |
| (0, 4, 0) | 1 | 1/256 | 1/256 | 12 |
| (3, 1, 0) | 4 | 1/256 | 4/256 | 6 |
| (1, 3, 0) | 4 | 1/256 | 4/256 | 6 |
| (2, 2, 0) | 6 | 1/256 | 6/256 | 4 |
| (3, 0, 1) | 4 | 1/128 | 8/256 | 5.5 |
| (0, 3, 1) | 4 | 1/128 | 8/256 | 5.5 |
| (0, 0, 4) | 1 | 1/16 | 16/256 | 4 |
| (2, 1, 1) | 12 | 1/128 | 24/256 | 1.5 |
| (1, 2, 1) | 12 | 1/128 | 24/256 | 1.5 |
| (2, 0, 2) | 6 | 1/64 | 24/256 | 2 |
| (0, 2, 2) | 6 | 1/64 | 24/256 | 2 |
| (0, 1, 3) | 4 | 1/32 | 32/256 | 1.5 |
| (1, 0, 3) | 4 | 1/32 | 32/256 | 1.5 |
| (1, 1, 2) | 12 | 1/64 | 48/256 | 0 |

so gilt $\mathbb{P}_{\vartheta_0}(X \in \mathcal{K}) = (1 + 1 + 4 + 4 + 6)/256 = 0.0625$. Folglich besitzt dieser Test das Niveau $\alpha = 0.0625$.

Prinzipiell ist diese Vorgehensweise auch für größere Werte von $n$ und $s$ möglich. Der damit verbundene Rechenaufwand steigt jedoch mit wachsendem $n$ und $s$ so rapide an, dass ein praktikableres Verfahren gefunden werden muss.

Ausgangspunkt hierfür ist die Darstellung

$$m_n(\mathbf{k}) = \frac{\prod_{j=1}^s \left( \mathrm{e}^{-n\pi_j} \frac{(n\pi_j)^{k_j}}{k_j!} \right)}{\mathrm{e}^{-n} \frac{n^n}{n!}} \tag{7.61}$$

von $m_n(\mathbf{k})$ mithilfe von Poisson-Wahrscheinlichkeiten

$$p_\lambda(k) := \mathrm{e}^{-\lambda} \frac{\lambda^k}{k!}.$$

Letztere kann man für beliebiges $C > 0$ für $\lambda \to \infty$ gleichmäßig für alle $k$ mit $k \in I(\lambda, C) := \{\ell \in \mathbb{N}_0 \,|\, |\ell - \lambda| \le C\sqrt{\lambda}\}$ approximieren. Genauer gilt mit

$$g_\lambda(k) := \frac{1}{\sqrt{2\pi\lambda}} \exp\left( -\frac{(k-\lambda)^2}{2\lambda} \right)$$

die Grenzwertaussage

$$\lim_{\lambda\to\infty} \sup_{k \in I(\lambda,C)} \left| \frac{p_\lambda(k)}{g_\lambda(k)} - 1 \right| = 0. \tag{7.62}$$

Diese ergibt sich, wenn man $z_k := (k - \lambda)/\sqrt{\lambda}$ setzt und nur Werte $k \in I(\lambda, C)$ und damit nur $z_k$ mit $|z_k| \le C$ betrachtet. Für $L_\lambda(k) := \log p_\lambda(k)$ gilt dann

$$L_\lambda(k+1) - L_\lambda(k) = -\log\left( 1 + \frac{z_k}{\sqrt{\lambda}} + \frac{1}{\lambda} \right),$$

und die Ungleichungen $\log t \le t - 1$ und $\log t \ge 1 - 1/t$, $t > 0$, liefern nach direkter Rechnung

$$L_\lambda(k+1) - L_\lambda(k) = -\frac{z_k}{\sqrt{\lambda}} + \frac{C(k,\lambda)}{\lambda},$$

wobei $|C(k,\lambda)|$ für die betrachteten $z_k$ beschränkt bleibt. Summiert man obige Differenzen über $k$ von $k = k_0 := \lfloor \lambda \rfloor$ bis $k = k_0 + m - 1$, wobei $|m| \le C\sqrt{\lambda}$, so ergibt sich unter Ausnutzung eines Teleskopeffektes

$$L_\lambda(k_0 + m) - L_\lambda(k_0) = -\frac{m^2}{2\lambda} + O\left( \frac{1}{\sqrt{\lambda}} \right).$$

Nach Exponentiation erhält man dann mit einer Normierungskonstanten $K_\lambda$

$$p_\lambda(k) = K_\lambda \exp\left( -\frac{(k-\lambda)^2}{2\lambda} \right) \left( 1 + O\left( \frac{1}{\sqrt{\lambda}} \right) \right) \tag{7.63}$$

für $\lambda \to \infty$. Da sich $K_\lambda$ nach Aufgabe 7.45 zu $1/\sqrt{2\pi\lambda}$ bestimmen lässt, folgt (7.62).

Setzt man in (7.61) für die Poisson-Wahrscheinlichkeiten die für $n \to \infty$ asymptotisch äquivalenten Ausdrücke

$$\mathrm{e}^{-n\pi_j} \frac{(n\pi_j)^{k_j}}{k_j!} \sim \frac{1}{\sqrt{2\pi n \pi_j}} \exp\left( -\frac{(k_j - n\pi_j)^2}{2n\pi_j} \right)$$

und

$$\mathrm{e}^{-n} \frac{n^n}{n!} \sim \frac{1}{\sqrt{2\pi n}}$$

ein, so ergibt sich für $n \to \infty$ und beliebiges $C > 0$

$$\lim_{n\to\infty} \sup_{\mathbf{k} \in I_n(C)} \left| \frac{m_n(\mathbf{k})}{f_n(\mathbf{k})} - 1 \right| = 0.$$

Dabei wurde

$$I_n(C) := \{(k_1, \ldots, k_s) \,|\, |k_j - n\pi_j| \le C\sqrt{n}, 1 \le j \le s\}$$

und

$$f_n(\mathbf{k}) := \frac{1}{\sqrt{(2\pi n)^{s-1} \prod_{j=1}^s \pi_j}} \exp\left( -\frac{1}{2} \sum_{j=1}^s \frac{(k_j - n\pi_j)^2}{n\pi_j} \right)$$

gesetzt. Da somit bei großem $n$ kleine Werte von $m_n(\mathbf{k})$ großen Werten der hier auftretenden Summe

$$\chi_n^2(k_1, \ldots, k_s) := \sum_{j=1}^s \frac{(k_j - n\pi_j)^2}{n\pi_j} \tag{7.64}$$

entsprechen, ist es sinnvoll, den kritischen Bereich $\mathcal{K}$ durch

$$\mathcal{K} := \left\{ \mathbf{k} \in \mathcal{X}_n \,\middle|\, \sum_{j=1}^s \frac{(k_j - n\pi_j)^2}{n\pi_j} \ge c \right\}$$

## Hintergrund und Ausblick: Das lineare statistische Modell

Regressions- und Varianzanalyse: Zwei Anwendungsfelder der Statistik

In der experimentellen Forschung untersucht man oft den Einfluss *quantitativer* Größen auf eine *Zielgröße*. So ist etwa die Zugfestigkeit von Stahl als Zielgröße u. a. abhängig vom Eisen- und Kohlenstoffanteil und der Wärmebehandlung. Ein *Regressionsmodell* beschreibt einen funktionalen Zusammenhang zwischen den auch *Regressoren* genannten Einflussgrößen und der Zielgröße. Mit einer *Regressionsanalyse* möchte man dann die Effekte der Regressoren auf die Zielgröße bestimmen und zukünftige Beobachtungen vorhersagen.

Da Messfehler und unbekannte weitere Einflüsse bei Versuchswiederholungen unterschiedliche Resultate zeigen, tritt ein im Modell als *additiv angenommener Zufallsfehler* auf. Bei Vorliegen von $m$ Einflussgrößen hat das *allgemeine lineare Regressionsmodell* die Gestalt

$$Y_i = \beta_0 + \beta_1 f_1(x^{(i)}) + \ldots + \beta_p f_p(x^{(i)}) + \varepsilon_i, \quad (7.65)$$

$i = 1, \ldots, n$. Dabei stehen $i$ für die Nummer des Versuchs, $Y_i$ für eine Zufallsvariable, die das Ergebnis für die Zielgröße im $i$-ten Versuch modelliert, und

$$x^{(i)} := (x_1^{(i)}, \ldots, x_m^{(i)}), \quad i = 1, \ldots, n,$$

die für den $i$-ten Versuch ausgewählte Kombination der $m$ Einflussgrößen. $f_1, \ldots, f_p$ sind *bekannte* reelle Funktionen mit i. Allg. unterschiedlichen Definitionsbereichen, und $\beta_0, \beta_1, \ldots, \beta_p$ sind *unbekannte* Parameter. Ein wichtiger Spezialfall von (7.65) ist das Modell $Y_i = \beta_0 + \beta_1 x_i + \varepsilon_i$ der *einfachen linearen Regression*.

Mit $Y := (Y_1, \ldots, Y_n)^\top$, $s := p + 1$, $D := (d_{ij}) \in \mathbb{R}^{n\times s}$, wobei $d_{i1} := 1$ und $d_{ij} := f_{j-1}(x^{(i)})$ für $1 \le i \le n$ und $2 \le j \le s$ sowie $\vartheta := (\beta_0, \ldots, \beta_p)^\top$ und $\varepsilon := (\varepsilon_1, \ldots, \varepsilon_n)^\top$ ist (7.65) ein Spezialfall des folgenden *linearen statistischen Modells*.

### Definition eines linearen statistischen Modells

Die Gleichung

$$Y = D\vartheta + \varepsilon \quad (7.66)$$

heißt **lineares statistisches Modell**. Hierbei sind

- $Y$ ein $n$-dimensionaler Zufallsvektor,
- $D \subset \mathbb{R}^{n\times s}$ eine Matrix mit $n > s$ und $\mathrm{rg}(D) = s$,
- $\vartheta \in \mathbb{R}^s$ ein unbekannter Parametervektor,
- $\varepsilon$ ein $n$-dimensionaler Zufallsvektor mit $\mathbb{E}(\varepsilon) = 0$ und $\mathbb{E}(\varepsilon\varepsilon^\top) = \sigma^2 \mathrm{I}_n$, wobei $\sigma^2 > 0$ unbekannt ist.

Das lineare statistische Modell enthält als Spezialfall auch das Modell der von R. A. Fisher begründeten und in der englischsprachigen Literatur mit ANOVA (analysis of variance) abgekürzten *Varianzanalyse*. Bei diesem Verfahren, das zunächst in der landwirtschaftlichen Versuchstechnik angewandt wurde, studiert man Mittelwerts-Einflüsse einer oder mehrerer *qualitativer* Größen, die auch *Faktoren* genannt werden, auf eine quantitative Zielgröße. Je nach Anzahl dieser Faktoren spricht man von einer *einfachen, zweifachen* ... Varianzanalyse. Bei der einfachen Varianzanalyse werden die verschiedenen Werte des Faktors auch *Stufen* genannt und als *Gruppen* interpretiert. Gibt es $k$ Gruppen, und stehen für die $i$-te Gruppe $n_i$ Beobachtungen zur Verfügung, so formuliert man das Modell

$$Y_{ij} = \mu_i + \varepsilon_{ij}, \quad i = 1 \ldots, k, \; j = 1, \ldots, n_i. \quad (7.67)$$

Hierbei sind die $\varepsilon_{ij}$ unabhängige Zufallsvariablen mit $\mathbb{E}\varepsilon_{ij} = 0$ und gleicher, unbekannter Varianz $\sigma^2$, und $\mu_i$ ist der unbekannte Erwartungswert von $Y_{ij}$.

Mit $s := k$, $n := \sum_{i=1}^k n_i$, $\vartheta := (\mu_1, \ldots, \mu_k)^\top$ ordnet sich (7.67) dem linearen Modell (7.66) unter, wenn wir $Y =: (Y_{11}, \ldots, Y_{1n_1}, \ldots, Y_{k1}, \ldots, Y_{kn_k})^\top$ und $\varepsilon =: (\varepsilon_{11}, \ldots, \varepsilon_{1n_1}, \ldots, \varepsilon_{k1}, \ldots, \varepsilon_{kn_k})^\top$ setzen und die ersten $n_1$ Zeilen der Matrix $D$ gleich dem ersten Einheitsvektor im $\mathbb{R}^s$, die nächsten $n_2$ Zeilen gleich dem zweiten Einheitsvektor im $\mathbb{R}^s$ wählen usw.

Da nach (7.66) $\mathbb{E}(Y) = D\vartheta$ in dem von den Spaltenvektoren von $D$ aufgespannten Untervektorraum $V$ des $\mathbb{R}^n$ liegt, löst man zur Schätzung von $\vartheta$ die Aufgabe

$$\|Y - D\vartheta\|^2 = \min_{\vartheta}!,$$

fällt also Lot von $Y$ auf $V$ (s. Abbildung). Das zum Lotfußpunkt gehörende eindeutig bestimmte $\widehat{\vartheta} = (D^\top D)^{-1} D^\top Y$ heißt *Kleinste-Quadrate-Schätzer* für $\vartheta$.

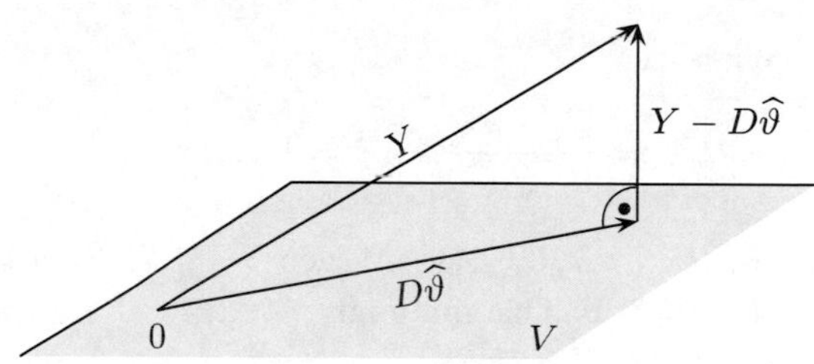


Orthogonale Projektion von $Y$ auf den Unterraum $V$

Ein erwartungstreuer Schätzer für $\sigma^2$ ist

$$\widehat{\sigma^2} = \frac{1}{n-s} \|Y - D\widehat{\vartheta}\|^2.$$

Gilt speziell $\varepsilon \sim \mathrm{N}_n(0, \sigma^2 \mathrm{I}_n)$ (sog. *lineares Gauß-Modell*), so sind $\widehat{\vartheta}$ und $\widehat{\sigma^2}$ stochastisch unabhängig, wobei $\widehat{\vartheta} \sim \mathrm{N}_s(\vartheta, \sigma^2(D^\top D)^{-1})$, $(n-s)\widehat{\sigma^2}/\sigma^2 \sim \chi^2_{n-s}$.

festzulegen, d. h., die Hypothese $H_0$ für große Werte von $\chi_n^2(k_1,\ldots,k_s)$ abzulehnen. Dabei ist der kritische Wert $c$ aus der vorgegebenen Wahrscheinlichkeit $\alpha$ für einen Fehler 1. Art zu bestimmen. Man beachte, dass die Korrespondenz zwischen kleinen Werten von $m_n(\mathbf{k})$ und großen Werten von $\chi_n^2(\mathbf{k})$ schon für den Fall $n = 4$ in den beiden letzten Spalten von Tab. 7.6 deutlich sichtbar ist.

Die durch (7.64) definierte Funktion $\chi_n^2 : \mathcal{X}_n \to \mathbb{R}$ heißt $\chi^2$-*Testgröße*. Sie misst die Stärke der Abweichung zwischen den Trefferanzahlen $k_j$ und den unter $H_0$ zu erwartenden Anzahlen $n\pi_j$ in einer ganz bestimmten Weise.

Um den kritischen Wert $c$ festzulegen, müssen wir die Verteilung der *Zufallsvariablen*

$$T_n := \sum_{j=1}^{s} \frac{(X_j - n\pi_j)^2}{n\pi_j} \tag{7.68}$$

unter $H_0$ kennen. Dies sieht hoffnungslos aus, da diese Verteilung in komplizierter Weise von $n$ und insbesondere von $\vartheta_0 = (\pi_1,\ldots,\pi_s)$ abhängt. Interessanterweise gilt jedoch wegen $X_j \sim \mathrm{Bin}(n,\pi_j)$ die Beziehung $\mathbb{E}_{\vartheta_0}(X_j - n\pi_j)^2 = n\pi_j(1-\pi_j)$ und somit für jedes $n$ und jedes $\vartheta_0$

$$\mathbb{E}_{\vartheta_0}(T_n) = \sum_{j=1}^{s}(1-\pi_j) = s-1.$$

Das folgende Resultat besagt, dass $T_n$ unter $H_0$ für $n \to \infty$ eine Grenzverteilung besitzt, die nicht von $\vartheta_0$ abhängt.

**Satz über die asymptotische $H_0$-Verteilung von $T_n$**

Für die in (7.68) definierte Chi-Quadrat-Testgröße $T_n$ gilt bei Gültigkeit der Hypothese $H_0$

$$T_n \xrightarrow{\mathcal{D}_{\vartheta_0}} \chi_{s-1}^2 \quad \text{bei } n \to \infty.$$

**Beweis** Wir setzen

$$U_{n,j} := \frac{X_j - n\pi_j}{\sqrt{n}}, \quad j = 1,\ldots,s$$

sowie $U_n := (U_{n,1},\ldots,U_{n,s-1})^\top$. Wegen $\sum_{j=1}^s X_j = n$ gilt dann $\sum_{j=1}^s U_{n,j} = 0$, und hiermit folgt

$$\begin{aligned} T_n &= \sum_{j=1}^{s} \frac{U_{n,j}^2}{\pi_j} \\ &= \sum_{j=1}^{s-1} \frac{U_{n,j}^2}{\pi_j} + \frac{1}{\pi_s}\left(-\sum_{\nu=1}^{s-1} U_{n,\nu}\right)^2 \\ &= \sum_{i,j=1}^{s-1}\left(\frac{\delta_{ij}}{\pi_j} + \frac{1}{\pi_s}\right) U_{n,i}U_{n,j} \\ &= U_n^\top A U_n, \end{aligned}$$

wobei die $(s-1)\times(s-1)$-Matrix $A$ die Einträge

$$a_{ij} = \frac{\delta_{ij}}{\pi_j} + \frac{1}{\pi_s}, \quad 1 \le i,j \le s-1,$$

besitzt. Wie man direkt verifiziert, gilt $A = \Sigma^{-1}$, wobei

$$\Sigma = (\sigma_{ij}) \text{ mit } \sigma_{ij} = \delta_{ij}\pi_i - \pi_i\pi_j$$

nach Aufgabe 4.33 die Kovarianzmatrix eines $(s-1)$-dimensionalen Zufallsvektors $Y$ ist, dessen Verteilung mit der Verteilung der ersten $s-1$ Komponenten eines Zufallsvektors mit der Multinomialverteilung $\mathrm{Mult}(1;\pi_1,\ldots,\pi_{s-1},\pi_s)$ übereinstimmt. Da $(X_1,\ldots,X_{s-1})^\top$ nach Erzeugungsweise der Multinomialverteilung wie die Summe von $n$ unabhängigen und identisch verteilten Kopien von $Y$ verteilt ist und $\mathbb{E}(Y) = (\pi_1,\ldots,\pi_{s-1})^\top$ gilt, ergibt sich mithilfe des multivariaten Zentralen Grenzwertsatzes (siehe die Hintergrund-und-Ausblick-Box über Verteilungskonvergenz und den zentralen Grenzwertsatz im $\mathbb{R}^k$ in Abschn. 6.4)

$$U_n \xrightarrow{\mathcal{D}} Z,$$

wobei $Z \sim \mathrm{N}_{s-1}(0,\Sigma)$. Mit dem Abbildungssatz in der eben genannten Box folgt dann

$$T_n = U_n^\top A U_n \xrightarrow{\mathcal{D}} Z^\top A Z = Z^\top \Sigma^{-1} Z.$$

Nach Aufgabe 7.46 gilt $Z^\top\Sigma^{-1}Z \sim \chi_{s-1}^2$. ∎

Da wir nach diesem Satz die Limesverteilung der Chi-Quadrat-Testgröße bei Gültigkeit der Hypothese kennen, können wir eine Testfolge konstruieren, die asymptotisch ein vorgegebenes Niveau $\alpha \in (0,1)$ besitzt.

**Satz über den Chi-Quadrat-Test**

Die durch

$$\varphi_n(\mathbf{k}) := \mathbb{1}\left\{\sum_{j=1}^{s}\frac{(k_j - n\pi_j)^2}{n\pi_j} \ge \chi_{s-1;1-\alpha}^2\right\},$$

$\mathbf{k} \in \mathcal{X}_n$, definierte Testfolge $(\varphi_n)$ besitzt für das Testproblem $H_0 : \vartheta = \vartheta_0$ gegen $H_1 : \vartheta \neq \vartheta_0$ asymptotisch das Niveau $\alpha$, und sie ist konsistent.

**Beweis** Bezeichnet $F_{s-1}$ die Verteilungsfunktion einer $\chi_{s-1}^2$-verteilten Zufallsvariablen, so gilt wegen der Verteilungskonvergenz von $T_n$ unter $H_0$

$$\begin{aligned} g_{\varphi_n}(\vartheta_0) &= \mathbb{P}_{\vartheta_0}\left(T_n \ge \chi_{s-1;1-\alpha}^2\right) \\ &\to 1 - F_{s-1}\left(\chi_{s-1;1-\alpha}^2\right) \\ &= 1-(1-\alpha) \\ &= \alpha, \end{aligned}$$

was die erste Behauptung beweist. Der Nachweis der Konsistenz ist Gegenstand von Aufgabe 7.47. ∎

### Unter der Lupe: Der Chi-Quadrat-Test als Monte-Carlo-Test

Wie schätzt man den $p$-Wert bei kleinem Stichprobenumfang?

Es gibt viele Untersuchungen darüber, ab welchem Stichprobenumfang $n$ die Verteilung von $T_n$ unter $H_0$ gut durch eine $\chi^2_{s-1}$-Verteilung approximiert wird und somit die Einhaltung eines angestrebten Niveaus $\alpha$ durch Wahl des kritischen Wertes als $(1-\alpha)$-Quantil dieser Verteilung für praktische Zwecke hinreichend genau ist. Die übliche Empfehlung hierzu ist, dass $n$ die Ungleichung $n \min(\pi_1, \ldots, \pi_s) \geq 5$ erfüllen sollte.

Um den $\chi^2$-Test auch im Fall $n \min(\pi_1, \ldots, \pi_s) < 5$ durchführen zu können, bietet sich neben der Methode, die $H_0$-Verteilung von $T_n$ analog zum Vorgehen in Tab. 7.6 exakt zu bestimmen, die Möglichkeit an, den Wert $\chi^2_n(\mathbf{k})$ zu berechnen und anschließend den $p$-Wert $p(\mathbf{k}) = \mathbb{P}_{\vartheta_0}(T_n \geq \chi^2_n(\mathbf{k}))$ zu schätzen. Bei diesem sog. *Monte-Carlo-Test* geht man wie folgt vor:

Man wählt eine große Zahl $M$, z. B. $M = 10\,000$, und setzt einen Zähler $Z$ auf den Anfangswert 0. Dann führt man für einen Laufindex $m = 1, 2, \ldots, M$ $M$-mal hintereinander folgenden Algorithmus durch:

1) Mithilfe von Pseudozufallszahlen wird $n$-mal ein Experiment simuliert, das mit Wahrscheinlichkeit $\pi_j$ einen Treffer $j$-ter Art ergibt ($j = 1, \ldots, s$). Die so simulierten Trefferanzahlen seien mit $k_{1,m}, k_{2,m}, \ldots, k_{s,m}$ bezeichnet.
2) Mithilfe von $k_{1,m}, \ldots, k_{s,m}$ berechnet man den Wert

$$\chi^2_{n,m} := \sum_{j=1}^{s} \frac{(k_{j,m} - n\pi_j)^2}{n\pi_j}.$$

3) Gilt $\chi^2_{n,m} \geq \chi^2_n(\mathbf{k})$, so wird $Z$ um eins erhöht.

Nach den $M$ Durchläufen ist dann die relative Häufigkeit $Z/M$ ein Schätzwert für den $p$-Wert $p(\mathbf{k}) = \mathbb{P}_{\vartheta_0}(T_n \geq \chi^2_n(\mathbf{k}))$. Bei einer zugelassenen Wahrscheinlichkeit $\alpha$ für einen Fehler erster Art lehnt man die Hypothese $H_0$ ab, falls $Z/M \leq \alpha$ gilt, andernfalls nicht.

Als Beispiel betrachten wir einen Test auf Echtheit eines Würfels, d. h. den Fall $s = 6$ und $\pi_1 = \ldots = \pi_6 = 1/6$. Anhand von 24 Würfen dieses Würfels haben sich der Vektor $\mathbf{k} = (4, 3, 3, 4, 7, 3)$ von Trefferanzahlen und somit der Wert $\chi^2_{24}(\mathbf{k}) = 3$ ergeben. Bei $M = 10\,000$ Simulationen der $\chi^2$-Testgröße trat in $Z = 7\,413$ Fällen ein Wert von mindestens 3 auf. Der geschätzte $p$-Wert $Z/M = 0.7413$ ist so groß, dass gegen die Echtheit des Würfels kein Einwand besteht.

**Kommentar** Der $\chi^2$-Test ist weit verbreitet. So wird er etwa von Finanzämtern routinemäßig bei der Kontrolle von bargeldintensiven Betrieben eingesetzt. Dabei geht man u. a. davon aus, dass bei Erlösen im mindestens dreistelligen Bereich die letzte Vorkommastelle auf den möglichen Ziffern $0, 1, \ldots, 9$ approximativ gleichverteilt ist. Werden Zahlen systematisch manipuliert oder erfunden, um die Steuerlast zu drücken, so treten solche Veränderungen insbesondere in dieser Stelle auf, was durch einen $\chi^2$-Test entdeckt werden kann. Signifikante Abweichungen von der Gleichverteilung, die nicht vom Finanzbeamten erklärt werden können, führen dann oftmals zu einem Erklärungsbedarf beim Betrieb. ◄

**Beispiel (Mendels Erbsen)** Der Ordenspriester und Naturforscher Gregor Mendel (1822–1884) publizierte 1865 verschiedene Ergebnisse im Zusammenhang mit seiner Vererbungslehre. So beobachtete er in einem Experiment Form (rund, kantig) und Farbe (gelb, grün) von gezüchteten Erbsen. Nach seiner Theorie sollten sich die Wahrscheinlichkeiten für die Merkmalausprägungen (r, ge), (r, gr), (k, ge) und (k, gr) verhalten wie 9:3:3:1. Er zählte unter $n = 556$ Erbsen 315-mal (r, ge), 108-mal (r, gr), 101-mal (k, ge) und 32-mal (k, gr).

Wird die Theorie durch diese Daten gestützt? Hierzu führen wir einen Chi-Quadrat-Test mit $s = 4$, $\pi_1 = 9/16$, $\pi_2 = 3/16 = \pi_3$, $\pi_4 = 1/16$ und $n = 556$, $k_1 = 315$, $k_2 = 108$, $k_3 = 101$ und $k_4 = 32$ durch. Eine direkte Rechnung ergibt, dass die Chi-Quadrat-Testgröße (7.64) den Wert 0.470 annimmt. Ein Vergleich mit dem 0.95-Quantil 7.81 der $\chi^2_3$-Verteilung (vgl. Tab. 7.3) zeigt, dass keinerlei Einwand gegen Mendels Theorie besteht. Da die Daten nahezu perfekt mit der Theorie in Einklang stehen, ist hier bisweilen der Verdacht geäußert worden, Mendel habe seine Zahlen manipuliert. Den erst im Jahr 1900 publizierten Chi-Quadrat-Test konnte er jedoch nicht kennen. ◄

## 7.5 Optimalitätsfragen: Das Lemma von Neyman-Pearson

Die im vorigen Abschnitt vorgestellten Testverfahren wurden rein heuristisch motiviert. In diesem Abschnitt formulieren wir Optimalitätsgesichtspunkte für Tests und beweisen u. a., dass der einseitige Binomialtest und der einseitige Gauß-Test in einem zu definierenden Sinn *gleichmäßig beste Tests* sind. Im Hinblick auf optimale Tests bei Problemen im Zusammenhang mit diskreten Verteilungen muss der bisherige Testbegriff erweitert werden.

### Randomisierte Tests schöpfen bei diskreten Verteilungen ein gegebenes Niveau voll aus

**Definition eines randomisierten Tests**

Jede (messbare) Funktion $\varphi : \mathcal{X} \to [0, 1]$ heißt **randomisierter Test** für das Testproblem $H_0 : \vartheta \in \Theta_0$ gegen $H_1 : \vartheta \in \Theta_1$.

**Kommentar** Der Wert $\varphi(x)$ ist als *bedingte Wahrscheinlichkeit* zu verstehen, *die Hypothese* $H_0$ *abzulehnen, wenn* $X = x$ *beobachtet wurde*. Im Fall $\varphi(x) = 1$ bzw. $\varphi(x) = 0$ lehnt man also $H_0$ ab bzw. erhebt keinen Einwand gegen $H_0$. Auf diese Fälle beschränkt sich ein nichtrandomisierter Test der Gestalt $\varphi = \mathbb{1}_{\mathcal{K}}$ mit einem kritischen Bereich $\mathcal{K} \subseteq \mathcal{X}$. Gilt $0 < \varphi(x) < 1$, so erfolgt ein Testentscheid mithilfe eines Pseudozufallszahlengenerators, der eine im Intervall $(0, 1)$ gleichverteilte Pseudozufallszahl $u$ erzeugt. Gilt $u \leq \varphi(x)$ – was mit Wahrscheinlichkeit $\varphi(x)$ geschieht – so verwirft man $H_0$, andernfalls nicht.

Randomisierte Tests treten auf, um bei Testproblemen mit diskreten Verteilungen ein zugelassenes Testniveau voll auszuschöpfen. Sie besitzen dann oft die Gestalt

$$\varphi(x) = \begin{cases} 1, & \text{falls } T(x) > c, \\ \gamma, & \text{falls } T(x) = c, \\ 0, & \text{falls } T(x) < c. \end{cases} \tag{7.69}$$

Dabei sind $T : \mathcal{X} \to \mathbb{R}$ eine Teststatistik, $\gamma \in [0, 1]$ eine *Randomisierungswahrscheinlichkeit* und $c$ ein *kritischer Wert*. Man *randomisiert* also nur dann, wenn das Testergebnis gewissermaßen *auf der Kippe steht*. Die Gütefunktion $g_\varphi$ eines randomisierten Tests ist

$$g_\varphi(\vartheta) = \mathbb{E}_\vartheta \varphi, \quad \vartheta \in \Theta,$$

es gilt also $g_\varphi(\vartheta) = \int_{\mathcal{X}} \varphi(x) f(x, \vartheta)\,\mathrm{d}x$, wenn $X$ unter $\mathbb{P}_\vartheta$ eine Dichte $f(x, \vartheta)$ besitzt. Im Fall einer Zähldichte ist das Integral durch eine Summe zu ersetzen. Hat $\varphi$ wie in (7.69) die Gestalt $\varphi = \mathbb{1}_{\{T>c\}} + \gamma \mathbb{1}_{\{T=c\}}$, so folgt

$$g_\varphi(\vartheta) = \mathbb{P}_\vartheta(T > c) + \gamma\, \mathbb{P}_\vartheta(T = c), \quad \vartheta \in \Theta.$$ ◄

**Beispiel (Tea tasting lady, Fortsetzung)** Reichen wir der tea tasting lady $n = 20$ Tassenpaare und lehnen die Hypothese $H_0 : \vartheta = 1/2$ blinden Ratens ab, falls sie mindestens 14 Treffer erzielt, also die richtige Eingießreihenfolge trifft, so ist die Wahrscheinlichkeit für einen Fehler erster Art bei diesem Verfahren gleich

$$\mathbb{P}_{1/2}(T \geq 14) = \left(\frac{1}{20}\right)^{20} \sum_{j=14}^{20} \binom{20}{j} = 0.0577.$$

Dabei ist $T$ die binomialverteilte zufällige Trefferzahl.

Wollen wir einen Test konstruieren, dessen Wahrscheinlichkeit für einen Fehler erster Art gleich 0.1 ist, so bietet sich an, $H_0$ auch noch bei 13 Treffern zu verwerfen. Die Wahrscheinlichkeit für einen Fehler erster Art wäre dann aber mit $\mathbb{P}_{1/2}(T \geq 13) = 0.1316$ zu groß. Hier kommt der Randomisierungsgedanke ins Spiel: Lehnen wir $H_0$ im Fall $T \geq 14$ und mit der Wahrscheinlichkeit $\gamma$ im Fall $T = 13$ ab, so ist die Wahrscheinlichkeit für einen Fehler erster Art bei diesem Verfahren gleich

$$\mathbb{P}_{1/2}(T \geq 14) + \gamma \mathbb{P}_{1/2}(T = 13) = 0.0577 + \gamma \cdot 0.0739.$$

Soll sich der Wert 0.1 ergeben, so berechnet sich $\gamma$ zu

$$\gamma = \frac{0.1 - 0.0577}{0.0739} = 0.5724,$$

und es entsteht der Test (7.69) mit $c = 13$ und $\gamma = 0.5724$.

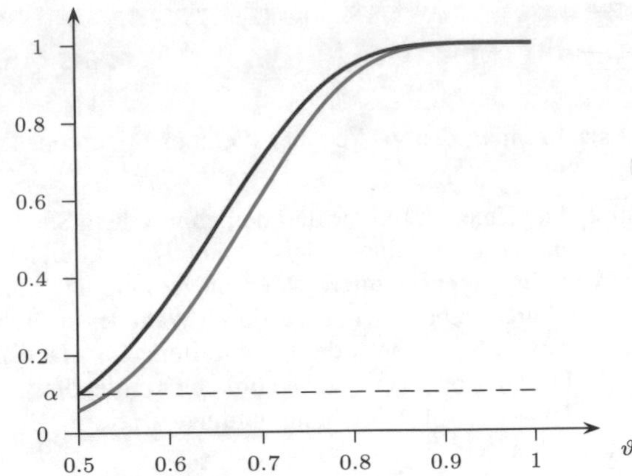


**Abb. 7.17** Gütefunktionen der Tests $\mathbb{1}\{T > 13\}$ (blau) und $\mathbb{1}\{T > 13\} + \gamma \mathbb{1}\{T = 13\}$ (rot)

Abb. 7.17 zeigt die Gütefunktionen des nichtrandomisierten Tests $\mathbb{1}\{T > 13\}$ (blau) und des randomisierten Tests $\mathbb{1}\{T > 13\} + \gamma \mathbb{1}\{T = 13\}$ (rot). Da man beim randomisierten Test für jedes $\vartheta > 1/2$ mit einer kleineren Wahrscheinlichkeit einen Fehler zweiter Art begeht, ist dieser Test bei Einhaltung eines vorgegebenen Höchstwerts von $\alpha (= 0.1)$ für die Wahrscheinlichkeit eines Fehlers erster Art im Vergleich zum nichtrandomisierten Test *gleichmäßig besser*. ◄

Im Folgenden bezeichne

$$\Phi_\alpha := \left\{ \varphi : \mathcal{X} \to [0, 1] \,\middle|\, \sup_{\vartheta \in \Theta_0} g_\varphi(\vartheta) \leq \alpha \right\}$$

die Menge aller randomisierten Tests zum Niveau $\alpha$ für das Testproblem $H_0 : \vartheta \in \Theta_0$ gegen $H_1 : \vartheta \in \Theta_1$.

**Unverfälschter Test, gleichmäßig bester Test**

Ein Test $\varphi \in \Phi_\alpha$ heißt

- **unverfälscht** (zum Niveau $\alpha$), falls gilt:

$$g_\varphi(\vartheta) \geq \alpha \quad \text{für jedes } \vartheta \in \Theta_1,$$

- **gleichmäßig bester Test** (zum Niveau $\alpha$), falls für jeden anderen Test $\psi \in \Phi_\alpha$ gilt:

$$g_\varphi(\vartheta) \geq g_\psi(\vartheta) \quad \text{für jedes } \vartheta \in \Theta_1.$$

**Kommentar** Die Unverfälschtheit eines Tests ist eine selbstverständliche Eigenschaft, denn man möchte sich zumindest nicht mit einer kleineren Wahrscheinlichkeit für die Alternative entscheiden, wenn diese vorliegt, als wenn in Wahrheit $H_0$ gilt. Der Verlauf der Gütefunktion des Tests in Abb. 7.14 zeigt, dass dieser Test nicht unverfälscht zum Niveau $\alpha$ ist, denn seine Gütefunktion nimmt in der Nähe von $\Theta_0 = \{0.5\}$ Werte kleiner als $\alpha$ an.

Ein gleichmäßig bester Test wird in der englischsprachigen Literatur als *uniformly most powerful* bezeichnet und mit UMP-Test abgekürzt, was auch wir tun werden. Ein UMP-Test existiert nur in seltenen Fällen. Oft muss man sich auf unverfälschte Tests beschränken, um einen solchen Test zu erhalten. Letzterer wird dann UMPU-Test genannt (von *uniformly most powerful unbiased*). ◀

## Beim Zwei-Alternativ-Problem sind Hypothese und Alternative einfach

Um einen UMP-Test zu konstruieren beginnen wir mit der besonders einfachen Situation, dass in einem statistischen Modell $(\mathcal{X}, \mathcal{B}, (\mathbb{P}_\vartheta)_{\vartheta\in\Theta})$ der Parameterraum $\Theta = \{\vartheta_0, \vartheta_1\}$ eine zweielementige Menge ist und man sich zwischen den beiden Möglichkeiten $H_0 : \vartheta = \vartheta_0$ und $H_1 : \vartheta = \vartheta_1$ zu entscheiden hat. Hypothese und Alternative sind somit *einfach* in dem Sinne, dass $\Theta_0 = \{\vartheta_0\}$ und $\Theta_1 = \{\vartheta_1\}$ *einelementige* Mengen sind (sog. **Zwei-Alternativ-Problem**). Wir setzen voraus, dass die beobachtbare Zufallsvariable (oder Zufallsvektor) $X = \mathrm{id}_{\mathcal{X}}$ sowohl unter $\mathbb{P}_0 := \mathbb{P}_{\vartheta_0}$ als auch unter $\mathbb{P}_1 := \mathbb{P}_{\vartheta_1}$ entweder eine Lebesgue- oder eine Zähldichte besitzt, die mit $f_0$ bzw. $f_1$ bezeichnet sei.

Nach dem Maximum-Likelihood-Schätzprinzip liegt es nahe, bei vorliegenden Daten $x \in \mathcal{X}$ die beiden Dichte-Werte $f_1(x)$ und $f_0(x)$ miteinander zu vergleichen und $H_0$ abzulehnen, wenn $f_1(x)$ wesentlich größer als $f_0(x)$ ist. Hierzu betrachtet man den sog. **Likelihoodquotienten**

$$\Lambda(x) := \begin{cases} \frac{f_1(x)}{f_0(x)}, & \text{falls } f_0(x) > 0, \\ \infty, & \text{falls } f_0(x) = 0. \end{cases}$$

Nach den Statistikern Jerzy Neyman (1894–1981) und Egon Sharpe Pearson (1895–1980) heißt ein Test $\varphi$ für dieses Testproblem **Neyman-Pearson-Test** (kurz: NP-Test), falls es ein $c \in \mathbb{R}$, $c \geq 0$, gibt, sodass $\varphi$ die Gestalt

$$\varphi(x) = \begin{cases} 1, & \text{falls } \Lambda(x) > c, \\ 0, & \text{falls } \Lambda(x) < c, \end{cases} \tag{7.70}$$

besitzt. Dabei wird zunächst nichts für den Fall $\Lambda(x) = c$ festgelegt. Die Prüfgröße eines NP-Tests ist also der Likelihoodquotient, und $c$ ist ein kritischer Wert, der durch die Forderung an das Testniveau bestimmt wird.

**Lemma von Neyman-Pearson (1932)**

a) In obiger Situation existiert zu jedem $\alpha \in (0, 1)$ ein NP-Test $\varphi$ mit $\mathbb{E}_0\varphi = \alpha$.
b) Jeder NP-Test $\varphi$ mit $\mathbb{E}_0\varphi = \alpha$ ist ein bester Test zum Niveau $\alpha$, d. h., für jeden anderen Test $\psi$ mit $\mathbb{E}_0\psi \leq \alpha$ gilt $\mathbb{E}_1\varphi \geq \mathbb{E}_1\psi$.

**Beweis** a) Nach Definition von $\Lambda$ gilt $\mathbb{P}_0(\Lambda < \infty) = 1$, und so existiert ein $c$ mit $\mathbb{P}_0(\Lambda \geq c) \geq \alpha$ und $\mathbb{P}_0(\Lambda > c) \leq \alpha$, woraus $\alpha - \mathbb{P}_0(\Lambda > c) \leq \mathbb{P}_0(\Lambda = c)$ folgt. Wir unterscheiden die Fälle $\mathbb{P}_0(\Lambda = c) = 0$ und $\mathbb{P}_0(\Lambda = c) > 0$. Im ersten gilt $\mathbb{P}_0(\Lambda > c) = \alpha$, und somit ist $\varphi = \mathbb{1}_{\{\Lambda > c\}}$ ein NP-Test mit $\mathbb{E}_0\varphi = \alpha$. Im zweiten Fall gilt

$$\gamma := \frac{\alpha - \mathbb{P}_0(\Lambda > c)}{\mathbb{P}_0(\Lambda = c)} \in [0, 1].$$

Folglich ist der in (7.69) gegebene Test (mit $\Lambda$ anstelle von $T$) ein NP-Test mit $\mathbb{E}_0\varphi = \mathbb{P}_0(\Lambda > c) + \gamma\mathbb{P}_0(\Lambda = c) = \alpha$.

b) Es seien $\varphi$ ein NP-Test wie in (7.70) mit $\mathbb{E}_0\varphi = \alpha$ und $\psi \in \Phi_\alpha$ ein beliebiger Test zum Niveau $\alpha$. Dann gilt

$$\mathbb{E}_1\varphi - \mathbb{E}_1\psi = \int_{\mathcal{X}} (\varphi(x) - \psi(x)) f_1(x)\,\mathrm{d}x.$$

Dabei ist im diskreten Fall das Integral durch eine Summe zu ersetzen. Gilt $\varphi(x) > \psi(x)$, so folgt $\varphi(x) > 0$ und damit insbesondere $\Lambda(x) \geq c$, also $f_1(x) \geq c f_0(x)$. Ist andererseits $\varphi(x) < \psi(x)$, so folgt $\varphi(x) < 1$ und somit $\Lambda(x) \leq c$, also auch $f_1(x) \leq c f_0(x)$. Insgesamt erhält man die Ungleichung $(\varphi(x) - \psi(x))(f_1(x) - c f_0(x)) \geq 0$, $x \in \mathcal{X}$. Integriert (bzw. summiert) man hier über $x$, so ergibt sich unter Weglassung des Arguments $x$ bei Funktionen sowie des Integrations- bzw. Summationsbereichs $\mathcal{X}$

$$\int \varphi f_1\,\mathrm{d}x - \int \psi f_1\,\mathrm{d}x \geq c\left(\int \varphi f_0\,\mathrm{d}x - \int \psi f_0\,\mathrm{d}x\right).$$

Wegen $\alpha = \int \varphi f_0 \mathrm{d}x = \mathbb{E}_0\varphi$ und $\int \psi f_0 \mathrm{d}x = \mathbb{E}_0\psi \leq \alpha$ ist die rechte Seite nichtnegativ, und es folgt $\mathbb{E}_1\varphi = \int \varphi f_1 \mathrm{d}x \geq \int \psi f_1 \mathrm{d}x = \mathbb{E}_1\psi$, was zu zeigen war. ■

Bezeichnen

$$\alpha(\varphi) := \mathbb{E}_0\varphi, \quad \beta(\varphi) := 1 - \mathbb{E}_1\varphi$$

die Wahrscheinlichkeiten für einen Fehler erster bzw. zweiter Art eines Tests $\varphi$ im Zwei-Alternativ-Problem, so nennt man die Menge $\mathcal{R}$ aller möglichen „Fehlerwahrscheinlichkeitspunkte“ $(\alpha(\varphi), \beta(\varphi))$ von Tests $\varphi : \mathcal{X} \to [0, 1]$ die *Risikomenge* des Testproblems. Diese Menge enthält die Punkte $(0, 1)$ und $(1, 0)$, und sie ist punktsymmetrisch zu $(1/2, 1/2)$ sowie konvex (Aufgabe 7.48). Die typische Gestalt einer Risikomenge ist in Abb. 7.18 skizziert.

Das Lemma von Neyman-Pearson besagt, dass die Fehlerwahrscheinlichkeitspunkte der NP-Tests auf dem „linken unteren Rand“ $\partial(\mathcal{R} \cap \{(x, y) \in \mathbb{R}^2 \mid x + y \leq 1\})$ der Risikomenge $\mathcal{R}$ liegen.

**Kommentar** Ist $\mathcal{X}$ eine endliche Menge, so bedeutet die Konstruktion eines besten Tests, die Zielfunktion (Güte)

$$g_\varphi(\vartheta_1) = \sum_{x\in\mathcal{X}} \varphi(x)\, f_1(x)$$

unter den Nebenbedingungen $0 \leq \varphi(x) \leq 1$, $x \in \mathcal{X}$, und

$$g_\varphi(\vartheta_0) = \sum_{x\in\mathcal{X}} \varphi(x)\, f_0(x) \leq \alpha \tag{7.71}$$

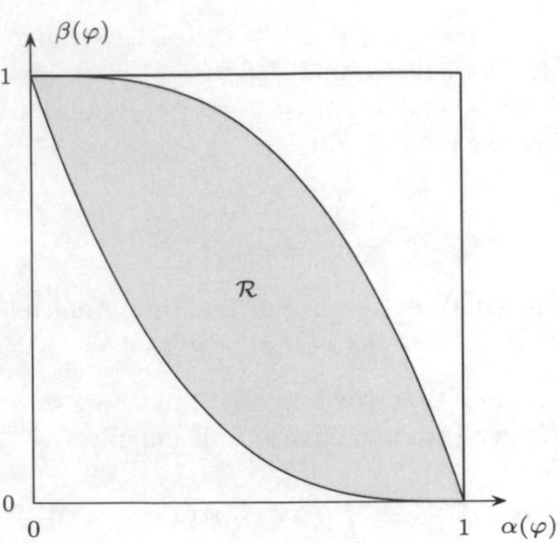


**Abb. 7.18** Risikomenge eines Zwei-Alternativ-Problems

(Niveau-Einhaltung) zu maximieren. Diese Fragestellung ist ein *lineares Optimierungsproblem*, dessen Lösung sich durch folgende heuristische Überlegung erahnen lässt: Wir betrachten $f_0(x)$ als *Kosten* (Preis), mit denen wir durch die Festlegung $\varphi(x) := 1$ den Stichprobenwert $x$ und somit dessen *Güte-Beitrag* (Leistung) $f_1(x)$ „kaufen" können. Wegen (7.71) liegt es nahe, das verfügbare *Gesamt-Budget* $\alpha$ so auszugeben, dass – solange die Mittel reichen – diejenigen $x$ mit dem größten *Leistungs-Preis-Verhältnis* $f_1(x)/f_0(x)$ „gekauft" werden. Diese Kosten/Nutzen-Rechnung führt unmittelbar zum Ansatz von Neyman und Pearson. ◄

**Beispiel** Es sei $X = (X_1, \ldots, X_n)$, wobei $X_1, \ldots, X_n$ unabhängig und je Bin$(1, \vartheta)$-verteilt sind. Wir testen (zunächst) die einfache Hypothese $H_0 : \vartheta = \vartheta_0$ gegen $H_1 : \vartheta = \vartheta_1$, wobei $0 < \vartheta_0 < \vartheta_1 < 1$. Mit $\mathcal{X} = \{0,1\}^n$, $x = (x_1, \ldots, x_n) \in \mathcal{X}$ sowie $t = \sum_{j=1}^n x_j$ gilt

$$f_j(x) = \mathbb{P}_{\vartheta_j}(X = x) = \vartheta_j^t\,(1-\vartheta_j)^{n-t}$$

und somit

$$\begin{aligned} \frac{f_1(x)}{f_0(x)} &= \left(\frac{\vartheta_1}{\vartheta_0}\right)^t \left(\frac{1-\vartheta_1}{1-\vartheta_0}\right)^{n-t} \\ &= \left[\frac{\vartheta_1(1-\vartheta_0)}{\vartheta_0(1-\vartheta_1)}\right]^t \left(\frac{1-\vartheta_1}{1-\vartheta_0}\right)^n . \end{aligned}$$

Mit den Abkürzungen

$$\rho := \frac{\vartheta_1(1-\vartheta_0)}{\vartheta_0(1-\vartheta_1)} \ (> 1), \qquad \eta := \left(\frac{1-\vartheta_1}{1-\vartheta_0}\right)^n$$

ergibt sich für jede positive Zahl $c$ die Äquivalenzkette

$$\begin{aligned} \frac{f_1(x)}{f_0(x)} \left\{\begin{matrix} > \\ = \\ < \end{matrix}\right\} c &\Longleftrightarrow t \log\rho + \log\eta \left\{\begin{matrix} > \\ = \\ < \end{matrix}\right\} \log c \\ &\Longleftrightarrow t = \sum_{j=1}^n x_j \left\{\begin{matrix} > \\ = \\ < \end{matrix}\right\} \tilde{c}, \end{aligned}$$

wobei $\tilde{c} := (\log c - \log\eta)/\log\rho$ gesetzt ist. Dies bedeutet, dass jeder NP-Test $\varphi$ wegen der Ganzzahligkeit von $\sum_{j=1}^n x_j$ die Gestalt (7.69) mit $c \in \{0, 1, \ldots, n\}$ besitzt. Hierbei bestimmen sich $c$ und $\gamma$ aus einer vorgegebenen Wahrscheinlichkeit $\alpha \in (0,1)$ für einen Fehler erster Art zu

$$\begin{aligned} c &= \min\{\nu \in \{0, 1, \ldots, n\} \mid \mathbb{P}_{\vartheta_0}(S_n > \nu) \le \alpha\}, \\ \gamma &= \frac{\alpha - \mathbb{P}_{\vartheta_0}(S_n > k)}{\mathbb{P}_{\vartheta_0}(S_n = k)}. \end{aligned}$$

◄

## Bei monotonem Dichtequotienten erhält man gleichmäßig beste einseitige Tests

Die Tatsache, dass der eben konstruierte Test $\varphi$ nicht von $\vartheta_1$ abhängt, macht ihn zu einem UMP-Test für das Testproblem $H_0 : \vartheta \le \vartheta_0$ gegen $H_1 : \vartheta > \vartheta_0$. In der Tat: Zunächst ist $\varphi$ ein Test zum Niveau $\alpha$ für $H_0 : \vartheta \le \vartheta_0$, denn seine Gütefunktion ist wegen

$$\begin{aligned} g_\varphi(\vartheta) &= \mathbb{P}_\vartheta(S_n > c) + \gamma\mathbb{P}_\vartheta(S_n = c) \\ &= \gamma\mathbb{P}_\vartheta(S_n \ge c) + (1-\gamma)\mathbb{P}_\vartheta(S_n \ge c+1) \end{aligned}$$

und Aufgabe 7.38 a) monoton wachsend. Sind nun $\psi \in \breve{}_\alpha$ ein beliebiger konkurrierender Niveau-$\alpha$-Test und $\vartheta_1 > \vartheta_0$ beliebig, so gilt wegen $\mathbb{E}_{\vartheta_0}\psi \le \mathbb{E}_{\vartheta_0}\varphi = \alpha$ nach Teil b) des Neyman-Pearson-Lemmas $\mathbb{E}_{\vartheta_1}\varphi \ge \mathbb{E}_{\vartheta_1}\psi$, da $\varphi$ NP-Test für das Zwei-Alternativ-Problem $H_0^* : \vartheta = \vartheta_0$ gegen $H_1^* : \vartheta = \vartheta_1$ ist. Da $\vartheta_1$ beliebig war, ist der ein vorgegebenes Testniveau $\alpha$ voll ausschöpfende einseitige Binomialtest gleichmäßig bester Test zum Niveau $\alpha$.

Entscheidend an dieser Argumentation war, dass der Likelihoodquotient $f_1(x)/f_0(x)$ eine streng monoton wachsende Funktion von $x_1 + \ldots + x_n$ ist. Um ein allgemeineres Resultat zu formulieren, legen wir ein statistisches Modell $(\mathcal{X}, \mathcal{B}, (\mathbb{P}_\vartheta)_{\vartheta\in\Theta})$ mit $\mathcal{X} \subseteq \mathbb{R}^n$ und $\Theta \subseteq \mathbb{R}$ zugrunde. Wir nehmen weiter an, dass $\mathbb{P}_\vartheta$ eine Lebesgue-Dichte oder Zähldichte $f(\cdot, \vartheta)$ besitzt, und dass $f : \mathcal{X} \times \Theta \to \mathbb{R}$ strikt positiv ist. Weiter sei $T : \mathcal{X} \to \mathbb{R}$ eine Statistik.

**Verteilungen mit monotonem Dichtequotienten**

In obiger Situation heißt $(\mathbb{P}_\vartheta)_{\vartheta\in\Theta}$ **Verteilungsklasse mit monotonem Dichtequotienten in $T$**, wenn es zu beliebigen $\vartheta_0, \vartheta_1 \in \Theta$ mit $\vartheta_0 < \vartheta_1$ eine streng monoton wachsende Funktion $g_{\vartheta_0,\vartheta_1}(t)$ gibt, sodass gilt:

$$\frac{f(x, \vartheta_1)}{f(x, \vartheta_0)} = g_{\vartheta_0,\vartheta_1}(T(x)), \quad x \in \mathcal{X}.$$

**Beispiel (Einparametrige Exponentialfamilie)** Besitzt $f(x, \vartheta)$ wie in (7.18) die Gestalt

$$f(x, \vartheta) = b(\vartheta)\, h(x)\, \mathrm{e}^{Q(\vartheta)T(x)}$$

mit einer streng monoton wachsenden Funktion $Q$, so liegt eine Verteilungsklasse mit monotonem Dichtequotienten in $T$ vor, denn es gilt für $\vartheta_0, \vartheta_1 \in \Theta$ mit $\vartheta_0 < \vartheta_1$

$$\frac{f(x,\vartheta_1)}{f(x,\vartheta_0)} = \frac{b(\vartheta_1)}{b(\vartheta_0)} \mathrm{e}^{(Q(\vartheta_1)-Q(\vartheta_0))T(x)}.$$

Beispiele hierfür sind die Binomialverteilungen $\mathrm{Bin}(n,\vartheta)$, $0 < \vartheta < 1$, die Exponentialverteilungen $\mathrm{Exp}(\vartheta)$, $0 < \vartheta < \infty$, die Poisson-Verteilungen $\mathrm{Po}(\vartheta)$, $0 < \vartheta < \infty$ (vgl. Aufgabe 7.26) und die Normalverteilungen $\mathrm{N}(\vartheta,\sigma^2)$, $\vartheta \in \mathbb{R}$, bei festem $\sigma^2$. ◀

**Selbstfrage 10**

Warum sind die Dichten der Normalverteilungen $\mathrm{N}(\vartheta,\sigma^2)$, $\vartheta \in \mathbb{R}$, von obiger Gestalt?

**Satz (UMP-Tests bei monotonem Dichtequotienten)**

Es seien $(\mathbb{P}_\vartheta)_{\vartheta\in\Theta}$ eine Verteilungsklasse mit monotonem Dichtequotienten in $T$ und $\vartheta_0 \in \Theta$. Dann existiert zu jedem $\alpha \in (0,1)$ ein UMP-Test zum Niveau $\alpha$ für das Testproblem $H_0 : \vartheta \le \vartheta_0$ gegen $H_1 : \vartheta > \vartheta_0$. Dieser Test besitzt die Gestalt

$$\varphi(x) = \begin{cases} 1, & \text{falls } T(x) > c, \\ \gamma, & \text{falls } T(x) = c, \\ 0, & \text{falls } T(x) < c. \end{cases} \tag{7.72}$$

Dabei sind $c$ und $\gamma \in [0,1]$ festgelegt durch

$$\mathbb{E}_{\vartheta_0}\varphi = \mathbb{P}_{\vartheta_0}(T > c) + \gamma\mathbb{P}_{\vartheta_0}(T = c) = \alpha. \tag{7.73}$$

**Beweis** Wir betrachten zunächst für beliebiges $\vartheta_1 \in \Theta$ mit $\vartheta_0 < \vartheta_1$ das Zwei-Alternativ-Problem $H_0' : \vartheta = \vartheta_0$ gegen $H_1' : \vartheta = \vartheta_1$. Hierzu gibt es einen (besten) NP-Test $\varphi$ mit $\mathbb{E}_{\vartheta_0}\varphi = \alpha$, nämlich

$$\varphi(x) = \begin{cases} 1, & \text{falls } \Lambda(x) > c^*, \\ \gamma^*, & \text{falls } \Lambda(x) = c^*, \\ 0, & \text{falls } \Lambda(x) < c^* \end{cases}$$

mit dem Likelihoodquotienten $\Lambda(x) = f(x,\vartheta_1)/f(x,\vartheta_0)$ und $c^* \ge 0$ sowie $\gamma^* \in [0,1]$, die sich aus der Forderung

$$\mathbb{E}_{\vartheta_0}\varphi = \mathbb{P}_{\vartheta_0}(\Lambda > c^*) + \gamma^*\mathbb{P}_{\vartheta_0}(\Lambda = c^*) = \alpha$$

bestimmen. Wegen der vorausgesetzten strengen Monotonie von $\Lambda(x)$ in $T(x)$ ist dieser Test aber zu (7.72) und (7.73) äquivalent. Da $c$ und $\gamma$ unabhängig von $\vartheta_1$ sind, ist $\varphi$ nach dem Neyman-Pearson-Lemma gleichmäßig bester Test zum Niveau $\alpha$ für $H_0' : \vartheta = \vartheta_0$ gegen $H_1 : \vartheta > \vartheta_0$.

Wir müssen nur noch nachweisen, dass $\varphi$ ein Test zum Niveau $\alpha$ für $H_0$ gegen $H_1$ ist, denn jeder beliebige solche Test $\psi$ ist ja auch ein Niveau-$\alpha$-Test für $H_0'$ gegen $H_1$, und im Vergleich mit diesem Test gilt $\mathbb{E}_\vartheta\varphi \ge \mathbb{E}_\vartheta\psi$ für jedes $\vartheta > \vartheta_0$. Um diesen Nachweis zu führen, sei $\vartheta^* \in \Theta$ mit $\vartheta^* < \vartheta_0$ beliebig. Zu zeigen ist die Ungleichung $\alpha^* := \mathbb{E}_{\vartheta^*}\varphi \le \alpha$. Aufgrund der strikten Monotonie des Dichtequotienten ist $\varphi$ NP-Test für $H_0^* : \vartheta = \vartheta^*$ gegen $H_0 : \vartheta = \vartheta_0$ zum Niveau $\alpha^*$. Da der Test $\widetilde{\varphi} \equiv \alpha^*$ ebenfalls ein Test zum Niveau $\alpha^*$ für $H_0^*$ gegen $H_0$ ist, folgt nach dem Neyman-Pearson-Lemma $\alpha^* \le \mathbb{E}_{\vartheta_0}\varphi = \alpha$. ∎

**Kommentar** Mit diesem Ergebnis folgt u. a., dass der einseitige Gauß-Test UMP-Test für das Testproblem $H_0 : \mu \le \mu_0$ gegen $H_1 : \mu > \mu_0$ ist. Man beachte, dass die oben angestellten Überlegungen auch für Testprobleme der Gestalt $H_0 : \vartheta \ge \vartheta_0$ gegen $H_1 : \vartheta < \vartheta_0$ gültig bleiben. Man muss nur $\vartheta$ durch $-\vartheta$ und $T$ durch $-T$ ersetzen, was dazu führt, dass sich beim Test $\varphi$ in (7.72) das Größer- und das Kleiner-Zeichen vertauschen.

Für zweiseitige Testprobleme der Gestalt $H_0 : \vartheta = \vartheta_0$ gegen $H_1 : \vartheta \ne \vartheta_0$ wie beim zweiseitigen Binomial- und beim zweiseitigen Gauß-Test kann es i. Allg. keinen UMP-Test zum Niveau $\alpha \in (0,1)$ geben. Ein solcher Test $\varphi$ wäre ja UMP-Test für jedes der Testprobleme $H_0$ gegen $H_1^> : \vartheta > \vartheta_0$ und $H_0$ gegen $H_1^< : \vartheta < \vartheta_0$, und für seine Gütefunktion würde dann sowohl $g_\varphi(\vartheta) < \alpha$ für $\vartheta < \vartheta_0$ als auch $g_\varphi(\vartheta) > \alpha$ für $\vartheta < \vartheta_0$ gelten (wir haben diese strikte Ungleichung beim Binomial- und beim Gauß-Test eingesehen, sie gilt aber auch allgemeiner). Beschränkt man sich bei zweiseitigen Testproblemen auf *unverfälschte Tests*, so lassen sich etwa in einparametrigen Exponentialfamilien gleichmäßig beste unverfälschte (UMPU-)Tests konstruieren. Diese sind dann von der Gestalt

$$\varphi(x) = \begin{cases} 1\,, & \text{falls } T(x) < c_1 \text{ oder } T(x) > c_2, \\ \gamma_j\,, & \text{falls } T(x) = c_j\,,\ j = 1,2, \\ 0\,, & \text{falls } c_1 < T(x) < c_2, \end{cases}$$

wobei $c_1, c_2, \gamma_1$ und $\gamma_2$ durch die Forderungen $g_\varphi(\vartheta_0) = \alpha$ und $g_\varphi'(\vartheta_0) = 0$ bestimmt sind, siehe z. B. [16], Kap. 19. Mit größerem Aufwand lässt sich auch zeigen, dass der Ein-Stichproben-$t$-Test ein UMPU-Test ist, siehe z. B. [21], Kap. 6. ◀

## Verallgemeinerte Likelihoodquotienten-Tests – ein genereller Ansatz bei Testproblemen in parametrischen Modellen

Zum Schluss dieses Abschnittes möchten wir noch einen allgemeinen Ansatz zur Konstruktion von Tests vorstellen, dem sich viele der in der Praxis auftretenden Tests unterordnen. Wir nehmen hierzu ein statistisches Modell $(\mathcal{X}, \mathcal{B}, (\mathbb{P}_\vartheta)_{\vartheta\in\Theta})$ an, bei dem der beobachtbare Zufallsvektor $X$ $(= \mathrm{id}_\mathcal{X})$ unter $\mathbb{P}_\vartheta$ eine Dichte (oder Zähldichte) $f(x,\vartheta)$ besitze. Möchte man in dieser Situation die Hypothese

$$H_0 : \vartheta \in \Theta_0$$

gegen die Alternative $H_1 : \vartheta \notin \Theta_0$ testen, so liegt es nahe, $\vartheta$ nach der Maximum-Likelihood-Methode zu schätzen, wobei man einmal nur Argumente $\vartheta$ der Likelihood-Funktion in $\Theta_0$ zulässt, und zum anderen eine uneingeschränkte ML-Schätzung vornimmt. Auf diese Weise entsteht der sog. *verallgemeinerte Likelihoodquotient*

$$Q(x) := \frac{\sup_{\vartheta\in\Theta_0} f(x,\vartheta)}{\sup_{\vartheta\in\Theta} f(x,\vartheta)}. \tag{7.74}$$

Dieser nimmt nach Konstruktion nur Werte kleiner oder gleich eins an. Liegt der wahre Parameter $\vartheta$ in $\Theta_0$, so würde man erwarten, dass sich Zähler und Nenner nicht wesentlich unterscheiden. Im Fall $\vartheta \in \Theta\setminus\Theta_0$ muss man jedoch davon ausgehen, dass der Zähler deutlich kleiner als der Nenner ausfällt. Diese Überlegungen lassen Tests als sinnvoll erscheinen, die $H_0$ für *kleine Werte* von $Q(x)$ verwerfen. Solche Tests heißen *verallgemeinerte Likelihoodquotiententests* oder kurz (verallgemeinerte) *LQ-Tests*.

**Beispiel (Ein-Stichproben-$t$-Teststatistik)** Wir betrachten das Modell der wiederholten Messung unter Normalverteilungsannahme, also $X = (X_1,\ldots,X_n)$ mit unabhängigen und je $\mathrm{N}(\mu,\sigma^2)$-verteilten Zufallsvariablen $X_1,\ldots,X_n$. In diesem Fall gilt $\Theta = \{\vartheta = (\mu,\sigma^2) \mid \mu\in\mathbb{R}, \sigma^2>0\}$ und

$$f(x,\vartheta) = \left(\frac{1}{\sigma\sqrt{2\pi}}\right)^n \exp\left(-\frac{1}{2\sigma^2}\sum_{j=1}^n (x_j-\mu)^2\right).$$

Soll die Hypothese $H_0: \mu = \mu_0$ gegen $\mu \neq \mu_0$ getestet werden, so ist $\Theta_0 = \{(\mu,\sigma^2)\in\Theta \mid \mu=\mu_0\}$. Die ML-Schätzer für $\mu$ und $\sigma^2$ wurden in Abschn. 7.2 zu $\widehat{\mu}_n = \overline{X}_n$ und $\widehat{\sigma_n^2} = n^{-1}\sum_{j=1}^n \left(X_j - \overline{X}_n\right)^2$ hergeleitet. Die ML-Schätzaufgabe im Zähler von (7.74) führt auf das Problem, in der obigen Dichte $\mu=\mu_0$ einzusetzen und bzgl. $\sigma^2$ zu maximieren. Als Lösung ergibt sich $\widetilde{\sigma_n^2} := n^{-1}\sum_{j=1}^n \left(X_j-\mu_0\right)^2$, und somit erhält man

$$Q(X) = \frac{f(X,\mu_0,\widetilde{\sigma_n^2})}{f(X,\widehat{\mu}_n,\widehat{\sigma_n^2})}.$$

Eine direkte Rechnung (siehe Aufgabe 7.10) ergibt

$$(n-1)\left(Q(X)^{-2/n}-1\right) = T_n^2,$$

wobei $T_n = \sqrt{n}(\overline{X}_n - \mu_0)/S_n$ die Prüfgröße des Ein-Stichproben-$t$-Tests ist, s. (7.51). Da kleinen Werten von $Q(X)$ große Werte von $|T_n|$ entsprechen, führt der verallgemeinerte LQ-Test in diesem Fall zum zweiseitigen $t$-Test. ◄

Sind $X_1,\ldots,X_n$ unter $\mathbb{P}_\vartheta$ stochastisch unabhängig mit gleicher Dichte (oder Zähldichte) $f_1(t,\vartheta)$, so besitzt die LQ-Statistik die Gestalt

$$\begin{aligned} Q_n &:= \frac{\sup_{\vartheta\in\Theta_0}\prod_{j=1}^n f_1(X_j,\vartheta)}{\sup_{\vartheta\in\Theta}\prod_{j=1}^n f_1(X_j,\vartheta)} \\ &= \prod_{j=1}^n \frac{f_1(X_j,\widetilde{\vartheta}_n)}{f_1(X_j,\widehat{\vartheta}_n)}. \end{aligned}$$

Dabei sind $\widetilde{\vartheta}_n$ der ML-Schätzer für $\vartheta$ unter $H_0: \vartheta\in\Theta_0$ und $\widehat{\vartheta}_n$ der (uneingeschränkte) ML-Schätzer für $\vartheta$. In diesem Fall verwendet man eine streng monoton fallende Transformation von $Q_n$, nämlich die sog. *Loglikelihoodquotienten-Statistik*

$$M_n := -2\log Q_n = 2\sum_{j=1}^n \log\frac{f_1(X_j,\widehat{\vartheta}_n)}{f_1(X_j,\widetilde{\vartheta}_n)}.$$

Ablehnung von $H_0$ erfolgt hier für *große Werte* von $M_n$. Der Hintergrund für diese auf den ersten Blick überraschend anmutende Transformation ist, dass unter gewissen Regularitätsvoraussetzungen die Statistik $M_n$ für jedes $\vartheta\in\Theta_0$ (also bei Gültigkeit der Hypothese) asymptotisch für $n\to\infty$ eine Chi-Quadrat-Verteilung besitzt. Die Anzahl $k$ der Freiheitsgrade dieser Verteilung richtet sich dabei nach den Dimensionen der Parameterbereiche $\Theta$ und $\Theta_0$. Sind $\Theta$ eine offene Teilmenge des $\mathbb{R}^s$ und $\Theta_0$ das Bild $g(U)$ einer offenen Teilmenge $U$ des $\mathbb{R}^\ell$, $1\le\ell<s$, unter einer regulären injektiven Abbildung $g$, so gilt $k = s-\ell$. Ist $\Theta_0 = \{\vartheta_0\}$ für ein $\vartheta_0\in\Theta$, so gilt $k=s$. Letzterer Fall lässt sich für $s=1$ noch mit den Ausführungen zur Asymptotik der ML-Schätzung in der Hintergrund-und-Ausblick-Box in Abschn. 7.2 abhandeln. Im Fall $\Theta_0 = \{\vartheta_0\}$ gilt

$$Q_n = \prod_{j=1}^n \frac{f_1(X_j,\vartheta_0)}{f_1(X_j,\widehat{\vartheta}_n)}$$

und damit

$$M_n = 2\sum_{j=1}^n \left(\log f_1(X_j,\widehat{\vartheta}_n) - \log f_1(X_j,\vartheta_0)\right).$$

Nimmt man hier unter Annahme der stochastischen Konvergenz von $\widehat{\vartheta}_n$ gegen $\vartheta_0$ unter $\mathbb{P}_{\vartheta_0}$ eine Taylorentwicklung von $\log f_1(X_j,\vartheta)$ um $\vartheta = \vartheta_0$ vor, so lässt sich (siehe die Hintergrund-und-Ausblick-Box über die asymptotische Verteilung von ML-Schätzern in Abschn. 7.2) die Darstellung

$$M_n = \left(\sqrt{\mathrm{I}_1(\vartheta_0)}\sqrt{n}(\widehat{\vartheta}_n - \vartheta_0)\right)^2 + R_n$$

zeigen, wobei $R_n$ unter $\mathbb{P}_{\vartheta_0}$ stochastisch gegen null konvergiert. Da $\sqrt{\mathrm{I}_1(\vartheta_0)}\sqrt{n}(\widehat{\vartheta}_n - \vartheta_0)$ nach Verteilung unter $\mathbb{P}_{\vartheta_0}$ gegen eine standardnormalverteilte Zufallsvariable $N$ konvergiert (vgl. (7.11)), konvergiert $M_n$ nach Verteilung gegen $N^2$, und es gilt $N^2\sim\chi_1^2$.

## 7.6 Elemente der nichtparametrischen Statistik

Allen bisher betrachteten statistischen Verfahren lag die Annahme zugrunde, dass die Verteilung der auftretenden Zufallsvariablen bis auf endlich viele reelle Parameter bekannt ist. Es wurde also eine *spezielle parametrische Verteilungsannahme* wie etwa die einer Normalverteilung unterstellt. Im Gegensatz dazu gehen *nichtparametrische statistische Verfahren* von wesentlich schwächeren und damit oft realitätsnäheren Voraussetzungen aus. Wir möchten zum Abschluss einige elementare Konzepte und Verfahren der nichtparametrischen Statistik vorstellen. Hierzu gehören die *empirische Verteilungsfunktion* als Schätzer einer unbekannten Verteilungsfunktion, *Konfidenzbereichsverfahren für Quantile*, der *Vorzeichentest für den Median* sowie als nichtparametrisches Analogon zum Zwei-Stichproben-$t$-Test der *Wilcoxon-Rangsummentest*.

## Die empirische Verteilungsfunktion $F_n$ konvergiert $\mathbb{P}$-fast sicher gleichmäßig gegen $F$

Wir wenden uns zunächst *Ein-Stichproben-Problemen* zu und nehmen für die weiteren Betrachtungen an, dass vorliegende Daten $x_1, \ldots, x_n$ als Realisierungen stochastisch unabhängiger und identisch verteilter Zufallsvariablen $X_1, \ldots, X_n$ angesehen werden können. Dabei sei die durch $F(x) := \mathbb{P}(X_1 \leq x)$, $x \in \mathbb{R}$, gegebene Verteilungsfunktion $F$ von $X_1$ unbekannt. Da sich der relative Anteil aller $X_j$, die kleiner oder gleich $x$ sind, als Schätzer für die Wahrscheinlichkeit $F(x) = \mathbb{P}(X_1 \leq x)$ geradezu aufdrängt, ist die folgende Begriffsbildung naheliegend.

**Definition der empirischen Verteilungsfunktion**

In obiger Situation heißt für jedes $n \geq 1$ die durch

$$F_n(x) := \frac{1}{n} \sum_{j=1}^{n} \mathbb{1}\{X_j \leq x\}$$

definierte Funktion $F_n : \mathbb{R} \to [0, 1]$ die **empirische Verteilungsfunktion** von $X_1, \ldots, X_n$.

**Kommentar** Für festes $x$ ist die empirische Verteilungsfunktion eine Zufallsvariable auf $\Omega$. Im Folgenden heben wir deren Argument $\omega$ durch die Notation

$$F_n^{\omega}(x) := \frac{1}{n} \sum_{j=1}^{n} \mathbb{1}\{X_j(\omega) \leq x\}, \quad \omega \in \Omega, \tag{7.75}$$

hervor. Für festes $\omega \in \Omega$ ist $F_n^{\omega}(\cdot)$ die sog. *Realisierung von $F_n$* zu $x_1 := X_1(\omega), \ldots, x_n := X_n(\omega)$. Diese Realisierung besitzt die Eigenschaften einer diskreten Verteilungsfunktion, denn sie ist rechtsseitig stetig und hat Sprünge an den Stellen $x_1, \ldots, x_n$. Dabei ist die Höhe des Sprunges in $x_i$ gleich der Anzahl der mit $x_i$ übereinstimmenden $x_j$, dividiert durch $n$ (Abb. 7.19).

Um asymptotische Eigenschaften eines noch zu definierenden Schätzers für $F$ zu formulieren, setzen wir voraus, dass $X_1, X_2, \ldots$ eine Folge unabhängiger und identisch verteilter Zufallsvariablen auf einem Wahrscheinlichkeitsraum $(\Omega, \mathcal{A}, \mathbb{P})$ ist. Nach dem starken Gesetz großer Zahlen von Kolmogorov konvergiert dann für festes $x \in \mathbb{R}$ die Folge $F_n(x)$, $n \geq 1$, $\mathbb{P}$-fast sicher gegen $F(x)$. Das folgende, auf Waleri Iwanowitsch Glivenko (1897–1940) und Francesco Paolo Cantelli

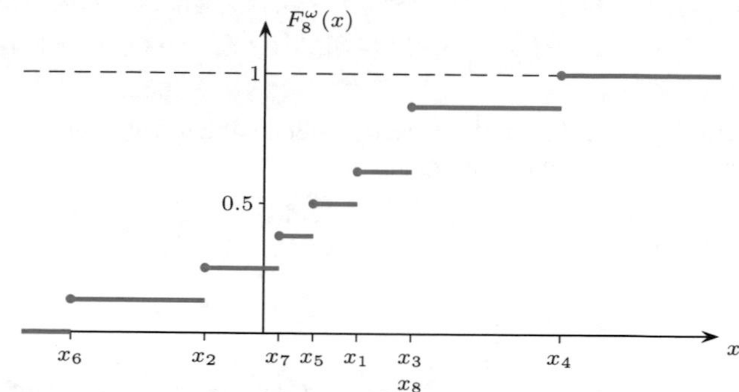


**Abb. 7.19** Realisierung einer empirischen Verteilungsfunktion

(1875–1966) zurückgehende, oft als *Zentralsatz der Statistik* bezeichnete Resultat besagt, dass $F_n$ sogar mit Wahrscheinlichkeit eins *gleichmäßig* gegen $F$ konvergiert. ◀

**Satz von Glivenko-Cantelli (1933)**

Unter den gemachten Annahmen gilt

$$\lim_{n \to \infty} \sup_{x \in \mathbb{R}} \left| F_n(x) - F(x) \right| = 0 \qquad \mathbb{P}\text{-fast sicher.}$$

Den Beweis dieses Satzes findet man in einer eigenen Unter-der-Lupe-Box. Wir merken an dieser Stelle an, dass aufgrund der rechtsseitigen Stetigkeit von $F_n$ und $F$

$$\sup_{x \in \mathbb{R}} \left| F_n(x) - F(x) \right| = \sup_{x \in \mathbb{Q}} \left| F_n(x) - F(x) \right|$$

gilt und somit $\sup_{x \in \mathbb{R}} \left| F_n(x) - F(x) \right|$ als Supremum *abzählbar vieler* messbarer Funktionen messbar und somit eine Zufallsvariable ist.

## Der Kolmogorov-Smirnov-Anpassungstest prüft $H_0 : F = F_0$, wobei $F_0$ stetig ist

Der Satz von Glivenko-Cantelli legt nahe, die empirische Verteilungsfunktion für Schätz- und Testprobleme zu verwenden. Wir setzen hierzu die zugrunde liegende Verteilungsfunktion $F$ als *stetig* voraus (was insbesondere gilt, wenn $F$ eine Lebesgue-Dichte besitzt). Die Stetigkeit garantiert, dass gleiche Realisierungen unter $X_1, X_2, \ldots$ nur mit der Wahrscheinlichkeit null auftreten, denn dann gilt

$$\mathbb{P}\left( \bigcup_{1 \leq i < j < \infty} \{X_i = X_j\} \right) = 0$$

(Aufgabe 7.49). Es folgt, dass die am Ende von Abschn. 5.2 eingeführten Ordnungsstatistiken $X_{1:n}, \ldots, X_{n:n}$ von $X_1, \ldots X_n$ mit Wahrscheinlichkeit eins strikt aufsteigen, d. h., es gilt

$$\mathbb{P}(X_{1:n} < X_{2:n} < \ldots < X_{n:n}) = 1.$$

## Unter der Lupe: Der Beweis des Satzes von Glivenko-Cantelli

Hier spielen das starke Gesetz großer Zahlen und Monotoniebetrachtungen zusammen.

Wir müssen zeigen, dass es eine Menge $\Omega_0 \in \mathcal{A}$ mit $\mathbb{P}(\Omega_0) = 1$ gibt, sodass mit der Notation (7.75)

$$\lim_{n\to\infty} \sup_{x\in\mathbb{R}} |F_n^\omega(x) - F(x)| = 0 \qquad \forall \omega \in \Omega_0$$

gilt. Hierzu wenden wir das starke Gesetz großer Zahlen auf die Folgen $(\mathbb{1}_{(-\infty,x]}(X_j))$ und $(\mathbb{1}_{(-\infty,x)}(X_j))$, $j \geq 1$, an und erhalten damit zu jedem $x \in \mathbb{R}$ Mengen $A_x, B_x \in \mathcal{A}$ mit $\mathbb{P}(A_x) = \mathbb{P}(B_x) = 1$ und

$$\lim_{n\to\infty} F_n^\omega(x) = F(x), \quad \omega \in A_x, \tag{7.76}$$

$$\lim_{n\to\infty} F_n^\omega(x-) = F(x-) = \mathbb{P}(X_1 < x), \quad \omega \in B_x. \tag{7.77}$$

Dabei sei allgemein $H(x-) := \lim_{y\nearrow x} H(y)$ gesetzt.

Um $D_n^\omega := \sup_{x\in\mathbb{R}} |F_n^\omega(x) - F(x)|$ abzuschätzen, setzen wir $x_{m,k} := F^{-1}(k/m)$ $(m \geq 2,\ 1 \leq k \leq m-1)$ mit der Quantilfunktion $F^{-1}$ von $F$, vgl. (5.43). Kombiniert man die Ungleichungen $F(F^{-1}(p)-) \leq p \leq F(F^{-1}(p))$ für $p = k/m$ und $p = (k-1)/m$, so folgt

$$F(x_{m,k}-) - F(x_{m,k-1}) \leq \frac{1}{m}. \tag{7.78}$$

Außerdem gilt

$$F(x_{m,1}-) \leq \frac{1}{m}, \quad F(x_{m,m-1}) \geq 1 - \frac{1}{m}. \tag{7.79}$$

Wir behaupten nun die Gültigkeit der Ungleichung

$$D_n^\omega \leq \frac{1}{m} + D_{m,n}^\omega, \quad m \geq 2, n \geq 1, \omega \in \Omega, \tag{7.80}$$

wobei

$$D_{m,n}^\omega := \max\Big\{|F_n^\omega(x_{m,k}) - F(x_{m,k})|,\ |F_n^\omega(x_{m,k}-) - F(x_{m,k}-)| \,\Big|\, 1 \leq k \leq m-1\Big\}.$$

Sei hierzu $x \in \mathbb{R}$ beliebig gewählt. Falls $x_{m,k-1} \leq x < x_{m,k}$ für ein $k \in \{2,\ldots,m-1\}$, so liefern (7.78), die Monotonie von $F_n^\omega$ und $F$ und die Definition von $D_{m,n}^\omega$

$$\begin{aligned} F_n^\omega(x) &\leq F_n^\omega(x_{m,k}-) \leq F(x_{m,k}-) + D_{m,n}^\omega \\ &\leq F(x_{m,k-1}) + \frac{1}{m} + D_{m,n}^\omega \\ &\leq F(x) + \frac{1}{m} + D_{m,n}^\omega. \end{aligned}$$

Analog gilt $F_n^\omega(x) \geq F(x) - \frac{1}{m} - D_{m,n}^\omega$, also zusammen

$$|F_n^\omega(x) - F(x)| \leq \frac{1}{m} + D_{m,n}^\omega. \tag{7.81}$$

Falls $x < x_{m,1}$ (der Fall $x \geq x_{m,m-1}$ wird entsprechend behandelt), so folgt

$$\begin{aligned} F_n^\omega(x) - F(x) &\leq F_n^\omega(x) \leq F_n^\omega(x_{m,1}-) \\ &\leq F(x_{m,1}-) + D_{m,n}^\omega \leq \frac{1}{m} + D_{m,n}^\omega \end{aligned}$$

und unter Beachtung von (7.79)

$$F(x) - F_n^\omega(x) \leq F(x_{m,1}-) \leq \frac{1}{m} + D_{m,n}^\omega.$$

Folglich gilt (7.81) für jedes $x \in \mathbb{R}$ und damit (7.80). Setzen wir

$$\Omega_0 := \bigcap_{m=2}^{\infty} \bigcap_{k=1}^{m-1} (A_{x_{m,k}} \cap B_{x_{m,k}})$$

mit $A_x$ aus (7.76) und $B_x$ aus (7.77), so liegt $\Omega_0$ in $\mathcal{A}$, und es gilt $\mathbb{P}(\Omega_0) = 1$, denn $\Omega_0$ ist abzählbarer Durchschnitt von Eins-Mengen. Ist $\omega \in \Omega_0$, so folgt $\lim_{n\to\infty} D_{m,n}^\omega = 0$ für jedes $m \geq 2$ und somit wegen (7.80) $\limsup_{n\to\infty} D_n^\omega \leq \frac{1}{m}$, $m \geq 2$, also auch $\lim_{n\to\infty} D_n^\omega = 0$, was zu zeigen war.

---

Wegen

$$F_n(x) = \begin{cases} 0, & \text{falls } x < X_{1:n}, \\ \frac{k}{n}, & \text{falls } X_{k:n} \leq x < X_{k+1:n} \text{ und } k \in \{1,\ldots,n-1\}, \\ 1, & \text{falls } X_{n:n} \leq x \end{cases}$$

ergibt sich, dass die im Satz von Glivenko-Cantelli auftretende Zufallsvariable

$$\Delta_n^F := \sup_{x\in\mathbb{R}} \big|F_n(x) - F(x)\big|$$

die Darstellung

$$\Delta_n^F = \max_{1\leq k\leq n} \left(\max\left(F(X_{k:n}) - \frac{k-1}{n}, \frac{k}{n} - F(X_{k:n})\right)\right) \tag{7.82}$$

besitzt. Nach dem Satz über die Wahrscheinlichkeitsintegral-Transformation am Ende von Abschn. 5.3 sind die Zufallsvariablen $U_1 := F(X_1), \ldots, U_n := F(X_n)$ unabhängig und je gleichverteilt U(0, 1). Wegen der Monotonie von $F$ besitzt dann der Zufallsvektor $(F(X_{1:n}), \ldots, F(X_{n:n}))$ die gleiche Verteilung wie der Vektor $(U_{1:n}, \ldots, U_{n:n})$ der Ordnungsstatistiken von $U_1, \ldots, U_n$. Da $\Delta_n^F$ eine Funktion von $(F(X_{1:n}), \ldots, F(X_{n:n}))$ ist, haben wir folgendes Resultat erhalten:

**Satz über die Verteilungsfreiheit von $\Delta_n^F$**

Sind $X_1, \ldots, X_n$ stochastisch unabhängig mit *stetiger* Verteilungsfunktion $F$, so hängt die Verteilung von

$$\Delta_n^F = \sup_{x \in \mathbb{R}} \left| F_n(x) - F(x) \right|$$

nicht von $F$ ab.

Man kann also zur Bestimmung der Verteilung von $\Delta_n^F$ den Spezialfall $X_1 \sim \mathrm{U}(0,1)$ annehmen. Bitte überlegen Sie sich selbst, welche Verteilung $\Delta_1^F$ besitzt (Aufgabe 7.11).

Obiges Resultat führt unmittelbar zu einem *Anpassungstest*, der die Hypothese

$$H_0 : F = F_0$$

gegen die Alternative $H_1 : F \neq F_0$ prüft. Dabei ist $F_0$ eine gegebene stetige Verteilungsfunktion. Als Prüfgröße dient der sog. nach Andrej Nikolajewitsch Kolmogorov (1903–1987) und Nikolai Wassiljewitsch Smirnov (1900–1966) benannte *Kolmogorov-Smirnov-Abstand*

$$d(F_n, F_0) := \Delta_n^{F_0} = \sup_{x \in \mathbb{R}} \left| F_n(x) - F_0(x) \right|$$

zwischen $F_n$ und $F_0$.

Der sog. *Kolmogorov-Smirnov-Anpassungstest* lehnt die Hypothese $H_0$ für große Werte von $d(F_n, F_0)$ ab. Nach dem Satz über die Verteilungsfreiheit von $\Delta_n^F$ hängt die Verteilung von $d(F_n, F_0)$ unter $H_0$ nicht von $F_0$ ab. Ablehnung von $H_0$ erfolgt, wenn $d(F_n, F_0) > c_{n;\alpha}$ gilt. Dabei ist $c_{n;\alpha}$ das $(1-\alpha)$-Quantil der $H_0$-Verteilung von $d(F_n, F_0)$. Tab. 7.7 gibt diese Werte für $\alpha = 0.05$ und verschiedene Werte von $n$ an.

Für größere Werte von $n$ kann als approximativer kritischer Wert

$$c_{n,0.05} := \frac{1.36}{\sqrt{n}} \tag{7.83}$$

gesetzt werden. Diese Empfehlung gründet auf den Sachverhalt, dass $\sqrt{n}\, d(F_n, F_0)$ unter $H_0$ eine Grenzverteilung besitzt (siehe die Hintergund-und-Ausblick-Box zum empirischen Standard-Prozess und zur Brownschen Brücke).

**Tab. 7.7** Kritische Werte für $d(F_n, F_0)$, $\alpha = 0.05$

| $n$ | $c_{n;\alpha}$ | $n$ | $c_{n;\alpha}$ |
|---|---|---|---|
| 4 | 0.624 | 14 | 0.349 |
| 5 | 0.563 | 15 | 0.338 |
| 6 | 0.519 | 16 | 0.327 |
| 7 | 0.483 | 17 | 0.318 |
| 8 | 0.454 | 18 | 0.309 |
| 9 | 0.430 | 19 | 0.301 |
| 10 | 0.409 | 20 | 0.294 |
| 11 | 0.391 | 25 | 0.264 |
| 12 | 0.375 | 30 | 0.242 |
| 13 | 0.361 | 35 | 0.224 |

Darstellung (7.82) mit $F := F_0$ dient der konkreten Berechnung der Testgröße, wenn Daten $x_1, \ldots, x_n$ als Realisierungen von $X_1, \ldots, X_n$ vorliegen.

**Beispiel** Die Werte

| | | | | |
|---|---|---|---|---|
| 0.038 | 0.080 | 0.104 | 0.106 | 0.137 |
| 0.179 | 0.202 | 0.225 | 0.230 | 0.237 |
| 0.266 | 0.322 | 0.457 | 0.510 | 0.556 |
| 0.605 | 0.676 | 0.677 | 0.695 | 0.779 |
| 0.782 | 0.787 | 0.835 | 0.854 | 0.983 |

wurden mit dem linearen Kongruenzgenerator der freien Statistik-Programmiersprache **R** erhalten. Unterstellt man, dass diese Werte als geordnete Stichprobe von Realisierungen unabhängiger und identisch verteilter Zufallsvariablen in $[0,1]$ mit stetiger Verteilungsfunktion angesehen werden können, so liefert die Kolmogorov-Smirnov-Testgröße $d(F_n, F_0)$ mit $F_0(t) = t$, $0 \leq t \leq 1$, bei Anwendung auf diese Daten den Wert 0.174. Ein Vergleich mit dem kritischen Wert 0.264 in Tab. 7.7 zeigt, dass die Hypothese einer Gleichverteilung auf $[0,1]$ bei einer zugelassenen Wahrscheinlichkeit von 0.05 für einen Fehler erster Art nicht verworfen werden kann. ◄

**Kommentar** Wir haben bereits mit dem Chi-Quadrat-Test einen Anpassungstest kennengelernt. Da jener Test die Güte der Anpassung von beobachteten Häufigkeiten an theoretische Wahrscheinlichkeiten in einem multinomialen Versuchsschema testet, kann er unmittelbar angewendet werden, wenn die zugrunde liegende Verteilungsfunktion $F$ diskret ist und endliche viele bekannte Sprungstellen $x_1, \ldots, x_s$ aufweist. Dann liegt nämlich die Situation des multinomialen Versuchsschemas mit $p_j := F(x_j) - F(x_j-)$, $j = 1, \ldots, s$, vor. Die hypothetische Verteilungsfunktion $F_0$ hat dann an den gleichen Stellen Sprünge mit den als Hypothese angenommenen Höhen $\pi_j := F_0(x_j) - F_0(x_j-)$, $j = 1, \ldots, s$.

Ist $F_0$ stetig, so ist der Chi-Quadrat-Test prinzipiell auch anwendbar. Man muss dann aber (mit einer gewissen Willkür behaftet) die obige Situation herstellen, indem man zunächst ein $s \geq 2$ wählt und dann $\mathbb{R}$ in $s \geq 2$ paarweise disjunkte Intervalle $I_1 := (-\infty, x_1]$, $I_2 := (x_1, x_2], \ldots, I_{s-1} := (x_{s-2}, x_{s-1}]$, $I_s := (x_{s-1}, \infty)$ aufteilt und für die Testentscheidung die Anzahlen $N_j := \sum_{i=1}^n \mathbb{1}\{X_i \in I_j\}$ für $j = 1, \ldots, s$ heranzieht. Der Zufallsvektor $(N_1, \ldots, N_s)$ hat die Multinomialverteilung $\mathrm{Mult}(n; p_1, \ldots, p_s)$, wobei $p_j = \mathbb{P}(X_i \in I_j)$, also $p_1 = F(x_1)$, $p_2 = F(x_2) - F(x_1)$ usw. Man beachte, dass beim Übergang von $X_1, \ldots, X_n$ zu den Anzahlen $N_1, \ldots, N_s$ prinzipiell Information verloren geht. ◄

## Quantile kann man nichtparametrisch mithilfe von Ordnungsstatistiken schätzen

Wir haben zu gegebenem $p$ mit $0 < p < 1$ das $p$-Quantil einer Verteilungsfunktion $F$ durch

$$Q_p(F) = \inf\{x \in \mathbb{R} \mid F(x) \geq p\}$$

## Hintergrund und Ausblick: Empirischer Standard-Prozess und Brownsche Brücke

Die Kolmogorov-Verteilung ist die Verteilung der Supremumsnorm der Brownschen Brücke.

Sind $X_1, X_2, \ldots,$ unabhängige Zufallsvariablen auf einem Wahrscheinlichkeitsraum $(\Omega, \mathcal{A}, \mathbb{P})$ mit der Gleichverteilung U(0, 1), so beschreibt

$$B_n(t) := \sqrt{n}\,(F_n(t) - t), \quad 0 \le t \le 1,$$

die mit $\sqrt{n}$ multiplizierte Differenz zwischen der empirischen Verteilungsfunktion $F_n$ von $X_1, \ldots, X_n$ und der Verteilungsfunktion $F(t) = t, 0 \le t \le 1$, von $X_1$.

Durch $(B_n(t))_{0 \le t \le 1}$ wird eine *empirischer Standard-Prozess* genannte Familie von Zufallsvariablen auf $\Omega$ definiert. Möchte man wie bei $F_n$ das Argument $\omega$ der $X_j$ und damit auch von $B_n(t)$ betonen, so schreibt man

$$B_n^{\omega}(t) := \sqrt{n}\left(F_n^{\omega}(t) - t\right), \quad 0 \le t \le 1.$$

Für festes $\omega$ ist $[0,1] \ni t \to B_n^{\omega}(t)$ eine rechtsseitig stetige reelle Funktion auf [0, 1] mit linksseitigen Grenzwerten an allen Stellen $t \in (0, 1]$. Die Menge dieser Funktionen wird als *Càdlàg-Raum* $D[0,1]$ bezeichnet (von französisch *continue à droite, limites à gauche*).

Die nachstehende Abbildung zeigt eine Realisierung von $B_{25}$, wobei die Realisierungen von $X_1, \ldots, X_{25}$ mithilfe eines Zufallszahlengenerators erzeugt wurden.

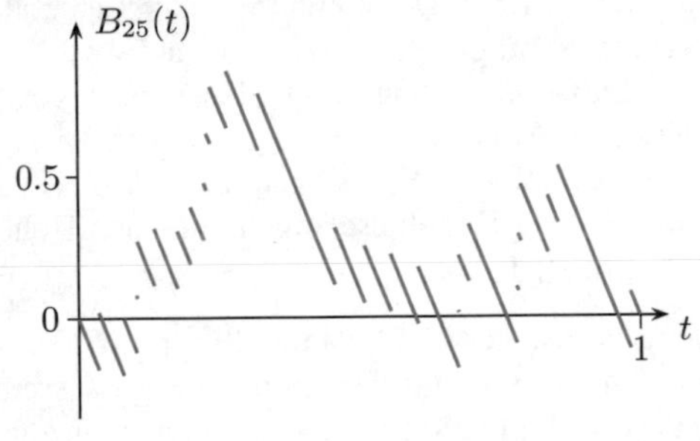


Aus dem multivariaten Zentralen Grenzwertsatz folgt, dass für beliebiges $k \in \mathbb{N}$ und beliebige Wahl von $t_1, \ldots, t_k \in [0,1]$ mit $0 \le t_1 < t_2 < \ldots < t_k \le 1$ die Verteilungskonvergenz

$$(B_n(t_1,), \ldots, B_n(t_k))^{\top} \xrightarrow{\mathcal{D}} \mathrm{N}_k(0, \Sigma) \tag{7.84}$$

besteht. Dabei sind die Einträge der Kovarianzmatrix $\Sigma$ durch $\sigma_{i,j} = \min(t_i, t_j) - t_i t_j$ gegeben.

Versieht man den Raum $D[0,1]$ mit einer geeigneten $\sigma$-Algebra, so wird $B_n(\cdot)$ eine $D[0,1]$-wertige Zufallsvariable auf $\Omega$, und es lässt sich dann über (7.84) hinaus

$$B_n(\cdot) \xrightarrow{\mathcal{D}} B(\cdot) \quad \text{bei } n \to \infty$$

(im Sinne von $\mathbb{E}h(B_n) \to \mathbb{E}h(B)$ für jede stetige beschränkte Funktion $h : D[0,1] \to \mathbb{R}$) nachweisen, siehe z. B. [5], S. 149–151. Dabei ist $B(\cdot)$ die sog. *Brownsche Brücke*. Diese hängt mit dem Brown-Wiener-Prozess $W(\cdot)$ über die Beziehung $B(t) = W(t) - tW(1)$ zusammen. Mit einer Verallgemeinerung des in Abschn. 6.3 vorgestellten Abbildungssatzes überträgt sich die obige Verteilungskonvergenz auf die Supremumsnorm, d. h., es gilt

$$\sup_{0 \le t \le 1} |B_n(t)| = \sqrt{n} \sup_{0 \le t \le 1} |F_n(t) - t| \xrightarrow{\mathcal{D}} \sup_{0 \le t \le 1} |B(t)|.$$

Die Verteilung von $\sup_{0 \le t \le 1} |B(t)|$ heißt *Kolmogorov-Verteilung*. Ihre Verteilungsfunktion ist für $x > 0$ durch

$$K(x) := 1 - 2\sum_{j=1}^{\infty} (-1)^{j-1} \exp\left(-2j^2x^2\right) \tag{7.85}$$

und $K(x) := 0$ für $x \le 0$ gegeben. Es gilt $K(1.36) = 0.95$, was die Empfehlung (7.83) erklärt.

---

definiert, vgl. (5.43). Sind $X_1, \ldots, X_n$ unabhängige Zufallsvariablen mit gleicher Verteilungsfunktion $F$, so liegt es nach dem Satz von Glivenko-Cantelli nahe, als Schätzer für $Q_p(F)$ die Größe $Q_p(F_n)$ zu verwenden.

**Definition des empirischen $p$-Quantils**

Sind $X_1, \ldots, X_n$ unabhängige, identisch verteilte Zufallsvariablen mit empirischer Verteilungsfunktion $F_n$ sowie $p \in (0,1)$, so heißt

$$Q_{n,p} := Q_p(F_n) := F_n^{-1}(p) = \inf\{x \in \mathbb{R} \mid F_n(x) \ge p\}$$

**empirisches $p$-Quantil** von $X_1, \ldots, X_n$.

Offenbar gilt

$$Q_{n,p} = \begin{cases} X_{np:n}, & \text{falls } np \in \mathbb{N}, \\ X_{\lfloor np+1 \rfloor:n} & \text{sonst,} \end{cases}$$

sodass das empirische $p$-Quantil eine Ordnungsstatistik von $X_1, \ldots, X_n$ ist.

**Selbstfrage 11**

Warum gilt die obige Darstellung?

Im Spezialfall $p = 1/2$ nennt man $Q_{n,1/2}$ den *empirischen Median* von $X_1, \ldots, X_n$. In diesem Fall ist es üblich, bei geradem

$n$, also $n = 2m$ für $m \in \mathbb{N}$, die modifizierte Größe

$$\frac{1}{2}\left(X_{m:n} + X_{m+1:n}\right), \tag{7.86}$$

also das arithmetische Mittel der beiden „innersten Ordnungsstatistiken", als empirischen Median zu bezeichnen. Durch diese Modifikation wird der empirische Median zu einem erwartungstreuen Schätzer für den Median, wenn die Verteilung von $X_1$ symmetrisch ist (Aufgabe 7.12).

Natürlich stellt sich die Frage, welche Eigenschaften $Q_{n,p}$ als Schätzer für $Q_p := Q_p(F)$ besitzt. Das nachstehende Resultat besagt, dass unter schwachen Voraussetzungen an das lokale Verhalten von $F$ im Punkt $Q_p$ die Schätzfolge $(Q_{n,p})$ (stark) konsistent für $Q_p$ ist, und dass der Schätzfehler $Q_{n,p} - Q_p$ nach Multiplikation mit $\sqrt{n}$ für $n \to \infty$ asymptotisch normalverteilt ist.

**Konsistenz und asymptotische Verteilung von $Q_{n,p}$**

Die Verteilungsfunktion $F$ sei an der Stelle $Q_p$ differenzierbar, wobei $F'(Q_p) > 0$. Dann gelten:

a) $\lim_{n\to\infty} Q_{n,p} = Q_p$ $\mathbb{P}$-fast sicher,
b) $\sqrt{n}\left(Q_{n,p} - Q_p\right) \xrightarrow{\mathcal{D}} \mathrm{N}\left(0, \frac{p(1-p)}{(F'(Q_p))^2}\right)$.

**Beweis** a) Es sei $\varepsilon > 0$ beliebig. Wegen der Differenzierbarkeit von $F$ an der Stelle $Q_p$ mit positiver Ableitung finden wir ein $\delta > 0$ mit

$$F(Q_p - \varepsilon) < p - \delta, \quad F(Q_p + \varepsilon) > p + \delta.$$

Gilt dann für die empirische Verteilungsfunktion $F_n$

$$\sup_{x\in\mathbb{R}} |F_n(x) - F(x)| < \delta,$$

so folgt $|F_n^{-1}(p) - F^{-1}(p)| \le \varepsilon$, also $|Q_{n,p} - Q_p| \le \varepsilon$. Der Satz von Glivenko-Cantelli liefert eine Menge $\Omega_0 \in \mathcal{A}$ mit

$$\lim_{n\to\infty} \sup_{x\in\mathbb{R}} |F_n^{\omega}(x) - F(x)| = 0 \;\; \forall \omega \in \Omega_0$$

(vgl. die Notation (7.75) und den Beweis des Satzes von Glivenko-Cantelli). Zu beliebigem $\omega \in \Omega_0$ existiert ein $n_0 = n_0(\omega, \delta)$ mit

$$\sup_{x\in\mathbb{R}} |F_n^{\omega}(x) - F(x)| < \delta \;\; \forall n \ge n_0.$$

Mit $Q_{n,p}(\omega) := (F_n^{\omega})^{-1}(p)$ folgt dann nach den obigen Überlegungen $|Q_{n,p}(\omega) - Q_p| \le \varepsilon$ und somit

$$\limsup_{n\to\infty} |Q_{n,p}(\omega) - Q_p| \le \varepsilon,$$

also auch $\lim_{n\to\infty} Q_{n,p}(\omega) = Q_p$, was zu zeigen war.

b) Es sei $(r_n)$ eine Folge natürlicher Zahlen mit $1 \le r_n \le n$, $n \ge 1$, sowie

$$\frac{r_n}{n} = p + \delta_n, \quad \text{wobei } \sqrt{n}\delta_n \to 0.$$

Wir zeigen

$$\sqrt{n}\left(X_{r_n:n} - Q_p\right) \xrightarrow{\mathcal{D}} \mathrm{N}\left(0, \frac{p(1-p)}{F'(Q_p)^2}\right). \tag{7.87}$$

Hieraus folgt die Behauptung. Um (7.87) nachzuweisen, sei $u \in \mathbb{R}$ beliebig. Bezeichnet $\Phi$ die Verteilungsfunktion der Standard-Normalverteilung, so ist offenbar

$$\lim_{n\to\infty} \mathbb{P}\left(\sqrt{n}(X_{r_n:n} - Q_p) \le u\right) = \Phi\left(\frac{uF'(Q_p)}{\sqrt{p(1-p)}}\right)$$

zu zeigen. Mit $Y_n := \sum_{j=1}^n \mathbb{1}\{X_j \le Q_p + \frac{u}{\sqrt{n}}\}$ gilt aufgrund des mithilfe von (5.31) gegebenen Zusammenhangs zwischen Ordnungsstatistiken und der Binomialverteilung

$$\begin{aligned}\mathbb{P}\left(\sqrt{n}(X_{r_n:n} - Q_p) \le u\right) &= \mathbb{P}\left(X_{r_n:n} \le Q_p + \frac{u}{\sqrt{n}}\right)\\ &= \mathbb{P}(Y_n \ge r_n)\\ &= \mathbb{P}\left(\frac{Y_n - np_n}{\sqrt{np_n(1-p_n)}} \ge t_n\right),\end{aligned}$$

wobei $Y_n \sim \mathrm{Bin}(n, p_n)$, $p_n = F(Q_p + u/\sqrt{n})$ und

$$t_n = \frac{np + n\delta_n - np_n}{\sqrt{np_n(1-p_n)}} = -\frac{\sqrt{n}(p_n - p) + \sqrt{n}\delta_n}{\sqrt{p_n(1-p_n)}}.$$

Wegen der Differenzierbarkeitsvoraussetzung gilt

$$\sqrt{n}\,(p_n - p) = \sqrt{n}\left(F(Q_p + u/\sqrt{n}) - F(Q_p)\right) \to uF'(Q_p)$$

und somit (da $\sqrt{n}\delta_n \to 0$)

$$\lim_{n\to\infty} t_n = -\frac{uF'(Q_p)}{\sqrt{p(1-p)}}.$$

Nach Aufgabe 6.15 ist $(Y_n - np_n)/\sqrt{np_n(1-p_n)}$ asymptotisch $\mathrm{N}(0,1)$-verteilt, und mit Aufgabe 6.12 folgt dann

$$\begin{aligned}\lim_{n\to\infty} \mathbb{P}\left(\frac{Y_n - np_n}{\sqrt{np_n(1-p_n)}} \ge t_n\right) &= 1 - \Phi\left(-\frac{uF'(Q_p)}{\sqrt{p(1-p)}}\right)\\ &= \Phi\left(\frac{uF'(Q_p)}{\sqrt{p(1-p)}}\right),\end{aligned}$$

was zu zeigen war. ■

**Kommentar** Nach Teil b) des Satzes hängt die Varianz der Limesverteilung des mit $\sqrt{n}$ multiplizierten *Schätzfehlers* $Q_{n,p} - Q_p$ von der zugrunde liegenden Verteilung nur über die Ableitung $F'(Q_p)$ ab. Je größer diese ist, desto stärker ist der Zuwachs von $F$ in einer kleinen Umgebung des $p$-Quantils $Q_p$, und desto größer ist nach dem Satz von Glivenko-Cantelli auch der Zuwachs der empirischen Verteilungsfunktion $F_n$ in dieser Umgebung. Vereinfacht gesprochen sind bei großer Ableitung $F'(Q_p)$ viele „Daten" (Realisierungen von $X_1, \ldots, X_n$) in der Nähe von $Q_p$ zu erwarten, wodurch die Schätzung von $Q_p$ durch $Q_{n,p}$ genauer wird, siehe auch die Unter-der-Lupe-Box „Arithmetisches Mittel oder Median?" ◀

## Mithilfe von Ordnungsstatistiken ergibt sich ein Konfidenzintervall für den Median

Wir greifen jetzt einen wichtigen Spezialfall der Quantilsschätzung, nämlich die Schätzung des Medians, wieder auf und nehmen hierfür an, dass die Verteilungsfunktion $F$ *stetig* ist. In Ergänzung zu einer reinen (Punkt-)Schätzung von $Q_{1/2} = Q_{1/2}(F)$ durch den empirischen Median $Q_{n,1/2}$ (oder bei geradem $n$ dessen modifizierte Form (7.86)) soll jetzt ein Konfidenzbereich für $Q_{1/2}$ angegeben werden.

Man beachte, dass obige Annahmen wesentlich schwächer als die spezielle Normalverteilungsannahme $X_j \sim \mathrm{N}(\mu, \sigma^2)$ sind. Unter letzterer hatten wir in Abschn. 7.3 einen Konfidenzbereich für $\mu = Q_{1/2}$ mithilfe des Satzes von Student konstruiert. Bezeichnet

$$\mathcal{F}_c := \{F : \mathbb{R} \to [0,1] \mid F \text{ stetige Verteilungsfunktion}\}$$

die Menge aller stetigen Verteilungsfunktionen, so suchen wir jetzt zu gegebenem (kleinen) $\alpha \in (0,1)$ von $X_1, \ldots, X_n$ abhängende Zufallsvariablen $U_n$ und $O_n$ mit

$$\mathbb{P}_F\left(U_n \leq Q_{1/2}(F) \leq O_n\right) \geq 1 - \alpha \quad \forall F \in \mathcal{F}_c. \tag{7.88}$$

Durch die Indizierung der Wahrscheinlichkeit mit der unbekannten Verteilungsfunktion $F$ haben wir analog zur Schreibweise $\mathbb{P}_\vartheta$ betont, dass Wahrscheinlichkeiten erst nach Festlegung eines stochastischen Modells gebildet werden können. Zudem macht die Notation $Q_{1/2}(F)$ die Abhängigkeit des Medians von $F$ deutlich. Im Folgenden werden wir jedoch $\mathbb{P} = \mathbb{P}_F$ und $Q_{1/2} = Q_{1/2}(F)$ schreiben, um die Notation nicht zu überladen.

Obere und untere Konfidenzgrenzen $O_n$ und $U_n$ für $Q_{1/2}$ erhält man in einfacher Weise mithilfe der Ordnungsstatistiken $X_{(1)} = X_{1:n}, \ldots, X_{(n)} = X_{n:n}$. Seien hierzu $r$, $s$ Zahlen mit $1 \leq r < s \leq n$. Zerlegen wir das Ereignis $\{X_{(r)} \leq Q_{1/2}\}$ danach, ob bereits $X_{(s)} \leq Q_{1/2}$ gilt (wegen $X_{(r)} \leq X_{(s)}$ ist dann erst recht $X_{(r)} \leq Q_{1/2}$) oder aber $X_{(r)} \leq Q_{1/2} < X_{(s)}$ gilt, so ergibt sich

$$\mathbb{P}\left(X_{(r)} \leq Q_{1/2} < X_{(s)}\right) = \mathbb{P}\left(X_{(r)} \leq Q_{1/2}\right) - \mathbb{P}\left(X_{(s)} \leq Q_{1/2}\right).$$

Rechts stehen die Verteilungsfunktionen von $X_{(r)}$ und $X_{(s)}$, ausgewertet an der Stelle $Q_{1/2}$. Nach dem Satz über die Verteilung der $r$-ten Ordnungsstatistik am Ende von Abschn. 5.2 mit $t = Q_{1/2}$ und $F(t) = 1/2$ folgt

$$\mathbb{P}\left(X_{(r)} \leq Q_{1/2} < X_{(s)}\right) = \sum_{j=r}^{s-1} \binom{n}{j} \left(\frac{1}{2}\right)^n. \tag{7.89}$$

**Tab. 7.8** $[X_{(r)}, X_{(n-r+1)}]$ ist ein 95 %-Konfidenzintervall für $Q_{1/2}$

| $n$ | 6 | 7 | 8 | 9 | 10 | 11 | 12 | 13 | 14 | 15 |
|---|---|---|---|---|---|---|---|---|---|---|
| $r$ | 1 | 1 | 1 | 2 | 2 | 2 | 3 | 3 | 3 | 4 |
| $n$ | 16 | 17 | 18 | 19 | 20 | 21 | 22 | 23 | 24 | 25 |
| $r$ | 4 | 5 | 5 | 5 | 6 | 6 | 6 | 7 | 7 | 8 |
| $n$ | 26 | 27 | 28 | 29 | 30 | 31 | 32 | 33 | 34 | 35 |
| $r$ | 7 | 7 | 8 | 8 | 9 | 9 | 10 | 10 | 11 | 11 |
| $n$ | 36 | 37 | 38 | 39 | 40 | 41 | 42 | 43 | 44 | 45 |
| $r$ | 12 | 12 | 12 | 13 | 13 | 14 | 14 | 15 | 15 | 15 |

Das zufällige Intervall $[X_{(r)}, X_{(s)})$ enthält also den unbekannten Median mit einer von $F$ unabhängigen, sich aus der Binomialverteilung $\mathrm{Bin}(n, 1/2)$ ergebenden Wahrscheinlichkeit. Setzt man speziell $s = n - r + 1$ und beachtet die Gleichung $\mathbb{P}(X_{(s)} = Q_{1/2}) = 0$, so folgt wegen der Symmetrie der Verteilung $\mathrm{Bin}(n, 1/2)$

$$\mathbb{P}\left(X_{(r)} \leq Q_{1/2} \leq X_{(n-r+1)}\right) = 1 - 2\sum_{j=0}^{r-1} \binom{n}{j} \left(\frac{1}{2}\right)^n. \tag{7.90}$$

**Selbstfrage 12**

Warum gilt $\mathbb{P}(X_{(s)} = Q_{1/2}) = 0$?

Wählt man also $r$ so, dass die auf der rechten Seite von (7.90) stehende Summe höchstens gleich $\alpha/2$ ist, so gilt (7.88) mit $U_n := X_{(r)}$, $O_n := X_{(n-r+1)}$; das Intervall $[X_{(r)}, X_{(n-r+1)}]$ ist also ein Konfidenzintervall zur Konfidenzwahrscheinlichkeit $1 - \alpha$ für den unbekannten Median einer Verteilung mit stetiger Verteilungsfunktion.

Bei gegebener Konfidenzwahrscheinlichkeit wird man den Wert $r$ in (7.90) größtmöglich wählen, um eine möglichst genaue Antwort über die Lage von $Q_{1/2}$ zu erhalten. Der größte Wert von $r$, sodass das Intervall $[X_{(r)}, X_{(n-r+1)}]$ einen $(1-\alpha)$-Konfidenzbereich für den Median bildet, kann für $n \leq 45$ Tab. 7.8 entnommen werden. Dabei ist eine Konfidenzwahrscheinlichkeit von 0.95 zugrunde gelegt.

Asymptotische Konfidenzintervalle für $Q_{1/2}$ erhält man wie folgt mithilfe des Zentralen Grenzwertsatzes von de Moivre-Laplace.

**Asymptotisches Konfidenzintervall für den Median**

Es seien $X_1, X_2, \ldots$ unabhängige Zufallsvariablen mit stetiger Verteilungsfunktion $F$ und $\alpha \in (0,1)$. Mit

$$r_n := \left\lfloor \frac{n}{2} - \frac{\sqrt{n}}{2}\Phi^{-1}\left(1 - \frac{\alpha}{2}\right) \right\rfloor$$

gilt dann

$$\lim_{n\to\infty} \mathbb{P}\left(X_{r_n:n} \leq Q_{1/2} \leq X_{n-r_n:n}\right) = 1 - \alpha.$$

## Unter der Lupe: Arithmetisches Mittel oder empirischer Median?

Wie schätzt man das Zentrum einer symmetrischen Verteilung?

Es sei $X_1, X_2, \ldots$ eine Folge unabhängiger identisch verteilter Zufallsvariablen mit unbekannter Verteilungsfunktion $F$. Wir setzen nur voraus, dass die Verteilung von $X_1$ *symmetrisch* um einen unbekannten Wert ist. Es gebe also ein $a \in \mathbb{R}$ mit der Eigenschaft

$$X_1 - a \sim a - X_1.$$

Dann ist $a$ im Falle der Existenz des Erwartungswertes gleich $\mathbb{E}(X_1)$ und zugleich der Median von $X_1$. Besitzt die Verteilung von $X_1$ eine positive, endliche Varianz $\sigma_F^2$, so gilt nach dem Zentralen Grenzwertsatz von Lindeberg-Lévy

$$\sqrt{n}\left(\overline{X}_n - a\right) \xrightarrow{\mathcal{D}} \mathrm{N}\left(0, \sigma_F^2\right).$$

Nach Teil b) des Satzes über Konsistenz und asymptotische Verteilung von $Q_{n,p}$ gilt

$$\sqrt{n}\left(Q_{n,1/2} - a\right) \xrightarrow{\mathcal{D}} \mathrm{N}\left(0, \frac{1}{4F'(Q_{1/2})^2}\right),$$

wenn wir voraussetzen, dass $F$ an der Stelle $Q_{1/2}$ eine positive Ableitung besitzt.

Wenn man bei großem Stichprobenumfang $n$ zwischen $\overline{X}_n$ und $Q_{n,1/2}$ als Schätzer für $a$ wählen sollte, würde man angesichts obiger Verteilungskonvergenzen denjenigen Schätzer wählen, für den die Varianz der Limes-Normalverteilung, also die sog. *asymptotische Varianz*, den kleineren Wert liefert.

Man nennt den Quotienten

$$\mathrm{ARE}_F(Q_{n,1/2}, \overline{X}_n) := \frac{\sigma_F^2}{\frac{1}{4F'(Q_{1/2})^2}} = 4F'(Q_{1/2})^2\sigma_F^2$$

die *asymptotische relative Effizienz* (ARE) von $(Q_{n,1/2})$ bzgl. $(\overline{X}_n)$ (jeweils als Schätzfolgen gesehen).

Liegt eine Normalverteilung vor, gilt also $F(x) =: F_{\mathrm{N}}(x) = \Phi((x-a)/\sigma)$, so folgt $\sigma_F^2 = \sigma^2$ und

$$F'(x) = \varphi\left(\frac{x-a}{\sigma}\right)\frac{1}{\sigma},$$

wobei $\varphi$ die Dichte der Standardnormalverteilung bezeichnet. Es ergibt sich

$$\mathrm{ARE}_{F_{\mathrm{N}}}(Q_{n,1/2}, \overline{X}_n) = 4\varphi(0)^2\frac{1}{\sigma^2}\sigma^2 = \frac{2}{\pi} \approx 0.6366,$$

und somit ist das arithmetische Mittel dem empirischen Median als Schätzer für den Erwartungswert einer *zugrunde liegenden Normalverteilung* unter dem Gesichtspunkt der ARE deutlich überlegen. Man beachte jedoch, dass für Verteilungen mit nicht existierender Varianz das arithmetische Mittel als Schätzer unbrauchbar sein kann. So besitzt nach Aufgabe 5.52 das arithmetische Mittel von $n$ unabhängigen und je Cauchy-verteilten Zufallsvariablen die gleiche Verteilung wie $X_1$. Hat $X_1 - a$ eine $t$-Verteilung mit $s$ Freiheitsgraden, so ist die ARE von $(Q_{n,1/2})$ bzgl. $(\overline{X}_n)$ für $s = 3$ und $s = 4$ größer als eins (Aufgabe 7.51).

**Beweis** Nach (7.90) gilt mit $S_n \sim \mathrm{Bin}(n, 1/2)$

$$\mathbb{P}\left(X_{r_n:n} \le Q_{1/2} \le X_{n-r_n:n}\right) = 1 - 2\mathbb{P}(S_n \le r_n - 1).$$

Nun ist

$$\mathbb{P}(S_n \le r_n - 1) = \mathbb{P}\left(\frac{S_n - \frac{n}{2}}{\sqrt{n\frac{1}{2}(1-\frac{1}{2})}} \le t_n\right),$$

wobei

$$t_n = \frac{r_n - 1 - \frac{n}{2}}{\sqrt{n\frac{1}{2}(1-\frac{1}{2})}}$$

und $\lim_{n\to\infty} t_n = -\Phi^{-1}(1-\alpha/2)$ nach Definition von $r_n$. Der Zentrale Grenzwertsatz von de Moivre-Laplace liefert $(S_n - n/2)/\sqrt{n/4} \xrightarrow{\mathcal{D}} \mathrm{N}(0,1)$, und mit Aufgabe 6.12 folgt

$$\begin{aligned}\lim_{n\to\infty} \mathbb{P}\left(X_{r_n:n} \le Q_{1/2} \le X_{n-r_n:n}\right) &= 1 - 2\Phi\left(-\Phi^{-1}\left(1 - \frac{\alpha}{2}\right)\right)\\ &= 1 - \alpha,\end{aligned}$$

da $\Phi(-x) = 1 - \Phi(x)$. ■

Obwohl das obige Resultat rein mathematisch gesehen ein Grenzwertsatz ist, stimmen die Werte für $r_n$ mit den in Tab. 7.8 angegebenen Werten bemerkenswerterweise schon ab $n = 32$ überein. Im Fall $n = 100$ liefert obiges Resultat wegen $\Phi^{-1}(0.975) \approx 1.96$ den Wert $r_n = 40$ und somit die approximativen 95 %-Konfidenzgrenzen $X_{40:100}$ und $X_{60:100}$ für den Median.

Die Aufgaben 7.13 und 7.50 zeigen, dass die oben angestellten Überlegungen auch greifen, wenn man allgemeiner Konfidenzgrenzen für das $p$-Quantil $Q_p(F)$ einer unbekannten stetigen Verteilungsfunktion angeben möchte.

## Der Vorzeichentest prüft Hypothesen über den Median einer Verteilung

Der Ein-Stichproben-$t$-Test prüft Hypothesen über den Erwartungswert einer *Normalverteilung* bei unbekannter Varianz. Da in diesem Fall Erwartungswert und Median übereinstimmen, prüft dieser Test zugleich Hypothesen über den Median, *wenn als spezielle parametrische Verteilungsannahme eine Normalverteilung unterstellt wird.* Ist eine solche Annahme zweifelhaft, so bietet sich hier mit dem *Vorzeichentest* eines der ältesten statistischen Verfahren als Alternative an. Der Vorzeichentest wurde schon 1710 vom englischen Mathematiker, Physiker und Mediziner John Arbuthnot (1667–1735) im Zusammenhang mit der Untersuchung von Geschlechterverteilungen bei Neugeborenen verwendet.

Die diesem Test zugrunde liegenden Annahmen sind denkbar schwach. So wird nur unterstellt, dass vorliegende Daten $x_1, \ldots, x_n$ Realisierungen unabhängiger Zufallsvariablen $X_1, \ldots, X_n$ mit *gleicher unbekannter stetiger Verteilungsfunktion* $F$ sind. Der Vorzeichentest prüft dann die

$$\text{Hypothese} \quad H_0 : Q_{1/2}(F) \leq \mu_0$$

gegen die Alternative $H_1 : Q_{1/2}(F) > \mu_0$.

Dabei ist $\mu_0$ ein vorgegebener, nicht von $x_1, \ldots, x_n$ abhängender Wert. Der Name *Vorzeichentest* erklärt sich aus der Gestalt der Prüfgröße $V_n(x_1, \ldots, x_n)$, die die positiven *Vorzeichen* aller Differenzen $x_j - \mu_0$, $j = 1, \ldots, n$, zählt. Äquivalent hierzu ist die Darstellung

$$V_n(x_1, \ldots, x_n) = \sum_{j=1}^{n} \mathbb{1}\{x_j > \mu_0\} \tag{7.91}$$

als Indikatorsumme. Da unter $H_1$ der Median der zugrunde liegenden Verteilung größer als $\mu_0$ ist, ist im Vergleich zu $H_0$ eine größere Anzahl von Beobachtungen $x_j$ mit $x_j > \mu_0$ zu erwarten. Folglich lehnt man $H_0$ für zu große Werte von $V_n(x_1, \ldots, x_n)$ ab. Selbstverständlich kann man auch die Hypothese $Q_{1/2}(F) \geq \mu_0$ gegen die Alternative $Q_{1/2}(F) < \mu_0$ oder $Q_{1/2}(F) = \mu_0$ gegen die Alternative $Q_{1/2}(F) \neq \mu_0$ testen. Im ersten Fall ist unter der Alternative ein vergleichsweise kleiner Wert für $V_n(x_1, \ldots, x_n)$ zu vermuten, im zweiten sprechen sowohl zu kleine als auch zu große Werte der Prüfgröße gegen die Hypothese, sodass ein zweiseitiger Ablehnbereich angebracht ist.

Da die Zufallsvariable

$$V_n := V_n(X_1, \ldots, X_n) = \sum_{j=1}^{n} \mathbb{1}\{X_j > \mu_0\} \tag{7.92}$$

als Summe von Indikatoren unabhängiger Ereignisse mit gleicher Wahrscheinlichkeit $\mathbb{P}(X_1 > \mu_0) = 1 - F(\mu_0)$ die Binomialverteilung $\text{Bin}(n, 1 - F(\mu_0))$ besitzt und unter $H_0$ bzw. $H_1$ die Ungleichungen $1 - F(\mu_0) \leq 1/2$ bzw. $1 - F(\mu_0) > 1/2$ gelten, führt das obige Testproblem auf einen einseitigen Binomialtest mit oberem Ablehnbereich.

Die Hypothese $H_0$ wird somit genau dann zum Niveau $\alpha$ abgelehnt, wenn $V_n \geq k$ gilt. Dabei ist $k$ durch

$$k = \min\left\{ r \in \{0, \ldots, n\} \,\middle|\, \left(\frac{r}{2}\right)^n \sum_{j=l}^{n} \binom{n}{j} \leq \alpha \right\} \tag{7.93}$$

definiert. Soll die Hypothese $H_0^* : Q_{1/2}(F) = \mu_0$ gegen die zweiseitige Alternative $Q_{1/2}(F) \neq \mu_0$ getestet werden, so besitzt $V_n$ unter $H_0^*$ die Binomialverteilung $\text{Bin}(n, 1/2)$, und $H_0^*$ wird genau dann zum Niveau $\alpha$ abgelehnt, wenn $V_n \geq k$ oder $V_n \leq n - k$ gilt. Dabei wird $k$ wie in (7.93) gewählt, wobei nur $\alpha$ durch $\alpha/2$ zu ersetzen ist.

**Beispiel** Bei 10 Dehnungsversuchen mit Nylonfäden einer Produktserie ergab sich für die Kraft (in Newton), unter der die Fäden rissen, die Datenreihe

$$81.7 \quad 81.1 \quad 80.2 \quad 81.9 \quad 79.2 \quad 81.2 \quad 79.8 \quad 81.4 \quad 79.7 \quad 82.5.$$

Der Hersteller behauptet, dass mindestens die Hälfte der produzierten Fäden erst oberhalb der Belastung 81.5 N reißt. Modelliert man die obigen Werte $x_1, \ldots, x_{10}$ als Realisierungen unabhängiger Zufallsvariablen $X_1, \ldots, X_{10}$ mit unbekannter stetiger Verteilungsfunktion $F$, so kann die Behauptung des Herstellers als Hypothese $H_0 : Q_{1/2}(F) \geq 81.5$ formuliert werden. Der Wert der Vorzeichenstatistik in (7.91) (mit $\mu_0 := 81.5$) ergibt sich für die obigen Daten zu $V_{10}(x_1, \ldots, x_{10}) = 3$. Unter $H_1 : Q_{1/2}(F) < 81.5$ ist ein vergleichsweise kleiner Wert für $V_{10}$ zu erwarten. Im Fall $Q_{1/2}(F) = 81.5$ besitzt $V_{10}$ in (7.92) die Binomialverteilung $\text{Bin}(10, 1/2)$. Die Wahrscheinlichkeit, dass eine Zufallsvariable mit dieser Verteilung einen Wert kleiner oder gleich 3 annimmt, beträgt

$$\frac{1 + 10 + \binom{10}{2} + \binom{10}{3}}{2^{10}} = \frac{176}{1\,024} \approx 0.172\,.$$

Die Hypothese des Herstellers kann somit (bei Zugrundelegung üblicher Fehlerwahrscheinlichkeiten von 0.05 oder 0.1 für einen Fehler erster Art) nicht verworfen werden. ◀

Der Vorzeichentest kann auch in der Situation verbundener Stichproben angewendet werden. Im Gegensatz zum $t$-Test für verbundene Stichproben, der eine $\text{N}(\mu, \sigma^2)$-Normalverteilung mit unbekannten Parametern für die als unabhängig und identisch verteilten Differenzen $Z_j = X_j - Y_j$ unterstellt, nimmt der Vorzeichentest nur an, dass die $Z_j$ symmetrisch um einen unbekannten Wert $\mu$ verteilt sind und eine (unbekannte) stetige Verteilungsfunktion besitzen. Der *Vorzeichentest für verbundene Stichproben* prüft dann die Hypothese $H_0 : \mu \leq 0$ gegen die Alternative $H_1 : \mu > 0$ (einseitiger Test) bzw. die Hypothese $H_0^* : \mu = 0$ gegen $H_1^* : \mu \neq 0$ (zweiseitiger Test). Die Prüfgröße ist die Anzahl $T_n = \sum_{j=1}^{n} \mathbb{1}\{Z_j > 0\}$ der positiven $Z_j$. Im Fall $\mu = 0$ besitzt $T_n$ die Binomialverteilung $\text{Bin}(n, 1/2)$ (siehe Aufgabe 7.36).

## Im Vergleich zum Zwei-Stichproben-$t$-Test sind die Annahmen beim nichtparametrischen Zwei-Stichproben-Problem deutlich schwächer

Wir wenden uns jetzt *Zwei-Stichproben-Problemen* zu und erinnern in diesem Zusammenhang an den Zwei-Stichproben-$t$-Test. Diesem Test lag folgendes Modell zugrunde: $X_1, \ldots, X_m, Y_1, \ldots, Y_n$ sind unabhängige Zufallsvariablen, und

## Unter der Lupe: Wie verhält sich der Vorzeichentest unter lokalen Alternativen?

Die Güte des Vorzeichentests hängt entscheidend von der Ableitung $F'(\mu_0)$ ab.

Sind $X_1, X_2, \ldots$ unabhängige Zufallsvariablen mit stetiger Verteilungsfunktion $F$, so testet die Prüfgröße

$$V_n := \sum_{j=1}^{n} \mathbb{1}\{X_j > \mu_0\}$$

des Vorzeichentests die Hypothese $H_0 : Q_{1/2}(F) \leq \mu_0$ gegen $H_1 : Q_{1/2}(F) > \mu_0$. Im Fall $Q_{1/2}(F) = \mu_0$ gilt $V_n \sim \mathrm{Bin}(n, 1/2)$, und so entsteht ein Test zum asymptotischen Niveau $\alpha$, wenn Ablehnung von $H_0$ für

$$V_n > c_n := \frac{n}{2} + \frac{\sqrt{n}}{2}\Phi^{-1}(1-\alpha)$$

erfolgt, denn dann gilt für $n \to \infty$

$$\begin{aligned}\mathbb{P}(V_n > c_n) &= \mathbb{P}\left(\frac{V_n - n/2}{\sqrt{n\frac{1}{2}(1-\frac{1}{2})}} > \frac{c_n - n/2}{\sqrt{n\frac{1}{2}(1-\frac{1}{2})}}\right) \\ &= \mathbb{P}\left(\frac{V_n - n/2}{\sqrt{n\frac{1}{2}(1-\frac{1}{2})}} > \Phi^{-1}(1-\alpha)\right) \\ &\to 1 - \Phi(\Phi^{-1}(1-\alpha)) = \alpha.\end{aligned}$$

Wie verhält sich dieser Test bei wachsendem $n$, wenn die Hypothese nicht gilt? Hierzu betrachten wir ein Dreiecksschema $\{X_{n,1}, \ldots, X_{n,n} : n \geq 1\}$, wobei $X_{n,1}, \ldots, X_{n,n}$ für jedes $n \geq 2$ unabhängig sind und die Verteilungsfunktion $G_n(t) := F(t - a/\sqrt{n})$, $t \in \mathbb{R}$, besitzen. Dabei ist $a > 0$ eine gegebene Zahl. Nehmen wir $F(\mu_0) = 1/2$ an und setzen voraus, dass $F$ in einer Umgebung von $\mu_0$ streng monoton wächst, so gilt $G_n(\mu_0) < 1/2$. Der Median von $G_n$ ist also größer als $\mu_0$. Da sich dieser Median bei wachsendem $n$ von oben dem Wert $\mu_0$ annähert, wird eine bessere Datenbasis dahingehend kompensiert, dass die Alternative zu $H_0$ immer „schwerer erkennbar wird". Wie verhält sich die Ablehnwahrscheinlichkeit von $H_0$ des Vorzeichentests gegenüber einer solchen Folge sog. *lokaler Alternativen*

$$H_n : X_{n,1}, \ldots, X_{n,n} \text{ u.i.v.} \sim G_n, \quad n \geq 1?$$

Unter $H_n$ gilt $V_n \sim \mathrm{Bin}(n, p_n)$, wobei

$$p_n := \mathbb{P}_n(X_{n,1} > \mu_0) = 1 - G_n(\mu_0) = 1 - F\left(\mu_0 - \frac{a}{\sqrt{n}}\right).$$

Dabei haben wir $\mathbb{P}_n$ für die gemeinsame Verteilung von $X_{n,1}, \ldots, X_{n,n}$ unter $H_n$ geschrieben.

Ist $F$ in $\mu_0$ differenzierbar, und gilt $F'(\mu_0) > 0$, so folgt $0 < p_n < 1$ für jedes hinreichend große $n$ sowie $\lim_{n\to\infty} p_n = 1/2 = F(\mu_0)$. Nach Aufgabe 6.15 gilt dann

$$\lim_{n\to\infty} \mathbb{P}_n\left(\frac{V_n - np_n}{\sqrt{np_n(1-p_n)}} > t\right) = 1 - \Phi(t), \quad t \in \mathbb{R}.$$

Die Ablehnwahrscheinlichkeit von $H_0$ unter $H_n$ ist

$$\mathbb{P}_n(V_n > c_n) = \mathbb{P}_n\left(\frac{V_n - np_n}{\sqrt{np_n(1-p_n)}} > t_n\right),$$

wobei

$$t_n = \frac{c_n - np_n}{\sqrt{np_n(1-p_n)}} = \frac{\frac{\sqrt{n}}{2} + \frac{1}{2}\Phi^{-1}(1-\alpha) - \sqrt{n}p_n}{\sqrt{p_n(1-p_n)}}.$$

Der Nenner des letzten Ausdrucks konvergiert gegen $1/2$, und für den Zähler gilt aufgrund der Differenzierbarkeitsvoraussetzung an $F$ und $F(\mu_0) = 1/2$

$$\begin{aligned}\sqrt{n}\left(\frac{1}{2} - p_n\right) &= \sqrt{n}\left(F\left(\mu_0 - \frac{a}{\sqrt{n}}\right) - F(\mu_0)\right) \\ &\to -aF'(\mu_0).\end{aligned}$$

Somit folgt $\lim_{n\to\infty} t_n = \Phi^{-1}(1-\alpha) - 2aF'(\mu_0)$, und Aufgabe 6.12 liefert

$$\lim_{n\to\infty} \mathbb{P}_n(V_n > c_n) = 1 - \Phi\left(\Phi^{-1}(1-\alpha) - 2aF'(\mu_0)\right) > \alpha.$$

Die (Limes-)Wahrscheinlichkeit, dass der Vorzeichentest die Hypothese $H_0$ unter der Folge $(H_n)$ von Alternativen ablehnt, wächst also monoton mit $F'(\mu_0)$.

---

es gilt $X_i \sim \mathrm{N}(\mu, \sigma^2)$ für $i = 1, \ldots, m$ und $Y_j \sim \mathrm{N}(\nu, \sigma^2)$ für $j = 1, \ldots, n$. Unter dieser speziellen Normalverteilungsannahme mit unbekannten Parametern $\mu, \nu$ und $\sigma^2$ wurde dann u. a. die Hypothese $H_0 : \mu = \nu$ der Gleichheit der Verteilungen von $X_1$ und $Y_1$ gegen die Alternative $H_1 : \mu \neq \nu$ getestet.

Die obigen mathematischen Annahmen sind bequem und bisweilen auch gerechtfertigt, doch es gibt viele Situationen, in denen die nachfolgende wesentlich schwächere *nichtparametrische Verteilungsannahme* geboten erscheint. Wir unterstellen wie oben, dass $X_1, \ldots, X_m$ und $Y_1, \ldots, Y_n$ unabhängige Zufallsvariablen sind, wobei $X_1, \ldots, X_m$ dieselbe Verteilungsfunktion $F$ und $Y_1, \ldots, Y_n$ dieselbe Verteilungsfunktion $G$ besitzen. Es werde weiter angenommen, dass $F$ und $G$ stetig, aber ansonsten unbekannt sind. Zu testen ist die Hypothese $H_0 : F = G$ gegen eine noch zu spezifizierende Alternative (die nicht unbedingt $H_1 : F \neq G$ lauten muss). Diese Situation wird als *nichtparametrisches Zwei-Stichproben-Problem* bezeichnet.

Im Kern geht es bei einem Zwei-Stichproben-Problem um die Frage nach der *Signifikanz festgestellter Unterschiede* in zwei zufallsbehafteten Datenreihen. Ein typisches Beispiel hierfür ist

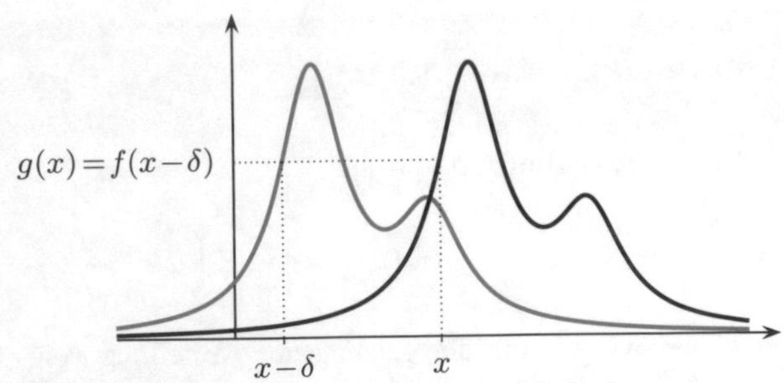


**Abb. 7.20** Zwei-Stichproben-Lokationsmodell. Die Graphen von $f$ und $g$ gehen durch Verschiebung auseinander hervor

ein kontrollierter klinischer Versuch, mit dessen Hilfe festgestellt werden soll, ob eine bestimmte Behandlung gegenüber einem Placebo-Präparat einen Erfolg zeigt oder nicht. Wir unterstellen, dass die zur Entscheidungsfindung vorliegenden Daten $x_1, \ldots, x_m, y_1, \ldots, y_n$ Realisierungen von Zufallsvariablen mit den oben gemachten Voraussetzungen sind. Dabei könnten $y_1, \ldots, y_n$ die Werte von $n$ behandelten Personen und $x_1, \ldots, x_m$ die Werte einer sog. *Kontrollgruppe* sein, denen lediglich ein Placebo verabreicht wurde. Sind alle $m + n$ Datenwerte unbeeinflusst voneinander sowie die Werte innerhalb der beiden Stichproben jeweils unter gleichen Bedingungen entstanden, so ist obiges Rahmenmodell angemessen.

Zwei-Stichproben-Tests prüfen in dieser Situation die Hypothese $H_0 : F = G$. Unter $H_0$ haben alle Zufallsvariablen $X_1, \ldots, X_m, Y_1, \ldots, Y_n$ die gleiche unbekannte Verteilungsfunktion, deren genaue Gestalt jedoch nicht von Interesse ist. Im oben beschriebenen Kontext eines kontrollierten klinischen Versuchs besagt die Gültigkeit von $H_0$, dass das auf möglichen Behandlungserfolg getestete Medikament gegenüber einem Placebo wirkungslos ist.

Die allgemeinste Alternative zu $H_0$ bedeutet, dass die beiden Verteilungsfunktionen verschieden sind, dass also $F(x) \neq G(x)$ für mindestens ein $x$ gilt. Viele Zwei-Stichproben-Prüfverfahren, wie z. B. der im Folgenden vorgestellte Wilcoxon-Rangsummentest, zielen jedoch nicht darauf ab, jeden möglichen Unterschied zwischen $F$ und $G$ „aufdecken zu wollen", sondern sind in erster Linie daraufhin zugeschnitten, potenzielle *Lage-Unterschiede* zwischen $F$ und $G$ aufzuspüren. Ein solcher Lage-Unterschied besagt, dass die Verteilungsfunktion $G$ gegenüber $F$ *verschoben* ist, also eine (unbekannte) Zahl $\delta$ mit $G(x) = F(x - \delta)$, $x \in \mathbb{R}$, existiert (sog. *Zwei-Stichproben-Lokationsmodell*). Besitzen $F$ und $G$ stetige Dichten $f$ bzw. $g$, so gilt dann auch $g(x) = f(x - \delta)$, $x \in \mathbb{R}$ (Abb. 7.20).

Im Zwei-Stichproben-Lokationsmodell gibt es eine Zahl $\delta$, so dass $Y_1$ die gleiche Verteilung wie $X_1 + \delta$ besitzt, denn wegen $G(x) = F(x - \delta)$ gilt ja für jedes $x \in \mathbb{R}$

$$\begin{aligned}\mathbb{P}(Y_1 \leq x) &= G(x) = F(x - \delta)\\ &= \mathbb{P}(X_1 \leq x - \delta) = \mathbb{P}(X_1 + \delta \leq x).\end{aligned}$$

Der Zufallsvektor $(X_1, \ldots, X_m, Y_1, \ldots, Y_n)$ hat also die gleiche Verteilung wie

$$(X_1, \ldots, X_m, X_{m+1} + \delta, \ldots, X_{m+n} + \delta) \tag{7.94}$$

mit unabhängigen Zufallsvariablen $X_j$, $j = 1, \ldots, m + n$, die alle die Verteilungsfunktion $F$ besitzen. Man beachte, dass die dem Zwei-Stichproben-$t$-Test zugrunde liegende Annahme ein spezielles *parametrisches* Lokationsmodell mit $X_i \sim \mathrm{N}(\mu, \sigma^2)$ und $Y_j \sim \mathrm{N}(\nu, \sigma^2)$, also

$$F(x) = \Phi\left(\frac{x - \mu}{\sigma}\right), \quad G(x) = F(x - \delta)$$

mit $\delta = \nu - \mu$ ist.

## Die Wilcoxon-Rangsummen-Statistik ist verteilungsfrei unter $H_0$

Der im Folgenden vorgestellte, nach dem US-amerikanischen Chemiker und Statistiker Frank Wilcoxon (1892–1965) benannte *Wilcoxon-Rangsummentest* ist das nichtparametrische Analogon zum Zwei-Stichproben-$t$-Test. Dieses Verfahren verwendet die durch

$$\begin{aligned} r(X_i) &= \sum_{j=1}^{m} \mathbb{1}\{X_j \leq X_i\} + \sum_{k=1}^{n} \mathbb{1}\{Y_k \leq X_i\}, \qquad (7.95)\\ r(Y_j) &= \sum_{i=1}^{m} \mathbb{1}\{X_i \leq Y_j\} + \sum_{k=1}^{n} \mathbb{1}\{Y_k \leq Y_j\}, \end{aligned}$$

$i = 1, \ldots, m$, $j = 1, \ldots, n$, definierten *Ränge* von $X_1, \ldots, X_m$ und $Y_1, \ldots, Y_n$ in der gemeinsamen Stichprobe $X_1, \ldots, X_m, Y_1, \ldots, Y_n$. Die Zufallsvariablen $r(X_i)$ und $r(Y_j)$ beschreiben die Anzahl aller $X_1, \ldots, X_m, Y_1, \ldots, Y_n$, die kleiner oder gleich $X_i$ bzw. $Y_j$ sind.

Da nach Aufgabe 7.49 nur mit Wahrscheinlichkeit null gleiche Werte unter $X_1, \ldots, X_m, Y_1, \ldots, Y_n$ auftreten und unter $H_0 : F = G$ jede Permutation der Komponenten des Zufallsvektors $(X_1, \ldots, X_m, Y_1, \ldots, Y_n)$ die gleiche Verteilung besitzt, hat der Zufallsvektor

$$(r(X_1), \ldots, r(X_m), r(Y_1), \ldots, r(Y_n))$$

der *Rang-Zahlen* (Ränge) unter $H_0 : F = G$ mit Wahrscheinlichkeit eins eine (von $F$ unabhängige!) Gleichverteilung auf der Menge aller Permutationen der Zahlen $1, \ldots, m + n$. Konsequenterweise hat dann jede Prüfgröße $T_{m,n} = T_{m,n}(X_1 \ldots, X_m, Y_1, \ldots, Y_n)$, die von $X_1, \ldots, Y_{m+n}$ nur über den obigen Zufallsvektor der Rang-Zahlen $r(X_1), \ldots, r(Y_m)$ abhängt, unter $H_0$ eine Verteilung, die nicht von der unbekannten stetigen Verteilungsfunktion $F$ abhängt. Man sagt dann, $T_{m,n}$ sei *verteilungsfrei auf* $H_0$.

Die Prüfgröße des Wilcoxon-Rangsummentests ist

$$W_{m,n} = W_{m,n}(X_1, \ldots, X_m, Y_1, \ldots, Y_n) := \sum_{i=1}^{m} r(X_i),$$

also die Summe der Ränge von $X_1, \ldots, X_m$ in der gemeinsamen Stichprobe mit $Y_1, \ldots, Y_n$. Die dieser Bildung zugrunde liegende Heuristik ist einfach: Unter $H_0 : F = G$ besitzt der Vektor

1 2 3 4 5 6 7 8 9

$x_3$ $x_4$ $y_5$ $y_3$ $x_2$ $y_1$ $x_1$ $y_4$ $y_2$

**Abb. 7.21** Rangbildung in zwei Stichproben

$(r(X_1), \ldots, r(X_m))$ unter $H_0$ mit Wahrscheinlichkeit eins eine Gleichverteilung auf der Menge

$$\{(r_1, \ldots, r_m) \in \{1, \ldots, m+n\}^m \mid r_i \neq r_j \; \forall i \neq j\}$$

der $m$-Permutationen ohne Wiederholung aus $\{1, \ldots, m+n\}$. Die Ränge der $X_i$ sind also eine reine Zufallsauswahl aus den Zahlen $1, \ldots, m+n$. Anschaulich entspricht dieser Umstand der Vorstellung, dass auf der Zahlengeraden aufgetragene Realisierungen $x_1, \ldots, y_n$ von $X_1, \ldots, Y_n$ unter $H_0 : F = G$ „gut durchmischt" sein sollten, siehe Abb. 7.21 im Fall $m = 4$ und $n = 5$.

Unter Lagealternativen der Form $G(x) = F(x-\delta)$, $x \in \mathbb{R}$, sollten nach (7.94) die Werte $x_1, \ldots, x_m$ im Vergleich zu $y_1, \ldots, y_n$ nach links bzw. nach rechts tendieren, und zwar je nachdem, ob $\delta$ größer oder kleiner als 0 ist.

Für die in Abb. 7.21 dargestellte Situation nimmt die Statistik $W_{4,5}$ den Wert $1+2+5+7 = 15$ an. Prinzipiell könnte man auch die Summe der Rangzahlen von $Y_1, \ldots, Y_n$ als Prüfgröße betrachten. Da die Summe der Ränge aller Beobachtungen gleich der Summe der Zahlen von 1 bis $m+n$ und damit vor der Datenerhebung bekannt ist, tragen die Rangsummen $\sum_{i=1}^m r(X_i)$ und $\sum_{j=1}^n r(Y_j)$ die gleiche Information hinsichtlich einer Testentscheidung „Widerspruch oder kein Widerspruch zu $H_0$".

Da es für die Rang-Summe $W_{m,n}$ nur darauf ankommt, welche *Teilmenge* vom Umfang $m$ aus der Menge $\{1, \ldots, m+n\}$ die Ränge von $X_1, \ldots, X_m$ bilden und unter $H_0$ jede der $\binom{m+n}{m}$ möglichen Teilmengen die gleiche, von $F$ unabhängige Wahrscheinlichkeit $1/\binom{m+n}{m}$ besitzt, kann man die $H_0$-Verteilung von $W_{m,n}$ mit rein kombinatorischen Mitteln gewinnen.

Als Beispiel betrachten wir den Fall $m = 2, n = 3$. Hier gibt es $\binom{5}{2} = 10$ in den Zeilen von Tab. 7.9 illustrierte Möglichkeiten, 2 der insgesamt 5 Plätze mit $x$'s (und die restlichen beiden mit $y$'s) zu besetzen. Dabei sind die $x$'s durch Fettdruck hervorgehoben. Rechts in der Tabelle findet sich der jeweils resultierende Wert $w_{2,3}$ für $W_{2,3}$.

**Tab. 7.9** Zur Bestimmung der $H_0$-Verteilung von $W_{2,3}$

| 1 | 2 | 3 | 4 | 5 | $w_{2,3}$ |
|---|---|---|---|---|---|
| $x$ | $x$ | $y$ | $y$ | $y$ | 3 |
| $x$ | $y$ | $x$ | $y$ | $y$ | 4 |
| $x$ | $y$ | $y$ | $x$ | $y$ | 5 |
| $x$ | $y$ | $y$ | $y$ | $x$ | 6 |
| $y$ | $x$ | $x$ | $y$ | $y$ | 5 |
| $y$ | $x$ | $y$ | $x$ | $y$ | 6 |
| $y$ | $x$ | $y$ | $y$ | $x$ | 7 |
| $y$ | $y$ | $x$ | $x$ | $y$ | 7 |
| $y$ | $y$ | $x$ | $y$ | $x$ | 8 |
| $y$ | $y$ | $y$ | $x$ | $x$ | 9 |

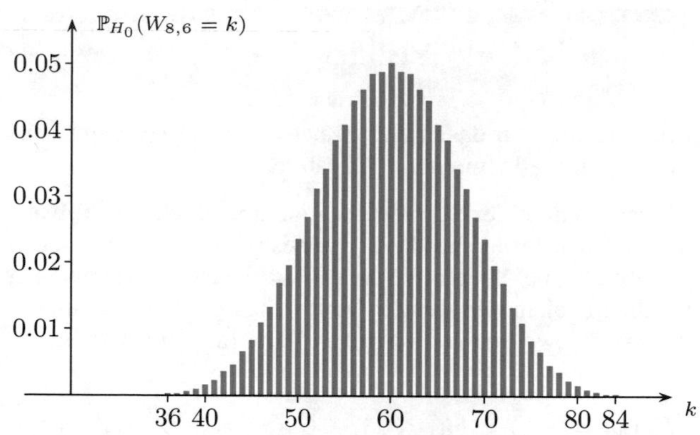


**Abb. 7.22** Stabdiagramm der $H_0$-Verteilung von $W_{8,6}$

Hieraus folgt $\mathbb{P}_{H_0}(W_{2,3} = j) = 1/10$ für $j = 3, 4, 8, 9$ und $\mathbb{P}_{H_0}(W_{2,3} = j) = 2/10$ für $j = 5, 6, 7$. Dabei wurde durch die Indizierung mit $H_0$ betont, dass die Wahrscheinlichkeiten unter $H_0$ berechnet wurden. Abb. 7.22 zeigt ein Stabdiagramm der $H_0$-Verteilung von $W_{8,6}$. Ins Auge springt nicht nur dessen Symmetrie (um den Wert 60), sondern auch die glockenförmige, an eine Normalverteilungsdichte erinnernde Gestalt. Die wichtigsten Eigenschaften der Verteilung von $W_{m,n}$ unter $H_0$ sind nachstehend zusammengefasst:

**Satz über die $H_0$-Verteilung von $W_{m,n}$**

Für die Wilcoxon-Rangsummenstatistik $W_{m,n}$ gilt unter $H_0 : F = G$:

a) $\mathbb{E}_{H_0}(W_{m,n}) = \frac{m\,(m+n+1)}{2}$.
b) $\mathbb{V}_{H_0}(W_{m,n}) = \frac{m\,n\,(m+n+1)}{12}$.
c) Die $H_0$-Verteilung von $W_{m,n}$ ist symmetrisch um $\mathbb{E}_{H_0}(W_{m,n})$.
d) Für $m, n \to \infty$ gilt

$$\frac{W_{m,n} - \mathbb{E}_{H_0}(W_{m,n})}{\sqrt{\mathbb{V}_{H_0}(W_{m,n})}} \xrightarrow{\mathcal{D}} \mathrm{N}(0,1).$$

Die standardisierte Zufallsvariable $W_{m,n}$ ist also unter $H_0$ beim Grenzübergang $m, n \to \infty$ asymptotisch $\mathrm{N}(0,1)$-normalverteilt.

**Beweis** Die Aussagen a) und b) folgen mit direkter Rechnung aus der Gleichverteilung des Vektors aller Ränge $(r(X_1), \ldots, r(Y_n))$ auf der Menge der Permutationen der Zahlen $1, \ldots, m+n$. Ihr Nachweis ist dem Leser als Übungsaufgabe 7.52 überlassen. Um c) zu beweisen, setzen wir kurz $R_i := r(X_i)$ für $i = 1, \ldots, m$. Da der Zufallsvektor $(R_1, \ldots, R_m)$ eine Gleichverteilung auf der Menge

$$\begin{aligned} &\mathrm{Per}_m^{m+n}(oW) \\ &= \{(r_1, \ldots, r_m) \in \{1, \ldots, m+n\}^m \mid r_i \neq r_j \; \forall i \neq j\} \end{aligned}$$

## Hintergrund und Ausblick: Der Kolmogorov-Smirnov-Test

Ein Verfahren für das nichtparametrische Zwei-Stichproben-Problem mit allgemeiner Alternative.

Möchte man in der Situation des nichtparametrischen Zwei-Stichproben-Problems die Hypothese $H_0 : F = G$ gegen die allgemeine Alternative $H_1 : F \neq G$ testen, so bietet sich an, die unbekannten stetigen Verteilungsfunktionen $F$ und $G$ durch die jeweiligen empirischen Verteilungsfunktionen

$$F_m(x) = \frac{1}{m}\sum_{i=1}^{m} \mathbb{1}\{X_i \le x\}, \quad G_n(x) = \frac{1}{n}\sum_{j=1}^{n} \mathbb{1}\{Y_j \le x\}$$

zu schätzen und den Supremumsabstand

$$K_{m,n} := \sup_{x\in\mathbb{R}} \left|F_m(x) - G_n(x)\right|$$

zu bilden, s. nachstehende Abbildung im Fall $m = n = 14$.

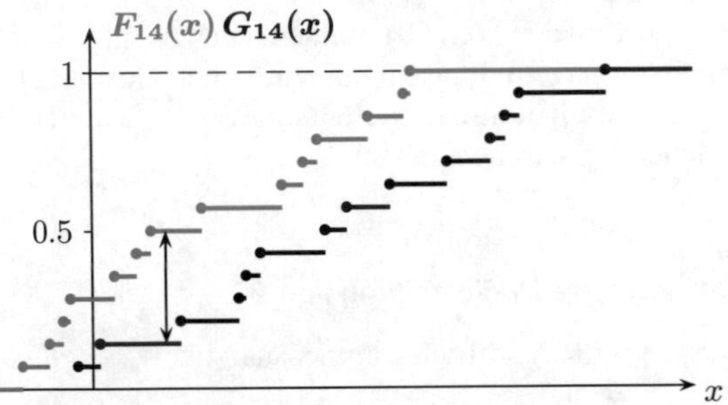


Plausiblerweise lehnt man die Hypothese $H_0$ für große Werte der nach A. N. Kolmogorov (1903–1987) und N. W. Smirnov (1900–1966) benannten sog. *Kolmogorov-Smirnov-Testgröße* $K_{m,n}$ ab.

Wegen der Stetigkeit von $F$ und $G$ sind alle $X_i, Y_j$ mit Wahrscheinlichkeit eins verschieden, und $F_m$ bzw. $G_n$ besitzen Sprungstellen mit Sprüngen der Höhe $1/m$ bzw. $1/n$ an den Stellen $X_1, \ldots, X_m$ bzw. $Y_1, \ldots, Y_n$. Unter $H_0 : F = G$ hängt die Verteilung von $K_{m,n}$ nicht von $F$ ab, da es für den Wert von $K_{m,n}$ nur auf die Ränge von $r(X_j)$, $j = 1, \ldots, m$, von $X_1, \ldots, X_m$ in der gemeinsamen Stichprobe mit $Y_1, \ldots, Y_n$ ankommt. Wie bei der Wilcoxon-Rangsummenstatistik führt somit auch die Bestimmung der $H_0$-Verteilung von $K_{m,n}$ auf ein rein kombinatorisches Problem.

Liegen unabhängige Zufallsvariablen $X_1, X_2, \ldots$ und $Y_1, Y_2, \ldots$ auf einem gemeinsamen Wahrscheinlichkeitsraum $(\Omega, \mathcal{A}, \mathbb{P})$ vor, so folgt aus dem Satz von Glivenko-Cantelli unter der Hypothese $H_0$

$$\lim_{m,n\to\infty} K_{m,n} = 0 \quad \mathbb{P}\text{-fast sicher.}$$

Eine Vorstellung von der Größenordnung von $K_{m,n}$ liefert der Grenzwertsatz

$$\lim_{m,n\to\infty} \mathbb{P}_{H_0}\left(\sqrt{\frac{mn}{m+n}}K_{m,n} \le x\right) = K(x), \quad x > 0,$$

wobei $K$ die in (7.85) definierte Verteilungsfunktion der Kolmogorov-Verteilung bezeichnet. Ein einfacher Beweis dieses Satzes für den Spezialfall $m = n$ findet sich in [15], S. 157–159.

der $m$-Permutationen ohne Wiederholung aus $\{1, \ldots, m + n\}$ besitzt, hat der Vektor $(k+1-R_1, k+1-R_2, \ldots, k+1-R_m)$ ebenfalls diese Gleichverteilung. Man beachte hierzu, dass die Zuordnung $(a_1, \ldots, a_m) \mapsto (k+1-a_1, \ldots, k+1-a_m)$ eine bijektive Abbildung auf $\mathrm{Per}_m^{m+n}(oW)$ darstellt. Aus der Verteilungsgleichheit

$$(R_1, \ldots, R_m) \sim (k+1-R_1, \ldots, k+1-R_m)$$

folgt dann auch die Verteilungsgleichheit

$$\begin{aligned} W_{m,n} = \sum_{i=1}^{m} R_i &\sim \sum_{i=1}^{m}(k+1-R_i) \\ &= m(k+1) - W_{m,n} \end{aligned}$$

und somit

$$W_{m,n} - \frac{m(k+1)}{2} \sim -\left(\frac{m(k+1)}{2} - W_{m,n}\right),$$

was zu zeigen war. Der Nachweis von d) kann mithilfe bedingter Erwartungen und des Zentralen Grenzwertsatzes von Lindeberg-Feller erfolgen. ■

Der Wilcoxon-Rangsummentest wird je nach Art der Alternative als ein- oder zweiseitiger Test durchgeführt. Soll die Hypothese $H_0 : F = G$ gegen die Lagealternative

$$H_1^- : \text{ Es gibt ein } \delta < 0 \text{ mit } G(x) = F(x - \delta), \; x \in \mathbb{R},$$

getestet werden, so lehnt man $H_0$ genau dann zum Niveau $\alpha$ ab, wenn die Ungleichung $W_{m,n} \ge w_{m,n;\alpha}$ erfüllt ist. Dabei ist

$$w_{m,n;\alpha} := \min\{w : \mathbb{P}_{H_0}(W_{m,n} \ge w) \le \alpha\}.$$

Anschaulich zweigt man also analog zum einseitigen Binomialtest beim Stabdiagramm der $H_0$-Verteilung von $W_{m,n}$ von rechts kommend so lange Wahrscheinlichkeitsmasse für den kritischen Bereich ab, wie die vorgegebene Höchstwahrscheinlichkeit $\alpha$ für einen Fehler erster Art nicht überschritten wird. Die kritischen Werte $w_{m,n;\alpha}$ sind für verschiedene Werte von $m, n$ und $\alpha \in \{0.05, 0.025\}$ in Tab. 7.10 aufgeführt (Ablesebeispiel: $w_{9,7;0.05} = 93$).

Soll $H_0$ gegen die sich gegenüber $H_1^-$ durch das Vorzeichen von $\delta$ unterscheidende Lagealternative

$$H_1^+ : \text{ Es gibt ein } \delta > 0 \text{ mit } G(x) = F(x - \delta), \quad x \in \mathbb{R},$$

**Tab. 7.10** Kritische Werte $w_{m,n,;\alpha}$ der Wilcoxon-Statistik $W_{m,n}$

| | | $\alpha$ | |
|---|---|---|---|
| $m$ | $n$ | 0.050 | 0.025 |
| 8 | 3 | 57 | 58 |
| | 4 | 63 | 64 |
| | 5 | 68 | 70 |
| | 6 | 74 | 76 |
| | 7 | 79 | 82 |
| | 8 | 85 | 87 |
| 9 | 3 | 68 | 70 |
| | 4 | 75 | 77 |
| | 5 | 81 | 83 |
| | 6 | 87 | 89 |
| | 7 | 93 | 96 |
| | 8 | 99 | 102 |
| | 9 | 105 | 109 |
| 10 | 4 | 88 | 90 |
| | 5 | 94 | 97 |
| | 6 | 101 | 104 |
| | 7 | 108 | 111 |
| | 8 | 115 | 118 |
| | 9 | 121 | 125 |
| | 10 | 128 | 132 |

| | | $\alpha$ | |
|---|---|---|---|
| $m$ | $n$ | 0.050 | 0.025 |
| 11 | 4 | 102 | 104 |
| | 5 | 109 | 112 |
| | 6 | 116 | 119 |
| | 7 | 124 | 127 |
| | 8 | 131 | 135 |
| | 9 | 138 | 142 |
| | 10 | 145 | 150 |
| | 11 | 153 | 157 |
| 12 | 5 | 125 | 127 |
| | 6 | 133 | 136 |
| | 7 | 141 | 144 |
| | 8 | 148 | 152 |
| | 9 | 156 | 160 |
| | 10 | 164 | 169 |
| | 11 | 172 | 177 |
| | 12 | 180 | 185 |
| 13 | 5 | 141 | 144 |
| | 6 | 150 | 153 |
| | 7 | 158 | 162 |
| | 8 | 167 | 171 |

getestet werden, so erfolgt die Ablehnung von $H_0$ zum Niveau $\alpha$, wenn die Ungleichung

$$W_{m,n} \leq m(m+n+1) - w_{m,n;\alpha}$$

erfüllt ist. Der kritische Wert ergibt sich also unter Ausnutzung der Symmetrie der $H_0$-Verteilung von $W_{m,n}$, indem man den zur Alternative $H_1^-$ korrespondierenden kritischen Wert $w_{m,n;\alpha}$ am Erwartungswert der $H_0$-Verteilung von $W_{m,n}$ spiegelt. Im Fall $m = 9, n = 7$ und $\alpha = 0.05$ erhält man so den Wert $153 - 93 = 60$.

Ist $H_0 : F = G$ gegen die zweiseitige Lagealternative

$$H_1^{\neq} : \text{Es gibt ein } \delta \neq 0 \text{ mit } G(x) = F(x-\delta), \quad x \in \mathbb{R},$$

zu testen, so wird $H_0$ zum Niveau $\alpha$ genau dann abgelehnt, wenn mindestens eine der beiden Ungleichungen

$$W_{m,n} \geq w_{m,n;\alpha/2} \text{ oder } W_{m,n} \leq m(m+n+1) - w_{m,n;\alpha/2}$$

erfüllt ist. Im Zahlenbeispiel $m = 9, n = 7$ und $\alpha = 0.05$ erhält man aus Tab. 7.10 den Wert $w_{m,n;\alpha/2} = 96$. Der zweiseitige Test lehnt also $H_0$ zum Niveau 0.05 ab, falls $W_{9,7} \geq 96$ oder $W_{9,7} \leq 57$ gilt.

**Beispiel** In einer Studie soll untersucht werden, ob ein bestimmtes Düngemittel einen positiven Einfluss auf das Wachstum von Sojabohnen besitzt. Dabei sei schon vorab bekannt, dass das Wachstum durch die Düngung nicht verringert wird.

**Tab. 7.11** Wachstum von Sojabohnen mit und ohne Düngung

| gedüngt | 36.1 | 34.5 | 35.7 | 37.1 | 37.7 | 38.1 | 34.0 | 34.9 |
|---|---|---|---|---|---|---|---|---|
| ungedüngt | 35.5 | 33.9 | 32.0 | 35.4 | 34.3 | 34.7 | 32.3 | 32.4 |

Von 16 gleichartigen Sojapflanzen werden 8 rein zufällig ausgewählt und gedüngt, die übrigen Pflanzen wachsen ungedüngt. Nach einer bestimmten Zeit wird die Höhe (in cm) aller 16 Pflanzen gemessen. Dabei ergaben sich die in Tab. 7.11 angegebenen Werte.

Offenbar sind die gedüngten Pflanzen in der Tendenz stärker gewachsen als die ungedüngten. Ist dieser Effekt jedoch statistisch signifikant? Um diese Frage zu beantworten, sehen wir die Daten als Realisierungen unabhängiger Zufallsvariablen $X_1, \ldots, X_8, Y_1, \ldots, Y_8$ (diese modellieren die Pflanzenhöhe mit bzw. ohne Düngung) mit stetigen Verteilungsfunktionen $F$ bzw. $G$ an und testen zum Niveau $\alpha = 0.05$ die Hypothese $H_0 : F = G$ gegen die Lagealternative $H_1^-$. Sortiert man alle 16 Werte der Größe nach, so besitzen die den gedüngten Pflanzen entsprechenden Werte die Ränge 7, 9, 12, 13, 14, 15 und 16. Die Wilcoxon-Rangsummenstatistik $W_{8,8}$ nimmt den Wert

$$w = 7 + 9 + 12 + 13 + 14 + 15 + 16 = 86$$

an. Aus Tab. 7.10 entnimmt man zu $\alpha = 0.05$ den kritischen Wert 85. Wegen $w \geq 85$ wird $H_0$ verworfen. Die Daten sprechen also auf dem 5 %-Niveau signifikant dafür, dass Düngung einen wachstumsfördernden Effekt besitzt. ◀

Die Normalverteilungsapproximation d) im Satz über die $H_0$-Verteilung von $W_{m,n}$ lässt sich für den Fall $m \geq 10, n \geq 10$ verwenden. Der einseitige Test mit oberem Ablehnbereich lehnt dann $H_0$ zum Niveau $\alpha$ ab, wenn mit $k := m + n$ die Ungleichung

$$W_{m,n} \geq \frac{m\,(k+1)}{2} + \Phi^{-1}(1-\alpha)\sqrt{\frac{m\,n\,(k+1)}{12}}$$

erfüllt ist. Beim einseitigen Test mit unterem Ablehnbereich erfolgt ein Widerspruch zu $H_0$, falls

$$W_{m,n} \leq \frac{m\,(k+1)}{2} - \Phi^{-1}(1-\alpha)\sqrt{\frac{m\,n\,(k+1)}{12}}$$

gilt. Der zweiseitige Test lehnt $H_0$ zum Niveau $\alpha$ ab, falls – jeweils nach Ersetzen von $\alpha$ durch $\alpha/2$ – mindestens eine dieser beiden Ungleichungen erfüllt ist.

Die obigen Näherungen sind selbst für kleine Stichprobenumfänge gute Approximationen der exakten kritischen Werte. So ergibt sich für den Fall $m = 9, n = 8$ und $\alpha = 0.05$ beim Test mit oberem Ablehnbereich der approximative kritische Wert zu

$$\frac{9(17+1)}{2} - 1.645\sqrt{\frac{9\cdot 7\cdot (17+1)}{12}} = 98.095\ldots,$$

was nach Aufrunden auf die nächstgrößere ganze Zahl den kritischen Wert 99 ergibt. Dieser stimmt mit dem aus Tab. 7.10 erhaltenen Wert überein.

## Hintergrund und Ausblick: Wilcoxon-Rangsummenstatistik und Mann-Whitney-Statistik

Wie verhält sich der Wilcoxon-Rangsummentest bei Nichtgültigkeit der Hypothese und wie ergibt sich die asymptotische Normalverteilung von $W_{m,n}$ unter $H_0$?

Die Wilcoxon-Rangsummenstatistik $W_{m,n}$ geht mit Wahrscheinlichkeit eins durch Verschiebung aus der von den US-amerikanischen Statistikern Henry Berthold Mann (1905–2000) und Donald Ransom Whitney (1915–2001) vorgeschlagenen sog. *Mann-Whitney-Statistik*

$$M_{m,n} := \sum_{i=1}^{m} \sum_{k=1}^{n} \mathbb{1}\{Y_k \leq X_i\} \tag{7.96}$$

hervor. Summiert man nämlich beide Seiten von (7.95) über $i$ von 1 bis $m$, so entsteht links die Wilcoxon-Prüfgröße $W_{m,n}$. Da $X_1, \ldots, X_m$ mit Wahrscheinlichkeit eins paarweise verschieden sind, ist die erste Doppelsumme $\sum_{i=1}^{m} \sum_{j=1}^{m} \mathbb{1}\{X_j \leq X_i\}$ rechts mit Wahrscheinlichkeit eins gleich $m(m+1)/2$, und die zweite ist definitionsgemäß gleich $M_{m,n}$. Es besteht also (mit Wahrscheinlichkeit eins) die Translations-Beziehung

$$W_{m,n} = \frac{m\,(m+1)}{2} + M_{m,n}. \tag{7.97}$$

Obige Darstellungen geben einen Hinweis auf das Verhalten von $W_{m,n}$ bei Nichtgültigkeit der Hypothese. Wegen $\mathbb{E}(\mathbb{1}_A) = \mathbb{P}(A)$ und Symmetrieargumenten folgt aus (7.96) $\mathbb{E}(M_{m,n}) = m\,n\,\mathbb{P}(Y_1 \leq X_1)$ und damit

$$\mathbb{E}(W_{m,n}) = \frac{m\,(m+1)}{2} + m\,n\,\mathbb{P}(Y_1 \leq X_1).$$

Das Verhalten von $W_{m,n}$ unter Alternativen wird also maßgeblich durch die Wahrscheinlichkeit $\mathbb{P}(Y_1 \leq X_1)$ bestimmt. Letztere ist 1/2, wenn $X_1$ und $Y_1$ die gleiche stetige Verteilungsfunktion besitzen. Unter einer Lagealternative der Gestalt (7.94) gilt $\mathbb{P}(Y_1 \leq X_1) > 1/2$ bzw. $\mathbb{P}(Y_1 \leq X_1) < 1/2$ je nachdem, ob $\delta < 0$ oder $\delta > 0$ gilt. Der Schwerpunkt der Verteilung von $W_{m,n}$ ist dann im Vergleich zu $H_0$ nach rechts bzw. links verschoben.

Mithilfe der Darstellung (7.97) kann man auch die asymptotische Normalverteilung von $W_{m,n}$ sowohl unter der Hypothese $H_0$ als auch unter Alternativen erhalten. Aus (7.97) folgt

$$\mathbb{E}(W_{m,n}) = \frac{m(m+1)}{2} + \mathbb{E}(M_{m,n}), \ \mathbb{V}(W_{m,n}) = \mathbb{V}(M_{m,n})$$

und somit

$$\frac{W_{m,n} - \mathbb{E}(W_{m,n})}{\sqrt{\mathbb{V}(W_{m,n})}} = \frac{M_{m,n} - \mathbb{E}(M_{m,n})}{\sqrt{\mathbb{V}(M_{m,n})}}.$$

Für $M_{m,n}$ lässt sich eine asymptotische Normalverteilung herleiten, indem man $M_{m,n}$ durch die Summe

$$\widehat{M}_{m,n} := \sum_{i=1}^{m} \mathbb{E}(M_{m,n}|X_i) + \sum_{j=1}^{n} \mathbb{E}(M_{m,n}|Y_j) - (m+n-1)\mathbb{E}(M_{m,n})$$

bedingter Erwartungen approximiert. $\widehat{M}_{m,n}$ ist eine Summe unabhängiger Zufallsvariablen, auf die der Zentrale Grenzwertsatz von Lindeberg-Feller angewendet werden kann. Die dahinter stehende Theorie ist die der *Zwei-Stichproben-U-Statistiken*.

# Zusammenfassung

Ausgangspunkt der Mathematischen Statistik ist ein **statistisches Modell** (engl.: *statistical model*) $(\mathcal{X}, \mathcal{B}, (\mathbb{P}_\vartheta)_{\vartheta\in\Theta})$. Dabei sind $\mathcal{X}$ ein **Stichprobenraum** (*sample space*), $\mathcal{B}$ eine $\sigma$-Algebra über $\mathcal{X}$ und $(\mathbb{P}_\vartheta)_{\vartheta\in\Theta}$ eine **Verteilungsannahme** (*model assumption*) genannte Familie von Wahrscheinlichkeitsmaßen auf $\mathcal{B}$, die durch einen Parameter $\vartheta$ indiziert ist. Die Menge $\Theta$ heißt **Parameterraum** (*parameter space*). Die **Parametrisierung** (*parametrization*) genannte Zuordnung $\Theta \ni \vartheta \mapsto \mathbb{P}_\vartheta$ wird als injektiv vorausgesetzt. Man nimmt an, dass für ein $\vartheta \in \Theta$ das Wahrscheinlichkeitsmaß $\mathbb{P}_\vartheta$ tatsächlich zugrunde liegt; dieses $\vartheta$ wird dann oft als „wahrer Parameter" bezeichnet.

Aufgabe der Mathematischen Statistik ist es, aus Daten $x \in \mathcal{X}$ begründete Rückschlüsse über $\vartheta$ zu ziehen. Dabei fasst man $x$ als Realisierung einer $\mathcal{X}$-wertigen Zufallsvariablen auf. Der Definitionsbereich von $X$ bleibt im Hintergrund; man kann immer die kanonische Konstruktion $\Omega := \mathcal{X}$, $\mathcal{A} := \mathcal{B}$ und $X := \mathrm{id}_\mathcal{X}$ wählen. Eine Verteilungsannahme heißt **parametrisch** (*parametric*), wenn $\Theta \subseteq \mathbb{R}^d$ für ein $d \in \mathbb{N}$ gilt, andernfalls **nichtparametrisch** (*nonparametric*). Eine typische Grundannahme bei **Ein-Stichproben-Problemen** (*one-sample problem*) ist, dass $X$ die Gestalt $X = (X_1, \ldots, X_n)$ mit unabhängigen, identisch verteilten (reellen) Zufallsvariablen $X_1, \ldots, X_n$ besitzt. Unter dieser Grundannahme liegt etwa ein parametrisches Modell vor, wenn für $X_1$ eine Normalverteilung $\mathrm{N}(\mu, \sigma^2)$ mit unbekannten Parametern $\mu$ und $\sigma^2$ unterstellt wird. Demgegenüber handelt es sich um eine nichtparametrische Verteilungsannahme, wenn man nur voraussetzt, dass $X_1$ eine stetige Verteilungsfunktion besitzt. Der Parameterraum ist dann die Menge aller stetigen Verteilungsfunktionen.

In einem parametrischen statistischen Modell mit $\Theta \subseteq \mathbb{R}^d$ und $\gamma : \Theta \to \mathbb{R}^\ell$ heißt jede messbare Abbildung $T : \mathcal{X} \to \mathbb{R}^\ell$ **(Punkt-)Schätzer** (*(point) estimator*) für $\gamma(\vartheta)$. Im Fall $\ell = 1$ nennt man $T$ **erwartungstreu für** $\gamma(\vartheta)$ (*unbiased*), falls für jedes $\vartheta \in \Theta$ die Gleichung $\mathbb{E}_\vartheta T = \gamma(\vartheta)$ erfüllt ist. Dabei wurde auch der Erwartungswert mit $\vartheta$ indiziert, um dessen Abhängigkeit von $\vartheta$ anzudeuten. Gleiches geschieht mit der Varianz. Die Größe $\mathrm{MQA}_T(\vartheta) := \mathbb{E}_\vartheta(T - \gamma(\vartheta))^2$ heißt **mittlere quadratische Abweichung** (*mean square deviation*) von $T$ an der Stelle $\vartheta$. Es gilt $\mathrm{MQA}_T(\vartheta) = \mathbb{V}_\vartheta(T) + b_T(\vartheta)^2$, wobei $b_T(\vartheta) = \mathbb{E}_\vartheta(T) - \gamma(\vartheta)$ die **Verzerrung** (*bias*) von $T$ an der Stelle $\vartheta$ bezeichnet. Ist für jedes $n \geq 1$ $T_n : \mathcal{X}_n \to \mathbb{R}^\ell$ ein Schätzer für $\gamma(\vartheta)$, so nennt man $(T_n)$ eine **Schätzfolge** (*sequence of estimators*). Im Fall $\ell = 1$ heißt $(T_n)$ **konsistent** (*consistent*) für $\gamma(\vartheta)$, falls

$$\lim_{n\to\infty} \mathbb{P}_\vartheta(|T_n - \gamma(\vartheta)| \geq \varepsilon) = 0 \quad \forall \varepsilon > 0$$

gilt. Falls $\lim_{n\to\infty} \mathbb{E}_\vartheta(T_n) = \gamma(\vartheta)$ für jedes $\vartheta \in \Theta$ erfüllt ist, so heißt $(T_n)$ **asymptotisch erwartungstreu** (*asymptotically unbiased*) für $\gamma(\vartheta)$.

Ein grundlegendes Schätzprinzip ist die **Maximum-Likelihood-Methode** (*method of maximum likelihood*) (kurz: ML-Methode). Besitzt $X (= \mathrm{id}_\mathcal{X})$ die Lebesgue-Dichte bzw. Zähldichte $f(x, \vartheta)$, so heißt für festes $x \in \mathcal{X}$ die durch $L_x(\vartheta) = f(x, \vartheta)$ definierte Funktion $L_x : \Theta \to \mathbb{R}_{\geq 0}$ die **Likelihood-Funktion zu** $x$ (*likelihood function*) und jeder Wert $\widehat{\vartheta} \in \Theta$ mit $L_x(\widehat{\vartheta}(x)) = \sup\{L_x(\vartheta) \mid \vartheta \in \Theta\}$ **Maximum-Likelihood-Schätzwert von $\vartheta$ zu** $x$ (*maximum likelihood estimator*). Unter einer Normalverteilungsannahme ist $(\widehat{\mu}_n, \widehat{\sigma_n^2})$ mit $\widehat{\mu}_n = \overline{X}_n = n^{-1} \sum_{j=1}^n X_j$ und $\widehat{\sigma_n^2} = n^{-1} \sum_{j=1}^n (X_j - \overline{X}_n)^2$ der ML-Schätzer für $\vartheta := (\mu, \sigma^2)$. Die Zufallsvariablen $\overline{X}_n$ und $\widehat{\sigma_n^2}$ sind stochastisch unabhängig, wobei $\overline{X}_n \sim \mathrm{N}(\mu, \sigma^2/n)$ und $n\widehat{\sigma_n^2}/\sigma^2 \sim \chi^2_{n-1}$.

Bei einem **regulären statistischen Modell** (*regular statistical model*) ist $\Theta$ ein offenes Intervall, und die Dichte $f$ ist auf $\mathcal{X} \times \Theta$ positiv sowie für jedes $x$ stetig nach $\vartheta$ differenzierbar. Ferner ist die **Fisher-Information** (*Fisher information*) genannte Varianz $\mathrm{I}_f(\vartheta)$ der **Scorefunktion** (*score function*) $U_\vartheta(x) = \frac{\mathrm{d}}{\mathrm{d}\vartheta} \log f(x, \vartheta)$ ist für jedes $\vartheta$ positiv und endlich. Dann gilt für jeden Schätzer $T$ mit $\frac{\mathrm{d}}{\mathrm{d}\vartheta}\mathbb{E}_\vartheta T = \int T(x) \frac{\mathrm{d}}{\mathrm{d}\vartheta} f(x, \vartheta)\,\mathrm{d}x$ die **Cramér-Rao-Ungleichung** (*Cramér-Rao lower bound*)

$$\mathbb{V}_\vartheta(T) \geq \frac{\left[\frac{\mathrm{d}}{\mathrm{d}\vartheta}\mathbb{E}_\vartheta(T)\right]^2}{\mathrm{I}_f(\vartheta)}, \qquad \vartheta \in \Theta.$$

Sind $(\mathcal{X}, \mathcal{B}, (\mathbb{P}_\vartheta)_{\vartheta\in\Theta})$ mit $\Theta \subseteq \mathbb{R}^d$ ein statistisches Modell und $\alpha \in (0, 1)$, so heißt eine Abbildung $C : \mathcal{X} \to \mathcal{P}(\mathbb{R}^\ell)$ **Konfidenzbereich** (*confidence set*) **für $\vartheta$ zur Konfidenzwahrscheinlichkeit** (*level of significance*) $1 - \alpha$, falls gilt:

$$\mathbb{P}_\vartheta(\{x \in \mathcal{X} \mid C(x) \ni \vartheta\}) \geq 1 - \alpha \quad \forall \vartheta \in \Theta.$$

Prinzipiell ergibt sich ein Konfidenzbereich, indem man für jedes $\vartheta \in \Theta$ eine Menge $\mathcal{A}(\vartheta) \subseteq \mathcal{X}$ mit $\mathbb{P}_\vartheta(\mathcal{A}(\vartheta)) \geq 1 - \alpha$ angibt. Mit $C(x) := \{\vartheta \in \Theta \mid x \in \mathcal{A}(\vartheta)\}$, $x \in \mathcal{X}$, gilt dann $x \in \mathcal{A}(\vartheta) \Leftrightarrow C(x) \ni \vartheta$, und so ist $C$ ein Konfidenzbereich für $\vartheta$ zur Konfidenzwahrscheinlichkeit $1 - \alpha$. Gilt $X = (X_1, \ldots, X_n)$ mit unabhängigen und je $\mathrm{N}(\mu, \sigma^2)$-normalverteilten Zufallsvariablen $X_1, \ldots, X_n$, so ergibt sich ein Konfidenzintervall für $\mu$ bei (auch) unbekanntem $\sigma^2$ durch **Studentisieren** zu

$$\left[\overline{X}_n - \frac{S_n\, t_{n-1;1-\alpha/2}}{\sqrt{n}}, \overline{X}_n + \frac{S_n\, t_{n-1;1-\alpha/2}}{\sqrt{n}}\right].$$

Dabei bezeichnen $S_n^2 = (n-1)^{-1} \sum_{j=1}^n (X_j - \overline{X}_n)^2$ die Stichprobenvarianz von $X_1, \ldots, X_n$ und $t_{n-1;1-\alpha/2}$ das $(1-\alpha/2)$-Quantil der $t_{n-1}$-Verteilung.

Bei einem **statistischen Test** (*statistical test*) ist der Parameterbereich $\Theta$ in zwei disjunkte nichtleere Teilmengen $\Theta_0$ und $\Theta_1$ zerlegt. Ein **nichtrandomisierter Test** (*nonrandomized test*) zum Prüfen der **Hypothese** (*hypothesis*) $H_0 : \vartheta \in \Theta_0$ gegen die **Alternative** (*alternative hypothesis*) $H_1 : \vartheta \in \Theta_1$ ist eine Indikatorfunktion $\mathbb{1}_\mathcal{K}$ eines sog. **kritischen Bereichs** (*critical* *region*) $\mathcal{K} \subseteq \mathcal{X}$. Gilt $x \in \mathcal{K}$, so wird $H_0$ aufgrund von $x \in \mathcal{X}$ abgelehnt, andernfalls erhebt man keinen Einwand gegen $H_0$. Ein **Fehler erster Art** (*type I error*) besteht darin, die Hypothese $H_0$ abzulehnen, obwohl sie in Wirklichkeit zutrifft. Bei einem **Fehler zweiter Art** (*type II error*) erhebt man keinen Einwand gegen $H_0$, obwohl in Wirklichkeit $\vartheta \in \Theta_1$ gilt. Die **Gütefunktion** (*power function*) $g_{\mathcal{K}}$ eines Tests mit kritischem Bereich $\mathcal{K}$ ordnet jedem $\vartheta \in \Theta$ die Ablehnwahrscheinlichkeit $\mathbb{P}_\vartheta(X \in \mathcal{K})$ der Hypothese $H_0$ unter $\mathbb{P}_\vartheta$ zu. Ein **Test zum Niveau** $\alpha$ (*level-$\alpha$-test*) ist durch die Bedingung $g_{\mathcal{K}}(\vartheta) \le \alpha$, $\vartheta \in \Theta_0$, definiert. Lehnt ein Niveau-$\alpha$-Test $H_0$ ab, so sagt man, die Ablehnung von $H_0$ sei **signifikant zum Niveau** $\alpha$.

Der kritische Bereich eines Tests ist meist durch eine **Prüfgröße** oder **Testgröße** $T : \mathcal{X} \to \mathbb{R}$ (*test statistic*) in der Form $\mathcal{K} = \{T \ge c\}$ mit einem sog. **kritischen Wert** (*critical value*) $c$ gegeben. Gilt $\Theta \subseteq \mathbb{R}$, so sind Testprobleme oft von der Gestalt $H_0 : \vartheta \le \vartheta_0$ gegen $H_1 : \vartheta > \vartheta_0$ (einseitiger Test) oder $H_0 : \vartheta = \vartheta_0$ gegen $H_1 : \vartheta \ne \vartheta_0$ (zweiseitiger Test). Dabei ist $\vartheta_0 \in \Theta$ ein vorgegebener Wert.

Der **Ein-Stichproben-*t*-Test** (*one-sample t-test*) prüft Hypothesen der Form $H_0 : \mu \le \mu_0$ gegen $H_1 : \mu > \mu_0$ über den Erwartungswert $\mu$ einer Normalverteilung bei unbekannter Varianz. Seine Prüfgröße $T_n = \sqrt{n}(\overline{X}_n - \mu_0)/S_n$ hat im Fall $\mu = \mu_0$ eine $t_{n-1}$-Verteilung. Der Test kann auch als zweiseitiger Test durchgeführt werden. In gleicher Weise prüft der **Zwei-Stichproben-*t*-Test** (*two-sample t-test*) auf Gleichheit der Erwartungswerte von Normalverteilungen mit gleicher unbekannter Varianz. Der **Chi-Quadrat-Anpassungstest** (*chi square goodness-of-fit test*) prüft die Verträglichkeit von relativen Häufigkeiten mit hypothetischen Wahrscheinlichkeiten in einem multinomialen Versuchsschema.

Ein **randomisierter Test** (*randomized test*) für $H_0$ gegen $H_1$ ist eine messbare Funktion $\varphi : \mathcal{X} \to [0,1]$. Dabei ist die sog. Randomisierungswahrscheinlichkeit $\varphi(x)$ als bedingte Wahrscheinlichkeit zu interpretieren, die Hypothese $H_0$ bei vorliegenden Daten $x$ abzulehnen. Gilt $\Theta = \{\vartheta_0, \vartheta_1\}$ (sog. *Zwei-Alternativ-Problem*) und besitzt $X$ für $j \in \{0,1\}$ unter $\mathbb{P}_{\vartheta_j}$ eine Lebesgue-Dichte oder Zähldichte $f_j$, so gibt es nach dem Lemma von Neyman-Pearson zu jedem $\alpha \in (0,1)$ unter allen Tests zum Niveau $\alpha$ für $H_0$ gegen $H_1$ einen Test mit kleinster Wahrscheinlichkeit für einen Fehler zweiter Art. Dieser basiert auf dem **Likelihoodquotienten** (*likelihood ratio*) $\Lambda(x) := f_1(x)/f_0(x)$ und lehnt $H_0$ für zu große Werte von $\Lambda(x)$ ab. Besitzt die Verteilungsklasse $(\mathbb{P}_\vartheta)_{\vartheta\in\Theta}$ einen monotonen Dichtequotienten in einer Statistik $T$, so gibt es zu jedem $\alpha \in (0,1)$ einen **gleichmäßig besten Test zum Niveau** $\alpha$ für $H_0 : \vartheta \le \vartheta_0$ gegen $H_1 : \vartheta > \vartheta_0$.

Sind $X_1, X_2, \ldots$ unabhängige Zufallsvariablen mit gleicher Verteilungsfunktion $F$, so konvergiert nach dem **Satz von Glivenko-Cantelli** (*Glivenko-Cantelli theorem*) die Folge $(F_n)$ der empirischen Verteilungsfunktionen mit Wahrscheinlichkeit eins gleichmäßig gegen $F$. Dabei ist $F_n$ durch $F_n(x) = n^{-1}\sum_{j=1}^n \mathbb{1}\{X_j \le x\}$, $x \in \mathbb{R}$, definiert. Ist $F$ stetig, so hängt die Verteilung von $d(F_n, F) := \sup_{x\in\mathbb{R}} |F_n(x) - F(x)|$ nicht von $F$ ab. Diese Beobachtung motiviert die Prüfgröße $d(F_n, F_0)$, wenn die Hypothese $H_0 : F = F_0$ mit einer vollständig spezifizierten Verteilungsfunktion getestet werden soll.

Das $p$-Quantil $Q_p = Q_p(F) = F^{-1}(p)$ kann man nichtparametrisch mithilfe des empirischen $p$-Quantils $Q_{n,p} = F_n^{-1}(p)$ schätzen. Besitzt $F$ bei $Q_p$ eine positive Ableitung, so gilt $\sqrt{n}(Q_{n,p} - Q_p) \xrightarrow{\mathcal{D}} \mathrm{N}(0, \sigma^2)$, wobei $\sigma^2 = p(1-p)/F'(Q_p)^2$. Ist $F$ stetig, so ergibt sich ein Konfidenzbereich für den Median $Q_{1/2}$ mithilfe der Ordnungsstatistiken $X_{(1)}, \ldots, X_{(n)}$. Asymptotische Konfidenzintervalle für $Q_{1/2}$ erhält man mit dem Zentralen Grenzwertsatz von de Moivre-Laplace.

Wird $F$ als stetig vorausgesetzt, so prüft der **Vorzeichentest** (*sign test*) Hypothesen der Form $H_0 : Q_{1/2} \le \mu_0$ über den Median. Die Prüfgröße $V_n = \sum_{j=1}^n \mathbb{1}\{X_j > \mu_0\}$ zählt die Anzahl der positiven Vorzeichen unter $X_j - \mu_0$, $j = 1, \ldots, n$. Im Fall $Q_{1/2} = \mu_0$ hat $V_n$ die Verteilung $\mathrm{Bin}(n, 1/2)$.

Der **Wilcoxon-Rangsummentest** (*Wilcoxon's rank-sum test*) prüft die Hypothese $H_0 : F = G$, wenn stochastisch unabhängige Zufallsvariablen $X_1, \ldots, X_m, Y_1, \ldots, Y_n$ vorliegen und $X_1, \ldots, X_m$ die stetige Verteilungsfunktion $F$ und $Y_1, \ldots, Y_n$ die stetige Verteilungsfunktion $G$ besitzen. Die Prüfgröße $W_{m,n}$ dieses Tests ist die Summe aller Ränge von $X_1, \ldots, X_m$ in der gemeinsamen Stichprobe mit $Y_1, \ldots, Y_n$.

# Aufgaben

Die Aufgaben gliedern sich in drei Kategorien: Anhand der *Verständnisfragen* können Sie prüfen, ob Sie die Begriffe und zentralen Aussagen verstanden haben, mit den *Rechenaufgaben* üben Sie Ihre technischen Fertigkeiten und die *Beweisaufgaben* geben Ihnen Gelegenheit, zu lernen, wie man Beweise findet und führt.
Ein Punktesystem unterscheidet leichte •, mittelschwere •• und anspruchsvolle ••• Aufgaben. Lösungshinweise am Ende des Buches helfen Ihnen, falls Sie bei einer Aufgabe partout nicht weiterkommen. Dort finden Sie auch die Lösungen – betrügen Sie sich aber nicht selbst und schlagen Sie erst nach, wenn Sie selber zu einer Lösung gekommen sind. Ausführliche Lösungswege, Beweise und Abbildungen finden Sie auf der Website zum Buch.
Viel Spaß und Erfolg bei den Aufgaben!

## Verständnisfragen

**7.1** •• Konstruieren Sie in der Situation von Aufgabe 7.24 eine obere Konfidenzschranke für $\vartheta$ zur Konfidenzwahrscheinlichkeit $1-\alpha$.

**7.2** •• Die Zufallsvariablen $X_1, \ldots, X_n$ seien stochastisch unabhängig mit gleicher Poisson-Verteilung $\mathrm{Po}(\lambda)$, wobei $\lambda \in (0,\infty)$ unbekannt sei. Konstruieren Sie in Analogie zum Beispiel der Binomialverteilung am Ende von Abschn. 7.3 einen asymptotischen Konfidenzbereich zum Niveau $1-\alpha$ für $\lambda$. Welches konkrete 95 %-Konfidenzintervall ergibt sich für die Daten des Rutherford-Geiger-Experiments (Unter-der-Lupe-Box in Abschn. 4.3)?

**7.3** • In einem Buch konnte man lesen: „Die Wahrscheinlichkeit $\alpha$ für einen Fehler erster Art bei einem statistischen Test gibt an, wie oft aus der Beantwortung der Testfrage falsch auf die Nullhypothese geschlossen wird. Wird $\alpha = 0.05$ gewählt und die Testfrage mit *ja* beantwortet, dann ist die Antwort *ja* in 5 % der Fälle falsch und mithin in 95 % der Fälle richtig." Wie ist Ihre Meinung hierzu?

**7.4** • Der Leiter der Abteilung für Materialbeschaffung hat eine Sendung von elektronischen Schaltern mit einem Test zum Niveau 0.05 stichprobenartig auf Funktionsfähigkeit überprüft. Bei der Stichprobe lag der Anteil defekter Schalter signifikant über dem vom Hersteller behaupteten Ausschussanteil. Mit den Worten „Die Chance, dass eine genaue Überprüfung zeigt, dass die Sendung den Herstellerangaben entspricht, ist höchstens 5 %" empfiehlt er, die Lieferung zu reklamieren und zurückgehen zu lassen. Ist seine Aussage richtig?

**7.5** • Der Statistiker einer Firma, die Werkstücke zur Weiterverarbeitung bezieht, lehnt eine Lieferung dieser Werkstücke mit folgender Begründung ab: „Ich habe meinen Standard-Test zum Niveau 0.05 anhand einer zufälligen Stichprobe durchgeführt. Diese Stichprobe enthielt einen extrem hohen Anteil defekter Exemplare. Wenn der Ausschussanteil in der Sendung wie vom Hersteller behauptet höchstens 2 % beträgt, ist die Wahrscheinlichkeit für das Auftreten des festgestellten oder eines noch größeren Anteils defekter Werkstücke in der Stichprobe höchstens 2.7 %."Der Werkmeister entgegnet: „Bislang erwiesen sich 70 % der von Ihnen beanstandeten Sendungen im Nachhinein als in Ordnung. Aller Wahrscheinlichkeit nach liegt auch in diesem Fall ein blinder Alarm vor." Muss mindestens eine der beiden Aussagen falsch sein?

**7.6** •• (*Zusammenhang zwischen Konfidenzbereichen und Tests*) Es sei $(\mathcal{X}, \mathcal{B}, (\mathbb{P}_\vartheta)_{\vartheta\in\Theta})$ ein statistisches Modell. Zeigen Sie:

a) Ist $C : \mathcal{X} \to \mathcal{P}(\Theta)$ ein Konfidenzbereich für $\vartheta$ zur Konfidenzwahrscheinlichkeit $1-\alpha$, so ist für beliebiges $\vartheta_0 \in \Theta$ die Menge $\mathcal{K}_{\vartheta_0} := \{x \in \mathcal{X} \mid C(x) \not\ni \vartheta_0\}$ ein kritischer Bereich für einen Niveau-$\alpha$-Test der Hypothese $H_0 : \vartheta = \vartheta_0$ gegen die Alternative $H_1 : \vartheta \neq \vartheta_0$.
b) Liegt für jedes $\vartheta_0 \in \Theta$ ein nichtrandomisierter Niveau-$\alpha$-Test für $H_0 : \vartheta = \vartheta_0$ gegen $H_1 : \vartheta \neq \vartheta_0$ vor, so lässt sich hieraus ein Konfidenzbereich zur Konfidenzwahrscheinlichkeit $1-\alpha$ gewinnen.

**7.7** •• Es seien $U$ und $V$ unabhängige Zufallsvariablen, wobei $U \sim \mathrm{N}(0,1)$ und $V \sim \chi^2_k$, $k \in \mathbb{N}$. Ist $\delta \in \mathbb{R}$, so heißt die Verteilung des Quotienten

$$Y_{k,\delta} := \frac{U+\delta}{\sqrt{V/k}}$$

*nichtzentrale t-Verteilung mit k Freiheitsgraden und Nichtzentralitätsparameter* $\delta$. Zeigen Sie: Für die Gütefunktion (7.53) des einseitigen $t$-Tests gilt

$$g_n(\vartheta) = \mathbb{P}\left(Y_{n-1,\delta} > t_{n-1;1-\alpha}\right),$$

wobei $\delta = \sqrt{n}(\mu - \mu_0)/\sigma$.

**7.8** •

a) Zeigen Sie die Beziehung $\mathrm{F}_{r,s;p} = 1/\mathrm{F}_{s,r;1-p}$ für die Quantile der F-Verteilung.
b) Weisen Sie nach, dass die Gütefunktion des einseitigen $F$-Tests für den Varianzquotienten eine streng monoton wachsenden Funktion von $\sigma^2/\tau^2$ ist.

**7.9** •• Die Zufallsvariable $X$ besitze eine Binomialverteilung $\text{Bin}(3, \vartheta)$, wobei $\vartheta \in \Theta := \{1/4, 3/4\}$. Bestimmen Sie die Risikomenge des Zwei-Alternativ-Problems $H_0 : \vartheta = \vartheta_0 := 1/4$ gegen $H_1 : \vartheta = \vartheta_1 := 3/4$.

**7.10** •• Leiten Sie die Beziehung

$$(n-1)\left(Q(X)^{-2/n} - 1\right) = T_n^2$$

im Beispiel der Ein-Stichproben-$t$-Teststatistik am Ende von Abschn. 7.5 her.

**7.11** •• Es seien $X_1, \ldots, X_n$ unabhängige Zufallsvariablen mit gleicher stetiger Verteilungsfunktion $F$ und empirischer Verteilungsfunktion $F_n$. Bestimmen Sie die Verteilung von

$$\Delta_n^F = \sup_{x \in \mathbb{R}} |F_n(x) - F(x)|$$

im Fall $n = 1$.

**7.12** •• Die Zufallsvariablen $X_1, \ldots, X_{2n}$ seien stochastisch unabhängig mit gleicher symmetrischer Verteilung. Es gebe also ein $a \in \mathbb{R}$ mit $X_1 - a \sim a - X_1$. Zeigen Sie: Ist $m := n/2$, so gilt (im Fall $\mathbb{E}|X_1| < \infty$)

$$\mathbb{E}\left(\frac{X_{m:2n} + X_{m+1:2n}}{2}\right) = a.$$

**7.13** •• Es seien $X_1, \ldots, X_n$ unabhängige Zufallsvariablen mit gleicher stetiger Verteilungsfunktion. Zeigen Sie: In Verallgemeinerung von (7.89) gilt:

$$\mathbb{P}\left(X_{(r)} \le Q_p < X_{(s)}\right) = \sum_{j=r}^{s-1} \binom{n}{j} p^j (1-p)^{n-j}$$

**7.14** • In welcher Form tritt die Verteilung einer geeigneten Wilcoxon-Rangsummenstatistik bei der Ziehung der Lottozahlen auf?

## Rechenaufgaben

**7.15** • Es seien $n \in \mathbb{N}$ und $k \in \{0, \ldots, n\}$. Zeigen Sie, dass die durch

$$h(\vartheta) := \binom{n}{k} \vartheta^k (1-\vartheta)^{n-k}$$

definierte Funktion $h : [0, 1] \to [0, 1]$ für $\vartheta = k/n$ ihr Maximum annimmt.

**7.16** •• In der Situation des Beispiels der Qualitätskontrolle in Abschn. 7.1 mögen sich in einer rein zufälligen Stichprobe $x = (x_1, \ldots, x_n)$ vom Umfang $n$ genau $k = x_1 + \ldots + x_n$ defekte Exemplare ergeben haben. Zeigen Sie, dass ein Maximum-Likelihood-Schätzwert für $\vartheta$ zu $x$ durch

$$\widehat{\vartheta}(x) = \begin{cases} \left\lfloor \frac{k(N+1)}{n} \right\rfloor, & \text{falls } \frac{k(N+1)}{n} \notin \mathbb{N}, \\ \in \left\{ \frac{k(N+1)}{n}, \frac{k(N+1)}{n} - 1 \right\} & \text{sonst}, \end{cases}$$

gegeben ist.

**7.17** •• Es sei die Situation im Beispiel des Taxi-Problems in Abschn. 7.2 zugrunde gelegt. Zeigen Sie:

a) Die Folge $(\widehat{\vartheta}_n)$ der ML-Schätzer ist asymptotisch erwartungstreu und konsistent für $\vartheta$.
b) Der durch

$$T_n(x) = \frac{\widehat{\vartheta}_n(x)^{n+1} - (\widehat{\vartheta}_n(x) - 1)^{n+1}}{\widehat{\vartheta}_n(x)^n - (\widehat{\vartheta}_n(x) - 1)^n}$$

definierte Schätzer $T_n$ ist erwartungstreu für $\vartheta$.

**7.18** •• Es seien $X_1, \ldots, X_n$ stochastisch unabhängige Zufallsvariablen mit gleicher Poisson-Verteilung $\text{Po}(\vartheta)$, $\vartheta \in \Theta := (0, \infty)$ sei unbekannt. Zeigen Sie:

a) Das arithmetische Mittel $\overline{X}_n = n^{-1} \sum_{j=1}^n X_j$ ist der ML-Schätzer für $\vartheta$.
b) Die Fisher-Information $\text{I}_f(\vartheta)$ ist

$$\text{I}_f(\vartheta) = \frac{n}{\vartheta}, \quad \vartheta \in \Theta.$$

c) Der Schätzer $\overline{X}_n$ ist Cramér-Rao-effizient.

**7.19** •• Ein Bernoulli-Experiment mit unbekannter Trefferwahrscheinlichkeit $\vartheta \in (0, 1)$ wird in unabhängiger Folge durchgeführt. Beim $(k+1)$-ten Mal ($k \in \mathbb{N}_0$) sei der erste Treffer aufgetreten.

a) Bestimmen Sie den ML-Schätzwert $\widehat{\vartheta}(k)$ für $\vartheta$.
b) Ist der Schätzer $\widehat{\vartheta}$ erwartungstreu für $\vartheta$?

**7.20** •• In der Situation des Beispiels des Taxi-Problems in Abschn. 7.2 sei

$$\widetilde{\vartheta}_n := \frac{2}{n} \sum_{j=1}^n X_j - 1.$$

Zeigen Sie, dass der Schätzer $\widetilde{\vartheta}_n$ erwartungstreu für $\vartheta$ ist und die Varianz

$$\mathbb{V}_\vartheta(\widetilde{\vartheta}_n) = \frac{\vartheta^2 - 1}{3n}$$

besitzt.

**7.21** •• Es seien $X_1, \ldots, X_n$ unabhängige Zufallsvariablen mit gleicher Exponentialverteilung $\text{Exp}(\vartheta)$, $\vartheta \in \Theta := (0, \infty)$ sei unbekannt. Im dritten Beispiel in Abschn. 7.2 wurde der ML-Schätzer für $\vartheta$ zu

$$\widehat{\vartheta}_n = \frac{n}{\sum_{j=1}^n X_j}$$

hergeleitet. Zeigen Sie:

a) $\mathbb{E}_\vartheta(\widehat{\vartheta}_n) = \frac{n}{n-1} \vartheta$, $n \ge 2$.
b) $\mathbb{V}_\vartheta(\widehat{\vartheta}_n) = \frac{n^2 \vartheta^2}{(n-1)^2 (n-2)}$, $n \ge 3$.
c) Die Schätzfolge $(\widehat{\vartheta}_n)$ ist konsistent für $\vartheta$.

**7.22** •• Es seien $X_1, \ldots, X_n$ stochastisch unabhängige identisch verteilte Zufallsvariablen mit $\mathbb{E}X_1^2 < \infty$. Zeigen Sie: Mit $\sigma^2 := \mathbb{V}(X_1)$ gilt

$$\mathbb{E}\left(\frac{1}{n-1}\sum_{j=1}^{n}(X_j - \overline{X}_n)^2\right) = \sigma^2.$$

**7.23** •• Die Zufallsvariablen $X_1, \ldots, X_n$ seien stochastisch unabhängig und je $\mathrm{N}(\mu, \sigma^2)$-verteilt, wobei $\mu$ und $\sigma^2$ unbekannt seien. Als Schätzer für $\sigma^2$ betrachte man

$$S_n(c) := c\sum_{j=1}^{n}(X_j - \overline{X}_n)^2, \quad c > 0.$$

Für welche Wahl von $c$ wird die mittlere quadratische Abweichung $\mathbb{E}(S_n(c) - \sigma^2)^2$ minimal?

**7.24** •• Die Zufallsvariablen $X_1, \ldots, X_n$ seien stochastisch unabhängig und je gleichverteilt $\mathrm{U}[0, \vartheta]$, wobei $\vartheta \in \Theta := (0, \infty)$ unbekannt sei. Zeigen Sie:

a) Der ML-Schätzer für $\vartheta$ ist $\widehat{\vartheta}_n := \max_{j=1,\ldots,n} X_j$.
b) Der Schätzer

$$\vartheta_n^* := \frac{n+1}{n}\widehat{\vartheta}_n$$

ist erwartungstreu für $\vartheta$. Bestimmen Sie $\mathbb{V}_\vartheta(\vartheta_n^*)$.
c) Der Momentenschätzer für $\vartheta$ ist

$$\widetilde{\vartheta}_n := 2 \cdot \frac{1}{n}\sum_{j=1}^{n} X_j.$$

d) Welcher der Schätzer $\vartheta_n^*$ und $\widetilde{\vartheta}_n$ ist vorzuziehen, wenn als Gütekriterium die mittlere quadratische Abweichung zugrunde gelegt wird?

**7.25** •• Die Zufallsvariablen $X_1, \ldots, X_n$ seien unabhängig und je $\Gamma(\alpha, \lambda)$-verteilt. Der Parameter $\vartheta := (\alpha, \lambda) \in \Theta := (0, \infty)^2$ sei unbekannt. Zeigen Sie: Die Loglikelihood-Gleichungen führen auf

$$\overline{X}_n = \frac{\widehat{\alpha}_n}{\widehat{\lambda}_n}, \quad \frac{1}{n}\sum_{j=1}^{n}\log X_j = \frac{\mathrm{d}}{\mathrm{d}\alpha}\log\Gamma(\widehat{\alpha}_n) - \log\widehat{\lambda}_n.$$

**7.26** •• Zeigen Sie, dass die folgenden Verteilungsklassen einparametrige Exponentialfamilien bilden:

a) $\{\mathrm{Bin}(n, \vartheta),\ 0 < \vartheta < 1\}$,
b) $\{\mathrm{Po}(\vartheta),\ 0 < \vartheta < \infty\}$,
c) $\{\mathrm{Exp}(\vartheta),\ 0 < \vartheta < \infty\}$.

**7.27** ••

a) Leiten Sie die in (7.35) angegebene Dichte der $t_k$-Verteilung her.
b) Zeigen Sie: Besitzt $X$ eine $t_k$-Verteilung, so existieren Erwartungswert und Varianz von $X$ genau dann, wenn $k \geq 2$ bzw. $k \geq 3$ gelten. Im Fall der Existenz folgt

$$\mathbb{E}(X) = 0, \quad \mathbb{V}(X) = \frac{k}{k-2}.$$

**7.28** ••

a) Zeigen Sie: In der Situation des Beispiels des Taxi-Problems in Abschn. 7.2 ist die durch

$$C(x_1, \ldots, x_n) := \left\{\vartheta \in \Theta \mid \vartheta \leq \alpha^{-1/n} \max_{j=1,\ldots,n} x_j\right\}$$

definierte Abbildung $C$ ein Konfidenzbereich für $\vartheta$ zum Niveau $1 - \alpha$.
b) Wie groß muss $n$ mindestens sein, damit die größte beobachtete Nummer, versehen mit einem Sicherheitsaufschlag von 10 % (d. h. $1.1 \cdot \max_{j=1,\ldots,n} x_j$) eine obere Konfidenzschranke für $\vartheta$ zum Niveau 0.99 darstellt, also

$$\mathbb{P}_\vartheta\left(\vartheta \leq 1.1 \cdot \max_{j=1,\ldots,n} X_j\right) \geq 0.99 \quad \forall \vartheta \in \Theta$$

gilt?

**7.29** •• Um die Übertragbarkeit der Krankheit BSE zu erforschen, wird 275 biologisch gleichartigen Mäusen über einen gewissen Zeitraum täglich eine bestimmte Menge Milch von BSE-kranken Kühen verabreicht. Innerhalb dieses Zeitraums entwickelte keine dieser Mäuse irgendwelche klinischen Symptome, die auf eine BSE-Erkrankung hindeuten könnten. Es bezeichne $\vartheta$ die Wahrscheinlichkeit, dass eine Maus der untersuchten Art unter den obigen Versuchsbedingungen innerhalb des Untersuchungszeitraumes BSE-spezifische Symptome zeigt.

a) Wie lautet die obere Konfidenzschranke für $\vartheta$ zur Garantiewahrscheinlichkeit 0.99?
b) Wie viele Mäuse müssten anstelle der 275 untersucht werden, damit die obere Konfidenzschranke für $\vartheta$ höchstens $10^{-4}$ ist?
c) Nehmen Sie vorsichtigerweise an, die obere Konfidenzschranke aus Teil a) sei die „wahre Wahrscheinlichkeit" $\vartheta$. Wie viele Mäuse mit BSE-Symptomen würden Sie dann unter 10 000 000 Mäusen erwarten?

**7.30** •

a) In einer repräsentativen Umfrage haben sich 25 % aller 1 250 Befragten für die Partei $A$ ausgesprochen. Wie genau ist dieser Schätzwert, wenn wir die Befragten als rein zufällige Stichprobe aus einer Gesamtpopulation von vielen Millionen Wahlberechtigten ansehen und eine Vertrauenswahrscheinlichkeit von 0.95 zugrunde legen?
b) Wie groß muss der Stichprobenumfang mindestens sein, damit der Prozentsatz der Wähler einer Volkspartei (zu erwartender Prozentsatz ca. 30 %) bis auf $\pm$ 1 % genau geschätzt wird (Vertrauenswahrscheinlichkeit 0.95)?

**7.31** •• Um zu testen, ob in einem Paket, das 100 Glühbirnen enthält, höchstens 10 defekte Birnen enthalten sind, prüft ein Händler jedes Mal 10 der Birnen und nimmt das Paket nur dann an, wenn alle 10 in Ordnung sind. Beschreiben Sie dieses Verhalten testtheoretisch und ermitteln Sie das Niveau des Testverfahrens.

**7.32** •• Es sei die Situation des Beispiels „Konsumenten- und Produzentenrisiko“ aus Abschn. 7.4 zugrunde gelegt. Eine Verbraucherorganisation möchte dem Hersteller nachweisen, dass die mittlere Füllmenge $\mu$ kleiner als $\mu_0 := 1\,000$ ml ist. Hierzu wird der Produktion eine Stichprobe vom Umfang $n$ entnommen. Die gemessenen Füllmengen werden als Realisierungen unabhängiger und je $\mathrm{N}(\mu, 4)$ normalverteilter Zufallsvariablen angenommen.

a) Warum wird als Hypothese $H_0 : \mu \geq \mu_0$ und als Alternative $H_1 : \mu < \mu_0$ festgelegt?
b) Zeigen Sie: Ein Gauß-Test zum Niveau 0.01 lehnt $H_0$ genau dann ab, wenn das Stichprobenmittel $\overline{X}_n$ die Ungleichung $\overline{X}_n \leq \mu_0 - 4.652/\sqrt{n}$ erfüllt.
c) Die Organisation möchte erreichen, dass der Test mit Wahrscheinlichkeit 0.9 zur Ablehnung von $H_0$ führt, wenn die mittlere Füllmenge $\mu$ tatsächlich 999 ml beträgt. Zeigen Sie, dass hierzu der Mindeststichprobenumfang $n = 53$ nötig ist.

**7.33** • Die folgenden Werte sind Reaktionszeiten (in Sekunden) von 8 Studenten in nüchternem Zustand ($x$) und 30 Minuten nach dem Trinken einer Flasche Bier ($y$). Unter der Grundannahme, dass das Trinken von Bier die Reaktionszeit prinzipiell nur verlängern kann, prüfe man, ob die beobachteten Daten mit der Hypothese verträglich sind, dass die Reaktionszeit durch das Trinken einer Flasche Bier nicht beeinflusst wird.

| $i$ | 1 | 2 | 3 | 4 | 5 | 6 | 7 | 8 |
|---|---|---|---|---|---|---|---|---|
| $x_i$ | 0.45 | 0.34 | 0.72 | 0.60 | 0.38 | 0.52 | 0.44 | 0.54 |
| $y_i$ | 0.53 | 0.39 | 0.69 | 0.61 | 0.45 | 0.63 | 0.52 | 0.67 |

**7.34** • Ein möglicherweise gefälschter Würfel wird 200-mal in unabhängiger Folge geworfen, wobei sich für die einzelnen Augenzahlen die Häufigkeiten 32, 35, 41, 38, 28, 26 ergaben. Ist dieses Ergebnis mit der Hypothese der Echtheit des Würfels verträglich, wenn eine Wahrscheinlichkeit von 0.1 für den Fehler erster Art toleriert wird?

**7.35** • Es seien $X_1, \ldots, X_n$ unabhängige Zufallsvariablen mit gleicher stetiger Verteilungsfunktion. Wie groß muss $n$ sein, damit das Intervall $[X_{(1)}, X_{(n)}]$ ein 95 %-Konfidenzintervall für den Median wird?

**7.36** • Welches Resultat ergibt die Anwendung des Vorzeichentests für verbundene Stichproben in der Situation von Aufgabe 7.33?

## Beweisaufgaben

**7.37** •• Die Zufallsvariable $X$ besitze eine hypergeometrische Verteilung $\mathrm{Hyp}(n, r, s)$, wobei $n, r \in \mathbb{N}$ bekannt sind und $s \in \mathbb{N}_0$ unbekannt ist. Der zu schätzende unbekannte Parameter sei $\vartheta := r + s \in \Theta := \{r, r+1, r+2, \ldots\}$. Zeigen Sie: Es existiert kein erwartungstreuer Schätzer $T : \mathcal{X} \to \Theta$ für $\vartheta$. Dabei ist $\mathcal{X} := \{0, 1, \ldots, n\}$ der Stichprobenraum für $X$.

**7.38** •• Zeigen Sie:

a) Für $\vartheta \in [0, 1]$ und $k \in \{1, 2, \ldots, n\}$ gilt

$$\sum_{j=k}^{n} \binom{n}{j} \vartheta^j (1-\vartheta)^{n-j} = \frac{n!}{(k-1)!(n-k)!} \int_0^{\vartheta} t^{k-1}(1-t)^{n-k}\,\mathrm{d}t.$$

b) Die in (7.24), (7.25) eingeführten Funktionen $a(\cdot)$, $A(\cdot) : \Theta \to \mathcal{X}$ sind (schwach) monoton wachsend, $a$ ist rechtsseitig und $A$ linksseitig stetig, und es gilt $a \leq A$.
c) Es gilt die Aussage (7.29).

**7.39** •• Zeigen Sie, dass für die in (7.27) und (7.28) eingeführten Funktionen $\ell(\cdot)$ bzw. $L(\cdot)$ gilt:

a) $\ell(0) = 0$, $L(0) = 1 - \left(\frac{\alpha}{2}\right)^{1/n}$, $\ell(n) = \left(\frac{\alpha}{2}\right)^{1/n}$, $L(n) = 1$.
b) Für $x = 1, 2, \ldots, n-1$ ist
   1) $\ell(x)$ die Lösung $\vartheta$ der Gleichung

$$\sum_{j=x}^{n} \binom{n}{j} \vartheta^j (1-\vartheta)^{n-j} = \frac{\alpha}{2},$$

   2) $L(x)$ die Lösung $\vartheta$ der Gleichung

$$\sum_{j=0}^{x} \binom{n}{j} \vartheta^j (1-\vartheta)^{n-j} = \frac{\alpha}{2}.$$

**7.40** •• Es seien $X_1, X_2, \ldots$ unabhängige und je $\mathrm{Bin}(1, \vartheta)$-verteilte Zufallsvariablen, wobei $\vartheta \in \Theta := (0, 1)$. Weiter sei $h_\alpha := \Phi^{-1}(1 - \alpha/2)$, wobei $\alpha \in (0, 1)$. Zeigen Sie: Mit $T_n := n^{-1} \sum_{j=1}^{n} X_j$ und $W_n := T_n(1 - T_n)$ gilt

$$\lim_{n\to\infty} \mathbb{P}_\vartheta \left( T_n - \frac{h_\alpha}{\sqrt{n}} \sqrt{W_n} \leq \vartheta \leq T_n + \frac{h_\alpha}{\sqrt{n}} \sqrt{W_n} \right) = 1 - \alpha,$$

$\vartheta \in \Theta$.

**7.41** • Zeigen Sie, dass die Gütefunktionen des ein- bzw. zweiseitigen Gauß-Tests durch (7.48) bzw. durch (7.49) gegeben sind.

**7.42** •• Weisen Sie für die Verteilungsfunktion $\Phi$ und die Dichte $\varphi$ der Normalverteilung $\mathrm{N}(0, 1)$ die Ungleichung

$$1 - \Phi(x) \leq \frac{\varphi(x)}{x}, \qquad x > 0,$$

nach. Zeigen Sie hiermit: Für die in (7.48) gegebene Gütefunktion $g_n(\mu)$ des einseitigen Gauß-Tests gilt für jedes $\mu > \mu_0$ und jedes hinreichend große $n$

$$1 - g_n(\mu) \leq \frac{1}{\sqrt{2\pi\mathrm{e}}} \exp\left( -\frac{n(\mu - \mu_0)^2}{2\sigma^2} \right).$$

Die Wahrscheinlichkeit für einen Fehler zweiter Art konvergiert also exponentiell schnell gegen null.

**7.43** •• Die Zufallsvariable $Q$ habe eine Fishersche $\mathrm{F}_{r,s}$-Verteilung. Zeigen Sie:

a) $Q$ besitzt die in (7.56) angegebene Dichte.
b) $\mathbb{E}(Q) = \frac{s}{s-2}$, $s > 2$.
c) $\mathbb{V}(Q) = \frac{2s^2(r+s-2)}{r(s-2)^2(s-4)}$, $s > 4$.

**7.44** •• Die Zufallsvariablen $X_1, X_2, \ldots, X_n, \ldots$ seien stochastisch unabhängig und je Poisson-verteilt $\mathrm{Po}(\lambda)$, wobei $\lambda \in (0, \infty)$ unbekannt ist. Konstruieren Sie analog zum Beispiel des asymptotischen einseitigen Binomialtests in Abschn. 7.4 eine Testfolge $(\varphi_n)$ zum asymptotischen Niveau $\alpha$ für das Testproblem $H_0 : \lambda \leq \lambda_0$ gegen $H_1 : \lambda > \lambda_0$ und weisen Sie deren Konsistenz nach. Dabei ist $\lambda_0 \in (0, \infty)$ ein vorgegebener Wert.

**7.45** ••• Zeigen Sie, dass die Konstante $K_\lambda$ in (7.63) durch $K_\lambda = 1/\sqrt{2\pi\lambda}$ gegeben ist.

**7.46** •• Der Zufallsvektor $X$ besitze eine nichtausgeartete $k$-dimensionale Normalverteilung $\mathrm{N}_k(\mu, \Sigma)$. Zeigen Sie, dass die quadratische Form $(X-\mu)^\top \Sigma^{-1}(X-\mu)$ eine $\chi^2_k$-Verteilung besitzt.

**7.47** •• Beweisen Sie die Konsistenz des Chi-Quadrat-Tests.

**7.48** •• Zeigen Sie, dass für die Risikomenge $\mathcal{R}$ aller Fehlerwahrscheinlichkeitspunkte $(\alpha(\varphi), \beta(\varphi))$ von Tests $\varphi : \mathcal{X} \to [0,1]$ im Zwei-Alternativ-Problem gilt:

a) $\mathcal{R}$ enthält die Punkte $(1, 0)$ und $(0, 1)$,
b) $\mathcal{R}$ ist punktsymmetrisch zu $(1/2, 1/2)$,
c) $\mathcal{R}$ ist konvex.

**7.49** •• Es seien $X_1, X_2, \ldots,$ unabhängige Zufallsvariablen mit stetigen Verteilungsfunktionen $F_1, F_2, \ldots$ Zeigen Sie:

$$\mathbb{P}\Bigg( \bigcup_{1 \leq i < j < \infty} \{X_i = X_j\} \Bigg) = 0.$$

**7.50** •• Es seien $X_1, X_2, \ldots$ unabhängige Zufallsvariablen mit gleicher stetiger Verteilungsfunktion $F$. Die Ordnungsstatistiken von $X_1, \ldots, X_n$ seien mit $X_{1:n}, \ldots, X_{n:n}$ bezeichnet. Zeigen Sie: Ist für $\alpha \in (0, 1)$ $h_\alpha := \Phi^{-1}(1 - \alpha/2)$ gesetzt, und sind zu $p \in (0, 1)$ $r_n, s_n \in \mathbb{N}$ durch

$$r_n := \lfloor np - h_\alpha \sqrt{np(1-p)} \rfloor, \quad s_n := \lfloor np + h_\alpha \sqrt{np(1-p)} \rfloor$$

definiert, so gilt

$$\lim_{n\to\infty} \mathbb{P}\left(X_{r_n:n} \leq Q_p \leq X_{s_n:n}\right) = 1 - \alpha.$$

**7.51** •• Die Zufallsvariable $X - a$ besitze für ein unbekanntes $a \in \mathbb{R}$ eine $t$-Verteilung mit $s$ Freiheitsgraden, wobei $s \geq 3$. Die Verteilungsfunktion von $X$ sei mit $F_s$ bezeichnet. Zeigen Sie:

a) Die in der Unter-der-Lupe-Box „Arithmetisches Mittel oder Median?" in Abschn. 7.6 eingeführte asymptotische relative Effizienz von $Q_{n,1/2}$ bzgl. $\overline{X}_n$ als Schätzer für $a$ ist

$$\mathrm{ARE}_{F_s}(Q_{n,1/2}, \overline{X}_n) = \frac{4\Gamma^2\left(\frac{s+1}{2}\right)}{(s-2)\pi\, \Gamma^2\left(\frac{s}{2}\right)}.$$

b) Der Ausdruck in a) ist für $s = 3$ und $s = 4$ größer und für $s \geq 5$ kleiner als 1, und im Limes für $s \to \infty$ ergibt sich der Wert $2/\pi$.

**7.52** •• Beweisen Sie die Aussagen a) und b) des Satzes über die $H_0$-Verteilung der Wilcoxon-Rangsummenstatistik am Ende von Abschn. 7.6.

# Antworten zu den Selbstfragen

**Antwort 1** Es sind $\mathrm{MQA}_{T_0}(\vartheta) = (\vartheta_0 - \vartheta)^2$, $\mathrm{MQA}_{T^*}(\vartheta) = \vartheta(1-\vartheta)$, $\mathrm{MQA}_{\widetilde{T}}(\vartheta) = \vartheta(1-\vartheta)/2$.

**Antwort 2** Es sei $\varepsilon > 0$ beliebig. Aus $\lim_{n\to\infty} \mathbb{E}_\vartheta T_n = \gamma(\vartheta)$ für jedes $\vartheta \in \Theta$ und der Dreiecksungleichung

$$|T_n - \gamma(\vartheta)| \le |T_n - \mathbb{E}_\vartheta(T_n)| + |\mathbb{E}_\vartheta(T_n) - \gamma(\vartheta)|$$

folgt, dass für hinreichend großes $n$ die Inklusion

$$\{|T_n - \gamma(\vartheta)| > \varepsilon\} \subseteq \left\{|T_n - \mathbb{E}_\vartheta(T_n)| > \frac{\varepsilon}{2}\right\}$$

bestehen muss. Die Wahrscheinlichkeit des rechts stehenden Ereignisses ist unter $\mathbb{P}_\vartheta$ nach der Tschebyschow-Ungleichung nach oben durch $4\mathbb{V}_\vartheta(T_n)/\varepsilon^2$ beschränkt. Wegen $\mathbb{V}_\vartheta(T_n) \to 0$ folgt die Behauptung.

**Antwort 3** Wegen $|x|^k \le 1 + |x|^d$ für $x \in \mathbb{R}$ gilt auch $\mathbb{E}|X_1|^k < \infty$.

**Antwort 4** Im Fall des Taxi-Problems hängt die Menge $\{(x,\vartheta) \mid f(x,\vartheta) > 0\}$ von $\vartheta$ ab, was in einem regulären statistischen Modell nicht zulässig ist.

**Antwort 5** Schreiben wir kurz $W_\vartheta = \frac{\mathrm{d}}{\mathrm{d}\vartheta} \log f_1(X_1,\vartheta)$, so ist diese Gleichung gleichbedeutend mit

$$\mathbb{V}_\vartheta(W_\vartheta) = \int_{\mathcal{X}_1} \left(\frac{\mathrm{d}}{\mathrm{d}\vartheta} \log f_1(t,\vartheta)\right)^2 f_1(t,\vartheta)\,\mathrm{d}t.$$

Auf der rechten Seite steht hier $\mathbb{E}_\vartheta(W_\vartheta^2)$. Wie im Kommentar auf nach der Definition eines regulären statistischen Modells sieht man, dass $\mathbb{E}_\vartheta(W_\vartheta) = 0$ gilt. Hieraus folgt die Behauptung.

**Antwort 6** Bezeichnet $I_n$ das zufällige Intervall in b), so gilt wegen

$$I_n \ni \mu \Longleftrightarrow -t_{n-1;1-\alpha} \le \frac{\sqrt{n}\,(\overline{X}_n - \mu)}{S_n}$$

und dem Satz von Student sowie $-t_{n-1;1-\alpha} = t_{n-1;\alpha}$

$$\mathbb{P}_{\mu,\sigma^2}(I_n \ni \mu) = \mathbb{P}_{\mu,\sigma^2}\left(\frac{\sqrt{n}\,(\overline{X}_n - \mu)}{S_n} \ge t_{n-1;\alpha}\right) = \alpha$$

für jede Wahl von $(\mu,\sigma^2) \in \mathbb{R} \times \mathbb{R}_{>0}$, was zu zeigen war.

**Antwort 7** Indem man die Ungleichungen in der Wahrscheinlichkeitsaussage

$$\mathbb{P}_{\mu,\sigma^2}\left(\chi^2_{n-1;\alpha/2} \le \frac{(n-1)S_n^2}{\sigma^2} \le \chi^2_{n-1;1-\alpha/2}\right) = 1-\alpha$$

in Ungleichungen für $\sigma^2$ umschreibt.

**Antwort 8** Als Funktionen von $X_1,\ldots,X_m$ bzw. $Y_1,\ldots,Y_n$ sind Zähler und Nenner in (7.55) nach dem Blockungslemma stochastisch unabhängig. Mit (7.6) ist der Zähler nach Division durch $\sigma^2$ verteilt wie $R/(m-1)$, wobei $R \sim \chi^2_{m-1}$. Ebenso ist der Nenner nach Division durch $\sigma^2$ verteilt wie $S/(n-1)$, wobei $S \sim \chi^2_{n-1}$. Hieraus folgt die behauptete $\mathrm{F}_{m-1,n-1}$-Verteilung von $Q_{m,n}$ unter $H_0$.

**Antwort 9** Der einseitige Gauß-Test wie im Beispiel zu Abb. 7.15 kann kompakt als $\varphi_n = \mathbb{1}\{T_n \ge \Phi^{-1}(1-\alpha)\}$ mit $T_n$ wie in (7.47) geschrieben werden. Seine Gütefunktion ist nach (7.48) durch

$$g_{\varphi_n}(\mu) = 1 - \Phi\left(\Phi^{-1}(1-\alpha) - \frac{\sqrt{n}(\mu-\mu_0)}{\sigma}\right),$$

$\mu \in \mathbb{R}$, gegeben. Für jedes $\mu > \mu_0$ gilt $\lim_{n\to\infty} g_{\varphi_n}(\mu) = 1$, was die Konsistenz zeigt. Betrachtet man die Gütefunktion des zweiseitigen Gauß-Tests $\varphi_n^* = \mathbb{1}\{|T_n| > \Phi^{-1}(1-\alpha/2)\}$ zum Testen von $H_0^* : \mu = \mu_0$ gegen $H_1^* : \mu \neq \mu_0$ in (7.49), so konvergieren für $\mu > \mu_0$ der erste Minuend gegen 1 und der zweite gegen 0, im Fall $\mu < \mu_0$ ist es umgekehrt. In jedem dieser Fälle konvergiert $g_{\varphi_n^*}(\mu)$ gegen 1, was die Konsistenz des zweiseitigen Gauß-Tests nachweist.

**Antwort 10** Die Dichte der Normalverteilung $\mathrm{N}(\vartheta,\sigma^2)$ ist

$$\begin{aligned} f(x,\vartheta) &= \frac{1}{\sigma\sqrt{2\pi}} \exp\left(-\frac{(x-\vartheta)^2}{2\sigma^2}\right) \\ &= \underbrace{\frac{1}{\sigma\sqrt{2\pi}} \exp\left(-\frac{\vartheta^2}{2\sigma^2}\right)}_{=:b(\vartheta)} \underbrace{\exp\left(-\frac{x^2}{2\sigma^2}\right)}_{=:h(x)} \exp\left(\frac{\vartheta}{\sigma^2}x\right), \end{aligned}$$

und wir können $T(x) := x$ und $Q(\vartheta) := \vartheta/\sigma^2$ setzen.

**Antwort 11** Es ist

$$F_n(x) \ge p \Longleftrightarrow \sum_{j=1}^n \mathbb{1}\{X_j \le x\} \ge np.$$

Äquivalent hierzu ist, dass im Fall $np \in \mathbb{N}$ die Ungleichung $X_{np:n} \le x$ und im Fall $np \notin \mathbb{N}$ die Ungleichung $X_{\lfloor np+1 \rfloor:n} \le x$ erfüllt ist. Das kleinste solche $x$ ist im ersten Fall $X_{np:n}$ und im zweiten gleich $X_{\lfloor np+1 \rfloor:n}$.

**Antwort 12** Es ist $\{X_{(s)} = Q_{1/2}\} \subseteq \bigcup_{j=1}^n \{X_j = Q_{1/2}\}$ und somit $\mathbb{P}(X_{(s)} = Q_{1/2}) \le n\mathbb{P}(X_1 = Q_{1/2}) = 0$, da $F$ stetig ist.

# Grundzüge der Maß- und Integrationstheorie – vom Messen und Mitteln

# 8

Was ist der Unterschied zwischen einem Inhalt und einem Maß?

Was besagt der Maß-Fortsetzungssatz?

Wie vollzieht sich der Aufbau des Integrals?

Unter welchen Voraussetzungen darf man Limes- und Integralbildung vertauschen?

Was besagt der Satz von Fubini?




N. Henze, *Stochastik: Eine Einführung mit Grundzügen der Maßtheorie*, https://doi.org/10.1007/978-3-662-59563-3_8

Gegenstand der Maß- und Integrationstheorie sind Maßräume und der dazugehörige Integrationsbegriff. Kenntnisse dieses Teilgebiets der Mathematik sind unerlässlich für jede systematische Darstellung der Stochastik und anderer mathematischer Disziplinen, insbesondere der Analysis. In diesem Kapitel stellen wir die wichtigsten Ergebnisse und Methoden aus der Maß- und Integrationstheorie bereit. Entscheidende Resultate sind der Maß-Fortsetzungssatz sowie der Eindeutigkeitssatz für Maße. Eine besondere Rolle kommt dem Borel-Lebesgue-Maß $\lambda^k$ im $\mathbb{R}^k$ zu. Dieses löst das Problem, einer möglichst großen Klasse von Teilmengen des $\mathbb{R}^k$ deren $k$-dimensionales Volumen, also insbesondere im Fall $k = 2$ deren Fläche, zuzuordnen. Charakteristisch für das Maß $\lambda^k$ ist, dass es dem $k$-dimensionalen Einheitskubus den Wert 1 zuweist und sich bei Verschiebungen von Mengen nicht ändert. Des Weiteren kann man zu jedem Maß ein Integral definieren; als Spezialfall entsteht hier das Lebesgue-Integral. Wichtige Resultate, die die Vertauschbarkeit von Integration und der Limesbildung von Funktionen rechtfertigen, sind die Sätze von Beppo Levi und Henri Lebesgue. Wir werden sehen, dass Mengen vom Maß Null bei der Integration keine Rolle spielen und dass man unter schwachen Voraussetzungen in Verallgemeinerung des Cavalierischen Prinzips aus zwei beliebigen Maßen ein Produktmaß konstruieren kann.

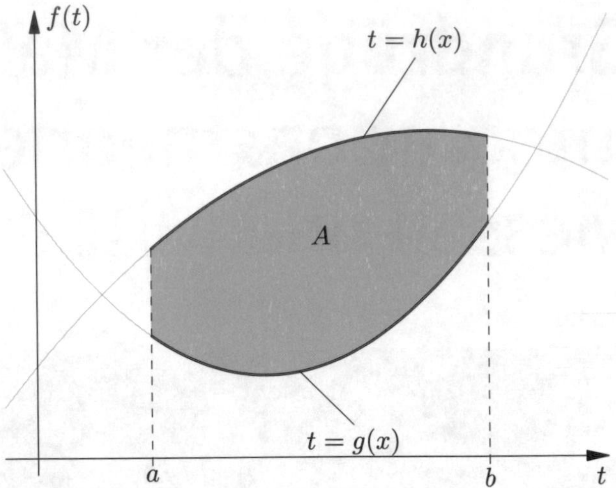


**Abb. 8.1** Die Fläche von $A$ ist das Integral $\int_a^b (h(x) - g(x))\,dx$

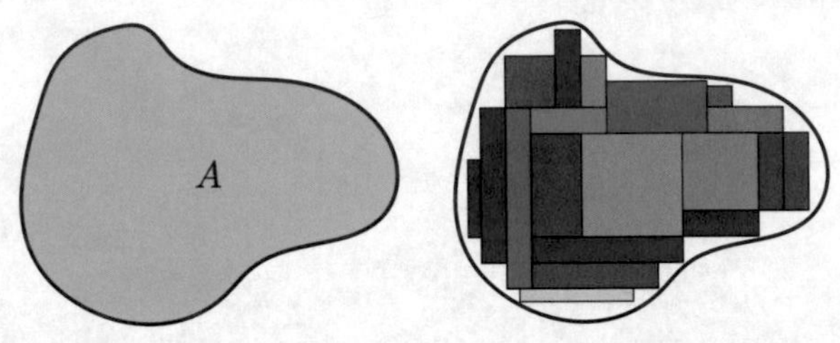


**Abb. 8.2** Zum Inhaltsproblem

## 8.1 Inhaltsproblem und Maßproblem

Schon in der Schule lernt man, dass der Flächeninhalt eines Rechtecks oder das Volumen eines Quaders gleich dem Produkt der jeweiligen Seitenlängen ist und dass der Rauminhalt einer Pyramide ein Drittel des Produkts aus Grundfläche und Höhe beträgt. Bis weit in das 19. Jahrhundert hinein begnügte man sich damit, Flächen- bzw. Rauminhalte von konkret gegebenen Teilmengen des $\mathbb{R}^2$ bzw. des $\mathbb{R}^3$ zu bestimmen. Die dafür verfügbaren Methoden wurden durch das Aufkommen der Analysis immer weiter verfeinert. So erfährt man etwa im ersten Jahr eines Mathematikstudiums, dass die Fläche einer Teilmenge $A$ des $\mathbb{R}^2$, die von den Abszissenwerten $a$ und $b$ und den Graphen zweier über dem Intervall $[a, b]$ stetiger Funktionen $g$ und $h$ mit $g(x) \leq h(x)$, $a \leq x \leq b$, eingespannt ist, gleich dem (Riemann- oder Lebesgue-)Integral $\int_a^b (h(x) - g(x))\,dx$ ist (siehe Abb. 8.1).

Auch bei der in Abb. 8.2 links eingezeichneten Teilmenge $A$ des $\mathbb{R}^2$ ist man sich von der Anschauung her sicher, dass sie einen bestimmten Flächeninhalt besitzt. Um diesen zu berechnen, bietet es sich an, die Menge $A$ durch achsenparallele Rechtecke, deren Flächeninhalte man kennt, möglichst gut auszuschöpfen, um so mit der Summe der Flächeninhalte der in Abb. 8.2 rechts eingezeichneten Rechtecke zumindest eine untere Schranke für die Fläche von $A$ zu erhalten. Bei dieser Vorgehensweise erkennt man bereits ein wichtiges Grundprinzip für den axiomatischen Aufbau einer Flächenmessung im $\mathbb{R}^2$: Ist eine Menge $B$ die *disjunkte Vereinigung* endlich vieler Mengen $B_1, \ldots, B_n$, so soll der Flächeninhalt von $B$ gleich der Summe der Flächeninhalte von $B_1, \ldots, B_n$ sein. Dabei steht die Sprechweise „disjunkte Vereinigung“ hier und im Folgenden für eine Vereinigung *paarweise disjunkter* Mengen. Um diese häufig vorkommende spezielle Situation auch in der Notation zu betonen, schreiben wir disjunkte Vereinigungen mit dem Summenzeichen, setzen also allgemein

$$C = A + B :\Longleftrightarrow C = A \cup B \text{ und } A \cap B = \emptyset,$$

$$C = \sum_{j=1}^{n} A_j :\Longleftrightarrow C = \bigcup_{j=1}^{n} A_j \text{ und } A_i \cap A_j = \emptyset \;\forall i \neq j\,.$$

In gleicher Weise verwenden wir die Schreibweise $\sum_{j=1}^{\infty} A_j$ für eine abzählbar unendliche Vereinigung paarweise disjunkter Mengen.

Die paarweise Disjunktheit der Rechtecke in Abb. 8.2 kann dadurch erreicht werden, dass jedes Rechteck kartesisches Produkt $(a, b] \times (c, d]$ zweier *halboffener* Intervalle ist und somit „nach links unten offen wird“.

Unterwirft man die Menge $A$ einer Verschiebung oder Drehung, so sollte die resultierende Menge den gleichen Flächeninhalt aufweisen; der Flächeninhalt von $A$ sollte also invariant gegenüber Bewegungen des $\mathbb{R}^2$ sein.

Die hier aufgeworfenen Fragen gelten offenbar genauso im Hinblick auf die Bestimmung des Rauminhalts im $\mathbb{R}^3$ oder das Problem der Längenmessung im $\mathbb{R}^1$. Ist ein irgendwie geartetes „Gebilde“ $A$ (im $\mathbb{R}^1$, $\mathbb{R}^2$ oder $\mathbb{R}^3$) die disjunkte Vereinigung endlich vieler „Teilgebilde“, so sollte sein „geometrischer Inhalt“, also die Länge (im $\mathbb{R}^1$), die Fläche (im $\mathbb{R}^2$) oder das Volumen (im $\mathbb{R}^3$), gleich der Summe der geometrischen Inhalte

(Längen bzw. Flächen bzw. Volumina) der einzelnen Teilgebilde sein, und unterwirft man das Gebilde $A$ einer Bewegung $T$, so sollte das entstehende, zu $A$ kongruente Gebilde $T(A)$ den gleichen geometrischen Inhalt besitzen. Dabei bezeichnen wir allgemein die Menge der Bewegungen des $\mathbb{R}^k$ mit

$$\mathcal{D}_k := \{T : \mathbb{R}^k \to \mathbb{R}^k \mid \exists U \in \mathbb{R}^{k\times k},\ U \text{ orthogonal} \\ \exists b \in \mathbb{R}^k \text{ mit } T(x) = Ux + b, x \in \mathbb{R}^k\}.$$

Vereinbart man noch, dass dem Einheitsintervall $[0, 1]$ die Länge 1, dem Einheitsquadrat $[0, 1]^2$ die Fläche 1 und dem Einheitswürfel $[0, 1]^3$ das Volumen 1 zukommt und unbeschränkte Mengen die Länge bzw. die Fläche bzw. das Volumen $\infty$ erhalten können, so stellt sich mit der Festsetzung

$$[0, \infty] := [0, \infty) \cup \{\infty\}$$

und den Rechenregeln $\infty + \infty = \infty = x + \infty = \infty + x$, $x \in \mathbb{R}$ sowie der eben getroffenen Vereinbarung die Vereinigung disjunkter Mengen mit dem Plus-Zeichen zu schreiben, das *Inhaltsproblem* im $\mathbb{R}^k$ wie folgt dar:

**Das Inhaltsproblem**

Gibt es eine Funktion $\iota_k : \mathcal{P}(\mathbb{R}^k) \to [0, \infty]$ mit den Eigenschaften

a) $\iota_k(\emptyset) = 0$,
b) $\iota_k(A + B) = \iota_k(A) + \iota_k(B)$,
c) $\iota_k\left([0, 1]^k\right) = 1$,
d) $\iota_k(T(A)) = \iota_k(A)$, $A \subseteq \mathbb{R}^k$, $T \in \mathcal{D}_k$?

Offenbar sind diese Anforderungen an eine Funktion $\iota_k$, die jeder Teilmenge $A$ des $\mathbb{R}^k$ einen *$k$-dimensionalen geometrischen Elementarinhalt* (kurz: *$k$-Inhalt*) zuordnen soll, völlig natürlich. Der Knackpunkt ist, dass $\iota_k$ auf der vollen Potenzmenge $\mathcal{P}(\mathbb{R}^k)$ definiert sein soll, was beliebig abstruse Mengen einschließt.

Nach einem Satz von Felix Hausdorff (1868–1942) aus dem Jahr 1914 ist das Inhaltsproblem im Fall $k \geq 3$ unlösbar. Wie der polnische Mathematiker Stefan Banach (1892–1945) im Jahr 1923 zeigte, ist es für die Fälle $k = 1$ und $k = 2$ zwar lösbar, aber nicht eindeutig.

Die Unlösbarkeit des Inhaltsproblems im Fall $k \geq 3$ wird unterstrichen durch einen Satz von Banach und Alfred Tarski (1902–1983) aus dem Jahr 1924, dessen Aussage so unglaublich ist, dass er als *Banach-Tarski-Paradoxon* in die Literatur Eingang fand. Dieses „Paradoxon" besagt, dass man im Fall $k \geq 3$ zu beliebigen beschränkten Mengen $A, B \subseteq \mathbb{R}^k$, die jeweils innere Punkte besitzen, endlich viele Mengen $C_1, \ldots, C_n \subseteq \mathbb{R}^k$ und Bewegungen $T_1, \ldots, T_n$ finden kann, sodass $A = \sum_{j=1}^n C_j$ und $B = \sum_{j=1}^n T_j(C_j)$ gilt. Wählt man etwa im $\mathbb{R}^3$ für $A$ den Einheitswürfel und für $B$ eine Kugel mit Radius $10^6$, so kann man nach obigem Ergebnis den Würfel in endlich viele Mengen zerlegen und diese Teilstücke durch geeignete Bewegungen des $\mathbb{R}^3$ so in paarweise disjunkte Mengen abbilden, dass deren Vereinigung eine Kugel mit einem Radius ergibt, der – gemessen in Kilometern – den unserer Sonne übersteigt. Es ist verständlich, dass die Mengen $C_1, \ldots, C_n$ jede Vorstellungskraft sprengen. Sie sind i. Allg. so kompliziert, dass ihre Existenz nur mit dem Auswahlaxiom der Mengenlehre gesichert werden kann.

Der Schlüssel für eine tragfähige Theorie der Volumenmessung im $\mathbb{R}^k$ besteht in einer auf den ersten Blick aussichtslos scheinenden Vorgehensweise: Einer Idee des französischen Mathematikers Émile Borel (1871–1956) im Jahr 1894 folgend verschärft man die obige Bedingung b), wonach der $k$-Inhalt einer disjunkten Vereinigung zweier (und damit endlich vieler) Mengen gleich der Summe der $k$-Inhalte der einzelnen Mengen ist, dahingehend, dass bei der Addition der Inhalte paarweise disjunkter Mengen auch *abzählbar unendliche* und nicht nur endliche Summen zugelassen werden. Auf diese Weise entsteht das sog. *Maßproblem*:

**Das Maßproblem**

Gibt es eine Funktion $\iota_k : \mathcal{P}(\mathbb{R}^k) \to [0, \infty]$ mit den Eigenschaften a), c) und d) wie oben sowie

b′) $\iota_k\left(\sum_{j=1}^\infty A_j\right) = \sum_{j=1}^\infty \iota_k(A_j)$,
falls $A_1, A_2, \ldots \subseteq \mathbb{R}^k$ paarweise disjunkt sind?

Eigenschaft b′) heißt *$\sigma$-Additivität* von $\iota_k$, in Verschärfung der in b) formulierten *endlichen Additivität*. Ersterer kommt für die weitere Entwicklung der Maß- und Integrationstheorie eine Schlüsselrolle zu. Man beachte, dass Bedingung b′) in der Tat eine gegenüber b) stringentere Forderung darstellt, da man in b′) nur $A_1 := A$, $A_2 := B$ und $A_j := \emptyset$ für $j \geq 3$ setzen muss, um b) zu erhalten. Da gewisse Summanden in b′) gleich $\infty$ sein können, vereinbaren wir, dass die in b′) auftretende Reihe den Wert $\infty$ annimmt, falls dies für mindestens einen Summanden zutrifft. Andernfalls kann die unendliche Reihe reeller Zahlen (mit dem Wert $\infty$) divergieren oder konvergieren.

Die nachfolgende kaum verwundernde Aussage stammt von dem italienischen Mathematiker Giuseppe Vitali (1875–1932). Ihren Beweis führen wir im Zusammenhang mit der Existenz nicht Borelscher Mengen am Ende von Abschn. 8.4.

**Satz von Vitali (1905)**

Das Maßproblem ist für kein $k \geq 1$ lösbar.

**Video 8.1** Die Unlösbarkeit des Maßproblems

Diese negativen Resultate und der Anschauung zuwiderlaufenden Phänomene machen eines deutlich: Es ist hoffnungslos, $\iota_k$

auf der Potenzmenge des $\mathbb{R}^k$ definieren und somit *jeder* Teilmenge $A$ des $\mathbb{R}^k$ ein $k$-dimensionales Volumen $\iota_k(A)$ zuordnen zu wollen. Möchte man an den Forderungen a) bis d) festhalten, so muss man sich offenbar als Definitionsbereich für $\iota_k$ auf ein gewisses, geeignetes System $\mathcal{M} \subseteq \mathcal{P}(\mathbb{R}^k)$ von Teilmengen des $\mathbb{R}^k$ beschränken. Ähnliche Phänomene beobachtet man in der Stochastik, wo es vielfach auch nicht möglich ist, *jeder* Teilmenge eines Ergebnisraums eine Wahrscheinlichkeit zuzuweisen, ohne grundlegende Forderungen zu verletzen.

Beim Aufbau einer „axiomatischen Theorie des Messens im weitesten Sinn" hat sich herausgestellt, dass eine Einschränkung auf den $\mathbb{R}^k$ unnötig ist. Der bei dem jetzt vorgestellten abstrakten Aufbau entstehende Mehraufwand ist gering, der Gewinn an Allgemeinheit insbesondere für die Stochastik und die Funktionalanalysis beträchtlich.

Kapitel 8

## 8.2 Mengensysteme

Im Folgenden betrachten wir eine beliebige, auch **Grundraum** genannte nichtleere Menge $\Omega$ und **Mengensysteme** über $\Omega$, d. h. Teilmengen $\mathcal{M}$ der Potenzmenge $\mathcal{P}(\Omega)$ von $\Omega$. Ein solches Mengensystem $\mathcal{M}$, das eine *Menge von Teilmengen von* $\Omega$ darstellt, wird als Definitionsbereich einer geeigneten „Inhaltsfunktion" oder „Maßfunktion" fungieren, deren Eigenschaften genauer zu spezifizieren sind. Da man mit Mengen Operationen wie etwa Durchschnitts- oder Vereinigungsbildung durchführen möchte, sollte ein für die Maßtheorie sinnvolles Mengensystem gewisse Abgeschlossenheitseigenschaften gegenüber solchen mengentheoretischen Verknüpfungen aufweisen.

Ein Mengensystem $\mathcal{M} \subseteq \mathcal{P}(\Omega)$ heißt **durchschnittsstabil** bzw. **vereinigungsstabil**, falls es mit je zwei und damit je endlich vielen Mengen auch deren Durchschnitt bzw. deren Vereinigung enthält, und man schreibt hierfür kurz $\cap$-**stabil** bzw. $\cup$-**stabil**.

### Definition eines Rings und einer Algebra

Ein Mengensystem $\mathcal{R} \subseteq \mathcal{P}(\Omega)$ heißt **Ring**, falls gilt:

- $\emptyset \in \mathcal{R}$,
- aus $A, B \in \mathcal{R}$ folgt $A \cup B \in \mathcal{R}$,
- aus $A, B \in \mathcal{R}$ folgt $A \setminus B \in \mathcal{R}$.

Gilt zusätzlich

- $\Omega \in \mathcal{R}$,

so heißt $\mathcal{R}$ eine **Algebra**.

Wegen

$$A \cap B = A \setminus (A \setminus B)$$

ist offenbar jeder Ring nicht nur $\cup$-stabil, sondern auch $\cap$-stabil. Wohingegen ein Ring abgeschlossen gegenüber der Bildung von Vereinigungen und Durchschnitten sowie Differenzen von Mengen ist, kann man wegen $A^c = \Omega \setminus A$ in einer Algebra auch unbedenklich Komplemente von Mengen bilden, ohne dieses Mengensystem zu verlassen.

### Beispiel

- Das System aller endlichen Teilmengen einer Menge $\Omega$ bildet einen Ring. Dieser ist genau dann eine Algebra, wenn $\Omega$ endlich ist.
- Der kleinste über einer Menge $\Omega$ existierende Ring besteht nur aus $\{\emptyset\}$, die kleinste Algebra aus $\{\emptyset, \Omega\}$.
- Das System aller beschränkten Teilmengen des $\mathbb{R}^k$ bildet einen Ring.
- Das System $\mathcal{O}^k$ der offenen Mengen im $\mathbb{R}^k$ ist $\cap$-stabil und $\cup$-stabil, ja sogar abgeschlossen gegenüber der Vereinigung beliebig vieler Mengen, aber kein Ring, da die Differenz offener Mengen nicht notwendig offen ist. ◀

Sowohl für den Aufbau der Maßtheorie als auch der Stochastik sind Ringe und Algebren nicht reichhaltig genug, da sie nur bzgl. der Bildung *endlicher* Vereinigungen und Durchschnitte abgeschlossen sind. *Das* zentrale Mengensystem für die Maßtheorie und die Stochastik ist Gegenstand der folgenden Definition.

### Definition einer $\sigma$-Algebra

Eine $\sigma$-**Algebra** über $\Omega$ ist ein System $\mathcal{A} \subseteq \mathcal{P}(\Omega)$ von Teilmengen von $\Omega$ mit folgenden Eigenschaften:

- $\emptyset \in \mathcal{A}$,
- aus $A \in \mathcal{A}$ folgt $A^c = \Omega \setminus A \in \mathcal{A}$,
- aus $A_1, A_2, \ldots \in \mathcal{A}$ folgt $\bigcup_{n=1}^{\infty} A_n \in \mathcal{A}$.

Eine $\sigma$-Algebra $\mathcal{A}$ ist also abgeschlossen gegenüber der Bildung von Komplementen und Vereinigungen *abzählbar* vieler (nicht notwendigerweise *beliebig vieler*) Mengen. Aus den beiden ersten Eigenschaften folgt $\Omega = \emptyset^c \in \mathcal{A}$. Setzt man in der dritten Eigenschaft $A_n := \emptyset$ für jedes $n \geq 3$, so ergibt sich, dass mit je zwei (und somit auch mit je endlich vielen) Mengen aus $\mathcal{A}$ auch deren Vereinigung zu $\mathcal{A}$ gehört. Eine $\sigma$-Algebra ist somit vereinigungsstabil und damit auch eine Algebra.

**Selbstfrage 1**

Enthält eine $\sigma$-Algebra mit Mengen $A_1, A_2, \ldots$ auch die Durchschnitte $A_1 \cap A_2$ und $\bigcap_{n=1}^{\infty} A_n$?

**Kommentar** Das Präfix „$\sigma$-" im Wort $\sigma$-Algebra steht für die Möglichkeit, *abzählbar unendlich viele* Mengen bei der Vereinigungs- und Durchschnittsbildung zuzulassen. Dabei soll der Buchstabe $\sigma$ an „Summe" erinnern. ◀

### Beispiel

- Die kleinstmögliche $\sigma$-Algebra über $\Omega$ ist $\mathcal{A} = \{\emptyset, \Omega\}$, die größtmögliche die Potenzmenge $\mathcal{A} = \mathcal{P}(\Omega)$. Die erste ist uninteressant, die zweite i. Allg. zu groß.
- Für jede Teilmenge $A$ von $\Omega$ ist das Mengensystem

$$\mathcal{A} := \{\emptyset, A, A^c, \Omega\}$$

eine $\sigma$-Algebra.

- Es sei $\Omega := \mathbb{N}$ und

$$\mathcal{A}_0 := \{A \subseteq \Omega \mid A \text{ endlich oder } A^c \text{ endlich}\}.$$

Dann ist $\mathcal{A}_0$ eine Algebra (sog. **Algebra der endlichen oder co-endlichen Mengen**), aber wegen der dritten definierenden Eigenschaft keine $\sigma$-Algebra. Als solche müsste sie nämlich jede Teilmenge von $\Omega$ enthalten, also gleich $\mathcal{P}(\mathbb{N})$ sein. Die Menge der geraden Zahlen liegt aber zum Beispiel nicht in $\mathcal{A}_0$.
- Ist $\Omega$ eine beliebige nichtleere Menge, so ist das System

$$\mathcal{A} := \{A \subseteq \Omega \mid A \text{ abzählbar oder } A^c \text{ abzählbar}\}$$

der sog. **abzählbaren oder co-abzählbaren Mengen** eine $\sigma$-Algebra. Dabei sind die beiden ersten definierenden Eigenschaften einer $\sigma$-Algebra klar, denn die leere Menge ist abzählbar. Für den Nachweis der dritten Eigenschaft beachte man: Sind alle Mengen $A_n$ abzählbar, so ist auch deren Vereinigung $\bigcup_{n=1}^{\infty} A_n$ abzählbar. Ist ein $A_{n_0}$ nicht abzählbar, so ist $\left(\bigcup_{n=1}^{\infty} A_n\right)^c = \bigcap_{n=1}^{\infty} A_n^c$ in $A_{n_0}^c$ enthalten und daher abzählbar. Offenbar gilt $\mathcal{A} = \mathcal{P}(\Omega)$, falls $\Omega$ abzählbar ist.
- Sind $\mathcal{A} \subseteq \mathcal{P}(\Omega)$ eine $\sigma$-Algebra und $\Omega_0$ eine Teilmenge von $\Omega$, so ist das Mengensystem

$$\Omega_0 \cap \mathcal{A} := \{\Omega_0 \cap A \mid A \in \mathcal{A}\} \tag{8.1}$$

eine $\sigma$-Algebra über $\Omega_0$. Sie heißt **Spur(-$\sigma$-Algebra) von $\mathcal{A}$ in $\Omega_0$.** Gilt $\Omega_0 \in \mathcal{A}$, so besteht $\Omega_0 \cap \mathcal{A}$ aus allen zu $\mathcal{A}$ gehörenden Teilmengen von $\Omega_0$. ◄

## Eine $\sigma$-Algebra ist ein Dynkin-System, ein $\cap$-stabiles Dynkin-System eine $\sigma$-Algebra

Sowohl bei der Konstruktion von Maßfortsetzungen als auch bei Fragen der Eindeutigkeit von Maßen und der stochastischen Unabhängigkeit hat sich die folgende, auf den russischen Mathematiker Eugene Borisovich Dynkin (1924–2014) zurückgehende Begriffsbildung als nützlich erwiesen.

**Definition eines Dynkin-Systems**

Ein Mengensystem $\mathcal{D} \subseteq \mathcal{P}(\Omega)$ heißt **Dynkin-System** über $\Omega$, falls gilt:

- $\Omega \in \mathcal{D}$,
- aus $D, E \in \mathcal{D}$ und $D \subseteq E$ folgt $E \setminus D \in \mathcal{D}$,
- sind $D_1, D_2, \ldots$ paarweise disjunkte Mengen aus $\mathcal{D}$, so gilt $\sum_{n=1}^{\infty} D_n \in \mathcal{D}$.

**Video 8.2** Dynkin-Systeme

Ein Dynkin-System enthält die leere Menge sowie mit jeder Menge auch deren Komplement. Vergleicht man die obigen Eigenschaften mit den definierenden Eigenschaften einer $\sigma$-Algebra, so folgt unmittelbar, dass jede $\sigma$-Algebra auch ein Dynkin-System ist. Dass hier die Umkehrung nur unter Zusatzvoraussetzungen gilt, zeigen das folgende Beispiel und das anschließende Resultat.

**Beispiel** Es sei $\Omega := \{1, 2, \ldots, 2k\}$, wobei $k \in \mathbb{N}$. Dann ist das System

$$\mathcal{D} := \{D \subseteq \Omega \mid \exists m \in \{0, 1, \ldots, k\} \text{ mit } |D| = 2m\}$$

aller Teilmengen von $\Omega$ mit einer geraden Elementanzahl ein Dynkin-System, aber im Fall $k \geq 2$ keine $\sigma$-Algebra. ◄

**Lemma (über $\cap$-stabile Dynkin-Systeme)** Es sei $\mathcal{D} \subseteq \mathcal{P}(\Omega)$ ein $\cap$-stabiles Dynkin-System. Dann ist $\mathcal{D}$ eine $\sigma$-Algebra. ◄

**Beweis** Wir müssen nur zeigen, dass $\mathcal{D}$ mit beliebigen Mengen $A_1, A_2, \ldots$ aus $\mathcal{D}$ auch deren Vereinigung enthält. Da sich $\bigcup_{n=1}^{\infty} A_n$ in der Form

$$\bigcup_{n=1}^{\infty} A_n = A_1 + \sum_{n=2}^{\infty} A_n \cap A_1^c \cap \ldots \cap A_{n-1}^c \tag{8.2}$$

als disjunkte Vereinigung darstellen lässt und jede der rechts stehenden Mengen wegen der vorausgesetzten $\cap$-Stabilität zu $\mathcal{D}$ gehört, folgt die Behauptung nach Definition eines Dynkin-Systems. ■

**Selbstfrage 2**

Warum gilt die Darstellung (8.2), und warum sind die in der Vereinigung auftretenden Mengen paarweise disjunkt?

---

Wie findet man geeignete $\sigma$-Algebren, die hinreichend reichhaltig sind, um alle für eine vorliegende Fragestellung wichtigen Teilmengen von $\Omega$ zu enthalten? Die gleiche Frage stellt sich auch für andere Mengensysteme wie Ringe, Algebren und Dynkin-Systeme. Die Vorgehensweise ist ganz analog zu derjenigen in der Linearen Algebra, wenn dort der kleinste, eine Menge von Vektoren enthaltende Unterraum gesucht wird. Für die betrachteten vier Typen von Mengensystemen gilt analog zu Unterräumen:

**Satz über den Durchschnitt von $\sigma$-Algebren**

Ist $J \neq \emptyset$ eine beliebige Menge, und sind $\mathcal{A}_j$, $j \in J$, $\sigma$-Algebren über $\Omega$, so ist auch deren Durchschnitt

$$\bigcap_{j \in J} \mathcal{A}_j := \{A \subseteq \Omega \mid A \in \mathcal{A}_j \text{ für jedes } j \in J\}$$

eine $\sigma$-Algebra über $\Omega$. Ein analoger Sachverhalt gilt für Ringe, Algebren und Dynkin-Systeme.

**Selbstfrage 3**

Warum ist $\mathcal{A} := \bigcap_{j \in J} \mathcal{A}_j$ eine $\sigma$-Algebra?

Man beachte, dass die Vereinigung von $\sigma$-Algebren im Allgemeinen keine $\sigma$-Algebra ist (Aufgabe 8.1).

## $\sigma(\mathcal{M})$ ist die kleinste $\mathcal{M}$ enthaltende $\sigma$-Algebra

**Die von einem Mengensystem erzeugte $\sigma$-Algebra**

Ist $\mathcal{M} \subseteq \mathcal{P}(\Omega)$ ein beliebiges nichtleeres System von Teilmengen von $\Omega$, so setzen wir

$$\sigma(\mathcal{M}) := \bigcap \{\mathcal{A} \mid \mathcal{A} \subseteq \mathcal{P}(\Omega)\ \sigma\text{-Algebra und } \mathcal{M} \subseteq \mathcal{A}\}$$

und nennen $\sigma(\mathcal{M})$ **die von $\mathcal{M}$ erzeugte $\sigma$-Algebra**. Das System $\mathcal{M}$ heißt ein **Erzeugendensystem** oder kurz ein **Erzeuger** von $\sigma(\mathcal{M})$.

Ersetzt man in der Definition von $\sigma(\mathcal{M})$ das Wort $\sigma$-Algebra durch Algebra bzw. Ring bzw. Dynkin-System, so entstehen **die von $\mathcal{M}$ erzeugte Algebra** $\alpha(\mathcal{M})$ bzw. **der von $\mathcal{M}$ erzeugte Ring** $\rho(\mathcal{M})$ bzw. **das von $\mathcal{M}$ erzeugte Dynkin-System** $\delta(\mathcal{M})$.

Da die Potenzmenge $\mathcal{P}(\Omega)$ eine $\sigma$-Algebra mit der Eigenschaft $\mathcal{M} \subseteq \mathcal{P}(\Omega)$ darstellt, ist $\sigma(\mathcal{M})$ wohldefiniert und als Durchschnitt von $\sigma$-Algebren ebenfalls eine $\sigma$-Algebra. Nach Konstruktion gilt zudem

$$\mathcal{M} \subseteq \sigma(\mathcal{M}).$$

Ist $\mathcal{A} \subseteq \mathcal{P}(\Omega)$ eine beliebige $\sigma$-Algebra mit $\mathcal{M} \subseteq \mathcal{A}$, so gilt nach Definition von $\sigma(\mathcal{M})$ als Durchschnitt aller $\sigma$-Algebren über $\Omega$, die $\mathcal{M}$ enthalten, die Inklusion $\sigma(\mathcal{M}) \subseteq \mathcal{A}$. Die $\sigma$-Algebra $\sigma(\mathcal{M})$ ist also die eindeutig bestimmte kleinste $\sigma$-Algebra über $\Omega$, die das Mengensystem $\mathcal{M}$ umfasst. In gleicher Weise ist $\alpha(\mathcal{M})$ die kleinste $\mathcal{M}$ enthaltende Algebra, $\rho(\mathcal{M})$ der kleinste $\mathcal{M}$ umfassende Ring und $\delta(\mathcal{M})$ das kleinste $\mathcal{M}$ enthaltende Dynkin-System.

**Beispiel** Für eine beliebige nichtleere Menge $\Omega$ sei

$$\mathcal{M} := \{\{\omega\} \mid \omega \in \Omega\}$$

das System aller einelementigen Teilmengen von $\Omega$. Es ist

$$\begin{aligned}
\rho(\mathcal{M}) &= \{A \subseteq \Omega \mid A \text{ endlich}\},\\
\alpha(\mathcal{M}) &= \{A \subseteq \Omega \mid A \text{ endlich oder } A^c \text{ endlich}\},\\
\sigma(\mathcal{M}) &= \{A \subseteq \Omega \mid A \text{ abzählbar oder } A^c \text{ abzählbar}\},\\
\delta(\mathcal{M}) &= \sigma(\mathcal{M}).
\end{aligned}$$

Der Nachweis dieser Behauptungen erfolgt immer in der gleichen Weise und soll exemplarisch für $\rho(\mathcal{M})$ geführt werden. Sei $\mathcal{E}$ das System aller endlichen Teilmengen von $\Omega$. Da $\mathcal{E}$ einen Ring bildet, der $\mathcal{M}$ umfasst, gilt auch $\rho(\mathcal{M}) \subseteq \mathcal{E}$. Andererseits muss jeder Ring über $\Omega$, der die einelementigen Mengen enthält, auch $\mathcal{E}$ enthalten. Folglich gilt auch $\rho(\mathcal{M}) \supseteq \mathcal{E}$. ◄

**Selbstfrage 4**

Warum gilt stets $\rho(\mathcal{M}) \subseteq \alpha(\mathcal{M}) \subseteq \sigma(\mathcal{M})$?

Eine $\sigma$-Algebra $\mathcal{A}$ über $\Omega$ kann verschiedene Erzeuger besitzen, d. h., es kann Mengensysteme $\mathcal{M}, \mathcal{N} \subseteq \mathcal{P}(\Omega)$ geben, für die $\mathcal{M} \neq \mathcal{N}$, aber $\sigma(\mathcal{M}) = \sigma(\mathcal{N})$ gilt. Zum Nachweis der letzten Gleichung in konkreten Fällen ist folgendes Resultat – das in analoger Weise gilt, wenn man $\sigma$ durch $\alpha$, $\rho$ oder $\delta$ ersetzt – hilfreich.

**Lemma (über Erzeugendensysteme)** Es seien $\mathcal{M}, \mathcal{N} \subseteq \mathcal{P}(\Omega)$ Mengensysteme. Dann gelten:

a) Aus $\mathcal{M} \subseteq \mathcal{N}$ folgt $\sigma(\mathcal{M}) \subseteq \sigma(\mathcal{N})$,
b) $\sigma(\mathcal{M}) = \sigma(\sigma(\mathcal{M}))$,
c) aus $\mathcal{M} \subseteq \sigma(\mathcal{N})$ und $\mathcal{N} \subseteq \sigma(\mathcal{M})$ folgt $\sigma(\mathcal{M}) = \sigma(\mathcal{N})$. ◄

**Selbstfrage 5**

Können Sie diese Aussagen beweisen?

## Borel-Mengen: Die Standard-$\sigma$-Algebra im $\mathbb{R}^k$

Wenn wir im Folgenden mit dem Grundraum $\Omega = \mathbb{R}^k$ arbeiten werden, legen wir – falls nichts anderes gesagt ist – stets eine nach E. Borel benannte $\sigma$-Algebra zugrunde.

**Die $\sigma$-Algebra der Borel-Mengen des $\mathbb{R}^k$**

Bezeichnet $\mathcal{O}^k$ das System der offenen Mengen des $\mathbb{R}^k$, so ist die $\sigma$-Algebra der Borelschen Mengen des $\mathbb{R}^k$ durch

$$\mathcal{B}^k := \sigma(\mathcal{O}^k)$$

definiert. Im Fall $k = 1$ schreiben wir kurz $\mathcal{B} := \mathcal{B}^1$.

**Video 8.3** Die $k$-dimensionale Borel-$\sigma$-Algebra

Mithilfe des obigen Lemmas sieht man schnell ein, dass die $\sigma$-Algebra $\mathcal{B}^k$ noch viele weitere Erzeugendensysteme besitzt. Zu diesem Zweck setzen wir für $x = (x_1, \ldots, x_k) \in \mathbb{R}^k$ und $y = (y_1, \ldots, y_k) \in \mathbb{R}^k$ kurz $x \leq y$, falls für jedes $j = 1, \ldots, k$ die Beziehung $x_j \leq y_j$ gilt. In gleicher Weise verwenden wir die

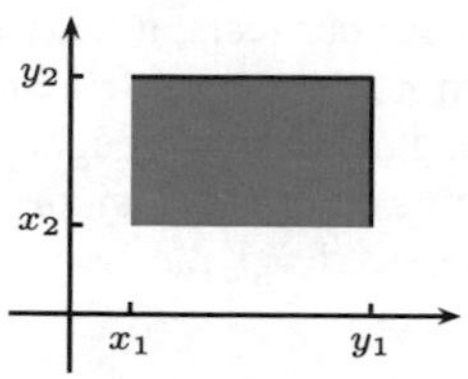


**Abb. 8.3** Die Menge $(x, y]$

Bezeichnung $x < y$. Hiermit sind im Fall $x < y$ allgemeine Intervalle der Form

$$(x, y) := \{z \in \mathbb{R}^k \mid x < z < y\},$$
$$(x, y] := \{z \in \mathbb{R}^k \mid x < z \leq y\}$$

usw. definiert. Schließlich setzen wir

$$(-\infty, x] := \{z \in \mathbb{R}^k \mid z \leq x\}.$$

Im Fall $k = 1$ sind $(x, y)$ und $(x, y]$ ein offenes bzw. halboffenes Intervall, und $(-\infty, x]$ ist ein bei $x$ beginnender und nach links zeigender Halbstrahl. Im $\mathbb{R}^2$ sind $(x, y)$ ein offenes Rechteck und $(x, y]$ ein Rechteck, das nach rechts oben hin abgeschlossen und nach links unten hin offen ist (Abb. 8.3). In diesem Fall ist $(-\infty, x]$ eine nach rechts oben bei $x$ begrenzte „Viertel-Ebene".

Im Folgenden bezeichne

- $\mathcal{A}^k$ das System aller abgeschlossenen Mengen des $\mathbb{R}^k$,
- $\mathcal{K}^k$ das System aller kompakten Mengen des $\mathbb{R}^k$,
- $\mathcal{I}^k := \{(x, y] \mid x, y \in \mathbb{R}^k, x \leq y\}$ das um die leere Menge erweiterte System aller halboffenen Intervalle des $\mathbb{R}^k$,
- $\mathcal{J}^k := \{(-\infty, x] \mid x \in \mathbb{R}^k\}$.

**Satz über Erzeugendensysteme der Borel-Mengen**

Es gilt

$$\mathcal{B}^k = \sigma(\mathcal{A}^k) = \sigma(\mathcal{K}^k) = \sigma(\mathcal{I}^k) = \sigma(\mathcal{J}^k).$$

**Beweis** Da eine $\sigma$-Algebra mit einer Menge auch deren Komplement enthält und die abgeschlossenen Mengen die Komplemente der offenen Mengen sind und umgekehrt, gelten $\mathcal{A}^k \subseteq \sigma(\mathcal{O}^k)$ sowie $\mathcal{O}^k \subseteq \sigma(\mathcal{A}^k)$. Wegen $\mathcal{B}^k = \sigma(\mathcal{O}^k)$ folgt somit $\mathcal{B}^k = \sigma(\mathcal{A}^k)$ aus Teil c) des obigen Lemmas. Der Nachweis von $\sigma(\mathcal{A}^k) = \sigma(\mathcal{K}^k)$ ist Gegenstand von Aufgabe 8.22. Um $\sigma(\mathcal{O}^k) = \sigma(\mathcal{I}^k)$ zu zeigen, weisen wir

$$\mathcal{I}^k \subseteq \sigma(\mathcal{O}^k), \quad \mathcal{O}^k \subseteq \sigma(\mathcal{I}^k), \tag{8.3}$$

nach. Sei hierzu $(x, y] \in \mathcal{I}^k$ beliebig, wobei $y = (y_1, \ldots, y_k)$. Setzen wir

$$w_n := \left(y_1 + \frac{1}{n}, y_2 + \frac{1}{n}, \ldots, y_k + \frac{1}{n}\right), \quad n \in \mathbb{N},$$

so gilt $(x, y] = \bigcap_{n=1}^{\infty}(x, w_n)$. Als Schnitt abzählbar vieler offener Mengen gehört $\bigcap_{n=1}^{\infty}(x, w_n)$ zu $\sigma(\mathcal{O}^k)$, was $\mathcal{I}^k \subseteq \sigma(\mathcal{O}^k)$ zeigt. Um $\mathcal{O}^k \subseteq \sigma(\mathcal{I}^k)$ nachzuweisen, sei $O \in \mathcal{O}^k$, $O \neq \emptyset$, beliebig. Da $O$ nur innere Punkte besitzt, gibt es zu jedem $x \in O$ eine Menge $C(x) \in \mathcal{I}^k$ mit $x \in C(x) \subseteq O$. Weil die abzählbare Menge $\mathbb{Q}$ in $\mathbb{R}$ dicht liegt, kann sogar angenommen werden, dass $C(x)$ zur Menge

$$\mathcal{I}^k_{\mathbb{Q}} := \{(x, y] \in \mathcal{I}^k \mid x, y \in \mathbb{Q}^k\} \subseteq \mathcal{I}^k$$

gehört. Da $\mathcal{I}^k_{\mathbb{Q}}$ abzählbar ist, ist die in der Darstellung $O = \bigcup_{x \in O} C(x)$ stehende formal überabzählbare Vereinigung tatsächlich eine Vereinigung abzählbar vieler Mengen aus $\mathcal{I}^k_{\mathbb{Q}}$. Sie liegt also in der von $\mathcal{I}^k_{\mathbb{Q}}$ erzeugten $\sigma$-Algebra, was $\mathcal{O}^k \subseteq \sigma(\mathcal{I}^k_{\mathbb{Q}}) \subseteq \sigma(\mathcal{I}^k)$ zeigt und den Nachweis von (8.3) abschließt. Der Beweis des letzten Gleichheitszeichens ist Gegenstand von Aufgabe 8.23. ■

Da jede $\sigma$-Algebra ein Dynkin-System ist, umfasst die kleinste $\mathcal{M}$ enthaltende $\sigma$-Algebra auch das kleinste $\mathcal{M}$ enthaltende Dynkin-System; es gilt also die Relation $\delta(\mathcal{M}) \subseteq \sigma(\mathcal{M})$. Für ein durchschnittstabiles Mengensystem tritt hier sogar das Gleichheitszeichen ein.

**Lemma** Ist $\mathcal{M} \subseteq \mathcal{P}(\Omega)$ ein $\cap$-stabiles Mengensystem, so gilt

$$\delta(\mathcal{M}) = \sigma(\mathcal{M}).$$ ◀

**Beweis** Es ist nur zu zeigen, dass $\delta(\mathcal{M})$ $\cap$-stabil ist, denn dann ist $\delta(\mathcal{M})$ eine $\mathcal{M}$ enthaltende $\sigma$-Algebra. Als solche muss sie auch die kleinste $\mathcal{M}$ enthaltende $\sigma$-Algebra $\sigma(\mathcal{M})$ umfassen. Zum Nachweis der Eigenschaft

$$A, B \in \delta(\mathcal{M}) \Longrightarrow A \cap B \in \delta(\mathcal{M})$$

definieren wir für beliebiges $A \in \delta(\mathcal{M})$ das Mengensystem

$$\mathcal{D}_A := \{B \subseteq \Omega \mid B \cap A \in \delta(\mathcal{M})\}.$$

Zu zeigen ist die Inklusion $\delta(\mathcal{M}) \subseteq \mathcal{D}_A$. Nachrechnen der definierenden Eigenschaften liefert, dass $\mathcal{D}_A$ ein Dynkin-System ist. Ist $A \in \mathcal{M}$, so gilt aufgrund der $\cap$-Stabilität von $\mathcal{M}$ die Relation $\mathcal{M} \subseteq \mathcal{D}_A$. Da $\mathcal{D}_A$ ein Dynkin-System ist, folgt hieraus $\delta(\mathcal{M}) \subseteq \mathcal{D}_A$ und somit die Implikation

$$B \in \delta(\mathcal{M}),\ A \in \mathcal{M} \Longrightarrow B \cap A \in \delta(\mathcal{M}).$$

Vertauscht man hier die Rollen von $A$ und $B$, so wird obige Zeile zu $\mathcal{M} \subseteq \mathcal{D}_A$ für jedes $A \in \delta(\mathcal{M})$. Hieraus folgt $\delta(\mathcal{M}) \subseteq \mathcal{D}_A$, da $\mathcal{D}_A$ ein Dynkin-System ist. ■

**Selbstfrage 6**

Warum ist $\mathcal{D}_A$ ein Dynkin-System?

Im Zusammenhang mit der im nächsten Abschnitt vorgestellten Fortsetzung von Mengenfunktionen ist die folgende Begriffsbildung nützlich.

Kapitel 8

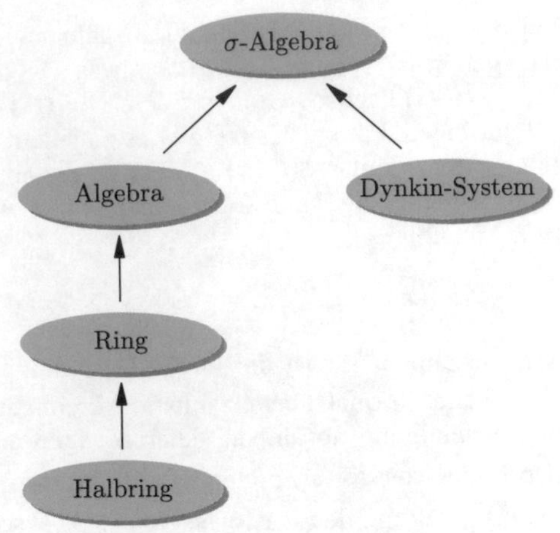


**Abb. 8.4** Die eingeführten Mengensysteme im Überblick

**Definition eines Halbrings**

Ein Mengensystem $\mathcal{H} \subseteq \mathcal{P}(\Omega)$ heißt **Halbring** über $\Omega$, falls gilt:

- $\emptyset \in \mathcal{H}$,
- $\mathcal{H}$ ist $\cap$-stabil,
- sind $A, B \in \mathcal{H}$, so gibt es ein $k \in \mathbb{N}$ und *paarweise disjunkte* Mengen $C_1, \ldots, C_k$ aus $\mathcal{H}$ mit

$$A \setminus B = \sum_{j=1}^{k} C_j.$$

Offenbar ist jeder Ring und somit erst recht jede Algebra oder $\sigma$-Algebra ein Halbring. Abb. 8.4 zeigt die eingeführten Mengensysteme in deren Hierarchie.

**Beispiel** Das System $\mathcal{I}^k$ der halboffenen Intervalle $(x, y]$ mit $x \leq y$ ist ein Halbring über $\mathbb{R}^k$. Dieser Sachverhalt ist für den Fall $k = 1$ unmittelbar einzusehen. Wegen $\mathcal{I}^k = \mathcal{I}^1 \times \cdots \times \mathcal{I}^1$ ($k$ Faktoren) folgt die Behauptung für allgemeines $k$ aus dem nachstehenden Resultat. ◄

**Lemma (über kartesische Produkte von Halbringen)** Es seien $\Omega_1, \ldots, \Omega_k$ nichtleere Mengen und $\mathcal{H}_1 \subseteq \mathcal{P}(\Omega_1), \ldots, \mathcal{H}_k \subseteq \mathcal{P}(\Omega_k)$ Halbringe. Dann ist das System

$$\mathcal{H}_1 \times \cdots \times \mathcal{H}_k := \{A_1 \times \cdots \times A_k \mid A_j \in \mathcal{H}_j,\ j = 1, \ldots, k\}$$

ein Halbring über $\Omega_1 \times \cdots \times \Omega_k$. ◄

**Beweis** Es reicht, die Behauptung für $k = 2$ zu zeigen. Der allgemeine Fall folgt dann induktiv. Zunächst gilt $\emptyset = \emptyset \times \emptyset \in \mathcal{H}_1 \times \mathcal{H}_2$. Sind $A_1 \times A_2$ und $B_1 \times B_2$ in $\mathcal{H}_1 \times \mathcal{H}_2$, so ist wegen

$$(A_1 \times A_2) \cap (B_1 \times B_2) = (A_1 \cap B_1) \times (A_2 \cap B_2)$$

und der $\cap$-Stabilität von $\mathcal{H}_1$ und $\mathcal{H}_2$ auch $\mathcal{H}_1 \times \mathcal{H}_2$ $\cap$-stabil. Weiter gilt

$$\begin{aligned}&(A_1 \times A_2) \setminus (B_1 \times B_2)\\ &= ((A_1 \setminus B_1) \times A_2) + ((A_1 \cap B_1) \times (A_2 \setminus B_2)).\end{aligned}$$

Hier sind die Mengen auf der rechten Seite paarweise disjunkt, und $A_1 \setminus B_1$ ist aufgrund der letzten Halbring-Eigenschaft eine endliche Vereinigung disjunkter Mengen aus $\mathcal{H}_1$. In gleicher Weise ist $A_2 \setminus B_2$ eine endliche disjunkte Vereinigung von Mengen aus $\mathcal{H}_2$. Hieraus folgt die noch fehlende Halbring-Eigenschaft für $\mathcal{H}_1 \times \mathcal{H}_2$. ■

Das nächste Ergebnis zeigt, dass man den von einem Halbring erzeugten Ring konstruktiv angeben kann.

**Satz über den von einem Halbring erzeugten Ring**

Der von einem Halbring $\mathcal{H} \subseteq \mathcal{P}(\Omega)$ erzeugte Ring $\rho(\mathcal{H})$ ist gleich der Menge aller endlichen Vereinigungen paarweise disjunkter Mengen aus $\mathcal{H}$.

**Beweis** Schreiben wir $\mathcal{R}$ für die Menge aller endlichen Vereinigungen paarweise disjunkter Mengen aus $\mathcal{H}$, so ist

$$\rho(\mathcal{H}) = \mathcal{R} \tag{8.4}$$

zu zeigen. Da jeder $\mathcal{H}$ enthaltende Ring auch $\mathcal{R}$ umfasst, gilt „$\supseteq$" in (8.4). Somit muss nur noch gezeigt werden, dass $\mathcal{R}$ ein Ring ist, da wegen $\mathcal{H} \subseteq \mathcal{R}$ dann auch $\rho(\mathcal{H}) \subseteq \mathcal{R}$ gelten würde. Wegen $\emptyset \in \mathcal{H}$ gilt zunächst $\emptyset \in \mathcal{R}$. Sind $A = \sum_{i=1}^m A_i$ und $B = \sum_{j=1}^n B_j$ disjunkte Vereinigungen von Mengen aus $\mathcal{H}$, so liegt $A \cap B = \sum_{i=1}^m \sum_{j=1}^n A_i \cap B_j$ als disjunkte Vereinigung von Mengen aus $\mathcal{H}$ in $\mathcal{R}$. Weiter gilt $A \setminus B = \sum_{i=1}^m (A_i \setminus \sum_{j=1}^n B_j)$. Nach Aufgabe 8.32 ist für jedes $i$ die Menge $A_i \setminus \sum_{j=1}^n B_j$ disjunkte Vereinigung endlich vieler Mengen aus $\mathcal{H}$. ■

**Beispiel** Der nach obigem Satz vom Halbring $\mathcal{I}^k = \{(x, y] \mid x, y \in \mathbb{R}^k, x \leq y\}$ erzeugte Ring

$$\mathcal{F}^k := \left\{ \sum_{j=1}^{n} I_j \,\middle|\, n \in \mathbb{N},\ I_1, \ldots, I_n \in \mathcal{I}^k \text{ paarweise disjunkt} \right\}$$

heißt **Ring der $k$-dimensionalen Figuren**. Abb. 8.5 zeigt eine solche Figur. ◄

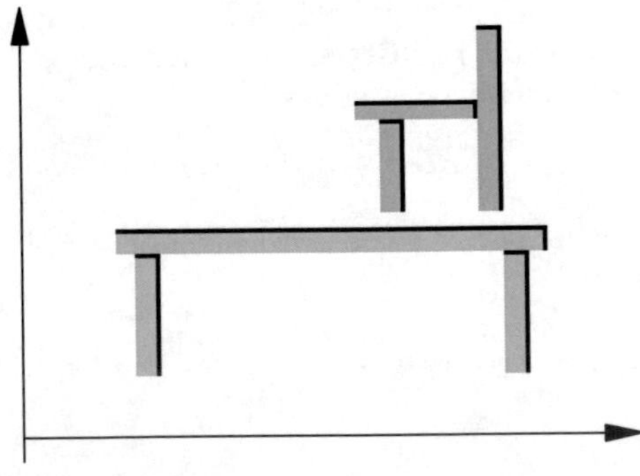

**Abb. 8.5** Zweidimensionale Figur

## 8.3 Inhalte und Maße

Im Folgenden wenden wir uns u. a. der Frage zu, für welche Teilmengen des $\mathbb{R}^k$ ein $k$-dimensionaler Rauminhalt definiert werden kann, der den beim Inhalts- und Maßproblem in Abschn. 8.1 formulierten Eigenschaften a), b′), c) und d) genügt. Im Hinblick auf andere Anwendungen, insbesondere in der Stochastik, führen wir den begonnenen abstrakten Aufbau weiter fort. Es ist jedoch hilfreich, bei den nachfolgenden Definitionen den oben angesprochenen Rauminhalt „im Hinterkopf zu haben". Bevor wir fortfahren, sei an die in Abschn. 2.5 eingeführten Notationen

$$A_n \uparrow A :\Longleftrightarrow A_n \subseteq A_{n+1}, n \geq 1, \text{ und } A = \bigcup_{j=1}^{\infty}$$

$$A_n \downarrow A :\Longleftrightarrow A_n \supseteq A_{n+1}, n \geq 1, \text{ und } A = \bigcap_{j=1}^{\infty}$$

für auf- bzw. absteigende Mengenfolgen erinnert.

### Ein Inhalt ist additiv, ein Prämaß $\sigma$-additiv

Ist $\mathcal{M} \subseteq \mathcal{P}(\Omega)$, $\mathcal{M} \neq \emptyset$, ein Mengensystem, so heißt jede Abbildung $\mu : \mathcal{M} \to [0, \infty]$ eine nichtnegative **Mengenfunktion** (auf $\mathcal{M}$). Da wir nur nichtnegative Mengenfunktionen betrachten, werden wir dieses Attribut meist weglassen.

**Grundlegende Eigenschaften von Mengenfunktionen**

Eine Mengenfunktion $\mu : \mathcal{M} \to [0, \infty]$ heißt

- **(endlich-)additiv**, falls für jedes $n \geq 2$ und jede Wahl paarweise disjunkter Mengen $A_1, \ldots, A_n$ aus $\mathcal{M}$ mit der Eigenschaft $\sum_{j=1}^{n} A_j \in \mathcal{M}$ gilt:
$$\mu\left(\sum_{j=1}^{n} A_j\right) = \sum_{j=1}^{n} \mu(A_j),$$
- **$\sigma$-additiv**, falls für jede Folge $(A_n)_{n\geq 1}$ paarweise disjunkter Mengen aus $\mathcal{M}$ mit der Eigenschaft $\sum_{j=1}^{\infty} A_j \in \mathcal{M}$ gilt:
$$\mu\left(\sum_{j=1}^{\infty} A_j\right) = \sum_{j=1}^{\infty} \mu(A_j),$$
- **$\sigma$-subadditiv**, falls für jede Folge $(A_n)_{n\geq 1}$ von Mengen aus $\mathcal{M}$ mit $\bigcup_{j=1}^{\infty} A_j \in \mathcal{M}$ gilt:
$$\mu\left(\bigcup_{j=1}^{\infty} A_j\right) \leq \sum_{j=1}^{\infty} \mu(A_j),$$
- **endlich**, falls $\mu(A) < \infty$ für $A \in \mathcal{M}$,
- **$\sigma$-endlich**, falls eine aufsteigende Folge $(A_n)$ aus $\mathcal{M}$ mit $A_n \uparrow \Omega$ und $\mu(A_n) < \infty$ für jedes $n$ existiert.

**Kommentar** Man beachte, dass bei der Additivitätseigenschaft gefordert wird, dass $\sum_{j=1}^{n} A_j$ in $\mathcal{M}$ liegt, denn $\mu$ ist ja nur auf $\mathcal{M}$ definiert. Analoges gilt bei den Formulierungen der $\sigma$-Additivität und der $\sigma$-Subadditivität.

Zum Nachweis der endlichen Additivität muss nur der Fall $n = 2$ betrachtet werden, wenn das Mengensystem $\mathcal{M}$ wie z. B. ein Ring $\cup$-stabil oder – wie bei Dynkin-Systemen der Fall – zumindest abgeschlossen gegenüber der Vereinigungsbildung von endlich vielen paarweise disjunkten Mengen aus $\mathcal{M}$ ist. Ferner ist unter den Zusatzvoraussetzungen $\emptyset \in \mathcal{M}$ und $\mu(\emptyset) = 0$ jede $\sigma$-additive Mengenfunktion auf $\mathcal{M}$ auch endlich-additiv; man muss die beim Nachweis der endlichen Additivität auftretenden paarweise disjunkten Mengen $A_1, \ldots, A_n$ ja nur um $A_j := \emptyset$ für $j > n$ zu einer unendlichen Folge ergänzen. ◀

**Beispiel** Es seien $\Omega := \mathbb{N}$, $\mathcal{M} := \mathcal{P}(\Omega)$ und

$$\mu(A) := \begin{cases} 0, & \text{falls } A \text{ endlich} \\ \infty, & \text{sonst} \end{cases} \quad \text{für } A \subseteq \Omega.$$

Dann ist $\mu$ additiv, denn es gilt $\mu(A + B) = \mu(A) + \mu(B) = 0$ genau dann, wenn sowohl $A$ als auch $B$ endlich sind. Andernfalls ist der obige Wert 0 durch $\infty$ zu ersetzen. Wegen

$$\infty = \mu(\mathbb{N}) = \mu\left(\sum_{n=1}^{\infty}\{n\}\right) \neq \sum_{n=1}^{\infty} \mu(\{n\}) = 0$$

ist $\mu$ jedoch nicht $\sigma$-additiv. Setzen wir $A_n := \{1, \ldots, n\}$, so gilt $A_n \uparrow \Omega$ und $\mu(A_n) = 0$, $n \geq 1$. Die Mengenfunktion $\mu$ ist somit $\sigma$-endlich, aber nicht endlich. Die Wahl $A_n := \{n\}$ zeigt, dass $\mu$ nicht $\sigma$-subadditiv ist. ◀

**Inhalt, Prämaß, Maß und Maßraum**

Es sei $\mathcal{H} \subseteq \mathcal{P}(\Omega)$ ein Halbring. Eine Mengenfunktion $\mu : \mathcal{H} \to [0, \infty]$ heißt **Inhalt** (auf $\mathcal{H}$), falls gilt:

a) $\mu(\emptyset) = 0$,
b) $\mu$ ist endlich-additiv.

Ein $\sigma$-additiver Inhalt $\mu$ auf $\mathcal{H}$ heißt **Prämaß**.

Ein **Maß** $\mu$ ist ein auf einer $\sigma$-Algebra $\mathcal{A}$ über $\Omega$ definiertes Prämaß. In diesem Fall nennt man das Tripel $(\Omega, \mathcal{A}, \mu)$ einen **Maßraum**. Letzterer heißt **endlich** bzw. **$\sigma$-endlich**, falls $\mu$ endlich bzw. $\sigma$-endlich ist.

**Kommentar** Die Definition eines Inhalts formalisiert offenbar schon in Abschn. 8.1 diskutierte Mindestanforderungen, die wir mit der anschaulichen Vorstellung des Messens verbinden würden: das Maß eines wie immer gearteten „Gebildes", das sich aus endlich vielen Teilgebilden zusammensetzt, sollte gleich der Summe der Maße dieser Teilgebilde sein. Die gegenüber der endlichen Additivität wesentlich stärkere Eigenschaft der $\sigma$-Additivität ist für eine fruchtbare Theorie unverzichtbar. Hier kann sich ein Gebilde aus abzählbar vielen Teilgebilden

Kapitel 8

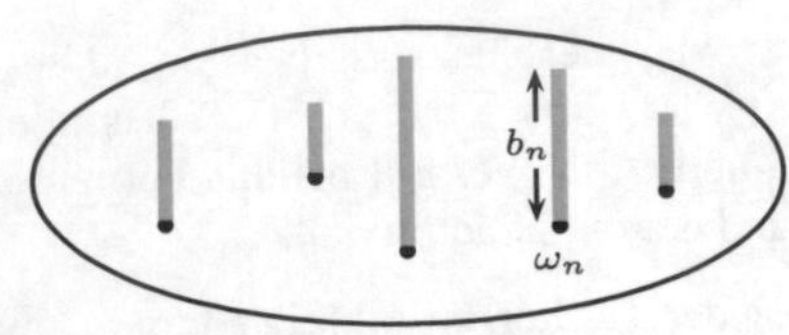


**Abb. 8.6** Deutung des Maßes in (8.5) als Massenverteilung

zusammensetzen. Das Maß des Gebildes ergibt sich dann als Grenzwert der unendlichen Summe der Maße aller Teilgebilde. Die schwache Zusatzeigenschaft der $\sigma$-Endlichkeit dient u. a. dazu, pathologische Mengenfunktionen, die nur die Werte 0 und $\infty$ annehmen, auszuschließen. Besitzt ein Maß $\mu$ die Eigenschaft $\mu(\Omega) = 1$, so spricht man von einem **Wahrscheinlichkeitsmaß** und schreibt $\mathbb{P} := \mu$; der Maßraum $(\Omega, \mathcal{A}, \mathbb{P})$ heißt dann **Wahrscheinlichkeitsraum** (siehe Kap. 2). ◀



### Beispiel

- Ist $A$ eine Menge, so bezeichnen wir mit $|A|$ die Mächtigkeit von $A$. Insbesondere ist dann $|A|$ die Anzahl der Elemente einer endlichen Menge $A$. Ist $\Omega \neq \emptyset$ eine beliebige Menge, so wird durch die Festsetzung

$$\mu_Z(A) := \begin{cases} |A|, & \text{falls } A \text{ endlich} \\ \infty, & \text{sonst} \end{cases}$$

ein Maß auf $\mathcal{P}(\Omega)$ definiert. Es heißt **Zählmaß** auf $\Omega$.

- Es seien $\Omega \neq \emptyset$ und $\mathcal{A}$ eine beliebige $\sigma$-Algebra über $\Omega$. Für festes $\omega \in \Omega$ heißt das durch

$$\delta_\omega(A) := \begin{cases} 1, & \text{falls } \omega \in A \\ 0, & \text{sonst} \end{cases} \qquad A \in \mathcal{A}$$

definierte Maß $\delta_\omega$ **Dirac-Maß** oder **Einpunktverteilung** in $\omega$. Es ist nach dem französischen Physiker und Mathematiker Paul Adrien Maurice Dirac (1902–1984) benannt.

- Sind $\mu_n, n \geq 1$, Maße auf $\mathcal{A}$ sowie $(b_n)_{n\geq 1}$ eine Folge positiver reeller Zahlen, so ist auch die durch

$$\mu(A) := \sum_{n=1}^{\infty} b_n \cdot \mu_n(A) \tag{8.5}$$

definierte Mengenfunktion $\mu$ ein Maß auf $\mathcal{A}$. Hierbei werden die naheliegenden Konventionen $x \cdot \infty = \infty \cdot x = \infty$, $x \in \mathbb{R}, x > 0$ benutzt. Ist speziell $\mu_n = \delta_{\omega_n}$ das Dirac-Maß im Punkt $\omega_n$, so kann man sich das Maß $\mu$ als Massenverteilung vorstellen, die in den Punkt $\omega_n$ die Masse $b_n$ legt (Abb. 8.6). ◀

**Selbstfrage 7**

Können Sie zeigen, dass es sich in diesen Fällen um Maße handelt?

Die nachfolgenden Eigenschaften sind grundlegend im Umgang mit Inhalten. Dabei verwenden wir für das Symbol $\infty$ zusätzlich zu den bislang gemachten Konventionen die Regeln $\infty \leq \infty$, $x < \infty, x \in \mathbb{R}$, $\infty - x = \infty, x \in \mathbb{R}$.

**Satz über die Eigenschaften von Inhalten**

Ein Inhalt $\mu$ auf einem Halbring $\mathcal{H} \subseteq \mathcal{P}(\Omega)$ besitzt folgende Eigenschaften:

a) $\mu$ ist **monoton**, d. h., sind $A, B \in \mathcal{H}$ mit $A \subseteq B$, so folgt $\mu(A) \leq \mu(B)$.
b) Sind $A_1, \ldots, A_n$ paarweise disjunkte Mengen aus $\mathcal{H}$ und $A \in \mathcal{H}$ mit $\sum_{j=1}^n A_j \subseteq A$, so folgt

$$\sum_{j=1}^{n} \mu(A_j) \leq \mu(A).$$

c) Sind $A, A_1, \ldots, A_n$ aus $\mathcal{H}$ mit $A \subseteq \bigcup_{j=1}^n A_j$, so gilt

$$\mu(A) \leq \sum_{j=1}^{n} \mu(A_j).$$

d) $\mu$ ist $\sigma$-additiv $\iff$ $\mu$ ist $\sigma$-subadditiv.
e) Ist $\mu$ ein Inhalt auf einem *Ring* $\mathcal{R}$, so gilt für $A, B \in \mathcal{R}$ mit $A \subseteq B$ und $\mu(A) < \infty$

$$\mu(B \setminus A) = \mu(B) - \mu(A) \qquad \textbf{(Subtraktivität)}.$$

f) Ist $\mu$ ein *endlicher* Inhalt auf einem Ring $\mathcal{R}$, so gilt: $\mu$ ist genau dann $\sigma$-additiv und somit ein Prämaß, wenn $\mu$ in folgendem Sinn **$\emptyset$-stetig** ist: Für jede Folge $(A_n)$ von Mengen aus $\mathcal{R}$ mit $A_n \downarrow \emptyset$ gilt $\lim_{n\to\infty} \mu(A_n) = 0$.

**Beweis** a) Sind $A, B \in \mathcal{H}$ mit $A \subseteq B$, so gilt nach Definition eines Halbrings $B = A + \sum_{j=1}^k C_j$ mit paarweise disjunkten Mengen $C_1, \ldots, C_k$ aus $\mathcal{H}$. Die Additivität und Nichtnegativität von $\mu$ liefern dann $\mu(B) \geq \mu(A)$.

b) Es gilt $A = \sum_{j=1}^n A_j + A \cap A_1^c \cap \ldots \cap A_n^c$. Nach Aufgabe 8.32 gibt es paarweise disjunkte Mengen $C_1, \ldots, C_k$ aus $\mathcal{H}$ mit $A \cap A_1^c \cap \ldots \cap A_n^c = \sum_{j=1}^k C_j$; es gilt also $A = \sum_{j=1}^n A_j + \sum_{j=1}^k C_j$. Dabei liegen alle rechts stehenden Mengen in $\mathcal{H}$. Die Additivität von $\mu$ sowie $\mu(C_j) \geq 0$, $1 \leq j \leq k$, ergeben dann die behauptete Ungleichung.

c) Wegen $\bigcup_{j=1}^n A_j = A_1 + A_2 \cap A_1^c + \ldots + A_n \cap A_1^c \cap \ldots \cap A_{n-1}^c$ ergibt die Voraussetzung $A \subseteq \bigcup_{j=1}^n A_j$ die Darstellung

$$\begin{aligned} A = {} & A \cap A_1 + A \cap A_2 \cap A_1^c \\ & + \ldots + A \cap A_n \cap A_1^c \cap \ldots \cap A_{n-1}^c. \end{aligned}$$

Aufgrund der $\cap$-Stabilität von $\mathcal{H}$ gehört $A \cap A_1$ zu $\mathcal{H}$ – und wiederum nach Aufgabe 8.32 – gilt für jedes $j = 2, \ldots, n$

$$A \cap A_j \cap A_1^c \cap \ldots \cap A_{j-1}^c = \sum_{m=1}^{m_j} C_{j,m}$$

für ein $m_j \in \mathbb{N}$ und paarweise disjunkte Mengen $C_{j,1}, \ldots, C_{j,m_j} \in \mathcal{H}$. Zusammen mit $A \cap A_1 \subseteq A_1$ und $\sum_{m=1}^{m_j} C_{j,m} \subseteq A_j$ $(j = 2, \ldots, n)$ ergeben dann die Additivität von $\mu$ zusammen mit b) und der in a) gezeigten Monotonie von $\mu$ die Behauptung.

d) Es seien $\mu$ $\sigma$-additiv und $A_1, A_2, \ldots$ eine Folge aus $\mathcal{H}$ mit $\bigcup_{j=1}^{\infty} A_j \in \mathcal{H}$. Zu zeigen ist $\mu\left(\bigcup_{j=1}^{\infty} A_j\right) \leq \sum_{j=1}^{\infty} \mu(A_j)$. Unter nochmaliger Verwendung von Aufgabe 8.32 gilt

$$\begin{aligned}\bigcup_{j=1}^{\infty} A_j &= A_1 + \sum_{j=2}^{\infty} A_j \cap A_1^c \cap \ldots \cap A_{j-1}^c \\ &= A_1 + \sum_{j=2}^{\infty} \sum_{m=1}^{m_j} C_{j,m}\end{aligned}$$

mit $m_j \in \mathbb{N}$ und disjunkten Mengen $C_{j,1}, \ldots, C_{j,m_j} \in \mathcal{H}$. Die $\sigma$-Additivität von $\mu$ ergibt

$$\mu\left(\bigcup_{j=1}^{\infty} A_j\right) = \mu(A_1) + \sum_{j=2}^{\infty} \left[\sum_{m=1}^{m_j} \mu\left(C_{j,m}\right)\right].$$

Wegen $\sum_{m=1}^{m_j} C_{j,m} \subseteq A_j$ folgt die Behauptung mit dem bereits bewiesenen Teil b).

Es seien nun $\mu$ $\sigma$-subadditiv und $A_1, A_2, \ldots$ paarweise disjunkte Mengen aus $\mathcal{H}$ mit $\sum_{j=1}^{\infty} A_j \in \mathcal{H}$. Zu zeigen ist $\mu\left(\sum_{j=1}^{\infty} A_j\right) = \sum_{j=1}^{\infty} \mu(A_j)$. Wegen der $\sigma$-Subadditivität ist hierbei nur die Ungleichung „$\geq$" nachzuweisen. Nach Teil b) gilt $\mu\left(\sum_{j=1}^{\infty} A_j\right) \geq \sum_{j=1}^{n} \mu(A_j)$ für jedes $n \geq 1$, sodass die Behauptung für $n \to \infty$ folgt.

e) folgt aus $\mu(B) = \mu(A) + \mu(B \setminus A)$ und $\mu(A) < \infty$.

f) Es sei $\mu$ $\sigma$-additiv. Ist dann $(A_n)$ eine Folge von Mengen aus $\mathcal{R}$ mit $A_n \downarrow \emptyset$, so sind $B_j := A_j \setminus A_{j+1}$, $j \geq 1$, paarweise disjunkte Mengen aus $\mathcal{R}$ mit $A_1 = \sum_{j=1}^{\infty} B_j$. Wegen der Endlichkeit von $\mu$ gilt $\mu(B_j) = \mu(A_j) - \mu(A_{j+1})$, $j \geq 1$, und die $\sigma$-Additivität von $\mu$ liefert

$$\begin{aligned}\mu(A_1) &= \sum_{j=1}^{\infty} \mu(B_j) = \lim_{n\to\infty} \sum_{j=1}^{n} (\mu(A_j) - \mu(A_{j+1})) \\ &= \mu(A_1) - \lim_{n\to\infty} \mu(A_{n+1})\end{aligned}$$

und folglich $\lim_{n\to\infty} \mu(A_n) = 0$.

Es sei nun $\mu$ als $\emptyset$-stetig angenommen. Wir betrachten eine beliebige Folge paarweise disjunkter Mengen $A_1, A_2, \ldots$ aus $\mathcal{R}$ mit der Eigenschaft $A := \sum_{j=1}^{\infty} A_j \in \mathcal{R}$. Setzen wir $B_n := \sum_{j=1}^{n} A_j$, $n \geq 1$, so gilt $C_n := A \setminus B_n \in \mathcal{R}$, $n \geq 1$, sowie $C_n \downarrow \emptyset$. Die $\emptyset$-Stetigkeit und die endliche Additivität von $\mu$ ergeben dann

$$\begin{aligned}0 &= \lim_{n\to\infty} \mu(C_n) = \lim_{n\to\infty} (\mu(A) - \mu(B_n)) \\ &= \mu(A) - \lim_{n\to\infty} \mu(B_n) = \mu(A) - \sum_{n=1}^{\infty} \mu(A_n),\end{aligned}$$

also die $\sigma$-Additivität von $\mu$.

Wir kehren nun zu unserer geometrischen Anschauung zurück und definieren auf dem Halbring $\mathcal{I}^k = \{(x, y] \mid x = (x_1, \ldots, x_k),\ y = (y_1, \ldots, y_k) \in \mathbb{R}^k,\ x \leq y\}$ durch

$$I_k^*((x, y]) := \prod_{j=1}^{n} (y_j - x_j)$$

eine Funktion $I_k^* : \mathcal{I}^k \to \mathbb{R}$. Die Funktion $I_k^*$ heißt ***k*-dimensionaler geometrischer Elementarinhalt**; sie ordnet einem achsenparallelen Quader $(x, y]$ das Produkt der Seitenlängen als $k$-dimensionalen geometrischen Elementarinhalt zu. Das folgende Resultat ist aufgrund unserer geometrischen Anschauung nicht verwunderlich.

**Satz über den geometrischen Elementarinhalt auf $\mathcal{I}^k$**

Es existiert genau ein Inhalt $I_k : \mathcal{F}^k \to \mathbb{R}$ auf dem Ring $\mathcal{F}^k$ der $k$-dimensionalen Figuren, der $I_k^*$ fortsetzt, für den also gilt:

$$I_k(A) = I_k^*(A), \quad A \in \mathcal{I}^k.$$

**Beweis** In Aufgabe 8.33 wird allgemein bewiesen, dass ein auf einem Halbring $\mathcal{H}$ definierter Inhalt eine eindeutige Fortsetzung auf den erzeugten Ring $\rho(\mathcal{H})$ besitzt. Es ist also nur zu zeigen, dass $I_k^*$ einen Inhalt auf dem Halbring $\mathcal{I}^k$ darstellt, also die Bedingung $I_k^*(\emptyset) = 0$ erfüllt und endlich-additiv ist. Wegen $(x, x] = \emptyset$ ist nach Definition von $I_k^*$ die erste Eigenschaft gegeben. Zum Nachweis der Additivität von $I_k^*$ stellen wir zunächst eine Vorüberlegung an: Sind $A := (x, y] \in \mathcal{I}^k$ mit $x < y$ und $a \in \mathbb{R}$ mit $x_j < a < y_j$ für ein $j = 1, \ldots, k$, so zerlegt die durch

$$H_j(a) := \{z = (z_1, \ldots, z_k) \in \mathbb{R}^k \mid z_j = a\}$$

definierte Hyperebene die Menge $A$ in zwei disjunkte Mengen $A_1 = (x, y']$ und $A_2 = (x', y]$ aus $\mathcal{I}^k$. Dabei gehen $x'$ aus $x$ und $y'$ aus $y$ dadurch hervor, dass man jeweils die $j$-te Koordinate in $a$ ändert (Abb. 8.7 links).

Nach Definition von $I_k^*$ gilt dann $I_k^*(A) = I_k^*(A_1) + I_k^*(A_2)$. Induktiv ergibt sich jetzt

$$I_k^*(A) = I_k^*(A_1) + \ldots + I_k^*(A_n), \tag{8.6}$$

wenn eine Menge $A \in \mathcal{I}^k$ mithilfe endlich vieler Hyperebenen der oben beschriebenen Art in paarweise disjunkte Mengen $A_1, \ldots, A_n \in \mathcal{I}^k$ zerlegt wird.

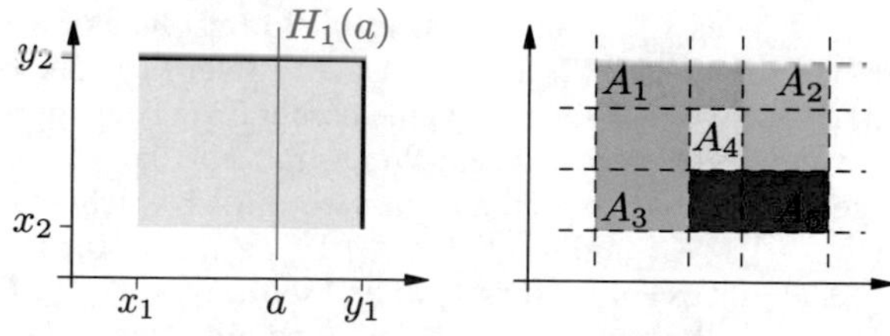


**Abb. 8.7** Aufspaltung einer Menge aus $\mathcal{I}^2$ durch Hyperebenenschnitte

Es seien nun $A_1, \ldots, A_n$ paarweise disjunkte und ohne Beschränkung der Allgemeinheit nichtleere Mengen aus $\mathcal{I}^k$ mit der Eigenschaft $A := \sum_{j=1}^n A_j \in \mathcal{I}^k$. Wir behaupten die Gültigkeit von $I_k^*(A) = \sum_{j=1}^n I_k^*(A_j)$, womit $I_k^*$ als endlich-additiv nachgewiesen wäre. Hierzu sei $A_j =: (u_j, v_j]$ mit $u_j = (u_{j1}, \ldots, u_{jk})$ und $v_j = (v_{j1}, \ldots, v_{jk})$. Indem man die Menge $A$ mit allen Hyperebenen $H_i(u_{ji})$ und $H_i(v_{ji})$ ($i = 1, \ldots, k$, $j = 1, \ldots, n$) schneidet, zerfällt $A$ in endlich viele paarweise disjunkte Mengen $B_1, \ldots, B_m \in \mathcal{I}^k$ (siehe Abb. 8.7 rechts, im dortigen Beispiel ist $n = 5$ und $m = 9$). Jede der Mengen $A_1, \ldots, A_n$ spaltet sich in gewisse dieser $B_1, \ldots, B_m$ auf. Verwendet man die in Gleichung (8.6) mündende Vorüberlegung für $A$ und jedes einzelne $A_j$, so folgt die Behauptung. ■

Im Hinblick auf die Existenz eines Maßes auf einer geeigneten $\sigma$-Algebra $\mathcal{A} \supseteq \mathcal{F}^k$, das den Inhalt $I_k$ fortsetzt, ist folgender Sachverhalt entscheidend:

**Satz (Borel 1894)**

Der Inhalt $I_k$ auf $\mathcal{F}^k$ ist $\sigma$-additiv, also ein Prämaß.

**Beweis** Da $I_k$ endlich ist, müssen wir nach Eigenschaft f) eines Inhalts nur die $\emptyset$-Stetigkeit von $I_k$ nachweisen. Sei hierzu $(A_n)$ eine Folge aus $\mathcal{I}^k$ mit $A_n \downarrow \emptyset$. Zu zeigen ist $\lim_{n\to\infty} I_k(A_n) = 0$. Wir führen den Beweis durch Kontraposition, nehmen also

$$\varepsilon := \lim_{n\to\infty} I_k(A_n) = \inf_{n\geq 1} I_k(A_n) > 0$$

an und zeigen $\bigcap_{n=1}^\infty A_n \neq \emptyset$, was ein Widerspruch zu $A_n \downarrow \emptyset$ wäre. Da $A_n$ disjunkte Vereinigung endlich vieler Mengen aus $\mathcal{I}^k$ ist, kann man durch eine naheliegende Verkleinerung dieser Mengen „von links unten her" eine Figur $B_n \in \mathcal{F}^k$ mit den Eigenschaften

$$\overline{B}_n \subseteq A_n, \qquad I_k(B_n) \geq I_k(A_n) - \frac{\varepsilon}{2^n} \tag{8.7}$$

erhalten. Dabei bezeichne allgemein $\overline{B}$ die abgeschlossene Hülle einer Menge $B \subseteq \mathbb{R}^k$. Setzen wir $C_n := B_1 \cap \ldots \cap B_n$, so ist $(C_n)$ eine Folge aus $\mathcal{F}^k$ mit $C_n \supseteq C_{n+1}$, $n \geq 1$, und $\overline{C}_n \subseteq \overline{B}_n \subseteq A_n$, $n \geq 1$. Die Mengen $C_1, C_2, \ldots$ sind abgeschlossen und beschränkt, sodass mit $(C_n)$ eine absteigende Folge *kompakter* Mengen vorliegt.

Nach dem *Cantorschen Durchschnittssatz* muss $\bigcap_{n=1}^\infty C_n \neq \emptyset$ gelten, falls jedes $C_n$ nichtleer ist. Zum Beweis dieses Satzes wählen wir aus jedem $C_n$ ein $x_n$. Da $C_n$ Teilmenge der beschränkten Menge $C_1$ ist, ist $(x_n)$ eine beschränkte Folge in $\mathbb{R}^k$, die nach dem Satz von Bolzano-Weierstraß eine konvergente Teilfolge $(x_{n_\ell})_{\ell\geq 1}$ besitzt, deren Grenzwert mit $x$ bezeichnet sei. Es gilt $x \in \bigcap_{n=1}^\infty C_n$ und folglich $x \in \bigcap_{n=1}^\infty A_n$, denn für jedes feste $m \in \mathbb{N}$ gibt es ein $\ell$ mit $n_\ell \geq m$ und somit $x_{n_i} \in C_{n_\ell} \subseteq C_m$ für jedes $i \geq \ell$. Wegen $x_{n_i} \to x$ für $i \to \infty$ gilt $x \in C_m$. Da $m$ beliebig war, folgt die Behauptung.

Dass $C_n \neq \emptyset$ für jedes $n \geq 1$ gilt, zeigen wir durch den Nachweis der Ungleichungen

$$I_k(C_n) \geq I_k(A_n) - \varepsilon(1 - 2^{-n}), \qquad n \geq 1. \tag{8.8}$$

Wegen $I_k(A_n) \geq \varepsilon$ würde dann $I_k(C_n) \geq \varepsilon/2^n > 0$ und somit die noch fehlende Aussage $C_n \neq \emptyset$, $n \geq 1$, folgen. Der Nachweis von (8.8) erfolgt durch Induktion über $n$, wobei der Induktionsanfang $n = 1$ wegen $C_1 = B_1$ mit (8.7) erbracht ist. Wir nehmen nun (8.8) für ein $n$ an und beachten, dass wegen $C_{n+1} = B_{n+1} \cap C_n$ nach Aufgabe 8.25 die Beziehung

$$I_k(C_{n+1}) = I_k(B_{n+1}) + I_k(C_n) - I_k(B_{n+1} \cup C_n)$$

besteht. Nach (8.7) gilt $I_k(B_{n+1}) \geq I_k(A_{n+1}) - \varepsilon/2^{n+1}$, und $B_{n+1} \cup C_n \subseteq A_{n+1} \cup A_n = A_n$ hat $I_k(B_{n+1} \cup C_n) \leq I_k(A_n)$ zur Folge – da $\mu$ monoton ist. Zusammen mit der Induktionsvoraussetzung folgt

$$\begin{aligned} I_k(C_{n+1}) &\geq I_k(A_{n+1}) - \frac{\varepsilon}{2^{n+1}} + I_k(A_n) - \varepsilon\left(1 - \frac{1}{2^n}\right) - I_k(A_n) \\ &= I_k(A_{n+1}) - \varepsilon\left(1 - \frac{1}{2^{n+1}}\right), \end{aligned}$$

was zu zeigen war. ■

**Satz über die Eigenschaften von Maßen**

Ist $(\Omega, \mathcal{A}, \mu)$ ein Maßraum, so besitzt $\mu$ die folgenden Eigenschaften: Dabei sind $A, B, A_1, A_2, \ldots$ Mengen aus $\mathcal{A}$.

a) $\mu$ ist **endlich-additiv**, d. h., es gilt $\mu\left(\sum_{j=1}^n A_j\right) = \sum_{j=1}^n \mu(A_j)$ für jedes $n \geq 2$ und jede Wahl paarweise disjunkter Mengen $A_1, \ldots, A_n$,
b) $\mu$ ist **monoton**, d. h., es gilt $A \subseteq B \Longrightarrow \mu(A) \leq \mu(B)$,
c) $\mu$ ist **subtraktiv**, d. h., es gilt $A \subseteq B$ und $\mu(A) < \infty \Longrightarrow \mu(B \setminus A) = \mu(B) - \mu(A)$,
d) $\mu$ ist **$\sigma$-subadditiv**, d. h., es gilt $\mu\left(\bigcup_{j=1}^\infty A_j\right) \leq \sum_{j=1}^\infty \mu(A_j)$,
e) $\mu$ ist **stetig von unten**, d. h., es gilt $A_n \uparrow A \Longrightarrow \mu(A) = \lim_{n\to\infty} \mu(A_n)$,
f) $\mu$ ist **stetig von oben**, d. h., es gilt $A_n \downarrow A$ und $\mu(A_1) < \infty \Longrightarrow \mu(A) = \lim_{n\to\infty} \mu(A_n)$.

**Achtung** Für die Stetigkeit von unten vereinbaren wir, dass für eine Folge $(a_n)$ mit $0 \leq a_n \leq a_{n+1} \leq \infty$, $n \in \mathbb{N}$, $\lim_{n\to\infty} a_n := \infty$ gesetzt wird, falls entweder $a_n = \infty$ für mindestens ein $n$ gilt oder andernfalls die (dann) reelle Folge $(a_n)$ unbeschränkt ist. ◄

**Beweis** Dass die $\sigma$-Additivität die endliche Additivität impliziert, wurde schon angemerkt. Die Behauptungen b) bis d) ergeben sich aus dem Satz über die Eigenschaften von Inhalten. Zum Nachweis von e) kann der Beweis von Teil a) des Satzes über die Stetigkeit von unten eines Wahrscheinlichkeitsmaßes aus Abschn. 2.5 wörtlich übernommen werden; man muss nur stets $\mathbb{P}$ durch $\mu$ ersetzen.

Um f) zu zeigen, beachte man, dass aus $A_n \downarrow A$ die Konvergenz $A_1 \setminus A_n \uparrow A_1 \setminus A$ folgt. Die bereits bewiesenen Teile e) und c) liefern dann wegen $\mu(A_1) < \infty$

$$\begin{aligned}\mu(A_1) - \mu(A) &= \mu(A_1 \setminus A)\\ &= \lim_{n\to\infty} \mu(A_1 \setminus A_n)\\ &= \lim_{n\to\infty} [\mu(A_1) - \mu(A_n)]\\ &= \mu(A_1) - \lim_{n\to\infty} \mu(A_n)\end{aligned}$$

und somit die Behauptung. ■

Das nachfolgende Beispiel zeigt, dass auf die Voraussetzung $\mu(A) < \infty$ in f) nicht verzichtet werden kann.

**Beispiel** Es seien $\Omega := \mathbb{N}$, $\mathcal{A} := \mathcal{P}(\Omega)$, $\mu(A) := |A|$, falls $A$ endlich, und $\mu(A) := \infty$ sonst, sowie $A_n := \{n, n+1, n+2, \ldots\}$. Dann gilt $A_n \downarrow \emptyset$, aber $\mu(A_n) = \infty$ für jedes $n$. ◄

## Ein auf einem ∩-stabilen Erzeuger $\mathcal{M}$ von $\mathcal{A}$ $\sigma$-endliches Maß ist durch seine Werte auf $\mathcal{M}$ festgelegt

Bevor wir uns dem Problem widmen, ein auf einem Halbring $\mathcal{H}$ definiertes Prämaß auf die erzeugte $\sigma$-Algebra fortzusetzen, soll der Frage nachgegangen werden, inwieweit eine solche Fortsetzung, sofern sie denn existiert, eindeutig bestimmt ist. Eine Antwort hierauf gibt der folgende Satz.

**Eindeutigkeitssatz für Maße**

Es seien $\Omega \neq \emptyset$, $\mathcal{A}$ eine $\sigma$-Algebra über $\Omega$, $\mathcal{M} \subseteq \mathcal{P}(\Omega)$ ein ∩-stabiler Erzeuger von $\mathcal{A}$ und $\mu_1$ sowie $\mu_2$ Maße auf $\mathcal{A}$, die auf $\mathcal{M}$ übereinstimmen, für die also

$$\mu_1(M) = \mu_2(M), \qquad M \in \mathcal{M},$$

gilt. Gibt es eine aufsteigende Folge $M_n \uparrow \Omega$ von Mengen aus $\mathcal{M}$ mit der Eigenschaft

$$\mu_1(M_n)\ (= \mu_2(M_n)) < \infty, \qquad n \in \mathbb{N},$$

so folgt $\mu_1 = \mu_2$.

**Beweis** Zu einer beliebigen Menge $B \in \mathcal{M}$ mit $\mu_1(B) = \mu_2(B) < \infty$ setzen wir

$$\mathcal{D}_B := \{A \in \mathcal{A} \mid \mu_1(B \cap A) = \mu_2(B \cap A)\}.$$

Nachrechnen der definierenden Eigenschaften zeigt, dass $\mathcal{D}_B$ ein Dynkin-System ist (Aufgabe 8.14). Wegen der Gleichheit von $\mu_1$ und $\mu_2$ auf $\mathcal{M}$ und der ∩-Stabilität von $\mathcal{M}$ gilt $\mathcal{M} \subseteq \mathcal{D}_B$ und somit $\delta(\mathcal{M}) \subseteq \mathcal{D}_B$. Da $\mathcal{M}$ ∩-stabil ist, gilt $\delta(\mathcal{M}) = \sigma(\mathcal{M})$, und wir erhalten $\mathcal{A} = \sigma(\mathcal{M}) \subseteq \mathcal{D}_B$, also insbesondere $\mathcal{A} \subseteq \mathcal{D}_{M_n}$ für jedes $n$. Wegen $A \cap M_n \uparrow A$, $A \in \mathcal{A}$, liefert die Stetigkeit von unten

$$\mu_1(A) = \lim_{n\to\infty} \mu_1(A \cap M_n) = \lim_{n\to\infty} \mu_2(A \cap M_n) = \mu_2(A),$$

$A \in \mathcal{A}$, was zu zeigen war. ■

**Video 8.4** Der Eindeutigkeitssatz für Maße

Die $\sigma$-Algebra $\mathcal{B}^k$ der Borel-Mengen im $\mathbb{R}^k$ besitzt u. a. den ∩-stabilen Erzeuger $\mathcal{I}^k$. Im Hinblick auf unser eingangs formuliertes Problem, möglichst vielen Teilmengen des $\mathbb{R}^k$ ein $k$-dimensionales Volumen zuzuordnen, ergibt sich wegen der Endlichkeit des geometrischen Elementarinhalts $\prod_{j=1}^k (y_j - x_j)$ eines Quaders $(x, y] \in \mathcal{I}^k$ und der Konvergenz $(-n, n]^k \uparrow \mathbb{R}^k$ bei $n \to \infty$ aus dem Eindeutigkeitssatz:

**Folgerung** Es gibt (wenn überhaupt) nur ein Maß $\mu$ auf $\mathcal{B}^k$ mit

$$\mu((x, y]) = \prod_{j=1}^k (y_j - x_j), \qquad (x, y] \in \mathcal{I}^k.$$ ◄

Die entscheidende Idee, wie ein auf einem Halbring $\mathcal{H}$ definiertes Prämaß $\mu$ auf die erzeugte $\sigma$-Algebra $\sigma(\mathcal{H})$ fortgesetzt werden kann, besteht darin, in zwei Schritten vorzugehen. Dabei ist man zunächst ganz unbescheiden und erweitert $\mu$ auf die volle Potenzmenge von $\Omega$. Natürlich kann man nicht hoffen, dass die so entstehende Mengenfunktion $\sigma$-additiv, also ein Maß ist, aber sie besitzt als sog. *äußeres Maß* gewisse wünschenswerte Eigenschaften. In einem zweiten Schritt schränkt man sich dann hinsichtlich des Definitionsbereichs wieder ein, erhält dafür aber ein Maß, das $\mu$ fortsetzt. Dabei ist der Definitionsbereich dieses Maßes hinreichend reichhaltig, um die von $\mathcal{H}$ erzeugte $\sigma$-Algebra zu umfassen.

**Definition eines äußeren Maßes**

Eine Mengenfunktion $\mu^* : \mathcal{P}(\Omega) \to [0, \infty]$ heißt **äußeres Maß**, falls gilt:

- $\mu^*(\emptyset) = 0$,
- aus $A \subseteq B$ folgt $\mu^*(A) \leq \mu^*(B)$ **(Monotonie)**,
- $\mu^*\left(\bigcup_{j=1}^\infty A_j\right) \leq \sum_{j=1}^\infty \mu^*(A_j)$ $(A_1, A_2, \ldots \subseteq \Omega)$ **($\sigma$-Subadditivität)**.

Ein äußeres Maß besitzt also die gegenüber einem Maß schwächeren – weil aus der $\sigma$-Additivität folgenden – Eigenschaften der Monotonie und $\sigma$-Subadditivität. Dafür ist es aber auf *jeder* Teilmenge von $\Omega$ definiert.

Kapitel 8

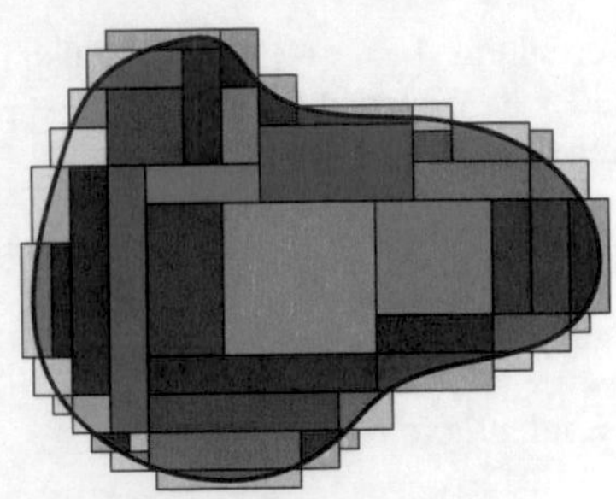

**Abb. 8.8** Eine endliche Überdeckungsfolge aus $\mathcal{I}^2$ für die Menge $A$ aus Abb. 8.2 links



### Beispiel

- Jedes Maß auf $\mathcal{P}(\Omega)$ ist ein äußeres Maß.
- Es sei $\mu^*(A) := 0$, falls $A \subseteq \Omega$ abzählbar, und sonst $\mu^*(A) := 1$. Dann ist $\mu^*$ ein äußeres Maß. Dabei ist $\Omega \neq \emptyset$ beliebig.
- Es sei $\Omega = \mathbb{R}^k$ und $\mu^*(A) := 0$, falls $A \subseteq \mathbb{R}^k$ eine beschränkte Menge ist, sowie $\mu^*(A) := 1$ sonst. Dann ist $\mu^*$ kein äußeres Maß auf $\mathcal{P}(\mathbb{R}^k)$, da $\mu^*$ nicht $\sigma$-subadditiv ist. Zum Nachweis merken wir an, dass $\mathbb{Q}^k =: \{q_1, q_2, \ldots\}$ eine abzählbare unbeschränkte Menge ist, wohingegen jede einelementige Menge $\{q_j\}$ beschränkt ist. Es folgt $1 = \mu^*(\mathbb{Q}^k) = \mu^*(\sum_{j=1}^{\infty}\{q_j\}) > 0 = \sum_{j=1}^{\infty} \mu^*(\{q_j\})$, was der $\sigma$-Subadditivität widerspricht. ◀

Die Namensgebung *äußeres Maß* wird durch die in der nachfolgenden Definition beschriebene Vorgehensweise verständlich und ist im Abb. 8.8 illustriert.

**Definition des von einer Mengenfunktion induzierten äußeren Maßes**

Es seien $\mathcal{M} \subseteq \mathcal{P}(\Omega)$ ein Mengensystem mit $\emptyset \in \mathcal{M}$ und $\mu : \mathcal{M} \to [0, \infty]$ eine Mengenfunktion mit $\mu(\emptyset) = 0$. Für $A \subseteq \Omega$ bezeichne

$$\mathcal{U}(A) := \{(A_n)_{n\in\mathbb{N}} \mid A_n \in \mathcal{M}\ \forall n \geq 1, A \subseteq \bigcup_{n=1}^{\infty} A_n\}$$

die (unter Umständen leere) Menge alle Überdeckungsfolgen von $A$ durch Mengen aus $\mathcal{M}$. Dann wird durch die Festsetzung

$$\mu^*(A) := \inf\left\{\sum_{n=1}^{\infty} \mu(A_n) \middle| (A_n)_{n\in\mathbb{N}} \in \mathcal{U}(A)\right\},$$

falls $\mathcal{U}(A) \neq \emptyset$, und $\mu^*(A) := \infty$ sonst, ein (durch „Approximation von außen" gewonnenes) äußeres Maß definiert, das auch als **das von $\mu$ induzierte äußere Maß** bezeichnet wird.

**Beweis** Wegen $\emptyset \in \mathcal{M}$ und $\mu(\emptyset) = 0$ gilt $\mu^*(\emptyset) = 0$. Die Monotonie von $\mu^*$ folgt aus der Tatsache, dass im Fall $A \subseteq B$ jede $B$ überdeckende Folge aus $\mathcal{M}$ auch $A$ überdeckt, also $\mathcal{U}(B) \subseteq \mathcal{U}(A)$ gilt. Zum Nachweis der $\sigma$-Subadditivität von $\mu^*$ kann o.B.d.A. $\mu^*(A_n) < \infty$ für jedes $n$ angenommen werden. Nach Definition von $\mu^*$ existiert dann zu beliebig vorgegebenem $\varepsilon > 0$ für jedes $n$ eine Folge $(B_{n,k})_{k\geq 1}$ von Mengen aus $\mathcal{M}$ mit $A_n \subseteq \bigcup_{k=1}^{\infty} B_{n,k}$ und

$$\sum_{k=1}^{\infty} \mu(B_{n,k}) \leq \mu^*(A_n) + \frac{\varepsilon}{2^n}, \qquad n \geq 1.$$

Da die Doppelfolge $(B_{n,k})_{n,k\geq 1}$ eine Überdeckungsfolge aus $\mathcal{M}$ für $\bigcup_{n=1}^{\infty} A_n$ darstellt, ergibt sich

$$\mu^*\left(\bigcup_{n=1}^{\infty} A_n\right) \leq \sum_{n=1}^{\infty}\sum_{k=1}^{\infty} \mu(B_{n,k}) \leq \sum_{n=1}^{\infty} \mu^*(A_n) + \varepsilon.$$

Weil $\varepsilon > 0$ beliebig war, folgt die Behauptung. ■

**Video 8.5** Äußeres Maß

## Ein äußeres Maß ist auf der $\sigma$-Algebra der $\mu^*$-messbaren Mengen ein Maß

Das folgende, auf den Mathematiker und Physiker Constantin Carathéodory (1873–1950) zurückgehende Lemma zeigt, dass ein äußeres Maß nach Einschränkung auf eine geeignete $\sigma$-Algebra zu einem Maß führt.

**Lemma (von Carathéodory)** Für ein äußeres Maß $\mu^* : \mathcal{P}(\Omega) \to [0, \infty]$ bezeichne

$$\begin{aligned}\mathcal{A}(\mu^*) := \{A \subseteq \Omega \mid \mu^*(A \cap E) + \mu^*(A^c \cap E)\\ = \mu^*(E)\ \forall E \subseteq \Omega\}\end{aligned}$$

das System der sog. **$\mu^*$-messbaren Mengen**. Dann gelten:

a) $\mathcal{A}(\mu^*)$ ist eine $\sigma$-Algebra über $\Omega$,
b) die Restriktion von $\mu^*$ auf $\mathcal{A}(\mu^*)$ ist ein Maß. ◀

**Beweis** a) Nach Konstruktion enthält $\mathcal{A}(\mu^*)$ mit jeder Menge auch deren Komplement, und es gilt $\Omega \in \mathcal{A}(\mu^*)$. Wir zeigen zunächst, dass $\mathcal{A}(\mu^*)$ $\cup$-stabil (und damit wegen der Komplement-Stabilität auch $\cap$-stabil) ist. Gehören $A$ und $B$ zu $\mathcal{A}(\mu^*)$, gelten also

$$\mu^*(A \cap E) + \mu^*(A^c \cap E) = \mu^*(E) \quad \forall E \subseteq \Omega, \tag{8.9}$$

$$\mu^*(B \cap E) + \mu^*(B^c \cap E) = \mu^*(E) \quad \forall E \subseteq \Omega, \tag{8.10}$$

so ersetzen wir die beliebige Menge $E$ in (8.10) zum einen durch $A \cap E$, zum anderen durch $A^c \cap E$ und erhalten

$$\mu^*(A \cap B \cap E) + \mu^*(A \cap B^c \cap E) = \mu^*(A \cap E) \quad \text{und}$$

$$\mu^*(A^c \cap B \cap E) + \mu^*(A^c \cap B^c \cap E) = \mu^*(A^c \cap E)$$

für alle $E \subseteq \Omega$.

Setzt man diese Ausdrücke in (8.9) ein, so folgt

$$\mu^*(E) = \mu^*(A \cap B \cap E) + \mu^*(A \cap B^c \cap E) + \mu^*(A^c \cap B \cap E) + \mu^*(A^c \cap B^c \cap E)$$

für jedes $E \subseteq \Omega$ und somit – indem man hier $E$ durch $(A \cup B) \cap E$ ersetzt – auch

$$\mu^*(E \cap (A \cup B)) = \mu^*(A \cap B \cap E) + \mu^*(A \cap B^c \cap E) + \mu^*(A^c \cap B \cap E) \quad (8.11)$$

für jedes $E \subseteq \Omega$. Aus den beiden letzten Gleichungen ergibt sich jetzt

$$\mu^*((A \cup B) \cap E) + \mu^*((A \cup B)^c \cap E) = \mu^*(E) \quad \forall E \subseteq \Omega$$

und somit wie behauptet $A \cup B \in \mathcal{A}(\mu^*)$.

Wir zeigen jetzt, dass $\mathcal{A}(\mu^*)$ mit einer Folge paarweise disjunkter Mengen $A_1, A_2, \ldots$ auch deren mit $A := \sum_{j=1}^{\infty} A_j$ bezeichnete Vereinigung enthält, also ein Dynkin-System ist. Wegen der $\cap$-Stabilität ist dann $\mathcal{A}(\mu^*)$ eine $\sigma$-Algebra. Setzen wir kurz $B_n := \sum_{j=1}^{n} A_j$, so folgt aus (8.11) mithilfe vollständiger Induktion über $n$

$$\mu^*(B_n \cap E) = \sum_{j=1}^{n} \mu^*(A_j \cap E) \quad \forall E \subseteq \Omega \ \forall n \geq 1.$$

Da $B_n$ nach dem bereits Gezeigten in $\mathcal{A}(\mu^*)$ liegt und $\mu^*$ monoton ist, ergibt sich somit

$$\mu^*(E) = \mu^*(B_n \cap E) + \mu^*(B_n^c \cap E) \geq \sum_{j=1}^{n} \mu^*(A_j \cap E) + \mu^*(A^c \cap E)$$

für jedes $n \geq 1$, also auch

$$\mu^*(E) \geq \sum_{j=1}^{\infty} \mu^*(A_j \cap E) + \mu^*(A^c \cap E) \quad \forall E \subseteq \Omega. \quad (8.12)$$

Die $\sigma$-Subadditivität von $\mu^*$ liefert dann

$$\mu^*(E) \geq \mu^*(A \cap E) + \mu^*(A^c \cap E) \quad \forall E \subseteq \Omega.$$

Wegen $E = A \cap E + A^c \cap E + \emptyset + \emptyset + \ldots$ und der $\sigma$-Subadditivität von $\mu^*$ gilt hier auch „$\leq$", also insgesamt

$$\mu^*(A \cap E) + \mu^*(A^c \cap E) = \mu^*(E) \quad \forall E \subseteq \Omega$$

und somit $A \in \mathcal{A}(\mu^*)$, was zu zeigen war.

b) Setzen wir in (8.12) speziell $E = A$, so folgt $\mu^*(A) \geq \sum_{j=1}^{\infty} \mu^*(A_j)$. Zusammen mit der $\sigma$-Subadditivität von $\mu^*$ gilt also $\mu^*(A) = \sum_{j=1}^{\infty} \mu^*(A_j)$, was die $\sigma$-Additivität von $\mu^*$ auf $\mathcal{A}(\mu^*)$ zeigt. Also ist die Restriktion von $\mu^*$ auf die $\sigma$-Algebra $\mathcal{A}(\mu^*)$ ein Maß. ■

## Jedes Prämaß auf einem Halbring $\mathcal{H}$ lässt sich auf die $\sigma$-Algebra $\sigma(\mathcal{H})$ fortsetzen

Die Definition der $\mu^*$-Messbarkeit einer Menge $A$ besagt, dass $A$ und $A^c$ *jede* Teilmenge von $\Omega$ in zwei Teile zerlegen, auf denen sich $\mu^*$ additiv verhält. Aus diesem Grund wird das System $\mathcal{A}(\mu^*)$ häufig auch als *Gesamtheit der additiven Zerleger zu* $\mu^*$ bezeichnet. Die Bedeutung der $\sigma$-Algebra $\mathcal{A}(\mu^*)$ zeigt sich im Beweis des nachstehenden grundlegenden Maß-Fortsetzungssatzes.

**Maß-Fortsetzungssatz**

Es seien $\mathcal{H} \subseteq \mathcal{P}(\Omega)$ ein Halbring und $\mu : \mathcal{H} \to [0, \infty]$ ein Prämaß. Dann existiert mindestens ein Maß $\widetilde{\mu}$ auf $\sigma(\mathcal{H})$ mit

$$\mu(A) = \widetilde{\mu}(A), \qquad A \in \mathcal{H}.$$

Ist $\mu$ $\sigma$-endlich, so ist $\widetilde{\mu}$ eindeutig bestimmt.

**Beweis** Es seien $\mu^*$ das von $\mu$ induzierte äußere Maß und $\mathcal{A}(\mu^*)$ die $\sigma$-Algebra der $\mu^*$-messbaren Mengen. Wir behaupten zunächst, dass jede Menge aus $\mathcal{H}$ $\mu^*$-messbar ist, also $\mathcal{H} \subseteq \mathcal{A}(\mu^*)$ gilt. Seien hierzu $A \in \mathcal{H}$ und $E \subseteq \Omega$ beliebig. Aufgrund der $\sigma$-Subadditivität von $\mu^*$ ist nur

$$\mu^*(A \cap E) + \mu^*(A^c \cap E) \leq \mu^*(E)$$

zu zeigen, wobei o.B.d.A. $\mu^*(E) < \infty$ angenommen werden kann. Nach Definition von $\mu^*$ gibt es zu beliebigem $\varepsilon > 0$ eine Folge $(A_n)_{n\geq 1}$ aus $\mathcal{H}$ mit $E \subseteq \bigcup_{n=1}^{\infty} A_n$ und

$$\sum_{n=1}^{\infty} \mu(A_n) \leq \mu^*(E) + \varepsilon. \quad (8.13)$$

Da $\mathcal{H}$ ein Halbring ist, liegt für jedes $n \geq 1$ die Menge $B_n := A \cap A_n$ in $\mathcal{H}$, und zu jedem $n$ existieren paarweise disjunkte Mengen $C_{n,1}, C_{n,2}, \ldots, C_{n,m_n}$ aus $\mathcal{H}$ mit

$$A_n \cap A^c = A_n \setminus B_n = \sum_{k=1}^{m_n} C_{n,k},$$

also

$$A_n = B_n + \sum_{k=1}^{m_n} C_{n,k}. \quad (8.14)$$

Wegen $A \cap E \subseteq \bigcup_{n=1}^{\infty} B_n$, $A^c \cap E \subseteq \bigcup_{n=1}^{\infty} \sum_{k=1}^{m_n} C_{n,k}$ ergibt sich unter Verwendung der Definition von $\mu^*$, des großen Umordnungssatzes für Reihen sowie (8.14) und der endlichen Additivität von $\mu$

$$\begin{aligned}\mu^*(A \cap E) + \mu^*(A^c \cap E) &\leq \sum_{n=1}^{\infty} \mu(B_n) + \sum_{n=1}^{\infty}\sum_{k=1}^{m_n} \mu(C_{n,k}) \\ &= \sum_{n=1}^{\infty} \left[ \mu(B_n) + \sum_{k=1}^{m_n} \mu(C_{n,k}) \right] \\ &= \sum_{n=1}^{\infty} \mu(A_n).\end{aligned}$$

Kapitel 8

Da $\varepsilon$ in (8.13) beliebig war, folgt $\mathcal{H} \subseteq \mathcal{A}(\mu^*)$ und – weil $\mathcal{A}(\mu^*)$ eine $\sigma$-Algebra ist – auch $\sigma(\mathcal{H}) \subseteq \mathcal{A}(\mu^*)$. Es bleibt somit nur die Gleichheit

$$\mu^*(A) = \mu(A), \qquad A \in \mathcal{H}, \tag{8.15}$$

zu zeigen. Dann wäre nämlich die Restriktion von $\mu^*$ auf $\sigma(\mathcal{H})$ eine gesuchte Fortsetzung $\widetilde{\mu}$. Da $(A, \emptyset, \emptyset, \ldots)$ *eine* Überdeckungsfolge von $A$ durch Mengen aus $\mathcal{H}$ ist, gilt $\mu^*(A) \leq \mu(A)$, sodass nur $\mu^*(A) \geq \mu(A)$ $(A \in \mathcal{H})$ nachzuweisen ist. Diese Ungleichung folgt aber aufgrund der $\sigma$-Subadditivität und Monotonie von $\mu$ aus der für eine beliebige Folge $(A_n)_{n\geq 1}$ aus $\mathcal{H}$ mit $A \subseteq \bigcup_{n=1}^{\infty} A_n$ gültigen Ungleichungskette

$$\mu(A) = \mu\left(\bigcup_{n=1}^{\infty}(A \cap A_n)\right) \leq \sum_{n=1}^{\infty} \mu(A \cap A_n) \leq \sum_{n=1}^{\infty} \mu(A_n).$$

Die Eindeutigkeit der Fortsetzung im Falle der $\sigma$-Endlichkeit von $\mu$ ergibt sich unmittelbar aus dem Eindeutigkeitssatz für Maße. ■

Weil der geometrische Elementarinhalt $I_k$ ein Prämaß auf dem Ring $\mathcal{F}^k$ der $k$-dimensionalen Figuren darstellt und $\mathcal{F}^k$ die Borelsche $\sigma$-Algebra $\mathcal{B}^k$ erzeugt, können wir im Hinblick auf das eingangs gestellte Inhalts- und Maßproblem das folgende wichtige Ergebnis festhalten:

**Existenz und Eindeutigkeit des Borel-Lebesgue-Maßes**

Es gibt genau ein Maß $\lambda^k$ auf der Borelschen $\sigma$-Algebra $\mathcal{B}^k$ mit der Eigenschaft

$$\lambda^k((x, y]) = \prod_{j=1}^{k}(y_j - x_j), \qquad (x, y] \in \mathcal{I}^k.$$

Dieses Maß heißt **Borel-Lebesgue-Maß** im $\mathbb{R}^k$.

Durch das Borel-Lebesgue-Maß $\lambda^k$ wird in zufriedenstellender Weise das Problem gelöst, möglichst vielen Teilmengen des $\mathbb{R}^k$ ein $k$-dimensionales Volumen ($k = 1$: Länge, $k = 2$: Fläche) zuzuordnen, zumal wir im nächsten Abschnitt sehen werden, dass $\lambda^k$ bewegungsinvariant ist. Hintergrundinformationen über $\lambda^k$ im Zusammenhang mit dem Lebesgue-Maß und dem Jordan-Inhalt finden sich in einer Hintergrund-und-Ausblick-Box.

**Folgerung** Sind $A_0 \in \mathcal{B}^k$ eine Borel-Menge und $\mathcal{B}_0^k := A_0 \cap \mathcal{B}^k \subseteq \mathcal{P}(A_0)$ die in (8.1) eingeführte Spur-$\sigma$-Algebra von $\mathcal{B}^k$ in $A_0$, so definiert man über die Festsetzung

$$\lambda_{A_0}^k(B) := \lambda^k(B), \qquad B \in \mathcal{B}_0^k,$$

das **Borel-Lebesgue-Maß auf** $\mathcal{B}_0^k$. Man beachte, dass auf diese Weise aus $(\mathbb{R}^k, \mathcal{B}^k, \lambda^k)$ der neue Maßraum $(A_0, \mathcal{B}_0^k, \lambda_{A_0}^k)$ entsteht. Ein wichtiger Spezialfall ergibt sich, wenn $\lambda^k(A_0) = 1$ gilt. In diesem Fall ist $\lambda_{A_0}^k$ ein Wahrscheinlichkeitsmaß auf $\mathcal{B}_0^k$, die sog. **Gleichverteilung auf** $A_0$. ◀

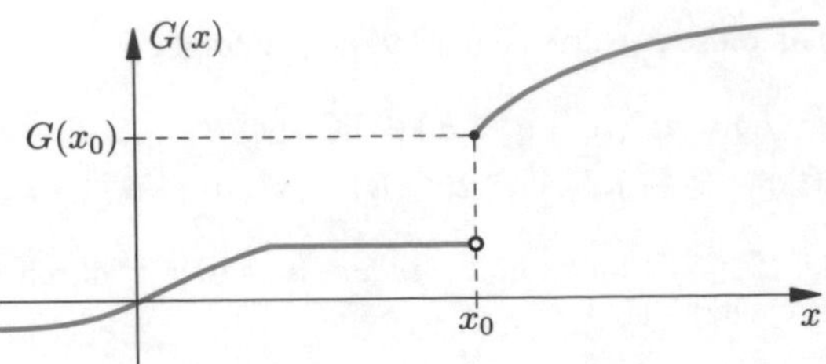


**Abb. 8.9** Graph einer maßdefinierenden Funktion

## Zu jeder maßdefinierenden Funktion gehört genau ein Maß auf der Borel-$\sigma$-Algebra $\mathcal{B}$

Als weitere Anwendung des Maß-Fortsetzungssatzes betrachten wir das Problem der Konstruktion von Maßen auf der Borelschen $\sigma$-Algebra $\mathcal{B}$.

**Definition einer maßdefinierenden Funktion**

Eine Funktion $G : \mathbb{R} \to \mathbb{R}$ heißt **maßdefinierende Funktion**, falls gilt:

- aus $x \leq y$ folgt $G(x) \leq G(y)$, $\quad x, y \in \mathbb{R}$,
- $G$ ist rechtsseitig stetig.

Gilt zusätzlich

- $\lim_{x\to\infty} G(x) = 1$ und $\lim_{x\to-\infty} G(x) = 0$,

so heißt $G$ **Verteilungsfunktion.**

Abb. 8.9 zeigt, dass eine maßdefinierende Funktion Unstetigkeitsstellen und auch Konstanzbereiche besitzen kann. Wegen der (schwachen) Monotonie können Unstetigkeitsstellen nur Sprungstellen von $G$ sein.

Der nachstehende Satz rechtfertigt die Begriffsbildung *maßdefinierende* Funktion. Er zeigt, dass zu jeder solchen Funktion $G$ genau ein Maß auf der Borelschen $\sigma$-Algebra $\mathcal{B}$ korrespondiert, das jedem Intervall $(x, y]$ mit $x < y$ den Wert $G(y) - G(x)$ zuordnet. Als wichtiger Spezialfall wird sich auf anderem Wege das Borel-Lebesgue-Maß auf $\mathcal{B}$ ergeben.

**Satz über maßdefinierende Funktionen**

Ist $G$ eine maßdefinierende Funktion, so existiert genau ein Maß $\mu_G$ auf der Borelschen $\sigma$-Algebra $\mathcal{B}$ mit

$$\mu_G((a, b]) = G(b) - G(a) \quad \forall (a, b] \in \mathcal{I}^1. \tag{8.16}$$

Dieses Maß ist $\sigma$-endlich. Ist $G$ eine Verteilungsfunktion, so ist $\mu_G$ ein Wahrscheinlichkeitsmaß.

Das Maß $\mu_G$ heißt zu Ehren der Mathematiker Henri Léon Lebesgue (1875–1941) und Thomas Jean Stieltjes (1856–1894) **Lebesgue-Stieltjes-Maß** zu $G$.

## Hintergrund und Ausblick: Borel-Lebesgue-Maß, Lebesgue-Maß und Jordan-Inhalt

Das Lebesgue-Maß ist die Vervollständigung von $\lambda^k$, der Jordan-Inhalt arbeitet mit endlichen Überdeckungen aus $\mathcal{F}^k$.

Obgleich mit dem Borel-Lebesgue-Maß $\lambda^k$ in zufriedenstellender Weise das Problem gelöst wird, allen praktisch wichtigen Teilmengen des $\mathbb{R}^k$ ein $k$-dimensionales Volumen zuzuordnen, fragt man sich, ob $\lambda^k$ nicht auf eine $\sigma$-Algebra $\mathcal{A} \supseteq \mathcal{B}^k$ fortgesetzt werden kann. Dies trifft in der Tat zu. Bei der Fortsetzung eines Prämaßes $\mu$ auf einem Halbring $\mathcal{H}$ zu einem Maß auf $\sigma(\mathcal{H})$ war ja in einem ersten Schritt ein äußeres Maß $\mu^*$ auf der Potenzmenge von $\Omega$ konstruiert worden. Danach wurde $\mu^*$ auf die $\sigma$-Algebra $\mathcal{A}(\mu^*)$ der $\mu^*$-messbaren Mengen eingeschränkt und erwies sich dort als Maß. Im Beweis des Maß-Fortsetzungssatzes wurde die Beziehung $\sigma(\mathcal{H}) \subseteq \mathcal{A}(\mu^*)$ gezeigt. Hier erhebt sich die natürliche Frage: Um wie viel ist $\mathcal{A}(\mu^*)$ größer als $\sigma(\mathcal{H})$?

Im Fall des geometrischen Elementarinhalts $\mu := I_k$ auf $\mathcal{F}^k$ heißt das Mengensystem $\mathcal{A}(\mu^*)$ die $\sigma$-Algebra der **Lebesgue-messbaren Mengen** im $\mathbb{R}^k$. Sie wird mit $\mathcal{L}^k$ bezeichnet. Die als $\lambda_*^k$ notierte Einschränkung von $\mu^*$ auf $\mathcal{L}^k$ heißt **Lebesgue-Maß** im $\mathbb{R}^k$.

Wegen $\mathcal{B}^k \subseteq \mathcal{L}^k$ ist das Lebesgue-Maß $\lambda_*^k$ eine Fortsetzung von $\lambda^k$ auf die $\sigma$-Algebra $\mathcal{L}^k$. Eine wichtige Eigenschaft, die das Lebesgue-Maß gegenüber $\lambda^k$ auszeichnet, ist seine **Vollständigkeit**. Dabei heißt ein Maß $\mu$ auf einer $\sigma$-Algebra $\mathcal{A} \subseteq \mathcal{P}(\Omega)$ **vollständig**, falls gilt: Ist $A \in \mathcal{A}$ eine Menge mit $\mu(A) = 0$ (eine sog. $\mu$-Nullmenge), und ist $B \subseteq A$, so gilt $B \in \mathcal{A}$. In diesem Fall spricht man auch von einem **vollständigen Maßraum**. In einem solchen Maßraum sind also Teilmengen von $\mu$-Nullmengen stets messbar und damit wegen der Monotonie von $\mu$ auch $\mu$-Nullmengen.

Ist $A \in \mathcal{L}^k$ eine Lebesgue-messbare Menge mit $\lambda_*^k(A) = 0$, und ist $B \subseteq A$ eine beliebige Teilmenge von $A$, so gilt nach Aufgabe 8.27 auch $B \in \mathcal{L}^k$. Das Lebesgue-Maß ist somit vollständig.

Jeder Maßraum $(\Omega, \mathcal{A}, \mu)$ lässt sich wie folgt **vervollständigen**: Das Mengensystem $\mathcal{A}_\mu := \{A \subseteq \Omega \mid \exists E, F \in \mathcal{A} \text{ mit } E \subseteq A \subseteq F \text{ und } \mu(F \setminus E) = 0\}$ ist eine $\mathcal{A}$ enthaltende $\sigma$-Algebra. Die Mengen aus $\mathcal{A}_\mu$ liegen also sämtlich zwischen zwei Mengen aus $\mathcal{A}$, deren Differenz eine $\mu$-Nullmenge bildet. Definiert man eine Mengenfunktion $\overline{\mu}$ auf $\mathcal{A}_\mu$ durch

$$\overline{\mu}(A) := \sup\{\mu(B) \mid B \in \mathcal{A}, B \subseteq A\},$$

so ist $\overline{\mu}$ ein Maß, das $\mu$ fortsetzt, und der Maßraum $(\Omega, \mathcal{A}_\mu, \overline{\mu})$ ist vollständig (siehe Aufgabe 8.28).

Das Lebesgue-Maß $\lambda_*^k$ ist die Vervollständigung von $\lambda^k$. Eine Menge $A \subseteq \mathbb{R}^k$ ist nach obiger Konstruktion genau dann Lebesgue-messbar, wenn es Borel-Mengen $E$ und $F$ mit $E \subseteq A \subseteq F$ und $\lambda^k(F \setminus E) = 0$ gibt. Ein Vorteil des Borel-Lebesgue-Maßes gegenüber $\lambda_*^k$ besteht darin, dass die $\sigma$-Algebra $\mathcal{B}^k$ „näher an der Topologie des $\mathbb{R}^k$ ist", da sie von den offenen Mengen erzeugt wird.

Wir merken noch an, dass jede der Inklusionen $\mathcal{B}^k \subseteq \mathcal{L}^k$ und $\mathcal{L}^k \subseteq \mathcal{P}(\mathbb{R}^k)$ strikt ist.

Aus historischer Sicht gab es vor den bahnbrechenden Arbeiten von Borel und Lebesgue eine Axiomatik der Volumenmessung im $\mathbb{R}^k$, die sich auf den nach dem französischen Mathematiker Camille Jordan (1838–1922) benannten **Jordan-Inhalt** gründete.

Ist allgemein $\mu$ ein Inhalt auf einem Ring $\mathcal{R} \subseteq \mathcal{P}(\Omega)$, so nennt man eine Menge $A \subseteq \Omega$ **Jordan-messbar**, wenn es zu jedem $\varepsilon > 0$ Mengen $E, F$ aus $\mathcal{R}$ mit $E \subseteq A \subseteq F$ und $\mu(F \setminus E) < \varepsilon$ gibt. Das System $\mathcal{R}_\mu$ dieser Mengen ist ein Ring, der $\mathcal{R}$ enthält, und durch

$$\mu^*(A) := \sup\{\mu(B) \mid B \subseteq A,\ B \in \mathcal{R}\}$$

wird eine eindeutig bestimmte additive Fortsetzung von $\mu$ auf $\mathcal{R}_\mu$ definiert. Der oben genannte Jordan-Inhalt entsteht, wenn man den Elementarinhalt $I_k$ auf dem Ring $\mathcal{F}^k$ der $k$-dimensionalen Figuren betrachtet. Eine Menge $A \subseteq \mathbb{R}^k$ ist Jordan-messbar, wenn sie anschaulich gesprochen „beliebig genau zwischen zwei Figuren passt". Insbesondere ist jede Jordan-messbare Teilmenge $A$ des $\mathbb{R}^k$ beschränkt, und es gibt Borel-Mengen $B$ und $C$ mit $B \subseteq A \subseteq C$ und $\lambda^k(C \setminus B) = 0$. Man beachte, dass die Menge $A := \mathbb{Q}^k \cap (0,1]^k$ zwar Borel-, aber nicht Jordan-messbar ist. Als abzählbare Menge gehört $A$ zu $\mathcal{B}^k$, die kleinste Figur, die $A$ enthält, ist $(0,1]^k$, die größte in $A$ enthaltene Figur jedoch die leere Menge. An diesem Beispiel ersieht man den entscheidenden Fortschritt, der mit dem Übergang zu $\sigma$-additiven Mengenfunktionen auf $\sigma$-Algebren verbunden war!

**Beweis** Durch (8.16) wird auf dem Halbring $\mathcal{I}^1$ über $\mathbb{R}$ eine nichtnegative Mengenfunktion mit $\mu_G(\emptyset) = 0$ $(= \mu_G((x,x]))$ definiert. Diese ist endlich-additiv und folglich ein Inhalt, denn sind $A_1, \ldots, A_n$ paarweise disjunkte Mengen aus $\mathcal{I}^1$ mit $A := \sum_{j=1}^n A_j =: (x, y] \in \mathcal{I}^1$, wobei $x < y$, so gilt nach eventueller Umnummerierung $A_j = (x_j, y_j]$, wobei $x_1 = x$, $y_n = y$ und $x_{j+1} = y_j$, $1 \le j \le n-1$. Ein Teleskopeffekt liefert dann wie behauptet

$$\sum_{j=1}^n \mu_G(A_j) = \sum_{j=1}^n (G(y_j) - G(x_j)) = G(y) - G(x) = \mu_G\left(\sum_{j=1}^n A_j\right).$$

Um den Maß-Fortsetzungssatz anwenden zu können, bleibt nur zu zeigen, dass $\mu_G$ $\sigma$-additiv und somit ein Prämaß ist. Letzteres ist wegen der Äquivalenz von $\sigma$-Additivität und $\sigma$-Subadditivität eines Inhalts äquivalent zur $\sigma$-Subadditivität von $\mu_G$. Seien hierzu $A_n = (x_n, y_n]$, $n \ge 1$, eine Folge aus $\mathcal{I}^1$ mit $\emptyset \ne A := \bigcup_{n=1}^\infty A_n =: (x, y] \in \mathcal{I}^1$ sowie $\varepsilon > 0$ beliebig. Zu zeigen ist

$$\mu_G(A) \le \sum_{n=1}^\infty \mu_G(A_n) + \varepsilon.$$

Die bewiesene endliche Additivität von $\mu_G$ erlaubt aber nach Teil c) des Satzes über die Eigenschaften von Inhalten nur die Abschätzung $\mu_G(\widetilde{A}) \le \sum_{n=1}^m \mu_G(\widetilde{A}_n)$, falls alle hier auftretenden Mengen aus $\mathcal{I}^1$ sind und $\widetilde{A} \subseteq \bigcup_{j=1}^m \widetilde{A}_j$ gilt, also $\widetilde{A}$ im Gegensatz zu $A$ von *endlich vielen* Mengen überdeckt wird. An dieser Stelle kommt die rechtsseitige Stetigkeit von $G$ ins Spiel. Sie garantiert die Existenz einer Zahl $\delta > 0$ mit $\delta < y - x$, sodass

$$0 \le \mu_G((x, x+\delta]) = G(x+\delta) - G(x) \le \frac{\varepsilon}{2}.$$

Setzen wir $\widetilde{A} := (x + \delta, y]$, so gilt folglich

$$\mu_G(A) \le \mu_G(\widetilde{A}) + \frac{\varepsilon}{2}. \tag{8.17}$$

In gleicher Weise existiert zu jedem $n$ ein $\delta_n > 0$ mit

$$\mu_G(\widetilde{A}_n) \le \mu_G(A_n) + \frac{\varepsilon}{2^{n+1}}, \tag{8.18}$$

wobei $\widetilde{A}_n := (x_n, y_n + \delta_n]$ gesetzt ist. Da $\{(x_n, y_n + \delta_n) : n \ge 1\}$ eine offene Überdeckung des kompakten Intervalls $[x + \delta, y]$ bildet, gibt es nach dem Satz von Heine-Borel eine natürliche Zahl $m$ mit

$$\widetilde{A} \subseteq [x + \delta, y] \subseteq \bigcup_{n=1}^m \widetilde{A}_n.$$

Mit Teil c) des Satzes über die Eigenschaften von Inhalten und (8.18) ergibt sich

$$\mu_G(\widetilde{A}) \le \sum_{n=1}^m \mu_G(\widetilde{A}_n) \le \sum_{n=1}^\infty \mu_G(A_n) + \frac{\varepsilon}{2},$$

sodass (8.17) die Behauptung liefert, da $\varepsilon > 0$ beliebig war. Die Eindeutigkeit von $\mu_G$ folgt aus dem Eindeutigkeitssatz für Maße. ∎

**Selbstfrage 8**

Warum ist $\mu_G$ $\sigma$-endlich?

**Beispiel**

- Das zur maßdefinierenden Funktion $G(x) := x$, $x \in \mathbb{R}$, korrespondierende Lebesgue-Stieltjes-Maß $\mu_G$ auf $\mathcal{B}$ ordnet jedem Intervall $(x, y]$ mit $x < y$ dessen Länge $y - x = G(y) - G(x)$ als Maß zu, stimmt also auf dem System $\mathcal{I}^1$ mit dem Borel-Lebesgue-Maß $\lambda^1$ überein. Nach dem Eindeutigkeitssatz für Maße gilt $\mu_G = \lambda^1$. Wir haben also auf anderem Wege die Existenz des Borel-Lebesgue-Maßes im $\mathbb{R}^1$ nachgewiesen.
- Durch
$$H(x) := \begin{cases} 0, & \text{falls } x < 0 \\ x, & \text{falls } 0 \le x \le 1 \\ 1, & \text{falls } x > 1 \end{cases}$$
wird eine maßdefinierende Funktion $H : \mathbb{R} \to \mathbb{R}$ erklärt. Es gilt $\mu_H((1,n]) = H(n) - H(1) = 0$ sowie $\mu_H((-n, 0]) = H(0) - H(-n) = 0$, $n \ge 1$ und somit – da $\mu_H$ stetig von unten ist – $\mu_H(\mathbb{R} \setminus (0,1]) = 0$. Das Maß $\mu_H$ ist also ganz auf dem Intervall $(0,1]$ konzentriert und stimmt dort mit $\lambda^1$ überein: es gilt $\mu_H(B) = \lambda^1(B)$ für jede Borelsche Teilmenge von $(0,1]$.
- Es sei $f : \mathbb{R} \to \mathbb{R}$ eine bis auf endlich viele Stellen stetige nichtnegative Funktion mit der Eigenschaft $\int_{-\infty}^\infty f(t)\mathrm{d}t = 1$. Dabei kann das Integral als uneigentliches Riemann-Integral oder als Lebesgue-Integral interpretiert werden. Dann wird durch
$$F(x) := \int_{-\infty}^x f(t)\,\mathrm{d}t, \qquad x \in \mathbb{R},$$
eine maßdefinierende Funktion erklärt, die sogar eine Verteilungsfunktion ist. Das resultierende Lebesgue-Stieltjes-Maß $\mu_F$ auf $\mathcal{B}$ ist ein Wahrscheinlichkeitsmaß. Das Maß eines Intervalls $(a, b)$ (egal, ob offen, abgeschlossen oder halboffen) ergibt sich zu
$$\mu_F((a,b)) = \mu_F([a,b]) = \mu_F((a,b]) = \int_a^b f(t)\,\mathrm{d}t,$$
also anschaulich als Flächeninhalt zwischen dem Graphen von $f$ und der $x$-Achse über dem Intervall $[a,b]$, siehe Abb. 2.6. ◀

## Hintergrund und Ausblick: Maßdefinierende Funktionen auf $\mathbb{R}^k$

Die Existenz und Eindeutigkeit vieler Maße auf $\mathcal{B}^k$ kann mithilfe maßdefinierender Funktionen gezeigt werden.

In Verallgemeinerung der bei maßdefinierenden Funktionen auf $\mathbb{R}$ angestellten Betrachtungen kann die Existenz vieler Maße auf $\mathcal{B}^k$ mithilfe von *maßdefinierenden Funktionen* $G : \mathbb{R}^k \to \mathbb{R}$ bewiesen werden. Zur Motivation der Begriffsbildung rufen wir uns in Erinnerung, dass im Fall $k = 1$ die Monotonie einer maßdefinierenden Funktion $G : \mathbb{R} \to \mathbb{R}$ dazu diente, über die Festsetzung $\mu_G((a, b]) := G(b) - G(a)$ eine nichtnegative Mengenfunktion $\mu_G$ auf $\mathcal{I}^1$ zu definieren. Im Fall $k \geq 2$ benötigen wir eine Verallgemeinerung dieser Monotonieeigenschaft, um $\mu_G$ auf dem Halbring $\mathcal{I}^k$ aller halboffenen $k$-dimensionalen Intervalle $(a, b]$ mit $a, b \in \mathbb{R}^k, a \leq b$ festzulegen. Zur Illustration betrachten wir zunächst den Fall $k = 2$.

Nehmen wir einmal an, wir hätten bereits ein *endliches* Maß $\mu$ auf $\mathcal{B}^2$. Sind $a = (a_1, a_2)$, $b = (b_1, b_2) \in \mathbb{R}^2$ mit $a \leq b$, so gilt mit der Abkürzung $S_x := (-\infty, x]$

$$(a, b] = (-\infty, b] \setminus \left(S_{(a_1,b_2)} \cup S_{(b_1,a_2)}\right).$$

Schreiben wir

$$G(x) := \mu(S_x), \qquad x \in \mathbb{R}^k,$$

so folgt $\mu((a, b]) = G(b) - \mu(S_{(a_1,b_2)} \cup S_{(b_1,a_2)})$. Wegen $S_{(a_1,b_2)} \cap S_{(b_1,a_2)} = S_{(a_1,a_2)}$ gilt nach Teil a) des Satzes über additive Mengenfunktionen auf einem Ring

$$\mu(S_{(a_1,b_2)} \cup S_{(b_1,a_2)}) = G(a_1, b_2) + G(b_1, a_2) - G(a_1, a_2)$$

und somit

$$\begin{aligned}\mu((a, b]) = G(b_1, b_2) &- G(a_1, b_2)\\ &- G(b_1, a_2) + G(a_1, a_2).\end{aligned}$$

Das Maß des Rechtecks $(a, b]$ ergibt sich somit wie in der nachstehenden Abb. als alternierende Summe über die Werte der Funktion $G$ in den vier Eckpunkten des Rechtecks.

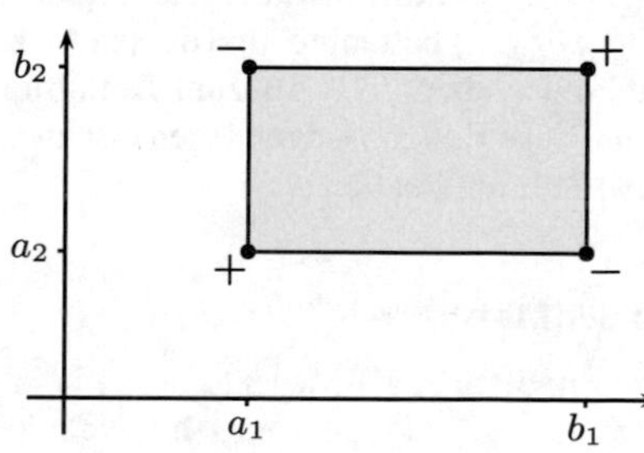


Allgemein definiert man für eine Funktion $G : \mathbb{R}^k \to \mathbb{R}$ und $a, b \in \mathbb{R}^k$ mit $a \leq b$ die alternierende Summe

$$\Delta_a^b G := \sum_{\rho \in \{0,1\}^k} (-1)^{k-s(\rho)} \cdot G(b_1^{\rho_1} a_1^{1-\rho_1}, \ldots, b_k^{\rho_k} a_k^{1-\rho_k}).$$

Dabei ist $\rho := (\rho_1, \ldots, \rho_k)$ und $s(\rho) := \rho_1 + \ldots + \rho_k$.

Offenbar gilt $\Delta_a^b G = G(b) - G(a)$ für $k = 1$, und im Fall $k = 2$ ist $\Delta_a^b G$ die oben stehende viergliedrige alternierende Summe.

Eine Funktion $G : \mathbb{R}^k \to \mathbb{R}$ heißt **maßdefinierende Funktion**, falls gilt:

- $G$ besitzt die **verallgemeinerte Monotonieeigenschaft**

$$\Delta_a^b G \geq 0 \qquad \forall (a, b] \in \mathcal{I}^k,$$

- $G$ ist **rechtsseitig stetig**, d. h., es gilt

$$G(x) = \lim_{n \to \infty} G(x_n)$$

für jedes $x \in \mathbb{R}^k$ und jede Folge $x_n = (x_{n1}, \ldots, x_{nk})$ mit $x_{nj} \downarrow x_j$, $j = 1, \ldots, k$, bei $n \to \infty$.

Ist $G$ eine maßdefinierende Funktion, so definiert man

$$\mu_G((a, b]) := \Delta_a^b G \qquad \forall (a, b] \in \mathcal{I}^k$$

auf dem Halbring $\mathcal{I}^k$ und weist völlig analog wie im Beweis des Satzes über maßdefinierende Funktionen nach, dass für $\mu_G$ die Voraussetzungen des Maß-Fortsetzungssatzes erfüllt sind. Es existiert somit ein (wegen der $\sigma$-Endlichkeit von $\mu_G$ auf $\mathcal{I}^k$ eindeutig bestimmtes) Maß $\mu_G$ auf $\mathcal{B}^k$ mit der Eigenschaft $\mu_G((a, b]) = \Delta_a^b G\ \forall (a, b] \in \mathcal{I}^k$, das wiederum als **Lebesgue-Stieltjes-Maß zu** $G$ bezeichnet wird.

Als prominentes Beispiel betrachten wir die durch

$$G(x) := \prod_{j=1}^k x_j, \qquad x = (x_1, \ldots, x_k) \in \mathbb{R}^k,$$

definierte stetige Funktion $G : \mathbb{R}^k \to \mathbb{R}$. Wegen

$$\Delta_a^b G = \prod_{j=1}^k (b_j - a_j) \geq 0, \qquad (a, b] \in \mathcal{I}^k,$$

ist $G$ maßdefinierend. Da $\mu_G$ und $\lambda^k$ auf $\mathcal{I}^k$ übereinstimmen, gilt nach dem Eindeutigkeitssatz für Maße $\mu_G = \lambda^k$, sodass auch das mehrdimensionale Borel-Lebesgue-Maß auf anderem Wege hergeleitet wurde.

## 8.4 Messbare Abbildungen, Bildmaße

In diesem Abschnitt geht es um eine Begriffsbildung, die sich in ganz natürlicher Weise ergibt, wenn man Abbildungen zwischen Mengen betrachtet, die jeweils mit einer $\sigma$-Algebra versehen sind. Zunächst seien $\Omega$ und $\Omega'$ beliebige nichtleere Mengen und $f : \Omega \to \Omega'$ eine beliebige Abbildung. Die **Urbildabbildung zu $f$** ist definiert durch

$$f^{-1} : \begin{cases} \mathcal{P}(\Omega') \to \mathcal{P}(\Omega) \\ A' \mapsto f^{-1}(A') := \{\omega \in \Omega \mid f(\omega) \in A'\}. \end{cases}$$

Sie ordnet jeder Teilmenge von $\Omega'$ eine Teilmenge von $\Omega$ zu und darf nicht mit der bei bijektivem $f$ vorhandenen inversen Abbildung verwechselt werden. Die Urbildabbildung $f^{-1}$ ist verträglich mit allen mengentheoretischen Operationen. Genauer gilt:

**Satz über die Operationstreue der Urbildabbildung**

Ist $J$ eine beliebige nichtleere Indexmenge, und sind $A'$ sowie $A'_j$, $j \in J$, Teilmengen von $\Omega'$, so gelten:

- $f^{-1}(\bigcap_{j \in J} A'_j) = \bigcap_{j \in J} f^{-1}(A'_j)$,
- $f^{-1}(\bigcup_{j \in J} A'_j) = \bigcup_{j \in J} f^{-1}(A'_j)$,
- $f^{-1}(\Omega' \setminus A') = \Omega \setminus f^{-1}(A')$,
- $f^{-1}(\Omega') = \Omega$.

Das Urbild eines Durchschnittes bzw. einer Vereinigung von Mengen ist also der Durchschnitt bzw. die Vereinigung der einzelnen Urbilder, und das Urbild des Komplements einer Menge ist das Komplement von deren Urbild. Da wir im Folgenden häufig die Menge aller Urbilder von gewissen Teilsystemen der Potenzmenge von $\Omega'$ betrachten werden, setzen wir für ein Mengensystem $\mathcal{M}' \subseteq \mathcal{P}(\Omega')$

$$f^{-1}(\mathcal{M}') := \{f^{-1}(A') \mid A' \in \mathcal{M}'\}$$

und nennen $f^{-1}(\mathcal{M}')$ das **Urbild** von $\mathcal{M}'$ unter $f$. Das Urbild eines Mengensystems $\mathcal{M}'$ ist also die Menge der Urbilder aller zu $\mathcal{M}'$ gehörenden Mengen.

**Lemma (über $\sigma$-Algebren und Abbildungen)** Es seien $\Omega, \Omega' \neq \emptyset$ und $f : \Omega \to \Omega'$ eine Abbildung. Dann gelten:

a) Ist $\mathcal{A}'$ eine $\sigma$-Algebra über $\Omega'$, so ist $f^{-1}(\mathcal{A}')$ eine $\sigma$-Algebra über $\Omega$.
b) Wird $\mathcal{A}'$ von $\mathcal{M}' \subseteq \mathcal{P}(\Omega')$ erzeugt, so wird $f^{-1}(\mathcal{A}')$ von $f^{-1}(\mathcal{M}')$ erzeugt.
c) Ist $\mathcal{A}$ eine $\sigma$-Algebra über $\Omega$, so ist

$$\mathcal{A}_f := \{A' \subseteq \Omega' \mid f^{-1}(A') \in \mathcal{A}\}$$

eine $\sigma$-Algebra über $\Omega'$. ◀

**Beweis** Die Aussagen a) und c) beweist man durch direktes Nachprüfen der definierenden Eigenschaften einer $\sigma$-Algebra unter Verwendung des Satzes über die Operationstreue der Urbildabbildung (siehe Aufgabe 8.29). Aussage b) ist gleichbedeutend mit

$$\sigma\left(f^{-1}(\mathcal{M}')\right) = f^{-1}\left(\sigma(\mathcal{M}')\right). \tag{8.19}$$

Nach a) ist $f^{-1}(\sigma(\mathcal{M}'))$ eine $\sigma$-Algebra mit $f^{-1}(\mathcal{M}') \subseteq f^{-1}(\sigma(\mathcal{M}'))$. Dies beweist $\subseteq$ in (8.19). Zum Nachweis der umgekehrten Richtung beachte man, dass nach c) das System $\mathcal{C}' := \{A' \subseteq \Omega' \mid f^{-1}(A') \in \sigma(f^{-1}(\mathcal{M}'))\}$ eine $\sigma$-Algebra ist. Wegen $\mathcal{M}' \subseteq \mathcal{C}'$ folgt $\sigma(\mathcal{M}') \subseteq \mathcal{C}'$, was zu zeigen war. ■

Wohingegen nach a) das Urbild einer $\sigma$-Algebra eine $\sigma$-Algebra ist, besagt Aussage c), dass diejenigen Teilmengen von $\Omega'$, deren Urbild in der $\sigma$-Algebra $\mathcal{A}$ liegt, selbst eine $\sigma$-Algebra bilden. Wie das folgende Beispiel zeigt, ist das Bild $f(\mathcal{A}) := \{f(A) \mid A \in \mathcal{A}\}$ einer $\sigma$-Algebra i. Allg. keine $\sigma$-Algebra.

**Beispiel**

- Es seien $\Omega := \mathbb{N}$ und $G := \{2, 4, 6, \ldots\}$ die Menge der geraden Zahlen sowie $\mathcal{A} := \{\emptyset, G, G^c, \mathbb{N}\}$. Die Abbildung $f : \mathbb{N} \to \mathbb{N}$ sei durch $f(1) := f(2) := 1$ sowie $f(n) := n - 1$ für $n \geq 3$ definiert. Dann gilt $f(G) = G^c$ und $f(G^c) = \{1\} \cup G$. Das System $\mathcal{A}$ ist eine $\sigma$-Algebra, sein Bild $f(\mathcal{A}) = \{\emptyset, \mathbb{N}, G^c, \{1\} \cup G\}$ jedoch nicht. Man beachte, dass die Abbildung $f$ surjektiv ist. Bei nicht surjektivem $f$ ist ganz allgemein $f(\mathcal{A})$ keine $\sigma$-Algebra, denn es gilt $\Omega' \notin f(\mathcal{A})$.
- Sind $\mathcal{A}$ eine $\sigma$-Algebra über $\Omega$ und $\Omega_0 \subseteq \Omega$ eine Teilmenge von $\Omega$, so kann man Teil a) des obigen Lemmas auf die Injektion $i : \Omega_0 \to \Omega$, $\omega \mapsto i(\omega) := \omega$, anwenden. Als resultierende $\sigma$-Algebra $i^{-1}(\mathcal{A}) = \{A \cap \Omega_0 : A \in \mathcal{A}\}$ ergibt sich die schon in (8.1) eingeführte **Spur-$\sigma$-Algebra** von $\mathcal{A}$ in $\Omega_0$. ◀

Im Folgenden seien die nichtleeren Mengen $\Omega$ und $\Omega'$ jeweils mit einer $\sigma$-Algebra versehen. Ist $\mathcal{A} \subseteq \mathcal{P}(\Omega)$ eine $\sigma$-Algebra über $\Omega$, so nennt man das Paar $(\Omega, \mathcal{A})$ einen **Messraum** und die Mengen aus $\mathcal{A}$ **messbare Mengen**.

### Eine Abbildung ist messbar, wenn das Urbild eines Erzeugers von $\mathcal{A}'$ Teilsystem von $\mathcal{A}$ ist

Sind $(\Omega, \mathcal{A})$ und $(\Omega', \mathcal{A}')$ Messräume, $f : \Omega \to \Omega'$ eine Abbildung und $\mu$ ein Maß auf $\mathcal{A}$, so bietet es sich an, die Größe einer Menge $A' \in \mathcal{A}'$ mithilfe von $\mu$ dadurch zu messen, dass man das Urbild $f^{-1}(A')$ betrachtet und dessen Maß $\mu(f^{-1}(A'))$ bildet. Hierfür muss aber $f^{-1}(A')$ zum Definitionsbereich $\mathcal{A}$ von $\mu$ gehören. Diese Betrachtungen legen fast zwangsläufig die folgende Begriffsbildung nahe.

**Definition der Messbarkeit**

Sind $(\Omega, \mathcal{A})$ und $(\Omega', \mathcal{A}')$ Messräume, so heißt eine Abbildung $f : \Omega \to \Omega'$ **$(\mathcal{A}, \mathcal{A}')$-messbar**, falls gilt:

$$f^{-1}(\mathcal{A}') \subseteq \mathcal{A}.$$

Die Definition der Messbarkeit einer Abbildung ist formal die gleiche wie diejenige der Stetigkeit einer Abbildung zwischen topologischen Räumen. Sind $\mathcal{A}$, $\mathcal{A}'$ *Topologien* genannte Systeme offener Mengen auf $\Omega$ bzw. $\Omega'$, so ist obige Definition gerade die Definition der Stetigkeit von $f$, denn sie besagt, dass Urbilder offener Mengen offen sind.

**Kommentar** Die Forderung der $(\mathcal{A}, \mathcal{A}')$-Messbarkeit an $f$ ist umso stärker, je feiner $\mathcal{A}'$ bzw. je gröber $\mathcal{A}$ ist. Dabei nennen wir allgemein ein Mengensystem $\mathcal{M}_1$ **feiner** bzw. **gröber** als ein Mengensystem $\mathcal{M}_2$, falls $\mathcal{M}_1 \supseteq \mathcal{M}_2$ bzw. $\mathcal{M}_1 \subseteq \mathcal{M}_2$ gilt.

Im Fall $\mathcal{A} = \mathcal{P}(\Omega)$ ist jede Abbildung $f : \Omega \to \Omega'$ $(\mathcal{A}, \mathcal{A}')$-messbar. Hierbei darf $\mathcal{A}'$ beliebig sein. Gleiches gilt, wenn die gröbste $\sigma$-Algebra $\mathcal{A}' = \{\emptyset, \Omega'\}$ über $\Omega'$ vorliegt. Falls $\mathcal{A} = \{\emptyset, \Omega\}$ und $\mathcal{A}' = \mathcal{P}(\Omega')$, so sind die konstanten Abbildungen $f(\omega) := \omega'$, $\omega \in \Omega$ ($\omega' \in \Omega'$ fest), die einzigen $(\mathcal{A}, \mathcal{A}')$-messbaren Abbildungen.

Die einfachste nichtkonstante $(\mathcal{A}, \mathcal{B})$-messbare Abbildung ist die Indikatorfuntion $\mathbb{1}_A : \Omega \to \mathbb{R}$ einer Menge $A \in \mathcal{A}$. Diese nimmt auf $A$ den Wert 1 und auf $A^c$ den Wert 0 an. Oft wird $\mathbb{1}_A$ auch die **charakteristische Funktion** von $A$ genannt und mit $\chi_A$ bezeichnet. Anstelle von $\mathbb{1}_A$ schreiben wir häufig $\mathbb{1}\{A\}$ und nennen $\mathbb{1}_A$ auch kurz den **Indikator** von $A$.

Man beachte, dass nach Definition der $\sigma$-Algebra $\mathcal{A}_f$ folgende Äquivalenz gilt:

$$f \text{ ist } (\mathcal{A}, \mathcal{A}')\text{-messbar} \iff \mathcal{A}' \subseteq \mathcal{A}_f. \qquad ◄$$

Ganz analog zu stetigen Abbildungen gilt, dass die Verkettung messbarer Abbildungen wieder messbar ist.

**Satz über die Verkettung messbarer Abbildungen**

Sind $(\Omega_j, \mathcal{A}_j)$, $j = 1, 2, 3$, Messräume und $f_j : \Omega_j \to \Omega_{j+1}$ $(\mathcal{A}_j, \mathcal{A}_{j+1})$-messbare Abbildungen ($j = 1, 2$), so ist die zusammengesetzte Abbildung

$$f_2 \circ f_1 : \begin{cases} \Omega_1 \to \Omega_3 \\ \omega_1 \mapsto f_2 \circ f_1(\omega_1) := f_2(f_1(\omega_1)) \end{cases}$$

$(\mathcal{A}_1, \mathcal{A}_3)$-messbar.

**Selbstfrage 9**

Können Sie diese Aussage beweisen?

Das folgende wichtige Resultat besagt, dass zum Nachweis der Messbarkeit nur die Inklusion $f^{-1}(\mathcal{M}') \subseteq \mathcal{A}$ für einen Erzeuger $\mathcal{M}'$ von $\mathcal{A}'$ nachgewiesen werden muss.

**Satz über Erzeuger und Messbarkeit**

Es seien $(\Omega, \mathcal{A})$, $(\Omega', \mathcal{A}')$ Messräume, $f : \Omega \to \Omega'$ eine Abbildung und $\mathcal{M}' \subseteq \mathcal{A}'$ mit $\sigma(\mathcal{M}') = \mathcal{A}'$. Dann gilt:

$$f \text{ ist } (\mathcal{A}, \mathcal{A}')\text{-messbar} \iff f^{-1}(\mathcal{M}') \subseteq \mathcal{A}.$$

**Beweis** Es ist nur die Implikation „$\Leftarrow$" nachzuweisen. Die Voraussetzung besagt $\mathcal{M}' \subseteq \mathcal{A}_f$. Da $\mathcal{A}_f$ eine $\sigma$-Algebra ist, folgt $\mathcal{A}' = \sigma(\mathcal{M}') \subseteq \mathcal{A}_f$. ■

**Folgerung**

a) Eine Abbildung $f : \Omega \to \mathbb{R}$ ist genau dann $(\mathcal{A}, \mathcal{B})$-messbar, wenn gilt:

$$\{\omega \in \Omega \mid f(\omega) \le c\} \in \mathcal{A}, \qquad c \in \mathbb{R}. \tag{8.20}$$

b) Eine stetige Abbildung $f : \mathbb{R}^k \to \mathbb{R}^m$ ist $(\mathcal{B}^k, \mathcal{B}^m)$-messbar.

c) Es seien $f_j : \Omega \to \mathbb{R}$, $j = 1, \ldots, k$, Abbildungen sowie $f = (f_1, \ldots, f_k) : \Omega \to \mathbb{R}^k$ die vektorwertige Abbildung mit Komponenten $f_1, \ldots, f_k$. Dann gilt:

$$f\ (\mathcal{A}, \mathcal{B}^k)\text{-messbar} \iff f_j\ (\mathcal{A}, \mathcal{B})\text{-messbar},\ j = 1, \ldots, k.$$

◄

Kapitel 8

**Beweis** a) Wegen $\sigma(\{(-\infty, c] \mid c \in \mathbb{R}\}) = \mathcal{B}$ (vgl. den Satz über Erzeugendensysteme der Borel-Mengen in Abschn. 8.2) folgt die Behauptung aus obigem Satz.

b) Die Stetigkeit von $f$ ist gleichbedeutend mit $f^{-1}(\mathcal{O}^m) \subseteq \mathcal{O}^k$, denn das Urbild einer offenen Menge unter einer stetigen Abbildung ist offen. Wegen $\mathcal{O}^m \subseteq \mathcal{B}^m$ und $\sigma(\mathcal{O}^m) = \mathcal{B}^m$ liefert der Satz über Erzeuger und Messbarkeit die Behauptung.

c) Zum Beweis von „$\Rightarrow$" seien $j \in \{1, \ldots, k\}$ fest und $O_j$ eine beliebige offene Teilmenge von $\mathbb{R}$. Dann ist die Menge $O := \times_{m=1}^{j-1} \mathbb{R} \times O_j \times_{m=j+1}^{k} \mathbb{R}$ offen in $\mathbb{R}^k$, und es gilt $f_j^{-1}(O_j) = f^{-1}(O) \in \mathcal{A}$, sodass wegen $\mathcal{B} = \sigma(\mathcal{O}^1)$ und obigem Satz die Behauptung folgt. Zum Nachweis der Richtung „$\Leftarrow$" beachte man, dass das Urbild einer Menge $(a, b] = \times_{j=1}^{k}(a_j, b_j] \in \mathcal{I}^k$ die Darstellung $f^{-1}((a, b]) = \bigcap_{j=1}^{k} f_j^{-1}((a_j, b_j])$ besitzt. Wegen $f_j^{-1}((a_j, b_j]) \in \mathcal{A}$ ($j = 1, \ldots, k$) ergibt sich die Behauptung aus $\sigma(\mathcal{I}^k) = \mathcal{B}^k$ und dem Satz über Erzeuger und Messbarkeit. ■

Da wir auf dem $\mathbb{R}^k$ stets die Borel-$\sigma$-Algebra $\mathcal{B}^k$ zugrunde legen, sprechen wir im Falle einer $(\mathcal{A}, \mathcal{B}^k)$-messbaren Abbildung kurz von einer **Borel-messbaren Abbildung** bzw. im Spezialfall $k = 1$ von einer **Borel-messbaren Funktion**. Aus dem Satz über Erzeuger und Messbarkeit ergibt sich unmittelbar:

**Satz über Eigenschaften Borel-messbarer Funktionen**

Es seien $f, g : \Omega \to \mathbb{R}$ Borel-messbare Funktionen. Dann sind die folgenden Funktionen Borel-messbar:

a) $a \cdot f + b \cdot g$, $a, b \in \mathbb{R}$,
b) $f \cdot g$,
c) $\frac{f}{g}$, falls $g(\omega) \neq 0$, $\omega \in \Omega$,
d) $\max(f, g)$ und $\min(f, g)$.

**Beweis** Nach Teil c) der obigen Folgerungen ist $(f, g) : \Omega \to \mathbb{R}^2$ eine $(\mathcal{A}, \mathcal{B}^2)$-messbare Abbildung. Verknüpft man diese mit den Borel-messbaren – da stetigen – Abbildungen

$T : \mathbb{R}^2 \to \mathbb{R}^1$, wobei $T(x, y) = ax + by$ bzw. $T(x, y) = x \cdot y$ bzw. $T(x, y) = \max(x, y)$ bzw. $T(x, y) = \min(x, y)$, $(x, y) \in \mathbb{R}^2$, so ergeben sich a), b) und d) aus dem Satz über die Verkettung messbarer Abbildungen. Dieser liefert auch c), wenn man (unter Verwendung von (8.20)) beachtet, dass die durch $T(x, y) := x/y$, falls $y \neq 0$, und $T(x, y) := 0$ sonst, definierte Abbildung Borel-messbar ist. ■

Insbesondere in der Integrationstheorie werden wir häufig Funktionen betrachten, die Werte in der Menge

$$\overline{\mathbb{R}} := \mathbb{R} \cup \{+\infty, -\infty\} =: [-\infty, +\infty]$$

der (um die Symbole $(+)\infty$ und $-\infty$) **erweiterten reellen Zahlen** annehmen. Eine solche Funktion werde **numerische Funktion** genannt.

Für das Rechnen mit numerischen Funktionen vereinbaren wir die für jedes $x \in \mathbb{R}$ geltenden naheliegenden Regeln

$$x + (\pm\infty) = (\pm\infty) + x = \pm\infty,$$

$$x \cdot (\pm\infty) = (\pm\infty) \cdot x = \begin{cases} \pm\infty, & \text{falls } x > 0 \\ \mp\infty, & \text{falls } x < 0 \end{cases}$$

sowie die ebenfalls selbstverständlichen Festsetzungen

$$(\pm\infty) + (\pm\infty) = \pm\infty, \quad (\pm\infty) - (\mp\infty) = \pm\infty,$$
$$(\pm\infty) \cdot (\pm\infty) = +\infty, \quad (\pm\infty) \cdot (\mp\infty) = -\infty.$$

Ergänzt man diese auch intuitiv klaren Definitionen durch die *willkürlichen Festlegungen*

$$\infty - \infty := -\infty + \infty := 0, \quad 0 \cdot (\pm\infty) := (\pm\infty) \cdot 0 := 0,$$

so sind Summe, Differenz und Produkt zweier Elemente aus $\overline{\mathbb{R}}$ erklärt. Man beachte, dass die für reelle Zahlen vertrauten Rechenregeln nur mit Einschränkungen für das Rechnen in $\overline{\mathbb{R}}$ gelten. So sind die Addition und die Multiplikation in $\overline{\mathbb{R}}$ zwar kommutativ, aber nicht assoziativ, und auch das Distributivgesetz gilt nicht. Schränkt man jedoch die Addition auf $(-\infty, \infty]$ oder $[-\infty, \infty)$ ein, so liegt Assoziativität vor.

Eine *Umgebung von* $\infty$ bzw. von $-\infty$ ist eine Menge $A \subseteq \overline{\mathbb{R}}$, die ein Intervall der Form $[a, \infty] := [a, \infty) \cup \{\infty\}$ mit $a \in \mathbb{R}$ bzw. $[-\infty, a] := (-\infty, a] \cup \{-\infty\}$ enthält. Hiermit ist die Konvergenz von Folgen in $\overline{\mathbb{R}}$ festgelegt: Eine Folge $(x_n)$ mit Gliedern aus $\overline{\mathbb{R}}$ konvergiert gegen $\infty$ bzw. $-\infty$, falls es zu jedem $a \in \mathbb{R}$ ein $n_0$ gibt, sodass $x_n \geq a$ bzw. $x_n \leq a$ für jedes $n \geq n_0$ gilt. Man beachte, dass jede Folge aus $\overline{\mathbb{R}}$ mindestens einen Häufungspunkt in $\overline{\mathbb{R}}$ besitzt, und dass der Limes superior und der Limes inferior von $(a_n)$ als größter bzw. kleinster Häufungspunkt in $\overline{\mathbb{R}}$ existieren. Diese Überlegungen für Folgen in $\overline{\mathbb{R}}$ gelten sinngemäß auch für die punktweise Konvergenz von Folgen numerischer Funktionen $f_n : \Omega \to \overline{\mathbb{R}}$.

Um von der *Messbarkeit einer numerischen Funktion* sprechen zu können, versieht man die Menge $\overline{\mathbb{R}}$ mit der $\sigma$-Algebra

$$\overline{\mathcal{B}} := \{B \cup E \mid B \in \mathcal{B}, E \subseteq \{-\infty, +\infty\}\}$$

der sog. **in $\overline{\mathbb{R}}$ Borelschen Mengen**.

**Selbstfrage 10**

Warum ist $\overline{\mathcal{B}}$ eine $\sigma$-Algebra über $\overline{\mathbb{R}}$?

Ist $(\Omega, \mathcal{A})$ ein Messraum, so heißt eine Funktion $f : \Omega \to \overline{\mathbb{R}}$ **messbare numerische Funktion**, falls $f$ $(\mathcal{A}, \overline{\mathcal{B}})$-messbar ist, also $f^{-1}(\overline{\mathcal{B}}) \subseteq \mathcal{A}$ gilt. Wegen $\mathcal{B} \subseteq \overline{\mathcal{B}}$ ist jede reellwertige $(\mathcal{A}, \mathcal{B})$-messbare Funktion $f : \Omega \to \mathbb{R}$ auch eine messbare numerische Funktion.

Die folgenden abkürzenden Schreibweisen sind vielleicht etwas gewöhnungsbedürftig, aber äußerst suggestiv und vor allem allgemein üblich. Sind $f, g : \Omega \to \overline{\mathbb{R}}$ numerische Funktionen, so setzen wir für $a, b \in \overline{\mathbb{R}}$

$$\begin{aligned} \{f \leq a\} &:= \{a \geq f\} \\ &:= \{\omega \in \Omega \mid f(\omega) \leq a\} = f^{-1}([-\infty, a]). \end{aligned}$$

Ganz analog sind $\{f < a\}$, $\{f > a\}$, $\{f \geq a\}$, $\{f = a\}$, $\{f \neq a\}$, $\{a < f \leq b\}$, $\{f < g\}$, $\{f \leq g\}$, $\{f = g\}$, $\{f \neq g\}$, $\{f \leq a, g > b\}$ usw. definiert.

**Selbstfrage 11**

Können Sie $\{f \leq a, g > b\}$ als Urbild einer Menge unter einer geeigneten Abbildung schreiben?

## Mit messbaren numerischen Funktionen kann man (fast) bedenkenlos rechnen

**Messbarkeitskriterien für numerische Funktionen**

Es seien $(\Omega, \mathcal{A})$ ein Messraum und $f : \Omega \to \overline{\mathbb{R}}$ eine numerische Funktion. Dann sind folgende Aussagen äquivalent:

a) $f$ ist $(\mathcal{A}, \overline{\mathcal{B}})$-messbar,
b) $\{f > c\} \in \mathcal{A} \quad \forall c \in \mathbb{R}$,
c) $\{f \geq c\} \in \mathcal{A} \quad \forall c \in \mathbb{R}$,
d) $\{f < c\} \in \mathcal{A} \quad \forall c \in \mathbb{R}$,
e) $\{f \leq c\} \in \mathcal{A} \quad \forall c \in \mathbb{R}$.

**Beweis** „a) $\Rightarrow$ b)" folgt wegen $(c, \infty] \in \overline{\mathcal{B}}$, und die Implikation „b) $\Rightarrow$ c)" ergibt sich aus $\{f \geq c\} = \bigcap_{n=1}^{\infty}\{f > c - n^{-1}\}$. Die Darstellung $\{f < c\} = \{f \geq c\}^c$ begründet den Schluss von c) auf d), und „d) $\Rightarrow$ e)" erhält man mit $\{f \leq c\} = \bigcap_{n=1}^{\infty}\{f < c + n^{-1}\}$. Da das System $\{[-\infty, c] \mid c \in \mathbb{R}\}$ einen Erzeuger von $\overline{\mathcal{B}}$ bildet (Aufgabe 8.6), folgt der verbleibende Beweisteil „e) $\Rightarrow$ a)" aus dem Satz über Erzeuger und Messbarkeit. ■

Wie das nächste Resultat u. a. zeigt, sind Grenzwerte punktweise konvergenter messbarer numerischer Funktionen wieder messbar, ganz im Gegensatz zu stetigen Funktionen, bei denen ein entsprechender Sachverhalt nicht notwendigerweise gilt.

**Satz über die Messbarkeit von (Lim)Sup und (Lim)Inf**

Es seien $f_1, f_2, \ldots$ messbare numerische Funktionen auf $\Omega$. Dann sind folgende Funktionen messbar:

a) $\sup_{n\geq 1} f_n$, $\inf_{n\geq 1} f_n$
b) $\limsup_{n\to\infty} f_n$ $(= \inf_{n\geq 1}\sup_{k\geq n} f_k)$, $\liminf_{n\to\infty} f_n$ $(= \sup_{n\geq 1}\inf_{k\geq n} f_k)$

Insbesondere ist $\lim_{n\to\infty} f_n$ messbar, falls die Folge $(f_n)$ punktweise in $\overline{\mathbb{R}}$ konvergiert.

**Beweis** a): Wegen $\{\sup_{n\geq 1} f_n \leq c\} = \bigcap_{n=1}^{\infty}\{f_n \leq c\}$, $c \in \mathbb{R}$, folgt die erste Behauptung aus dem obigen Satz, und die zweite wegen $\{\inf_{n\geq 1} f_n \geq c\} = \bigcap_{n=1}^{\infty}\{f_n \geq c\}$ ebenfalls. Teil b) ergibt sich aus a). ■

Wendet man dieses Ergebnis auf die Folge $f_1, \ldots, f_n, f_n, f_n, \ldots$ an, so ergibt sich Folgendes.

**Folgerung** Sind $f_1, \ldots, f_n$ messbare numerische Funktionen auf $\Omega$, so sind auch die Funktionen $\max(f_1, \ldots, f_n)$ und $\min(f_1, \ldots, f_n)$ messbar. ◀

Auch die Bildung von Linearkombinationen und Produkten messbarer Funktionen ergibt wieder eine messbare Funktion.

**Satz über die Messbarkeit von Linearkombination, Produkt und Betrag**

Sind $f, g : \Omega \to \overline{\mathbb{R}}$ messbare numerische Funktionen und $a, b \in \overline{\mathbb{R}}$, so sind folgende Funktionen messbar:

a) $a \cdot f + b \cdot g$,
b) $f \cdot g$,
c) $|f|$.

Dabei definieren wir $|-\infty| = |\infty| = \infty$.

**Beweis** Sind $f$ und $g$ *reellwertig*, so sind $f+g$ und $f\cdot g$ nach den beiden ersten Eigenschaften Borel-messbarer Funktionen messbar. Sind nun $f$ und $g$ messbare *numerische* Funktionen, so sind die durch $f_n := \max(-n, \min(f, n))$, $g_n := \max(-n, \min(g, n))$ definierten Funktionen $f_n$ und $g_n$ nach der obigen Folgerung messbar. Nach dem eben Gezeigten sind wegen der Reellwertigkeit von $f_n$ und $g_n$ die Funktionen $f_n + g_n$ und $f_n \cdot g_n$, $n \geq 1$, messbar und somit nach dem obigen Satz auch die Funktionen $f + g = \lim_{n\to\infty}(f_n + g_n)$ sowie $f \cdot g = \lim_{n\to\infty}(f_n \cdot g_n)$. Da die konstanten Funktionen $a$ und $b$ für jede Wahl von $a, b \in \overline{\mathbb{R}}$ messbar sind, sind auch $af$ und $bg$ messbar und damit auch die Linearkombination $af + bg$. Speziell ist also $-f$ messbar und somit auch $\max(f, -f) = |f|$. ■

Beim Aufbau des Integrals spielen der **Positivteil**

$$f^+ : \Omega \to \overline{\mathbb{R}}, \qquad \omega \mapsto f^+(\omega) := \max(f(\omega), 0)$$

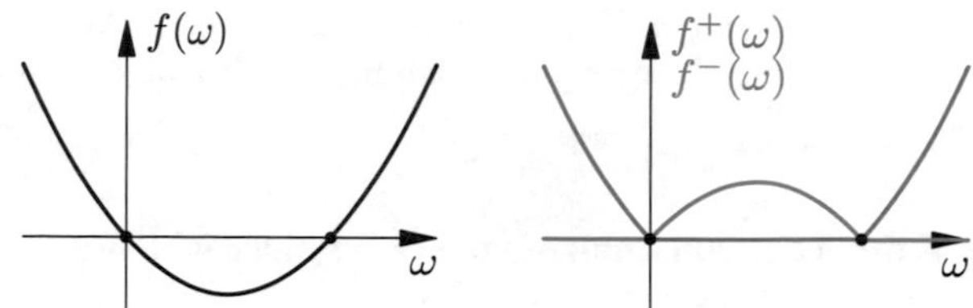


**Abb. 8.10** Funktion $f$ mit Positiv- und Negativteil

und der **Negativteil**

$$f^- : \Omega \to \overline{\mathbb{R}}, \qquad \omega \mapsto f^-(\omega) := \max(-f(\omega), 0)$$

einer numerischen Funktion $f$ eine große Rolle (Abb. 8.10).

Nach den obigen Überlegungen sind mit $f$ auch $f^+$ und $f^-$ messbar. Man beachte, dass sowohl $f^+$ als auch $f^-$ nichtnegativ sind, und dass

$$f = f^+ - f^-, \qquad |f| = f^+ + f^-$$

gelten.

Für spätere Zwecke notieren wir noch:

**Lemma** Sind $f, g : \Omega \to \overline{\mathbb{R}}$ messbare numerische Funktionen, so gehört jede der Mengen $\{f < g\}$, $\{f \leq g\}$, $\{f = g\}$ und $\{f \neq g\}$ zu $\mathcal{A}$. ◀

**Beweis** Wegen $\{f < g\} = \{f - g < 0\}$, $\{f \leq g\} = \{f - g \leq 0\}$, $\{f = g\} = \{f \leq g\} \cap \{g \leq f\}$ und $\{f \neq g\} = \{f = g\}^c$ folgt die Behauptung aus der Messbarkeit von $f - g$ und $g - f$. ■

**Kommentar** Die obigen Resultate zeigen, dass man mit messbaren numerische Funktionen fast bedenkenlos rechnen kann und wiederum messbare Funktionen erhält. Man beachte, dass dieser Sachverhalt für stetige Funktionen nicht gilt: die Grenzfunktion einer punktweise konvergenten Folge stetiger Funktionen muss nicht stetig sein. ◀

## $\sigma(f_j; j \in J)$ ist die kleinste $\sigma$-Algebra, bezüglich derer alle $f_j$ messbar sind

Die im Folgenden beschriebene Möglichkeit, $\sigma$-Algebren mithilfe von Abbildungen zu erzeugen, hat grundlegende Bedeutung. Gegeben seien eine nichtleere Menge $\Omega$, eine nichtleere Indexmenge $J$, eine Familie $((\Omega_j, \mathcal{A}_j))_{j\in J}$ von Messräumen und eine Familie $(f_j)_{j\in J}$ von Abbildungen $f_j : \Omega \to \Omega_j$.

Wir stellen uns die Aufgabe, eine $\sigma$-Algebra $\mathcal{A}$ über $\Omega$ zu konstruieren, sodass für jedes $j$ die Abbildung $f_j$ $(\mathcal{A}, \mathcal{A}_j)$-messbar ist. Dabei soll diese $\sigma$-Algebra so klein wie möglich sein (man beachte, dass ohne diese zusätzliche Bedingung die triviale $\sigma$-Algebra $\mathcal{P}(\Omega)$ das Gewünschte leistet). Damit die Abbildung $f_j$ $(\mathcal{A}, \mathcal{A}_j)$-messbar ist, muss die gesuchte $\sigma$-Algebra das Mengensystem $f_j^{-1}(\mathcal{A}_j)$ enthalten. Da diese Messbarkeit für *jedes* $j$ gelten soll, muss die gesuchte $\sigma$-Algebra das Mengensystem $\bigcup_{j\in J} f_j^{-1}(\mathcal{A}_j)$ umfassen. Dieses Mengensystem ist jedoch

Kapitel 8

i. Allg. keine $\sigma$-Algebra, sodass wir zur erzeugten $\sigma$-Algebra übergehen müssen. Die folgende Definition ist somit selbstredend.

**Definition der von Abbildungen erzeugten $\sigma$-Algebra**

Es seien $\Omega \neq \emptyset$, $J \neq \emptyset$, $((\Omega_j, \mathcal{A}_j))_{j\in J}$ eine Familie von Messräumen und $(f_j)_{j\in J}$ eine Familie von Abbildungen $f_j : \Omega \to \Omega_j$. Dann heißt

$$\sigma(f_j;\ j \in J) := \sigma\Big(\bigcup_{j\in J} f_j^{-1}(\mathcal{A}_j)\Big)$$

**die von den Abbildungen** $f_j$ (und den Messräumen $(\Omega_j, \mathcal{A}_j)$) **erzeugte $\sigma$-Algebra**.

Nach Konstruktion ist $\sigma(f_j; j \in J)$ die kleinste $\sigma$-Algebra $\mathcal{A}$ über $\Omega$, bzgl. derer jede Abbildung $f_k$ $(\mathcal{A}, \mathcal{A}_k)$-messbar ist $(k \in J)$. Ist $J = \{1, \ldots, n\}$, so schreibt man dafür auch $\sigma(f_1, \ldots, f_n)$.

**Beispiel**

- Wir betrachten die Situation des zweifachen Würfelwurfs mit dem Grundraum $\Omega := \{\omega := (i, j) \,|\, i, j \in \{1, \ldots, 6\}\}$. Dabei stehen $i$ und $j$ anschaulich für das Ergebnis des ersten bzw. zweiten Wurfs. Die durch $f(\omega) = f((i, j)) := i + j$, $\omega \in \Omega$, definierte Abbildung $f : \Omega \to \mathbb{R}$ beschreibt dann die Augensumme aus beiden Würfen. Legen wir auf $\mathbb{R}$ die Borelsche $\sigma$-Algebra $\mathcal{B}$ zugrunde, so liegt die Situation der obigen Definition mit $J = 1$ und $(\Omega_1, \mathcal{A}_1) = (\mathbb{R}, \mathcal{B})$ vor. Nach Definition ist $\sigma(f) = \sigma(f^{-1}(\mathcal{B})) = f^{-1}(\mathcal{B})$. Dabei gilt das letzte Gleichheitszeichen, da Urbilder von $\sigma$-Algebren wieder $\sigma$-Algebren sind. Welche Mengen gehören nun zu $f^{-1}(\mathcal{B})$? Da $f$ nur Werte aus der Menge $M := \{2, 3, \ldots, 12\}$ annimmt, ist $f^{-1}(\mathbb{R} \setminus M) = \emptyset$. Für $k \in M$ gilt $f^{-1}(\{k\}) = \{(i, j) \in \Omega \,|\, i + j = k\} =: A_k$. Da das Urbild einer Borel-Menge $B$ die (eventuell leere) Vereinigung über die Mengen $A_k$ mit $k \in B$ ist, folgt
$$\sigma(f) = \Big\{\bigcup_{k\in T} A_k \Big| T \subseteq \{2, 3, \ldots, 12\}\Big\}.$$
In dieser $\sigma$-Algebra liegt also z. B. die Teilmenge $\{(1, 3), (2, 2), (3, 1)\}$ von $\Omega$, nicht aber $\{(1, 5), (2, 3)\}$.
- In Verallgemeinerung des obigen Beispiels betrachten wir eine nichtleere Menge $\Omega$ und eine Abbildung $f : \Omega \to \mathbb{R}$, die abzählbar viele verschiedene Werte $x_1, x_2, \ldots$ annimmt. Schreiben wir $A_k := f^{-1}(\{x_k\})$, $k = 1, 2, \ldots$, sowie $M := \{x_1, x_2, \ldots\}$, so ist wegen $f^{-1}(\mathbb{R} \setminus M) = \emptyset$ das Urbild $f^{-1}(B)$ einer Borel-Menge $B$ gleich der (eventuell leeren) Vereinigung derjenigen $A_k$ mit $x_k \in B$. Es folgt
$$\sigma(f) = \Big\{\bigcup_{k\in T} A_k \Big| T \subseteq \{1, 2, \ldots\}\Big\}.$$
Man beachte, dass der Wertebereich von $f$ auch eine allgemeine Menge sein kann, wenn die darauf definierte $\sigma$-Algebra alle einelementigen Mengen enthält. Man mache sich auch klar, dass die Mengen $A_k$ eine Zerlegung des Grundraums $\Omega$ liefern: Es gilt $\Omega = A_1 + A_2 + \ldots$. Die $\sigma$-Algebra $\sigma(f)$ ist identisch mit der $\sigma$-Algebra, die vom Mengensystem $\mathcal{M} := \{A_1, A_2, \ldots\}$ erzeugt wird. ◄

Als weiteres Beispiel einer durch Abbildungen erzeugten $\sigma$-Algebra betrachten wir das Produkt von $\sigma$-Algebren.

**Definition des Produkts von $\sigma$-Algebren**

Seien $(\Omega_1, \mathcal{A}_1), \ldots, (\Omega_n, \mathcal{A}_n)$, $n \geq 2$, Messräume und

$$\begin{aligned}\Omega &= \bigtimes_{j=1}^{n} \Omega_j \\ &= \{\omega = (\omega_1, \ldots, \omega_n) \,|\, \omega_j \in \Omega_j \text{ für } j = 1, \ldots, n\}\end{aligned}$$

das kartesische Produkt von $\Omega_1, \ldots, \Omega_n$. Bezeichnet $\pi_j : \Omega \to \Omega_j$ die durch $\pi_j(\omega) := \omega_j$ definierte $j$-te Projektion, $j = 1, \ldots, n$, so heißt die von den Projektionen $\pi_1, \ldots, \pi_n$ über $\Omega$ erzeugte $\sigma$-Algebra $\sigma(\pi_1, \ldots, \pi_n)$ **Produkt ($\sigma$-Algebra) von $\mathcal{A}_1, \ldots, \mathcal{A}_n$**. Die Notation hierfür ist

$$\bigotimes_{j=1}^{n} \mathcal{A}_j := \mathcal{A}_1 \otimes \ldots \otimes \mathcal{A}_n := \sigma(\pi_1, \ldots, \pi_n).$$

**Kommentar** Sind $A_1 \in \mathcal{A}_1, \ldots, A_n \in \mathcal{A}_n$, so gilt

$$\bigcap_{j=1}^{n} \pi_j^{-1}(A_j) = A_1 \times \ldots \times A_n.$$

Wegen $\sigma(\pi_1, \ldots, \pi_n) = \sigma\Big(\bigcup_{j=1}^{n} \pi_j^{-1}(\mathcal{A}_j)\Big)$ enthält die Produkt-$\sigma$-Algebra das System

$$\mathcal{H}_n := \{A_1 \times \ldots \times A_n \,|\, A_j \in \mathcal{A}_j \text{ für } j = 1, \ldots, n\}$$

der sog. **messbaren Rechtecke**. Dieses System ist nach dem Lemma am Ende von Abschn. 8.2 ein Halbring über $\Omega$, und die Teilmengenbeziehung

$$\bigcup_{j=1}^{n} \pi_j^{-1}(\mathcal{A}_j) \subseteq \mathcal{H}_n$$

liefert, dass $\mathcal{H}_n$ ein Erzeugendensystem für $\bigotimes_{j=1}^{n} \mathcal{A}_j$ darstellt (siehe auch Aufgabe 8.49). ◄

**Selbstfrage 12**

Warum gilt $\bigcup_{j=1}^{n} \pi_j^{-1}(\mathcal{A}_j) \subseteq \mathcal{H}_n$?

**Beispiel** In der Situation des zweifachen Würfelwurfs im vorigen Beispiel geben die Projektionen $\pi_1((i, j)) = i$ und $\pi_2((i, j)) = j$ das Ergebnis des ersten bzw. zweiten Wurfs an. Da die Produkt-$\sigma$-Algebra alle messbaren Rechtecke $\{i\} \times \{j\} = \{(i,j)\}$ mit $i,j = 1,\ldots,6$ enthält, gilt $\sigma(\pi_1,\pi_2) = \mathcal{P}(\Omega)$. ◂

**Beispiel** Es gilt $\mathcal{B}^k = \mathcal{B} \otimes \cdots \otimes \mathcal{B}$ ($k$ Faktoren).

In der Tat: Nach Aufgabe 8.49 mit $\mathcal{A}_j = \mathcal{B}$ und $\mathcal{M}_j = \mathcal{I}^1$, $j = 1,\ldots,k$, gilt $\mathcal{B} \otimes \cdots \otimes \mathcal{B} = \sigma(\mathcal{I}^1 \times \ldots \times \mathcal{I}^1)$. Wegen $\mathcal{I}^1 \times \ldots \times \mathcal{I}^1 = \mathcal{I}^k$ und $\sigma(\mathcal{I}^k) = \mathcal{B}^k$ folgt die Behauptung. In gleicher Weise argumentiert man, um die Gleichheit

$$\mathcal{B}^{k+s} = \mathcal{B}^k \otimes \mathcal{B}^s, \quad k,s \in \mathbb{N}$$

zu zeigen. ◂

Die Messbarkeit einer $\Omega$-wertigen Abbildung bzgl. der $\sigma$-Algebra $\sigma(f_j; j \in J)$ kennzeichnet das folgende Resultat.

### Satz

Es seien $(\Omega_0, \mathcal{A}_0)$ ein Messraum und $f : \Omega_0 \to \Omega$ eine Abbildung, wobei die Situation der obigen Definition zugrunde liege. Dann sind die folgenden Aussagen äquivalent:

a) $f$ ist $(\mathcal{A}_0, \sigma(f_j; j \in J))$-messbar,
b) $f_j \circ f$ ist $(\mathcal{A}_0, \mathcal{A}_j)$-messbar für jedes $j \in J$.

**Beweis** Die Implikation „a) $\Rightarrow$ b)“ folgt aus dem Satz über die Verkettung messbarer Abbildungen und der Tatsache, dass $f_j$ $(\sigma(f_j; j \in J), \mathcal{A}_j)$-messbar ist. Zum Beweis der umgekehrten Richtung sei $\mathcal{M} := \bigcup_{j\in J} f_j^{-1}(\mathcal{A}_j)$ gesetzt. Zu $A \in \mathcal{M}$ gibt es dann ein $j \in J$ und ein $A_j \in \mathcal{A}_j$ mit $A = f_j^{-1}(A_j)$. Wegen

$$f^{-1}(A) = f^{-1}(f_j^{-1}(A_j)) = (f_j \circ f)^{-1}(A_j) \in \mathcal{A}_0$$

aufgrund der vorausgesetzten $(\mathcal{A}_0, \mathcal{A}_j)$-Messbarkeit von $f_j \circ f$ gilt $f^{-1}(\mathcal{M}) \subset \mathcal{A}_0$, sodass das Messbarkeitskriterium die Behauptung liefert. ■

## Messbare Abbildungen transportieren Maße

Die Bedeutung messbarer Abbildungen liegt u. a. darin, dass sie aus Maßen neue Maße generieren.

### Definition des Bildmaßes

Es seien $(\Omega, \mathcal{A}, \mu)$ ein Maßraum, $(\Omega', \mathcal{A}')$ ein Messraum und $f : \Omega \to \Omega'$ eine $(\mathcal{A}, \mathcal{A}')$-messbare Abbildung. Dann wird durch die Festsetzung

$$\mu^f(A') := \mu\left(f^{-1}(A')\right)$$

ein Maß $\mu^f : \mathcal{A}' \to [0,\infty]$ auf $\mathcal{A}'$ definiert. Es heißt **Bild(-Maß) von $\mu$ unter der Abbildung $f$** und wird auch mit $f(\mu)$ oder $\mu \circ f^{-1}$ bezeichnet.

### Selbstfrage 13

Können Sie zeigen, dass $\mu^f$ ein Maß ist?

**Beispiel** Es seien $(\Omega, \mathcal{A}) = (\Omega', \mathcal{A}') = (\mathbb{R}^k, \mathcal{B}^k)$ und $\mu$ das Borel-Lebesgue-Maß $\lambda^k$. Für festes $b \in \mathbb{R}^k$ sei $T_b : \mathbb{R}^k \to \mathbb{R}^k$ die durch $T_b(x) := x + b$, $x \in \mathbb{R}^k$, definierte **Translation** um $b$. Als stetige Abbildung ist $T_b$ messbar. Die Abbildung $T_b$ ist ferner bijektiv, wobei die inverse Abbildung durch $T_{-b}$ gegeben ist. Ist $(x,y] \in \mathcal{I}^k$ beliebig, so gilt $T_b^{-1}((x,y]) = (x-b, y-b]$, und wegen $\lambda^k((x-b,y-b]) = \lambda^k((x,y])$ folgt, dass die Maße $\lambda^k$ und $T_b(\lambda^k)$ auf $\mathcal{I}^k$ übereinstimmen. Nach dem Eindeutigkeitssatz für Maße gilt

$$T_b(\lambda^k) = \lambda^k \qquad \text{für jedes } b \in \mathbb{R}^k,$$

was als **Translationsinvarianz von $\lambda^k$** bezeichnet wird. ◂

**Kommentar** Die Konstruktion des Bildmaßes unter messbaren Abbildungen ist offenbar in folgendem Sinn *transitiv*: Sind $(\Omega_1, \mathcal{A}_1)$, $(\Omega_2, \mathcal{A}_2)$ und $(\Omega_3, \mathcal{A}_3)$ Messräume, $\mu$ ein Maß auf $\mathcal{A}_1$ sowie $f_1 : \Omega_1 \to \Omega_2$ und $f_2 : \Omega_2 \to \Omega_3$ eine $(\mathcal{A}_1, \mathcal{A}_2)$- bzw. $(\mathcal{A}_2, \mathcal{A}_3)$-messbare Abbildung, so kann man einerseits das Bildmaß von $\mu$ unter der Verknüpfung $f_2 \circ f_1 : \Omega_1 \to \Omega_3$, also das auf $\mathcal{A}_3$ erklärte Maß $(f_2 \circ f_1)(\mu)$ bilden, zum anderen lässt sich das Bild von $f_1(\mu)$ als Maß auf $\mathcal{A}_2$ mithilfe der messbaren Abbildung $f_2$ weitertransportieren zu einem Maß auf $\mathcal{A}_3$, nämlich dem Bildmaß $f_2(f_1(\mu))$ von $f_1(\mu)$ unter $f_2$. Die Transitivitätseigenschaft der Bildmaß-Konstruktion besagt, dass die Gleichheit

$$(f_2 \circ f_1)(\mu) = f_2(f_1(\mu))$$

besteht. Wegen $(f_2 \circ f_1)^{-1}(A_3) = f_1^{-1}(f_2^{-1}(A_3))$ für jede Menge $A_3 \in \mathcal{A}_3$ folgt in der Tat

$$\begin{aligned}(f_2 \circ f_1)(\mu)(A_3) &= \mu\left((f_2 \circ f_1)^{-1}(A_3)\right)\\ &= \mu\left(f_1^{-1}(f_2^{-1}(A_3))\right)\\ &= f_1(\mu)\left(f_2^{-1}(A_3)\right)\\ &= f_2(f_1(\mu))(A_3),\end{aligned}$$

$A_3 \in \mathcal{A}_3$, was zu zeigen war. ◂

Das nachstehende Resultat besagt u. a., dass das Borel-Lebesgue-Maß $\lambda^k$ durch seine Translationsinvarianz und die Normierungseigenschaft $\lambda^k((0,1]^k) = 1$ eindeutig bestimmt ist. Es dient als entscheidendes Hilfsmittel, um die wesentlich stärkere Eigenschaft der Bewegungsinvarianz von $\lambda^k$ nachzuweisen.

### Satz über eine Charakterisierung von $\lambda^k$ als translationsinvariantes Maß mit $\lambda^k((0,1]^k) = 1$

Es sei $\mu$ ein Maß auf $\mathcal{B}^k$ mit

$$\gamma := \mu((0,1]^k) < \infty.$$

Ist $\mu$ translationsinvariant, gilt also $T_b(\mu) = \mu$ für jedes $b \in \mathbb{R}^k$, so folgt $\mu = \gamma \cdot \lambda^k$.

Kapitel 8

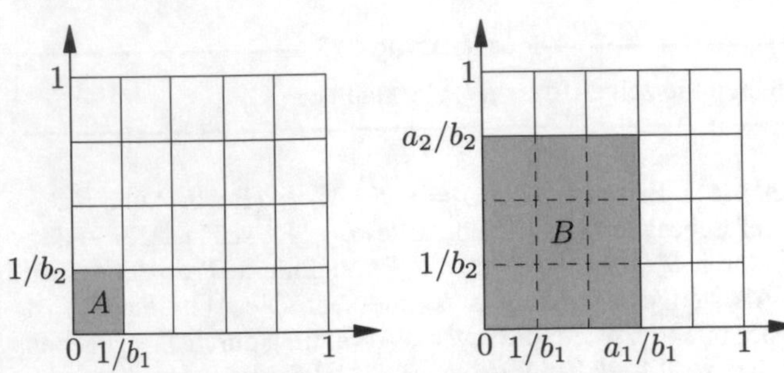


**Abb. 8.11** Zerlegung von $(0,1]^2$ in kongruente Rechtecke

**Beweis** Für natürliche Zahlen $b_1,\ldots,b_k$ sei $A$ der Quader $A := \times_{j=1}^k (0, 1/b_j]$ (siehe Abb. 8.11 links für den Fall $k = 2$ und $b_1 = 5$, $b_2 = 4$). Verschiebt man $A$ in Richtung der $j$-ten Koordinatenachse wiederholt jeweils um $1/b_j$, so entsteht eine Zerlegung des Einheitswürfels $(0,1]^k$ in $b_1 \cdot \ldots \cdot b_k$ kongruente Mengen, die alle das gleiche Maß $\mu(A)$ besitzen, weil sie jeweils durch eine Translation aus $A$ hervorgehen und $\mu$ translationsinvariant ist. Aufgrund der Additivität von $\mu$ folgt

$$\gamma = \mu((0,1]^k) = b_1 \cdot \ldots \cdot b_k \cdot \mu(A).$$

Sind $a_1,\ldots,a_k$ weitere natürliche Zahlen und $B := (0, a_1/b_1] \times \cdots \times (0, a_k/b_k]$ gesetzt (siehe Abb. 8.11 rechts für den Fall $k = 2$ und $a_1 = b_1 = 3$), so folgt mit dem gleichen Argument $\mu(B) = a_1 \cdot \ldots \cdot a_k \cdot \mu(A)$ sowie nach Definition des $\lambda^k$-Maßes eines Quaders

$$\mu(B) = \gamma \cdot \frac{a_1}{b_1} \cdot \ldots \cdot \frac{a_k}{b_k} = \gamma \cdot \lambda^k(B).$$

Bezeichnet $\mathbf{0}$ den Ursprung im $\mathbb{R}^k$, so liefern also die Maße $\mu$ und $\gamma\lambda^k$ für alle Mengen $(\mathbf{0}, y] \in \mathcal{I}^k$ gleiche Werte, für die der Vektor $y$ lauter positive rationale Komponenten besitzt. Wiederum aufgrund der Translationsinvarianz von $\mu$ und $\lambda^k$ folgt dann, dass $\mu$ und $\gamma\lambda^k$ auf dem Mengensystem $\mathcal{I}^k_{\mathbb{Q}} = \{(x, y] \in \mathcal{I}^k \mid x, y \in \mathbb{Q}^k\}$ übereinstimmen. Dieses ist $\cap$-stabil und enthält mit $A_n := (-n, n]^k$ eine Folge $A_n \uparrow \mathbb{R}^k$. Da wir im Beweis des Satzes über Erzeugendensysteme von der Borel-Mengen in Abschn. 8.2 gesehen hatten, dass $\mathcal{O}^k \subseteq \sigma(\mathcal{I}^k_{\mathbb{Q}})$ und folglich $\mathcal{B}^k = \sigma(\mathcal{I}^k_{\mathbb{Q}})$ gilt, ergibt sich die Behauptung aus dem Eindeutigkeitssatz für Maße. ■

Wir werden jetzt die eingangs gestellte Frage nach der Lösung des Maßproblems im $\mathbb{R}^k$ wieder aufgreifen und zeigen, dass das Borel-Lebesgue-Maß bewegungsinvariant ist, also kongruenten Mengen das gleiche Maß zuordnet.

**Satz über die Bewegungsinvarianz von $\lambda^k$**

Das Borel-Lebesgue-Maß $\lambda^k$ ist bewegungsinvariant, d. h., es gilt

$$T(\lambda^k) = \lambda^k$$

für jede Bewegung $T : \mathbb{R}^k \to \mathbb{R}^k$ des $\mathbb{R}^k$.

**Beweis** Jede Bewegung $T$ besitzt die Gestalt $T(x) = Ux + b$ mit einer orthogonalen $(k \times k)$-Matrix $U$ und einem $b \in \mathbb{R}^k$. Da $\lambda^k$ translationsinvariant ist, können wir aufgrund der Transitivität der Bildmaß-Bildung o.B.d.A. den Spezialfall $b = 0$ annehmen. Wir werden zeigen, dass $T(\lambda^k)$ ein translationsinvariantes Maß ist und die Voraussetzungen des obigen Satzes erfüllt sind. Nach diesem Satz muss dann $T(\lambda^k) = \gamma\lambda^k$ für ein $\gamma \in [0,\infty)$ gelten. Abschließend zeigen wir, dass eine Menge $S \in \mathcal{B}^k$ existiert, für die $0 < T(\lambda^k)(S) = \lambda^k(S) < \infty$ gilt, sodass $\gamma = 1$ sein muss.

Bezeichnet wie früher $T_a : \mathbb{R}^k \to \mathbb{R}^k, x \mapsto x + a$, die Translation um den Vektor $a \in \mathbb{R}^k$, so bedeutet die Translationsinvarianz von $T(\lambda^k)$ gerade $T_a(T(\lambda^k)) = T(\lambda^k)$ für jedes $a \in \mathbb{R}^k$. Mit der Abkürzung $c := T^{-1}(a)$ gilt nun für jedes $x \in \mathbb{R}^k$

$$\begin{aligned} T_a \circ T(x) &= T(x) + a = T(x) + T(c) = T(x + c) \\ &= T \circ T_c(x), \end{aligned}$$

was gleichbedeutend mit $T_a \circ T = T \circ T_c$ ist. Wegen der Translationsinvarianz von $\lambda^k$ folgt hieraus

$$T_a(T(\lambda^k)) = T(T_c(\lambda^k)) = T(\lambda^k), \qquad a \in \mathbb{R}^k.$$

Das Maß $T(\lambda^k)$ ist somit in der Tat translationsinvariant. Setzen wir kurz $W := (0,1]^k$ und schreiben $\overline{W} = [0,1]^k$ für die abgeschlossene Hülle von $W$, so gilt, da $T^{-1}(\overline{W})$ als Bild der kompakten Menge $\overline{W}$ unter der stetigen Abbildung $T^{-1}$ ebenfalls kompakt und damit insbesondere beschränkt ist,

$$\gamma := T(\lambda^k)(W) \le T(\lambda^k)(\overline{W}) = \lambda^k(T^{-1}(\overline{W})) < \infty.$$

Nach obigem Satz gilt also $T(\lambda^k) = \gamma\lambda^k$ für ein $\gamma \in [0,\infty)$.

Um den Beweis abzuschließen, betrachten wir die kompakte Einheitskugel $B := \{x \in \mathbb{R}^k \mid \|x\| \le 1\}$. Da mit $T$ auch $T^{-1}$ eine orthogonale Abbildung des $\mathbb{R}^k$ in sich ist, liefert die Invarianz des Euklidischen Abstands unter solchen Abbildungen die Gleichung $T^{-1}(B) = B$ und somit $\lambda^k(B) = \lambda^k(T^{-1}(B)) = T(\lambda^k)(B) = \gamma\lambda^k(B)$. Hieraus folgt $\gamma = 1$, denn es gilt $0 < \lambda^k(B) < \infty$. ■

**Selbstfrage 14**

Warum gilt $\lambda^k(B) > 0$? (Sie dürfen nicht anschaulich argumentieren!)

**Folgerung (Verhalten von $\lambda^k$ unter affinen Abbildungen)** Zu einer invertierbaren Matrix $A \in \mathbb{R}^{k \times k}$ und einem (Spalten-)Vektor $a \in \mathbb{R}^k$ sei $T : \mathbb{R}^k \to \mathbb{R}^k$ die durch

$$T(x) := Ax + a, \qquad x = (x_1,\ldots,x_k)^\top \in \mathbb{R}^k,$$

definierte affine Abbildung. Dann gelten:

a) $T(\lambda^k) = |\det A|^{-1} \cdot \lambda^k$,
b) $\lambda^k(T(B)) = |\det A| \cdot \lambda^k(B)$, $B \in \mathcal{B}^k$. ◄

**Beweis** a): Wegen der Translationsinvarianz von $\lambda^k$ und der Transitivität der Bildmaßes unter Kompositionen von Abbildungen sei o.B.d.A. $a = 0$ gesetzt. Die Matrix $AA^\top$ ist symmetrisch und positiv definit, es gilt also $AA^\top = UD^2U^\top$ mit einer orthogonalen Matrix $U$ und einer Diagonalmatrix $D := \operatorname{diag}(d_1, \ldots, d_k)$ mit strikt positiven Diagonaleinträgen. Die Matrix $V := D^{-1}U^\top A$ ist orthogonal, und es gilt $A = UDV$. Die durch $A$ vermittelte affine Abbildung ist somit die Hintereinanderausführung einer Bewegung, einer Streckung mit koordinatenabhängigen Streckungsfaktoren und einer weiteren Bewegung. Da $\lambda^k$ bewegungsinvariant ist und $|\det U| = 1 = |\det V|$ gilt, können wir $T(x) = Dx = (d_1x_1, \ldots, d_kx_k)^\top$, $x \in \mathbb{R}^k$, annehmen. Für jeden Quader $(a, b] \in \mathcal{I}^k$ gilt aber $D^{-1}((a, b]) = \times_{j=1}^k (a_j/d_j, b_j/d_j]$ und somit

$$\lambda^k\left(T^{-1}((a,b])\right) = \prod_{j=1}^k \frac{1}{d_j} \cdot (b_j - a_j) = |\det D|^{-1}\lambda^k((a,b]).$$

Nach dem Eindeutigkeitssatz für Maße sind die Maße $T(\lambda^k)$ und $|\det D|^{-1}\lambda^k$ gleich.

b): Wenden wir Teil a) auf die Umkehrabbildung $T^{-1}$ an, so folgt wegen $|\det A^{-1}| = |\det A|^{-1}$ die Beziehung $T^{-1}(\lambda^k) = |\det A| \cdot \lambda^k$ und somit für jedes $B \in \mathcal{B}^k$

$$\lambda^k(T(B)) = T^{-1}(\lambda^k)(B) = |\det A| \cdot \lambda^k(B). \qquad \blacksquare$$

**Kommentar** Bisweilen wird das $k$-dimensionale Volumen des von $k$ Spaltenvektoren $\boldsymbol{v}_1, \ldots, \boldsymbol{v}_k$ erzeugten Parallelepipeds

$$P = \{\alpha_1\boldsymbol{v}_1 + \ldots + \alpha_k\boldsymbol{v}_k \,|\, 0 \le \alpha_j \le 1 \text{ für } j = 1, \ldots, k\}$$

als $|\det(\boldsymbol{v}_1, \ldots, \boldsymbol{v}_k)|$ *definiert*, siehe z. B. [1], Abschn. 13.4. Wie man schnell einsieht, gilt

$$\lambda^k(P) = |\det(\boldsymbol{v}_1, \ldots, \boldsymbol{v}_k)|. \qquad (8.21)$$

Bezeichnet $A$ die aus den Vektoren $\boldsymbol{v}_1, \ldots, \boldsymbol{v}_k$ gebildete Matrix, so ist $P = A\,[0, 1]^k = \{Ax \,|\, x \in [0, 1]^k\}$ das affine Bild des $k$-dimensionalen Einheitswürfels unter der durch $A$ gegebenen linearen Abbildung. Nach Teil b) des obigen Satzes gilt dann $\lambda^k(P) = \det A \cdot \lambda^k([0, 1]^k) = \det A$, falls $A$ invertierbar ist, falls also $\boldsymbol{v}_1, \ldots, \boldsymbol{v}_k$ linear unabhängig sind. Andernfalls verschwindet die rechte Seite von (8.21), aber auch die linke, weil $P$ dann Teilmenge einer $(k-1)$-dimensionalen Hyperebene ist, die im Vorgriff auf das erste Beispiel in Abschn. 8.6 eine $\lambda^k$-Nullmenge ist. ◀

Mithilfe der Translationsinvarianz von $\lambda^k$ kann leicht die Existenz nicht Borelscher Mengen nachgewiesen werden. Die Beweisführung liefert zugleich einen Beweis des Unmöglichkeitssatzes von Vitali in Abschn. 8.1.

**Satz über die Existenz nicht Borelscher Mengen**

Es gilt $\mathcal{B}^k \neq \mathcal{P}(\mathbb{R}^k)$.

**Beweis** Durch $x \sim y :\Longleftrightarrow x - y \in \mathbb{Q}^k$, $x, y \in \mathbb{R}^k$, entsteht eine Äquivalenzrelation „$\sim$" auf $\mathbb{R}^k$. Mithilfe des Auswahlaxioms wählen wir aus jeder der paarweise disjunkten Äquivalenzklassen ein Element aus. Da $\mathbb{Q}^k$ in $\mathbb{R}^k$ dicht liegt, kann die resultierende Menge $K$ o.B.d.A. als Teilmenge von $(0, 1]^k$ angenommen werden. Wir nehmen an, es gälte $K \in \mathcal{B}^k$, und führen diese Annahme zu einem Widerspruch. Mit $r + K := \{r + x \,|\, x \in K\}$ gilt

$$(r + K) \cap (r' + K) = \emptyset \quad \text{für alle } r, r' \in \mathbb{Q}^k \text{ mit } r \neq r',$$

denn andernfalls gäbe es $x, x' \in K$ und $r, r' \in \mathbb{Q}^k$ mit $r \neq r'$ und $r + x = r' + x'$, also $x - x' = r' - r \in \mathbb{Q}^k$ und $x \neq x'$, was der Wahl von $K$ widerspräche. Da jedes $y \in \mathbb{R}^k$ zu genau einem $x \in K$ äquivalent ist, folgt

$$\mathbb{R}^k = \sum_{r \in \mathbb{Q}^k} (r + K), \qquad (8.22)$$

wobei $r + K$ als Urbild von $K$ unter $T_{-r}$ zu $\mathcal{B}^k$ gehört. Die $\sigma$-Additivität und Translationsinvarianz von $\lambda^k$ liefern

$$\infty = \lambda^k(\mathbb{R}^k) = \sum_{r \in \mathbb{Q}^k} \lambda^k(r + K) = \sum_{r \in \mathbb{Q}^k} \lambda^k(K)$$

und somit $\lambda^k(K) > 0$. Wegen $K \subseteq (0, 1]^k$ gilt andererseits $\sum_{r \in \mathbb{Q}^k \cap (0,1]^k} (r + K) \subseteq (0, 2]^k$ und folglich, wiederum unter Verwendung der Translationsinvarianz von $\lambda^k$,

$$\sum_{r \in \mathbb{Q}^k \cap (0,1]^k} \lambda^k(K) \le \lambda^k((0, 2]^k) = 2^k < \infty,$$

also $\lambda^k(K) = 0$, was ein Widerspruch ist. $\blacksquare$

**Kommentar** Ersetzt man von (8.22) ausgehend in der Beweisführung $\lambda^k$ durch die im Maßproblem in Abschn. 8.1 auftretende Funktion $\iota_k$ und beachtet, dass $\iota_k$ ein bewegungsinvariantes Maß auf $\mathcal{P}(\mathbb{R}^k)$ sein soll, so ergibt sich wie oben für die Menge $K$ einerseits $\iota_k(K) = \infty$, zum anderen $\iota_k(K) = 0$. Die Funktion $\iota_k$ kann somit nicht auf der vollen Potenzmenge von $\mathbb{R}^k$ definiert sein, was den nach dem Maßproblem formulierten Satz von Vitali beweist. ◀

## 8.5 Das Maß-Integral

Es sei $(\Omega, \mathcal{A}, \mu)$ ein beliebiger, im Folgenden festgehaltener Maßraum. Wir stellen uns das Problem, einer möglichst großen Menge $\mathcal{A}$-messbarer numerischer Funktionen $f$ auf $\Omega$ ein mit $\int f \, \mathrm{d}\mu$ bezeichnetes *Integral* bzgl. $\mu$ zuzuordnen. Im Spezialfall des Borel-Lebesgue-Maßes wird sich dabei das Lebesgue-Integral ergeben.

**Video 8.6** Aufbau des Maß-Integrals (Grundideen)

## Hintergrund und Ausblick: Hausdorff-Maße

Messen von Längen und Flächen

Es sei $(\Omega, d)$ ein metrischer Raum. Eine Teilmenge $A$ von $\Omega$ heißt **offen**, wenn es zu jedem $u \in A$ ein $\varepsilon > 0$ gibt, sodass $\{v \in \Omega \mid d(u,v) < \varepsilon\} \subseteq A$ gilt. Die vom System aller offenen Mengen erzeugte $\sigma$-Algebra $\mathcal{B}$ heißt **$\sigma$-Algebra der Borel-Mengen** über $\Omega$. Für nichtleere Teilmengen $A$ und $B$ von $\Omega$ nennt man $d(A) := \sup\{d(u,v) \mid u, v \in A\}$ den **Durchmesser von** $A$ und $\operatorname{dist}(A, B) := \inf\{d(u,v) \mid u \in A,\ v \in B\}$ den **Abstand** von $A$ und $B$.

Ein äußeres Maß $\mu^* : \mathcal{P}(\Omega) \to [0, \infty]$ heißt **metrisches äußeres Maß**, falls $\mu^*(A + B) = \mu^*(A) + \mu^*(B)$ für alle $A, B \subseteq \Omega$ mit $A, B \neq \emptyset$ und $\operatorname{dist}(A, B) > 0$ gilt.

Sind $\mathcal{M} \subseteq \mathcal{P}(\Omega)$ ein beliebiges Mengensystem mit $\emptyset \in \mathcal{M}$ und $\mu : \mathcal{M} \to [0, \infty]$ eine beliebige Mengenfunktion mit $\mu(\emptyset) = 0$, so definiert man für jedes $\delta > 0$ eine Mengenfunktion $\mu_\delta^* : \mathcal{P}(\Omega) \to [0, \infty]$ durch

$$\mu_\delta^*(A) := \inf\left\{\sum_{n=1}^{\infty} \mu(A_n) \middle| A \subseteq \bigcup_{n=1}^{\infty} A_n,\ A_n \in \mathcal{M} \right.$$
$$\left. \text{und } d(A_n) \leq \delta,\ n \geq 1\right\}.$$

Die im Zusammenhang mit dem von einer Mengenfunktion induzierten äußeren Maß angestellten Überlegungen zeigen, dass $\mu_\delta^*$ ein äußeres Maß ist. Vergrößert man den Parameter $\delta$ in der Definition von $\mu_\delta^*$, so werden prinzipiell mehr Mengen aus $\mathcal{M}$ zur Überdeckung von $A$ zugelassen. Die Funktion $\delta \mapsto \mu_\delta^*$ ist somit monoton fallend. Setzt man

$$\mu^*(A) := \sup_{\delta > 0} \mu_\delta^*(A), \qquad A \subseteq \Omega,$$

so ist $\mu^* : \mathcal{P}(\Omega) \to \mathbb{R}$ eine wohldefinierte Mengenfunktion mit $\mu_\delta^*(\emptyset) = 0$, die wegen

$$\mu_\delta^*\left(\bigcup_{n=1}^{\infty} A_n\right) \leq \sum_{n=1}^{\infty} \mu_\delta^*(A_n) \leq \sum_{n=1}^{\infty} \mu^*(A_n)$$

für jedes $\delta > 0$ ein äußeres Maß darstellt. Die Funktion $\mu^*$ ist sogar ein metrisches äußeres Maß, denn sind $A, B \subseteq \Omega$ mit $A \neq \emptyset$, $B \neq \emptyset$ und $\operatorname{dist}(A, B) > 0$ sowie $\mu^*(A + B) < \infty$ (sonst ist wegen der $\sigma$-Subadditivität von $\mu^*$ nichts zu zeigen), so gibt es ein $\delta$ mit $0 < \delta < \operatorname{dist}(A, B)$. Sind dann $C_n \in \mathcal{M}$ mit $d(C_n) \leq \delta$, $n \geq 1$, und $A + B \subseteq \bigcup_{n=1}^{\infty} C_n$, so zerfällt die Folge $(C_n)$ in Überdeckungsfolgen $(A_n)$ von $A$ und $(B_n)$ von $B$, und es ergibt sich $\sum_{n=1}^{\infty} \mu(C_n) \geq \mu_\delta^*(A) + \mu_\delta^*(B)$, woraus $\mu_\delta^*(A + B) \geq \mu_\delta^*(A) + \mu_\delta^*(B)$ und somit für $\delta \downarrow 0$ $\mu^*(A + B) \geq \mu^*(A) + \mu^*(B)$ folgt.

Es lässt sich zeigen, dass die $\sigma$-Algebra $\mathcal{A}(\mu^*)$ alle offenen Mengen von $\Omega$ und somit die $\sigma$-Algebra $\mathcal{B}$ der Borel-Mengen enthält. Nach dem Lemma von Carathéodory liefert die Restriktion von $\mu^*$ auf $\mathcal{B}$ ein Maß auf $\mathcal{B}$. Spezialisiert man nun diese Ergebnisse auf den Fall $\mathcal{M} := \{A \subseteq \Omega \mid d(A) < \infty\}$ und die Mengenfunktion $\mu(A) := d(A)^\alpha$, wobei $\alpha > 0$ eine feste reelle Zahl ist, so entsteht als Restriktion von $\mu^*$ auf die $\sigma$-Algebra $\mathcal{B}$ das mit $h_\alpha$ bezeichnete sog. **$\alpha$-dimensionale Hausdorff-Maß**. Dieses ist nach Konstruktion invariant gegenüber Isometrien, also abstandserhaltenden Transformationen des metrischen Raums $\Omega$ auf sich.

Im Fall $\Omega = \mathbb{R}^k$ und der euklidischen Metrik geht die Definition von $h_\alpha$ zurück auf Felix Hausdorff. Dieser konnte zeigen, dass für die Fälle $\alpha = 1$, $\alpha = 2$ und $\alpha = k$ zumindest bei „einfachen Mengen" $A$ der Wert $h_\alpha(A)$ bis auf einen von $k$ abhängenden Faktor mit den gängigen Ausdrücken für Länge, Fläche und $k$-dimensionalem Volumen übereinstimmt. Ist speziell $A := \{\gamma(t) \mid a \leq t \leq b\}$ das Bild einer rektifizierbaren Kurve, also einer stetigen Abbildung $\gamma : [a, b] \to \mathbb{R}^k$ eines kompakten Intervalls $[a, b]$, deren mit $L(\gamma)$ bezeichnete Länge als Supremum der Längen aller $\gamma$ einbeschriebenen Streckenzüge endlich ist, so gilt $L(\gamma) = h_1(A)$. Man beachte, dass im Fall $\alpha = 1$ die Menge $A$ durch volldimensionale Kugeln überdeckt wird, deren Größe durch die jeweiligen Durchmesser bestimmt ist. Wie das Borel-Lebesgue-Maß sind auch die Hausdorff-Maße $h_\alpha$ bewegungsinvariant. Nach dem Satz über die Charakterisierung von $\lambda^k$ als translationsinvariantes Maß mit $\lambda^k((0,1)^k) = 1$ ergibt sich somit insbesondere für $\alpha = k$ die Gleichheit $h_k = \gamma_k \lambda^k$ für eine Konstante $\gamma_k$, die sich zu $\gamma_k = 2^k \Gamma(k/2 + 1)/\pi^{k/2}$ bestimmen lässt.

Mit dem Hausdorff-Maß $h_\alpha$ ist auch ein Dimensionsbegriff verknüpft. Sind $A \in \mathcal{B}^k$ mit $h_\alpha(A) < \infty$ und $\beta > \alpha$, so gilt $h_\beta(A) = 0$. Es existiert somit ein eindeutig bestimmtes $\rho(A) \geq 0$ mit $h_\alpha(A) = 0$ für $\alpha > \rho(A)$ und $h_\alpha(A) = \infty$ für $\alpha < \rho(A)$. Die Zahl $\rho(A)$ heißt **Hausdorff-Dimension** von $A$. Jede abzählbare Teilmenge von $\mathbb{R}^k$ besitzt die Hausdorff-Dimension 0, jede Menge mit nichtleerem Inneren die Hausdorff-Dimension $k$. Die Cantor-Menge $C \subseteq [0, 1]$ hat die Hausdorff-Dimension $\log 2/\log 3$.

## Der Aufbau des Integrals erfolgt in 3 Schritten

Der Aufbau des Integrals erfolgt in drei Schritten:

- Ausgehend von der Festsetzung
$$\int \mathbb{1}_A \, d\mu := \mu(A), \quad A \in \mathcal{A},$$
für Indikatorfunktionen werden zunächst *nichtnegative reellwertige* Funktionen *mit endlichem Wertebereich* betrachtet.
- In einem zweiten Schritt erfolgt eine Erweiterung des Integralbegriffs auf beliebige *nichtnegative* Funktionen, indem man diese durch Funktionen mit endlichem Wertebereich approximiert.
- Abschließend löst man sich durch die *Zerlegung* $f = f^+ - f^-$ einer Funktion in Positiv- und Negativteil von der Nichtnegativitätsbeschränkung.

Wir betrachten zunächst die Menge

$$\mathcal{E}_+ := \{f : \Omega \to \mathbb{R} \mid f \geq 0,\ f\ \mathcal{A}\text{-messbar},\ f(\Omega) \text{ endlich}\}$$

der sog. **Elementarfunktionen** auf $\Omega$. Es ist leicht einzusehen, dass mit $f$ und $g$ auch $af$ ($a \in \mathbb{R}_{\geq 0}$), $f + g$, $fg$, $\max(f, g)$ und $\min(f, g)$ Elementarfunktionen sind. Ist $f$ eine Elementarfunktion mit $f(\Omega) = \{\alpha_1, \ldots, \alpha_n\}$, so gilt

$$f = \sum_{j=1}^{n} \alpha_j \mathbb{1}\{A_j\} \tag{8.23}$$

mit $A_j = f^{-1}(\{\alpha_j\}) \in \mathcal{A}$ und $\Omega = \sum_{j=1}^{n} A_j$. Allgemein heißt eine Darstellung der Form (8.23) mit paarweise disjunkten Mengen $A_j \in \mathcal{A}$ und $\Omega = \sum_{j=1}^{n} A_j$ eine **Normaldarstellung** von $f$.

Eine Elementarfunktion kann verschiedene Normaldarstellungen besitzen. Wichtig für den Aufbau des Integrals ist jedoch die folgende Aussage. Sie garantiert, dass die anschließende Definition widerspruchsfrei ist.

**Lemma (über Normaldarstellungen)** Für je zwei Normaldarstellungen

$$f = \sum_{i=1}^{m} \alpha_i \mathbb{1}\{A_i\} = \sum_{j=1}^{n} \beta_j \mathbb{1}\{B_j\} \tag{8.24}$$

einer Elementarfunktion $f$ gilt

$$\sum_{i=1}^{m} \alpha_i \mu(A_i) = \sum_{j=1}^{n} \beta_j \mu(B_j).$$ ◂

**Beweis** Wegen $\Omega = \sum_{i=1}^{m} A_i = \sum_{j=1}^{n} B_j$ erhält man aufgrund der Additivität von $\mu$

$$\mu(A_i) = \sum_{j=1}^{n} \mu(A_i \cap B_j),$$
$$\mu(B_j) = \sum_{i=1}^{m} \mu(A_i \cap B_j).$$

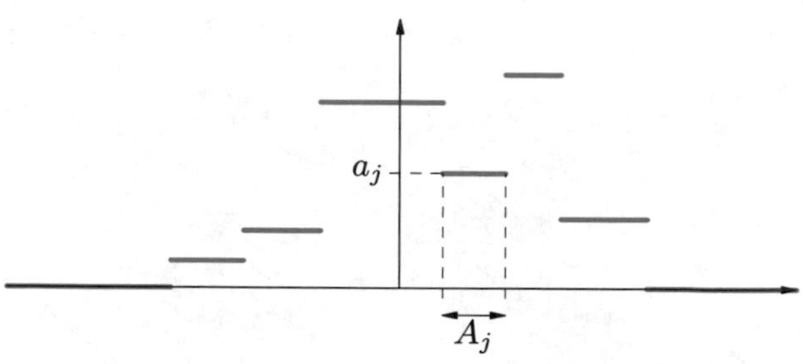


**Abb. 8.12** Elementarfunktion als Treppenfunktion auf $\mathbb{R}$

Aus $\mu(A_i \cap B_j) \neq 0$ folgt $A_i \cap B_j \neq \emptyset$ und somit wegen (8.24) $\alpha_i = \beta_j$. Es ergibt sich also wie behauptet

$$\sum_{i=1}^{m} \alpha_i \mu(A_i) = \sum_{i=1}^{m} \sum_{j=1}^{n} \alpha_i \mu(A_i \cap B_j)$$
$$= \sum_{i=1}^{m} \sum_{j=1}^{n} \beta_j \mu(A_i \cap B_j) = \sum_{j=1}^{n} \beta_j \mu(B_j).$$ ■

**Definition des Integrals für Elementarfunktionen**

Ist $f$ eine Elementarfunktion mit Normaldarstellung $f = \sum_{j=1}^{n} \alpha_j \mathbb{1}\{A_j\}$, so heißt

$$\int f \, d\mu := \int_{\Omega} f \, d\mu := \mu(f) := \sum_{j=1}^{n} \alpha_j \mu(A_j)$$

das **($\mu$-)Integral von $f$** (über $\Omega$).

**Kommentar** Man beachte, dass das Integral einer Elementarfunktion den Wert $\infty$ annehmen kann. Ist speziell $\Omega = \mathbb{R}$, $\mathcal{A} = \mathcal{B}$, und sind $A_1, \ldots, A_n$ Intervalle, so ist $f$ eine Treppenfunktion, die auf dem Intervall $A_j$ den Wert $\alpha_j$ annimmt (Abb. 8.12). Ist $\alpha_j = 0$, falls $A_j$ unbeschränkt ist, so beschreibt im Fall $\mu = \lambda^1$ das Integral $\int f \, d\lambda^1$ anschaulich die (endliche) Fläche zwischen dem Graphen von $f$ und der $x$-Achse. ◂

**Selbstfrage 15**

Warum kann das Integral einer Elementarfunktion den Wert $\infty$ annehmen?

**Beispiel** Abb. 8.13 zeigt den Graphen einer Elementarfunktion im Fall $\Omega = \mathbb{R}^2$, $\mathcal{A} = \mathcal{B}^2$. Hier nimmt $f$ über fünf aneinandergrenzende Rechtecke der Gestalt

$$A_j = \{(x_1, x_2) \in \mathbb{R}^2 \mid a_j < x_1 \leq a_{j+1},\ 0 < x_2 \leq b\}$$

($j = 1, \ldots, 5$) jeweils einen konstanten positiven Wert $\alpha_j$ an und verschwindet außerhalb der Vereinigung dieser Rechtecke, d. h., es gilt $f(x_1, x_2) = 0$, falls $(x_1, x_2) \in A_6 := \mathbb{R}^2 \setminus (\bigcup_{j=1}^{5} A_j)$. Wegen $\lambda^2(A_j) = (a_{j+1} - a_j)b$ gilt

$$\int f \, d\lambda^2 = \sum_{j=1}^{5} \alpha_j (a_{j+1} - a_j) b,$$

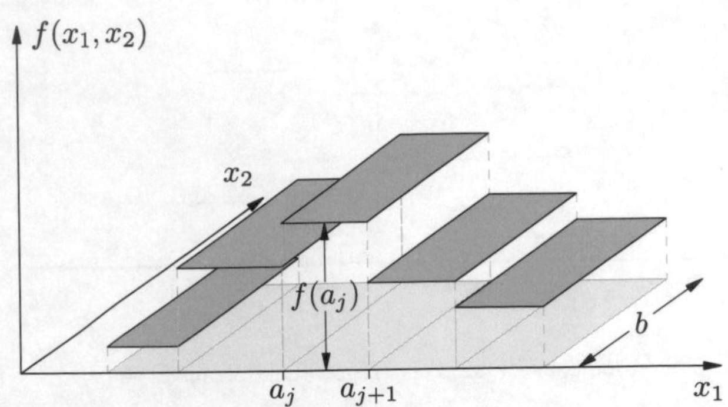


**Abb. 8.13** Graph einer Treppenfunktion über $\mathbb{R}^2$



d. h., das Integral ist gleich dem Rauminhalt, den der Graph von $f$ mit der $(x_1, x_2)$-Ebene einschließt. Hierbei haben wir angenommen, dass alle $\alpha_j$ paarweise verschieden sind, sodass eine Normaldarstellung für $f$ vorliegt. Das nächste Resultat zeigt, dass diese Annahme unnötig ist. ◄

**Satz über die Eigenschaften des Integrals**

Für $f, g \in \mathcal{E}_+$, $A \in \mathcal{A}$ und $\alpha \in \mathbb{R}_{\geq 0}$ gelten:

a) $\int \mathbb{1}_A \,\mathrm{d}\mu = \mu(A)$,
b) $\int (\alpha f) \,\mathrm{d}\mu = \alpha \int f \,\mathrm{d}\mu$ (**positive Homogenität**),
c) $\int (f + g) \,\mathrm{d}\mu = \int f \,\mathrm{d}\mu + \int g \,\mathrm{d}\mu$ (**Additivität**),
d) $f \leq g \Longrightarrow \int f \,\mathrm{d}\mu \leq \int g \,\mathrm{d}\mu$ (**Monotonie**).

**Beweis** Die Regeln a) und b) sind unmittelbar klar. Zum Nachweis von c) betrachten wir Normaldarstellungen $f = \sum_{i=1}^m \alpha_i \mathbb{1}\{A_i\}$ und $g = \sum_{j=1}^n \beta_j \mathbb{1}\{B_j\}$. Wegen $\sum_{i=1}^m \mathbb{1}\{A_i\} = \sum_{j=1}^n \mathbb{1}\{B_j\} = 1$ gilt

$$f = \sum_{i=1}^m \sum_{j=1}^n \alpha_i \mathbb{1}\{A_i \cap B_j\}, \quad g = \sum_{i=1}^m \sum_{j=1}^n \beta_j \mathbb{1}\{A_i \cap B_j\}, \tag{8.25}$$

und wir erhalten mit $f + g = \sum_{i=1}^m \sum_{j=1}^n (\alpha_i + \beta_j) \mathbb{1}\{A_i \cap B_j\}$ eine Normaldarstellung von $f + g$. Es folgt

$$\begin{aligned}\int (f+g)\,\mathrm{d}\mu &= \sum_{i=1}^m \sum_{j=1}^n (\alpha_i + \beta_j)\mu(A_i \cap B_j)\\ &= \sum_{i=1}^m \alpha_i \sum_{j=1}^n \mu(A_i \cap B_j) + \sum_{j=1}^n \beta_j \sum_{i=1}^m \mu(A_i \cap B_j)\\ &= \sum_{i=1}^m \alpha_i \mu(A_i) + \sum_{j=1}^n \beta_j \mu(B_j)\\ &= \int f \,\mathrm{d}\mu + \int g \,\mathrm{d}\mu.\end{aligned}$$

d) ergibt sich aus Darstellung (8.25), denn $f \leq g$ zieht $\alpha_i \leq \beta_j$ für jedes Paar $i, j$ mit $A_i \cap B_j \neq \emptyset$ nach sich. ■

## Jede nichtnegative messbare Funktion ist Grenzwert einer isotonen Folge aus $\mathcal{E}_+$

Wir erweitern jetzt das $\mu$-Integral auf die mit

$$\mathcal{E}_+^{\uparrow} := \{f : \Omega \to \overline{\mathbb{R}} \mid f \geq 0,\ f\ \mathcal{A}\text{-messbar}\}$$

bezeichnete Menge aller **nichtnegativen**, $\mathcal{A}$-messbaren numerischen Funktionen. Ansatzpunkt ist hier, dass jede solche Funktion Grenzwert einer *isotonen* Folge von Elementarfunktionen ist. Dabei heißt allgemein eine Folge $(f_n)$ numerischer Funktionen auf $\Omega$ **isoton** bzw. **antiton**, falls (punktweise auf $\Omega$)

$$f_n \leq f_{n+1}, \quad n \in \mathbb{N} \qquad \text{bzw.} \qquad f_n \geq f_{n+1}, \quad n \in \mathbb{N},$$

gilt. Konvergiert eine isotone bzw. antitone Folge $(f_n)$ punktweise in $\overline{\mathbb{R}}$ gegen eine Funktion $f$, so schreiben wir hierfür kurz

$$f_n \uparrow f \qquad \text{bzw.} \qquad f_n \downarrow f.$$

**Satz**

Zu jedem $f \in \mathcal{E}_+^{\uparrow}$ existiert eine *isotone* Folge $(u_n)_{n\geq 1}$ aus $\mathcal{E}_+$ mit $u_n \uparrow f$.

**Beweis** Wir zerlegen den Wertebereich $[0, \infty]$ von $f$ in die Intervalle $[j/2^n, (j+1)/2^n)$, $0 \leq j \leq n2^n - 1$, sowie $[n, \infty]$ und definieren eine Funktion $u_n$, indem wir deren Funktionswerte auf den Urbildern dieser Intervalle konstant gleich dem dort jeweils kleinstmöglichen Wert von $f$ setzen. Die Funktion $u_n$ besitzt also die Darstellung

$$u_n = \sum_{j=0}^{n2^n-1} \frac{j}{2^n} \cdot \mathbb{1}\left\{\frac{j}{2^n} \leq f < \frac{j+1}{2^n}\right\} + n \cdot \mathbb{1}\{f \geq n\}. \tag{8.26}$$

Wegen der Messbarkeit von $f$ liegen die hier auftretenden paarweise disjunkten Mengen in $\mathcal{A}$; die Funktion $u_n$ ist also eine Elementarfunktion. Nach Konstruktion ist die Folge $(u_n)$ isoton. Weiter gilt $u_n \uparrow f$, denn für ein $\omega$ mit $f(\omega) < \infty$ ist $|u_n(\omega) - f(\omega)| \leq 1/2^n$ für jedes $n$ mit $n > f(\omega)$, und im Fall $f(\omega) = \infty$ gilt $u_n(\omega) = n \to f(\omega)$. ■

Abb. 8.14 zeigt einen Ausschnitt der Graphen einer quadratischen Funktion $f$ sowie der approximierenden Elementarfunktion $u_2$ wie in (8.26).

**Selbstfrage 16**

Können Sie die Isotonie der Folge $(u_n)$ beweisen?

Angesichts dieses Resultats bietet es sich an, das Integral über $f$ als Grenzwert der monoton wachsenden Folge der Integrale $\int u_n \,\mathrm{d}\mu$ zu definieren. Hierzu muss sichergestellt sein, dass dieser Grenzwert nicht von der speziellen Folge $(u_n)$ mit $u_n \uparrow f$ abhängt. Diesem Zweck dienen das nächste Lemma und die sich anschließende Folgerung.

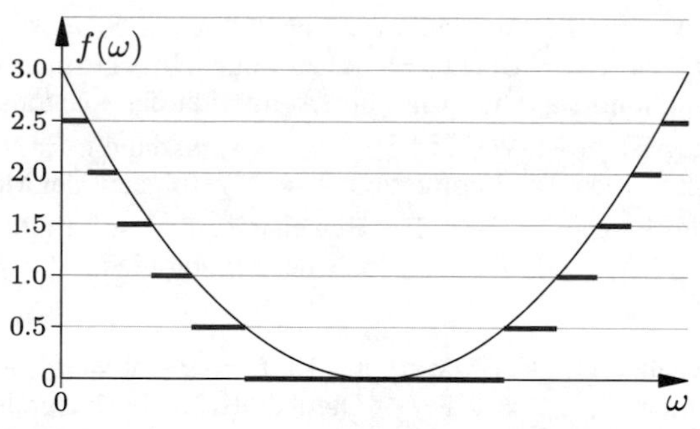


**Abb. 8.14** Approximation einer quadratischen Funktion $f$ durch $u_2$

**Lemma** Sind $(u_n)_{n\geq 1}$ eine isotone Folge aus $\mathcal{E}_+$ und $v \in \mathcal{E}_+$, so gilt:

$$v \leq \lim_{n\to\infty} u_n \Longrightarrow \int v\,\mathrm{d}\mu \leq \lim_{n\to\infty} \int u_n\,\mathrm{d}\mu. \qquad \blacktriangleleft$$

**Beweis** Es seien $v = \sum_{j=1}^{m} \alpha_j \mathbb{1}\{A_j\}$, wobei $A_j \in \mathcal{A}$ und $\alpha_j \in \mathbb{R}_{\geq 0}$ $(j = 1,\ldots,m)$ sowie $c$ mit $0 < c < 1$ beliebig. Setzen wir $B_n := \{u_n \geq c \cdot v\}$, so folgt wegen der Ungleichung $u_n \geq c \cdot v \cdot \mathbb{1}\{B_n\}$

$$\int u_n\,\mathrm{d}\mu \geq c \cdot \int v \cdot \mathbb{1}\{B_n\}\,\mathrm{d}\mu, \qquad n \geq 1. \tag{8.27}$$

Die Voraussetzung $v \leq \lim_{n\to\infty} u_n$ liefert $B_n \uparrow \Omega$, also auch $A_j \cap B_n \uparrow A_j$ $(j = 1,\ldots,m)$ und somit

$$\begin{aligned}\int v\,\mathrm{d}\mu &= \sum_{j=1}^{m} \alpha_j \mu(A_j) = \lim_{n\to\infty} \sum_{j=1}^{m} \alpha_j \mu(A_j \cap B_n) \\ &= \lim_{n\to\infty} \int v \cdot \mathbb{1}\{B_n\}\,\mathrm{d}\mu.\end{aligned}$$

Aus (8.27) folgt $\lim_{n\to\infty} \int u_n \mathrm{d}\mu \geq c \cdot \int v \mathrm{d}\mu$ und somit die Behauptung, da $c < 1$ beliebig war. ■

**Folgerung** Sind $(u_n)$, $(v_n)$ isotone Folgen von Elementarfunktionen mit $\lim_{n\to\infty} u_n = \lim_{n\to\infty} v_n$, so gilt

$$\lim_{n\to\infty} \int u_n \mathrm{d}\mu = \lim_{n\to\infty} \int v_n \mathrm{d}\mu. \qquad \blacktriangleleft$$

**Beweis** Die Behauptung folgt aus $v_k \leq \lim_{n\to\infty} u_n$ und $u_k \leq \lim_{n\to\infty} v_n$, $k \geq 1$, und dem vorigen Lemma. ■

**Definition des Integrals auf $\mathcal{E}_+^{\uparrow}$**

Es seien $f \in \mathcal{E}_+^{\uparrow}$ und $(u_n)$ eine isotone Folge von Elementarfunktionen mit $u_n \uparrow f$. Dann heißt

$$\int f \mathrm{d}\mu := \int_{\Omega} f\,\mathrm{d}\mu := \mu(f) := \lim_{n\to\infty} \int u_n \mathrm{d}\mu$$

das **($\mu$-)Integral von $f$ (über $\Omega$)**.

Aufgrund der Vorüberlegungen ist das Integral auf $\mathcal{E}_+^{\uparrow}$ wohldefiniert. Da für ein $u \in \mathcal{E}_+$ die konstante Folge $u, u, \ldots$ isoton gegen $u$ konvergiert, ist der Integralbegriff für nichtnegative messbare Funktionen zudem in der Tat eine Erweiterung des Integrals für Elementarfunktionen.

Die Eigenschaften des Integrals für Elementarfunktionen gelten unverändert auch für Funktionen aus $\mathcal{E}_+^{\uparrow}$. So erhält man etwa die Additivität des Integrals wie folgt:

Sind $f, g \in \mathcal{E}_+^{\uparrow}$ mit $u_n \uparrow f$, $v_n \uparrow g$ $(u_n, v_n \in \mathcal{E}_+)$, so gilt $u_n + v_n \uparrow f + g$ mit $u_n + v_n \in \mathcal{E}_+$. Es ergibt sich

$$\begin{aligned}\mu(f+g) &= \lim_{n\to\infty} \mu(u_n + v_n) \\ &= \lim_{n\to\infty} [\mu(u_n) + \mu(v_n)] \\ &= \lim_{n\to\infty} \mu(u_n) + \lim_{n\to\infty} \mu(v_n) \\ &= \mu(f) + \mu(g).\end{aligned}$$

Der Nachweis der Monotonie des Integrals erfolgt mithilfe des letzten Lemmas.

**Selbstfrage 17**

Können Sie die Monotonie des Integrals auf $\mathcal{E}_+^{\uparrow}$ beweisen?

Da die in (8.26) definierte Folge $(u_n)$ isoton gegen $f$ konvergiert, erhalten wir mit der Kurzschreibweise

$$\mu(a \leq f < b) := \mu(\{a \leq f < b\})$$

(analog: $\mu(f \geq a)$) die folgende Darstellung, die eine explizite Berechnung des Integrals erlaubt.

**Folgerung (Berechnung des Integrals)** Ist $f$ eine nichtnegative messbare numerische Funktion auf $\Omega$, so gilt

$$\int f \mathrm{d}\mu = \lim_{n\to\infty} \left[ \sum_{j=0}^{n2^n-1} \frac{j}{2^n} \mu\left( \frac{j}{2^n} \leq f < \frac{j+1}{2^n} \right) + n\mu(f \geq n) \right].$$

◀

## Eine messbare Funktion $f$ ist genau dann integrierbar, wenn $|f|$ integrierbar ist

Im letzten Schritt beim Aufbau des Integrals lösen wir uns nun von der bislang gemachten Nichtnegativitätsannahme.

**Definition (Integrierbarkeit und Integral)**

Eine $\mathcal{A}$-messbare numerische Funktion $f : \Omega \to \overline{\mathbb{R}}$ heißt **($\mu$-)integrierbar**, falls gilt:

$$\int f^+ \mathrm{d}\mu < \infty \ \mathit{und} \ \int f^- \mathrm{d}\mu < \infty.$$

In diesem Fall heißt

$$\int f\,\mathrm{d}\mu := \mu(f) := \int f^+\,\mathrm{d}\mu - \int f^-\,\mathrm{d}\mu \qquad (8.28)$$

das **($\mu$-)Integral von** $f$ (über $\Omega$).

Alternative Schreibweisen sind

$$\int f(\omega)\,\mu(\mathrm{d}\omega) := \int_\Omega f\,\mathrm{d}\mu := \int f\,\mathrm{d}\mu.$$

**Kommentar**

- Weil beide Integrale auf der rechten Seite von (8.28) als endlich vorausgesetzt sind, ergibt das Integral einer integrierbaren Funktion immer einen endlichen Wert. Da jedoch für jede reelle Zahl $x$ die Rechenoperationen $\infty - x = \infty$ und $x - \infty = -\infty$ definiert sind, macht die Differenz in (8.28) auch Sinn, wenn *entweder* $\int f^+\,\mathrm{d}\mu = \infty$ *oder* $\int f^-\,\mathrm{d}\mu = \infty$ gilt. In diesem Fall heißt $f$ **quasi-integrierbar**.
  Man beachte auch, dass die obige Definition mit dem Integralbegriff auf $\mathcal{E}_+^\uparrow$ verträglich ist: Es gilt
  $$f \in \mathcal{E}_+^\uparrow \text{ ist integrierbar} \iff \int f\,\mathrm{d}\mu < \infty.$$
- Die schon bei der Definition des Integrals für Elementarfunktionen und nichtnegative messbare Funktionen eingeführte verwendete Schreibweise $\mu(f)$ anstelle von $\int f\mathrm{d}\mu$ macht eine *funktionalanalytische Sichtweise des Integralbegriffs* deutlich. Wie gleich gezeigt wird (siehe auch den Satz über die Vektorraumstruktur von $\mathcal{L}^p$ zu Beginn von Abschn. 8.7), bildet die mit $\mathcal{L}^1$ bezeichnete Menge aller messbaren *reellen* $\mu$-integrierbaren Funktionen auf $\Omega$ einen Vektorraum über $\mathbb{R}$. Auf diesem Vektorraum ist die Zuordnung $\mathcal{L}^1 \ni f \mapsto \mu(f)$ eine *positive Linearform*, d. h., es gelten für $f, g \in \mathcal{L}^1$ und $a, b \in \mathbb{R}$
  $$\mu(af + bg) = a\mu(f) + b\mu(g)$$
  sowie $\mu(f) \geq 0$, falls $f \geq 0$. ◄

Nach Definition ist eine Funktion genau dann integrierbar, wenn sowohl ihr Positivteil als auch ihr Negativteil integrierbar sind. Der folgende Satz liefert Kriterien für die Integrierbarkeit.

**Satz über die Integrierbarkeitskriterien**

Für eine $\mathcal{A}$-messbare Funktion $f : \Omega \to \overline{\mathbb{R}}$ sind folgende Aussagen äquivalent:

a) $f^+$ und $f^-$ sind integrierbar,
b) es gibt integrierbare Funktionen $u \geq 0$, $v \geq 0$ mit $f = u - v$,
c) es gibt eine integrierbare Funktion $g$ mit $|f| \leq g$,
d) $|f|$ ist integrierbar.

Aus b) folgt $\int f\,\mathrm{d}\mu = \int u\,\mathrm{d}\mu - \int v\,\mathrm{d}\mu$.

**Beweis** Für die Implikation „a) $\Rightarrow$ b)“ reicht es, $u := f^+$, $v := f^-$ zu setzen. Um „b) $\Rightarrow$ c)“ zu zeigen, beachte man, dass die Funktion $u + v$ aufgrund der Additivität des Integrals auf $\mathcal{E}_+^\uparrow$ integrierbar ist. Wegen $|f| \leq u + v$ kann dann $g := u + v$ gewählt werden. Die Implikation „c) $\Rightarrow$ d)“ folgt aus der Monotonie des Integrals auf $\mathcal{E}_+^\uparrow$. Der Beweisteil „d) $\Rightarrow$ a)“ ergibt sich wegen $f^+ \leq |f|$, $f^- \leq |f|$ aus der Monotonie des Integrals auf $\mathcal{E}_+^\uparrow$.

Der Zusatz ergibt sich wie folgt: Mit $f = u - v = f^+ - f^-$ erhält man $u + f^- = v + f^+$. Die Additivität des Integrals auf $\mathcal{E}_+^\uparrow$ liefert $\int u\,\mathrm{d}\mu + \int f^-\,\mathrm{d}\mu = \int v\,\mathrm{d}\mu + \int f^+\,\mathrm{d}\mu$ und somit wegen (8.28) die Behauptung. ■

**Satz über Eigenschaften integrierbarer Funktionen**

Es seien $f$ und $g$ integrierbare numerische Funktionen auf $\Omega$ und $\alpha \in \mathbb{R}$. Dann gelten:

a) $\alpha f$ und $f + g$ sind integrierbar, wobei $\int(\alpha f)\,\mathrm{d}\mu = \alpha \int f\,\mathrm{d}\mu$ (**Homogenität**),
$\int(f + g)\,\mathrm{d}\mu = \int f\,\mathrm{d}\mu + \int g\,\mathrm{d}\mu$ (**Additivität**),
b) $\max(f, g)$ und $\min(f, g)$ sind integrierbar,
c) aus $f \leq g$ folgt $\int f\,\mathrm{d}\mu \leq \int g\,\mathrm{d}\mu$ (**Monotonie**),
d) $\left|\int f\,\mathrm{d}\mu\right| \leq \int |f|\,\mathrm{d}\mu$ (**Dreiecksungleichung**).

**Beweis** a) Die erste Behauptung ergibt sich aus $(\alpha f)^+ = \alpha f^+$ und $(\alpha f)^- = \alpha f^-$ für $\alpha \geq 0$ bzw. $(\alpha f)^+ = |\alpha| f^-$ und $(\alpha f)^- = |\alpha| f^+$ für $\alpha \leq 0$ und der Homogenität des Integrals auf $\mathcal{E}_+^\uparrow$. Wegen $f + g = f^+ + g^+ - (f^- + g^-)$ und der Integrierbarkeit von $u := f^+ + g^+$ und $v := f^- + g^-$ folgt die zweite Aussage aus Teil b) des Satzes über Integrierbarkeitskriterien und der Additivität des Integrals auf $\mathcal{E}_+^\uparrow$. Behauptung b) erhält man aus Teil c) dieses Satzes, denn es gilt $|\max(f, g)| \leq |f| + |g|$ und $|\min(f, g)| \leq |f| + |g|$. Um c) zu zeigen, beachte man, dass $f \leq g$ die Ungleichungen $f^+ \leq g^+$ und $f^- \geq g^-$ nach sich zieht. Die Behauptung folgt dann wegen der Monotonie des Integrals auf $\mathcal{E}_+^\uparrow$. Die verbleibende Aussage d) ergibt sich wegen $f \leq |f|$ und $-f \leq |f|$ aus c) mit $g := |f|$. ■

## Algebraische Induktion in drei Schritten ist ein Beweisprinzip für messbare Funktionen

**Kommentar** Wir sind beim Aufbau des abstrakten Integrals bzgl. eines allgemeinen Maßes $\mu$ im Wesentlichen der Vorgehensweise beim Aufbau des Lebesgue-Integrals (siehe z. B. [1]) gefolgt. Letzteres ergibt sich, wenn der zugrunde liegende Maßraum gleich $(\mathbb{R}^k, \mathcal{B}^k, \lambda^k)$ ist. Ist eine Borel-messbare Funktion $f : \mathbb{R}^k \to \overline{\mathbb{R}}$ integrierbar bzgl. $\lambda^k$, so nennen wir $f$ **Lebesgue-integrierbar** und schreiben das $\lambda^k$-Integral von $f$ auch in der Form

$$\int f(x)\,\mathrm{d}x := \int f(x)\,\lambda^k(\mathrm{d}x) := \int f\,\mathrm{d}\lambda^k.$$

Soll das Integral nur über eine Teilmenge $B \in \mathcal{B}^k$ erfolgen, so kann man wie zu Beginn von Abschn. 8.7 ausgeführt vorgehen und das Produkt $f\mathbb{1}_B$ integrieren, also

$$\int_B f(x)\,\mathrm{d}x := \int f(x)\mathbb{1}_B(x)\,\mathrm{d}x := \int f\mathbb{1}_B\,\mathrm{d}\lambda^k$$

bilden. Zum anderen kann man die mit $\lambda_B^k$ bezeichnete Restriktion von $\lambda^k$ auf die Spur $B \cap \mathcal{B}^k$ von $\mathcal{B}^k$ in $B$ betrachten und die Restriktion $f_B$ von $f$ auf $B$ bzgl. $\lambda_B^k$ integrieren. Dass man mit dieser Vorgehensweise ganz allgemein zum gleichen Ziel gelangt, zeigt das folgende Resultat. ◀

**Satz**

Es seien $(\Omega, \mathcal{A}, \mu)$ ein Maßraum und $f \in \mathcal{E}_+^{\uparrow}$. Für eine Menge $A \in \mathcal{A}$ bezeichnen $\mu_A$ die Restriktion von $\mu$ auf die Spur-$\sigma$-Algebra $A \cap \mathcal{A}$ von $\mathcal{A}$ in $A$ und $f_A$ die Restriktion von $f$ auf $A$. Dann ist $f_A$ auf $A$ messbar bzgl. $A \cap \mathcal{A}$, und es gilt

$$\int f_A\,\mathrm{d}\mu_A = \int_A f\,\mathrm{d}\mu := \int f\mathbb{1}_A\,\mathrm{d}\mu. \tag{8.29}$$

**Beweis** Aus Aufgabe 8.30 folgt die behauptete Messbarkeit von $f_A$. Da das Produkt $f\mathbb{1}_A$ in $\mathcal{E}_+^{\uparrow}$ liegt, gibt es eine Folge $(u_n)$ aus $\mathcal{E}_+$ mit $u_n \uparrow f\mathbb{1}_A$. Bezeichnet $u_n^*$ die Restriktion von $u_n$ auf $A$, so ist $(u_n^*)$ eine Folge von Elementarfunktionen auf $A$ mit $u_n^* \uparrow f_A$. Nach Definition des Integrals folgt

$$\int_A f\,\mathrm{d}\mu = \lim_{n\to\infty} \int u_n\,\mathrm{d}\mu, \quad \int f_A\,\mathrm{d}\mu_A = \lim_{n\to\infty} \int u_n^*\,\mathrm{d}\mu_A.$$

Wegen $0 \le u_n \le f\mathbb{1}_A$ gilt $u_n = u_n\mathbb{1}_A$. Somit ist $u_n$ von der Gestalt $u_n = \sum_{j=1}^{k_n} \alpha_{j,n}\mathbb{1}\{A_{j,n}\}$ mit $\alpha_{j,n} \in \mathbb{R}_{\ge 0}$ und Mengen $A_{j,n} \in A \cap \mathcal{A}$. Bezeichnet allgemein $\mathbb{1}_Q^*$ die *auf A definierte* Indikatorfunktion einer Menge $Q \subseteq A$, so ergibt sich $u_n^* = \sum_{j=1}^{k_n} \alpha_{j,n}\mathbb{1}^*\{A_{j,n}\}$ und somit

$$\int u_n\,\mathrm{d}\mu = \int u_n^*\,\mathrm{d}\mu_A, \qquad n \ge 1,$$

woraus die Behauptung folgt. ■

Ist $f$ in der obigen Situation eine $\mu$-integrierbare numerische Funktion auf $\Omega$, so kann man den Satz getrennt auf $f^+$ und $f^-$ anwenden und erhält ebenfalls (8.29). Liegt speziell der Maßraum $(B, B \cap \mathcal{B}^k, \lambda_B^k)$ zugrunde, so heißt für eine $(B \cap \mathcal{B}^k, \overline{\mathcal{B}})$-messbare und $\lambda_B^k$-integrierbare numerische Funktion $f : B \to \overline{\mathbb{R}}$

$$\int_B f(x)\,\mathrm{d}x := \int_B f(x)\,\lambda_B^k\,(\mathrm{d}x) := \int f\,\mathrm{d}\lambda_B^k$$

das **Lebesgue-Integral** von $f$ über $B$.

In der Folge wird es oft der Fall sein, dass eine Aussage über eine messbare Funktion $f$ bewiesen werden soll. In Anlehnung an den Aufbau des Integrals geht man auch hier in drei Schritten vor:

- Zunächst wird die Gültigkeit der Aussage für Elementarfunktionen nachgewiesen.
- In einem zweiten Schritt beweist man die Aussage für nichtnegatives $f$ unter Verwendung des Satzes über die Approximation nichtnegativer messbarer Funktionen durch Elementarfunktionen.
- Schließlich nutzt man die Darstellung $f = f^+ - f^-$ aus, um die Aussage für allgemeines $f$ zu beweisen.

Dieses oft **algebraische Induktion** genannte Beweisprinzip soll anhand zweier Beispiele vorgestellt werden. Dabei seien $(\Omega, \mathcal{A})$ ein beliebiger Messraum und $f : \Omega \to \overline{\mathbb{R}}$ eine messbare numerische Funktion.

**Beispiel**

- Es seien $\omega_0 \in \Omega$ und $\delta_{\omega_0}$ das Dirac-Maß in $\omega_0$. Dann ist $f$ genau dann $\delta_{\omega_0}$-integrierbar, falls $|f(\omega_0)| < \infty$. In diesem Fall gilt

$$\int f\,\mathrm{d}\delta_{\omega_0} = f(\omega_0).$$

  Zum Beweis betrachten wir eine Elementarfunktion $f = \sum_{j=1}^n \alpha_j\mathbb{1}\{A_j\}$ in Normaldarstellung. Es gilt $\omega_0 \in A_k$ für genau ein $k \in \{1,\ldots,n\}$, und somit folgt $\int f\,\mathrm{d}\delta_{\omega_0} = \sum_{j=1}^n \alpha_j\delta_{\omega_0}(A_j) = \alpha_k = f(\omega_0)$. Sind $f \in \mathcal{E}_+^{\uparrow}$ und $(u_n)$ eine Folge aus $\mathcal{E}_+$ mit $u_n \uparrow f$, also insbesondere $f(\omega_0) = \lim_{n\to\infty} u_n(\omega_0)$, so gilt nach dem bereits Gezeigten $\int u_n\,\mathrm{d}\delta_{\omega_0} = u_n(\omega_0)$, $n \ge 1$. Nach Definition des Integrals auf $\mathcal{E}_+^{\uparrow}$ gilt $\int f\,\mathrm{d}\delta_{\omega_0} = \lim_{n\to\infty}\int u_n\,\mathrm{d}\delta_{\omega_0}$. Hieraus folgt die Behauptung für $f \in \mathcal{E}_+^{\uparrow}$. Ist $f$ eine beliebige messbare numerische Funktion, so gilt nach dem bereits Bewiesenen $\int f^+\,\mathrm{d}\delta_{\omega_0} = f^+(\omega_0)$ und $\int f^-\,\mathrm{d}\delta_{\omega_0} = f^-(\omega_0)$. $f$ ist genau dann integrierbar, wenn beide Integrale endlich sind, was mit $|f(\omega_0)| < \infty$ gleichbedeutend ist. In diesem Fall gilt $\int f\,\mathrm{d}\delta_{\omega_0} = f^+(\omega_0) - f^-(\omega_0) = f(\omega_0)$, was zu zeigen war.
- Es sei $(\mu_n)_{n\ge 1}$ eine Folge von Maßen auf $\mathcal{A}$ und $\mu$ das durch $\mu(A) := \sum_{j=1}^\infty \mu_j(A)$, $A \in \mathcal{A}$, definierte Maß. Für eine $\mathcal{A}$-messbare Funktion $f : \Omega \to \overline{\mathbb{R}}$ gilt:

$$f \text{ ist } \mu\text{-integrierbar} \iff \sum_{n=1}^\infty \int |f|\,\mathrm{d}\mu_n < \infty.$$

  Im Falle der Integrierbarkeit gilt

$$\int f\,\mathrm{d}\mu = \sum_{n=1}^\infty \int f\,\mathrm{d}\mu_n. \tag{8.30}$$

  Das Integral bzgl. einer Summe von Maßen ist also die Summe der einzelnen Integrale.

Kapitel 8

## Unter der Lupe: Riemann- und Lebesgue-Integral

In der Analysis wird anstelle des Lebesgue-Integrals häufig das Riemann-Integral eingeführt. Wir werden sehen, dass unter allgemeinen Voraussetzungen beide Ansätze zum gleichen Ergebnis führen. Sei hierzu $[a,b] = \times_{j=1}^{k}[a_j, b_j]$ mit $a < b$ ein kompakter $k$-dimensionaler Quader, und sei $f : [a,b] \to \mathbb{R}$ eine beschränkte, Borel-messbare Funktion. Dann existiert das Lebesgue-Integral $\int_{[a,b]} f \,\mathrm{d}\lambda^k$, aber existiert auch das mit R-$\int_a^b f(x)\,\mathrm{d}x$ bezeichnete Riemann-Integral über $[a,b]$, und stimmen beide überein? Bezeichnet $D$ die Menge der Unstetigkeitsstellen von $f$, so kommt es hierfür entscheidend darauf an, ob $\lambda^k(D) = 0$ gilt.

Wir nehmen zunächst an, $f$ sei Riemann-integrierbar, und zerlegen für jedes $n \geq 1$ mit der Abkürzung $\delta_j := b_j - a_j$ das Intervall $[a_j, b_j]$ in die Intervalle $[a_j, a_j + 2^{-n}\delta_j]$, $(a_j + \ell 2^{-n}\delta_j, a_j + (\ell+1)2^{-n}\delta_j]$, $\ell = 1, \ldots, 2^n - 2$, und $(b_j - 2^{-n}\delta_j, b_j]$, $j \in \{1, \ldots, k\}$. Durch Bildung der kartesischen Produkte dieser Intervalle erhalten wir dann für jedes $n$ eine mit $\mathcal{Z}_n$ bezeichnete Zerlegung von $[a,b]$ in $2^{nk}$ paarweise disjunkte $k$-dimensionale Intervalle $I_{n,\ell}$, $\ell = 1, \ldots, 2^{nk}$. Bezeichnet allgemein $\overline{A}$ die abgeschlossene Hülle einer Menge $A \subseteq \mathbb{R}^k$, so definieren wir mithilfe von

$$u_{n,\ell} := \inf\{f(x) \mid x \in \overline{I}_{n,\ell}\},$$
$$v_{n,\ell} := \sup\{f(x) \mid x \in \overline{I}_{n,\ell}\}$$

die „Treppenfunktionen"

$$g_n := \sum_{\ell=1}^{2^{nk}} u_{n,\ell} \mathbf{1}\{I_{n,\ell}\},$$
$$h_n := \sum_{\ell=1}^{2^{nk}} v_{n,\ell} \mathbf{1}\{I_{n,\ell}\}.$$

Nach Konstruktion gilt dann für jedes $n \geq 1$

$$g_n \leq g_{n+1}, \quad h_{n+1} \leq h_n, \quad g_n \leq f \leq h_n, \tag{8.31}$$

und es sind

$$U_n := \int_{[a,b]} g_n \,\mathrm{d}\lambda^k, \quad O_n := \int_{[a,b]} h_n \,\mathrm{d}\lambda^k$$

die Riemannschen Unter- bzw. Obersummen von $f$ zur Zerlegung $\mathcal{Z}_n$. Aufgrund der angenommenen Riemann-Integrierbarkeit gilt

$$\lim_{n\to\infty} U_n = \text{R-}\int_a^b f(x)\,\mathrm{d}x = \lim_{n\to\infty} O_n. \tag{8.32}$$

Wegen (8.31) existieren die (beschränkten und Borel-messbaren) Funktionen

$$g := \lim_{n\to\infty} g_n, \quad h := \lim_{n\to\infty} h_n,$$

und es gilt $g \leq f \leq h$. Mithilfe des Satzes von der dominierten Konvergenz ergibt sich

$$\lim_{n\to\infty} U_n = \int_{[a,b]} g \,\mathrm{d}\lambda^k, \quad \lim_{n\to\infty} O_n = \int_{[a,b]} h \,\mathrm{d}\lambda^k,$$

sodass (8.32) die Gleichung

$$\int_{[a,b]} (h-g)\,\mathrm{d}\lambda^k = 0$$

nach sich zieht. Wegen $h - g \geq 0$ liefert Folgerung a) aus der Makov-Ungleichung $h = g$ $\lambda^k$-fast überall und somit auch $f = g$ $\lambda^k$-fast überall (es gilt $g \leq f \leq h$!). Nach dem Satz über die Nullmengen-Unempfindlichkeit des Integrals ergibt sich

$$\int_{[a,b]} f \,\mathrm{d}\lambda^k = \text{R-}\int_a^b f(x)\,\mathrm{d}x.$$

Schreiben wir $M$ für die Menge der Randpunkte aller $I_{n,\ell}$ ($n \geq 1, \ell \in \{1, \ldots, 2^{nk}\}$), so gehört jede Unstetigkeitsstelle $x$ von $f$ entweder zu $M$, oder es gilt $g(x) < h(x)$. Wir erhalten also die Teilmengenbeziehung $D \subseteq M \cup \{g < h\}$ und somit $\lambda^k(D) \leq \lambda^k(M) + \lambda^k(g < h) = 0$. Die Riemann-Integrierbarkeit von $f$ zieht also notwendigerweise $\lambda^k(D) = 0$ nach sich. Setzen wir umgekehrt $\lambda^k(D) = 0$ voraus, so gilt wegen $\{g < h\} \subseteq D$ die Beziehung $g = h$ $\lambda^k$-f.ü. und somit $\lim_{n\to\infty} U_n = \lim_{n\to\infty} V_n$. Die Funktion $f$ ist also Riemann-integrierbar.

Wir merken an dieser Stelle an, dass sich die obigen Überlegungen dahingehend verallgemeinern lassen, dass der Definitionsbereich von $f$ eine Jordan-messbare Teilmenge des $\mathbb{R}^k$ ist (siehe die Hintergrund-und-Ausblick-Box über das Borel-Lebesgue-Maß, das Lebesgue-Maß und den Jordan-Inhalt in Abschn. 8.3).

*Das* klassische Beispiel einer Lebesgue-, aber nicht Riemann-integrierbaren Funktion ist die *Dirichletsche Sprungfunktion* $f : [0,1] \to \mathbb{R}$, die durch $f(x) := 1$, falls $x \in \mathbb{Q}$, und $f(x) := 0$, sonst, definiert ist. Da die Ober- und Untersumme von $f$ zu jeder Zerlegung von $[0,1]$ die Werte 1 bzw. 0 annehmen, ist $f$ nicht Riemann-integrierbar. Andererseits gilt $f = 0$ $\lambda^1$-fast überall, sodass $f$ (mit dem Integralwert 0) Lebesgue-integrierbar ist.

Abschließend sei betont, dass man bei der Integration über unbeschränkte Bereiche Vorsicht walten lassen muss! Im Fall des Riemann-Integrals hat man es dann mit uneigentlichen Integralen zu tun. Obgleich hier im Fall $k \geq 2$ die Integrierbarkeit von $|f|$ gefordert wird (siehe [24], S.255–256), trifft dies im Fall $k = 1$ nicht zu. Ein prominentes Beispiel ist die Funktion $f(x) = \sin(x)/x$ für $x > 0$ und $f(0) := 1$. Diese ist über $[0,\infty)$ nicht Lebesgue-integrierbar, aber (als *Integral von Dirichlet* uneigentlich Riemann-integrierbar (siehe das Beispiel nach dem Satz von Fubini in Abschn. 8.9),

Auch hier erfolgt der Nachweis durch algebraische Induktion. Machen Sie sich klar, dass die Behauptung aufgrund des großen Umordnungssatzes (siehe z. B. [1], Abschn. 10.4) für Elementarfunktionen gilt. Ist $f \in \mathcal{E}_+^{\uparrow}$, und ist $(u_k)$ eine isoton gegen $f$ konvergierende Folge aus $\mathcal{E}_+$, so setzen wir für $k, m \geq 1$

$$\alpha_{k,m} := \sum_{j=1}^{m} \int u_k \, \mathrm{d}\mu_j .$$

Wegen $\sup_{k\geq 1}(\sup_{m\geq 1} \alpha_{k,m}) = \sup_{m\geq 1}(\sup_{k\geq 1} \alpha_{k,m})$ gilt dann ebenfalls (8.30). Im allgemeinen Fall führe man wieder die Zerlegung $f = f^+ - f^-$ durch. ◄

## Integration bezüglich des Zählmaßes auf $\mathbb{N}$ bedeutet Summation

Wählt man im letzten Beispiel speziell $(\Omega, \mathcal{A}) = (\mathbb{N}, \mathcal{P}(\mathbb{N}))$ und setzt $\mu = \sum_{n=1}^{\infty} \delta_n$, so ist $\mu$ das Zählmaß auf $\mathbb{N}$. Eine Funktion $f : \mathbb{N} \to \overline{\mathbb{R}}$ ist durch die Folge $(f(n))_{n\geq 1}$ ihrer Funktionswerte beschrieben. Es gilt:

$$f \text{ ist } \mu\text{-integrierbar} \iff \sum_{n=1}^{\infty} |f(n)| < \infty.$$

Im Falle der Integrierbarkeit gilt

$$\int f \, \mathrm{d}\mu = \sum_{n=1}^{\infty} f(n).$$

Integration bzgl. des Zählmaßes auf $\mathbb{N}$ bedeutet also Summation.

Zum Schluss dieses Abschnitts soll das Prinzip der algebraischen Induktion anhand des wichtigen *Transformationssatzes für Integrale* demonstriert werden.

**Transformationssatz für Integrale**

Es seien $(\Omega, \mathcal{A}, \mu)$ ein Maßraum, $(\Omega', \mathcal{A}')$ ein Messraum und $f : \Omega \to \Omega'$ eine $(\mathcal{A}, \mathcal{A}')$-messbare Abbildung.

a) Es sei $h : \Omega' \to \overline{\mathbb{R}}$ $\mathcal{A}'$-messbar, $h \geq 0$. Dann gilt

$$\int_{\Omega'} h \, \mathrm{d}\mu^f = \int_{\Omega} h \circ f \, \mathrm{d}\mu. \tag{8.33}$$

b) Es sei $h : \Omega' \to \overline{\mathbb{R}}$ $\mathcal{A}'$-messbar. Dann gilt:

$$h \text{ ist } \mu^f\text{-integrierbar} \iff h \circ f \text{ ist } \mu\text{-integrierbar.}$$

In diesem Fall gilt ebenfalls (8.33).

**Beweis** a) Ist $h = \sum_{j=1}^{n} \alpha_j \mathbb{1}\{A'_j\}$ $(A'_j \in \mathcal{A}', \alpha_j \geq 0)$ eine Elementarfunktion auf $\Omega'$, so gilt

$$\begin{aligned}
\int h \, \mathrm{d}\mu^f &= \sum_{j=1}^{n} \alpha_j \mu^f(A'_j) \\
&= \sum_{j=1}^{n} \alpha_j \mu(f^{-1}(A'_j)) \\
&= \sum_{j=1}^{n} \alpha_j \int \mathbb{1}\{f^{-1}(A'_j)\} \, \mathrm{d}\mu \\
&= \int \left( \sum_{j=1}^{n} \alpha_j \mathbb{1}\{f^{-1}(A'_j)\} \right) \mathrm{d}\mu \\
&= \int h \circ f \, \mathrm{d}\mu.
\end{aligned}$$

Ist $(u_n)$ eine Folge von Elementarfunktionen auf $\Omega'$ mit $u_n \uparrow h$, so ist $(u_n \circ f)$ eine Folge von Elementarfunktionen auf $\Omega$ mit $u_n \circ f \uparrow h \circ f$. Nach dem bereits Bewiesenen ergibt sich

$$\begin{aligned}
\int h \, \mathrm{d}\mu^f = \lim_{n\to\infty} \int u_n \, \mathrm{d}\mu^f &= \lim_{n\to\infty} \int u_n \circ f \, \mathrm{d}\mu \\
&= \int h \circ f \, \mathrm{d}\mu.
\end{aligned}$$

b) Nach a) gilt $\int h^+ \, \mathrm{d}\mu^f = \int h^+ \circ f \, \mathrm{d}\mu$ und $\int h^- \, \mathrm{d}\mu^f = \int h^- \circ f \, \mathrm{d}\mu$. Wegen $(h \circ f)^+ = h^+ \circ f$ und $(h \circ f)^- = h^- \circ f$ folgt die Behauptung. ■

**Beispiel** Wir betrachten den Maßraum $(\mathbb{R}^k, \mathcal{B}^k, \lambda^k)$ und den Messraum $(\mathbb{R}^k, \mathcal{B}^k)$ sowie eine Lebesgue-integrierbare Funktion $f : \mathbb{R}^k \to \mathbb{R}$. Für $a \in \mathbb{R}^k$ bezeichne wie früher $T_a : \mathbb{R}^k \to \mathbb{R}^k$ die durch $T_a(x) := x + a$, $x \in \mathbb{R}^k$, definierte Translation um $a$. Der Transformationssatz liefert

$$\int_{\mathbb{R}^k} f \, \mathrm{d}T_a(\lambda^k) = \int_{\mathbb{R}^k} f \circ T_a \, \mathrm{d}\lambda^k,$$

was wegen der Translationsinvarianz von $\lambda^k$ die Gestalt

$$\int_{\mathbb{R}^k} f(x) \, \mathrm{d}x = \int_{\mathbb{R}^k} f(x+a) \, \mathrm{d}x, \qquad a \in \mathbb{R}^k,$$

annimmt. ◄

## 8.6 Nullmengen, Konvergenzsätze

In diesem Abschnitt sei $(\Omega, \mathcal{A}, \mu)$ ein beliebiger Maßraum. Eine Menge $A \in \mathcal{A}$ heißt **($\mu$-)Nullmenge**, falls $\mu(A) = 0$ gilt. Nullmengen sind aus Sicht der Maß- und Integrationstheorie vernachlässigbar. So werden wir gleich sehen, dass sich das Integral einer Funktion nicht ändert, wenn man den Integranden auf einer Nullmenge ändert. Man beachte, dass die Betonung des Maßes $\mu$ bei der Definition einer Nullmenge wichtig ist und nur weggelassen wird, wenn das zugrunde liegende Maß unzweideutig feststeht.

**Beispiel**

- Es sei $(\Omega, \mathcal{A}) = (\mathbb{R}, \mathcal{B})$. Dann ist die Menge $A := \mathbb{R} \setminus \{0\}$ Nullmenge bzgl. des Dirac-Maßes $\delta_0$ im Nullpunkt, für das Borel-Lebesgue-Maß $\lambda^1$ gilt jedoch $\lambda^1(A) = \infty$.
- Jede Hyperebene $H$ des $\mathbb{R}^k$ ist eine $\lambda^k$-Nullmenge, d. h., es gilt $\lambda^k(H) = 0$. Um diesen Sachverhalt einzusehen, können wir wegen der Bewegungsinvarianz von $\lambda^k$ o.B.d.A. annehmen, dass $H$ zu einer der Koordinatenachsen des $\mathbb{R}^k$ orthogonal ist. Gilt dies etwa für die $j$-te Koordinatenachse, so gibt es ein $a \in \mathbb{R}$ mit $H = \{x = (x_1, \ldots, x_k) \in \mathbb{R}^k \mid x_j = a\}$. Als abgeschlossene Menge liegt $H$ in $\mathcal{B}^k$. Zu beliebig vorgegebenem $\varepsilon > 0$ bezeichnen $u_n$ und $v_n$ diejenigen Punkte im $\mathbb{R}^k$, deren sämtliche Koordinaten mit Ausnahme der $j$-ten gleich $-n$ bzw. $n$ sind. Die $j$-te Koordinate von $u_n$ sei $a - 2^{-n}(2n)^{1-k}\varepsilon$, die von $v_n$ gleich $a$. Dann gilt

$$H \subseteq \bigcup_{n=1}^{\infty} (u_n, v_n],$$

und wegen $\lambda^k((u_n, v_n]) = (2n)^{k-1}2^{-n}(2n)^{1-k}\varepsilon = \varepsilon/2^n$ folgt $\lambda^k(H) \leq \sum_{n=1}^{\infty} \lambda^k((u_n, v_n]) \leq \varepsilon$ und somit $\lambda^k(H) = 0$.
- Aus dem obigen Beispiel folgt

$$\lambda^k((a,b]) = \lambda^k((a,b)) = \lambda^k([a,b)) = \lambda^k([a,b]) \quad (8.34)$$

für alle $a, b \in \mathbb{R}^k$ mit $a < b$, denn die Borel-Menge $[a,b] \setminus (a,b)$ ist Teilmenge der Vereinigung von endlich vielen Hyperebenen des oben beschriebenen Typs. ◄

## Das $\mu$-Integral bleibt bei Änderung des Integranden auf einer $\mu$-Nullmenge gleich

Ist $E$ eine Aussage derart, dass für jedes $\omega \in \Omega$ definiert ist, ob $E$ für $\omega$ zutrifft oder nicht, so sagt man, ***E* gilt $\mu$-fast überall** und schreibt hierfür kurz „$E$ $\mu$-f.ü.", wenn es eine $\mu$-Nullmenge $N$ gibt, sodass $E$ für jedes $\omega$ in $N^c$ zutrifft.

**Achtung** Offenbar wird nicht gefordert, dass die Ausnahmemenge $\{\omega \in \Omega \mid E \text{ trifft nicht zu für } \omega\}$ in $\mathcal{A}$ liegt. Entscheidend ist nur, dass diese Ausnahmemenge in einer $\mu$-Nullmenge enthalten ist. In diesem Zusammenhang sei daran erinnert, dass nur bei einem vollständigen Maßraum die $\sigma$-Algebra $\mathcal{A}$ mit jeder $\mu$-Nullmenge $N$ auch sämtliche Teilmengen von $N$ enthält (siehe die Hintergrund-und-Ausblick-Box über das Borel-Lebesgue-Maß, das Lebesgue-Maß und den Jordan-Inhalt in Abschn. 8.3). ◄

**Beispiel** Es seien $f, g : \Omega \to \overline{\mathbb{R}}$. Dann gilt $f = g$ $\mu$-f.ü. genau dann, wenn es eine Menge $N \in \mathcal{A}$ mit $\mu(N) = 0$ gibt, sodass $f(\omega) = g(\omega)$ für jedes $\omega \in N^c$ gilt. Sind $f$ und $g$ $\mathcal{A}$-messbar, so ist $f = g$ $\mu$-f.ü. gleichbedeutend mit $\mu(\{f \neq g\}) = 0$, denn es gilt $\{f \neq g\} \in \mathcal{A}$. Im Spezialfall $(\Omega, \mathcal{A}) = (\mathbb{R}, \mathcal{B})$ und $f(x) = x^2$, $x \in \mathbb{R}$, sowie $g \equiv 0$ gilt etwa $f \neq g$ $\lambda^1$-f.ü., aber $f = g$ $\delta_0$-f.ü. (Abb. 8.15). ◄

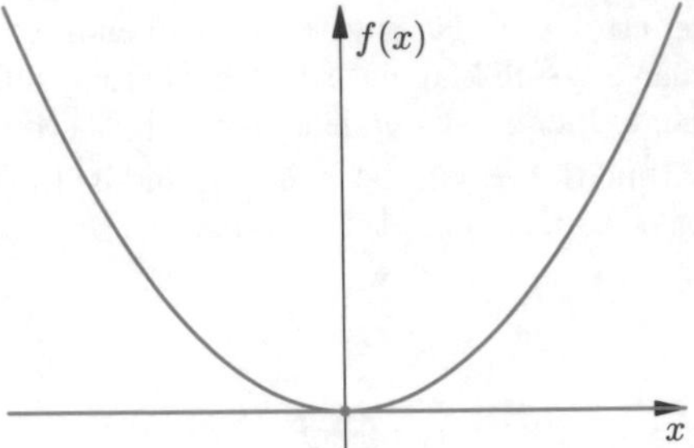


**Abb. 8.15** $f \neq 0$ $\lambda^1$-f.ü., aber $f = 0$ $\delta_0$-f.ü

Das nachstehende Resultat besagt, dass das $\mu$-Integral durch Änderungen des Integranden auf $\mu$-Nullmengen nicht beeinflusst wird.

**Satz über die Nullmengen-Unempfindlichkeit des Integrals**

Es seien $f$ und $g$ $\mathcal{A}$-messbare numerische Funktionen auf $\Omega$ mit $f = g$ $\mu$-fast überall. Dann gilt:

$$f \text{ ist } \mu\text{-integrierbar} \iff g \text{ ist } \mu\text{-integrierbar}.$$

In diesem Fall folgt $\int f \,\mathrm{d}\mu = \int g \,\mathrm{d}\mu$.

**Beweis** Wegen $\{f^+ \neq g^+\} \cup \{f^- \neq g^-\} \subseteq \{f \neq g\}$ kann o.B.d.A. $f \geq 0$ und $g \geq 0$ angenommen werden. Sei $N := \{f \neq g\}$ $(\in \mathcal{A})$ sowie $h := \infty \cdot \mathbb{1}_N$. Für die Elementarfunktionen $h_n := n \cdot \mathbb{1}_N$, $n \in \mathbb{N}$, gilt $h_n \uparrow h$ und $\mu(h_n) = n \cdot \mu(N) = 0$, also $\mu(h) = 0$. Wegen $g \leq f + h$ und $f \leq g + h$ folgt aus der Integrierbarkeit von $f$ die Integrierbarkeit von $g$ und umgekehrt sowie im Falle der Integrierbarkeit die Gleichheit der Integrale. ■

**Markov-Ungleichung**

Es sei $f : \Omega \to \overline{\mathbb{R}}$ $\mathcal{A}$-messbar und *nichtnegativ*. Dann gilt für jedes $t > 0$:

$$\mu(\{f \geq t\}) \leq \frac{1}{t} \cdot \int f \,\mathrm{d}\mu.$$

**Beweis** Es gilt (punktweise auf $\Omega$) $\mathbb{1}\{f \geq t\} \leq t^{-1} \cdot f$. Integriert man beide Seiten dieser Ungleichung bzgl. $\mu$, so liefert die Monotonie des Integrals die Behauptung. ■

**Folgerung**

a) Ist $f : \Omega \to \overline{\mathbb{R}}$ $\mathcal{A}$-messbar und *nichtnegativ*, so gilt:

$$\int f \,\mathrm{d}\mu = 0 \iff f = 0 \quad \mu\text{-f.ü.} \quad (8.35)$$

b) Ist $f : \Omega \to \overline{\mathbb{R}}$ $\mathcal{A}$-messbar und *$\mu$-integrierbar*, so gilt

$$\mu(\{|f| = \infty\}) = 0, \quad \text{d. h. } |f| < \infty \ \mu\text{-f.ü.} \quad ◄$$

**Beweis** a): Die Implikation „$\Longleftarrow$“ folgt aus dem Satz über die Nullmengen-Unempfindlichkeit des Integrals. Die Umkehrung ergibt sich aus der Markov-Ungleichung, indem man dort $t = n^{-1}$, $n \in \mathbb{N}$, setzt. Es folgt dann $\mu(\{f \geq n^{-1}\}) \leq n \int f \,\mathrm{d}\mu = 0$ für jedes $n \geq 1$ und somit wegen $\{f > 0\} \subseteq \bigcup_{n=1}^{\infty}\{f \geq n^{-1}\}$

$$\mu(\{f > 0\}) \leq \sum_{n=1}^{\infty} \mu\left(\{f \geq n^{-1}\}\right) = 0.$$

b): Die Markov-Ungleichung mit $t = n$, $n \in \mathbb{N}$, angewendet auf $|f|$, liefert $\mu(\{|f| \geq n\}) \leq n^{-1} \int |f| \,\mathrm{d}\mu$. Wegen $\{|f| = \infty\} \subseteq \{|f| \geq n\}$, $n \in \mathbb{N}$, folgt die Behauptung. ■

**Beispiel** Da die Menge $\mathbb{Q}$ der rationalen Zahlen abzählbar und damit eine $\lambda^1$-Nullmenge ist, ist die auch als **Dirichletsche Sprungfunktion** bekannte Indikatorfunktion $\mathbb{1}_{\mathbb{Q}} : \mathbb{R} \to \mathbb{R}$ $\lambda^1$-fast überall gleich der Nullfunktion, und somit gilt

$$\int \mathbb{1}_{\mathbb{Q}} \,\mathrm{d}\lambda^1 = 0.$$

Im Falle des Zählmaßes $\mu$ auf $\mathbb{N}$ und einer nichtnegativen Funktion $f : \mathbb{N} \to [0, \infty]$ gilt

$$\int f \,\mathrm{d}\mu = \sum_{n=1}^{\infty} f(n) = 0 \iff f \equiv 0.$$

Hier hat also das Verschwinden des Integrals zur Folge, dass $f$ identisch gleich der Nullfunktion ist. ◀

## Bei monotoner oder dominierter Konvergenz sind Limes- und Integralbildung vertauschbar

Der folgende, nach dem italienischen Mathematiker Beppo Levi (1875–1961) benannte wichtige Satz besagt, dass bei *isotonen* Folgen *nichtnegativer* Funktionen Integral- und Limes-Bildung vertauscht werden dürfen.

**Video 8.7** Der Satz von der monotonen Konvergenz (Beppo Levi)

**Satz von der monotonen Konvergenz, Beppo Levi**

Ist $(f_n)$ eine *isotone* Folge nichtnegativer $\mathcal{A}$-messbarer numerischer Funktionen auf $\Omega$, so gilt

$$\int \lim_{n\to\infty} f_n \,\mathrm{d}\mu = \lim_{n\to\infty} \int f_n \,\mathrm{d}\mu.$$

**Beweis** Wegen der Isotonie der Folge $(f_n)$ existiert (in $\overline{\mathbb{R}}$) der Grenzwert $f := \lim_{n\to\infty} f_n$ als messbare Funktion, und $f_n \leq f$ hat

$$\lim_{n\to\infty} \int f_n \,\mathrm{d}\mu \leq \int f \,\mathrm{d}\mu \tag{8.36}$$

zur Folge. Sei $(u_{n,k})_{k\geq 1}$ eine Folge von Elementarfunktionen mit $u_{n,k} \uparrow_{k\to\infty} f_n$, $n \geq 1$. Setzen wir

$$v_k := \max(u_{1,k}, u_{2,k}, \ldots, u_{k,k}), \quad k \in \mathbb{N},$$

so ist $(v_k)_{k\geq 1}$ eine isotone Folge von Elementarfunktionen mit $v_k \leq f_k$, $k \geq 1$, also $\lim_{k\to\infty} v_k \leq f$. Es gilt aber auch $f \leq \lim_{k\to\infty} v_k$, denn es ist $u_{n,k} \leq v_k$ für $n \leq k$ und somit

$$\lim_{k\to\infty} u_{n,k} = f_n \leq \lim_{k\to\infty} v_k, \quad n \in \mathbb{N}.$$

Es folgt $\int f \,\mathrm{d}\mu = \lim_{k\to\infty} \int v_k \,\mathrm{d}\mu \leq \lim_{n\to\infty} \int f_n \,\mathrm{d}\mu$, was zusammen mit (8.36) die Behauptung liefert. ■

Wendet man den obigen Satz auf die isotone Folge der Partialsummen der $f_n$ an, so ergibt sich:

**Folgerung** Für jede Folge $(f_n)_{n\geq 1}$ nichtnegativer $\mathcal{A}$-messbarer numerischer Funktionen auf $\Omega$ gilt

$$\int \sum_{n=1}^{\infty} f_n \,\mathrm{d}\mu = \sum_{n=1}^{\infty} \int f_n \,\mathrm{d}\mu.$$ ◀

Wir wollen uns jetzt von der Isotonie der Funktionenfolge $(f_n)$ lösen. In diesem Zusammenhang ist das folgende, auf den französischen Mathematiker Pierre Joseph Louis Fatou (1878–1929) zurückgehende Resultat hilfreich.

**Lemma von Fatou**

Es sei $(f_n)_{n\geq 1}$ eine Folge *nichtnegativer* $\mathcal{A}$-messbarer numerischer Funktionen auf $\Omega$. Dann gilt

$$\int \liminf_{n\to\infty} f_n \,\mathrm{d}\mu \leq \liminf_{n\to\infty} \int f_n \,\mathrm{d}\mu.$$

**Beweis** Sei $g_n := \inf_{k\geq n} f_k$, $n \geq 1$. Es gilt $g_1 \leq g_2 \leq \ldots$ und $\liminf_{n\to\infty} f_n = \lim_{n\to\infty} g_n$. Aus dem Satz von Beppo Levi und der Ungleichung $g_n \leq f_n$, $n \geq 1$, folgt

$$\int \liminf_{n\to\infty} f_n \,\mathrm{d}\mu = \lim_{n\to\infty} \int g_n \,\mathrm{d}\mu \leq \liminf_{n\to\infty} \int f_n \,\mathrm{d}\mu.$$ ■

**Video 8.8** Das Lemma von Fatou

Kapitel 8

Das folgende Beispiel zeigt, dass die obige Ungleichung strikt sein kann. Außerdem hilft sie, sich deren Richtung zu merken.

**Beispiel** Es seien $(\Omega, \mathcal{A}, \mu) = (\mathbb{R}, \mathcal{B}, \lambda^1)$ und $f_n = \mathbb{1}_{[n,n+1]}$, $n \in \mathbb{N}$. Dann gilt $f_n(x) \to f(x) = 0$, $x \in \mathbb{R}$, sowie $\int f_n \, \mathrm{d}\lambda^1 = 1$ und folglich $0 = \int \liminf f_n \, \mathrm{d}\lambda^1 < \liminf \int f_n \, \mathrm{d}\lambda^1 = 1$. ◀

Der nachstehende Satz von der dominierten Konvergenz (auch: *Satz von der majorisierten Konvergenz*) ist ein schlagkräftiges Instrument zur Rechtfertigung der Vertauschung von Limes- und Integral-Bildung im Zusammenhang mit Funktionenfolgen.

**Satz von der dominierten Konvergenz, H. Lebesgue**

Es seien $f, f_1, f_2, \ldots$ $\mathcal{A}$-messbare numerische Funktionen auf $\Omega$ mit

$$f = \lim_{n\to\infty} f_n \quad \mu\text{-f.ü.}$$

Gibt es eine $\mu$-integrierbare nichtnegative numerische Funktion $g$ auf $\Omega$ mit der *Majorantenbedingung*

$$|f_n| \le g \qquad \mu\text{-f.ü.}, \quad n \ge 1,$$

so ist $f$ $\mu$-integrierbar, und es gilt

$$\int f \, \mathrm{d}\mu = \lim_{n\to\infty} \int f_n \, \mathrm{d}\mu.$$

**Beweis** Wir nehmen zunächst $g(\omega) < \infty$, $\omega \in \Omega$, sowie $f_n \to f$ und $|f_n| \le g$ für jedes $n \ge 1$ an und erinnern an die Notation $\mu(f) = \int f \, \mathrm{d}\mu$. Wegen $f_n \to f$ und der im Satz formulierten Majorantenbedingung gilt $|f| \le g$, sodass $f$ integrierbar ist. Aus $|f_n| \le g$ folgt $0 \le g + f_n$, weshalb $g + f_n \to g + f$ und das Lemma von Fatou

$$\mu(g+f) \le \liminf_{n\to\infty} \mu(g + f_n) = \mu(g) + \liminf_{n\to\infty} \mu(f_n)$$

und somit $\mu(f) \le \liminf_{n\to\infty} \mu(f_n)$ liefern. Andererseits folgt aus $0 \le g - f_n \to g - f$ und dem Lemma von Fatou

$$\mu(g-f) \le \liminf_{n\to\infty} \mu(g - f_n) = \mu(g) - \limsup_{n\to\infty} \mu(f_n)$$

und somit $\limsup_{n\to\infty} \mu(f_n) \le \mu(f)$. Insgesamt ergibt sich wie behauptet $\mu(f) = \lim_{n\to\infty} \mu(f_n)$.

Um der Tatsache Rechnung zu tragen, dass $g$ auch den Wert $\infty$ annehmen kann und die Konvergenz von $f_n$ gegen $f$ sowie die Ungleichungen $|f_n| \le g$ nur $\mu$-fast überall gelten, nutzen wir den Satz über die Nullmengen-Unempfindlichkeit des Integrals aus. Hierzu beachte man, dass $g$ nach der Folgerung aus der Markov-Ungleichung $\mu$-f.ü. endlich ist und die Menge

$$N := \{f \ne \lim_{n\to\infty} f_n\} \cup \bigcup_{n=1}^{\infty} \{|f_n| > g\} \cup \{g = +\infty\}$$

als Vereinigung abzählbar vieler Nullmengen aufgrund der $\sigma$-Subadditivität von $\mu$ eine Nullmenge darstellt. Setzen wir $\widetilde{f} := f \cdot \mathbb{1}\{N^c\}$, $\widetilde{f}_n := f_n \cdot \mathbb{1}\{N^c\}$, $n \ge 1$, $\widetilde{g} := g \cdot \mathbb{1}\{N^c\}$, so gilt $\widetilde{f}_n \to \widetilde{f}$, $|\widetilde{f}_n| \le \widetilde{g} < \infty$, und nach dem bereits Gezeigten folgt $\mu(\widetilde{f}) = \lim_{n\to\infty} \mu(\widetilde{f}_n)$. Wegen $\mu(f) = \mu(\widetilde{f})$ und $\mu(\widetilde{f}_n) = \mu(f_n)$ folgt die Behauptung. ■

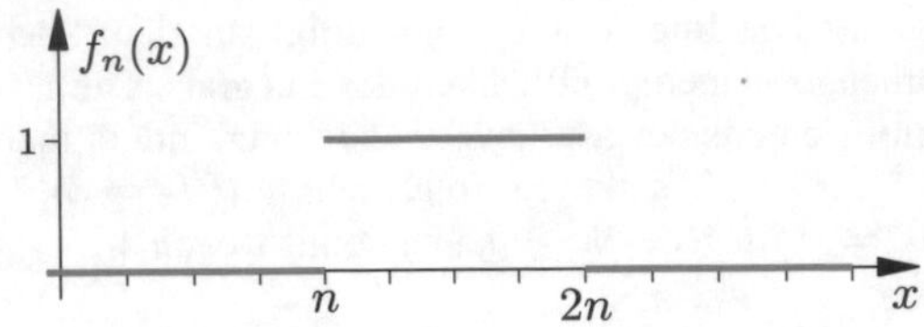


**Abb. 8.16** Für die Folge $(f_n)$ fehlt eine integrierbare Majorante

**Video 8.9** Der Satz von der dominierten (majorisierten) Konvergenz

**Kommentar** Der Beweis des Satzes von der dominierten Konvergenz schreibt die Betragsungleichung $|f_n| \le g$ in die beiden Ungleichungen $0 \le g + f_n$ und $0 \le g - f_n$ um und wendet auf jede der Funktionenfolgen $(g + f_n)$ und $(g - f_n)$ das Lemma von Fatou an. Dass gewisse Voraussetzungen nur $\mu$-fast überall gelten, ist kein Problem, da das Integral durch Änderungen des Integranden auf Nullmengen nicht beeinflusst wird. Insofern können auch die Voraussetzungen des Satzes von der monotonen Konvergenz abgeschwächt werden. So darf etwa die Ungleichung $f_n \le f_{n+1}$ auf einer Nullmenge verletzt sein.

Wie das nachstehende Beispiel zeigt, spielt die Existenz einer „die Folge $(f_n)$ dominierenden Majorante" eine entscheidende Rolle. ◀

**Beispiel** Es seien $(\Omega, \mathcal{A}, \mu) = (\mathbb{R}, \mathcal{B}, \lambda^1)$ und $f_n = \mathbb{1}_{[n,2n]}$, $n \in \mathbb{N}$. Dann gilt $f_n(x) \to 0$ für jedes $x \in \mathbb{R}$, aber $\lim_{n\to\infty} \int f_n \, \mathrm{d}\lambda^1 = \infty$ (siehe Abb. 8.16). Der Satz von der dominierten Konvergenz ist nicht anwendbar, weil eine integrierbare Majorante $g$ fehlt. Letztere müsste die Ungleichung $g \ge \mathbb{1}_{[1,\infty)}$ erfüllen, wäre dann aber nicht $\lambda^1$-integrierbar. ◀

Der Satz von der dominierten Konvergenz garantiert, dass wie im folgenden Satz unter gewissen Voraussetzungen die Vertauschung von Differenziation und Integration, also die Differentiation unter dem Integralzeichen, erlaubt ist.

**Satz über die Ableitung eines Parameterintegrals**

Es seien $(\Omega, \mathcal{A}, \mu)$ ein Maßraum, $U$ eine offene Teilmenge von $\mathbb{R}$ und $f : U \times \Omega \to \mathbb{R}$ eine Funktion mit folgenden Eigenschaften:

- $\omega \mapsto f(t, \omega)$ ist $\mu$-integrierbar für jedes $t \in U$,
- $t \mapsto f(t, \omega)$ ist auf $U$ differenzierbar für jedes $\omega \in \Omega$; die Ableitung werde mit $\partial_t f(t, \omega)$ bezeichnet,
- es gibt eine $\mu$-integrierbare Funktion $h : \Omega \to \mathbb{R}$ mit

$$|\partial_t f(t, \omega)| \leq h(\omega), \quad \omega \in \Omega,\ t \in U. \tag{8.37}$$

Dann ist die durch

$$\varphi(t) := \int f(t, \omega)\, \mu(\mathrm{d}\omega) \tag{8.38}$$

definierte Abbildung $\varphi : U \to \mathbb{R}$ differenzierbar. Weiter ist für jedes $t \in U$ die Funktion $\omega \mapsto \partial_t f(t, \omega)$ $\mu$-integrierbar, und es gilt

$$\varphi'(t) = \int \partial_t f(t, \omega)\, \mu(\mathrm{d}\omega).$$

**Beweis** Es seien $t \in U$ fest und $(t_n)$ eine Folge in $U$ mit $t_n \neq t$ für jedes $n$ sowie $t_n \to t$. Setzen wir

$$f_n(\omega) := \frac{f(t_n, \omega) - f(t, \omega)}{t_n - t}, \qquad \omega \in \Omega,$$

so gilt $f_n(\omega) \to \partial_t f(t, \omega)$ aufgrund der Differenzierbarkeit der Funktion $t \to f(t, \omega)$. Als punktweiser Limes Borel-messbarer Funktionen ist $\omega \to \partial_t f(t, \omega)$ Borel-messbar. Nach dem Mittelwertsatz und (8.37) gilt $|f_n(\omega)| = |\partial_t f(s_n, \omega)| \leq h(\omega)$ mit einem Zwischenpunkt $s_n$, wobei $|s_n - t| \leq |t_n - t|$. Die Linearität des Integrals und der Satz von der dominierten Konvergenz liefern dann

$$\frac{\varphi(t_n) - \varphi(t)}{t_n - t} = \int f_n\, \mathrm{d}\mu \to \int \partial_t f(t, \omega)\, \mu(\mathrm{d}\omega),$$

was zu zeigen war. ■

In gleicher Weise zeigt man die Stetigkeit von Parameterintegralen:

**Satz über die Stetigkeit eines Parameterintegrals**

In der Situation des vorigen Satzes gelte:

- $\omega \mapsto f(t, \omega)$ ist $\mu$-integrierbar für jedes $t \in U$,
- $t \mapsto f(t, \omega)$ ist stetig für jedes $\omega \in \Omega$,
- es gibt eine $\mu$-integrierbare Funktion $h : \Omega \to \mathbb{R}$ mit $|f(t, \omega)| \leq h(\omega)$ für jedes $\omega \in \Omega$ und jedes $t \in U$.

Dann ist die in (8.38) erklärte Funktion stetig auf $U$.

**Selbstfrage 18**

Können Sie dieses Ergebnis beweisen?

## 8.7 $\mathcal{L}^p$-Räume

In diesem Abschnitt seien $(\Omega, \mathcal{A}, \mu)$ ein Maßraum und $p$ eine positive reelle Zahl. Mit der Festsetzung $|\infty|^p := \infty$ betrachten wir messbare numerische Funktionen $f$ auf $\Omega$, für die $|f|^p$ $\mu$-integrierbar ist, für die also $\int |f|^p\, \mathrm{d}\mu < \infty$ gilt. Eine derartige Funktion heißt

**$p$-fach ($\mu$-)integrierbar**. Im Fall $p = 2$ spricht man auch von **quadratischer Integrierbarkeit**. Für eine solche Funktion setzen wir

$$\|f\|_p := \left(\int |f|^p\, \mathrm{d}\mu\right)^{1/p}. \tag{8.39}$$

Eine messbare numerische Funktion $f$ heißt **$\mu$-fast überall beschränkt**, falls eine Zahl $K$ mit $0 \leq K < \infty$ existiert, sodass $\mu(\{|f| > K\}) = 0$ gilt. In diesem Fall setzen wir

$$\|f\|_\infty := \inf\{K > 0 \mid \mu(\{|f| > K\}) = 0\}$$

und nennen $\|f\|_\infty$ das **wesentliche Supremum** von $f$. Man beachte, dass die Größen $\|f\|_p$ und $\|f\|_\infty$ (eventuell mit dem Wert $\infty$) für *jede* messbare numerische Funktion auf $\Omega$ erklärt sind.

**Beispiel** Es seien $(\Omega, \mathcal{A}, \mu) = (\mathbb{R}, \mathcal{B}, \lambda^1)$ und $a \in \mathbb{R}$ mit $a > 0$. Dann ist die durch $f(x) := 1/x^a$ für $x \geq 1$ und $f(x) := 0$ sonst definierte Funktion $p$-fach $\lambda^1$-integrierbar, falls $ap > 1$. In diesem Fall ist

$$\|f\|_p = \left(\int_1^\infty \frac{1}{x^{ap}}\, \mathrm{d}x\right)^{1/p} = (ap-1)^{-1/p}.$$

Die durch $g(x) := \infty$, falls $x \in \mathbb{Q}$, und $g(x) := 1$ sonst definierte Funktion ist wegen $\lambda^1(|g| > 1) = \lambda^1(\mathbb{Q}) = 0$ (siehe Aufgabe 8.15) $\lambda^1$-fast überall beschränkt, und es gilt $\|g\|_\infty = 1$. ◀

Im Folgenden bezeichnen

$$\mathcal{L}^p := \mathcal{L}^p(\Omega, \mathcal{A}, \mu) := \{f : \Omega \to \mathbb{R} \mid \|f\|_p < \infty\}$$
$$\mathcal{L}^\infty := \mathcal{L}^\infty(\Omega, \mathcal{A}, \mu) := \{f : \Omega \to \mathbb{R} \mid \|f\|_\infty < \infty\}$$

die Menge der $p$-fach integrierbaren bzw. der $\mu$-fast überall beschränkten *reellen* messbaren Funktionen auf $\Omega$.

**Satz über die Vektorraumstruktur von $\mathcal{L}^p$**

Für jedes $p$ mit $0 < p \leq \infty$ ist die Menge $\mathcal{L}^p$ (mit der Addition von Funktionen und der skalaren Multiplikation) ein Vektorraum über $\mathbb{R}$.

**Beweis** Offenbar gehört für jedes $p \in (0, \infty]$ und jedes $\alpha \in \mathbb{R}$ mit einer Funktion $f$ auch die Funktion $\alpha f$ zu $\mathcal{L}^p$. Des

Weiteren liegt im Fall $p < \infty$ wegen

$$|f+g|^p \le (|f|+|g|)^p \le (2\max(|f|,|g|))^p \\ \le 2^p|f|^p + 2^p|g|^p$$

mit je zwei Funktionen $f$ und $g$ auch die Summe $f+g$ in $\mathcal{L}^p$. Folglich ist $\mathcal{L}^p$ ein Vektorraum über $\mathbb{R}$. Wegen

$$\mu(\{|f+g| > K+L\}) \le \mu(\{|f| > K\}) + \mu(\{|g| > L\})$$

ist auch $\mathcal{L}^\infty$ ein Vektorraum über $\mathbb{R}$. ■

**Selbstfrage 19**

Warum gilt die letzte Ungleichung?

Wir werden sehen, dass die Menge $\mathcal{L}^p$, versehen mit der Abbildung $f \mapsto \|f\|_p$, für jedes $p$ mit $1 \le p \le \infty$ (nicht aber für $p < 1$!) ein *halbnormierter Vektorraum* ist, d. h., es gelten für $f, g \in \mathcal{L}^p$ und $\alpha \in \mathbb{R}$:

$$\begin{aligned} \|f\|_p &\ge 0, \\ f \equiv 0 &\Rightarrow \|f\|_p = 0, \\ \|\alpha f\|_p &= |\alpha| \cdot \|f\|_p \qquad (\textit{Homogenität}), \\ \|f+g\|_p &\le \|f\|_p + \|g\|_p \qquad (\textit{Dreiecksungleichung}). \end{aligned}$$

Als Vorbereitung hierfür dient die nachfolgende, auf Ludwig Otto Hölder (1859–1937) zurückgehende Ungleichung.

**Hölder-Ungleichung**

Es sei $p \in \mathbb{R}$ mit $1 < p < \infty$ und $q$ definiert durch $\frac{1}{p} + \frac{1}{q} = 1$. Dann gilt für je zwei messbare numerische Funktionen $f$ und $g$ auf $\Omega$

$$\int |fg|\,\mathrm{d}\mu \le \left(\int |f|^p\,\mathrm{d}\mu\right)^{1/p} \left(\int |g|^q\,\mathrm{d}\mu\right)^{1/q}$$

oder kürzer

$$\|fg\|_1 \le \|f\|_p\,\|g\|_q. \qquad (8.40)$$

**Beweis** Wir stellen dem Beweis eine Vorbetrachtung voran: Sind $x, y \in [0, \infty]$, so gilt

$$x \cdot y \le \frac{x^p}{p} + \frac{y^q}{q}. \qquad (8.41)$$

Zum Beweis bemerken wir, dass (8.41) im Fall $\{x, y\} \cap \{0, \infty\} \ne \emptyset$ trivialerweise erfüllt ist. Für den Fall $0 < x, y < \infty$ folgt die Behauptung aus Abb. 8.17, wenn beide Seiten von (8.41) als Flächen gedeutet werden. Beachten Sie hierzu die Bedingung $1/p + 1/q = 1$.

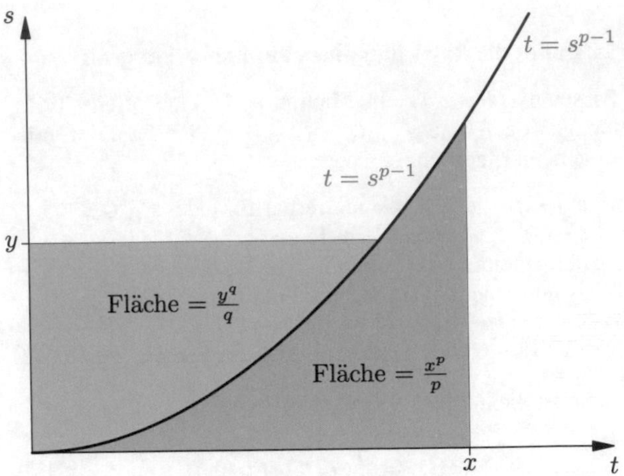


**Abb. 8.17** Zur Hölderschen Ungleichung

Offenbar kann zum Nachweis der Hölder-Ungleichung o.B.d.A. $0 < \|f\|_p, \|g\|_q < \infty$ angenommen werden. Nach (8.41) gilt punktweise auf $\Omega$

$$\frac{|f|}{\|f\|_p}\,\frac{|g|}{\|g\|_q} \le \frac{1}{p}\,\frac{|f|^p}{\|f\|_p^p} + \frac{1}{q}\,\frac{|g|^q}{\|g\|_q^q}.$$

Integration bzgl. $\mu$ liefert

$$\frac{1}{\|f\|_p\|g\|_q} \cdot \|fg\|_1 \le \frac{1}{p} \cdot 1 + \frac{1}{q} \cdot 1 = 1. \qquad ■$$

Als Spezialfall der Hölder-Ungleichung ergibt sich für $p = q = 2$ die nach Augustin Louis Cauchy (1789–1857) und Hermann Amandus Schwarz (1843–1921) benannte **Cauchy-Schwarz-Ungleichung**

$$\int |fg|\,\mathrm{d}\mu \le \sqrt{\int f^2\,\mathrm{d}\mu \int g^2\,\mathrm{d}\mu}. \qquad (8.42)$$

Die Gleichung $1/p + 1/q = 1$ macht auch für $p = 1$ und $q = \infty$ Sinn, und in der Tat (siehe Aufgabe 8.43) gilt in Ergänzung zu (8.40) die Ungleichung

$$\|fg\|_1 \le \|f\|_1\,\|g\|_\infty. \qquad (8.43)$$

Das nachfolgende, nach Hermann Minkowski (1864–1909) benannte wichtige Resultat besagt, dass die Zuordnung $f \mapsto \|f\|_p$ im Fall $p \ge 1$ die Dreiecksungleichung erfüllt.

**Minkowski-Ungleichung**

Es seien $f, g$ messbare numerische Funktionen auf $\Omega$. Dann gilt für jedes $p$ mit $1 \le p \le \infty$:

$$\|f+g\|_p \le \|f\|_p + \|g\|_p\,. \qquad (8.44)$$

Kapitel 8

**Beweis** Es sei zunächst $p < \infty$ vorausgesetzt. Wegen $\|f + g\|_p \leq \||f| + |g|\|_p$ kann o.B.d.A. $f \geq 0$, $g \geq 0$ angenommen werden. Für $p = 1$ steht dann in (8.44) das Gleichheitszeichen, also sei fortan $p > 1$. Weiter sei o.B.d.A. $\|f\|_p < \infty$, $\|g\|_p < \infty$ und somit $\|f + g\|_p < \infty$. Nun gilt mit $\frac{1}{q} := 1 - \frac{1}{p}$ und der Hölder-Ungleichung

$$\begin{aligned}
&\int (f+g)^p \, d\mu \\
&= \int f(f+g)^{p-1} \, d\mu + \int g(f+g)^{p-1} \, d\mu \\
&\leq \|f\|_p \|(f+g)^{p-1}\|_q + \|g\|_p \|(f+g)^{p-1}\|_q \\
&= (\|f\|_p + \|g\|_p) \left[ \int (f+g)^{(p-1)q} \, d\mu \right]^{1/q},
\end{aligned}$$

was wegen $(p-1)q = p$ die Behauptung liefert. Der Fall $p = \infty$ folgt aus der für jedes positive $\varepsilon$ gültigen Ungleichung

$$\begin{aligned}
&\mu (\{|f+g| > \|f\|_\infty + \|g\|_\infty + \varepsilon\}) \\
&\leq \mu \left( \left\{ |f| > \|f\|_\infty + \frac{\varepsilon}{2} \right\} \right) + \mu \left( \left\{ |g| > \|g\|_\infty + \frac{\varepsilon}{2} \right\} \right).
\end{aligned}$$

Dabei wurde o.B.d.A. $\|f\|_\infty, \|g\|_\infty < \infty$ angenommen. ■

Ist $0 < p \leq 1$, so gilt für messbare numerische Funktionen $f$ und $g$ die Ungleichung

$$\int |f+g|^p \, d\mu \leq \int |f|^p \, d\mu + \int |g|^p \, d\mu \tag{8.45}$$

(Aufgabe 8.11). Wie das folgende Beispiel zeigt, ist jedoch im Fall $0 < p < 1$ die Dreiecksungleichung (8.44) i. Allg. nicht erfüllt.

**Beispiel** Es sei $(\Omega, \mathcal{A}, \mu) = (\mathbb{R}, \mathcal{B}, \lambda^1)$ sowie $f = \mathbb{1}_{[0,1)}$ und $g = \mathbb{1}_{[1,2)}$. Dann gilt für jedes $p \in (0, \infty)$

$$\int |f|^p \, d\mu = 1 = \int |g|^p \, d\mu, \quad \int |f+g|^p \, d\mu = 2$$

und somit im Fall $p < 1$

$$2^{1/p} = \|f+g\|_p > \|f\|_p + \|g\|_p = 2.$$ ◀

**Kommentar** Aus der Minkowski-Ungleichung folgt die schon weiter oben erwähnte Tatsache, dass die Menge $\mathcal{L}^p$, versehen mit der Abbildung $f \mapsto \|f\|_p$, für jedes $p$ mit $1 \leq p \leq \infty$ ein halbnormierter Vektorraum ist. Wie obiges Beispiel zeigt, gilt dies nicht für den Fall $p < 1$. Für diesen Fall zeigt aber Ungleichung (8.45), dass die Menge $\mathcal{L}^p$, versehen mit der durch

$$d_p(f, g) := \int |f-g|^p \, d\mu = \|f-g\|_p^p \tag{8.46}$$

definierten Abbildung $d_p : \mathcal{L}^p \times \mathcal{L}^p \to \mathbb{R}_{\geq 0}$, einen *halbmetrischen Raum* darstellt, d. h., es gelten $d_p(f, f) = 0$ sowie $d_p(f, g) = d_p(g, f)$ und die Dreiecksungleichung $d_p(f, h) \leq d_p(f, g) + d_p(g, h)$ $(f, g, h \in \mathcal{L}^p)$. ◀

## Die Räume $\mathcal{L}^p(\Omega, \mathcal{A}, \mu)$ sind vollständig

Nach diesen Betrachtungen drängt sich der folgende Konvergenzbegriff für Funktionen im Raum $\mathcal{L}^p$ geradezu auf.

**Definition der Konvergenz im $p$-ten Mittel**

Es sei $0 < p \leq \infty$. Eine Folge $(f_n)_{n \geq 1}$ aus $\mathcal{L}^p$ **konvergiert im $p$-ten Mittel** gegen $f \in \mathcal{L}^p$ (in Zeichen: $f_n \xrightarrow{\mathcal{L}^p} f$), falls gilt:

$$\lim_{n \to \infty} \|f_n - f\|_p = 0.$$

Für $p = 1$ bzw. $p = 2$ sind hierfür auch die Sprechweisen *Konvergenz im Mittel* bzw. *im quadratischen Mittel* gebräuchlich.

**Selbstfrage 20**

Ist der Grenzwert einer im $p$-ten Mittel konvergenten Folge $\mu$-fast überall eindeutig bestimmt?

Das folgende Beispiel zeigt, dass eine im $p$-ten Mittel konvergente Folge für den Fall $p < \infty$ in keinem Punkt aus $\Omega$ konvergieren muss. Dies gilt jedoch nicht im Fall $p = \infty$. So werden wir im Beweis des Satzes von Riesz-Fischer sehen, dass $\|f_n - f\|_\infty \to 0$ die gleichmäßige Konvergenz von $f_n$ gegen $f$ außerhalb einer $\mu$-Nullmenge bedeutet.

**Beispiel** Sei $\Omega := [0, 1)$, $\mathcal{A} := \Omega \cap \mathcal{B}$, $\mu := \lambda^1_\Omega$, $f_n := \mathbb{1}\{A_n\}$ mit $A_n := [j2^{-k}, (j+1)2^{-k})$ für $n = 2^k + j$, $0 \leq j < 2^k$, $k \in \mathbb{N}_0$. Für jedes $p \in [1, \infty)$ gilt

$$\int f_n^p \, d\mu = \int f_n \, d\mu = \mu(A_n) = 2^{-k}$$

und somit $f_n \xrightarrow{\mathcal{L}^p} 0$. Die Folge $(f_n)$ ist also insbesondere eine Cauchy-Folge in $\mathcal{L}^p$. Offenbar konvergiert jedoch $(f_n(\omega))_{n \geq 1}$ für kein $\omega$ aus $[0, 1)$, da für jede Zweierpotenz $2^k$ das Intervall $[0, 1)$ in $2^k$ gleich lange Intervalle zerlegt wird und jedes $\omega \in [0, 1)$ in genau einem dieser Intervalle liegt. Für jedes $\omega$ gilt also $\limsup_{n \to \infty} f_n(\omega) = 1$ und $\liminf_{n \to \infty} f_n(\omega) = 0$. ◀

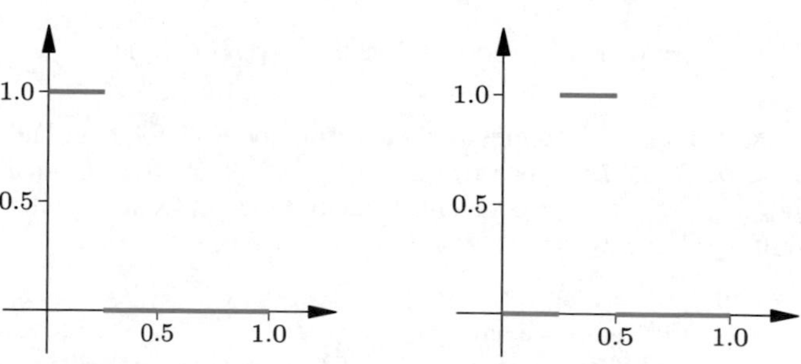


**Abb. 8.18** Graph der Funktionen $f_4$ (links) und $f_5$ (rechts)

Kapitel 8

**Kommentar** Im Allgemeinen bestehen keine Inklusionsbeziehungen zwischen den Räumen $\mathcal{L}^p$ für verschiedene Werte von $p$; insofern sind auch die zugehörigen Konvergenzbegriffe nicht vergleichbar (siehe Aufgabe 8.17). Gilt jedoch $\mu(\Omega) < \infty$, was insbesondere für Wahrscheinlichkeitsräume zutrifft, so folgt $\mathcal{L}^p \subseteq \mathcal{L}^s$, falls $0 < s < p \leq \infty$ (siehe Aufgabe 8.43). ◀

Offenbar ist jede im $p$-ten Mittel konvergente Folge $(f_n)$ aus $\mathcal{L}^p$ eine Cauchy-Folge, es gilt also $\| f_n - f_m \|_p \to 0$ für $m, n \to \infty$. Der folgende berühmte Satz von Friedrich Riesz (1880–1956) und Ernst Fischer (1875–1955) besagt, dass auch die Umkehrung gilt.



**Satz von Riesz-Fischer (1907)**

Die Räume $\mathcal{L}^p$, $0 < p \leq \infty$, sind vollständig, m.a.W.: Zu jeder Cauchy-Folge $(f_n)$ in $\mathcal{L}^p$ gibt es ein $f \in \mathcal{L}^p$ mit

$$\lim_{n\to\infty} \| f_n - f \|_p = 0.$$

**Beweis** Es sei zunächst $1 \leq p \leq \infty$ vorausgesetzt. Da $(f_n)$ eine Cauchy-Folge ist, gibt es zu jedem $k \geq 1$ ein $n_k \in \mathbb{N}$ mit der Eigenschaft

$$\| f_n - f_m \|_p \leq 2^{-k} \qquad \text{für } m, n \geq n_k. \tag{8.47}$$

Sei $g_k := f_{n_{k+1}} - f_{n_k}$, $k \geq 1$, sowie $g := \sum_{k=1}^{\infty} |g_k|$. Aufgrund von Aufgabe 8.44 gilt

$$\|g\|_p \leq \sum_{k=1}^{\infty} \|g_k\|_p \leq 1 < \infty \tag{8.48}$$

und somit für $p < \infty$ nach Folgerung b) aus der Markov-Ungleichung und im Fall $p = \infty$ nach Definition von $\| \cdot \|_\infty$ die Beziehung $|g| < +\infty$ $\mu$-f.ü. Dies bedeutet, dass die Reihe $\sum_{k=1}^{\infty} g_k$ $\mu$-fast überall absolut konvergiert. Wegen $\sum_{k=1}^{\ell} g_k = f_{n_{\ell+1}} - f_{n_1}$ konvergiert dann die Folge $(f_{n_k})_{k\geq 1}$ $\mu$-fast überall. Es gibt also eine $\mu$-Nullmenge $N_1$, sodass der Grenzwert $\lim_{k\to\infty} f_{n_k}(\omega)$ für jedes $\omega \in N_1^c$ existiert. Weiter gilt

$$|f_{n_{k+1}}| = |g_1 + \cdots + g_k + f_{n_1}| \leq g + |f_{n_1}|,$$

wobei $g + |f_{n_1}|$ wegen (8.48) in $\mathcal{L}^p$ liegt. Somit ist die Menge $N_2 := \{g + |f_{n_1}| = \infty\}$ eine $\mu$-Nullmenge. Setzen wir

$$f := 0 \cdot \mathbb{1}\{N_1 \cup N_2\} + \lim_{k\to\infty} f_{n_k} \cdot \mathbb{1}\{(N_1 \cup N_2)^c\},$$

so ist $f$ reell und $\mathcal{A}$-messbar. Aus Aufgabe 8.45 folgt im Fall $p < \infty$ $f \in \mathcal{L}^p$ sowie $\lim_{k\to\infty} \| f_{n_k} - f \|_p = 0$, also auch $\lim_{n\to\infty} \| f_n - f \|_p = 0$, da eine Cauchy-Folge mit konvergenter Teilfolge konvergiert.

Im Fall $p = \infty$ ergibt sich $\{|f| > t\} \subseteq \bigcup_{k=1}^{\infty} \{|f_{n_k}| > t\}$ $(t \geq 0)$ und somit wegen $\| f_{n_k} \|_\infty \leq \|g\|_\infty + \| f_{n_1} \|_\infty < \infty$, $k \geq 1$, auch $\| f \|_\infty < \infty$, also $f \in \mathcal{L}^\infty$. Ungleichung (8.47) für $p = \infty$ liefert $|f_n - f_m| \leq 2^{-k}$ für $m, n \geq n_k$ auf einer Menge $E_k \in \mathcal{A}$ mit $\mu(E_k^c) = 0$. Setzen wir $E = \bigcap_{k=1}^{\infty} E_k \cap N_1^c$ $(\in \mathcal{A})$, so gilt $\mu(E^c) = 0$ sowie $(n = n_\ell, \ell \to \infty)$

$$|f - f_m| \leq 2^{-k} \ \forall m \geq n_k \quad \text{auf } E,$$

also $f_m \xrightarrow{\mathcal{L}^\infty} f$ bei $m \to \infty$. Insbesondere konvergiert $(f_n)$ außerhalb einer $\mu$-Nullmenge *gleichmäßig* gegen $f$. Im verbleibenden Fall $p < 1$ beachte man, dass nach Ungleichung (8.45) $\| \cdot \|_p^p$ der Dreiecksungleichung genügt, sodass die oben für den Fall $p \geq 1$ gemachten Schlüsse nach Ersetzen von $\| \cdot \|_p$ durch $\| \cdot \|_p^p$ gültig bleiben. ■

Aus obigen Beweis ergibt sich unmittelbar das folgende, auf Hermann Weyl (1885–1955) zurückgehende Resultat.

**Folgerung (H. Weyl (1909))** Es sei $0 < p \leq \infty$. Dann gilt:

a) Zu jeder Cauchy-Folge $(f_n)_{n\geq 1}$ aus $\mathcal{L}^p$ gibt es eine Teilfolge $(f_{n_k})_{k\geq 1}$ und ein $f \in \mathcal{L}^p$ mit $f_{n_k} \to f$ $\mu$-fast überall für $k \to \infty$.
b) Konvergiert die Folge $(f_n)_{n\geq 1}$ in $\mathcal{L}^p$ gegen $f \in \mathcal{L}^p$, so existiert eine geeignete Teilfolge, die $\mu$-fast überall gegen $f$ konvergiert. ◀

**Beweis** Die Aussage a) ist im Beweis des Satzes von Riesz-Fischer enthalten. Um b) zu zeigen, beachte man, dass $(f_n)$ eine Cauchy-Folge ist. Nach dem Satz von Riesz-Fischer gibt es ein $g \in \mathcal{L}^p$ mit $\| f_n - g \|_p \to 0$ für $n \to \infty$ sowie eine Teilfolge $(f_{n_k})$ mit $f_{n_k} \to g$ $\mu$-f.ü. für $k \to \infty$. Wegen $\| f_n - f \|_p \to 0$ gilt $f = g$ $\mu$-fast überall und somit $f_{n_k} \to f$ $\mu$-f.ü. ■

Man beachte, dass im Beispiel zu Abb. 8.18 jede der Teilfolgen $(f_{2^k+j})_{k\geq 0}$ $(j = 0, 1, \ldots, 2^k - 1)$ fast überall gegen die Nullfunktion konvergiert, obwohl die gesamte Folge in keinem Punkt konvergiert.

## Identifiziert man $\mu$-f.ü. gleiche Funktionen, so entsteht für $p \geq 1$ der Banach-Raum $L^p$

**Kommentar** Da $\| f \|_p = 0$ nur $f = 0$ $\mu$-fast überall zur Folge hat, ist $\|.\|_p$ im Fall $p \in [1, \infty]$ *keine Norm* auf $\mathcal{L}^p$. In gleicher Weise ist für $p \in (0, 1]$ die in (8.46) definierte Funktion $d_p$ keine Metrik auf $\mathcal{L}^p$, denn aus $d_p(f, g) = 0$ folgt nur $f = g$ $\mu$-f.ü. Durch folgende Konstruktion kann man jedoch im Fall $p \in [1, \infty]$ einen normierten Raum und im Fall $p \in (0, 1]$ einen metrischen Raum erhalten: Die Menge $\mathcal{N}_0 := \{f \in \mathcal{L}^p \mid f = 0 \ \mu\text{-f.ü.}\}$ ist ein Untervektorraum von $\mathcal{L}^p$. Durch Übergang zum *Quotientenraum*

$$L^p := L^p(\Omega, \mathcal{A}, \mu) := \mathcal{L}^p(\Omega, \mathcal{A}, \mu)/\mathcal{N}_0$$

identifiziert man $\mu$-fast überall gleiche Funktionen, geht also vermöge der kanonischen Abbildung

$$f \to [f] := \{g \in \mathcal{L}^p \mid g = f \ \mu\text{-f.ü.}\}$$

von $\mathcal{L}^p$ auf $L^p$ von Funktionen zu Äquivalenzklassen von jeweils $\mu$-fast überall gleichen Funktionen über. Für $f, g, \in \mathcal{L}^p$ gilt also $[f] = [g] \Longleftrightarrow f = g$ $\mu$-f.ü.

Addition und skalare Multiplikation werden widerspruchsfrei mithilfe von Vertretern der Äquivalenzklassen erklärt. Ist $[f] \in L^p$ die Klasse, in der $f \in \mathcal{L}^p$ liegt, so hat $\|g\|_p$ für jedes $g \in [f]$ denselben Wert, sodass die Definitionen $\|[f]\|_p := \|f\|_p$ im Fall $p \in [1, \infty]$ und $d_p([f], [g]) := d_p(f, g)$ im Fall $p \in (0, 1]$ Sinn machen. Direktes Nachrechnen ergibt, dass im Fall $p \in [1, \infty]$ die Zuordnung $[f] \to \|[f]\|_p$ eine *Norm* und für $p < 1$ die Festsetzung $([f], [g]) \to d_p([f], [g])$ eine Metrik auf $L^p$ ist. Aus dem Satz von Riesz-Fischer erhalten wir somit folgenden Satz. ◄

**Satz über die Banachraumstruktur von $L^p$, $p \geq 1$**

Für $1 \leq p \leq \infty$ ist der Raum $L^p$ der Äquivalenzklassen $\mu$-f.ü. gleicher Funktionen bzgl. $\|\cdot\|_p$ ein vollständiger normierter Raum und somit ein *Banach-Raum*, und für $0 < p < 1$ ist das Paar $(L^p, d_p)$ ein vollständiger metrischer Raum.

Im Spezialfall $p = 2$ wird $L^2$ mit der Festsetzung

$$\langle [f], [g] \rangle := \int_{\Omega} fg \, d\mu, \qquad f, g \in L^2,$$

sogar zu einem *Hilbert-Raum*, denn die Abbildung $\langle \cdot, \cdot \rangle : L^2 \times L^2 \to \mathbb{R}$ erfüllt alle Eigenschaften eines Skalarproduktes.

**Kommentar** Obwohl die Elemente der Räume $L^p$ keine Funktionen, sondern Äquivalenzklassen von Funktionen sind, spricht man oft von „dem Funktionenraum $L^p$“ und behandelt die Elemente von $L^p$ wie Funktionen, wobei $\mu$-fast überall gleiche Funktionen identifiziert werden müssen. Im Fall eines Zählmaßes auf einer abzählbaren Menge ist der Übergang von Funktionen zu Äquivalenzklassen unnötig, wie die folgenden prominenten Beispiele zeigen. ◄

**Beispiel** Es sei $(\Omega, \mathcal{A}, \mu) := (\mathbb{N}, \mathcal{P}(\mathbb{N}), \mu_{\mathbb{N}})$, wobei $\mu_{\mathbb{N}}$ das Zählmaß auf $\mathbb{N}$ bezeichnet. Eine Funktion $f : \Omega \to \mathbb{R}$ ist dann durch die Folge $x = (x_j)_{j \geq 1}$ mit $x_j := f(j)$, $j \geq 1$, gegeben. Der Raum $\mathcal{L}^p$ wird in diesem Fall mit

$$\ell^p := \left\{ x = (x_j)_{j \geq 1} \in \mathbb{R}^{\mathbb{N}} : \|x\|_p < \infty \right\}$$

bezeichnet. Dabei ist $\|x\|_\infty = \sup_{j \geq 1} |x_j|$ und

$$\|x\|_p = \left( \sum_{j=1}^{\infty} |x_j|^p \right)^{1/p}, \qquad 0 < p < \infty.$$

Der Satz von Riesz-Fischer besagt, dass der Folgenraum $(\ell^p, \|\cdot\|_p)$ für jedes $p$ mit $1 \leq p \leq \infty$ ein Banach-Raum ist. Da $\|x\|_p = 0$ die Gleichheit $x_j = 0$ für jedes $j \geq 1$ zu Folge hat, ist es in diesem Fall nicht nötig, zu einer Quotientenstruktur überzugehen.

Die $p$-Normen

$$\|x\|_p = \left( \sum_{j=1}^{k} |x_j|^p \right)^{1/p}, \qquad \|x\|_\infty = \max_{j=1,\dots,k} |x_j|,$$

im $\mathbb{R}^k$ erhält man im Fall $(\Omega, \mathcal{A}) = (\mathbb{N}_k, \mathcal{P}(\mathbb{N}_k))$, indem man das Zählmaß auf $\mathbb{N}_k := \{1, 2, \dots, k\}$ betrachtet. Dabei wurde $x = (x_1, \dots, x_k)$ gesetzt. ◄

## 8.8 Maße mit Dichten

Kapitel 8

In diesem Abschnitt sei $(\Omega, \mathcal{A}, \mu)$ ein beliebiger Maßraum. Bislang haben wir das Integral einer auf $\Omega$ definierten $\mathcal{A}$-messbaren integrierbaren numerischen Funktion $f$ stets über dem gesamten Grundraum $\Omega$ betrachtet. Ist $A \in \mathcal{A}$ eine messbare Menge, so definiert man das **$\mu$-Integral von $f$ über $A$** durch

$$\int_A f \, d\mu := \int f \cdot \mathbb{1}_A \, d\mu, \tag{8.49}$$

setzt also den Integranden außerhalb der Menge $A$ zu null. Wegen $|f \cdot \mathbb{1}_A| \leq |f|$ ist das obige Integral wohldefiniert. Ist die Funktion $f$ nichtnegativ, so muss sie nicht integrierbar sein. Als Wert des Integrals kann dann auch $\infty$ auftreten. Wie der folgende Satz zeigt, entsteht in diesem Fall durch (8.49) als Funktion der Menge $A$ ein Maß auf $\mathcal{A}$.

### Nichtnegative messbare Funktionen und Maße führen zu neuen Maßen

**Satz**

Für jede nichtnegative $\mathcal{A}$-messbare Funktion $f : \Omega \to \overline{\mathbb{R}}$ wird durch

$$\nu(A) := \int_A f \, d\mu, \qquad A \in \mathcal{A}, \tag{8.50}$$

ein Maß $\nu$ auf $\mathcal{A}$ definiert.

**Beweis** Offenbar ist $\nu$ eine nichtnegative Mengenfunktion auf $\mathcal{A}$ mit $\nu(\emptyset) = 0$. Sind $A_1, A_2, \dots$ paarweise disjunkte Mengen aus $\mathcal{A}$, und ist $A := \sum_{n=1}^{\infty} A_n$ gesetzt, so gilt $f\mathbb{1}\{A\} = \sum_{n=1}^{\infty} f\mathbb{1}\{A_n\}$. Mit dem Satz von der monotonen Konvergenz erhalten wir

$$\begin{aligned} \nu(A) &= \int \sum_{n=1}^{\infty} f\mathbb{1}\{A_n\} \, d\mu = \sum_{n=1}^{\infty} \int f\mathbb{1}\{A_n\} \, d\mu \\ &= \sum_{n=1}^{\infty} \nu(A_n), \end{aligned}$$

was die $\sigma$-Additivität von $\nu$ zeigt. ■

Das durch (8.50) definierte Maß heißt **Maß mit der Dichte $f$ bzgl. $\mu$**; es wird in der Folge mit

$$\nu =: f\mu$$

bezeichnet. Man beachte, dass nach dem Satz über die Nullmengen-Unempfindlichkeit des Integrals der Integrand $f$ in (8.50) auf einer Nullmenge abgeändert werden kann, ohne das Maß $\nu$ zu verändern, denn $f = g$ $\mu$-f.ü. hat für jedes $A \in \mathcal{A}$ $f\mathbb{1}_A = g\mathbb{1}_A$ $\mu$-f.ü. zur Folge. Die Dichte $f$ kann also nur $\mu$-fast überall eindeutig bestimmt sein. Wie das folgende Beispiel zeigt, ist die Bedingung $f = g$ $\mu$-f.ü. zwar hinreichend, aber i. Allg. nicht notwendig für $f\mu = g\mu$. Eine notwendige Bedingung gibt der nachfolgende Satz.

**Beispiel** Es sei $\Omega$ eine überabzählbare Menge,

$$\mathcal{A} := \{A \subseteq \Omega \mid A \text{ abzählbar oder } A^c \text{ abzählbar}\}$$

die $\sigma$-Algebra der abzählbaren bzw. co-abzählbaren Mengen und $\mu(A) := 0$ bzw. $\mu(A) := \infty$ je nachdem, ob $A$ oder $A^c$ abzählbar ist. Dann ist $\mu$ ein nicht $\sigma$-endliches Maß auf $\mathcal{A}$. Setzen wir $f(\omega) := 1$ und $g(\omega) := 2$, $\omega \in \Omega$, so gilt wegen $\mu(A) = 2\mu(A)$, $A \in \mathcal{A}$, die Gleichheit $\mu = f\mu = g\mu$, aber $\mu(\{f \neq g\}) = \mu(\Omega) = \infty$. ◂

**Satz über die Eindeutigkeit der Dichte**

Es seien $f$ und $g$ nichtnegative messbare numerische Funktionen mit $f\mu = g\mu$. Sind $f$ oder $g$ $\mu$-integrierbar, so gilt $f = g$ $\mu$-fast überall.

**Beweis** Es sei $\int f \, d\mu < \infty$ und $f\mu = g\mu$. Wegen $g \geq 0$ und $\int g \, d\mu = \int f \, d\mu$ ist auch $g$ integrierbar. Sei $N := \{f > g\}$ und $h := f\mathbb{1}_N - g\mathbb{1}_N$. Die Ungleichungen $f\mathbb{1}_N \leq f$ und $g\mathbb{1}_N \leq g$ zeigen, dass auch $f\mathbb{1}_N$ und $g\mathbb{1}_N$ integrierbar sind. Aus $f\mu = g\mu$ folgt $\int f\mathbb{1}_N \, d\mu = \int g\mathbb{1}_N \, d\mu$ und somit

$$\int h \, d\mu = \int_N f \, d\mu - \int_N g \, d\mu = 0.$$

Wegen $N = \{h > 0\}$ und $h \geq 0$ liefert Folgerung a) aus der Markov-Ungleichung $\mu(N) = 0$. Aus Symmetriegründen gilt $\mu(\{g > f\}) = 0$, also insgesamt $\mu(\{f \neq g\}) = 0$. ■

**Kommentar** Mit der Konstruktion (8.50) besitzen wir ein schlagkräftiges Werkzeug, um aus einem Maß $\mu$ ein neues Maß $\nu$ zu konstruieren. Gilt insbesondere $\int f \, d\mu = 1$, so ist $\nu$ ein Wahrscheinlichkeitsmaß auf $\mathcal{A}$. Diese Sichtweise ist so allgemein, dass sich alle in den Kap. 4 und 5 vorgestellten Verteilungen als Spezialfälle subsumieren lassen. Wählt man etwa im Fall $(\Omega, \mathcal{A}) = (\mathbb{R}, \mathcal{B})$ für $\mu$ das Zählmaß auf $\mathbb{N}_0$, so entsteht die Binomialverteilung $\text{Bin}(n, p)$, wenn man

$$f(k) := \binom{n}{k} p^k (1-p)^{n-k}, \quad k = 0, 1, \ldots, n,$$

sowie $f(x) := 0$, $x \in \mathbb{R} \setminus \{0, 1, \ldots, n\}$, setzt, und die Poisson-Verteilung $\text{Po}(\lambda)$ ergibt sich für

$$f(k) := e^{-\lambda} \frac{\lambda^k}{k!}, \quad k \in \mathbb{N}_0,$$

und $f(x) := 0$, $x \in \mathbb{R} \setminus \mathbb{N}_0$. Allgemein nennt man $f$ eine **Zähldichte**, wenn $\mu$ ein Zählmaß auf einer abzählbaren Menge ist.

Ist $\mu = \lambda^1$ das Borel-Lebesgue-Maß im $\mathbb{R}^1$, so erhält man für die Wahl

$$f(x) = \varphi(x) = \frac{1}{\sqrt{2\pi}} \cdot \exp\left(-\frac{x^2}{2}\right), \quad x \in \mathbb{R},$$

die Standardnormalverteilung; es gilt also $\nu = \text{N}(0, 1)$.

Sind $(\Omega, \mathcal{A}) = (\mathbb{R}^k, \mathcal{B}^k)$ und $\mu = \lambda^k$, so heißt $f$ **Lebesgue-Dichte**. In diesem Fall kann man den Wert der Dichte in einem Stetigkeitspunkt physikalisch als „lokale Masse-Dichte“ interpretieren, vgl. Abb. 5.7 im Fall $k = 1$. Ist nämlich $x \in \mathbb{R}^k$ ein Punkt, in dem $f$ stetig ist, so gibt es zu jedem $\varepsilon > 0$ ein $\delta > 0$, sodass gilt:

$$|f(x) - f(y)| \leq \varepsilon, \text{ falls } \|x - y\| \leq \delta.$$

Schreiben wir $B(x, r) := \{y \in \mathbb{R}^k \mid \|x - y\| < r\}$ für die Kugel mit Mittelpunkt $x$ und Radius $r$, so folgen hieraus für jedes $r$ mit $r \leq \delta$ die Ungleichungen

$$f(x) - \varepsilon \leq \frac{\int_{B(x,r)} f \, d\lambda^1}{\lambda^k(B(x, r))} \leq f(x) + \varepsilon.$$

Da $\varepsilon > 0$ beliebig war, ergibt sich

$$f(x) = \lim_{\varepsilon \downarrow 0} \frac{\int_{B(x,\varepsilon)} f \, d\lambda^1}{\lambda^k(B(x, \varepsilon))}. \tag{8.51}$$

Interpretieren wir mit einer Lebesgue-Dichte $f$ eine (bei nichtkonstantem $f$) inhomogene Masseverteilung im $k$-dimensionalen Raum, so können wir demnach den Wert $f(x)$ in einem Stetigkeitspunkt $x$ von $f$ als „lokale Dichte im Punkt $x$“ ansehen. Diese ergibt sich, wenn man die Masse $\int_{B(x,\varepsilon)} f \, d\lambda^k$ einer Kugel um $x$ mit Radius $\varepsilon$ durch das $k$-dimensionale Volumen

$$\lambda^k(B(x, \varepsilon)) = \frac{\pi^{k/2}}{\Gamma(1 + k/2)} \cdot \varepsilon^k$$

dieser Kugel teilt und deren Radius $\varepsilon$ gegen null schrumpfen lässt. Dabei gilt die Aussage (8.51) sogar $\lambda^k$-fast überall (siehe die Hintergrund-und-Ausblick-Box über absolute Stetigkeit und Singularität von Borel-Maßen im $\mathbb{R}^k$ in Abschn. 8.8). ◂

Da wir mithilfe von $\mu$ und der Dichte $f$ ein neues Maß $\nu$ gewonnen haben, existiert auch ein $\nu$-Integral für messbare numerische Funktionen auf $\Omega$. Dass wir beim Aufbau dieses Integrals vom $\mu$-Integral profitieren können, zeigt der folgende Satz.

**Satz über den Zusammenhang zwischen $\mu$- und $\nu$-Integral**

Es seien $(\Omega, \mathcal{A}, \mu)$ ein Maßraum und $\nu = f\mu$ das Maß mit der Dichte $f$ bzgl. $\mu$. Dann gelten:

a) Ist $\varphi \in \mathcal{E}_+^\uparrow$, so gilt

$$\int \varphi \, d\nu = \int \varphi f \, d\mu. \tag{8.52}$$

b) Für eine $\mathcal{A}$-messbare Funktion $\varphi : \Omega \to \overline{\mathbb{R}}$ gilt:

$$\varphi \text{ ist } \nu\text{-integrierbar} \iff \varphi f \text{ ist } \mu\text{-integrierbar.}$$

In diesem Fall gilt auch (8.52).

**Beweis** Der Beweis erfolgt durch algebraische Induktion. Für eine Elementarfunktion $\varphi = \sum_{j=1}^n \alpha_j \mathbb{1}\{A_j\}$ gilt

$$\begin{aligned}\int \varphi \, d\nu &= \sum_{j=1}^n \alpha_j \nu(A_j) = \sum_{j=1}^n \alpha_j \int f \mathbb{1}\{A_j\} \, d\mu \\ &= \int \left( \sum_{j=1}^n \alpha_j \mathbb{1}\{A_j\} \right) f \, d\mu \\ &= \int \varphi f \, d\mu.\end{aligned}$$

Ist $\varphi \in \mathcal{E}_+^\uparrow$ und $u_n \uparrow \varphi$ mit $u_n \in \mathcal{E}_+$, $n \geq 1$, so gilt $u_n f \uparrow \varphi f$. Nach dem bereits Bewiesenen und unter zweimaliger Verwendung der Definition des Integrals auf $\mathcal{E}_+^\uparrow$ folgt

$$\int \varphi \, d\nu = \lim_{n\to\infty} \int u_n \, d\nu = \lim_{n\to\infty} \int u_n f \, d\mu = \int \varphi f \, d\mu,$$

was a) beweist. Um b) zu zeigen, beachte man, dass nach a) sowohl $\int \varphi^+ d\nu = \int \varphi^+ f d\mu$ als auch $\int \varphi^- d\nu = \int \varphi^- f d\mu$ gelten, was zusammen mit der Definition der Integrierbarkeit die Behauptung ergibt. ■

Das Maß $\nu$ in (8.50) hat folgende grundlegende Eigenschaft: Ist $A \in \mathcal{A}$ eine $\mu$-Nullmenge, so ist der Integrand $f\mathbb{1}_A$ in (8.50) $\mu$-fast überall gleich null. Wegen der Nullmengen-Unempfindlichkeit des Integrals gilt dann auch $\nu(A) = 0$. Das Maß $\nu$ ist somit absolut stetig bzgl. $\mu$ im Sinne der folgenden Definition:

**Definition der absoluten Stetigkeit von Maßen**

Es seien $(\Omega, \mathcal{A})$ ein Messraum und $\mu$ sowie $\nu$ beliebige Maße auf $\mathcal{A}$. $\nu$ heißt **absolut stetig bzgl. $\mu$**, falls jede $\mu$-Nullmenge auch eine $\nu$-Nullmenge ist, falls also gilt:

$$\forall A \in \mathcal{A} : \mu(A) = 0 \Longrightarrow \nu(A) = 0.$$

In diesem Fall schreibt man kurz $\nu \ll \mu$. Ist $\nu$ absolut stetig bzgl. $\mu$, so sagt man auch, dass $\mu$ das Maß $\nu$ **dominiert**.

Die obigen Überlegungen zeigen, dass auf jeden Fall $\nu \ll \mu$ gilt, wenn $\nu$ eine Dichte $f$ bzgl. $\mu$ besitzt. Aufgabe 8.12 macht deutlich, dass aus $\nu \ll \mu$ im Allgemeinen nicht die Existenz einer Dichte von $\nu$ bzgl. $\mu$ folgt. Ist $\mu$ jedoch $\sigma$-endlich, so besitzt $\nu$ im Fall $\nu \ll \mu$ eine Dichte bzgl. $\mu$. Wir stellen diesem berühmten, auf die Mathematiker Johann Karl August Radon (1887–1956) und Otton Marcin Nikodým (1887–1974) zurückgehenden Resultat einen Hilfssatz voran.

**Lemma**

Sind $\sigma$ und $\tau$ *endliche* Maße auf $\mathcal{A}$ mit $\sigma \leq \tau$, also $\sigma(A) \leq \tau(A)$, $A \in \mathcal{A}$, so gibt es eine messbare Funktion $h : \Omega \to [0, 1]$ mit $\sigma = h\tau$.

**Beweis** Wir setzen für $p \in (0, \infty)$ und $\rho \in \{\sigma, \tau\}$ kurz $L^p(\rho) := L^p(\Omega, \mathcal{A}, \rho)$. Wegen $\sigma \leq \tau$ gilt $L^2(\tau) \subseteq L^2(\sigma)$, und $\sigma(\Omega) < \infty$ hat nach Aufgabe 8.43 die Inklusion $L^2(\sigma) \subseteq L^1(\sigma)$ zur Folge. Somit liefert die Festsetzung

$$\ell(f) := \int_\Omega f \, d\sigma, \qquad f \in L^2(\tau),$$

ein wohldefiniertes stetiges lineares Funktional auf $L^2(\tau)$. Da die Menge $L^2(\tau)$ (nach Übergang zu Äquivalenzklassen $\tau$-f.ü. gleicher Funktionen), versehen mit dem Skalarprodukt $\langle g, h \rangle = \int_\Omega gh \, d\tau$, einen Hilbert-Raum bildet (siehe den Satz über die Banachraumstruktur von $L^p$ am Ende von Abschn. 8.7), gibt es nach dem Darstellungssatz von Riesz (siehe z. B. [6], S. 347) ein $g \in L^2(\tau)$ mit $\ell(f) = \langle f, g \rangle$ für jedes $f \in L^2(\tau)$. Setzt man speziell $f = \mathbb{1}_A$, $A \in \mathcal{A}$, so zeigt die Definition von $\ell(\cdot)$, dass $\sigma = g\tau$ gilt. Setzen wir $M := \{g < 0\}$ und $N := \{g > 1\}$, so ergibt sich aus $\sigma(M) \geq 0$ bzw. $\sigma(N) \leq \tau(N)$ (jeweils unter Verwendung von Folgerung a) aus der Markov-Ungleichung in Abschn. 8.6 dass $\tau(M) = 0$ und $\tau(N) = 0$ gelten. Somit ist die gesuchte Funktion $h$ durch $h := g\mathbb{1}\{(M \cup N)^c\}$ gegeben. ■

**Selbstfrage 21**

Warum ist das im obigen Beweis definierte lineare Funktional $\ell(\cdot)$ stetig?

**Satz von Radon-Nikodým (1930)**

Es seien $(\Omega, \mathcal{A})$ ein Messraum und $\mu$ sowie $\nu$ Maße auf $\mathcal{A}$. Ist $\mu$ $\sigma$-endlich, so gilt:

$$\nu \ll \mu \iff \nu \text{ besitzt eine Dichte bzgl. } \mu.$$

In diesem Fall ist die Dichte $\mu$-fast überall eindeutig bestimmt.

**Beweis** Wir beweisen die nichttriviale Richtung „$\Longrightarrow$“ nur für den (insbesondere Wahrscheinlichkeitsmaße einschließenden)

Kapitel 8

Fall, dass das Maß $\nu$ *endlich* ist und nehmen zunächst an, dass auch $\mu$ ein *endliches* Maß ist. Setzen wir $\tau := \mu + \nu$, so ist $\tau$ ein endliches Maß auf $\mathcal{A}$, und es gelten sowohl $\mu \le \tau$ als auch $\nu \le \tau$. Nach dem Lemma (mit $\sigma = \mu$ bzw. $\sigma = \nu$) existieren messbare Funktionen $g, h : \Omega \to [0,1]$ mit $\mu = g\tau$ und $\nu = h\tau$. Für die Menge $N := \{g = 0\}$ gilt $\mu(N) = \int_N g \,\mathrm{d}\tau = 0$, und damit folgt wegen $\nu \ll \mu$ auch $\nu(N) = 0$. Wir definieren jetzt eine Funktion $f : \Omega \to \mathbb{R}$ durch

$$f(\omega) := \frac{h(\omega)}{g(\omega)}, \quad \text{falls } g(\omega) > 0,$$

und $f(\omega) := 0$, sonst ($\omega \in \Omega$). Dann ist $f$ nichtnegativ und wegen der Messbarkeit von $g$ und $h$ sowie $f = (h/g)\mathbb{1}_{\{N^c\}} + 0\mathbb{1}_N$ $\mathcal{A}$-messbar. Für beliebiges $A \in \mathcal{A}$ gilt

$$\nu(A) = \nu(A \cap N^c) = \int_{A\cap N^c} h \,\mathrm{d}\tau = \int_{A\cap N^c} fg \,\mathrm{d}\tau$$
$$= \int_{A\cap N^c} f \,\mathrm{d}\mu = \int_A f \,\mathrm{d}\mu$$

und somit $\nu = f\mu$.

Ist $\mu$ (nur) $\sigma$-endlich, so gibt es nach Aufgabe 8.35 eine Borel-messbare Funktion $h : \Omega \to \mathbb{R}$ mit $0 < h(\omega)$, $\omega \in \Omega$, und $\int h \,\mathrm{d}\mu < \infty$. Somit ist $h\mu$ ein endliches Maß, das die gleichen Nullmengen wie $\mu$ besitzt. Folglich gilt auch $\nu \ll h\mu$. Nach dem bereits Gezeigten besitzt $\nu$ eine mit $f$ bezeichnete Dichte bzgl. $h\mu$. Es gilt also

$$\nu(A) = \int_A f \,\mathrm{d}(h\mu), \quad A \in \mathcal{A}.$$

Nach dem Satz über den Zusammenhang zwischen $\mu$- und $\nu$-Integral ist das Produkt $fh$ die gesuchte Dichte. Wegen der vorausgesetzten Endlichkeit von $\nu$ folgt die Eindeutigkeit von $f$ aus dem Satz über die Eindeutigkeit der Dichte. ∎

**Kommentar** In der obigen Situation nennt man jede Dichte $f$ von $\nu$ bzgl. $\mu$ auch eine **Radon-Nikodým-Ableitung** oder auch **Radon-Nikodým-Dichte** von $\nu$ bzgl. $\mu$. Da die Dichte $f$ $\mu$-f.ü. eindeutig bestimmt ist, spricht man auch von **der** Radon-Nikodým-Ableitung und schreibt

$$f =: \frac{\mathrm{d}\nu}{\mathrm{d}\mu} \quad (\mu\text{-f.ü.}).$$ ◀

Wir wenden uns nun der Frage zu, wie sich Lebesgue-Dichten unter Abbildungen verhalten. Dieses Problem ist auch in der Stochastik von großer Bedeutung, interessiert man sich doch oft für die Verteilung eines Zufallsvektors, der durch Transformation aus einem Zufallsvektor hervorgeht, dessen Verteilung eine Lebesgue-Dichte besitzt. Seien hierzu $\mu = f\lambda^k$ ein Maß auf $\mathcal{B}^k$ mit einer Lebesgue-Dichte $f$ und $T : \mathbb{R}^k \to \mathbb{R}^k$ eine Borel-messbare Abbildung. Besitzt das Bildmaß $T(\mu)$ auch eine Lebesgue-Dichte? Falls ja: Wie lässt sich diese mithilfe von $f$ und $T$ ausdrücken? So haben wir in Abschn. 8.4 gesehen, dass $T(\lambda^k) = |\det A|^{-1}\lambda^k$ gilt, falls $T$ eine affine Abbildung der Gestalt $T(x) = Ax + a$ mit einer regulären Matrix $A$ ist. Die konstante Dichte $f = \mathbb{1}_{\mathbb{R}^k}$ geht also unter einer solchen Abbildung in die konstante Dichte $|\det A|^{-1}\mathbb{1}_{\mathbb{R}^k}$ über. Natürlich wird man an die Abbildung $T$ gewisse Regularitätsbedingungen stellen müssen, damit das Maß $T(\mu)$ überhaupt absolut stetig bzgl. $\lambda^k$ ist. Ist der Wertebereich $T(\mathbb{R}^k)$ eine $\lambda^k$-Nullmenge, so ist z. B. letztere Bedingung nur erfüllt, wenn $\mu$ das *Nullmaß* ist, also $\mu(B) = 0$ für jedes $B \in \mathcal{B}^k$ gilt.

## Der Transformationssatz liefert eine $\lambda^k$-Dichte von $T(f\lambda^k)$ unter regulären Transformationen

Um die obigen Fragen zu beantworten, erinnern wir an die in der Analysis bewiesene *Transformationsformel für Gebietsintegrale*, siehe z. B. Abschn. 22.3 von [1]. Diese setzt offene Mengen $U$ und $V$ des $\mathbb{R}^k$ sowie eine bijektive und stetig differenzierbare Transformation $\psi : U \to V$ mit nirgends verschwindender Funktionaldeterminante $\det \psi'(x)$, $x \in U$, also einen $C^1$-*Diffeomorphismus* zwischen $U$ und $V$, voraus. Ist dann $h : V \to \mathbb{R}$ eine nichtnegative oder integrierbare Borel-messbare Funktion, so gilt die *Transformationsformel*

$$\int_V h(x)\,\mathrm{d}x = \int_U h(\psi(y)) \cdot |\det \psi'(y)|\,\mathrm{d}y. \tag{8.53}$$

Wir nehmen zunächst an, dass $T : \mathbb{R}^k \to \mathbb{R}^k$ bijektiv und stetig differenzierbar mit $\det T'(x) \neq 0$, $x \in \mathbb{R}^k$, also ein $C^1$-Diffeomorphismus des $\mathbb{R}^k$ auf sich selbst ist, und betrachten eine beliebige nichtleere offene Menge $O \in \mathcal{O}^k$. Nach Definition des Bildmaßes und wegen $\mu = f\lambda^k$ gilt

$$T(\mu)(O) = \mu\left(T^{-1}(O)\right) = \int_{T^{-1}(O)} f(x)\,\mathrm{d}x. \tag{8.54}$$

Da wir eine mit $g$ bezeichnete $\lambda^k$-Dichte von $T(\mu)$ suchen, sollte sich die rechte Seite in der Form $\int_O g(y)\,\mathrm{d}y$ schreiben lassen. Wir müssen also das Integral über die wegen der Diffeomorphismus-Eigenschaft *offene* Menge $T^{-1}(O)$ in ein Integral über $O$ transformieren. Nun ist die Restriktion der Umkehrabbildung $T^{-1}$ auf die Menge $O$ ein $C^1$-Diffeomorphismus zwischen $U := O$ und $V := T^{-1}(O)$ mit der Funktionaldeterminante

$$\det(T^{-1})'(y) = \frac{1}{\det T'(T^{-1}(y))}, \quad y \in O.$$

Formel (8.53) liefert also mit dieser Wahl von $U$ und $V$ sowie $\psi := T^{-1}_{|O}$ sowie $h := f$ zusammen mit (8.54) das Resultat

$$T(\mu)(O) = \int_O f(T^{-1}(y)) \cdot \frac{1}{|\det T'(T^{-1}(y))|}\,\mathrm{d}y. \tag{8.55}$$

Diese Gleichung gilt aber nicht nur für jede offene Menge, sondern für jede Borel-Menge $O \in \mathcal{B}^k$. Hierzu beachten wir, dass die rechte Seite von (8.55) als Funktion von $O$ ein mit $\nu$ bezeichnetes Maß auf $\mathcal{B}^k$ mit der durch

$$g(y) := f(T^{-1}(y)) \cdot \frac{1}{|\det T'(T^{-1}(y))|}, \qquad y \in \mathbb{R}^k, \quad (8.56)$$

definierten Dichte $g$ darstellt und die Maße $T(\mu)$ und $\nu$ nach (8.55) auf dem Mengensystem $\mathcal{O}^k$ übereinstimmen. Nach dem Eindeutigkeitssatz für Maße gilt somit $\nu = T(\mu)$. Wir haben also mit der in (8.56) definierten Funktion eine Lebesgue-Dichte von $T(\mu)$ gefunden und somit unser eingangs gestelltes Problem für den Fall gelöst, dass $T$ ganz $\mathbb{R}^k$ bijektiv auf sich abbildet.

Häufig liegt jedoch eine Transformation $T : U \to V$ vor, die nur einen $C^1$-Diffeomorphismus zwischen zwei offenen echten Teilmengen $U$ und $V$ des $\mathbb{R}^k$ darstellt. Solange die Lebesgue-Dichte $f$ von $\mu$ außerhalb von $U$ verschwindet, also $\{f > 0\} \subseteq U$ gilt, ist das kein Problem. Man ergänzt die auf $U$ definierte Transformation $T$ durch eine geeignete Festsetzung auf $\mathbb{R}^k \setminus U$ (z. B. $T(x) := 0$, $x \in \mathbb{R}^k \setminus U$) zu einer (der Einfachheit halber ebenfalls mit $T$ bezeichneten) auf ganz $\mathbb{R}^k$ definierten Borel-messbaren Abbildung. Wegen $\{f > 0\} \subseteq U$ gilt $\mu(\mathbb{R}^k \setminus U) = 0$ und $T(\mu)(\mathbb{R}^k \setminus V) = \mu(T^{-1}(\mathbb{R}^k \setminus V)) = 0$, sodass die Maße $\mu$ bzw. $T(\mu)$ auf den Mengen $U$ bzw. $V$ konzentriert sind. Ist dann $O$ eine beliebige *offene Teilmenge* von $V$, so hat (8.55) unverändert Gültigkeit. Mit dem Eindeutigkeitssatz für Maße gilt dann (8.55) für jede *Borelsche Teilmenge* von $V$. Definiert man jetzt eine Funktion $g(y)$ auf $\mathbb{R}^k$ durch die Festsetzung (8.56) für $y \in V$ und $g(y) := 0$ für $y \in \mathbb{R}^k \setminus V$, so folgt für jede Borel-Menge $B \in \mathcal{B}^k$

$$\begin{aligned} T(\mu)(B) &= T(\mu)(B \cap V) + T(\mu)(B \cap (\mathbb{R}^k \setminus V)) \\ &= \int_{B\cap V} f(T^{-1}(y)) \cdot \frac{1}{|\det T'(T^{-1}(y))|}\,\mathrm{d}y + 0 \\ &= \int_B g(y)\,\mathrm{d}y, \end{aligned}$$

sodass $g$ eine Lebesgue-Dichte von $\mu$ darstellt. Diese Überlegungen münden in den folgenden Satz.

**Transformationssatz für $\lambda^k$-Dichten**

Es sei $\mu = f\lambda^k$ ein Maß auf $\mathcal{B}^k$. Die Dichte $f$ verschwinde außerhalb einer offenen Menge $U$; es gelte also $\{f > 0\} \subseteq U$. Weiter sei $T : \mathbb{R}^k \to \mathbb{R}^k$ eine Borel-messbare Abbildung, deren Restriktion auf $U$ stetig differenzierbar sei, eine nirgends verschwindende Funktionaldeterminante besitze und $U$ bijektiv auf eine Menge $V \subseteq \mathbb{R}^k$ abbilde. Dann ist die durch

$$g(y) := \begin{cases} \frac{f(T^{-1}(y))}{|\det T'(T^{-1}(y))|}, & \text{falls } y \in V, \\ 0, & \text{falls } y \in \mathbb{R}^k \setminus V, \end{cases}$$

definierte Funktion $g$ eine $\lambda^k$-Dichte von $T(\mu)$.

**Kommentar** Der obige Transformationssatz besagt also, dass unter den gemachten Voraussetzungen für jede Borel-Menge $B$ die Gleichung

$$\int_{T^{-1}(B)} f(x)\,\mathrm{d}x = \int_B g(y)\,\mathrm{d}y$$

erfüllt ist. Dabei ist $T^{-1}(B)$ das Urbild von $B$ unter $T$, und $g$ ist wie oben definiert. Diese Gleichung geht mit $h := f$, $T := \psi^{-1}$ und $U := B$ formal in (8.53) über. ◄

**Beispiel (Box-Muller-Methode)** Es seien $k = 2$ und $U := (0,1)^2$ sowie $f = \mathbb{1}_U$ die Dichte der Gleichverteilung auf dem offenen Einheitsquadrat. Die Borel-messbare Abbildung $T : \mathbb{R}^2 \to \mathbb{R}^2$ sei durch

$$T(x) := \left(\sqrt{-2\log x_1}\cos(2\pi x_2), \sqrt{-2\log x_1}\sin(2\pi x_2)\right),$$

falls $x = (x_1, x_2) \in U$, und $T(x) := 0$ sonst definiert. Die Restriktion von $T$ auf $U$ ist stetig differenzierbar, und sie bildet $U$ bijektiv auf die geschlitzte Ebene $V := \mathbb{R}^2 \setminus \{(y_1, y_2) \in \mathbb{R}^2 : y_1 \geq 0, y_2 = 0\}$ ab. Eine direkte Rechnung ergibt weiter $\det T'(x) = -(2\pi)/x_1$, $x \in U$, und somit $\det T'(x) \neq 0$, $x \in U$. Mit $y := (y_1, y_2) := T(x_1, x_2)$ gilt $x_1 = \exp(-\frac{1}{2}(y_1^2 + y_2^2))$. Nach dem Transformationssatz ist

$$g(y_1, y_2) = \left|\frac{2\pi}{\exp(-\frac{1}{2}(y_1^2 + y_2^2))}\right|^{-1} = \prod_{j=1}^{2} \frac{1}{\sqrt{2\pi}} \exp(-y_j^2/2)$$

für $(y_1, y_2) \in V$ und $g(y_1, y_2) := 0$ sonst eine $\lambda^2$-Dichte von $T(f\lambda^2)$. Da $\{(y_1, y_2) \in \mathbb{R}^2 : y_1 \geq 0, y_2 = 0\}$ eine $\lambda^2$-Nullmenge ist, ist auch $g(y_1, y_2) := \varphi(y_1)\varphi(y_2)$, $(y_1, y_2) \in \mathbb{R}^2$, eine $\lambda^2$-Dichte von $T(f\lambda^2)$. Dabei ist $\varphi$ die in (5.4) definierte Dichte der Standardnormalverteilung.

Die Abbildung $T$ ist im Wesentlichen eine Transformation auf Polarkoordinaten. In der Stochastik dient sie einer einfachen Erzeugung von standardnormalveteilten Pseudozufallszahlen $y_1$, $y_2$ aus gleichverteilten Pseudozufallszahlen $x_1$ und $x_2$ (siehe die Hintergrund-und-Ausblick-Bos über den linearen Kongruenzgenerator in Abschn. 5.2) und wird dort auch *Box-Muller-Methode* genannt. ◄

Die Eigenschaft $\nu \ll \mu$ besagt, dass sich das Maß $\nu$ dem Maß in dem Sinne unterordnet, dass die $\mu$-Nullmengen auf jeden Fall auch $\nu$-Nullmengen sind. Eine andere Beziehung, in der zwei Maße zueinander stehen können, ist die gegenseitige Singularität.

## Gegenseitig singuläre Maße leben auf disjunkten Mengen

**Definition der gegenseitigen Singularität von Maßen**

Zwei Maße $\mu$ und $\nu$ auf einer $\sigma$-Algebra $\mathcal{A} \subseteq \mathcal{P}(\Omega)$ heißen (gegenseitig) **singulär** (in Zeichen : $\mu \perp \nu$), falls gilt: Es existiert eine Menge $A \in \mathcal{A}$ mit

$$\mu(A) = \nu(\Omega \setminus A) = 0. \qquad (8.57)$$

Obwohl die Relation „$\perp$“ symmetrisch ist, sind hierbei auch die Sprechweisen $\mu$ *ist singulär bzgl.* $\nu$ bzw. $\nu$ *ist singulär bzgl.* $\mu$ gebräuchlich. Im Fall $(\Omega, \mathcal{A}) = (\mathbb{R}^k, \mathcal{B}^k)$ steht die Sprechweise $\mu$ *ist singulär* kurz für die Singularität von $\mu$ bzgl. des Borel-Lebesgue-Maßes $\lambda^k$. Die Singularität von $\mu$ bzgl. $\nu$ bedeutet anschaulich, dass $\mu$ und $\nu$ „auf disjunkten Mengen leben“. Gilt $\mu \perp \nu$ und $\nu \ll \mu$, so folgt aus (8.57) die Beziehung $\nu(A) = \nu(\Omega \setminus A) = 0$, also $\nu = 0$. In diesem Sinne sind die beiden Begriffe *absolute Stetigkeit* und Singularität diametral zueinander.

**Beispiel** Es seien $(\Omega, \mathcal{A}) = (\mathbb{R}^k, \mathcal{B}^k)$ und $\mu = \lambda^k$ das Borel-Lebesgue-Maß. Weiter sei $B \subseteq \mathbb{R}^k$ eine beliebige nichtleere abzählbare Menge. Dann ist das durch $\nu(A) := |A \cap B|$, $A \in \mathcal{B}^k$, definierte $B$-Zählmaß singulär bzgl. $\lambda^k$, denn es gilt $\lambda^k(B) = 0$ und $\nu(\mathbb{R}^k \setminus B) = 0$. ◀

Der im Folgenden vorgestellte *Lebesguesche Zerlegungssatz* kann in gewisser Weise als Ergänzung zum Satz von Radon-Nikodým angesehen werden.

### Satz über die Lebesgue-Zerlegung

Es seien $(\Omega, \mathcal{A})$ ein Messraum und $\mu$ sowie $\nu$ Maße auf $\mathcal{A}$; $\nu$ *sei* $\sigma$*-endlich*. Dann gibt es eindeutig bestimmte Maße $\nu_a$ und $\nu_s$ auf $\mathcal{A}$ mit den Eigenschaften

- $\nu_a \ll \mu$,
- $\nu_s \perp \mu$,
- $\nu = \nu_a + \nu_s$.

Die Maße $\nu_a$ und $\nu_s$ heißen **absolut stetiger** bzw. **singulärer Teil** von $\nu$ bzgl. $\mu$. Ist $\mu$ $\sigma$-endlich, so besitzt $\nu_a$ nach dem Satz von Radon-Nikodým eine Dichte bzgl. $\mu$.

**Beweis** Wir führen den Beweis nur für den Fall $\nu(\Omega) < \infty$. Die Beweisidee ist transparent: Man finde im System $\mathcal{N}_\mu := \{A \in \mathcal{A} \,|\, \mu(A) = 0\}$ der $\mu$-Nullmengen eine Menge $N$ mit maximalem $\nu$-Maß. Dann setze man $\nu_s$ und $\nu_a$ so an, dass $\nu_s$ „ganz auf $N$ und $\nu_a$ ganz auf $N^c$ lebt“, also $\nu_s(N^c) = 0 = \nu_a(N)$ gilt. Hierzu sei $A_n \uparrow N$ eine aufsteigende Folge aus $\mathcal{N}_\mu$ mit $\lim_{n\to\infty} \nu(A_n) = \alpha$, wobei $\alpha := \sup\{\nu(A) \,|\, A \in \mathcal{N}_\mu\}$. Wegen $N = \cup_{n=1}^\infty A_n$ gilt dann $\mu(N) = 0$ und $\nu(N) = \alpha$. Setzen wir

$$\nu_a(A) := \nu(A \cap N^c), \qquad \nu_s(A) := \nu(A \cap N), \quad A \in \mathcal{A},$$

so sind $\nu_a$ und $\nu_s$ Maße auf $\mathcal{A}$ mit $\nu = \nu_a + \nu_s$. Wegen $\nu_s(N^c) = 0$ und $\mu(N) = 0$ gilt dabei $\nu_s \perp \mu$. Aus $\mu(A) = 0$ folgt $N + A \cap N^c \in \mathcal{N}_\mu$ und deshalb nach Definition von $\alpha$

$$\nu\,(N + A \cap N^c) = \nu(N) + \nu\,(A \cap N^c) = \alpha + \nu_a(A) \le \alpha.$$

Diese Überlegung zeigt $\nu_a(A) = 0$ und somit $\nu_a \ll \mu$. Zum Beweis der Eindeutigkeit der Zerlegung nehmen wir die Gültigkeit der Zerlegungen $\nu = \nu_a + \nu_s = \nu_a^* + \nu_s^*$ mit $\nu_a$, $\nu_s$ wie oben und $\nu_a^* \ll \mu$ sowie $\nu_s^* \perp \mu$ an. Wegen $\nu_s^* \perp \mu$ existiert eine $\mu$-Nullmenge $N^*$ mit $\nu_s^*(\Omega \setminus N^*) = 0$, also

$$\nu_s^*(A) = \nu_s^*(A \cap N^*), \qquad A \in \mathcal{A}. \tag{8.58}$$

Setzen wir $N_0 := N \cup N^*$, so gilt wegen $N_0 \in \mathcal{N}_\mu$ und $\nu_a \ll \mu$, $\nu_a^* \ll \mu$ die Beziehung $\nu_a(A \cap N_0) = \nu_a^*(A \cap N_0) = 0$, $A \in \mathcal{A}$. Hieraus folgt mit (8.58)

$$\begin{aligned}\nu(A \cap N_0) &= \nu_s^*(A \cap N_0) = \nu_s^*(A \cap N_0 \cap N^*)\\ &= \nu_s^*(A \cap N^*) = \nu_s^*(A), \qquad A \in \mathcal{A}\end{aligned}$$

und ebenso $\nu(A \cap N_0) = \nu_s(A)$, $A \in \mathcal{A}$. Also gilt $\nu_s = \nu_s^*$ und somit $\nu_a = \nu_a^*$. ■

**Beispiel**

- Es seien $(\Omega, \mathcal{A}) = (\mathbb{R}, \mathcal{B})$ und $\mu = f\lambda^1$, $\nu = g\lambda^1$ Maße mit den Lebesgue-Dichten $f = \mathbb{1}_{[0,2]}$ bzw. $g = \mathbb{1}_{[1,3]}$. Dann gilt $\nu_a = \mathbb{1}_{[1,2]}\lambda^1$ und $\nu_s = \mathbb{1}_{(2,3]}\lambda^1$, denn es ist $\nu_a + \nu_s = \nu$, und $\mu(A) = 0$ zieht $\nu_a(A) = \int \mathbb{1}_A \mathbb{1}_{[1,2]} d\mu \le \mu(A)$ und somit $\nu_a \ll \mu$ nach sich. Weiter gilt $\nu_s(\mathbb{R} \setminus (2,3]) = 0$ und $\mu((2,3]) = 0$, was $\nu_s \perp \mu$ zeigt.
- Auf die Voraussetzung der $\sigma$-Endlichkeit im Lebesgueschen Zerlegungssatz kann nicht verzichtet werden. Es sei $(\Omega, \mathcal{A}) = (\mathbb{R}^k, \mathcal{B}^k)$ und $\mu := \lambda^k$ sowie $\nu$ das nicht $\sigma$-endliche Zählmaß auf $\mathbb{R}^k$. Angenommen, es gälte $\nu = \nu_a + \nu_s$ mit Maßen $\nu_a \ll \lambda^k$ und $\nu_s \perp \lambda^k$. Die Gleichung $\lambda^k(\{x\}) = 0$ zieht dann $\nu_a(\{x\}) = 0$, $x \in \mathbb{R}^k$, nach sich, und es folgt $1 = \nu(\{x\}) = \nu_s(\{x\})$, $x \in \mathbb{R}^k$. Wegen $\nu_s \perp \lambda^k$ gibt es ein $B \in \mathcal{B}^k$ mit $\lambda^k(B) = 0$ und $\nu_s(B^c) = 0$. Mit $\nu_s(\{x\}) = 1$, $x \in \mathbb{R}^k$, folgt $B^c = \emptyset$ und $B = \mathbb{R}^k$, was ein Widerspruch zu $\lambda^k(B) = 0$ ist. ◀

Wir möchten diesen Abschnitt mit einem häufig benutzten Resultat über Dichten beschließen, das von dem amerikanischen Statistiker Henri Scheffé (1907–1977) stammt.

### Lemma von Scheffé (1947)

Es seien $(\Omega, \mathcal{A}, \mu)$ ein Maßraum und $P = f\mu$, $Q = g\mu$, $P_n = f_n\mu$, $n \ge 1$, Wahrscheinlichkeitsmaße auf $\mathcal{A}$ mit Dichten $f, g, f_n, n \ge 1$, bzgl. $\mu$. Dann gelten:

a)

$$\sup_{A \in \mathcal{A}} |P(A) - Q(A)| = \frac{1}{2} \cdot \int |f - g| \, d\mu$$

b) Aus $f_n \to f$ $\mu$-f.ü. folgt $\lim_{n\to\infty} |f_n - f| \, d\mu = 0$.

**Beweis** a) Es gilt $0 = \int (f-g)\, d\mu = \int (f-g)^+ \, d\mu - \int (f-g)^- \, d\mu$. und somit

$$\int (f-g)^+ \, d\mu = \int (f-g)^- \, d\mu = \frac{1}{2} \cdot \int |f-g| \, d\mu. \tag{8.59}$$

## Hintergrund und Ausblick: Absolute Stetigkeit und Singularität von Borel-Maßen im $\mathbb{R}^k$

Es sei $\nu$ ein beliebiges $\sigma$-endliches Maß $\nu$ auf der Borelschen $\sigma$-Algebra $\mathcal{B}^k$. Wir stellen uns die Aufgabe, $\nu$ und das Borel-Lebesgue-Maß $\lambda^k$ miteinander zu vergleichen. Da der Quotient $\nu(B)/\lambda^k(B)$ für eine Borel-Menge $B$ mit $\lambda^k(B) > 0$ die – physikalisch betrachtet – durch $\nu$ gegebene „Masse" von $B$ in Beziehung zum $k$-dimensionalen Volumen von $B$ setzt, also die „$\nu$-Masse-Dichte von $B$" darstellt, liegt es nahe, die Menge $B$ zu einem Punkt $x$ „zusammenschrumpfen zu lassen", um so eine lokale Dichte von $\nu$ bzgl. $\lambda^k$ an der Stelle $x$ zu erhalten. Bezeichnen $\|\cdot\|$ die Euklidische Norm in $\mathbb{R}^k$ und $B(x,r) = \{y \in \mathbb{R}^k : \|x-y\| < r\}$ die $k$-dimensionale Kugel um $x$ mit Radius $r$, so heißt der Grenzwert

$$(D\nu)(x) := \lim_{r\to 0} \frac{\nu(B(x,r))}{\lambda^k(B(x,r))} \tag{8.60}$$

(im Falle seiner Existenz) die **symmetrische Ableitung** oder **lokale Dichte von $\nu$ bzgl. $\lambda^k$** an der Stelle $x$. Hierbei ist $\lambda^k(B(x,r)) = \pi^{k/2} r^k / \Gamma(1 + k/2)$.

Offenbar existiert $(D\nu)(x)$ als uneigentlicher Grenzwert $+\infty$, falls $\nu(\{x\}) > 0$ gilt, also $\nu$ eine Punktmasse an der Stelle $x$ besitzt. Ist $\nu$ absolut stetig bzgl. $\lambda^k$ mit Radon-Nikodým-Dichte (Lebesgue-Dichte) $f$, so gilt (vgl. (8.51)) für jeden Stetigkeitspunkt $x$ von $f$ die Beziehung

$$f(x) = (D\nu)(x). \tag{8.61}$$

Wir können folglich mit einer Lebesgue-Dichte $f$ zumindest in deren Stetigkeitspunkten die mithilfe von (8.60) gegebene anschauliche Vorstellung des „lokalen Verhältnisses von $\nu$-Masse pro Volumen" verbinden. Da $f$ jedoch – wie das Beispiel $f = \mathbb{1}\{\mathbb{R}^k \setminus \mathbb{Q}^k\})$ zeigt – in keinem Punkt stetig sein muss, erhebt sich die Frage, ob es überhaupt Punkte $x$ mit der Eigenschaft (8.61) gibt. Dass dies stets der Fall ist, besagt ein berühmtes Resultat von Lebesgue, wonach (8.61) für $\lambda^k$-fast alle $x$ gilt.

Ist das Maß $\nu$ **diskret** in dem Sinne, dass $\nu(\{x_j\}) > 0$, $j \ge 1$, für eine abzählbare Teilmenge $B = \{x_1, x_2, \ldots\} \subseteq \mathbb{R}^k$ sowie $\nu(\mathbb{R}^k \setminus B) = 0$ gelten, so ist $\nu$ singulär bzgl. $\lambda^k$, und es gilt

$$(D\nu)(x) = \begin{cases} 0, & \text{falls } x \notin B \\ \infty & \text{sonst,} \end{cases} \tag{8.62}$$

also insbesondere $D\nu = 0$ $\lambda^k$-f.ü. und $D\nu = \infty$ $\nu$-f.ü.

Ein einfaches nicht diskretes singuläres Maß $\nu$ bzgl. $\lambda^k$ ist im Fall $k \ge 2$ das Bildmaß $T(\lambda^1)$ von $\lambda^1$ unter der Abbildung $T : \mathbb{R}^1 \to \mathbb{R}^k, x \mapsto (x, 0, \ldots, 0)$, also die Übertragung des Borel-Lebesgue-Maßes im $\mathbb{R}^1$ auf die erste Koordinatenachse im $\mathbb{R}^k$. Wegen $\lambda^k(T(\mathbb{R}^1)) = 0$ gilt $T(\lambda^1) \perp \lambda^k$ sowie (8.62) mit $T(\lambda^k)$ und $T(\mathbb{R}^1)$ anstelle von $\nu$ bzw. $B$.

Ein auch historisch wichtiges nicht diskretes singuläres Wahrscheinlichkeitsmaß $\mathbb{P}$ auf $\mathcal{B}$ ist die **Cantor-Verteilung**. Die zugehörige stetige maßdefinierende Funktion, die um die Festsetzungen $F(x) := 1$ für $x > 1$ und $F(x) := 0$ für $x < 0$ zu einer auf ganz $\mathbb{R}^1$ definierten Funktion ergänzt wird, heißt **Cantorsche Verteilungsfunktion** oder **Teufelstreppe**. Sie kann als gleichmäßiger Limes von stetigen Funktionen auf $[0, 1]$ konstruiert werden und ist in Abb. 5.6 skizziert. Da $F$ außerhalb der eine $\lambda^1$-Nullmenge darstellenden überabzählbaren Cantor-Menge $C$ konstant ist, gilt $\mathbb{P}(C) = 1$ und somit $\mathbb{P} \perp \lambda^1$.

---

Für $A \in \mathcal{A}$ gilt

$$\begin{aligned} P(A) - Q(A) &= \int (f-g)^+ \mathbb{1}_A \,\mathrm{d}\mu - \int (f-g)^- \mathbb{1}_A \,\mathrm{d}\mu \\ &\le \int (f-g)^+ \,\mathrm{d}\mu \\ &= \frac{1}{2} \cdot \int |f-g| \,\mathrm{d}\mu, \end{aligned}$$

wobei das Gleichheitszeichen für $A = \{f - g > 0\}$ eintritt. Ebenso erhalten wir

$$Q(A) - P(A) \le \frac{1}{2} \cdot \int |f-g| \,\mathrm{d}\mu.$$

b) Es gilt $0 \le (f - f_n)^+ \le f$. Wegen $(f - f_n)^+ \to 0$ $\mu$-f.ü. für $n \to \infty$ liefern der Satz von der dominierten Konvergenz und (8.59) die Behauptung. ■

**Kommentar** Man nennt

$$\mathrm{d}_{TV}(P, Q) := \sup_{A\in\mathcal{A}} |P(A) - Q(A)|$$

auch den *totalen Variationsabstand* von $P$ und $Q$. Die Funktion $\mathrm{d}_{TV}(\cdot,\cdot)$ definiert eine Metrik auf der Menge aller Wahrscheinlichkeitsmaße auf $\mathcal{A}$. Das in a) formulierte Resultat zeigt also, wie der Totalvariationsabstand mithilfe von Dichten berechnet werden kann. ◄

## 8.9 Produktmaße, Satz von Fubini

Das Borel-Lebesgue-Maß $\lambda^2$ ist dadurch festgelegt, dass man achsenparallelen Rechtecken das Produkt der Seitenlängen als Fläche zuordnet. In diesem Abschnitt geht es um eine direkte Verallgemeinerung dieses Ansatzes, um aus vorhandenen Maßen ein Produktmaß zu konstruieren.

Es seien $(\Omega_1, \mathcal{A}_1, \mu_1), \ldots, (\Omega_n, \mathcal{A}_n, \mu_n)$, $n \geq 2$, Maßräume, $\Omega := \times_{j=1}^n \Omega_j$ das kartesische Produkt von $\Omega_1, \ldots, \Omega_n$ und $\pi_j : \Omega \to \Omega_j$ die durch $\pi_j(\omega) := \omega_j$, $\omega = (\omega_1, \ldots, \omega_n)$, definierte $j$-te Projektionsabbildung. Die in Abschn. 8.4 eingeführte Produkt-$\sigma$-Algebra von $\mathcal{A}_1, \ldots, \mathcal{A}_n$ wird mit $\bigotimes_{j=1}^n \mathcal{A}_j = \sigma(\pi_1, \ldots, \pi_n)$ bezeichnet.

Wir stellen uns die Frage, ob es ein (eventuell sogar eindeutig bestimmtes) Maß $\mu$ auf $\bigotimes_{j=1}^n \mathcal{A}_j$ mit der Eigenschaft

$$\mu(A_1 \times \ldots \times A_n) = \prod_{j=1}^n \mu_j(A_j) \tag{8.63}$$

für beliebige Mengen $A_j$ aus $\mathcal{A}_j$ $(j = 1, \ldots, n)$ gibt. Im Falle der eingangs angesprochenen Flächenmessung ist $(\Omega_j, \mathcal{A}_j, \mu_j) = (\mathbb{R}, \mathcal{B}, \lambda^1)$, $j = 1, 2$. Sind $A_1$ und $A_2$ beschränkte Intervalle, so bedeutet der Ansatz (8.63) gerade, die Fläche des Rechtecks $A_1 \times A_2$ mit den Grundseiten $A_1$ und $A_2$ zu bilden, indem man die Längen dieser Seiten miteinander multipliziert.

Die Frage nach der Eindeutigkeit von $\mu$ kann sofort mithilfe des Eindeutigkeitssatzes für Maße beantwortet werden.

**Satz über die Eindeutigkeit des Produktmaßes**

Sind die Maße $\mu_1, \ldots, \mu_n$ $\sigma$-endlich, so gibt es höchstens ein Maß $\mu$ auf $\bigotimes_{j=1}^n \mathcal{A}_j$ mit der Eigenschaft (8.63).

**Beweis** Wegen der $\sigma$-Endlichkeit von $\mu_j$ ist das $\cap$-stabile Mengensystem $\mathcal{M}_j := \{M \in \mathcal{A}_j \mid \mu_j(M) < \infty\}$ ein Erzeuger von $\mathcal{A}_j$ $(j = 1, \ldots, n)$. Da allgemein

$$\left(\times_{j=1}^n E_j\right) \cap \left(\times_{j=1}^n F_j\right) = \times_{j=1}^n (E_j \cap F_j)$$

gilt, ist auch das Mengensystem $\mathcal{M} := \mathcal{M}_1 \times \cdots \times \mathcal{M}_n$ $\cap$-stabil. Nach Aufgabe 8.49 gilt $\sigma(\mathcal{M}) = \bigotimes_{j=1}^n \mathcal{A}_j$. Da $\mathcal{M}$ eine Folge $(B_k)_{k \geq 1}$ mit $B_k \uparrow \Omega_1 \times \cdots \times \Omega_n$ bei $k \to \infty$ enthält, ergibt sich die Behauptung aus dem Eindeutigkeitssatz für Maße. ■

## Die Bildung des Produktmaßes einer Menge verallgemeinert das Cavalierische Prinzip

Zur Frage der Existenz von $\mu$ betrachten wir zunächst den Fall $n = 2$. Da wir nicht nur messbaren Rechtecken wie in (8.63) ein Maß zuordnen wollen, sondern auch komplizierten Mengen $Q$ in der Produkt-$\sigma$-Algebra $\bigotimes_{j=1}^n \mathcal{A}_j$, bietet es sich an, wie bei der Flächenberechnung von Teilmengen des $\mathbb{R}^2$ zu verfahren und durch den Ansatz

$$\mu(Q) := \int_{\Omega_1} \mu_2(\{\omega_2 \in \Omega_2 \mid (\omega_1, \omega_2) \in Q\})\, \mu_1(\mathrm{d}\omega_1) \tag{8.64}$$

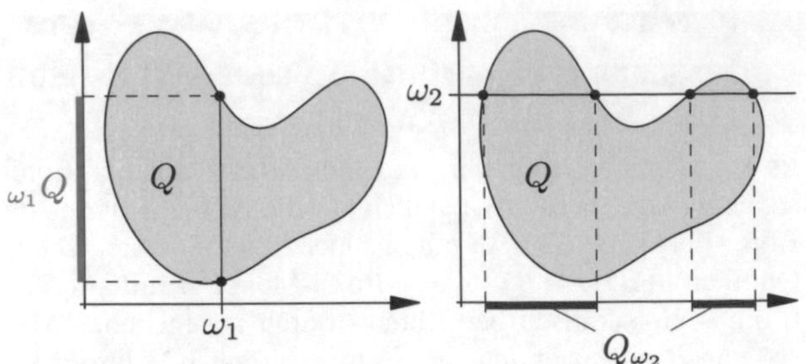


**Abb. 8.19** $\omega_1$- und $\omega_2$-Schnitt einer Menge

zum Ziel zu kommen. Man hält also zunächst $\omega_1$ fest, bildet das $\mu_2$-Maß der auch als **$\omega_1$-Schnitt von $Q$** bezeichneten und in Abb. 8.19 links skizzierten Menge

$$_{\omega_1}Q := \{\omega_2 \in \Omega_2 \mid (\omega_1, \omega_2) \in Q\} \tag{8.65}$$

und integriert diese von $\omega_1$ abhängenden Maße $\mu_2(_{\omega_1}Q)$ bzgl. $\mu_1$ über $\omega_1$. Symmetrisch dazu könnte man auch zunächst $\omega_2$ festhalten, das $\mu_1$-Maß des sog. **$\omega_2$-Schnitts**

$$Q_{\omega_2} := \{\omega_1 \in \Omega_1 \mid (\omega_1, \omega_2) \in Q\} \tag{8.66}$$

von $Q$ (Abb. 8.19 rechts) betrachten und dann das Integral

$$\int_{\Omega_2} \mu_1(Q_{\omega_2})\mu_2(\mathrm{d}\omega_2) \tag{8.67}$$

bilden. Es wird sich zeigen, dass dieser Ansatz zum Ziel führt, und dass die Integrale in (8.64) und (8.67) den gleichen Wert liefern. Zunächst sind jedoch einige technische Feinheiten zu beachten. So müssen die $\omega_1$- und $\omega_2$-Schnitte einer Menge $Q \in \mathcal{A}_1 \otimes \mathcal{A}_2$ in $\mathcal{A}_2$ bzw. $\mathcal{A}_1$ liegen, damit die entsprechenden Maße dieser Mengen erklärt sind. Des Weiteren müssen die Funktionen $\Omega_1 \ni \omega_1 \mapsto \mu_2(_{\omega_1}Q)$ und $\Omega_2 \ni \omega_2 \mapsto \mu_1(Q_{\omega_2})$ $\mathcal{A}_1$- bzw. $\mathcal{A}_2$-messbar sein, damit die Integrale in (8.64) und (8.67) wohldefiniert sind. Diesem Zweck dienen die beiden folgenden Hilfssätze.

**Lemma (über Schnitte)** Aus $Q \in \mathcal{A}_1 \otimes \mathcal{A}_2$ folgt $_{\omega_1}Q \in \mathcal{A}_2$ für jedes $\omega_1 \in \Omega_1$ und $Q_{\omega_2} \in \mathcal{A}_1$ für jedes $\omega_2 \in \Omega_2$. ◄

**Beweis** Wir betrachten für festes $\omega_1 \in \Omega_1$ das Mengensystem $\mathcal{A} := \{Q \subseteq \Omega \mid {_{\omega_1}Q} \in \mathcal{A}_2\}$. Wegen $_{\omega_1}\Omega = \Omega_2$, $_{\omega_1}(\Omega \setminus Q) = \Omega_2 \setminus (_{\omega_1}Q)$ und

$$_{\omega_1}\left(\bigcup_{n=1}^{\infty} Q_n\right) = \bigcup_{n=1}^{\infty} {_{\omega_1}Q_n} \tag{8.68}$$

für Teilmengen $Q, Q_1, Q_2, \ldots$ von $\Omega$ sowie

$$_{\omega_1}(A_1 \times A_2) = \begin{cases} A_2, & \text{falls } \omega_1 \in A_1 \\ \emptyset & \text{sonst} \end{cases} \tag{8.69}$$

für $A_1 \subseteq \Omega_1$ und $A_2 \subseteq \Omega_2$ ist $\mathcal{A}$ eine $\sigma$-Algebra über $\Omega$ mit $\mathcal{H} := \{A_1 \times A_2 \mid A_1 \in \mathcal{A}_1, A_2 \in \mathcal{A}_2\} \subseteq \mathcal{A}$. Wegen $\sigma(\mathcal{H}) = \mathcal{A}_1 \otimes \mathcal{A}_2 \subseteq \mathcal{A}$ folgt die Behauptung für $\omega_1$-Schnitte. Die Betrachtungen für $\omega_2$-Schnitte sind analog. ■

**Lemma (über die Messbarkeit der Schnitt-Maße)** Sind die Maße $\mu_1$ und $\mu_2$ $\sigma$-endlich, so gilt für jedes $Q \in \mathcal{A}_1 \otimes \mathcal{A}_2$: Die (aufgrund des obigen Lemmas wohldefinierten) Funktionen

$$\Omega_1 \ni \omega_1 \mapsto \mu_2({}_{\omega_1}Q), \qquad \Omega_2 \ni \omega_2 \mapsto \mu_1(Q_{\omega_2})$$

sind $\mathcal{A}_1$- bzw. $\mathcal{A}_2$-messbar. ◄

**Beweis** Wir schreiben kurz $s_Q(\omega_1) := \mu_2({}_{\omega_1}Q)$ und nehmen zunächst $\mu_2(\Omega_2) < \infty$ an. Das Mengensystem

$$\mathcal{D} := \{D \in \mathcal{A}_1 \otimes \mathcal{A}_2 \mid s_D \text{ ist } \mathcal{A}_1\text{-messbar}\}$$

ist ein Dynkin-System, was man wie folgt einsieht: Wegen $s_\Omega \equiv \mu_2(\Omega_2)$ gilt zunächst $\Omega \in \mathcal{D}$, da konstante Funktionen messbar sind. Sind $D, E \in \mathcal{D}$ mit $D \subseteq E$, so folgt wegen ${}_{\omega_1}(E \setminus D) = {}_{\omega_1}E \setminus {}_{\omega_1}D$ und ${}_{\omega_1}D \subseteq {}_{\omega_1}E$ die Gleichheit $s_{E\setminus D} = s_E - s_D$. Da die Differenz messbarer Funktionen messbar ist, gehört $E \setminus D$ zu $\mathcal{D}$. Nach (8.68) gilt $s_{\sum_{n=1}^\infty D_n} = \sum_{n=1}^\infty s_{D_n}$ für eine disjunkte Vereinigung von Mengen aus $\mathcal{D}$, sodass $\mathcal{D}$ auch die Vereinigung $\sum_{n=1}^\infty D_n$ enthält. Folglich ist $\mathcal{D}$ ein Dynkin-System.

Mit (8.69) ergibt sich $s_{A_1\times A_2} = \mu_2(A_2)\mathbb{1}\{A_1\}$, was bedeutet, dass $\mathcal{D}$ das $\cap$-stabile System $\mathcal{H} := \mathcal{A}_1 \times \mathcal{A}_2$ aller messbaren Rechtecke enthält. Da für ein $\cap$-stabiles Mengensystem die erzeugte $\sigma$-Algebra und das erzeugte Dynkin-System identisch sind, folgt $\mathcal{A}_1 \otimes \mathcal{A}_2 = \sigma(\mathcal{H}) = \delta(\mathcal{H}) \subseteq \mathcal{D}$, was zu zeigen war.

Ist $\mu_2$ nur $\sigma$-endlich, so wählen wir eine Folge $(B_n)_{n\ge 1}$ aus $\mathcal{A}_2$ mit $B_n \uparrow \Omega_2$ und $\mu_2(B_n) < \infty$, $n \ge 1$. Für jedes $n$ ist $A_2 \mapsto \mu_2(A_2 \cap B_n)$ ein endliches Maß $\mu_{2,n}$ auf $\mathcal{A}_2$. Nach dem bereits Gezeigten ist für jedes $n \ge 1$ die Funktion $\omega_1 \mapsto \mu_{2,n}({}_{\omega_1}Q)$ $\mathcal{A}_1$-messbar. Wegen $\mu_2({}_{\omega_1}Q) = \sup_{n\ge 1} \mu_{2,n}({}_{\omega_1}Q)$ ist $\omega_1 \mapsto \mu_2({}_{\omega_1}Q)$ als Supremum abzählbar vieler messbarer Funktionen $\mathcal{A}_1$-messbar. ■

### Existenz und Eindeutigkeit des Produktmaßes

Es seien $(\Omega_1, \mathcal{A}_1, \mu_1)$ und $(\Omega_2, \mathcal{A}_2, \mu_2)$ $\sigma$-endliche Maßräume. Dann gibt es genau ein $\sigma$-endliches Maß $\mu$ auf $\mathcal{A}_1 \otimes \mathcal{A}_2$ mit

$$\mu(A_1 \times A_2) = \mu_1(A_1)\,\mu_2(A_2), \qquad A_1 \in \mathcal{A}_1, A_2 \in \mathcal{A}_2. \tag{8.70}$$

Für jede Menge $Q \in \mathcal{A}_1 \otimes \mathcal{A}_2$ gilt

$$\mu(Q) = \int \mu_2({}_{\omega_1}Q)\,\mu_1(\mathrm{d}\omega_1) = \int \mu_1(Q_{\omega_2})\,\mu_2(\mathrm{d}\omega_2). \tag{8.71}$$

$\mu$ heißt **Produkt der Maße $\mu_1$ und $\mu_2$** oder **Produktmaß von $\mu_1$ und $\mu_2$** und wird mit $\mu_1 \otimes \mu_2$ bezeichnet.

**Beweis** Wie früher sei $s_Q(\omega_1) := \mu_2({}_{\omega_1}Q)$ gesetzt. Wegen $s_Q \ge 0$ und dem obigen Lemma ist die Funktion

$$\mu(Q) := \int s_Q \,\mathrm{d}\mu_1, \qquad Q \in \mathcal{A}_1 \otimes \mathcal{A}_2,$$

wohldefiniert. Es gilt $s_\emptyset \equiv 0$ und somit $\mu(\emptyset) = 0$. Sind $Q_1, Q_2, \ldots$ paarweise disjunkte Mengen aus $\mathcal{A}_1 \otimes \mathcal{A}_2$, so liefern $s_{\sum_{n=1}^\infty Q_n} = \sum_{n=1}^\infty s_{Q_n}$ und die Folgerung aus dem Satz von der monotonen Konvergenz $\mu(\sum_{n=1}^\infty Q_n) = \sum_{n=1}^\infty \mu(Q_n)$. Also ist $\mu$ ein Maß. Wegen $s_{A_1\times A_2} = \mu_2(A_2)\mathbb{1}\{A_1\}$ gilt (8.70). Ebenso definiert

$$\widetilde{\mu}(Q) := \int \mu_1(Q_{\omega_2})\,\mu_2(\mathrm{d}\omega_2)$$

ein Maß $\widetilde{\mu}$ auf $\mathcal{A}_1 \otimes \mathcal{A}_2$ mit der Eigenschaft (8.70). (8.71) gilt, da $\mu$ und $\widetilde{\mu}$ nach dem Eindeutigkeitssatz für Maße übereinstimmen. ■

**Beispiel (Es gilt $\lambda^{k+s} = \lambda^k \otimes \lambda^s$)** Für $x = (x_1, \ldots, x_{k+s})$, $y = (y_1, \ldots, y_{k+s}) \in \mathbb{R}^{k+s}$ mit $x \le y$ sei $A_1 := \times_{j=1}^k (x_j, y_j]$, $A_2 := \times_{j=k+1}^{k+s}(x_j, y_j]$. Nach (8.70) gilt für das Produktmaß $\lambda^k \otimes \lambda^s$ auf $\mathcal{B}^k \otimes \mathcal{B}^s$ $(= \mathcal{B}^{k+s})$

$$\begin{aligned}
\lambda^k \otimes \lambda^s((x, y]) &= \lambda^k \otimes \lambda^s(A_1 \times A_2)\\
&= \lambda^k(A_1)\cdot\lambda^s(A_2)\\
&= \prod_{j=1}^k (y_j - x_j)\cdot \prod_{j=k+1}^{k+s}(y_j - x_j)\\
&= \prod_{j=1}^{k+s}(y_j - x_j)\\
&= \lambda^{k+s}((x, y]),
\end{aligned}$$

also $\lambda^k \otimes \lambda^s(Q) = \lambda^{k+s}(Q)\ \forall Q \in \mathcal{I}^k$. Nach dem Eindeutigkeitssatz für Maße folgt $\lambda^k \otimes \lambda^s = \lambda^{k+s}$. ◄

**Kommentar** Der italienische Mathematiker und Astronom Buonaventura Cavalieri (1598–1647) formulierte ein nach ihm benanntes Prinzip der Flächen- und Volumenmessung. Dieses *Cavalierische Prinzip* besagt im $\mathbb{R}^3$, dass zwei Körper das gleiche Volumen aufweisen, wenn alle ebenen Schnitte, die parallel zu einer vorgegebenen Grundebene und in übereinstimmenden Abständen ausgeführt werden, die jeweils gleiche Fläche besitzen. Diese Aussage ist ein Spezialfall der ersten Gleichheit in (8.71) für den Fall $\mu_1 = \lambda^1$, $\mu_2 = \lambda^2$, wonach für $Q \in \mathcal{B}^3$

$$\lambda^3(Q) = \int_{\mathbb{R}} \lambda^2({}_xQ)\,\lambda^1(\mathrm{d}x)$$

gilt. Ist also $R \in \mathcal{B}^3$ ein weiterer Körper mit der Eigenschaft $\lambda^2({}_xR) = \lambda^2({}_xQ)$ für jedes $x \in \mathbb{R}$, ergeben also alle Schnitte von $R$ und $Q$ mit den zu $\{(0, y, z) \mid y, z \in \mathbb{R}\}$ parallelen Ebenen jeweils gleiche Schnittflächen, so folgt $\lambda^3(Q) = \lambda^3(R)$. Dabei muss die Gleichheit der Schnittflächen nur für $\lambda^1$-fast alle $x$ gelten.

## Beispiel: Bestimmung des Volumens einer Kugel im $\mathbb{R}^k$ mit vollständiger Induktion

Bestimmen Sie $\lambda^k(B_k(x,r))$, wobei $B_k(x,r) = \{y \in \mathbb{R}^k \mid \|y-x\| < r\}$.

**Problemanalyse und Strategie** Das Volumen von $B_k(x,r)$ wird häufig unter Verwendung von Kugelkoordinaten zu $\pi^{k/2}r^k/\Gamma(k/2+1)$ hergeleitet, siehe z. B. [1], Abschn. 22.4. Dabei ist $\Gamma : (0,\infty) \to \mathbb{R}$ die in (5.41 ) definierte Gammafunktion. Wir versuchen, diese Formel induktiv mithilfe der Beziehung $\lambda^{k+s} = \lambda^k \otimes \lambda^s$ zu gewinnen.

**Lösung** Für jede natürliche Zahl $k$ sei kurz

$$c_k := \frac{\pi^{k/2}}{\Gamma\left(\frac{k}{2}+1\right)}, \\ = \begin{cases} \frac{(2\pi)^{k/2}}{k\cdot(k-2)\cdot\ldots\cdot 4\cdot 2}, & \text{falls } k \text{ gerade}, \\ \frac{2\cdot(2\pi)^{(k-1)/2}}{k\cdot(k-2)\cdot\ldots\cdot 3\cdot 1}, & \text{falls } k \text{ ungerade}, \end{cases}$$

gesetzt. Da $\lambda^k$ translationsinvariant ist und nach Aufgabe 8.36 bei einer durch $H_\kappa(x) := \kappa\cdot x$ $(x \in \mathbb{R}^k, \kappa \neq 0)$, gegebenen zentrischen Streckung gemäß $H_\kappa(\lambda^k) = |\kappa|^{-k}\cdot\lambda^k$ transformiert wird, können wir o.B.d.A. $x = 0$ und $r = 1$ annehmen. Es ist also

$$\lambda^k(S_k(0,1)) = c_k \tag{8.72}$$

zu zeigen.

Im Fall $k = 1$ gilt $B_1(0,1) = (-1,1)$ und somit $\lambda^1(B_1(0,1)) = 2$, was wegen $c_1 = 2$ mit (8.72) übereinstimmt. Im Fall $k \geq 2$ verwenden wir für den Induktionsschluss von $k-1$ auf $k$ die Beziehungen $\mathbb{R}^k = \mathbb{R}\times\mathbb{R}^{k-1}$ und $\lambda^k = \lambda^1 \otimes \lambda^{k-1}$. Setzen wir kurz $B_k := B_k(0,1)$, so ergibt sich für jedes $x_1 \in (-1,1)$ der $x_1$-Schnitt von $B_k$ zu

$$_{x_1}B_k = \{(x_2,\ldots,x_k) \in \mathbb{R}^{k-1} \mid x_2^2+\ldots+x_k^2 < 1-x_1^2\} \\ = B_{k-1}(0,\sqrt{1-x_1^2}).$$

Nach Induktionsvoraussetzung gilt

$$\lambda^{k-1}({}_{x_1}B_k) = c_{k-1}\cdot(1-x_1^2)^{(k-1)/2}$$

sowie $\lambda^{k-1}({}_{x_1}B_k) = 0$, falls $|x_1| \geq 1$. Mit (8.71) und der Substitution $t = \cos x_1$ sowie

$$a_k := \int_0^{\pi/2} (\sin t)^k \,\mathrm{d}t,$$

folgt

$$\lambda^k(B_k) = \int_{\mathbb{R}} \lambda^{k-1}\left({}_{x_1}B_k\right)\lambda^1(\mathrm{d}x_1) \\ = c_{k-1}\cdot\int_{-1}^{1}\left(1-x_1^2\right)^{(k-1)/2}\mathrm{d}x_1 = 2\cdot c_{k-1}\cdot a_k$$

und somit

$$\frac{\lambda^k(B_k)}{\lambda^{k-2}(B_{k-2})} = \frac{c_{k-1}}{c_{k-3}}\cdot\frac{a_k}{a_{k-2}}, \qquad k \geq 3. \tag{8.73}$$

Wegen $\Gamma(x+1) = x\Gamma(x)$ gilt

$$\frac{c_{k-1}}{c_{k-3}} = \frac{2\pi}{k-1},$$

und partielle Integration liefert $a_k/a_{k-2} = (k-1)/k$, $k \geq 3$. Gleichung (8.73) geht somit in die Rekursionsformel

$$\lambda^k(B_k) = \frac{2\pi}{k}\cdot\lambda^{k-2}(B_{k-2}), \qquad k \geq 3,$$

über. Die Folge $(c_k)$ erfüllt die gleiche Rekursionsformel und die gleichen Anfangsbedingungen, nämlich $c_1 = 2 = \lambda^1(B_1)$, $c_2 = \pi = \lambda^2(B_2)$, es gilt also $c_k = \lambda^k(B_k)$ für jedes $k \geq 1$, was zu zeigen war.

In gleicher Weise besitzen zwei messbare Teilmengen des $\mathbb{R}^2$ die gleiche Fläche, wenn alle Schnitte mit Geraden, die parallel zu einer vorgegebenen Geraden ausgeführt werden, die jeweils gleiche Länge besitzen. Dieses Prinzip spiegelt sich in der ersten Gleichheit in (8.71) für den Fall $\mu_1 = \mu_2 = \lambda^1$ wider. ◄

## Integration bezüglich des Produktmaßes bedeutet iterierte Integration

Getreu dem Motto „Wo ein Maß ist, ist auch ein Integral" wenden wir uns jetzt der Integration bzgl. des Produktmaßes $\mu_1\otimes\mu_2$ zu. Sei hierzu $f : \Omega_1\times\Omega_2 \to \overline{\mathbb{R}}$ eine $\mathcal{A}_1\otimes\mathcal{A}_2$-messbare Funktion. Zur Verdeutlichung, welches der Argumente $\omega_1$ oder $\omega_2$ von $f$ festgehalten wird, schreiben wir

$$f(\omega_1,\cdot) : \begin{cases} \Omega_2 \to \overline{\mathbb{R}} \\ \omega_2 \mapsto f(\omega_1,\omega_2) \end{cases} \qquad f(\cdot,\omega_2) : \begin{cases} \Omega_1 \to \overline{\mathbb{R}} \\ \omega_1 \mapsto f(\omega_1,\omega_2). \end{cases}$$

Wegen $f(\omega_1,\cdot)^{-1}(B) = \{\omega_2 : (\omega_1,\omega_2) \in f^{-1}(B)\} = {}_{\omega_1}(f^{-1}(B))$ $(\omega_1 \in \Omega_1,\ B \in \overline{\mathcal{B}})$ ist $f(\omega_1,\cdot)$ nach dem Lemma über Schnitte $\mathcal{A}_2$-messbar. Ebenso ist $f(\cdot,\omega_2)$ für jedes $\omega_2 \in \Omega_2$ $\mathcal{A}_1$-messbar.

Das erste Resultat über die Integration bzgl. des Produktmaßes betrifft nichtnegative Funktionen. Es geht auf den italienischen Mathematiker Leonida Tonelli (1885–1946) zurück.

**Satz von Tonelli**

Es seien $(\Omega_1, \mathcal{A}_1, \mu_1)$ und $(\Omega_2, \mathcal{A}_2, \mu_2)$ $\sigma$-endliche Maßräume. Die Funktion $f : \Omega_1 \times \Omega_2 \to \overline{\mathbb{R}}$ sei *nichtnegativ* und $\mathcal{A}_1 \otimes \mathcal{A}_2$-messbar. Dann sind die Funktionen

$$\Omega_2 \ni \omega_2 \mapsto \int f(\cdot, \omega_2) \mathrm{d}\mu_1, \quad \Omega_1 \ni \omega_1 \mapsto \int f(\omega_1, \cdot) \mathrm{d}\mu_2$$

$\mathcal{A}_2$- bzw. $\mathcal{A}_1$-messbar, und es gilt

$$\int f \,\mathrm{d}\mu_1 \otimes \mu_2 = \int \left( \int f(\cdot, \omega_2) \mathrm{d}\mu_1 \right) \mu_2(\mathrm{d}\omega_2) \quad (8.74)$$

$$= \int \left( \int f(\omega_1, \cdot) \mathrm{d}\mu_2 \right) \mu_1(\mathrm{d}\omega_1). \quad (8.75)$$

**Beweis** Der Beweis erfolgt durch algebraische Induktion. Sei hierzu $(\Omega, \mathcal{A}, \mu) := (\Omega_1 \times \Omega_2, \mathcal{A}_1 \otimes \mathcal{A}_2, \mu_1 \otimes \mu_2)$. Ist $f = \mathbb{1}_Q$, $Q \in \mathcal{A}$, eine Indikatorfunktion, so folgt die Behauptung direkt aus (8.71), denn es gilt $\mu_1(Q_{\omega_2}) = \int f(\cdot, \omega_2) \mathrm{d}\mu_1$ und $\mu_2({}_{\omega_1}Q) = \int f(\omega_1, \cdot) \mathrm{d}\mu_2$. Wegen der Linearität des Integrals gilt die Behauptung dann auch für jede Elementarfunktion. Ist $f$ eine nichtnegative $\mathcal{A}$-messbare Funktion, und ist $(u_n)$ eine Folge von Elementarfunktionen mit $u_n \uparrow f$, so ist für festes $\omega_2$ $(u_n(\cdot, \omega_2))$ eine entsprechende Folge auf $\Omega_1$ mit $u_n(\cdot, \omega_2) \uparrow f(\cdot, \omega_2)$. Die durch $\varphi_n(\omega_2) := \int u_n(\cdot, \omega_2) \mathrm{d}\mu_1$, $\omega_2 \in \Omega_2$, auf $\Omega_2$ definierte Funktion $\varphi_n$ ist $\mathcal{A}_2$-messbar, $n \geq 1$, mit $\varphi_n(\omega_2) \uparrow \int f(\cdot, \omega_2) \mathrm{d}\mu_1$. Also ist die Funktion $\Omega_2 \ni \omega_2 \mapsto \int f(\cdot, \omega_2) \mathrm{d}\mu_1$ $\mathcal{A}_2$-messbar, und es folgt mit dem Satz von der monotonen Konvergenz, dem ersten Beweisteil sowie der Definition des Integrals für nichtnegative messbare Funktionen

$$\begin{aligned} \int \left( \int f(\cdot, \omega_2) \,\mathrm{d}\mu_1 \right) \mu_2(\mathrm{d}\omega_2) &= \lim_{n \to \infty} \int \varphi_n \,\mathrm{d}\mu_2 \\ &= \lim_{n \to \infty} \int u_n \,\mathrm{d}\mu \\ &= \int f \,\mathrm{d}\mu. \end{aligned}$$

Eine analoge Betrachtung für $f(\omega_1, \cdot)$ liefert (8.75). ■

**Beispiel** Der Satz von Tonelli gestattet eine alternative Herleitung der Beziehung (5.60) zwischen der Gamma- und der Betafunktion. Zum Nachweis von (5.60) starten wir mit der aus dem Satz von Tonelli folgenden Gleichung

$$\Gamma(\alpha)\Gamma(\beta) = \int_0^\infty \left( \int_0^\infty t^{\alpha-1} u^{\beta-1} \mathrm{e}^{-(t+u)} \,\mathrm{d}u \right) \mathrm{d}t.$$

Substituiert man im inneren Integral $v := u + t$, so folgt mit $A := \{(t, v) \in \mathbb{R}^2 \,|\, 0 < t < v\}$

$$\begin{aligned} \Gamma(\alpha)\Gamma(\beta) &= \int_0^\infty \left( \int_t^\infty t^{\alpha-1} (v-t)^{\beta-1} \mathrm{e}^{-v} \,\mathrm{d}v \right) \mathrm{d}t \\ &= \int_{(0,\infty)^2} \mathbb{1}_A(t, v) t^{\alpha-1} (v-t)^{\beta-1} \mathrm{e}^{-v} \,\mathrm{d}\lambda^2(t, v). \end{aligned}$$

Vertauscht man die Integranden – was nach dem Satz von Tonelli gestattet ist – so ergibt sich

$$\begin{aligned} \Gamma(\alpha)\Gamma(\beta) &= \int_0^\infty \left( \int_0^v t^{\alpha-1} (v-t)^{\beta-1} \mathrm{d}t \right) \mathrm{e}^{-v} \,\mathrm{d}v \\ &= \int_0^\infty \left( \int_0^1 s^{\alpha-1} (1-s)^{\beta-1} \mathrm{d}s \right) v^{\alpha+\beta-1} \mathrm{e}^{-v} \,\mathrm{d}v \\ &= B(\alpha, \beta)\, \Gamma(\alpha + \beta) \end{aligned}$$

und damit (5.60). ◀

Wie schon der Satz von Tonelli besagt auch der nachstehende Satz von Guido Fubini (1879–1943), dass unter allgemeinen Voraussetzungen das Integral bzgl. des Produktmaßes durch iterierte Integration in beliebiger Reihenfolge gewonnen werden kann. Wohingegen die betrachtete Funktion im Satz von Tonelli nichtnegativ ist (und dann das entstehende Integral den Wert $\infty$ annehmen kann), muss sie für die Anwendung des Satzes von Fubini bzgl. des Produktmaßes integrierbar sein.

**Satz von Fubini**

Es seien $(\Omega_1, \mathcal{A}_1, \mu_1)$ und $(\Omega_2, \mathcal{A}_2, \mu_2)$ $\sigma$-endliche Maßräume und $f : \Omega_1 \times \Omega_2 \to \overline{\mathbb{R}}$ eine $\mu_1 \otimes \mu_2$-integrierbare $\mathcal{A}_1 \otimes \mathcal{A}_2$-messbare Funktion. Dann gilt:

- $f(\omega_1, \cdot)$ ist $\mu_2$-integrierbar für $\mu_1$-fast alle $\omega_1$,
- $f(\cdot, \omega_2)$ ist $\mu_1$-integrierbar für $\mu_2$-fast alle $\omega_2$.
- Die $\mu_1$-f.ü. bzw. $\mu_2$-f.ü. definierten Funktionen $\omega_1 \mapsto \int f(\omega_1, \cdot) \mathrm{d}\mu_2$ bzw. $\omega_2 \mapsto \int f(\cdot, \omega_2) \mathrm{d}\mu_1$ sind $\mu_1$- bzw. $\mu_2$-integrierbar, und es gelten (8.74) und (8.75).

**Beweis** Aus (8.74) und (8.75) folgt mit $\mu := \mu_1 \otimes \mu_2$

$$\begin{aligned} &\int \left( \int |f(\omega_1, \cdot)| \mathrm{d}\mu_2 \right) \mu_1(\mathrm{d}\omega_1) \\ &= \int \left( \int |f(\cdot, \omega_2)| \mathrm{d}\mu_1 \right) \mu_2(\mathrm{d}\omega_2) \\ &= \int |f| \,\mathrm{d}\mu < \infty. \end{aligned}$$

Teil b) der Folgerung aus der Markov-Ungleichung in Abschn. 8.6 liefert dann die ersten beiden Behauptungen. Damit und wegen des Satzes von Tonelli ist die Funktion

$$\omega_1 \mapsto \int f(\omega_1, \cdot) \mathrm{d}\mu_2 = \int f(\omega_1, \cdot)^+ \mathrm{d}\mu_2 - \int f(\omega_1, \cdot)^- \mathrm{d}\mu_2$$

Kapitel 8

$\mu_1$-f.ü. definiert und (nach einer geeigneten Festlegung auf einer $\mu_1$-Nullmenge) $\mathcal{A}_1$-messbar. Indem man den Satz von Tonelli auf $f^+$ und $f^-$ anwendet, folgt die Integrierbarkeit dieser Funktion sowie mit der Kurzschreibweise $f_{\omega_1}^{\pm} = f(\omega_1, \cdot)^{\pm}$

$$\begin{aligned}\int f \mathrm{d}\mu &= \int f^+ \mathrm{d}\mu - \int f^- \mathrm{d}\mu \\ &= \iint f_{\omega_1}^+ \mathrm{d}\mu_2 \, \mu_1(\mathrm{d}\omega_1) - \iint f_{\omega_1}^- \mathrm{d}\mu_2 \, \mu_1(\mathrm{d}\omega_1) \\ &= \iint f(\omega_1, \cdot) \, \mathrm{d}\mu_2 \, \mu_1(\mathrm{d}\omega_1).\end{aligned}$$

Vertauscht man die Rollen von $\omega_1$ und $\omega_2$, so ergibt sich der Rest der Behauptung. ■

**Beispiel (Integral von Dirichlet)** Der Satz von Fubini liefert die Grenzwertaussage

$$\lim_{t\to\infty} \int_0^t \frac{\sin x}{x} \, \mathrm{d}x = \frac{\pi}{2}. \tag{8.76}$$

Zunächst ergibt sich nämlich durch Differentiation nach $t$ für jedes $t \geq 0$

$$\int_0^t \mathrm{e}^{-ux} \sin x \, \mathrm{d}x = \frac{1 - \mathrm{e}^{-ut}(u \cdot \sin t + \cos t)}{1 + u^2}. \tag{8.77}$$

Wegen

$$\int_0^t \left[ \int_0^\infty |\mathrm{e}^{-ux} \sin x| \, du \right] \mathrm{d}x = \int_0^t \frac{|\sin x|}{x} \, \mathrm{d}x \leq t < \infty$$

kann der Satz von Fubini auf die Integration von $\mathrm{e}^{-ux} \sin x$ über $(0, t) \times (0, \infty)$ angewendet werden. Mit (8.77) folgt

$$\begin{aligned}\int_0^t \frac{\sin x}{x} \, \mathrm{d}x &= \int_0^t \sin x \left[ \int_0^\infty \mathrm{e}^{-ux} \, du \right] \mathrm{d}x \\ &= \int_0^\infty \left[ \int_0^t \mathrm{e}^{-ux} \sin x \, \mathrm{d}x \right] du \\ &= \int_0^\infty \frac{du}{1 + u^2} - \int_0^\infty \frac{\mathrm{e}^{-ut}(u \sin t + \cos t)}{1 + u^2} du\end{aligned}$$

und somit (8.76), da das zweite Integral für $t \to \infty$ gegen null konvergiert. ◄

**Kommentar** Die Sätze von Tonelli und Fubini besagen, dass unter den gemachten Voraussetzungen die Integrationsreihenfolge irrelevant ist. Aus diesem Grund schreiben wir (8.74) und (8.75) in der Form

$$\begin{aligned}\int f \, \mathrm{d}\mu_1 \otimes \mu_2 &= \iint f(\omega_1, \omega_2) \, \mu_1(\mathrm{d}\omega_1) \, \mu_2(\mathrm{d}\omega_2) \\ &= \iint f(\omega_1, \omega_2) \, \mu_2(\mathrm{d}\omega_2) \, \mu_1(\mathrm{d}\omega_1).\end{aligned}$$

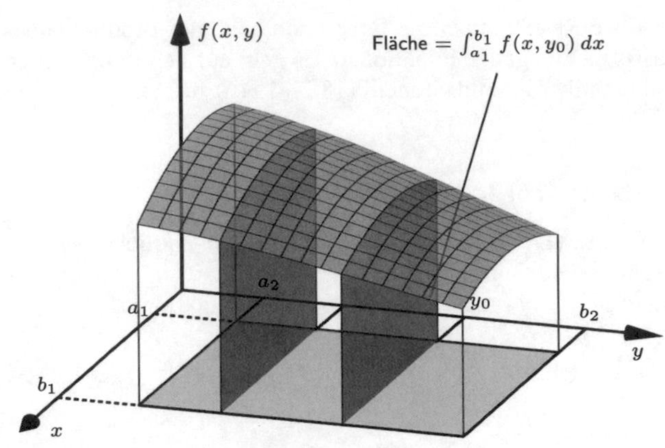


**Abb. 8.20** Zum Satz von Tonelli

Abb. 8.20 illustriert die im Zusammenhang mit den Sätzen von Tonelli und Fubini angewandte und insbesondere im Fall des Borel-Lebesgue-Maßes wichtige Integrationstechnik. Soll das Volumen zwischen dem Graphen einer nichtnegativen Funktion $f$ und der $(x, y)$-Ebene über dem Rechteck $[a_1, b_1] \times [a_2, b_2]$ bestimmt werden, so kann man bei festgehaltenem $y_0 \in [a_2, b_2]$ das als Fläche deutbare Integral $\int_{a_1}^{b_1} f(x, y_0) \, \mathrm{d}x$ berechnen und diese von $y_0$ abhängende Funktion über $y_0$ von $a_2$ bis $b_2$ integrieren. Dabei führt die Vertauschung der Reihenfolge der inneren und äußeren Integration zum gleichen Wert. ◄

Unter Beachtung der Bijektion

$$\begin{aligned}(\Omega_1 \times \ldots \times \Omega_{n-1}) \times \Omega_n &\to \Omega_1 \times \ldots \times \Omega_n \\ ((\omega_1, \ldots, \omega_{n-1}), \omega_n) &\mapsto (\omega_1, \ldots, \omega_n)\end{aligned}$$

ergibt sich nun mithilfe vollständiger Induktion die Verallgemeinerung der erzielten Resultate auf $n$-fache kartesische Produkte.

**Satz über die Existenz und Eindeutigkeit des Produktmaßes**

Es seien $(\Omega_1, \mathcal{A}_1, \mu_1), \ldots, (\Omega_n, \mathcal{A}_n, \mu_n)$, $n \geq 2$, $\sigma$-*endliche* Maßräume. Dann existiert genau ein $\sigma$-endliches Maß $\mu$ auf $\mathcal{A}_1 \otimes \ldots \otimes \mathcal{A}_n$ mit (8.63). Dieses Maß heißt das **Produktmaß** von $\mu_1, \ldots, \mu_n$ und wird mit

$$\bigotimes_{j=1}^n \mu_j := \mu_1 \otimes \ldots \otimes \mu_n := \mu$$

bezeichnet. Der Maßraum

$$\bigotimes_{j=1}^n (\Omega_j, \mathcal{A}_j, \mu_j) := \left( \mathop{\times}_{j=1}^n \Omega_j, \bigotimes_{j=1}^n \mathcal{A}_j, \bigotimes_{j=1}^n \mu_j \right)$$

heißt **Produkt der Maßräume** $(\Omega_j, \mathcal{A}_j, \mu_j)$, $1 \leq j \leq n$.

**Beweis** Die Eindeutigkeit von $\mu$ wurde schon bewiesen. Angenommen, die Existenz von $\widetilde{\mu} := \mu_1 \otimes \ldots \otimes \mu_{n-1}$ sei für ein $n > 2$ gezeigt. Aufgrund der $\sigma$-Endlichkeit von $\widetilde{\mu}$ ist dann auch $\mu := \widetilde{\mu} \otimes \mu_n$ definiert. $\mu$ ist ein Maß auf $(\mathcal{A}_1 \otimes \ldots \otimes \mathcal{A}_{n-1}) \otimes \mathcal{A}_n$ mit

$$\mu(\widetilde{Q} \times A_n) = \widetilde{\mu}(\widetilde{Q}) \cdot \mu_n(A_n), \quad \widetilde{Q} \in \mathcal{A}_1 \otimes \ldots \otimes \mathcal{A}_{n-1},\ A_n \in \mathcal{A}_n.$$

Wegen $(\mathcal{A}_1 \otimes \ldots \otimes \mathcal{A}_{n-1}) \otimes \mathcal{A}_n = \mathcal{A}_1 \otimes \ldots \otimes \mathcal{A}_n$ (aufgrund obiger Bijektion) erfüllt $\mu$ die Bedingung (8.63). ■

Mit ganz analogen Überlegungen ergibt sich die *Assoziativität* der Produktmaß-Bildung, d. h., es gilt

$$\left(\bigotimes_{i=1}^{\ell} \mu_i\right) \otimes \left(\bigotimes_{i=\ell+1}^{n} \mu_i\right) = \bigotimes_{i=1}^{n} \mu_i \tag{8.78}$$

für jede Wahl von $\ell$ mit $1 \le \ell < n$. Insbesondere gilt $\lambda^k = \lambda^1 \otimes \ldots \otimes \lambda^1$ ($k$ Faktoren).

Mithilfe der Darstellung (8.78) und vollständiger Induktion übertragen sich auch die Sätze von Tonelli und Fubini auf den allgemeinen Fall von $n$ Faktoren. Ist $f$ eine nichtnegative oder $\mu_1 \otimes \ldots \otimes \mu_n$-integrierbare $\mathcal{A}_1 \otimes \ldots \otimes \mathcal{A}_n$-messbare numerische Funktion auf $\Omega_1 \times \ldots \times \Omega_n$, so gilt für jede Permutation $(i_1, \ldots, i_n)$ von $(1, \ldots, n)$:

$$\int f \,\mathrm{d}(\mu_1 \otimes \ldots \otimes \mu_n) = \int \ldots \int f(\omega_1, \ldots, \omega_n) \mu_{i_1}(\mathrm{d}\omega_{i_1}) \ldots \mu_{i_n}(\mathrm{d}\omega_{i_n}).$$

Die Integration bzgl. des Produktmaßes kann also in beliebiger Reihenfolge ausgeführt werden.

# Zusammenfassung



Gegenstand der Maß- und Integrationstheorie sind Maßräume und der dazu gehörige Integrationsbegriff. Ein **Maßraum** (engl.: *measure space*) ist ein Tripel $(\Omega, \mathcal{A}, \mu)$, wobei $\Omega$ eine nichtleere Menge und $\mathcal{A} \subseteq \mathcal{P}(\Omega)$ eine $\sigma$-Algebra über $\Omega$ bezeichnen. Das Paar $(\Omega, \mathcal{A})$ heißt **Messraum** (*measurable space*). Eine **$\sigma$-Algebra** (*$\sigma$-field, $\sigma$-algebra*) enthält die leere Menge, mit jeder Menge auch deren Komplement und mit jeder Folge von Mengen auch deren Vereinigung. Ein **Maß** (*measure*) auf $\mathcal{A}$ ist eine Funktion $\mu : \mathcal{A} \to [0, \infty]$ mit $\mu(\emptyset) = 0$, die $\sigma$-additiv ist, also die Gleichung $\mu(\sum_{j=1}^{\infty} A_j) = \sum_{j=1}^{\infty} \mu(A_j)$ für jede Folge $(A_n)$ paarweise disjunkter Mengen aus $\mathcal{A}$ erfüllt. Maße können im Allgemeinen nicht auf der vollen Potenzmenge definiert werden.

Bei der Konstruktion von Maßen liegt eine auf einem System $\mathcal{M} \subseteq \mathcal{P}(\Omega)$ „einfacher" Mengen definierte Funktion vor, die auf die kleinste $\mathcal{M}$ enthaltende $\sigma$-Algebra $\sigma(\mathcal{M}) = \bigcap\{\mathcal{A} \mid \mathcal{A} \subseteq \mathcal{P}(\Omega)$ $\sigma$-Algebra und $\mathcal{M} \subseteq \mathcal{A}\}$ über $\Omega$ fortgesetzt werden soll. Das System $\mathcal{M}$ heißt **Erzeuger** (*generator*) von $\sigma(\mathcal{M})$. Das System $\mathcal{H}$ einfacher Mengen ist ein **Halbring** (*semiring*), d. h., es enthält die leere Menge und ist $\cap$-stabil. Weiter lässt sich die Differenz zweier Mengen aus $\mathcal{H}$ als disjunkte Vereinigung endlich vieler Mengen aus $\mathcal{H}$ schreiben. Ein Beispiel für einen Halbring im $\mathbb{R}^k$ ist das System $\mathcal{I}^k = \{(x, y] \mid x, y \in \mathbb{R}^k, x \leq y\}$ der nach links unten offenen achsenparallelen Quader des $\mathbb{R}^k$. Dieses erzeugt die $\sigma$-Algebra $\mathcal{B}^k$ der Borel-Mengen im $\mathbb{R}^k$. Ein **Prämaß** (*pre-measure*) auf $\mathcal{H}$ ist eine $\sigma$-additive Funktion $\mu : \mathcal{H} \to [0, \infty]$ mit $\mu(\emptyset) = 0$.

Wichtige Resultate der Maßtheorie sind der **Fortsetzungssatz** (*Carathéodory's extension theorem*) und der **Eindeutigkeitssatz** (*uniqueness of measures*). Ersterer besagt, dass sich jedes Prämaß $\mu$ auf einem Halbring $\mathcal{H} \subseteq \mathcal{P}(\Omega)$ zu einem Maß auf die von $\mathcal{H}$ erzeugte $\sigma$-Algebra $\sigma(\mathcal{H})$ fortsetzen lässt. Nach dem Eindeutigkeitssatz sind zwei Maße auf $\mathcal{A}$ schon dann gleich, wenn sie auf einem $\cap$-stabilen Erzeuger von $\mathcal{A}$, der eine aufsteigende Folge $M_j \uparrow \Omega$ enthält, die gleichen, *endlichen* Werte annehmen. Um ein Prämaß $\mu$ fortzusetzen, betrachtet man für eine Menge $A \subseteq \Omega$ die Menge $\mathcal{U}(A) := \{(A_n)_{n\in\mathbb{N}} \mid A_n \in \mathcal{H}\ \forall n \geq 1, A \subseteq \bigcup_{n=1}^{\infty} A_n\}$ aller Überdeckungsfolgen von $A$ durch Mengen aus $\mathcal{H}$ und setzt $\mu^*(A) := \inf\{\sum_{n=1}^{\infty} \mu(A_n) \mid (A_n)_{n\in\mathbb{N}} \in \mathcal{U}(A)\}$. Auf diese Weise entsteht ein **äußeres Maß** (*outer measure*) $\mu^* : \mathcal{P}(\Omega) \to [0, \infty]$, d. h., es gilt $\mu^*(\emptyset) = 0$, und $\mu^*$ ist monoton (aus $A \subseteq B$ folgt $\mu^*(A) \leq \mu^*(B)$) sowie $\sigma$-subadditiv (es gilt $\mu^*\left(\bigcup_{j=1}^{\infty} A_j\right) \leq \sum_{j=1}^{\infty} \mu^*(A_j)$).

Nach dem Lemma von Carathéodory ist das System $\mathcal{A}(\mu^*) := \{A \subseteq \Omega \mid \mu^*(AE) + \mu^*(A^c E) = \mu^*(E)\ \forall E \subseteq \Omega\}$ der $\mu^*$-messbaren Mengen eine $\sigma$-Algebra mit $\sigma(\mathcal{H}) \subseteq \mathcal{A}(\mu^*)$, und die Restriktion von $\mu^*$ auf $\mathcal{A}(\mu^*)$ ist ein Maß. Für den Spezialfall des Halbrings $\mathcal{I}^k$ und den durch $I_k^*((x, y]) := \prod_{j=1}^{n}(y_j - x_j)$ definierten $k$-dimensionalen geometrischen Elementarinhalt zeigt der Cantorsche Durchschnittssatz, dass $I_k^*$ ein Prämaß ist. Die nach obigen allgemeinen Sätzen eindeutige Fortsetzung $\lambda^k$ von $I_k^*$ auf $\mathcal{B}^k$ heißt **Borel-Lebesgue-Maß** (*Borel-Lebesgue measure*) im $\mathbb{R}^k$.

Ist $G : \mathbb{R} \to \mathbb{R}$ eine maßdefinierende Funktion, also monoton wachsend und rechtsseitig stetig, so definiert $\mu_G((a, b]) = G(b) - G(a)$ ein Prämaß auf $\mathcal{I}^1$, das eine eindeutige Fortsetzung auf $\mathcal{B}^1$ besitzt. Das entstehende Maß auf $\mathcal{B}^1$ heißt **Lebesgue-Stieltjes-Maß** (*Lebesgue-Stieltjes measure*) zu $G$. Gilt zusätzlich $\lim_{x\to\infty} G(x) = 1$ und $\lim_{x\to-\infty} G(x) = 0$, so heißt $G$ eine **Verteilungsfunktion** (*distribution function*); das resultierende Maß ist dann ein Wahrscheinlichkeitsmaß.

Sind $(\Omega, \mathcal{A})$, $(\Omega', \mathcal{A}')$ Messräume, so heißt eine Abbildung $f : \Omega \to \Omega'$ **$(\mathcal{A}, \mathcal{A}')$-messbar** (*$(\mathcal{A}, \mathcal{A}')$-measurable*), falls $f^{-1}(\mathcal{A}') \subseteq \mathcal{A}$ gilt, also die Urbilder aller Mengen aus $\mathcal{A}'$ zu $\mathcal{A}$ gehören. Dabei reicht schon die Inklusion $f^{-1}(\mathcal{M}') \subseteq \mathcal{A}$ für einen Erzeuger $\mathcal{M}'$ von $\mathcal{A}'$ aus. Gilt speziell $(\Omega', \mathcal{A}') = (\mathbb{R}, \mathcal{B})$, so heißt $f$ kurz **messbar**. Im Fall $\Omega' = \overline{\mathbb{R}} = \mathbb{R} \cup \{\infty, -\infty\}$ spricht man auch von einer *numerischen Funktion* und legt die $\sigma$-Algebra $\overline{\mathcal{B}} := \{B \cup E \mid B \in \mathcal{B}, E \subseteq \{-\infty, \infty\}\}$ der in $\overline{\mathbb{R}}$ Borelschen Mengen zugrunde.

Wie für stetige Funktionen gelten auch für messbare Funktionen Rechenregeln. So sind Linearkombinationen und Produkte messbarer numerischer Funktionen messbar und für Folgen $(f_n)$ solcher Funktionen auch die Funktionen $\sup_{n\geq1} f_n$, $\inf_{n\geq1} f_n$, $\limsup_{n\to\infty} f_n$ und $\liminf_{n\to\infty} f_n$. Insbesondere ist $\lim_{n\to\infty} f_n$ messbar, falls $(f_n)$ punktweise in $\overline{\mathbb{R}}$ konvergiert. Außerdem sind mit einer Funktion $f$ auch deren **Positivteil** (*positive part*) $f^+ := \max(f, 0)$ und deren **Negativteil** (*negative part*) $f^- := -\min(f, 0)$ messbar.

Sind $(\Omega, \mathcal{A}, \mu)$ ein Maßraum, $(\Omega', \mathcal{A}')$ ein Messraum und $f : \Omega \to \Omega'$ eine $(\mathcal{A}, \mathcal{A}')$-messbare Abbildung, so wird durch $\mu^f(A') := \mu(f^{-1}(A'))$, $A' \in \mathcal{A}'$, ein Maß auf $\mathcal{A}'$ definiert. Es heißt **Bild(-Maß) von $\mu$ unter $f$** (*image measure*) und wird auch mit $f(\mu)$ oder $\mu \circ f^{-1}$ bezeichnet. Für jedes $b \in \mathbb{R}^k$ ist das Bild des Borel-Lebesgue-Maßes $\lambda^k$ unter der mit $T_b$ bezeichneten Translation um $b$ gleich $\lambda^k$. Das Maß $\lambda^k$ ist somit **translationsinvariant** (*translation invariant*), und jedes andere translationsinvariante Maß $\mu$ auf $\mathcal{B}^k$ mit der Eigenschaft $\mu((0, 1]^k) < \infty$ stimmt bis auf einen Faktor mit $\lambda^k$ überein. Hiermit zeigt man, dass $\lambda^k$ sogar **bewegungsinvariant** (*invariant under rigid motions*) ist, also $T(\lambda^k) = \lambda^k$ für jede Bewegung $T$ des $\mathbb{R}^k$ gilt. Ist allgemeiner $T$ eine durch $T(x) := Ax + a$, $x \in \mathbb{R}^k$, definierte affine Abbildung mit einer invertierbaren Matrix $A$, so gilt $T(\lambda^k) = |\det A|^{-1} \cdot \lambda^k$.

Auf einem Maßraum $(\Omega, \mathcal{A}, \mu)$ konstruiert man wie folgt das $\mu$-Integral einer messbaren numerischen Funktion $f : \Omega \to \overline{\mathbb{R}}$. Zunächst betrachtet man die Menge $\mathcal{E}_+$ aller **Elementarfunktionen** (*simple functions*), also Funktionen $f : \Omega \to \mathbb{R}_{\geq0}$ mit $|f(\Omega)| < \infty$. Jedes $f \in \mathcal{E}_+$ hat eine Darstellung der Form $f = \sum_{j=1}^{n} \alpha_j \mathbb{1}\{A_j\}$ mit paarweise disjunkten Mengen $A_1, \ldots, A_n$ aus $\mathcal{A}$ und $\alpha_1, \ldots, \alpha_n \in \mathbb{R}_{\geq0}$. Die nicht von der speziellen Darstellung abhängende $[0,\infty]$-wertige Größe $\int f\,\mathrm{d}\mu := \sum_{j=1}^{n} \alpha_j \mu(A_j)$ heißt das ($\mu$-)**Integral von** $f$ (über $\Omega$). Insbesondere gilt also $\int \mathbb{1}_A \mathrm{d}\mu = \mu(A),\ A \in \mathcal{A}$.

In einem zweiten Schritt betrachtet man die Menge $\mathcal{E}_+^\uparrow$ aller messbaren Funktionen $f : \Omega \to [0,\infty]$. Jedes solche $f$ ist punktweiser Grenzwert einer Folge $(u_n)$ aus $\mathcal{E}_+$ mit $u_n \le u_{n+1}$, $n \in \mathbb{N}$. Weil das $\mu$-Integral auf $\mathcal{E}$ die Monotonieeigenschaft „$u \le v \Longrightarrow \int u\mathrm{d}\mu \le \int v\,\mathrm{d}\mu$" erfüllt, definiert man $\int f\,\mathrm{d}\mu := \lim_{n\to\infty} \int u_n\,\mathrm{d}\mu$ als das **($\mu$-)Integral von $f$** (über $\Omega$). Da der Grenzwert nicht von der speziellen Folge $(u_n)$ abhängt, ist diese Erweiterung des Integralbegriffs auf $\mathcal{E}_+^\uparrow$ widerspruchsfrei. Schließlich löst man sich von der Bedingung $f \ge 0$ und nennt eine messbare numerische Funktion auf $\Omega$ **($\mu$-)integrierbar**, falls $\int f^+\mathrm{d}\mu < \infty$ und $\int f^-\mathrm{d}\mu < \infty$. In diesem Fall heißt die reelle Zahl

$$\int f\,\mathrm{d}\mu := \int f^+\,\mathrm{d}\mu - \int f^-\,\mathrm{d}\mu$$

das **($\mu$-)Integral von** $f$ (über $\Omega$). Wegen $|f| = f^+ + f^-$ ist $f$ genau dann integrierbar, wenn $|f|$ integrierbar ist.

Das $\mu$-Integral besitzt alle vom Lebesgue-Integral her bekannten strukturellen Eigenschaften. So sind mit integrierbaren numerische Funktionen $f$ und $g$ auf $\Omega$ und $\alpha \in \mathbb{R}$ auch $\alpha f$ und $f+g$ integrierbar, und es gelten $\int(\alpha f)\,\mathrm{d}\mu = \alpha \int f\,\mathrm{d}\mu$ und $\int(f+g)\,\mathrm{d}\mu = \int f\,\mathrm{d}\mu + \int g\,\mathrm{d}\mu$ sowie die Ungleichung $\left|\int f\,\mathrm{d}\mu\right| \le \int |f|\,\mathrm{d}\mu$.

Sind $(\Omega,\mathcal{A},\mu)$ ein Maßraum, $(\Omega',\mathcal{A}')$ ein Messraum, $f : \Omega \to \Omega'$ eine $(\mathcal{A},\mathcal{A}')$-messbare Abbildung und $h : \Omega' \to \overline{\mathbb{R}}$ eine messbare nichtnegative oder $\mu^f$-integrierbare Funktion, so gilt der **Transformationssatz für Integrale** (*change of variables theorem*)

$$\int_{\Omega'} h\,\mathrm{d}\mu^f = \int_{\Omega} h \circ f\,\mathrm{d}\mu.$$

Eine Menge $A \in \mathcal{A}$ mit $\mu(A) = 0$ heißt ($\mu$-)**Nullmenge** (*null set*). Eine für jedes $\omega \in \Omega$ zutreffende oder nicht zutreffende Eigenschaft $E$ gilt ($\mu$-)**fast überall** (*almost everywhere*) oder kurz f.ü., falls $E$ auf dem Komplement einer Nullmenge zutrifft. Das $\mu$-Integral ändert sich nicht, wenn der Integrand auf einer Nullmenge abgeändert wird. Für eine Funktion $f \ge 0$ gilt $\int f\mathrm{d}\mu = 0 \Longleftrightarrow f = 0$ $\mu$-f.ü. Jede $\mu$-integrierbare Funktion ist $\mu$-f.ü. endlich.

Ist $f_1 \le f_2 \le f_3 \le \ldots$ eine isotone Folge aus $\mathcal{E}_+^\uparrow$, so gilt

$$\int \lim_{n\to\infty} f_n\,\mathrm{d}\mu = \lim_{n\to\infty} \int f_n\,\mathrm{d}\mu$$

(**Satz von der monotonen Konvergenz**, *Beppo Levi's theorem*). Man kann Integral- und Limesbildung auch vertauschen, wenn die $f_n$ beliebige messbare Funktionen sind, die f.ü. konvergieren und $|f_n| \le g$ f.ü. für eine integrierbare Funktion $g$ gilt (**Satz von der dominierten Konvergenz**, *Lebesgue's dominated convergence theorem*). Der Beweis dieses Satzes verwendet das **Lemma von Fatou** (*Fatou's lemma*), wonach für Funktionen $f_n$ aus $\mathcal{E}_+^\uparrow$ die Ungleichung $\int \liminf_{n\to\infty} f_n\,\mathrm{d}\mu \le \liminf_{n\to\infty} \int f_n\,\mathrm{d}\mu$ gilt.

Für eine positive reelle Zahl $p$ und eine messbare numerische Funktion $f$ sei $\|f\|_p := (\int |f|^p\,\mathrm{d}\mu)^{1/p}$ $(\le \infty)$ gesetzt. $f$ heißt *p-fach integrierbar*, falls $\|f\|_p < \infty$. Die Menge $\mathcal{L}^p$ der reellen $p$-fach integrierbaren Funktionen ist ein Vektorraum. Im Fall $p \ge 1$ ist die Zuordnung $f \mapsto \|f\|_p$ eine Halbnorm auf $\mathcal{L}^p$, d. h., es gelten $\|f\|_p \ge 0$, $\|\alpha f\|_p = |\alpha|\|f\|_p$ für $\alpha \in \mathbb{R}$ sowie die **Minkowski-Ungleichung** (*Minkowski inequality*) $\|f+g\|_p \le \|f\|_p + \|g\|_p$. Sind $p > 1$ und $q > 1$ mit $1/p + 1/q = 1$, so gilt für messbare numerische Funktionen die **Hölder-Ungleichung** (*Hölder inequality*) $\|f \cdot g\|_1 \le \|f\|_p \cdot \|g\|_q$.

Eine Folge $(f_n)$ aus $\mathcal{L}^p$ konvergiert im $p$-ten Mittel gegen $f \in \mathcal{L}^p$, wenn $\|f_n - f\|_p \to 0$. Nach dem **Satz von Riesz-Fischer** (*Riesz-Fischer theorem*) ist der Raum $\mathcal{L}^p$ bzgl. dieser Konvergenz vollständig, jede Cauchy-Folge hat also einen Grenzwert. Die Menge $L^p$ der Äquivalenzklassen $\mu$-f.ü. gleicher Funktionen aus $\mathcal{L}^p$ ist ein Banach-Raum.

Sind $(\Omega,\mathcal{A},\mu)$ ein Maßraum und $f : \Omega \to [0,\infty]$ eine messbare Funktion, so definiert die Festsetzung

$$\nu(A) := \int_A f\,\mathrm{d}\mu = \int f \cdot \mathbb{1}_A\,\mathrm{d}\mu, \quad A \in \mathcal{A},$$

ein Maß $\nu =: f\mu$ auf $\mathcal{A}$, das *Maß mit der Dichte $f$ bezüglich* $\mu$. Da jede $\mu$-Nullmenge eine $\nu$-Nullmenge darstellt, ist $\nu$ **absolut stetig** (*absolutely continuous*) bzgl. $\mu$, kurz: $\nu \ll \mu$. Ist $\mu$ $\sigma$-endlich, gibt es also eine Folge $(A_n)$ aus $\mathcal{A}$ mit $A_n \uparrow \Omega$ und $\mu(A_n) < \infty$ für jedes $n$, so gilt nach dem **Satz von Radon-Nikodým** (*Radon-Nikodým theorem*) auch die Umkehrung: Ist $\nu$ ein Maß auf $\mathcal{A}$ mit $\nu \ll \mu$, so gilt die obige Darstellung von $\nu$ mit einer $\mu$-f.ü. eindeutigen Dichte $f$. Wegen $\int \varphi\mathrm{d}\nu = \int \varphi f\mathrm{d}\mu$ für $\varphi \in \mathcal{E}_+^\uparrow$ kann die Integration bzgl. $\nu$ auf diejenige bzgl. $\mu$ zurückgeführt werden.

Sind $\mu = f\lambda^k$ ein Maß mit einer Lebesgue-Dichte $f$ auf $\mathcal{B}^k$, die außerhalb einer offenen Menge $U \subseteq \mathbb{R}^k$ verschwindet und $T : \mathbb{R}^k \to \mathbb{R}^k$ eine messbare Abbildung, deren Restriktion auf $U$ stetig differenzierbar mit nirgends verschwindender Funktionaldeterminante ist, so ist

$$g(y) := \frac{f(T^{-1}(y))}{|\det T'(T^{-1}(y))|}, \quad \text{falls } y \in T(U),$$

und $g(y) := 0$ sonst eine $\lambda^k$-Dichte des Bildmaßes $T(\mu)$ (*Transformationssatz für $\lambda^k$-Dichten*).

Sind $\mu$ und $\nu$ Maße auf $\mathcal{A}$, wobei $\nu$ $\sigma$-endlich ist, so existieren nach dem **Lebesgueschen Zerlegungssatz** (*Lebesgue decomposition*) eindeutig bestimmte Maße $\nu_a$ und $\nu_s$ mit $\nu = \nu_a + \nu_s$ und $\nu_a \ll \mu$ sowie $\nu_s \perp \mu$. Die letztere Eigenschaft bedeutet, dass $\nu_s$ und $\mu$ in dem Sinne **singulär** (*singular*) zueinander sind, dass es eine Menge $A \in \mathcal{A}$ mit $\mu(A) = 0 = \nu_s(\Omega \setminus A)$ gibt. Die Maße $\nu_a$ und $\nu_s$ heißen **absolut stetiger** bzw. **singulärer Anteil** (*absolutely continuous* rep. *singular part*) von $\nu$ bezüglich $\mu$.

Sind $(\Omega_1,\mathcal{A}_1,\mu_1)$ und $(\Omega_2,\mathcal{A}_2,\mu_2)$ $\sigma$-endliche Maßräume, so existiert genau ein Maß $\mu$ auf der von den Mengen $A_1 \times A_2$ mit

$A_1 \in \mathcal{A}_1, A_2 \in \mathcal{A}_2$ erzeugten Produkt-$\sigma$-Algebra $\mathcal{A}_1 \otimes \mathcal{A}_2$ mit $\mu(A_1 \times A_2) = \mu_1(A_1) \cdot \mu_2(A_2)$ für alle $A_1 \in \mathcal{A}_1, A_2 \in \mathcal{A}_2$. Dieses Maß heißt **Produktmaß** (*product measure*) und wird mit $\mu =: \mu_1 \otimes \mu_2$ bezeichnet. Für jedes $Q \in \mathcal{A}_1 \otimes \mathcal{A}_2$ gilt die das Cavalierische Prinzip verallgemeinernde Gleichung $\mu(Q) = \int_{\Omega_1} \mu_2(\{\omega_2 \in \Omega_2 \mid (\omega_1, \omega_2) \in Q\})\mu_1(\mathrm{d}\omega_1)$. Die Integration einer messbaren Funktion $f : \Omega_1 \times \Omega_2 \to \overline{\mathbb{R}}$ bzgl. $\mu_1 \otimes \mu_2$ erfolgt iteriert, wobei obige Gleichung den Fall einer Indikatorfunktion $\mathbb{1}\{Q\}$ beschreibt. Allgemein gilt $\int f \mathrm{d}\mu_1 \otimes \mu_2 = \int \left(\int f(\omega_1, \omega_2)\mu_1(\mathrm{d}\omega_1)\right) \mu_2(\mathrm{d}\omega_2)$, wenn $f$ entweder nichtnegativ (**Satz von Tonelli**, *Tonelli theorem*) oder $\mu$-integrierbar (**Satz von Fubini**, *Fubini theorem*) ist. Dabei kann die Integration auch in umgekehrter Reihenfolge durchgeführt werden. Diese Resultate übertragen sich durch Induktion auf den Fall von mehr als zwei Maßräumen.

Kapitel 8

# Aufgaben

Die Aufgaben gliedern sich in drei Kategorien: Anhand der *Verständnisfragen* können Sie prüfen, ob Sie die Begriffe und zentralen Aussagen verstanden haben, mit den *Rechenaufgaben* üben Sie Ihre technischen Fertigkeiten und die *Beweisaufgaben* geben Ihnen Gelegenheit, zu lernen, wie man Beweise findet und führt.
Ein Punktesystem unterscheidet leichte •, mittelschwere •• und anspruchsvolle ••• Aufgaben. Lösungshinweise am Ende des Buches helfen Ihnen, falls Sie bei einer Aufgabe partout nicht weiterkommen. Dort finden Sie auch die Lösungen – betrügen Sie sich aber nicht selbst und schlagen Sie erst nach, wenn Sie selber zu einer Lösung gekommen sind. Ausführliche Lösungswege, Beweise und Abbildungen finden Sie auf der Website zum Buch.
Viel Spaß und Erfolg bei den Aufgaben!



## Verständnisfragen

**8.1** • Zeigen Sie im Falle des Grundraums $\Omega = \{1, 2, 3\}$, dass die Vereinigung von $\sigma$-Algebren i. Allg. keine $\sigma$-Algebra ist.

**8.2** • Es seien $\Omega$ eine unendliche Menge und die Funktion $\mu^* : \mathcal{P}(\Omega) \to [0, \infty]$ durch $\mu^*(A) := 0$, falls $A$ endlich, und $\mu^*(A) := \infty$ sonst definiert. Ist $\mu^*$ ein äußeres Maß?

**8.3** • Es sei $G : \mathbb{R} \to \mathbb{R}$ eine maßdefinierende Funktion mit zugehörigem Maß $\mu_G$. Für $x \in \mathbb{R}$ bezeichne $G(x-) := \lim_{y \uparrow x, y < x} G(y)$ den linksseitigen Grenzwert von $G$ an der Stelle $x$. Wegen der Monotonie von $G$ ist dabei $\lim_{n\to\infty} G(y_n)$ nicht von der speziellen Folge $(y_n)$ mit $y_n \leq y_{n+1}$, $n \in \mathbb{N}$, und $y_n \to x$ abhängig, was die verwendete Kurzschreibweise rechtfertigt. Zeigen Sie: Es gilt

$$G(x) - G(x-) = \mu_G(\{x\}), \quad x \in \mathbb{R}.$$

**8.4** • Zeigen Sie: Jede monotone Funktion $f : \mathbb{R} \to \mathbb{R}$ ist Borel-messbar.

**8.5** • Es seien $(\Omega, \mathcal{A})$ ein Messraum und $f : \Omega \to \overline{\mathbb{R}}$ eine numerische Funktion. Zeigen Sie, dass aus der Messbarkeit von $|f|$ i. Allg. nicht die Messbarkeit von $f$ folgt.

**8.6** • Zeigen Sie, dass das System $\overline{\mathcal{I}} := \{[-\infty, c]\,|\, c \in \mathbb{R}\}$ einen Erzeuger der $\sigma$-Algebra $\overline{\mathcal{B}}$ über $\overline{\mathbb{R}}$ bildet.

**8.7** • Es sei $\mu$ ein Inhalt auf einer $\sigma$-Algebra $\mathcal{A} \subseteq \mathcal{P}(\Omega)$. Zeigen Sie: Ist $\mu$ stetig von unten, so ist $\mu$ $\sigma$-additiv und somit ein Maß.

**8.8** •• Es seien $(\Omega, \mathcal{A}, \mu)$ ein Maßraum, $(\Omega', \mathcal{A}')$ ein Messraum und $f : \Omega \to \Omega'$ eine $(\mathcal{A}, \mathcal{A}')$-messbare Abbildung. Prüfen Sie die Gültigkeit folgender Implikationen:

a) $\mu$ ist $\sigma$-endlich $\Longrightarrow \mu^f$ ist $\sigma$-endlich,
b) $\mu^f$ ist $\sigma$-endlich $\Longrightarrow \mu$ ist $\sigma$-endlich.

**8.9** •• Geben Sie Folgen $(f_n)$, $(g_n)$ und $(h_n)$ $\lambda^1$-integrierbarer reellwertiger Funktionen auf $\mathbb{R}$ an, die jeweils $\lambda^1$-f.ü. gegen null konvergieren, und für die Folgendes gilt:

- $\lim_{n\to\infty} \int f_n \,\mathrm{d}\lambda^1 = \infty$,
- $\lim_{n\to\infty} \int g_n \,\mathrm{d}\lambda^1 = 1$,
- $\limsup_{n\to\infty} \int h_n \,\mathrm{d}\lambda^1 = 1$, $\liminf_{n\to\infty} \int h_n \,\mathrm{d}\lambda^1 = -1$.

**8.10** • Es seien $(\Omega, \mathcal{A}, \mu)$ ein Maßraum, $(\Omega', \mathcal{A}')$ ein Messraum und $f : \Omega \to \Omega'$ eine $(\mathcal{A}, \mathcal{A}')$-messbare Abbildung. Zeigen Sie: Ist $h : \Omega' \to \overline{\mathbb{R}}$ eine nichtnegative $\mathcal{A}'$-messbare Funktion, so gilt

$$\int_{A'} h \,\mathrm{d}\mu^f = \int_{f^{-1}(A')} h \circ f \,\mathrm{d}\mu, \quad A' \in \mathcal{A}'.$$

**8.11** • Es seien $(\Omega, \mathcal{A}, \mu)$ ein Maßraum sowie $p \in \mathbb{R}$ mit $0 < p \leq 1$. Zeigen Sie: Für messbare numerische Funktionen $f$ und $g$ auf $\Omega$ gilt

$$\int |f + g|^p \,\mathrm{d}\mu \leq \int |f|^p \,\mathrm{d}\mu + \int |g|^p \,\mathrm{d}\mu.$$

**8.12** •• Es seien $\Omega$ eine *überabzählbare* Menge und $\mathcal{A} := \{A \subseteq \Omega \mid A \text{ abzählbar oder } A^c \text{ abzählbar}\}$ die $\sigma$-Algebra der abzählbaren oder co-abzählbaren Mengen. Die Maße $\nu$ und $\mu$ auf $\mathcal{A}$ seien durch $\nu(A) := 0$, falls $A$ abzählbar und $\nu(A) := \infty$ sonst sowie $\mu(A) := |A|$, falls $A$ endlich und $\mu(A) := \infty$ sonst definiert. Zeigen Sie:

a) $\nu \ll \mu$.
b) $\nu$ besitzt keine Dichte bzgl. $\mu$.
c) Warum steht dieses Ergebnis nicht im Widerspruch zum Satz von Radon-Nikodým?

**8.13** •• Es seien $(\Omega, \mathcal{A})$ ein Messraum und $\mu$, $\nu$ Maße auf $\mathcal{A}$. Weisen Sie in Teil a) – c) $\nu \ll \mu$ nach. Geben Sie jeweils eine Radon-Nikodým-Dichte $f$ von $\nu$ bzgl. $\mu$ an.

a) $(\Omega, \mathcal{A})$ beliebig, $\mu$ ein beliebiges Maß auf $\mathcal{A}$, $A_0 \in \mathcal{A}$ fest, $\nu(A) := \mu(A \cap A_0)$, $A \in \mathcal{A}$.
b) $(\Omega, \mathcal{A}) := (\mathbb{N}, \mathcal{P}(\mathbb{N}))$, $P$ und $Q$ beliebige Wahrscheinlichkeitsmaße auf $\mathcal{P}(\mathbb{N})$, $\mu := P + Q$, $\nu := P$.

c) $(\Omega, \mathcal{A})$ beliebig, $\lambda$ ein $\sigma$-endliches Maß auf $\mathcal{A}$, $P$ und $Q$ Wahrscheinlichkeitsmaße auf $\mathcal{A}$ mit Dichten $f$ bzw. $g$ bzgl. $\lambda$ $(P = f\lambda, Q = g\lambda)$, $\mu := P + Q, \nu := P$.

## Rechenaufgaben

**8.14** • Zeigen Sie: Das im Beweis des Eindeutigkeitssatzes für Maße in Abschn. 8.3 auftretende Mengensystem $\mathcal{D}_B = \{A \in \mathcal{A} \mid \mu_1(BA) = \mu_2(BA)\}$ ist ein Dynkin-System.

**8.15** • Es sei $\lambda^k$ das Borel-Lebesgue-Maß auf $\mathcal{B}^k$. Zeigen Sie: $\lambda^k(\mathbb{Q}^k) = 0$.

**8.16** • Betrachten Sie den Messraum $(\mathbb{N}, \mathcal{P}(\mathbb{N}))$ mit dem Zählmaß $\mu$ auf $\mathbb{N}$ sowie die durch $f(1) := f(4) := 4.3$, $f(2) := 1.7$, $f(3) := f(7) := f(9) := 6.1$ sowie $f(n) := 0$ sonst definierte Elementarfunktion auf $\mathbb{N}$. Schreiben Sie $f$ in Normaldarstellung und berechnen Sie $\int f \, \mathrm{d}\mu$.

**8.17** •• Es seien $(\Omega, \mathcal{A}, \mu) := (\mathbb{R}_{>0}, \mathcal{B} \cap \mathbb{R}_{>0}, \lambda^1|_{\mathbb{R}_{>0}})$ und $p \in (0, \infty)$. Zeigen Sie: Es existiert eine Funktion $f \in \mathcal{L}^p(\Omega, \mathcal{A}, \mu)$ mit der Eigenschaft $f \notin \mathcal{L}^q(\Omega, \mathcal{A}, \mu)$ für jedes $q \in (0, \infty)$ mit $q \neq p$.

**8.18** • Die Funktion $f : \mathbb{R}^2 \to \mathbb{R}$ sei durch

$$f(x, y) := \begin{cases} 1, & \text{falls } x \geq 0,\ x \leq y < x + 1, \\ -1, & \text{falls } x \geq 0,\ x + 1 \leq y < x + 2, \\ 0, & \text{sonst,} \end{cases}$$

definiert. Zeigen Sie:

$$\int \left( \int f(x, y) \lambda^1(\mathrm{d}y) \right) \lambda^1(\mathrm{d}x) \neq \int \left( \int f(x, y) \lambda^1(\mathrm{d}x) \right) \lambda^1(\mathrm{d}y).$$

Warum widerspricht dieses Ergebnis nicht dem Satz von Fubini?

## Beweisaufgaben

**8.19** • Es seien $\mathcal{R} \subseteq \mathcal{P}(\Omega)$ ein Ring sowie $\mathcal{A} := \mathcal{R} \cup \{A^c \mid A \in \mathcal{R}\}$. Zeigen Sie: $\mathcal{A} = \alpha(\mathcal{R})$.

**8.20** • Es sei $(\mathcal{A}_n)_{n \geq 1}$ eine wachsende Folge von Algebren über $\Omega$, also $\mathcal{A}_n \subseteq \mathcal{A}_{n+1}$ für $n \geq 1$. Zeigen Sie:

a) $\bigcup_{n=1}^{\infty} \mathcal{A}_n$ ist eine Algebra.
b) Sind $\mathcal{A}_n \subseteq \mathcal{P}(\Omega)$, $n \geq 1$, $\sigma$-Algebren mit $\mathcal{A}_n \subset \mathcal{A}_{n+1}$, $n \geq 1$, so ist $\bigcup_{n=1}^{\infty} \mathcal{A}_n$ keine $\sigma$-Algebra.

**8.21** • Es sei $\mathcal{M} \subseteq \mathcal{P}(\Omega)$ ein beliebiges Mengensystem. Wir setzen $\mathcal{M}_0 := \mathcal{M} \cup \{\emptyset\}$ sowie induktiv $\mathcal{M}_n := \{A \setminus B, A \cup B \mid A, B \in \mathcal{M}_{n-1}\}$, $n \geq 1$. Zeigen Sie: Der von $\mathcal{M}$ erzeugte Ring ist $\rho(\mathcal{M}) = \bigcup_{n=0}^{\infty} \mathcal{M}_n$.

**8.22** • Es seien $\mathcal{A}^k$ und $\mathcal{K}^k$ die Systeme der abgeschlossenen bzw. kompakten Teilmengen des $\mathbb{R}^k$. Zeigen Sie: $\sigma(\mathcal{A}^k) = \sigma(\mathcal{K}^k)$.

**8.23** • Es seien $\mathcal{I}^k = \{(x, y] \mid x, y \in \mathbb{R}^k, x \leq y\}$ und $\mathcal{J}^k := \{(-\infty, x] \mid x \in \mathbb{R}^k\}$. Zeigen Sie: $\sigma(\mathcal{I}^k) = \sigma(\mathcal{J}^k)$.

**8.24** •

a) Es sei $\Omega \neq \emptyset$. Geben Sie eine notwendige und hinreichende Bedingung dafür an, dass das Zählmaß $\mu$ auf $\Omega$ $\sigma$-endlich ist.
b) Auf dem Messraum $(\mathbb{R}, \mathcal{B})$ betrachte man das durch $\mu(B) := |B \cap \mathbb{Q}|$, $B \in \mathcal{B}$, definierte Maß. Zeigen Sie, dass $\mu$ $\sigma$-endlich ist, obwohl jedes offene Intervall das $\mu$-Maß $\infty$ besitzt.

**8.25** • Zeigen Sie: Ist $\mu$ ein Inhalt auf einem Ring $\mathcal{R} \subseteq \mathcal{P}(\Omega)$, so gilt für $A, B \in \mathcal{R}$

$$\mu(A \cup B) + \mu(A \cap B) = \mu(A) + \mu(B).$$

**8.26** •• Es seien $\Omega := (0, 1]$ und $\mathcal{H}$ der Halbring aller halboffenen Intervalle der Form $(a, b]$ mit $0 \leq a \leq b \leq 1$. Für $(a, b] \in \mathcal{H}$ sei $\mu((a, b]) := b - a$ gesetzt, falls $0 < a$; weiter ist $\mu((0, b]) := \infty$, $0 < b \leq 1$. Zeigen Sie: $\mu$ ist ein Inhalt, aber kein Prämaß.

**8.27** •• Zeigen Sie: Die im Lemma von Carathéodory in Abschn. 8.3 auftretende $\sigma$-Algebra

$$\mathcal{A}(\mu^*) = \{A \subseteq \Omega \mid \mu^*(A \cap E) + \mu^*(A^c \cap E) = \mu^*(E) \quad \forall E \subseteq \Omega\}$$

besitzt folgende Eigenschaft: Ist $A \in \mathcal{A}(\mu^*)$ mit $\mu^*(A) = 0$, und ist $B \subseteq A$, so gilt auch $B \in \mathcal{A}(\mu^*)$ (und damit wegen der Monotonie und Nichtnegativität von $\mu^*$ auch $\mu^*(B) = 0$).

**8.28** ••• Es seien $(\Omega, \mathcal{A}, \mu)$ ein Maßraum und

$$\mathcal{A}_\mu := \{A \subseteq \Omega \mid \exists E, F \in \mathcal{A} \text{ mit } E \subseteq A \subseteq F, \mu(F \setminus E) = 0\}.$$

Die Mengenfunktion $\overline{\mu} : \mathcal{A}_\mu \to [0, \infty]$ sei durch $\overline{\mu}(A) := \sup\{\mu(B) : B \in \mathcal{A}, B \subseteq A\}$ definiert. Zeigen Sie:

a) $\mathcal{A}_\mu$ ist eine $\sigma$-Algebra über $\Omega$ mit $\mathcal{A} \subseteq \mathcal{A}_\mu$.
b) $\overline{\mu}$ ist ein Maß auf $\mathcal{A}_\mu$ mit $\overline{\mu}|_{\mathcal{A}} = \mu$.
c) Der Maßraum $(\Omega, \mathcal{A}_\mu, \overline{\mu})$ ist vollständig, mit anderen Worten: Sind $A \in \mathcal{A}_\mu$ mit $\overline{\mu}(A) = 0$ und $B \subseteq A$, so folgt $B \in \mathcal{A}_\mu$.

**8.29** • Es seien $\Omega, \Omega' \neq \emptyset$ und $f : \Omega \to \Omega'$ eine Abbildung. Zeigen Sie:

a) Ist $\mathcal{A}'$ eine $\sigma$-Algebra über $\Omega'$, so ist $f^{-1}(\mathcal{A}')$ eine $\sigma$-Algebra über $\Omega$.
b) Ist $\mathcal{A}$ eine $\sigma$-Algebra über $\Omega$, so ist

$$\mathcal{A}_f := \{A' \subseteq \Omega' \mid f^{-1}(a') \in \mathcal{A}\}$$

eine $\sigma$-Algebra über $\Omega'$.

**8.30** •• Es seien $(\Omega, \mathcal{A})$ und $(\Omega', \mathcal{A}')$ Messräume sowie $f : \Omega \to \Omega'$ eine Abbildung. Ferner seien $A_1, A_2, \ldots \in \mathcal{A}$ paarweise disjunkt mit $\Omega = \sum_{j=1}^{\infty} A_j$. Für $n \in \mathbb{N}$ bezeichne $\mathcal{A}_n := \mathcal{A} \cap A_n$ die Spur-$\sigma$-Algebra von $\mathcal{A}$ in $A_n$ und $f_n := f|_{A_n}$ die Restriktion von $f$ auf $A_n$. Zeigen Sie:

$$f \text{ ist } (\mathcal{A}, \mathcal{A}')\text{-messbar} \iff f_n \text{ ist } (\mathcal{A}_n, \mathcal{A}')\text{-messbar}, n \geq 1.$$

Folgern Sie hieraus, dass eine Funktion $f : \mathbb{R}^k \to \mathbb{R}^s$, die höchstens abzählbar viele Unstetigkeitsstellen besitzt, $(\mathcal{B}^k, \mathcal{B}^s)$-messbar ist.

**8.31** •• Es sei $f : \mathbb{R}^k \to \mathbb{R}$ eine beliebige Funktion. Zeigen Sie, dass die Menge der Unstetigkeitsstellen von $f$ eine Borel-Menge ist.

**8.32** •• Es seien $\mathcal{H} \subseteq \mathcal{P}(\Omega)$ ein Halbring und $A, A_1, \ldots, A_n \in \mathcal{H}$. Zeigen Sie: Es gibt eine natürliche Zahl $k$ und disjunkte Mengen $C_1, \ldots, C_k$ aus $\mathcal{H}$ mit

$$A \setminus (A_1 \cup \ldots \cup A_n) = A \cap A_1^c \cap \ldots \cap A_n^c = \sum_{j=1}^{k} C_j.$$

**8.33** ••• Es sei $\mu$ ein Inhalt auf einem Halbring $\mathcal{H} \subseteq \mathcal{P}(\Omega)$. Zeigen Sie:

a) Durch $\nu(A) := \sum_{j=1}^{n} \mu(A_j)$ ($A_1, \ldots, A_n \in \mathcal{H}$ paarweise disjunkt, $A = \sum_{j=1}^{n} A_j$) entsteht ein auf $\mathcal{R} := \rho(\mathcal{H})$ wohldefinierter Inhalt, der $\mu$ eindeutig fortsetzt.
b) Mit $\mu$ ist auch $\nu$ ein Prämaß.

**8.34** •• Es sei $(\Omega, \mathcal{A}, \mu)$ ein Maßraum.

a) Zeigen Sie: $\mu$ ist genau dann $\sigma$-endlich, wenn eine Zerlegung von $\Omega$ in abzählbar viele messbare Teilmengen endlichen $\mu$-Maßes existiert.
b) Es sei nun $\mu$ $\sigma$-endlich, und es gelte $\mu(\Omega) = \infty$. Zeigen Sie, dass es zu jedem $K$ mit $0 < K < \infty$ eine Menge $A \in \mathcal{A}$ mit $K < \mu(A) < \infty$ gibt.

**8.35** •• Es sei $(\Omega, \mathcal{A}, \mu)$ ein Maßraum. Zeigen Sie die Äquivalenz der folgenden Aussagen:

a) $\mu$ ist $\sigma$-endlich,
b) Es existiert eine Borel-messbare Abbildung $h : \Omega \to \mathbb{R}$ mit $h(\omega) > 0$ für jedes $\omega \in \Omega$ und $\int h \,\mathrm{d}\mu < \infty$.

**8.36** •• Für eine reelle Zahl $\kappa \neq 0$ sei $H_\kappa : \mathbb{R}^k \to \mathbb{R}^k$ die durch $H_\kappa(x) := \kappa \cdot x$, $x \in \mathbb{R}^k$, definierte *zentrische Streckung*. Zeigen Sie: Für das Bildmaß von $\lambda^k$ unter $H_\kappa$ gilt

$$H_\kappa(\lambda^k) = \frac{1}{|\kappa|^k} \cdot \lambda^k.$$

Speziell für $\kappa = -1$ ergibt sich die *Spiegelungsinvarianz* von $\lambda^k$.

**8.37** •• Es seien $a_1, \ldots, a_k > 0$ und $E$ das Ellipsoid $E := \{x \in \mathbb{R}^k \mid x_1^2/a_1^2 + \ldots + x_k^2/a_k^2 < 1\}$. Zeigen Sie: Es gilt $E \in \mathcal{B}^k$, und es ist

$$\lambda^k(E) = a_1 \cdot \ldots \cdot a_k \cdot \lambda^k(B),$$

wobei $B := \{x \in \mathbb{R}^k \mid \|x\| < 1\}$ die Einheitskugel im $\mathbb{R}^k$ bezeichnet.

**8.38** •• Es seien $(\Omega, \mathcal{A}, \mu)$ ein Maßraum und $(A_n)_{n\geq 1}$ eine Folge von Mengen aus $\mathcal{A}$. Für $k \in \mathbb{N}$ sei $B_k$ die Menge aller $\omega \in \Omega$, die in mindestens $k$ der Mengen $A_1, A_2, \ldots$ liegen. Zeigen Sie:

a) $B_k \in \mathcal{A}$,
b) $k\mu(B_k) \leq \sum_{n=1}^{\infty} \mu(A_n)$.

**8.39** •• Es seien $(\Omega, \mathcal{A}, \mu)$ ein Maßraum und $f : \Omega \to \mathbb{N}_0 \cup \{\infty\}$ eine messbare Abbildung. Zeigen Sie:

$$\int f \,\mathrm{d}\mu = \sum_{n=1}^{\infty} \mu(f \geq n).$$

**8.40** •• Es seien $(\Omega, \mathcal{A}, \mu)$ ein Maßraum und $f : \Omega \to \overline{\mathbb{R}}$ eine *nichtnegative* messbare numerische Funktion. Zeigen Sie:

$$\lim_{n\to\infty} n \int \log\left(1 + \frac{f}{n}\right) \mathrm{d}\mu = \int f \,\mathrm{d}\mu.$$

**8.41** •• Es seien $(\Omega, \mathcal{A}, \mu)$ ein *endlicher* Maßraum und $(f_n)_{n\geq 1}$ eine Folge $\mu$-integrierbarer reeller Funktionen auf $\Omega$ mit $f := \lim_{n\to\infty} f_n$ *gleichmäßig* auf $\Omega$. Zeigen Sie:

$$\int f \,\mathrm{d}\mu = \lim_{n\to\infty} \int f_n \,\mathrm{d}\mu.$$

**8.42** •• Seien $(\Omega, \mathcal{A}, \mu)$ ein Maßraum und $f, g \in \mathcal{L}^1(\Omega, \mathcal{A}, \mu)$. Zeigen Sie:

$$f \leq g \ \mu\text{-f.ü.} \iff \int_A f \,\mathrm{d}\mu \leq \int_A g \,\mathrm{d}\mu \quad \forall A \in \mathcal{A}.$$

**8.43** •• Es seien $(\Omega, \mathcal{A}, \mu)$ ein Maßraum und $f, g$ messbare numerische Funktionen auf $\Omega$. Zeigen Sie:

a) $\|fg\|_1 \leq \|f\|_1 \, \|g\|_\infty$
b) Falls $\mu(\Omega) < \infty$, so gilt

$$\|f\|_q \leq \|f\|_p \, \mu(\Omega)^{1/q - 1/p} \quad (1 \leq q < p \leq \infty).$$

(Konsequenz: $\mathcal{L}^p \subseteq \mathcal{L}^q$.)

**8.44** •• Es seien $(\Omega, \mathcal{A}, \mu)$ ein Maßraum und $(f_n)_{n\geq 1}$ eine Folge nichtnegativer messbarer numerischer Funktionen auf $\Omega$. Zeigen Sie: Für jedes $p \in [1, \infty]$ gilt

$$\left\| \sum_{n=1}^{\infty} f_n \right\|_p \leq \sum_{n=1}^{\infty} \|f_n\|_p.$$

**8.45** •• Es seien $(\Omega, \mathcal{A}, \mu)$ ein Maßraum und $p \in (0, \infty]$. $(f_n)_{n\geq 1}$ sei eine Funktionenfolge aus $\mathcal{L}^p$ mit $\lim_{n\to\infty} f_n = f$ $\mu$-f.ü. für eine reelle messbare Funktion $f$ auf $\Omega$. Es existiere eine messbare numerische Funktion $g \geq 0$ auf $\Omega$ mit $\int g^p \,\mathrm{d}\mu < \infty$ und $|f_n| \leq g$ $\mu$-f.ü. für jedes $n \geq 1$. Zeigen Sie:

a) $\int |f|^p \,\mathrm{d}\mu < \infty$.
b) $\lim_{n\to\infty} \int |f_n - f|^p \,\mathrm{d}\mu = 0$ (d. h. $f_n \xrightarrow{\mathcal{L}^p} f$).

**8.46** •• Es seien $(\Omega, \mathcal{A}, \mu)$ ein Maßraum sowie $0 < p < \infty$. Zeigen Sie: Die Menge

$$\mathcal{F} := \Big\{u := \sum_{k=1}^{n} \alpha_k \mathbb{1}\{A_k\} \,|\, n \in \mathbb{N},\ A_1, \dots, A_n \in \mathcal{A},\\ \alpha_1, \dots, \alpha_n \in \mathbb{R},\ \mu(A_j) < \infty \text{ für } j = 1, \dots, n\Big\}$$

liegt dicht in $\mathcal{L}^p = \mathcal{L}^p(\Omega, \mathcal{A}, \mu)$, d. h., zu jedem $f \in \mathcal{L}^p$ und jedem $\varepsilon > 0$ gibt es ein $u \in \mathcal{F}$ mit $\|f - u\|_p < \varepsilon$.

**8.47** ••• Für $A \subseteq \mathbb{N}$ sei $d_n(A) := n^{-1}|A \cap \{1, \dots, n\}|$ sowie

$$C := \{A \subseteq \mathbb{N} \,|\, d(A) := \lim_{n\to\infty} d_n(A) \text{ existiert}\}.$$

Die Größe $d(A)$ heißt *Dichte von A*. Zeigen Sie:

a) Die Mengenfunktion $d : C \to [0, 1]$ ist endlich-additiv, aber nicht $\sigma$-additiv.
b) $C$ ist nicht $\cap$-stabil.
c) Ist $C$ ein Dynkin-System?

**8.48** ••• Es seien $\mathcal{O}^k$, $\mathcal{A}^k$ und $\mathcal{K}^k$ die Systeme der offenen bzw. abgeschlossenen bzw. kompakten Teilmengen des $\mathbb{R}^k$. Beweisen Sie folgende *Regularitätseigenschaft* eines *endlichen* Maßes $\mu$ auf $\mathcal{B}^k$:

a) Zu jedem $B \in \mathcal{B}^k$ und zu jedem $\varepsilon > 0$ gibt es ein $O \in \mathcal{O}^k$ und ein $A \in \mathcal{A}^k$ mit der Eigenschaft $\mu(O \setminus A) < \varepsilon$.
b) Es gilt $\mu(B) = \sup\{\mu(K) \,|\, K \subseteq B,\ K \in \mathcal{K}^k\}$.

**8.49** ••• Es seien $(\Omega_j, \mathcal{A}_j)$ Messräume und $\mathcal{M}_j \subseteq \mathcal{A}_j$ mit $\sigma(\mathcal{M}_j) = \mathcal{A}_j$ $(j = 1, \dots, n)$. In $\mathcal{M}_j$ existiere eine Folge $(M_{jk})_{k\ge1}$ mit $M_{jk} \uparrow \Omega_j$ bei $k \to \infty$. $\pi_j : \Omega_1 \times \dots \times \Omega_n \to \Omega_j$ bezeichne die $j$-te Projektionsabbildung und

$$\mathcal{M}_1 \times \dots \times \mathcal{M}_n\\ := \{M_1 \times \dots \times M_n \,|\, M_j \in \mathcal{M}_j,\ j = 1, \dots, n\}$$

das System aller „messbaren Rechtecke mit Seiten aus $\mathcal{M}_1, \dots, \mathcal{M}_n$“. Zeigen Sie:

a) $\mathcal{M}_1 \times \dots \times \mathcal{M}_n \subseteq \sigma\left(\bigcup_{j=1}^n \pi_j^{-1}(\mathcal{M}_j)\right)$,
b) $\bigcup_{j=1}^n \pi_j^{-1}(\mathcal{M}_j) \subseteq \sigma(\mathcal{M}_1 \times \dots \times \mathcal{M}_n)$,
c) $\bigotimes_{j=1}^n \mathcal{A}_j = \sigma(\mathcal{M}_1 \times \dots \times \mathcal{M}_n)$.

**8.50** ••• Es seien $\mu$ und $\nu$ Maße auf einer $\sigma$-Algebra $\mathcal{A} \subseteq \mathcal{P}(\Omega)$ mit $\nu(\Omega) < \infty$. Beweisen Sie folgendes $\varepsilon$-$\delta$-Kriterium für absolute Stetigkeit:

$$\nu \ll \mu \iff \forall \varepsilon > 0\, \exists \delta > 0\, \forall A \in \mathcal{A} : \mu(A) \le \delta \Rightarrow \nu(A) \le \varepsilon.$$

**8.51** •• Es seien $\mu$ und $\nu$ Maße auf einer $\sigma$-Algebra $\mathcal{A}$ über $\Omega$ mit $\nu(A) \le \mu(A), A \in \mathcal{A}$. Weiter sei $\mu$ $\sigma$-endlich. Zeigen Sie: Es existiert eine $\mathcal{A}$-messbare Funktion $f : \Omega \to \mathbb{R}$ mit $0 \le f(\omega) \le 1$ für jedes $\omega \in \Omega$.

# Antworten zu den Selbstfragen

**Antwort 1** Ja, denn nach der De Morganschen Regel gilt

$$A_1 \cap A_2 = \left(A_1^c \cup A_2^c\right)^c, \quad \bigcap_{n=1}^{\infty} A_n = \left(\bigcup_{n=1}^{\infty} A_n^c\right)^c,$$

und die jeweils rechts stehenden Mengen gehören zu $\mathcal{A}$. Eine $\sigma$-Algebra ist also insbesondere auch $\cap$-stabil.

**Antwort 2** Setzen wir kurz $B_1 := A_1$ und $B_n := A_n \setminus (A_1 \cup \ldots \cup A_{n-1}) = A_n \cap A_{n-1}^c \cap \ldots \cap A_2^c \cap A_1^c$ für $n \geq 2$, so gilt $B_n \subseteq A_n$, $n \geq 1$, und somit folgt $\supseteq$ in (8.2). Es gilt aber auch $\subseteq$, da es zu jedem $\omega \in \bigcup_{n=1}^{\infty} A_n$ einen *kleinsten* Index $n$ mit $\omega \in A_n$ und somit $\omega \in A_n \cap A_{n-1}^c \cap \ldots \cap A_1^c = B_n$ gibt. Die Mengen $B_1, B_2, \ldots$ sind paarweise disjunkt, denn sind $n, k \in \mathbb{N}$ mit $n < k$, so gilt $B_n \cap B_k \subseteq A_n \cap A_n^c = \emptyset$.

**Antwort 3** Die drei definierenden Eigenschaften einer $\sigma$-Algebra sind erfüllt, denn es gilt $\emptyset \in \mathcal{A}_j$ für jedes $j \in J$ und somit $\emptyset \in \mathcal{A}$. Ist $A \in \mathcal{A}$, so gilt $A \in \mathcal{A}_j$ für jedes $j \in J$ und somit $A^c \in \mathcal{A}_j$ für jedes $j \in J$, also auch $A^c \in \mathcal{A}$. Sind $A_1, A_2, \ldots$ Mengen aus $\mathcal{A}$, so gilt $\bigcup_{n=1}^{\infty} A_n \in \mathcal{A}_j$ für jedes $j \in J$ und somit $\bigcup_{n=1}^{\infty} A_n \in \mathcal{A}$. In gleicher Weise argumentiert man für Ringe, Algebren und Dynkin-Systeme.

**Antwort 4** Da jede Algebra insbesondere ein Ring ist, bildet $\alpha(\mathcal{M})$ als Algebra, die $\mathcal{M}$ umfasst, auch einen $\mathcal{M}$ enthaltenden Ring. Folglich muss $\alpha(\mathcal{M})$ auch den kleinsten $\mathcal{M}$ umfassenden Ring $\rho(\mathcal{M})$ enthalten. Genauso zeigt man die zweite Inklusion, denn jede $\sigma$-Algebra ist eine Algebra.

**Antwort 5** Wegen $\mathcal{N} \subseteq \sigma(\mathcal{N})$ gilt zunächst $\mathcal{M} \subseteq \sigma(\mathcal{N})$. Da $\sigma(\mathcal{N})$ eine $\sigma$-Algebra ist, die $\mathcal{M}$ enthält, muss sie auch die kleinste $\mathcal{M}$ enthaltende $\sigma$-Algebra umfassen. Letztere ist aber nach Konstruktion gleich $\sigma(\mathcal{M})$, was a) zeigt. Zum Nachweis von b) ist nur zu beachten, dass $\sigma(\mathcal{M})$ bereits eine $\sigma$-Algebra ist. Mit a) und b) ergibt die erste Inklusion $\sigma(\mathcal{M}) \subseteq \sigma(\mathcal{N})$, die zweite liefert dann die umgekehrte Teilmengenbeziehung $\sigma(\mathcal{M}) \supseteq \sigma(\mathcal{N})$.

**Antwort 6** Wegen $\Omega \cap A = A \in \delta(\mathcal{M})$ gilt zunächst $\Omega \in \mathcal{D}_A$. Sind $E, D \in \mathcal{D}_A$ mit $D \subseteq E$, gelten also $E \cap A \in \delta(\mathcal{M})$ und $D \cap A \in \delta(\mathcal{M})$, so ergibt sich wegen

$$(E \setminus D) \cap A = (E \cap A) \setminus (D \cap A)$$

und der zweiten Eigenschaft eines Dynkin-Systems $(E \setminus D) \cap A \in \delta(\mathcal{M})$ und somit $E \setminus D \in \mathcal{D}_A$. Sind schließlich $D_1, D_2, \ldots$ paarweise disjunkte Mengen aus $\mathcal{D}_A$, gilt also $D_j \cap A \in \delta(\mathcal{M})$ für jedes $j \geq 1$, so folgt wegen der paarweisen Disjunktheit der letzteren Mengen und der Tatsache, dass $\delta(\mathcal{M})$ ein Dynkin-System ist, die Beziehung

$$\left(\sum_{j=1}^{\infty} D_j\right) \cap A = \sum_{j=1}^{\infty} D_j \cap A \in \mathcal{D}_A,$$

also $\sum_{j=1}^{\infty} D_j \subset \mathcal{D}_A$, was zu zeigen war.

**Antwort 7** Offenbar gilt $\mu_Z(\emptyset) = \delta_\omega(\emptyset) = \mu(\emptyset) = 0$, und der Wertebereich der Funktionen $\mu_Z$, $\delta_\omega$ und $\mu$ ist $[0, \infty]$. Um die $\sigma$-Additivität des Zählmaßes nachzuweisen, unterscheide man die Fälle, dass $\sum_{j=1}^{\infty} A_j$ endlich oder unendlich ist. Das Dirac-Maß $\delta_\omega$ ist $\sigma$-additiv, weil $\omega$ (wenn überhaupt) nur in genau einer von paarweise disjunkten Mengen liegen kann. Für den Nachweis der $\sigma$-Additivität von $\mu$ beachte man, dass in der Gleichungskette

$$\begin{aligned}\mu\left(\sum_{j=1}^{\infty} A_j\right) &= \sum_{n=1}^{\infty} b_n \mu_n\left(\sum_{j=1}^{\infty} A_j\right) = \sum_{n=1}^{\infty} b_n \sum_{j=1}^{\infty} \mu_n(A_j) \\ &= \sum_{j=1}^{\infty} \sum_{n=1}^{\infty} b_n \mu_n(A_j) = \sum_{j=1}^{\infty} \mu(A_j)\end{aligned}$$

das dritte Gleichheitszeichen aufgrund des großen Umordnungssatzes für Reihen (siehe [1], Abschn. 10.4) gilt.

**Antwort 8** Für die Mengen $A_n := (-n, n]$, $n \in \mathbb{N}$, gilt $A_n \uparrow \mathbb{R}$ und $\mu_G(A_n) = G(n) - G(-n) < \infty$, $n \in \mathbb{N}$.

**Antwort 9** Für $A_3 \in \mathcal{A}_3$ gilt $(f_2 \circ f_1)^{-1}(A_3) = f_1^{-1}(f_2^{-1}(A_3))$. Hieraus folgt die Behauptung.

**Antwort 10** Es ist $\overline{\mathbb{R}} = \mathbb{R} \cup \{-\infty, +\infty\} \in \overline{\mathcal{B}}$. Ist $A = B \cup E \in \overline{\mathcal{B}}$, wobei $B \in \mathcal{B}$ und $E \subseteq \{-\infty, +\infty\}$, so gilt $\overline{\mathbb{R}} \setminus A = (\mathbb{R} \setminus B) \cup (\{-\infty, +\infty\} \setminus E) \in \overline{\mathcal{B}}$. Sind $A_n = B_n \cup E_n \in \overline{\mathcal{B}}$, wobei $B_n \in \mathcal{B}$ und $E_n \subseteq \{-\infty, +\infty\}$, so folgt $\bigcup_{n=1}^{\infty} A_n = \bigcup_{n=1}^{\infty} B_n \cup \bigcup_{n=1}^{\infty} E_n$ mit $\bigcup_{n=1}^{\infty} B_n \in \mathcal{B}$ und $\bigcup_{n=1}^{\infty} E_n \subseteq \{-\infty, +\infty\}$ und somit $\bigcup_{n=1}^{\infty} A_n \in \overline{\mathcal{B}}$, was zu zeigen war.

**Antwort 11** Es ist

$$\begin{aligned}\{f \leq a, g > b\} &= \{\omega \in \Omega \mid f(\omega) \leq a \text{ und } g(\omega) > b\} \\ &= (f, g)^{-1}([-\infty, a] \times (b, \infty]).\end{aligned}$$

**Antwort 12** Eine Menge $A \in \pi_j^{-1}(\mathcal{A}_j)$ besitzt die Darstellung

$$A = \Omega_1 \times \ldots \times \Omega_{j-1} \times A_j \times \Omega_{j+1} \times \ldots \times \Omega_n$$

mit $A_j \in \mathcal{A}_j$. Wegen $\Omega_i \in \mathcal{A}_i\ \forall i$ folgt die Behauptung.

**Antwort 13** Da $f$ messbar ist, ist $\mu^f$ als $[0, \infty]$-wertige Mengenfunktion auf $\mathcal{A}'$ wohldefiniert. Wegen $f^{-1}(\emptyset) = \emptyset$ gilt $\mu^f(\emptyset) = 0$. Da Urbilder paarweise disjunkter Mengen $A_1', A_2', \ldots$ aus $\mathcal{A}'$ ebenfalls paarweise disjunkt sind, gilt

$$\begin{aligned}\mu^f\left(\sum_{j=1}^{\infty} A_j'\right) &= \mu\left(f^{-1}\left(\sum_{j=1}^{\infty} A_j'\right)\right) = \mu\left(\sum_{j=1}^{\infty} f^{-1}(A_j')\right) \\ &= \sum_{j=1}^{\infty} \mu\left(f^{-1}(A_j')\right) = \sum_{j=1}^{\infty} \mu^f(A_j'),\end{aligned}$$

was die $\sigma$-Additivität von $\mu^f$ zeigt.

**Antwort 14** Es gilt $I := (-1/\sqrt{k}, 1/\sqrt{k}]^k \subseteq B$, denn $x = (x_1, \ldots, x_k) \in I$ hat $\sum_{j=1}^k x_j^2 \leq 1$ zur Folge. Wegen $I \in \mathcal{I}^k$ gilt nach Definition von $\lambda^k$ auf $\mathcal{I}^k$ die Ungleichung $0 < \lambda^k(I)$ und somit wegen der Monotonie von $\lambda^k$ auch $0 < \lambda^k(B)$.

**Antwort 15** Gilt $\mu(A) = \infty$, so folgt $\int \mathbb{1}_A \, \mathrm{d}\mu = \mu(A) = \infty$.

**Antwort 16** Wir unterscheiden die beiden Fälle $j/2^n \leq f(\omega) < (j+1)/2^n$ für ein $j \in \{0, 1, \ldots, n2^n - 1\}$ und $f(\omega) \geq n$. Im ersten Fall entstehen die beiden Unterfälle $(2j)/2^{n+1} \leq f(\omega) < (2j+1)/2^{n+1}$ und $(2j+1)/2^{n+1} \leq f(\omega) < (2j+2)/2^{n+1}$. Im ersten dieser Unterfälle gilt $u_{n+1}(\omega) = (2j)/2^{n+1} = u_n(\omega)$, im zweiten $u_{n+1}(\omega) = (j+1/2)/2^n > u_n(\omega)$. Im zweiten Fall unterscheidet man die Unterfälle $f(\omega) \geq n+1$ und $n \leq f(\omega) < n+1$, die zu $u_{n+1}(\omega) = n+1 > u_n(\omega)$ bzw. $u_{n+1}(\omega) = n = u_n(\omega)$ führen.

**Antwort 17** Sind $f, g \in \mathcal{E}_+^{\uparrow}$ mit $f \leq g$, wobei $u_n \uparrow f$, $v_n \uparrow g$ mit $u_n, v_n \in \mathcal{E}_+$, so gilt für festes $k \geq 1$ die Ungleichung $u_k \leq \lim_{n\to\infty} v_n$. Das Lemma liefert $\int u_k \mathrm{d}\mu \leq \lim_{n\to\infty} \int v_n \mathrm{d}\mu = \int g \, d\mu$. Der Grenzübergang $k \to \infty$ ergibt dann die Behauptung.

**Antwort 18** Sind $t \in U$ fest und $(t_n)$ eine beliebige Folge in $U$, die gegen $t$ konvergiert, so ist $\varphi(t_n) \to \varphi(t)$ zu zeigen. Setzen wir $g_n(\omega) := f(t_n, \omega) - f(t, \omega)$, $\omega \in \Omega$, so gilt

$$\varphi(t_n) - \varphi(t) = \int g_n(\omega) \, \mu(\mathrm{d}\omega).$$

Aus der Stetigkeit von $t \mapsto f_n(t, \omega)$ für festes $\omega$ folgt $\lim_{n\to\infty} g_n(\omega) = 0$, $\omega \in \Omega$. Zusammen mit der Dreiecksungleichung liefert die letzte Voraussetzung $|g_n(\omega)| \leq 2h(\omega)$, $\omega \in \Omega$. Da $h$ $\mu$-integrierbar ist, ergibt sich die Behauptung aus dem Satz von der dominierten Konvergenz.

**Antwort 19** Wegen $|f(\omega)+g(\omega)| \leq |f(\omega)|+|g(\omega)|$ für jedes $\omega \in \Omega$ gilt $\{|f| \leq K\} \cap \{|g| \leq L\} \subseteq \{|f+g| \leq K+L\}$. Geht man hier zu Komplementen über, so ergibt sich die Behauptung.

**Antwort 20** Ja, denn im Fall $p \in [1, \infty]$ folgt aus $\|f_n - f\|_p \to 0$ und $\|f_n - g\|_p \to 0$ wegen $\|f-g\|_p \leq \|f - f_n\|_p + \|f_n - g\|_p$, $n \geq 1$, die Beziehung $\|f - g\|_p = 0$. Im Fall $p < \infty$ ergibt sich hieraus nach Folgerung a) aus der Markov-Ungleichung im vorigen Abschnitt $f - g = 0$ $\mu$-f.ü. Im Fall $p = \infty$ bedeutet $\|f-g\|_\infty = 0$ nach Definition $\mu(|f-g| > 0) = 0$, also $f = g$ $\mu$-f.ü. Ebenso argumentiert man mit (8.45) im Fall $p < 1$.

**Antwort 21** Das Funktional ist beschränkt (und damit als lineares Funktional stetig), denn mit der Dreiecksungleichung und der Hölder-Ungleichung sowie $\sigma \leq \tau$ gilt für jedes $f \in L^2(\tau)$

$$|\ell(f)| \leq \int_\Omega |f| \cdot 1 \, \mathrm{d}\sigma \leq \left( \int_\Omega f^2 \, \mathrm{d}\sigma \right)^{1/2} \cdot \sigma(\Omega)$$
$$\leq \left( \int_\Omega f^2 \, \mathrm{d}\tau \right)^{1/2} \cdot \sigma(\Omega).$$

# Hinweise zu den Aufgaben

## Kapitel 2

**2.10** Wählen Sie $\Omega := \{1, \ldots, n\}$ und ein Laplace-Modell.

**2.11** Betrachten Sie einen Laplace-Raum der Ordnung 10.

**2.13** Stellen Sie Symmetriebetrachtungen an.

**2.16** Es kommt nur darauf an, wie oft nach jeder einzelnen Variablen differenziert wird.

**2.21** Man betrachte das komplementäre Ereignis.

**2.23** Unterscheiden Sie gedanklich die 7 gleichen Exemplare jeder Ziffer.

**2.24** Nummeriert man alle Mannschaften gedanklich von 1 bis 64 durch, so ist das Ergebnis einer regulären Auslosung ein 64-Tupel $(a_1, \ldots, a_{64})$, wobei Mannschaft $a_{2i-1}$ gegen Mannschaft $a_{2i}$ Heimrecht hat ($i = 1, \ldots, 32$).

**2.33** Um die Längen der $a$-Runs festzulegen, muss man bei den in einer Reihe angeordneten $m$ $a$'s Trennstriche anbringen.

**2.34** Formel des Ein- und Ausschließens!

**2.36** Starten Sie mit (2.41).

## Kapitel 3

**3.2** Für Teil a) kann man Aufgabe 3.17 verwenden.

**3.6** Sehen Sie die obigen Prozentzahlen als Wahrscheinlichkeiten an.

**3.10** Aus Symmetriegründen kann angenommen werden, dass der Kandidat Tür Nr. 1 wählt.

**3.11** Nehmen Sie an, dass die Geschlechter der Kinder stochastisch unabhängig voneinander und Mädchen- sowie Jungengeburten gleich wahrscheinlich sind.

**3.12** Interpretieren Sie die Prozentzahlen als Wahrscheinlichkeiten.

**3.21** $Y_n$ und $Y_{n+1}$ sind durch $X_n$ bestimmt.

**3.22** Beachten Sie die verallgemeinerte Markov-Eigenschaft.

**3.24** Es ist $\binom{2m}{m} = \sum_{k=0}^{m} \binom{m}{k}^2$.

**3.30** Wie sieht $\sigma(\mathbb{1}\{A_j\})$ aus?

**3.31** Für $A_1 \in \mathcal{A}_1, \ldots, A_\ell \in \mathcal{A}_\ell$ gilt

$$Z_1^{-1}(A_1 \times \ldots \times A_\ell) = \bigcap_{j=1}^{\ell} X_j^{-1}(A_j). \qquad \text{(A.1)}$$

**3.35** Es reicht, die Aussage für eine Teilfolge von $(A_k)$ zu zeigen.

**3.36** Da 1 größter gemeinsamer Teiler von $A$ ist, gibt es ein $k \in \mathbb{N}$ und $a_1, \ldots, a_k \in A$ sowie $n_1, \ldots, n_k \in \mathbb{Z}$ mit $1 = \sum_{j=1}^{k} n_j a_j$. Fasst man die positiven und negativen Summanden zusammen, so gilt $1 = P - N$ mit $P, N \in A$, und $n_0 := (N+1)(N-1)$ leistet das Verlangte. Stellen Sie $n \geq n_0$ in der Form $n = qN + r$ mit $0 \leq r \leq N - 1$ dar. Es gilt dann $q \geq N - 1$.

## Kapitel 4

**4.2** Modellieren Sie $W_n$ als Summe unabhängiger Zufallsvariablen.

**4.3** Es kommt nicht auf die Zahlen 2 bis 5 an.

**4.4** Stellen Sie sich vor, jede von $n$ Personen hat einen Würfel, und jede zählt, wie viele Versuche sie bis zu ersten Sechs benötigt.

**4.12** Verwenden Sie ein Symmetrieargument.

**4.13** Betrachten Sie die erzeugende Funktion von $X$ an der Stelle $-1$.

**4.15** Sind $X$ und $Y$ die zufälligen Augenzahlen bei einem Wurf mit dem ersten bzw. zweiten Würfel und $g$ bzw. $h$ die erzeugenden Funktionen von $X$ bzw. $Y$, so gilt $g(t) = tP(t)$ und $h(t) = tQ(t)$ mit Polynomen vom Grad 5, die jeweils mindestens eine reelle Nullstelle besitzen müssen.

**4.19** Formel des Ein- und Ausschließens!


N. Henze, *Stochastik: Eine Einführung mit Grundzügen der Maßtheorie*, https://doi.org/10.1007/978-3-662-59563-3

**4.22** Sie brauchen nicht zu rechnen!

**4.23** Bestimmen Sie die Varianz, indem Sie zunächst $\mathbb{E}X(X-1)$ berechnen.

**4.24** Bestimmen Sie $\mathbb{E}X(X-1)$.

**4.26** Es gilt $1 - 1/t \le \log t \le t - 1, t > 0$.

**4.27** Betrachten Sie $\mathbb{P}(X = k+1)/\mathbb{P}(X = k)$.

**4.29** Die Wahrscheinlichkeiten aus a) bis g) addieren sich zu eins auf.

**4.30** Multinomialer Lehrsatz!

**4.31** Bestimmen Sie zunächst $\mathbb{E}X(X-1)$.

**4.33** Es gilt $X_i + X_j \sim \mathrm{Bin}(n, p_i + p_j)$.

**4.36** Verwenden Sie das Ereignis $A_1$, dass die Bernoulli-Kette mit einer Niete beginnt, sowie die Ereignisse $A_2$ und $A_3$, dass die Bernoulli-Kette mit einem Treffer startet und sich dann im zweiten Versuch eine Niete bzw. ein Treffer einstellt, vgl. das Beispiel des Wartens auf den ersten Doppeltreffer in Abschn. 4.5.

**4.37** Gehen Sie analog wie im Beispiel des Wartens auf den ersten Doppeltreffer in Abschn. 4.5 vor.

**4.39** $(Y_1, Y_3)$ hat die gleiche gemeinsame Verteilung wie $(X_1, X_1+X_2+X_3)$, wobei $X_1, X_2, X_3$ unabhängig und je $\mathrm{G}(p)$-verteilt sind.

**4.43** Verwenden Sie die erzeugende Funktion.

**4.44** Verwenden Sie (4.60).

**4.45** Stellen Sie $X$ mithilfe einer geeigneten Indikatorsumme dar.

**4.46** Es ist $\sum_{n=1}^{k} 1 = k$ und $2\sum_{n=1}^{k} n = k(k+1)$.

**4.47** Setzen sie in der elementaren Eigenschaft

$$\mathbb{V}(X) = \mathbb{E}(X-a)^2 - (\mathbb{E}X - a)^2$$

der Varianz $a := (b+c)/2$.

**4.48** Schätzen Sie den Indikator des Ereignisses $\{X \ge \varepsilon\}$ möglichst gut durch ein Polynom zweiten Grades ab, das durch den Punkt $(\varepsilon, 1)$ verläuft.

**4.50** Leiten Sie mit $k = 1$ in (4.61) eine Rekursionsformel für $\mathbb{P}(X = m)$ her.

**4.51** Es gilt $\mathbb{P}(X \ge k) = \sum_{\ell=k}^{n} \mathbb{P}(X = \ell)$ sowie (vollständige Induktion über $m$!)

$$\sum_{\nu=0}^{m} (-1)^\nu \binom{j}{\nu} = (-1)^m \binom{j-1}{m}, \quad m = 0, 1, \ldots, j-1.$$

# Kapitel 5

**5.3** Machen Sie sich eine Skizze!

**5.4** Bezeichnet $N_B := \sum_{j=1}^{n} \mathbb{1}\{X_j \in B\}$ die Anzahl der $X_j$, die in die Menge $B \subseteq \mathbb{R}$ fallen, so besitzt der Zufallsvektor $(N_{(-\infty,t)}, N_{[t,t+\varepsilon]}, N_{(t+\varepsilon,\infty)})$ die Multinomialverteilung $\mathrm{Mult}(n; F(t), F(t+\varepsilon)-F(t), 1-F(t+\varepsilon))$. Es gilt $\mathbb{P}(N_{[t,t+\varepsilon]} \ge 2) = O(\varepsilon^2)$ für $\varepsilon \to 0$.

**5.7** Sie müssen die Kovarianzmatrix nicht kennen!

**5.11** a) $F(t^{1/4}) - F(-t^{1/4})$ für $t \ge 0$ b) $F(t) - F(-t)$ für $t \ge 0$ c) $1 - F(-t), t \in \mathbb{R}$.

**5.14** Verwenden Sie Tab. 5.1.

**5.15** Potenzreihenentwicklung von $\varphi$!

**5.17** Versuchen Sie, direkt die Verteilungsfunktion $G$ von $Y$ zu bestimmen.

**5.20** Sind $Z_1, Z_2, Z_3$ unabhängig und je $\mathrm{N}(0,1)$-normalverteilt, so besitzt $Z := Z_1^2 + Z_2^2 + Z_3^2$ eine $\chi_3^2$-Verteilung.

**5.21** Verwenden Sie Gleichung (5.30) sowie Polarkoordinaten.

**5.23** Box-Muller-Methode!

**5.24** Die Verteilung hängt nicht von $a$ ab.

**5.26** Welche Gestalt besitzt die gemeinsame Dichte von $X_1, \ldots, X_k$?

**5.31** Verwenden Sie die Faltungsformel.

**5.32** Für c) und d) ist bei Integralberechnungen die Substitution $u = \log x$ hilfreich.

**5.33** a) Verwenden Sie (5.59) und die Gleichung $\Gamma(t+1) = t\Gamma(t), t > 0$. c) Bestimmen Sie zunächst die Dichte von $W/V$.

**5.36** Es ist $\mathbb{P}(\mathbf{X} \in (x, y]) = F(y_1, \ldots, y_k) - \mathbb{P}(\bigcup_{j=1}^{k} A_j)$, wobei $A_j = \{X_1 \le y_1, \ldots, X_{j-1} \le y_{j-1}, X_j \le x_j, X_{j+1} \le y_{j+1}, \ldots, X_k \le y_k\}$.

**5.40** Der Ansatz $\prod_{j=1}^{k} f(x_j) = g(x_1^2 + \ldots + x_k^2)$ für eine Funktion $g$ führt nach Logarithmieren und partiellem Differenzieren auf eine Differenzialgleichung für $f$.

**5.41** Integrieren Sie die Indikatorfunktion der Menge $B := \{(x, y) \in \mathbb{R}^2 : x \ge 0, 0 \le y < x\}$ bzgl. des Produktmaßes $\mathbb{P}^X \otimes \lambda^1$ und beachten Sie dabei den Satz von Tonelli.

**5.42** Setze $Y := |X|^p$.

**5.44** Betrachten Sie für $a := (1+\sqrt{5})/2$ das Polynom $p(x) = (x-a)^2(x+1/a)^2$.

**5.45** Verwenden Sie die Darstellungsformel

$$\mathbb{E}(X) = \int_0^\infty (1 - F(x))\,\mathrm{d}x - \int_{-\infty}^0 F(x)\,\mathrm{d}x$$

für den Erwartungswert (vgl. Abschn. 5.3) und spalten Sie den Integrationsbereich geeignet auf.

**5.46** Schätzen Sie die Indikatorfunktion der Menge $A := \mathbb{R}^2 \setminus (-\varepsilon, \varepsilon)^2$ durch eine geeignete quadratische Form nach oben ab.

**5.47** Es kann o.B.d.A. $a_0 = 0$ gesetzt werden. Betrachten Sie die Funktion $x \mapsto |x-a| - |x|$ getrennt für $a > 0$ und $a < 0$ und schätzen Sie nach unten ab.

**5.48** Es kann o.B.d.A. $\mathbb{E}X = 0$ angenommen werden. Dann gilt $\mathbb{P}(|X| \geq Q_{3/4}) = 0.5$.

**5.49** Es gilt $\mathbf{X} \sim A\mathbf{Y} + \mu$ mit $\Sigma = AA^\top$ und $\mathbf{Y} \sim \mathrm{N}_k(0, \mathrm{I}_k)$.

**5.51** Verwenden Sie Aufgabe 5.8.

**5.52** Verwenden Sie für b) Teil a) und Aufgabe 5.51.

**5.53** Für die Richtung „b) ⇒ a)" ist die Implikation

$$\varphi_X\left(\frac{2\pi}{h}\right) = \mathrm{e}^{\mathrm{i}\alpha} \Rightarrow 0 = \int_{-\infty}^\infty \left[1 - \cos\left(\frac{2\pi}{h}x - \alpha\right)\right] \mathbb{P}^X(\mathrm{d}x)$$

hilfreich.

**5.54** Gehen Sie wie beim Beweis des Satzes über die Umkehrformeln vor.

**5.58** Turmeigenschaft!

**5.59** Verwenden Sie Folgerung a) aus der Markov-Ungleichung in Abschn. 8.6

**5.62** Turmeigenschaft bedingter Erwartungen!

**5.64** Seien $M_n$ die Anzahl der Elemente von $A$, die nach $n$ Runden noch nicht als Fixpunkte aufgetreten sind und $X_n$ die Anzahl der Fixpunkte in der $n$-ten Runde. Mit $M_0 := K$ gilt dann $M_{n+1} = M_n - X_{n+1}$, $n \geq 0$. Sei $\mathcal{F}_n := \sigma(M_0, \ldots, M_n)$, $n \geq 0$. Überlegen Sie sich, dass $(M_n + n)_{n\geq 0}$ und $((M_n + n)^2 + M_n)_{n\geq 0}$ Martingale bzgl. $(\mathcal{F}_n)$ sind und wenden Sie den Satz von Doob auf diese Martingale an. Beachten Sie auch Aufgabe 4.52.

# Kapitel 6

**6.1** Betrachten Sie die Ereignisse $\{|X_n - X| \leq 1/k\}$.

**6.2** Verwenden Sie die Charakterisierung der fast sicheren Konvergenz in Abschn. 6.1.

**6.3** In einem diskreten Wahrscheinlichkeitsraum $(\Omega, \mathcal{A}, \mathbb{P})$ gibt es eine abzählbare Teilmenge $\Omega_0 \in \mathcal{A}$ mit $\mathbb{P}(\Omega_0) = 1$.

**6.4** Verwenden Sie das Teilfolgenkriterium für stochastische Konvergenz.

**6.5** Der Durchschnitt endlich vieler Eins-Mengen ist ebenfalls eine Eins-Menge.

**6.6** Zerlegen Sie $X_n$ in Positiv- und Negativteil.

**6.7** Der Durchschnitt endlich vieler Eins-Mengen ist ebenfalls eine Eins-Menge.

**6.8** Wählen Sie in b) $Y_n := X_n \mathbb{1}\{X_n = \pm 1\}$.

**6.9** Die Vereinigung endlich vieler kompakter Mengen ist kompakt.

**6.10** Rechnen Sie die charakteristische Funktion der Gleichverteilung $\mathrm{U}(0,1)$ aus.

**6.11** Beachten Sie das Lemma von Sluzki.

**6.13** Verwenden Sie für b) das Lemma von Sluzki.

**6.14** Deuten Sie die Summen wahrscheinlichkeitstheoretisch.

**6.15** Es liegt ein Dreiecksschema vor.

**6.17** Zentraler Grenzwertsatz!

**6.18** Wie verhält sich $n!$ zu $\sum_{k=1}^n k!$?

**6.19** Stellen Sie $T_n$ als Summe von unabhängigen Zufallsvariablen dar.

**6.20** Verwenden Sie das Additionsgesetz für die negative Binomialverteilung und den Zentralen Grenzwertsatz von Lindeberg-Lévy.

**6.22** Wählen Sie für b) unabhängige Zufallsvariablen $X_1, X_2, \ldots$ mit $\mathbb{P}(X_n = 0) = 1 - \frac{1}{n}$ und $\mathbb{P}(X_n = 2n) = \frac{1}{n}$, $n \geq 1$, und schätzen Sie die Wahrscheinlichkeit $\mathbb{P}(n^{-1}\sum_{j=1}^n X_j > 1)$ nach unten ab. Verwenden Sie dabei die Ungleichung $\log t \leq t - 1$ sowie die Beziehung

$$\sum_{j=1}^k \frac{1}{j} - \log k - \gamma \to 0 \text{ für } k \to \infty,$$

wobei $\gamma$ die *Euler-Mascheronische Konstante* bezeichnet.

**6.23** Wenden Sie das Lemma von Borel-Cantelli einmal auf die Ereignisse $A_n = \{X_n = 1\}, n \geq 1$, und zum anderen auf die Ereignisse $B_n = \{X_n = 0\}, n \geq 1$, an.

**6.24** Überlegen Sie sich, dass das Infimum angenommen wird.

**6.25** Betrachten Sie die Teilfolge $X_1, X_{k+1}, X_{2k+1}, \ldots$

**6.26** Verwenden Sie das Lemma von Borel-Cantelli.

**6.27** Verwenden Sie das Kolmogorov-Kriterium und beachten Sie $\sum_{n=2}^{\infty} 1/(n(\log n)^2) < \infty$.

**6.28** Nutzen Sie für b) die Verteilungsgleichheit $(X_1, \ldots, X_n) \sim (1 - X_1, \ldots, 1 - X_n)$ aus.

**6.29** Betrachten Sie die Fälle $a = 0$, $a > 0$ und $a < 0$ getrennt.

**6.31** Verwenden Sie für „$\Leftarrow$" die Markov-Ungleichung $\mathbb{P}(|X_n| > L) \leq L^{-2}\mathbb{E}\, X_n^2$. Überlegen Sie sich für „$\Rightarrow$" zunächst, dass die Folge $(\mu_n)$ beschränkt ist.

**6.33** Taylorentwicklung von $g$ um $\mu$!

**6.34** Schätzen Sie die Differenz $F_n(x) - F(x)$ mithilfe der Differenzen $F_n(x_{jk}) - F(x_{jk})$ ab, wobei für $k \geq 2$ $x_{jk} := F^{-1}(j/k), 1 \leq j < k$, sowie $x_{0k} := -\infty, x_{kk} := \infty$.

**6.36** Weisen Sie die Lindeberg-Bedingung nach.

**6.37** Es ist $X_j - \overline{X}_n = X_j - \mu - (\overline{X}_n - \mu)$.

**6.39** Prüfen Sie die Gültigkeit der Lindeberg-Bedingung.

**6.40** Mit $a_j = \mathbb{E} X_j$ gilt $\mathbb{E}(X_j - a_j)^4 \leq a_j(1 - a_j)$.

## Kapitel 7

**7.1** Es ist $\mathbb{P}_\vartheta(\max(X_1, \ldots, X_n) \leq t) = (t/\vartheta)^n, 0 \leq t \leq \vartheta$.

**7.2** Verwenden Sie den Zentralen Grenzwertsatz von Lindeberg-Lévy.

**7.9** Die Neyman-Pearson-Tests sind Konvexkombinationen zweier nichtrandomisierter NP-Tests.

**7.11** O.B.d.A. gelte $X_1 \sim \mathrm{U}(0, 1)$.

**7.12** Nutzen Sie aus, dass $(X_1 - a, \ldots, X_{2n} - a)$ und $(a - X_1, \ldots, a - X_{2n})$ dieselbe Verteilung besitzen, was sich auf die Vektoren der jeweiligen Ordnungsstatistiken überträgt. Überlegen Sie sich vorab, warum die Voraussetzung $\mathbb{E}|X_1| < \infty$ gemacht wird.

**7.15** Betrachten Sie die Fälle $k = 0, k = n$ und $1 \leq k \leq n-1$ getrennt.

**7.16** Betrachten Sie für $1 \leq k \leq n - 1$ den Quotienten $L_x(\vartheta + 1)/L_x(\vartheta)$, wobei $L_x$ die Likelihood-Funktion zu $x$ ist.

**7.19** Verwenden Sie die Jensensche Ungleichung.

**7.21** Es gilt $\sum_{j=1}^{n} X_j \sim \Gamma(n, \vartheta)$ unter $\mathbb{P}_\vartheta$.

**7.22** Es kann o.B.d.A. $\mathbb{E} X_1 = 0$ angenommen werden.

**7.23** Nutzen Sie aus, dass die Summe der Abweichungsquadrate bis auf einen Faktor $\chi^2_{n-1}$-verteilt ist.

**7.24** $\mathbb{V}_\vartheta(\vartheta_n^*) = \vartheta^2/(n(n+2))$

**7.27** Beachten Sie Gleichung

$$f_{X_1/X_2}(t) = \int_{-\infty}^{\infty} f_{X_1}(ts)\, f_{X_2}(s)\, |s|\, \mathrm{d}s, \quad t \in \mathbb{R}, \tag{A.2}$$

für die Dichte des Quotienten zweier unabhängiger Zufallsvariablen. Für die Berechnung der Varianz von $X$ hilft Darstellung (7.33).

**7.29** Beachten Sie (7.30).

**7.33** Nehmen Sie an, dass die Differenzen $z_i := y_i - x_i$ Realisierungen unabhängiger und je $\mathrm{N}(\mu, \sigma^2)$-verteilter Zufallsvariablen $Z_1, \ldots, Z_8$ sind, wobei $\mu$ und $\sigma^2$ unbekannt sind.

**7.36** Unter der zu testenden Hypothese haben die Differenzen $Z_j = Y_j - X_j$ eine symmetrische Verteilung mit unbekanntem Median $\mu$.

**7.37** $T$ kann – ganz egal, wie groß $\vartheta$ ist – nur endlich viele Werte annehmen.

**7.40** Verwenden Sie den Zentralen Grenzwertsatz von de Moivre-Laplace und Teil b) des Lemmas von Sluzki.

**7.43** Nutzen Sie die Erzeugungsweise der Verteilung aus.

**7.44** Es gilt für jedes $k \in \mathbb{N}$ und jedes $u \geq 0$ (Beweis durch Differenziation nach $u$)

$$\sum_{j=k}^{\infty} \mathrm{e}^{-u} \frac{u^j}{j!} = \frac{1}{(k-1)!} \int_0^u \mathrm{e}^{-t} t^{k-1}\, \mathrm{d}t.$$

Setzen Sie $\varphi_n := \mathbb{1}\{\sum_{j=1}^{n} x_j \geq n\lambda_0 + \Phi^{-1}(1-\alpha)\sqrt{n\lambda_0}.\}$

**7.45** Für $X \sim \text{Po}(\lambda)$ gilt $\mathbb{P}(|X-\lambda| \le C\sqrt{\lambda}) \ge 1 - C^{-2}$. Mit $z_k = (k-\lambda)/\sqrt{\lambda}$ ist

$$\sqrt{\lambda} \sum_{k:|z_k| \le C} \exp\left(-\frac{z_k^2}{2}\right)$$

eine Riemannsche Näherungssumme für das Integral $\int_{-C}^{C} \exp(-z^2/2)\,\mathrm{d}z$.

**7.47** Es reicht, die Summe $T_n$ in (7.68) durch einen Summanden nach unten abzuschätzen und das Gesetz großer Zahlen zu verwenden.

**7.49** Verwenden Sie die $\sigma$-Subadditivität von $\mathbb{P}$ und den Satz von Tonelli.

**7.50** Verwenden Sie das Resultat von Aufgabe 7.13 und den Zentralen Grenzwertsatz von de Moivre-Laplace.

**7.51** a) $X$ besitzt die Varianz $s/(s-2)$. b) Es gilt $\Gamma(x + 1/2) \le \Gamma(x)\sqrt{x}$, $x > 0$.

**7.52** Nutzen Sie die Summen-Struktur von $W_{m,n}$ sowie die Tatsache aus, dass der Vektor $(r(X_1),\dots,r(Y_n))$ unter $H_0$ auf den Permutationen von $(1,\dots,m+n)$ gleichverteilt ist. Beachten Sie auch, dass die Summe aller Ränge konstant ist.

# Kapitel 8

**8.3** Es ist $(-\infty, x] = (-\infty, x) + \{x\}$.

**8.6** Bezeichnen $\sigma(\mathcal{M})$ bzw. $\overline{\sigma}(\mathcal{M})$ die von $\mathcal{M} \subseteq \mathcal{P}(\mathbb{R})$ bzw. $\mathcal{M} \subseteq \mathcal{P}(\overline{\mathbb{R}})$ über $\mathbb{R}$ bzw. über $\overline{\mathbb{R}}$ erzeugte $\sigma$-Algebra, so gilt im Fall $\mathcal{M} \subseteq \mathcal{P}(\mathbb{R})$ die Inklusionsbeziehung $\sigma(\mathcal{M}) \subseteq \overline{\sigma}(\mathcal{M})$.

**8.11** Für festes $a > 0$ ist die durch $h(x) := a^p + x^p - (a+x)^p$ definierte Funktion $h : \mathbb{R}_{\ge 0} \to \mathbb{R}$ monoton wachsend.

**8.15** Es gilt $\varepsilon = \sum_{n=1}^{\infty} \varepsilon/2^n$.

**8.17** Betrachten Sie die Funktion $g(x) = x^{-1} \cdot (1 + |\log(x)|)^{-2}$.

**8.20** In b) ist bei „$\subset$" echte Inklusion gemeint.

**8.22** Jede abgeschlossene Menge ist die abzählbare Vereinigung kompakter Mengen.

**8.24** Für b) beachte man $\mu(\mathbb{R} \setminus \mathbb{Q}) = 0$.

**8.31** Betrachten Sie zu einer beliebigen Norm $\|\cdot\|$ auf $\mathbb{R}^k$ und beliebiges $\varepsilon > 0$ und $\delta > 0$ die (offene!) Menge $O_{\varepsilon,\delta} := \{x \in \mathbb{R}^k \mid \exists y, z \in \mathbb{R}^k \text{ mit } \|x-y\| < \delta, \|x-z\| < \delta \text{ und } |f(y) - f(z)| \ge \varepsilon\}$.

**8.32** Vollständige Induktion!

**8.33** Beachten Sie den Satz über den von einem Halbring erzeugten Ring am Ende von Abschn. 8.2.

**8.35** Für die Richtung b) $\Rightarrow$ a) betrachte man die Mengen $\{h \ge 1/n\}$. Für die andere Richtung hilft Teil a) der vorigen Aufgabe.

**8.36** Wie wirken beide Seiten der obigen Gleichung auf eine Menge $(a,b] \in \mathcal{I}^k$?

**8.40** Die durch $a_n := (1+x/n)^n$, $x \in [0,\infty]$, definierte Folge $(a_n)_{n\ge1}$ ist monoton wachsend.

**8.45** Benutzen Sie den Satz von der dominierten Konvergenz.

**8.46** Es kann o.B.d.A. $f \ge 0$ angenommen werden.

**8.47** Um b) zu zeigen, setzen Sie $A := G$, $B := \bigcup_{k=1}^{\infty} \left([2^{2k}, 2^{2k+1}] \cap G \cup [2^{2k-1}, 2^{2k}] \cap U\right)$, wobei $G$ die Menge der geraden und $U$ die Menge der ungeraden Zahlen bezeichnen.

**8.48** Zeigen Sie zunächst, dass das System $\mathcal{G}$ aller Borel-Mengen, die die in a) angegebene Eigenschaft besitzen, eine $\sigma$-Algebra bildet, die das System $\mathcal{A}^k$ enthält. Eine abgeschlossene Menge lässt sich durch eine absteigende Folge offener Mengen approximieren. Beachten Sie noch, dass die Vereinigung von *endlich vielen* abgeschlossenen Mengen abgeschlossen ist.

**8.49** Für Teil c) ist (8.19) hilfreich.

**8.50** Betrachten Sie zu einer Folge $(A_n)$ mit $\mu(A_n) \le 2^{-n}$ und $\nu(A_n) > \varepsilon$ die Menge $A := \bigcap_{n=1}^{\infty} \bigcup_{k=n}^{\infty} A_k$.

**8.51** Nach dem Satz von Radon-Nikodým hat $\nu$ eine Dichte $g$ bzgl. $\mu$. Zeigen Sie: $\mu(\{g > 1\}) = 0$.

# Lösungen zu den Aufgaben

## Kapitel 2

**2.5** $A = G \cap (K_1 \cup K_2 \cup K_3) \cap (T_1 \cup T_2)$,
$A^c = G^c \cup (K_1^c \cap K_2^c \cap K_3^c) \cup (T_1^c \cap T_2^c)$.

**2.6**

a) $A = A_1 \cap A_2 \cap A_3 \cap A_4$
b) $A = A_1 \cup A_2 \cup A_3 \cup A_4$
c) $A = A_1 \cap (A_2 \cup A_3 \cup A_4)$
d) $A = (A_1 \cup A_2) \cap (A_3 \cup A_4)$.

**2.16** $\binom{n+k-1}{k}$.

**2.17** $1/2$.

**2.34** $\sum_{r=0}^{n-1} (-1)^r \binom{n}{r} (n-r)^k$

## Kapitel 3

**3.1** $2/3$.

**3.8** a) $10/19$, b) $10/19$, c) $20/29$.

**3.10** a) $2/3$. b) $1/2$.

**3.23**

$$\alpha_0 = \frac{1}{1+u+v}, \quad \alpha_1 = \frac{u}{1+u+v}, \quad \alpha_2 = \frac{v}{1+u+v},$$

wobei

$$u = \frac{p}{q(1-p)}, \quad v = \frac{p^2(1-q)}{q^2(1-p)}.$$

**3.24** Die invariante Verteilung ist die hypergeometrische Verteilung $\mathrm{Hyp}(m, m, m)$.

## Kapitel 4

**4.3** $G(1/2)$

**4.15** Nein.

**4.16** $\mathbb{E}X = 1/4$, $\mathbb{E}Y = 0$, $\mathbb{E}X^2 = 3/2$, $\mathbb{E}Y^2 = 1/2$, $\mathbb{V}(X) = 23/16$, $\mathbb{V}(Y) = 1/2$, $\mathbb{E}(XY) = -1/4$.

**4.19** $0.04508\ldots$

**4.27** Der Maximalwert wird im Fall $\lambda \notin \mathbb{N}$ für $k = \lfloor \lambda \rfloor$ und für $\lambda \in \mathbb{N}$ für die beiden Werte $k = \lambda$ und $k = \lambda - 1$ angenommen.

**4.29** a) $6/6^5$, b) $150/6^5$, c) $300/6^5$, d) $1200/6^5$, e) $1800/6^5$, f) $3600/6^5$, g) $720/6^5$.

## Kapitel 5

**5.3** Die Verteilungsfunktion von $Y$ ist $G(y) = \frac{1}{2} + \frac{1}{\pi} \arcsin y$, $-1 \le y \le 1$.

**5.9** b) $\mathbb{P}(X \le 10) = 10/11$, $\mathbb{P}(5 \le X \le 8) = 1/18$.
c) Ja.

**5.10** $f(x) = 2\sqrt{1-x^2}/\pi$ für $|x| \le 1$. $X$ und $Y$ sind nicht unabhängig.

**5.12** $a = 1/2$. Die Verteilungsfunktion ist $F(x) = 1 - \exp(-x)/2$ für $x \ge 0$ und $F(x) = 1 - F(-x)$ für $x < 0$.

**5.13** $2\Phi(1) - 1 \approx 0.6826$ ($2\Phi(2) - 1 \approx 0.9544$).

**5.14** $k = 1$: $0.6826$, $k = 2$: $0.9544$, $k = 3$: $0.9974$

**5.17** Es gilt $G(y) = 1 - \sqrt{1-y}$, $0 \le y \le 1$.

**5.18** a) Die Dichte von $X_1$ (und von $X_2$) ist

$$f_1(x_1) = \frac{1}{\sigma\sqrt{2\pi}} \exp\left(-\frac{x_1^2}{2\sigma^2}\right), \quad x_1 \in \mathbb{R}.$$

$X_1$ und $X_2$ sind nicht stochastisch unabhängig.

b) Die gemeinsame Dichte von $Y_1$ und $Y_2$ ist

$$g(y_1, y_2) = \frac{1}{\pi\sqrt{2}} \exp\left(-y_1^2 - \frac{y_2^2}{2}\right).$$

$Y_1$ und $Y_2$ sind stochastisch unabhängig.

**5.24** Die Dichte von $X/Y$ ist

$$g(t) = \frac{1}{2} \cdot (\min(1, 1/t))^2 \quad \text{für } t > 0 \text{ und } g(t) = 0 \text{ sonst.}$$

**5.34** Die negative Binomialverteilung $\mathrm{NB}(r, p)$ mit $p = \beta/(1+\beta))$.

**5.42** Die Aussagen sind äquivalent.

**5.44** Es gilt

$$\mathbb{E}X^4 = 2 \Longleftrightarrow \mathbb{P}(X = a) = \frac{2}{5+\sqrt{5}} = 1 - \mathbb{P}\left(X = -\frac{1}{a}\right).$$

**5.52** Es ist $\varphi_Z(t) = 1/(1+t^2)$, $t \in \mathbb{R}$.

## Kapitel 6

**6.7** Es sei $(\mathbf{X}_n)_{n\ge 1}$ eine Folge stochastisch unabhängiger und identisch verteilter $k$-dimensionaler Zufallsvektoren auf einem Wahrscheinlichkeitsraum $(\Omega, \mathcal{A}, \mathbb{P})$ mit $\mathbb{E}\|\mathbf{X}\|_\infty < \infty$. Dann gilt

$$\frac{1}{n}\sum_{j=1}^{n} \mathbf{X}_j \xrightarrow{\text{f.s.}} \mathbb{E}\mathbf{X}_1,$$

wobei $\mathbb{E}\mathbf{X}_1$ der Vektor der Erwartungswerte der Komponenten von $\mathbf{X}_1$ ist.

**6.12** c) $\Phi(1)$.

**6.22** b) Nein.

## Kapitel 7

**7.1** $\alpha^{-1/n} \max(X_1, \ldots, X_n)$.

**7.2** Es gilt

$$\lim_{n\to\infty} \mathbb{P}_\lambda (U_n \le \lambda \le O_n) = 1 - \alpha \quad \forall \lambda \in (0, \infty),$$

wobei mit $h := \Phi^{-1}(1-\alpha/2)$ und $T_n := n^{-1}\sum_{j=1}^n X_j$

$$U_n = T_n + \frac{h^2}{2n} - \frac{h}{\sqrt{n}}\sqrt{T_n + \frac{h^2}{4n}},$$

$$O_n = T_n + \frac{h^2}{2n} + \frac{h}{\sqrt{n}}\sqrt{T_n + \frac{h^2}{4n}}.$$

**7.4** Nein.

**7.5** Nein.

**7.19** a) $\vartheta(k) = 1/(k+1)$. b) Nein.

**7.23** $c = 1/(n+1)$.

**7.24** d) Der Schätzer $\widetilde{\vartheta}_n$.

**7.28** In b) muss $n \ge 49$ gelten.

**7.31** Das Testniveau ist 0.6695...

**7.33** Die Hypothese wird auf dem 5 %-Niveau abgelehnt.

**7.35** $n$ muss mindestens gleich 6 sein.

**7.36** Die Hypothese $H_0 : \mu \le 0$ wird auf dem 5 %-Niveau abgelehnt.

## Kapitel 8

**8.24** a) $\mu$ ist $\sigma$-endlich $\Longleftrightarrow$ $\Omega$ ist abzählbar.

# Bildnachweis

**Kapitel 1 Eröffnungsbild:** Stones at Irish Coast, © aotearoa/stock.adobe.com

**Kapitel 4 Eröffnungsbild:** Würfel „five dice", © Fotolia

**Kapitel 6 Eröffnungsbild:** Menschenmenge, © Fuse, Thinkstock by Getty Images

**Kapitel 7 Eröffnungsbild:** Tea testing lady, © grullina

**Kapitel 8 Eröffnungsbild:** Der Géode-Garten in La Villette, Paris, © Sylvestre/MAXPPP/picture alliance

# Literatur


1. Arens T, Busam R, Hettlich F, Karpfinger Ch, Stachel H (2013) Grundwissen Mathematikstudium. Analysis und Lineare Algebra mit Querverbindungen. Springer Spektrum, Wiesbaden.
2. Bernoulli J (1899) Wahrscheinlichkeitsrechnung (Ars conjectandi). Ostwald's Klassiker der exakten Wiss. Nr.107/108. Engelmann, Leipzig (Erstveröff. 1713)
3. Bickel PJ, Hammel EA, O'Connel JW (1975) Sex bias in graduate admissions: Data from Berkeley. Science 187:398–404.
4. Billingsley P (1986) Probability and Measure. 2. Auflage. Wiley, New York.
5. Billingsley P (1999) Convergence of Probability Measures. 2. Auflage. Wiley, New York.
6. Brokate M, Henze N, Hettlich F, Meister A, Schranz-Kirlinger G, Sonar T (2016) Grundwissen Mathematikstudium. Höhere Analysis, Numerik und Stochastik. Springer Spektrum, Wiesbaden.
7. Dudley RM (2002) Real analysis and Probability. Cambridge University Press, Cambridge, UK.
8. Ebner B, Henze N (2013) 2013–Internationales Jahr der Statistik. DMV-Mitteilungen 4:12–18.
9. Efron B (1979) Bootstrap methods: Another look at the jackknife. Ann. Statist. 7:1–26.
10. Elstrodt J (2011) Maß- und Integrationstheorie. 7. Auflage. Springer. Berlin, Heidelberg.
11. Ferguson TS (1996) A Course in Large Sample Theory. Chapman & Hall, London.
12. Hald A (1990) A History of Probability and Statistics and their Applications before 1750. Wiley, New York.
13. Hald A (1998) A History of Probability and Statistics from 1750 to 1930. Wiley, New York.
14. Henze N (2018) Stochastik für Einsteiger. 12. Auflage. Springer Spektrum, Wiesbaden.
15. Henze N (2018) Irrfahrten – Faszination der Random Walks, 2. Auflage. Springer Spektrum, Wiesbaden.
16. Irle A (2005) Wahrscheinlichkeitstheorie und Statistik, Grundlagen – Resultate – Anwendungen. 2. Auflage. Teubner, Stuttgart.
17. Klenke A (2013) Wahrscheinlichkeitstheorie. 3. Auflage. Springer Spektrum, Wiesbaden.
18. Knuth DE (1997) The art of computer programming Vol. 2: Seminumerical algorithms. 3. Auflage. Addison–Wesley. Reading, Massachusetts.
19. Kolmogorov AN (1933) Grundbegriffe der Wahrscheinlichkeitsrechnung. Springer. Berlin, Heidelberg, New York, Reprint 1973.
20. Roters M (1988) Optimal stopping in a dice game. J Appl Probab 35:229–235.
21. Rüschendorf L (2014) Mathematische Statistik. Springer Spektrum, Wiesbaden.
22. Stigler, St M (2003) The History of Statistics. The Measurement of Uncertainty before 1900. The Belknap Press of Harvard University Press. Cambridge, Massachusetts and London, England. Ninth printing.
23. Ville, J (1939) Étude critique de la notion de collectif. Gauthier Villars, Paris.
24. Walter, W (1991) Analysis II, 2. Auflage. Springer. Berlin, Heidelberg.

# Stichwortverzeichnis

Printed in the United States
By Bookmasters